Marwan Rashed

Alexandre d'Aphrodise, Commentaire perdu
à la *Physique* d'Aristote (Livres IV–VIII)

Commentaria in Aristotelem Graeca et Byzantina

Quellen und Studien

Herausgegeben von
Dieter Harlfinger · Christof Rapp · Marwan Rashed
Diether R. Reinsch

Band 1

De Gruyter

Marwan Rashed

Alexandre d'Aphrodise, Commentaire perdu à la *Physique* d'Aristote (Livres IV–VIII)

Les scholies byzantines.
Édition, traduction et commentaire

De Gruyter

ISBN 978-3-11-018678-9
e-ISBN 978-3-11-021646-2
ISSN 1864-4805

Library of Congress Cataloging-in-Publication Data

Rashed, Marwan.
Alexandre d'Aphrodise, commentaire perdu à la «Physique» d'Aristote (livres IV–VIII) : les scholies byzantines : édition, traduction et commentaire / Marwan Rashed.
p. cm. – (Commentaria in Aristotelem Graeca et Byzantina, ISSN 1864–4805 ; v. 1)
Includes bibliographical references and index.
ISBN 978-3-11-018678-9 (hardcover : alk. paper)
1. Aristotle. Physics. Book 4–8. 2. Alexander, of Aphrodisias. 3. Science, Ancient. 4. Philosophy of nature. I. Title.
Q151.A8A4437 2011
500–dc22
2011005049

Bibliografische Information der Deutschen Nationalbibliothek

Die Deutsche Nationalbibliothek verzeichnet diese Publikation in der Deutschen Nationalbibliografie; detaillierte bibliografische Daten sind im Internet über http://dnb.d-nb.de abrufbar.

Druck und Bindung: Hubert & Co. GmbH & Co. KG, Göttingen
∞ Gedruckt auf säurefreiem Papier

Printed in Germany

www.degruyter.com

Avant-Propos

Ce livre contient l'édition de scholies byzantines tirées du commentaire perdu d'Alexandre d'Aphrodise aux livres IV-VIII de la *Physique* d'Aristote. L'appareil critique est d'autant plus lourd que le texte transmis est plus incertain. Sans traduction, sans commentaire, sans introduction, ces bribes d'Alexandre arrachées à l'oubli seraient muettes, à tout le moins inaudibles – parce que certes elles chuchotent des lambeaux d'interprétation, mais surtout parce que les 1366 pages d'alluvions simpliciennes ont presque entièment recouvert la cité péripatéticienne. Pourtant, à l'analyse, les scholies ont dans bien des cas permis de restituer l'interprétation, jusqu'ici inconnue, de l'Exégète. Une phrase du *Voyage en Orient* de Nerval décrira le sentiment qui fut souvent le mien durant ce travail : « *j'allais, je me disais : En détournant ce mur, en passant cette porte, je verrai telle chose … et la chose était là, ruinée, mais réelle* ».

Je me suis fixé trois buts. Le premier, bien entendu, archéologique : restituer des textes souvent à moitié effacés. C'est le travail d'édition critique proprement dit. Le deuxième, historique : comprendre chacune des scholies transmises, dans son rapport au texte de la *Physique* et dans la dynamique du commentaire d'Alexandre. Voir les annotations. Le troisième, systémique : restituer, dans son unité et sa spécificité, la façon dont Alexandre avait lu le Philosophe. C'est la tâche de l'introduction.

Un mot sur ce dernier aspect des choses. J'ai tenté ailleurs de montrer qu'Alexandre était le grand initiateur d'une lecture essentialiste d'Aristote, qui plaçait la forme (εἶδος) au centre du système, et dont la préoccupation majeure était de diminuer – mais non pas de nier – les prétentions de la matière à la substantialité (contre Boéthos de Sidon et l'exégèse aristotélicienne hellénistique)[1]. J'ai été amené à explorer ici les ramifications physiques de cette intuition générale. On s'aperçoit en effet vite que la lecture d'Alexandre n'a rien de commun avec celle des *calculatores* médiévaux. Aucune tentative, bien au contraire, pour insister sur les aspects les plus mathématisables de la réflexion aristotélicienne. Alexandre était assez subtil pour savoir qu'on ne trouvera aucune « loi de la dynamique » dans la *Physique* d'Aristote. Pour lui, la *Physique* développe deux lignes complémentaires. La première est ontologique : il s'agit, en se faufilant entre le Charybde de l'atomisme épicurien et le Scylla du

1 *Essentialisme. Alexandre d'Aphrodise entre logique, physique et cosmologie*, C.A.G.B. 2, Berlin / New York, 2007.

holisme stoïcien, d'expliciter les structures générales du sensible : qu'est-ce qu'être un individu sensible bien constitué, être dans le lieu, être dans le temps, se mouvoir ? La seconde est cosmologique : la *Physique* comme totalité autonome est une longue preuve régressive du Premier Moteur, achevée au livre VIII mais qui s'étend sur la totalité des sept livres qui précèdent. Le génie exégétique d'Alexandre consiste principalement, me semble-t-il, à avoir su rattacher l'étude du lieu et du temps, au livre IV, à la démonstration du livre VIII. Il offre ainsi l'exégèse peut-être la plus convaincante de l'ouvrage comme somme unitaire jamais proposée.

Comme on pouvait s'y attendre, la forme (εἶδος) est, pour Alexandre, le personnage central du roman du monde. Mais il ne suffisait pas de la mentionner pour voir toutes les difficultés systémiques résolues. Il a fallu mettre au point d'autres outils qui, sans trahir l'aristotélisme, pussent en révéler les potentialités essentialistes. Alexandre développe à cette fin un dispositif néo-aristotélicien sophistiqué, mettant en jeu les concepts, encore latents chez Aristote, de tendance (ἔφεσις) et de perfection (τελειότης). Il m'a semblé voir, dans cette reconstitution de la physique d'Alexandre (ou, indifféremment, de la *Physique* d'Alexandre), de nouvelles raisons pour ne pas être convaincu par l'idée, assez en vogue en France aujourd'hui, de « contresens créateur » ou de « contresens philosophique ». Alexandre, si l'on me permet ce néologisme, commet des « hypersens », en ce qu'il choisit d'accentuer certaines thématiques présentes en puissance chez Aristote ; ses éventuels contresens – et je ne parle évidemment pas des inévitables erreurs d'interprétation de tel ou tel passage coriace – m'auront quant à eux échappé.

Je voudrais remercier Prof. Dr. Dieter Harlfinger d'avoir bien voulu relire de très près l'édition des scholies aux livres IV et V, Mademoiselle Katharina Fischer pour son superbe travail éditorial, ainsi que mes amis David Lefebvre et Riccardo Chiaradonna pour leurs précieuses remarques sur une première version de l'Introduction.

Et Christian Förstel, l'ami sans qui ce travail n'aurait pas vu le jour.

Table des Matières

Histoire du texte

Chapitre I
Les deux manuscrits

Les 826 scholies ici éditées pour la première fois sont contenues dans les marges d'un manuscrit conservé aujourd'hui à Paris, Bibliothèque nationale de France, fonds Supplément grec 643[1]. Certaines d'entre elles, cantonnées au livre IV et au début du livre V, se retrouvent, plus ou moins altérées, dans un autre manuscrit parisien, le *Paris. gr.* 1859. Nous voudrions, dans les pages qui suivent, rassembler et exposer les maigres renseignements à notre disposition sur l'histoire de ce corpus.

§1. Le *Paris. suppl. gr.* 643 (= S)

Le *Paris. suppl. gr.* 643, copié sans doute à Byzance au début du XIVe siècle[2], provient de l'une des « missions » de Minoïde Mynas dans les couvents de l'Athos[3]. Intégré aux collections publiques après les recherches intensives d'Immanuel Bekker et de Ch. August Brandis, il a échappé par la suite à l'attention des philologues de la seconde moitié du XIXe siècle et du XXe siècle[4]. Il faut dire qu'avec les Oxfordiens de la première moitié du XXe siècle

---

1 J'en ai signalé l'existence dans « Alexandre d'Aphrodise et la »Magna Quaestio«. Rôle et indépendance des scholies dans la tradition byzantine du corpus aristotélicien », *Les Études classiques* 63, 1995, p. 295–351. Le délai entre la découverte et le présent livre tient pour partie au rythme du déchiffrement, pour partie au fait que je me suis consacré à d'autres recherches dans l'intervalle.

2 Cette affirmation se fonde sur la paléographie. S ne contient ni date ni nom de copiste.

3 Cf. H. Omont, *Minoïde Mynas et ses missions en Orient (1840–1855), Mémoires de l'Académie des Inscriptions et Belles Lettres 40*, 1916, pp. 337–421, p. 404 et 412 (« Catalogue de mes manuscrits qui sont chez moi à Paris, M. Mynas ») : « Manuscrit in-4°, bombycinus, contenant la Physique d'Aristote φυσικῆς ἀκροάσεως, le premier livre de περὶ γενέσεως καὶ φθορᾶς et le commencement du deuxième, avec des notes et des scolies. Je fis intercaler du papier jaunâtre pour récrire quelques notes ou mots difficiles à déchiffrer. L'ouvrage paraît être du XIe siècle. Cet ouvrage contient 186 feuilles, ou 372 pages, y compris le papier intercalé ». C'est la présence de ces feuilles ajoutées par Mynas qui explique que les scholies n'apparaissent, dans la numérotation actuelle, que sur les folios impairs.

4 Sur Bekker à Paris, voir W. A. Schröder, « Immanuel Bekker – der unermüdliche Herausgeber vornehmlich griechischer Texte », in Annette M. Baertschi et C. G. King (eds), *Die modernen Väter der Antike. Die Entwicklung der Altertumswissenschaften an*

– à l'exception notable de F. H. Fobes et, dans une moindre mesure, un peu plus tard, de D. J. Allan – l'ecdotique aristotélicienne est davantage le fait de commentateurs du texte que d'historiens des textes. Qu'il s'agisse d'I. Bywater, de W. D. Ross ou de H. H. Joachim, pour citer les trois plus éminents, c'est la connaissance profonde et nuancée de la philosophie d'Aristote qui permet les nouvelles conquêtes textuelles plutôt qu'un bouleversement des données manuscrites[5].

On ne sait dans quel couvent Mynas a déniché S, mais j'aurais tendance à y voir une pièce de la Grande Laure ou de Vatopédi[6]. Ce manuscrit est arrivé à l'Athos sans doute directement de Byzance. Comme un autre manuscrit de la collection Mynas, aujourd'hui le *Paris. suppl. gr.* 655[7], qui contient des textes de logique alexandrine et byzantine, il a en effet été annoté par un érudit byzantin dans la première moitié du XIVe siècle, dont la main n'est pas sans rappeler celle de Maxime Planude puis, aux alentours de 1360, par le Calabrais Léonce Pilate, traducteur d'Euripide et d'Homère pour Boccace et Pétrarque, lors de son séjour dans la capitale de l'Orient grec[8].

Les scholies entourent le texte des livres IV-VIII de la *Physique* d'Aristote. Malgré mes efforts, je n'ai pu identifier le scribe qui les avait écrites. Le peu glané est redevable à la paléographie, à la codicologie et à l'histoire des textes.

L'examen paléographique, on l'a dit, permet de dater l'écriture du début du XIVe siècle et de l'attribuer à un lettré constantinopolitain, scribe professionnel ou érudit recopiant la *Physique* à son usage personnel. L'analyse codicologique confirme, sans la préciser, cette première constatation. Cette

Akademie und Universität im Berlin des 19. Jahrhunderts, Berlin / New York, 2009, p. 329–368, en part. p. 338–340.

5 La seule véritable nouveauté textuelle des éditions oxfordiennes de la *Physique* et du *De generatione et corruptione* par rapport à celle de l'Académie de Prusse consiste dans l'utilisation du *Vind. phil. gr.* 100 (ms. J), inconnu de Bekker.

6 Il n'apparaît pas, en particulier, dans la liste d'environ cinquante titres de manuscrits de plusieurs couvents de l'Athos composée par Chrysanthios, fils de Notarios, patriarche de Jérusalem entre 1707 et 1731. Cf. L.O. Sathas, *Βίβλων ἐκ τῶν πολλῶν καὶ διαφόρων τῶν ἐν τοῖς μοναστηρίοις τοῦ Ἄθωνος κατάλογος*, τ. I, Venise, 1872, p. 271–284.

7 Cf. Omont, *op. cit.*, p. 369.

8 Cf. D. Harlfinger et M. Rashed, «Leonzio Pilato fra Aristotelismo Bizantino et Scolastica Latina. Due Nuovi Testimoni Postillati», *Quaderni Petrarcheschi* 12–13, 2002–2003 [= *Petrarca e il mondo greco* I, Atti del Convegno internazionale di studi, Reggio Calabria 26–30 novembre 2001, a cura di M. Feo, V. Fera, P. Magna et A. Rollo], Florence, 2007, p. 277–293 et planches V-XIV. Je signale, ce qui nous avait échappé au moment de la rédaction de cet article, que le *Paris. gr.* 1849 comporte lui aussi, fol. 6v, une note latine de Léonce Pilate en marge du fragment conservé de la *Métaphysique* d'Aristote. C'est la trace sûre d'une activité aristotélicienne de Pilate à Florence, où ce manuscrit est attesté du Moyen Âge au XVe siècle : cf. G. Vuillemin Diem et M. Rashed, « Burgundio de Pise et ses manuscrits grecs d'Aristote : *Laur.* 87.7 et *Laur.* 81.18 », *Recherches de Théologie et Philosophie Médiévales* 64, 1997, p. 136–198, p. 177, n. 57.

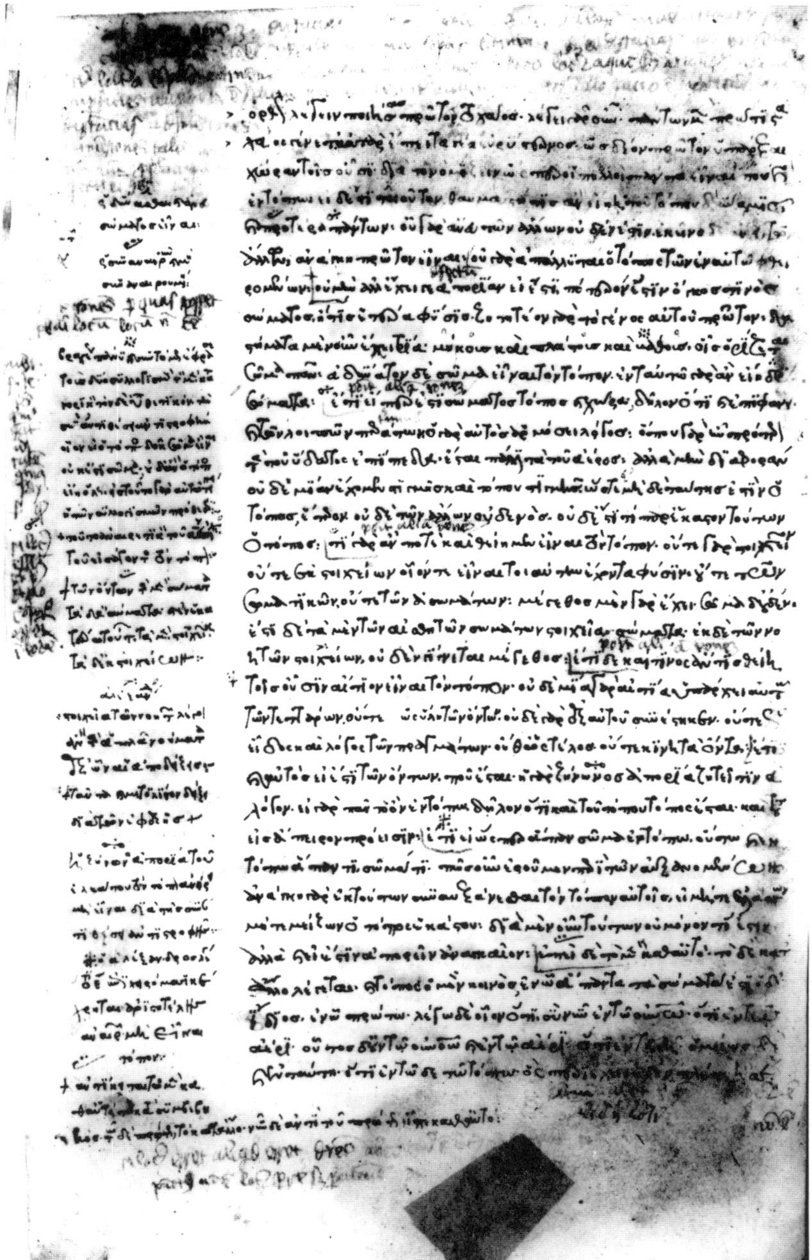

Pl. 1 : *Paris. Suppl. gr.* 643 (ms. S), fol. 59v: *Phys.* IV, 208b 29–209b 1 (scholies 5–15)

portion du manuscrit est copiée, dans une encre brune tirant sur le blond, sur papier oriental, comme une bonne part de la production byzantine de cette époque.

S est curieusement composite. Non point par son contenu – il contient essentiellement la *Physique* et le *De generatione et corruptione*[9] –, mais du fait qu'il constitue un assemblage de deux portions d'origine différente. Les livres I-III de la *Physique*, ainsi que la partie recopiée du *De generatione*[10], ont été copiés par un scribe d'Italie du Sud, qui était sans doute au fait de la philosophie scolastique latine, dans le dernier quart du XIIIe siècle[11]. À peine le travail achevé, le manuscrit, non relié et plié en quatre[12], a été embarqué pour Byzance. C'est là qu'un érudit y a inséré les cinq derniers livres de la *Physique* avec les scholies.

On pourrait supposer, d'après ces quelques éléments, que les cinq derniers livres de la *Physique* ont été spécialement écrits pour combler la lacune du manuscrit d'Italie du Sud. Mais un examen plus minutieux interdit cette hypothèse. Le premier cahier de la partie byzantine est en effet numéroté ϑ (i. e. 9), ce qui implique que manquent, dans le manuscrit actuel, les huit premiers cahiers d'un codex primitif. J'ai pu, par chance, les retrouver à Florence, dans le *Laurentianus plut.* 87.20[13]. On y trouve les cahiers numérotés α—η (i. e. 1—8) ; le format, le papier et la main sont identiques. Ce témoin est en Italie depuis le Quattrocento, car il provient de la bibliothèque personnelle

9 Auxquels s'ajoutent d'intéressants paratextes, qui constituent des adaptations en grec de divisions de la philosophie nées dans le cadre de la faculté des arts de Paris dans les décennies précédentes. Édition et étude dans M. Rashed, « De Cordoue à Byzance. Sur une prothéorie inédite de la *Physique* d'Aristote », *Arabic Sciences and Philosophy* 6, 1996, p. 215–262.

10 Le texte n'est cependant pas mutilé à cet endroit : le copiste s'interrompt sur un *recto*, en 329a 31 (τῷ ψυχρῷ).

11 Notre reconstitution de l'origine italique se fonde sur trois éléments : 1°) l'écriture : attribution à un centre de copie d'Italie du Sud par D. Harlfinger, *Die Textgeschichte der Pseudo-aristotelischen Schrift Περὶ ἀτόμων γραμμῶν. Ein kodikologisch-kulturgeschichtlicher Beitrag zur Klärung der Überlieferungsverhältnisse im Corpus Aristotelicum*, Amsterdam, 1971, p. 60 , n. 1 ; 2°) le fait qu'il contient des traductions grecques de textes scolastiques latins, les premières qui nous soient conservées (cf. n. 9) ; 3°) l'histoire textuelle du *De generatione :* j'ai montré (cf. *Die Überlieferungsgeschichte der aristotelischen Schrift De generatione et corruptione*, Wiesbaden, 2001, p. 106–110) que le père de notre manuscrit, copié à Byzance, se trouvait en Italie du Sud au moins un siècle avant la confection de celui-ci.

12 Cf. Harlfinger et Rashed, « Leonzio Pilato ».

13 Cf. M. Rashed, « Vestiges d'un commentaire alexandrin au *De caelo* d'Aristote », in *L'Héritage aristotélicien. Textes inédits de l'Antiquité*, Paris, 2007, p. 219–267.

de Marsile Ficin, dont il porte encore l'*ex-libris*[14]. C'est donc que le démembrement est très ancien[15]. Il remonte en réalité certainement au moment où l'on a arraché les cinq derniers livres de la *Physique* de ce qui allait devenir le *Laur.* 87.20 pour les joindre aux folios à peine arrivés d'Italie du Sud.

§ 2. Le *Paris. gr.* 1859 (= P)

Le *Paris. gr.* 1859 est un manuscrit contenant des traités physiques et biologiques d'Aristote[16]. Il est datable, par l'écriture des quelques scribes qui ont travaillé de concert à sa réalisation, des environs de 1300. Cette collaboration montre déjà qu'il est le fruit d'une entreprise éditoriale importante, typique de l'université byzantine de l'époque des Paléologues. Mais il y a plus : ce manuscrit devait initialement appartenir à un corpus en plusieurs volumes des œuvres d'Aristote[17]. Le *Paris. gr.* 1897 A, qui contient les traités de l'Organon, est en effet copié par les mêmes mains, et ses caractéristiques codicologiques sont identiques. Le texte de la *Physique* est en outre pourvu de scholies empruntées aux deux commentaires disponibles à l'époque, Simplicius et Philopon, ainsi qu'à la paraphrase de Thémistius[18]. En intercalant un certain nombre de scholies en provenance du corpus d'Alexandre, le scholiaste a donc fait figurer les quatre exégètes antiques les plus importants de l'œuvre. Dans un article récent, P. Golitsis a suggéré, avec de

14 Cf. *Marsilio Ficino e il ritorno di Platone, mostra di manoscritti, stampe e documenti (17 maggio – 16 giugno 1984)*, Catalogo a cura di S. Gentili, S. Niccoli et P. Viti, Premessa di E. Garin, Florence, 1984, p. 123–125.

15 On peut noter en confirmation que le *Laur.* 87.20, à la différence de S, ne contient aucune annotation ni du copiste byzantin qui a annoté ce dernier durant la première moitié du XIVe siècle, ni de Léonce Pilate qui s'en est servi extensivement vers 1360. Ces indices suggèrent que le démembrement du manuscrit initial a eu lieu très peu de temps après sa copie, qui remonte sans doute aux premières années du XIVe siècle.

16 C'est le Prof. Dieter Harlfinger qui a attiré mon attention sur les scholies de ce manuscrit. Je l'en remercie vivement.

17 Cf. Rashed, *Überlieferungsgeschichte*, p. 234–236. On sait très peu de choses de l'histoire de ce manuscrit : sans doute encore présent à Byzance, au patriarcat, vers 1500 – époque où il paraît avoir été utilisé par Manuel le Rhéteur pour la confection de l'*Alexandrinus* 87 (Bibliothèque patriarcale d'Alexandrie) ; cf. dernièrement C. Förstel, « Manuel le Rhéteur et Origène : note sur deux manuscrits parisiens », *Revue des Études Byzantines* 57, 1999, p. 245–254 – il est intégré quelques décennies plus tard à la bibliothèque royale de Fontainebleau (et porte encore sa magnifique reliure d'époque, cf. Marie-Pierre Laffitte et Fabienne Le Bars, *Reliures royales de la Renaissance. La librairie de Fontainebleau 1544–1570*, Paris, 1999, p. 91).

18 Voir la préface de Diels à son édition du second volume du commentaire de Simplicius à la *Physique*, p. XI-XII.

Pl. 2 : *Paris. Suppl. gr.* 643 (ms. S), fol. 63: *Phys.* IV, 210b 22–211a 34 (scholies 38–47)

bons arguments, de rattacher ce corpus à l'activité philosophique de Georges Pachymère[19].

P est dépourvu d'intérêt pour l'établissement du texte des scholies car il présente ces dernières sous une forme souvent très fautive et retravaillée. Il a cependant le mérite de confirmer que le corpus de scholies dont procède S était disponible à Byzance au tournant des XIIIe-XIVe siècles et connu des érudits de la capitale.

§ 3. L'archétype

La grande surprise provoquée par le rapprochement de S et du *Laur.* 87.20 provient du fait que les huit premiers cahiers du manuscrit unique antérieur au démembrement *ne contenaient pas* les trois premiers livres de la *Physique*. Les cinq derniers livres succédaient en effet immédiatement aux traités physiologiques et au *De caelo* d'Aristote[20]. Cet ordre exceptionnel est un indice de la valeur historique du témoin. Nous avons en effet des chances d'avoir conservé la « photographie » d'un exemplaire ancien, lacunaire, à l'ordre des traités perturbé. Le *Laur.* 87.20 est le seul manuscrit connu à contenir cette suite exacte de traités et à présenter les recherches aristotéliciennes dans l'ordre inverse du corpus (qui, d'après le Prologue bien connu des *Météorologiques*, va de la *Physique* à la physiologie en passant par les recherches sur le monde).

L'originalité du manuscrit primordial n'est cependant pas cantonnée à ces éléments de structure. Les scholies qui accompagnent le *De caelo* proviennent au moins en partie d'un commentaire de la fin de l'Antiquité, qui pourrait être une œuvre du jeune Philopon connue de Simplicius[21]. Les scholies aux cinq livres de la *Physique*, quant à elles, ne trahissent pas la moindre trace de néoplatonisme, même au sens édulcoré de l'université d'Alexandrie post-ammonienne. Bien que le commentaire dont les gloses au *De caelo* sont tirées cite deux fois nommément Alexandre – ce qui atteste que leur auteur dispose encore de l'œuvre de l'Exégète[22] –, la situation respective des deux corpus de

---

19 Cf. P. Golitsis, « Copistes, élèves et érudits : la production de manuscrits philosophiques autour de Georges Pachymère », à paraître dans A. Bravo García et Immaculada Pérez Martín, with the assistance of J. Signes Codoñer (eds.), *The Legacy of Bernard de Montfaucon : Three Hundred Years of Studies on Greek Handwriting*, Turnhout, 2010, p. 157–170.

20 Pour une description codicologique du *Laur.* 87.20, voir la notice de J. Wiesner dans *Aristoteles Graecus. Die griechischen Manuskripte des Aristoteles*, untersucht und beschrieben von P. Moraux, D. Harlfinger et al., t. I, p. 319–323. L'insertion du *De sensibus* de Théophraste et de la *Metaphrasis* de Priscien de Lydie entre les *Parva Naturalia* et le *De caelo* ne reflète pas l'état original.

21 Cf. Rashed, « Vestiges », p. 264–267.

22 Cf. Rashed, « Vestiges », p. 221–223.

scholies n'a donc rien à voir. En revanche, leur présence simultanée dans un même manuscrit reflétant un *codex disjectus* qu'on imagine ancien suggère que les extraits ont été faits à une époque où le commentaire d'Alexandre à la *Physique* et celui d'un Alexandrin au *De caelo* étaient encore disponibles, soit l'Antiquité tardive ou son prolongement proto-byzantin[23].

Deux arguments d'ordre paléographique corroborent cette datation. Le premier est la présence de *fenestrae* dans S, aussi bien dans le texte des scholies que dans celui de la *Physique* proprement dite. On en trouve par exemple aux scholies **29**, **81**, **203**, **339** et **399**, ainsi que, parmi bien d'autres passages, fol. 73v l. 2 *ab imo* (218a 5, om. χρόνου), fol. 75 l. 18 (218a 29–30, om. ἄλλο ἄλ-), fol. 79 l. 20 (221a 3, om. ὁ πῆχυς). En outre, en 218b 11, le texte de la *Physique* intègre sans mot dire le γράφεται marginal (voir *ad loc.*). À en juger par l'apparat critique de Ross, S est le seul manuscrit à faire cette erreur. Ces indices semblent indiquer une tradition unique pour le texte d'Aristote et les scholies, remontant à un exemplaire assez ancien.

Le second argument, plus décisif, provient de la scholie **19**. Le texte évoque, de toute évidence, les « qualités affectives » (ἄνευ τοῦ εἴδους καὶ τῶν <u>παθητικῶν</u> ποιοτήτων). C'est la leçon de P. On lit pourtant, dans S, le texte suivant : ἄνευ τοῦ εἴδους καὶ τῶν <u>μαθητικῶν</u> ποιοτήτων. Cette leçon est doublement erronée. Tout d'abord parce qu'un tel mot n'existe pas, ensuite parce qu'à supposer même qu'on rétablisse la forme μαθηματικῶν, le sens serait pour le moins très difficile. Or s'il est impossible de confondre un *mû* et un *pi* minuscules, il n'en va pas de même avec le tracé majuscule de ces lettres. Il suffit que la partie supérieure du *pi* soit un peu affaissée en son centre pour qu'on puisse le confondre avec un *mû*[24]. La faute, qui transforme un mot grec qui fait sens en un barbarisme incompréhensible, ne s'explique donc que par un exemplaire en onciales, c'est-à-dire antérieur au début du IXe siècle[25]. La leçon correcte aura quant à elle été rétablie par l'érudit à l'origine de la reformulation des scholies dans P[26].

Ces deux arguments paraissent confirmés par l'impression générale qui se dégage de la mise en page des scholies. L'équilibre graphique de la page, les volutes apparaissant parfois à la fin d'une scholie et la présence, au fol. 65, d'une scholie copiée deux fois nous l'attestent : S n'est certainement pas le

---

23 Soit dans la Byzance antérieure à la Renaissance macédonienne des premières décennies du IXe siècle.

24 On retrouve cette même faute plus loin dans le texte : contre la tradition unanime παθημάτων en *Phys.* VIII 7, 260b 8, le ms. S lit μαθημάτων. Il s'agit donc bien d'une ambiguïté dans la graphie d'un modèle en majuscules.

25 Il est possible qu'on ait une faute d'onciales également à la scholie 150 (ἄλλη εἰ lu ἅμα εἰ).

26 Cf. *supra*, p. 7.

premier jet d'un savant du temps des Paléologues, mais provient d'une source plus ancienne.

Rien ne prouve bien sûr que c'est le manuscrit en onciales lui-même que les copistes de S et de P ont eu entre les mains. Même si l'on sait que cette époque se signale par son engouement pour les vieux manuscrits[27], il se peut que l'exemplaire sur lequel la copie a été réalisée soit un descendant plus ou moins proche du manuscrit translittéré. La substitution, scholie **824**, de ἀδιαίρετον à εὐδιαίρετον, s'expliquerait mieux avec un exemplaire en écriture minuscule, qui confond assez souvent *alpha* et la ligature *epsilon-upsilon*. Mais il se peut aussi que l'erreur soit un simple lapsus de copiste.

Un indice donne d'ailleurs corps à l'hypothèse d'une translittération au IXe siècle, dont dériverait, sans doute assez directement, le ms. S. Généralement, dans ce manuscrit, les scholies sont rattachées, par un signe de renvoi, au mot ou au groupe de mots aristotéliciens qu'elles commentent. Sinon, en l'absence de signe de renvoi, elles se trouvent plus ou moins en face du texte auquel elles se rapportent. Or dans certains cas, la scholie est décalée de manière assez substantielle et, ce qui est pour nous capital, d'un espace constant : environ 30 lignes de l'édition Bekker[28]. La seule explication possible est que le manuscrit initial était disposé en colonnes et que la scholie, placée entre les deux colonnes et se rapportant implicitement à l'une d'elles, a été rattachée à l'autre au moment de la copie. Si l'on suppose que le copiste de S et celui de P, *grosso modo* contemporains, ont utilisé le même exemplaire, il s'agirait de cet ancien manuscrit lui-même : car dans les deux cas contrôlables (scholies **34** et **46**), la scholie, mal située dans S, est à la bonne place dans P.

On conclut en outre que l'extension de la colonne du manuscrit initial correspondait en gros à 30 lignes Bekker. Une ligne Bekker comptant environ 40 lettres, cela nous donne un total de 1200 lettres par colonne. Ce qui paraît excessif pour un exemplaire en onciales : le Codex sinaiticus, par exemple, contient des colonnes de 48 lignes d'environ 13 lettres, ce qui donne 624 lettres par colonne, soit moitié moins que le total recherché. En revanche, le *Paris. gr.* 1807 (le ms. A de Platon), copié en minuscules au milieu du IXe siècle à Byzance, et disposé sur deux colonnes par page, compte 44 lignes d'environ 25 lettres par colonne, soit *ca* 1100 lettres par colonne. La proximité du résultat nous invite à postuler l'existence d'un manuscrit en minuscules, de format à peine supérieur au *Paris. gr.* 1807, disposé lui aussi sur deux colonnes et comptant environ 45 lignes de 26–27 lettres par colonne. C'est le copiste de ce manuscrit qui aurait commis l'erreur μαθητικῶν.

---

27 Un des exemples les plus fameux est celui du manuscrit de Diophante demandé par Planude à Bryennios ; voir M. Treu, *Maximi Monachi Planudis Epistulae*, Leipzig, 1890, lettre 33, p. 53, ll. 3–10.

28 Cf. scholies **32**, **34**, **46**, **114**, **151**, **172**, **437**, **651**.

Chapitre II
Les scholies

§ 1. Les scholies et le commentaire perdu d'Alexandre d'Aphrodise à la *Physique* d'Aristote

Quelles sont les raisons d'attribuer les scholies des cinq derniers livres de la *Physique* à Alexandre d'Aphrodise ? Celles-ci tiennent tout d'abord à un fait général, qui se rattache aux 826 scholies comme à un tout : le rapport à la fois proche et distant qu'elles entretiennent avec le commentaire de Simplicius. Les scholies proposent très souvent une exégèse qui se retrouve plus ou moins dans le commentaire-fleuve du néoplatonicien. Toutefois, à quelques exceptions près, elles ne présentent jamais exactement l'énoncé de Simplicius et, ce qui est plus décisif, ne se font *jamais* l'écho d'une doctrine néoplatonicienne apparaissant chez ce dernier. Ces deux constatations ne constituent pas des arguments *e silentio*. Un silence qui s'étend sur cinq livres de la *Physique*, mille pages de Simplicius et plus de 800 scholies ne saurait être fortuit. Sa seule explication est que les extraits dérivent d'une source qui n'est ni Simplicius ni un commentaire influencé par Simplicius, mais un commentaire non néoplatonicien – ce qui permet d'exclure une éventuelle œuvre alexandrine, Ammonius en particulier – qui a massivement influencé Simplicius. Il est naturel de supposer qu'il s'agit d'Alexandre, que Simplicius cite à peu près à toutes les pages.

On m'objectera peut-être qu'il se pourrait que l'auteur des scholies ait une nette conscience de la pureté doctrinale aristotélicienne et qu'il se soit servi de Simplicius comme d'une source pour reconstituer le commentaire d'Alexandre. Outre que ce scénario serait un défi à tout ce que nous savons du commentarisme post-porphyrien, il s'écroule devant la constatation simple suivante : des dizaines de citations nominales d'Alexandre dans le commentaire de Simplicius sont sans contrepartie dans les scholies. En revanche, de nombreux parallèles sont constatables à des endroits où Simplicius n'évoque pas le nom de son prédécesseur. Enfin, tout en recherchant de façon exclusive à reconstituer l'exégèse d'Alexandre, l'érudit aurait choisi de ne jamais reprendre à Simplicius les mentions de son nom[29]. Il faudrait donc prêter à notre puriste à la fois un engouement exclusif pour Alexandre et une grande négligence à son égard. C'est impossible.

---

29 Pour un exemple du contraire, voir *infra*, p. 19–20.

Cette présomption générale peut être démontrée dans le détail. Tout d'abord, Alexandre est le seul commentateur que cite le scholiaste[30]. Son nom apparaît à cinq reprises dans S (scholies **11**, **14**, **67**, **191**, **432**) et une fois dans P (scholie **3**)[31]. Ce n'est sans doute pas un hasard si les deux premières citations de S et celle de P apparaissent très tôt dans le commentaire, c'est-à-dire en une phase où l'auteur des extraits était encore dans la disposition psychologique de citer sa source – ce qui tendrait d'ailleurs à confirmer que les extraits d'Alexandre ne concernent que les cinq derniers livres, c'est-à-dire que nous n'avons rien perdu du travail du scholiaste. Ce point est encore confirmé par le fait que la mention d'Alexandre en **11** et **14** ne se retrouve pas dans P, mais surtout que l'attribution de **3** à Alexandre apparaît dans P et non dans S. Cette indépendance mutuelle des références prouve que le manuscrit source était pourvu, au début du livre IV, d'indications sur l'origine des scholies que nous ne possédons plus intégralement dans S.

Les trois dernières mentions d'Alexandre dans S sont bien particulières, car elles opposent la thèse de l'Exégète à celle de quelqu'un d'autre. Dans le premier cas, il s'agit de commentateurs anonymes, dans le deuxième d'une petite divergence lexicale par rapport à Aristote et, dans le dernier, du fameux différend avec Galien. Il est manifeste que c'est cette structure d'opposition qui fait alors surgir le nom de la source : alors que dans les cas habituels, il n'est guère besoin de préciser que c'est Alexandre qui parle, la chose devient nécessaire quand on veut rendre le fait qu'Alexandre prend position contre une certaine thèse. Notons en outre que dans aucun de ces cinq passages de S, à l'exception peut-être du quatrième, on ne peut supposer sans contorsions argumentatives que le scholiaste reconstitue une thèse d'Alexandre à partir de Simplicius. J'ai étudié ailleurs assez longuement les trois premiers et me permets de ne pas y revenir[32]. Pour ce qui est du quatrième, alors que le scholiaste tempère l'explication du terme ἄρτι proposée par Aristote (ἄρτι ne se réfère qu'au *passé* proche) par « l'usage », auquel, nous dit-il, en appelle Alexandre (ἄρτι se réfère *aussi* au *futur* proche), Simplicius oppose Aristote d'un côté, Aspasius et Alexandre de l'autre. Il serait donc assez étrange que la scholie, nuancée et moins érudite, remonte à Simplicius, plus érudit mais moins nuancé. Et si l'on veut à tout prix que le scholiaste tire son renseignement de Simplicius, pourquoi alors ne lui a-t-il repris une citation d'Alexandre qu'ici, sur ce point insignifiant de lexique, alors que l'Exégète était mentionné des centaines de fois ailleurs, en des occasions autrement plus décisives ?

30 Hormis bien sûr Eudème, mentionné en **624**.

31 On néglige bien entendu ici les cas où P se borne à retranscrire Simplicius ou Philopon citant Alexandre. Pour un exemple de ce type, voir *infra*, p. 19–20.

32 Cf. « Alexandre et la »Magna Quaestio« ».

L'enjeu philosophique de la scholie **432** est moins anodin. Nous en proposons un commentaire approfondi *ad loc.*[33].

Plusieurs scholies, sans porter le nom d'Alexandre, sont cependant stylistiquement ou doctrinalement « signées ». Évoquons brièvement, parmi bien d'autres, les scholies **29**, **47**, **121**, **122**, **339**, **371**, **435**, **539**, intéressantes à des titres divers.

29 est une version du *nota bene* sur l'inhérence de la forme dans la matière plus complète que celles qu'on trouve ailleurs dans le corpus conservé – et en particulier dans le passage parallèle de Simplicius[34]. Il faudrait donc, pour l'expliquer comme une influence de Simplicius, supposer en même temps que le scholiaste avait en tête le passage de *Mantissa* § 5, et qu'il ait ciselé le matériau simplicien pour y insérer ce texte d'Alexandre. C'est exclu.

47 constitue une doxographie inédite sur les Stoïciens sans le moindre équivalent dans le passage correspondant de Simplicius, mais avec deux passages parallèles chez Alexandre, dans le *De mixtione* et la *Mantissa* § 3[35]. Aucun n'est cependant exact, en sorte qu'il ne saurait s'agir de citations de ces œuvres. En outre, non seulement il est peu probable qu'un scholiaste ait été frappé par ces textes, mais on ne voit guère pourquoi il les aurait recopiés entre deux scholies platement exégétiques. En revanche, Alexandre avait de bonnes raisons d'évoquer la thèse de la συνέχεια cosmique dans ses commentaires sur le lieu aristotélicien[36]. La difficulté stoïcienne à rendre compte de la pluralité *des* substances mettait en valeur la distinction aristotélicienne entre contiguïté et continuité au fondement de la doctrine du lieu.

121 est sans doute également directement puisée au commentaire d'Alexandre. Il s'agit de l'exégèse de *Phys.* IV 8, 14b 17–27. Voici ce texte dans la traduction de P. Pellegrin[37] :

> (A) De plus, s'il existe quelque chose comme un lieu privé de corps quand il y a un vide, où se portera en lui le corps qui s'y trouverait placé ? Car, assurément, ce ne peut être dans le tout <du vide>. Le même argument vaut contre ceux qui pensent que le lieu est quelque chose de séparé dans lequel <les choses> sont transportées. Car comment ce qui y est contenu sera-t-il transporté ou sera-t-il en repos ? Et le même argument convient évidemment aussi bien au haut et au bas qu'au vide ; en effet, ceux qui prétendent que le vide existe en font un lieu. (B) Et comment <une chose> sera-t-elle dans un lieu ou dans le vide ? (C) En effet, cela n'arrive pas quand une totalité est placée dans un lieu séparé et dans un corps

33 Cf. *infra*, p. 424–427.

34 Cf. M. Rashed, *Essentialisme. Alexandre d'Aphrodise entre logique, physique et cosmologie*, Berlin / New York, 2007, p. 166–181.

35 Cf. Alexandre, *De mixtione* 223.25–27 et *Mantissa* § 3, 115.6–12.

36 Cf. *infra*, p. 205.

37 *Aristote* : *Physique*, traduction et présentation par P. Pellegrin, Paris, 2000, p. 233–234. La division en (A), (B), (C) est mienne. Elle n'est pas dictée par l'articulation du sens mais par les besoins de la discussion textuelle d'Alexandre.

permanent déterminé. Car une partie, si elle n'est pas située séparément, ne sera pas dans un lieu mais dans la totalité <du corps>.

Tous les manuscrits ayant servi aux éditeurs, ainsi que Philopon et Thémistius, transmettent les parties (A), (B) et (C). Mais Averroès et Simplicius font une remarque à peu près identique, qu'Averroès – mais non Simplicius – prête à Alexandre : certains manuscrits ne contiennent que (A) et (B), tandis que d'autres ont également (C). Leur présentation formelle des choses est cependant différente. Alors que selon Alexandre cité par Averroès, certains manuscrits *ne transmettent pas* (C) – ce qui est plus conforme à la situation actuelle –, Simplicius affirme que certains manuscrits *transmettent* ce passage. La scholie, en se rangeant du côté d'Averroès, trahit sans doute son origine alexandrique.

Il en va de même avec la scholie **371**. Alors que celle-ci est sans correspondant exact chez Simplicius, elle a un parallèle rigoureux dans une citation du commentaire d'Alexandre faite par Averroès[38].

La scholie **122** est elle aussi décisive. Aristote évoque l'hypothèse cosmologique selon laquelle la Terre serait immobile par indifférence à se mouvoir en telle direction plutôt qu'en telle autre. Aussi bien la scholie que Simplicius citent le début de phrase du *Phédon*, 109 A, « en effet, une chose équilibrée placée au milieu de quelque chose d'homogène… ». Mais Simplicius l'attribue de manière erronée au *Timée*[39]. Cette erreur prouve que Simplicius n'a pas contrôlé sa citation platonicienne, mais qu'il la mentionne soit de mémoire, soit en l'empruntant à quelque source. Or justement, la scholie mentionne Platon, mais non l'œuvre de Platon dont la citation est tirée. On peut donc reconstituer avec vraisemblance le processus de l'erreur. Alexandre avait cité la phrase en se contentant de l'attribuer, sans davantage de précision, à Platon. Simplicius lit son commentaire, le retranscrit et veut préciser les choses, sans toutefois prendre le temps d'aller ouvrir son codex de Platon. Étant donné le contexte cosmologique et le fait que le *Timée* évoque la même thèse, en des termes assez proches, en 63 A, l'erreur était difficilement évitable, même pour un professeur aussi aguerri que Simplicius. Si en outre l'on accepte ma correction du nom d'Anaxagore en Anaximandre – son origine graphique est évidente –, on devra reconnaître que la scholie est deux fois meilleure que le commentaire de Simplicius, qui lui ne cite pas ici le philosophe présocratique. Car Aristote a mentionné Anaximandre, dans ce contexte, en *De caelo* II 13, 295b 10–16. Bref, si l'on voulait supposer que le scholiaste dérive son savoir de Simplicius, il faudrait admettre qu'il surpasse le commentateur en érudition et en acuité, mais surtout en vigilance. Ce qui

38 Cf. *infra, ad loc.*
39 Simplicius, *In Phys.* 666.24–26.

serait possible sur une ou deux annotations, mais qui rendrait le projet d'une chaîne continue de scholies à peu près impraticable.

339 est déterminante. Je l'ai discutée ailleurs en détail et me permets de renvoyer à cette étude[40].

435 est intéressante d'un point de vue philosophique et « idéologique ». Il est dit que Platon reconnaît le principe aristotélicien *omne quod mouetur*. La seule différence entre les deux auteurs, selon la scholie, est que Platon tire de ce principe que le terme dernier de la régression est automoteur, tandis qu'Aristote professe qu'il est immobile. Cette reconstitution historique ne pouvait pas plaire à Simplicius, car elle recouvre le débat de l'automotricité de l'âme, où le contentieux avec Alexandre est récurrent et irréductible. On n'en trouve en tout cas pas trace dans son commentaire. Elle apparaît presque dans les mêmes termes au cours de la *Réfutation de Galien* transmise en arabe. Voici une traduction du passage[41] :

> Que tout ce qui se meut soit mû par quelque chose, c'est là ce que disent Aristote et Platon. Car Platon aussi dit que tout ce qui se meut est mû par quelque chose, car soit il est mû par une chose autre que lui, soit il est mû par lui-même.

Il y a donc quelque chose de typiquement alexandrique dans la récupération de Platon à laquelle se livre la scholie. Et loin de s'opposer au commentaire d'Alexandre comme on l'a prétendu[42], la *Réfutation de Galien* le confirme.

539 propose une classification doxographique des systèmes du monde présentés par les différentes écoles[43]. La comparaison avec le passage correspondant de Simplicius prouve que la scholie et le commentateur néoplatonicien remontent indépendamment au commentaire d'Alexandre. Car alors que le scholiaste l'a repris sans en modifier la teneur, Simplicius l'a récrit pour le faire cadrer avec la vision néoplatonicienne de l'histoire de la philosophie, qui trace une ligne de démarcation nette entre les systèmes ayant compris la nécessité de distinguer monde intelligible et monde sensible et ceux, matérialistes, qui ont cru que le sensible était toute la réalité. Alors que tous les premiers ne sont que différentes expressions de la même *philosophia perennis*, les seconds – Démocrite et Épicure en particulier – sont des réflexions inabouties qui n'ont d'intérêt qu'anecdotique.

---

40 « A »New« Text of Alexander on the Soul's Motion », dans R. Sorabji, *Aristotle and after* [BICS Supplement n° 68], Londres, 1997, p. 181–195.

41 Cf. *The Refutation by Alexander of Aphrodisias of Galen's Treatise on the Theory of Motion*, translated from the Medieval Arabic Version, with an Introduction, Notes and an Edition of the Arabic Text, by N. Rescher and M.E. Marmura, Islamabad, 1965, fol. 66b 23 sqq.

42 Cf. Silvia Fazzo, « Alexandre d'Aphrodise contre Galien : la naissance d'une légende », *Philosophie Antique* 2, 2002, p. 109–144, p. 131–132.

43 Voir notre annotation, *ad loc.*

Je voudrais, pour clore cette section, prier ceux qui voudraient renverser l'ordre de mes raisons de sérier les leur. Plus précisément : il faudra distinguer entre tous les cas qui, pris isolément, ne permettent pas d'affirmer l'indépendance des scholies à l'égard de Simplicius et ceux, qui m'auront alors échappé, où l'on pourra démontrer que les scholies sont dépendantes de Simplicius. À toutes fins utiles, je schématise ainsi les points essentiels de ma propre argumentation :

1) Aucune scholie ne peut être démontrablement considérée comme venant de Simplicius et non d'Alexandre (autrement dit : il n'y pas de trace de néoplatonisme dans les scholies) ;
2) Rien ne dénote non plus que l'auteur des scholies prendrait soin de contourner les éléments néoplatoniciens du commentaire de Simplicius (autrement dit : le néoplatonisme n'apparaît même pas *en négatif* dans les scholies) ;
3) Certaines scholies peuvent être démontrablement attribuées à Alexandre indépendamment de Simplicius ;
4) Presque aucune scholie n'est littéralement identique à un passage de Simplicius ; les cas les plus convergents sont ceux où Simplicius cite Alexandre ;
5) Aucune différence stylistique entre les scholies ne trahirait une diversité de provenance.

Un faux procès consisterait à s'appuyer sur le caractère abrégé, stéréotypé et aride des scholies pour refuser leur origine alexandrique. Nous avons par définition un matériau retravaillé et appauvri, ce qui explique que dans certains cas, le texte originel puisse avoir proprement disparu. Dans ces situations extrêmes, il n'y a guère de sens à dire qu'Alexandre soit l'*auteur* du texte transmis. Il se tient seulement à l'extrémité historique d'un processus dont nous ne possédons plus que l'autre extrémité[44]. Je me borne à dénier que l'on puisse montrer que Simplicius constitue l'une des étapes de ce processus. Bref, réfuter

---

44 En règle générale, on peut affirmer que plus une scholie est brève, moins elle a de chances de refléter rigoureusement l'énoncé d'Alexandre. La terminologie de certaines d'entre elles paraît difficilement pouvoir remonter à Alexandre. Cf. scholies **312**, **363**, **597**, **612**, **618**, **656**. Notons que le scholiaste a laissé très peu de traces de son passage. Sept scholies (**70**, **79**, **151**, **259**, **315**, **468**, **543**) sont introduites par ὅτι. Sur les trois interprétations possibles de cet usage, voir B. Reis, *Der Platoniker Albinos und sein sogenannter Prologos*, Wiesbaden, 1999, p. 49–52 : le terme, quand il n'est pas commandé par un mot de la phrase qui suit, est employé (1) pour introduire la réponse à une aporie, (2) dans la mise par écrit d'un enseignement oral et (3) pour introduire des extraits faits à partir d'une certaine œuvre écrite. Nos scholies relèvent de cette dernière catégorie. Une unique scholie (**413**) contient un méta-commentaire, à la première personne, sur le texte à la source.

l'argumentation proposée reviendra à prouver laquelle des 826 scholies remonte à Simplicius et non à Alexandre indépendamment de Simplicius.

§ 2. Date de composition des scholies

Quand est-il plus probable qu'un professeur disposant encore du commentaire d'Alexandre à la *Physique* s'en soit servi pour composer le recueil dont dérive le *Suppl. gr.* 643 ? Nous avons suggéré plus haut que la date pourrait en être assez ancienne, et avons même évoqué l'Antiquité tardive. Cette intuition est corroborée par quelques remarques sur la tradition byzantine des commentaires anciens à la *Physique*. Nous sont conservés, aujourd'hui, outre la paraphrase de Thémistius, celui de Simplicius dans son intégralité et celui de Jean Philopon aux livres I à IV. Le commentaire de Philopon aux livres V à VIII n'est attesté que sous forme de scholies, les unes copiées en marge du *Paris. gr.* 1853 (le fameux ms. E d'Aristote), les autres dans un codex se trouvant aujourd'hui à Venise (le *Marc. gr.* 227, copié par Georges de Chypre)[45]. Or il est deux indices montrant qu'à l'époque de Georges Pachymère, on ne connaissait déjà plus le commentaire d'Alexandre. Comme le souligne L. Benakis, il est tout à fait impossible que si l'auteur du commentaire byzantin avait eu celui d'Alexandre à sa disposition, il ait écrit, en un passage : Σιμπλίκιος λέγει ὡς ἀπορεῖ ὁ Ἀλέξανδρος ἐνταῦθα ...[46]. De

45 L'histoire du texte du commentaire de Philopon à la *Physique* n'est cependant pas faite. Je suis ainsi tombé sur des scholies au livre VIII qui lui sont nommément attribuées, sans parallèle dans le corpus de Paris ni de Venise, dans le *Vat. gr.* 2208 (dont je daterais l'écriture du XIVe siècle), consulté sur le microfilm de l'Aristoteles-Archiv de Berlin : cf. fol. 135v, 136v, 138v, 141. D'autres scholies recoupent parfaitement les extraits : cf. fol. 132v = 829.20–25 Vitelli (je publierai les nouveaux matériaux après la réouverture de la Vaticane). Il se pourrait que des matériaux philoponiens soient présents dans notre ms. P (qui demanderait une étude *doctrinale* sérieuse). On lit par exemple, fol. 52v, *ad* 225b 33 : σκόπ(ει) ὅτι ἐκ ταύτης τῆς ἐπιχειρήσεως καὶ τὸ ἄναρχον καὶ ἀγένητον τὸν κόσμον εἶναι ἀναιρεθήσεται. εἰ γὰρ ἀρχὴν οὐκ ἔχει τοῦ εἶναι ὁ κόσμος, ἀεὶ δὲ ἄνθρωπος ἐξ ἀνθρώπου, δηλονότι πρὸ Σωκράτους ἔδει γενέσθαι Σωφρονίσκον, καὶ τοῦτο ἐπ' ἄπειρον. εἰ οὖν ἐπ' ἄπειρον ἀνιέναι ἄνω, τοῦ δὲ ἀπείρου τὸ πρῶτον οὐκ ἔστιν, ἀδύνατον δὲ τὰ ὕστερα γενέσθαι μὴ γενομένων τῶν πρώτων, ἀδύνατον ἄρα γενέσθαι Σωκράτην μὴ ἀπείρων πρὸ αὐτοῦ γενομένων· ὅπερ ἀδύνατον, <διότι ἀδύνατον> (addidi) δὶ ἀπείρων προιέναι τὴν γένεσιν ἐνεργείᾳ ἤδη γεγενημένων. Il s'agit là d'une stratégie typiquement philoponienne : voir, *Ṭabī'a*, p. 520 et 523 Badawī, les citations convergentes mais non philologiquement identiques de Philopon. Notons d'ailleurs qu'une histoire du texte de la *Physique* est un grand *desideratum* de la recherche. Pour un exemple du caractère encore très aléatoire du recours des éditeurs aux mss, voir les remarques sur la tradition du livre VII, *ad schol.* **452**.

46 Cf. L. Benakis, « Studien zu den Aristoteles-Kommentaren des Michael Psellos », 1. Teil : « Ein unedierter Kommentar zur Physik des Aristoteles von Michael Psellos »,

manière plus décisive peut-être, le renseignement apparaît dans une scholie du ms. P, composée au plus tard vers 1300. En *Physique* IV 8, 216b 17–20, Bekker et Ross suppriment une phrase présente dans tous les manuscrits mais absente des trois commentateurs grecs. Voici l'apparat de Ross à cet effet : 17–20 ἔτι ... ἁπτοῦ om. P[hiloponus] T[hemistius] S[implicius], secl. Bekker : habent ΠV Averroes. L'auteur byzantin de la scholie ne le cède guère en précision. Voici ce qu'il écrit (fol. 41v, haut de la marge de gauche) : ἰστέον ὅτι ταύτην τὴν λέξιν οὐχ εὕρομεν ἐξηγουμένην ἐν τοῖς φερομένοις ἐξηγηταῖς Σιμπλικίῳ καὶ Φιλοπόνῳ, οὐδέ γε παραπεφρασμένην παρὰ Θεμιστίου· καί, δῆλον, ἢ οὐκ ἔγκειται ἐν ἐνίοις τῶν ἀντιγράφων, ἢ παρενεβλήθη ὕστερον (« *il faut savoir que nous n'avons pas trouvé cette phrase commentée dans les commentateurs conservés Simplicius et Philopon, ni davantage paraphrasée chez Thémistius ; et il est clair ou qu'elle n'est pas présente dans certains des manuscrits ou qu'elle a été interpolée ultérieurement* »). L'auteur de la scholie paraît énoncer une vérité générale et admise : au moment où il écrit, les commentateurs conservés *sont* Simplicius et Philopon. La légère rudesse de l'apposition grecque en témoigne[47]. On peut même affirmer que la mention des commentateurs *conservés* s'oppose implicitement, dans l'esprit de l'auteur, à la perte du commentaire d'Alexandre. À plusieurs reprises, en effet, il extrait de Simplicius ou de Philopon l'interprétation proposée par Alexandre du passage considéré. Un des exemples les plus frappants apparaît au fol. 33v, où le scholiaste glose la classification aristotélicienne des ἔν τινι (*Phys.* IV 3, 210a 14–24). Deux scholies, la première tirée de Philopon et la seconde de Simplicius, se succèdent en effet directement. Or l'une et l'autre n'ont pour but que de nous livrer l'interprétation d'Alexandre. Voici la première :

ms. P, fol. 33v	Philopon, *In Phys.* 528.12–22
περὶ τῶν ἔν τινι ποσαχῶς παρέλειψε τὸ ἐν χρόνῳ καὶ ἐν ὑποκειμένῳ. ὁ δὲ Ἀλέξανδρός φησι καὶ ὡς τὰ ἅμα. λέγει δὴ τὰ κάτω (sic) τὰς ἐπιφανείας ἁπτόμενα ἀλλήλων. λέγοιτο γὰρ ἂν ταῦτα ἐν ἀλλήλοις εἶναι. δῆλον δέ, εἰ τὰ ἅμα ἢ ὡς ἐν τόπῳ ἢ ὡς ἐν χρόνῳ· ταῦτα δὲ ὡς ἐν τόπῳ.	ὁ δὲ Ἀλέξανδρος καὶ ἕτερα σημαινόμενα τοῦ ἔν τινι παρατίθεται, καὶ ἓν μὲν ὡς τὰ ἅμα ὄντα φησί, λέγω δὴ τὰ κατὰ τὰς ἐπιφανείας ἁπτόμενα ἀλλήλων· λέγοιτο γὰρ ἂν ταῦτα ἐν ἀλλήλοις εἶναι. ἀλλὰ δῆλον ὅτι τὰ ἅμα πάντως ἢ ὡς ἐν χρόνῳ λέγονται εἶναι ἢ ὡς ἐν τόπῳ· τὰ οὖν ἀλλήλων ἁπτόμενα, ὡς ἐν τόπῳ λέγονται ἐν ἀλλήλοις· μέρος γάρ εἰσιν αἱ ἐπιφάνειαι καθ' ἃς ἅπτονται ἀλλήλων τοῦ περιέχοντος αὐτὰ τόπου· ὥστε οὐκ ἔστι τοῦτο ἕτερον σημαινόμενον

Archiv für Geschichte der Philosophie 43, 1961, p. 215–238, p. 233. Pour une nouvelle attribution de ce texte, voir P. Golitsis, « Un commentaire perpétuel de Georges Pachymère à la *Physique* d'Aristote, faussement attribué à Michel Psellos », *Byzantinische Zeitschrift* 100, 2007, p. 637–676.

47 Il n'a pas écrit quelque chose comme « les commentateurs conservés comme (οἷον) Simplicius et Philopon ».

ms. P, fol. 33v	Philopon, *In Phys*. 528.12–22
	τοῦ ἔν τινι παρὰ τοὺς ἀπηριθμημένους τρόπους. καὶ ἕτερον δὲ παρατίθεται σημαινόμενον οὐκ ἄκομψον.
λέγεται, φησίν, ἔν τινι καὶ ὡς ἐν (sic) ὑποκείμενον ἐν συμβεβηκόσιν, ὥσπερ φαμὲν ἐν καλοῖς εἶναι τὸν δεῖνα ἢ ἐν κακοῖς.	λέγεται γάρ, φησίν, ἔν τινι καὶ ὡς ὑποκείμενον ἐν συμβεβηκότι, ὥσπερ φαμὲν ἐν καλοῖς εἶναι τὸν δεῖνα, ἢ ἐν κακοῖς πράγμασίν εἰμι, ἐν τούτοις ἐστὶ τὰ καθ' ἡμᾶς· φαμὲν γὰρ οὕτως τὸ ὑποκείμενον ἐν συμβεβηκόσιν.

La seconde scholie, qui la suit immédiatement, est la suivante :

ms. P, fol. 33v	Simplicius, *In Phys*. 552.18–29
ὅτι Ἀλέξανδρός φησι σημειώτεον ὅτι τοῦ ἐν ὑποκειμένῳ πραδείγματα ὑγείαν παραθέμενον (sic) ἐπήγαγε καὶ ὅλως τὸ εἶδος ἐν τῇ ὕλῃ ὡς τοῦ εἴδους ἐν ὑποκειμένῳ ὄντος.	σημειωτέον δέ, φησὶν ὁ Ἀλέξανδρος, ὅτι τοῦ ἐν ὑποκειμένῳ παράδειγμα τὴν ὑγείαν παραθέμενος ἐπήγαγε καὶ ὅλως τὸ εἶδος ἐν τῇ ὕλῃ ὡς τοῦ εἴδους ἐν ὑποκειμένῳ ὄντος. καίτοι τὸ μὲν ἐν ὑποκειμένῳ συμβεβηκός ἐστι, τὸ δὲ εἶδος οὐσία, φαίη ἄν. καὶ τὸ μὲν ἐν ὑποκειμένῳ οὐκ ἔστι μέρος τοῦ συνθέτου (ὡς αὐτὸς ἐν Κατηγορίαις ὡρίσατο λέγων ὃ ἔν τινι μὴ ὡς μέρος ὂν ἀδύνατον χωρὶς εἶναι τοῦ ἐν ᾧ ἐστι), τὸ δὲ εἶδος μέρος ἐστὶ τοῦ ἐξ ὕλης καὶ εἴδους. καὶ Εὔδημος δὲ τούτοις παρακολουθῶν καὶ εἰπὼν ἄλλως δὲ τὰ πάθη καὶ αἱ ἕξεις ἐν ταῖς οὐσίαις ἐπήγαγεν· ἐπισκεπτέον δὲ εἰ οὕτως καὶ τὸ σχῆμα καὶ ὅλως ἡ μορφὴ ἐν τῇ ὕλῃ« καὶ αὐτὸς δηλονότι τὴν διαφορὰν ἐνδεικνύμενος·
ἔοικεν οὖν ὡς ἓν λαμβάνειν τό τε ὡς εἶδος ἐν ὕλῃ καὶ τὸ κυρίως ἐν ὑποκειμένῳ κατὰ κοινήν τινα φύσιν τοῦ μορφωτικοῦ. ἄμφω γὰρ μορφωτικὰ τοῦ ὑποκειμένου ἐστί.	ἔοικεν οὖν ὡς ἓν λαμβάνειν τό τε ὡς εἶδος ἐν ὕλῃ καὶ τὸ κυρίως ἐν ὑποκειμένῳ κατὰ κοινήν τινα φύσιν τοῦ μορφωτικοῦ. ἄμφω γὰρ μορφωτικὰ τοῦ ὑποκειμένου ἐστί.

L'analyse de ces deux scholies est assez révélatrice des méthodes de leur auteur. On voit tout d'abord le crédit qu'il accorde à Alexandre : dans les deux cas, il ne laisse subsister du commentaire qu'il abrège que l'explication de l'Exégète. Il supprime ainsi, du passage de Philopon, les critiques apportées par ce dernier à l'interprétation d'Alexandre (celui-ci jugeant incomplète la liste des ἔν τινι proposée par Aristote dans la *Physique*) et de celui de Simplicius, la confirmation eudémienne de la deuxième critique d'Alexandre[48].

On peut donc affirmer que l'auteur des scholies connaît l'existence d'un commentaire d'Alexandre à la *Physique*, qu'il a conscience de sa grande valeur

48 Pour une discussion du problème, cf. *infra*, *ad schol*. **29**.

et qu'il n'y a accès que par les autres commentaires conservés. Il faut donc probablement comprendre les mots ἐν τοῖς φερομένοις ἐξηγηταῖς Σιμπλικίῳ καὶ Φιλοπόνῳ de manière restrictive et non simplement descriptive, c'est-à-dire comme émanant d'un souci philologique de précision : il n'a pas dit tout simplement « dans les commentateurs » parce qu'il est conscient de la perte du commentaire d'Alexandre.

Le portrait que nous voyons s'esquisser est donc celui d'un professeur maîtrisant bien Aristote et sa tradition textuelle. Rien ne permet de mettre en doute le sérieux de son information. On sait en outre que dans le petit monde byzantin, les manuscrits rares étaient connus des érudits. On peut ainsi raisonnablement gager que si un exemplaire du commentaire d'Alexandre avait subsisté, notre professeur en aurait eu connaissance et aurait alors tout fait pour l'obtenir.

Il est dès lors à peu près certain que le commentaire d'Alexandre à la *Physique* a été victime du mouvement de translittération. Au moment de choisir tel ou tel commentaire, on jugea probablement que celui de Simplicius, qui reprenait celui d'Alexandre de manière littérale, suffirait à l'enseignement. Car justement parce qu'il reprend ce qui le précède de manière systématique, Simplicius s'est imposé, malgré sa taille imposante, comme la solution la plus économique aux copistes byzantins : avoir à sa disposition le commentaire de Simplicius sur une œuvre d'Aristote, c'était à leurs yeux posséder l'essentiel de l'exégèse antérieure. Cela explique sans doute qu'à aucune des œuvres sur lesquelles le commentaire de Simplicius nous est connu, celui d'Alexandre ait survécu : perte du commentaire aux *Catégories*, perte du commentaire au *De caelo*, perte du commentaire à la *Physique*. Que les Byzantins aient conservé un manuscrit en onciales d'Alexandre jusqu'au IXe siècle et qu'ils aient choisi de ne pas le recopier, ou qu'ils n'aient même pas eu accès à cette époque à l'œuvre de l'Exégète, le résultat est identique : ce commentaire disparut vers cette époque des programmes aristotéliciens. Encore fondamental dans les études de physique aristotélicienne au VIe siècle, disponible dans la langue originale jusqu'à la seconde moitié du IXe siècle – époque où Qusṭā ibn Lūqā le traduit du grec en arabe à Bagdad[49] –, il est supplanté à Byzance par celui de Simplicius autour de l'an 900. Le commentaire à la *Physique* d'Alexandre ne sera plus alors consulté qu'en arabe – par les Bagdadiens, puis les Orientaux de l'Empire

---

49 On trouve ici et là des indications fantaisistes sur la chronologie de Qusṭā ibn Lūqā. À l'issue d'une analyse serrée des sources, on peut cependant affirmer avec certitude que « jeunes sous le règne d'al-Mu'taṣim [833–842], les protecteurs les plus prestigieux d'Ibn Lūqā étaient en pleine gloire sous al-Mutawakkil [842–870], et surtout sous al-Mu'tamid [870–892]. Aussi peut-on localiser la période de Bagdad d'Ibn Lūqā entre 860 et la dernière décennie du siècle, époque où il quitta la Capitale pour l'Arménie » (R. Rashed, *Diophante : les Arithmétiques*, 2 vols, Paris, 1984, t. III, p. xxii).

comme Avicenne, et enfin les Andalous –, son dernier (et plus profond) lecteur connu étant Averroès (1126–1198), qui le cite à plusieurs reprises dans ses propres œuvres.

L'unique question qui demeure est donc de savoir si les scholies ont été réalisées dans l'Antiquité tardive ou à Byzance au IXe siècle, sur la base d'un exemplaire encore complet d'Alexandre destiné à vite disparaître. On retrouve ici une question pour ainsi dire « classique » de la philologie classique et byzantine[50]. Celle-ci est selon nous assez vaine, dans la mesure où il ne s'est en gros rien produit, dans le domaine philologique, entre l'université de l'Alexandrie tardive et la Renaissance macédonienne[51]. De légers indices nous font toutefois privilégier l'hypothèse de l'Antiquité tardive. Il s'agit tout d'abord du contexte codicologique : le *De caelo*, nous l'avons dit, est lui aussi pourvu de scholies très anciennes, remontant à un commentaire alexandrin perdu. Il y a moins de chances qu'un Byzantin du IXe siècle ait disposé des deux commentaires, celui-ci et celui d'Alexandre, que du seul commentaire d'Alexandre.

Le second argument réside dans le système de renvoi, qui pourrait être ancien. Les signes d'appel de note, dont certains sont empruntés aux symboles ecdotiques alexandrins (obèle, astérisque, etc.), d'autres à l'astrologie, sont en effet pour partie identiques à ceux que l'on trouve dans les scholies du fameux manuscrit arabe de l'Organon, Paris BN Ar. 2346. Ce système se retrouve en outre à l'identique dans les anciennes scholies du codex *vetustissimus* de l'*Organon* d'Aristote, l'*Ambr.* L 93 sup. (datable du début du Xe siècle), en marge du texte du *De interpretatione*. Une comparaison des signes de renvoi apparaissant aux folios 60v, 61, 62, de ce manuscrit avec ceux qui apparaissent dans S se passe de commentaire : ils sont identiques. Cette coïncidence est d'autant plus intéressante que (1) des collations partielles m'ont convaincu que les scholies au *De interpretatione* figurant dans l'*Ambr.* sont très anciennes (elles ne proviennent pas directement du commentaire d'Ammonius et mériteraient assurément d'être éditées), (2) certains indices pourraient indiquer que l'*Ambr.* a eu une tradition périphérique, ce qui le rapprocherait encore des sources scolastiques grecques des traducteurs syro-arabes[52]. La conception des scholies

50 La bibliographie est abondante. Je me permets de renvoyer seulement, car le cas est plus proche du nôtre, à l'étude fouillée de D. Cufalo, « Note sulla tradizione degli scoli platonici », *Studi classici e orientali* 47, 2001, p. 529–568, qui se prononce en faveur d'une production byzantine.

51 Pour un exemple puisé aux comédies d'Aristophane, voir C. Förstel et M. Rashed, « Ein neues Aristophanes-Fragment (Ekkl. 283–444) aus Paris », *Museum Helveticum* 60, 2003, p. 146–151, p. 151.

52 Cf. G. de Gregorio, «Osservazioni ed ipotesi sulla circolazione del testo di Aristotele tra Occidente e Oriente», dans *Scritture, libri e testi nelle aree provinciali di Bizanzio, Atti del seminario di Erice (18–25 settembre 1988)*, a cura di G. Cavallo, G. de Gregorio e M.

et leur rapport aux commentaires grecs est elle aussi très similaire. Comme les méthodes philologiques de l'Organon arabe dérivent certainement, *via* la scolastique syriaque, de l'université alexandrine tardive, c'est un indice pour voir dans ce genre « littéraire » ainsi codifié une méthode pratiquée chez les derniers professeurs d'Alexandrie. Mais encore une fois, la question est sans grand intérêt. Que les scholies aient été produites au VIe ou au IXe siècle, elles se fondent de toute façon sur un exemplaire du commentaire d'Alexandre remontant à l'Antiquité tardive.

§ 3. Le projet de Simplicius

L'auteur des scholies – l'érudit qui les a tirées du commentaire d'Alexandre – était un professeur qui voulait expliquer à un niveau pédagogique assez élémentaire (quelque chose d'équivalent à notre premier cycle universitaire) la *Physique* d'Aristote. Pour notre malchance, il est très peu sensible aux grandes apories, aux rappels historiques ou aux distinctions raffinées d'Alexandre à l'encontre de ses rivaux. Ce qui l'intéresse avant tout, c'est d'expliquer la lettre des arguments, de manière interne et ponctuelle aussi bien que dans leurs enchaînements. On a donc parfois l'impression, à la lecture du matériau transmis, d'une œuvre philosophique transformée en notes en bas de page pour collection de poche.

Le matériau transmis est donc à bien des égards décevant. Mais on y trouve encore, enfouies dans la gangue d'un minerai sans grand intérêt, de nombreuses pépites. Certaines scholies sont en effet décisives pour comprendre l'interprétation qu'Alexandre proposait de la *Physique* – on les a utilisées dans l'introduction doctrinale. D'autres sont d'un grand intérêt exégétique, c'est-à-dire contribuent effectivement à une lecture enrichie du texte d'Aristote. D'autres, plus modestement, confirment qu'Alexandre avait commenté jusqu'à la dernière particule du texte de la *Physique*.

Il demeure que les nouveaux textes sont ainsi presque autant une contribution aux études simpliciennes qu'aux recherches sur Alexandre. Pour la première fois en effet, nous pouvons nous faire une idée un peu précise de la façon dont Simplicius utilise les commentaires à sa disposition. Nous pouvons donc répondre à une question qui est peut-être jusqu'à présent trop restée dans l'ombre : pourquoi Simplicius a-t-il rédigé ses commentaires aristotéliciens ?

Commençons, avant de suggérer une réponse, par justifier la pertinence de la question. Elle ne va pas en effet de soi. Lorsque Simplicius écrit son commentaire à la *Physique*, autour de 540, les philosophes grecs dans l'orbite

Maniaci, 2 vol., t. II, Spoleto, 1991, p. 475–498, p. 486, n. 23 en part. (et pl. VII et X-XII).

alexandrine disposent du somptueux commentaire d'Alexandre, de celui de Porphyre, peut-être aussi de celui de Maxime, contemporain de Thémistius. Il n'est pas impossible que d'autres commentaires anciens de l'école péripatéticienne aient encore été disponibles. Ils peuvent aussi consulter, pour une information synthétique sur l'œuvre, la paraphrase de Thémistius. Ils ont enfin sous la main une production d'école du plus haut niveau, représentée aujourd'hui par le commentaire de Jean Philopon.

Une première réponse consisterait à dire que Simplicius a des thèses philosophiques à exprimer – celles de l'école néoplatonicienne de l'Antiquité tardive – qui ne se trouvent dans aucun des commentaires conservés. Le commentaire étant, à cette époque, un vecteur de production, voire de création, philosophique, il était normal que Simplicius sacrifiât lui aussi aux règles du genre. Cette réponse, ajoutera-t-on, est valable quelle que soit la réponse que l'on donnera à la question du destinataire des commentaires de Simplicius : qu'il s'agisse (comme cela paraît évident) d'une œuvre purement littéraire ou d'un texte destiné à l'enseignement, Simplicius y exprime des vues personnelles. Cette réponse, comme toutes les banalités, n'est pas fausse : Simplicius n'étant en parfait accord ni avec Alexandre ni même avec les élèves d'Ammonius, il a écrit une œuvre où pouvait s'exprimer, de la manière la plus exacte, sa propre doctrine.

Cette présentation des choses est toutefois anachronique. Elle s'apparente à la façon dont nous concevrions aujourd'hui le sens d'un commentaire philosophique sur un auteur classique. On développera de nos jours une interprétation analytique, généticiste, psychanalytique, etc. d'un auteur ou d'une œuvre du passé pour, éventuellement, se confronter à une autre interprétation. C'est, à la rigueur, ce que Simplicius fait avec Philopon. Le Grammairien a développé une interprétation de la cosmologie aristotélicienne qui y voit (1) une erreur théorique massive et (2) une rupture radicale avec le platonisme. Simplicius déploie une énergie considérable pour démontrer (1) que la prétendue erreur théorique n'en est pas une et (2) que cet élément de doctrine est en accord avec Platon. Il serait maladroit de dire, en l'occurrence, que Simplicius vise à *substituer* son exégèse à celle de Philopon : il cherche plutôt à détruire les affirmations de son collègue, à les *disqualifier*, en se fondant sur une analyse plus rigoureuse des textes. C'est, *mutatis mutandis*, ce que fera le moderne quand il disputera de l'interprétation à donner d'un texte ancien.

Le rapport de Simplicius à Philopon ne constitue cependant qu'une partie du problème. Car le commentaire de Simplicius à la *Physique* contient surtout un nombre incalculable de références au commentaire d'Alexandre d'Aphrodise. Jusqu'à la découverte des scholies byzantines, nous ne pouvions déterminer avec certitude le rapport de Simplicius à sa source principale. Nous étions en effet contraints de nous fier aux renseignements que lui-même voulait bien nous donner quand il disait citer Alexandre. Nous étions par ailleurs dans l'impossibilité de nous prononcer sur le statut des autres passages, où nulle mention d'Alexandre n'apparaissait. Or, les scholies nous permettent de reconstituer dans le détail comment Simplicius travaillait. Ce dernier emprunte toute son interprétation littérale à son prédécesseur. La division du texte est la même, l'interprétation coïncide presque toujours, et systématiquement quand le texte est sans enjeu idéologique. Même en faisant la part des variations introduites par l'auteur des scholies à des fins de brièveté, la comparaison entre les scholies et Simplicius prouve que souvent, ce dernier adapte un peu – sans toutefois introduire le moindre changement majeur – ce qu'il trouve chez Alexandre.

Justifions cette assertion. Il est très rare que le mot-à-mot entre nos scholies et Simplicius soit absolument identique lorsque Simplicius se contente de dire de manière vague qu'il dépend d'Alexandre. Il arrive en revanche – assez peu fréquemment d'ailleurs – que Simplicius éprouve le besoin de signaler qu'il cite Alexandre à la lettre. Un passage de Simplicius, assez anodin, relève de cette dernière catégorie et a un parallèle dans S, fourni par la scholie **36** :

Scholie **36**	Simplicius, *In Phys.* 558.34–37
αὐτὸ ἐν ἑαυτῷ κατὰ συμβεβηκὸς εἶναι λέγεται ὅταν εἴη αὐτὸ ἢ συμβεβηκός τινι ἢ μέρος τινὸς ὅ ἐστι καθ' αὑτὸ ἐν αὐτῷ τούτῳ ᾧ τοῦτο συμβέβηκεν· οἷον εἰ ὁ οἶνος ἐν τῷ ἀμφορεῖ εἴη ὡς συμβεβηκὸς ἢ ὡς μέρος, ὁ δ' ἀμφορεὺς ἐν τῷ οἴνῳ καθ' αὑτόν. οὕτως γὰρ ἂν ὁ οἶνος ἐν αὑτῷ κατὰ συμβεβηκὸς εἴη, ὅπερ τοῦ καθ' αὑτὸ ἐν αὑτῷ ὄντος οὐδὲν διαφέρει.	ὁ δὲ Ἀλέξανδρος γράφει οὕτως· οἷον εἰ ὁ οἶνος ἐν τῷ ἀμφορεῖ εἴη ὡς συμβεβηκὸς αὐτῷ ἢ ὡς μέρος αὐτοῦ, ὁ δὲ ἀμφορεὺς ἐν τῷ οἴνῳ καθ' αὑτό. οὕτως γὰρ ἂν ὁ οἶνος αὐτὸς ἐν ἑαυτῷ κατὰ συμβεβηκὸς εἴη, ὅπερ τοῦ καθ' αὑτὸ ἐν ἑαυτῷ ὄντος οὐδὲν διαφέρει.

Ce qu'on peut traduire ainsi :

Quelque chose est dit en elle-même par accident quand elle est elle-même ou accident pour quelque chose ou partie de quelque chose qui est par soi dans cela même à quoi cela arrive par accident : par exemple, si le vin est dans l'amphore comme un accident ou comme une partie, tandis que l'amphore est dans le vin. Ainsi, en effet, le vin pourrait être en lui-même par accident, ce qui ne diffère en rien de ce qui est par soi en soi-même.	Mais Alexandre écrit ce qui suit : par exemple, si le vin est dans l'amphore comme un accident ou comme une partie, tandis que l'amphore est dans le vin. Ainsi, en effet, le vin pourrait être en lui-même par accident, ce qui ne diffère en rien de ce qui est par soi en soi-même.

Le « mais » de Simplicius s'explique parce que le commentateur a mentionné immédiatement auparavant l'opinion d'Aspasius. Ce faisant, Simplicius laisse clairement apercevoir qu'il a taillé dans le texte d'Alexandre. Car l'exemple, chez lui, n'illustre rien, alors qu'il se rattache tout naturellement à l'énoncé général dans la scholie. C'est un premier indice fort que la scholie est ici plus respectueuse du texte d'Alexandre. Mais un second élément est particulièrement intéressant. Alors qu'en règle générale, Simplicius mentionne l'opinion d'Alexandre à l'aide du verbe « dire » (φησι, λέγει, ἔλεγε, εἶπε, etc.), il se montre ici soucieux, du fait que la discussion est surtout philologique, de citer Alexandre à la lettre, ce qu'il indique par la mention « il *écrit* », γράφει. Cet exemple prouve *a contrario* qu'en cas de divergence entre une scholie et une citation lâche d'Alexandre chez Simplicius, il ne faut pas nécessairement considérer la scholie comme moins fidèle à l'original. Une étude au cas par cas s'impose, tenant compte de paramètres stylistiques (nécessité de l'abrègement) et doctrinaux (raison de Simplicius pour fausser l'original).

Si pourtant l'explication d'Alexandre d'un passage coriace ne lui paraît guère convaincante, il arrive que Simplicius, après l'avoir scrupuleusement citée, propose une solution personnelle. Dans ces cas, la scholie correspond à une interprétation que Simplicius prête à Alexandre et rejette. En revanche, jamais, dans tout le corpus de scholies, on ne trouve un accord entre une scholie et Simplicius *contre* Alexandre *apud Simplicium*. Partout où la comparaison est possible, la scholie et Alexandre cité par Simplicius s'accordent contre l'opinion personnelle de ce dernier. Relèvent de cette situation les scholies **3** (cf. **14**), **24**, **31**, **46**, **54**, **74**, **93**, **128**, **141**, **148**, **164**, **171**, **172**, **207**, **211**, **238**, **253**, **254**, **258**, **263–264**, **316**, **404**, **477**, **567**, **570**, **577**, **586**, **594**, **636**, **688**, **747**, **798**, **799**. On peut ajouter à cette liste les scholies **40** et **534**, qui affirment l'une et l'autre une thèse critiquée de manière anonyme par Simplicius. En comparaison du très grand nombre de passages où Simplicius suit Alexandre plus ou moins littéralement, cette liste est bien réduite. Il ne s'agit que d'ajustements inévitables de la part de quelqu'un qui, comme Simplicius, en dépit de toutes ses limites, demeure un professeur compétent.

Tout change avec les passages idéologiquement chargés. On peut repérer trois zones principales de contentieux : la doctrine du lieu et du temps, celle de l'âme et du Premier Moteur, et celle de l'origine du monde. Ces rubriques n'ont pas le même statut. Pour la première, Simplicius s'oppose à Alexandre mais considère que celui-ci interprète à peu près correctement la doctrine d'Aristote ; pour la deuxième et la troisième, il accuse Alexandre de forcer les textes d'Aristote : le coup de force se déploie dans un champ purement théorique dans le premier des deux cas, dans celui de l'histoire de la philosophie dans le second.

Ce n'est pas le lieu, dans un chapitre consacré à l'histoire du texte, de disséquer les tenants et les aboutissants de l'opposition de Simplicius à Alexandre sur ces différents chapitres. La cohérence de l'opposition est d'ailleurs évidente à quiconque connaît l'histoire de la philosophie de l'Antiquité tardive. Simplicius entend promouvoir, en physique et en cosmologie, la version platonisée de l'aristotélisme qui était celle de Proclus et de Damascius. D'où l'intérêt, dans ce cadre, comme on le verra, d'adopter pour guide la version essentialiste et eidocentriste de l'aristotélisme défendue, contre Boéthos de Sidon, par Alexandre. Il y a en effet, chez Alexandre, un embryon certain de hiérarchie ontologique, un système vertical couronné par le déploiement de formes toujours moins matérielles. Il suffira donc, en quelque sorte, de prolonger ce système vers le haut en lui ajoutant quelques étages hypostatiques, et de trancher les indécisions d'Alexandre sur le *sens de lecture* de l'édifice en insistant très fortement sur l'idée que la causalité est *descendante*. (Le débat est cependant ici obscurci par le fait qu'Alexandre a des tentations similaires, tandis que les Porphyriens, au fond assez conciliants avec l'aristotélisme, adoptent souvent le langage opposé). On montrera dans l'introduction doctrinale comment la polémique de Damascius, transmise par Simplicius dans ses corollaires, contre le lieu et le temps de la *Physique*, s'inscrivait dans ce cadre, de même que les réticences des Platoniciens en matière de dynamique et d'animation (cf. scholie **339** et nos commentaires aux scholies de VII 1 et de VIII). Point n'est besoin d'insister non plus sur leur attitude dans les passages où Aristote est interprété par Alexandre – souvent à juste titre, de notre point de vue historique – comme s'en prenant à un représentant de la *philosophia perennis*, Platon bien sûr au premier chef, mais aussi Parménide ou Empédocle et, dans une moindre mesure, Anaxagore (scholies **539**, **561**, **577**). Dans ces cas, Simplicius commence par présenter l'explicitation proposée par Alexandre de la critique aristotélicienne, puis se met en peine d'expliquer pourquoi une telle exégèse n'est que superficiellement adéquate. À un niveau plus profond de compréhension des choses, Aristote s'accorde avec Platon.

Dès lors, le point le plus intéressant de l'entreprise de Simplicius nous paraît tenir à sa façon d'imbriquer considération du réel, histoire de la philosophie et stratégie textuelle. Le réel se compose, comme nous l'enseigne le *Timée*, de deux grands domaines, l'Intelligible et le Sensible. Ces deux domaines, d'une certaine manière, coexistent et sont tous deux nécessaires à la perfection du Tout. Cette coexistence ne signifie cependant bien sûr pas qu'ils sont sur un pied d'égalité. C'est l'Intelligible, sur lequel se sont concentrés les Oracles chaldaïques et Platon, qui constitue le centre de gravité du système. Cette coexistence se donne à voir, au plan de l'histoire de la philosophie, dans la coexistence de Platon et d'Aristote. Correctement interprété, Aristote ne fait qu'élucider le sensible *bien compris*, c'est-à-dire régi par les structures de l'Intelligible explicitées par Platon. Mais le fait de se concentrer sur le sensible, même dans la suite de Platon, constitue déjà un danger de dégradation, un risque d'oubli – risque qui se fait réalité, d'ailleurs, les néoplatoniciens y compris les plus conciliants l'admettent à quelques reprises, à certains endroits du corpus du Stagirite[53]. Ce risque s'accentue encore avec Aristote lu par Alexandre : le goût (déplorable) pour l'innovation progresse, l'écart qui nous sépare de la *pristina philosophia* se creuse. Même si, dans une multitude de passages, Alexandre est parvenu à élucider, au prix d'un travail colossal, la lettre si obscure d'Aristote, il trahit le Philosophe en interprétant une différence de registre comme un différend doctrinal. Alexandre se tient donc, au sens propre, à la limite du tolérable. Il est le dernier philosophe antérieur à la diffusion réelle du christianisme (qui apparaît comme problème pour les philosophes avec Porphyre, deux générations après Alexandre)[54], et le dernier seuil avant la perte du système dans la verbosité philoponienne. Dans ce qu'il a de meilleur, Alexandre est la voix même d'Aristote ; dans ce qu'il a de pire – heureusement restreint à certains passages de son œuvre –, percent déjà les accents blasphématoires du Grammairien. On peut représenter cette vision de l'histoire de la philosophie de la manière suivante (on remarquera la position centrale d'Alexandre dans ce schéma idéologique) :

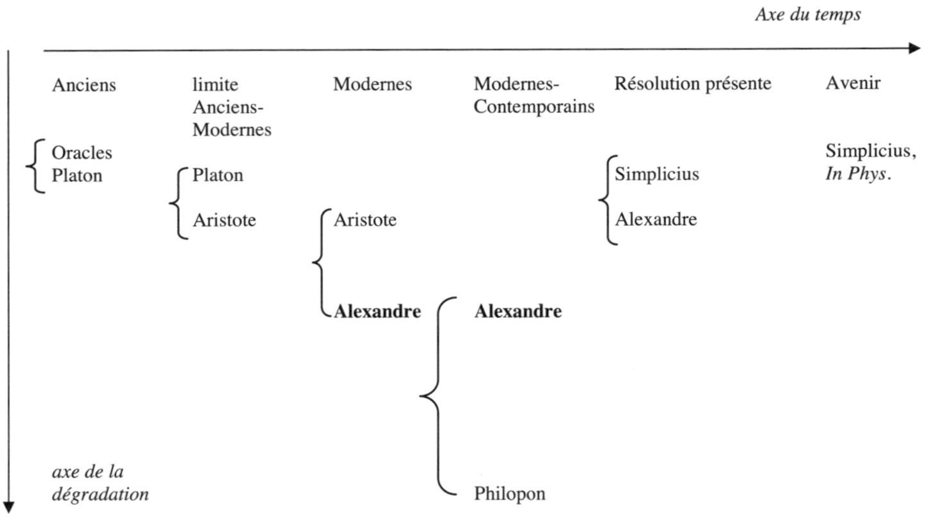

C'est cette position limite d'Alexandre qui explique, d'après nous, son importance stratégique aux yeux de Simplicius. Alexandre constitue, au sens propre, le *limes* de la Doctrine. Il faut le consolider, c'est-à-dire en évacuer les pierres gâtées et en redresser les travées faussées, pour reconstruire, en

53 Cf. H. D. Saffrey, « Comment Syrianus, le maître de l'école néoplatonicienne d'Athènes, considerait-il Aristote ? », in J. Wiesner (ed.), *Aristoteles Werk und Wirkung, Paul Moraux gewidmet*, 2 vols, t. II, Berlin / New York, 1987, p. 205–214.

54 Cf. H. D. Saffrey, « Pourquoi Porphyre a-t-il édité Plotin ? Réponse provisoire », in L. Brisson, J.-L. Cherlonneix, et al., *Porphyre. La vie de Plotin*, vol. 2, Paris, 1992, p. 31–64.

conservant à l'identique la masse des matériaux sains, la muraille qui protégera la *philosophia perennis* des attaques de la barbarie chrétienne représentée par Philopon. On devra donc, *à l'intérieur même du texte d'Alexandre*, insuffler l'esprit du platonisme qui parcourt le véritable Aristote. C'est ainsi, au bout du compte, que s'explique la différence du traitement alloué à, respectivement, Alexandre et Philopon. Celui-ci est disqualifié, rejeté hors les murs, tandis que celui-là est assimilé. Alexandre devient, à l'intérieur de son propre commentaire réécrit – ce texte que nous désignons dans nos catalogues comme l'*In Physicam* de Simplicius – le porte-voix du Sensible bien compris, exactement comme Aristote l'était dans son rapport à Platon. Aussi l'œuvre de Simplicius n'est-elle philosophique qu'en un sens très spécial. Son commentaire à la *Physique* est une édition *ad usum Delphini* de celui d'Alexandre, aux principes dictés par le *credo* de Syrianus, Proclus et Damascius. La tâche que s'assigne Simplicius se comprend seulement dans le cadre historique troublé des derniers temps de l'École néoplatonicienne, dernier îlot de résistance hellène au christianisme triomphant[55].

Le projet idéologique était si puissant qu'il eut deux conséquences historiques majeures. La première, c'est que Simplicius a eu la force de le mener à bien. Même s'il ne s'agissait bien souvent, plus ou moins, que de recopier sa source, il ne faut pas sous-estimer la passion dogmatique nécessaire pour proposer une lecture platonicienne d'Aristote s'étendant sur plus de deux mille pages des *Commentaria* – c'est la puissance apostolique des grands doctrinaires[56]. La seconde fut la disparition effective de l'*In Physicam* d'Alexandre des rayons des bibliothèques byzantines. Il n'y a bien sûr pas grand sens à se demander si Simplicius *voulait* que son propre commentaire supplantât celui d'Alexandre. Il est en revanche certain qu'il souhaitait qu'on le lût comme il l'indiquait dans son œuvre. La tradition manuscrite l'a exaucé : le seul accès à Alexandre, dans la sphère byzantine, ne fut plus fourni (si bien sûr l'on excepte nos scholies), que par le commentaire de Simplicius. La restauration appelée de ses vœux par Simplicius fut donc en un sens complète, mais l'histoire, comme on sait, est ironique : ce furent finalement des Chrétiens qui assurèrent pieusement la conservation d'un texte conçu à l'origine pour endiguer leurs avancées.

---

55 Cf. H. D. Saffrey, « Allusions antichrétiennes chez Proclus, le diadoque platonicien », *Revue des Sciences Philosophiques et Théologiques* 59, 1975, p. 553–563 et, du même, « Le thème du malheur des temps chez les derniers philosophes néoplatoniciens », in ΣΟΦΙΗΣ ΜΑΙΗΤΟΡΕΣ *« chercheurs de sagesse ». Hommage à Jean Pépin*, Paris, 1992, p. 421–431. L'auteur montre bien, dans ces deux articles, comment les néoplatoniciens d'Athènes considéraient que le christianisme finirait par disparaître. On comprend d'autant mieux, dans ce cadre, la nécessité d'organiser la résistance.

56 Le rapport de Simplicius à Alexandre n'est d'ailleurs pas sans rappeler, *mutatis mutandis*, celui de Thomas d'Aquin à Averroès.

Introduction doctrinale

Chapitre III
Alexandre et l'unité de la *Physique*

βιβλίον λέγομεν τέλειον, ᾧ μηδὲν
ἐνδεῖ τῶν ὀφειλόντων γραφῆναι ...
Alexandre, *In Metaph.* 412.14–15

§ 1. La *Physique* d'Aristote est-elle scindée ?

La *Physique* d'Aristote joue le rôle d'une introduction générale à la philosophie naturelle – ce grand corpus conçu par Aristote pour s'étendre jusqu'aux recherches biologiques et botaniques (cf. *Meteor.* I 2) –, mais c'est aussi une œuvre parfaitement autonome, construite d'un point de vue architectonique, déroulant sur au moins trois livres une preuve du Premier Moteur et de ses attributs fondamentaux.

Le lieu principal de l'ambiguïté paraît se situer dans l'interprétation à donner du livre IV. Celui-ci contient comme on sait trois « traités », consacrés respectivement au lieu, au vide et au temps. Il est encadré par le livre III consacré au mouvement et à l'infini et le livre V consacré au mouvement.

Le livre III commence par poser l'objet de la recherche : la nature (φύσις). Comme cette notion présuppose celle de mouvement (κίνησις), il faudra traiter de ce dernier[1]. Mais comme le mouvement paraît à son tour indissociable de certaines séquelles, il faudra en traiter aussi (περὶ τῶν ἐφεξῆς)[2]. Le texte, ici, se fait moins clair, oscillant entre le descriptif et le prescriptif. Aristote se contente en effet de souligner la liaison (sans parfaitement la spécifier) entre mouvement et continu, continu et infini[3] ; mouvement et lieu, vide, temps[4]. Il faudra donc traiter individuellement de toutes ces choses, dit en substance Aristote en une phrase assez obscure. Suit alors une justification dont le flou ne masque pas tout à fait la portée[5] : une fois que ces notions, qui sont communes à toutes choses (περὶ τῶν κοινῶν, cf. une ligne plus haut : πάντων ... κοινὰ καὶ καθόλου), seront examinées, on pourra faire porter l'examen sur des sujets particuliers (περὶ τῶν ἰδίων).

---

1 *Phys.* III 1, 200b 12–15.
2 *Ibid.*, 200b 15–16.
3 *Ibid.*, 200b 16–20.
4 *Ibid.*, 200b 20–21.
5 *Ibid.*, 200b 21–25.

Il suit de là qu'aux yeux d'Aristote écrivant ces lignes, la séquence III 1–3 (κίνησις), III 4–8 (ἄπειρον), IV 1–5 (τόπος), IV 6–9 (κενόν) et IV 10–14 (χρόνος) est arrêtée. Il s'agit d'un traitement général et commun, qui permettra ensuite de rendre compte d'êtres, ou de choses, particuliers.

Peut-on aller jusqu'à affirmer qu'Aristote, au moment où il rédige l'introduction du livre III, n'a pas encore conçu le projet d'accoler quelque chose comme les livres V et suivants au livre IV ? La mention de la continuité rend cela peu probable. La justification du traitement de l'infini après le mouvement tient à la liaison que constitue entre eux le continu. Or celui-ci brille par son absence tout au long du livre III. Si donc Aristote n'avait en tête que la séquence III-IV, on ne comprendrait pas bien cette mention du continu sur le même pied que le lieu, le vide et le temps. On doit par conséquent supposer au moins le projet d'intégrer, à l'ensemble III-IV, des développements du type de ceux qu'on trouve au début du livre V ou au livre VI.

Toutefois, les premières lignes du livre V introduisent un nouveau départ, sans référence au traitement du lieu et du temps qui précède[6]. La suite des arguments est alors plus ou moins continue jusqu'aux preuves du livre VIII. Le mouvement est envisagé tout d'abord d'un point de vue abstrait (livre V, conditions formelles), puis concret : d'abord cinématique (livre VI, conditions de possibilité), puis dynamique (livres VII-VIII, conditions d'existence effective). C'est donc sans doute lors de l'étude dynamique que l'on en vient à examiner ce qui, véritablement, meut les êtres et, par conséquent, qu'on étudie des êtres *particuliers* (cf. *supra*, περὶ τῶν ἰδίων) : les *moteurs*.

Une première question qui se pose alors est celle de l'unité de la *Physique*[7]. S'il est possible que l'on soit en présence de deux volets principaux, il n'est facile ni de déterminer leur ligne de partage ni même de savoir dans quelle mesure le premier volet contribue aux preuves du second. Il faut ici s'entendre. On ne déniera pas que la preuve du Premier Moteur se fonde sur l'existence du mouvement, ni que le mouvement ne mette en jeu temps, lieu et continuité. Il y a, de toute évidence, une justification *didactique* au cheminement de la *Physique*, signalée plus ou moins explicitement par Aristote dans un passage comme l'introduction du livre III. Mais la question est plutôt de savoir si les théories du lieu et du temps ont un rôle également *apodictique* dans la suite de l'œuvre, c'est-à-dire si les preuves du livre VIII ne sont consistantes qu'à la lumière des théories du lieu et du temps développées au livre IV. On est d'autant plus fondé à s'interroger sur ce point qu'Aristote conçoit dans les deux

---

6 *Phys.* V 1, 21–30. Certes, le δέ qui introduit ce passage répond au μέν qui introduit la phrase de clôture de *Phys.* IV. Mais la liaison est, à l'évidence, artificielle.

7 Pour une présentation générale du problème, voir J. Brunschwig, « Qu'est-ce que la »Physique« d'Aristote ? », in F. De Gandt et P. Souffrin (eds), *La Physique d'Aristote et les conditions d'une science de la nature*, Paris, 1991, p. 11–40.

cas (lieu et temps) son projet comme un choix, dans une liste de définitions possibles, de celle qui rend le mieux compte des données empiriques. On est donc conduit à se demander si, dans les motivations du choix opéré, ne se trouveraient pas des exigences dictées par les démonstrations du livre VIII. Il ne suffirait plus alors de dire que l'on parle *du* lieu et *du* temps parce que *le* lieu et *le* temps sont des paramètres du mouvement, mais que l'on choisit *cette* définition du lieu et *cette* définition du temps parce que ce sont elles, et elles seules, dans l'éventail des définitions envisageables, qui permettent à la démonstration « particulière » du Premier Moteur d'être menée à bien.

Cette difficulté d'exégèse est le reflet, dans l'ordre du texte, d'un problème plus diffus, qu'on peut décrire comme la rencontre d'une physique du général et d'une cosmologie du particulier. J'entends par « physique du général » l'établissement de critères d'existence qui vaudront pour tout être naturel, par « cosmologie du particulier » l'entreprise de description des objets stables et individualisables de ce monde (les sphères des éléments, le ciel et leur comportement respectif). Nous sommes face à deux lectures possibles, fondationnelles l'une de la physique en général, l'autre de la preuve du Premier Moteur. La première lecture étudie le lieu et le temps parce que ce sont des attributs fondamentaux de tout étant sensible et aussi, d'une certaine manière, parce que le lieu et le temps sont des ingrédients du mouvement. La seconde, en revanche, verra dans le traitement du lieu et du temps un premier résultat dans l'ordre de la démonstration du Premier Moteur immobile. Selon cette dernière, que le lieu soit la limite extérieure du corps englobant ou que le temps soit le nombre du mouvement selon l'antérieur et le postérieur seront des propositions qui, mises en rapport avec certaines considérations de dynamique, permettront de démontrer l'existence d'un Premier Moteur immobile.

§ 2. Alexandre et les deux lectures de la *Physique* d'Aristote

Les Anciens ont certainement identifié cette tension entre les deux volets de la *Physique*. Simplicius nous rappelle leur différend sur la place de la césure séparant les huit livres en deux groupes. Dans leur grande majorité, les Péripatéticiens ont placé cette césure entre le livre IV et le livre V. Au début de son commentaire au livre V de la *Physique*, Simplicius nous dit qu'Aristote et ses ἑταῖροι ont considéré les cinq premiers livres comme formant un tout « Sur les principes » (Περὶ ἀρχῶν) et les trois derniers comme un tout « Sur le mouvement » (Περὶ κινήσεως)[8]. Au prologue du commentaire au livre VI,

8 Simplicius, *In Phys.* 801.13–16. Malgré mon choix d'initiales majuscules, je ne veux pas dire que les anciens voyaient deux œuvres *distinctes* dans ces deux parties. Mais il ne

Simplicius évoque Andronicos, Théophraste dans une réponse à une lettre d'Eudème, Eudème lui-même et un certain « Damas » (le nom est douteux), biographe de ce dernier[9]. Simplicius nous dit ailleurs qu'Adraste connaît lui aussi cette division, en concurrence avec deux autres thèses, voulant l'une que *toute* la *Physique* s'appelle Περὶ ἀρχῶν, l'autre Περὶ κινήσεως[10]. Porphyre, à qui Simplicius emprunte ces renseignements historiques, range pour sa part le livre V avec les trois derniers et Philopon lui emboîte le pas[11].

Simplicius, d'ordinaire si prompt à mentionner l'opinion d'Alexandre, n'évoque pourtant l'Exégète dans aucun des passages doxographiques consacrés à la division de la *Physique*. Le nom d'Alexandre n'apparaît ni avec celui de tous les aristotéliciens qui ont adopté la division 5+3, ni comme inspirateur de Porphyre dans le choix de la division 4+4. Il ne paraît pas outrancièrement audacieux d'en conclure qu'Alexandre n'a pas jugé la question digne de beaucoup d'attention. Soit il ne s'est pas prononcé sur l'alternative, soit il l'a fait pour sacrifier à une habitude doxographique et sans beaucoup s'engager en faveur de l'une ou l'autre solution.

Alexandre connaissait au moins aussi bien que Porphyre l'histoire ancienne du Péripatos[12]. Il y a donc très probablement un choix exégétique positif, doctrinalement significatif, dans le refus que nous présumons de défendre l'une ou l'autre césure. Un indice supplémentaire nous vient des trois thèses mentionnées par Adraste : deux d'entre elles ne postulent de fait *aucune* coupure. Il ne faut donc pas se laisser influencer par la présentation porphyro-simplicienne du problème, qui n'envisage comme unique alternative que de placer une césure juste avant ou juste après le livre V. Alexandre a très bien pu ne pas participer au débat parce qu'il n'entendait scinder la *Physique* d'aucune manière. Si c'est bien ce qui a eu lieu, les raisons, quels qu'en soient les détails, ne peuvent être que d'un type : Alexandre n'a pas voulu séparer le traitement plus général des premiers livres, au moins jusqu'au livre IV inclus, du traitement particulier du livre VIII. Notre hypothèse de travail, qui paraît confirmée par la lecture des scholies ici éditées et des citations chez Simplicius, est qu'Alexandre a vu dans les développements du livre IV l'établissement de résultats préliminaires important à la démonstration du livre VIII. Cette lecture est d'autant plus intéressante qu'elle n'a pas, à notre connaissance, laissé de

---

s'agit pas non plus simplement d'une indication du contenu de différentes parties de l'œuvre. La lecture la plus proche de la vérité nous serait d'y voir une distinction entre plusieurs sections bien distinctes, mais articulées, d'une œuvre unique.

9 Simplicius, *In Phys.* 923.3–925.2.

10 Simplicius, *In Phys.* 4.11–15.

11 Philopon, *In Phys.* 2.16.

12 Surtout si, comme il paraît très probable (cf. *supra*, p. 34, n. 7), les renseignements historiques figurant chez Simplicius remontent tous à Adraste, le maître d'Alexandre qu'on lisait dans l'école de Plotin. Cf. *Aristote, De la génération et la corruption*, texte établi et traduit par M. Rashed, Paris, 2005, p. ccxvii sqq.

traces dans la tradition subséquente – ancienne, médiévale ou moderne – alors qu'elle semble pourtant profonde et justifiée.

Alexandre, dans sa lecture du livre IV, poursuit en effet un double objectif. Il est tout d'abord sensible à une dimension d'ontologie générale, visible en particulier quand elle permet de faire ressortir ce qui oppose la doctrine d'Aristote et celle des Stoïciens et des Épicuriens. Il s'agit alors de montrer comment la *Physique* est, en un sens non trivial, aristotélicienne. Cette première tâche est elle-même double : le commentateur doit certes délimiter le champ aristotélicien de manière large, en le définissant par opposition aux champs philosophiques voisins ; mais il doit aussi, bien souvent, faire le ménage chez soi, et expliquer lequel, d'entre différents aristotélismes possibles, il entend promouvoir. Mais au-delà de ce projet d'ontologie générale, Alexandre paraît également avoir interprété la doctrine du lieu et du temps en fonction d'exigences imposées par l'établissement du Premier Moteur au livre VIII. Il s'agit alors pour lui de faire ressortir, de l'intérieur même de la lettre aristotélicienne, les motivations architectoniques qui président à l'œuvre comme tout.

Ces discussions, on s'en doute, n'occupent en proportion qu'une petite partie du commentaire. Usuellement, un commentateur de la *Physique* doit surtout se battre pour dénouer les fils et élucider la lettre d'un texte redoutable. Ce qui veut dire qu'il peut alors rester assez indifférent à la question des choix philosophiques généraux que le traité met en œuvre. Cette question, toutefois, affleure plus souvent qu'on ne pourrait le penser – et à des moments cruciaux du développement. La raison en est que l'« appel à la doctrine », si l'on peut ainsi parler, a tendance à se produire dans les moments de plus grande tension exégétique. À savoir non pas forcément quand le texte est particulièrement obscur, mais, plutôt, quand il recourt à des concepts ou des schèmes tirant l'essentiel de leur probabilité de leur fonction architectonique interne à l'aristotélisme. Nous voudrions, dans la présente introduction, illustrer ce point, en reprenant un par un les thèmes fondamentaux des livres IV à VIII de la *Physique* et en montrant à chaque fois, derrière la lettre du commentaire, le souci systémique interne et externe d'Alexandre.

Chapitre IV
Alexandre et le traité du lieu (*Phys.* IV, 1–5)

§ 1. Une interprétation inédite du traité du lieu : Zénon critique des Pythagoriciens

Le lieu, on l'a dit, joue un double rôle dans la *Physique*. Il s'agit tout d'abord d'une condition du *mouvement*, en particulier de la translation : un mouvement parcourt une étendue, un objet mû passe par une série de positions lors de son parcours. Mais le lieu, en tant que lieu naturel, est aussi une condition de *réalisation* des étants. Proposer une définition du lieu engage dès lors une ontologie.

Nous avons reconstitué, dans le commentaire de la scholie **2**, la façon dont Alexandre a sans doute compris le cadre historique de la discussion d'Aristote. Celui-ci justifiait d'entrée l'existence dans le lieu de tout étant du fait que le non-étant n'est nulle part[13]. Alexandre a vu et signalé que l'argument n'était valide que si être et être quelque part coïncidaient. Ce qui, pour Aristote, n'est pas vrai. Peut-être Alexandre avait-il en tête le cas des Intellects (qui constituent pour lui les Moteurs des astres), qui, étant immatériels, ne sont nulle part. Mais il est plus probable que comme un bon joueur d'échec, il a prévu que cette équivalence, si elle était admise, rendrait l'une de ses interprétations fondamentales du chapitre IV 5, le fait que la dernière sphère céleste n'est pas dans le lieu, contradictoire. Pour sauver *Physique* IV 5, Alexandre doit donc expliquer intelligemment IV 1. Il le fait en interprétant la déclaration d'Aristote comme historique (cf. scholie **2** : « Aristote ne dit cependant pas ces choses de son propre chef, mais rapporte [ἱστορεῖ] une opinion »).

Qui sont donc, d'après Alexandre, les anciens dont Aristote se fait à dessein l'écho ? Simplicius évoque une parodie du *Timée* de Platon ; al-Fārābī, qui disposait très probablement du commentaire d'Alexandre, y voit du pythagorisme[14]. Les deux renseignements doivent sans doute être combinés : Alexandre aura parlé d'une thèse pythagoricienne à laquelle se ralliait Platon dans le *Timée*.

---

13 *Phys.* IV 1, 208a 29–31.

14 Références citées *infra*, p. 172–173, commentaire de la scholie **2**.

Qu'en est-il de la pertinence historique de cette hypothèse ? S'agit-il d'une extrapolation gratuite d'Alexandre à partir du *Timée*[15], ou d'une reconstruction qui s'appuie sur des éléments doxographiques encore disponibles à son époque ? La première éventualité ne peut certes être exclue, mais la seconde est séduisante. À la fin de ce même chapitre, en effet, Aristote attribue explicitement à Zénon l'argument suivant : « Si [...] tout étant est dans un lieu, il est évident qu'il y aura aussi un lieu du lieu, et ainsi indéfiniment »[16]. Il est vraisemblable que pour Zénon, un tel argument était destiné à vider la notion de lieu de toute pertinence. Les étants multiples et partiels supposés par la doctrine visée ne sauraient avoir de lieu. Car alors, le lieu existerait et, de ce fait même, il aurait un lieu, etc. Le réel se réduit à l'Un parménidien, sphère que rien ne délimite et qui n'est par conséquent nulle part. On s'aperçoit que pour que l'argument zénonien fonctionne, il faut qu'il ait été préalablement reconnu par l'adversaire que tout ce qui est est dans un lieu. Sinon, il lui suffira de répondre : « je n'ai jamais admis une telle chose : le lieu, selon moi, est précisément quelque chose qui n'a pas de lieu » (c'est en substance, un peu plus loin, la réponse d'Aristote). Il est dès lors remarquable qu'Alexandre, au début du chapitre, attribue très précisément cette prémisse aux Pythagoriciens. Il faut alors noter qu'Aristote, au chapitre A 7 de la *Métaphysique*, critique l'ontologie pythagoricienne en insistant sur les difficultés liées à l'existence *dans le lieu* des nombres[17] – et en particulier sur la présence simultanée de deux étants-nombres dans le même lieu – et qu'Alexandre, en commentant ce texte, dit avoir accès aux considérations proches du deuxième (ou second ?) livre du Περὶ τῆς Πυθαγορικῶν δόξης d'Aristote[18]. Faut-il supposer qu'Aristote mentionnait dans ce contexte le cas du lieu du lieu ? Aucune source ne l'affirme positivement. Il faut cependant peut-être voir dans la thèse de l'irréductibilité de la χώρα du *Timée* aux formes qu'elle supporte la reconnaissance, par Platon, du bien-fondé des critiques zénoniennes[19].

§ 2. De l'histoire à la philosophie : Pythagorisme et Éléatisme, Épicurisme et Stoïcisme

Alexandre identifiait donc probablement dans le texte d'Aristote une première apparition historique d'un conflit actuel à son époque, entre une doctrine du monde un et continu et une doctrine de la pluralité et de la distinction. S'il est

15 Cf. *Timée*, 52B.
16 *Phys.* IV 1, 209a 24–25.
17 *Metaph.* A 8, 990a 18–29 (cf. aussi *Phys.* III 4, 203a 6–7).
18 Voir Alexandre, *In Metaph.* 74.1–75.17.
19 Cf. *Timée*, 48E-49A.

clair que les Éléates préfigurent ici les Stoïciens, on peut se demander si Alexandre associe les Pythagoriciens à une école hellénistique. Un passage ultérieur décrit la distinction des étants-nombres par le vide en des termes *grosso modo* identiques à ceux des doxographies démocritéennes et épicuriennes[20]. Alexandre pouvait donc considérer qu'Aristote, dans la *Physique*, instruisait un débat auquel lui-même, quelques siècles plus tard, était confronté. Ainsi était-il légitime de considérer le Philosophe comme un arbitre de discussions postérieures.

L'argument de Zénon consistait à conclure, sous peine d'être confronté à une cascade infinie, de l'impossibilité de localiser le lieu à sa non-existence. Une seconde conclusion implicite est alors que, le concept de lieu étant contradictoire, rien n'a de lieu et la pluralité n'existe pas. Les Stoïciens, indépendamment même du fait qu'ils reconnaissent qu'*il y a* un vide infini en dehors du monde, adoptent un monisme moins radical. Certes, ils admettent en un sens, avec les Éléates, que le monde est un, unitaire et continu[21]. Mais en tant que physiciens, ils veulent préserver la séparabilité des différents êtres, c'est-à-dire la légitimité d'une description parcellisante du cosmos. Le lieu se voit donc reconnaître une réalité de second ordre, incorporelle, séquelle d'un acte (dynamique) d'être, non pur non-être[22]. Cette solution permet de prendre acte de l'assimilation « pythagoricienne » de l'être et du corps à l'œuvre dans l'argument, sans toutefois supprimer la validité de la notion de lieu, dont aucune physique ne peut se passer.

Font face à cette dégradation ontologique du lieu des théories où le lieu apparaît en toute clarté. Ainsi, les différents atomismes – pythagoricien, démocritéen, épicurien – en faisant jouer le vide et le plein à l'intérieur de notre monde, rendent manifeste la délimitation des corps.

L'aristotélisme occupe, entre ces deux tendances, une position moyenne. Avec l'éléatisme et le stoïcisme, il refuse l'existence de vide intersticiel dans le monde et affirme que le monde est plein ; avec le pythagorisme et l'atomisme, il tente de trouver dans la structure matérielle même du réel un principe de délimitation. Alexandre pense donc, tout d'abord, pouvoir utiliser les discussions d'Aristote pour construire sa position de juste milieu. Il y a une suite logique, de ce point de vue, entre le traitement du lieu et celui du vide. Il est en effet tout naturel, pour un aristotélicien d'époque impériale, d'interpréter le traité du lieu comme une fondation de la pluralité locale des différents corps – ou, plus exactement, des différentes substances – et le traité du vide comme une réfutation du pluralisme extrême que constitue l'atomisme. Cela explique que les Stoïciens apparaissent à plusieurs reprises au cours du

20 *Phys.* IV 6, 213b 22–27(cf. scholie **95**, la scholie **103** est probablement erronée).
21 Cf. *SVF* II, 530–533 (« Mundus est unus »).
22 Cf. Sextus Empiricus, *Adv. Math.* X 218 (= *SVF* II, 331).

commentaire sur le lieu d'Alexandre, et les Atomistes au cours du commentaire sur le vide[23].

§ 3. Théorie physique du lieu et anti-stoïcisme

Alexandre est beaucoup plus sensible que la majorité des modernes à l'importance de l'articulation, chez Aristote, de la physique et de la cosmologie. La raison en est simple : elle tient au double projet – ontologie générale, établissement du Premier Moteur – que nous soulignions plus haut. La théorie physique du lieu – le développement consacré à établir une définition du lieu – correspond au premier projet, puisque la définition du lieu concourra à définir les traits essentiels de la substance sensible aristotélicienne, tandis que la doctrine cosmologique permettra, pour des raisons qui se manifesteront lorsqu'on étudiera la dynamique aristotélicienne, à la preuve du Premier Moteur de négocier l'un de ses moments les plus délicats[24].

Commençons donc par exposer la façon dont Alexandre lit la docrine *physique* du lieu. Après la présentation des apories, dont l'essentiel, selon l'Exégète, concerne l'opposition entre Zénon et les Pythagoriciens, Aristote résout au chapitre 3 l'aporie de Zénon en se fondant sur une recension des différents sens de l'inhérence (ἔν τινι). Cette recension permet d'établir inductivement qu'un objet n'est jamais en lui-même au sens premier. La question est bien entendu celle de la fonction, dans la progression générale du traité du lieu, d'une telle proposition. Le contexte du chapitre 3 suggère tout d'abord qu'il s'agit d'une étape dans la résolution de l'aporie de Zénon. Nous aurions en effet la progression suivante, en quatre étapes :

(a) Recension des différents sens de ἔν τινι (210a 14–24) ;

(b) Démonstration de l'impossibilité qu'une chose soit *foncièrement* en elle-même, même si elle peut l'être selon d'autres sens non « fonciers » de ἔν τινι (210a 25–b 22) ;

(c) Corollaire : impossibilité de résoudre l'aporie de Zénon en la bloquant à son point de départ (i. e. en disant que le lieu est « en lui-même »)[25] ;

(d) Solution de l'aporie de Zénon : un chose peut être en autre chose selon des sens différents. Il n'y a donc pas nécessité de régression à l'infini des ἔν τινι (210b 22–27)[26].

23 Pour le stoïcisme : scholies **7** et surtout **47** (voir aussi **89**) ; pour l'atomisme : scholies **88**, **89**, **103**, **114**, **116**.

24 Cf. *infra*, p. 120–122 et 140–150.

25 Cette conclusion est implicite.

26 Il paraît important de voir que la recension des ἔν τινι qui ouvre ce chapitre servira à deux reprises : une première fois en (b), pour démontrer qu'une chose peut être en

Les commentateurs anciens, comme les modernes, ont saisi cette ligne générale du chapitre, qui ne pose de fait aucune difficulté particulière. Alexandre, cependant, en développe une lecture plus riche, car il y voit le déploiement anticipé de notions essentielles de la théorie aristotélicienne de la localisation. Le problème est en effet le suivant : l'aristotélisme, à mi-chemin entre monisme et pluralisme, doit rendre compte de la localisation d'amas corporels qui sont à la fois dotés d'une densité ontologique forte et non séparés entre eux par un espace vide. Dans la partie (b), qui occupe l'essentiel du chap. 3, Aristote commence par dresser une opposition entre *par soi* (καθ' αὑτό) et *par un autre* (καθ' ἕτερον) et paraît montrer que s'il est impossible qu'une chose soit *par soi* en elle-même, elle peut néanmoins l'être *par un autre*[27]. Il ajoute ensuite qu'une chose ne saurait être *par accident* (κατὰ συμβεβηκός) en elle-même[28]. Cette présentation suscite un problème exégétique étroit, sur lequel se greffe une difficulté philosophique plus large. Pour ce qui est du premier, on peut interpréter le texte d'Aristote comme opposant le καθ' αὑτό du début au κατὰ συμβεβηκός de la fin ; Aristote soulignerait alors que selon aucun membre de l'alternative, une chose ne peut être en elle-même. Il faudrait alors interpréter les remarques sur la possibilité d'une auto-contenance καθ' ἕτερον comme une troisième voie, détachée de l'opposition binaire. Mais la présentation aristotélicienne, qui souligne fortement la disjonction exclusive, paraît l'interdire[29]. C'est la raison pour laquelle Alexandre, explicitement critiqué par Simplicius et implicitement suivi par Philopon, choisit de prêter à Aristote une négligence terminologique : dans l'alternative de départ, καθ' αὑτό occupe indûment la place de πρώτως, « primordialement »[30]. Alexandre sauve le texte et parvient donc à la conclusion qu'une chose ne peut être en elle-même ni πρώτως ni καθ' αὑτό ni κατὰ συμβεβηκός, mais qu'elle peut l'être κατ' ἄλλο (synonyme, dans son esprit, du καθ' ἕτερον d'Aristote). Voilà donc pour l'exégèse littérale du passage.

Alexandre, dans la partie qu'il mène contre les Stoïciens, voit cependant plus loin. Le réseau de distinctions que l'on manipule ici va en effet s'avérer crucial lorsqu'il s'agira de montrer que l'aristotélisme rend mieux compte – ou, pour le moins, aussi bien compte – de la localisation de tout amas corporel

elle-même si l'on fait intervenir le sens selon lequel un tout (ὅλον) est dans ses parties (μόρια) – cf. 210a 27–29 – ; une seconde fois en (d), pour expliquer que *le lieu* (τόπος) peut être en quelque chose selon un sens autre que « être dans un lieu ».

27 *Phys*. IV 3, 210a 26–b 17.

28 *Ibid*., 210b 18–21.

29 Cf. 210a 27 : ἤτοι καθ' αὑτὸ ἢ καθ' ἕτερον. C'est bien entendu cette affirmation qui fait problème, puisqu'on considère généralement que καθ' αὑτό s'oppose à κατὰ συμβεβηκός et que πρώτως s'oppose à καθ' ἕτερον (ou à κατ' ἄλλο).

30 Voir scholie **31** et les références. Cf. aussi scholie **15**.

individualisable, que le stoïcisme. La théorie du lieu entendu comme limite du corps englobant est fondée sur la distinction entre continuité et contiguïté. Être dans un lieu, pour une substance, c'est se mouvoir dans un milieu à densité ontologique faible qui lui est contigu. Il n'y a certes pas d'espace vide autour d'elle, mais la distinction entre continuité et contiguïté joue, pour l'aristotélisme, le rôle de la distinction entre plein et vide pour les systèmes atomistes. À ce premier stade, l'aristotélisme n'est pas moins cohérent que le stoïcisme et il est assurément plus proche du sens commun. Il y a une différence, après tout, entre la continuité matérielle d'un organisme vivant et le rapport qu'entretient cet organisme avec son milieu.

La difficulté naît, pour l'aristotélisme, lorsqu'on veut expliquer comment concevoir la localisation des parties du continu, un organe interne du corps par exemple. Cet organe est toujours au contact des mêmes tissus, il est en rapport de continuité biologique avec certaines parties d'entre eux. La définition aristotélicienne du lieu interdit donc de lui prêter un lieu. Comparons avec la théorie du lieu intervalle, et l'on s'aperçoit immédiatement de l'avantage, sur ce point précis, de cette dernière. Le lieu de l'organe sera tout simplement la zone du corps occupée par cet organe. On comprend donc l'intérêt, pour Alexandre, des discussions du chapitre 3. Elles fournissaient non seulement une réponse à l'aporie de Zénon mais aussi, et même surtout, un dégradé de rapports au lieu permettant de traiter, dans un cadre aristotélicien, de localisations dérivées, ou de second ordre.

La scholie **34** nous apprend qu'Alexandre prenait soin de préciser que les parties du corps continu (τὰ τοῦ συνεχοῦς μέρη) sont dans un lieu par accident, *en tant que* le corps est dans un lieu au sens propre. Simplicius, pour des raisons qu'il nous appartiendra d'éclaircir, n'a pas retenu la mention du continu[31]. Pas plus qu'il n'a retenu la doxographie stoïcienne d'Alexandre (scholie **47**), où est exposée la doctrine du continu cosmique stoïcien.

On comprend en effet dans ce contexte la fonction de la scholie **47**. Alexandre y souligne la cohabitation, dans le système stoïcien, de deux types d'âme. L'une est l'âme universelle, ou l'intellect divin, qui assure la continuité et l'unité du cosmos, l'autre l'âme particulière à chacun[32]. Cette doxographie, étant donné sa place dans le commentaire d'Alexandre, n'illustrait pas un différend portant sur l'âme, mais bien sur le lieu. Alexandre y déployait le

31 Cf. scholie **34**, commentaire.

32 « Les Stoïciens, disant que l'univers est continu, disaient que nous aussi sommes des parties de l'univers, unies au tout. Ils disaient que l'intellect est l'esprit subtil qui parcourt toutes choses et qui contient toutes choses. Ils disaient qu'il est aussi l'âme de l'univers et que plusieurs âmes sont en chacun, l'une comme nature et partie de l'âme du Tout, une autre celle propre à chacun ».

parallèle systémique entre l'aristotélisme et le stoïcisme. Soit, en deux propositions :

(a) à la continuité aristotélicienne (imposée par la présence d'un εἶδος) correspond la zone d'extension d'une âme ;

(b) au jeu aristotélicien entre continu et contigu correspond la possibilité de juxtaposer différentes âmes.

On peut compléter ces parallèles, bien qu'Alexandre ne l'ait sans doute pas fait dans son commentaire, en intégrant le cas (implicite) de l'atomisme :

	Principe de distinction topologique	*Rapport hiérarchique entre lieu des parties et lieu des touts*	*Rapport entre lieu et corps*
Atomisme	Plein / vide	Lieu des parties (atomes) > lieu des touts (agrégats)	Au plus un corps par lieu
Aristotélisme	Continu / contigu	Lieu des parties (organes) < Lieu des touts (vivants)	Au plus un lieu par corps
Stoïcisme	Âme du monde / âmes partielles	Lieu des « parties » = lieu des « touts »	Au moins un corps par lieu[33]

La première colonne exprime le principe topologique constitutif du système. La deuxième, le centre de gravité ontologique du système considéré. Pour l'atomisme, le lieu du réel est l'atome, dont l'agrégat constitue un sorte de dérivation secondaire. Pour l'aristotélisme d'Alexandre, c'est la substance animale, plutôt que ses parties, qui véritablement *est*[34]. Enfin, pour le stoïcisme, le réel véritable, c'est le cosmos dans son ensemble. Il n'y a donc guère de différence, de ce point de vue, entre un vivant et l'une de ses parties : dans les deux cas, nous avons affaire à une zone tridimensionnelle incluse dans le tout du cosmos, définie par un certain dynamisme interne. Ce dynamisme étant dû à la présence dans cette zone d'un corps qui compénètre le corps du monde – puisque les âmes, pour les Stoïciens, sont des corps subtils – on comprend l'importance stratégique, dans la réfutation du stoïcisme, de la question de la possibilité d'avoir deux corps dans un même lieu. Alexandre a consacré une monographie, le *De mixtione*, à cette question, et nous savons par Simplicius, *In Phys*. 530.9–16, confirmé par la scholie **7**, qu'il lui consacrait dès le début de son commentaire au livre IV de nombreux développements. La troisième colonne exprime le fait que pour l'atomisme, un lieu peut être sans corps, que pour l'aristotélisme – tout au moins celui d'Alexandre –, un corps,

33 Dans le Monde (κόσμος), mais pas dans le Tout (πᾶν), puisqu'il y a du vide à l'extérieur du Monde.

34 Cf. *Essentialisme*, p. 153.

comme la dernière sphère, peut être sans lieu, que pour le stoïcisme enfin, un lieu peut contenir simultanément plusieurs corps.

Il suffit de lire ce tableau pour s'apercevoir de la difficulté de la doctrine aristotélicienne du lieu. Une fois dissipée l'apparence de bon-sens qui la soutient, on s'aperçoit des grandes difficultés qu'elle recèle. La première est celle de son radicalisme ontologique. On a évoqué un peu plus haut le cas d'un organe corporel. Mais on peut prendre celui, plus simple encore, d'une goutte d'eau dont on détermine la position à l'intérieur d'un vase rempli. Cette goutte est virtuelle au sens où c'est notre esprit qui lui donne corps en la sélectionnant dans l'ensemble de l'eau contenue dans le vase. Il semblerait aller de soi que cette goutte d'eau a un lieu, à savoir la place qu'elle occupe dans le vase. Mais pour Aristote, il n'en est rien. Il faut qu'Alexandre force le texte pour parler, dans ce cas, d'un lieu par accident. Encore doit-on préciser que ledit lieu « par accident » n'est pas la place exacte de la goutte – conçue comme configuration superficielle ou comme zone tridimensionnelle – mais le lieu délimitant l'ensemble du liquide, c'est-à-dire la paroi interne du vase[35].

Nous avons ainsi brièvement exposé les tenants et aboutissants ontologiques de l'interprétation d'Alexandre. Sans être infidèle à Aristote, l'Exégète a effet accentué certains aspects de la doctrine pour rendre celle-ci mieux à même de résister au modèle concurrent des Stoïciens, c'est-à-dire pour éviter de se voir reprocher, dans le cas des parties du continu, ce que lui-même leur reprochait dans le cas du monde : leur incapacité à expliquer la localisation des amas autrement qu'en admettant la compresence de plusieurs corps dans le même lieu.

§ 4. Doctrine cosmologique du lieu et stratégie aristotélico-aristotélicienne

Subsiste, même une fois résolues les difficultés liées à la localisation des parties du continu, l'aporie de la troisième colonne, qui a donné lieu à une querelle entre commentateurs de la *Physique*, couramment dénommée *magna quaestio*. Celle-ci se signale par une imbrication des difficultés textuelles et doctrinales[36].

35 Il y a une ambiguïté systématique, chez Aristote, avec le recours au « par accident » (κατὰ συμβεβηκός), qui peut, selon les cas désigner une forme d'être bien réelle, mais diminuée, ou disqualifier une certaine apparence dans ses prétentions à l'existence. Ici, Alexandre impose le premier sens pour pouvoir, contre les Stoïciens, être autorisé à localiser d'une certaine manière les « parties du continu », qui n'étaient pas évoquées au chapitre 3 par Aristote.

36 Pour un traitement plus détaillé, cf. M. Rashed, « Alexandre d'Aphrodise et la »Magna Quaestio«. Rôle et indépendance des scholies dans la tradition byzantine du corpus aristotélicien », *Les Études Classiques* 63, 1995, p. 295–351.

L'enjeu est double : il s'agit à la fois de la *validité* et de l'*usage* de la théorie physique du lieu en contexte cosmologique. La tradition a souvent confondu les deux questions, la première lui dissimulant la seconde. Nous voudrions montrer que si Alexandre a certes instruit la *magna quaestio* de manière fondatrice – sa discussion de la *validité* cosmologique de la théorie physique du lieu se retrouvant, par l'entremise des commentateurs arabes, jusqu'à la fin du Moyen Âge latin –, il est aussi le commentateur qui a le plus profondément réfléchi à la question de l'*usage* cosmologique d'une telle théorie.

a. Validité de la théorie aristotélicienne du lieu : la *magna quaestio*

Commençons par décrire l'aporie. Le texte sur lequel se greffe la discussion est *Phys.* IV 5, 212a 31-b 22. Aristote, après avoir proposé, au chapitre précédent, sa définition du lieu, se concentre maintenant sur la difficulté qui surgit au contact de la physique (avec la définition du lieu) et de la cosmologie (avec la structure finie et étagée en sphères concentriques de l'univers). La définition de l'être-dans-un-lieu suppose que le corps localisé soit englobé dans un corps extérieur. Or rien n'entoure l'univers. Cela a pour conséquence que ni l'univers, ni la sphère la plus extrême de l'univers n'ont à proprement parler de lieu. Le cas de l'univers tout entier est peut-être le moins gênant des deux, car l'univers comme Tout n'est pas mû. En revanche, la difficulté éclate avec la dernière sphère céleste, qui est mue d'un mouvement de révolution (περιφορά). Comme il paraît vraisemblable que le mouvement de révolution est un mouvement par soi selon le lieu, on aboutit à la conclusion indésirable qu'un objet mû selon le lieu n'est pas dans le lieu. Les commentateurs ont donc été contraints d'abandonner l'une des prémisses incompatibles. Ainsi, Thémistius, suivi par al-Fārābī et Ibn Bājja (Avempace), a abandonné la thèse de l'englobement du localisé par son lieu[37], Alexandre celle que tout corps mû selon le lieu est dans un lieu[38], Averroès celle du *par soi*[39], Avicenne celle que le

37 Cf. Averroes, *In Phys.* 141K–142G.

38 Cf. *infra*, scholies **65–78** et les notes. Voir aussi Averroes, *In Phys.* 143 A–C.

39 Averroes, *In Phys.* 142G–143 A. Nous aurions besoin d'une édition critique de ce texte. La phrase où Averroès répond à l'aporie voulant que, si l'on adopte sa thèse selon laquelle le ciel est par accident dans le lieu, alors ce qui par excellence se meut selon le lieu, est par accident dans le lieu, ne m'est pas claire. Voici en effet ce qui est écrit dans l'édition des Juntes : « *Ad hoc autem dicendum est quod illa, quae mouentur per se, indigent aliquo quiescente, circa quod mouentur, ut declarat Aristoteles in libro de Motibus animalium localibus : et hoc quiescens forte erit locus per se, quando non fuerit continens rem motam, et forte erit locus per accidens, quando non fuerit continens rem motam in omnibus partibus, sicut est dispositio in corporibus cœlestibus* » (142 L). Cet énoncé ne paraît faire sens que si l'on

mouvement de révolution est un mouvement selon le lieu, préférant y voir, dans une innovation audacieuse, un mouvement selon la position. Quant à Philopon et Simplicius, cette aporie leur est sans doute apparue comme une confirmation puissante de leurs doutes à l'égard de la définition aristotélicienne du lieu[40]. On peut présenter synthétiquement les choses ainsi :

(a) Le lieu est la limite du corps contenant : rejeté par Philopon, Simplicius, Avicenne
(b) Contenir, c'est englober : rejeté par Thémistius, al-Fārābī, Ibn Bājja
(c) Il existe une sphère (la dernière) qui n'est englobée par rien : admis par tous
(d) Cette sphère a par soi un mouvement de révolution : admis par tous
(e) Si mouvement par soi, alors lieu par soi : rejeté par Averroès
(f) Si mouvement par soi, alors lieu : rejeté par Alexandre
(g) Le mouvement de révolution par soi est selon le lieu : rejeté par Avicenne

On peut classer les adversaires en trois catégories. Les auteurs rejetant (a) s'excluent de l'aristotélisme véritable qui, comme on le verra, *a besoin* d'une telle définition du lieu. Les auteurs rejetant (b) demeurent dans un cadre aristotélicien, mais paient leur choix au prix fort. Cette solution paraît en effet *ad hoc*, puisqu'il faudra admettre qu'un contenant n'englobe pas, donc faire abstraction de l'intuition topologique à la base de la théorie aristotélicienne du lieu. Les auteurs rejetant (e), (f) et (g) n'en sont pas moins contraints de se livrer à des contorsions. Le rejet de (e) – solution certainement la plus fine de toutes celles en présence – conduit à surévaluer le sens de l'être « par accident ». Cette solution, à la différence de la précédente, n'est cependant pas verbale, car elle admet, plutôt qu'un sens absurde de la localisation, un sens lâche – une « structure locale », si l'on veut. Averroès remarque en effet que l'univers se définit par son centre, avec lequel il entretient une relation parfaitement stable, et que ce centre est essentiellement dans le lieu. Cette localisation foncière du centre entraîne une localisation accidentelle de l'univers. Au fond, l'idée sous-jacente est que l'univers participe du lieu dans la mesure où le lieu est un élément essentiel de sa constitution – c'est-à-dire dans la mesure où il admet,

interprète la préposition *circa* de manière lâche et si l'on supprime le premier *non*. L'on pourrait alors traduire : « Il faut répondre à cela que les choses qui sont mues par soi nécessitent quelque chose au repos, sur quoi elles s'appuient pour se mouvoir, selon ce que dit Aristote dans le livre *Sur les mouvements locaux des animaux* : et cette chose au repos sera tantôt un lieu par soi, quand elle sera un contenant pour la chose mue, et tantôt un lieu par accident, quand elle ne sera pas un contenant pour la chose mue dans toutes ses parties, comme il en va pour les corps célestes ». La thèse d'Averroès, pour résumer, est que la sphère céleste est par accident dans le lieu, mais qu'elle se meut essentiellement selon le lieu.

40 Puisque l'un et l'autre adjoignent à leur commentaire ligne-à-ligne du texte d'Aristote une longue digression où ils déploient une doctrine concurrente du lieu. Pour une présentation du « corollarium de loco » de Simplicius et de Philopon, cf. P. Golitsis, *Les commentaires de Simplicius et de Jean Philopon à la* Physique *d'Aristote*, Berlin / New York, 2008, resp. p. 150–168 et 174–190.

fondamentalement, une polarisation. En ce sens, Averroès est peut-être moins éloigné d'Avicenne, qui rejette (g) pour affirmer que le mouvement des cieux est selon la position, qu'on pourrait le penser au premier abord. Car l'aspect local du mouvement se rapproche finalement assez, pour Averroès, d'une variation positionnelle. Alexandre est plus rigoriste. En rejetant (f), il n'admet aucune forme de localisation, même accidentelle, pour l'univers. Il choisit donc d'interpréter ici l'accidentalité comme une pure et simple disqualification, et non comme un amoindrissement[41].

Il faut distinguer, chez Simplicius, entre l'exégèse littérale et le corollaire du lieu. Cette longue digression a pour but, une fois la tâche proprement exégétique accomplie, d'exposer un point de vue moins aristotélicien sur la question, en explicitant en particulier les thèses néoplatoniciennes de Damascius, le maître de Simplicius. Ce dernier s'appuie donc extensivement sur le traité perdu de Damascius *Du nombre, du lieu et du temps* pour défendre la thèse selon laquelle le lieu est un principe actif, à la fois rassemblant et ordonnateur du sensible. Le lieu, le temps, le nombre et la grandeur sont des réalités providentielles permettant que le sensible ne sombre pas dans la confusion chaotique. Cette théorie, selon ses tenants, échappe aussi bien aux apories du lieu comme limite qu'à l'indifférentiation ontologique trop marquée – et soulignée par Alexandre, cf. scholie **81** – du lieu-intervalle.

Ce serait bien sûr une naïveté de croire que dans son commentaire ligne-à-ligne, Simplicius se borne à suivre Alexandre. Nous avons vu plus haut que dès le chapitre IV 3, il montrait des réticences à adopter l'interprétation forte de l'Exégète[42]. Contre toute extrapolation, Simplicius se tenait au cadre étroit de la réfutation de Zénon. La raison, bien qu'elle ne soit jamais fournie par lui, nous paraît maintenant claire : le néoplatonicien est moins soucieux qu'Alexandre d'expliquer à l'aide des instruments du chapitre IV 3 la localisation des parties du continu pour la simple raison qu'il tient pour une *autre* doctrine, qu'il juge précisément assez forte pour rendre compte de la localisation des parties du continu[43]. Il a donc beau jeu de rappeler Alexandre au purisme exégétique.

Qu'en est-il maintenant de l'exégèse simplicienne de la *magna quaestio* – qui ne se confond pas, encore une fois, avec la position réelle de Simplicius – ? On assiste à un phénomène semblable. Simplicius accorde à Alexandre le fait que ce qui n'est englobé par rien n'est, tout simplement, pas dans le lieu. Alors cependant qu'Alexandre limite ce cas à celui de la sphère ultime, celle des fixes, Simplicius, en s'appuyant sur une lecture philologiquement plus

---

41 Sur cette distinction, voir *supra*, p. 45, n. 35.
42 Cf. *supra*, p. 42.
43 Cf. Simplicius, *In Phys.* 577.37–578.5.

rigoureuse[44], l'étend à l'ensemble du monde supralunaire. Pour lui, il n'y a donc que quatre sphères cosmiques dotées de lieu : la terre, l'eau, l'air, le feu. Rien de céleste proprement dit – c'est-à-dire de supérieur à la zone de l'atmosphère – n'est dans le lieu. En suivant des principes très proches de ceux d'Alexandre, Simplicius parvient donc à vider la théorie de son prédécesseur de toute apparence de bien-fondé : comment à première vue une doctrine du lieu pourrait-elle s'accommoder du fait que l'essentiel de l'univers échappe au lieu ?

b. Usage cosmologique de la théorie aristotélicienne du lieu

En dépit de sa force dialectique, le coup porté par Simplicius à Alexandre n'est pas fatal. Loin de nous, certes, l'idée de dénier que la théorie aristotélicienne ne prête aucunement le flanc à l'objection soulevée par le commentateur néoplatonicien. La localisation de la dernière sphère pose à l'évidence une difficulté grave à l'aristotélisme, qui en arrive à admettre que quelque chose puisse ne pas être dans un lieu tout en se mouvant selon le lieu. Pourtant, cette objection reste, d'une certaine manière, extérieure au système. Peut-être même va-t-elle jusqu'à trahir l'intuition du lieu qui est la sienne, en négligeant le fait que le lieu n'existe que pour autant qu'une puissance se *réalise* dans l'espace. Qu'il s'agisse d'une substance animale ou d'une sphère élémentaire, le lieu est lié à la forme chez Aristote, non pas celle figée des astres, mais celle dont l'existence est une action. Sans être la forme elle-même, le lieu dit quelque chose d'essentiel à son propos, en en délimitant l'extension maximale et la configuration[45]. À la différence de la physique classique, le lieu n'est donc pas une condition préalable, mais bien une séquelle du mouvement selon Aristote – exactement d'ailleurs comme le temps. La forme *produit* le lieu, pour Aristote, elle ne vient pas benoîtement l'habiter. Dès lors, il n'y a guère d'enjeu *aristotélicien* dans la question de savoir si tout ou seulement partie de la substance supralunaire est sans lieu. Ce qui compte, pour Aristote lu par Alexandre, c'est bien plutôt que les quatre éléments aient un lieu. Car ceux-ci s'apparentent aux vivants hylémorphiques. Ils ne sont certes pas des substances pleines et entières, mais se comportent comme des substances. Et même plus encore : alors que les substances biologiques ont nécessairement un lieu mais pas de lieu propre (ou naturel), les éléments en ont un. Or, le fait que certains lieux soient *propres* impose des conditions supplémentaires au schème déjà exigeant de l'englobement par contiguïté.

44 Cf. « Alexandre d'Aphrodise et la »Magna Quaestio« » (cit. *supra*, n. 36), p. 342–345.

45 Alexandre est sensible à la distinction entre les deux types de forme (εἶδος), configurationnel et dynamique. Cf. Simplicius, *In Phys.* 538.14–19 (traduit dans *Essentialisme*, p. 246).

Damascius, comme Simplicius ne se prive pas de le rappeler, avait placé sa critique des théories antérieures du lieu sous le signe de l'utilité (χρεία)[46]. Mais soit qu'il n'ait pas vu, soit qu'il n'ait pas voulu voir les finesses de la doctrine aristotélicienne interprétée par Alexandre, Damascius a négligé l'utilité de la doctrine du lieu dans l'architectonique de la *Physique* d'Aristote. Les scholies nous fournissent en tout cas la preuve que Simplicius a délibérément occulté le point de vue de l'Exégète. Il passe en effet sous silence un développement récapitulatif important de ce dernier, résumé par la scholie **81**, qui souligne que seule la doctrine aristotélicienne du lieu permet d'expliquer le *mouvement* naturel des corps sublunaires.

Il semble donc surtout qu'Alexandre et Damascius ne se représentent pas l'« utilité » du lieu de la même manière. Pour Alexandre, on l'établira plus loin, la question du mouvement naturel est cruciale. Par opposition, Damascius, à en juger du moins d'après le témoignage de Simplicius, se concentrait sur un ordre en quelque sorte statique et achevé du monde et de ses répartitions élémentaires[47]. L'opposition ne sépare pas une doctrine respectueuse de la χρεία du lieu, qui serait celle de Damascius, et une doctrine en faisant fi, qui serait celle d'Alexandre. Une lecture un peu attentive convainc plutôt qu'il s'agit de deux manières de concevoir l'« utilité », l'une platonicienne et l'autre aristotélicienne. Pour le platonicien qu'était Damascius, le lieu est comme projeté d'en-haut sur le chaos sensible pour lui conférer un peu de l'ordre caractéristique du paradigme intelligible[48]. Le lieu sera donc un élément *producteur* des substances sensibles. Ce sera, si l'on veut, un « opérateur », un « transformateur », permettant de traduire *en images*, dans la tridimensionalité chaotique du sensible, des paradigmes intelligibles indépendants du temps et de l'espace. Pour l'aristotélicien Alexandre, le lieu est un *produit* des substances sensibles, c'est un effet de l'efficace dynamique de l'εἶδος hylémorphique. Ce n'est plus un *traducteur* de la forme intelligible dans la forme sensible, mais une *traduction* tridimensionnelle d'un principe à la fois matériel et inétendu. Point n'est besoin d'insister sur la cohérence ontologique de chacune de ces doctrines, dictées par l'existence, ou non, de formes intelligibles informant le réel sensible.

Cette opposition a pourtant deux effets curieux. Tout d'abord, Damascius fait un pas vers l'aristotélisme et Alexandre un pas vers le platonisme : étant donné sa doctrine du lieu comme bonne disposition cosmique, Damascius est obligé de trahir Platon et d'affirmer, avec Aristote, que la terre éloignée du

46 Cf. Simplicius, *In Phys.* 624.17–20.

47 La question du mouvement élémentaire n'est mentionnée qu'en passant par Damascius, d'après le compte rendu sans doute exact de Simplicius. Cf. *In Phys.* 628.14–16.

48 Cf. Simplicius, *In Phys.* 625.27–32 et 626.31–32.

centre de l'univers y reviendrait d'elle-même[49] ; Alexandre, en revanche, se déclare en faveur d'une attirance du même vers le même, se ralliant ainsi au *Timée*. En second lieu, Alexandre et Damascius en viennent finalement à adopter des positions similaires. On verra en effet que si, chez Alexandre, les corps tendent vers leur semblable, c'est parce que, plus fondamentalement, ils tendent vers la réalisation du meilleur ordre cosmique possible – ce qui est la position de Damascius. Simplicius est très justifié à rapprocher Damascius de Théophraste[50] – et il paraît vraisemblable que le successeur d'Aristote, sur ce point, ait influencé son Exégète.

Examinons donc maintenant comment, en dépit de sa position hylémorphiste, Alexandre n'est pourtant pas parfaitement fidèle à Aristote. Ce dernier, à l'extrême fin du traité du lieu, écrivait les lignes suivantes[51] :

> (a) Et il est très raisonnable que chaque corps soit transporté vers le lieu qui est le sien (ce qui en effet est adjacent et touche sans violence, cela est de même genre [συγγενές] ; et si les choses naturellement unies sont sans affection, celles qui se touchent entretiennent affection et action mutuelles). (b) Et il n'est donc pas déraisonnable que tout corps, par nature, demeure dans son lieu propre. En effet, cette partie que voici est dans le lieu à la façon dont une partie divisible est en relation à une totalité (comme quand on meut une parcelle d'eau ou d'air) ; or c'est ainsi que l'air est en relation à l'eau : comme une matière, et l'autre comme une forme, l'eau étant matière de l'air, l'air étant comme un certain acte de celle-là. L'eau est en effet air en puissance, mais l'air est eau en puissance d'une autre manière. Il faut discuter plus tard de ces choses. Pourtant, le contexte nous oblige à les mentionner, alors que ce qui a été dit maintenant ne s'éclaircira qu'alors. Si donc c'est la même chose que la matière et l'entéléchie (elles sont eau l'une et l'autre, mais tantôt en puissance et tantôt en acte), la situation pourrait donc bien être celle d'une partie, pour ainsi dire, en relation à la totalité. C'est pourquoi il y a contact entre ces corps ; union naturelle, lorsqu'ils deviennent tous deux un en acte.

---

49 Cf. Simplicius, *In Phys.* 627.34–35 : διὸ καὶ αὐτὴ (sc. ἡ γῆ) ὅλη ἀφεθεῖσα ἂν ἐπὶ τὸ μέσον οἰσθείη. Mais Damascius s'écarte d'Aristote en affirmant que les parties de terre garderaient alors leur rapport mutuel. Pour Aristote, si l'on déplace la terre à l'endroit de l'univers où se trouve maintenant la lune et qu'on en arrache une motte qu'on jetterait par-dessus tête, cette motte regagnerait le centre du monde déserté par la terre, et non le sol de la terre déplacée. Cf. Aristote, *De caelo* IV 3, 310b 2–5. L'écart de Damascius par rapport à Platon n'est donc pas grossier, mais subtil. Il réside dans le seul fait d'autonomiser la terre de l'action informante du Démiurge, pour en faire un corps physique de type, au fond, néo-aristotélicien. Se demander ce que la terre ferait si on la déplaçait est une façon non parfaitement platonicienne de poser le problème.

50 Cf. *In Phys.* 639.18–22, cette portion d'une citation des *Physica* de Théophraste : « … dans toutes les réalités qui ont une nature configurée, il y a un certain ordre et une certaine position par rapport à la totalité de la substance. C'est pourquoi l'on dit que chaque réalité de ce type est dans sa place, en ce sens qu'elle a l'ordre qui lui est propre, puisque chacune des parties du corps désire et réclame la place et la position qui lui sont propres » (traduction Golitsis, p. 165, très légèrement modifiée).

51 *Phys.* IV 5, 212b 29–213a 10.

Aristote commence par expliquer le mouvement des corps premiers (a), en distinguant le rapport de contiguïté non contrainte (μὴ βίᾳ), c'est-à-dire naturelle, entre deux corps « de même genre » (cf. συγγενές) et le rapport d'union naturelle (σύμφυσις, cf. συμπεφυκότα). Le Stagirite n'indique cependant pas en quoi la distinction permet de justifier (cf. γάρ) le mouvement des corps premiers. Alexandre, suivi par Simplicius, voit à l'œuvre un principe d'attirance du même par le même[52]. Si cette interprétation pourrait à la rigueur expliquer la mention d'une « homogénéité » de deux corps voisins, elle ne rend pas bien compte de celle de l'union naturelle. Les commentateurs postulent dans ce cas non plus une explication du mouvement des corps simples, mais du fait que ces mouvements mènent ces corps simples à *un lieu* : Aristote expliquerait que les corps se sont déplacés en sorte de se trouver « dans un lieu » (ἐν τόπῳ) et non « dans un tout » (ἐν ὅλῳ) en arguant du fait qu'il n'y a pas, entre deux zones élémentaires, de σύμφυσις[53].

Cette explication paraît à la fois non aristotélicienne et contournée. Elle est contournée parce qu'elle est obligée de soutenir qu'on explique autre chose que le mouvement en mentionnant la σύμφυσις. Elle n'est pas aristotélicienne parce qu'elle endosse le principe d'attirance du même par le même de manière trop brutale. Il est vrai qu'Aristote considère, en *De caelo* IV 3, qu'il y a *quelque* sens à affirmer que le même se dirige vers le même[54]. Mais l'argument est alors clairement confirmatif d'une thèse plus générale, sur la nature du lourd et du léger, et non explicatif du mouvement en train de se produire[55].

Une autre explication est sans doute meilleure : Aristote opposerait le contact et l'union naturelle parce que dans le premier cas, il y a transformation possible des affections qualitatives (cf. παθητικὰ καὶ ποιητικὰ ἀλλήλων), dans le second, non (cf. ἀπαθῆ). Le schéma est d'autant plus clair qu'il est explicité en *De generatione et corruptione* I 7, 323b 1–324a 9, où Aristote affirme que pour qu'il y ait action et affection entre deux corps, il faut que ceux-ci soient de

52 Cf. scholies **79** et **81** et Simplicius, *In Phys.* 597.23–35.

53 Cf. Simplicius, *In Phys.* 597.35–598.12. Le texte édité par Diels est sans doute fautif. Je suggère de corriger, en 598.1, οὐ μέντοι ὡς ἐν τόπῳ en οὐ μέντοι <ὡς ἐν ὅλῳ ἀλλ'> ὡς ἐν τόπῳ (faute par saut du même au même). Les corps élémentaires sont en effet bien « comme dans un lieu » (ὡς ἐν τόπῳ), et non « comme dans un tout » (ὡς ἐν ὅλῳ), les uns dans les autres.

54 *De caelo* IV 3, 310b 1–2 : « cela [la théorie du léger et du lourd] rend plus acceptable la thèse des Anciens, selon laquelle le semblable se porterait vers le semblable » (καὶ ταύτῃ μᾶλλον ἄν τις ὑπολάβοι ὃ ἔλεγον οἱ ἀρχαῖοι, ὅτι τὸ ὅμοιον φέροιτο πρὸς τὸ ὅμοιον).

55 D'ailleurs, en termes de chimie aristotélicienne, l'air est autant le συγγενής du feu que de l'eau – et la terre et le feu sont συγγενῆ entre eux. L'explication d'Aristote serait donc très malhabile, tant que l'on n'aurait pas spécifié que le γένος sous-entendu n'est pas chimique, mais identifiable au léger et au lourd. Or, dans ce dernier cas, la théorie devient inconsistante, car elle reviendra à dire qu'être léger, c'est se mouvoir vers un corps léger.

même genre (ὁμογενές)[56]. Sans doute ὁμογενές dans le *De generatione* signifie-t-il la même chose que συγγενές dans notre passage de la *Physique*. Il suit de là que le passage (a) n'explique ni n'entend expliquer pourquoi les corps naturels sublunaires se meuvent. Il se borne à dire pourquoi il y a une production incessante de corps qui se meuvent : c'est que la zone de contact entre deux corps est un lieu d'interaction perpétuelle, ce qui explique que l'univers ne soit jamais immobile et comme achevé.

Le passage (b), même s'il est plus difficile, ne remet pas cette interprétation en cause. Aristote cherche maintenant à expliquer la stabilité des strates cosmiques. C'est qu'à certains égards, deux corps qui se jouxtent ne forment qu'un corps unique, à la façon dont se combinent matière et forme. Il y a donc autant de stabilité entre eux qu'entre une partie d'un corps homéomère et le tout auquel elle appartient.

Autrement dit, en (a) comme en (b), Aristote fait fond sur la parenté et la non-identité de deux corps qui se jouxtent de manière naturelle. En (a), il s'appuie sur leur qualité primitive différente pour expliquer la production incessante d'un nouveau corps[57]. En (b), il s'appuie sur leur parenté, due à leur qualité primitive commune, pour expliquer l'invariance et l'équilibre globaux des répartitions cosmiques.

Bref, Aristote n'a rien dit, en *Phys.* IV 5, sur la raison pour laquelle les corps élémentaires se meuvent, alors qu'il avait auparavant clairement laissé entendre qu'une doctrine satisfaisante du lieu devait rendre compte d'un tel mouvement[58]. C'est en *Phys.* VIII 4, chapitre que nous discuterons plus bas, qu'Aristote tente de proposer une explication du mouvement rectiligne des éléments sublunaires. Il distingue alors deux sens de la puissance, une puissance d'actualisation qui demande une véritable transformation du sujet (l'eau, qui est lourde, est en puissance légère au sens où il faut qu'elle se transforme en air pour devenir légère) et une puissance qui ne demande que la suppression d'obstacles pour s'actualiser (l'air retenu sous l'eau, qui est léger, ne se réalisera parfaitement dans sa zone propre que lorsqu'on le laissera s'échapper en supprimant l'obstacle qui le retient prisonnier)[59]. On sera ainsi en mesure de distinguer le mouvement circulaire des astres, qui procède d'une âme motrice, du mouvement des éléments, inanimés, qui n'est en quelque sorte que le plus court *chemin* (ontologique) vers l'actualisation d'une puissance. Quelle que soit la force de l'argument d'Aristote, on ne peut qu'être sensible à son purisme doctrinal, qui interdit de considérer l'élément sublunaire comme magiquement

56 Cf. *Gen. Corr.* I 7, 324a 1 : ὅλως δὲ τὸ ὁμογενὲς ὑπὸ τοῦ ὁμογενοῦς.
57 Cf. *Aristotle's Physics*, A Revised Text with Introduction and Commentary, by W. D. Ross, Oxford, 1936, p. 579–580.
58 Cf. *Phys.* IV 4, 211a 3–6.
59 *Phys.* VIII 4, 255a 30-b 13.

animé. Au contraire de la dynamique platonicienne, régie par un principe d'attraction du même pour le même, celle d'Aristote considère les lieux naturels comme absolus et suffisant par eux-mêmes à expliquer les deux translations élémentaires.

La solution d'Aristote pose pourtant trois problèmes. – Le premier, signalé, est qu'Aristote confond actualisation (ontologique) d'une puissance et translation (topologique). Il fait en effet comme si la translation en tant que telle, *hic et nunc*, n'avait pas à être expliquée, sous prétexte qu'il ne s'agit que d'un cheminement (ontologique) vers la réalisation. Mais c'est une chose de, quand une puissance se réalise, se réaliser *nécessairement d'une manière déterminée*, c'en est une autre de, pour toute puissance, se réaliser *nécessairement*. Admettons par exemple, avec la première phrase de la *Métaphysique*, que « tous les hommes, par nature, désirent naturellement savoir ». Cela ne suffit pas à expliquer comment tout homme est *effectivement* devenu savant, même si l'on précise que tout homme possède une âme habitée du désir de savoir. *A fortiori* dans le cas des éléments, où l'on ne comprend ni le *mécanisme* du processus de translation (qui correspondrait *grosso modo* à l'apprentissage chez l'homme) ni même son principe (qui correspondrait à l'âme).

– Le deuxième problème est que si les éléments, une fois chimiquement constitués, se meuvent par eux-mêmes, la preuve du Premier Moteur, qui s'appuie sur le fait que tout ce qui est mû est mû par quelque chose, paraît menacée. Pourquoi en effet, dans ces conditions, le Premier Mû ne se mouvrait-il pas lui aussi tout seul ?

– Le troisième problème est que le lieu naturel ainsi compris paraît bien être une cause finale. Or Aristote a exclu, plus haut dans le livre IV, que le lieu puisse être aucune des quatre causes[60].

Les scholies et le commentaire de Simplicius attestent qu'Alexandre a soutenu une théorie selon laquelle les corps simples étaient pourvus d'une « tendance » (ἔφεσις) à réaliser leur « perfection » (τελειότης)[61], consistant dans le fait – en première approximation – de se trouver dans leur lieu naturel. Un lecteur pressé se contentera de voir là un sursaut de platonisme. Au vu, toutefois, des trois difficultés majeures que nous avons signalées, il ne faut pas se hâter de condamner Alexandre au tribunal de l'aristotélisme. Il conviendra auparavant se demander sérieusement si cette doctrine du lieu reformulée en termes d'ἔφεσις et de τελειότης n'a pas une fonction architectonique. La doctrine néo-aristotélicienne permettrait dès lors d'une part de résoudre, vaille que vaille, les trois problèmes signalés et d'autre part de rattacher étroitement – plus peut-être que chez Aristote – le traité du lieu à la preuve du Premier

60 *Phys.* IV 1, 209a 18–22.
61 Cf. scholies **523** et **524**.

Moteur, en œuvrant ainsi à renforcer la cohésion démonstrative d'ensemble de la *Physique*.

Chapitre V
Alexandre et le traité du temps (*Phys.* IV, 10–14)

On peut commencer par s'interroger sur le sens d'une étude physique du temps avant la mécanique classique. Ce serait une illusion rétrospective de croire qu'Aristote avait besoin du temps pour expliquer le mouvement. Il pouvait se contenter d'opérer avec une représentation populaire de la notion, celle du flux du temps dans lequel est plongé tout processus. Plus radicalement, le temps *dérive* du mouvement pour Aristote. Si le Stagirite s'interroge avec une telle acuité sur la nature du temps, la raison en est ailleurs. Nous avons émis l'hypothèse, qui ne trouvera sa confirmation que lors de l'étude de la lecture alexandrique de la dynamique aristotélicienne, que la fonction ultime du lieu aristotélicien était sans doute, aux yeux d'Alexandre, d'expliquer les mouvements élémentaires rectilignes et par là de préparer la démonstration du Premier Moteur. La chose vaut-elle également dans le cas du temps ?

§ 1. L'étude physique du temps

Au premier chapitre de son traité du temps (*Phys.* IV 10), Aristote relate, sans les attribuer à des penseurs déterminés, deux identifications du temps : (a) le mouvement de l'univers (τὴν τοῦ ὅλου κίνησιν) ; (b) la sphère elle-même (τὴν σφαῖραν αὐτήν)[62]. La scholie **141** atteste qu'Alexandre voyait dans (a) la thèse de Platon et dans (b) celle des Pythagoriciens, qu'il associait sans doute, sur ce point, à des Stoïciens[63]. Ces trois noms nous permettent de reconstituer le cadre polémique général où Alexandre pense développer son exégèse. Les trois auteurs ont en effet en commun d'associer le temps à une triple cyclicité – matérielle, cinématique et événementielle – et à voir ainsi dans le temps une partie intégrante de l'être du monde. Que ce monde soit une image comme chez Platon ou le seul monde réel comme chez les Pythagoriciens et les Stoïciens, le temps, pour parler de manière anachronique, constitue sa quatrième dimension ; tout objet est défini par son être dans le lieu et son être dans le temps. C'est une injonction puissante, d'entrée, à considérer, également chez Aristote, le temps dans son rapport au monde. Pour

62 *Phys.* IV 10, 218a 33-b 1.
63 Cf. Simplicius, *In Phys.* 700.17–22 (cité *infra*, *ad schol.* **137**).

Alexandre, il s'agira surtout d'explorer la consistance d'une zone ontologique à mi-chemin entre le réel physique indépendant de notre esprit et les productions de ce dernier. C'est la raison pour laquelle le traité du temps sera moins l'occasion de combattre d'autres écoles, et en particulier le stoïcisme, que de s'interroger, à l'intérieur de l'aristotélisme, sur l'objectivité de certaines de nos pensées.

Aristote commence son étude proprement dite, au chapitre 11, par noter le rapport entre temps et changement. S'interroger sur le temps, ce sera donc chercher à comprendre ce qu'est le temps relativement au mouvement (τί τῆς κινήσεώς ἐστιν, *Phys.* 219a 2). Suivent deux thèses brièvement déduites : (a) le temps tire sa continuité du mouvement ; (b) le temps contient l'antérieur-postérieur en raison du mouvement, et le mouvement en raison du lieu, qui possède cette distinction à titre primordial[64]. L'antérieur-postérieur joue un rôle de liaison entre temps et mouvement. Comme le dit la scholie **148** (voir aussi **156**) « une fois que nous avons défini et nombré le mouvement selon l'antérieur et le postérieur, nous avons le temps ». Le temps est donc issu du comptage du mouvement. Alexandre a visiblement insisté sur le fait que ce nombre devait être compris comme ordinal et non cardinal, ce qui le relie davantage à l'âme[65]. Ces considérations mènent à la définition du temps, « nombre du mouvement selon l'antérieur et le postérieur ». Cette définition notoirement difficile pose le problème évident de la conciliation entre l'indéniable continuité du temps, plusieurs fois rappelée par Aristote, et le fait qu'Aristote opère une distinction tranchée entre quantités discrètes, en particulier le nombre, et quantités continues, dont le temps[66]. Aristote fait suivre cette définition d'une discussion entre deux types de nombre, le nombre « nombré » (ou « nombrable ») et le nombre « par lequel nous nombrons », et rattache le temps au premier type : le temps est nombre nombré[67]. Cette distinction est si peu claire en soi, et en rapport avec l'argument présentement développé dans la *Physique*, que les spécialistes en disputent encore. Les choses s'éclaircissent un peu si l'on comprend que le problème est moins une affaire d'épistémologie mathématique abstraite (et anachronique) que la transposition au cas du nombre du rapport entre εἶδος définitionnel (proche de l'espèce) et εἶδος hylémorphique (principe d'efficience dynamique). Soit par exemple la désignation « homme ». Lorsque je dis « Pierre est un homme », je peux en théorie me représenter les choses de deux manières aristotéliciennes : j'entends soit (aristotélisme logicisant des *Catégories*) que l'homme en général, dont il est dans l'ordre des choses de se réaliser en une multitude d'individus, se réalise en

64 *Phys.* IV 11, 219a 10–21.
65 Cf. scholie **151** et le commentaire *ad loc.*
66 Cf. *Cat.* 6, 4b 20–5a 14.
67 *Phys.* IV 11, 219b 5–9.

l'occurrence en Pierre ; soit (aristotélisme biologisant) que Pierre, dans sa singularité foncière, est un homme. Dire que Pierre est un homme, c'est, pour Aristote, dire que la forme spécifique (la forme humaine de *n'importe quel* homme) s'applique à une forme hylémorphique (la forme humaine « dans » Pierre). *Mutatis mutandis*, on peut – c'est du moins notre hypothèse – assimiler forme spécifique et nombre nombrant, forme hylémorphique et nombre nombré.

§ 2. Temps et objets mathématiques selon Alexandre

a. L'ontologie mathématique d'Alexandre

Le tour mathématique adopté par la définition aristotélicienne du temps est remarquable. Et ce, d'autant plus que les hésitations de la tradition sur la doctrine aristotélicienne du temps trouvent un pendant exact avec celle des objets mathématiques. On peut en effet, dans chaque cas, distinguer quatre interprétations, allant du mentalisme au physicalisme extrême, en passant par deux intermédiaires. Selon la thèse mentaliste extrême, le temps, ou les *mathematica*, sont de pures constructions mentales, sans correspondants ontologiques dans le réel. À l'opposé, selon la thèse physicaliste, le temps ou les *mathematica* sont des objets physiques (le mouvement dans le cas du temps, les objets configurés ou comptés dans le cas, respectivement, de la géométrie et de l'arithmétique, envisagés en tant qu'ils sont configurés ou comptés). Selon la position intermédiaire la plus proche du mentalisme, temps et *mathematica* sont produits dans le réel par un acte de la pensée ; selon celle qui avoisine le physicalisme, ils existent dans le réel physique et sont simplement découverts, ou exhibés, par la pensée. Les quatre thèses ont été explicitement défendues dans le cas des *mathematica*. On peut attribuer la thèse mentaliste extrême à la vulgate aristotélicienne, la thèse physicaliste à Jonathan Lear (en appui sur *Metaph.* M 3), la thèse de la production à Richard Sorabji (en appui sur *Metaph.* Θ 9) et celle de l'exhibition à Ian Mueller (en appui sur *Phys.* II 2)[68]. Même si le paysage exégétique est moins riche pour le temps, cette quadruple possibilité est sans doute à l'arrière-plan des hésitations des exégètes. Aristote

---

68 Cf. J. Lear, « Aristotle's Philosophy of Mathematics », *Philosophical Review* 91, 1982, p. 161–192 ; I. Mueller, « Aristotle on Geometrical Objects », *Archiv für Geschichte der Philosophie* 52, 1970, p. 156–171 (repris dans J. Barnes, M. Schofield et R. Sorabji [eds], *Articles on Aristotle*, vol. 3, 1979, p. 96–107) et « Aristotle's Doctrine of Abstraction in the Commentators », in R. Sorabji (ed.), *Aristotle Transformed*, Londres & Ithaca, NY, 1990, p. 463–480 ; R. Sorabji, *Matter, Space and Motion*, Londres & Ithaca, NY, 1983, p. 16–17.

pose lui-même la question en *Phys.* IV 14 : y aurait-il du temps sans âme ?[69], ouvrant ainsi l'espace exégétique que nous venons de baliser. Soit le temps est un simple objet mental, soit il est la réalité physique même du mouvement envisagée sous un certain angle, soit il est issu d'une combinaison, ou du contact, de l'âme et du mouvement. Il peut alors se trouver davantage « du côté » de l'âme, ou de celui du mouvement.

Les commentateurs modernes ont proposé différentes interprétations de la position d'Alexandre au sujet des *mathematica*. Selon Mueller, Alexandre serait à l'origine de l'abstractionnisme mentaliste de la vulgate[70]. Mueller s'appuie sur quelques passages insistant sur le rôle de l'επίνοια et, surtout, sur un texte de Simplicius, commentaire à *Phys.* IV 1[71]. Dans un contexte où il paraît dépendre d'Alexandre, Simplicius affirme, pour gloser le rapport des *mathematica* aux étants physiques, que « les choses qui sont par convention (θέσει, jeu sur le double sens du terme grec) sont dérivées des choses qui sont par nature, à la façon dont les choses imaginées (τὰ φανταστά) sont dérivées des choses sensibles (ἀπὸ τῶν αἰσθητῶν) » (*In Phys.* 526.30–31). La scholie **3** cite cependant ce passage d'Alexandre sans la phrase incriminée. C'est donc très probablement que celle-ci a été ajoutée par Simplicius, qui gauchit ainsi la position d'Alexandre. Dès lors, le principal argument en faveur d'un Alexandre abstractionniste tombe, et l'on n'a pas de peine à remarquer, avec Sorabji, que d'autres passages d'Alexandre accordent à l'évidence une certaine réalité aux objets mathématiques[72]. Sorabji prête donc à Alexandre la thèse selon laquelle si l'esprit du géomètre est requis pour qu'existent des objets mathématiques, c'est en tant qu'il rend actuels des cercles et des carrés géométriques *dans* les objets extérieurs[73]. Autrement dit, Sorabji interprète subtilement le datif ἐπινοίᾳ, qui revient souvent dans ce contexte, comme un datif de moyen et non de lieu : les *mathematica* existent *par* la pensée (dans le réel physique), et non pas *dans* la pensée. C'est-à-dire, précise l'auteur, qu'il faut concevoir les objets mathématiques comme nous le ferions de l'équateur, ou de la frontière d'un pays, chacun étant « created by the mind, but located at the surface of the earth »[74]. Cependant, le texte proposé par Sorabji comme illustration de cette théorie ne paraît pas se plier parfaitement à un telle lecture. Voici une traduction du passage central[75] :

---

69 *Phys.* IV 14, 223a 16–17.

70 Cf. Mueller, « Aristotle's Doctrine of Abstraction » p. 467.

71 *Id.*, *ibid.*, p. 467–469.

72 R. Sorabji, *The Philosophy of the Commentators. A Sourcebook*, London, 2004, 3 vol., t. III, p. 293.

73 Sorabji attribue ainsi à Alexandre la thèse qu'il identifie comme étant celle d'Aristote en *Metaph.* Θ 9, 1051a 21–33.

74 Sorabji, *Sourcebook*, t. III, p 293.

75 Alexandre, *In Metaph.* 52.15–19.

> Les êtres mathématiques n'existent pas en soi et par soi, mais par la pensée (ἀλλ' ἐπινοίᾳ). En effet, une fois que l'on a séparé des êtres matériels la matière et le mouvement, en fonction desquels et avec lesquels ils sont dotés de l'existence, il reste les êtres mathématiques qui révèlent leur similitude au sein des choses matérielles, nombreuses et différant entre elles selon les circonstances matérielles.

Ce qu'Alexandre décrit ici, c'est le processus mental *par lequel* – en adoptant l'interprétation du datif suggérée par Sorabji – nous faisons abstraction de toutes les qualités sensibles pour ne plus laisser subsister, dans l'objet, que ses caractéristiques géométriques. Or si ce processus peut s'appliquer à l'équateur (je conçois en effet l'équateur, ligne géométrique possédant une « réalité » cosmologique, à partir du moment où je considère la sphère terrestre en faisant abstraction de ses qualités sensibles), on voit mal comment il rend compte d'une frontière arbitraire : je peux faire abstraction de toutes les qualités sensibles que je voudrai, je ne parviendrai pas à « voir » la frontière géométrique surgie du cerveau de stratèges diplomates. Il est besoin là, semble-t-il, d'un acte producteur de l'esprit, qui fabrique, pour ainsi dire, les objets géométriques dans le sensible. Il se peut que ce soit là une théorie authentiquement aristotélicienne. Il nous semble en revanche que ce serait aller trop loin que de la prêter à Alexandre, sur la foi des lignes traduites ou de quelque autre passage. L'interprétation de Sorabji n'est certes pas en contradiction avec le texte cité, mais elle n'en découle pas non plus nécessairement. D'autres interprétations sont possibles, qui accorderaient plus de réalité aux *mathematica* indépendamment de notre esprit. Dans son commentaire de *Metaph.* B 2, 998a 7–9, Alexandre n'est pas loin d'une position physicaliste à la Lear[76]. Les caractères mathématiques sont des

76 Voir Alexandre, *In Metaph.* 201.4–11 (cf. K. Flannery, « Mathematical Entities in Alexander and Pseudo-Alexander of Aphrodisias », in V. Cellupríca (ed.), *Il libro B della* Metafisica *di Aristotele*, Naples, 2003, p. 127–157, p. 148–149) : οἱ δὲ ἐξ ἀφαιρέσεως λαμβάνοντες αὐτά, τῷ λόγῳ τινὰ τῶν αἰσθητῶν χωρίσαντες, καταλείπουσιν αὐτὰ σὺν τοῖς χωρισθεῖσι πάντα τὰ [τὰ del. Madigan et Flannery] κατὰ τὰ ὅλα αἰσθητά, οὐκέτι ἐκείνων τῶν κεχωρισμένων αὐτῶν ἐφ' αὑτῶν δυναμένων τὴν αἰσθητὴν ἀποπληροῦν φύσιν, οὐδ' ἐπὶ διαστάσεώς τινος νοουμένων. ἡ γὰρ ἐν τοῖς μαθηματικοῖς νοουμένη διάστασις μετὰ τῶν τῷ λόγῳ κεχωρισμένων παθητικῶν ἡ αἰσθητὴ φύσις· ἐν ἀμφοῖν γὰρ ἡ αἰσθητὴ φύσις ἐν ὑποστάσει οὖσα φύσει. Contrairement à Madigan et Flannery, je rattache le génitif τῶν αἰσθητῶν (201.5) à τινα et non à χωρίσαντες. Autrement dit, ce sont ici les qualités affectives que l'on « sépare ». Traduction : « mais ceux qui font résulter <les êtres mathématiques> de l'abstraction, après avoir, par un acte de la raison, séparé certaines choses sensibles, ils les laissent tous, en compagnie de ces choses qui ont été séparées, corrélés aux totalités sensibles. De fait, ces qualités qui ont été séparées ne seraient plus en mesure, elles-mêmes par elles-mêmes, de constituer la nature sensible, quand même on les penserait pourvues de quelque chose comme une extension. Car c'est l'extension que l'on pense dans les choses mathématiques, de concert avec les affections séparées par un acte de la raison, qui fait la nature sensible. La nature sensible trouve en effet son existence par nature en étant dans les deux ».

constituants, parmi d'autres et au même titre, des réalités physiques. Deux raisons empêchent cependant de prêter cette doctrine à Alexandre. Tout d'abord, il pouvait lui faire le reproche fondamental suggéré par Mueller[77] : personne, et Alexandre moins que quiconque, n'a jamais étudié la géométrie pour pouvoir décrire la configuration « géométrique » de l'être humain. Ensuite, le recours systématique au vocabulaire de l'ἐπίνοια s'accorde mal avec une lecture purement physicaliste. Si en effet c'est le réel *physique* qui possède des caractéristiques mathématiques, il est étrange qu'il faille à ce point souligner l'acte de pensée à l'œuvre dans leur exhibition. L'opération de l'ἐπίνοια semble différente, en effet, d'un simple acte d'appréhension. C'est une saisie intellectuelle qui doit *constituer* son objet pour pouvoir s'en saisir. De fait, les êtres géométriques usuels, comme la droite ou le cercle, n'existent pas dans le réel. Dès lors, deux analyses sont possibles à leur sujet. Prenons le cas d'une table qu'un catalogue de meubles nous vend comme « circulaire ». Une analyse précise constaterait évidemment que le pourtour de cette table ne forme pas un cercle *exact*. Le marchand de meubles nous a-t-il pour autant menti ? Non point. Car la forme physique de cette table s'approche assez de celle du cercle géométrique pour que les propriétés que l'on attend de la circularité – symétrie et homéomérie de la figure – soient récupérables. Ainsi, cette table sera telle que chaque personne assise sera dans une situation spatiale identique à celle de n'importe lequel des autres convives, aussi nombreux soient-ils – ce qui seul importe dans la « circularité » d'une table. Cet exemple simple illustre une ambiguïté latente des discussions anciennes sur la « géométricité » du réel physique. Tantôt, les textes semblent faire allusion à la configuration réelle de n'importe quel objet du monde – qui est géométrique parce qu'il est une forme spatiale, mais qui n'est jamais géométrique au sens d'une forme simple de la géométrie (droite, cercle, ellipse, etc.) – tantôt à sa configuration idéale. Dans ce dernier cas, un table est circulaire, un mur est plan, un rai de lumière est une ligne droite.

Le texte traduit du commentaire d'Alexandre à *Metaph.* B semble interpréter la « géométricité » du monde selon le premier sens. Être « géométrique » revient alors à avoir une configuration spatiale. Mais le contexte des apories est excessivement général : on parle *abstraitement* des modalités de l'existence des êtres mathématiques, sans aucun exemple précis de tels êtres. L'objection de Mueller à Lear conserve donc sa force : Alexandre n'ayant jamais songé à étudié mathématiquement le déploiement spatial de la forme hylémorphique, sa description des objets mathématiques comme pures et simples configurations spatiales des objets physiques ne peut suffire à rendre compte de sa position.

77 Mueller, « Aristotle on Geometrical Objects » (cit. p. 58, n. 68), p. 164.

Il faut commencer, pour comprendre la doctrine d'Alexandre, par tenter de reconstituer, à l'aide de ses lecteurs, la façon dont il commentait le passage fameux de *Physique* II 2 sur les rapports entre physique et mathématique[78]. Aristote, en bref, s'élève contre une certaine conception de la distinction entre physique et mathématiques, selon laquelle la physique traiterait des substances elles-mêmes, tandis que les mathématiques se borneraient à traiter de leurs attributs. À cela, Aristote, suivi par les commentateurs, rétorque qu'il serait étrange que la physique ne traite pas elle aussi des attributs des substances, dès lors que son projet est de connaître ces dernières. Cet argument énoncé, les mathématiques, aussitôt, risquent d'être perçues comme une simple partie de la physique. Aristote précise donc que si les deux disciplines traitent de certains attributs des substances, elles ne les envisagent pas sous le même point de vue : alors que la physique étudie ces choses en tant que limites des étants naturels, ou en tant que leur appartenant, les mathématiques les étudient « séparées ». Aristote est ici si clair qu'un commentateur ne peut qu'abonder dans son sens ou le contredire frontalement. Simplicius prend le premier parti et il est à peu près certain qu'il répète Alexandre[79].

Il paraît même vraisemblable que la célèbre citation de Géminus, tirée de son *Epitomé* des *Météorologiques* de Posidonius, que Simplicius dit emprunter à Alexandre, avait pour fonction d'approfondir, d'enrichir et de nuancer la position « brute » d'Aristote[80]. Le Stagirite s'était en effet borné à distinguer une appréhension physique et une appréhension « séparée » des mêmes objets. Géminus montrait, un peu différemment, que même dans le cas où l'on s'intéressait à ces choses en tant qu'appartenant au monde physique, l'approche du physicien et celle de l'astronome pouvaient différer. Les raisons invoquées ne doivent pas nous retenir ici. Elles tournent toutes autour du caractère (1) exclusivement mathématique et/donc (2) conditionnel des objets manipulés par l'astronome. Dans le contexte précis des doctrines d'Alexandre, cette citation – qu'on a toujours retenue en raison de son intérêt pour l'histoire des sciences[81] – prend un certain relief. L'énoncé d'Aristote demeure ambigu quant à l'étroitesse de la liaison entre les objets des mathématiques (même « séparés ») et ceux de la physique. On peut en effet très bien imaginer, sur la base de ce texte, qu'Aristote entend seulement souligner le caractère « spatialisable » de tout objet géométrique. En revanche, la citation de

78 *Phys.* II 2, 193b 22–194a 12.

79 Cf. Simplicius, *In Phys.* 290.27–291.20.

80 Cf. Simplicius, *In Phys.* 291.21–292.31.

81 On trouvera une mise en perspective historique, tenant compte des développements récents de l'histoire de l'astronomie arabe, chez R. Morelon, « Astronomie »physique« et astronomie »mathématique« dans l'astronomie précopernicienne », in R. Rashed et J. Biard (eds), *Les doctrines de la science de l'Antiquité à l'Âge classique*, Louvain, 1999, p. 105–129.

Géminus va dans le sens d'une identité beaucoup plus forte. Il s'agit ici pour lui de résoudre *soit physiquement, soit mathématiquement*, telle ou telle question *astronomique*. Sur la sphéricité de la terre, par exemple, que nous ne pouvons pas constater directement, le physicien développera certains arguments physiques et le mathématicien certains arguments mathématiques. Dans des cas plus complexes, comme l'explication de l'anomalie du soleil, le physicien fournira au mathématicien certains principes fondamentaux, dont celui-ci tiendra compte. Posidonius citait ici avec approbation Héraclide du Pont, qui évoquait sans doute la nécessité, pour l'astronome, de concevoir *tous* les modèles possibles, y compris celui – que la physique seule permet de rejeter – où « la terre est d'une certaine manière au repos et le soleil d'une certaine manière en mouvement »[82].

Il paraît donc raisonnable de prêter à Alexandre la doctrine selon laquelle les objets géométriques relèvent de deux catégories. En un sens large, tout objet physique, en tant qu'il possède une certaine configuration, incarne une forme géométrique. Mais en un sens plus restreint et précis, un objet mathématique véritable résulte d'un opération de l'esprit portant sur un être naturel d'un certain type, obéissant à des conditions de simplicité configurationnelle. Au sens large, la configuration extérieure d'un individu, abstraite de ses conditions d'incarnation, est un objet mathématique ; au sens restreint, elle ne l'est pas, mais la forme des astres, ou les trajectoires des corps simples sublunaires, le sont. Alexandre ne se livre malheureusement jamais *expressis verbis* à cette distinction. La précieuse scholie **415** montre cependant que dans certains contextes au moins, il se rangeait à la seconde interprétation. En *Phys.* VI 10, Aristote écrit : « ... nous disons que ce qui est sans parties ne peut pas être mû sinon par accident, par exemple par le fait que le corps ou la grandeur dans lequel il existe sont mus »[83]. Les commentateurs se sont demandés quel était le sens de la mention, à côté du « corps », de la « grandeur ». Alexandre, à en croire la scholie, aurait fait la remarque suivante : « Cela n'a pas été ajouté dans l'idée que la surface ou la ligne seraient capables de subsister ou de se mouvoir (ἢ ὑφεστάναι ἢ κινεῖσθαι) sans corps, mais du fait qu'elles sont pensées (ἐπινοοῦνται) dans le corps et du fait que le mouvement du corps trouve sa complétion en fonction de ces choses qui, d'une certaine manière, inhèrent en lui (καὶ ὅτι ἡ τοῦ σώματος κίνησις κατὰ ταῦτά πως ἐν τούτῳ ὄντα ἀποτελεῖται) : de fait, le mouvement a lieu selon la longueur et la largeur ».

82 Simplicius, *In Phys.* 292.21–22. La phrase où apparaît la thèse d'Héraclide est corrompue (pour une discussion fouillée, voir K. Gaiser, *Das Philosophenmosaik in Neapel. Eine Darstellung der platonischen Akademie*, Heidelberg, 1980, p. 107–115). Je consacrerai ailleurs une note philologique à la question.

83 *Phys.* VI 10, 240b 8–10 : λέγομεν ὅτι τὸ ἀμερὲς οὐκ ἐνδέχεται κινεῖσθαι πλὴν κατὰ συμβεβηκός, οἷον κινουμένου τοῦ σώματος ἢ τοῦ μεγέθους τῷ ἐνυπάρχειν.

On trouve ici exprimée une thèse qui n'apparaît nulle part ailleurs, chez Alexandre, avec une telle clarté. Le schéma doctrinal met en jeu le mouvement, les corps et les axes (mathématiques) du mouvement sur un plan horizontal (longueur et largeur). Le mouvement du corps, nous est-il dit, trouve sa complétion en fonction des deux axes selon lesquels il se produit, ces deux axes étant en un certain sens dans le corps lui-même. Ainsi, s'il est vrai que la grandeur (mathématique) ne peut subsister toute seule mais qu'il faut la pensée pour qu'elle soit dans le corps (cf. ἐν τῷ σώματι ἐπινοοῦνται), il n'en demeure pas moins que cet acte de pensée exhibe des dimensions qui sont celles selon lesquelles s'effectue *réellement* le mouvement. En l'occurrence, je prêterais donc à Alexandre la thèse que Mueller attribue à Aristote lui-même (mais non à Alexandre) : la thèse d'une actualisation, par nos facultés d'appréhension, d'objets *déjà là*, mais en puissance, dans le réel physique[84]. Cette explication rendrait parfaitement cohérent le parallèle, dressé par Alexandre dans la *Mantissa*, de l'appréhension des formes dans la matière et des objets mathématiques[85]. Dans un cas comme dans l'autre, la forme n'est pas absente de l'objet physique, mais nécessite, pour être parfaitement actualisée, d'être distinguée *dans* le corps. De même que l'εἶδος, pour l'essentialiste Alexandre, n'est pas un *concept*, de même les objets mathématiques ne sont pas de pures constructions mentales. Il faut néanmoins une *opération de l'esprit* pour distinguer, dans le composé, la forme de la matière et, dans l'objet sensible, les caractéristiques mathématiques des affections matérielles.

Si notre attribution à Alexandre d'un double point de vue sur les objets mathématiques ne peut s'appuyer sur aucune déclaration explicite dans le corpus, c'est bien sûr surtout parce qu'Alexandre lui-même devait être assez flou sur cette question, se contentant d'expliquer chaque texte particulier de la meilleure façon possible. Il nous suffit d'ailleurs qu'il ait opté, en certains passages cruciaux, pour une théorie cosmologisante des objets géométriques,

---

84 Cf. Mueller, « Aristotle's Doctrine of Abstraction in the Commentators » (cit. *supra* p. 58, n. 68), p. 464–465 : « Alternative 2. Mathematical objects are embodied in pure extension underlying physical objects ; the geometer's abstraction of non-geometric properties enables him to apprehend these things which satisfy the mathematician's definitions. This interpretation, which I have espoused, has the disadvantage of assigning to Aristotle a theory about which one might expect him to have been more explicit if he held it ».

85 Alexandre, *Mantissa* 90.2–10. Cf. Mueller, p. 469. Riccardo Chiaradonna me fait remarquer que les deux cas ne sont sans doute pas entièrement assimilables : la forme ne saurait être autant « en puissance » que les êtres mathématiques. C'est indéniable. Il est probable, comme nous avons fini par en tomber d'accord, qu'il faut postuler différents niveaux de potentialités, du temps (potentialité extrême) à l'*eidos* (potentialité minimale). C'est cette position extrême du temps qui en faisait un champ de bataille privilégié pour le combat qu'engage Alexandre contre Boéthos, au nom de l'essentialisme.

liant leur existence à la structure topologique de l'univers. On peut cependant se prévaloir d'une analogie entre les objets mathématiques et ceux des logiciens. On sait en effet qu'Alexandre, là encore dans le cadre de son interprétation essentialiste d'Aristote, a mené une polémique contre toute théorie logique sans rapport manifeste avec une théorie de la preuve scientifique, c'est-à-dire inutile à la connaissance de l'univers physique[86]. Bien que la question ne se soit pas posée en ces termes, on ne forcera pas le trait en disant qu'Alexandre a distingué entre une logique au sens large, qui contiendrait en droit toute étude des raisonnements, et une logique au sens restreint, portant seulement sur les raisonnements exhibant quelque chose du réel. Parce que la question est brûlante dans le contexte philosophique qui est le sien, Alexandre polémique âprement contre le premier type de logique, qu'il attribue aux Stoïciens et aux Aristotéliciens égarés par les thèses de leurs rivaux, comme Herminus. Il est dès lors très instructif de constater que dans ce contexte, Alexandre, contre Ptolémée, évacue les mathématiques du domaine des sciences théorétiques véritables, c'est-à-dire, au fond, interprète de manière radicale le texte de Posidonius rapporté par Géminus : les mathématiques sont partielles et par nature hypothétiques. Ce qui revient à distinguer, dans l'édifice des mathématiques, entre des théories purement formelles, sans aucune utilité pour connaître le monde physique, et des théories permettant des avancées, en particulier en astronomie (pour la géométrie) et en harmonique (pour l'arithmétique). Je pense donc que si Alexandre, en des contextes anodins et vagues comme ceux de *Metaph.* B, présente des formulations qui vont dans le sens d'un théorie large des objets mathématiques, sa véritable doctrine, celle qui épouse au mieux les contours de son essentialisme, est le « cosmologisme » que venait sans doute corroborer, dans son exégèse de *Phys.* II 2, la citation de Géminus.

b. Une catégorie ontologique mixte chez Alexandre

Temps et ordre

On peut maintenant revenir à la similitude de structure entre temps et *mathematica*. Que la liaison soit faite par Alexandre nous paraît prouvé par la scholie **184**, qui instruit la différence entre « incision » (στιγμή) et « maintenant » (νῦν) en opposant le caractère positionnel de la ligne (i. e. de la ligne qu'on trace) et le caractère saisissable seulement par la pensée (τῇ ἐπινοίᾳ μόνον δύναται λαμβάνεσθαι) du « maintenant ». L'apparition du terme ἐπίνοια ne saurait être fortuite. Le « maintenant » a ceci de commun avec les êtres mathématiques (comme le point ou la ligne géométriques) qu'il est besoin

86 Cf. *Essentialisme*, p. 317–318.

d'un acte de pensée pour l'exhiber. Il s'oppose par là au point matériel que l'on incise. Mais cet acte de pensée n'est pas arbitraire. Il s'agit de la reconnaissance d'une structure d'ordre (succession orientée) possédée par tout mouvement en tant que tel. L'idée d'Alexandre est sans doute que l'appréhension directe, immédiate, des configurations sensibles ne nous apprend rien sur leur ordre, qui s'exprime toujours à l'aide de nombres. Il est besoin d'un acte de l'esprit pour faire apparaître ces nombres sous-jacents. Je peux regarder le ciel étoilé chaque nuit, je ne saurai rien de sa beauté véritable tant que je ne discernerai pas la structure mathématique de son organisation et de son mouvement. Or celle-ci est sous-jacente, et comme « incorporée », au monde céleste, dont la beauté en constitue l'effet. Certes, les *mathematica*, au sens large, comme nous venons de le voir, ne sont pas *seulement* dans les objets célestes. Il n'empêche qu'au sens restreint, c'est là leur domaine privilégié, voire unique. Il en va exactement de même pour le temps. Bien sûr, Alexandre accepte, à un certain niveau de l'analyse, que le temps se révèle dans tout mouvement, « en tant que mouvement » (ᾗ κίνησις), comme il le précise lui-même (cf. scholies **151** et **165**). Mais cette formulation absente du texte aristotélicien incite à trouver un mouvement particulier dont le déploiement contienne en lui-même tous les autres. L'énoncé qui revient deux fois dans les scholies (οὐδέ ἐστιν ὁ χρόνος τῆσδε τῆς κινήσεως ἀριθμός, ἀλλὰ καθόλου πασῶν, ᾗ κίνησις [**151**] et ὁ χρόνος οὐ τῆσδέ τινος μέτρον κινήσεώς ἐστιν, ἀλλὰ καθόλου πάσης, ᾗ κίνησις [**165**]) évoque la structure « doublement paronymique » de la métaphysique aristotélicienne, qui fait converger universalité et primauté d'un fondement singulier de la hiérarchie. Alexandre, étant donné les préoccupations qui étaient les siennes, a reconstitué un cheminement semblable dans le traité du temps. On passe, de l'universalité recueillie par le filtre du « en tant que » en puissance dans le texte aristotélicien (chap. 11), à la primauté absolue d'un mouvement singulier (chap. 14). Il ne faudrait pas, sur la seule base du traité *Du temps* d'Alexandre, penser que ce dernier rapproche naïvement, et dans un geste exégétique brutal, temps et mouvement de la sphère des fixes[87]. Les scholies prouvent au contraire qu'il a été sensible – plus, à notre connaissance, qu'aucun moderne – à la progression du traité aristotélicien. Le temps est lié à la sphère des fixes *comme* les grandeurs géométriques le sont[88]. C'est un être

---

87 Voir R. W. Sharples, « Alexander of Aphrodisias, *On Time* », *Phronesis* 27, 1982, p. 58–81, p. 69 et n. 55. Il s'agit, avec son découpage du texte, de *Du temps*, §§ 10, 15 et 19. Pour l'édition du texte arabe, voir A. Badawi, *Commentaires sur Aristote perdus en grec et autres épîtres*, Beyrouth, 1971, p. 19–24.

88 Comme le traité *De l'âme* d'Alexandre, le traité *Du temps* – qu'il soit ou non une partie d'une œuvre plus large contenant aussi un traitement du lieu – me paraît assez exotérique. Il cherche à présenter de façon synthétique et compréhensible pour un entourage de non spécialistes la doctrine aristotélicienne du temps. Un indice fort de cet état de choses est fourni par la discussion de l'existence temporelle, ou non, des

quasi-mathématique, dans l'appréhension duquel l'ἐπίνοια joue un rôle important, qui au sens large peut être attaché à n'importe quel mouvement – de même que la géométrie accompagne toute configuration spatiale –, mais dont le lieu théorique véritable, cosmologique, est la sphère céleste, dont il nous révèle l'ordre et la beauté – exactement comme la géométrie n'a d'utilité qu'en tant qu'elle nous révèle l'ordre et la beauté du Ciel.

Alexandre, dans son traitement du lieu, avait présenté une doctrine cosmologique susceptible de surpasser les Stoïciens eux-mêmes dans leur prétention à la *cohérence*. On s'attend donc à trouver les mêmes principes à l'œuvre dans son traitement du temps. Si Aristote ne mentionne pas la notion d'*ordre* (τάξις) en *Physique* IV mais se borne à dire que le nombre qu'est le temps est nombrable (ἀριθμητόν) et non pas nombrant (ᾧ ἀριθμοῦμεν), Alexandre a en revanche insisté dans son commentaire de la définition aristotélicienne – « le temps est le nombre du mouvement selon l'antérieur et le postérieur » (219b 1–2) – sur le fait que ce nombre est ordinal et non pas cardinal[89]. Or, il est manifeste qu'Alexandre se livre ici à une explication d'Aristote par Aristote. Confronté à un texte de la *Physique* énigmatique, Alexandre l'éclaire en recourant à un passage des *Catégories*. Le voici[90] :

> En revanche, s'agissant en tout cas du nombre [sc. par opposition à la ligne, à la surface et au volume], on ne pourrait montrer que ses parties occupent une position quelconque les unes par rapport aux autres ou se trouvent à un endroit, ni lesquelles précisément, parmi ces parties, sont en contact les unes avec les autres. Ni celles du temps. Aucune partie du temps n'est en effet permanente. Or comment ce qui n'a pas de permanence occuperait-il une position quelconque ? En réalité, c'est plutôt un certain ordre, devrait-on dire, qu'elles présentent, du fait que du temps, une partie est antérieure et l'autre postérieure (τῷ τὸ μὲν πρότερον εἶναι τοῦ χρόνου, τὸ δὲ ὕστερον). Et il en va d'ailleurs de même dans le cas du nombre, puisque un se compte (ἀριθμεῖσθαι) avant deux et deux avant trois et c'est ainsi qu'ils peuvent présenter un certain ordre, mais une position serait tout à fait inconcevable. [...] Donc certaines quantités sont constituées de parties qui occupent une position et d'autres de parties qui n'en occupent pas.

Les deux textes, à la première lecture, ne sont pas entièrement superposables : dans les *Catégories*, nombre et temps sont deux sous-espèces des réalités non

---

pôles du monde, qui présentent le paradoxe unique, dans l'univers aristotélicien, d'être empiriques et de toute éternité au repos. Il va de soi que dans le cadre technique du commentaire de la *Physique*, cette question ne se pose même pas, puisque c'est l'*ensemble* de la sphère céleste dont l'être (par opposition, on le verra, au mouvement) n'est pas dans le temps. Pourtant, Alexandre choisit de ne pas aborder cette nuance aussi délicate que fondamentale et de discuter sur le terrain choisi par l'adversaire (très probablement Galien).

89 Cf. scholie **151** : ἀριθμεῖται [...] ἡ κίνησις τῇ τάξει, τουτέστι κατὰ τὸ πρότερον καὶ ὕστερον.

90 *Cat.* 6, 5a 23–38.

dotées de position mais possédant un ordre (τάξις)[91], tandis que dans la *Physique*, le temps est un nombre (celui du mouvement). Les deux contextes ne sont pourtant pas inconciliables, du fait que le nombre dont il est question dans les *Catégories* est *nombré :* un « se compte » (ἀριθμεῖσθαι) avant deux, deux avant trois, etc. Il y a donc une liaison profonde entre le fait, pour un ensemble de réalités, d'être ordonnées, et celui d'être comptées. La chose est évidente pour la succession des nombres, mais elle s'applique évidemment aux autres réalités, qui se rattachent à l'ordre par l'intermédiaire de celle-ci. Si un « maintenant » est ordonnable par rapport à un autre « maintenant », c'est bien parce qu'il est possible de les affecter d'indices dont le rapport mutuel n'est autre que celui des nombres successifs. On comprend dès lors l'idée d'Alexandre. Celui-ci a interprété le caractère « nombrable » du temps-nombre comme, essentiellement, une référence à son caractère *ordonné*, qui constituera à son tour l'ordre même du mouvement[92]. Cette interprétation a deux avantages.

Tout d'abord, elle permet de rendre compte de la difficulté majeure de la définition d'Aristote. Il est très malaisé, comme on sait, de concilier le caractère numérique du temps, tel qu'il ressort de la définition du Stagirite, avec l'exigence de continuité dont il fait l'objet. Toutes les mathématiques grecques en général et aristotéliciennes en particulier sont bâties sur une opposition du discret et du continu. Du premier relèvent les nombres, du second les grandeurs et le temps. Comment est-il alors possible de caractériser le temps comme *nombre* du mouvement ? Alexandre répond, comme on vient de le voir, en introduisant tout d'abord la notion d'ordre ; puis en distinguant, grâce au même passage des *Catégories*, les quantités dotées de position et les autres. L'élément crucial dans la structure du temps – celui qui suscite d'ailleurs les apories du chap. 10 – est qu'il n'a pas de position. Autrement dit, la ligne droite n'est qu'une *représentation* du temps, mais elle en diffère foncièrement sous cet aspect. Et ce qu'elle représente du temps, c'est sa structure ordonnée. Alexandre peut donc finalement interpréter le temps comme la structure d'ordre du mouvement. Le temps, c'est l'ordre du mouvement, c'est le fait que le mouvement se déroule sur un axe unique irréversible (c'est-à-dire orienté). Le temps est nombre nombré parce qu'il représente l'ordre lui-même, que nous constatons « dans » le mouvement. Il semble bien qu'Alexandre a vu une construction en miroir, dans le chap. IV 11, entre le temps *nombré* et le « maintenant » *nombrant*[93]. Le temps est une structure d'ordre, dont nous

91 Par opposition aux objets géométriques qui possèdent à la fois position et ordre – le dernier point n'étant pas explicitement formulé par Aristote.

92 Cf. *supra*, n. 89.

93 Voir scholie **165**, cf. **157**.

n'avons accès qu'à des moments discrets (les « maintenants ») séparés par une relation d'antériorité-postériorité stricte.

Le second avantage est de se tenir au plus près de l'interprétation des réalités mathématiques que nous venons de mettre en lumière. Il n'est pas indifférent que le temps soit indiscernable de l'ordre astral. Comme les autres êtres mathématiques – l'équateur céleste, par exemple –, il constitue un élément *objectif*, même s'il faut un acte de l'esprit pour le dégager du simple mouvement, de la beauté cosmique. Le temps représente l'ordre *mathématique* du mouvement du monde, exactement comme l'équateur ou l'axe célestes représentent les coordonnées *mathématiques* de ce mouvement.

Alexandre contre Boéthos

Cette position est typique de l'essentialisme d'Alexandre et de son rapport au platonisme. Ce n'est pas un hasard si cette doctrine du temps, comme celle de la substance ou des *mathematica*, se tient à égale distance d'un aristotélisme radical, à la Boéthos, et du platonisme[94]. Nous avons d'ailleurs la chance, dans le cas du temps, de voir cette hypothèse interprétative explicitement confirmée. Nous montrerons plus bas que la distinction, absente du texte d'Aristote et importée par Alexandre, entre mouvement éternel et être éternel est dirigée contre la doctrine du *Timée*[95]. Mais le commentaire de Simplicius, confirmé par la scholie **203**, montre qu'Alexandre a bien conçu son exégèse comme intermédiaire entre Boéthos et Platon. Au chapitre 14, où Aristote montre que le temps est indissociable de l'âme[96], Simplicius introduit en effet une remarque de Boéthos[97] :

> Mais Boéthos s'oppose à cet argument, disant que rien n'empêche que le nombrable existe séparément du nombrant, à la façon dont le perceptible existe séparément du percevant.

L'intention de Boéthos est transparente : il cherche à éliminer de l'ontologie aristotélicienne une zone de flou, peuplée d'êtres au statut mi-psychologique, mi-physique – zone qu'Alexandre assigne, comme on l'a vu, au temps et aux objets mathématiques. Pour Boéthos, dont l'ontologie est entièrement dictée par le tableau de *Catégories* 2, tout ce qui existe est soit une substance, soit une détermination d'une substance. Aucune opération de l'esprit ne saurait avoir la moindre pertinence *constitutive* dans le domaine de l'ontologie. Ainsi en va-t-il sans doute du temps aux yeux de Boéthos : une année, un mois, existent,

94 Pour un résumé de ma position sur ce point, cf. *Essentialisme*, p. 324–327.
95 Cf. *infra*, p. 76–78.
96 Cf. Simplicius, *In Phys.* 759.17 : μὴ οὔσης ψυχῆς οὐκ ἂν εἴη χρόνος.
97 *Ibid.*, 759.18–20.

indépendamment du fait qu'il y ait ou non un esprit pour les constater[98]. Que le temps soit *quelque chose* équivaut d'ailleurs pour lui à dire que le temps est indépendant de l'esprit. Que la chose qu'est le temps puisse être comptée n'implique pas qu'elle se *réalise* dans un éventuel acte de comptage.

Comme à son habitude, Alexandre répond à Boéthos en deux étapes, qu'il qualifie ailleurs d'ἀντιπαράστασις et d'ἔνστασις[99]. L'*antiparastase* consiste à admettre le point de départ de l'adversaire. Le nombrable peut certes exister séparément du nombrant. Mais cela ne suffit pas à infirmer la thèse d'Aristote. Car si son être consiste à être nombré par le nombrant, alors, ce dernier supprimé, le nombré sera lui aussi supprimé. Alexandre estime que c'est le cas avec le temps, que donc Aristote est justifié à dénier l'existence du temps si l'on supprime celle de l'âme. L'opposition entre les deux commentateurs, au premier abord, n'est pas si claire. Après tout, et Boéthos et Alexandre distinguaient entre la substance en tant que telle et la substance en tant qu'elle entre dans une relation[100]. Quel est donc exactement le point de contention ?

Pour répondre à cette question, il faut pénétrer plus avant dans l'idée que se fait chacun des deux aristotéliciens du concept de relation (πρός τι). Toute relation, selon Boéthos – dans une polémique ouverte contre les Stoïciens –, possède un fondement réel. Il récrit en conséquence l'un des cas de relations « désincarnées » selon les Stoïciens, « être à droite/gauche de », de la manière suivante[101] :

> Ce qui est à gauche et ce qui est à droite existent avec plus d'une différence. Car ils se manifestent avec un lieu et avec une partie de ce genre. Car c'est parce que nous avons des parties de ce genre que l'on emploie les appellations de « droite » et « gauche » ; de fait, une pierre ne sera pas « à droite » d'une autre pierre s'il n'y a pas quelqu'un pour la rapporter à nos droites et à nos gauches.

Boéthos formule ainsi, dans la terminologie rigoureuse des *Catégories*, un schème purement physique, et non pas ontologique, exprimé par Aristote dans le *De caelo*[102]. On peut imaginer comment il aurait pareillement décrit la relation « être le fils de » en termes biologiques aristotéliciens, c'est-à-dire comme transmission cinétique d'une certaine forme dans une certaine matière

98 Cf. Simplicius, *In Cat.* 348.2–5 : « Mais Boéthos pense qu'autre est le temps, autre ce qui participe d'un temps et est dans un temps, considérant qu'un temps est une *année* ou un *mois*, tandis qu'une chose qui participe d'un temps est *annuelle* ou *mensuelle* ».

99 Sur cette structure dialectique chez Alexandre, je me permets de renvoyer à « Alexander of Aphrodisias on Particulars and the Stoic Criterion of Identity », in R. W. Sharples (ed.), *Particulars in Greek Philosophy*, Leiden / Boston, 2010, p. 157–179, p. 160–164.

100 Pour Boéthos, cf. Simplicius, *In Cat.* 188.3–6.

101 Simplicius, *In Cat.* 167.10–14.

102 Cf. *De caelo* II 2, 284b 30–285a 10.

qu'elle modèle[103]. La relation a donc ceci de spécial que ce qu'elle décrit du monde n'est pas un simple objet, ni même deux objets (c'est un truisme), mais deux objets (au moins) *et* un cheminement matériel possible entre eux – ce qu'il désigne comme ses « caractéristiques »[104].

Alexandre souscrirait sans doute, dans ses grandes lignes, à l'analyse proposée par Boéthos de la droite et de la gauche. Mais à sa différence, il introduit un degré supplémentaire dans l'analyse du relatif épistémologique (du type de « nombrable »), qu'il recueille dans le filtre du « en tant que ». Dans ce nouveau cadre, le relatif épistémologique « nombrable » (ἀριθμητόν), par exemple, n'est plus conçu comme un *trait* matériel objectif, un χαρακτήρ, de la substance auto-subsistante (y compris si ce trait matériel la relie à d'autres objets du monde), mais comme un trait formel à mi-chemin entre l'esprit et le réel. Ni fantaisie de la représentation, ni réel brut, il s'agit plutôt de quelque chose de formel : d'une structure d'ordre du réel. Voici en effet ce qu'il écrit dans sa réponse à Boéthos[105] :

> À moins que ne doive pas exister de nombrable, mais que ce à quoi il arrive accidentellement d'être nombrable doive exister, comme des chevaux ou des hommes, mais non pas une chose nombrable en tant que nombrable. De fait, dans le cas des autres relatifs aussi bien, si n'existe pas, mettons, ce qui est à droite, ce qui était à gauche existera, par exemple Socrate, sans toutefois être à gauche. Si donc c'est en vertu de l'antérieur et du postérieur comme nombrables que le temps existait, alors si ce qui doit nombrer le temps n'existe pas, celui-ci pourrait bien ne pas exister. En revanche, rien n'empêche que le substrat du temps, qu'était par définition le mouvement, n'existe.

On voit ainsi se préciser les contours de l'opposition entre les deux commentateurs. Pour Boéthos, le temps est soit quelque chose d'objectif – c'est-à-dire une caractéristique objective, à l'instar d'une qualité ou d'une quantité, de la chose dans un temps – soit rien du tout. Pour Alexandre, en revanche, il peut y avoir des étants dont l'être consiste dans une certaine

---

103 Cf. *Gen. An.* II 3.

104 Il faut ici prendre garde à un possible malentendu. On pourrait en effet nous objecter que la relation gauche/droite, puisqu'elle met nécessairement en jeu nos parties animales, est une concession à la classe « mixte », celle des êtres existant par l'esprit et dans le réel. Mais ce n'est pas le cas. Car la relation gauche/droite existe du moment qu'un *vivant* existe, et non pas parce que notre *esprit* contribue à la faire exister. Un sanglier, par sa simple existence latéralisée, suffit à faire exister la gauche et la droite d'un platane en face de lui. Notre esprit se borne à constater la présence de telles relations (de même qu'il se borne à constater la présence de substances) mais ne contribue en rien à la produire.

105 Simplicius, *In Phys.* 759.29–760.3. Je m'écarte à trois reprises du texte de Diels. En 759.31, je corrige ὄντως en ὄντος et, en 760.1, je corrige τὸ en τῷ et, avec le ms. F, omets ἀριθμητὸς.

détermination autonome, qui n'est pas le pur être-là d'une matière ou de l'accident qui lui est inhérent, mais qui est la structure d'ordre du substrat.

Ainsi, alors que pour Alexandre, le nombre comme opération mentale de comptage possède un soubassement dans les choses mêmes – soubassement qui, à l'instar des objets astronomiques comme l'équateur céleste, n'est certes pas entièrement réel, mais néanmoins *existe* – la doctrine de Boéthos est plus tranchée. Pour lui, une expression désigne soit un état mental, soit un état réel – à ceci près que ledit état réel peut mettre en jeu un substrat complexe, et même un substrat dont l'un des termes est notre esprit chosifié[106]. Des états mentaux relève très probablement, encore que nous ne sachions rien de positif sur ce point, notre appréhension des universaux et des *mathematica*. Les instances du réel physique et de ce qui relève de l'acte de pensée diffèrent donc chez les deux commentateurs. On peut représenter synthétiquement les choses ainsi :

	Boéthos	Alexandre
Esprit (ἐπινοίᾳ = « dans l'esprit »)	– relation « hypostasiée »[107] – universaux	– objets logiques sans corrélats réels – *mathematica* comme pures et simples opérations – universel logique[108]

106 À ne pas confondre avec notre esprit reconnaissant des structures dans le réel (ἐπινοίᾳ au sens d'Alexandre).

107 Ou l'idée d'une relation en tant que telle, i.e. d'une relation qui ne serait pas un complexe catégorial du réel.

108 J'entends par là l'universalité atemporelle des logiciens, en tant qu'elle neutralise la question biologique du lignage (cf. *Essentialisme*, p. 254–260). Que le temps cosmologique soit l'axe *réel* de l'universel, le vocabulaire choisi par Alexandre dans une *Quaestio* importante (I 11a, 22.4 ; cf. I 11b, 24.4–5) paraît l'attester. L'Exégète y explique que l'universalité est un σύμπτωμα de la forme. Or Épicure, comme on sait, tient le temps pour un σύμπτωμα de l'atome (*D.L.* X 73), parce qu'il est une propriété de l'atome qui ne lui advient que parce qu'il *ne cesse jamais* de se mouvoir. Les mouvements sont successifs – ils ne peuvent être simultanés –, et leur ordre de succession apporte le temps avec lui. L'atome ne se perd ni ne se crée. Le temps constitue donc sa façon d'exister en tant que mû. Alexandre considère que la forme (εἶδος) est universelle parce qu'elle s'inscrit dans un lignage. La forme individuelle ne peut pas être unique car elle n'existerait alors tout simplement pas. Son universalité ne la constitue pas, mais constitue sa façon d'exister en tant que lignagère. On s'aperçoit donc d'une profonde similitude des deux modèles. Le mouvement local joue pour l'atomisme le rôle que joue la génération pour le néo-aristotélisme. Le mouvement répété importe le temps, la génération répétée importe l'universel. L'εἶδος se substituant à l'atome comme élément central de l'ontologie, la génération se substitue à la translation comme processus ontologique recteur et la répétition universalisante de la forme à l'itération chronologisante du mouvement.

	Boéthos	Alexandre
Mixte (ἐπινοίᾳ = « par l'esprit »)		– temps – *mathematica* de type astronomique – substance sensible comme forme lignagère
Réel[109]	– relation comme complexe – temps – lieu – mouvement – forme comme qualité – substance comme matière	– mouvement – lieu comme limite du corps englobant – substance comme forme dans la matière

L'ἔνστασις d'Alexandre est elle aussi instructive. En insistant sur la nécessité d'une âme pour expliquer le mouvement – et donc sur le fait que, puisque le temps est dépendant du mouvement, il l'est d'une âme, en sorte qu'il ne peut y avoir du temps sans qu'il y ait au moins *une* âme dans l'univers, Simplicius – qui ne cite pas Alexandre à cet endroit – aurait presque pu donner l'impression de répondre à Boéthos en platonicien[110]. Le traité arabe *Du temps*, § 16 et la scholie **203** permettent cependant d'attribuer cette idée à Alexandre. Tel quel, l'argument est à l'évidence anodin. L'intuition générale dont il procède l'est moins. Après avoir caractérisé la déficience de l'acte d'être du sublunaire par sa temporalité[111], Alexandre souligne néanmoins que cette temporalité, en tant que structure d'ordre, est commandée par le supralunaire. On a là, à l'évidence, la position du *Timée*. Si Alexandre l'adopte, c'est bien entendu parce que le danger qu'elle lui permet d'endiguer est à ses yeux tout aussi grave. On ne peut décrire adéquatement le monde, dit en substance Alexandre à Boéthos, si l'on ne postule pas des structures hiérarchiques verticales, expliquant l'information – c'est-à-dire la régularité harmonieuse et ordonnée – du sublunaire. Ce que notre ἐπίνοια isole du sensible en fait de formes, de temps et de *mathematica* sont des caractéristiques qui trouvent leur fondement

109 On prendra garde au fait que « réel », dans le cadre de l'ontologie aristotélicienne de Boéthos, ne signifie pas « auto-subsistant », mais renvoie simplement à tout ce dont la réalité *objective* est fondée en raison. Autrement dit, Boéthos ne se livre à aucun réductionnisme catégorial de type démocritéen. Les catégories aristotéliciennes sont fondées en raison et les qualités affectives ne se réduisent sûrement pas pour lui à des affects de notre sensibilité produits par les formes géométriques de particules corporelles.

110 Cf. *In Phys.* 760.14–26.

111 Cf. *infra*, p. 81.

dans la présence d'une âme divine dans le monde. Alexandre retrouve par là une intuition profonde du *Protreptique* d'Aristote, texte fondamental dans sa compréhension de l'aristotélisme comme système essentialiste[112].

§ 3. Étude cosmologique du temps : temps et modalités

a. *Phys.* IV 12 comme quadripartition modale

Nous en avons fini avec la physique – ou l'ontologie – du temps aristotélicien selon Alexandre. Demeure la question intéressant l'architectonique de la *Physique*, soit la question cosmologique. L'unité du chap. 12 de la *Physique* est factice. La première partie[113] contient en effet quatre corollaires assez brefs qui ont vocation à expliciter certains éléments latents dans les analyses du chap. 11. Aristote souligne en particulier que : 1/ Le temps étant continu, il n'y a pas de plus petit temps ; 2/ le temps n'est pas rapide ou lent mais, selon qu'on le prend comme continu ou bien comme nombre, long ou court ou bien nombreux ou peu nombreux ; 3/ le temps est le même pour tout couple de phénomènes simultanés, différent pour tout couple de phénomènes successifs ; 4/ temps et mouvement, d'un certain point de vue, se mesurent l'un l'autre.

Le développement qui suit constitue une nouvelle unité. Nous avons traité, au chap. 11 et au début du chapitre 12, du temps phénoménologique. Aristote, pour des raisons qui n'ont pas fini d'intriguer ses lecteurs – et qu'ils ont tendance à identifier à un sursaut de platonisme[114] – semble alors revenir à une conception plus traditionnelle du temps, en réintroduisant un temps hypostasié, un temps de l'oubli et de la mort[115]. Aristote commence, en une

---

112 Le temps partage avec l'équateur et les pôles célestes la caractéristique d'être « pris » dans une continuité qui les distingue de *mathematica* immanents comme le nombre de ces galets sur le sable ou la ligne droite formée par l'arête de tel rocher. Seule l'ἐπίνοια reconnaît la *structure* de la réalité qu'est le temps. On notera enfin que cette opposition entre un aristotélisme avant tout logique – celui de Boéthos –, qui refuse la validité de l'argument du chapitre 14 et un aristotélisme physique – celui d'Alexandre – s'est récemment, et indépendamment, rejouée, Mario Mignucci soulevant une opposition similaire à celle de Boéthos et Ursula Coope y répondant en faisant appel à la théorie aristotélicienne du lignage. Cf. M. Mignucci, « Aristotle's Arithmetic », in G. A. Graeser (ed.), *Mathematics and Metaphysics in Aristotle*, Bern / Stuttgart, 1984, p. 175–211 et U. Coope, *Time for Aristotle.* Physics *IV. 10–14*, Oxford, 2005, p. 164–166.

113 *Phys.* IV 12, 220a 17-b 32.

114 Certains, comme Ricoeur, pour l'en louer, d'autres, comme J.-F. Balaudé, pour déplorer un « retrait » d'Aristote sur ses propres avancées. Voir, sur tout cela, J.-F. Balaudé, « Être dans le temps », in J.-F. Balaudé et F. Wolff (eds), *Aristote et la pensée du temps*, Paris, 2005, p. 145–172, en particulier p. 171–172.

115 *Phys.* IV 12, 220b 32–222a 9.

phrase excessivement peu claire, par s'appuyer sur une analogie, comme on le verra mal construite, entre le mouvement et « les autres choses » (τοῖς ἄλλοις). Il exclut une acception faible de « être dans le temps », qui reviendrait à « être quand le temps est », dans un argument dont la fonction s'éclaire par ce qui suit. Puisqu'être dans le temps, c'est être dans un nombre et que tout nombre est par définition plus petit que d'autres nombres, les êtres dans le temps sont tous ceux qui ne sont pas éternels. C'est bien sûr parce qu'il visait dès le début cette distinction entre deux types d'êtres – êtres engendrés corruptibles dans le temps, êtres éternels hors du temps – qu'Aristote avait pris soin d'exclure dès le début le sens faible de « être dans le temps ». Suivent apparemment deux développements, l'un consacré à expliciter la temporalité du repos comme privation de mouvement, l'autre celle des étants soit passés, soit futurs, soit les deux, qui ne sont pas *maintenant*.

La question du plan de la seconde partie du chap. 12 est indissociable de celle de la signification de ce retour brutal à un temps « hypostasié ». Si en effet on y voit trois unités textuelles sans véritable lien, Aristote semble alors effectivement victime d'amnésie et d'incohérence. La seconde moitié du chap. 12 paraît cependant constituer un tout unitaire : sa « troisième partie » (C) n'est en effet que la continuation de la « première » (A), tandis que la « deuxième » (B) est une longue parenthèse visant à élucider, dans la « première » (A), une source possible de confusions[116]. Reprenons donc les choses dans l'ordre. En A, Aristote aboutissait à la conclusion qu'il faut distinguer êtres éternels, hors du temps, et êtres non éternels, dans le temps. Mais il s'est appuyé, pour ce faire, sur une analogie serrée entre mouvement et « autres choses »[117]. Bien plus, il a justifié le caractère périssable des êtres dans le temps en rappelant que le temps est « nombre du mouvement » et que le mouvement « mène à son terme ce qui existe »[118]. On pourrait en conclure qu'un être au repos n'est pas, quant à lui, « mené à son terme ». Le développement B consiste donc à étendre l'appartenance temporelle des êtres mûs non éternellement aux êtres au repos non éternellement. Il est certes possible d'objecter à Aristote que si un être est dès sa naissance au repos et que c'est le mouvement qui « mène à son terme ce qui existe », il serait possible de concevoir un être engendré et non corruptible. Mais Aristote répondrait sans doute que cette situation est purement théorique, dès lors que la génération implique le mouvement. En d'autres termes, Aristote ne conçoit sérieusement le repos que comme une intermittence du mouvement des êtres non éternels. Une fois cette question réglée, Aristote revient à la ligne principale de l'argument. Aussi la partie C n'est-elle pas indépendante, mais elle constitue la

116 A : 220b 32–221b 7 ; B : 221b 7–23 ; C : 221b 23–222a 9.
117 Cf. 221a 23–26.
118 Cf. 221b 2–3.

poursuite du tableau amorcé en A. Après avoir évoqué les étants pouvant ne pas être en 221a 26–30 et les étants ne pouvant pas ne pas être en 221b 3–7, Aristote passe aux non-étants pouvant être en 221b 31–222a 2 et aux non-étants ne pouvant pas être en 222a 2–7[119]. La classification croisée, procédé aristotélicien typique, est donc achevée :

	Puissance de l'opposé	Pas de puissance de l'opposé
Étants	Etants pouvant ne pas être (I)	Etants ne pouvant pas ne pas être (II)
Non-étants	Non-étants pouvant être (III)	Non-étants ne pouvant pas être (IV)

Tout cela oppose le domaine du contingent (colonne de gauche) à celui du non-contingent (colonne de droite), lui-même subdivisé en nécessaire (case du haut) et impossible (case du bas). Ce tableau évoque une classification semblable du *De caelo*[120]. Il n'est pas indifférent à notre compréhension de l'argument aristotélicien de percevoir que celui-ci se déploie dans le cadre d'une critique au créationnisme du *Timée*.

Platon considère tout l'univers perceptible comme contingent et repousse la nécessité véritable (axiologique, par opposition aux ἀνάγκαι du matérialisme présocratique)[121] au niveau de l'Intelligible. Aristote divise le monde en une zone nécessaire – le supralunaire – et une zone contingente – le sublunaire –, la zone contingente participant toutefois, en raison du contrôle qu'exerce sur elle la zone nécessaire, d'une certaine nécessité, quant aux espèces. Platon, dans le *Timée*, considère que le Démiurge maintiendra éternellement dans l'existence ce qu'il a créé à un certain moment du passé ; que, donc, une chose engendrée peut ne jamais connaître la corruption, par la volonté du Démiurge[122]. Aristote, en supprimant le Démiurge, supprime la possibilité d'une éternité du contingent.

La position de Platon quant au sensible se caractérise donc, par rapport à celle d'Aristote, par une double exigence, au premier abord contradictoire. D'un certain point de vue, Platon accorde plus au sensible qu'Aristote, puisqu'il accepte que sa part contingente jouisse d'une éternité *de fait*. Mais d'un autre point de vue, il lui accorde moins, car non seulement *tout* le sensible, pour Platon, est contingent, mais il faut encore ajouter que la contingence du sensible, du fait qu'elle dépend à chaque instant du bon

119 Pour une interprétation lumineuse de cette dernière section – donc du chapitre tout entier – voir D. Lefebvre, « Les non-êtres et le temps (*Physique*, IV, 12, 221b23–222a9) » in *Aristote et la pensée du temps* (cit. *supra*, n. 114), p. 173–197.

120 *De caelo* I 12, 282a 4–14.

121 Cf. Xénophon, *Mémorables* I, 1, 11.

122 Cf. *Timée*, 41A-D.

vouloir du Démiurge et non des choses mêmes, est plus radicale que chez Aristote. On trouve de fait à l'œuvre, chez Aristote, un principe de nécessité conditionnelle qui ancre le contingent dans un certain ordre nécessaire[123].

Voilà, à très gros traits, le tableau de l'opposition cosmologique entre Aristote et Platon. L'élève conserve du maître l'idée qu'être contingent, c'est être dans le temps. Mais il doit effectuer quelques contorsions, dans la *Physique*, pour exclure qu'un être dont la durée est infinie soit dans le temps – problème qui ne se posait pas à Platon. Pour le faire, Aristote oppose donc deux sens d'« être dans le temps ». L'un, qu'il désigne très maladroitement comme « être quand le temps est »[124], est mentionné pour être écarté. Ce mouvement tactique a pour but de faire échapper le supralunaire à la temporalité. L'autre est le complémentaire : est « dans le temps » ce qui a une durée finie, dont le temps d'existence est donc strictement inclus dans l'infinité du temps. On a là, bien entendu, une description de la modalité temporelle d'existence du contingent.

Il est important de souligner la faiblesse de l'argument, sans chercher à sauver Aristote à tout prix. Car cette faiblesse est indicative du plan où se joue, aux yeux du Stagirite, le sens du chapitre 12. S'il est si leste dans son maniement de l'« être dans le temps », c'est parce que sa préoccupation est d'aménager une place à la distinction cosmologique entre contingent et nécessaire. En effet, ni les trois premiers livres de la *Physique*, ni même le traitement du lieu, ne mettaient en jeu cette distinction. C'est ici, dans le traité du temps, qu'elle apparaît. Aristote se rend compte, à l'issue de IV 11, que sa définition du temps ne permet pas de bien distinguer le rapport au temps des êtres éternels de celui des êtres engendrés. Les uns comme les autres donnent

123 La position aristotélicienne ne conduit ni au nécessitarisme dans le domaine sublunaire (*si une chose a lieu, elle est nécessaire*), ni bien sûr n'est purement tautologique (*nécessairement : quand une chose a lieu, elle a lieu*). Aristote, pour sauver la contingence sans accorder à Platon le caractère ontologiquement dégradé de tout ce qui est issu de la génération, a besoin d'une forme plus forte que le second énoncé et plus faible que le premier. La solution proposée par J. Vuillemin, *Nécessité ou contingence. L'aporie de Diodore et les systèmes philosophiques*, Paris, 1984, cf. p. 161–163, consiste à introduire une indexation liant la nécessité au temps de l'événement : *Quel que soit t, si p a lieu pendant le temps t, il est nécessaire pendant le temps t que p ait lieu pendant le temps t.* Autrement dit, il n'est pas nécessaire en un temps différent de *t* que *p* ait lieu en *t*, ce qui sauve l'analyse des futurs contingents du chap. 9 du *De interpretatione*. Quand une substance biologique advient, elle n'*est* pas moins qu'un astre. Mais sa contingence n'est pas éradiquée, et sa disparition prouvera, tôt ou tard, que la nécessité d'existence était conditionnelle. Cette solution est élégante et tout à fait dans l'esprit de l'aristotélisme. On s'étonne cependant un peu que dans le passage où il faudrait voir sa formulation canonique, *Int.* 9, 19a 23–24, Aristote s'exprime d'une façon si ambiguë que toute la tradition médiévale ait pu à bon droit interpréter différemment – et de manière beaucoup plus anodine – ce passage.

124 *Phys.* IV 12, 221a 19–26.

en effet l'apparence d'être co-extensifs à une certaine durée : les êtres supralunaires à la durée éternelle du monde, les êtres sublunaires à un certain segment borné de cette durée. Ce n'est pas en jouant sur les mots « être dans le temps » que l'on convaincra Platon de l'atemporalité du mouvement céleste – surtout si, comme Aristote le fait au chapitre IV 14, on insiste sur l'importance du mouvement céleste pour la détermination de tout temps. Car enfin, le mouvement céleste fait plus que simplement « être quand le temps est » : s'il peut incarner, par excellence, le mouvement qui supporte le temps, c'est bien qu'il est lui-même dans le temps en un sens non trivial.

b. Substances éternelles *vs* mouvement sempiternel

Ici encore, Alexandre a eu la profondeur singulière – sans parallèle en tout cas dans l'exégèse ancienne et moderne d'Aristote – de bien distinguer l'acte d'être (τὸ εἶναι) de tous les autres, et de bien voir que c'était le premier qui importait à Aristote dans sa quadripartition modale. Or restreinte à la question de l'être, cette distinction permet à la fois de ne pas s'interroger sur l'être des substances supralunaires et de considérer comme établi que toute substance sublunaire est de durée finie – deux points qui joueront un rôle décisif au livre VIII.

Au chap. IV 12, par stratégie ou négligence, Aristote n'avait spécifié ni quelles étaient les « autres choses » (τοῖς ἄλλοις, 221a 8) à côté du mouvement, ni quelles étaient « les choses étant éternellement » (τὰ αἰεὶ ὄντα, 221b 3–4) qui, en tant que telles, ne sont pas dans le temps. On peut commencer par la seconde indécision, philologiquement moins difficile. Dans le grec d'Aristote, τὰ αἰεὶ ὄντα peut renvoyer soit à des *substances* qui sont toujours (si ὄντα est pris en un sens catégorial un peu fort), soit à de simples *choses* qui sont toujours (si ὄντα est pris en un sens indéterminé). Dans le premier cas, l'affirmation d'Aristote est moins forte, car plus restreinte : elle ne porte que sur les substances éternelles ; mais on pourrait admettre que *quelque chose* de non substantiel – un *mouvement*, en particulier – bien qu'éternel, soit dans le temps. En revanche, le second cas exclut l'être dans le temps de quoi que ce soit – substance, mouvement, etc. Le premier passage instruit la même alternative dans l'exégèse d'une lettre textuelle difficile. Commençons donc par citer en grec le texte transmis, qui était déjà celui des commentateurs :

> (220b 32) ἐπεὶ δ' ἐστὶν ὁ χρόνος μέτρον (221a 1) κινήσεως καὶ τοῦ κινεῖσθαι, μετρεῖ δ' οὗτος τὴν κίνησιν τῷ ὁρίσαι τινὰ κίνησιν ἣ καταμετρήσει τὴν ὅλην (ὥσπερ καὶ τὸ μῆκος ὁ πῆχυς τῷ ὁρίσαι τι μέγεθος ὃ ἀναμετρήσει τὸ ὅλον), καὶ ἔστιν τῇ κινήσει τὸ ἐν χρόνῳ εἶναι τὸ μετρεῖσθαι (221a 5) τῷ χρόνῳ καὶ αὐτὴν καὶ τὸ εἶναι αὐτῆς (ἅμα γὰρ τὴν κίνησιν καὶ τὸ εἶναι τῆς κινήσεως μετρεῖ, καὶ τοῦτ' ἔστιν αὐτῇ τὸ ἐν χρόνῳ εἶναι, τὸ μετρεῖσθαι αὐτῆς τὸ εἶναι), δῆλον δὲ ὅτι καὶ τοῖς ἄλλοις τοῦτ' ἔστι τὸ ἐν χρόνῳ εἶναι, τὸ μετρεῖσθαι αὐτῶν τὸ εἶναι ὑπὸ τοῦ χρόνου.

Le développement commence par une protase introduite par ἐπεί, et les commentateurs anciens ont disputé de la place de l'apodose. Philopon distingue trois interprétations[125]. Certains, nous dit-il, ont considéré que l'apodose débutait à la ligne 4 et ont, pour cette raison, jugé que le καί était superflu (περιττεύειν). D'autres ont fait commencer l'apodose à la ligne 7 avec δῆλον, ce qui entraîne que le δὲ pourrait être superflu (περιττεύοι ἄν)[126]. D'autres encore ont repoussé l'apodose une page plus loin, en 221b 8, ἔσται καὶ ἠρεμίας μέτρον. L'éloignement de la protase ἐπεὶ δ' ἐστὶν ὁ χρόνος μέτρον κινήσεως καὶ τοῦ κινεῖσθαι (220b 32–221a 1) expliquerait la reprise des mots ἐπεὶ δ' ἐστὶν ὁ χρόνος μέτρον κινήσεως en 221b 7–8. Simplicius ne mentionne pas la triple alternative présentée par Philopon mais se range à une interprétation encore différente. L'apodose serait à la ligne 6. Simplicius nous donne, à l'occasion de ce commentaire, quelques précisions sur l'interprétation d'Alexandre[127] :

> Après avoir montré ce qu'était le temps et après avoir montré que ce qu'on dit lui appartenir s'accorde bien à sa définition, et que nous disons au sens propre dans le temps les choses qui sont contenues par le temps, je pense que maintenant, en énonçant les traits essentiels du temps, il met en lumière en fonction de quoi chaque chose est dite dans le temps. Mais comme le discours est fait selon une longue période, il présente une certaine obscurité. L'apodose de « Puisque le temps est la mesure du mouvement et du fait de se mouvoir » est « cela est être dans le temps », et pour le mouvement et pour les autres êtres, « le fait que » leur « être est mesuré par le temps ». La conjonction « et » dans « et cela est » n'est pas, je pense, superflue, contrairement à ce que pensait Alexandre, puisqu'elle est conjointe aux choses dites immédiatement. Mais peut-être, comme Alexandre aussi en a été d'avis, l'apodose commence avec « il est clair que pour les autres choses aussi cela est », l'expression « les autres choses » (autres en plus du mouvement) étant là à la place de « toutes choses ». C'est en effet en se servant du mouvement comme moyen terme qu'il infère que *pour tous*, cela est être dans le temps, le fait d'avoir leur être mesuré par le temps. Et cela a quelque apparence. En effet, le fait d'être, pour chaque chose, est l'acte et le mouvement de l'étant lui-même, comme s'il avait dit : puisque le temps est la mesure du mouvement et pour le mouvement et pour les autres choses en fonction de leur mouvement, « cela est l'être dans le temps, le fait que leur être est mesuré par le temps ».

Ce passage de Simplicius complète heureusement celui de Philopon. Nous y apprenons en effet qu'Alexandre avait soutenu la deuxième solution évoquée par ce dernier. Nous devinons également qu'il devait, comme Simplicius, proposer de faire commencer l'apodose à la ligne 6 et considérer dans cette

---

125 Philopon, *In Phys.* 749.16–33. Cf. C. Natali, « Temps et action dans la philosophie d'Aristote », *Revue philosophique de la France et de l'étranger* 127, 2002, p. 177–194.

126 Le conditionnel est ici de mise car tout aristotélicien sait qu'il n'est pas rare, chez le Stagirite, de voir un δέ dans l'apodose. Sur ce tour, voir Kühner-Gerth II, 2, p. 275 sqq.

127 Simplicius, *In Phys.* 734.33–735.16.

hypothèse le καί comme superflu[128]. Simplicius défend le καί en le comprenant en relation avec le καί de la ligne 8. Dans un cas comme dans l'autre, l'apodose commence ligne 6. Alexandre hésitait donc, pour faire commencer l'apodose, entre les lignes 6 et 7.

Au moment d'expliquer les grandes lignes du chapitre 12, Philopon distingue et critique deux interprétations. La première, nous dit-il, est celle d'Alexandre. Le but du chapitre serait de « montrer comment on dit que le temps mesure le mouvement et comment, de manière générale, on dit que le mouvement est dans le temps et, absolument parlant, comment on dit que toutes les autres choses sont dans le temps »[129]. Selon la seconde, anonyme, le chapitre voudrait « montrer que le temps ne mesure pas seulement le mouvement, mais aussi le repos »[130]. Deux remarques s'imposent ici. Tout d'abord, ces deux interprétations correspondent de toute évidence aux deuxième et troisième interprétations de la construction problématique qu'on vient d'évoquer. Ensuite, qu'Alexandre ait hésité entre les lignes 6 ou 7 pour le début de l'apodose ne remet pas en cause son interprétation fondamentale du chapitre : il s'agit, dans un cas comme dans l'autre, de placer au centre de la question de l'« être dans le temps » l'opposition entre le « mouvement » d'un côté, « toutes les autres choses » de l'autre.

Ce qu'entend Alexandre par là n'est pas immédiatement clair. On entrevoit cependant déjà que cet axe de lecture est philosophiquement plus riche que celui de ses concurrents anonymes qui, faute de saisir la quadripartition modale qui structure la seconde partie du chap. IV 12, ne voient sans doute là qu'une juxtaposition, pour nous gratuite, d'un développement sur le repos et le temps et d'un autre sur les non-étants et le temps[131]. Alexandre a visiblement considéré comme centrale la distinction entre mouvement et « autres choses » – à savoir sans doute les substances[132]. À première vue, cela

---

128 On ne confondra pas ce καί avec celui de la ligne 4 qui, selon la première construction évoquée par Philopon, serait lui aussi superflu.

129 Philopon, *In Phys.* 745.20–22.

130 *Ibid.*, 745.23–24.

131 Quant à la solution de Philopon – début de l'apodose à la ligne 4 – elle permet surtout de ne pas choisir. Et de fait, Philopon pense pouvoir affirmer que le chapitre ne traite pas « d'une seule de ces questions, mais de toutes : comment le mouvement est mesuré par le temps, comment les réalités sont dites être dans le temps et pourquoi le temps n'est pas seulement mesure de mouvement, mais aussi de repos » (*In Phys.* 745.26–30). Une telle solution est bien sûr, d'un point de vue philosophique, insatisfaisante. S'interroger sur le sens d'un chapitre ne revient pas à se demander quelles rubriques il contient.

132 La traduction de Urmson, p. 145 (« But perhaps, as Alexander also judged, the apodosis is from 'it is clear that for others also this is what it is', 'others' being taken to refer to change and not to all things ») ne me convainc pas. Comme toujours chez les commentateurs, ἀντί veut dire « à la place de » et non « plutôt que » ; quant à μετὰ τῆς

nous écarte de la thématique modale anti-platonicienne. Distinguer mouvement et « autres choses » semble en effet une argutie assez superficielle.

Pour comprendre la stratégie d'Alexandre, toutefois, il faut partir de deux citations de Simplicius. Simplicius commence en effet par écrire « c'est pourquoi, dit Alexandre, les choses éternelles ne sont pas dans le temps. Le temps ne contient pas en effet leur être »[133]. Quelques lignes plus bas, le néoplatonicien affirme citer à la lettre le passage suivant d'Alexandre : « mais le mouvement, quoique éternel, est dans le temps, parce qu'il n'existe pas comme une réalité (ἐν ὑποστάσει) ni ne demeure identique à soi en nombre, mais qu'il a son être dans le devenir ; devenant en effet toujours autre, et étant toujours autre, c'est ainsi qu'il est dans le temps »[134]. Les deux thèses apparaissant dans le commentaire de Simplicius sont bien attestées dans les scholies[135]. Alexandre y oppose les substances astrales, qui selon lui ne sont pas dans le temps, et leur mouvement, qui est dans le temps. Cette thèse est présente en filigrane au moment de commenter la période qui s'ouvre en 220b 32 (scholie **172**) et en toutes lettres à propos des αἰεί ὄντα de 221b 3–4 (scholie **177**). Nous avons donc une confirmation précieuse de ce que nous reconstituions sur la foi de Simplicius. Alexandre a substantialisé les ὄντα du second passage – pour, bien sûr exclure de leur rang le *mouvement* éternel – et il a tenu à expliciter, dans le premier, au moment où Aristote réaffirmait la liaison étroite entre temps et mouvement, la validité de cette dernière y compris dans le cas du mouvement éternel. Les deux interprétations sont bien entendu liées. En tranchant par deux fois nettement dans le texte ambigu d'Aristote, pour y introduire une distinction fondamentale qui en était absente, Alexandre prend sur soi d'en assurer le sens.

Concluons. Alexandre, tout d'abord, renforce les contours de la quadripartition modale que nous avons décelée dans ce chapitre : on s'intéresse à l'être et au non-être d'étants et de non-étants substantiels. En second lieu, les efforts pour dissocier être et mouvement, dans le cas des étants éternels, permettent de résorber le moins mal possible la tension entre le présent chapitre et le chap. IV 14, où Aristote soutiendra qu'il y a une liaison privilégiée entre le temps et le mouvement périodique régulier et éternel de la sphère céleste. Alexandre fait donc, en première analyse, d'une pierre deux

---

κινήσεως, il dépend étroitement de τοῖς ἄλλοις : le mot-à-mot serait « les autres choses avec le mouvement », c'est-à-dire, en français à peine tolérable, « les autres choses en plus du mouvement ». Urmson aboutit donc à faire dire à Alexandre ce qui est selon nous le contraire de sa thèse. Alors qu'Alexandre prête à Aristote une extension, par l'intermédiaire de leur mouvement, de la temporalité aux êtres eux-mêmes (et non simplement à leurs mouvements), Urmson attribuerait à Alexandre la thèse d'un cantonnement du temps au domaine du mouvement.

133 Simplicius, *In Phys.* 239.13–15.

134 *Ibid.*, 739.22–25.

135 Voir scholies **177**, **180**, **747**, cf. aussi **172**.

coups, son interprétation lui permettant de valoriser à la fois la thématique modale profonde du chapitre et sa cohérence à l'intérieur du traité du temps.

Il ne faudrait cependant pas croire que l'on ait, dans cette distinction entre être et mouvement, un simple argument *ad hoc*, destiné à sauver Aristote de la contradiction. Plus profondément en effet, Alexandre place ici un premier jalon pour une interprétation puriste, c'est-à-dire mécaniste, de la démonstration du Premier Moteur du livre VIII. L'*être* des substances célestes, et *a fortiori* celui du ou des moteurs qui les meuvent, n'a pas à être génétiquement expliqué. C'est une donnée première, sans coordonnée temporelle. Ce qui n'est pas le cas des mouvements célestes. Le livre VIII sera donc une explication du mouvement éternel de l'univers, non pas de son existence. Alexandre sait résister, sur ce point, aux sirènes du platonisme.

Chapitre VI
La cinématique d'Alexandre

On retrouve, au chapitre de la cinématique, une situation assez semblable à celle que nous avons constatée pour le lieu et le temps. Une théorie physique du mouvement a toutes les chances de vouloir défendre un modèle ontologique opposé à celui des écoles rivales, tandis qu'une théorie cosmologique s'intéressera à ce qui permet de remonter des trajectoires au(x) premier(s) moteur(s). C'est une première ressemblance. Une seconde, plus subtile, tient au fait qu'on retrouvera, avec le mouvement, une opposition entre les êtres sublunaires, dont les trajectoires sont toujours finies, c'est-à-dire encadrées entre un état initial et un état final, et les êtres supralunaires, dont les trajectoires n'ont ni début ni fin. De même donc que les êtres supralunaires (ou tout au moins, dans le cas du lieu, une partie d'entre eux)[136] n'étaient ni dans le lieu ni dans le temps, de même ils ne sont pas « dans le mouvement » au sens restreint où le mouvement a un début et une fin. Ici encore, par conséquent, la cosmologie s'impose à la physique et transgresse, en le dépassant, le modèle ontologique « standard » du sublunaire. Notre angle d'approche sera donc le même qu'au cours des deux chapitres précédents. Nous commencerons par l'ontologie physique du mouvement borné – développée principalement par Aristote en *Physique* VI – avant de nous livrer à quelques considérations sur le mouvement astral – objet de *Physique* VIII.

§ 1. L'aporie cinématique du mouvement borné

a. Aristotélisme et théories rivales

Au début de la *Physique*, Aristote affirme qu'« examiner si l'étant est un et immobile n'est pas faire porter son examen sur la nature »[137]. Mais, comme Alexandre le remarque dans son commentaire, il ne fait ainsi qu'évacuer la question du champ de la physique, conçue dès le départ comme l'étude de la pluralité en mouvement[138]. Aristote ne disqualifie donc pas la question en tant

---

136 Cf. *supra*, p. 48–49.
137 *Phys.* I 2, 184b 25–185a 1.
138 Cf. Simplicius, *In Phys.* 46.11–16.

que telle. On pourrait très bien imaginer qu'il appartienne au métaphysicien, par exemple, d'établir pluralité et mouvement, c'est-à-dire de contredire, avec les moyens qui sont les siens, la doctrine de Parménide et de Zénon. La portée du texte aristotélicien est donc sous-déterminée.

Dans un texte souvent commenté, Sextus Empiricus prête aux Péripatéticiens l'adoption d'un double critère de vérité, l'intelligence (νοῦς) et la sensation (αἴσθησις). En voici les premières lignes[139] :

> Quant à Aristote, Théophraste et la communauté des Péripatéticiens, du fait que la nature des choses, pour s'en tenir à la plus haute distinction, est double – puisque certaines choses, comme je viens de le dire, sont perceptibles et d'autres intelligibles – ils admettent que le critère lui aussi[140] est double, la sensation étant celui des choses sensibles et l'intellection celui des choses intelligibles, mais que le caractère d'évidence, comme l'a expliqué Théophraste, est commun aux deux. Selon l'ordre, le critère irrationnel et indémontrable, à savoir la sensation, est premier, tandis que selon la puissance, c'est l'intelligence, même si elle paraît venir en second, après la sensation, pour ce qui est de l'ordre.

Cette théorie tranche l'indécision du début de la *Physique*. La thèse zénonienne ne pourra plus être considérée comme tenable, car elle s'oppose à la sensation, qui atteste que le mouvement a lieu. On pourra donc dorénavant – à partir de Théophraste, si c'est bien à lui que remonte ce « critère de vérité » péripétatéticien, et jusqu'à Alexandre qui le reprend à son compte[141] – s'interroger sur les *modalités* de l'existence du mouvement, mais non sur cette existence même. Ce qui revient à dire que l'on pourra se demander *comment*, mais non *si*, le mouvement est possible. L'assimilation des arguments de Zénon à des sophismes n'affecte cependant que la *conclusion* zénonienne, mais non le dispositif en forme d'aporie qui la produit. La tradition successive initiée par Aristote, sinon Platon, laisse ainsi subsister la structure aporétique générale utilisée par l'Éléate et cherche à en tirer de nouvelles thèses cinématiques. La structure des apories zénoniennes du mouvement a donc fonctionné comme une matrice pour les ontologies anciennes du mouvement.

Aristote, dans son exposé de *Phys.* VI 9, a placé, en tête des apories zénoniennes et comme pour en donner la substance, l'argument de la flèche[142]. Dans son minimalisme, celui-ci permet en effet de dégager les prémisses de

139 *A. M.* VII 216 sqq.

140 Je lis αὐτὸ pour αὐτοὶ transmis par tous les témoins manuscrits, car cette correction me paraît donner meilleur sens au καὶ qui précède. Mutschmann suit le consensus des manuscrits. Il faut alors comprendre le texte comme une allusion au fait que le critère épicurien, dont on vient de traiter, serait « double » – ce qui ne va pas de soi.

141 Cf. R.W. Sharples, « The Criterion of Truth in Philo Judaeus, Alcinous and Alexander of Aphrodisias », in P. Huby et G. Neal (eds.), *The Criterion of Truth*, Liverpool, 1989, p. 231–256, spécialement p. 240–243.

142 *Phys.* VI 9, 239b 5–9. Pour le texte et sa constitution, voir *infra*, p. 91–92.

l'aporie avec le plus de netteté : « Réduit à sa plus simple expression, il revient à l'affirmation suivante : »le mu n'est en train de se mouvoir ni dans l'espace où il est ni dans l'espace où il n'est pas« »[143]. Il faut cependant distinguer entre cette « plus simple expression » et l'ensemble des prémisses latentes de l'argument dont elle constitue le nerf. Ces prémisses n'ont jamais été toutes explicitées par la tradition, qui a tendance à focaliser l'opposition sur une zone plus restreinte de l'aporie, en fonction des débats de l'heure. Il est ainsi probable que la formulation même de la flèche, avec ce qu'elle doit authentiquement à Zénon, restreint l'opposition des prémisses à une alternative entre un mouvement global d'un point A à un point B qui n'en est pourtant un sur aucune portion de l'étendue qui les sépare et pas de mouvement du tout. La première thèse paraissant contradictoire, Zénon justifie ainsi la seconde. Si cependant l'on tente de reconstituer l'argument dans toute sa généralité, il semble qu'on peut y voir huit prémisses à l'œuvre :

(1) Le mouvement entre deux points A et B de l'espace est possible [vs Zénon d'Élée]
(2) Le mouvement entre deux points A et B de l'espace est réel [vs Platon]
(3) Ce qui parcourt une certaine trajectoire AB ne saute rien de cette trajectoire [vs al-Naẓẓām]
(4) (a) À temps de parcours nul correspond une distance parcourue nulle, (b) à temps de parcours fini non nul correspond une distance parcourue finie non nulle, (c) à temps de parcours infini correspond une distance parcourue infinie [vs al-Qūhī]
(5) Tout mouvement possède une structure mathématique [vs Sceptiques]
(6) À tout point géométrique de l'espace correspond une position du mobile[144] [vs Atomistes]
(7) Toute position du mobile en mouvement représente un état parfaitement déterminé et existant du mouvement [vs Aristote]
(8) Un mobile ne peut être qu'en une seule position à un instant donné [vs Chrysippe]

Le cadre de l'aporie est fourni par (1) et (2) : il consiste, comme le dit Aristote en *Phys.* I, à admettre la légitimité de la physique, c'est-à-dire la possibilité et la réalité du mouvement. Contre Zénon, on affirmera donc que le mouvement est possible ; contre Platon, qu'il est réel, c'est-à-dire qu'il n'est pas une simple image dégradée d'un mouvement intelligible inétendu, vie de l'âme. Platon

143 J. Vuillemin, « Sur deux cas d'application de l'axiomatique à la philosophie : l'analyse du mouvement par Zénon d'Elée et l'analyse de la liberté par Diodore Kronos », *Fundamenta Scientiae* 6, 1985, p. 209–219, p. 210–211.

144 Prémisse qu'on peut reformuler de manière équivalente ainsi : « tout mouvement révolu (κεκίνηται) résulte d'un processus étendu (κινεῖται) ».

distingue en effet, jusqu'à ses derniers textes – y compris le *Timée* – l'Intelligible et le sensible et confine le mouvement véritable à l'Intelligible. Le caractère étendu du mouvement sensible ne lui est attaché qu'en raison de son existence sensible. Il tient donc du sensible où il prend place, de la χώρα, une évanescence constitutive. Platon ne dénie pas, à la différence de Zénon, que les trajectoires qui nous environnent soient *possibles*. Il se contente de ne pas les tenir pour entièrement *réelles*[145].

Avec la troisième prémisse, nous quittons le plan le plus général – possibilité et réalité du mouvement – pour nous attacher à celles des caractéristiques du mouvement qui paraissent les plus obvies. La première consiste à identifier trajectoire abstraite et trajectoire effectivement parcourue. Supposons deux points distincts A et B marqués sur une feuille de papier. Un mouvement de A à B suppose que la ligne, quelle qu'elle soit, allant de A à B, ne s'interrompt nulle part, qu'elle est bien *une* ligne et non pas deux lignes dont l'une aurait pour extrémité A et l'autre pour extrémité B. Cette prémisse n'avait aucune raison d'être explicitée, *a fortiori* remise en cause, chez les Grecs, car la refuser revient à admettre une recréation du mobile durant son parcours, donc un être ayant le pouvoir de créer instantanément, et continûment, les divers corps en mouvement. Cela explique que la thèse apparaisse avec le philosophe-théologien de l'Islam al-Naẓẓām (IXe siècle), qui l'appelle le « saut » (*al-ṭafra*) et fascine encore Leibniz huit siècles plus tard, qui la baptisera, dans le *Pacidius Philalethi* (1676), du nom latin de *transcreatio*[146]. Il a fallu attendre le monde islamique pour que l'on songe également à remettre en cause la prémisse (4). Alors cependant que la prémisse (3) était rejetée par un théologien, c'est un géomètre du Xe siècle, al-Qūhī, qui conçoit un dispositif où l'extrémité d'un rayon de lumière accomplit une trajectoire hyperbolique infinie durant un laps de temps fini[147]. Al-Qūhī s'attaque ainsi explicitement au principe formulé par Aristote qu'un corps mû durant un temps fini parcourra nécessairement une distance finie. Son argument n'est cependant valide que si l'on pose que la vitesse de la lumière est instantanée. Auquel cas, l'aporie du mouvement n'en serait plus une, mais ne constituerait qu'un problème dont al-Qūhī aurait découvert la solution. On ne peut donc pas considérer de but en blanc l'opuscule d'al-Qūhī comme une position dictée par l'argument zénonien, mais seulement comme contenant *en creux* cette position. Celle-ci

145 Le mouvement à l'état pur, en ce sens, est l'agitation désordonnée de la χώρα que le Démiurge n'a pas encore soumise aux lois des nombres. Cf. *Timée*, 30A.

146 Cf. G.W. Leibniz, *Pacidius Philalethi*, Akademie Ausgabe, 6ème série, vol. III, Berlin, 1980, p. 528–571, p. 568.1–3 : *Hinc mirifice confirmatur quod praeclare olim a Theologis dictum est conservationem esse perpetuam creationem, huic enim sententiae affine est quod a te [sc. Leibniz] demonstratur mutationem omnem quandam esse transcreationem.*

147 Pour une édition et une analyse du texte d'al-Qūhī, cf. R. Rashed, « Al-Qūhī *vs* Aristotle On Motion », *Arabic Sciences and Philosophy* 8, 1999, p. 7–24.

aurait consisté, pour un philosophe, à dénier qu'il faille nécessairement du temps pour qu'une trajectoire s'accomplisse, en s'appuyant sur l'instantanéité supposée de la vitesse de la lumière. La découverte de la vitesse de la lumière élimine bien sûr cette position.

Les quatre prémisses restantes s'attachent toutes à la structure infinitésimale du mouvement. La trame générale de l'argument consiste à appliquer un espace mathématique sur l'espace physique. Plus précisément, la prémisse (5) soutient que « sous » toute trajectoire physique, il y a une ligne géométrique. L'intuition du continu est si fortement ancrée en nous qu'il faut sans doute être sceptique pour la refuser. Si le sceptique, comme le dit Brochard, est celui qui « doute de tout, excepté des phénomènes »[148], il n'est pas celui qui doute que je me déplace de A à B, mais celui qui, confronté à ma trajectoire, doutera *de tout le reste, et en particulier de son intelligibilité en tant que mouvement*[149]. Or l'intelligibilité, ici, est mathématique.

Le refus de la prémisse (6) entérine le divorce du géométrique – postulé par la prémisse (5) dont elle reconnaît la validité – et du physique, en refusant l'adéquation entre espace géomérique et trajectoire parcourue. L'atomiste, puisque c'est évidemment de lui qu'il s'agit, refuse que le mobile, le temps et le mouvement soient aussi divisibles que l'espace géométrique qui sous-tend la trajectoire. Il y aura, pour lui, des grandeurs minimales de corps, de temps et de mouvement. La trajectoire est sauvée, sa continuité sacrifiée. Il y aura des mouvements révolus (κινήματα, κεκίνηται) ne succédant à aucun processus de mouvement (κίνησις, κινεῖται).

La prémisse (7) accepte la validité de l'analyse géométrique du mouvement – c'est-à-dire refuse que l'on dénie, avec les atomistes, que la position d'un mobile soit assimilable à un point de l'espace euclidien et, surtout, elle n'établit aucune distinction entre un point euclidien potentiellement « là » dans l'espace et un point euclidien véritablement réalisé par une position stable du mobile ponctuel. La thèse (7), autrement dit, ne connaît pas d'être en puissance. Tout ce qui est, y compris les positions géométriques du mobile ponctuel durant sa trajectoire, est en acte. Aristote refuse (7). Sa solution à l'aporie du mouvement consiste précisément à tracer une frontière entre les positions géométriques en puissance et les positions géométriques actualisées par une station[150].

Si l'on veut rester continuiste – avec (6) – et ne pas recourir à la distinction problématique entre puissance et acte – avec (7) – une dernière solution, dans ce cadre, demeure envisageable : c'est de refuser la dernière prémisse

---

148 V. Brochard, *Les sceptiques grecs*, 2ème édition, Paris, 1932, p. 2.

149 Cf. *A. M.* X, 45–49 et *H. P.* III 64–65. Sur ces deux textes, voir J. Brunschwig, « La formule ὅσον ἐπὶ τῷ λόγῳ chez Sextus Empiricus », in *Etudes sur les philosophies hellénistiques*, Paris, 1995, p. 321–341, p. 329, n. 1.

150 Cf. *infra*, p. 113–114.

constitutive de l'aporie (8), qui affirme qu'en un seul et même instant, le mobile ponctuel ne peut être qu'à une seule position ponctuelle. Or nous savons que c'était là la position de Chrysippe[151].

Aussi bien Aristote que les Atomistes et les Stoïciens acceptent la réalité du mouvement et proposent une explication de sa possibilité. Atomisme et stoïcisme sont donc bien, pour Alexandre, les deux adversaires les plus sérieux, car moins éloignés de sa propre position. La théorie aristotélicienne du mouvement se tient à mi-chemin entre celle des deux grandes philosophies hellénistiques. Elle postule certaines clôtures que le stoïcisme, au nom du continuisme, refuse. Mais elle ne va pas aussi loin dans le corpuscularisme que les systèmes démocritéens et épicuriens[152].

b. Alexandre lecteur de la Flèche

Alexandre a interprété les mentions de Zénon, au livre VI de la *Physique*, comme des preuves *historiques* du bien-fondé de l'infinitésimalisme aristotélicien. Autrement dit, Alexandre les a lues comme témoignant des apories nécessaires auxquelles les prédécesseurs d'Aristote, qui ne disposaient pas encore de sa conception géométrisante du temps, ont été nécessairement confrontés. Cette lecture historicisante, outre qu'elle est peut-être la plus fidèle à Aristote, a l'avantage dialectique de désamorcer le danger contenu dans la structure même de l'aporie du mouvement : celui de considérer la sélection de la prémisse rejetée comme un pur et simple acte de foi. Elle présente en effet la thèse aristotélicienne comme la conséquence d'une appréhension mieux maîtrisée du problème, refusant implicitement à Zénon d'avoir dès son époque aperçu la totalité des prémisses en jeu dans l'aporie qu'il mettait au jour. Par conséquent, Alexandre ne reconnaissait sans doute pas, avec Lachelier[153], dans la pluralité des apories zénoniennes transmises par Aristote, deux catégories d'adversaires, les uns continuistes et les autres atomistes, et un projet systématique et exhaustif dans leur déploiement. Il est bien plus probable qu'il voyait dans les deux arguments anti-atomistes (la Flèche et le Stade)

151 Voir *H. P.* III, 76–80 et *A. M.* X, 123–142 ; cf. M. J. White, « Zeno's Arrow, Divisible Infinitesimals and Chrysippus », *Phronesis* 27, 1982, p. 239–254.

152 À la différence de J. Vuillemin, « Sur deux cas d'application de l'axiomatique » (cit. n. 143), p. 215, je crois donc qu'on peut reconstituer l'argument de la flèche de telle manière que les solutions permettent de dresser un tableau exhaustif des positions grecques en matière de cinématique. De manière frappante mais attendue, l'ensemble des solutions possède des analogies profondes avec l'ensemble des solutions apportées à l'argument éthique du Dominateur.

153 Voir J. Lachelier, « Notes sur les deux derniers arguments de Zénon d'Élée contre l'existence du mouvement », *Revue de métaphysique et de morale* 18, 1910, p. 345–355.

l'occasion de rappeler la nécessité de concevoir une limite temporelle qui ne soit pas un temps et dans les deux arguments anti-infinitésimalistes (la Dichotomie et l'Achille) une attaque dirigée contre un actualisme des positions parcourues. Lu par Alexandre, Zénon ignorait à la fois la vraie nature du temps et l'être de puissance du continu. Mais il faut comprendre que si l'on avait sans doute, chez Zénon, les deux branches d'un dilemme, la tradition aristotélicienne voit là deux niveaux subordonnés dans la résolution de l'aporie. La première clarification nécessaire est celle du problème du temps, la seconde du type d'existence des positions.

Commençons donc par la question du temps. Dans les manuscrits conservés, le texte transmis pour l'argument de la Flèche est le suivant[154] :

> (239b 5) Ζήνων δὲ παραλογίζεται· εἰ γὰρ αἰεί, φησίν, ἠρεμεῖ πᾶν ἢ κινεῖται ὅταν ᾖ κατὰ τὸ ἴσον, ἔστιν δ' αἰεὶ τὸ φερόμενον ἐν τῷ νῦν, ἀκίνητον τὴν φερομένην εἶναι ὀϊστόν. τοῦτο δ' ἐστὶ ψεῦδος· οὐ γὰρ σύγκειται ὁ χρόνος ἐκ τῶν νῦν τῶν ἀδιαιρέτων, ὥσπερ οὐδ' ἄλλο μέγεθος οὐδέν.

Les modernes ont remarqué que Thémistius semblait s'écarter de ce texte sur deux points importants[155]. Sa paraphrase fait comme s'il n'y avait pas ἢ κινεῖται à la ligne 6 et comme s'il y avait κατὰ τὸ ἴσον au lieu de ἐν τῷ νῦν à la ligne 7 (passages soulignés). Étant donné toutefois le statut textuel complexe d'une paraphrase, il n'était bien sûr guère possible, en se fondant exclusivement sur celle de Thémistius, de prétendre mettre au jour une version de ce texte de la *Physique* différente de la version unanimement transmise par tous les manuscrits conservés, la traduction arabe ancienne, Simplicius et Philopon. La scholie **395**, combinée à un indice textuel supplémentaire fourni par le commentaire de Simplicius, nous permet cependant d'établir que cette version était celle que lisait Alexandre. Voici en effet cette scholie :

> Le raisonnement de Zénon à l'encontre du mouvement est le suivant. Tout ce qui est dans un temps en face de quelque chose d'égal à lui-même (κατὰ τὸ ἴσον … ἑαυτῷ) est au repos en ce temps : en effet, ce qui est dans le même état durant un certain temps est au repos. Cependant, tout ce qui se meut, en chaque partie (ἐν ἑκάστῳ μορίῳ) du temps dans lequel il se meut, est lui aussi en face de quelque chose d'égal à lui-même (κατὰ τὸ ἴσον … ἑαυτῷ). Par conséquent, tout ce qui se meut est au repos. Il a prouvé la prémisse mineure en raison du fait que toujours, ce qui est transporté est en face de quelque chose d'égal à lui-même, sans être dans quelque chose ni de plus petit, ni de plus grand.

Alexandre paraphrase un texte dont l'énoncé correspond à ce qu'on lit chez Thémistius. Cette constatation trouve confirmation dans le commentaire de Simplicius. Alors que celui-ci, au moment d'expliquer ce lemme d'Aristote, s'écarte d'Alexandre parce que, visiblement, l'énoncé qu'il trouve dans ses

154 *Phys.* VI 9, 239b 5–9.
155 Cf. Ross, *Aristotle's Physics*, apparat critique *ad loc.*

manuscrits est différent (et identique à celui de nos manuscrits médiévaux), il adopte la lecture de l'Exégète une vingtaine de pages plus loin, dans un discussion plus générale et moins liée à l'explicitation littérale du passage[156]. C'est donc à l'évidence qu'alors, Simplicius se borne plus ou moins à recopier Alexandre.

On s'aperçoit donc que ce passage d'Aristote, qui était déjà en lui-même très ambigu, est rendu encore plus difficile par les vicissitudes de sa transmission. On peut distinguer quatre niveaux d'hésitation[157].

– La première hésitation est textuelle. Les variantes transmises autorisent, en principe, quatre lectures :

Lecture 1 :	Lecture 2 :	Lecture 3 :	Lecture 4 :
ἢ κινεῖται *om.*	ἢ κινεῖται *om.*	ἢ κινεῖται *hab.*	ἢ κινεῖται *hab.*
ἐν τῷ νῦν	κατὰ τὸ ἴσον	ἐν τῷ νῦν	κατὰ τὸ ἴσον

Si l'on admet qu'il est plus probable que les deux variantes soient « soudées » – elles n'apparaissent d'ailleurs qu'ainsi dans la tradition directe et indirecte –, alors les deux candidats les plus sérieux – malgré Ross et la plupart des modernes, qui choisissent la lecture 1 – sont les lectures 2 (scholie **395**)[158] et 3 (tradition manuscrite gréco-arabe, Simplicius, Philopon)[159].

– La deuxième hésitation est sémantique. Faut-il interpréter le φησί d'Aristote comme l'indice d'une citation plus ou moins littérale d'un écrit de Zénon, ou de manière plus légère ?

– La troisième hésitation est syntaxique : le membre de phrase ἔστιν δ' αἰεὶ τὸ φερόμενον ἐν τῷ νῦν/κατὰ τὶ ἴσον est-il une incise d'Aristote visant à

156 Cf. Simplicius, *In Phys.* 1011.11–1012.19 (version consultée par Simplicius) et 1034.4–8 (version consultée par Alexandre).

157 Je m'inspire en partie ici de M. Arsenijevic, Sandra Scepanovic, G. J. Massey, « A New Reconstruction of Zeno's Flying Arrow », *Apeiron* 41, 2008, p. 1–40.

158 On ne peut pas mentionner Thémistius en plus d'Alexandre car rien ne prouve que sa paraphrase soit indépendante du commentaire de ce dernier. Autrement dit, il est tout à fait possible que les manuscrits possédés par Thémistius aient déjà comporté l'état textuel médiéval, mais qu'il ait suivi, pour le sens, l'exégèse qu'il trouvait chez Alexandre. On peut en outre se demander si le ms. d'Alexandre ne comportait pas plutôt la Lecture 1. La scholie **396**, en effet, indique que « manque »dans un état égal à soi-même« » (λείπει τὸ κατὰ τὸ ἴσον ἑαυτῷ), ce qui semble indiquer que le texte commenté comportait ἐν τῷ νῦν. Mais on peut aussi imaginer que le scholiaste a été frappé par l'absence, dans son exemplaire de la *Physique*, des mots κατὰ τὸ ἴσον ἑαυτῷ que lui attestait la glose d'Alexandre. Quoi qu'il en soit, même si Alexandre lisait la Lecture 1, les choses n'en sont que plus intéressantes, car il l'aura récrite, dans sa paraphrase transmise par la scholie **395**, sous la forme de la Lecture 2.

159 Je considère la leçon du *Laur.* 87.7 (ms. F) ἐν τῷ νῦν τῷ κατὰ τὸ ἴσον comme une évidente combinaison, à date tardive, des deux seules leçons authentiquement concurrentes.

expliciter le raisonnement de Zénon, ou une explicitation due à Zénon lui-même ? Cette question se redouble elle-même au cas où l'on choisit la variante ἐν τῷ νῦν. Ces *termes* sont-ils dus à Aristote, qui reformule ainsi dans son langage une idée zénonienne, ou à Zénon lui-même ? Et dans le premier cas, Aristote trahit-il, ou ne trahit-il pas, l'idée en question ?

– La quatrième hésitation est doctrinale : Zénon réfute-t-il une théorie spécifiquement atomiste, spécifiquement continuiste, indifféremment atomiste ou continuiste, ou n'a-t-il pas conscience d'une distinction à opérer sur ce point ?

Nous n'avons pas à expliquer ici ce qu'il en était exactement pour Aristote. Alexandre, quant à lui, se range, à la Lecture 2, à une interprétation forte du φησί (citation plus ou moins littérale de Zénon), à une attribution à Zénon de l'incise ἔστιν δ' κτλ. et à une réfutation d'une théorie *atomiste* du mouvement. Ces choix sont mutuellement cohérents, la répétition de l'étrange κατὰ τὸ ἴσον faisant effectivement pencher pour l'hypothèse d'une citation, ou d'une quasi citation, intégrale.

Un mot sur l'interprétation de l'argument comme réfutation d'un atomisme. Bien que la scholie ne le dise pas en toutes lettres, cette interprétation nous paraît impliquée par l'idée selon laquelle « tout ce qui se meut, en chaque partie du temps (ἐν ἑκάστῳ μορίῳ τοῦ χρόνου) dans lequel il se meut, est en face de quelque chose d'égal à lui-même ». Cette phrase n'a en effet de sens que si la partie en question est minimale, autrement dit est un élément premier constitutif du temps. Supposons en effet qu'un mobile se meuve à vitesse constante durant une heure. Prenons son mouvement durant une partie du temps, une demi-heure par exemple. Il est alors évident que l'espace face auquel ce mobile se meut durant cette partie du temps est plus grand, et non point égal, à la taille de ce mobile. La reconstitution d'Alexandre n'a de sens que si l'on se donne des indivisibles de temps, de mouvement et de lieu. À chaque arrêt « séquentiel » – c'est-à-dire à chaque moment de son parcours – le mobile est alors effectivement dans un espace exactement égal à lui-même. Alexandre est donc en accord avec les exégètes modernes voyant dans l'argument de la flèche une réfutation d'un *atomisme* du mouvement.

Par conséquent, ce qu'Aristote refuse, selon Alexandre, n'est pas la critique de l'atomisme proprement dit, qui est légitime, mais l'extrapolation de cette critique à la critique de tout mouvement, y compris continu. Il y a une transition implicite, selon Alexandre, disant *grosso modo* : « cette réfutation ne porte pas contre nous autres continuistes. Car l'équivalent des atomes temporels, chez nous, ce sont les maintenants ; or dans un maintenant, qui n'est pas un temps mais une simple limite temporelle, il n'y a ni mouvement ni repos ». Ainsi, il suffit bien, pour expliquer pourquoi la critique de la flèche anti-atomiste ne porte pas contre la théorie aristotélicienne du mouvement, d'attirer l'attention sur l'isomorphie des trois continus que sont la grandeur, le mouvement et le temps. Dans une division temporelle, aussi petite soit-elle, d'un mouvement, il y a du mouvement. Mais dans une limite temporelle, il n'y a ni mouvement ni repos, car la question est tout simplement mal posée : il n'y a en effet qu'une limite du mouvement (dans une limite de l'espace parcouru)[160]. Le sophisme zénonien est de confondre le problème de la *réalisation* de l'infini – qui pose une difficulté – et celui de la réalisation *temporelle* de l'infini – qui n'en pose pas. Que l'on réalise dans le temps une translation impliquant un nombre infini de positions, cela ne pose aucune difficulté quant au temps – puisqu'il est isomorphe à la grandeur – mais cela pose une difficulté quant à l'infini *tout court :* comment une réalisation d'un infini est-elle possible ? Comment passe-t-on avec succès une suite infinie quelle qu'elle soit, d'instants temporels, de positions spatiales, d'états cinétiques ?

Toute la difficulté se résume donc, pour les Aristotéliciens, à comprendre, une fois saisi le caractère géométrique du temps, le rapport qu'entretiennent les « points » internes au mouvement continu avec ce mouvement. Si en effet on peut *concevoir* tout point d'une trajectoire comme une limite, c'est-à-dire appréhender toute limite comme un point-double délimitant la droite d'une partie gauche et la gauche d'une partie droite, alors il faut aussi *concevoir* une infinité d'items présents dans le segment AB. Il ne s'agit plus simplement de rétorquer à Zénon un argument *ad hominem*, mais de résoudre le problème qu'il fait surgir[161].

La stratégie d'Aristote sera maintenant de distinguer entre limite véritable – qui est un point double – et fausse limite, qui est un point simple, et qui peut rester simplement en puissance (δυνάμει)[162]. Mais cette puissance a la caractéristique très spéciale de ne pas pouvoir s'actualiser. Elle appartient à un être essentiellement diminué, chimérique. Elle désigne le fait que dans une autre configuration cinétique, elle aurait pu se réaliser : un mobile donné, si l'ordre des choses avait été différent, *aurait pu* s'arrêter en tel point, en tel temps, en tel état de son parcours. Mais il n'aurait pas alors accompli le mouvement qui se trouve avoir été le sien.

160 Cf. *Phys.* VIII 8, 263a 11–18.
161 *Ibid.*, 263a 18 sqq.
162 *Phys.* VIII 8, 263a 27-b 9.

§ 2. Cinématique physique : le mouvement comme πρᾶγμα continu

Pour pouvoir soutenir une théorie aussi paradoxale que celle que nous venons de distinguer – qui se caractérise par le rejet de la prémisse (7) – Aristote doit imposer des critères assez stricts à sa notion. Depuis les études d'Annliese Maier sur la physique des scolastiques latins, on sait l'importance, pour eux, de la distinction entre deux notions, ou deux aspects de la même notion, du mouvement : le mouvement comme *fluxus formae* et le mouvement comme *forma fluens*[163]. L'idée de *fluxus formae* retient l'idée que le mouvement est véritablement quelque chose, que le processus existe en tant que tel et pas seulement comme ensemble des différents états du mobile sur une trajectoire donnée. Celle de *forma fluens*, au contraire, exprime le fait que tout mouvement est indissociable d'un mobile, réalité concrète dont l'identité perdure tandis que ses états cinétiques changent. Les deux notions peuvent s'autoriser d'une justification aristotélicienne profonde. La première est sensible au rôle ontologique du mouvement chez Aristote, c'est-à-dire à la réalité de l'actualisation d'une certaine puissance. Le monde d'Aristote n'est pas constitué d'objets neutres à densité ontologique équivalente, c'est un monde travaillé par le surgissement de la forme à partir de la matière. La seconde, en revanche, est respectueuse de l'équivalence, chez Aristote, entre sujet et substrat. On peut sans doute schématiser le débat en disant que la *forma fluens* correspond à l'ontologie substratique des *Catégories*, le *fluxus formae* à l'ontologie des livres centraux de la *Métaphysique*. Alexandre privilégiant assez fortement l'ontologie de la forme caractéristique de cette dernière œuvre, il n'y a donc guère de surprise à constater que sa position préfigure de manière assez frappante celle des tenants médiévaux du *fluxus formae*.

A. Hasnawi a montré que la discussion médiévale s'enracinait dans un terreau gréco-arabe où la question était posée en termes *catégoriaux*[164]. L'antécédent, si l'on peut dire, du débat médiéval sur la *forma fluens* et le *fluxus formae* réside dans les discussions anciennes sur la catégorie du mouvement. Il y a cependant bien des manières et bien des raisons de recourir aux catégories. Nous voudrions ici nous concentrer sur la position d'Alexandre, pour montrer comment elle exprime de la manière la plus rigoureuse les présupposés de son ontologie. Nous montrerons ainsi qu'en dépit d'une situation textuelle très

---

163 Cf. Annliese Maier, « Die Wesenbestimmung der Bewegung », in *Die Vorläufer Galileis im 14. Jh.*, Rome, 1949, p. 9–25 et « Forma fluens oder fluxus formae ? », in *Zwischen Philosophie und Mechanik*, Rome, 1958, p. 61–143.

164 Cf. A. Hasnawi, « Le statut catégorial du mouvement chez Avicenne : contexte grec et postérité médiévale latine », in R. Morelon et A. Hasnawi (eds), *De Zénon d'Élée à Poincaré. Recueil d'études en hommage à Roshdi Rashed*, Louvain / Paris, 2004, p. 607–621.

défavorable, Alexandre aura tendance à rapprocher subtilement – c'est-à-dire sans jamais s'opposer frontalement aux textes d'Aristote – le mouvement de la catégorie de la quantité. Nous tenterons ensuite de rendre compte d'une telle stratégie.

a. La question de *la* catégorie du mouvement

Notons tout d'abord qu'Alexandre, comme les Médiévaux, semble avoir beaucoup hésité sur la catégorie « officielle » à laquelle appartient le mouvement. En *Metaph.* Δ 13, Aristote propose une division des types de quantité. Il commence par distinguer quantité discrète et quantité continue, puis introduit une distinction entre quantités par soi et quantités par accident. Sont quantités par soi des objets qui, tels la droite, incluent dans leur définition la quantité. On peut même, à leur sujet, en raison de cette identité définitionnelle forte, parler d'οὐσία[165]. Aristote admet aussi la classe des attributs par soi de ces « substances », comme le long ou le court pour la droite, voire des attributs relationnels de mesure (grand et petit, plus grand et plus petit). Aristote distingue ensuite, parmi les quantités par accident, entre celles qui sont purement accidentelles – si l'on dit, par exemple, que le musicien ou même le blanc sont des quantités parce que leur substrat en est une –, et un groupe où le rapport, sans être purement « par soi », est cependant moins inessentiel, « comme le mouvement et le temps »[166]. « Car eux aussi », ajoute Aristote, « sont dits êtres de certaines quantités, et divisibles, du fait que sont divisibles les choses dont ils sont dits être des affections ; je ne veux pas dire le mû, mais ce selon quoi il s'est mû »[167]. Alexandre laisse apercevoir sa perplexité devant la classification d'Aristote. Voici ce qu'il écrit[168] :

> Il faut noter aussi ceci : alors qu'il avait dit dans les *Catégories* que le temps était une quantité par soi, il dit ici qu'il est aussi une quantité par accident ainsi que, juste avant, le mouvement. C'est en effet en raison de ce dernier que l'est aussi le temps. Mais il faut s'enquérir aussi du point suivant : pourquoi n'a-t-il pas rangé le mouvement et le temps dans les quantités par soi qu'il a dit être des « affections » ou des « habitus » des quantités, mais dans celles par accident ? Si en effet le mouvement est une affection d'un certain continu (il n'est pas possible en effet que le mouvement se produise autrement qu'à la faveur d'autre chose), il se pourrait bien que le mouvement relève du type de quantités dont relèvent aussi les affections[169]. À moins qu'Aristote ne dise que les choses qui sont des quantités par

---

165 Cf. *Metaph.* Δ 13, 1020a 17–18.

166 ὡς κίνησις καὶ χρόνος, 1020a 29.

167 *Ibid.*, 1020a 29–30.

168 Alexandre, *In Metaph.* 398.27–39.

169 En ajoutant ἐν οἷς après ποσοῖς, avec Bonitz (cf. app. cr. de Hayduck, *ad loc.*). Le texte transmis n'est pas absurde, mais le sens est moins bon.

> soi, tout en ne l'étant pas selon la substance[170], le sont aussi par accident, mais non semblablement aux choses qui sont des affections non pas des quantités pour elles-mêmes et en tant que telles. Ou bien celles-là sont des quantités par soi parce qu'elles demeurent, à l'instar des choses dont elles sont des affections, tandis qu'aucune de celles-ci ne demeure ; et parce que les premières sont inhérentes à la nature des substances, de l'existence desquelles[171] elles découlent nécessairement, tandis que le mouvement n'est pas quelque chose de la grandeur, mais survient à la faveur de la grandeur ?

Même si nous avons dû corriger le texte assez lourdement pour le rendre compréhensible, l'orientation générale ne fait pas de doute. Alexandre tente de rendre compte de la lettre aristotélicienne le mieux possible, mais la succession, à trois lignes d'intervalle, d'un σημειωτέον et d'un ζητητέον montre que le passage est à ses yeux aporétique. Toute la question est de savoir pourquoi Aristote, alors qu'il accepte que certaines affections de la grandeur soient des quantités par soi, refuse de ranger le mouvement dans cette classe, mais le tient pour une quantité par accident. Alexandre évoque plusieurs réponses. Il commence par suggérer que même les quantités par soi que sont certaines affections sont en réalité elles aussi accidentelles, fût-ce différemment du mouvement. Il évoque ensuite la différence entre les grandeurs qui demeurent – comme les objets géométriques et leurs affections propres – et celles qui, comme le mouvement, ne demeurent pas. À cela s'ajoute que les accidents par soi de la grandeur suivent nécessairement de l'existence de la grandeur, tandis que la grandeur peut exister sans que le mouvement n'existe.

Il y a donc des raisons impérieuses qui interdisent de considérer le mouvement, comme une simple quantité. Si le mouvement, comme le suggère Aristote et comme l'admet Alexandre, est quantité *par accident*, cela semble bien indiquer que par soi, il relève d'une *autre* catégorie que la quantité. Au terme de l'analyse, la solution pourrait paraître évidente : le mouvement, par soi, est une affection[172]. Ce sera la solution de nombre de médiévaux. La trouve-t-on déjà chez Alexandre ? C'est probable : quelques pages plus loin de l'*In Metaph.*, au moment de commenter le bref chap. 21 consacré à la notion de πάθος, il choisit d'expliciter quelque peu le texte condensé d'Aristote pour assimiler « mouvements et altérations selon les affections » à des affections[173].

Alexandre retrouve la notion de mouvement comme πάθος par un autre biais, dans la Quaestio I 21, où il s'interroge sur la catégorie à laquelle appartient le mouvement[174]. Si l'on ne veut pas le considérer comme une

---

170 J'ajoute, avant κατὰ συμβεβηκὸς, les mots <κατ' οὐσίαν δὲ οὔ, καὶ>. Le texte m'est sinon incompréhensible.

171 Il faut peut-être ajouter τούτων avant ὄντων. Le sens est clair.

172 J'emploie indifféremment *affection* et *pâtir* pour rendre le grec πάθος.

173 *In Metaph.* 418.22–24.

174 Ἐν τίνι κατηγορίᾳ ἡ κίνησις, 34.30–35.15 Bruns.

quantité, nous dit-il, on peut y voir un relatif. Curieusement cependant, il ne se satisfait pas de cette réponse, mais affirme que ce que le mouvement est pour que lui appartienne d'être un relatif n'est autre que l'affection[175]. La justification de cette assimilation est peu claire, mais on la comprend si on a présente à l'esprit la façon dont la *Métaphysique* d'Aristote construit l'agir et le pâtir à l'intersection de la qualité et de la relation[176]. L'affection n'est à son tour qu'un type de qualité. Le mouvement est donc une qualité. Alexandre revient alors sur la définition du mouvement comme « acte incomplet » (ἀτελὴς ἐνέργεια). Si c'est l'acte incomplet qui est une qualité, qu'est-ce que sera l'acte complet et sous quelle catégorie se rangera-t-il ? (ἡ δὲ τέλειος ἐνέργεια τί ἂν εἴη καὶ ὑπὸ κατηγορίαν τίνα;). Cet acte, commence par dire Alexandre, est une forme (εἶδος). La question est donc de savoir quelle sera la catégorie de cette forme. Les formes des êtres naturels sont des substances, celles des artefacts sont des qualités. Une première réponse serait de diviser les « actes complets » selon la même partition. Mais, remarque Alexandre, certaines formes naturelles sont des qualités, qui se distinguent de celles qui sont des substances par le fait qu'elles ne contribuent pas à la substance (οὐσία) des substrats, mais seulement à leur fait d'être tels (τὸ τοιῷδε εἶναι)[177].

Cette ultime effet d'estompe est fondamental pour comprendre la position d'Alexandre. La Quaestio I 21 ne répond pas de manière tranchée à la question initialement posée. Certes, nous savons maintenant que le mouvement est une qualité. Mais en chemin, nous avons dit qu'il était une qualité parce qu'il était une affection et une relation. Et nous avons montré pour finir que cette qualité a des rapports très profonds avec la substance – ou la qualité – qui est l'aboutissement du mouvement. Alexandre nous a donc dit, peut-être sans même bien s'en apercevoir lui-même, la raison profonde de l'hésitation. Car en introduisant la question d'acte (ἐνέργεια), c'est-à-dire, à ses yeux du moins, de forme (εἶδος), il suggère pourquoi la question ne pouvait être parfaitement résolue : elle demande en effet qu'on applique la grille des *Catégories* à une réalité, la forme, qui n'est notoirement pas prise en compte dans cette œuvre. Quoi qu'il en soit, Alexandre suggère *en apparence*, dans sa Quaestio, une dépendance du mouvement à l'égard de multiples catégories, à l'exclusion notable de la quantité.

Avant de revenir sur ce point, il convient de dire un mot de l'exégèse qu'Alexandre proposait du début du livre III de la *Physique*. En s'appuyant sur

---

175 *Ibid.*, 34.32–33 : ᾧ δέ τινι οὔσῃ τῇ κινήσει ὑπάρχει τὸ πρός τι εἶναι, εἴη ἂν πάθος.

176 Cf. *Metaph.* Δ 15, 1021a 14–19. Voir J. Vuillemin, *De la logique à la théologie. Cinq études sur Aristote*, Nouvelle version remaniée et augmentée, Louvain-la-Neuve, 2008, p. 68.

177 Sur l'importance ontologique de ces discussions pour Alexandre, voir *Essentialisme*, p. 179 et n. 509.

une phrase très obscure d'Aristote, Alexandre interprétait le mouvement comme une relation (visiblement sans effectuer la double réduction, à l'affection puis à la qualité, présentée dans la Quaestio). Il devait donc rendre compte d'un passage – le plus important peut-être pour les tenants du mouvement comme *forma fluens* – où Aristote semblait insister sur l'hétérogénéité catégoriale radicale des différents mouvements[178] :

> Il n'y a pas de mouvement à part des choses. En effet, ce qui change change toujours soit selon la substance, soit selon la quantité, soit selon la qualité, soit selon le lieu, et, disons-nous, on ne peut rien trouver qui soit commun à ces changements et qui ne soit ni un ceci, ni une quantité, ni une qualité, ni aucun des autres prédicats catégoriels. De sorte qu'il n'y aura ni mouvement ni changement de quoi que ce soit à part des catégories qu'on a dites, du fait que rien n'existe à part de ces catégories qu'on a dites.

Simplicius nous a transmis le commentaire suivant d'Alexandre[179] :

> Mais si tout mouvement, observé dans le moteur et le mû, relève de la relation, comment se fait-il alors que les mouvements, tout en relevant d'une seul genre, ne sont pas synonymes, mais homonymes ? « À moins que rien n'empêche », dit Alexandre, « que certaines choses, tout en relevant d'un genre unique, soient homonymes les unes des autres. Les Alexandres, en tout cas, tout en relevant de la substance, du vivant et de l'homme, sont néanmoins homonymes les uns des autres. Et l'égal, tout en relevant de la relation, est homonyme, selon qu'il est dans le continu ou dans le discret. De cette manière, le mouvement aussi relève de la relation, en raison du fait que chaque mouvement est en relation à quelque chose d'autre, mais les mouvements sont néanmoins homonymes en raison du fait que les choses dans lesquelles ils sont n'ont pas non plus quelque chose de commun qui soit leur genre, mais sont des genres différents. Autre chose est en effet la substance dans laquelle il y a génération et corruption, autre chose la qualité, dans laquelle il y a altération, autre chose la quantité, dans laquelle il y a augmentation et diminution, autre chose la catégorie »où«, dont relève le changement selon le lieu. En sorte que des mouvements qu'il y a en ces choses aussi bien, les définitions seront différentes ».

La réponse suggérée par Alexandre, qui consiste à attacher la synonymie à l'espèce et non au genre[180], nous intéresse moins pour elle-même que pour ce qu'elle dénote de sa conception générale du mouvement. Si en effet l'on combine les renseignements fournis par ce texte et ceux de la Quaestio, on voit

178 *Phys.* III 1, 200b 32–201a 3 (trad. P. Pellegrin).

179 Simplicius, *In Phys.* 403.10–23.

180 Le premier exemple d'Alexandre, celui des « Alexandres », est faible, grammatical tout au plus, puisqu'il s'agit de noms propres et non de marqueurs conceptuels. C'est peut-être parce qu'il en a conscience qu'Alexandre propose un second exemple, plus approprié, celui de l'égal. La quantité discrète et la quantité continue s'opposent en effet comme genre à genre, même si ces deux genres sont subsumés sous le genre général de la quantité. L'égal dans le continu est donc homonyme à l'égal dans le discret, alors même que l'égal, dans un cas comme dans l'autre, relève de la quantité.

se dessiner une théorie assez cohérente du mouvement. Il y a tout d'abord un substrat du mouvement, qui est une substance corporelle, et un moteur. Le moteur produit une certaine variation d'une détermination (qualitative, quantitative, locale) de cette substance. Cette détermination active, en tant que telle, relève de la relation (et/ou de la qualité). Mais la chose qui varie dans le mobile n'est pas forcément une qualité (puisqu'elle peut être une quantité ou un lieu). La variation qu'est le mouvement est un acte, mais c'est un acte incomplet. La complétude est atteinte quand le mouvement a atteint son but, la forme (εἶδος). Il se passe alors quelque chose de surprenant du point de vue des catégories. Dans certains cas, la qualité qu'était la variation devient une substance. Dans d'autres, elle devient une autre qualité. On peut sans doute extrapoler quelque peu et considérer que la qualité devient aussi, dans les deux cas restants, une localisation ou une quantité.

Ces textes nous montrent qu'Alexandre est sensible aux raisons « instantanéistes » qui poussent à tenter de comprendre à quelle catégorie appartient le mouvement *au moment même* où il a lieu. Car après tout, comme Alexandre le souligne, le mouvement « a son être dans le devenir » et n'existe qu'au présent. Pas plus donc qu'il ne dénie le bien-fondé de la substantialité du composé, voire de la matière, Alexandre n'entend s'opposer à l'idée que le mouvement détermine une substance *à chaque moment* de son parcours. Mais Alexandre a des raisons plus profondes encore pour introduire, contre l'avis exprès d'Aristote, la catégorie de la quantité dans son analyse.

b. Le mouvement comme quantité

On peut commencer par revenir à la Quaestio I 21. Nous nous étions étonnés du fait que la quantité n'apparaissait pas dans le traitement catégorial du mouvement. Mais c'est, tout simplement, qu'elle était en surplomb sur toute la Quaestio. Le titre de cette dernière, de ce point de vue, est inadapté et trompeur : il ne s'agit pas de se demander « à quelle catégorie appartient le mouvement » (ἐν τίνι κατηγορίᾳ ἡ κίνησις), mais, bien plutôt, « à quelle catégorie appartient le mouvement si, avec les *Catégories*, l'on ne veut pas le ranger dans les quantités ». Voici en effet la première phrase de la Quaestio[181] :

> On pourrait dire que le mouvement, si l'on n'accepte pas qu'il se range dans les quantités du fait qu'il se trouve pas avec les quantités dans les *Catégories*, est un relatif.

La nuance forte introduite par cette entrée en matière produit donc une impression opposée à celle fournie par le titre et confirmée par une lecture se

181 *Quaestio* I 21, 34.31–32.

focalisant trop vite sur le développement de la Quaestio. Pour qui sait lire entre les lignes, Alexandre favorise au contraire une interprétation du mouvement comme quantité, a conscience du problème exégétique que cela pose, et tente de résoudre ce problème dans l'esprit le plus aristotélicien possible. Cette reconstitution est d'autant plus probable qu'Alexandre lutte en permanence, pour imposer son essentialisme anti-boéthien, contre la tentation de s'en tenir à la lettre prédicativiste des *Catégories*.

La même volonté de légitimer, contre les *Catégories*, le mouvement comme quantité, marque le commentaire du début de *Phys.* III[182] :

> Alexandre remarque : en disant le mouvement continu, <Aristote> le range forcément (πάντως) dans la quantité (car le continu et le discret sont des espèces dans la quantité). Et pourtant, dans les *Catégories*, il ne le range pas dans la quantité. Et ici même, sous peu, il le ramènera à la relation. Ainsi, dit-il, soit <Aristote> a dit « mais il paraît (δοκεῖ) appartenir aux réalités continues » (200b 16–17) non pas parce que cette doctrine lui agréerait, soit, plutôt (μᾶλλον), parce que le mouvement est d'une certaine manière à la fois quantité et continu et d'une autre manière relation, selon tel ou tel point de vue : le mouvement lui-même (αὐτὴ μὲν ἡ κίνησις) est quantité, tandis que ce qui est dans un mouvement (τὸ δὲ ἐν κινήσει) est par-rapport-à-quelque-chose (πρός τι), du fait qu'il se trouve dans une certaine relation (ἐν σχέσει τινί), à savoir dans une relation par rapport à ce qui le meut. Quant au « il paraît », dit-il, c'est un signe que l'on commence à partir des choses manifestes et évidentes.

On admirera le doigté exégétique d'Alexandre. En s'appuyant sur l'affirmation d'Aristote selon laquelle « le mouvement paraît appartenir aux réalités continues », il en tire la conclusion, en s'appuyant sur les *Catégories* pour contredire cette même œuvre, que le mouvement est une quantité. Se pose alors la question de la concurrence entre cette appartenance catégoriale et celle selon laquelle le mouvement se rattacherait à la relation (πρός τι). En dépit de l'équilibre grammatical des périodes, Alexandre instruit en réalité une véritable dégradation du mouvement comme relation (c'est-à-dire aussi comme qualité et affection), pour n'en faire qu'un aspect du mobile. Le « mouvement lui-même » (αὐτὴ ἡ κίνησις) est quantité. Le coup de force exégétique se clôt, là encore tout en douceur, par l'attribution d'une telle thèse – dont Alexandre connaît mieux que quiconque l'hétérodoxie aristotélicienne apparente – au domaine des « évidences » reconnues par le sens commun et entérinées par le Philosophe.

On aimerait pouvoir dire, à ce stade, que le mouvement comme quantité se rapproche de l'εἶδος, le mouvement comme relation de la substance composée, et qu'Alexandre se livre à un recentrage ontologique simple, du même type que celui qui l'a conduit à associer, contre Boéthos et les premiers commentateurs, la substance à la forme. Les choses ne sont pourtant pas si

182 Simplicius, *In Phys.* 395.32–396.8.

simples. Certes, le « mouvement lui-même » a quelque chose de formel et « ce qui est dans un mouvement » a quelque chose de substratique. Mais à rebours, la forme comme acte complet a quelque chose d'instantané qui s'accommode mal du flux étendu et continu du mouvement ; et l'acte incomplet qu'est le mouvement s'explique mieux dans un cadre instantanéiste où l'on peut associer *chaque* état, différents de tous les autres, à *un* instant du temps.

c. L'articulation des deux notions de mouvement

Si Alexandre tient à la catégorisation du mouvement comme quantité – et que pour lui, le « par accident » de la *Métaphysique* ne se solde pas par une *exclusion* de la quantité du nombre des catégories pouvant prétendre à la subsomption du mouvement[183] – c'est parce que la continuité joue un rôle décisif dans les analyses de la *Physique*. Le mouvement, par et dans son extension temporelle, est un πρᾶγμα unitaire. La discussion de la continuité apparaît au cours du commentaire d'un passage très difficile de *Physique* V 3, où Aristote écrit la chose suivante[184] :

> Est mû continûment ce qui n'omet rien, ou très peu de la chose ; non pas du temps (rien n'empêche en effet qu'il en omette et qu'immédiatement après la note la plus basse, on fasse la plus haute) mais de la chose dans laquelle il est mû. Cela est manifeste dans les changements selon le lieu, ainsi que dans les autres.

Aristote semble opposer deux façons de ne pas être continu, l'une selon le temps, l'autre selon le πρᾶγμα. La lecture la plus naturelle paraît être de voir dans la parenthèse « rien n'empêche en effet qu'il en omette » une détermination du « temps » mentionné juste avant. Aristote voudrait alors dire que l'on doit opposer le πρᾶγμα du mouvement continu, qui ne peut pas, ou très peu, s'interrompre, au temps, qui peut le faire. Le second membre de la parenthèse, l'exemple de la note la plus haute faite immédiatement après la plus basse, fonctionnerait *a contrario*, comme illustration de ce que *ne* peut *pas* être un mouvement continu.

Toute la question, quand on adopte cette lecture du passage, est de comprendre ce qu'est une interruption « selon le temps ». Le temps, en effet, est en flux perpétuel. Quand Socrate marche, s'immobilise puis recommence à marcher, ce n'est pas le temps qui s'arrête, mais la marche – et donc, précisément, le πρᾶγμα du mouvement. Ross explique la distinction par un

183 Cf. *supra*, p. 94.

184 *Phys.* V 3, 226b 27–32 : συνεχῶς δὲ κινεῖται τὸ μηθὲν ἢ ὅτι ὀλίγιστον διαλεῖπον τοῦ πράγματος – μὴ τοῦ χρόνου (οὐδὲν γὰρ κωλύει διαλείποντα, καὶ εὐθὺς μετὰ τὴν ὑπάτην φθέγξασθαι τὴν *νεάτην*) ἀλλὰ τοῦ πράγματος ἐν ᾧ κινεῖται. τοῦτο δὲ ἔν τε ταῖς κατὰ τόπον καὶ ἐν ταῖς ἄλλαις μεταβολαῖς φανερόν.

effet de contexte : puisqu'Aristote vient de souligner la nécessité, dans tout mouvement entre deux états, de passer par un état intermédiaire, il entend affirmer que *dans ce contexte*, la question de l'arrêt durant un certain laps de temps est *inopportune* (« irrelevant »)[185]. Cette explication n'est pas proposée par les commentateurs grecs. Simplicius, en particulier, comprend l'interruption selon le temps comme un arrêt durant lequel l'intention du mû ne dévie pas de son premier but. L'illustration prosaïque de Simplicius est celle de quelqu'un qui va d'Athènes au Pirée et qui s'arrête en chemin pour lacer sa chaussure. Comme cette interruption est entièrement subordonnée à la finalité du mouvement, il y a interruption selon le temps mais non selon le πρᾶγμα. Si, en revanche, notre homme s'arrête en chemin pour discuter avec un ami habitant sur la route, il y a interruption selon le πρᾶγμα, parce qu'il y a une déviation intentionnelle de l'action[186].

Simplicius ne dit pas qu'il emprunte une telle interprétation à Alexandre. Non seulement elle ne trouve aucun écho dans les scholies, mais ce qu'on trouve dans ces dernières est littéralement identique à l'interprétation d'Averroès et non attesté chez les commentateurs grecs. Au lieu de l'exemple de Simplicius, la scholie **255**, comme Averroès, propose une distinction entre la nage et le vol, où le mouvement est continu sans la moindre interruption, et la marche, où le mouvement est continu, mais renferme des micro-interruptions (sans doute lorsque l'on pose le pied par terre)[187].

L'autre point original de l'exégèse d'Alexandre consiste à souligner (cf. scholies **255** et **256**) qu'il ne peut pas y avoir de discontinuité du temps. Il semble donc qu'Alexandre, poussé par les besoins de sa propre lecture, a rapporté le premier membre de la parenthèse non pas au temps, mais au mot ὀλίγιστον (« ou très peu de la chose »). Aristote dirait alors non pas qu'une interruption temporelle ne change rien au fait qu'il faut un spectre continu du mouvement, mais plutôt qu'il va de soi que le mouvement ne saurait s'interrompre selon le temps. Les seules interruptions possibles d'un mouvement sont celles, très brèves, du type de l'appui dans un mouvement de marche. On peut sans doute gager que si l'exemple de la route d'Athènes au Pirée interrompue pour relacer son soulier était présent chez Alexandre, il s'agissait seulement de proposer une illustration imagée, à grande échelle, de ce qui se passait lors de la marche : une interruption insignifiante, *ponctuelle*, par

185 Cf. *Aristotle's Physics*, p. 627–628.

186 Cf. Simplicius, *In Phys.* 873.10–28. On peut résumer le commentaire de Simplicius de la manière suivante. Lorsque le mouvement s'interrompt longuement, qu'il y ait ou non déviation intentionnelle, sa continuité est brisée. Lorsqu'il s'interrompt brièvement et que l'intention demeure unique, il y a continuité ; mais s'il s'interrompt brièvement et que l'intention est déviée, la continuité est ici encore brisée.

187 Cf. *ad schol.* **255**.

rapport au trajet total, qui n'introduit aucune diversion dans le mouvement, mais qui en est même un moment nécessaire.

Il ne semble pas, cependant, que Simplicius, en introduisant le critère de l'*intention* du vivant en mouvement, trahisse la doctrine d'Alexandre – qui, après tout, mentionnait lui aussi le mouvement des animaux. Il est en effet fondamental pour la dynamique aristotélicienne qu'entre deux mouvements de sens opposé se produise un arrêt[188]. Mais une simple observation du réel convainc que cet arrêt peut-être extrêmement court, au moins aussi insensible en tout cas que l'arrêt supposé entrecoupant le mouvement de marche. Admettre que les brefs arrêts inhérents à la marche ne remettent pas en cause la continuité de ce mouvement pourrait donc menacer toute la démonstration du Premier Moteur. C'est la raison pour laquelle l'interprétation d'Alexandre ne peut finalement être complétement différente de celle de Simplicius : pour pouvoir distinguer le ὀλίγιστον de la marche du ὀλίγιστον virtuel dans toute l'analyse du rebroussement, il faut en passer par un critère téléologique : la continuité du mouvement est le déploiement de la continuité temporelle d'une intention. Un πρᾶγμα ne peut finalement être qu'intentionnel. Les commentateurs explicitent sur ce point ce qu'Aristote ne dit pas mais dont sa doctrine ne peut faire l'économie.

La continuité du mouvement n'est donc pas, aux yeux d'Alexandre, réductible au simple fait qu'il y a du mouvement à chaque instant intermédiaire entre l'instant de départ et l'instant d'arrivée. La conclusion s'impose : il faut distinguer, dans le mouvement, entre une continuité parfaite au plan intentionnel superposable à la continuité temporelle, du processus effectif qui peut s'interrompre ὀλίγιστον. Ce distinguo revêt une importance décisive pour comprendre la façon dont Alexandre résout, en faveur de l'extension continue du mouvement, une aporie difficile opposant un passage du livre I à un passage du livre VI.

Avant de présenter plus précisément cette aporie, disons un mot de la façon dont Alexandre, sans appui véritable dans le texte d'Aristote, propose de représenter le mouvement dans un repère orthonormé où l'axe des abscisses figure le temps et celui des ordonnées les « parties » du mû. Voici ce qu'il écrit[189] :

> La division du mouvement qui se produit selon le temps, dit Alexandre, serait comme selon la longueur, tandis que celle selon les parties du mû comme selon la largeur. De fait, tandis que le temps procède en ligne droite sans déployer de

188 Ce sera un résultat intermédiaire important du livre VIII, décisif pour identifier le mouvement circulaire à l'unique mouvement éternel d'un monde de dimensions finies. Cf. *Phys.* VIII, 8, 261a 27–36.

189 Simplicius, *In Phys.* 974.25–29.

largeur, le mû, parce qu'il a une largeur, se meut comme sur une surface mais non comme sur une ligne.

Cette description correspond au schéma suivant :

Il s'agit là de la première fois dans l'histoire, à notre connaissance, que l'on assimile le temps à l'axe des abscisses d'un repère normé. Il est d'autant plus intéressant qu'à la différence d'un moderne, Alexandre ne songe pas à utiliser l'axe des ordonnées pour quantifier *l'intensité* du mouvement, ou sa *vitesse*. Cela supposerait en effet une conception, fût-elle archaïque, du mouvement en un instant. Il se contente d'y voir une représentation linéaire du *volume* affecté de l'objet mû.

Une difficulté importante du livre VI, sur laquelle Alexandre a beaucoup réfléchi, consiste à concilier son continuisme radical avec l'apparente admission, par Aristote, dans sa critique de Mélissos au livre I de la *Physique*, d'une altération, donc d'un mouvement, instantané. La solution originale et paradoxale d'Alexandre consiste à soutenir que ce sont des parties du mû qui s'altèrent en bloc, et non le mû tout entier[190]. Prise telle quelle, cette solution est vaine : le problème du changement instantané, qui se posait pour le tout, se posera dorénavant dans le cas de la partie. Le gain du modèle est cependant, premièrement, de neutraliser une interprétation temporelle de l'adjectif ἀθρόα, au profit d'une signification matérielle[191] et, en second lieu, de rendre sensible la nécessité de distinguer entre le changement phénoménal, c'est-à-dire la transformation sensible du mû, et le processus total du changement, qui inclut également le « travail » du mouvement interne au mû, qui peut ne pas être apparent. Si l'on représentait un changement qualitatif de ce type à l'aide d'un schéma du même type, on aurait donc la représentation suivante :

190 Cf. scholie **339** et commentaire *ad loc.*
191 Cf. *infra*, n. 193.

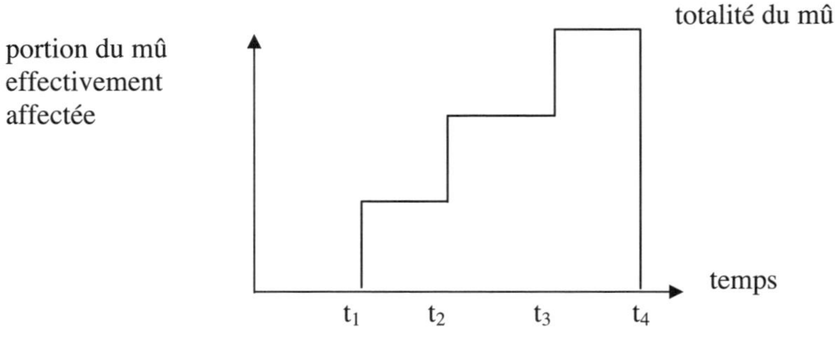

Ce schéma indique quelle portion du corps total du mû est affectée par l'altération (une bassine d'eau par le gel, par exemple). Pendant une partie du temps, jusqu'à t_1, le froid agit « en profondeur », sans provoquer aucune altération visible de l'eau liquide. Il en va de même quand des gouttes d'eau tombent durant un temps très long sur une pierre et finissent par l'user[192]. L'usure n'est pas tout de suite visible, mais elle est sourdement entamée dès que la première goutte d'eau tombe sur la pierre. C'est en t_1 que le premier effet sensible de froid aura lieu : une certaine proportion du volume total d'eau deviendra *en bloc* de la glace[193] ; on aura ensuite, entre t_1 et t_2, une nouvelle période de latence de l'action du froid, qui se soldera éventuellement, en t_2, par une nouvelle congélation en bloc d'une seconde partie de la bassine d'eau, etc.

Pourquoi ce dispositif ? C'est évidemment pour sauver la continuité du mouvement (unique) de congélation de *toute* la bassine d'eau. Ce schéma en escalier rend sensible le fait que le mouvement ne se réduit pas à son expression phénoménale. Il y a un processus plus profond que celui des apparences, et qui est nécessairement continu, quand bien même les manifestations sensibles de type générationnel (c'est-à-dire consistant dans le passage entre deux contradictoires A et non-A) peuvent être le lieu de changements *en bloc*. Il faut *toujours* un processus qualitatif continu pour amener le passage entre les deux contradictoires.

On voit donc que pour l'interprétation du πρᾶγμα de *Physique* V 3 comme de la tension entre *Physique* I 3 et VI 4, Alexandre adopte des stratégies exégétiques assez contournées, visant à sauver la continuité menacée du mouvement. La continuité est sauvée dans le premier cas par l'introduction de l'idée d'unité intentionnelle du mouvement, qui n'était pas formulée par Aristote, dans le second par celle d'effets de seuil au plan des manifestations,

192 Le rapprochement est fait par Alexandre. Cf. scholie **573**.

193 Alexandre, pour conjurer le danger instantanéiste, fait tout son possible pour interpréter le ἀθρόας de *Phys.* I 3, 186a 15 et le ἀθρόα de *Phys.* VIII 3, 253b 25 comme renvoyant à des parties entières, des « blocs », du mû, et non à des instants du changement. Cf. notre commentaire de la scholie **573**.

acompagnant une continuité plus « profonde », et isomorphe à celle du temps. Ce serait faire un contresens sur la doctrine d'Alexandre que de voir dans cette dernière théorie une anticipation des *minima naturalia*, si du moins l'on interprète cette doctrine comme une concession à une vision atomiste du monde : elle vise au contraire à réaffirmer la nécessaire continuité du mouvement, y compris dans des cas comme celui de l'altération en bloc.

On peut dorénavant revenir à la question initiale de la catégorisation du mouvement. L'association du mouvement au pâtir est indispensable non seulement d'un point de vue étroitement exégétique – parce que ce serait la thèse d'Aristote – mais surtout parce qu'elle représente l'axe « vertical » du mouvement, le fait que quelque chose se passe même quand rien ne se manifeste. Que le mouvement soit un pâtir permet dès lors à Alexandre d'expliquer le soubassement évitant l'instantanéisme redouté, donc la nécessaire continuité. Cette continuité étant la caractéristique sans doute la plus importante du mouvement tel qu'il apparaît en *Physique* VIII, nous nous retrouvons ainsi encore une fois avec une lecture très pensée de l'œuvre comme tout aboutissant à la démonstration du Premier Moteur.

§ 3. Bornes

Fût-ce en dépit des apparences, le mouvement, selon Alexandre, est toujours continu. Pourtant, le devenir universel ne se résume pas à un gigantesque flux indifférencié. Des mouvements partiels naissent et s'achèvent, dont la trame constitue l'histoire du monde. Il est dès lors important de comprendre ce qui a lieu au début et à la fin d'un mouvement. Tout mouvement étant éventuellement délimité, donc d'une certaine manière défini, par son début et sa fin, on ne saurait se prononcer sur l'ontologie du sensible – c'est-à-dire, au premier chef, sur la connexion entre des événements successifs et sur le rapport qu'entretient la fin d'un mouvement avec le processus qui y mène – si l'on ne comprend exactement ces moments de rupture et de passage.

a. Le début et la fin du mouvement

Le mouvement aristotélicien est profondément dissymétrique. Il ne se passe pas la même chose, topologiquement et ontologiquement parlant, en son début et en sa fin. Le texte le plus paradoxal, de ce point de vue, est un passage de *Physique* VI 5 où Aristote affirme que s'il y a quelque chose en quoi le mû « a primordialement fini de changer »[194] au sens où il y a quelque chose « en quoi

194 *Phys.* VI 5, 236a 7 : ἐν ᾧ πρώτῳ μεταβέβληκε.

primordialement le changement s'est accompli »[195], cette affirmation n'est plus vraie si on la prend au sens où il y aurait quelque chose « en quoi primordialement [le mû] a commencé à changer »[196]. Cette affirmation est au premier abord si mystérieuse qu'elle déroutait déjà Théophraste. Simplicius nous a transmis sa formulation de l'aporie[197] : comment se fait-il, se demandait Théophraste, que le début du changement soit divisible à l'infini, tandis que sa fin serait indivisible ? La solution rapportée par Simplicius, qui est sans doute celle de Théophraste, est simple mais peu satisfaisante : elle consiste à distinguer le début et la fin comme parties et comme états instantanés. Aristote prendrait ici le début comme une partie du mouvement, à ce titre divisible à l'infini, et la fin comme état instantané, à ce titre indivisible. La scholie **364** montre qu'Alexandre admettait la thèse aristotélicienne qu'il n'y a pas de « principe temporel » (ἀρχὴ χρόνου) du mouvement, mais rien dans les scholies ni chez Simplicius ne suggère qu'il voyait dans ces distinctions une simple affaire d'acceptions des termes. Bien au contraire, même, comme nous le verrons sous peu.

On ne peut pas traiter le début et la fin du mouvement comme des zones topologiques identiques à une symétrie près. Ce serait là, certes, la façon moderne de considérer le mouvement, trajectoire neutre et non finalisée. Pour Aristote, en revanche, il y a une différence ontologique entre le début d'un mouvement et sa fin. Cette différence n'est sans doute pas indifférente à la doctrine de *Physique* VI 5. Aristote aurait des raisons de tenir l'état exceptionnel du τέλος pour une éclosion instantanée bornant un certain processus cinétique, tandis que le commencement de ce processus serait non ponctuel, parce que, précisément, ne constituant aucun état réalisé. Même si cette interprétation doit avoir un certain degré de vérité, elle a le tort de généraliser à tout mouvement le cas exemplaire, mais non point unique, du mouvement naturel non interrompu (une croissance biologique, par exemple). Mais après tout, un mouvement naturel peut être brutalement interrompu (à l'instar d'un processus biologique accidentellement interrompu) et un mouvement peut ne pas être naturel du tout.

Il faut donc distinguer, comme souvent en aristotélisme, la situation abstraite et générale de l'application précise de la théorie, et présumer que c'est cette dernière qui reflue sur la première. L'application précise de la théorie consiste à se donner les moyens de comprendre, dans le flux du devenir, des phases de stabilité ontologique où un certain objet, de préférence une substance biologique, est ce qu'il est. Il faut donc pouvoir penser l'advenir comme résultant d'un processus – faute de quoi, la génération serait un

---

195 *Ibid.*, 236a 8 : ἐν ᾧ πρώτῳ ἐπετελέσθη ἡ μεταβολή.
196 *Ibid.*, 236a 9–10 : ἐν ᾧ πρώτῳ ἤρξατο μεταβάλλειν.
197 *In Phys.* 986.3–987.8.

événement parfaitement ponctuel, singulier et incompréhensible – mais aussi comme détaché de ce processus, et partiellement au moins en rupture avec lui. La forme est le résultat de transformations chimiques, qualitatives donc, mais au moment où elle advient, elle présuppose quelque chose comme un *saut*. Alexandre le reconnaît implicitement dans son commentaire à *Metaph.* Γ 5, en commentant 1010a 23–24 (ὅτι οὐ ταὐτόν ἐστι τὸ μεταβάλλειν κατὰ τὸ ποσὸν καὶ κατὰ το ποιόν) où il oppose la continuité fluxiste de l'augmentation à la discontinuité de la génération[198] :

> <Aristote> désigne ici le mouvement *selon la forme* (κατὰ τὸ εἶδος), selon lequel se produisent la génération et la corruption, comme mouvement « selon la qualité ». De sorte que même selon ces catégories, ces mouvements ne sont pas identiques, quand bien même on accorderait tout à fait que le mouvement selon la quantité, pour les étants, est continu. Car l'on constate que les choses croissent et décroissent en recevant des ajouts et des diminutions, tandis que chacune est connue pour ce qu'elle est non en raison de sa quantité mais en raison de sa forme, qui demeure pour chacune tant qu'est conservée sans être détruite la chose qui fait office de substrat. Or, que le changement selon la forme ne soit pas continu, il l'a montré à suffisance dans *De la génération et la corruption*, dans la partie où il a traité de la nutrition. Il a montré que c'était elle, la forme, qui était le substrat et ce qui se nourrissait. De fait, la forme de Socrate demeure tant que Socrate n'est pas détruit. C'est la raison pour laquelle Socrate enfant, augmentant, diminuant et décrépissant sont pareillement Socrate.

Le mouvement selon la forme (κατὰ τὸ εἶδος), qui n'est pas continu, s'oppose au mouvement selon la quantité, qui l'est. L'association de la forme à la qualité (ποιόν), que seule évoque Aristote dans ce passage de la *Métaphysique*, est notable. L'idée d'Alexandre est que le mouvement selon la forme est ponctuel, il advient *à l'instant* où la forme survient. Une fois la forme individuelle ainsi produite, elle demeure la même, pareille à soi, tant que l'individu perdure, à la différence de la quantité de l'individu, qui fluctue sans cesse.

On est donc tenté d'imaginer qu'il y avait une corrélation, dans l'esprit d'Aristote, entre la dissymétrie du mouvement et les conditions temporelles de déploiement de la forme. Aristote aurait habillé en des termes généraux une théorie visant plus particulièrement à rendre compte de l'avénement, dans un processus continu, d'un *état* formel différent du précédent. On conjecturerait alors à bon droit qu'il y a un dernier changement minimal en raison de cette semi-discontinuité, de ce « saut » entre la fin d'un processus continu et l'avénement du nouvel état – le changement minimal ultime consistant précisément dans ce *passage au nouvel état* – tandis qu'il n'y aurait pas de premier changement minimal parce nous sommes alors déjà dans du continu, que donc nous pouvons toujours isoler une séquence plus petite par dichotomie.

---

198 Alexandre, *In Metaph.* 310.9–20.

Aristote lui-même, au livre VIII, confirme cette interprétation qui demeure spéculative tant que l'on s'en tient à ce qui est dit au livre VI[199]. Il soutient en effet, au chapitre 8, que si l'on peut dire que le maintenant appartient au passé et au futur en tant qu'il est leur limite, on ne peut l'associer, *quant à la chose*, à l'état passé et à l'état futur – sous peine d'enfreindre le principe de non-contradiction – mais il faut l'associer à l'état futur[200]. Ainsi, quand un objet est blanc durant la période A et non-blanc durant la période B succédant immédiatement à A, et si l'on désigne par C la limite entre les périodes A et B, Aristote affirme qu'il est vrai que l'objet soit non-blanc, et il est faux qu'il soit blanc, en C. Ce qui veut dire que lors de tout changement de ce type, si l'on pose par convention que le temps va de la gauche vers la droite, l'état antérieur est un ouvert à droite, tandis que l'état postérieur est fermé à gauche.

Imaginons, sur l'axe xx′ du temps, quelqu'un d'immobile sur une certaine période s'achevant à l'instant t_0, qui se meut alors, pour s'immobiliser à nouveau en t_1 :

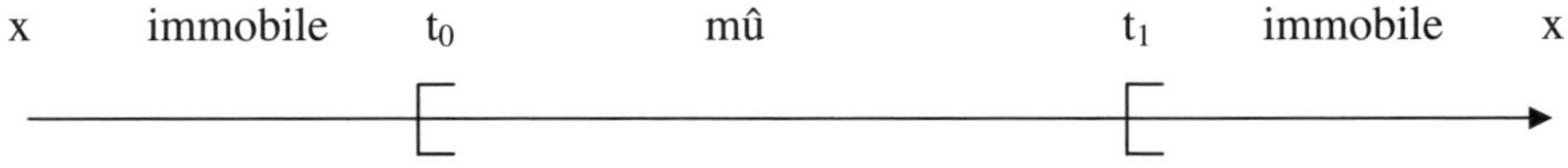

Pour Aristote suivi par ses commentateurs, en t_0, l'homme n'est plus immobile mais il est mû. De même, en t_1, il ne se meut plus mais il est déjà immobile.

C'est cette doctrine de l'asymétrie du point de changement qui explique l'asymétrie du début et de la fin du changement. Il n'y a pas de temps premier d'un changement parce qu'au début du processus, l'intervalle est fermé. Ne lui appartient donc que le point t_0 et tous les points qui le suivent. Il n'y a pas de temps premier parce que si l'on postulait qu'il s'agit de t_0, nous n'aurions qu'un point, dans lequel aucun changement n'a lieu, et que si nous supposions n'importe quel intervalle $[t_0, t_\varepsilon]$, on pourrait toujours le diviser en deux moitiés $[t_0, t_\eta]$ et $[t_\eta, t_\varepsilon]$, de sorte que $[t_0, t_\varepsilon]$ ne serait pas le « temps premier » du changement. En revanche, t_0 ou t_1 sont bien des « temps premiers » dans lesquels le changement antérieur s'achève. Car ce sont chacun des instants doubles pour le changement antérieur, à la fois intérieur et extérieur à lui. D'un point de vue strictement topologique, ils lui sont extérieurs (puisque, quant à la chose, ils appartiennent exclusivement à l'état postérieur). Mais ils lui sont intérieurs au sens où eux seuls permettent de *définir* le terme du changement antérieur. Les points t_0 et t_1 sont donc des points doubles pour le

199 Cf. *infra*, p. 605–606.
200 Cf. *Phys.* VIII 8, 263b 9–12.

changement antérieur, formés par la réunion d'un point simple et du fait qu'il succède à un *autre* état. Cette formalisation permet de dire en termes intuitifs et encore archaïques que l'aboutissement d'un changement constitue un « saut » rompant le continu, à la fois aboutissement et rupture par rapport à ce qui le précède.

Alexandre revient à deux reprises, dans les scholies, sur la résolution, offerte par la doctrine aristotélicienne, du paradoxe du trépas de Dion[201]. Dion ne pouvant trépasser ni quand il vit ni quand il est déjà mort, Dion ne peut trépasser. Donc Dion n'est pas mort. Alexandre note tout d'abord que Dion trépasse dans le maintenant (appelons ce « maintenant » t_0), limite entre la période où Dion vit et celle où Dion est mort. Les considérations précédentes permettent d'affiner l'analyse : pour Alexandre, Dion vit *jusqu'en* t_0 et Dion est mort *à partir de* t_0, mais son *état* en t_0 est celui de la mort. Si la mort était un mouvement, on pourrait dire que t_0 marque le premier instant de la période du mouvement, mais non pas qu'il y a un premier mouvement *en* t_0. En revanche, en admettant que la vie elle aussi est un mouvement, on pourrait dire que t_0 marque le dernier instant de la période de mouvement *et* que t_0 est le dernier, plus petit, temps durant lequel ce mouvement de vie s'est accompli. Tout le paradoxe est donc que le point t_0, qui appartient quant à la chose à la période de la mort et non de la vie de Dion, paraît pourtant le dernier plus petit temps *en* lequel Dion vit, mais n'est pas le plus petit temps *en* lequel Dion est mort.

b. Alexandre contre le stoïcisme et l'épicurisme : sur trois façons antiques de mourir

Les grands rivaux de l'aristotélisme dans le domaine de la cinématique sont, pour Alexandre, le stoïcisme et l'épicurisme – ce dernier constituant d'ailleurs l'avatar d'une doctrine critiquée par Zénon. Nous savons, grâce aux scholies et au commentaire de Simplicius, qu'Alexandre s'est servi de son commentaire pour asseoir une ontologie du continu en opposition aux deux grands rivaux hellénistiques. Avec sa puissance historique coutumière, Alexandre a comparé la doctrine développée par Aristote en *Physique* VIII 8, qui vient compléter et achever celle de VI 5–6, et l'argument stoïcien des « énoncés indélimitablement déchéants » (ἀξιώματα, ἃ μεταπίπτοντά τινες λέγουσιν ἀπεριγράφως)[202]. On a proposé une lecture de ces énoncés qui les rattachent effectivement de très près à la situation décrite par Aristote, à ceci près – et toute la différence avec le Stagirite est là – que pour les Stoïciens, l'instant du changement

201 Cf. scholies **356** et **753**.
202 Cf. Simplicius, *In Phys.* 1299.36–1300.36.

appartient autant à l'état antérieur qu'à l'état postérieur[203]. La limite est pour eux parfaitement symétrique, alors qu'elle joint, pour Aristote suivi par Alexandre, un segment ouvert à droite à un segment fermé à gauche.

L'énoncé illustrant la théorie est « si Dion vit, Dion vivra ». On remarque qu'au niveau le plus superficiel, nous sommes déjà dans le contexte des problèmes suscités par la cinématique aristotélicienne. Pour Aristote, en effet, cet énoncé est toujours vrai : si Dion vit, nous sommes « quelque part » à gauche de la limite, donc il est toujours possible d'intercaler un point où Dion vit plus proche de cette limite. Pour le dire autrement, il n'existe pas de dernier point temporel auquel Dion vive. Pour les Stoïciens, l'énoncé « si Dion vit, Dion vivra » est vrai en un nombre infini de points temporels et faux en *un unique* point temporel. À l'instant du passage de la vie à la mort, les Stoïciens considèrent que le sujet considéré peut être dit à la fois vivre et être mort. C'est même ainsi, selon eux, que se définit la limite entre deux états. L'énoncé est donc faux au point de passage : en cet instant limite, Dion vit, mais il n'y aura pas d'instant ultérieur où il vivra. L'énoncé cesse donc d'être vrai à un moment indélimitable. En l'instant-limite, il est faux ; n'importe quand avant l'instant-limite, il est vrai ; mais on ne peut pas délimiter le moment où il passe de vrai à faux, car si c'était possible, cela reviendrait à admettre que les infinitésimaux sont juxtaposés les uns aux autres et donc à sombrer dans l'atomisme des grandeurs. La théorie des « énoncés indélimitablement déchéants » exprime donc dans un cadre stoïcien le problème des intervalles ouverts. Comme tout intervalle stoïcien est fermé – c'est-à-dire puisque toute limite stoïcienne est double –, les disciples de Chrysippe ne sont confrontés au problème qu'à l'occasion d'énoncés conditionnels contenant au moins implicitement une double indexation temporelle : « Si Dion vit en t_0, il existe un temps t_1 postérieur à t_0 tel que Dion vivra en t_1 ». En revanche, le changement de valeur de vérité de l'énoncé simple « Dion vit », qui est indélimitablement déchéant – pour employer la terminologie stoïcienne – chez Aristote, ne pose aucun problème aux Stoïciens : il change tout simplement de valeur de vérité à l'instant-limite de la mort de Dion.

Qu'en est-il de la position épicurienne ? Il faut distinguer, sur ce point, la doctrine authentique d'Épicure de la thèse que lui prête Alexandre et qui a pu subir certains remaniements[204]. Il n'est pas sûr qu'Épicure ait jamais soutenu, à l'instar de Diodore Cronos, le caractère saccadé du mouvement. C'est une thèse absente de ses écrits personnels et qui ne lui est attribuée que dans les

203 Cf. scholie **758** et commentaire.

204 Ces remaniements, à leur tour, peuvent s'expliquer soit comme des évolutions internes au courant épicurien, soit comme des simplifications doxographiques, soit comme des réductions produites par des adversaires à des fins polémiques. Ces différentes explications ne s'excluent pas mutuellement.

commentaires aristotéliciens de *Physique* VI. On aurait déjà pu conjecturer, en s'appuyant sur la convergence de Thémistius et de Simplicius, que ce mouvement exégétique remontait à Alexandre[205]. La scholie **314** vient donner corps à cette supposition :

> Chronologiquement postérieur, Épicure affirmait qu'aussi bien le temps que le mouvement que la grandeur sont composés d'éléments sans parties, mais que si le mû se meut sur la grandeur tout entière composée des éléments sans parties, cependant, en chacun des éléments sans parties qu'elle contient, il ne se *meut* pas mais *s'est mû*. Il pressentait en effet que s'il posait que ce qui se meut sur l'ensemble se meut aussi sur les éléments sans parties, il faudrait que ces derniers soient divisibles. C'est donc cette hypothèse qu'Aristote, après l'avoir avancée, réfute maintenant.

À tort ou à raison, Alexandre rapprochait la conception d'Épicure de l'atomisme de mouvement que critique Aristote en *Physique* VI. La stratégie d'Épicure consisterait dès lors à prendre acte de la critique aristotélicienne et à considérer que le mouvement est une suite de « mouvements révolus ». On voit donc comment Épicure pouvait se représenter le moment de la mort d'un individu : il y a un dernier moment insécable de vie, auquel succède un premier moment insécable de mort. Ces deux moments sont parfaitement contigus l'un à l'autre. La mort en elle-même, c'est à dire comme transition, *trépas*, n'est rien. C'est cette théorie physique qui explique, à un certain niveau de profondeur, l'argument épicurien populaire selon lequel la mort n'est rien pour nous[206] : à la différence de la doctrine stoïcienne, il n'y a effectivement chez Épicure aucune portion de temps, même infime, où l'on pourrait être à la fois vivant et mort. Une topologie discontinuiste justifie le *topos* éthique de l'indifférence.

Aussi peut-on classer les trois doctrines stoïcienne, épicurienne et aristotélicienne selon un spectre cohérent. Les Stoïciens, en vertu de leur continuisme, redoublent l'idée d'un *instant* double, déjà présente chez Aristote, par celle d'un *état* double des choses. Il n'y a ainsi de saut ni temporel, ni dans le devenir. Il existe toujours un lien entre deux états successifs, à savoir un état à la fois unique et double. À l'autre extrême, les Épicuriens postulent un saut à la fois selon l'état et selon le temps. Plus exactement, c'est la juxtaposition des

205 Cf. Themistius, *In Phys.* 184.9–21 et Simplicius, *In Phys.* 934.23–30. Il peut être intéressant de remarquer qu'Alexandre semble avoir insisté sur la postériorité chronologique d'Épicure par rapport à Aristote. On trouve ici cette idée mais aussi, un peu plus haut, chez Simplicius, *In Phys.* 925.13–22. Alexandre n'est certes pas cité dans ce dernier texte mais j'ai cru pouvoir montrer, en m'appuyant sur une doxographie inédite transmise par le *Paris. gr.* 1853, que ce passage de Simplicius remontait bien à l'Exégète. Cf. M. Rashed, *Die Überlieferungsgeschichte der aristotelischen Schrift De generatione et corruptione*, Wiesbaden, 2001, p. 44–47.

206 Voir Épicure, *Lettre à Ménécée*, *ap. D. L.* X, 125 et Lucrèce, III, 830–911.

états qui importe avec elle le saut temporel. Alexandre, enfin, se tient à mi-chemin entre les deux systèmes, puisqu'il admet avec les Stoïciens la continuité temporelle et, avec les Épicuriens, un certain type de saut. La génération, qui consiste dans l'advenue d'une forme – donc d'un certain état – à la suite d'une évolution – donc d'un processus – continue, est un phénomène discontinu[207]. De manière schématique, on peut représenter la topologie du changement d'état selon les trois doctrines ainsi :

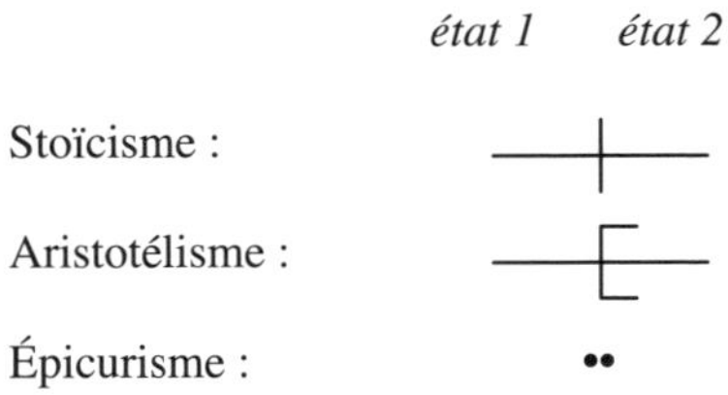

Ces options diverses expliquent la position des trois doctrines sur la question de la contingence. Selon les Stoïciens, la chaîne des événements est nécessaire parce que, précisément, il s'agit d'une chaîne. Tout élément de cette chaîne en est un maillon bipolaire, lié au maillon qui le précède et à celui qui le suit. Selon les Épicuriens, la chaîne n'en est pas vraiment une. Les événements sont juxtaposés, non liés, ce qui précisément explique la contingence : un état n'est jamais complétement explicable en fonction de ce qui le précède, puisqu'il n'a rien de commun avec lui. Quant à l'Aristotélicien, sa position est comme toujours intermédiaire entre celles de ses deux rivaux. L'état ultérieur n'a rien de commun, sinon un instant temporel évanescent, avec l'état antérieur, mais le fait que l'intervalle antérieur soit ouvert à droite fait qu'il existe malgré tout une connexion forte entre les deux états, connexion qui n'est ni une continuité parfaite, ni une pure solution de continuité. On est dans le déploiement temporel d'une relation hylémorphique (l'état antérieur jouant le rôle de la matière et l'état ultérieur celui de la forme), où la relation entre la forme et la matière n'est ni celle d'une conséquence à une condition nécessaire et suffisante, ni celle d'une simple concomitance. Nous sommes plutôt sous le règne des lois naturelles, vraies la plupart du temps, mais qui sont susceptibles de ne pas se réaliser, et dont la réalisation suppose toujours un « saut ».

Un argument pourrait donner corps à l'hypothèse selon laquelle, comme le soutient Alexandre, Épicure postulait des atomes de mouvement. L'Exégète, qui est notre source principale, sinon unique, sur la théorie épicurienne du « continu » et du mouvement, n'a pas un mot, ni dans le *De fato* ni ailleurs, sur la doctrine du *clinamen*. Comme nul ne l'ignore, celle-ci n'apparaît pas telle quelle dans le corpus d'Épicure mais n'est attestée que plus tard, chez Lucrèce

207 Voir aussi le texte de son commentaire à la *Métaphysique* cité *supra*, p. 107.

et Cicéron en particulier[208]. Il semble que les brèves analyses qui précèdent pourraient fournir une explication de cette absence, qui a toujours intrigué les lecteurs. Le *clinamen* ne serait qu'une façon vulgarisée d'exprimer le fait plus technique, et plus directement issu du champ balisé par la *Physique* d'Aristote, selon lequel un atome de mouvement n'a rien de commun avec l'atome de mouvement qui le précède. Le mouvement global se produisant par addition de positionnements atomiques distincts, il n'y a aucune raison, si l'on se refuse à hypostasier cette chimère que serait le mouvement global, d'admettre qu'une trajectoire obéisse à une règle géométrique abstraite. Il est faux, autrement dit, que le *clinamen* bien compris déroge au principe que rien n'a lieu sans cause ; Épicure se bornerait plutôt à dire qu'aucune cause n'est assez forte pour effacer la barrière entre deux atomes, deux mouvements atomiques, deux atomes de temps. Ce n'est pas par légèreté à l'égard des lois causales qu'Épicure s'est prononcé en faveur de la contingence mais, tout au contraire, au terme d'une analyse extrêmement rigoureuse du déploiement temporel de leur *nexus* : si la « cause » n'est pas *attachée* à l'« effet », celle-là ne peut entièrement contenir celui-ci.

§ 4. Cinématique et cosmologie : le mouvement circulaire éternel

De même qu'Aristote semblait se rendre la tâche plus ardue en adoptant la théorie du lieu et celle du temps qui sont les siennes, mais nous paraissait devoir tirer de cet inconvénient physique un gain cosmologique – gain qui apparaîtra plus nettement au prochain chapitre –, de même sa doctrine cinématique dont nous avons présenté les grandes lignes semble difficilement transposable sur un plan cosmologique mais se révélera riche de potentialités architectoniques, liées encore une fois à la démonstration du Premier Moteur. Ainsi, alors que dans la physique, ou ontologie, du mouvement sublunaire, l'ensemble de la théorie est structuré par l'opposition entre la puissance de la trajectoire et l'acte de sa fin, le passage à la cosmologie du Premier Moteur va compliquer la donne. On retrouve bien la structure du problème qui nous occupe depuis le début de cette introduction : avec la définition *aristotélicienne* du lieu, du temps et de la trajectoire du mouvement, les astres n'ont ni lieu, ni temps, ni trajectoire. Et sur ce point, Alexandre demeure fidèle à Aristote.

Il ne fait aucun doute, en premier lieu, qu'il reprend à son compte, peut-être même en l'explicitant – donc en la durcissant – la doctrine de la puissance stricte des états intermédiaires du mouvement. Il souligne en effet (scholie **748**)

208 Cicéron, *De finibus* I, 18–20 et Lucrèce, II, 216–250.

que la puissance de la division infinie a pour condition très particulière de ne pas *pouvoir* s'actualiser. La formulation ne contredit certes pas *Phys.* VIII 8, mais elle dit tout haut ce qu'Aristote ne faisait que sous-entendre tout bas. En second lieu (scholie **747**), Alexandre affirme que certaines réalités, comme le mouvement ou le temps, ont leur être dans le devenir (ἐν τῷ γίνεσθαι τὸ εἶναι ἔχει), que donc une actualisation de la coupure interromprait l'être lui-même du mouvement ou du temps. On ne peut donc pas « importer » les divisions imaginées par notre esprit dans le cours d'un processus continu. Car cela aboutirait à détruire la continuité. Cette doctrine accentue donc au maximum l'écart entre les points intermédiaires et le terme du parcours. Il y a une différence ontologique forte entre la réalisation dégradée des premiers et l'actualisation du second. Il y a, pour Alexandre, un *être du devenir*, qui n'est pas une simple façon de parler, mais qui tient le milieu entre le pur non-être et l'être achevé.

Alexandre admet, en conformité avec cette théorie, que le mouvement des astres, qui n'a ni début ni fin, recouvre des états qui ne sont jamais que potentiels. Il l'affirmait, selon Simplicius, *In Phys.* 1218.20–36 (cité *ad schol.* **598**) et évoquait plusieurs raisons, qu'on trouve chez Simplicius et dans la scholie **598**, pour corroborer l'indifférentiation absolue des points de la trajectoire circulaire. Il soulignait en particulier l'absence de contrariété de la trajectoire circulaire et l'équivalence réciproque de tous les points de cette dernière. On ne s'attardera pas sur la force de tels arguments, évidemment très relative. Qu'il nous suffise pour l'instant d'y déceler le souci d'Alexandre de corroborer les affirmations d'Aristote, au risque d'agrandir la brèche entre les trajectoires finies du sublunaire et celles infinies des astres.

Chapitre VII
La dynamique d'Alexandre

§ 1. La confrontation au platonisme

On a vu comment les idées cinématiques d'Alexandre se déployaient entre celles des Épicuriens et celles des Stoïciens. Alexandre ne semble guère juger utile de se confronter, sur ce plan, au platonisme. À juste titre. La réponse de Platon à l'aporie de Zénon ne se déploie pas sur le plan de la cinématique, mais de la dynamique : le mouvement étant, par excellence, la vie de l'âme, le mouvement d'ici-bas, en tant qu'il est étendu dans l'espace, participe de la χώρα. La cinématique ne vaut qu'en tant qu'elle considère des parcours déjà achevés, c'est-à-dire assimilables à des formes géométriques et rythmés par des nombres. Les arcanes de ce mouvement se dissolvent dans le flou du sensible. Tout ce que l'on en peut dire est que sa force rectrice, ce qui fait qu'il y a bien, au bout du compte, mouvement, tient à un dynamisme hétérogène. On a souvent mal compris la théorie platonicienne du mouvement parce que l'on n'a pas assez distingué ses deux aspects. Le mouvement est irréel, pure apparence, dès lors qu'on tente de lui accorder une cohérence cinématique dans le temps et l'espace sensible ; il est en revanche parfaitement réel si l'on en abstrait la temporalité et l'étendue, pour n'en faire qu'une caractéristique de l'âme. La chose a été vue par Plotin[209].

Parce que le mouvement étendu est une dégradation de l'activité de l'âme une fois que celle-ci est plongée dans l'existence sensible, il n'y a pas de sens à autonomiser le mobile pour considérer que le mouvement est une simple « image » d'un autre mouvement. Le mouvement étendu (comme d'ailleurs la beauté sensible) est une incarnation d'une réalité intelligible dans l'univers sensible ; c'est cette incarnation qui, d'après le *Timée*, transforme le chaos en cosmos. Le « moteur » de chaque être sensible est donc la part d'âme qu'il renferme, c'est-à-dire la part d'automotricité qui met en branle l'inertie chaotique de la matière brute. Si donc on peut admettre qu'il y a, selon Platon, de véritables « automoteurs », ce n'est pas au sens où une réalité matérielle parfaitement existante se mouvrait « elle-même ». C'est seulement au sens où

209 Je me suis expliqué sur ce point dans l'article « Contre le mouvement rectiligne naturel : trois adversaires (Xénarque, Ptolémée, Plotin) pour une thèse », in R. Chiaradonna et F. Trabattoni (eds), *Physics and Philosophy of Nature in Greek Neoplatonism*, Leiden / Boston, 2009, p. 17–42.

l'Âme du monde, en tant qu'âme, se meut et où en se mouvant, elle entraîne avec elle des amas plus ou moins cohérents de matière sensible[210].

Aristote admet des automoteurs au sens où il admet que les êtres vivants se meuvent eux-mêmes. Mais comme il accorde une réalité en quelque sorte égale à la matière (le corps) et à la forme (l'âme), il redistribue les instances de la dynamique pour interpréter le corps comme le mû – ce qui pourrait presque s'accorder avec le platonisme – et l'âme comme le moteur, non pas de soi-même mais du corps – ce qui, dans sa visée ontologique, n'a plus rien à voir avec Platon.

Le véritable adversaire de l'aristotélisme, pour ce qui touche à la dynamique, est donc le platonisme, car c'est le système le plus voisin. Autant l'on peut reprocher à l'épicurisme et au stoïcisme une invraisemblance principielle sur ce chapitre, autant il faut traiter sérieusement le platonisme, puisqu'il paraît résoudre le même problème, en partant de constatations apparemment voisines, en des termes proches.

Cette rivalité a été perçue par Alexandre. La scholie **435**, évidemment sans équivalent chez Simplicius, oppose explicitement la dynamique de Platon et celle d'Aristote. Il faut donner la préférence à Aristote, nous dit Alexandre, parce qu'un même objet ne peut, sous le même aspect, mouvoir et être mû – puisque cela reviendrait à dire que l'on peut, sous le même aspect, agir et pâtir. Il faut donc une distinction au moins modale entre les deux aspects et, dès lors qu'il s'agit d'action et de passion, la distinction modale suppose un fondement réel. Plus intéressant encore, dans sa monographie sur le Premier Moteur, Alexandre a souligné la proximité de Platon et d'Aristote, qui tous deux admettent que tout ce qui se meut est mû par quelque chose, et a confiné leur divergence au problème de la possibilité d'une automotricité intégrale, postulée par Platon et refusée par Aristote[211].

Il ne s'agit bien sûr pas pour Alexandre d'une simple question d'histoire. En clarifiant les termes de l'opposition d'Aristote à Platon, il dessine du même coup les contours du programme dynamique de l'hylémorphisme. Il faudra montrer que tout ce qui se meut est mû non pas seulement par *quelque chose*, mais surtout par quelque chose *d'autre*.

---

210 Cf. *Lois* X, 891D-899B. Sur ce texte, voir en particulier M. Gueroult, « le Xe livre des *Lois* et la dernière forme de la physique platonicienne », *Revue des Études Grecques* 37, 1924, p. 27–78.

211 Voir *The Refutation by Alexander of Aphrodisias of Galen's Treatise on the Theory of Motion*, translated from the Medieval Arabic Version, with an Introduction, Notes and an Edition of the Arabic Text, by N. Rescher and M. E. Marmura, Islamabad, 1965, p. 74–75 (traduction anglaise p. 15–16).

§ 2. Les quatre types fondamentaux de rapports moteur-mû selon Aristote

Pour établir que tout ce qui est mû est mû par quelque chose d'autre, Aristote s'appuie *de facto* sur une recension empirique des types de rapport entre moteur et mû. Il distingue implicitement quatre classes : les êtres vivants qui se meuvent apparemment d'eux-mêmes ; les corps inanimés qui se meuvent naturellement dans une direction unique déterminée (une pierre qui tombe) ; les corps inanimés qui sont mus violemment dans une direction différente de celle de leur mouvement naturel (une pierre qu'on jette en l'air) ; les corps célestes qui se meuvent circulairement[212].

Cette liste pose autant de difficultés majeures qu'elle contient de rubriques. La locomotion des animaux et les mouvements naturels des corps font en effet douter du principe que tout ce qui est mû est mû par quelque chose d'autre ; le mouvement contre nature des corps pose un problème difficile tant que l'on n'identifie pas le principe d'inertie ; enfin, le mouvement des astres, en raison de son éloignement, rend tout diagnostic indirect – à commencer par l'affirmation de son existence. Il ne saurait être question de proposer ici un traitement approfondi de la question, qui demanderait un livre entier[213]. On se contentera de faire ressortir quelques traits saillants de l'analyse d'Aristote.

a. Le mouvement des projectiles

Aristote se refuse à conférer au projectile une quelconque automotricité[214]. En postulant que le mouvement du projectile s'explique comme un simple *transport* effectué par le milieu aérien ou aquatique, lui-même mû ondulatoirement, Aristote a beau jeu d'y voir une illustration du principe fondamental de sa dynamique : le projectile est mû par quelque chose (le milieu), tandis que différentes parties du milieu, en se poussant les unes les autres, jouent le rôle, en différents lieux du parcours, de mû et de moteur – la seule condition étant qu'aucune parcelle du milieu ne soit mue et motrice *sous le même aspect*.

---

212 Les végétaux et leur croissance sont absents des recensions sous-jacentes à *Physique* VIII, sans doute en raison de la focalisation de ce livre sur la locomotion et de son refus de considérer les altérations chez les animaux comme des cas d'automotricité.

213 Pour une étude très précise des concepts essentiels de la *Physique* et du rôle du livre VIII dans l'œuvre, voir Sarah Waterlow, *Nature, Change and Agency in Aristotle's* Physics, Oxford, 1982.

214 Cf. *Phys.* VIII 10, 266b 27–267a 20.

b. L'automotricité animale

La situation est plus obscure avec les deux autres classes de mouvements sublunaires. On peut commencer par l'apparente automotricité animale. Le mouvement argumentatif est délicat, parce qu'Aristote ne peut ni refuser qu'à un certain degré au moins, la locomotion animale provienne de l'animal (l'animal n'est pas un projectile), ni cependant accepter que l'animal soit pleinement automoteur[215].

Aristote, de fait, paraît avoir hésité sur la façon de rendre compte, dans le cadre d'une théorie unifiée du mouvement comme peut l'être celle de *Phys.* VIII, de l'automotricité animale. On distingue en effet chez lui deux lignes argumentatives qui, sans être contradictoires, ne rendent cependant pas compte du réel physique de la même manière[216]. La première consiste à souligner qu'un animal est un composé qui, lorsqu'il *se* meut, met nécessairement en jeu deux éléments[217]. Il s'agit là d'une réponse pour ainsi dire *locale* au platonisme. Elle est physique et non pas cosmologique. Elle isole une substance *x* quelconque et établit *a priori* que *x* se décompose en un moteur immobile A et en un mû B. Aristote souligne deux points : qu'à proprement parler, ce n'est pas *x* qui *se* meut, mais A qui meut B ; que bien que A soit inhérent à B (à la façon, sans doute, de l'âme inhérente au corps) et soit donc entraîné dans le mouvement de B qu'il provoque, on ne saurait dire que A se meut ainsi soi-même *au sens propre.* L'autromotricité n'est en effet là que dérivée, collatérale, médiée, bref, *accidentelle.* Cette réponse suffit à dénier que le ciel, ou n'importe quelle partie de lui, se meuve soi-même.

Si l'on a ainsi répondu à la dynamique de Platon, on s'est cependant mis en difficulté sur un autre plan. Aristote déploie en effet des trésors d'ingéniosité pour expliquer comment les corps élémentaires sont mus par quelque chose d'autre en un sens très particulier. Si la théorie est aussi souple, elle ne nous dit finalement pas grand-chose sur le mouvement du ciel, passée la réfutation d'un modèle platonicien lourd.

---

215 Pour deux raisons : il lui serait tout d'abord difficile, dans le cas contraire, de contrer l'argument adverse prenant appui sur un commencement du mouvement animal pour en conclure à la possibilité d'un univers commençant à se mouvoir après une période de repos. En second lieu, parce qu'accorder trop d'indépendance automotrice au sublunaire pourrait menacer l'architectonique du livre VIII, en sorte de nous faire retomber dans une manière de platonisme.

216 Je consacre à cette question une analyse plus détaillée dans une étude intitulée « Aristote et l'automotricité des animaux (*Physique* VIII 6) ». J'ai présenté une première version de ce travail au colloque « Nature et sagesse : les rapports entre physique et métaphysique dans la tradition aristotélicienne. Hommage à Pierre Pellegrin » (Paris, juin 2010), dont les Actes seront édités par Cristina Cerami.

217 Cf. en particulier *Phys.* VIII 5, 258a 5–27.

La seconde ligne argumentative a des qualités et des défauts inverses de la première. Elle consiste à affirmer la nécessité, pour qu'aient sempiternellement lieu des mouvements, d'un mouvement unique et continu d'un corps unique, inengendré et incorruptible. Comme l'ont bien noté les lecteurs attentifs depuis Théophraste, si l'on peut à la rigueur accorder à Aristote qu'il a prouvé, sur la base de ses prémisses de départ, l'existence d'un corps sempiternellement et continûment mû, rien ne nous contraint d'admettre qu'il faut distinguer ce mû d'un moteur éternel qui en serait distinct[218]. Une réponse facile consisterait à supposer qu'Aristote a mis au point une preuve double, un argument prouvant la dissociation du mû et du moteur, l'autre la sempiternalité de leur existence. Mais cette solution est illusoire : on retombe en effet sur les difficultés du principe que tout ce qui est mû est mû par quelque chose dès son emploi sublunaire.

Revenons cependant pour le moment à l'automotricité animale. Elle apparaît sous deux aspects, celui d'une division interne de l'animal considéré, et celui d'une dépendance de l'animal comme tout de son environnement cosmologique. L'analyse purement physique de l'objet néglige les conditions de sa *perdurance* mondaine, conditions dont Aristote désigne la convergence sous le nom de σωτηρία[219]. Or, si tout animal est bien tel, pour Aristote, qu'il existe des temps de son existence durant lesquels il se meut soi-même, cette assertion est néanmoins sujette à un double principe de limitation. La première restriction est due au fait que l'automotricité n'est effective que dans le cas de la *locomotion*, ou mouvement selon le lieu. L'animal n'est en revanche automoteur ni selon la qualité (altération), ni selon la quantité (augmentation/diminution)[220]. Cette restriction prend toute sa force combinée à la seconde. Car même si l'on se concentre sur la locomotion, l'animal ne peut s'y livrer que s'il entrecoupe les phases de locomotion de phases de sommeil. Le sommeil, pour Aristote, est une condition nécessaire de l'activité durant la veille[221]. Or, durant le sommeil, il est le lieu des seuls mouvements causés par son milieu, qui non seulement, comme durant la veille, maintiennent son équilibre physiologique (et donc sa vie) mais qui de plus déterminent entièrement l'impulsion première qu'il aura au réveil.

On assiste donc à un glissement dans l'argumentation aristotélicienne, qui passe de l'automotricité physique (*hic et nunc*) à l'automotricité cosmologique, soit à la question de la possibilité d'une *autarcie* cinétique totale de l'animal. Du

218 Cf. Théophraste, *Metaph.* 10a 16–21 et Waterlow, *Nature, Change and Agency* (cit. *supra*, n. 213), p. 232–233.

219 Je me permets de renvoyer ici à mon article « La préservation (σωτήρια), objet des *Parva Naturalia* et ruse de la nature », *Revue de philosophie ancienne* 20 (2002), p. 35–59.

220 *Phys.* VIII 6, 259b 6–20.

221 Cf. *Du sommeil et de la veille*, 454a 26 et b 8.

même coup, l'interprétation à donner du projet du livre VIII s'élargit. Il ne s'agit pas seulement de dépasser le platonisme sur le plan local de l'analyse dynamique du mû, mais de replacer le mouvement animal dans un cadre cosmologique global, pour montrer que l'auto-locomotion du composé animal, si elle est pleine et entière sur certains segments temporels, est néanmoins nécessairement limitée.

Cette tension entre une dynamique locale (physico-ontologique) et une théorie globale (et cosmologique) correspond exactement à ce que nous avons déjà constaté dans le cas du lieu, du temps et de la cinématique. Les conditions de réalisation de la substance sublunaire, l'animal, lui imposent de se laisser diviser en un moteur et un mû. Mais cette distinction n'explique pas encore la marche du monde. Vient donc s'y superposer une conception plus générale, où l'on ne s'intéresse plus au problème « étroit » de l'automotricité, mais à la seule possibilité, *de toute éternité*, de créatures que l'on considère au fond comme automotrices.

c. Les corps élémentaires sublunaires

On va retrouver ce schème de la détermination-délimitation avec la classe, la plus difficile peut-être, des corps élémentaires (sublunaires). Il faut ici distinguer entre l'explication du livre VIII de la *Physique* et ce qu'on trouve ailleurs – à une exception près sur laquelle on reviendra – dans le corpus aristotélicien. En *Physique* II, la nature est « principe de mouvement » pour les corps. En *Metaph.* Θ 8, 1050b 28–30, Aristote affirme que les corps premiers « ont le mouvement par eux-mêmes et en eux-mêmes » (καθ' αὑτὰ [...] καὶ ἐν αὑτοῖς ἔχει τὴν κίνησιν) ; en *De caelo* IV 3, 310b 31–32, le léger et le lourd sont dits « sembler avoir en eux-mêmes le principe <du mouvement> » (ἐν ἑαυτοῖς ἔχειν φαίνεται τὴν ἀρχήν) ; en *Physique* VII 1, même si les corps premiers ne sont pas nommément évoqués, la description d'un corps ayant ἐν ἑαυτῷ (241b 35) ou ὑφ' ἑαυτοῦ (241b 40) le principe de son mouvement leur convient bien, et l'exemple proposé par Aristote, une grandeur physique indifférenciée, semble y faire allusion. En *Physique* VIII, en revanche, la classification est différente. Aristote voulant établir que tout mû est mû par quelque chose d'autre que lui, il cherche à éviter de présenter les corps premiers comme des automoteurs. Il les classe donc comme des objets mus « par soi » (καθ' αὑτά) et non par accident, « par autre chose » (ὑπ' ἄλλου) et non spontanément comme les animaux, « de manière naturelle » (φύσει) et non de manière contraire à la nature comme les projectiles[222].

222 Cf. *Phys.* VIII 4, 254b 7–14.

Cette classification a le clair avantage de poser quasiment *a priori* que les corps simples, à la différence des animaux automoteurs, sont mus par un moteur qui n'est pas eux. Tout se complique évidemment lorsqu'il faut dire lequel. La gageure est d'autant plus considérable qu'on voit mal ce qui correspondrait même, dans leur cas, à l'âme des animaux. D'un autre côté, à supposer qu'on hypostasie pesanteur et légèreté, entendues comme formes des corps simples, pour en faire des principes moteurs[223], il semblerait, une fois dressée une analogie primitive entre les corps simples et le ciel, que l'on pourrait se passer de Premier Moteur en se contentant d'attribuer le mouvement circulaire d'en-haut à la « forme » des astres – surtout dès lors qu'on insiste, comme Alexandre le fera, sur l'existence d'une âme pour chaque corps astral. Il est donc préventivement nécessaire, au livre VIII, de découvrir ce qui peut constituer le moteur des corps premiers, et qui ne soit pas leur forme.

La solution d'Aristote est assez acrobatique[224]. Faisant fond sur les changements qualitatifs perpétuels des corps premiers, il assimile le fait qu'un corps B résulte toujours de la transformation d'un corps A au fait que le corps A soit le moteur du corps B[225]. Il y a là un coup de force, puisque le mouvement du corps B vers son lieu naturel se fait alors que le corps A, précisément, n'existe plus. Ce modèle n'expliquerait donc pas à proprement parler pourquoi le corps B chemine *maintenant* vers son lieu propre – c'est-à-dire ce mouvement naturel dont on s'enquiert. Sur ce point précis, Aristote pourrait même donner l'impression d'esquiver la question : il y a aussi peu de sens, suggère-t-il, à poser cette question qu'à se demander pourquoi un organisme qui guérit va vers la santé et non vers la blancheur[226]. Le « trajet » vers le lieu propre est ainsi assimilé au « trajet » vers la santé.

---

223 Ce à quoi tendra Alexandre, même s'il est conscient de la torsion qu'il imprime ainsi au texte d'Aristote. Cf. *infra*, p. 144–147.

224 Elle a donné lieu à des discussions. Voir dernièrement les articles peu conciliables de M. Matthen, « Why Does Earth Move to the Center ? An Examination of Some Explanatory Strategies in Aristotle's Cosmology », in A.C. Bowen et C. Wildberg (ed.), *New Perspectives on Aristotle's De caelo*, Leiden / Boston, 2009, p. 119–138 et de Mary Louise Gill, « The Theory of the Elements in *De caelo* 3 and 4 », *ibid.*, p. 139–161. Matthen tend à insister sur la nature statique des éléments, Gill sur leur nature dynamique ; celui-là est donc plus enclin à admettre un certain finalisme au niveau du Tout de l'univers et de ses grandes masses élémentaires, celle-ci adopte en revanche un position plus mécaniste, selon laquelle ce sont des contraintes externes qui fixent des bornes au mouvement naturel des éléments. On verra que la lecture d'Alexandre est plus proche de celle de Matthen (sans pour autant lui être identique).

225 Cf. *Phys.* VIII 4, 256a 1–2, avec le commentaire à soi-même d'Aristote en *De caelo* IV 3, 310b 9–12 ; voir aussi *De caelo* IV 3, 310a 31–33.

226 Cf. *De caelo* IV 3, 310b 16–19.

Pour que la solution d'Aristote fonctionne, il semble donc qu'il faut expliciter au moins deux prémisses latentes, qui ne sont pas anodines. La première est que l'on est en droit d'assimiler la trajectoire d'un corps gagnant son lieu propre à une transformation ontologique de ce corps. De même que l'homme déficient qu'est l'homme malade « se dirige » vers l'homme achevé qu'est l'homme bien portant[227], de même l'air résultant ici de la transformation de l'eau, qui se dirige vers le haut, « se dirige » vers sa forme achevée. Aristote nous demande donc de considérer que l'emploi le plus propre du verbe « se diriger » est celui que nous considérerions comme figuré, c'est-à-dire désigne le cheminement abstrait vers une perfection. Le cheminement local d'un corps vers un lieu n'est qu'un exemple parmi d'autres de ce cheminement ontologique plus fondamental : quand l'air gagne son lieu propre, il s'agit avant tout d'une transformation ontologique et, secondairement, d'un changement local. Mais cela reflète au fond l'intuition primordiale au fondement de la théorie du mouvement d'Aristote : le mouvement est l'objet d'une ontologie de l'acte et de la puissance, non, c'est tout le paradoxe, d'une véritable dynamique.

La seconde prémisse latente affirme qu'il entre dans la nature d'un corps simple de résulter de la transformation d'un autre corps simple. Autrement dit : que le mouvement local éternel des corps simples ne s'explique qu'en raison de transformations qualitatives éternelles, qui elles-mêmes ne peuvent s'expliquer qu'en raison d'une irrégularité récurrente éternelle du monde supralunaire. Ou encore : que le mouvement rectiligne sublunaire a pour cause efficiente ultime le mouvement circulaire supralunaire.

d. Les substances célestes

Reste la quatrième classe, celle du mouvement éternel et invariant des corps célestes. Aristote admet que ces trajectoires sont éternelles et circulaires[228]. On ne peut donc les expliquer en réduisant à un même phénomène, comme pour les mouvements rectilignes naturels, *translation* et *réalisation*. Ici, la révolution n'est pas le passage d'un état imparfait à un état parfait. Chaque état astral, purement potentiel d'ailleurs, est identique à tous les autres. Les discussions sur le mouvement animal ont montré la nécessité de la révolution céleste pour assurer l'éternité du mouvement. Mais comment expliquer cette dernière, dès

227 Il y a d'ailleurs là une difficulté supplémentaire : l'homme malade n'est pas un homme « déficient » et « non achevé » selon Aristote, si tant est du moins qu'il est capable de se reproduire. Ce point, comme on le verra, jouera un grand rôle dans la reformulation d'Alexandre.

228 Voir en particulier *Phys.* VIII, chap. 7–9.

lors qu'on se refuse à y voir un simple effet d'une sollicitude divine à l'égard des vivants sublunaires ? Aristote ne se prononce jamais clairement sur cette question. Tout au plus comprenons-nous que les astres sont des vivants toujours actifs, qui réalisent un certain dessein (Aristote demeure flou sur ce point) en se mouvant circulairement. Il y a un moteur cause de leur mouvement. Les commentateurs disputent encore du type de causalité en jeu[229]. Comme leur substance est parfaitement simple, ce moteur doit être dans une certaine mesure extérieur à eux. On ne peut en effet concevoir leur être sur le mode hylémorphique de l'animal sublunaire. Aristote ne dit nulle part que le Premier Mû, par sa révolution continue et sempiternelle, imite le Premier Moteur immobile et éternel – ni même, à vrai dire, qu'il soit cause finale. Le chap. VIII 10 démontre seulement que le Premier Moteur est indivisible et sans parties ni grandeur.

On pourrait être tenté, après avoir pris connaissance de l'explication aristotélicienne du mouvement astral, de postuler deux schémas opposés pour réduire l'aporie. Le premier consiste à amoindrir la réalité du Premier Moteur pour en faire, en quelque sorte, un simple aspect du Premier Mû. Il est économique mais se heurte à la lettre aristotélicienne. Le second consiste au contraire à relier, autant que possible, le mouvement circulaire à une *intention* cosmologique visant le Premier Moteur identifié au Dieu de *Métaphysique* Λ interprété lui-même comme une cause finale[230]. Reste, dans cette hypothèse, à expliquer pourquoi le mouvement circulaire du Premier Mû reflète le fait que le Premier Moteur soit, pour le ciel, une cause finale.

Il faut ici mentionner l'interprétation de Sarah Waterlow, qui considère qu'Aristote postule la distinction du Premier Moteur et du Premier Mû pour pouvoir identifier l'activité de ce dernier à une κίνησις et non à une ἐνέργεια – ce qui permet alors de sauver la doctrine du changement de *Physique* III 1[231]. Sans nous engager ici à peser les mérites aristotéliciens de cette interprétation (qui ne sont pas négligeables), il nous suffira de noter qu'une telle interprétation inverse le rapport hiérarchique entre le livre VIII et ceux qui le précèdent tel qu'il est selon nous compris par Alexandre. Pour l'Exégète, toute la *Physique* mène à *Physique* VIII 10. Il serait donc pour lui très peu

229 Pour une défense de l'interprétation classique, assimilant le Premier Moteur à une cause simplement finale, voir J.-B. Gourinat, « L'intellect divin d'Aristote est-il cause efficiente ? », in *Bolletino Filosofico, Università della Calabria,* « *Modelli di Ragione* » 20, 2004, p. 54–81. Cette vue a été critiquée par E. Berti dans une série d'articles, qui défend l'interprétation selon laquelle le Premier Moteur est cause efficiente. Voir en particulier *Dialectique, Physique et Métaphysique, Études sur Aristote*, Louvain-la-Neuve, 2008, p. 381–399.

230 Cette interprétation peut procéder d'une simple lecture « immanente » de *Metaph.* Λ 7, infléchie dans le sens du *De motu animalium*, chap. 6 en particulier.

231 Cf. S. Waterlow, *Nature, Change and Agency*, p. 248–257.

vraisemblable, *a priori*, qu'une théorie aussi importante que celle du Premier Moteur et de sa distinction d'avec le Premier Mû ne vise qu'à colmater la brèche de *Physique* III.

Quoi qu'il en soit, on ne s'engagera guère en soulignant qu'en *Physique* VIII, l'approche d'Aristote semble assez rhapsodique, l'objectif étant finalement moins d'expliquer ce qui se passe, dynamiquement parlant, au moment de la trajectoire, que de rendre compte de la *possibilité* de cette trajectoire, dans le monde localement et temporellement structuré qui est le nôtre. La concentration sur les conditions cosmologiques de possibilité permet donc de faire d'une pierre deux coups. Aristote montre tout d'abord que la perdurance des individus biologiques et des espèces est suspendue au mouvement continu du ciel ; il montre ensuite que puisque les astres ne sont ni dans un lieu ni dans un temps – nous le savons par le livre IV –, leur moteur ne peut être ni un état antécédent (comme pour les corps sublunaires) ni un milieu qui les englobe à leur tour – puisqu'il n'y a pas de corps (ni même de vide) sur leur pourtour.

e. Aristote et l'ouverture dynamique du monde

La conclusion qui se dégage des constatations précédentes est qu'Aristote ne propose pas un système où tout mouvement se ramènerait, en dernière instance, à une cause unique. Tout mobile est certes mû par autrui, mais on ne peut remonter, de ces chaînes finies, à un moteur unique. Bien que le Premier Moteur ait une *influence* sur l'ensemble des processus cinétiques du monde, les mus inanimés d'un côté, les mus animés de l'autre, requièrent, pour être adéquatement expliqués, que l'on mobilise autre chose que le Premier Moteur. Les corps simples, en effet, lorsqu'ils gagnent leur lieu propre, ne sont pas mus par le Premier Moteur, mais se comportent en fonction de leur nature. De même, la locomotion volontaire des animaux a lieu en fonction de certains critères qui lui sont propres. On peut illustrer cet état de choses à l'aide du diagramme suivant :

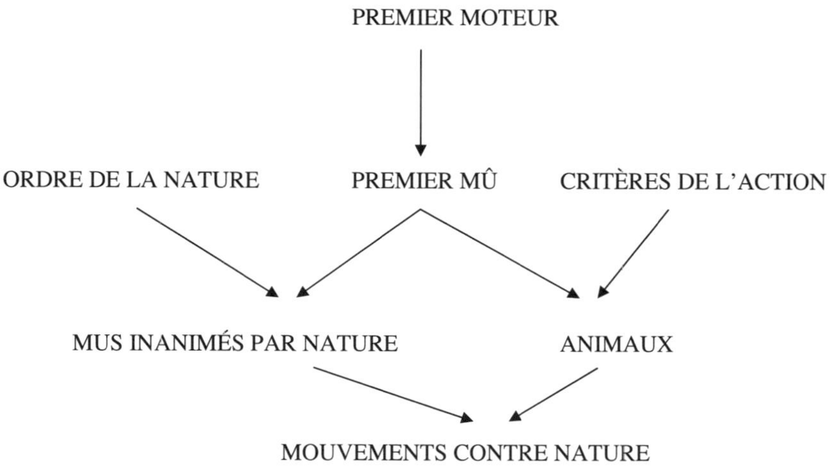

Les flèches indiquent le sens de la causalité motrice, du moteur vers le mû. En dépit de son caractère évidemment simplificateur, ce schéma permet de représenter la structure architectonique générale du système d'Aristote et le lieu de ses principales difficultés, que nous avons brièvement signalées dans les pages qui précèdent[232].

La première difficulté tient à la façon dont il faut comprendre l'influence du Premier Moteur sur le Premier Mû. Nous ne disposons d'aucune certitude sur ce point et toute tentative pour préciser les termes du problème semble devoir se heurter à l'impossibilité de contrôler l'analogie.

La deuxième difficulté est d'expliquer le mouvement des mus inanimés et des mus animés (les animaux). Les flèches du diagramme ne représentent pas les moteurs prochains, mais les conditions réelles de possibilité de ces mouvements. Si, de fait, Aristote considère l'eau comme le moteur prochain de la translation de l'air qui résulte de sa transformation, il est clair que la cause ultime de ces transformations réside dans les mouvements cosmiques, réguliers comme régulièrement irréguliers. De même, comme on l'a vu, dans le cas des mouvements animaux, qui sont précédés de mouvements du milieu, donc ultimement reconductibles au premier mû. Cela explique que le mouvement des corps simples et celui des animaux soient chacun à la croisée de deux types d'explication. À cette particularité s'ajoute le fait qu'Aristote fait dans chaque cas intervenir, en quelque sorte par la bande, des instances hétérogènes. Le premier mû n'assure que la *production* de l'air, mais son déplacement proprement dit tient à sa *nature*. Pareillement, il mène, à travers une série d'intermédiaires, l'animal qui sommeille jusqu'à l'état de veille où il pourra

232 Pour l'absence des plantes, cf. *supra*, p. 117, n. 212.

agir, mais cette action procèdera du mécanisme complexe de ses représentations.

Notons enfin que la rubrique « animaux » (ζῷα) regroupe aussi bien les animaux irrationnels que l'espèce humaine. Or, on peut se demander si la situation, eu égard à la question qui nous occupe, est exactement la même. Certes, les uns comme les autres sont des automoteurs au sens défini en *Physique* VIII. Mais les êtres humains, dont l'action fait suite à une délibération, sont des automoteurs qui peuvent se mouvoir autrement qu'ils ne le font, ce qui peut-être les différencie des bêtes. Tant que l'on ne s'intéresse, comme Aristote, qu'à l'automotricité en tant que telle, la distinction est sans incidence ; mais dès lors qu'on interprétera la *Physique* comme un système du monde et les relations causales de motricité comme des déterminations nécessaires, les choses seront moins simples.

§ 3. Le mécanisme de l'Univers selon Alexandre

Galien a critiqué la démonstration de *Physique* VII 1 et nous savons, par Simplicius et les scholies (cf. scholie **432**), qu'Alexandre a au fond entériné cette critique[233]. Il a en effet interprété la démonstration du livre VII comme dialectique et souple, par opposition à l'apodicticité du livre VIII. Aristote, selon l'Exégète, aurait donc commencé par présenter des arguments probables, avant de passer à des preuves véritablement contraignantes. Aussi nous faut-il comprendre comment Alexandre reconstituait les preuves de *Physique* VIII. A-t-il conservé son caractère assez rhapsodique à la progression aristotélicienne ? A-t-il tenté de déceler un principe d'unité faisant office de fil directeur ? Il le semble. C'est en effet la notion de forme, entendue comme une certaine activité, qui permet à Alexandre d'« unifier » la réflexion aristotélicienne.

Le programme exégétique est, comme on l'a vu, considérable. Pourquoi et comment assimiler la translation des corps simples à une réalisation ontologique ? Pourquoi et comment considérer que les astres visent quoi que ce soit dans leur parcours circulaire ? Pour résoudre ces deux questions fondamentales et principielles, on suivra cette fois, dans l'exposé, l'ordre des choses.

a. Alexandre et le mouvement causé par le Premier Moteur

Pour Alexandre, le Premier Moteur est cause finale. S'il peut donner l'impression d'être une cause efficiente, c'est simplement parce que le premier mû, qui est mû par le Premier Moteur comme par une fin, meut à son tour le

233 Pour les références, voir notre annotation de la scholie **432**, *infra*, p. 424–427.

reste du monde de manière efficiente, par action mécanique[234]. Le Premier Moteur meut donc l'ensemble du monde, à l'exclusion du premier mû, par l'intermédiaire d'un mécanisme. Avant d'expliquer comment Alexandre se représente ce mécanisme, élucidons le type de finalité en jeu dans le mouvement du premier mû.

Au début de *Metaph.* Λ 7, Aristote, en des lignes très fameuses, explique que le désirable et l'intelligible meuvent sans être mus[235]. En effet, ajoute-t-il, le beau véritable est objet de la volonté, à la différence du beau seulement apparent, qui est objet de l'appétit[236]. Il y a donc une finalité propre au domaine des choses immobiles. Cela pourrait sembler paradoxal mais se comprend, dit Aristote, en raison de *la* division de la finalité. En employant l'article défini, Aristote suggère qu'il s'agit d'une division notoire. Le texte qui suit étant malheureusement corrompu, il nous faut consacrer un développement à sa discussion[237].

Les deux familles grecques s'opposent. Voici le texte et l'apparat de Jaeger, qui ici est meilleur et mieux formulé que celui de Ross[238]:

ἔστι γὰρ τινὶ τὸ οὗ ἕνεκα <καὶ> 1072b 2
τινός, ὧν τὸ μὲν ἔστι τὸ δ' οὐκ ἔστι.

—

234 Cf. Simplicius, *In Phys.* 258.14–25. Référence implicite à cette solution *ibid.*, 1254.34–39. Il est possible que dans certains contextes, Alexandre ait favorisé la confusion en attribuant un rôle agent à la finalité, au sens anodin (dans son esprit) où elle « produit », « provoque », un certain mouvement. Le cas est très net à la scholie **826** : διὸ καὶ ὁ αἰθήρ, καίτοι ἔμψυχος ὤν, δεῖται καὶ ἔξωθέν τινος αἰτίου ποιητικοῦ.

235 *Metaph.* Λ 7, 1072a 26–27.

236 *Ibid.*, 1072a 27–28 : ἐπιθυμητὸν μὲν γὰρ τὸ φαινόμενον καλόν, βουλητὸν δὲ πρῶτον τὸ ὂν καλόν.

237 Sur le problème textuel et doctrinal, voir C. Natali, « Cause motrice et cause finale dans le livre *Lambda* de la *Métaphysique* d'Aristote », in M. Bastit et J. Follon (eds), *Essais sur la théologie d'Aristote. Actes du colloque de Dijon*, Louvain-la-Neuve, 1998, p. 29–50 et Berti, *Dialectique, Physique et Métaphysique* (cit. *supra*, n. 229), p. 389 ainsi que *id.*, « Il movimento del cielo in Alessandro di Afrodisia », in A. Brancacci (ed.), *La filosofia in età imperiale : le scuole e le tradizioni filosofiche*, Napoli, 2000, p. 225–243, p. 229–230 et Silvia Fazzo, « Λ 7, 1072b 1–3 », *Elenchos* 23, 2002, p. 359–375.

238 En particulier, Jaeger ne mentionne pas Γ, la leçon de la leçon médiévale latine de Guillaume de Moerbeke que l'on sait maintenant, grâce aux études de Gudrun Vuillemin-Diem, être sans valeur indépendante (elle remonte à J). En outre, Jaeger prend bien soin de n'attribuer que le καί ajouté, et non le τινος, à la tradition arabe, pour justifier la conjecture de Christ, ce qui est plus prudent. Enfin, l'érudit allemand mentionne l'intéressante conjecture de Schwegler, tue par Ross. Voici l'apparat de ce dernier :

καί τινος Al.[1] apud Averroem, Christ : τινός A^b : om. EJΓ Al.

2 τινὶ] διττὸν Schwegler, Bonitz καί ex Al apud Averroem suppl. Christ 3 τινὸς A^b : om. *Π* [= EJ] Al^c

Depuis plus d'un siècle, les historiens de la *Métaphysique* d'Aristote ont essayé de recourir à l'original de la tradition arabe pour mieux comprendre ce passage. Voici comment la traduction du Xe siècle du commentaire d'Alexandre, réalisée par Mattā ibn Yūnus, rend le premier membre de phrase (le second ne pose aucun problème) : *wa-dhālika anna mā min ağli-hi yūjadu li-shay'in wa-li-dhā shay'*[239]. Les hellénistes ont l'embarras du choix. On trouve, chez les cinq arabisants ayant traduit ce passage, quatre sens différents ! Deux traductions sont franchement fausses, deux sont passables mais ne suffisent pas à lever les incertitudes pesant sur l'original grec lu par le traducteur.

Commençons par éliminer les deux traductions fautives. Dans sa traduction allemande faite cinquante ans avant la parution de l'édition Bouyges, Freudenthal traduit : *denn das Weswegen findet sich für eine Sache und für den Besitzer einer Sache*[240]. Les mots « *für den Besitzer einer Sache* » trahissent une confusion du démonstratif *dhā* et de la forme possessive *dhū*, *dhā*, *dhī*. La traduction de Ch. Genequand n'est pas meilleure, qui rend l'arabe ainsi : *it is so because the final cause is for something and for this thing*[241]. Pour que le démonstratif soit un adjectif et non un pronom, il faudrait que le nom qui le suit soit pourvu de l'article[242]. Même s'il est notoire que Mattā ibn Yūnus, le traducteur syriaque, était un piètre arabisant, il ne peut avoir commis un solécisme aussi grossier.

Passons aux deux suggestions grammaticalement tenables. Il y a tout d'abord la rétroversion grecque proposée par Bouyges : « τι post ἕνεκα καί »[243], à laquelle se rallie Cecilia Martini Bonadeo[244]. Le τι correspond au second *shay'* (lu *shay'un*). Mais l'indication laconique de Bouyges ne va pas sans difficultés. Passons sur le fait que cette présentation affirme implicitement la

239 Cf. *Ma ba'd at-tabi'at* 1599.3 et 1605.16 Bouyges (référence complète *infra*, n. 249). Hormis de petits effets stylistiques dus aux traducteurs en hébreu et en latin de l'original arabe, l'apparat critique est unitaire et univoque.

240 J. Freudenthal, *Die durch Averroes erhaltenen Fragmente Alexanders zur Metaphysik des Aristoteles*, Berlin, 1885, p. 109.

241 Cf. A. Martin, *Averroès. Grand commentaire de la Métaphysique d'Aristote. Livre lam-lambda traduit de l'arabe et annoté*, Paris, 1984, 221–222 et Ch. Genequand, *Ibn Rushd's Metaphysics. A translation with Introduction of Ibn Rushd's Commentary on Aristotle's Metaphysics, Book Lām*, Leiden, 1984, p. 151.

242 C'est cette traduction que suit Silvia Fazzo, « *Lambda* 7. 1072b 2–3 », *Elenchos* 23, 2002, p. 357–382 (dont l'interprétation du texte d'Aristote, cette erreur mise à part, est toutefois intéressante).

243 M. Bouyges, *Averroès, Tafsir ma ba'd at-tabi'at*, Notice, Beyrouth, 1952, p. CLXXIV.

244 Cecilia Martini Bonadeo, « Ὡς ἐρώμενον : alcune interpretazioni di *Metaph.* Λ7 », in Vincenza Celluprica, Cristina d'Ancona et R. Chiaradonna (eds), *Aristotele e i suoi esegeti neoplatonici*, Napoli, 2004, p. 211–243, p. 225.

présence d'un καί dans la tradition grecque, qui pourtant n'apparaît que dans l'arabe – il s'agit sans doute là d'une simple inadvertance. Plus embarrassant, dans la rétroversion de *li-dhā shay'* par le seul τι, on ne sait comment interpréter les deux mots *li-dhā*. Glose du traducteur ? C'est possible, mais dans un contexte philologique aussi opaque, nous voudrions pouvoir nous appuyer sur des certitudes. Il semble donc outré d'écrire, avec Cecilia Martini Bonadeo, que, de la version arabe que nous avons, « si può facilmente desumere la lezione *ἔστι γάρ τινι τὸ οὗ ἕνεκα καί τι »[245]. La chose, difficile, paraît possible, tout au plus.

La traduction française d'A. Martin, « la cause finale existe pour une chose, et pour celle-ci <existe> une chose » a le mérite de coller davantage au texte arabe, mais elle est peu compréhensible. On ne comprend guère, dans cet énoncé, où se loge la διαίρεσις signalée par Aristote.

Berti a cherché dans la rétroversion de Bouyges des arguments pour sa lecture de Λ. Il écrit ainsi au sujet de la leçon τινι … καί τι, à laquelle il se rallie avec satisfaction : « »il fine infatti esiste per qualcuno ed è qualcosa« … Questa lezione ha un senso ben preciso, perché significa che il fine può essere inteso in due sensi, o come fine di qualcuno (o per qualcuno, che è lo stesso), cioè come relativo ad altro, oppure come qualcosa di esistente in sé, indipendentemente da altro. È chiaro che, inteso nel primo senso, il fine non può certo essere tra le realtà immobili, mentre, inteso nel secondo senso, può esserlo benissimo »[246]. Il faut cependant renoncer, comme on vient de le voir, à toute certitude quant à l'original grec de la traduction arabe. Toute rétroversion est d'autant plus hasardeuse que, Mattā ibn Yūnus traduisant du syriaque et non du grec (qu'il ignore), elle doit prendre l'intermédiaire syriaque en compte. Interrogeons-nous donc un instant sur ce dernier. Si l'on songe à une forme pouvant rendre une leçon proche du grec et expliquant la lettre de l'arabe, le transfert suivant vient immédiatement à l'esprit : τινι … καί τινος rendu par *l-medem w-d-medem*. Il était cependant possible de mal comprendre la particule *d-* et de traduire non pas comme si l'on avait un simple complément du nom (équivalent du génitif grec), mais l'adjectivation de *medem* : « pour quelque chose et chosique », « pour quelque chose et relatif à quelque chose »[247]. De plus, dès lors qu'on construisait la particule *l-* en facteur commun de *medem* et de *d-medem* (ce qui est tout à fait possible en syriaque), il n'était pas absurde de rendre ce groupe de mots par l'arabe *li-shay'in wa li-dhā shay'in* – comprenons : « et pour cette

245 Martini Bonadeo, « Ὡς ἐρώμενον », p. 225.

246 Cf. la traduction d'E. Berti, « Il movimento del cielo in Alessandro di Afrodisia », p. 230.

247 Voir les nombreux exemples rassemblés par Th. Nöldeke, *Kurzgefasste syrische Grammatik*, Leipzig, 1898, § 209, p. 158–160, qui conclut (p. 160) : « Alle diese Verbindungen mit [d-] dürften übrigens durch griechische Genitivconstructionen veranlasst sein ».

raison, le 'ce en vue de quoi' est pour une chose et pour ceci d'une chose ». Il nous paraît plausible, au bout du compte, qu'Alexandre lisait ἔστι γὰρ τινὶ τὸ οὗ ἕνεκα καὶ τινός, ὧν τὸ μὲν ἔστι, τὸ δ' οὐκ ἔστι et que la lettre heurtée de l'arabe s'explique par l'intermédiaire syriaque. Avec leur flair coutumier, Christ, Ross et Jaeger auraient deviné juste.

Quelle que soit la leçon exacte lue par Alexandre, nous en savons assez, grâce à Averroès, pour affirmer que l'Exégète avait reconnu là une distinction qui apparaît en un certain nombre d'autres passages du corpus d'Aristote. L'idée paraît être, à chaque fois, de distinguer entre une finalité normative, où la fin n'est pas affectée par sa réalisation dans l'objet qui tend vers elle, et une fin interne à l'objet, où la réalisation passe par la transformation de ce dernier[248]. Dans un fragment de son commentaire transmis en arabe par Averroès, Alexandre commentait en effet le texte problématique ainsi [249]:

> S'il a dit cela, c'est par crainte qu'on lui impute d'avoir entendu par là la perfection qui est un accident dans ce qui acquiert la perfection. En effet, les perfections en vue desquelles se meut ce qui acquiert perfection grâce à elles englobent d'une part les qualités grâce auxquelles le mû acquiert perfection – à la façon de celui qui se meut pour sa santé – et d'autre part des substances extérieures à la chose qui se meut vers elles au sens d'une assimilation à elles – à la façon dont tous les actes des esclaves se rapportent au maître et à la fin qui est la sienne et à la façon dont les gens d'un même royaume se meuvent en rapport avec la fin du roi ; on dit donc au sujet des esclaves qu'ils existent en vue de leur maître, on dit de même pour les gens du royaume avec leur roi, et il en va de même pour tous les existants avec ce principe premier, je veux dire celui que désire le Tout.

Alexandre comprend donc la finalité τινος comme une « essence extérieure à la chose », à laquelle la chose désire s'assimiler. Ainsi, l'esclave désire s'assimiler au maître, le sujet désire s'assimiler au roi. En revanche, la finalité τινι est interne à la chose ; elle consistera en une qualité dont l'acquisition constitue, pour la chose en question, une perfection. Ainsi, celui qui se promène en vue de la santé le fait pour acquérir la perfection de *son* organisme, à savoir l'équilibre de *ses* humeurs en lequel réside *sa* santé.

Aristote, selon Alexandre, précise donc que si le Premier Moteur est cause finale, ce n'est pas au sens où il représenterait une *qualité* concourant à la perfection (*kamāl* = τελειότης) de ce qui tend vers lui, mais au sens où ce dernier cherche à *s'assimiler* à lui. Alexandre coupe court, par là, à toute

---

248 Sur cette distinction, cf. K. Gaiser, « Das zweifache Telos bei Aristoteles », *Naturphilosophie bei Aristoteles und Theophrast*, ed. I. During, Heidelberg, 1969, pp. 97–113, p. 102 pour le texte de la *Métaphysique*. À supposer même que l'on ne retienne pas cet énoncé comme texte du manuscrit d'Alexandre, il demeure que, comme on le verra, l'Exégète a compris le passage de la manière qu'il présuppose.

249 Cf. Averroès, *Tafsir Ma ba'd at-tabi'at*, éd. M. Bouyges, S.J., troisième et dernier volume, Livres Ya' et Lam, Beyrouth, 1948, 1605.6–15.

tentative pour interpréter le Premier Moteur comme un aspect « intériorisé » du Premier Mû. Avant d'explorer, dans la prochaine section, le sens profond de cette distinction pour Alexandre, tentons de glaner des indices, dans son corpus, pouvant nous éclairer sur la façon dont il a compris le fonctionnement, en l'occurrence, du οὗ ἕνεκα τινός. Aristote, nous venons de le voir, décrit le Premier Moteur comme « objet de volonté » (βουλητόν) et non « d'appétit » (ἐπιθυμητόν). La « volonté », nous explique-t-il, est dirigée vers le beau véritable, l'appétit vers le beau apparent. Ce n'est donc sûrement pas un hasard si nous avons conservé un texte où Alexandre expliquait le mouvement des cieux comme le résultat d'une « volonté » (βούλησις) astrale[250]. Les astres, nous dit Alexandre, ne sauraient se mouvoir ni plus lentement ni plus vite, car la βούλησις qui les meut est invariante. Alexandre dit ainsi ce qu'Aristote ne dit ni dans la *Physique* ni même dans la *Métaphysique*, que les astres se meuvent circulairement en raison de leur *volonté*, et que cette volonté tend à l'*assimilation* (*al-tashabbuh* = ὁμοίωσις) au Premier Moteur.

Dans la Quaestio I 25, Alexandre n'évoque pas la βούλησις des astres, mais seulement leur faculté de « tendre vers » le Premier, leur ἔφεσις. Dans ce texte, Alexandre semble cependant ne prêter l'ἔφεσις qu'aux êtres animés, ce qu'il dénie explicitement ailleurs. On peut donc supposer que l'ἔφεσις joue ici le rôle de la βούλησις dans le texte de la *Physique*, mais de manière plus indifférenciée, moins précise et technique. On pourrait dès lors nous objecter que le choix du terme βούλησις dans le commentaire à la *Physique* est moins important, moins doctrinalement chargé, que nous le supposons. On peut répondre à cette objection de trois manières.

La première réponse est négative et porte sur le terme ἔφεσις de la Quaestio I 25. Alors qu'il est *de facto* cantonné à l'âme dans ce texte, la Quaestio II 23, consacrée à expliquer l'action magnétique de la pierre d'Héraclée, souligne très clairement qu'il y a ἔφεσις y compris dans le règne inanimé[251]. Cette dernière Quaestio paraissant moins flottante et plus raffinée que I 25, on pourrait être tenté d'y voir la doctrine la plus achevée d'Alexandre. Dans ce cas, désigner l'activité astrale comme une simple ἔφεσις paraît insatisfaisant, dès lors qu'on

250 Voir Simplicius, *In Phys.* 941.21–942.2. Cf. *Essentialisme*, p. 297. Il m'avait échappé, lorsque j'avais commenté ce texte, que celui-ci avait déjà fait l'objet de remarques pénétrantes de la part de T. Kukkonen, « Alternatives to Alternatives : Approaches to Aristotle's Arguments *per impossibile* », *Vivarium* 40, 2002, p. 137–173 (cf. en particulier la 3ème section, « Alexander and Simplicius on *Physics* 6.2 »).

251 Cf. *Alexandre*, *Quaestiones* 74.28–30 : οὐ μόνον γὰρ τὰ αἴσθησιν ἔχοντα καὶ τὰ ἔμψυχα ἐφίεται τοῦ κατὰ φύσιν ἑαυτοῖς, ἀλλ' οὕτω πολλὰ καὶ τῶν ἀψύχων ἔχει. Je n'exclus bien sûr pas une certaine tension, et certains effets de contexte, dans les écrits d'Alexandre abordant ce problème. Cf. Silvia Fazzo, *Aporia e sistema. La materia, la forma, il divino nelle* Quaestiones *di Alessandro di Afrodisia*, Pisa, 2002, p. 160, n. 340.

cherche à expliquer, comme Alexandre, le mouvement circulaire du supralunaire autrement que celui des corps simples sublunaires.

La deuxième réponse est liée au texte de la *Métaphysique*. Comme on l'a dit plus haut, il paraît significatif qu'Alexandre fasse écho, en usant du terme βούλησις, à l'important βουλητόν, opposé lui-même à ἐπιθυμητόν. On trouvait effectivement, dans cette phrase d'Aristote, les linéaments d'une psychologie cosmologique. Alors que le mouvement des animaux sublunaires contiendrait, à titre de composante essentielle, des mécanismes liés à l'appétit, le mouvement des substances supralunaires ne procéderait que de leur volonté stable et invariante. La βούλησις représente en effet généralement dans le corpus d'Aristote – à l'exception notable de la *Politique* (cf. VII 15, 1334b 17–25), œuvre qu'Alexandre ne semble cependant pas avoir prise en compte – la *volonté rationnelle*, qu'on peut opposer à l'appétit, ἐπιθυμία[252]. Il ne faut pas accorder trop d'importance à la distinction, en *Ethique à Eudème* II 9, 1225b 32–36, entre βούλησις, volonté indifférente aux conditions de possibilité effective de la fin voulue et προαίρεσις, volonté rationnelle concentrée sur un objectif réalisable. Cette distinction fait glisser le terme βούλησις vers le sens français d'« aspiration », ou de « souhait ».

Dans le contexte cosmologique qui nous intéresse, Alexandre n'oppose pas la βούλησις et la προαίρεσις de cette manière. Il tend plutôt à concevoir la προαίρεσις comme une activité rationnelle certes, mais surtout ratiocinante, une pesée du pour et du contre, tandis que la βούλησις représente à ses yeux la volonté pure, qui indifféremment réalise sa fin et *se* réalise sans délibérer. Seuls les hommes, autrement dit, sont dotés de προαίρεσις et de βούλησις, tandis que les astres possèdent uniquement la βούλησις, à un niveau toutefois qu'on imagine bien plus achevé qu'ici-bas (où notre volonté peut être tenue en échec). Pour dire les mêmes choses autrement, il serait absurde, et indigne de la divinité, que les astres puissent « souhaiter » quelque chose qu'ils ne puissent pas réaliser. C'est pour cela que la βούλησις d'une vitesse de parcours n'est pas pour eux un choix entre plusieurs vitesses possibles, mais l'adoption inconditionnelle de l'unique vitesse cosmologiquement optimale.

La troisième réponse est historique. Sous un premier aspect, il s'agit d'un effet de contexte : à l'époque d'Alexandre, les champions de la βούλησις sont les Stoïciens, pour qui elle constitue une « bonne affection » fondamentale[253]. Le contexte stoïcien invitait naturellement Alexandre à lire le concept aristotélicien dans le sens de la « volonté » plutôt que du « souhait ». Cicéron,

---

252 Cf. *Topiques* IV 5, 126a 13 ; *Ethique à Eudème* II 7, 1223a 27 ; *De l'âme* III 9, 432b 5–6.

253 Voir Ps.-Andronicus, *Définitions*, p. 20.3 sqq., Cicéron, *Tusculanes* IV 12, Diogène Laërce, VII 116. Cf. M. Giusta, *I Dossografi di Etica*, Torino, 1967, 2 vol., t. II, p. 279–280.

en traduisant βούλησις par *voluntas*, rend lui aussi au mieux le sens du terme en contexte stoïcien[254].

Plus profondément, ce sens stoïcien lui-même correspond, sans certes lui être identique, à une acception courante chez Aristote. Il va de soi qu'Aristote, dans son éthique, admet la présence de βούλησις chez tous les hommes et pas seulement chez le sage. Il y a donc un parfum stoïcien dans l'emploi cosmologique qu'Alexandre fait de la βούλησις, les astres éternels et invariants de l'aristotélisme se substituant au sage stoïcien comme porteurs d'une volonté qui ne défaille jamais. Mais, on l'a vu, la βούλησις paraît bien caractériser un certain mouvement cosmologique en Λ 7 et, de manière plus décisive encore, nous savons que dans une œuvre perdue, Aristote confiait à la βούλησις la réalisation du mouvement astral. Voici en effet ce qu'écrit Cicéron[255] : *Nec uero Aristoteles non laudandus in eo quod omnia quae mouentur aut natura moueri censuit aut ui aut uoluntate, moueri autem solem et lunam et sidera omnia : quae autem natura mouerentur, haec aut pondere deorsum aut leuitate in sublime ferri, quorum neutrum astris contingeret, propterea quod eorum motus in orbem circumque ferretur. Nec uero dici potest ui quadam maiore fieri ut contra naturam astra moueantur. Quae enim potest maior esse ? Restat igitur ut motus astrorum sit uoluntarius. Quae qui uideat, non indocte solum uerum etiam impie faciat, si deos esse neget.* Ainsi, dans un texte qu'il y a de bonnes raisons d'identifier au Περὶ φιλοσοφίας, Aristote distinguait trois types de mouvement : soit par nature, soit contraint, soit volontaire. Il en concluait que le mouvement astral était volontaire, puisqu'il ne pouvait être ni par nature (n'étant pas rectiligne) ni contraint. Nous avons donc un indice très fort que dans cette œuvre, Aristote expliquait bien le mouvement astral comme un effet de la βούλησις – Cicéron lui-même traduisant ce terme par le mot *uoluntas*[256].

Ces rapprochements jettent quelque lumière sur Alexandre (et peut-être aussi sur Aristote). On aimerait pouvoir dire qu'il lisait encore le Περὶ φιλοσοφίας, mais aucun texte ne permet de l'affirmer. Si Simplicius, comme à son habitude, ne fait en *In Phys.* 303.25–304.18 plus ou moins que retranscrire

254 Voici ce qu'il écrit (*Tusc.* IV, 6, 12) : *Quam ob rem simul obiecta species est cuiuspiam quod bonum uideatur, ad id adipiscendum impellit ipsa natura. Id cum constanter prudenterque fit, eius modi adpetitionem Stoici* βούλησιν *appellant, nos appellamus uoluntatem. Eam illi putant in solo esse sapiente, quam sic definiunt : uoluntas est, quae quid cum ratione desiderat. Quae autem ratione aduersa incitata est uehementius, ea libido est uel cupiditas effrenata, quae in omnibus stultis inuenitur.*

255 *Nat. Deor.* II, 16, 44 = Περὶ φιλοσοφίας, fr. 21 Ross, p. 90–91.

256 Indice très fort et non preuve, car Cicéron peut rendre plusieurs termes grecs par un même mot latin. Il traduit ainsi ἑκούσιον, qui n'est pas de la même racine que βούλησις, qu'il rend par *voluntas*, par *voluntarium*. On ne peut complétement exclure, par exemple, qu'Aristote ait plutôt parlé d'ἔφεσις que de βούλησις dans le contexte du Περὶ φιλοσοφίας.

Alexandre dans son exégèse de *Physique* II 2 194a 34–36, il paraît même probable que l'Exégète ne connaissait déjà plus l'œuvre perdue, puisqu'elle est ici curieusement assimilée à l'*Éthique à Nicomaque*. Quoi qu'il en soit, devant les difficultés de la dynamique céleste du corpus acroamatique, il a eu l'idée, sans doute encouragé par le βουλητόν de Λ 7, d'introduire un concept qui *avait été* aristotélicien. Alors qu'Aristote ne disait nulle part, en *Physique* VIII ou en *Métaphysique* Λ, que le premier mû est habité d'une βούλησις d'assimilation au Premier Principe, Alexandre a reconstruit de cette manière la partie supérieure de l'édifice cosmologique. Il se servait de traces de l'œuvre perdue – soit transmises par quelque intermédiaire doxographique, soit grâce à une lecture fine de Λ 7 – pour remédier à l'imprécision des textes canoniques.

Les astres étant doués de volonté, on comprend sans peine qu'ils veulent quelque chose qui soit, d'une certaine manière au moins – c'est-à-dire au moins intentionnellement – distinct d'eux-mêmes. Le modèle est alors celui du *De motu animalium*. La scholie **818** (cf. **826**) est explicite à cet égard. Alexandre nous dit que ce qui meut les astres est une substance séparée, première, non inhérente au corps astral, distincte de sa forme hylémorphique, et objet de son désir. La désignation de ce principe comme une « substance » (οὐσία) concorde parfaitement avec le fragment du commentaire à Λ 7. Ce texte, on vient de le voir, distinguait deux types de perfection, l'un consistant dans « des substances extérieures à la chose qui se meut vers elle »[257], l'autre dans des « qualités par lesquelles le mû acquiert perfection »[258]. Les perfections que sont les substances extérieures du commentaire à Λ correspondent donc bien, dans leur description, au Premier Moteur final du commentaire à *Physique* VIII.

Les Quaestiones sur la providence nous montrent Alexandre parfaitement conscient du fait que les astres ne « veulent » pas, ou plus exactement, comme il le dit dans ces textes, ne « tendent » pas à, leur fin comme s'il s'agissait pour eux de s'en saisir[259]. Cette tendance est bien plutôt un effort d'assimilation (ὁμοίωσις). On a récemment reproché à l'Exégète d'introduire une distorsion dans l'aristotélisme authentique, distorsion qui aurait ensuite eu une portée considérable sur l'histoire ultérieure de la métaphysique[260]. Car Aristote, nous dit-on, n'évoque l'imitation qu'à propos du rapport des espèces sublunaires au divin, et non pas des astres au Premier Moteur. Ce reproche est-il parfaitement justifié ? L'absence du terme implique-t-elle chez Aristote celle une absence de la notion ? C'est ce qu'il nous faut ici examiner.

---

257 *ǧawāhira khāriǧatan ʿan al-shay'i alladhi yataḥarraku ilayhā* = οὐσίαι ἀπὸ τοῦ εἰς αὐτὰς κινουμένου κεχωρισμέναι.

258 *kayfiyyāta yustakmalu bihā al-mutaḥarriku* = ποιότητες αἷς τελειοῦται τὸ κινούμενον.

259 Cf. *Quaest.* I 25, 40.17–18 : ἡ δ' ἔφεσις αὐτῷ οὐ τοῦ λαβεῖν αὐτοῦ.

260 Voir Berti, « Il movimento del Cielo in Alessandro di Afrodisia », p. 227–229.

Dans la Quaestio I 25 où il explique en quel sens le mouvement circulaire peut être considéré comme une assimilation (ὁμοίωσις) au Premier Moteur, Alexandre introduit ses explications par une allusion discrète, quoiqu'évidente aux yeux du lecteur informé, à la distinction de la *Métaphysique*. Il y a deux façons, dit-il, de tendre vers quelque chose : on veut soit s'en saisir (λαβεῖν), soit s'y assimiler autant que possible (ὁμοιωθῆναι κατὰ δύναμιν αὐτῷ). Le premier cas correspond évidemment au οὗ ἕνεκα τινί, le second au οὗ ἕνεκα τινός. Comme dans son commentaire à la *Métaphysique*, Alexandre interprète alors le second type de finalité comme une assimilation.

Avant donc de reprocher à Alexandre de s'être éloigné de l'aristotélisme orthodoxe, il convient de comprendre comment il a véritablement *lu* le Philosophe. L'Exégète fait jouer ensemble quatre notions fondamentales, à savoir :

(i) la double finalité, *qua* τινί et *qua* τινός ;
(ii) la notion de tendance, ou ἔφεσις ;
(iii) la notion d'achèvement, ou τελείωσις ;
(iv) la notion d'assimilation, ou ὁμοίωσις.

Qu'il ait clairement perçu l'importance de la notion de double finalité paraît hors de doute. Non seulement elle est récurrente, à des endroits cruciaux, dans le corpus aristotélicien – et ne pouvait donc échapper à un spécialiste tel que lui – mais elle paraît introduite, comme on l'a vu, à un moment stratégique de sa version de Λ 7. Or Alexandre à la fois commente de près ce passage et il le paraphrase dans le texte mentionné de la Quaestio I 25. Il ne reprend cependant pas telle quelle la terminologie très obscure d'Aristote mais, dans les deux textes, introduit le terme de « perfection » (τελειότης). Le οὗ ἕνεκά τινος devient la perfection au sens d'une substance extérieure vers laquelle on tend (ἐφίεται), le οὗ ἕνεκά τινι la perfection au sens d'une qualité que l'on acquiert. Reste à définir une telle « tendance » (ἔφεσις). Il s'agit pour Alexandre d'une assimilation (ὁμοίωσις). Toute sa théorie consiste par conséquent à identifier trois termes : la τελείωσις au sens d'une finalité οὗ ἕνεκά τινος aristotélicienne, l'ἔφεσις et l'ὁμοίωσις. L'objet visé est la τελειότης du sujet.

On ne peut dire d'aucun de ces quatre termes (τελείωσις, τελειότης, ἔφεσις, ὁμοίωσις) qu'il n'est pas aristotélicien. Et pourtant, il y a un tournant doctrinal dans l'emploi qu'en fait Alexandre. On peut en effet tout d'abord noter que les termes ἔφεσις et τελειότης deviennent omniprésents chez l'Exégète, alors qu'ils étaient très rares chez Aristote et, surtout, qu'ils n'apparaissaient pas en combinaison. Il y a pourtant un texte d'Aristote où l'idée qu'ils véhiculent *ensemble* affleure, au chap. 9 du livre I de la *Physique*. Aristote y affirme la nécessité d'une distinction entre matière et privation. Alors que la privation est une pure négativité, la matière est une réalité. Les Platoniciens ont ainsi manqué la privation[261]. Il y a donc trois termes[262] : quelque chose de « divin, bon et auquel on tend » (θείου καὶ ἀγαθοῦ καὶ ἐφετοῦ), son contraire, et « ce qui de manière innée, selon sa propre nature, y tend et le désire » (ὃ πέφυκεν ἐφίεσθαι καὶ ὀρέγεσθαι αὐτοῦ κατὰ τὴν αὑτοῦ φύσιν). Aristote évoque la forme, εἶδος, deux lignes plus bas, de sorte qu'on peut l'identifier avec certitude à la première des trois instances évoquées, la seconde étant la privation et la troisième la matière. Nous n'avons malheureusement pas ici l'exégèse d'Alexandre. Mais la terminologie de Simplicius ne laisse guère subsister de doutes sur l'origine de son développement : il s'agit du commentaire d'Alexandre, tout au plus superficiellement retouché. Traduisons ce texte important[263] :

> Après avoir fourni la différence entre la matière et la privation, il nous fournit aussi le rapport même qu'elles entretiennent chacune à la forme. La forme est en effet divine, bonne et chose à laquelle on tend (ἐφετόν) ; la matière y tend (ἐφίεται) selon sa nature propre tandis que la privation lui est contraire et ne saurait tendre (οὐκ ἂν ἐφίοιτο) à sa propre destruction. Et s'il appelle divine, bonne et chose à laquelle on tend (ἐφετὸν) la forme première, i. e. la forme séparée, qu'il dénomme aussi Intellect et Cause première, c'est bien vraiment que toutes les choses composées selon la nature tendent (ἐφίεται) à elle, puisqu'elles sont si bien constituées par la nature elle-même, qui est elle aussi une cause divine, que chaque chose, dans la mesure de la puissance qu'elle possède, tend (ἐφίεσθαι) à l'assimilation (τῆς … ὁμοιώσεως) à cette forme. Mais ce qu'est l'assimilation (ὁμοίωσις), pour ces choses, c'est leur perfection propre (ἡ οἰκεία τελειότης) ; or la perfection (τελειότης), pour les composés, c'est la disposition selon la forme (ἡ κατὰ τὸ εἶδος στάσις), tandis que pour leur matière, c'est la participation à la forme envers laquelle elle s'est trouvée pourvue d'affinité (νένευκε) et à laquelle, aussi bien, elle est adaptée (ἐπιτηδείως ἔχει).

Le passage d'Aristote donne lieu, de la part d'Alexandre – s'il est, comme nous le croyons, à l'arrière-plan du texte de Simplicius – à la combinaison articulée des principaux concepts ontologiques que nous avons prêtés à l'Exégète. En ce sens, il s'agit bel et bien de la matrice aristotélicienne d'où Alexandre a tiré l'essentiel de sa reconstruction : la matière tend à se conformer à la forme ; la participation à la forme est une perfection ontologique. En dépit de sa simplicité presque triviale, ce schème, quand on cherche à entrer dans les détails, pose un problème doctrinal assez important. Il semble en effet substantifier outre mesure la matière, qui devient une entité séparարable de la

261 Malgré la tradition directe unanime, confortée par le lemme de Simplicius, *In Phys.* 246.18 et la traduction arabe, t. I, p. 73, je serais tenté de corriger παρεῖδεν, en 192a 12, en παρεῖδον. Cette leçon semble sous-jacente, à titre de leçon textuelle ou de texte reconstitué, à l'interprétation d'Alexandre (cf. Simplicius, *In Phys.* 247.26–27 et 28) et de Thémistius (cf. *In Phys.* 32.27–33.5).

262 Cf. *Phys.* 192a 16–19.

263 Simplicius, *In Phys.* 250.9–19.

forme, existant par soi, et habitée d'un dynamisme propre. Si la perfection, en effet, est du côté de la forme, et si la matière est en quête de perfection, on aboutit au paradoxe que la matière est assez constituée pour se comporter en sujet, sans cependant participer encore de la forme. Mais dans ce cas, Boéthos de Sidon aurait raison : la matière est sujet, et la forme n'est qu'une qualité dont la présence ou l'absence ne menace pas l'existence même de l'entité considérée. D'où la manœuvre exégétique d'Alexandre sans doute plus ou moins recopié par Simplicius : glisser de la matière au composé (sc. de matière *et de forme*) et introduire une forme de second niveau, la τελειότης, qui puisse faire office de formalité vers laquelle tend ledit composé. Cette τελειότης s'articule sur deux plans distincts, celui, extérieur au composé, de la forme suprême (« Intellect et Cause première ») et celui de la forme inhérente au composé. De ce point de vue, la τελειότης consiste en une réalisation de la forme. Mais sans précision supplémentaire, cette remarque serait banale, voire tautologique. Le terme employé est cependant celui de στάσις, curieux en ce contexte, littéralement « action de se tenir droit », « station immobile » : ἡ κατὰ τὸ εἶδος στάσις, pour le composé, cela consistera donc sans doute à *se tenir au plus près* de sa forme, c'est-à-dire à être le plus forme possible, dans un spectre déjà formel, mais aussi de *se reposer* en elle, c'est-à-dire de l'exhiber dans un état relativement stable à l'issue d'un mouvement (instable) de réalisation. Quant à la matière proprement dite, notre texte prend bien soin, dans la partie exégétique de son développement (c'est-à-dire une fois passée la simple reprise du propos d'Aristote), de ne lui prêter *aucune* ἔφεσις active. Il n'y a en elle qu'une adaptation, une prédisposition passives à être informée.

Mais revenons aux critiques élevées contre Alexandre. Aristote, nous dit-on, n'assimile jamais le « désir » à une ὁμοίωσις[264]. Une fois cependant identifiée la matrice aristotélicienne d'Alexandre, cette objection perd beaucoup de sa force. Si en effet on prend au sérieux *Physique* I 9, on est contraint, à moins de recourir à des chicanes verbales, d'assimiler la « tendance » vers la forme à un désir d'assimilation à la forme. Le sujet veut en effet être informé, c'est-à-dire, sinon s'identifier complétement à la forme (c'est ontologiquement impossible), du moins l'*imiter* le moins mal possible. Alexandre, selon notre lecture, s'est borné à étendre le schème évoqué par *Physique* I 9 à certaines réalités cosmiques[265]. Et rien ne laisse penser qu'il se livre là à un contresens brutal[266].

---

264 Berti, « Il movimento del Cielo in Alessandro di Afrodisia », p. 231–233.

265 Et, bien sûr, à voir dans la *forme*, et non dans la *matière*, le sujet de l'ἔφεσις. *Certaines* réalités cosmiques : on verra en réalité plus bas qu'Alexandre a étendu ce schème à *toutes* les réalités cosmiques pour lui signifiantes.

266 Alexandre, par ailleurs – et sur un plan plus historique que systémique –, a pu être confirmé dans son interprétation par l'importance stratégique accordée à l'ἔφεσις par Théophraste. Cf. *Metaph.* § 7, 5a 14 sqq.

Pourtant, objectera-t-on encore, « aimer », « désirer » quelque chose ou quelqu'un ne signifie pas vouloir s'assimiler à lui[267]. Si je suis pris de désir à l'idée de prendre un bain, je ne désire pas pour autant m'assimiler à la forme du bain. Cette objection, qui pourrait certes être d'un certain poids dans une critique du texte *aristotélicien* de *Physique* I 9 – que la matière désire la forme, dira-t-on, n'implique pas que la matière veuille *devenir forme*, mais seulement qu'elle veuille *s'unir* à la forme, exactement d'ailleurs comme la femelle ne désire pas devenir le mâle, mais seulement s'unir à lui[268] –, est néanmoins spécieuse si on la dirige contre *Metaph.* Λ 7, parce qu'elle néglige le dernier point important de l'édifice alexandrique : la distinction entre les deux finalités. Certaines fins, en effet, comme le *hammâm* d'Averroès, sont purement utilitaires. En langage aristotélicien, le *hammâm* est οὗ ἕνεκα seulement τινί. Si l'on suit la glose implicite d'Alexandre dans la Quaestio I 25, on peut dire que le bain est une fin pour moi en tant que je peux m'en saisir (λαβεῖν) et, par là, produire certaines qualités en moi. Quand en revanche je cherche à agir selon ma différence spécifique, c'est-à-dire en homme vertueux, je vise alors deux choses : la vertu, d'une part, qui va agir en moi *grosso modo* comme le bain – tout simplement parce qu'elle va *agir* sur moi –, mais aussi la réalisation de ma perfection ontologique. Or, comme nul ne l'ignore, Aristote a renoncé aux Idées. Être vertueux, ce n'est donc plus participer à l'Idée de vertu – et donc, d'une certaine manière, « se saisir » de la Vertu comme on se saisirait de la chaleur (cf. le sens premier de μεταλαμβάνειν, μετάληψις, « participer à »)[269] – mais *ressembler à* la substance dont l'être consiste en l'*extremum* de vertu, soit le Premier Moteur. Aussi conclura-t-on que lorsqu'on cherche à réaliser sa forme (caractérisée au plan du langage par une certaine différence spécifique), on vise deux types de fin : une fin τινί, en tant que l'on se transforme qualitativement soi-même, et une fin τινός, en tant que l'on cherche à imiter une substance qui nous demeurera toujours extérieure. K. Gaiser, en interprétant la fin τινός comme un « but normatif, valant absolument » (*normatives, absolut gültiges Ziel*)[270], nous paraît encore trop platonicien : Alexandre est plus fidèle à l'esprit de l'aristotélisme en parlant de « substances » (*ǧawāhir* = οὐσίαι). Et dès lors

267 Cf. Berti, « Averroès médiateur entre la philosophie grecque et la culture chrétienne », *Scienza e Storia* 14, 2001, p. 25–33, p. 28 : « L'exemple du hammâm [proposé par Averroès] est très clair : le hammâm meut parce que nous le désirons, mais on ne se meut pas vers le hammâm comme vers un objet d'imitation, il n'y a aucune imitation du hammâm, on y va pour se baigner et pas pour l'imiter ».

268 C'est en substance la critique de Plotin, comme le montre D. O'Brien, « Matière et privation dans les *Ennéades* de Plotin », in *Aristotelica Secunda*, Mélanges offerts à Christian Rutten, publiés sous la direction d'A. Motte et de J. Denooz, Liège, 1996, p. 211–220.

269 Platon, *Parménide* 131A5–7.

270 Gaiser, « Das zweifache Telos bei Aristoteles » (cité *supra* p. 130, n. 248), p. 100.

qu'il s'agit de *substances* et non de *normes*, les substances qui leur sont inférieures ne peuvent que les *imiter* et non, d'une manière ou d'une autre, se les incorporer comme elles s'incorporent les diverses qualités dont la réunion constitue ce qu'il est convenu d'appeler « bain ». Ce schème vaut également dans le cas de l'espèce prise comme un tout. Si la génération sempiternelle vise une double finalité, c'est parce que par elle, l'espèce assure sa propre préservation (τινί), mais aussi parce que par elle, l'espèce ressemble au divin (τινός). Or, dans ces contextes, Aristote parle bien d'ὁμοίωσις[271].

Cet infléchissement – qui n'est pas une trahison – de l'aristotélisme authentique permet de mieux comprendre le « passage à la cosmologie » que nous avions vu s'opérer dans le traitement du temps et dans la cinématique. En *Physique* IV, Alexandre insistait sur le fait que l'*être* des astres, à la différence de leur *mouvement*, n'était pas dans le temps[272]. Cette distinction permettait de dégager avec netteté le programme de *Physique* VIII : l'être des astres étant atemporel, il n'y a pas à s'interroger sur une éventuelle cause maintenant ceux-ci dans l'existence, à l'instar du Démiurge du *Timée*. Jamais l'existence des astres ne donnera lieu, en conséquence, à un traitement de type providentialiste[273]. Le traité du temps de *Physique* IV nous permet d'établir qu'il ne faudra rendre compte que du *mouvement* astral, c'est-à-dire, plus précisément, de ce qui fait que ce mouvement non pas existe, mais est infini *a parte ante* comme *a parte post*. La question de l'être évacuée, il suffira de postuler un moteur sempiternel, c'est-à-dire dans un rapport identique à chaque instant du mouvement. C'est ici que l'incongruité apparente de la cinématique aristotélicienne se révèle payante. Le mouvement de *Physique* VI se caractérisait, entre autres, par son début et sa fin. En *Physique* VIII, nous nous apercevons que le mouvement le plus important de tous, la révolution astrale, est infini *a parte ante* et *a parte post*. Nous comprenons maintenant qu'il y aurait contradiction entre, d'une part, le fait que les astres sont dotés de βούλησις et, d'autre part, qu'ils puissent s'arrêter à un certain moment d'un parcours parfaitement indifférencié. L'imitation serait immédiatement défectueuse, puisqu'elle se caractériserait par un élément arbitraire. Si en effet les éléments sublunaires ont des lieux qui les achèvent, il n'en va pas de même pour les différents moments de la révolution astrale : aucun n'achève un arc de mouvement. L'imitation la meilleure sera donc celle qui n'actualisera aucun moment de la trajectoire par un arrêt, mais qui reflétera, dans sa totalité

---

271 Voir *GC* II 10, 337a 3, à comparer avec *GA* II 1, 731b 18–732a 1 et *DA* II 4, 415a 26-b 7.

272 Cf. *supra*, p. 78 sqq.

273 Cf. *Quaestio* II 19, 63.15–28 et *De providentia* 61.7–13. Passages cités par R.W. Sharples, « Alexander of Aphrodisias on Divine Providence : Two Problems », *Classical Quarterly* 32, 1982, p. 198–211, p. 200.

indivise de trajectoire régulière et continue, l'immobilité du moteur immobile. L'introduction – ou la réintroduction, après le Περὶ φιλοσοφίας – de la βούλησις astrale permet de réinterpréter un schème de réalisation formelle d'une nature (l'éther, en l'occurrence) *dans les termes d'une réalisation de cette réalisation.* Alexandre, autrement dit, explique moins le mouvement des astres qu'il n'établit que leur εἶδος réalise, dans son mouvement, leur τελειότης[274].

b. Alexandre et le mouvement des corps simples sublunaires

Ni dans la *Physique* ni ailleurs dans le *corpus*, Aristote ne dit jamais que les corps simples sublunaires tendent (ἐφίεται) pour leur lieu propre. On a souligné plus haut que le dernier paragraphe du traité du lieu[275] ne fournissait aucune cause du mouvement *effectif* des corps simples, mais seulement du fait qu'il y ait toujours à la fois du mouvement et une relative stabilité des masses globales du monde sublunaire[276]. La mention de l'*homogénéité* des corps élémentaires cosmologiquement successifs (cf. 212b 31 : συγγενές) explique les transports élémentaires (cf. 212b 29–30 : φέρεται) non pas *simplement* parce que, comme

274 Cette reconstitution permet de mieux comprendre le débat qui s'est établi autour de *Physique* I 9. Il est probable que Boéthos de Sidon s'appuyait sur la distinction entre matière et privation, et reconnaissance par Aristote d'un certain « désir » de la matière, pour la forme, pour justifier par ce biais la substantialité de la matière. Contre cette interprétation, Alexandre distingue entre la forme qui se contente d'imprimer son identité à la matière et la forme dans son état le plus achevé, qui ajoute une détermination, une perfection, supplémentaires à cet état initial pour en faire la réalisation la plus complète de l'individu. En soulignant que la femelle ne devient pas mâle – que donc, plus généralement, la matière ne se débarrasse jamais de la privation – Plotin (cf. *Enn.*, II, 4 [12], 16, 14–15) se jette dans la brèche ouverte par le différend entre les deux commentateurs d'Aristote : oui, dit-il en substance, Alexandre a raison d'objecter à Boéthos que la matière livrée à elle-même ne peut que rester matière, que seule la forme peut porter avec elle une réalisation ; mais il a tort de croire que la forme hylémorphique suffise à expliquer sa réalisation sur un plan supérieur. C'est en effet oublier que le couple matière-forme a quelque chose de fonctionnel et relatif, que donc ce qui est forme à un certain niveau (la chair par rapport aux éléments simples) fait fonction de matière à un niveau supérieur (la chair pour l'organe biologique). De même donc qu'une forme est nécessaire pour expliquer le dynamisme de « la » matière (l'ἔφεσις vers la forme) – en quoi Alexandre a raison –, de même une forme supérieure est nécessaire pour expliquer le dynamisme de cette forme (l'ἔφεσις vers la τελειότης) – en quoi Alexandre a tort. Le platonisme s'impose si l'on veut éviter la régression à l'infini. Remarquons que le ressort dialectique de Plotin provient du fait qu'Alexandre est plus proche du platonisme, mais moins auto-cohérent que Boéthos. Il suffit donc de se servir d'Alexandre pour montrer l'insuffisance de l'aristotélisme cohérent (celui de Boéthos), puis de pointer le manque de cohérence de l'aristotélisme d'Alexandre.

275 *Phys.* IV 5, 212b 29–213a 11.

276 Cf. *supra*, p. 51–55.

le dit Alexandre et le répètent ses successeurs grecs, le même est attiré par le même, mais parce que, feu et air ayant, en raison de leur homogénéité (c'est-à-dire de leur participation commune au léger) le même lieu propre, la limite inférieure du feu constitue une limite mécanique, contraignante, pour l'air. Aristote dit ainsi qu'en se dirigeant vers le haut en général, l'air ne peut que venir toucher le corps parent du feu ; que, par conséquent, définir le lieu comme la limite du corps englobant permet d'attribuer un lieu propre à l'air. Si en effet le lieu était l'intervalle, on ne comprendrait plus alors pourquoi l'air tend vers le haut y compris quand il jouxte le feu ou, en d'autres termes, pourquoi l'air continuerait à s'élever si le feu n'occupait pas la zone supérieure. La théorie du lieu rend compte du fait que l'air, tout en *pouvant* aller plus haut qu'il ne le fait, atteint malgré tout son accomplissement, son *lieu* (précisément), en parvenant à la limite inférieure du feu.

En *De caelo* IV 3, Aristote utilise encore une fois le vocabulaire de l'homogénéité dans un contexte proche. Il rapproche alors sa thèse du mouvement rectiligne de celle de l'attirance du même vers le même soutenue par d'autres penseurs, mais prend là aussi bien soin de marquer les différences. À la différence des formulations de *Phys.* VIII 4 – où Aristote se borne à parler d'« acte », ἐνέργεια (255b 11) – *De caelo* IV 3 mentionne deux fois, au cours de développements assez sembables à ceux de *Phys.* VIII 4 (chapitre qui fait même l'objet d'un renvoi en *De caelo* 311a 11), la « forme », εἶδος. Bien qu'Aristote soit assez obscur, il ne fait aucun doute qu'il assimile la localisation d'un corps simple dans son lieu propre à l'acquisition, pour ce corps, de sa forme ontologique, c'est-à-dire à son actualisation[277].

Le traitement aristotélicien de la question fait donc surgir deux questions épineuses. La première seule est reconnue par Aristote, c'est celle (i) de la cause actuelle du mouvement rectiligne. La seconde est implicite : (ii) quand Aristote écrit que « le fait d'être quelque part, à savoir en haut, est l'acte du léger »[278], comment rendre compte du fait que le feu paraît pourtant être déjà pleinement feu au ras du sol, avant que de se trouver « en haut » ?

Il n'est pas sûr qu'Aristote ait eu les idées absolument claires sur ces deux points. Qu'il ait hésité sur la cause actuelle du mouvement rectiligne nous est suggéré par ses formules mêmes, puisqu'aussi bien dans la *Physique* que dans le *De caelo*, il maintient, de manière au fond très verbale, qu'on peut identifier la cause du mouvement rectiligne soit à ce qui a produit le corps mû, soit à ce qui a supprimé l'obstacle au mouvement. Quelle que soit la solution choisie, la succession temporelle qu'elle présuppose rend manifeste que dans sa trajectoire

277 Cf. *De caelo*, 310a 33-b 1 : τὸ δ' εἰς τὸν αὑτοῦ τόπον φέρεσθαι ἕκαστον τὸ εἰς τὸ αὑτοῦ εἶδός ἐστι φέρεσθαι et 310b 8–10 : περιέχει [...] πάντα τὰ κινούμενα ἄνω καὶ κάτω τό τε ἔσχατον καὶ τὸ μέσον, τοῦτο δὲ τρόπον τινὰ γίγνεται τὸ εἶδος τοῦ περιεχομένου ...

278 *Phys.* VIII 4, 255b 11 : ἐνέργεια [...] τοῦ κούφου τό που εἶναι καὶ ἄνω.

même, le corps simple n'est actuellement mû par rien. Cette assertion ne fait guère problème dans le cadre du *De caelo*, mais elle est beaucoup plus ardue, évidemment, dans celui de *Physique* VIII.

Quant à la seconde aporie, qui est encore une fois implicite et non signalée comme telle par Aristote, on peut s'interroger sur cet εἶδος, cette ἐνέργεια, qu'atteint le corps simple une fois qu'il est parvenu dans son lieu propre – et, surtout, sur l'εἶδος qu'il faut prêter au corps avant qu'il atteigne son lieu propre.

La doctrine d'Aristote contourne – mais, semble-t-il, ne parvient pas à parfaitement résoudre – les deux apories. Aristote évite en effet la difficulté en assimilant la trajectoire locale du corps simple à un mouvement de réalisation ontologique[279]. Il contourne donc la première aporie en neutralisant la dimension proprement *locale* du mouvement – pour ne plus voir en celui-ci qu'une trajectoire abstraite, voire simplement logique, d'un mobile vers une fin – et la seconde en n'expliquant jamais pourquoi le *lieu* propre peut être identifié à la *forme* du corps simple. La première réponse est cependant latente dans la définition même du mouvement, la seconde dans celle du lieu[280].

Venons-en à Alexandre. Comme l'on pouvait s'y attendre, celui-ci fait jouer les outils de son ontologie néo-aristotélicienne que nous venons de mettre en évidence dans la discussion du mouvement astral : ἔφεσις et τελειότης. Pour dire les choses de la manière la plus simple : les corps simples en tant qu'habités par une forme (εἶδος) (i) éprouvent une tendance (ἔφεσις) à (ii) réaliser leur perfection (τελειότης), perfection qui dès lors dédouble leur forme (exactement comme dans l'interprétation de *Phys.* I 9, 192a 20–21, la τελειότης dédoublait l'εἶδος afin que ce dernier puisse tendre vers une formalité supérieure). Cette perfection ne consiste plus, comme dans le cas des astres, à se mouvoir d'une certaine façon, mais à se tenir immobile dans son lieu propre. Reprenons ces deux points.

Ἔφεσις. – Il faut commencer par signaler une légère ambiguïté, dans les textes d'Alexandre, sur la question du sujet de l'ἔφεσις. Dans la Quaestio I 25

---

279 Cf. *supra*, p. 20–124.

280 Dire, en effet, que le mouvement est « l'entéléchie de ce qui est en puissance en tant que tel » (*Physique* III 1, 201a 10–11), c'est souligner que le corps simple mû rectilinéairement ne fait au fond rien d'autre que réaliser un certain état de perfection, inassignable si l'on n'adopte pas une définition du lieu de type aristotélicien. Je n'exclurais pas que la définition du mouvement soit appelée, primordialement, par le phénomène des translations rectilignes des corps simples (je remercie David Lefebvre d'avoir attiré mon attention sur ce point). La plus grande difficulté, pour la théorie aristotélicienne du mouvement, serait d'expliquer des translations véritablement erratiques. Mais celles-ci seraient d'une certaine manière aussi subalternes par rapport aux mouvements orientés par des réalisations « lourdes » que peuvent l'être les amas matériels les plus évanescents à l'égard des substances « lourdes » de la biologie. On oublie trop souvent que la *Physique* d'Aristote décrit moins le réel qu'elle ne le constitue.

consacrée à la providence, l'Exégète insiste sur le fait que les êtres mus animés le sont par une ἔφεσις. Même s'il ne le dit pas explicitement, on est tenté, lors d'une lecture naïve du texte, de lui prêter la réciproque, à savoir que l'ἔφεσις ne peut être le fait que d'un être animé. Cela, toutefois, contredirait une déclaration formelle de la Quaestio II 23, qui cherche à expliquer le mouvement du fer (inanimé) vers l'aimant. L'aimant contient, sous une forme altérée, du fer. Le fer est donc pris d'une impulsion en direction du même, et se dirige activement vers l'aimant qui l'attire. Alexandre prend soin de souligner, pour parer à l'objection immédiate qui se présente à l'esprit, qu'il est légitime de parler d'ἔφεσις aussi bien lorsqu'il est question d'êtres inanimés qu'animés.[281]

Les choses étant telles, on doit en conclure qu'Alexandre rompt avec l'équivoque aristotélicienne de la trajectoire du mouvement et accepte, quant à lui, de ne pas confondre l'idée logique d'une trajectoire finalisée et la cause physique de sa réalisation effective. Cette clarification a évidemment un coût : celui de faire pencher le système aristotélicien du côté d'un certain animisme. Alexandre a beau spécifier, dans la Quaestio II 23, que les corps sujets à l'ἔφεσις ne sont pas nécessairement animés, ils sont pourtant bel et bien mus, selon lui, par une sorte d'impulsion qui n'est pas sans rapport avec le désir animal.

N'intentons cependant pas de faux procès à Alexandre : son but n'est pas d'« animer » le mobilier cosmique, mais seulement de lui attacher une forme. C'est l'âme qui, par ses fonctions, est formelle, non pas la forme qui est psychique. Croire que l'ἔφεσις des corps simples est « animale », c'est au fond ne pas comprendre tout ce qu'il y a de *formel* dans la notion d'âme. Si danger il y a, c'est donc surtout celui d'une surenchère essentialiste dans un système où la substantialité maximale est conférée par l'εἶδος, où donc, finalement, seuls les êtres animés existent *réellement*. Comme il n'existe pour Alexandre que trois grands types de formes – les formes des substances sublunaires, les formes des substances supralunaires et les formes que sont les Moteurs des substances supralunaires[282] –, il n'y a guère de place pour les substances inanimées du sublunaire, et « substance inanimée » risque même de devenir une contradiction dans les termes. Or s'il paraît possible de considérer les éléments « bruts » comme ontologiquement inférieurs aux substances animées, il est sûrement moins aisé de se passer, à leur égard, de *toute* substantialité ; non pas pour des raisons de simple taxinomie, mais parce qu'ils sont mus d'un mouvement naturel unique et cohérent qui, dès qu'on quitte un cadre purement mécaniste, semble difficilement pouvoir être interprété autrement qu'en fonction d'une forme. C'est donc à une unification que se livre Alexandre. Celle-ci est parfaitement cohérente avec ce qu'il fait partout ailleurs. En accordant une

281 Cf. *supra*, p. 131.
282 Voir Alexandre, *In Metaph.* 251.23–38. Cf. *Essentialisme*, p. 319–323.

ἔφεσις à des êtres inanimés, il rapproche autant que possible leur comportement stable et récurrent de celui des êtres animés et peut ainsi rendre compte de leur « formalité », donc de leur substantialité.

L'ἔφεσις, pour Alexandre, est toujours le fait d'une *forme*. Conséquent avec lui-même, l'Exégète déplace ainsi le type de causalité reconnu à l'εἶδος dans le mouvement naturel[283]. Il ne s'agit plus simplement de cette réalité de type final – qu'il s'agisse d'une cause finale proprement dite ou d'un concomitant essentiel de la finalité – mais d'un principe interne au corps mû qui prend en charge sa réalisation complète. Alexandre a conscience de la difficulté et de l'audace de sa position. En témoignent ses formulations ambiguës dans son *De anima* personnel. En deux passages (22.7–10 et 23.29–24.1), il développe une comparaison entre le statut de l'âme forme du corps vivant et celui de la pesanteur forme de la terre. L'intérêt de ces textes est qu'ils envisagent la forme comme source d'une activité dont la matière est le sujet nécessaire. Leur limite est qu'Alexandre, pour les besoins de l'exposé, force le dualisme de l'opposition[284]. Voici, quoi qu'il en soit, le second d'entre eux[285] :

> Car ce n'est pas non plus la lourdeur qui est transportée vers le bas en usant de la terre, dont elle est une puissance, mais c'est bien la terre qui est transportée vers le bas, en fonction de la lourdeur qui est pour elle puissance, c'est-à-dire forme et perfection ainsi qu'entéléchie.

La formulation en pourrait presque sembler orthodoxe. Alexandre est en train d'expliquer que l'âme n'est pas le sujet des multiples activités dont elle est la cause, qu'elle accomplirait en se servant du corps comme d'un simple instrument. C'est le sujet corporel qui agit en fonction de sa forme. Pour illustrer son propos, il use de la comparaison du mouvement naturel de la terre vers le bas. C'est bien la terre, et non la lourdeur, qui est transportée vers le bas *en fonction de* (κατὰ) la lourdeur. On pourrait être tenté d'assimiler cette déclaration à la théorie à laquelle nous avons fait allusion, selon laquelle la

283 Cf. les deux passages de *De caelo* IV 3 cités *supra*, n. 277.

284 Dans le compte rendu dont elle a bien voulu honorer *Essentialisme*, Inna Kupreeva me reproche d'exagérer le tiraillement du corpus d'Alexandre sur ce plan, qui serait moins contradictoire que je ne le prétends, pour peu qu'on soit plus sensible que je ne l'ai été à l'importance des recherches sur l'âme et l'animation de l'Exégète (cf. Inna Kupreeva, « Alexander of Aphrodisias on Form. A discussion of Marwan Rashed, *Essentialisme* », *Oxford Studies in Ancient Philosophy* 38, 2010, p. 211–249, p. 232–233). Il est vrai que j'ai peut-être trop glissé, de l'idée que la forme est primordialement substance selon Alexandre (contre Boéthos) à celle selon laquelle la dualité forme-matière demande à être résolue. Je serais aujourd'hui plus prudent sur ce point et m'essaierais moins à disqualifier les textes s'opposant au σημειωτέον (cf. *Essentialisme*, chap. VI), quand même celui-ci m'apparaît toujours essentiel pour comprendre Alexandre.

285 Alexandre, *De anima* 23.29–24.1 : οὐδὲ γὰρ ἡ βαρύτης κάτω φέρεται προσχρωμένη τῇ γῇ, ἧς δύναμίς ἐστιν, ἀλλ' ἡ γῆ φέρεται κάτω κατὰ τὴν βαρύτητα δύναμιν οὖσαν αὐτῆς καὶ εἶδος καὶ τελειότητά τε καὶ ἐντελέχειαν.

forme explique d'un point de vue simplement *logique*, ou notionnel, le comportement de son porteur, mais ne le détermine pas d'un point de vue *dynamique*. On serait même conforté, pour ce faire, par la mention de la τελειότης, qui dans des contextes techniques désigne toujours pour Alexandre l'état d'achèvement de la forme, ce qui voudrait donc dire l'état le plus achevé de la terre, lorsque celle-ci a atteint son lieu cosmologique propre. Mais Alexandre joue certainement ici de l'ambiguïté des termes, et τελειότης n'est sans doute qu'une fioriture stylistique sans conséquence, qui s'explique par le statut exotérique de *De anima*. L'autre passage du *De anima* dissipe en effet les équivoques[286] :

> … la lourdeur est cause pour la terre du transport vers le bas et c'est en cela qu'elle est motrice à son égard, sans qu'elle se meuve par elle-même (comment en effet la lourdeur pourrait-elle se mouvoir par elle-même, alors qu'elle est forme et nature du corps qui la possède ?) …

Alexandre franchit ici clairement la limite de l'orthodoxie physique aristotélicienne en présentant la lourdeur comme la cause *dynamique* du mouvement naturel de la terre, ce que ne fait jamais le Stagirite.

La même entorse aux textes du Maître, sous un même maquillage ambigu, apparaît dans la *Réponse à Galien au sujet du mouvement*. Le contexte est ici encore fourni par la comparaison de la nature composée du vivant animé (fait d'une âme et d'un corps) et du corps naturel. Je traduis de l'arabe[287] :

> Il en va manifestement de même pour les corps qui sont mus naturellement en fonction d'une inclination qui leur[288] est inhérente : le principe de leur mouvement provient seulement de l'inclination qui est en eux, en raison de laquelle, du fait qu'elle inhère en eux, ils se meuvent par nature ; mais le fait est que la chose qui les meut du lourd en puissance au lourd en acte et[289] les dispose dans un état opposé à celui qui était le leur, cette chose est aussi la cause de leur mouvement en acte.

Si l'on admet que le traducteur arabe a bien rendu le grec, on voit que dans un premier moment, Alexandre admet une distinction assez nette entre le corps mû et son inclination (le terme *mayl*, en arabe, correspond sans doute ici à ῥοπή, mais on ne peut tout à fait exclure un effet libre de traduction, rendant le terme δύναμις). Il est cependant notable qu'il ne parle pas ici de forme (εἶδος). Il est encore plus remarquable que ce texte se veuille un résumé de

---

286 Alexandre, *De anima* 22.7–10 : … βαρύτης αἰτία μὲν γίνεται τῇ γῇ τῆς εἰς τὸ κάτω φορᾶς καὶ κατὰ τοῦτ' αὐτῆς ἐστι κινητική, οὐ μὴν κινουμένη καθ' αὑτήν (πῶς γὰρ ἂν βαρύτης κινηθείη καθ' αὑτὴν εἶδος οὖσα καὶ φύσις τοῦ ἔχοντος αὐτὴν σώματος;).

287 Cf. *The Refutation by Alexander of Aphrodisias of Galen's Treatise on the Theory of Motion* (cit. n. 211), p. 78 (traduction anglaise p. 17).

288 Je corrige *al-latī* en *al-ladhī*.

289 J'ajoute *wa*.

Physique VIII, mais que rien, dans le texte d'Aristote, ne corresponde à ces lignes. C'est sans doute pourquoi la seconde partie du texte fait allusion à la théorie aristotélicienne classique, apparaissant aussi bien en *Physique* VIII 4 qu'en *De caelo* IV 3, selon laquelle la cause du mouvement des corps naturels est le corps à l'origine de leur constitution. Tel quel, l'ensemble trahit un grand embarras. Alexandre, encore une fois, oscille entre fidélité à l'orthodoxie et souci d'aménagement architectonique.

Il est toutefois un passage, fondamental à nos yeux, où Alexandre s'écarte franchement d'Aristote sur la question. Il s'agit du commentaire à *Physique* V 1, 224b 4–7 : « Mais il est évident que le mouvement est dans le bois et non dans la forme (ἐν τῷ εἴδει), car la forme (τὸ εἶδος), ou le lieu, ou la quantité, ni ne meuvent ni ne sont mus, mais il y a un moteur, un mû et ce vers quoi il est mû » (trad. P. Pellegrin). La forme constitue le résultat du mouvement (dans le cas de l'altération) ou du changement (dans celui de la génération), mais, sous peine de la confondre avec la cause efficiente, elle ne saurait proprement mouvoir. Cette affirmation suscite une difficulté pour les commentateurs. Simplicius écrit[290] :

> Mais si certaines formes sont dites mouvoir, comme l'âme l'animal et la lourdeur la pierre, ce n'est pas la cause du mouvement qu'il recherche maintenant, à savoir la lourdeur et l'âme, mais ce dans quoi il y a mouvement ; or la lourdeur n'est pas mue à titre principal, mais par accident, à la façon du marin dans le navire.

La scholie **218**, malheureusement brève et sans doute corrompue, dit en substance la même chose :

> La lourdeur, bien qu'elle soit forme, meut la terre ; toutefois, nous ne mentionnons pas alors ce vers quoi il y a mouvement, mais ce par quoi il y a mouvement : diffèrent en effet l'agent et la fin.

Alexandre aurait ainsi échappé à l'aporie en distinguant la forme vers laquelle tend la terre – qui ne saurait être la cause « active » de son mouvement – de la forme sous l'effet de laquelle elle se meut (en substituant subrepticement le « sous l'effet de quoi » au « en fonction de quoi »), qui est, évidemment, cette cause : dans le présent passage de la *Physique*, Aristote ne s'interrogerait pas sur la cause du mouvement, mais sur son substrat. Que les commentateurs s'opposent aussi frontalement à Aristote (qui écrit noir sur blanc que la forme *ne meut pas*) est révélateur de leur embarras et de leur désir de sauver la causalité motrice de la forme des éléments simples – ce qui n'est rendu possible, encore une fois, qu'en interprétant la forme « finale » comme la τελειότης de la forme déjà réalisée, et motrice, du corps en mouvement vers son lieu propre.

Τελειότης. – Dans la lutte permanente qui l'oppose à l'aristotélisme matérialiste des premiers commentateurs et en particulier de Boéthos,

290 Simplicius, *In Phys.* 807.6–10.

Alexandre se devait de rendre compte avec beaucoup de soin de *Physique* I 9. L'idée que la matière, à la différence de la privation, tend en quelque sorte d'elle-même à la forme ne pouvait en effet que confirmer la thèse de l'autonomie et de la substantialité de la matière, pour laquelle la forme ne constituerait au fond qu'une détermination qualitative contingente – c'est-à-dire dont la suppression n'entraîne pas celle de son substrat. Il semble qu'Alexandre, pour contrer ce danger, a accentué une tendance diffuse d'Aristote à rapprocher forme (εἶδος) et acte/réalisation (ἐνέργεια) et appliqué à la forme la distinction aristotélicienne entre deux degrés d'actualisation[291]. Il ne s'agit pas tant alors de distinguer, purement et simplement, entre exercice et non exercice d'une capacité déjà acquise, que d'infléchir cette opposition circonstancielle dans le sens d'une distinction, elle aussi aristotélicienne, entre εἶναι et εὖ εἶναι[292]. On remarque en effet, comme nous l'avons déjà souligné à plusieurs reprises, que dans les nombreux passages où Alexandre recourt à la notion de τελειότης, il s'agit toujours d'une forme de « second degré », c'est-à-dire de l'ultime perfectionnement (formel) d'un être déjà détenteur d'une nature formelle bien déterminée[293].

---

291 Qu'Aristote introduit noir sur blanc en *Phys.* VIII 4, 255a 30-b 5, et qu'Alexandre manipule dans le champ psychologique. Cf. *Mantissa*, § 2 (Περὶ νοῦ), 106.19 sqq.

292 Cf. *Du sens* 1, 436b 18–437a 1. La mention du « bien », εὖ, figure évidemment en bonne place dans la discussion aristotélicienne du τέλειον. Cf. *Metaph.* Δ 16, 1021b 14–16, 31–32.

293 Passons brièvement certains cas en revue. Dans la Quaestio I 25, 40.22–23, Alexandre identifie la τελειότης du corps astral à son mouvement circulaire. Très clairement, le corps astral, en tant que tel, est déjà plus qu'informé ; son mouvement circulaire ne fait qu'achever sa forme, la porter à son ultime perfection. Dans la *Quaestio* II 3, 48.12, on trouve la thèse de la *Physique* que le fait de se trouver dans son lieu propre constitue la τελειότης de chacun des corps simples. Alexandre considère évidemment que ces corps ont une forme, celle-là même qui s'exprime dans leur ἔφεσις. L'existence dans le lieu propre n'est donc ici encore qu'achèvement, complétion, ultime réalisation formelle. La même thèse revient dans la *Quaestio* II 18, 62.18–30, où la trajectoire des corps simples vers leur lieu propre est dite réaliser un cheminement « de l'imperfection vers la perfection » (ἐξ ἀτελείας εἰς τελειότητα), par opposition au mouvement circulaire qui, comme on l'a vu plus haut, imite selon Alexandre le meilleur des êtres. La *Quaestio* II 19, 63.18–22 est instructive, car elle distingue explicitement « la perfection selon l'être et la perfection selon l'être-bien » (τήν τε κατὰ τὸ εἶναι καὶ τὴν κατὰ τὸ εὖ εἶναι τελειότητα), laissant ainsi supposer que la τελειότης véritable est dans une rapport de supériorité axiologique par rapport au simple bien que représente la forme dans son état premier. Enfin, en *De fato* 197.30–198.3, Alexandre présente la vertu (ἡ ἀρετή) comme « la perfection et le sommet de la nature propre de tout homme » (τελειότης … καὶ ἀκρότης τῆς οἰκείας φύσεως ἑκάστου). Le schème est donc encore une fois identique : un homme sans vertu est bien sûr un homme ; mais l'accomplissement supérieur de l'homme, c'est d'ajouter, à sa forme (εἶδος) humaine, l'accomplissement ultime de la vertu. Ce schème permet évidemment de contourner la déclaration

Cette duplication de l'εἶδος est bien sûr d'un intérêt immédiat dans le contexte de polémique intra-aristotélicienne autour de *Phys.* I : Alexandre peut en effet interpréter la forme dont il y est question comme une τελειότης, c'est-à-dire comme la réalisation d'une matière déjà informée, d'une matière dont c'est une forme déjà présente en elle qui explique le comportement régulier. On notera aussi que la doctrine de la τελειότης permet à Alexandre d'introduire une note plus affirmée de *finalité* au sein même de la constitution de l'εἶδος aristotélicien. La τελειότης, en effet, est cette sorte de « forme de la forme » en tant qu'elle en est la fin.

Alexandre oppose très clairement la τελειότης des astres, qui consiste dans une certaine ὁμοίωσις, à celle des corps simples élémentaires, qui se réalise lorsqu'ils atteignent leur lieu propre. On peut dès lors se demander comment l'Exégète pense pouvoir éviter, comme Aristote le demande[294], d'assimiler le lieu à une cause finale. Les commentateurs anciens sont malheureusement silencieux sur ce point. Tentons de combler cette lacune à l'aide des scholies.

Il y a deux raisons de ne pas considérer le lieu comme une cause finale. La première est la plus forte mais, paradoxalement, aussi la plus insatisfaisante : elle consiste à distinguer lieu et lieu propre et à souligner que le lieu, à la différence du lieu propre, n'a rien de final : que je me trouve en tel lieu à tel instant n'est en rien une fin pour moi. Restreignons cependant la question au seul cas des lieux propres. Ne pourrait-on pas dire, puisque les corps simples y tendent, qu'ils sont pour eux des causes finales ? Simplicius et Philopon s'accordent à le dénier, au motif qu'une cause finale doit consister dans une transformation du sujet qui la vise et l'atteint ; or le lieu propre ne transforme pas le sujet (le corps simple) qui y parvient ; le lieu propre n'est donc pas une cause finale du corps simple[295].

À lire les scholies **79** et **81**, qui semblent prêter à Aristote le principe ὅμοιον πρὸς ὅμοιον, on pourrait croire qu'Alexandre commet deux erreurs majeures, l'une exégétique et l'autre historique. Celle-ci consisterait à assimiler la doctrine d'Aristote à celle de Platon à laquelle elle s'oppose ; celle-là, à ne pas remarquer la contradiction flagrante entre le texte de *Physique* IV, chap. 1–5, ainsi interprété et les déclarations explicites de *De caelo* IV 3, 310b 1–7, où Aristote oppose de la manière la plus nette sa théorie des lieux naturels à une doctrine selon laquelle une parcelle d'un certain corps ne chercherait jamais qu'à regagner le tout de ce corps. Il est très peu probable – pour ne pas dire impossible – qu'Alexandre se soit aussi grossièrement fourvoyé. Ce sentiment

---

explicite de *Phys.* I 9, 192a 20–21, selon laquelle la forme, du fait de son absence de besoin (διὰ τὸ μὴ εἶναι ἐνδεές) ne saurait tendre vers elle-même (αὐτὸ αὑτοῦ).

294 *Phys.* IV 1, 209a 18–22.

295 Les deux commentateurs éprouvent un certain embarras. Cf. Simplicius, *In Phys.* 533.19–32 et Philopon, *In Phys.* 509.8–12.

se renforce à la lecture de Simplicius, qui dépend probablement d'Alexandre et expose très lucidement la position d'Aristote[296].

De fait, la solution d'Alexandre est plus subtile et n'apparaît qu'au détour d'une phrase du commentaire au traité du vide[297]. Les corps simples, nous dit la scholie **118**, tendent vers leur semblable non pas *simpliciter* (ce serait du platonisme scolaire)[298], mais *en tant que* leur position relative permettra de réaliser une structure d'ordre[299] : « Aristote dit quant à lui que la cause du mouvement naturel selon le lieu est qu'il faut que les corps propres et parents soient placés les uns à côté des autres »[300]. Plus précisément, ils tendent primordialement vers un certain ordre impliquant des positions relatives. Leur ἔφεσις est dirigée vers cette disposition ordonnée, et leur τελειότης a lieu quand celle-ci se réalise ; secondairement, il y a donc un sens à dire qu'ils tendent vers un certain « corps » ; et de manière encore plus dérivée, on peut dire qu'ils tendent vers un certain *lieu*, puisque ils tendent *de facto* vers la limite du corps parent englobant (c'est la thèse exprimée par la scholie **81**). Il y a donc *deux* degrés d'approximation lorsqu'on dit communément que les corps simples tendent « vers leur lieu propre ». Ils ne tendent en réalité que vers la réalisation du meilleur ordre possible. Il n'est pas sûr qu'Alexandre *trahisse* Aristote en adoptant cette interprétation. Il évite en tout cas parfaitement l'écueil d'un finalisme grossier. Le seul finalisme qui demeure, de fait, tient à l'idée que le cosmos affiche l'ordre le meilleur possible. Or, qui déniera qu'une telle idée parcourt toute la philosophie naturelle du Stagirite ?

Alexandre semblait suivre Théophraste dans son attribution d'une ἔφεσις aux corps célestes[301]. Il est d'autant plus intéressant que celui-ci, dans sa *Métaphysique*, dénie une telle faculté aux corps sublunaires, mais sur un mode aporétique[302]. En généralisant le rôle de l'ἔφεσις dans la dynamique, Alexandre répond donc implicitement à cette difficulté soulevée par son prédécesseur.

296 Cf. Simplicius, *In De caelo* 698.17–699.2.

297 Ad *Phys.* IV 8, 214b 16–17.

298 Scolaire, parce que ce principe est en réalité subordonné, selon notre interprétation du *Timée*, à l'idée (relationnelle, en ce qu'elle implique le déploiement d'un rapport d'analogie) d'ordre cosmique. Or cette théorie platonicienne des strates élémentaires est aussi, comme on va le voir, celle d'Alexandre. La seule différence entre Platon et Alexandre, sur ce point, ne réside plus dès lors que dans la façon dont chacun interprète l'idée d'ordre elle-même.

299 ce qui est en réalité aussi du platonisme – on pourrait montrer qu'une telle thèse est fondamentale pour le *Timée* –, mais du platonisme moins incompatible avec le *De caelo* que l'idée d'une attraction du même par le même.

300 ὁ μὲν Ἀριστοτέλης αἰτίαν λέγει τῆς φυσικῆς κατὰ τόπον κινήσεως τὸ δεῖν ἐφεξῆς κεῖσθαι ἀλλήλοις τὰ οἰκεῖα καὶ συγγενῆ σώματα.

301 Cf. *supra*, p. 137, n. 266.

302 Cf. Théophraste, *Metaph.* §9, 5b 10–17.

On avait remarqué plus haut que, si l'on voulait éviter que la théorie du mouvement des corps simples ne fût un sophisme, il fallait accorder deux thèses implicites. La première, que le lieu ne fût pas simplement l'espace occupé par le corps mais partie intégrante de sa perfection ontologique. Ensuite, que l'existence des différents corps fût de durée finie, pour pouvoir tenir tout corps simple pour le résultat de la transformation d'un corps préexistant. Alexandre, peut-être le seul des exégètes anciens et modernes, semble avoir compris que les deux points faisaient l'objet de démonstrations importantes au livre IV de la *Physique*. Avec son interprétation de la doctrine du lieu, il établit en effet mieux qu'Aristote, si l'on peut dire, que le lieu a partie liée avec la *réalisation* (τελειότης) des êtres dans le lieu. De même, le traité du temps développe, *tout particulièrement dans la lecture d'Alexandre* – qui oppose être et mouvement pour pouvoir mieux neutraliser la temporalité gênante, pour Aristote, du mouvement astral –, des considérations modales visant à opposer nettement *êtres* sublunaires (de durée finie, c'est-à-dire strictement englobée dans le flux infini du temps) et *êtres* supralunaires (de durée infinie, coextensive au flux infini du temps). Ce faisant, Alexandre démontre dès le livre IV que tout être sublunaire est de durée finie, qu'il est donc nécessairement précédé, dans l'ordre des générations, par autre chose que lui. Il paraît au bout du compte probable qu'Alexandre a interprété le traité du lieu et celui du temps, au livre IV, comme un premier moment essentiel de la démonstration du Premier Moteur au livre VIII. Car chacun des deux grands ensembles du livre IV fournit une prémisse essentielle au succès de la démonstration du fait que tout ce qui est mû est mû par autre chose, dans le cas, épineux entre tous, du mouvement des corps simples.

c. Le système cosmologique d'Alexandre

On a vu dans les deux sections précédentes comment Alexandre avait systématisé l'usage de la τελειότης comme achèvement d'une forme déjà existante. Cette doctrine est en accord avec le caractère foncièrement *donné* de l'être des corps supralunaires. Le mouvement circulaire procure aux astres leur perfection, en ce qu'il leur permet de s'assimiler autant que possible au Premier Moteur immobile. Il n'y a donc pas de providence du Premier Moteur à l'égard du Premier Mû, car celui-ci existe pleinement et entièrement, indépendamment même, si l'on peut dire, de celui-là. Il y a en revanche une véritable providence qui s'exerce du monde divin des astres sur le monde sublunaire parce que les parcours astraux sont des conditions nécessaires de l'information biologique ici-bas.

Les chercheurs qui se sont intéressés à la théorie de la providence d'Alexandre n'ont peut-être pas assez souligné cette différence de statut produite par l'opposition des deux mondes, *justifiée* dans la seconde partie de *Phys.* IV 12[303]. Le fait que ni le(s) Premier(s) Moteur(s) ni l'éther ne demandent à être justifiés quant à leur *être* – conséquence directe de la déclaration selon laquelle leur être, à la différence des mouvements astraux, n'est pas dans le temps – les rapproche étroitement dans le cadre d'une doctrine cosmologique de la providence : la providence s'exercera surtout de cette « zone », qui *est* de manière inconditionnelle, sur une zone où l'existence se confond toujours avec un travail de la forme pour se réaliser et perdurer dans le temps.

Cet action du supralunaire sur le sublunaire est comprise par Alexandre, c'est du moins ce que l'on a tenté de montrer ailleurs, de manière profondément mécanique[304]. Il s'agit d'expliquer la forme (εἶδος) des êtres sublunaires, qui perdure à l'identique depuis un temps infini. Alexandre remplace l'analogie de l'automate (τα αὐτόματα) que l'on trouvait en *De generatione animalium* II 1, 734b 4–19 et II 6, 741b 7–9 par celle des marionnettes (τὰ νευροσπαστούμενα)[305]. On pourrait croire, à la lecture superficielle du texte d'Alexandre, que ce changement ne prête guère à conséquence. Ce serait une erreur : en remplaçant l'analogie technique de l'autarcie cinétique par celle du téléguidage, Alexandre coupe court à une interprétation du *De generatione animalium* qui se passerait du Premier Moteur. La forme d'un individu biologique est contrôlée par un double fil, celui de son géniteur et, tout aussi fondamental aux yeux d'Alexandre, celui qui le relie au « soleil », c'est-à-dire à l'ensemble des révolutions astrales.

L'image de la marionnette est-elle inédite dans le corpus d'Aristote ? Oui et non. Aristote lui-même n'a jamais éprouvé le besoin de sceller un peu solidement les développements du *De generatione animalium* et ceux de la *Physique*, en expliquant en particulier de manière précise, et non simplement programmatique, le rôle joué par les révolutions astrales dans la perdurance de la forme hylémorphique. Mais c'est probablement, au fond, parce que la chose allait de soi. Car si la forme est léguée du parent au rejeton, c'est pour autant que le milieu biologique, lui-même dépendant de l'atmosphère et donc du ciel, le permet.

Et pourtant, ce n'est sûrement pas un hasard si l'image des marionnettistes apparaît dans le *De mundo*, œuvre attribuée dès l'Antiquité à Aristote, qui plus est dans le cadre d'une analogie visant à expliciter le rapport de Dieu au monde. Voici une traduction de ce texte[306] :

303 Cf. *supra*, p. 74 sqq..
304 Cf. *Essentialisme*, chap. X, p. 261–293.
305 Cf. Simplicius, *In Phys.* 311.1–18.
306 Ps.-Aristote, *De mundo* 398b 1–27.

> Il faut considérer que la supériorité du Grand Roi par rapport à celle du Dieu qui régit l'univers est autant inférieure que, par rapport à celle-là, celle de l'animal le plus médiocre et le plus faible, en sorte que s'il apparaissait indigne au yeux de Xerxès de réaliser soi-même toutes choses, d'achever ce qu'il voulait et de poursuivre chaque but en particulier, cela pourrait bien être encore plus inconvenant pour Dieu. Mais il est plus digne et plus convenable de penser qu'il occupe la position la plus éminente et que sa puissance, parcourant tout l'univers, meut le soleil, la lune et fait tourner tout le ciel, et qu'elle est cause, pour les choses terrestres, de salut. Il n'a en effet besoin d'aucun artifice parmi ceux qui ont cours chez nous, à la façon dont ceux qui commandent ont besoin de nombreuses mains en raison de leur faiblesse, mais c'est cela qui était le plus divin, de réaliser avec aisance et d'un simple mouvement des formes en tout genre, plus ou moins comme font les artisans qui réalisent, par un seul tour de leur instrument, des actions nombreuses et variées. Et de même aussi que les marionnettistes (οἱ νευροσπάσται), en tirant un seul fil, font se mouvoir et la nuque et la main de la figurine, ainsi que son épaule et son œil, et parfois tous ses membres, avec une certaine harmonie, de même, donc, la nature divine, à partir d'un mouvement simple du premier transmet sa puissance aux êtres qui lui sont continus, de ceux-ci derechef à d'autres plus éloignés, jusqu'à ce qu'elle ait parcouru le Tout. Car chaque chose étant mue par une autre, elle-même derechef en meut une autre avec ordre ; et bien que toutes agissent en conformité avec leur constitution, sans que la voie soit la même pour toutes, mais plutôt distincte et différente, et parfois contraire, il n'en reste pas moins que la première constitue comme l'impulsion unique du mouvement.

Alexandre a sans doute trouvé ici l'expression la plus forte du principe de verticalité mécanique auquel tendait son interprétation du corpus authentique. Qu'il ait ou non considéré le *De mundo* comme authentique – et rien ne nous dit qu'il l'ait rejeté comme apocryphe – il y aura trouvé formulée une idée profondément aristotélicienne. Dieu, assimilable au Premier Moteur, n'accomplit rien par lui-même. Le premier *agent* véritable est le Premier Mû, qui se déplace « d'un simple mouvement ». Bien sûr, l'anthropomorphisme du *De mundo* passe sous silence le fait que le Premier Mû n'est pas à proprement parler actionné par le Premier Moteur mais l'imite. La transposition est cependant immédiate. Son action peut se comparer à celle du marionnettiste qui, en actionnant un seul fil, imprime des mouvements complexes et variés au pantin. De même, le mouvement du Premier Mû est tel qu'il actionne l'ensemble du cosmos et de ses mouvements. Cette action produit le *mouvement* des astres et ce mouvement assure la *sauvegarde* des êtres sublunaires.

Nous nous trouvons donc confrontés au paradoxe de la combinaison d'un modèle mécaniste, selon lequel les changements s'expliquent par téléguidage, et de la thèse de l'ἔφεσις des différents corps. Alexandre affiche en effet la singularité d'insister plus qu'Aristote à la fois sur le mécanisme *et* sur le vitalisme au principe du mouvement des instances cosmiques. Notons tout d'abord que cette tension couvait chez Aristote, qui ne devait peut-être sa cohérence qu'à l'obscurité notoire des développements de *Physique* VIII.

L'ouverture vers le haut du schéma proposé plus haut est révélatrice de l'incapacité d'Aristote à résoudre la tension subsistant entre des principes aussi hétérogènes que l'ordre de la nature, le Premier Moteur ou les critères de l'action. Les choses sont donc laissées dans une prudente pénombre par le Stagirite.

Cette difficulté est redoublée par celle de la causalité du Premier Moteur. Les exégètes se sont opposés, depuis l'Antiquité, sur le type de causalité en jeu[307]. Et depuis Philopon et Simplicius tout au moins, on a vu en Alexandre le héraut d'une causalité finale, et non efficiente, du Premier Moteur. C'est vrai jusqu'à un certain point. Dans son interprétation générale de *Physique* I, pour des raisons de cohérence textuelle qui recouvrent partiellement les tensions de *Métaphysique* Λ, Alexandre tente en effet d'assimiler, dans le Premier Moteur, forme, agent et fin. Que la forme soit fin se conçoit assez aisément dans le cadre de son aristotélisme ; il faut en revanche forcer un peu les choses pour démontrer que le Premier Moteur est aussi cause agente. La solution d'Alexandre est de dire qu'il l'est transitivement, au sens où la dernière sphère, mue par lui, meut à son tour l'ensemble des êtres[308].

Un tel argument peut faire l'objet de deux lectures. La première n'y verra qu'argutie verbale. Le Premier Moteur meut de manière simplement finale, le Premier Mû de manière simplement efficiente, et ce n'est qu'en vertu d'un sophisme que l'on peut transférer à la causalité du Premier Moteur celle du Premier Mû. On peut cependant aussi interpréter le texte de manière plus charitable, en prenant davantage en compte le fait que la substance qu'est le Premier Moteur entretient un rapport très particulier et, à vrai dire, peu intelligible, avec la substance qu'est l'âme du Premier Mû. Relisons, pour nous en convaincre, l'importante scholie **818**, destinée à gloser les mots ἐν μέσῳ[309], « au centre », d'Aristote :

> Il ne faut pas entendre ici « dans quelque chose » comme « dans un lieu » (car il a été prouvé être sans partie), ni non plus comme étant une forme de ce dans quoi il est – car il serait ainsi âme et entéléchie de la puissance du premier corps –, mais comme une substance dans une substance, incorporelle par soi, et non comme une forme. Si en effet le ciel est quelque chose d'animé et qu'il se meuve selon l'âme qui est en lui et qui est sa forme, néanmoins, outre le fait d'être mû par l'âme qui est en lui, il a besoin de quelque chose d'autre, qui lui procure le principe de son mouvement. Pour tous les êtres animés, de fait, un certain étant extérieur devient pour eux cause et principe du mouvement local selon l'âme, si du moins ce sont bien l'impulsion et le désir de quelque chose qui accomplissent le mouvement selon le lieu des êtres animés.

---

307 Cf. *supra*, n. 229.
308 Cf. *supra*, n. 234.
309 *Phys*. VIII 10, 267b 6–7.

Cet excursus d'Alexandre est suscité par la formulation d'Aristote qui semble vouloir localiser le Premier Moteur (cf. ἐν). L'Exégète précise donc qu'il ne faut pas entendre le ἐν au sens d'un lieu (ὡς ἐν τόπῳ) – puisque l'on sait déjà que le Premier Moteur n'est pas spatialement étendu – ni même, ce qui est plus intéressant, comme une forme dans un substrat – Alexandre confirme par là implicitement qu'il ne conçoit pas une telle inhérence comme une contenance locale – mais comme l'inhérence d'une « substance incorporelle par soi dans une substance ». Une substance qui, précise encore Alexandre, n'inhère pas à une autre substance en tant qu'elle en serait la forme. Il faut donc distinguer entre l'âme du Premier Mû, qui est la forme (encore qu'atypique) du corps astral, et le Premier Moteur, qui est une substance incorporelle et par soi « dans » la substance qu'on doit certainement identifier au corps astral pourvu de son âme. Inutile de préciser que ce troisième type d'inhérence est postulé mais ne saurait faire l'objet d'une description précise. Tout au plus peut-on supposer que le Premier Moteur « habite » le Premier Mû, s'impose en quelque sorte à lui, sans pour autant se confondre avec lui ni l'informer comme le ferait un εἶδος plus ou moins standard.

Les choses étant telles, il est évident qu'on retrouvera, dans la question du rapport entre l'efficience et la finalité de la causalité du Premier Moteur, des difficultés similaires à celles qui surgissent avec ce troisième sens, tout à fait atypique, de l'inhérence. Si donc on accepte la validité de cette analogie, on admettra que l'instance de la causalité finale doit être distincte de celle de la causalité efficiente, mais que cette distinction est aussi peu une séparation que l'est la distinction entre la substance immatérielle et la substance *dans* laquelle est cette dernière. Ce qui veut dire qu'Alexandre n'est pas loin de considérer l'écart entre Premier Moteur et Premier Mû comme à la fois parfaitement réel et tendanciellement nul[310].

Contre Eudème en particulier, qui semble placer le Premier Moteur sur un méridien céleste, Alexandre défend la thèse selon laquelle celui-ci est localisé sur toute la surface externe du Premier Mû. De cette manière, précise Alexandre, le Premier Moteur est bien à la fois (i) immobile, (ii) unique et (iii)

---

310 Il y a là une reformulation, plus subtile, de la position de Nicolas de Damas, qui, d'après un fragment arabo-hébraïque nouvellement découvert, consistait à purement et simplement assimiler, dans le Dieu de *Metaph.* Λ, les causes agente, formelle et finale. Cf. Silvia Fazzo et M. Zonta, « Aristotle's Theory of Causes and the Holy Trinity. New Evidence About the Chronology and Religion of Nicolaus »of Damascus« », *Laval théologique et philosophique* 64, 2008, p. 681–690. À la différence des auteurs de cet article, je ne vois pas en quoi cette thèse pointerait vers un penseur chrétien. Dire que « Dieu est un en substance, trois en définition » est parfaitement aristotélicien, si l'on restitue, derrière le terme « définition », le simple terme λόγος. L'idée devient alors que Dieu, qui constitue bien sûr une unique entité, est susceptible de trois *acceptions* diverses.

très proche de ce qui se meut le plus rapidement, à savoir la sphère des fixes[311]. Alexandre, tout au moins dans son commentaire à la *Physique*, ne semble pas avoir précisé ce qu'il en était du Moteur immobile de chacune des sphères célestes. Il se contente en effet d'opposer le Premier Moteur de la sphère des fixes, immobile à tout point de vue, aux *âmes* des sphères des planètes, mues par accident par la sphère des fixes. Rien n'exclut – ni n'impose – de penser que les Moteurs immobiles des sphères des planètes, qu'il ne faut pas confondre avec leur âme, sont eux aussi immobiles y compris par accident. Il suffit pour cela d'imaginer que leur rapport à la sphère de la planète est le même que celui du Premier Moteur à la sphère des fixes.

Pourquoi les âmes des sphères des planètes sont-elles mues *par accident* ? Parce que, dit Alexandre, elles ne sont pas séparées de ces sphères. Elles sont donc localisées dans un espace tridimensionnel, et cet espace est mû d'un mouvement qui combine un mouvement propre, dû au Moteur immobile qui correspond à cette âme, et un mouvement dû au mouvement de la sphère des fixes. Si l'âme est mue par accident par autrui, c'est parce que le mouvement qu'elle effectue avec la sphère où elle réside n'est pas le mouvement qu'elle imprime. C'est ce qu'Alexandre semble dire dans une citation allusive de Simplicius[312] :

> Alexandre dit que les âmes dans les sphères des planètes sont mues par accident, non pas cependant par elles-mêmes, mais par <la sphère> (?) qui meut leurs corps, du fait qu'elles sont dans ces corps mus en des directions qui ne sont pas celles vers lesquelles ils sont mus sous l'effet des entités immobiles en eux.

En revanche, l'âme de la sphère des fixes n'est pas mue *par accident par autrui*, parce que la sphère où elle réside n'est pas mue d'un mouvement autre que celui que l'âme lui imprime[313] :

> Mais la cause première, dit-il, celle qui meut la sphère des fixes, pourrait bien n'être mue par accident ni par elle-même ni par autrui, du fait que c'est d'un unique mouvement que se meut la sphère des fixes – et que celui-ci s'accomplit alors que les pôles demeure à la même place – ou bien du fait que cette cause n'est pas le moins du monde forme du corps mû, mais une certaine substance séparée.

Aristote laisse la place, dans ce passage, à une grande hésitation. Devrons-nous dire que l'âme de la sphère des fixes est immobile parce qu'elle occupe un corps à la position globalement invariante ? Mais dans ce cas, il faudra dire la même chose de toute âme céleste, puisque les sphères sont concentriques, que donc toutes les âmes célestes occupent un espace globalement invariant. Dirons-nous alors que cette âme est mue par autrui non par accident ? Mais

311 Cf. Simplicius, *In Phys.* 1354.12–34.
312 Simplicius, *In Phys.* 1261.30–33.
313 *Ibid.*, 1261.33–1262.2.

alors, le modèle n'a rien qui le distingue de celui du mouvement animé sublunaire : une âme, d'un certain point de vue, *se* meut en mouvant le corps de l'animal et, d'un autre point de vue, est mue par un objet intentionnel.

C'est cette hésitation qu'Alexandre essaie de contourner, en faisant jouer, plus qu'Aristote, un critère *psychologique* pour caractériser le mouvement[314]. « Être mue accidentellement », pour une âme, ce n'est pas faire l'objet d'un mouvement, c'est être l'âme d'un corps effectuant un mouvement, en l'occurrence une rotation, dont la direction n'est pas celle imprimée, c'est-à-dire *voulue*, par cette âme.

Demeure un problème. Avec la distinction qu'il a introduite, Alexandre peut rendre compte du fait que les âmes des sphères planétaires sont mues par accident par autrui. Mais que faudra-t-il dire de l'âme de la sphère des fixes ? Certes, elle n'est pas mue par autrui par accident. Mais est-elle mue par autrui (le Premier Moteur) non par accident ou n'est-elle pas mue du tout ? Cette hésitation se reflète dans la dernière phrase de la citation, qui peut être lue des deux manières : soit disant que l'âme ne se meut pas *du tout* parce que la trajectoire de sa sphère correspond à son « intention »[315], soit qu'en vertu de ce même fait, il n'y a pas une once *d'accidentalité* dans son mouvement de rotation. La première solution est moins satisfaisante en soi mais fournit une meilleure exégèse, puisqu'elle ménage une différence entre l'âme de la sphère des fixes et les autres ; la situation est inverse avec la seconde. C'est sans doute parce qu'il s'est rendu compte qu'il était en terrain glissant qu'Alexandre a jugé bon d'introduire une autre explication de l'immobilité du principe supérieur, juxtaposée par un ἤ dont la brièveté en dit long sur son embarras : *exit* la question si difficile de l'âme, on se bornera à affirmer l'immobilité pleine et entière du Premier Moteur.

Las ! le problème réapparaît avec la nécessité de localiser celui-ci : si l'âme est mue en tant que logée dans le corps de telle ou telle sphère, pourquoi le Premier Moteur, dès lors qu'il est localisé à la surface du Premier Mû, n'est-il pas tout aussi mû que l'âme ? Et si l'âme n'est pas mue du tout, quelle différence entre son immobilité et celle du Premier Moteur ? Comment éviter avec un Premier Moteur, sans doute un intellect, à la surface de la sphère, les périls qui nous environnaient lorsque nous envisagions une âme inhérente à la sphère ? Alexandre n'a pas alors d'autre choix, en VIII 10, que d'oublier ses hésitations de VIII 6 et de dire que le Premier Moteur est absolument immobile parce que la surface externe du monde est globalement invariante – critère, on vient de le voir, parfaitement insuffisant. Le Premier Moteur est

---

314 On avait vu un cas semblable lors de notre étude de sa cinématique. Cf. *supra*, p. 102.

315 L'âme, autrement dit, n'est pas « déportée » par un principe extrinsèque.

donc à la fois purement surfacique, car sinon il serait un corps, et sis sur toute la sphère, parce que sinon il se mouvrait[316].

Alexandre dit au moins à deux reprises que le Premier Moteur est une substance séparée et non une forme[317]. Il faut donc que sa théorie de la « surface » (ἐπιφάνεια) lui permette une telle affirmation. On retrouve de fait avec celle-ci certaines des ambiguïtés que nous avions commentées lorsque nous avions examiné sa théorie des êtres mathématiques. Si en effet Alexandre est convaincu que les surfaces ne peuvent subsister à titre séparé, indépendamment de la dimension de profondeur (cf. *In Metaph.* 230.25), que donc les surfaces ne sont pas des substances au sens aristotélicien standard (ni même en tant qu'elles seraient des parties des substances, cf. *In Metaph.* 373.30–32), il ne considère pas, néanmoins, qu'elles ne possèdent aucune substantialité. Il affirme, dans son commentaire à la *Métaphysique*, qu'« outre le fait d'être des limites, elle semble signifier une certaine nature propre, et une essence » (πρὸς γὰρ τῷ πέρατα εἶναι καὶ φύσιν τινὰ οἰκείαν σημαίνειν δοκεῖ καὶ οὐσίαν)[318]. C'est qu'en un sens, les surfaces sont bien des parties des substances. Dans son commentaire à la *Métaphysique*, Alexandre précise ainsi qu'il y a un sens plus général auquel on peut dire que les limites (πέρατα) des corps sont elles aussi des substances. « La surface », poursuit-il, « est une partie de la définition du corps, et par elle le corps est défini »[319]. Il ne faudrait pas croire que cette thèse n'apparaît qu'en raison du statut un peu à part du livre Δ. Dans son commentaire à la *Physique*, Alexandre n'hésitait pas à écrire (scholie **32**) : « La surface dans le corps, nous recherchons si elle y est comme un état, ou une affection, bref, comme dans un sujet ; ou plutôt, ce qui est meilleur, comme une partie, en tant que partie du corps (comme Aristote lui-même l'a dit), non en tant qu'il est de telle quantité ou en tant qu'il est totalité, mais en tant qu'il est tridimensionnel »[320].

Il semble donc bien que pour Alexandre, la surface, par sa nature délimitante, a part à la forme, donc à l'essence, donc à la substance. Ce n'est certes pas une substance séparée (contre les Platoniciens) ; mais ce n'est pas non

---

316 Cf. scholie **821**.

317 Cf. Simplicius, *In Phys.* 1261.33–1262.2 et 1354.27–29 (avec la scholie **818**). Alexandre caractérise cette relation, de manière assez curieuse d'un point de vue strictement aristotélicien, comme l'inhérence d'une substance à une substance (ὡς οὐσίας ἐν οὐσίᾳ). L'expression apparaît à l'identique dans un passage fameux du Περὶ νοῦ, 112.10 (ὡς οὐσίαν ἐν οὐσίᾳ καὶ ἐνεργείᾳ εἶναι) pour décrire le problème auquel son *adversaire* platonicien – sans doute Atticus – est confronté. Mais il est tout à fait possible que l'Exégète reformule ici les choses dans sa propre terminologie (suggestion de Pamela Huby mentionnée dans Alexander Aphrodisiensis, *De anima libri mantissa*, ed. by R. S. Sharples, Berlin / New York, 2008, p. 155).

318 Alexandre, *In Metaph.* 374.10–11.

319 Alexandre, *In Metaph.* 373.30–31.

320 Cf. Simplicius, *In Phys.* 554.16–21. Voir notre commentaire *infra*, p. 195.

plus une construction arbitraire de l'esprit humain. La surface a un mode d'existence qui lui est propre, notionnellement autonome et matériellement dépendant. C'était le sens ontologiquement le plus dense, comme on l'avait vu, de l'existence ἐπινοίᾳ des objets mathématiques selon Alexandre[321]. Même si ce n'est pas le *seul* sens – puisque dans certains contextes déflationnistes, Alexandre fait tendre ἐπινοίᾳ vers l'idée d'une construction artificielle – il va de soi que la surface représente, par excellence, le type d'objet mathématique possédant une existence objective, en particulier quand la surface considérée, à l'instar de celle des êtres célestes, possède une configuration aussi aisément exprimable, d'un point de vue mathématique, que celle de la sphère.

Alexandre se trouvait sans doute conforté dans cette approche par la théorie aristotélicienne de la couleur, sur laquelle il est souvent revenu[322]. Le corps, pour exister, doit être délimité. En tant que le corps est ce qu'il est, à savoir un corps, il est délimité par une surface. Mais en tant que le corps a la propriété d'être diaphane, il est délimité, si l'on peut dire, par une couleur. Cette théorie conduit à traiter la surface comme une sorte de réceptacle, voire de substrat, de la couleur. Alexandre peut ainsi affirmer que « la surface est analogue à la matière, la couleur à la forme »[323]. En tant que substrat, la surface possède une existence sinon indépendante, du moins fortement individualisée.

En l'absence de toute indication explicite à cet égard, il serait bien sûr très arbitraire de prétendre qu'Alexandre ait *voulu* rapprocher Premier Moteur et couleur. Et pourtant, on peut affirmer, en s'en tenant à une simple description de sa doctrine, que le Premier Moteur se trouve à la surface du Premier Mû de la même façon que la couleur réside à la surface des corps, sans être elle-même un corps. La seule différence entre les deux doctrines est que le Premier Moteur, à la différence de la couleur, est une substance première. On ne peut donc pas dire qu'il appartient au Premier Mû comme la couleur appartient à son objet.

Cette analogie fournie par la localisation de la couleur permet en outre de rendre compte de l'immobilité même accidentelle du Premier Moteur. On peut en effet se demander, à la lecture du rapport fourni par Simplicius sur la théorie d'Alexandre, comment il se fait que la sphère des fixes soit dite « mue », alors que le Premier Moteur, pourtant localisé à sa surface, serait immobile. L'analogie de la couleur pourrait aider à comprendre cet état de choses : de même que si une sphère colorée – une sphère bleue, par exemple – tourne sous nos yeux, ce n'est pas la *couleur* qui tourne, mais bien la surface colorée, de même, quand la sphère des fixes effectue sa révolution, le Premier Moteur

---

321 Cf. *supra*, p. 63–64.

322 Cf. en particulier *Quaestio* I 2 et *In de Sensu* 44.8–47.20.

323 Alexandre, *In Metaph.* 415.12 : καὶ εἴη ἂν ὕλῃ μὲν ἀνάλογον ἡ ἐπιφάνεια, εἴδει δὲ τὸ χρῶμα.

n'est pas entraîné avec elle, mais seulement la surface où il réside. La théorie de la localisation surfacique du Premier Moteur pourrait donc expliquer, avec un peu d'imagination peut-être, non seulement que celui-ci ne soit pas un corps, mais aussi qu'il ne se meuve pas du tout, même au sens d'une rotation – ce qui permettrait de distinguer son cas de celui de l'âme.

d. Conclusion

On peut interpréter la cosmologie d'Alexandre de deux manières assez différentes, qu'on qualifiera respectivement de faible et forte. Selon l'interprétation faible, Alexandre a entériné l'indécision d'Aristote en conservant, comme son maître, un système ouvert. Il se serait contenté, en recourant à la terminologie de l'ἔφεσις et de la τελειότης, d'affiner la description aristotélicienne en recourant à un lexique stoïcisant de l'intentionnalité. On pourrait représenter les choses ainsi (cf. *supra*, p. 125) :

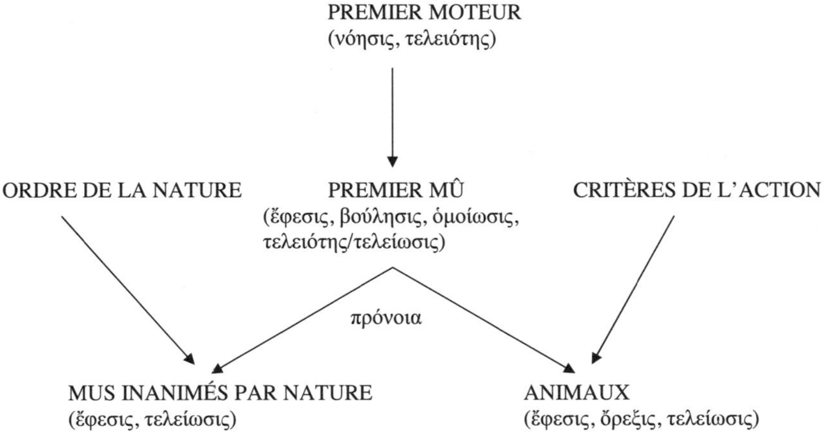

Alexandre aurait ainsi rattaché à chacune des relations fondamentales de *Physique* VIII un certain acte intentionnel. La νόησις serait associée à l'autoréflexion du Premier Moteur – en accord avec *Metaph.* Λ 7 –, comme en témoigne la Quaestio I 1, qui décrit le Premier Moteur comme « maximalement intelligible » (μάλιστα νοητόν) et les trois autres instances fondamentales du schéma – le Premier Mû, les corps sublunaires élémentaires et les animaux – seraient chacune mues par un type particulier d'ἔφεσις. Celle du Premier Mû viserait une assimilation au Premier Moteur, celle des corps simples la production du meilleur ordre sublunaire possible – cet ordre étant moins compris comme la réalisation de *leur* nature, à l'instar d'Aristote, que comme celle de *la* nature, ou du moins du monde où leur nature est au mieux employée. Enfin, les animaux, c'est-à-dire surtout les hommes, tendraient à parfaire leur propre nature en se comportant de la meilleure façon possible. Alors que l'activité d'auto-contemplation du Premier Moteur est une perfection achevée (τελειότης), celle des corps simples ou des animaux est toujours un processus de perfectionnement (τελείωσις), qui les mène du moins achevé vers le plus achevé. L'activité du Premier Mû, enfin, est paradoxale, et ce paradoxe correspond à celui, purement cinématique, d'une trajectoire éternelle dont les positions sont toujours en puissance. Le Premier Mû, en effet, est engagé dans un processus continu de perfectionnement qui lui est, aussi bien, une perfection éternelle. La part prise par le mouvement du Premier Mû dans les deux mouvements inférieurs a un nom : c'est la providence (πρόνοια) dans sa version (néo)-aristotélicienne.

Nous n'avons fait jusqu'ici que suivre de près Alexandre. On ne saurait donc aller plus loin sans spéculation. Pourtant, une étude attentive de la façon dont l'Exégète retouche la théorie du mouvement des corps simples élémentaires suggère une unification plus grande que chez Aristote. Il y a, à l'évidence, dans l'explication de leur mouvement telle qu'elle est fournie par Alexandre, une prise en compte de critères de perfection généraux qui ont, au fond, quelque chose d'esthétique. Les éléments tendent naturellement à constituer le meilleur ordre possible. Le beau (καλόν) et le bien (εὖ) sont intimement liés. On est dès lors frappé par la similitude entre leur τελείωσις et celle de l'homme. Car qu'est-ce que la vertu (ἀρετή), sinon la réalisation du beau et du bien humains ? Il n'est sans doute pas fortuit, dans ce contexte, qu'Alexandre décrive la vertu comme τελειότης ... καὶ ἀκρότης τῆς οἰκείας φύσεως ἑκάστου[324]. On remarquera en effet la combinaison frappante des termes τελειότης et οἰκεῖος, qui était au cœur de la théorie des lieux naturels, elle-même au fondement de celle du mouvement des corps simples. Ne nous hâtons pas d'y voir une récupération aristotélicienne de la doctrine stoïcienne de l'οἰκείωσις, selon laquelle chaque individu du cosmos serait naturellement porté à s'approprier son être véritable. Même s'il est indéniable qu'Alexandre, plongé comme il l'était dans une culture philosophique marquée par le stoïcisme, n'a pu demeurer indifférent à ce qui se passait autour de lui – sa doctrine de la providence, si besoin était d'une preuve, suffirait à l'établir –, il ne faudrait pas croire que l'on *expliquerait* ses positions en les ramenant simplement à leur contrepartie stoïcienne. Le système d'Alexandre demeure en effet anti-stoïcien parce qu'il refuse l'immanence du « principe actif » et se cantonne à des mécanismes mimétiques essentiellement aristotéliciens, quand bien même la μίμησις en question met en jeu une intentionnalité qui n'est pas entièrement conforme à la tonalité des écrits du maître. Ces rééquilibrages, quoi qu'il en soit, sont si univoques qu'une nouvelle doctrine, plus unifiée, se

324 Alexandre, *De fato* 27, 198.1.

dessine. En insistant à ce point sur l'ἔφεσις, qui est nécessairement tension vers un beau et un bien, Alexandre ne peut pas ne pas signifier que chacun des trois types d'êtres, et pas seulement le Premier Mû, se conforme d'une certaine manière au Premier Moteur. En tendant à réaliser l'ordre cosmique, ou la vertu, les corps élémentaires, ou les hommes, ne visent en effet qu'à produire un καλόν et un εὖ. Dès lors donc que nous savons qu'Alexandre interprète de manière forte *Metaph.* α 1 comme affirmant la dépendance de tout bien, de tout intelligible et de tout beau à l'égard du Bien, de l'Intelligible et du Beau suprême qu'est le Premier Moteur, on déduit qu'il s'est sans doute livré à une unification architectonique de la cosmologie aristotélicienne. Il a substitué – avec discrétion mais, selon nous, sans équivoque – à l'ouverture de l'aristotélisme, un système parfaitement clos, tout entier dépendant du Premier Moteur :

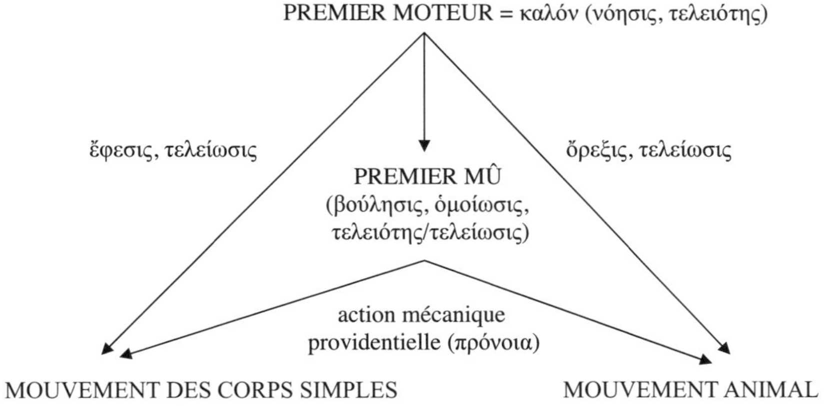

Il n'est guère besoin d'insister sur l'importance historique de ce réagencement subtil de l'aristotélisme. L'intuition générale, en dépit de différences immenses, facilitera l'intégration de l'aristotélisme par les néoplatoniciens concordistes. Plus profondément, Alexandre signe l'arrêt de mort de l'aristotélisme matérialisant de Boéthos. Le sujet de l'ἔφεσις, ce n'est plus la matière, mais bien la forme, qui cherche son perfectionnement. La physique de la τελειότης n'est autre que le système cosmologique où les formes elles-mêmes, et non les amas matériels, sont les individus.

Conclusion

Au terme de ce parcours, on doit souligner la grande similitude des résultats obtenus dans chaque chapitre. Nous avons en effet pu constater qu'à chaque fois, la théorie aristotélicienne présentait une tension entre une physique – ou une ontologie – des êtres sublunaires et le projet proprement cosmologique du Stagirite. Nous avons également observé qu'Alexandre, tout en étant très fidèle à l'intuition du Philosophe, avait légérement privilégié certains éléments en puissance dans son texte au détriment de certains autres.

Tentons donc de ressaisir les grandes lignes de la physique néo-aristotélicienne d'Alexandre. Celui-ci est sensible, plus qu'Aristote en raison du contexte hellénistique dont il subit les effets, à deux exigences théoriques distinctes qui, sans être *a priori* contradictoires, ne sont pas toujours compatibles. La première est celle d'expliquer la cohérence des êtres autour de nous, c'est-à-dire des substances sublunaires. Il ne s'agit pas alors de fonder la possibilité de leur subsistance – ni en expliquant comment ces êtres existent aujourd'hui, après un temps du monde qu'on imagine au moins très long, voire infini, ni même comment ces êtres existant aujourd'hui perdurent dans le temps – ; il s'agit simplement, dans ce cadre, de décrire leur structure comme on le ferait pour un artefact. Alexandre montrera ainsi que le lieu aristotélicien est une condition ontologique importante de l'existence des substances sublunaires, de même que le temps, de même que le mouvement encadré par un début et une fin, de même enfin que la distinction entre le moteur par soi immobile et ce qu'il meut. Or, et c'est le grand paradoxe cosmologique de la *Physique* d'Aristote, chacune de ces doctrines est faite de telle sorte qu'elle ne s'applique pas aux êtres supralunaires, ou tout du moins à certains d'entre eux. Ceux-ci ne sont pas dans un lieu, ne sont pas dans un temps, n'ont pas un mouvement encadré par deux repos et, à supposer même qu'on tienne pour universellement valide la distinction entre moteur immobile par soi et mû, requièrent que le (Premier) Moteur, c'est-à-dire celui de la sphère des fixes, soit immobile non seulement par soi, mais même par accident.

Une fois que l'on a identifié ces parallèles fondamentaux, le principe sous-jacent à l'entreprise aristotélicienne saute aux yeux. Il s'agit, en adoptant une théorie du lieu, du temps, de la cinématique et de la dynamique qui distingue aussi nettement les êtres supralunaires des êtres sublunaires, de fonder physiquement la distinction entre nécessité et contingence, c'est-à-dire d'éviter la tautologie consistant à dire que le nécessaire est nécessaire et le contingent contingent. On n'a pas assez prêté attention au fait que la *Physique* ne saurait tenir pour acquises les considérations modales du *De caelo* – puisqu'elle les précède dans l'ordre de l'exposé – mais que le *De caelo* traduit, si l'on peut dire, en termes modaux, des résultats *cosmologiques* obtenus en partie dans la *Physique*.

Le traitement du temps permet de fonder physiquement l'opposition modale entre nécessaire et contingent, surtout si, comme Alexandre, on restreint la distinction aux *êtres*, à l'exclusion du mouvement. Celui du lieu permet quant à lui de neutraliser l'objection au principe *omne quod movetur movetur ab alio* que paraît fournir le mouvement des quatre éléments sublunaires. La cinématique constitue le point de jonction entre théorie du lieu et du temps sublunaires : les trajectoires sublunaires sont localement et temporellement finies, ce qui permet d'interpréter les mouvements des quatre corps simples comme des réalisations ontologiques, le parcours en ligne droite – plus court chemin d'un point à un autre – s'effaçant dans sa spatialité pour ne plus exister, conformément à la définition du mouvement du livre III, que dans sa forme logique, celle d'un processus pourvu d'un début et d'une fin. Bref, les trois grands chapitres qui précèdent le livre VIII – l'étude du mouvement borné, celle du lieu et celle du temps – concourent dans le traitement de la grande difficulté du livre VIII, l'explication du mouvement des corps simples, et permettent seuls que l'explication qu'on en fournit ne mine pas par avance l'explication du mouvement circulaire des corps célestes. Bien au contraire : la circularité infinie se distinguera tout naturellement du schème de la réalisation logique exprimé par le mouvement rectiligne fini.

Le supralunaire, dans les trois cas, est construit comme une dégradation physique de l'intelligible platonicien, sous la forme d'un monde physique « supérieur ». Les astres ne sont pas dans un lieu même s'ils englobent l'univers, ils ne sont pas dans un temps même s'ils sont sempiternels, ils n'ont pas de trajectoires finies même s'ils ont des trajectoires.

En reprenant cette doctrine, tout en distinguant l'être du supralunaire (non dans le temps) de son mouvement (dans le temps), Alexandre suggère de placer le mouvement supralunaire dans une position intermédiaire entre l'être du supralunaire et celui du sublunaire, permettant ainsi de mieux rendre compte de l'unité du monde.

La doctrine d'Aristote, lorsqu'elle combine impossibilité des chaînes infinies et observation des régularités cosmiques (mouvement des corps premiers tenu pour rectiligne et mouvement des corps célestes tenu pour circulaire), permet d'établir la nécessité du ciel et la contingence des phénomènes d'ici-bas, nécessaires seulement spécifiquement. En revanche, les considérations de la *Physique* paraissent inopérantes lorsque l'on veut démontrer l'existence d'un Premier Moteur immobile y compris par accident. Il y a une difficulté irréductible dans la preuve dynamique, dont le lieu est le chapitre 6 du livre VIII. Alexandre commente l'ensemble de ce texte sans s'engager outre mesure. Il en accepte ponctuellement les conclusions, mais ne semble pas s'être mis en peine d'expliquer vraiment ce qui constitue le point névralgique de toute la démonstration, à savoir pourquoi il ne serait pas possible que le Premier Moteur de la sphère des fixes soit éternellement mû par accident. Il est possible que la doctrine de l'ὁμοίωσις vise entre autres choses à rendre compte de ce silence d'Aristote. Par son mouvement éternel, continu et régulier, la sphère des fixes imite l'immobilité du Premier Moteur. Si nous ne postulions pas cette relation d'imitation, le mouvement circulaire serait incompréhensible, puisque la révolution céleste, à la différence des translations des quatre éléments sublunaires, ne peut être assimilée à un « trajet » (ontologique et non local) vers sa propre réalisation. Demeure comme seul point commun – mais il est de taille, et constitue le principe unificateur de la physique d'Alexandre – que le mouvement du ciel, comme celui des quatre éléments, ne peut s'expliquer que comme l'obtention, par une substance déjà éminemment formelle, d'un surcroît de perfection.

Concluons, une fois n'est pas coutume, l'analyse doctrinale en revenant sur une question de lexique. Alexandre recourt massivement – infiniment plus qu'Aristote, et dans des contextes beaucoup plus chargés – au terme τελειότης. Le terme aristotélicien d'ἐντελέχεια, que l'on comprend souvent comme véhiculant l'idée d'un « surachèvement », ne lui suffisait-il pas ? Certes, il s'agissait, notoirement, d'un néologisme d'Aristote, mais ce néologisme s'était imposé, et Alexandre n'est pas un atticiste. Dans son *De anima* personnel, quand il évoque la définition aristotélicienne de l'âme, l'Exégète redouble systématiquement le terme ἐντελέχεια par celui de τελειότης[325]. On pourrait voir là une simple précaution stylistique, une explicitation à l'usage du lecteur moins aguerri auquel ce traité était sans doute avant tout destiné. Mais un passage du commentaire à la *Physique* de Simplicius montre que dans l'esprit des commentateurs, la τελειότης est *l'un* des sens d'ἐντελέχεια[326]. Par conséquent, le redoublement du *De anima* opère un choix : l'âme est l'entéléchie du corps naturel et organique ayant la vie en puissance non pas au sens où elle en serait l'acte (ἐνέργεια), mais parce que c'est quand il la possède que ce corps ainsi déterminé atteint sa τελειότης[327]. On a sans doute ici la clé du recours d'Alexandre à ce dernier terme. Poussé par les besoins de sa lecture essentialiste d'Aristote, il s'est résolu à cette innovation terminologique pour décrire une réalité qui entretenait, avec celle d'εἶδος dans la matière, la relation qui liait l'un

325 Voir Alexandre, *De anima* 16.1 et 5–6, 17.12–13, 24.1, 52.2–3 ; cf. *Mantissa* 103.4–5.

326 Cf. Simplicius, *In Phys.* 414.15–415.6 en part. 414.22–28.

327 Cf. Simplicius, *In Phys.* 414.25–28 : διὸ καὶ τὴν ψυχὴν ἐντελέχειαν ὡρίσατο τοῦ φυσικοῦ καὶ ὀργανικοῦ καὶ δυνάμει ζωὴν ἔχοντος σώματος, οὐχ ὅτι ἐνέργειά ἐστιν ἡ ψυχή, ἀλλ' ὅτι κατ' ἐκείνην ἡ τελειότης αὐτῷ.

des sens d'ἐντελέχεια à l'un de ceux d'ἐνέργεια. Il ne s'agissait pas seulement de l'opposition déjà classique entre la possession et l'exercice d'une certaine aptitude. L'objectif était plutôt de distinguer entre l'être-au-monde de la substance complète, mature, parfaite, et celui de cette substance déjà existante, c'est-à-dire déjà *formelle*, mais sur un mode inchoatif. Cette opposition était elle-même susceptible de se décliner de différentes manières : elle pouvait prendre place entre le corps naturel organique ayant la vie en puissance (qui est déjà, d'un point de vue étroitement hylémorphique, une merveille d'organisation formelle) et ce même corps doté d'une âme (qui, de ce même point de vue hylémorphique, octroiera à cette merveille d'organisation formelle un surcroît de perfection), aussi bien qu'entre une substance n'exerçant pas l'activité constituant sa perfection ontologique et cette même substance exerçant cette dernière. C'était le modèle à l'œuvre, nous l'avons suggéré, dans l'homme vertueux, dans le corps simple sublunaire ayant gagné son lieu propre, dans l'éther mû circulairement pour les siècles des siècles.

Texte et traduction

Note sur la présente édition

Le manuscrit S (*Paris. Suppl. gr.* 643) a beaucoup souffert de l'humidité et les marges, où les scholies ont été recopiées, plus encore que la pleine page contenant le texte de la *Physique*. Une auréole s'étendant dans la partie supérieure externe, à partir du livre V, associée aux difficultés causées par l'un des modules du scribe[1] et à la réactivité très médiocre de son encre aux ultraviolets, m'a coûté de nombreuses heures de travail et quelques dioptries. Hormis en de rares passages, j'ai malgré tout pu reconstituer le texte. Pour ne pas surcharger inutilement l'annotation critique, j'ai employé le même symbole <aaa> pour ce que j'ai *suppléé* (c'est-à-dire ce qui a été écrit par le copiste du manuscrit mais qui n'est plus lisible) et pour ce que j'ai *ajouté* (c'est-à-dire ce qui n'a pas été écrit par le copiste mais que le texte oblige ou incite fortement à postuler). En l'absence d'indication expresse dans l'apparat critique, il s'agit toujours de lettres ou de groupes de lettres que je *supplée*.

La présente édition n'est pas une tentative pour reconstituer autant que possible le commentaire d'Alexandre à la *Physique*. Cela voudrait dire au préalable – les scholies le prouvent – éditer tout le commentaire de Simplicius, ainsi que certains passages de celui d'Averroès. Hermann Diels s'est déjà magnifiquement acquitté de la première tâche, la seconde attend un savant compétent, maîtrisant le grec, l'arabe, le latin et l'hébreu. Il s'agissait seulement pour moi de mettre à la disposition des spécialistes le matériau nouveau et atypique transmis S. J'ai cité le texte de Simplicius, d'après l'édition de Diels, quand il m'a paru, à un titre ou à un autre, l'éclairer[2]. La ponctuation et l'accentuation byzantines sont légèrement normalisées en fonction de l'usage que l'on suppose avoir été celui d'Alexandre.

Le copiste de S n'a pas toujours employé d'appel de note, ce qui fait que certaines mises en relation de la scholie avec le texte peuvent contenir une part d'incertitude. Pour ne pas égarer le lecteur, j'ai à chaque fois signalé, dans la présentation de la scholie, les termes grecs d'Aristote à laquelle elle se rapporte. Mais afin d'éviter toute confusion, j'ai écrit ce terme grec seul quand il y avait effectivement un appel de note dans le manuscrit, entre crochets obliques si la liaison était de mon fait. Ce procédé ne veut pas dire que partout où il n'y a pas

1 Le scribe recourt en effet à deux modules très différents. Le premier – qu'il utilise surtout au livre IV – est extrêmemement lisible. Le second est l'une des écritures les plus petites qu'il m'ait été donné de rencontrer dans les manuscrits byzantins.

2 Autrement dit, il ne faut pas interpréter ces témoignages comme des *parallèles*.

de crochets obliques, j'adhère entièrement à la localisation de l'appel de notes du scholiaste. Le but était seulement que l'on puisse se représenter aussi aisément que possible l'état manuscrit. Souvent d'ailleurs, le scholiaste rattache aux premiers mots d'une phrase une scholie qui glose la phrase tout entière.

J'ai marqué d'un astérisque les scholies apparaissant dans les manuscrits S et P (*Paris. gr.* 1859). Toutes les autres scholies ne sont attestées, à ma connaissance, que dans S.

Liber IV

IV, 1

[59r]

1 (8a 29) πάντες] πάντες οὐχ ἁπλῶς, ἀλλ' οἱ πάντα σώματα εἶναι δοξάζοντες.

tous] « Tous » non pas absolument, mais ceux qui sont d'opinion que toutes choses sont des corps.

Test. *Simpl. 521.12–14* : αὕτη δὲ ἡ ἐρώτησις, ὥς ὁ Ἀλέξανδρός φησιν, οὐ πάντων ἁπλῶς ἐστιν, ἀλλὰ τῶν μόνα τὰ σώματα ἡγουμένων εἶναι καὶ μόνα τὰ ἔνυλα, ἀναιρούντων δὲ τὴν ἀσώματον φύσιν.

Adnot. Cette section du « traité » du lieu se divise en trois parties. (i) Une introduction expose brièvement l'opportunité historique et physique d'une étude du lieu (208a 27-b 1) ; (ii) un développement présente ensuite un certain nombre d'arguments en faveur de l'existence du lieu (208b 1–209a 2). Suivent, enfin, (iii) quelques difficultés suscitées par le lieu (209a 2–30). Le scholiaste a peu puisé au commentaire d'Alexandre, assez cependant pour qu'à l'aide des commentaires grecs et arabes conservés, nous puissions nous faire une idée de son contenu. Au commentaire de (i) remontent cette scholie et la suivante. La première ne fait que confirmer un renseignement que nous délivrait Simplicius, *In Phys.* 521.12–14 : en déclarant que « tous » pensent que les étants sont quelque part, Aristote n'entend pas « tous » purement et simplement (ἁπλῶς), mais seulement ceux qui assimilent les étants à des corps. Alexandre, sans peut être en avoir conscience ici, trahit le caractère paradoxal de son interprétation de la « magna quaestio ». Sur ce point, cf. Introduction, p. 46 sqq.

★

2 (8a 30–31) <τὸ γὰρ μὴ ὂν>] οὐκ ἀληθὴς ἡ ἀντιστροφή, εἰ μὴ ἐξισάζοι τὸ ὂν καὶ τὸ εἶναί που· οὐκ ἐξ ἑαυτοῦ δὲ ὁ Ἀριστοτέλης ταῦτα λέγει ἀλλ' ἱστορεῖ τὴν δόξαν.

—

1 ἀληθὴς scripsi : αλληθὴς S || 2 λέγει : λέγων (ων in compendio) S

<Le non étant, en effet,>] La conversion n'est pas valide si ne s'égalisent pas l'étant et l'être quelque part. Aristote ne dit cependant pas ces choses de son propre chef, mais rapporte une opinion.

Test. *Simpl. 521.18–30* : ἢ οὖν ὑπερβιβαστέον τὴν λέξιν λέγοντας τὸ οὐδαμοῦ ὂν μὴ εἶναι καὶ οὕτω λοιπὸν λέγοντας τὸ ὄν που εἶναι, ἤ, ὅπερ πιθανώτερον, κατὰ τὴν τῶν ἐρωτησάντων δόξαν μόνα τὰ σώματα οἰομένων εἶναι ῥητέον ἐξισάζειν τῷ ἡγουμένῳ τὸ ἑπόμενον. εἰ γὰρ μὴ ἔστιν ἄλλο τι εἰ μὴ τὰ σώματα, δῆλον ὅτι τὸ μηδαμοῦ ὂν οὐδὲ ἔστιν ὅλως καὶ τὸ μὴ ὂν οὐδαμοῦ ἐστιν, ἐπειδὴ τὰ σώματά πού ἐστιν. ἐπὶ δὲ τῶν ἐξισαζόντων ἀδιάφορος ἡ ἀντιστροφή, εἴτε ἀπὸ τοῦ ἡγουμένου γίνοιτο εἴτε ἀπὸ τοῦ ἑπομένου· ἔοικε δὲ τὴν ἐν Τιμαίῳ τοῦ Πλάτωνος ῥῆσιν παρῳδεῖν ὁ Ἀριστοτέλης, ἐν οἷς φησιν ἐκεῖνος "πρὸς ὃν δὴ καὶ ὀνειροπολοῦμεν βλέποντες καί φαμεν ἀναγκαῖον εἶναί που τὸ ὂν ἅπαν ἔν τινι τόπῳ καὶ κατέχον χώραν τινά, τὸ δὲ μήτε ἐν γῇ μήτε που κατ' οὐρανὸν οὐδὲν εἶναι". ὁρᾷς γὰρ ὅτι αὐτὸς ἄντικρυς ὁ λόγος ἐστὶ καὶ ἀκολούθως οὗτος ἀντιστρέψας. – *Averr. 121 G-H* : et oportet perscrutari de loco, quoniam Antiqui opinabantur ipsum esse necessarium in esse cuiuslibet entis; et causa illius opinionis est, quia, cum viderunt quod illud, quid non est ens, vt Chimera, et Hircoceruus non est in loco, existimaverunt quod sequitur secundum conuersionem quod omne, quod est ens, est in loco. Sed declaratum est in logica, quod non tenet ista conuersio. sunt enim entia, quae non sunt in loco.

Adnot. L'invalidité de la conversion (ἀντιστροφή) en 208a 29–31 a été notée par tous les commentateurs, qui s'inscrivent ainsi, comme cette scholie le prouve, dans la lignée d'Alexandre. Philopon, *In Phys.* 501.22–502.2, sous-entend, plus qu'il n'affirme, que l'argument n'est pas repris à son compte par Aristote. Simplicius, *In Phys.* 521.18–30 est plus explicite et propose de voir une parodie d'une phrase du *Timée* (cf. 52b). Il est possible que cette identification remonte à Alexandre. Car dans son traité *Des lieux trompeurs*, p. 259 Danish-Pajuh, où de nombreux sophismes puisés au domaine de la science physique sont envisagés, al-Fārābī écrit en particulier ceci : « Le deuxième type de tromperie du conséquent est également la cause d'erreurs nombreuses, au nombre desquelles ce qu'a dit l'un des Pythagoriciens (ou : » certains Pythagoriciens «, *ba'ḍ āl Fūthāghūras*), à savoir que tout étant est dans un lieu, du fait que ce qui n'est pas étant n'est pas dans un lieu ». Al-Fārābī a certainement en tête notre passage de la *Physique* et il est probable qu'il a trouvé la précision historique sur l'auteur du raisonnement fautif dans un commentaire grec à ce passage : comme on ne retrouve cette mention dans aucun des trois commentaires conservés, il doit s'agir de celui d'Alexandre. On peut dès lors imaginer deux contenus un peu différents. Timée étant bien sûr, dans la fable platonicienne, un disciple de Pythagore, Alexandre pouvait suggérer qu'Aristote parodiait « le discours prêté par Platon au pythagoricien Timée ». Le renseignement aurait été simplifié par Simplicius – qui, comme Proclus, considère que le *Timée* exprime les thèses de Platon – et dépersonnalisé par al-Fārābī. Dans ce cas, il faut traduire l'arabe d'al-Fārābī en employant un singulier : *l'un* des Pythagoriciens. Mais on peut aussi imaginer qu'Alexandre identifiait la position rapportée par Aristote à une thèse pythagoricienne plus répandue, partagée par *certains membres de l'école pythagoricienne*, dont il aurait précisé que relevait la position exprimée par Platon dans le *Timée*. Simplicius aurait tu la première partie de la doxographie (seule rapportée par al-Fārābī) et se serait concentré sur la seconde, consacrée à Platon. Cette seconde explication paraît plus vraisemblable. Car al-Fārābī connaissait bien le *Timée*, assez en tout cas pour l'attribuer, tout comme Simplicius, à Platon et ne pas désigner le narrateur comme « l'un des Pythagoriciens ». Ces quelques sources (le commentaire perdu d'Alexandre tel qu'il apparaît dans la scholie et chez Simplicius, le *Timée* de Platon, le traité *Des lieux trompeurs* d'al-Fārābī) nous permettent donc de reconstituer un élément intéressant de doxographie pythagoricienne : la thèse que tout ce qui est est dans le lieu. On aurait alors un indice intéressant du contexte polémique où s'insérait la critique zénonienne apparaissant un peu plus bas chez Aristote : l'Éléate aurait visé une thèse spécifiquement pythagoricienne (cf. Introduction, p. 38–39).

★

3* (8b 23) οὐκ ὄντα] εἰ δὲ τὰ μαθηματικὰ μὴ ὄντα ἐν τόπῳ ὅμως πρὸς ἡμᾶς δοκεῖ τόπον ἔχειν καὶ εἶναι ἐν τόπῳ, πολὺ μᾶλλον τὰ φυσικά, ἃ οὐ πρὸς ἡμᾶς ἀλλ' ἐξ ἑαυτῶν ἔχει τὴν πρὸς τὸν οἰκεῖον τόπον ὁρμήν. τὸ δὲ ἑξῆς οὕτως· ἐν δὲ τῇ φύσει διώρισται χωρὶς ἕκαστον ... – δηλοῖ δὲ καὶ τὰ μαθηματικά ...· τὰ δὲ ἄλλα διὰ μέσου.

—

Hoc scholium bis scriptum est in P, primum (A) integre, deinde (B) ab initio usque ad verbum ὁρμήν (lin. 4). Byzantinus adnotator scholium B Alexandro attribuit in textu ad verba καὶ τὰ μαθηματικὰ (208b 22–23) κατὰ Ἀλέξανδρον scribens. De quo vide Praef. p. 13 || 1 ante εἰ scripsit ση<μείωσαι> περὶ τοῦ φύσει τόπου. P(A) || πρὸς P(AB) : corr. S || ἡμᾶς SP(A) : ὑμᾶς P(B) || 2 ἃ SP(B) : om. P(A) || πρὸς pr. et sec. P(AB) : corr. S || 3 ἑαυτῶν S : αὐτῶν P(AB) || οὕτως S : οὔ P(A)

tout en n'étant pas] Si les choses mathématiques, tout en n'étant pas dans un lieu, semblent cependant, par rapport à nous, avoir un lieu et être dans le lieu, à bien plus forte raison alors les choses naturelles, qui ont une impulsion vers leur lieu propre non pas par rapport à nous mais d'elles-mêmes. L'enchaînement est le suivant : « dans la nature chaque direction est déterminée indépendamment de nous »... – « mais les choses mathématiques aussi bien pourraient illustrer » ... ; le reste est en incise.

Test. *Simpl. 526.25–31* : μήποτε δὲ δύναται καὶ ἴδιον ἐπιχείρημα εἶναι τοῦτο, ὥσπερ ᾠήθη πρότερον ὁ Ἀλέξανδρος, τὸ τρίτον ἐπιχείρημα τῶν εἶναι τὸν τόπον δεικνύντων τὸ ἀπὸ τῶν μαθημάτων εἶναι λέγων. ἔχοι δὲ ἂν οὕτως· εἰ τὰ μαθηματικὰ καίτοι μὴ ὄντα φύσει ἐν τόπῳ ὅμως κατὰ τὴν πρὸς ἡμᾶς θέσιν ἔχει τὰς τοῦ τόπου διαφοράς, δῆλον ὅτι ἐστί τι ὁ τόπος· τὰ γὰρ θέσει ἀπὸ τῶν φύσει μετάγεται, ὡς τὰ φανταστὰ ἀπὸ τῶν αἰσθητῶν.

Adnot. Les scholies **3–5** sont presque tout ce qu'il nous reste, dans les marges byzantines, du commentaire d'Alexandre aux arguments en faveur du lieu. Il faut cependant leur associer la scholie **14**, qui attribue explicitement à Alexandre la thèse selon laquelle ces arguments seraient cinq en nombre. Philopon, *In Phys.* 502.3–503.26, sans mentionner Alexandre, voit lui aussi cinq arguments dans le texte d'Aristote, les deux derniers étant d'après lui (503.22–23) simplement « endoxaux » : – 1) à partir du remplacement d'un corps par un autre ; – 2) à partir des inclinations vers les lieux propres ; – 3) à partir des objets mathématiques ; – 4) à partir de ce que soutiennent les partisans du vide ; – 5) à partir du témoignage d'Hésiode. Simplicius interprète l'argument (3) comme une partie de l'argument (2) et ne voit donc dans l'ensemble du passage que quatre arguments. La discussion est assez verbale, dès lors que tous les auteurs reconnaissent une relation étroite entre les arguments (2) et (3). Ainsi, la contradiction entre les scholies **3** et **14** n'est qu'apparente. Bien que **3** professe de lire l'argument (3) dans la continuité de l'argument (2) en construisant les lignes 208b 19–22 comme une incise, cela ne préjuge en rien de l'indépendance relative des deux arguments. L'auteur (Alexandre, selon le copiste des scholies du ms. P ; cf. Introduction, p. 13) entend simplement signifier qu'on ne doit pas lire l'argument à partir des objets mathématiques comme un simple développement de 19–22. Cela est confirmé par une remarque de Simplicius, *In Phys.* 526.16–31, qui croit déceler deux lignes interprétatives chez Alexandre. L'idée est la suivante. L'argument (2) en faveur de l'existence du lieu consiste à remarquer que les différentes positions du cosmos ne sont pas purement et simplement relatives, mais correspondent à des endroits vers lesquels les corps physiques se meuvent. Ceux-ci ont donc des lieux privilégiés, ce qui atteste doublement la réalité du lieu : non seulement le rapport mutuel entre ses parties est absolu, mais celles-ci semblent même disposer d'une certaine efficace (dont la détermination, problématique, ne doit pas ici nous retenir).

⋆

4 (8b 29) <διὰ τούτων>] διὰ τὸ μαθηματικόν.

<au moyen de ces choses>] En raison du mathématique.

★

[59v]

5 (8b 34) τοιοῦτον (cf. I)] ὡς δύνασθαι καὶ ἄνευ σώματος εἶναι.

ainsi] … en sorte de pouvoir être aussi sans corps.

Test. *Simpl. 527.32–33* : εἰ γὰρ τόπου μὲν ὄντος οὐκ ἀνάγκη εἶναι σῶμα, σώματος δὲ ὄντος ἀνάγκη εἶναι τόπον, εἰ πάντα ἀνάγκη εἶναί που καὶ ἐν τόπῳ, … (> **6**)

★

6 (8b 34–5) προτέρα] ὡς συναναιροῦσα καὶ μὴ συναναιρουμένη.

—

συναναιροῦσα ego : συναναιροῦν S

antérieure] … en tant qu'elle supprime et n'est pas supprimée.

Test. *Simpl. 527.33–35* (< **5**) : … τὸ δὲ συναναιροῦν μὲν μὴ συναναιρούμενον δὲ πρῶτόν ἐστι τῇ φύσει, δῆλον ὅτι πρωτουργὸς καὶ ἀρχηγικὸς ἂν εἴη ὁ τόπος.

Adnot. Cette description de la priorité apparaît dans toutes nos sources. Cf. Thémistius, *In Phys.* 104.5 et Philopon, *In Phys.* 504.7.

★

7* (9a 5) καὶ βάθους (cf. EJ^{1}S)] βραχέως πάνυ καὶ συντόμως ἔφρασε τοὺς δύο συλλογισμούς, τὸν μὲν κατηγορικόν, τὸν δὲ ὑποθετικὸν τὴν σὺν ἀντιθέσει ἀντιστροφήν, οἷον· εἰ ὁ τόπος δοκῶν σῶμα εἶναι οὐκ ἔστι σῶμα, οὐδ' ἂν ὁ τόπος εἴη ὅλως· εἰς τοῦτο γὰρ αὐτῷ τείνει ἡ τῶν συλλογισμῶν πρόθεσις.

—

1 πάνυ S : om. P || δύο S : β' P || 2 ὑποθετικὸν S : ὑποθετικῶς P || σὺν ἀντιθέσει S sec. m : συναντιθέσει S (pr. m.) P || 4 αὐτῷ S (et Simpl. 529.18) : αὐτοῦ P αὐτὸ fort. legendum

et profondeur] Il a énoncé les deux syllogismes de manière fort concise et ramassée, le premier catégorique et le second hypothétique (la conversion avec opposition), à savoir : si le lieu, semblant être corps, n'est pas corps, le lieu pourrait bien même ne pas exister du tout. C'est à cela, en effet, que tend pour lui l'exposition des syllogismes.

Test. *Simpl. 529.29–530.3* : ὁ μὲν Ἀλέξανδρος δύο συλλογισμοὺς ἀναλύει ἐν τούτῳ τῷ ῥητῷ ἀντικειμένους ἀλλήλοις· καί ἐστιν ὁ μὲν πρῶτος τοιοῦτος· ὁ τόπος διαστήματα ἔχει τρία· τὸ δὲ τρία διαστήματα ἔχον σῶμα· ὁ τόπος ἄρα σῶμα. καίτοι κἂν τὸ σῶμα τρία ἔχει διαστήματα, οὐ πᾶν τὸ τρία ἔχον διαστήματα ἤδη σῶμά ἐστι. καὶ γὰρ καὶ τὸ κενὸν οἱ λέγοντες εἶναι τριχῇ διεστάναι φασὶν αὐτό. ὁ δὲ δεύτερος συλλογισμὸς ἀντικείμενος τῷ προτέρῳ ὑποθετικὸς ἐξ ἀκολουθίας ἀνασκευαστικός, ὃν καὶ δεύτερον ἀναπόδεικτον καλοῦσιν· εἰ σῶμα ὁ τόπος, ἐν ταὐτῷ δύο σώματα ἔσται ὅ τε τόπος καὶ τὸ ἐν αὐτῷ· ἀλλὰ μὴν ἀδύνατον ἐν ταὐτῷ δύο σώματα εἶναι· οὐκ ἄρα σῶμα ὁ τόπος. εἰ δὲ δοκεῖ μὲν σῶμα εἶναι, ἀδύνατον δὲ αὐτὸν σῶμα εἶναι, οὐδ᾽ ἂν εἴη τι ὅλως. οὕτως μὲν οὖν ὁ Ἀλέξανδρος. – *Simpl. 529.16–19* : ἐν δὲ τῷ τί ἐστι καὶ τῷ ὁποῖόν τί ἐστι καὶ τὸ εἶναι τὸν τόπον συναναιρεῖ. ὅτι γὰρ καὶ πρὸς τοῦτο αὐτῷ τείνει τὰ ἐπιχειρήματα, δηλοῖ νῦν μὲν τῷ ὑποθετικῶς εἰπεῖν εἰ ἔστιν.

Adnot. Cette scholie, qui recoupe une citation d'Alexandre chez Simplicius, fournit un certain éclairage sur les méthodes du scholiaste. Plutôt que de mentionner les deux syllogismes reconstitués par Alexandre, il se contente de noter leur présence dans le texte, puis cite la phrase sur laquelle s'achevait le développement de l'Exégète. Il est curieux que la dernière phrase de la scholie soit presque identique à une expression peu commune apparaissant un peu plus haut dans le commentaire de Simplicius. L'écho ne peut être le fruit du hasard. Il faut donc soit conclure que nous avons ici une interférence simplicienne, soit que Simplicius citait lui-même tacitement Alexandre et que le scholiaste a emprunté à ce dernier la tournure remarquable.

⋆

8 (9a 7) ἐν ταὐτῷ γὰρ ἂν εἴη δύο σώματα] οἱ Στωικοὶ ἐνδεχόμενον ἔλεγον τὸ ἐν ταὐτῷ εἶναι δύο σώματα.

dans le même endroit il y aura deux] Les Stoïciens disaient qu'est possible le fait qu'il y ait deux corps dans le même lieu.

Test. *Simpl. 530.9–16* : τὸ δὲ σῶμα διὰ σώματος χωρεῖν οἱ μὲν ἀρχαῖοι ὡς ἐναργὲς ἄτοπον ἐλάμβανον, οἱ δὲ ἀπὸ τῆς Στοᾶς ὕστερον προσήκαντο ὡς ἀκολουθοῦν ταῖς σφῶν αὐτῶν ὑποθέσεσιν, ἃς ἐνόμιζον παντὶ τρόπῳ δεῖν κυροῦν ... ὅτι δὲ ἀδύνατον τοῦτο, δείκνυσι μὲν καὶ δι' ἀφωρισμένου συγγράμματος, δείκνυσι δὲ καὶ ἐν τοῖς ὑπομνήμασι διὰ πλειόνων ἐπιχειρημάτων ὁ Ἀλέξανδρος.

★

9 (9a 7) ἔτι εἴπερ] τοῦτο ἀναιρετικὸν τοῦ α' ἐπιχειρήματος τοῦ εἰσάγοντος τὸν τόπον.

De plus si] Cela supprime le premier argument introduisant le lieu.

★

10 (9a 13) τί γὰρ ἂν] τῶν ὄντων τὰ μὲν σώματα τὰ δ' ἀσώματα· καὶ ἐν ἑκατέρῳ τούτων τὰ μὲν στοιχεῖα τὰ δ' ἐκ στοιχείων.

Car que pourrions-nous bien] Parmi les étants, certains sont des corps et les autres des incorporels. Et dans un cas comme dans l'autre, certaines choses sont des éléments et les autres issues des éléments.

Test. *Simpl. 532.3–4* : ... τὰ ὄντα πάντα ἢ σώματά ἐστιν ἢ ἀσώματα καὶ ἢ στοιχεῖα ἢ ἐκ στοιχείων...

★

11 (9a 18) ἐκ δὲ τῶν νοητῶν στοιχείων (cf. ΛPS)] Ἀλέξανδρος· στοιχεῖα τῶν νοητῶν λέγοι ἂν τὰ ἁπλᾶ νοήματα ἐξ ὧν αἱ ἀποδείξεις.

—

1 Ἀλέξανδρος scripsi : Ἀλέξαν$^{\Delta}$ S prima man. Ἀλεξαν$^{\Delta\rho}$ S p. c.

et à partir des éléments intelligibles] Alexandre : il se peut qu'il appelle « éléments des intelligibles » les concepts simples d'où sont issues les démonstrations.

Adnot. La forme de cette scholie est davantage celle d'un fragment que d'un témoignage ; la position extérieure du sujet de l'énonciation (le nom Ἀλέξανδρος est placé *au-dessus* de la scholie dans S) correspond à notre « deux points-guillemets ». On peut donc admettre que les termes mêmes du texte excerpté sont cités. Ce texte, maintenant, est-il bien celui d'Alexandre ?

Notons tout d'abord que le commentateur qui cite le plus souvent Alexandre, Simplicius, ne produit ici ni son nom ni la thèse que la scholie lui attribue (cf. *In Phys.* 532.1–534.3). La scholie ne saurait donc en dériver. La situation est identique pour la paraphrase de Thémistius (cf. *In Phys.* 105.6–9) : celui-ci ne cite ni Alexandre, ni la pensée qu'on lui attribue dans S. Le cas le plus intéressant consiste dans le commentaire de Philopon. Seul d'entre les commentateurs, il consacre tout un paragraphe à discuter cette idée des « principes des intelligibles » (*In Phys.* 512.15–22) : « Bien sûr, la matière et la forme sont des éléments qui ne sont pas perceptibles (c'est le composé qui est la chose perceptible) ; leur composition, cependant, tout intelligibles qu'ils soient, donne naissance à une grandeur. Il n'est toutefois pas question que ces choses se réalisent en acte par soit ; mais ce dont on parle, c'est de choses réalisées, et le lieu est lui aussi réalisé. Aristote ne traite donc pas de tout élément intelligible, mais des éléments qui sont éléments d'objets intelligibles et qui sont, évidemment, en eux-mêmes intelligibles. De leur composition, dit-il, nulle grandeur ne naît. Exemple : à partir de définitions ou de prémisses, ce qui en naît est bel et bien intelligible, c'est le syllogisme ».

Le texte présupposé par la scholie correspond à celui de Simplicius, de Philopon et de la branche Λ de la tradition directe (ἐκ δὲ τῶν νοητῶν στοιχείων), par opposition à celui du ms. E et de l'exemplaire de la traduction arabe (ἐκ δὲ τῶν νοητῶν). Ross a probablement raison de choisir la seconde variante, plus sèche. Il reste que si nous parvenons à démontrer l'exactitude de l'attribution à Alexandre, il faudra faire reculer la date d'apparition de la « mauvaise » leçon de l'époque de l'école d'Ammonius (peu après 500) à celle d'Alexandre (autour de 200). Quelle que soit cependant la leçon choisie, la discussion aristotélicienne porte sur un certain type de *principes* intelligibles, puisqu'il s'agit d'intelligibles (νοητά) dont dérive, ou ne dérive pas (cf. ἐκ), autre chose. La scholie, en attribuant à Alexandre la thèse selon laquelle les principes intelligibles reviennent aux « intelligés (ou » concepts «, νοήματα) simples à partir desquels ont lieu les démonstrations », présente une thèse proche de celle de Philopon. Les positions ne sont toutefois pas identiques : Philopon parle de « syllogisme » quand la scholie parle de « démonstrations » et, surtout, ce « syllogisme » est présenté sous forme d'exemple par Philopon (οἷον) alors que les démonstrations sont, selon le texte excerpté par le scholiaste, les seules productions apparentes des principes intelligibles. Or cet écart n'est pas sans importance, et la thèse attribuée à Alexandre est, semble-t-il, plus forte. L'Aphrodisien lit en effet la proposition d'Aristote en continuité avec ce que ce dernier a avancé un peu plus haut, à savoir que les êtres mathématiques, même s'ils ont une position, ne sont pas dans un lieu (*Phys.* 208b 22–25). On comprend dès lors l'aporie double que l'argument des νοήματα vient clôturer : Aristote a tout d'abord démontré que le lieu n'était pas un corps (209a 6–7 : argument, si le lieu est un corps, des deux corps dans un même lieu) ; il montre ensuite, par l'argument des êtres mathématiques, l'impossibilité, si l'on détache le lieu du corps, de différencier lieu physique et lieu mathématique. En effet, tout corps se décompose en surfaces, lignes et points. Or nulle différence entre point (mathématique) et lieu du point ; aussi, en remontant la chaîne, nulle différence entre ligne (mathématique) et lieu de la ligne, entre surface (mathématique) et lieu de la surface, bref, entre corps (mathématique) et lieu du corps. Si donc on ne confère pas au lieu physique quelque chose d'autre, qui soit indépendant de l'abstraction mathématique qu'il « renferme », on ne comprend plus ce qui fait sa spécificité. Ces principes intelligibles font donc référence, comme l'a très bien vu Alexandre, aux principes mathématiques qui ne produiront jamais la grandeur physique mais seulement des « démonstrations » (sc. *mathématiques*). Philopon ne semble pas avoir été sensible à ce contexte mathématique du passage.

★

12 (9a 19) τοῖς οὖσιν] ταῦτα καὶ μετ' ὀλίγον δείξει διὰ τῶν ἐφεξῆς.

pour les étants] Il montrera ces choses également peu après, par les choses qui viennent s'enchaîner.

★

13 (9a 23–24) ἡ γὰρ Ζήνωνος ἀπορία] ἡ Ζήνωνος ἀπορία τοῦ Ἐλεάτου τὸν τόπον ἀνῄρει [μὴ] εἶναι διὰ τῆς σὺν ἀντιθέσει ἀντιστροφῆς.

—

2 μὴ seclusi || σὺν ἀντιθέσει distinxi : συναντιθέσει S[1]

Car l'aporie de Zénon] L'aporie de Zénon l'Éléate supprimait l'existence du lieu au moyen de la conversion avec opposition.

Adnot. La « conversion avec opposition » (ἡ σὺν ἀντιθέσει ἀντιστροφή) est une procédure excessivement courante dans la logique dialectique des commentateurs, qui met en pratique le second indémontrable des Stoïciens (cf. *supra*, scholie **7**). L'outil est en effet efficace pour contrer le raisonnement adverse. Ce dernier, la plupart du temps, combine un rapport implication entre une proposition *p* et une proposition *q* et la vérité de *p* pour conclure à la vérité de *q*. La conversion avec opposition consiste à admettre l'implication, à affirmer la vérité de l'opposée de *q* et à en déduire l'opposée de *p*. Ce modèle s'applique sans doute ainsi à l'argument de Zénon. La proposition *p* était :

« toute chose est dans un lieu », i.e. « le lieu existe pour toute chose » ; la proposition *q* était : « le lieu est dans un lieu ». La proposition *q* donnant lieu à une cascade infinie, elle est absurde ; son opposée doit être affirmée ; l'implication étant valide, il faut conclure qu'il n'est pas vrai que toute chose soit dans un lieu, ce qui équivaut à dénier la nécessité d'un lieu pour toute chose donc, dans un certain cadre théorique, l'existence du lieu.

Il est intéressant que le contexte où apparaît Zénon soit encore une fois lié à une procédure de conversion. Aristote comme Zénon paraît s'en prendre à l'universelle implicite allant de l'être au lieu (*tout* étant est dans un lieu). Mais tandis qu'Aristote incrimine l'universalité et tient pour une particulière forte, c'est-à-dire exclusive de l'universelle (*quelque* étant – mais non *tout* étant – est dans un lieu), Zénon incriminait sans doute jusqu'à la particulière pour soutenir qu'*aucun* étant n'est dans un lieu – puisqu'il n'est qu'un seul étant, le Tout, et que celui-ci n'est pas dans un lieu.

⋆

14 (9a 26) ἔτι] ὁ Ἀλέξανδρος λέγει ὅτι ε´ ἐπιχειρήμασι κέχρηται Ἀριστοτέλης ἀναιρῶν μὴ εἶναι τόπον.

De plus] Alexandre dit qu'Aristote a recouru à cinq arguments pour réfuter que le lieu n'existait pas.

Adnot. Dans le texte d'Aristote tel qu'il nous est parvenu et tel qu'il est discuté par les commentateurs grecs, le problème du nombre des arguments en faveur de l'existence du lieu apparaît une page auparavant (*Phys.* 208b 1–209a 2). Il ne faut cependant pas supposer la scholie déplacée, mais bien laisser sa force à l'emploi du parfait (κέχρηται) : le scholiaste rappelle, au moment où l'exposé considère l'existence du lieu comme acquise et s'interroge sur les paradoxes auxquels conduit son essence (*Phys.* 209a 26–27), qu'Aristote a posé un peu auparavant cinq arguments en faveur de l'existence du lieu. La question est maintenant de savoir si ce rappel faisait partie du commentaire d'Alexandre, ou s'il constitue un commentaire de ce commentaire. Ici encore, la lecture des commentateurs doit nous permettre de trancher. Revenons tout d'abord sur leur interprétation des « cinq arguments ». Philopon admet lui aussi leur nombre (*In Phys.* 502.3–503.26) et ne mentionne pas Alexandre. Simplicius présente en revanche une divergence intéressante, en refusant de voir deux arguments dans le deuxième et le troisième argument de Philopon et en considérant que le troisième (pour ce dernier) n'est en fait qu'une explicitation du deuxième. Aussi Simplicius voit-il seulement quatre arguments dans le passage d'Aristote et non cinq. Or cette divergence, Simplicius la dirige explicitement contre l'interprétation d'Alexandre (*In Phys.* 526.16–31). Il est donc avéré, et ce sera notre premier point, qu'Alexandre voyait bien *cinq* arguments dans l'exposé d'Aristote. Que dire dès lors de notre scholiaste ? Supposons qu'il n'ait pas eu le commentaire d'Alexandre entre les mains, mais celui de Simplicius. Celui-ci, en 209a 26, ne mentionne pas le nom d'Alexandre. Il faudrait donc admettre que le scholiaste fasse de lui-même référence à ce qu'il sait par Simplicius de l'interprétation par Alexandre des pages précédentes. En outre, on note que Simplicius n'affirme jamais qu'Alexandre dit qu'Aristote « a eu recours à cinq arguments pour dénier que le lieu n'existait pas » *vel sim.* Il dit seulement que là où lui-même ne voit qu'un seul argument, Alexandre en voit deux. Si donc le scholiaste tire toute son information de Simplicius, il recrée à plusieurs pages d'intervalle, à partir d'un différend partiel entre Simplicius et Alexandre, la globalité de l'argumentation d'Alexandre qui n'est, en tant que telle, pas mentionnée par Simplicius. Ce n'est pas impossible, mais semble improbable. Étant donné, par ailleurs, que la scholie **10** vient du commentaire d'Alexandre, il semble plus raisonnable d'admettre l'origine alexandrique de la présente scholie.

★

IV, 2

15 (9a 31) ἐπεὶ δὲ] ἀντίκειται τῷ μὲν καθ' αὑτὸ τὸ κατὰ συμβεβηκός, τῷ δὲ πρώτως τὸ κατ' ἄλλο. νῦν δὲ ἀντὶ τοῦ πρώτως εἶπε κ α θ ' α ὑ τ ό .

Mais puisque] À « par soi » s'oppose « par accident », à « primordialement » « à un autre titre ». Mais maintenant, il a dit « par soi » au lieu de « primordialement ».

Test. *Simpl. 535.27–28 + 536.7 sqq.* : ἀντίκειται γὰρ κυρίως τῷ μὲν καθ' αὑτὸ τὸ κατὰ συμβεβηκός, τῷ δὲ πρώτως τὸ κατ' ἄλλο. ... ὅτι δὲ τὸ κ α θ ' α ὑ τ ὸ νῦν ἀντὶ τοῦ πρώτως εἶπε, δηλοῖ... – *Philop. 518.26–28 :* ἐπεὶ δὲ τὸ μὲν καθ' αὑτὸ τὸ δὲ κατ' ἄλλο λέγεται. τὸ μὲν καθ' αὑτὸ ἀντίκειται τῷ κατὰ συμβεβηκός, τὸ δὲ πρώτως τῷ κατ' ἄλλο· ἐνταῦθα οὖν τὸ καθ' αὑτὸ ἀντὶ τοῦ πρώτως εἶπεν.

Adnot. La distinction des commentateurs remonte très probablement à Alexandre.

★

[61r]

16 (9b 1) εἰ δή ἐστιν] ὅπερ ἀνωτέρω προανεκρούσατο ὁ Ἀριστοτέλης, ὅτι οὐ ταὐτὸν φαίνεται <τὸ εἶδος εἶναι καὶ> ὁ τόπος, ἐκ τῶν ὑπαρχόντων αὐτῷ θεωροῦσιν ἡμῖν τοῦτο δεικνύειν προῄρηται.

—

2 τὸ εἶδος εἶναι καὶ addidi

si donc est] Ce qu'Aristote a dit plus haut sous forme de prélude, que la forme et le lieu ne paraissent pas être la même chose, il entend nous le donner à voir à partir des attributs de ce dernier.

⋆

17 (9b 4) ὕλη ἡ τοῦ μεγέθους] ἀντὶ τοῦ ὕλη τοῦ σώματος· τοῦτο γὰρ τὸ ἔνυλον μέγεθος. μέγεθος γὰρ τὸ ὡρισμένον διάστημα, ὕλη δὲ μεγέθους τὸ ἀόριστον.

matière de la grandeur] … à la place de « matière du corps ». C'est en effet cela qu'est la grandeur matérielle. L'extension définie est en effet grandeur, l'extension indéfinie matière de grandeur.

Test. *Simpl. 536.24–30* : τὸ δὲ ᾧ ὁ ρ ί ζ ε τ α ι τ ὸ μ έ γ ε θ ο ς εἶπεν ἀντὶ τοῦ τὸ ὑλικὸν διάστημα, ἐπειδὴ τὸ μέγεθος διττόν, τὸ μὲν ἀόριστον καὶ ὑλικὸν κατὰ τὴν ἔκτασιν καὶ χύσιν θεωρούμενον, τὸ δὲ ὡρισμένον καὶ εἰδικὸν κατὰ μορφὴν καὶ μέτρον ἀφωρισμένον. καὶ διὰ τοῦτο ἐπήγαγε καὶ ἡ ὕ λ η ἡ τ ο ῦ μ ε γ έ θ ο υ ς, οὐχ ὡς ἄλλο τι λέγων παρὰ τὸ πρότερον εἰρημένον, ἀλλ' ὡς σαφέστερον δηλῶν, ὅτι καὶ πρότερον τὸ ὁριζόμενον μέγεθος τὸ ὑλικὸν εἶπε τὸ ἐν τῷ μεγέθει.

Adnot. Par Simplicius, nous savons qu'Alexandre avait consacré de longs développements à « distinguer l'extension matérielle de la grandeur » (*In Phys.* 538.3–4). Les scholies **17** et **19** nous permettent d'entrevoir les termes de ce travail classificatoire. En 209b 4, Aristote oppose la « matière de la grandeur » (ἡ ὕλη ἡ τοῦ μεγέθους) à la délimitation du corps. Alexandre interprète cette distinction comme celle entre grandeur (μέγεθος), qu'il assimile à « l'extension définie » (scholie **17** : τὸ ὡρισμένον διάστημα), et matière, qu'il assimile à « l'extension indéfinie » (*ibid.* : τὸ ἀόριστον διάστημα). Nous apprenons en outre, grâce à la scholie **19**, que l'extension définie qu'est la grandeur revient à un composé d'extension et de forme (εἶδος), tandis que la matière se caractérise par l'absence de forme et de qualités affectives (παθητικαὶ ποιότητες) : la seule détermination de la matière, par soi indéfinie (ἀόριστος) et illimitée (ἀπεράτωτος), est d'être une extension : elle n'est pas ἀδιάστατος. Lorsque cette extension indéfinie, illimitée et informe prend délimitation et forme, elle devient grandeur. Alexandre fait explicitement référence, dans ce contexte, à la discussion de l'infini du livre III, chap. 6, et en particulier à 207a 21–22 : « l'infini est la matière de l'achèvement de la grandeur » (notons que la phrase fait l'objet d'allusion mais non de citation chez Simplicius, cf. *In Phys*. 537.29–30 et 538.10–11). Simplicius est d'accord avec cette distinction, qui de fait apparaît presque inchangée dans l'unique scholie remontant sans doute au commentaire de Porphyre *À Gedalios* (*Laur*. 72.3, fol. 10, cf. S. Ebbesen , « Boethius as an Aristotelian Scholar », in J. Wiesner (ed.), *Aristoteles Werk und Wirkung Paul Moraux Gewidmet*, Berlin / New York, 1986, 2 vol., t. II, p. 286–311, p. 309–311: si l'on expose l'organisation du réel physique sur le mode pédagogique d'une constitution temporelle, la matière s'extériorise tout d'abord (πρῶτον) en corps sans qualité (εἰς ἄποιον σῶμα), qui s'accompagne *immédiatement* (καὶ σὺν τούτῳ εὐθὺς ἅμα) du tridimensionnel (τὸ τριχῇ διαστατόν), *puis* (καὶ πρὸς τούτοις) vient s'ajouter le plus grand et le plus petit, *et enfin* (καὶ τότε) les qualités.

Alexandre interprète donc le raisonnement d'Aristote à la lumière de la distinction entre matière et forme. Lorsque l'extension (δίαστημα) est indéterminée (ἀόριστον), on obtient la matière (ὕλη) ; lorsqu'elle est déterminée (ὡρισμένον), une forme (εἶδος). D'où le « trouble » d'Alexandre rapporté par Simplicius : toute extension relevant de la grandeur et de la quantité relèverait finalement aussi de la forme, ce qui conduirait à admettre une forme (biologisante) pour tout objet tridimensionnel. Mais il n'y a rien là pour nous troubler, dit Simplicius, puisque c'est même ainsi que l'on vient de définir la grandeur et par ce critère qu'on l'a distinguée de la matière. Le commentateur propose une autre distinction, qui scinde non pas l'*extension* (διάστημα), mais la *grandeur* (μέγεθος) elle-même entre grandeur indéterminée et grandeur déterminée (cf. *In Phys*. 536.24–30). Et un peu plus bas (538.14–539.5), il s'en prend à la tentative d'Alexandre pour rapprocher la forme de la configuration externe de l'objet. Même ici, selon Simplicius, Aristote entend faire référence à l'ensemble de la nature formelle. L'opposition entre les deux commentateurs est philosophiquement intéressante. En bon aristotélicien, Alexandre ne peut admettre de réduire la forme à de l'extension déterminée, et préfère donc comprendre que ce qu'Aristote dénomme ici εἶδος s'apparente à une simple *configuration* ; Simplicius, plus proche de l'ontologie géométrisante du *Timée*, est moins réticent à assimiler forme et configuration spatiale.

Notons enfin que plusieurs indices attestent que les scholies **17** et **19** ne remontent pas aux commentateurs anciens conservés. Elles n'apparaissent nulle part telles qu'elles, correspondent à ce que nous pouvons reconstituer *via* Simplicius du commentaire d'Alexandre et nous apportent des précisions inconnues. Enfin, elles ne portent aucune trace de la terminologie néoplatonicienne de la matière (cf. Simplicius, *In Phys.* 538.13–14 : ἀλλ᾽ ὡς πάρεσιν [en suivant la conjecture de Diels] καὶ ἔγχυσιν τῆς εἰδητικῆς ἀμερείας καὶ συστροφῆς).

⋆

18 (9b 5) τὸ γὰρ ἑκάστου πέρας] λεγόμεθα γὰρ ἐν τῷ κόσμῳ εἶναι διότι ἐν τῷδε τῷ μέρει τοῦ κόσμου καὶ ἐν τούτῳ διότι ἐν τῇδε τῇ πόλει καὶ ἐν ταύτῃ διότι ἐν τῷδε τῷ οἴκῳ καὶ ἐν τούτῳ διότι ἐν τῷ μέρει τοῦ οἴκου τῷ προσεχῶς ἐμὲ μόνον περιέχοντι.

limite de chacun] Nous sommes en effet dits être dans l'univers parce que nous sommes dans cette partie-ci de l'univers, et dans celle-ci parce que dans cette cité et dans celle-ci parce que dans cette maison-ci et dans celle-ci parce que dans la partie de la maison qui me contient moi seul prochainement.

Test. *Simpl. 536,33–35* : ἐν γὰρ τῇ οἰκίᾳ, ὅτι ἐν τῷδε αὐτῆς τῷ τόπῳ, ὅς σοι ἐφαρμόζει, καὶ ἐν τῇ πόλει, ὅτι ἐν τῇ οἰκίᾳ, καὶ ἐν τῇ γῇ, ὅτι ἐν τῇ πόλει. – *Philop. 519,1–4* : λεγόμεθα γὰρ ἐν τῷ κόσμῳ εἶναι διότι ἐν τῷδε τῷ μέρει τοῦ κόσμου καὶ ἐν τούτῳ διότι ἐν τῇδε τῇ πόλει καὶ ἐν ταύτῃ διότι ἐν τῷδε τῷ οἴκῳ καὶ ἐν τούτῳ διότι ἐν τῷ μέρει τοῦ οἴκου τῷ προσεχῶς ἐμὲ μόνον περιέχοντι.

Adnot. Cette scholie, comme on le voit, se retrouve à la lettre près chez Philopon. C'est l'unique cas de ce genre dans l'ensemble du corpus des scholies à la *Physique* transmise par le ms. S. On peut l'interpréter de deux façons. Soit il s'agit de l'unique intrusion allogène provenant du commentaire de Philopon. Soit nous avons affaire, *via* Philopon, à une note d'Ammonius où celui-ci, comme dans son commentaire à la *Métaphysique* transmis par Asclépius, recopiait Alexandre.

⋆

19* (9b 6) ᾗ δὲ δοκεῖ] μέγεθος μὲν συναμφότερον τὸ διάστημα καὶ τὸ εἶδος, τὸ δ᾽ ἄνευ τοῦ εἴδους καὶ τῶν παθητικῶν ποιοτήτων, ὕλη. τοιοῦτον δ᾽ ἔλεγε καὶ ἐν τῷ Περὶ ἀπείρου· ἔ σ τ ι γ ὰ ρ τ ὸ ἄ π ε ι ρ ο ν τ ῆ ς τ ο ῦ μ ε γ έ θ ο υ ς τ ε λ ε ι ό τ η τ ο ς ὕ λ η, ὥστε ἡ ὕλη καθ᾽ αὑτὴν ἀόριστος μὲν καὶ ἀπεράτωτος, οὐ μὴν ἀδιάστατος· προσλαβοῦσα δὲ τὸ πέρας γίνεται μέγεθος.

—

2 παθητικῶν P : μαθητικῶν S (cf. Praef. p. 10) || 2–3 ἐν τῷ Περὶ ἀπείρου: *Phys.* III 6, 207a 21–22 || 3 ἔστι S Arist. : εἶναι P || 5 προσλαβοῦσα : προσ p. corr. sec. m. S ἀπολαβοῦσα P

En ce que semble] Est « grandeur » l'ensemble de l'extension et de la forme, tandis que ce qui est sans la forme et les qualités affectives est « matière ». Il a dit quelque chose comme cela aussi en *De l'infini* : « l'infini est en effet matière de l'achèvement de la grandeur », en sorte que la matière, en soi, est indéterminée et illimitée, mais non pas inétendue, tandis qu'elle devient grandeur une fois qu'elle a acquis la limite.

Test. *Simpl. 537.32–538.14* : μηδεὶς οὖν οἰέσθω τὴν σωματικὴν διάστασιν τὴν ὡς μέγεθος καὶ ποσὸν ἢ τὴν κατὰ τὸν ἀριθμὸν ὡρισμένην τοῦ πλήθους διάκρισιν ἀπὸ τῆς ὕλης τοῖς σώμασιν ὑπάρχειν, ἀλλὰ μόνον τὸν ἐν τούτοις διασπασμὸν καὶ τὴν ἔκχυσιν καὶ τὴν ἀοριστίαν, καθ' ἃ διαφέρει τὰ ἔνυλα εἴδη τῶν ἀύλων. καί μοι δοκεῖ ταῦτα μάλιστα ταῖς περὶ τῆς ὕλης ὀρθαῖς ἐννοίαις προσήκειν. ὁ μέντοι Ἀλέξανδρος καίτοι πολλὰ εἰπὼν πρὸς τὸ διορίσαι τὴν διάστασιν τὴν ὑλικὴν ἀπὸ τοῦ μεγέθους, θράττεσθαι ὅμως ἔοικεν ὡς πάσης διαστάσεως μεγεθικῆς καὶ πεποσωμένης εἰδητικῆς οὔσης. διὸ καὶ προήχθη ἐπάγειν τοῖς εἰρημένοις τάδε· "ἢ τῶν νῦν λεγομένων περὶ τῆς ὕλης οὕτως ἀκούειν χρή, ὡς οὐκ ἀκριβῶς λεγομένων, ἀλλὰ πρὸς τὴν χρείαν τοῦ δειχθῆναι προκειμένου", καίτοι, ὅπερ εἶπον, σαφῶς τοῦ Ἀριστοτέλους διορίσαντος τῷ ἀορίστῳ καὶ ἀπερατώτῳ τὴν ὑλικὴν διάστασιν τῆς μεγεθικῆς, καὶ ἐναργῶς εἰπόντος ὅτι τὸ διάστημα τοῦτο ἕτερον τοῦ μεγέθους ἐστὶ καὶ ὕλη τῆς τοῦ μεγέθους τελειότητος καὶ περιέχεται ὑπὸ τοῦ εἴδους ὡς ὑπὸ ἐπιπέδου καὶ πέρατος καὶ ἔστιν ἀόριστον τῇ ἑαυτοῦ φύσει· χρὴ γάρ, ὅπερ εἶπον, οὐχ ὡς μέγεθος νοεῖν τὴν διάστασιν τῆς ὕλης, ἀλλ' ὡς † παραίνεσιν καὶ ἔκχυσιν τῆς εἰδητικῆς ἀμερείας καὶ συστροφῆς.

Adnot. Voir *supra* l'annotation de la scholie **17**.

⋆

20 (9b 11) διὸ καὶ Πλάτων] τοῦ δοκεῖν εἶναι τὸν τόπον τὴν ὕλην Πλάτωνα μάρτυρα φέρει.

C'est pourquoi également Platon] Il cite Platon comme témoin de l'opinion selon laquelle le lieu est la matière.

Test. *Simpl. 540.20–22* : ὁ δὲ Ἀλέξανδρος ὁμολογεῖ μὲν καὶ αὐτὸς κατ' ἄλλο σημαινόμενον τὴν ὕλην χώραν ἐν Τιμαίῳ κληθῆναι, εὐλόγως δέ φησι λαμβάνεσθαι τὸν Ἀριστοτέλην τοῦ Πλάτωνος.

⋆

21 (9b 19) <ὕλη>] νόθῳ γὰρ λογισμῷ καὶ ἐξ ἀναλογίας ἐστὶ καταληπτή.

—

καταληπτή scripsi : καταληπτική S

<la matière>] C'est en effet « au moyen d'un raisonnement bâtard » et par analogie qu'elle est saisissable.

Test. *Simpl. 542.19–22* : καὶ γὰρ ὁ περὶ τῆς ὕλης χαλεπώτατος καὶ καθ' αὑτήν, εἴπερ κατὰ μὲν τὸν Ἀριστοτέλην οὕτως ἄγνωστος ἡ ὕλη, ὡς κατὰ ἀναλογίαν μόνην εἶναι γνωστή, κατὰ δὲ Πλάτωνα νόθῳ λογισμῷ μόγις πιστή.

Adnot. Il ne faudrait pas croire que la citation de *Timée* 52b constitue un indice de l'influence du commentaire de Simplicius sur le scholiaste. Le *motto* du « raisonnement bâtard » constitue en effet la citation platonicienne favorite d'Alexandre (cf. *Essentialisme*, p. 185 et n. 523). On remarque d'ailleurs une légère variation dans la présentation de la citation : alors que la scholie n'introduit aucune distinction, Simplicius, *In Phys.* 542.19–22 oppose à la thèse aristotélicienne selon laquelle la matière serait connaissable par analogie la thèse de Platon, qui y voit « à peine un objet de croyance » produit par le fameux raisonnement bâtard. Simplicius aurait donc tenté de briser ce qu'il restait encore d'optimisme chez Alexandre quant à la possible « connaissance » de la matière.

⋆

22 (9b 21) ἀλλὰ μὴν ὅτι γε ἀδύνατον] οὔτε εἶδος οὔτε ὕλην.

Cependant, qu'il est impossible] Ni forme ni matière.

⋆

23 (9b 30) ᾗ μὲν οὖν] κοινῶς ἐπεχείρησεν ἐν τῷ α', νῦν δὲ ἰδίως ἐκ τῶν μάλιστα δοκούντων ὑπάρχειν· τὸ γὰρ εἶδος μάλιστα ἀχώριστον τὸ ἔνυλον, ἡ δὲ ὕλη ὡς περιεχομένη ἰδίως.

—

1 α' : p. c. S

En tant donc que] Il a procédé de manière générale dans le premier argument, et maintenant il le fait de manière particulière, à partir de ce qui paraît appartenir éminemment : la forme matérielle est en effet éminemment inséparable, tandis que la matière – en tant qu'elle est contenue – l'est en un sens particulier.

Test. *Simpl. 544.20–545.2* : καλῶς δὲ καὶ ὁ Ἀλέξανδρος ἐπιβάλλει τῷ χωρίῳ λέγων· νῦν γὰρ ἀπὸ τοῦ μάλιστα ἑκατέρῳ ὑπάρχοντος, τῷ τε εἴδει φημὶ καὶ τῇ ὕλῃ, τὴν πρὸς τὸν τόπον λαμβάνει διαφοράν. τῷ μὲν γὰρ ἐνύλῳ εἴδει μάλιστα ὑπάρχει τὸ ἀχώριστον· ὁ γὰρ χωρισμὸς τούτου φθορὰ τούτου ἐστίν. ἡ δὲ ὕλη εἰ καὶ ἀχώριστός ἐστιν εἴδους, ἀλλὰ τοῦδέ γε τοῦ εἴδους χωριστή. τοῦ γὰρ ἀνθρώπου φέρε εἰπεῖν τοῦ ἐν γενέσει τὸ μὲν εἶδος ἅμα τῷ χωρισθῆναι ἔφθαρται, τὸ δὲ ὑποκείμενον μένει ἄλλο μεταλαβὸν εἶδος. εἰκότως οὖν τὸ μὲν εἶδος ἔδειξε μὴ ὂν τόπον ἀπὸ τοῦ μὴ χωρίζεσθαι, τὴν δὲ ὕλην ἐπειδὴ χωριστή πώς ἐστιν, οὐκέτι ἀπὸ τούτου, ἀλλ' ἀπὸ τοῦ περιέχεσθαι. ἀδύνατον γὰρ αὐτὴν ἄλλως ἐν ὑποστάσει εἶναι καὶ κρατεῖσθαι ἐν τῷ ὄντι μὴ ὑπὸ τοῦ εἴδους ὁριζομένην.

Adnot. La scholie apporte la preuve, qui pouvait échapper à la lecture de Simplicius, qu'Alexandre voyait dans les lignes 209b 30 sqq. la reprise, sur un mode approprié à la forme d'une part et à la matière d'autre part, d'un argument qui les envisageait « de manière commune » en 209b 22–27. Cf. aussi Philopon, *In Phys.* 523.14–16. La thématique en est typiquement alexandrique : la forme s'identifie à la substance, tandis que la matière n'en est qu'une nécessaire condition d'existence.

⋆

24 (9b 33–34) εἰ δεῖ] τὸ ε ἰ δ ε ῖ π α ρ ε κ β ά ν τ α ς ε ἰ π ε ῖ ν ἀκριβῶς πρόσκειται. ἤρκει μὲν γὰρ τὸ δεῖξαι τὴν ὕλην μὴ εἶναι τοπόν, τὸ δὲ μηδὲ τόπον εἰδῶν παρέκβασίς ἐστι τοῦ λόγου. εἰ γὰρ ὧν ἔλεγε τόπον αὐτήν, ταῦτα οὐκ ἔστιν ἐν αὐτῷ, οὐδ' ἂν ἄλλου τόπος εἴη τινός.

—

1 τὸ εἰ δεῖ correxit e τῷ εἴδει S

S'il faut] « S'il faut faire une digression » est ajouté avec rigueur. Il suffisait en effet de montrer que la matière n'est pas lieu ; qu'elle n'est pas non plus lieu des formes est une digression du propos. Si, de fait, les choses dont il disait qu'elle est le lieu ne sont pas dans celui-ci, elle pourrait bien ne pas être non plus le lieu d'autre chose.

Test. *Simpl. 546.13–18* : θαυμαστὸν δὲ πῶς ὁ Ἀλέξανδρος καίτοι συννοήσας, ὅτι εἴδη λέγει τὰς ἰδέας νῦν ὁ Ἀριστοτέλης, ὅμως ἀναγκάζεσθαι νομίζει τὸν Πλάτωνα ἐν τόπῳ λέγειν τὰς ἰδέας, καίτοι ἀύλους αὐτὰς λέγοντα, ἐπειδὴ τόπον καὶ χώραν τῶν ἐνύλων εἰδῶν εἶπε τὴν ὕλην· παρέκβασιν δὲ καλεῖ τὸν λόγον, ἐπειδή, ὅσον μὲν ἐν τοῖς προκειμένοις, ἤρκει δεῖξαι, ὅτι οὐκ ἔστιν ὕλη ὁ τόπος, ὡς ἐδόκει λέγειν ὁ Πλάτων.

Adnot. Cette scholie est difficile, en partie parce que la pique anti-platonicienne d'Aristote trouble la ligne exégétique de Simplicius. Le néoplatonicien, comme on pouvait s'y attendre, voit dans cet argument une antinomie simplement apparente (cf. *In Phys.* 545.21 κατὰ τὸ φαινόμενον et 545.25 φαινομένη). Pour Alexandre, il s'agit au contraire d'un véritable argument contre Platon. Aristote s'appuyait sur l'identité qu'il pensait déceler chez Platon entre matière (ὕλη), lieu (τόπος) et participatif (τὸ μεθεκτικόν) pour conclure à la nécessité que le participatif, une fois « fixé » par le participé (les Idées et les Nombres), fasse office de lieu pour lui. Il ne restait plus ensuite qu'à préciser que les Idées ne sont pas dans le lieu pour convaincre Platon de contradiction (pour un exposé clair de l'argument, voir Philopon, *In Phys.* 524.4–10). Interprété de la sorte, l'argument est donc bien une digression, qui s'appuie sur la doctrine du « lieu » du *Timée*, c'est-à-dire sur l'information de la χώρα par des formes géométriques productrices du réel, pour s'attaquer à sa théorie de la participation. Après avoir décortiqué le dilemme anti-platonicien et expliqué en quoi il s'agissait d'une digression, l'Exégète aurait remarqué que l'argument pouvait contribuer à la critique du lieu comme matière : en s'appuyant sur certains passages de Platon, on montre que les Idées ne sont pas dans le lieu ; donc le participatif ne saurait être le lieu des Idées ; donc la matière, qui se confond avec le participatif, non plus ; donc la matière n'est le lieu de rien et elle n'est pas lieu.

⋆

25 (9b 35) εἴτε τοῦ μεγάλου] ὅπερ ἐν τοῖς ἐπάνω εἶπεν, ἄλλως εἰρηκέναι τὸν Πλάτωνα ἔν τε τῷ Τιμαίῳ καὶ ἐν τοῖς ἀγράφοις δόγμασι, τοῦτο νῦν λέγει. ὃ γὰρ ἐν τῷ Τιμαίῳ ὕλην εἶπε, τοῦτο ἐν ἐκείνοις μέγα καὶ μικρόν.

soit du Grand] Ce qu'il a dit plus haut, que Platon s'est exprimé différemment dans le *Timée* et dans les doctrines non écrites, il le dit maintenant. Ce que Platon, en effet, a appelé matière dans le *Timée*, il l'appelle dans ces doctrines grand-et-petit.

Test. *Simpl. 545,23–25* : τὸ δὲ μεθεκτικὸν ἐν μὲν ταῖς ἀγράφοις ταῖς Περὶ τἀγαθοῦ συνουσίαις μέγα καὶ μικρὸν ἐκάλει, ἐν δὲ τῷ Τιμαίῳ ὕλην, ἣν καὶ τόπον καὶ χώραν ὠνόμαζε.

Adnot. La comparaison de ce texte et de celui de Simplicius indique que celui-ci ne savait rien de plus, sur les « doctrines non écrites », que les très maigres renseignements qu'il trouve chez Alexandre, lui-même se contentant de mettre en rapport 209b 35–210a 2 avec 209b 11–16. Si, par ailleurs, l'on admet que le scholiaste retranscrit fidèlement Alexandre, on voit que la mention des leçons *Sur le Bien* n'a ici aucune valeur : Simplicius se contente de broder littérairement sur le maigre renseignement de son prédécesseur. On notera d'ailleurs la différence entre ἐκάλει (qu'il emprunte à Alexandre) et ὠνόμαζε (qui lui sert à préciser les choses, en vertu du texte du *Timée* qu'il connaît).

★

26 (10a 2) ἔτι πῶς] συμβαίνει γὰρ τὸν τόπον ἐπὶ τὸν τόπον φέρεσθαι κατὰ ταύτην τὴν ὑπόθεσιν.

En outre, comment] Il se produit en effet, d'après cette hypothèse, que le lieu se porte vers le lieu.

★

27 (10a 5) εἰ δ' ἐν αὐτῷ ὁ τόπος] ὁ γὰρ λίθος ἐν ἑαυτῷ ὢν ὡς ἐν τόπῳ – εἴπερ ἢ ὕλη ἢ εἶδος ὁ τόπος – ἐν τῷ φέρεσθαι πρὸς τὸ κάτω ἀμείβει τὴν χώραν τὴν προτέραν, καὶ τοῦτο ἀεὶ γίνεται· ὥστε ἔσται ἀεὶ ὁ τόπος ἐν τόπῳ.

—

1 ὢν scripsi: ὂν S || 2 ἢ ὕλη : ἢ ἡ ὕλη S ut vid. a. c.

Mais si le lieu est en lui] En effet, la pierre étant en elle-même comme en un lieu – si du moins le lieu est soit matière soit forme – alors par le fait d'être transportée vers le bas, elle remplace sa position antérieure, et cela se produit sans cesse ; en sorte que le lieu sera toujours dans un lieu.

Adnot. Cette scholie est difficile, l'argument qu'elle expose n'étant pas immédiatement clair. Elle se rapporte très probablement au septième dans la classification de Philopon (cf. *In Phys.* 525.18–25), au sixième dans celle de Simplicius (cf. *In Phys.* 547.35–549.3). Cet argument est apagogique, l'absurde étant que le lieu (constitué par hypothèse par la forme ou la matière) se trouvera lui-même dans le lieu : Philopon, *In Phys.* 525.25, τοῦ τόπου ἔσται τόπος, « il y aura un lieu du lieu », même expression chez Simplicius, *In Phys.* 548.2, qui fournit en outre les deux raisons de cette absurdité – la nature du lieu et l'impossibilité de régression à l'infini. La conclusion étant assumée absurde, l'hypothèse identifiant le lieu à la forme ou la matière l'est aussi. Thémistius ajoute une nuance, en soulignant l'absurdité qu'il y aurait à supposer que le lieu se meuve (κινεῖσθαι). À ces considérations, Simplicius, *In Phys.* 548.18–549.3, seul d'entre les commentateurs grecs, fait suivre une longue citation d'Alexandre, qui aurait soulevé l'aporie selon laquelle la forme et la matière pourraient bien être dans le lieu par accident. Par accident, le lieu serait donc dans le lieu. Selon Simplicius, Alexandre aurait résolu cette aporie en affirmant, en vertu de l'adéquation spatiale entre le composé, sa forme et sa matière, que ces deux entités – i. e. la forme et la matière – seraient des lieux « au sens premier » et « par soi ». Le mouvement d'Alexandre consiste sans doute à refuser le compromis du « par accident » pour obliger l'adversaire à admettre deux lieux au sens premier puis, de là, après avoir constaté l'absurdité de cette ultime conséquence, aboutir, en remontant la chaîne des conséquences, à l'absurdité de l'hypothèse initiale. Cette argumentation subtile est confirmée par le commentaire d'Averroès (*In Phys.* 129B-F). Toutefois, à la différence de Simplicius, Averroès insiste sur le fait que la liaison que l'adversaire pourrait établir entre le cas du même lieu pour deux surfaces en contact (129E, cf. Simplicius 548.25–28) et celui du même lieu lorsqu'on postule que la forme ou la matière sont des lieux est fallacieuse : car dans le premier cas, il s'agit d'un fait *rare*, tandis que dans le second, la liaison se vérifie *toujours*. On comprendrait mieux, à cette lumière, l'insistance de la scholie sur le « toujours » (répétition du ἀεί) : quelle que soit la position de la pierre en mouvement vers le bas, son lieu constitué par sa matière ou sa forme sera toujours dans le lieu. Il ne peut donc s'agir d'un accident « rare ». Il s'agit donc d'une coïncidence première et essentielle. L'adversaire doit donc admettre la coexistence de deux lieux au sens premier. Si notre analyse est exacte, il va de soi que la présente scholie est authentique. Il se pourrait que Thémistius, en mentionnant le mouvement du lieu, fasse allusion à la lettre de l'argument sans bien comprendre sa fonction précise.

⋆

IV, 3

[61v]

28 (10a 14) ἐν ἄλλῳ] τὸ γὰρ ἐν τόπῳ ἔν τινι.

en autre chose] En effet, ce qui est en un lieu est en quelque chose.

Adnot. Le présent chapitre est interprété par Simplicius comme une résolution de l'aporie zénonienne du lieu du lieu (cf. *In Phys.* 551.11–13).

La première partie (210a 14–24), qui consiste en une énumération des sens du « en quelque chose » (ἔν τινι), permet de souligner le sens fondamental de l'expression, la contenance. C'est en se plaçant sur ce terrain que l'on pourra également établir qu'aucune chose n'est « en elle-même » (210a 25-b 21). En un troisième moment (210b 21–31), la résolution de l'aporie de Zénon consistera tout d'abord à exclure l'interprétation circulaire de la proposition zénonienne, puis à accepter qu'on l'interprète en fonction de deux sens distincts de « en quelque chose ».

★

29 (10a 20) ἔτι ὡς ὑγεία (ms. S) ἐν θερμοῖς] σημειωτέον ὅτι τοῦ ἐν ὑποκειμένῳ παράδειγμα παραθέμενος τὴν ὑγίειαν ἐν χυμοῖς (ὡς γὰρ ἐν ὑποκειμένῳ ἐστὶ αὐτοῖς ἡ ὑγίεια), ἐπήνεγκε καὶ ὅλως τὸ εἶδος ἐν τῇ ὕλῃ ὡς τοῦ εἴδους ἐν ὑποκειμένῳ ὄντος. ἀλλὰ καὶ ἐν τῷ β′ Περὶ ψυχῆς κατ' ἀρχὰς δεικνὺς ὅτι μὴ ἐστὶ ἡ ψυχὴ σῶμα, ἔλαβε τὴν ψυχὴν ἐν ὑποκειμένῳ εἶναι τῷ σώματι· τὸ γὰρ ἐν ὑποκειμένῳ ἐκεῖ λέγει τὸ κυρίως καὶ ἰδίως ὄν. ἂν γὰρ ἄλλως λη<φθῇ, ... >. λέγοι ἂν οὖν ἐν Κατηγορίαις μηδεμίαν οὐσίαν ἐν ὑποκειμένῳ εἶναι τῶν ἐν Κατηγορίαις εἰρημένων οὕτως ὡς καὶ τῇ οὐσίᾳ ἐκείνῃ μηδὲν εἶναι ἐναντίον. ἢ καὶ λεκτέον ὅμως ὅτι πάντα τὰ ὑποκείμενα πρὸς ἃ τὰ εἶναι δεόμενα ἐν ὑποκειμένῳ ἐστί, κἂν μὴ οὕτως ἐν αὐτοῖς ἐστι ὡς τὰ ἐν Κατηγορίαις ἐν ὑποκειμένῳ εἶναι λεγόμενα.

—

4 ἐν τῷ β′ Περὶ ψυχῆς: cf. *De an.* II, 1 || 5 ἔλαβε sic S : ἔλεγεν false scripsi in *Essentialisme*, p. 175, n. 499 || 7 post λη et ante λέγοι fenestram (ca 3 cm) reliquit S || λη S : ληφθῇ coniecit S^2 qui etiam προχωρεῖ in spatio relicto scripsit || λέγοι : λέγει S qui s. l. ο scripsit || 9 πάντα τὰ sic S : πάντα false *Essentialisme*, *ibid.* || πρὸς p. c. S

En outre, comme la santé dans les choses chaudes] Il faut signaler qu'après avoir donné la santé dans les humeurs comme exemple de ce qui est dans un substrat (la santé est en effet en elles comme dans un substrat), il a ajouté « et de manière générale, la forme dans la matière », dans l'idée que la forme est dans un substrat. Mais également dans le deuxième livre *De l'âme*, après avoir montré au début que l'âme n'est pas corps, il a assumé que l'âme était « dans un substrat », dans le corps : il appelle en effet là « dans un substrat » ce qui, proprement et particulièrement, est. Si en effet était assumé différemment †...†. Il se pourrait donc que s'il dit dans les *Catégories* qu'aucune substance n'est « dans un substrat », c'est parmi celles que, dans les *Catégories*, il appelle substances, à la façon dont, de cette substance-là, il n'y a rien qui soit le contraire. À moins qu'il faille cependant dire aussi que tous les substrats sont les choses par rapport auxquelles les choses qui doivent être sont « dans un substrat », même si celles-ci ne sont pas dans celles-là comme les choses qui sont dites, dans les *Catégories*, « être dans un substrat ».

Test. *Simpl. 552.18–24* : σημειωτέον δέ, φησὶν ὁ Ἀλέξανδρος, ὅτι τοῦ ἐν ὑποκειμένῳ παράδειγμα τὴν ὑγείαν παραθέμενος ἐπήγαγε καὶ ὅλως τὸ εἶδος ἐν τῇ ὕλῃ ὡς τοῦ εἴδους ἐν ὑποκειμένῳ ὄντος. καίτοι τὸ μὲν ἐν ὑποκειμένῳ συμβεβηκός ἐστι, τὸ δὲ εἶδος οὐσία, φαίη ἄν. καὶ τὸ μὲν ἐν ὑποκειμένῳ οὐκ ἔστι μέρος τοῦ συνθέτου (ὡς αὐτὸς ἐν Κατηγορίαις ὡρίσατο λέγων ὃ ἔν τινι μὴ ὡς μέρος ὂν ἀδύνατον χωρὶς εἶναι τοῦ ἐν ᾧ ἐστι), τὸ δὲ εἶδος μέρος ἐστὶ τοῦ ἐξ ὕλης καὶ εἴδους.

Adnot. Cette scholie est essentielle dans le cadre de l'interprétation générale qu'Alexandre propose de l'ontologie de la forme. Commenter cette scholie avec tous les problèmes qu'elle soulève revient donc à traiter de l'ontologie péripatéticienne dans son ensemble. Elle se présente sous la forme d'un *nota bene* qui revient à plusieurs endroits importants du corpus conservé (*Mantissa* §5, 120.33–121.7, les citations de Simplicius en *In Phys.* 270.26–34, *In de Caelo* 279.5–9 et le parallèle à notre scholie en *In Phys.* 552.18–24 ; pour un commentaire de ces textes, voir *Essentialisme*, p. 166–181). À chaque fois, de manière plus ou moins complète, Alexandre part d'un texte d'Aristote semblant affirmer l'inhérence de la forme à une matière-substrat. Il rappelle ensuite comment *Cat.* 2, 1a 24–25 définit l'inhérence, puis l'exclusion, en *Cat.* 5, 3a 7, de la « substance » du rang des choses vérifiant la relation d'inhérence ; la mention de l'assimilation de l'âme à une substance dans un substrat (référence à *De anima* II 1) achève la construction de l'aporie. Quelle est la solution d'Alexandre ? Celui-ci tend à promouvoir un sens non canonique du « substrat », ce dernier n'étant plus le sujet individuel auto-subsistant en attente de ses déterminations, mais le lieu d'exercice de la forme. La forme passe en position de sujet réel, au sens où c'est elle qui « a » un substrat, plutôt que le substrat qui « a » une forme. Cette reformulation exige de substituer, au traitement des *Catégories*, une approche physique. La présente scholie, plus complète, pour l'essentiel, que ce qu'on trouve chez Simplicius, *In Phys.* 552.18–24 (passage étrangement sans correspondant chez Philopon), est certainement indépendante de ces deux commentaires. Le scholiaste n'a pas sélectionné un développement d'Alexandre, philosophiquement moins important, consacré à compléter la liste des ἔν τινι et attesté par Philopon, *In Phys.* 528.12–22.

★

30 (10a 25) ἀπορήσειε δ' ἄν τις] τοῦτο ζητεῖ διὰ τοὺς περὶ Ἀναξαγόραν φυσικοὺς λέγοντας τὸ ἄπειρον ἐν αὐτῷ ὂν στηρίζεσθαι.

Quelqu'un pourrait être dans l'embarras] Il s'enquiert de cela en raison des physiciens autour d'Anaxagore qui disaient que l'infini se concrétise en étant « en lui-même ».

TEST. *Simpl. 553.22–24* : καὶ μάλιστα δι' Ἀναξαγόραν αἴτιον τῆς τοῦ ἀπείρου μονῆς λέγοντα τὸ αὐτὸ αὐτὸ στηρίζειν, τοῦτο δὲ ὅτι ἐν αὐτῷ· ἄλλο γὰρ οὐδὲν περιέχει.

ADNOT. Cette scholie et Simplicius, *In Phys.* 553.22–24 dépendent ultimement de *Phys.* III 5, 205b 1 sqq. Alexandre doit être la source commune. On note la légère différence de la forme verbale, active chez Simplicius, médio-passive dans la scholie, qui est un indice de l'indépendance de celle-ci à l'égard de celui-là (les deux voix sont attestées : cf. 205b 2 et 7, même si στηρίζειν αὐτὸ αὐτό paraît plus proche de ce qu'a dû dire Anaxagore ; le terme n'apparaît pourtant pas à titre de fragment chez D. SIDER, The *Fragments of Anaxagoras*, Sankt Augustin, 2005). La mention de physiciens (au pluriel) anaxagoréens est intéressante, mais il peut s'agir d'une simple fioriture du scholiaste.

★

31* (10a 27) ἤτοι καθ' αὐτό] τὸ χρῶμα ἐν μὲν ἐπιφανείᾳ πρώτως καὶ καθ' αὐτό, ἐν δὲ σώματι δευτέρως καὶ κατ' ἄλλο. δείκνυσιν οὖν ὅτι οὐχ οἷόν τε πρώτως αὐτό τι ἐν ἑαυτῷ εἶναι ἀλλὰ κατ' ἄλλο ἐνδέχεται. ὁ γὰρ τὸν οἶνον ἔχων ἀμφορεὺς ἐν ἑαυτῷ μὲν λέγεται εἶναι, ἀλλ' οὐ πρώτως, ἀλλὰ καθ' ἕτερον· κατὰ γὰρ τὸ εἶναι τὸν οἶνον ἐν τῷ ἀμφορεῖ τὸ ὅλον λέγεται ἐν ἑαυτῷ εἶναι.

—

4 ἐν S : καθ' P || 6 ἐν ἑαυτῷ S : ἐν τῷ αὐτῷ P

ou bien par soi] La couleur est dans la surface à titre premier et par soi, dans le corps à titre second et en fonction d'autre chose. Il montre donc qu'il n'est pas possible que quelque chose soit en soi-même à titre premier, mais que cela peut l'être en fonction d'autre chose. En effet, l'amphore qui contient le vin est dite en soi-même, non pas à titre premier cependant, mais en fonction d'autre chose : c'est en effet en fonction du fait que le vin est dans l'amphore que l'ensemble est dit être en lui-même.

Test. *Simpl. 554.21–23* : οὐκ ἀνάγκη δὲ οἶμαι, ὡς Ἀλέξανδρος ἐπέστησε, τὸ καθ᾽ αὑτὸ ἀντὶ τοῦ πρώτως ἀκούειν.

Adnot. Les scholies **31** à **36** traitent des divers modes d'inclusion essentielle et accidentelle, primaire et secondaire. La scholie **31**, en remplaçant systématiquement (cf. ll. 1, 2, 3) le καθ' αὑτό d'Aristote par l'adverbe πρώτως, confirme une assimilation entre « par soi » et « à titre premier » dont Simplicius fait ici grief à Alexandre (celui-ci s'appuyant sans doute sur ses remarques à 209a 31 sqq., cf. *supra*, scholie **15**). C'est un indice supplémentaire que l'exégèse de Philopon, *In Phys.* 530.2–531.5, qui développe et approuve cette distinction, remonte à Alexandre. De fait, alors que Simplicius oppose au καθ' αὑτό soit le κατὰ μέρος soit le κατά τι ἔξωθεν (celui-ci constituant le κατὰ συμβεβηκός au sens propre) et au πρώτως le δευτέρως (*In Phys.* 554.23–26), Philopon oppose καθ' αὑτό et κατὰ συμβεβηκός d'une part, πρώτως et κατ' ἄλλο d'autre part (*In Phys.* 530.2–4), ce qui se rapproche très probablement de l'exégèse d'Alexandre. Le point est si mineur et le phrasé de la scholie **31** tellement naturel dans son opposition du πρώτως et du κατ' ἄλλο qu'on a presque une preuve d'une filiation alexandrique indépendante de Simplicius (cf. aussi le commentaire à **35**).

★

32* (10a 34) ἡ ἐπιφάνεια (hic P, ad 10b 34 ἀξιοῦμεν S)] ζητοῦμεν ἡ ἐπιφάνεια ἐν σώματι, ἆρά γε ὡς ἕξις ἢ πάθος ἐστὶ καὶ ὅλως ἐν ὑποκειμένῳ, ἢ μᾶλλον, ὅπερ καὶ ἄμεινον, ὡς μέρος [ᾗ] σώματος (ὡς καὶ αὐτὸς Ἀριστοτέλης εἶπεν), οὐχ ᾗ τοσόνδε οὐδὲ ᾗ ὅλον, ἀλλ' ᾗ τριχῇ διαστατόν.

—

2 ἆρά scripsi : ἄρα SP || ἐστὶ S in compendio : ἐστὶν P || καὶ S : ἢ P || ὅπερ S : ὅ ἐστι P || 3 ᾗ seclusi || σώματος S : σῶμα P

Nous sommes d'avis] La surface dans le corps, nous recherchons si elle y est comme un état, ou une affection, bref, comme dans un sujet ; ou plutôt, ce qui est meilleur, comme une partie, en tant que partie d'un corps (comme Aristote lui-même l'a dit), non en tant qu'il est de telle quantité ou en tant qu'il est totalité, mais en tant qu'il est tridimensionnel.

Test. *Simpl. 554.16–21* : ἔπειτα εἰ τὸ σῶμα ἐκ τῶν τριῶν διαστάσεων συνέστηκε, μία δὲ τῶν διαστάσεων ἡ ἐπιφάνεια, ὥς φησιν Ἀλέξανδρος, διὰ τί μὴ μέρος ἂν λέγοιτο τοῦ σώματος; ἀλλὰ πῶς μία τῶν τριῶν διαστάσεών ἐστιν ἡ ἐπιφάνεια, εἴπερ ἐπίφανειά ἐστι τὸ μῆκος καὶ πλάτος ἔχον; δῆλον δὲ ὅτι καὶ οὕτως μέρος. κἂν ὡς πεπερασμένον δέ τις λάβῃ σῶμα, τί κωλύει τὸ πέρας μέρος ὡς συμπληρωτικὸν εἶναι τοῦ πεπερασμένου σώματος;

Adnot. Cette scholie prolonge la discussion, entamée par Alexandre dès son commentaire de la première partie du chap. 3, du thème de l'inhérence. Le prétexte est fourni ici par la description de la surface comme une *partie* (μέρος) du corps. On pourrait objecter qu'elle n'en est que la limite (πέρας). Simplicius propose deux réponses. Il note tout d'abord qu'on peut parler de « partie » au sens large. Si, selon *Cat.* 2, 1a 24–25 (passage qui joue un rôle central aux yeux d'Alexandre), un accident (c'est-à-dire en particulier une qualité) n'est pas à proprement parler « en quelque chose » comme une partie, on peut néanmoins, de manière lâche, considérer le « blanc » comme une « partie » du corps blanc. Aristote lui-même le fait, nous dit Simplicius, malheureusement sans donner de référence. Simplicius suggère même ensuite que l'on peut considérer comme « partie » tout ce qui est complétif (τὰ ὁπωσοῦν συμπληροῦντα) de la substance. La seconde réponse au puriste consiste à remarquer que la surface, en un sens, est bien une *partie* du corps, en tant qu'elle est une partie du tri-dimensionnel. C'est cette réponse que nous transmet la présente scholie, qui nous laisse ainsi bien voir la tension entre deux modèles d'analyse des êtres chez Alexandre, l'un plus biologisant, l'autre (qui intervient ici) plus mathématisant. Sur le statut des êtres mathématiques pour ce dernier, voir Introduction, p. 58–65.

★

33* (10b 9) κατ' οὐδένα τῶν διωρισμένων] διορισμοὺς λέγει τοὺς η' οὕστινας ἤδη ἀπηριθμήσατο τοῦ ἔν τινι.

—

1 διορισμοὺς λέγει S : λέγ(ει) δὲ διορισμοὺς P || 2 ἀπηριθμήσατο P : ἀπηρηθμήσατο S

selon aucun des sens que nous avons distingués] Il veut dire les 8 distinctions qu'il a déjà énumérées du « en quelque chose ».

★

34* (10b 18) κατὰ συμβεβηκὸς (hic recte P, ad 10b 17 ἄλλος γὰρ ὁ λόγος S)] κ α τ ὰ σ υ μ β ε β η κ ό ς ἐστιν ἔν τινι ὅταν ἐν ᾧ τί ἐστιν ἢ ὡς συμβεβηκὸς ἢ ὡς μέρος, ἐκεῖνο ἐστὶν ἐν ἄλλῳ. τὸ γὰρ ἐν τούτῳ ὂν κατὰ συμβεβηκὸς ἔσται ἐν ἐκείνῳ ἐν ᾧ καθ' αὑτό ἐστι τὸ ᾧ τοῦτο συμβέβηκεν. οὕτως τὰ συμβεβηκότα τῷ σώματι ἐν τόπῳ ἐστὶ καὶ τὰ τοῦ συνεχοῦς μέρη.

—

2 ἐστιν S in compendio : εἶναι P (vide Praef. p. 9) || 2 ἐκεῖνο P : ἐκείνῳ S || ἐστὶν S in compendio : ἢ P || 4 οὕτως S : οὐ P (vide Praef.)

Cependant, ni par accident] Une chose se trouve « par accident » en quelque chose quand ce dans quoi elle est ou par accident ou comme partie, cela est dans autre chose. En effet, ce qui est en cela sera par accident dans ce dans quoi est par soi ce à quoi elle se trouve appartenir par accident. C'est de cette manière que les accidents du corps sont en un lieu, ainsi que les parties du continu.

Test. *Simpl. 558.17–21* : … κατὰ συμβεβηκὸς ἔν τινι λέγομεν εἶναι ἐκεῖνο, ὃ συμβεβηκὸς ἢ μέρος ἐστὶ τοῦ καθ' αὑτὸ ἔν τινι ὄντος. τότε γὰρ τὸ συμβεβηκὸς ἢ τὸ μέρος τοῦ καθ' αὑτὸ ἐνόντος κατὰ συμβεβηκὸς λέγεται εἶναι ἐν ἐκείνῳ, ἐν ᾧ τὸ καθ' αὑτό ἐστιν. οὕτω γοῦν τὰ τῷ σώματι συμβεβηκότα κατὰ συμβεβηκός ἐστιν ἐν τόπῳ…

Adnot. Cette scholie trouve un équivalent assez étroit dans le commentaire de Simplicius. Une entité X est par accident en Z si X est un accident *resp.* une partie de Y et que Y soit en Z. Ainsi, le blanc est par accident dans l'air parce que le blanc est un accident de l'homme et que l'homme est dans l'air. Il est important que la scholie évoque deux fois le cas de la partie dans le tout, et précise, à la seconde occurrence, qu'il s'agit des parties du continu. Le meilleur exemple est celui d'un organe interne à un organisme donné. Cet organe est par accident dans l'air parce qu'il est une partie du corps qui est (par soi) dans l'air. On remarque que Simplicius abandonne la seconde occurrence, la plus explicite et intéressante. Cf. Introduction, p. 43–45.

⋆

35⋆ (10b 18) ἀλλὰ μὴν οὐδὲ] διαφέρει τὸ κατὰ συμβεβηκὸς καὶ τὸ κατ' ἄλλο· ἔν τισι γὰρ ἔμπαλιν ἔχουσι πρὸς ἄλληλα. διὰ γὰρ τὸ κατὰ μόριον, τοιοῦτον τὸ ὅλον λέγεται, διὰ δὲ τὸ ὅλον εἶναι κατὰ συμβεβηκός καὶ τὸ μέρος λέγεται [κατὰ συμβεβηκός].

—

1 διαφέρει S : πλὴν διαφέρει P qui hoc scholium a scholio 32⋆ non distinxerit || 2 πρὸς S p. c. P : κατὰ S a. c. || τοιοῦτον τὸ ὅλον S : ὅλον τοιοῦτον P || 3 κατὰ συμβεβηκός SP : seclusi

Cependant, ni] Diffèrent « par accident » et « en fonction d'autre chose » ; dans certains cas en effet, ils vont à rebours l'un de l'autre. En effet, c'est en fonction d'une partie que le tout est dit tel, et, d'autre part, c'est en fonction du tout que la partie aussi est dite être par accident.

Adnot. Cette scholie pose un problème philologique, mais le sens général est clair. Simplicius, *In Phys.* 558.5–10 note ausi le rapport inverse que peuvent entretenir κατὰ μέρος et κατὰ συμβεβηκός : ce qui est dit (par soi) du tout l'est *par accident* de la partie, tandis que ce qui est dit (par soi) de la partie est dit du tout, précisément, *selon la partie.* Il est donc probable que la seconde partie de la scholie est mal transmise dans S et P, ou même mal rédigée par le lecteur d'Alexandre à l'origine de notre corpus.

⋆

36 (10b 19) αὐτός τε γὰρ] αὐτὸ ἐν ἑαυτῷ κατὰ συμβεβηκὸς εἶναι λέγεται ὅταν εἴη αὐτὸ ἢ συμβεβηκός τινι ἢ μέρος τινὸς ὅ ἐστι καθ' αὑτὸ ἐν αὐτῷ τούτῳ ᾧ τοῦτο συμβέβηκεν· οἷον εἰ ὁ οἶνος ἐν τῷ ἀμφορεῖ εἴη ὡς συμβεβηκὸς ἢ ὡς μέρος, ὁ δ' ἀμφορεὺς ἐν τῷ οἴνῳ καθ' αὑτόν. οὕτως γὰρ ἂν ὁ οἶνος ἐν αὑτῷ κατὰ συμβεβηκὸς εἴη, ὅπερ τοῦ καθ' αὑτὸ ἐν αὑτῷ ὄντος οὐδὲν διαφέρει.

—

4 ἂν scripsi (cf. Simpl.) : πρὸς (ut vid.) in compendio S

Elle-même en effet] Quelque chose est dite être en elle-même par accident quand cette chose est elle-même ou accident pour quelque chose, ou partie de quelque chose qui est par soi dans cela même où celle-la se trouve être par accident : par exemple, si le vin est dans l'amphore comme un accident ou comme une partie, tandis que l'amphore est dans le vin par soi. Ainsi, en effet, le vin pourrait être en lui-même par accident, ce qui ne diffère en rien de ce qui est par soi en soi-même.

Test. *Simpl. 558.34–37* : ὁ δὲ Ἀλέξανδρος γράφει οὕτως· οἷον εἰ ὁ οἶνος ἐν τῷ ἀμφορεῖ εἴη, ὡς συμβεβηκὸς αὑτῷ ἢ ὡς μέρος αὑτοῦ, ὁ δὲ ἀμφορεὺς ἐν τῷ οἴνῳ καθ' αὑτό. οὕτως γὰρ ἂν ὁ οἶνος αὐτὸς ἐν ἑαυτῷ κατὰ συμβεβηκὸς εἴη, ὅπερ τοῦ καθ' αὑτὸ ἐν ἑαυτῷ ὄντος οὐδὲν διαφέρει.

Adnot. Nous avons discuté l'importance philologique de cette scholie dans l'Introduction (cf. p. 25–26). Son caractère remarquable provient du fait que sa seconde partie correspond mot pour mot à une citation explicite d'Alexandre chez Simplicius, et que ce passage est l'un de ceux où le commentateur néoplatonicien affirme citer non pas ce que « dit », mais ce qu'« écrit » Alexandre. En outre, Simplicius cite ici Alexandre pour le critiquer – il lui reproche de parler de la contenance du vin en lui-même, ce qui contredit la lettre d'Aristote, qui évoque la contenance de l'amphore en elle-même. Comme il est exclu que le scholiaste n'ait respecté la lettre du commentaire de Simplicius qu'en ce seul passage – au demeurant anodin – nous avons l'attestation d'une dépendance directe et précise d'Alexandre.

La maladresse s'explique peut-être du fait qu'Alexandre ne s'intéresse pas tant aux éléments concrets de l'exemple qu'à la relation qu'ils incarnent. Car la seule question d'importance ici est de savoir si une chose peut être en elle-même. C'est possible accidentellement, dit Alexandre, si X est un accident *resp.* une partie de Y et que Y est par soi dans X. Il faut saisir que « vin » et « amphore » ont ici quasiment valeur de variables pour Alexandre. Si cela se vérifie, dit Alexandre (à la suite d'Aspasius, cf. Simplicius, *In Phys.* 558.28–34), alors contrairement à ce qu'affirme Aristote, on pourrait considérer qu'une chose soit par accident en elle-même. Alexandre évoquait d'ailleurs un autre argument en faveur d'une inhérence accidentelle de X à soi-même (cf. Simplicius, *In Phys.* 559.25–33 : les parties sont en un sens dans le tout et le tout en un autre sens dans ses parties). Simplicius ne dit malheureusement nulle part à quoi visaient ces remises en cause d'Alexandre. Cf. scholie **38**.

⋆

37 (10b 21) εἰ οἴνου] εἰ οἴνου δεκτικόν.

si c'est du vin] Si c'est réceptacle du vin.

⋆

[63r]

38 (10b 22) ὁ δὲ Ζήνων] εἰκότως μετὰ τὴν τοῦ ἔν τινι ἀπαρίθμησιν λύει τὸν Ζήνωνος λόγον· οὐδὲ γὰρ χωρὶς αὐτῆς τοῦτο ἐνεδέχετο.

Rien n'empêche en effet] Il est bien compréhensible qu'après la recension des « en quelque chose », il dénoue le propos de Zénon. Car cela n'aurait pas même été possible sans cette recension.

Adnot. Cette scholie offre la preuve que l'interprétation générale du chap. 3 proposée par Simplicius remonte à Alexandre : les précédents développements s'expliquent comme des lemmes destinés à permettre la réfutation de l'argument de Zénon. Il n'est pas impossible que le travail très poussé d'Alexandre, qui suggère, contre l'avis exprès d'Aristote, qu'une chose peut-être en elle-même « par accident », s'explique comme une anticipation de la résolution de l'aporie. C'est en effet Aristote lui-même qui, en 210b 21–27, suggère de résoudre ainsi l'aporie.

⋆

39 (ca. 10b 28–29) …] ἀγγεῖον ὁ τόπος νῦν.

…] Le lieu est maintenant réceptacle.

⋆

IV, 4

40 (10b 32) τί δὲ ποτ' ἐστὶν ὁ τόπος] οὐδὲν γὰρ μέχρι νῦν περὶ τόπου ἀπέδειξε, ἀλλὰ τὰς περὶ τὸν τόπον ἐννοίας ἐφ' ἑκάτερα τὰς μὲν ἐξεκαίετο, τὰς δὲ διήρθρωσεν.

Ce que peut bien être le lieu] Il n'a en effet rien démontré au sujet du lieu jusqu'à maintenant, mais des opinions au sujet du lieu, allant dans un sens ou dans l'autre, il a éradiqué les unes et rectifié les autres.

Test. *Simpl. 564.32–565.2 :* πανταχόθεν δὲ στρέψας τοὺς περὶ τόπου λόγους ἐπάγει ταῦτα μὲν οὖν ἔστω ἡμῖν διηπορημένα, οὐχ ὅτι μηδὲν τῶν μέχρι νῦν εἰρημένων ἀποδεικτικῶς εἴρηται (πολλὰ γὰρ οὕτως ἐρρέθη), ἀλλ' ὡς ἀπόρου καὶ τοῦ εἶναι τὸν τόπον φανέντος διὰ τὸ δυσκατάληπτον τῆς οὐσίας αὐτοῦ. – *Averr. 133F :* Cum complevit sermones famosos, ex quibus apparet locum esse, et sermones qui faciunt dubitare in suo esse, et dissoluit quasdam alias dubitationes, … (v. infra, test. *ad schol.* 41).

Adnot. Simplicius s'en prend ici anonymement à une thèse qui est exactement celle que l'on trouve dans la scholie. Celle-ci n'apparaît pas dans le commentaire de Philopon ni dans la paraphrase de Thémistius. En revanche, elle est exprimée dans celui d'Averroès, dans le commentaire d'un lemme où celui-ci mentionne nommément Alexandre (cf. 133H). Nous avons donc certainement ici une correction discrète, par Simplicius, de la thèse qu'il trouve chez Alexandre. Alors que celui-ci, suivi par Averroès, considère que nous n'avons encore rien démontré sur le lieu au seuil du chap. 4, Simplicius adopte une position moins rigoriste : beaucoup de choses dites dans le premier chapitre l'ont été « apodictiquement ».

★

41 (10b 32) λάβωμεν] ὧν ἡ οὐσία αὐτόθεν δυσφωρατότατος, τούτων ἡ ἀρχὴ τῆς εὑρέσεως τῆς οὐσίας ἀπὸ τῶν συμβεβηκότων καθ' αὑτὰ καὶ τῶν παρακολουθούντων γίνεται.

—

1 δυσφωρατότατος ego : δυσφορότατος (sic) S

Prenons] Les choses dont la substance est par elle-même très difficile à détecter, le principe de la découverte de leur substance provient des attributs par soi et des concomitants.

TEST. *Simpl. 565.5–8* : ἐπὶ τὴν τοῦ τόπου εὕρεσιν λοιπὸν τραπείς, ἐπειδὴ δύσκολος ἐφάνη πανταχόθεν ὁ λόγος, ὥσπερ ἔθος ἐπὶ τῶν μὴ αὐτόθεν φαινομένων ὁρισμῶν, ἀπὸ τῶν καθ' αὑτὸ ὑπαρχόντων τῷ τόπῳ τὸν ὁρισμὸν αὐτοῦ συνάγειν πειράσεται. – *Averr. 133F-G :* ... incoepit consyderare de natura eius, et rebus essentialibus ei, quae sunt manifestae per se. Ex talibus enim rebus potest aliquis scire substantiam eius, et solvere omnes quaestiones accidentes in eo.

ADNOT. C'est au chap. 4 qu'Aristote présente sa définition du lieu. Le scholiaste n'a malheureusement conservé que des bribes du commentaire. La présente scholie est sensible, comme les commentaires anciens, au caractère paradigmatique de la progression adoptée au chap. 4. Elle pose d'intéressantes questions terminologiques. On note tout d'abord la présence, si notre correction est exacte (cf. app. cr.) d'un adjectif apparaissant une seule fois ailleurs chez Alexandre, δυσφώρατος (cf. *In Top*. 243.15). Quelques autres caractéristiques propres à la scholie : elle parle de la substance, ou essence, du lieu (οὐσία) alors que Simplicius, plus prudemment, évoque seulement sa définition (ὁρισμός), Thémistius sa nature (φύσις) et que Philopon évite tout terme abstrait. En outre, les trois commentateurs conservés ne mentionnent que les attributs par soi (τὰ ὑπάρχοντα καθ' αὑτά). La scholie est plus originale et développée : elle ne mentionne pas, en effet, les *attributs*, mais, en un sens évidemment équivalent, les *accidents* par soi (τὰ συμβεβηκότα καθ' αὑτά), qu'elle associe aux « concomitants » (τὰ παρακολουθοῦντα). L'emploi d'« accident » au lieu d'« attribut », bien que moins attendu, n'est pas sans fondement textuel. L'assimilation doit être faite, selon Alexandre, en *Metaph*. B 1, 995b 18, où Aristote évoque des accidents (cf. *In Metaph*. 176.19 sqq.), et cette association revient dans son commentaire de *Metaph.* B 2, 997a 15 (cf. *In Metaph.* 191.15 sqq.). Ce n'est pas ici le lieu d'examiner toutes les typologies péripatéticiennes des attributs. Il est possible que l'auteur distingue ici deux catégories, celle des attributs qui découlent directement de l'essence sans en faire partie (comme le fait d'être d'avoir la somme de ses angles égale à deux droits pour le triangle) et celle des attributs qui ne font qu'accompagner toujours l'essence. Dans l'incapacité où se trouvent les Péripatéticiens de produire des formules de l'essence satisfaisantes, ces distinctions sont assez verbales. Sur cette question, cf. *Essentialisme*, chap. V et XI.

★

42 (11a 2) μήτε ἀπολείπεσθαι] γρ(άφεται) ἀπολιπέσθαι.

—

ἀπολιπέσθαι S : ἀπολείπεσθαι fort. legendum

ni quitter] Il est écrit « avoir quitté ».

Test. *Simpl. 565.23–26 :* ἔστι καὶ ἄλλη τοιαύτη (sc. γραφή) ἔτι ἀπολείπεσθαι ἑκάστου καὶ χωριστόν. καὶ ἔστιν αὕτη σαφής· ἴσον γὰρ τὸ ἀπολείπεσθαι τῷ χωριστόν. καὶ λέγοι ἂν τοιοῦτον εἶναι τὸν τόπον, ὡς μεταχωροῦντος τοῦ ἐν αὐτῷ αὐτὸν ὑπολείπεσθαι καὶ χωρίζεσθαι. – *Philop. 540.23–541.4 :* διττὴ δὲ φέρεται ἡ γραφή, ἢ ἀπολείπεσθαι ἑκάστου, ἢ μετὰ τῆς ἀρνήσεως μὴ ἀπολείπεσθαι. εἰ μὲν οὖν ἀπολείπεσθαι εἴη ἡ γραφή, ὡς καὶ τὰ πλείονα τῶν ἀντιγράφων ἔχει, περὶ τοῦ καθ' ἕκαστα τόπου φησὶ τοῦ ἕκαστον προσεχῶς περιέχοντος, ὅν φησιν ἀπολείπεσθαι τοῦ ἐν τόπῳ καὶ χωρίζεσθαι αὐτοῦ (ἔστι γὰρ τοῦ ἀπολείπεσθαι ἐξηγητικὸν τὸ χωρίζεσθαι), εἰ δὲ εἴη μὴ ἀπολείπεσθαι, λέγοι ἂν οὐ περὶ τοῦ καθ' ἕκαστα τόπου, ἀλλὰ περὶ τοῦ ἁπλῶς· ὁ γὰρ ἁπλῶς τόπος οὐκ ἀπολείπεται τῶν σωμάτων. πάντως γὰρ ἐν τόπῳ τινὶ τὸ σῶμα· εἰ γὰρ καὶ τοῦτον ἀπολείπει, ἀλλ' οὖν πάντως ἐν ἄλλῳ τινί ἐστι, καὶ τόπου ἁπλῶς οὐδέποτε ἀπολείπεται. τὸ δὲ χωριστὸν εἶναι κατὰ τὴν γραφὴν ταύτην ἀντὶ τοῦ μηδὲν εἶναι τοῦ πράγματος, ἀλλ' ἐκτὸς εἶναι τῆς οὐσίας αὐτοῦ καὶ μηδὲν εἰς αὐτὴν συντελεῖν. – *Averr. 133G-H :* Et in libro Alexandri habetur loco istius «et etiam non est extra aliquod singularium, et est separatum». Et hoc est magis verum, sed non est notum per se de loco. Illi enim qui dicunt locum esse vacuum separant loco a locato, et remanet locus in actu. Et Alexander exponit hunc locum quia Aristoteles intendebat quod locus non excedit locatum. Et exponit ipsum etiam secundum suum modum, et dicit quod non accidit ei hoc, quod diximus, scilicet quod non est notum per se de loco.

Adnot. Cette scholie, quoique fautive (il faut très probablement substituer le présent ἀπολείπεσθαι à l'aoriste ἀπολιπέσθαι), est néanmoins intéressante pour l'histoire du texte. Nous avons en effet la preuve, grâce à Averroès qui cite Alexandre, que la similitude de la scholie avec ce que l'on trouve chez Simplicius, *In Phys.* 565.23–24 et Philopon, *In Phys.* 540.23–24, alors même que ceux-ci ne mentionnent pas l'Aphrodisien, n'est pas un indice de sa dépendance à leur égard. La scission de la tradition en deux familles (*Paris. Gr.* 1853 [ms. E] et exemplaire arabe d'un côté, les autres manuscrits byzantins de l'autre) s'était donc déjà faite autour de 200 ap. J.-C. Il est à noter que d'après Philopon – qui est peut-être indépendant d'Alexandre ici –, la leçon sans la négation est la plus courante. Cela rejoint une constatation que nous avons faite ailleurs, à savoir que la famille de E, minoritaire dans le monde byzantin – et, pour la *Physique*, réduite à E – était majoritaire à la fin de l'Antiquité. La façon dont Simplicius présente les choses trahit sans doute sa dépendance d'Alexandre : alors que son texte de base est systématiquement un manuscrit de la famille de E, c'est ce texte qu'il présente ici comme une variante (γράφεται). Or, par Averroès et (maintenant) la scholie **42**, nous savons que c'était la présentation d'Alexandre, effectivement beaucoup moins proche de E que le néoplatonicien (cf. *Aristote, De la génération et la corruption*, texte établi et traduit par M. Rashed, Paris, 2005, p. ccxvi-ccxvii).

⋆

43 (11a 4) ἄνω καὶ κάτω (ad 11a 6 ἢ ἄνω ἢ κάτω S)] κ α ὶ κ ά τ ω ἀντὶ τοῦ ἢ κάτω, ὡς εἰ ἔλεγε πᾶς τόπος ἢ ἄνω ἢ κάτω.

en haut ou en bas] « Et en bas » à la place de « ou en bas », comme s'il disait : tout lieu est ou en haut ou en bas.

Test. *Simpl. 565.29–30* : … ἢ τῷ κ α ὶ συνδέσμῳ συμπλεκτικῷ ὄντι ἀντὶ διαζευκτικοῦ τοῦ ἢ ἐχρήσατο, ἵνα ᾖ λέγων πάντα τόπον ἔχειν τὸ ἄνω ἢ τὸ κάτω …

⋆

44* (11a 7) οὗτως (sic S)] ἀπὸ κοινοῦ τὸ οὕ τ ω ς.

ainsi] « Ainsi » est en facteur commun.

Test. *Philop. 543.22–25* : τὴν δὲ λέξιν ἔχουσάν τι δυσχερὲς περὶ τὴν σύνταξιν οὕτως ἀναγνωστέον ‘δεῖ δὲ πειρᾶσθαι τὴν σκέψιν οὕτω ποιεῖσθαι, ὅπως τὸ τί ἐστιν οὕτως ἀποδοθήσεται’ καὶ τὰ ἑξῆς· κατὰ κοινοῦ οὖν τὸ οὕτως.

Adnot. La scholie « sèche » est aussi difficile que la phrase d’Aristote. Elle constitue très probablement l’abrégé d’un texte similaire à celui de Philopon. On imagine fort bien Alexandre s’être livré à une réflexion de ce type.

★

45 (11a 14) ταύτης] τῆς κατὰ τόπον κινήσεως, ἀφ’ ἧς εἰς ἔννοιαν ἤλθομεν τόπου· καὶ γὰρ καὶ ἡ αὔξησις καὶ φθίσις τρόπον τινὰ τοπικαί.

De celui-ci] … du mouvement selon le lieu, à partir duquel nous en venons à concevoir le lieu. De fait, et l’augmentation et la diminution sont, d’une certaine manière, locales.

Test. *Simpl. 567.7–15* : ἀπὸ γὰρ τῆς ἀντιμεταστάσεως τῶν σωμάτων τὴν περὶ τόπου ἔννοιαν ἔσχομεν, καὶ ἀπὸ τῶν κατὰ τόπον κινουμένων τὰς περὶ τόπου ἐννοίας συνηγάγομεν, ὅτι ἄλλος παρὰ τὸ ἐν τόπῳ καὶ ὅτι ἴσος καὶ ὅτι χωριστὸς καὶ ὅτι διαφορὰς ἔχει τὸ ἄνω καὶ κάτω, ἐφ’ ἃ ἡ μετάστασις καὶ ἡ μονή. ὥστε τὰς πολλὰς ταύτας ἐννοίας εἰς τὴν αἰτίαν αὐτῶν μίαν τὴν κατὰ τόπον κίνησιν συνήγαγεν. ὑπέδειξε δὲ καὶ τὰ εἴδη τῆς ὁπωσοῦν κατὰ τόπον κινήσεως δύο ὄντα, τήν τε φοράν, ἥτις μόνως καὶ τελέως κατὰ τόπον κίνησίς ἐστι, καὶ τὴν αὔξησιν καὶ φθίσιν. – *Philop. 544.2–7* : ταύτης, οὐ τῆς κινήσεως ἁπλῶς, ἀλλὰ τῆς κατὰ τόπον κινήσεως. ὅτι δὲ καὶ ἡ αὔξησις καὶ ἡ φθίσις κατὰ τόπον τινὲς κινήσεις εἰσί, κατασκευάζει ἐκ τοῦ μὴ τὸν αὐτὸν τὰ αὐξανόμενα κατέχειν τόπον, ἀλλ’ ὁτὲ μὲν μείζονα ὁτὲ δὲ ἐλάττονα. ἐπεὶ οὖν ᾗ αὔξεταί τι ἢ φθίνει, ταύτῃ πάντως ἀμείβει τὸν τόπον ἐπὶ τὸ μεῖζον ἢ ἐπὶ τὸ ἔλαττον, ταύτῃ δήπου κατὰ τόπον κινήσεις εἰσίν.

Adnot. Cette scholie prouve la dépendance directe d’Alexandre. Alors que le renseignement qu’elle délivre est assez anodin – il faut entendre sous ταύτης en 211a 14 le mouvement selon lieu et non le mouvement en général –, elle s’accorde avec Simplicius pour parler d’un accès de notre part à la notion (ἔννοια) de lieu, terminologie absente du commentaire de Philopon. En revanche, le début de phrase est presque identique chez Philopon et dans la scholie. Il est donc fort probable qu’aussi bien la scholie que Philopon et

Simplicius remontent indépendamment à Alexandre, en lui empruntant des éléments divers de son explication.

★

46* (11a 29) <ὅταν μὲν οὖν> (hic sine notae signo P, ad 10b 32 τί δέ ποτ' ἐστὶν S)] ἐπὶ τῶν συνεχῶν τὸ ἔν τινι ὡς μέρος ἐν ὅλῳ, καὶ οὐ κινεῖται καθ' αὑτὸ τὸ μέρος τότε, ἀλλ' ἐν ἄλλῳ· ἐπὶ δὲ τῶν διωρισμένων τὸ ἔν τινι ὡς ἐν τόπῳ, καὶ κινεῖται καθ' αὑτὸ τότε.

—

2 ante ἐπὶ scribit ση<μείωσαι> περὶ τοῦ τόπου τοῦ μερικοῦ καὶ καθόλου P || 3 δὲ P : om. S || διωρισμένων P : διορισμένων S || ἐν P : πρὸς in compendio S || καὶ P : om. S

Mais ce qu'est] Dans le cas des continus, ce qui est « en quelque chose » est comme une partie dans un tout et la partie, alors, ne se meut pas par soi mais dans autre chose ; en revanche, dans le cas des discontinus, ce qui est « en quelque chose » est comme dans un lieu et il se meut alors par soi.

Test. *Simpl. 569.22–31* : Ὁ μέντοι Ἀλέξανδρος οἴεται διὰ τούτων δείκνυσθαι, ὅτι μὴ ἔστι τὰ συνεχῆ μέρη τοῦ ὅλου τοῦ ὄντος ἐν τόπῳ καθ' αὑτὰ ἐν τόπῳ, ἀλλ' ἐν ὅλῳ τῷ ἐν τόπῳ. καίτοι σαφῶς περὶ τῆς τοῦ περιέχοντος διαιρέσεως οἶμαι καὶ συνεχείας πρὸς τὸ ἐν αὐτῷ λέγει γράφων ὅταν μὲν οὖν μὴ διῃρημένον ᾖ τὸ περιέχον ἀλλὰ συνεχὲς καὶ πάλιν ὅταν δὲ διῃρημένον ᾖ καὶ ἁπτόμενον. συμφωνότερον οὖν οἶμαι καὶ τῇ λέξει καὶ τοῖς προκειμένοις ἔστιν ἀκούειν, ὅτι ὅταν μὲν συνεχὲς ᾖ τὸ περιέχον τῷ περιεχομένῳ, τότε ὡς μέρος ἐν ὅλῳ ἐστὶ τὸ περιεχόμενον ἐν τῷ περιέχοντι· ὅταν δὲ διῃρημένον, τότε ὡς ἐν τόπῳ τῷ ἐσχάτῳ τοῦ περιέχοντος τὸ περιεχόμενον καὶ ἐν πρώτῳ τούτῳ.

Adnot. Selon Simplicius, Alexandre aurait (à tort) interprété la distinction d'Aristote entre contenance continue et contenance discontinue (211a 29–34) en fonction du rapport au lieu du contenu. Au lieu de se borner à distinguer partie dans un tout (cas continu) et objet dans un lieu (cas discontinu), Alexandre aurait suggéré que le premier cas recouvrait un type médié d'être dans le lieu, le second un type direct d'être dans le lieu. La présente scholie confirme partiellement cette tendance du commentaire d'Alexandre. En introduisant la mention du mouvement par soi (καθ' αὑτό), on retrouve en effet l'élément central de la réticence de Simplicius. Cf. Introduction, p. 42.

★

47* (11a 29) ὅταν μὲν οὖν] οἱ Στωϊκοὶ λέγοντες τὸν κόσμον συνεχῆ καὶ ἡμᾶς μέρη τοῦ κόσμου ἔλεγον ἡνωμένους τῷ παντί· τὸν δὲ νοῦν ἔλεγον εἶναι τὸ λεπτομερὲς πνεῦμα τὸ διὰ πάντων διῆκον καὶ συνέχον πάντα· ὃ δὴ καὶ ψυχὴν τοῦ κόσμου ἔλεγον καὶ πλείους ψυχὰς ἐν ἑκάστῳ εἶναι, μίαν μὲν τὴν ὡς φύσιν καὶ μέρος τῆς τοῦ παντὸς ψυχῆς, ἄλλην δὲ τὴν οἰκείαν ἑκάστου.

—

2 ἡνωμένους S : καὶ ἡνωμένους P || ἔλεγον εἶναι S : εἶναι ἔλεγον P

Quand donc] Les Stoïciens, disant que l'univers est continu, disaient que nous aussi sommes des parties de l'univers, unies au tout. Ils disaient que l'intellect est l'esprit subtil qui parcourt toutes choses et qui contient toutes choses. Ils disaient qu'il est aussi âme de l'univers et que plusieurs âmes sont en chacun, l'une comme nature et partie de l'âme du tout, une autre celle propre à chacun.

Adnot. La scholie rapporte que selon les Stoïciens, l'univers est continu. L'Intellect est un esprit subtil qui s'infiltre en toutes choses et les rend cohérentes. Cette doxographie a des parallèles étroits dans le corpus d'Alexandre. Voir en particulier *Mantissa* 115.6–12, *De mixtione* 223.25–27. La seconde partie de la doxographie vise à répondre à une question qui n'est pas explicitement posée, mais que le contexte de *Phys.* IV 4, 211a 29 sqq. rend évidente : si tout est continu, comment distinguer entre les *différents* êtres ? Comment, autrement dit, échapper au monisme radical ? C'est en nous pourvoyant d'une âme individuelle propre, distincte de l'âme universelle, que les Stoïciens y parviennent. Cette âme propre s'exerce sans doute sur l'intervalle fini qui va alors constituer notre corps. Cet intervalle est donc occupé à la fois par l'âme universelle et par l'âme individuelle.

En l'état, cette doxographie pose un certain nombre de problèmes. Tout d'abord, elle n'explique pas ce qui constitue le principe d'individuation des végétaux et des minéraux. On peut bien sûr supposer qu'ils sont eux aussi habités par un certain type d'âme, mais cela n'est pas dit. En outre, il semble qu'il y a une contradiction au moins apparente entre la doctrine présentée par la scholie et la distinction stoïcienne bien connue entre *maintien* (ἕξις), *nature* (φύσις) et *âme* (ψυχή) – cf. par exemple *S.V.F.* II 716 : πνεύματα δὲ κατὰ τοὺς παλαιοὺς δύο ἐστί, τό τε ψυχικὸν καὶ τὸ φυσικόν, οἱ δὲ Στωϊκοὶ καὶ τρίτον εἰσάγουσι τὸ ἑκτικόν, ὃ καλοῦσιν ἕξιν. Il faut en effet supposer que l'âme universelle cohabite avec le « maintien » dans les minéraux, avec la « nature » dans les végétaux, avec l'« âme » dans les animaux. Mais pourquoi alors préciser que l'âme universelle s'assimile, en chacun, à une « nature » (φύσις) ? S'agit-il d'un sens moins technique du terme, la doxographie faisant simplement référence à ce par quoi chaque être est une parcelle du monde naturel ? La brièveté du texte ne permet pas de lever toutes les ambiguïtés. Une chose est sûre : Alexandre a eu conscience de la portée ontologique de la théorie du lieu : alors que la théorie stoïcienne de la compénétration s'accommode très bien du lieu-intervalle, la théorie aristotélicienne de la substance hylémorphique requiert le lieu-enveloppe. Restait toutefois à rendre compte d'une objection possible : la théorie stoïcienne permet de *tout* localiser, en particulier les parties du continu (puisque tout, précisément, pour les Stoïciens, est une partie du continu). En revanche, un problème se pose aux Aristotéliciens : quel est le lieu de la main, de la pupille, etc. ? Pour le résoudre, Alexandre tente de lire la distinction entre « dans un tout » et « dans un lieu » comme dictée elle-même par la nécessité de tout localiser (cf. Simplicius, *In Phys.* 569.22–24 et scholie précédente).

★

[63v]

48 (11b 8) εἰ μὴ ἔστι] ἐπειδὴ ἔφθασε τὰ δύο ἀποδείξας μὴ εἶναι τόπον, λέγω δὴ τό εἶδός τε καὶ τὴν ὕλην, νῦν λέγει περὶ τοῦ διαστήματος ὅτι ε ἰ μ ὴ ἔ σ τ ι τὸ διάστημα ὁ τόπος.

s'il n'y a pas] Après avoir démontré que les deux ne sont pas le lieu, je veux dire la forme et la matière, il dit maintenant, au sujet de l'intervalle, « si le lieu n'est pas l'intervalle … ».

★

49 (11b 13) ἀλλὰ τὸ μὲν εἶδος] τὴν αἰτίαν τῆς πλάνης λέγει τοῦ δοκεῖν εἶναι τὸν τόπον εἶδος.

Mais la forme] Il dit la cause de l'erreur selon laquelle on est d'avis que le lieu est forme.

★

50 (11b 14) διὰ δὲ] ἀντὶ τοῦ μὴ συγκρινουμένου τῷ περιεχομένῳ ὑπ' αὐτοῦ· τὸ δὲ π ο λ λ ά κ ι ς προσέθηκεν ὅτι οὐ μόνον ἐπὶ τοῦ ἀγγείου.

—

2 οὐ μόνον scripsi : οὐχ ὅτι S

Mais en raison de] Au lieu de : « sans s'être mêlé avec ce qu'il contient ». Il a ajouté « souvent » parce qu'il ne s'agit pas seulement du cas du vase.

Adnot. Cette scholie contient des précisions assez triviales qu'on ne retrouve chez aucun commentateur ancien mais qui peuvent remonter à Alexandre. Elles explicitent le membre de phrase d'Aristote 211b 14–16 διὰ δὲ τὸ μεταβάλλειν πολλάκις μένοντος τοῦ περιέχοντος τὸ περιεχόμενον καὶ διῃρημένον, οἷον ἐξ ἀγγείου ὕδωρ … (« Mais du fait que ce qui est enveloppé et séparé change souvent alors que l'enveloppant demeure, comme de l'eau sortant du récipient … »). La première partie de la scholie glose le participe μένοντος, la seconde explique pourquoi Aristote a dit πολλάκις. Alexandre suggère qu'il ne faut pas comprendre « demeurer » comme le fait de demeurer sans mouvement, mais comme celui de perdurer dans le temps ; et que si Aristote dit « souvent », ce n'est pas (ou pas seulement) pour signifier le fait que les récipients changent souvent de contenu, mais que les vases ne sont pas les seuls cas de récipients.

★

51 (ca 11b 14) …] τὴν αἰτίαν τ<ῆς> ἀπάτ<ης> λέγει τοῦ <δο>κεῖν εἶ<ναι> τὸν τόπ<ον> διάστημα.

Test. *Simpl. 573.1–2* : εἶτα τὴν αἰτίαν τῆς ἀπάτης προστίθησι.

…] Il dit la cause de l'erreur selon laquelle on est d'avis que le lieu est intervalle.

★

52* (11b 18–19) <τῶν μεθισταμένων>] τῶν ὑγρῶν· οἷον ἀέρος, ὕδατος.

—

ὕδατος S : καὶ ὕδατ(ος) P

<les choses qui changent de place>] Les liquides, comme l'air, l'eau.

★

53 (11b 19) εἰ δ' ἦν τι] κατασκ<ευὴ> τοῦ συνημμ<ένου>.

S'il y avait quelque] Construction de la conséquence.

★

54 (11b 21–22) ταὐτὸ ποιήσει τὰ μόρια πάντα ἐν τῷ ὅλῳ] ἐστὶ δὲ ὃ ποιεῖ τὸ ὅλον σῶμα ἐν τῇ τῶν ἀγγείων κινήσει, ἐν τῷ αὐτῷ μεταφέρεται· ἐν γὰρ τῷ αὐτῷ ἀγγείῳ ἐστὶ καὶ ἐν τῷ αὐτῷ τόπῳ τὰ ἐν τῷ αὐτῷ τόπῳ, τὰ ἐν τοῖς ἀγγείοις ὁμοίως, ἄν τε μένῃ τὸ ἀγγεῖον ἄν τε μεταφέρηται· δύναται δ' ἔμπαλιν γεγράφθαι ἵν' ᾖ· "... τὸ αὐτὸ ποιήσει τὰ μόρια· ὃ τὰ μόρια πάντα ἐν τῷ ὅλῳ, τοῦτο καὶ πᾶν τὸ ὕδωρ ἐν τῷ ἀγγείῳ", ὡς εἶναι τοῦ μένειν τὸ ὅλον ἐν ταὐτῷ ἐν τῇ τοῦ ἀγγείου μεταφορᾷ δεικτικὸν τὸ καὶ τὰ μόρια ἐν ταὐτῷ μένειν ὅταν τὸ ὅλον μεταφέρηται· ὡς γὰρ ταῦτα, καὶ τὸ ὅλον· καὶ δοκεῖ συνᾴδειν τούτῳ καὶ τὸ ο ὐ κ ἔ σ τ ι δ ' ἄ λ λ ο ς τ ό π ο ς τ ο ῦ μ ο ρ ί ο υ ἐ ν ᾧ κ ι ν ε ῖ τ α ι τὸ ὅλον.

---

1 ὃ s. l. add. S || 3 ante τὰ fort. καὶ addendum || 5 ἵν' S sec. man. : ἵ' (sic) S pr. m. || 6 ταὐτῷ S sec. m. : ταὐτὸ S pr. m. || 7 τὸ add. s. l. S || ταὐτῷ S sec. m. : ταὐτὸ S pr. m. || ὅταν S sec. m. : ὅτι S pr. m., qui etiam α supra ι scripsit || 9–10 οὐκ ἔστι ... τὸ ὅλον : 211b 25–26 || 9 τόπος S Aristotelis cod. F Philop. 554.15 : ὁ τόπος Simpl. 577.8 τόπος ὁ Aristotelis codd. EGIJ || 10 τὸ ὅλον S : vide Adnot.

dans le tout] Mais c'est ce que fait le corps tout entier dans le mouvement des vases : il est transporté dans la même chose. Il est en effet dans le même vase et les choses dans le même lieu sont dans le même lieu, semblablement les choses dans des vases, que le vase demeure ou qu'il soit transporté. Mais on peut écrire à l'inverse, soit : « ... les parties feront la même chose : ce que toutes les parties font dans le tout, cela, l'eau tout entière le fait dans le vase », en sorte que soit indicatif, du fait que le tout demeure dans la même chose au cours du transport du vase, le fait que les parties aussi demeurent dans la même chose lorsque le tout est transporté : comme il en va pour elles, ainsi en va-t-il pour le tout. Semble s'harmoniser avec cela le fait qu'il dise « mais il n'y a pas d'autre lieu pour la partie dans ce dans quoi se meut » le tout.

Test. *Averr. 137 L :* Et Alexander dicit in hoc capitulo quod est valde difficile, et exponit ipsum duabus expositionibus. Dixit enim quod, cum dixit Aristoteles «aqua enim et aer, quando transferuntur, etc.», forte intendit quoniam si locus esset dimensio, contingeret ut partes aquae, quando aqua transfertur, agerent illud quod agit aqua quae est in vase quando vas transfertur, id est quoniam dimensiones, in quibus partes subijciuntur, debent transferri cum ipsis partibus, sicut contingit, si aqua esset in vase in dimensione, ut dimensio in qua est transferatur cum vase. Et dicit quod similitudo inter haec duo, quae fecit hanc consecutionem, est quoniam utrumque est pars totius et pars non movetur per se, scilicet quoniam aqua, quae est in vase, est pars congregati, sicut pars aquae translatae est pars totius aquae.

Adnot. Cette scholie est particulièrement difficile. Elle glose un passage fondamental du chap. 4, où Aristote démontre que le lieu ne doit pas être confondu avec l'intervalle (διάστημα) entre les limites du corps. Cette démonstration appartient elle-même à un ensemble plus vaste. Pour établir sa thèse, Aristote, après avoir recensé certains attributs par soi du lieu, recense exhaustivement toutes les opinions vraisemblables au sujet de la nature du lieu (qu'il est configuration, matière, intervalle ou limite), puis procède négativement : démontrant que le lieu d'un corps considéré n'est ni sa configuration (μορφή) ni l'intervalle tri-dimensionnel qu'il occupe ni sa matière, il en déduit qu'il en est un type de limite. La tâche la plus difficile d'Aristote consiste à exclure que le lieu soit l'intervalle et c'est bien sûr celle qui posera le plus de problèmes à la tradition. Le passage 211b 14–29 où elle apparaît se divise en plusieurs sous-unités. Aristote commence par réfuter une apparence trompeuse au sujet du lieu (14–19) : à force de voir les corps se succéder dans les récipients, nous en venons à croire que l'espace intérieur de ceux-ci existe véritablement ; mais puisqu'il n'y a jamais de vide et que les corps se succèdent immédiatement, cette croyance est erronée. Suivent deux arguments, le premier excessivement ramassé (19–22), le second, que l'on peut ici laisser de côté, est un peu plus développé mais aux contours plus flous (22–29). Le premier affirme que, si l'on suppose que le lieu du corps se confond avec son intervalle, une infinité de lieux se trouvera au même endroit (en plaçant comme Ross la virgule avant ἐν τῷ αὐτῷ). La justification de ce fait est difficile. « Si en effet », dit Aristote « l'eau et l'air se déplacent (μεθισταμένου γὰρ τοῦ ὕδατος καὶ τοῦ ἀέρος), toutes les parties feront la même chose dans le tout que toute l'eau dans le vase ». On peut hésiter sur le sens exact du verbe μεθίσταμαι, « se déplacer ». S'agit-il simplement d'un transport, d'une translation, ou du mécanisme de remplacement, dans un récipient, de l'eau par l'air ? Simplicius et Philopon se rangent à la seconde solution, renvoyant implicitement à l'ἀντιμετάστασις de 208b 1–2. La scholie opte pour la première. Or, nous avons la preuve, par Averroès, *In Phys.* 137 L qui nous transmet l'opinion d'Alexandre, que c'était bien là la position de ce dernier. À plusieurs reprises en effet, Alexandre, dans la traduction latine de la citation arabe, recourt au passif *transferri*, correspondant à l'arabe *intaqala*, lui-même traduisant μεταφέρεσθαι. Ce n'est donc sûrement pas un hasard si nous retrouvons ce verbe, par trois fois (ll. 3, 5 et 9, cf. aussi l. 8 μεταφορά), dans la scholie. D'après Averroès, l'explication d'Alexandre consiste à prêter à Aristote l'argument suivant : quand, selon les partisans du lieu-intervalle, un vase d'eau se déplace, alors non seulement l'eau comme tout, mais même les parties de l'eau, se déplaceront avec leurs intervalles respectifs. Alexandre justifiait cette assimilation en identifiant les deux situations, c'est-à-dire, nous précise Averroès, en interprétant le rapport de l'eau à l'agrégat (*congregatum*) vase+eau comme un rapport de la partie au tout. Là encore, la scholie confirme ce témoignage sans parallèle dans la tradition grecque conservée. La seconde partie est en effet consacrée à montrer à l'aide de quelles modifications dans le texte d'Aristote on peut faire en sorte que l'argument procède non pas du rapport de l'eau au tout du vase au rapport des parties de l'eau à l'eau totale, mais, à l'inverse, du rapport des parties de l'eau à l'eau totale au rapport de l'eau au tout du vase. Quelle conclusion Alexandre tirait-il de ces réflexions excessivement subtiles ? Sans doute, que pour les partisans du lieu-intervalle, tout n'est jamais qu'une partie, que donc il n'y a pas de suprématie absolue, comme chez Aristote, de la « partie » la plus englobante sur les parties englobées. Toutes les parties sont autant « subsistantes » les unes que les autres. Or, les corps étant infiniment divisibles, les parties sont en nombre infini ; comme par hypothèse elles existent en acte, on aura une infinité actuelle de lieux. Une contradiction. Reste à expliquer pourquoi Alexandre voit une confirmation dans le membre de 211b 25–26 οὐκ ἔστι δ' ἄλλος τόπος τοῦ μορίου ἐν ᾧ κινεῖται. Remarquons tout d'abord l'absence d'article ὁ dans le groupe ἄλλος τόπος τοῦ μορίου, en accord avec l'important ms. F et Philopon, contre Simplicius (ἄλλος ὁ τόπος τοῦ μορίου) et le reste de la tradition directe, soit les mss EGIJ (ἄλλος τόπος ὁ τοῦ μορίου). La citation de la scholie remontant à Alexandre, il s'agit donc d'une leçon très ancienne, qui est peut-être correcte (si l'on en juge précisément d'après les hésitations de la tradition). La phrase grecque tout entière peut être traduite ainsi : « il n'y a pas d'autre lieu de la partie, dans quoi elle se meut, quand le vase tout entier se déplace, mais c'est le même lieu ». Comme l'ont reconnu les commentateurs, le membre de phrase « dans quoi elle se meut » (ἐν ᾧ κινεῖται) est difficile (cf. Ross 1936, p. 571–572). Soit qu'il s'agisse d'une variante ancienne non attestée par ailleurs, soit qu'il s'agisse d'une explicitation dictée par son interprétation, l'auteur de notre texte ajoute, après ces mots, « le tout » (τὸ ὅλον). On doit donc traduire sa « citation » ainsi : « il n'y a pas d'autres lieu de la partie, dans quoi le tout se meut ». Il s'agit sans doute d'un coup de force assez hardi de l'auteur, à moins de supposer que son exemplaire présentait cette interpolation. Il ne restait plus qu'à voir en τοῦ μορίου l'antécédent de ἐν ᾧ pour conclure qu'Aristote affirmait que le tout de l'eau, lors du mouvement du vase, se meut dans une partie, c'est-à-dire dans une partie de l'ensemble eau+vase. Alors que, selon la bonne doctrine du lieu, le lieu du tout de l'eau reste identique lors du transport du vase, selon les partisans du lieu-intervalle, ce lieu se trouverait dans un nouveau lieu, puis encore dans un autre, etc. Cette absurdité se présenterait aussi bien dans le cas de la partie la plus englobante (le tout de l'eau dans le vase) que de toute partie de volume inférieur que l'on voudra. Cette ultime extension de l'argument est attestée par Averroès, *In Phys.* 138 A-B et par Simplicius, *In Phys.* 576.30–577.1.

⋆

55 (11b 29) καὶ ἡ ὕλη] τὰ γὰρ ἐν ὕλῃ ὄντα κινεῖται ἐν τῇ ὕλῃ.

et la matière] En effet, les choses qui sont dans une matière se meuvent dans la matière.

⋆

56 (11b 31) μὴ κεχωρισμένῳ] ἥνωται γὰρ τῇ ὕλῃ τὰ ἐν αὐτῇ.

non séparé] Sont en effet unifiées à la matière les choses qui sont en elles.

⋆

57 (11b 36) ἀλλ' ἡ μὲν ὕλη] ἡ διαφορὰ τῆς ἑνότητος ὕλης καὶ τόπου.

mais la matière, d'une part] Différence de l'unification de la matière et du lieu.

⋆

[65r]

58 (12a 7–8) καὶ χαλεπὸν] ἡ χαλεπότης τοῦ τόπου τῆς θεωρίας, φησί, διὰ τρία γίνεται, διὰ τὸ δοκεῖν ὕλην εἶναι καὶ εἶδος καὶ διάστημά τι κενόν.

et difficile] La difficulté de l'examen du lieu, dit-il, provient de trois choses : du fait qu'il semble être matière, forme et quelque intervalle vide.

⋆

59 (ca 12a 13–14) …] σημειωτέον ὅτι καὶ τὸ ἀγγεῖον πέρας τοῦ περιέχοντος λέγει.

…] Il faut noter qu'il dit que le récipient aussi est limite de l'englobant.

Test. *Simpl. 582.20–21* : σημειωτέον δέ, φησὶν ὁ Ἀλέξανδρος, ὅτι καὶ τὸ ἀγγεῖον πέρας τοῦ περιέχοντος λέγει.

⋆

60 (12a 15) οὕτως ὁ τόπος (cf. ΛΤ)] διαφορὰ τόπου καὶ ἀγγείου τῷ κινητῷ καὶ ἀκινήτῳ, ὥστε καὶ τὰ ἐν ἀγγείῳ ἐν τῷ τοῦ περιέχοντος αὐτὸ σώματος πέρατί ἐστιν.

Ainsi, le lieu] La différence du lieu et du récipient passe par le mû et l'immobile, en sorte que les choses dans un récipient elles aussi sont dans la limite du corps qui l'englobe.

TEST. *Simpl. 583.33–34* : ... προστίθησι δὲ ὁ Ἀλέξανδρος ὅτι εἴπερ καὶ τὸ ἀγγεῖον τόπος ἐστί, καὶ τὰ ἐν ἀγγείῳ ἐν τῷ τοῦ περιέχοντος αὐτὸ σώματός ἐστι πέρατι.

⋆

61 (12a 16) διὸ ὅταν] ἀντὶ τοῦ ὅταν κατὰ συμβεβηκὸς κινῆται.

—

κινῆται scripsi : κινεῖται S

C'est pourquoi quand] À la place de : « quand il se meut par accident ».

⋆

62 (12a 19) διὸ ὁ πᾶς] τὸ γὰρ κατὰ τόπον κινούμενον ἐξίσταται τοῦ ἐν ᾧ ἔστι τόπου. τὸ δ' ἐν ἀγγείῳ τὸν αὐτὸν ἔχει τόπον. τὸ δὲ μ ᾶ λ λ ο ν πρόσκειται ὅτι οὐ κυρίως ἀλλὰ μᾶλλον κατὰ τοῦτο καθόσον οὐ συγκινεῖται.

—

2 πρόσκειται S p. c. : κατάκειται S a. c.

C'est pourquoi tout le] En effet, ce qui se meut selon le lieu se défait du lieu dans lequel il est, tandis que ce qui est dans un récipient a le même lieu. « davantage » a été ajouté parce que ce n'est pas au sens propre, mais davantage en fonction du fait qu'il ne se meut pas de concert.

TEST. *Simpl. 583.33–34* : τὸ δὲ μ ᾶ λ λ ο ν προσέθηκε, διότι οὐ κυρίως ὁ πᾶς ποταμὸς τόπος ἂν εἴη τῆς νεώς ...

⋆

63 (12a 20) ὥστε τὸ] δύναται γὰρ καὶ ἐν τῷ ἔξωθεν πέρατι τοῦ περιέχοντος δοκεῖν εἶναι τὸ ἐν τόπῳ καί ἐστι καὶ τοῦτο ἀκίνητον· ἀλλ' οὐκ ἔστι πρῶτον εἰ μὴ καθὸ πέρας περιέχει.

en sorte que le] Ce qui est dans le lieu peut en effet sembler être dans la limite extérieure de l'englobant, et elle aussi est immobile. Mais elle n'est première qu'en tant qu'elle contient la limite.

TEST. *Simpl. 584.20–24* : ἔστι μὲν γὰρ τὸ ἐν τόπῳ λεγόμενον καὶ ἐν τῇ ἔνδον ἐπιφανείᾳ τοῦ περιέχοντος σώματος καὶ ἐν τῇ ἔνδον τοῦ τὸ περιέχον περιέχοντος (οἷον εἰ ἐν ὕδατι λίθος, τὸ δὲ ὕδωρ ἐν ἀέρι καὶ ἀκινήτῳ, ὁ λίθος περιέχεται ἐν τῇ ἐπιφανείᾳ τοῦ ἀέρος), οὐ μέντοι προσεχῶς ἐν ἐκείνῃ οὐδὲ πρώτως.

⋆

64* (12a 28) ἐπίπεδόν] ἐ π ί π ε δ ο ν λέγει ἀντὶ τοῦ ἐπιφάνεια. ἀγγεῖον μὲν οὖν δοκεῖ ὁ τόπος ᾗ περιέχει, ἐπιφάνεια δὲ ᾗ πέρας τοῦ περιέχοντος.

plan] Il dit « plan » au lieu de « surface ». Le lieu semble être un récipient en tant qu'il englobe, mais une surface en tant que limite de l'englobant.

TEST. *Simpl. 587.16–22* : ἐπειδὴ δὲ καὶ πέρας τοῦ περιέχοντός ἐστιν ὁ τόπος καὶ ὑποδεκτικὸς τοῦ ἐν αὐτῷ, διὰ τοῦτο καὶ ἐπίπεδον δοκεῖ ὁ τόπος, τουτέστιν ἐπιφάνεια, μῆκος καὶ πλάτος ἄνευ βάθους ἔχων. διὸ καὶ ἐ π ί π ε δ ο ν αὐτὸν ἐκάλεσεν, ὡς τῶν παλαιῶν πᾶσαν ἐπιφάνειαν ἐπίπεδον καλούντων· οἱ γὰρ νεώτεροι διαφορὰν ἐπιφανείας ἔλεγον τὴν ἐπίπεδον καὶ ἄλλην τὴν σφαιρικὴν ἢ κωνικὴν ἢ κυλινδρικήν, καὶ ἐπίπεδον ἔλεγον ἐπιφάνειαν, ἥτις ἐξ ἴσου ταῖς ἐφ' ἑαυτῆς εὐθείαις κεῖται.

⋆

IV, 5

65 (12a 32) διὸ κἂν ὕδωρ] θέλων δεῖξαι ὅτι τὸ πᾶν οὔ που, ἐπὶ παραδοξοτέρας ὑποθέσεως τοῦτο λέγει τοῦ ὕδατος. τὸ δὲ τ ὰ μ ὲ ν μ ό ρ ι α κ ι ν ή σ ε τ α ι ἀντὶ τοῦ ἐν τόπῳ ἔσται κινητόν· κατὰ φορὰν γάρ.

—

1 ὅτι : ὃ s. l. add. S

C'est pourquoi même si c'est l'eau] Désirant montrer que le Tout n'est pas quelque part, il se sert d'une hypothèse plus paradoxale et affirme cela de l'eau.

« Ses parties se mouvront » est mis pour « seront mobiles dans un lieu » : cela s'affirme en effet du déplacement.

Test. *Simpl. 588.12–13* : βουλόμενος οὖν πεῖσαι, ὅτι οὐκ ἔστιν ἐν τόπῳ τὸ πᾶν καὶ ὁ οὐρανός, ἐπὶ παραδοξοτέρας ὑποθέσεως πειρᾶται συνεθίζειν ἡμᾶς.

⋆

66 (12a 35) οὐ μεταβάλλει, κύκλῳ δὲ] τὸ γὰρ κύκλῳ κινούμενον κατὰ μὲν τὰ μέρη μεθίσταται, κατὰ δὲ τὸ ὅλον, οὔ.

ne change pas, mais en cercle] Car ce qui est mû en cercle change de position selon ses parties mais non selon le tout.

Test. *Simpl. 588.22–23* : καὶ ἔτι μέντοι ὅπως τὰ μὲν μόρια κινεῖται κατὰ τόπον, τὸ δὲ ὅλον ἀκίνητον μένει δείκνυσιν.

⋆

67 (12b 1) τῶν μορίων] τ ῶ ν μ ο ρ ί ω ν τινὲς μὲν τῆς ἀπλανοῦς ὡς ὄντων συνεχῶν καὶ ἐντός, ὁ δὲ Ἀλέξανδρος τῆς πλανωμένης ὡς οὐ συνεχῶν τῇ ἀπλανεῖ.

—

1 ὄντων ego : τῶν S || 2 ἀπλανεῖ : –εῖ in corr.

Des parties] Pour certains, les « parties » sont celles de la sphère des fixes, dans l'idée qu'elles sont continues et intérieures, tandis que pour Alexandre, ce sont celles de la sphère des astres errants, dans l'idée qu'elles ne sont pas continues à la sphère des fixes.

Test. *Simpl. 589.4–590.4 :* ἀλλ' εἰ πᾶν τὸ κατὰ φορὰν κινούμενον ἐν τόπῳ ἐλέγετο εἶναι, τὸ δὲ κύκλῳ κινούμενον κατὰ φορὰν κινεῖται, πῶς οὐκ ἂν εἴη ἐν τόπῳ; "ἢ οὐ ταὐτόν, φησὶν Ἀλέξανδρος, τὸ κατὰ φορὰν καὶ κατὰ περιφοράν. εἰ δὲ ἡ κύκλῳ περιφορά ἐστιν, ἀλλὰ τῶν μερῶν ἐστι περιφορά, οὐχὶ τοῦ ὅλου· τὰ γὰρ μέρη καὶ ἀμείβει τοὺς τόπους". εἰ δέ τις ἀκριβολογοῖτο, οὐδὲ τὰ μέρη τοῦ κυκλοφορητικοῦ σώματος ἐν τόπῳ ἐστὶν οὔτε κινεῖται κατὰ τόπον οὔτε καθ' αὑτὰ οὔτε κατὰ συμβεβηκός· καθ' αὑτὰ μὲν γὰρ οὐκ ἔστιν, ὅτι συνεχῆ ἐστι καὶ οὐ διῃρημένα, κατὰ συμβεβηκὸς δὲ οὐκ ἔστιν, ὅτι ἐκεῖνα τὰ μέρη κατὰ συμβεβηκὸς ἦν ἐν τόπῳ, ὧν τὰ ὅλα καθ' αὑτὰ ἐν τόπῳ ἦν. τὸ δὲ πᾶν οὐκ ἔστιν ἐν τόπῳ· ὥστε οὐδὲ τὰ μέρη αὐτοῦ τὰ συνεχῆ οὔτε καθ' αὑτὰ οὔτε κατὰ συμβεβηκός· πῶς οὖν λέγει τ ῶ ν μ ο ρ ί ω ν γ ὰ ρ ο ὗ τ ο ς τ ό π ο ς; ἢ τῶν ἁπτομένων μορίων ἔστιν ἀκούειν, οἷον τῶν σφαιρῶν τῶν ὑπ' ἀλλήλων περιεχομένων· ἐπὶ γὰρ τῶν συνεχῶν οὐχ ἁρμόττει λεγόμενον· οὐ γάρ ἐστι ταῦτα ἐν τόπῳ. ἔπειτα δὲ εἰ τὰ μόρια τόποι γίνονται ἀλλήλων, πῶς ἔτι ἀκίνητος ὁ τόπος τῶν μορίων κινουμένων καὶ τῶν περάτων αὐτῶν· ἀλλὰ μόρια ἀκουστέον οὐ τὰ τοῦ ἐξωτάτω σώματα τὰ συνεχῆ αὐτῷ, ἀλλὰ τὰ περιεχόμενα ὑπ' αὐτοῦ· ἡ γὰρ κοίλη τῆς ἀπλανοῦς ἐπιφάνεια τόπος γίνεται προσεχῶς τῆς τοῦ Κρόνου σφαίρας καὶ ἡ ἐκείνης τῆς ἑξῆς, καὶ δῆλον ὅτι καθόσον μὲν συμπεριάγονται τῇ ἀπλανεῖ ὡς ἐν ἀγγείῳ ἂν εἶεν ἐκείνῃ· καθόσον δὲ καὶ ἑκάστη κίνησιν ἰδίαν ἔχει ὡς ἐν ἀκινήτῳ αὐτῇ κινούμεναι ὡς ἐν τόπῳ εἰσί. πρὸς ταύτην δὲ τὴν ἔννοιαν καὶ τὸ κύκλῳ δὲ κινεῖται· τῶν μορίων γὰρ οὗτος τόπος εἰρῆσθαί φησιν ὁ Ἀλέξανδρος· κύκλῳ γὰρ κινούμενον δῆλον ὅτι ἅπτεται μόνον τῶν περιεχομένων μορίων. εἰ δὲ τοῦτο, ὡς ἐν τόπῳ ἐστὶν αὐτῷ τὰ περιεχόμενα ὑπ' αὐτοῦ μόρια· καὶ ταῦτα δὲ ἐπὶ τῶν μορίων τοῦ παντὸς ὁ Ἀλέξανδρος ἀκούει καὶ ἄνω μὲν καὶ κάτω οὔ, κύκλῳ δέ· ἔνια δὲ καὶ κάτω καὶ ἄνω, τὸ μὲν ἐπὶ τῶν πλανωμένων σφαιρῶν, τὸ δὲ ἐπὶ τῶν ἐν γενέσει. καὶ γὰρ εἰ τὸ κύκλῳ δὲ περὶ τοῦ παντὸς εἴρητο οἶμαι, ὡς τοῦ κύκλῳ δὲ καταλληλότερον περὶ παντὸς τοῦ οὐρανοῦ λεγομένου, ὅπερ ὡς ταὐτὸν τῷ παντὶ λαμβάνει, (τινὲς δ' οὐ γράφουσιν ἔνια, ἀλλὰ τὰ δὲ ἄνω καὶ κάτω) καὶ εἴπερ αὕτη καταλληλοτέρα ἡ γραφή, καὶ τὸ τῶν μορίων γὰρ οὗτος τόπος πρὸς τὸ ὡς μὲν γὰρ ὅλον, ἅμα τὸν τόπον οὐ μεταβάλλει ἀποδοτέον, ἵνα ᾖ λέγων, ὅτι τὸ πᾶν ἤτοι ὁ οὐρανὸς ὅλον μὲν ἅμα τὸν τόπον οὐ μεταβάλλει· οὐδὲ γὰρ ἄνω καὶ κάτω κινεῖται, ἀλλὰ κύκλῳ μόνον, τὸν αὐτὸν ἀεὶ κατέχων τόπον· τὰ δὲ μόρια καὶ ἄνω κινεῖται καὶ κάτω.

ADNOT. Cette troisième scholie où apparaît le nom de l'Exégète doit retenir l'attention à plus d'un titre. Tout d'abord, parce que sa forme rapportée dénote la main de l'adaptateur. Même si nous sommes face à la pensée d'Alexandre, nous n'avons certainement pas ici ses propres mots. Ensuite, parce qu'elle apparaît à un moment capital de la réflexion aristotélicienne. C'est au début du chap. 5 qu'Aristote révèle sa solution aux apories du lieu. Enfin, et en conséquence, cette scholie, bien obscure au premier abord, permet de retracer les grands axes d'un dialogue entre commentateurs (cf. Introduction, p. 46–49). La scholie oppose deux interprétations d'un morceau obscur d'Aristote, qui affirmait que « cela est le lieu des parties » sans que l'on comprenne bien à quoi le pronom « cela » renvoit dans ce qui précède. La seule chose indubitable est que l'on parle de l'univers (τὸ πᾶν, 212a 34). À en croire la scholie, deux interprétations sont entrées en concurrence chez les exégètes d'Aristote. La première considère que les « parties » dont il est ici question sont des parties de la sphère des fixes. Il s'agit sans doute alors des nombreuses étoiles qui la parsèment. Comme ces parties sont « continues » entre elles (συνεχῶν) et « intérieures » (ἔντος) au pourtour externe du monde, ce pourtour est bien leur « lieu », sans vide ni recouvrement. Alexandre propose quant à lui l'interprétation différente suivante : les parties sont celles de la sphère des astres errants – c'est-à-dire les différentes sphères célestes intérieures à la sphère des fixes. Comme ces parties ne sont pas continues à la sphère des fixes, il est plus facile d'y voir des parties, i. e. des parties distinctes, du Tout. Ce faisant, Alexandre introduit une distinction assez brutale entre la dernière sphère, qui n'est pas dans un lieu, et les autres sphères, dont chacune est englobée par la sphère immédiatement extérieure. La forme de notre scholie rend probable qu'Alexandre développait sa lecture contre l'autre interprétation d'Aristote, proposée par ses prédécesseurs, voyant dans les « parties » de 212b 1 les étoiles de la sphère des fixes. Ces deux interprétations menant chacune à de graves difficultés, se fait jour, à partir de Thémistius, une interprétation *ad hoc* voulant que dans un système de sphères concentriques, le lieu d'une sphère soit la sphère de rayon immédiatement inférieur. Ce sera la position d'al-Fārābī et d'Avempace en particulier – et le pis-aller proposé par Philopon (cf. *In Phys.* 602.22–24). Simplicius est très prudent sur toute cette question car pour lui, comme cela apparaît clairement à la lecture de son *corollarium de loco* (cf. en part. *In Phys.* 601.25 sqq.), la doctrine d'Aristote ne peut mener qu'à des contradictions insurmontables.

⋆

68 (12b 4) ἐν τόπῳ κατὰ δύναμιν] ἀνωτέρω εἶπεν εἶναί τινα κατὰ συμβεβηκὸς ἐν τόπῳ δυνάμενα καὶ καθ' αὑτὰ εἶναι ἐν τόπῳ ὡς τὰ συνεχῆ μέρη. ταῦτα δὲ λέγει νῦν κατὰ δύναμιν.

dans un lieu selon la puissance] Il a dit plus haut que certaines choses sont selon l'accident dans un lieu, mais qu'elles peuvent être aussi par soi dans un lieu, comme les parties continues. Ce sont ces choses-là qu'il dit maintenant « selon la puissance ».

Test. *Simpl. 591.13–14 :* τὰ μὲν γὰρ συνεχῆ καὶ μήπω μέρη κατὰ δύναμιν λέγεται ἐν τόπῳ.

Adnot. La scholie est un peu plus développée que le morceau correspondant chez Simplicius.

⋆

69 (12b 7) καὶ τὰ μὲν καθ' αὑτὰ] τὸ ἑξῆς· τὰ μὲν καθ' αὑτά, τὰ δὲ κατὰ συμβεβηκός· τὰ δὲ περὶ τοῦ οὐρανοῦ διὰ μέσου.

Et les unes le sont par soi] L'enchaînement : « les unes le sont par soi, les autres par accident » ; ce qui concerne le ciel est intercalé.

Adnot. J'ai mal édité et compris cette scholie dans « Alexandre d'Aphrodise et la »Magna Quaestio« », p. 334 (réf. complète, p. 219). Il s'agit en fait d'une remarque stylistique visant à signaler le grand espace entre le μέν (212b 7) et le δέ (212b 11) du texte d'Aristote.

★

70 (12b 8) ὁ δ' οὐρανός] ὅτι τὸν οὐρανὸν οὐκ ἐν τόπῳ λέγει, οὔτε δυνάμει (οὐ γάρ ἐστι συνεχοῦς μέρος) οὔτε ἐνεργείᾳ (οὐ γὰρ φέρεται, ἀλλὰ περιφέρεται).

mais le ciel] Qu'il dit que le ciel n'est dans un lieu ni en puissance (car il n'est pas une partie d'un continu), ni en acte (car il n'est pas mû rectilinéairement mais circulairement).

Test. *Simpl. 591.26–29 :* οὔτε γὰρ ὡς δυνάμει οὔτε ὡς ἐνεργείᾳ, εἰ μὴ ἔστι τι ἔξωθεν οὗ ἅπτεται ἢ οὗ ἅψεσθαι δυνήσεται, κἂν ὑποτεθῇ διαιρούμενος. τὸ δὲ πᾶν οὐδὲ ἔστιν ἐπινοῆσαι δυνάμει, ὅτι οὐ μέρος, οὐ μέντοι οὐδὲ καθ' αὑτὸ ἐν τόπῳ, ὅτι οὐ προσλαμβάνει τόπον ἢ ἀφίησιν. – *Philop. 602.8–9* : φέρεσθαί φησι τὰ κατ' εὐθεῖαν φερόμενα, ἅπερ καὶ καθ' αὑτὰ ἐν τόπῳ εἶναί φησι, τὰ δὲ οὐράνια οὐ φέρεσθαι, ἀλλὰ περιφέρεσθαι.

Adnot. Le parallèle avec Simplicius est assez lointain. On reconnaît cependant une origine commune dans ces considérations. On remarquera, fait rare dans notre corpus (il apparaît à sept reprises), que la scholie est introduite par un ὅτι, marque laissée par l'épitomateur (cf. Introduction, p. 17, n. 44). La scholie a des traits communs avec Simplicius (description du δυνάμει) et avec Philopon (opposition entre φέρεται et περιφέρεται) ; comme il est à exclure que l'épitomateur se soit amusé à réaliser ce genre de combinaisons, il faut probablement supposer qu'elle reflète assez précisément le texte d'Alexandre et que celui-ci a inspiré les deux commentaires conservés.

★

71 (12b 10) ἐφ' ὃ (cf. adnot.)] τουτέστιν ἐ φ ' ὃ μὴ συνεχής ἐστι τοῖς αὑτοῦ μορίοις ἀλλ' ἁπτόμενος καὶ κινούμενος.

ce au niveau de quoi] C'est-à-dire un être au bord duquel le ciel n'est pas continu par ses propres parties, mais un être qu'il touche et vers lequel il est mû.

Adnot. On a ici une variante dans la tradition manuscrite. Les deux plus anciens manuscrits E et J et les commentateurs anciens (Maxime, Simplicius, Philopon et, d'après notre scholie, Alexandre) ont l'accusatif ἐφ' ὅ, tandis que les manuscrits plus récents utilisés par Ross ont le datif ἐφ' ᾧ. La première leçon étant pour le sens *difficilior*, elle paraît préférable. L'interprétation de la scholie est non attestée par ailleurs et correspond parfaitement à la position d'Alexandre : celui-ci voit dans les « parties » qui apparaissent de manière récurrente dans ce paragraphe d'Aristote (212b 1, 10, 11, 12) les différentes sphères éthérées, à l'exception de la sphère des fixes, tandis que Simplicius préfère les comprendre comme les différentes sphères sublunaires. C'est pour cette raison qu'il passe sous silence l'exégèse d'Alexandre, tout comme Philopon d'ailleurs, et préfère même mentionner, avec un *fairplay* non dénué de méchanceté à l'égard d'Alexandre, une lecture de Maxime apportant de l'eau au moulin adverse (*In Phys.* 592.6–10).

★

72 (12b 10) <τοῖς μορίοις> (ad 12b 9 οὐδ' ἔν τινι S)] τοῦτο δηλωτικόν ἐστι τοῦ ποῖα μόρια τοῦ οὐρανοῦ ἐν τόπῳ. τὰ γὰρ ἐφεξῆς ἀλλήλων καὶ ἁπτόμενα ἀλλ' οὐχὶ τὰ συνεχῆ.

ni dans un certain] Ceci indique quelles parties du ciel sont dans un lieu : ce sont celles placées successivement et qui se touchent, mais non celles qui sont continues.

Adnot. Ce n'est pas un hasard si Simplicius, dans la partie correspondante (*In Phys.* 591.23–592.10), est pour le moins évasif, laissant ouverte l'identification du « ciel » (cf. 592.3 : διαφέρουσι τῆς ἀπλανοῦς ἤτοι τοῦ ὅλου οὐρανοῦ ἢ τοῦ παντός). Alexandre, en évoquant la question de l'identification des parties du ciel envisagées ici par Aristote, poursuit sa polémique contre l'interprétation concurrente – polémique que Simplicius, qui n'est pas un chaud partisan de la théorie aristotélicienne du lieu, préfère éluder.

★

73 (12b 12) καὶ ὁ (add. s. l. S) οὐρανός] οὐρανὸν λέγει τὸ ὅλον σύστημα τοῦ κόσμου ὃς ἐν τόπῳ οὐκ ἔστιν ἀλλ' ἐν τοῖς μορίοις ἑαυτοῦ, ἐκεῖνα δ' ἐν τόπῳ.

—

2 ὃς S : fort. ὃ scribendum || post μορίοις fort. τοῖς addendum ; cf. tamen eiusdem (?) *Ethica Problemata* 150.13–14 : ἕκαστον ἀγαθόν ἐστί τε καὶ γίνεται κατὰ τὴν ἀρετὴν ἑαυτοῦ

et le ciel] Il appelle « ciel » la totalité du système du monde, monde qui n'est pas dans un lieu mais dans ses propres parties, celles-ci étant dans un lieu.

Test. *Simpl. 593.7–17 :* καὶ ὁ μὲν Ἀλέξανδρος οὐρανὸν λέγεσθαι νῦν φησιν οὐ τὴν τῶν ἀπλανῶν σφαῖραν οὐδὲ τὸ θεῖον σῶμα μόνον, ἀλλὰ τὸν κόσμον πάντα, διότι τούτου μὲν τὰ μέρη πλὴν τῆς ἀπλανοῦς ἐν τόπῳ ἐστί, τῆς δὲ ἀπλανοῦς τὰ μέρη οὐκέτι, εἴπερ τὸ ἐπὶ τὸ κύκλῳ γὰρ περιέχει ἄλλο ἄλλο ἐπὶ τῶν τοῦ παντὸς μορίων ἀκούειν ἀνάγκη, ὡς τῆς μὲν γῆς ἐν τῷ ὕδατι περιεχομένης, τοῦ δὲ ὕδατος ἐν τῷ ἀέρι, καὶ τούτου ἐν τῷ αἰθέρι, καὶ τούτου ἐν τῷ οὐρανῷ, ὡς αὐτὸς ἐρεῖ· μήποτε δέ, ὡς καὶ αὐτὸς Ἀλέξανδρος ἐπέστησεν, ἐφαρμόσοι ἂν καὶ τῇ ἀπλανεῖ τὰ λεγόμενα· καὶ γὰρ τῶν τῆς ἀπλανοῦς μορίων ἐπὶ τῷ κύκλῳ περιέχει ἄλλο ἄλλο. ἕκαστον γὰρ τῶν μορίων αὐτῆς ὑπ' ἄλλων τινῶν μορίων περιέχεται τῶν μὲν προηγουμένων κατὰ κύκλον, τῶν δὲ ἑπομένων.

Adnot. Alexandre fait référence à l'un des sens du ἔν τινι apparaissant dans la liste du chap. 3 qu'il connaît bien (cf. *Phys.* IV 3, 210a 16–17 ; explication reprise par Philopon, *In Phys.* 603.7–10). Cette scholie est en parfait accord avec la doxographie de Simplicius – et en désaccord avec l'exégèse concurrente que ce dernier ne se prive pas de rappeler (cf. μήποτε etc.). Il est clair que le τὸν κόσμον πάντα de Simplicius renvoie à ce que la scholie appelle τὸ ὅλον σύστημα τοῦ κόσμου. Cette expression-ci semble bien être une citation directe d'Alexandre. C'est un terme que la tradition néoplatonicienne, paradoxalement, n'apprécie guère et n'emploie en gros que dans son acception musicale (cf. M. Rashed, « Alexandre d'Aphrodise et la »Magna Quaestio«. Rôle et indépendance des scholies dans la tradition byzantine du corpus aristotélicien », *Les Études Classiques* 63, 1995, p. 340, n. 134). Dans son acception cosmologique, le mot n'apparaît qu'une seule fois dans le corpus aristotélicien, *De mundo* II, 391b 9–10 : κόσμος μὲν οὖν ἐστι σύστημα ἐξ οὐρανοῦ καὶ γῆς καὶ τῶν ἐν τούτοις περιεχομένων φύσεων. Cette définition du monde est une exacte citation de celle proposée originellement par Chrysippe, dont la tradition a gardé trace par ailleurs (voir *S.V.F.* II, p. 168–169). Alexandre connaissait sûrement le *De mundo* et, quoi qu'il ait pensé de son authenticité, il s'en est servi pour sa théorie de la providence (cf. Introduction, p. 150 sqq.). Au vu de ces données, il paraît probable que l'on a ici la lettre de l'explication d'Alexandre. Nouvel indice, si besoin en était, de l'indépendance des scholies à l'égard de Simplicius.

★

[65v]

74 (12b 13) πῶς (sic S)] τό π ω ς πρόσκειται διὰ τὴν ἐξωτάτην ἀπλανῆ σφαῖραν.

—

1 πως scripsi : πῶς S (ut in lemma)

en quelque manière] Le « en quelque manière » est ajouté en raison de la sphère la plus extérieure, celle des fixes.

Test. *Simpl. 592.16–22* : τὸ δέ πως προσέθηκε, φασί, διὰ τὴν ἀπλανῆ, ὅτι ἐκείνη οὐκ ἐν τόπῳ. καίτοι εἰ δι' ἐκείνην προσετέθη, οὐκ ἂν ἐπήγαγε τὸ π ά ν τ α· εἰ γὰρ μέρος μὲν τοῦ ὅλου οὐρανοῦ ἤτοι τοῦ παντός ἐστιν ἡ ἀπλανής, μὴ ἔστι δὲ αὕτη ἐν τόπῳ, οὐκ ἂν εἴη πάντα ἐν τόπῳ. εἰ μὴ ἄρα τὸ π ῶ ς π ά ν τ α εἶπεν οὐ τῷ τ ό π ῳ, ἀλλὰ τῷ π ά ν τ α τὸ π ῶ ς προστιθείς, ὅτι οὐχ ἁπλῶς πάντα ἀλλ' ἐγγὺς πάντα, εἴπερ πάντα παρὰ ἕν. – *Philop. 603.12–13* : καλῶς τό πως προσέθηκεν. οὐ γὰρ πάντα κυρίως ἐν τόπῳ τὰ μόρια· οὔτε γὰρ ἡ ἐξωτάτω σφαῖρα κυρίως ἐν τόπῳ, οὔτε τὰ συνεχῆ τῶν μορίων.

Adnot. Si la scholie dérivait de Simplicius, il faudrait admettre que son rédacteur n'aurait pas compris que l'interprétation rapportée par Simplicius n'avait pas la faveur de ce dernier – ce qui est à peu près impossible –, ou qu'il n'en aurait rien voulu savoir – ce qui ne laisserait pas d'étonner. Étant donné la cohérence générale des scholies à ce chapitre et leur accord parfait avec la thèse générale que l'on peut reconstituer comme étant celle d'Alexandre, il paraît clair que la présente scholie est puisée directement au commentaire perdu.

★

75 (12b 18) ἴσως] τὸ ἴ σ ω ς ἢ διὰ τὰ νοήματα, ἢ διὰ τὸ κενόν, ἢ διὰ τοὺς Δημοκρίτου κόσμους ἀπείρους, ἢ δι' εὐλάβειαν φιλόσοφον.

peut-être] Le « peut-être » est en raison ou des concepts, ou du vide, ou des mondes infinis de Démocrite ou de la prudence philosophique.

Test. *Simpl. 593.34–37* : τό δὲ ἴσως πρόσκειται, φασίν, ἢ διὰ τὸ μηδέπω εἰρῆσθαι περὶ τοῦ κενοῦ, ὅτι οὐκ ἔστιν, ὅ φασί τινες περιέχειν τὸ πᾶν, ἢ διὰ τὸ μηδέπω δεδεῖχθαι ὅτι εἷς ἐστιν ὁ κόσμος, ἢ ὅτι ἐστί τινα καὶ ἀσώματα εἴδη καθ' αὑτά, ἢ διὰ φιλόσοφον εὐλάβειαν.

ADNOT. Malgré leur ressemblance, on remarque une différence intéressante entre les deux listes d'explications de la présence du « peut-être » dans le texte aristotélicien : la scholie évoque des « concepts », tandis que Simplicius parle de « formes par soi, incorporelles ». En cas d'indépendance réciproque des deux sources, on peut envisager deux scénarios. Soit Simplicius cite correctement le commentaire perdu d'Alexandre, et celui-ci faisait référence, en des termes qu'il emploie ailleurs (cf. *In Metaph.* 251.23–38, traduit et commenté dans *Essentialisme*, p. 319), aux Premiers Moteurs de la cosmologie aristotélicienne ; l'adaptateur résumerait alors mal ce qu'il trouve lui aussi chez Alexandre. Soit Simplicius « platonise » une expression plus neutre du commentaire d'Alexandre, qui se bornait à mentionner des « concepts ». À l'encontre de ce que j'écrivais dans mon article sur la « Magna Quaestio » (cf. *supra, ad schol.* 73), p. 337–339, où je n'évoquais que la seconde interprétation, je considère maintenant que la première est la plus vraisemblable, pour la raison qu'il est tout naturel de considérer les Premiers Moteurs comme faisant partie du Tout, tandis qu'on voit mal en quoi nos « concepts », en tant que simples formes mentales, seraient des éléments de l'Univers. En d'autres termes, il serait très maladroit, de la part d'Alexandre, de suggérer que le Ciel n'est pas le Tout parce que des concepts appartiennent au Tout mais ne sont nulle part dans le Ciel. En revanche, une telle remarque appliquée aux formes pures que sont les Premiers Moteurs présente un réel intérêt théorique, en anticipant sur le problème du lieu du Premier Moteur qui sera abordé au dernier chapitre de l'œuvre (VIII 10 ; cf. *infra*, scholie **818**).

⋆

76 (12b 20) καὶ διὰ τοῦτο] διὰ τούτων σαφῆ ἐποίησε τὰ πρῶτα ῥηθέντα· κύκλῳ δὲ κινεῖται· τῶν μορίων γὰρ οὗτος ὁ τόπος, καὶ τὸ ἐφ' ὃ δὲ κινεῖται, ταύτῃ καὶ τόπος ἐστὶ τοῖς μορίοις· ὅτι γὰρ μὴ τοῖς συνεχέσιν ἀλλὰ διωρισμένοις, ἐνταῦθα σαφῶς δηλοῖ.

—

2 κύκλῳ δὲ κτλ. : 212a 35-b 1 || οὗτος ex οὕτως fecit S || 2–3 ἐφ' ὃ δὲ κτλ. : 212b 10–11

et pour cette raison] Par ces mots, il a rendu clair ce qu'il a dit en premier, « mais il se meut en cercle – c'est en effet des parties qu'il est le lieu », ainsi que « ce vers quoi elles se meuvent, il y a là aussi un lieu pour les parties » : que ce n'est pas pour les parties continues mais pour les parties divisées, il l'expose ici en toute clarté.

ADNOT. Alexandre, à en juger d'après cette scholie sans équivalent dans les commentaires conservés, interprétait les lignes 212b 20–22, où Aristote mentionne les sphères *sublunaires*, comme une simple *confirmation* de son interprétation portant sur les sphères *supralunaires*. Pour Simplicius, en revanche, la validité de la théorie topologique des sphères concentriques se borne au sublunaire. L'extrapolation supralunaire d'Alexandre est erronée. Cf. scholie suivante.

★

77 (12b 20–21) ἐν τῷ ἀέρι] σὺν τῷ ἀέρι καὶ τὸ πῦρ ἐξακουστέον.

dans l'air] Avec l'air, il faut sous-entendre également le feu.

TEST. *Simpl. 594.29–31 :* ὁ μέντοι Ἀλέξανδρος "αἰθέρα, φησί, τὰς τῶν πλανωμένων σφαίρας εἶπε· καὶ εἴη ἂν φησι τὸ πῦρ παρειακὼς καὶ σὺν τῷ ἀέρι τεθεικώς". καίτοι οὐκ ἂν τοῦ πέμπτου σώματος τὸ μὲν αἰθέρα τὸ δὲ οὐρανὸν ἐκάλει.

ADNOT. Alexandre rattache le feu à l'air pour pouvoir plus facilement interpréter l'éther (αἰθήρ) comme les sphères des astres errants, et en définitive réduire le ciel (οὐρανός), ici, à la sphère des fixes. Simplicius s'oppose à ce coup de force (il faut sans doute placer les guillemets marquant la fin de la citation d'Alexandre comme je l'ai fait, et non après ἐκάλει comme Diels). La scholie, comme à l'usuel, est parfaitement alexandrique.

★

78 (12b 29) <τὸ κινητὸν σῶμα>] τῶν γὰρ ἔν τινι ὄντων μόνον τὸ τοιοῦτον σῶμα ἐν τόπῳ.

<le corps mû>] En effet, parmi les choses qui sont en quelque chose, seul un tel corps est dans un lieu.

ADNOT. Ce qui ne signifie pas, bien sûr, que tout corps mû soit dans le lieu, puisqu'Alexandre a fondé toute son interprétation du début du chap. 5 sur le fait que la dernière sphère, qui est mue (d'un mouvement de rotation) n'est pas dans un lieu. Autrement dit, si tout mû n'est pas dans un lieu, tout transporté de manière rectiligne (par opposition au transporté circulairement, cf. schol. **70**) est dans un lieu.

★

79 (12b 29) τὸ κινητὸν σῶμα καὶ φέρεται] ὅτι ἕκαστον σῶμα φέρεται πρὸς τὸ συγγενὲς ἑαυτῷ· τὰ σώματα γὰρ τὰ συγγενῆ φιλεῖ ἐ φ ε ξ ῆ ς τε εἶναι καὶ ἅπτεσθαι ἀλλήλων μ ὴ β ί ᾳ · ἐπὶ τοῦτο οὖν σπεύδει.

—

1 ὅτι ego (cf. *ad schol.* **70**) : τὸ S || πρὸς sec. man. S || 2 ἑαυτῷ scripsi : αὐτῷ ut vid. S

le corps mû] Que chaque corps est transporté vers celui qui lui est apparenté. Les corps apparentés aiment en effet être côte à côte et se toucher réciproquement, sans violence. Ils s'empressent donc vers cela.

Test. *Simpl. 597.31–35* : εἰ οὖν τὰ συγγενῆ σώματα φυσικὴν ἔχοντα τὴν πρὸς ἄλληλα τάξιν ἐφίεται τοῦ ἐφεξῆς εἶναι ἀλλήλοις καὶ ἅπτεσθαι ἀλλήλων μὴ βίᾳ, εἰκότως καὶ ἀποσπασθέντα ταῦτα σπεύδει ἐπ' αὐτὰ ὡς πρὸς οἰκεῖα, καὶ μένει ἐν αὐτοῖς ὡς ἐν οἰκείοις.

Adnot. Cette note, en dépit de la position du signe de renvoi, porte sur la phrase suivante, 212b 29–30 : καὶ φέρεται δὴ ... εὐλόγως. Le scholiaste responsable de l'appel de note semble avoir compris cette unité de sens comme si elle commençait avec ἀλλὰ τὸ κινητὸν σῶμα. En revanche, l'énoncé de la scholie est tout entier déterminé par le texte de 29–30 : c'est la raison pour laquelle il est écrit ἕκαστον, avec 30, et non κινητόν avec 29. On ne peut donc prêter cette erreur à Alexandre. Le φιλεῖ de la scholie surprend quelque peu ; on soupçonne une variation d'un scholiaste sur un ἐφίεται d'Alexandre, recopié par Simplicius. Pour l'intérêt doctrinal de cette scholie, voir Introduction, p. 52.

★

80 (12b 31) καὶ συμπεφυκότα] δεῖ γὰρ ἄλλο εἶναι τὸ ποιοῦν καὶ ἄλλο τὸ πάσχον.

Et ceux qui sont de même nature] Il faut en effet qu'agent et patient soient différents.

Test. *Simpl. 598.3–4* : δεῖ μὲν γὰρ ἄλλο εἶναι τὸ ποιοῦν καὶ ἄλλο τὸ πάσχον …

★

81 (12b 33) καὶ μένει δὴ φύσει πᾶν] Ἀριστοτέλει μὲν λέγοντι τὸν τόπον πέρας τοῦ περιέχοντος σώματος ἕπεται τὸ καὶ ἕκαστον τῶν σωμάτων εὐλόγως ἐπὶ τὸν οἰκεῖον φέρεσθαι τόπον· πρὸς γὰρ τὸ συγγενὲς σῶμα εὔλογον αὐτὰ φέρεσθαι, οὗ τὸ πέρας τόπος ἐστὶν αὐτοῖς ὁ κατὰ φύσιν τε καὶ οἰκεῖος. καθ' οὓς <δὲ διάστημα> ὁ τόπος, πῶς ἔτι τούτοις ἀκολουθήσει ἡ κατὰ φύσιν τῶν σωμάτων ἐπὶ τοὺς οἰκείους τόπους κίνησις; ἀδιάφορον γὰρ τὸ διάστημα καὶ οὐδὲν μᾶλλον ἄλλο ἄλλου οἰκειότερόν τινι αὐτῶν.

—

3 πρὸς p. c. S || 4–5 δὲ διάστημα supplevi : locus fenestr. ca 8/9 lit. S

Et tout demeure dans son lieu propre] Pour Aristote, qui dit que le lieu est la limite du corps englobant, il suit fort raisonnablement que chacun des corps est transporté vers son lieu propre. Car il est fondé en raison qu'ils soient transportés vers le corps de même genre, dont la limite constitue pour eux un lieu selon la nature et propre. En revanche, pour ceux selon qui le lieu est un intervalle, d'après quel principe diront-ils encore que se produit le mouvement naturel des corps vers leur lieu propre ? L'intervalle est en effet indifférent, tel intervalle n'étant pas davantage propre à l'un des corps que tel autre.

Adnot. Cette scholie, sans équivalent chez Simplicius, est assez révélatrice des modalités de la lecture d'Alexandre. Pour celui-ci, en effet, la théorie du lieu d'Aristote est parfaitement correcte. Au terme du parcours, Aristote a réussi à exclure les thèses concurrentes et à démontrer la sienne. C'est donc le moment de lui accorder un ultime *satisfecit*, en soulignant qu'elle seule, du fait d'intégrer la notion de limite extérieure du corps, donc de prendre en compte la position des corps dans l'univers et pas seulement leur extension tridimensionnelle, possède une légitimité cosmologique. Simplicius, quant à lui, n'est pas un partisan de la théorie du lieu développée par Aristote. Dès les premières lignes de son *Corollarium de loco*, il souligne que la doctrine du lieu intervalle est digne de plus de considération qu'Aristote n'en a donné l'impression. Il écrit ainsi (*In Phys.* 601.7–10) : καὶ τὴν διάστημα τὸν τόπον λέγουσαν ὑπόθεσιν βραχέως μὲν ὑπ' αὐτοῦ βασανισθεῖσαν, ἀρέσασαν δὲ κλεινοτάτοις τῶν μετ' αὐτόν, δίκαιον οἶμαι πλείονος ἀξιῶσαι κατανοήσεως. Cette remarque est donc, pour qui sait lire entre les lignes, diamétralement opposée aux considérations finales du commentaire d'Alexandre au traité du lieu d'Aristote. Cette opposition tacite s'accompagne d'un différend dans l'utilisation de l'histoire du premier

Péripatos. Alors que Simplicius rappelle dans un contexte d'approbation que Straton, en compagnie de « Platoniciens illustres » (οἱ κλεινοὶ τῶν Πλατωνικῶν) s'est déclaré en faveur du lieu intervalle (*In Phys.* 601.23–24), Alexandre devait sans doute considérer que son prédécesseur aristotélicien, en adoptant par une sorte d'anticipation historique cette théorie stoïcienne, perdait de vue les exigences finalistes lourdes de la cosmologie aristotélicienne.

★

82 (13a 3) δυνάμει] κατὰ γένεσιν.

en puissance] Selon la génération.

★

83 (13a 4) δυνάμει] κατὰ φθοράν.

en puissance] Selon la corruption.

★

84 (13a 8) τὸ δ' ἐντελεχείᾳ] ἡ γὰρ ὕλη μόριον τοῦ συναμφοτέρου.

l'autre en entéléchie] En effet, la matière est partie du composé.

★

IV, 6

85 (13a 12) καὶ πῶς ἔστιν] τὸ π ῶ ς ἔ σ τ ι ν πρόσκειται διὰ τὴν ὕλην. αὕτη γὰρ αἰτία τῆς κινήσεως δέδεικται τοῖς σώμασι καὶ διὰ τοῦτό τινες ὑπέλαβον τὸ κενὸν τὴν ὕλην εἶναι ὡς καὶ αὐτὸ αἴτιον τῆς κινήσεως.

et comment il existe] « comment il existe » est ajouté en raison de la matière. C'est elle qu'on a montré être cause du mouvement pour les corps et, pour cette raison, certains ont supposé que le vide était la matière, dans l'idée qu'il est lui aussi cause du mouvement.

Test. *Simpl. 646.10–12* : ἢ ἐπειδὴ αἴτιον τοῦ κινεῖσθαι λεγόντων ἐκείνων τὸ κενόν, αὐτὸς αἴτιον τοῦ κινεῖσθαι τὴν ὕλην φησίν, ἣν κενὸν λέγεσθαι συγχωρεῖ, διὰ τοῦτο τρόπον τινὰ εἶναι τὸ κενὸν συγχωρεῖ.

Adnot. Simplicius, *In Phys.* 646.3–8 commence par louer l'interprétation d'Aspasius, selon lequel dans le cas du vide (qui n'« existe » pas), les questions « s'il existe » et « comment il existe » sont équivalentes. Il suggère ensuite, sans mentionner Alexandre, deux explications subsidiaires. Selon la première (646.8–10), Aristote se mettrait dans la perspective des partisans du vide. Selon la seconde (646.10–15), plus complexe, Aristote lui-même admet le vide en tant qu'il admet la matière et que celle-ci assure dans son système la même fonction que le vide chez les tenants du vide. L'interprétation présentée par la scholie semble résulter du mélange de ces deux interprétations subsidiaires. À la première, elle reprend l'idée qu'il s'agit là d'une thèse de ceux qui postulent le vide ; à la seconde, que l'assimilation du vide et de la matière trouve sa raison d'être dans une doctrine soutenue par Aristote. Il est probable que la confusion remonte au scholiaste et que l'ensemble du passage de Simplicius suit d'assez près le commentaire d'Alexandre.

★

[67r]

86 (13a 27) ἐν ταῖς κλεψύδραις] αἱ γὰρ κλεψύδραι ἕως ἂν ἔχωσιν ἐν αὑταῖς ἀέρα ὕδωρ ἕτερον οὐδὲ σῶμα δέχονται.

—

2 post ἕτερον fort. οὐδὲν addendum

dans les clepsydres] En effet, les clepsydres, tant qu'elles ont en elles de l'air, n'accueillent pas à nouveau de l'eau ni un corps.

Test. *Simpl. 647.26–28 :* καὶ μέντοι καὶ τὰς κλεψύδρας ἐπιδεικνύντες, τουτέστι τοὺς ἅρπαγας, ὅταν μὲν ἔχωσιν ἀέρα μὴ δεχομένας ὕδωρ.

★

87 (13a 30) διὸ πλῆρες (sic S) ἀέρος] ὑπέλαβον γὰρ τὸν ἀέρα μηδὲν εἶναι διὰ τὸ μὴ ἔχειν αἰσθητὰς διαφορὰς φανεράς.

raison pour laquelle ce qui est plein d'air] Ils soutenaient en effet que l'air n'est rien, du fait qu'il ne possède aucune différence sensible manifeste.

★

88 (13a 33) διαλαμβάνει] οἱ γὰρ περὶ Δημόκριτον ἔλεγον ὅτι οὐκ εἰσὶ συνεχῆ τὰ σώματα πλὴν τῶν ἀτόμων· κωλύειν γὰρ τὴν συνέχειαν τὸ κενὸν τοῖς σώμασι, μεταξὺ ὂν τῶν συνθέτων σωμάτων. ὕστερον δὲ καὶ οἱ Ἐπικούρειοι οὕτως ἔλεγον.

—

2–3 ante τοῖς σώμασι verbum incertum fort. ἐνυπάρχον || 3 ὂν τῶν distinxi : ὄντων S

sépare] En effet, les gens autour de Démocrite disaient que les corps ne sont pas continus, à l'exception des atomes. Le vide interdit en effet la continuité pour les corps, du fait qu'il se trouve dans l'entre-deux des corps composés. Plus tard, les Épicuriens aussi se sont exprimés de la sorte.

TEST. *Simpl. 648.11–17* : ἐκεῖνοι γὰρ ἔλεγον ἐνεργείᾳ τι τοιοῦτον εἶναι διάστημα, ὃ μεταξὺ τῶν σωμάτων ὑπάρχον οὐκ ἐᾷ συνεχῆ εἶναι τὰ σώματα, ὡς οἱ περὶ Δημόκριτον καὶ Λεύκιππον ἔλεγον, οὐ μόνον ἐν τῷ κόσμῳ κενὸν εἶναί τι λέγοντες, ἀλλὰ καὶ ἔξω τοῦ κόσμου, ὅπερ δῆλον ὅτι τόπος μὲν οὐκ ἂν εἴη, αὐτὸ δὲ καθ' αὑτὸ ὑφέστηκε. ταύτης δὲ τῆς δόξης γέγονε καὶ Μετρόδωρος ὁ Χῖος, καὶ τῶν Πυθαγορείων τινές, ὡς μετ' ὀλίγον αὐτὸς ἐρεῖ· ὕστερον δὲ καὶ Ἐπίκουρος.

ADNOT. Notons tout d'abord la présence d'un ensemble de lettres illisible avant τοῖς σώμασι. Il ne s'agit pas d'un accident matériel dans S, mais d'une tentative du copiste pour copier aussi scrupuleusement que possible un mot qu'il ne déchiffrait plus lui-même. Les trois premières lettres qu'il a voulu écrire sont ἐγκ-. Étant donné la présence du mot ὑπάρχον chez Simplicius, on pourrait songer à ἐνυπάρχον. Dans ce cas là, il ne faudrait pas traduire « Le vide interdit en effet la continuité pour les corps », mais « Le vide à l'intérieur des corps interdit en effet la continuité ».

On remarque, en plus des variantes évidentes dans le nom des partisans cités du vide, une différence entre la scholie et le commentaire de Simplicius : alors que celle-là précise que les atomes sont continus, celui-ci n'affirme rien de tel. Le renseignement n'est pas entièrement anodin, puisqu'il souligne le caractère corpuscularise des atomismes grecs, quelle que soit leur obédience. Voir aussi note suivante.

★

89 (13b 1) ἕτεροι πολλοὶ τῶν φυσιολόγων] οἱ μὲν περὶ Δημόκριτον πᾶν ὅπερ ᾖ συνεχὲς ἀδιαίρετον ἔλεγον, οἱ δὲ περὶ τὴν Στοὰν φυσικοὶ πάντα τὸν κόσμον ἑαυτῷ συνεχῆ· κοινὸν δὲ αὐτοῖς τὸ ἔξω τοῦ κόσμου ἄπειρον κενὸν εἶναι.

des physiologues] Les partisans de Démocrite disaient que tout ce qui peut bien être continu est indivisible, les physiciens du Portique que tout l'univers est continu avec lui-même. Il leur est commun que l'extérieur de l'univers est un vide infini.

Adnot. Alexandre, s'il est bien l'auteur à l'origine de la scholie, semble avoir voulu dresser un parallèle entre la plénitude de l'atome démocritéen et celle du cosmos stoïcien. En conformité avec le passage reflété par la scholie précédente, il insistait sur le fait que seul l'atome, chez Démocrite et ses successeurs atomistes, est véritablement continu.

La phrase d'Aristote est fort peu claire. On peut la comprendre de deux manières (cf. Pellegrin, p. 227, n. 3). Soit l'on comprend le οὔτε … οὔτε … comme ouvrant une alternative : il y aurait deux types de vide, l'un χωριστόν, l'autre « en acte, qui traverse le corps tout entier en sorte qu'il ne soit pas continu ». À ces deux formes s'ajouterait une troisième, un vide entourant le plein de l'Univers. Pour Alexandre d'après la scholie, aussi bien Démocrite que les Stoïciens admettent cette dernière forme de vide. La chose est bien connue pour les Stoïciens. Ceux-ci n'adopteraient précisément que le vide extra-cosmique (l'ensemble formé par l'univers et ce vide est ce que les Stoïciens dénommaient le « tout », cf. *S.V.F.* II, p. 167 sq., qui ne signalent aucun texte d'Alexandre sur ce point). Il y a certes quelque chose d'insatisfaisant à assimiler le vide infini des atomistes où tourbillonnent des atomes au vide extra-cosmique des Stoïciens. Pour les Stoïciens en effet, les deux zones du Tout sont stables et clairement délimitées. Pour les atomistes, aucune région du vide cosmique n'est destinée à rester inoccupée. On pourrait presque se demander, dans ces conditions, s'il ne faut pas comprendre le κοινὸν … αὐτοῖς de la dernière phrase comme se rapportant à l'ensemble des physiciens stoïciens, et non à l'ensemble formé à la fois par ces derniers et les atomistes. Le grec serait cependant très maladroit et l'introduction d'un consensus stoïcien, dans ce contexte sans enjeu, gratuite. De plus, Simplicius (cf. passage cité en note à la scholie précédente) se fait l'écho de telles considérations.

Les choses étant telles, il est probable qu'Alexandre ne comprenait pas le οὔτε … οὔτε … comme caractérisant deux sortes de vide, mais comme se rapportant au vide intersticiel interne aux corps. Thémistius, *In Phys.* 123.12–13 ne serait pas aussi original que le suggère Pellegrin, *ibid.*, mais se contenterait, ici comme souvent ailleurs, de reprendre l'interprétation d'Alexandre. L'Exégète reconnaissait dans le second type de vide « extra-cosmique » une anticipation, de la part d'Aristote, de l'erreur des Stoïciens. Voir aussi scholie **103**.

★

90 (13b 2) οὗτοι] οἱ ἐναπολαμβάνοντες ἐν ταῖς κλεψύδραις.

—

ἐναπολαμβάνοντες ego (cf. 213a 27) : ἀπολαμβάνοντες S

Ceux-là] … ceux qui « compriment dans les clepsydres ».

★

91 (13b 3) οἱ φάσκοντες] οἱ φάσκοντες τὸ κενὸν εἶναι μᾶλλον κ α τ ὰ θ ύ ρ α ς κατορθοῦσιν.

ceux qui soutiennent] Ceux qui soutiennent que le vide existe éprouvent davantage de réussite à franchir le seuil.

★

92 (13b 5) οὐ γὰρ ἂν δοκοίη (cf. Λ)] ἅπαν τὸ κινούμενον, φησίν, ἢ διὰ κενοῦ ἢ διὰ πλήρους κινεῖται· ἀλλὰ μὴν ἀδύνατον διὰ πλήρους· διὰ κενοῦ ἄρα.

Il ne semblerait pas, en effet,] Il dit que tout mû se meut soit en raison du vide, soit en raison du plein. Mais il est impossible que ce soit en raison du plein. C'est donc en raison du vide.

★

93 (13b 14–15) ἕνα μὲν οὖν τρόπον (ad 13b 15 ἄλλον S)] ὁ τοῦ Μελίσσου λόγος· εἰ κινεῖται τὸ πᾶν, κενὸν ἔσται· ἀλλὰ μὴν οὐκ ἔστι κενόν· οὐκ ἄρα κινεῖται τὸ πᾶν· τὸ δὲ συνημμένον δῆλον ὅτι δείκνυται ἐκ τοῦ πᾶσαν κίνησιν διὰ κενοῦ γίνεσθαι ὁμολογεῖσθαι.

D'une certaine manière] Le propos de Mélissos : si le tout se meut, il sera vide. Mais il n'est pas vide. Donc le tout ne se meut pas. Mais il est clair qu'on prouve la conséquence si l'on reconnaît que tout mouvement se produit en raison du vide.

Adnot. Cette scholie (consacrée à Mélissos) et la scholie **95** (thèse des Pythagoriciens) donnent lieu à la même configuration exégétique. Simplicius commence par donner une lecture physique du passage, puis signale que le sens de la doctrine est en réalité plus relevé, s'appliquant moins au sensible qu'au monde intelligible. Dans le second cas, à la différence du premier, la lecture physique est explicitement prêtée à Alexandre. Or, dans un cas comme dans l'autre, la scholie ne souffle mot de l'interprétation que Simplicius juge la plus exacte. C'est très probablement parce qu'elle se contente de nous rapporter ce qu'était l'interprétation (unique) d'Alexandre.

⋆

94 (13b 18–19) ἡ αὔξησις] τὸ α' ἐπιχείρημα ἐκ τῆς φορᾶς, τὸ δὲ γ' ἐκ τῆς αὐξήσεως· καὶ γὰρ οὕτως ἔφη ἐξ ἀρχῆς εἶναι τὴν ὑπόνοιαν τοῦ κενοῦ ἐκ τῆς τοπικῆς κινήσεως.

l'augmentation] Le premier argument provient du déplacement, le troisième de l'augmentation. C'est en effet ainsi qu'il a dit au début qu'on en vient à supposer l'existence du vide en se fondant sur le mouvement local.

Adnot. Simplicius, *In Phys.* 650.17–23 atteste qu'Alexandre commentait également le deuxième argument (213b 15–18) dans un développement non retenu par le premier épitomateur, ou un scholiaste postérieur.

⋆

[67v]

95 (13b 23) οἱ Πυθαγόρειοι] ἐδόκουν λέγειν οἱ Πυθαγόρειοι αἴτιον εἶναι τὸ κενὸν τοῦ μὴ συνεχῆ εἶναι πάντα τὰ σώματα ἀλλήλοις· μεταξὺ γὰρ αὐτῶν εἶναι καὶ διαλαμβάνειν αὐτὰ ἀπ' ἀλλήλων.

les Pythagoriciens] Les Pythagoriciens semblaient dire que le vide était la cause du fait que tous les corps ne sont pas continus les uns aux autres : il se trouve en effet en leur sein et il les sépare les uns des autres.

Test. *Simpl. 651.25–30 :* Διὰ τὸ τῶν Πυθαγορείων ἔνδοξον ὡς πέμπτον ἐπιχείρημα τὴν δόξαν αὐτῶν παρατίθεται πρὸς τὸ εἶναι κενόν. ἔλεγον γὰρ ἐκεῖνοι τὸ κενὸν ἐπεισιέναι τῷ κόσμῳ οἷον ἀναπνέοντι ἤτοι εἰσπνέοντι αὐτῷ ὥσπερ πνεῦμα ἀπὸ τοῦ ἔξωθεν περικεχυμένου· χρείαν δὲ παρέχεσθαι πρὸς τὸ μὴ συνεχῆ πάντα εἶναι τὰ σώματα ἀλλήλοις, ὡς ὁ Ἀλέξανδρος ἀκούει. ὁ μέντοι Ἀριστοτέλης οὐκ ἐπὶ σωμάτων ἤκουσεν, ἀλλὰ διορίζει, φησί, τὰς φύσεις κτλ.

Adnot. La comparaison philologique précise est intéressante. Alexandre, si l'on en croit la scholie (cf. ἐδόκουν), exprimait l'opinion des Pythagoriciens avec prudence. C'est qu'il sait ne disposer d'aucun enseignement certain sur leur doctrine, indépendamment de ce qu'Aristote en dit ici. Cet effet est gommé dans la paraphrase qu'en propose Simplicius. En revanche, la thèse elle-même apparaît dans des termes identiques : le vide est cause τοῦ μὴ συνεχῆ εἶναι πάντα τὰ σώματα ἀλλήλοις selon la scholie, il contribue à τὸ μὴ συνεχῆ πάντα εἶναι τὰ σώματα ἀλλήλοις dans le compte rendu de Simplicius. On voit donc que Simplicius sélectionne dans le commentaire d'Alexandre cette seule phrase, alors que la scholie nous donne quelques mots supplémentaires. Comme d'habitude, on ne décèle pas la moindre trace, dans la scholie, de la critique lancée par Simplicius contre la thèse d'Alexandre, au nom de sa conception générale de l'histoire de la philosophie.

★

96 (13b 24) πνεύματος] πνεῦμα τὸ κενὸν λέγει νῦν, διὰ τὸ τὸ ἀναπνεόμενον πνεῦμα εἶναι.

—

1 πνεῦμα τὸ κενὸν ego : πνεύματος τοῦ κενοῦ S

souffle] Il appelle ici le vide « souffle », du fait que ce qu'on respire est souffle.

★

97 (13b 25) τοῦ κενοῦ] προσυπακουστέον τούτοις αἰτίου.

du vide] Il faut suppléer à ces mots « cause ».

Adnot. Selon la formulation des manuscrits en 213b 25–26 (ὡς ὄντος τοῦ κενοῦ χωρισμοῦ τινὸς τῶν ἐφεξῆς καὶ τῆς διορίσεως), le vide *est* « une certaine séparation des choses successives et *la* distinction ». L'expression est si maladroite que Bonitz suggère de supprimer l'article τῆς devant διορίσεως. Sensible à la difficulté, Alexandre propose que l'on supplée mentalement, à la lecture, le mot αἰτίου, en sorte de comprendre : « dans l'idée que le vide est cause d'une certaine séparation des choses successives et de la distinction » (ὡς ὄντος τοῦ κενοῦ <αἰτίου> χωρισμοῦ τινὸς τῶν ἐφεξῆς καὶ τῆς διορίσεως).

★

98 (13b 27) <αὐτῶν>] τῶν ἀριθμῶν.

<de ceux-ci>] des nombres.

★

99 (13b 28) οἵ δ' οὔ φασι] οἱ περὶ Ἀναξαγόραν ἐναπολαμβάνοντες ἐν ταῖς κλεψύδραις, οἵτινες οὐ κατὰ θύρας ἀπαντᾶν ἐλέγοντο.

disent que non] Les partisans d'Anaxagore, « comprimant dans les clepsydres », qui étaient dits « ne pas arriver au seuil du problème ».

Test. *Simpl. 652,28–30* : τῶν λεγόντων εἶναι τὸ κενὸν πλείονα παρέθετο ἐπιχειρήματα, πρὸ δὲ ἐκείνων τὸν τῶν ἀναιρούντων αὐτὸ λόγον ἐξέθετο τῶν περὶ Ἀναξαγόραν, ὃν καὶ παρὰ θύρας ἀπαντᾶν ἔλεγεν …

★

IV, 7

100 (14a 4) ἄτοπον] εἶπε πρῶτον τὴν δόξαν τῶν εἰσαγόντων τὸ κενόν, εἶτα τὸ ἐκ συλλογισμοῦ συμβαῖνον αὐτῷ τῷ λόγῳ, εἶτα τὸ ἑπόμενον αὐτοῖς ἄτοπον.

absurde] Il a dit d'abord l'opinion de ceux qui prônent le vide, puis ce qui s'ensuit par syllogisme de cet énoncé lui-même, puis la thèse absurde à laquelle ils se trouvent confrontés.

Adnot. Cette scholie, qui identifie trois étapes dans le raisonnement d'Aristote, fait référence à trois termes qui marquent le développement du début de notre chap. 7 : la δόξα reprend δοκεῖ en 213b 31, l'expression ἐκ συλλογισμοῦ apparaît telle quelle en 214a 2 et 4 et ἄτοπον est le mot sur lequel se greffe la scholie en 214a 4. Mais ces trois termes correspondent-ils bien à trois étapes dans le cheminement d'Aristote ? Les deux premières étapes peuvent effectivement être comprises dans ce cadre. Aristote part d'une certaine opinion générale sur ce qu'est le vide (« le vide est ce dans quoi il n'y a rien ») puis en dérive trois thèses : (i) le vide est ce dans quoi il n'y a pas de corps ; (ii) le vide est ce dans quoi il n'y a rien de tangible ; (iii) le vide est ce dans quoi il n'y a rien de lourd ou de léger. Aristote enchaîne alors de la manière suivante : « Mais il est étrange qu'un point soit le vide » (trad. Pellegrin). L'interprétation de la scholie est que cette phrase exprime l'absurdité qui va, de manière régressive, entraîner l'invalidité de la thèse de départ. Ce résultat acquis, nous pouvons nous tourner vers le commentaire de Simplicius pour reconstituer la totalité de l'exégèse d'Alexandre. Le néoplatonicien n'a pas conservé en effet l'explication de la scholie, mais se livre à des considérations dans l'esprit des *Analytiques Seconds* sur les différentes étapes de la progression scientifique (*In Phys.* 653.4–19, avec citation nominale d'Alexandre en 653.17). Il faut commencer par « ce que signifie le nom », puis se demander « si la chose existe », puis enfin s'enquérir de « ce qu'elle est ». La stratégie d'Alexandre s'éclaire donc. Les trois étapes dégagées par la scholie visaient à réfuter une première tentative de détermination de la « signification du nom ». Une première proposition est en effet détruite apagogiquement ; on peut alors lui substituer une nouvelle détermination, qui ne prêtera plus le flanc au même contre-exemple : le vide sera désormais non pas « ce dans quoi il n'y a rien », mais *l'intervalle dans lequel il n'y a pas de corps perceptible* (ou, en raison du problème textuel, *l'intervalle dans lequel il y a un corps perceptible* ; voir Averroes, *In Phys.* 151E : Dixit Alexander : «et in alio libro, loco eius in quo dicit 'quod non est plenum corpore tangibili' est 'quod est plenum corpore tangibili'» ; cf. Simplicius, *In Phys.* 654.10 sqq.). Cette première définition nominale, d'après Alexandre, sera encore améliorée : cf. scholie suivante.

★

101 (14a 11–12) ἄλλον δὲ τρόπον] οὐχ ὁ αὐτός ἐστιν ὁ β′ τρόπος τῷ πρὸ αὐτοῦ, ἀλλὰ κοινότερος καὶ καθολικώτερος· περιλαμβάνειν γὰρ δύναται οὗτος καὶ τὸ τοῦ αἰθέρος διάστημα, ὁ δὲ πρὸ αὐτοῦ, οὐχί.

Mais d'une autre manière] La deuxième manière n'est pas identique à celle qui la précède, mais elle est plus générale et universelle. Elle peut en effet englober également l'intervalle de l'éther, tandis que celle qui la précède, non.

Test. *Simpl. 656,13–17* : διὸ κατὰ μὲν τὴν προτέραν ἀπόδοσιν τὸ διάστημα, ἐν ᾧ ὁ οὐρανός, κενὸν ἂν εἴη, ὅτι τὸ οὐράνιον σῶμα οὔτε βάρος ἔχει οὔτε κουφότητα· κατὰ δὲ ταύτην τὴν ἀπόδοσιν οὐκ ἂν εἴη κενόν, εἴπερ κενὸν μέν ἐστιν ἐν ᾧ μὴ ἔστι σώματος οὐσία, τὸ δὲ οὐράνιον σώματος οὐσία ἐστί ...

Adnot. La scholie précédente nous a montré qu'Alexandre voyait, dans le début de notre chap. 7, une progression complexe pour aboutir à une première détermination de la signification du mot « vide ». Le vide, au terme de cette progression, était *l'intervalle dans lequel il n'y a pas de corps perceptible.* Cette caractérisation se restreint cependant sans raison décisive à la physique sublunaire. On peut donc la généraliser en prenant en compte non pas la substance lourde ou légère, mais, indifféremment, « toute substance corporelle » (cf. 214a 12 : μηδ' οὐσία τις σωματική).

★

102 (14a 14–15) ἡ μὲν γὰρ ὕλη] εἰ καὶ τἆλλά τις συγχωρήσειν φησὶν αὐτοῖς βούλοιτο, ἀλλὰ τοῦτο τὸ περὶ τῆς ὕλης αὐτοῖς λεγόμενον οὐ καλόν.

En effet, la matière] Si, dit-il, quelqu'un voulait leur accorder le reste, il demeure que ce qu'ils disent au sujet de la matière n'est pas correct.

Adnot. Cette scholie est indigente et le passage correspondant de la *Physique* très allusif. Après avoir proposé sa seconde formulation du vide, Aristote écrit « c'est pourquoi certains disent que le vide est la matière du corps (il s'agit d'ailleurs de ceux qui disent la même chose du lieu) » puis se livre à une réfutation laconique de la thèse de ces penseurs. Malheureusement, lorsqu'Aristote réfute la thèse que le lieu est matière (IV 4, 211b 29–212a 2), il n'indique pas là non plus l'identité des philosophes visés, ni même ne laisse entendre qu'il vise autre chose qu'une position possible. Toutefois, deux passages plus haut dans le livre IV ne laissent aucun doute sur le fait qu'Aristote interprète la χώρα du *Timée* comme une matière (IV 2, 209b 11–12 et 210a 1–2). Wagner, p. 554, justifie l'assimilation de la matière platonicienne à du vide par une sorte de transitivité : le « lieu » platonicien, la χώρα, est pour Aristote en un certain sens matière, ὕλη, en un autre sens vide primordial destiné à accueillir les « substances corporelles » que sont les solides réguliers. On peut donc dire que le vide est matière. C'est un pas supplémentaire, cependant, que de dire, comme Aristote le fait ici, que certains soutenaient que le vide est la matière des corps. Il faut donc postuler soit qu'Aristote interprète la position platonicienne en sorte de mentionner non pas ce qu'elle *dit*, mais ce qu'elle *veut dire*, soit qu'il y avait des disciples de Platon pour développer les thèses du *Timée* dans une direction plus conforme au compte rendu de la *Physique*. On remarquera ici seulement que l'assimilation de la χώρα au vide est immédiate dès lors que l'on remarque qu'il est impossible de paver l'espace en recourant aux solides réguliers différents du cube. Pourtant, comme on le verra dans le commentaire de la scholie suivante, le vide du *Timée* dont il est ici question est plutôt conçu comme un espace toujours rempli par quelque corps.

★

103 (14a 19) οὔτε κεχωρισμένον οὔτε ἀχώριστον] οὔτε κεχωρισμένον διὰ τοὺς περὶ Δημόκριτον οὔτε ἀχώριστον διὰ τοὺς Πυθαγορείους.

—

2 Πυθαγορείους S : Πλατωνικούς scribendum (cf. adnot.)

ni séparé ni inséparé] Ni séparé en raison des partisans de Démocrite, ni non séparé en raison des Pythagoriciens.

Adnot. Après avoir fait apparaître la notion de lieu dans celle de vide, on peut donc procéder à une clarification des données, c'est-à-dire exclure que le vide, en tant que lieu, finalement existe. L'interprétation de 214a 19 οὔτε κεχωρισμένον οὔτε ἀχώριστον est difficile. Ross, p. 379, paraît comprendre ces mots en liaison étroite avec nos préconceptions possibles du vide, c'est-à-dire sans rapport étroit avec la théorie du lieu. Wagner, p. 554, en revanche, voit dans la double exclusion une caractéristique du lieu. Selon lui, Aristote postulerait que le lieu est χωριστός mais qu'il n'est ni κεχωρισμένος ni ἀχώριστος. Cette interprétation se heurte cependant à deux objections majeures. Tout d'abord, quoi qu'en dise Wagner, *ad loc.*, Aristote ne dit jamais que le lieu n'est pas κεχωρισμένος (ni même d'ailleurs qu'il n'est pas ἀχώριστος) ; ensuite, on voit vraiment mal sur quelle base défendre, dans le corpus, une distinction entre κεχωρισμένος et χωριστός, surtout (mais pas seulement) si l'on admet les conclusions de l'étude de D. Morrison, « χωριστός in Aristotle », *Harvard Studies in Classical Philology*, 89 (1985), p. 89–105, selon laquelle par son néologisme χωριστός, Aristote veut toujours dire « séparé » et jamais « séparable » (l'auteur, p. 97, interprète la différence entre les deux termes comme une affaire d'intensité rhétorique : κεχωρισμένον est « a more emphatic word » que χωριστόν). Le scholiaste paraît donc justifié à voir dans la disjonction d'Aristote une exclusion de deux façons possibles de concevoir le vide : l'une selon laquelle le vide est séparé, c'est-à-dire existe indépendamment des corps, et l'autre selon laquelle le vide est « non séparé », c'est-à-dire coexiste, sur un mode restant à déterminer, avec ceux-ci.

Nous avons vu plus haut (cf. scholies **88** et **89**) qu'Alexandre prêtait à Démocrite une thèse de la double existence séparée du vide, d'une part à l'intérieur même des corps, d'autre par à l'extérieur de l'Univers. L'Exégète est donc fondé à assimiler le χωριστόν de 213a 32 au κεχωρισμένον de 214a 19. On voit moins bien, en revanche, ce qui permet d'associer les Pythagoriciens à la thèse du vide ἀχώριστον, d'autant plus que la scholie **95** a décrit leur position en reprenant les termes employés par Aristote pour décrire le vide intersticiel de Démocrite et Leucippe (cf. en particulier le verbe διαλαμβάνειν). Il y a donc soit une contradiction assez massive d'Alexandre sur ce point soit, beaucoup plus vraisemblablement, une erreur de la transmission : Alexandre aurait évoqué les disciples de Platon, τοὺς Πλατωνικούς, et un scribe, influencé par les allusions précédentes aux Pythagoriciens, aurait commis cette erreur. Cette supposition trouve une confirmation dans le commentaire de Simplicius, *In Phys.* 657.28, qui nous dit que cette thèse était « clairement répandue chez les Platoniciens », ἐν τοῖς Πλατωνικοῖς σαφῶς ἐπεπόλασεν. Ainsi Alexandre aurait-il distingué ici deux conceptions du vide, un vide séparé propre à la tradition démocritéenne et un vide non séparé adopté par l'auteur du *Timée* et ses disciples.

★

104 (14a 22) ἥκει γὰρ δὴ ἡ κίνησις] εἰ ἔστι κίνησις, ἔστι καὶ τόπος· καὶ πάλιν εἰ ἔστι κίνησις, ἔστι καὶ κενόν· ἡ δὲ μετάληψις κοινή. διὰ τοῦτο οὖν λέγει ἥ κ ε ι γ ὰ ρ ἡ κ ί ν η σ ι ς.

—

2 κοινή corr. in scribendo S ex κενή

S'il y a mouvement, il y a aussi lieu ; et de plus, s'il y a mouvement, il y a aussi vide. Mais la substitution est commune. C'est la raison pour laquelle il dit « se présente en effet le mouvement ».

Adnot. Le terme μετάληψις (absent du commentaire de Simplicius) a plusieurs sens en grec (cf. *LSJ*, s. v.), dont le seul convenable paraît ici celui, typiquement péripatéticien, de substitution (c'est le plus courant chez Alexandre, où il apparaît à un peu plus de 100 reprises). Dans la syllogistique aristotélicienne (cf. *A.Pr.* I 29, 45b 15–20), les arguments κατὰ μετάληψιν sont ceux où l'on établit qu'un sujet possède un certain attribut en prouvant qu'il possède un attribut que l'on substitue au premier (τὸ μεταλαμβανόμενον, 41a 39). Ce sens correspond à l'idée de la scholie : les uns substituent le lieu au mouvement, les autres le vide. Si l'objet substitué n'est pas le même, l'opération de substitution est néanmoins identique.

★

105 (14a 24) <αἴτιον δὲ>] γρ(άφεται) τὸ α′ ἐπιχείρημα τὸ εἰσάγον τὸ κενὸν ἐκ τῆς κινήσεως.

<cause>] Est écrit : Premier argument en faveur du vide, à partir du mouvement.

★

106 (14a 27) ὅλως μὲν οὖν] οὐδὲ γὰρ καὶ τῆς ἀλλοιώσεως. τὸ δ' αὐτὸ καὶ ἐν τῷ πρώτῳ ἔλεγεν· ἔ π ε ι τ α ἀ λ λ ο ί ω σ ι ς δ ι ὰ τ ί ο ὐ κ ἂ ν ε ἴ η πρὸς Μέλισσον λέγων.

—

1–2 καὶ ἐν τῷ πρώτῳ : cf. *Phys.* I 3, 186a 18 || 2 διὰ τί scripsi : διατῖ S || πρὸς S p. c. : κατὰ S a. c.

D'une manière générale] Il n'en va pas ainsi, en effet, pour l'altération. Il a dit la même chose également au livre I : « Ensuite, pourquoi n'y aurait-il pas d'altération ? », parlant contre Mélissos.

Test. *Simpl. 659.4–5* : ᾐτιάσατο δὲ τοῦτο Μελίσσου ὡς ἄν τις εἴποι τὸ παρόραμα καὶ ἐν τῷ πρώτῳ βιβλίῳ λέγων ἔ π ε ι τ α ἀ λ λ ο ί ω σ ι ς δ ι ὰ τ ί ο ὐ κ ἂ ν ε ἴ η ;

Adnot. Il était *a priori* très probable que Simplicius ait emprunté à Alexandre ce renvoi au livre I de l'ouvrage. La scholie en constitue un indice tangible et la scholie suivante permet de l'établir avec une quasi certitude.

★

[69r]

107 (14a 29) ἅμα γὰρ] τὸ αὐτὸ καὶ ἐν τῷ πρώτῳ ἔλεγε πρὸς Μέλισσον διὰ τοῦ αὐτοῦ παραδείγματος· ὥ σ π ε ρ γ ὰ ρ κ α ὶ τ ὸ μ έ ρ ο ς ἓ ν ὄ ν , τ ο δ ὶ τ ὸ ὕ δ ω ρ , κ ι ν ε ῖ τ α ι ἐ ν ἑ α υ τ ῷ . . .

—

1 καὶ ἐν τῷ πρώτῳ : cf. *Phys.* I 3, 186a 16–17 || πρὸς ego : κατὰ S

En même temps, en effet] Il a dit la même chose aussi au livre I contre Mélissos, à l'aide du même exemple : « car comme la partie qui est une, cette eau-ci, se meut en elle-même … ».

Test. *Simpl. 659.16–17* : ἐχρήσατο δὲ τούτῳ τῷ παραδείγματι καὶ ἐν τῷ πρώτῳ βιβλίῳ πρὸς τὸ τοῦ Μελίσσου ἀκίνητον ὑπαντῶν …

Adnot. La scholie, à la différence de Simplicius, cite littéralement le texte en question du livre I. Il est à peu près certain que cette citation est puisée au commentaire d'Alexandre. On voit très mal, en effet, un scholiaste se servir de Simplicius pour retrouver le texte du livre I dont il s'agit et pouvoir ainsi en présenter un extrait littéral. Ce serait là une manière moderne de procéder. En revanche, étant donné le parti pris favorable aux Éléates de Simplicius, on comprend aisément qu'il n'ait repris à Alexandre, dans cette portion de commentaire, que l'essentiel, sans donc trop s'étendre sur la critique aristotélicienne.

★

108 (14a 32) <ἐνδέχεται>] γρ(άφεται) τὸ β′ ἐπιχείρημα ἐκ τῶν ἀσκῶν.

<Il est possible>] Est écrit : Deuxième argument à partir des outres.

Test. *Simpl. 659.31–32* : δεύτερος ἦν λόγος τῶν δοκούντων δεικνύναι, ὅτι ἔστι τὸ κενόν, ὁ ἀπὸ τῆς πιλήσεως. οὗ παράδειγμα ἦν τὸ κατὰ τοὺς ἀσκούς ...

★

109 (14b 2) <αὐξάνεσθαι>] γρ(άφεται) τὸ γ′ ἐπιχείρημα τὸ ἐκ τῆς αὐξήσεως.

<augmenter>] Est écrit : Troisième argument à partir de l'augmentation.

Test. *Simpl. 660.13* : τρίτος ἦν λόγος ἀπὸ τῆς αὐξήσεως δεικνύς ...

★

110 (14b 2) ἀλλὰ καὶ ἀλλοιώσει] εἰ τὸ αὔξειν τοῦ θρεπτικοῦ καὶ ἐμψύχου, οὐκ αὔξεται ὁ ἀὴρ οὐδὲ τὸ ὕδωρ. καὶ εἰ ἐν τῷ αὔξειν φυλάττομεν τὸ εἶδος, γίνεται τὸ παράδειγμα ἄτοπον· γένεσις γὰρ τοῦτο καὶ φθορά.

—

2 ἐν τῷ αὔξειν φυλάττομεν τὸ εἶδος ego : τὸ αὔξειν φυλάττομεν τοῦ εἴδους S

mais aussi par altération] Si augmenter appartient à ce qui se nourrit et qui est animé, l'air et l'eau n'augmentent pas. Et si, dans le processus d'augmentation, nous conservons la forme, l'exemple devient absurde : il s'agit en effet d'une génération et d'une corruption.

Test. *Simpl. 660.23–661.6 :* ἐν δὴ τούτοις τὸ μὲν ἀλλοίωσιν εἰπεῖν τὴν ἐξ ὕδατος εἰς ἀέρα μεταβολήν, καίτοι γένεσιν μὲν οὖσαν ἀέρος φθορὰν δὲ ὕδατος, οὐδὲν θαυμαστόν· τὸ δὲ τῆς αὐξήσεως πλείονός ἐστιν ἐπιστάσεως ἄξιον. πρῶτον μὲν πῶς ἐπὶ τῶν ἀψύχων αὔξησιν εἶναί φησι καὶ πῶς τροφῆς χωρὶς αὐξάνεσθαι λέγει, καίτοι αὐτὸς ἐν τοῖς Περὶ ψυχῆς σαφῶς λέγων ὅτι μόνα αὔξεται τὰ τρεφόμενα, τρέφεται δὲ τὰ ἔμψυχα; τὰ γὰρ τῆς φυτικῆς μετέχοντα ψυχῆς ταῦτα τρέφεσθαί τε καὶ αὔξεσθαι μόνα φησί. πῶς οὖν καὶ χωρὶς τροφῆς εἰσιούσης νῦν αὔξεσθαί φησιν; ἵνα τὸ ἑκατέρωθεν ἐπαγόμενον ἄτοπον ἐκφύγῃ τῆς ἐρωτήσεως τῆς λεγούσης, ἢ διὰ πλήρους ἢ διὰ κενοῦ διιέναι τὴν τροφήν· λύων δὲ ταύτας τὰς ἐνστάσεις ὁ Ἀλέξανδρος "διὰ τὸ μήπω δῆλον εἶναι, φησί, πῶς τοῖς τρεφομένοις καὶ αὐξομένοις ἡ πρόσκρισις γίνεται, καὶ τί ποτέ ἐστι τὸ αὐξόμενον τὸ εἶδος ἢ ἡ ὕλη, περὶ ὧν ἐν τοῖς Περὶ γενέσεως ζητήσει τε καὶ διαιρήσει, καὶ δείξει πῶς ἡ αὔξησις γίνεται καὶ τί ποτέ ἐστι τὸ αὐξόμενον τὸ εἶδος ἢ ἡ ὕλη, διὰ τοῦτο νῦν κοινότερον τὴν αὔξησιν λαβὼν οὕτως ἐνέστη τῇ ἀπὸ ταύτης κατασκευῇ τοῦ κενοῦ."

Adnot. La discussion de ce problème est un peu compliquée par des difficultés philologiques dans la scholie et dans le commentaire de Simplicius. On voit en effet que Simplicius expose une série d'incongruités du texte d'Aristote en respectant un cheminement par embranchements. Une première difficulté (τὸ μὲν) consiste à présenter comme altération ce qui est une génération ; en second lieu (τὸ δὲ), la conception exposée ici de l'augmentation est fort peu canonique : « tout d'abord » (πρῶτον μὲν), le traité *De l'âme*, II 4, 415b 26–28, nous dit clairement que seul les vivants « augmentent », en se nourrissant. Il y a donc quelque chose d'absurde à parler ici de l'augmentation de corps inanimés. De manière incompréhensible – et l'on s'étonne que Diels n'ait pas signalé cette incongruité dans son apparat critique –, ce « tout d'abord » n'est cependant suivi par aucun « mais ensuite ». Il paraît clair qu'il y a dans le texte de Simplicius un saut du même au même, qui nous a soustrait la seconde objection portant sur l'exemple d'augmentation ici présenté. Il faut sans doute s'inspirer de la scholie et ajouter le membre de phrase suivant (en changeant bien sûr la ponctuation de la phrase en conséquence) : … πῶς οὖν καὶ χωρὶς τροφῆς εἰσιούσης νῦν αὔξεσθαί φησιν; <ἔπειτα δὲ τοῦτο τὸ παράδειγμα πῶς οὐ γίνεται ἄτοπον, εἴ γε καὶ αὐτὸς ἐν τῷ Περὶ γενέσεως τὸ αὐξανόμενον τὸ ἑαυτοῦ εἶδος φυλάττειν φησὶν> ἵνα τὸ ἑκατέρωθεν ἐπαγόμενον ἄτοπον ἐκφύγῃ τῆς ἐρωτήσεως τῆς λεγούσης, ἢ διὰ πλήρους ἢ διὰ κενοῦ διιέναι τὴν τροφήν;. C'est effectivement la thèse selon laquelle l'augmentation a lieu selon une homothétie de la même forme et un substitution perpétuelle de la matière assimilée qui vise à résoudre, dans le *De generatione*, l'aporie née de l'impossibilité apparente, pour un corps quelconque, d'augmenter soit par un autre corps soit par du vide (cf. *Gen. Corr.* I 5, 321b 22–322a 4 et, pour l'aporie, 321a 5–9). Une fois le texte ainsi reconstitué, tout rentre dans l'ordre. La scholie et Simplicius ont conservé l'énoncé des difficultés telles que les présentait Alexandre, et Simplicius seul nous a transmis la solution de l'Exégète. Celui-ci faisait appel à l'ordre de lecture du corpus, pour expliquer qu'il était normal, puisque la *Physique* précède de ce point de vue le *De generatione*, qu'Aristote traite de manière encore vague ce qui fera ultérieurement l'objet d'une étude précise.

★

111 (14b 3) ὅλως δὲ] ἡ ἀπορία αὕτη ἐστίν· ἢ οὐκ ἔστιν ἡ αὔξησις, ἢ οὐ σώματι γίνεται ἡ αὔξησις, ἤ, εἰ ταῦτα, σῶμα διὰ σώματος χωρήσει. τινὲς οὖν ταύτην λύειν τὴν ἀπορίαν βουλόμενοι ὑπέθεντο κενόν, δι' οὗ διιὸν τὸ αὐτὸ σῶμα προσφύεται τῷ αὐξανομένῳ. ἡ δ' αὐτὴ φησὶν ἀπορία <γίνεται> καὶ τοῦ κενοῦ τεθέντος, καὶ πρὸς τούτοις ἀνάγκη πᾶν τὸ σῶμα εἶναι κενόν, εἴπερ αὔξεται πάντῃ καὶ οὕτως αὔ<ξησις>, ὥς φησι, δ ι ὰ κ ε ν ο ῦ .

—

4 γίνεται supplevi : locus fenestr. ca 3/4 lit. || 5 πρὸς p. c. : κατὰ a. c. || 6 φησι scripsi : φ' S (fort. φασι legendum)

Mais de manière générale] L'aporie est la suivante : ou bien l'augmentation n'existe pas, ou bien ce n'est pas par un corps que se produit l'augmentation, ou, si c'est le cas, un corps sera dans un corps. Certains, voulant dénouer cette aporie, firent l'hypothèse du vide : c'est en s'introduisant par lui que le même corps se greffe sur l'augmenté. Mais la même aporie, dit-il, se produit aussi bien si l'on pose le vide et, en outre, il est nécessaire que tout le corps soit vide, si du moins il augmente partout et qu'ainsi l'augmentation, comme il dit, est par le vide.

Test. *Simpl. 661.26–36* : εἰ γὰρ διιούσης διὰ τοῦ κενοῦ τῆς τροφῆς ἡ πρόσκρισις γίνεται καὶ οὕτως ἡ αὔξησις ἐπιτελεῖται, ὥς φασιν, ἢ οὐ διὰ σώματος γίνεται ἡ τροφή [...] ἢ εἰ σῶμα ἡ τροφή, ἢ οὐ κατὰ πᾶν μέρος τραφήσεται καὶ αὐξηθήσεται [...] ἢ εἰ πάντῃ τρέφοιτο καὶ αὔξοιτο, ἤτοι σῶμα διὰ σώματος χωρήσει, ὃ φεύγοντες ὑπέθεντο τὸ κενόν, ἢ πᾶν ἔσται τὸ σῶμα κενόν, εἴπερ αὔξεται μὲν πᾶν, ἡ δὲ αὔξησις διὰ κενοῦ γίνεται, ὥστε μηκέτι σῶμα ἔχειν ἐν ἑαυτῷ κενόν, ἀλλ' αὐτὸ κενὸν εἶναι· ὡς ταὐτὸν εἶναι σῶμά τε καὶ κενόν.

★

112 (14b 8) ἢ πᾶν] τοῦτο τὸ δ' σκέλος <τῆς> διαιρέ<σεως> τοῦ λόγου τὸ ἐπισυμβαῖνον τῇ τοῦ κενοῦ ὑποθέσει.

—

1 τῆς addidi || διαιρέσεως scripsi : διαιρέ S || λόγου ego : ὑγροῦ S

ou tout] Cette quatrième branche de la division de l'argument est celle qui suit de l'hypothèse du vide.

★

113 (14b 9) ὁ δ᾽ αὐτὸς λόγος] ἡ περὶ τῆς τέφρας ἀπορία· οὐ δέχεται ἴσον ὕδωρ ὅσον τὸ ἀγγεῖον κενόν, ἢ οὐ σῶμα ἡ τέφρα, ἢ σῶμα διὰ σώματος χωρεῖ. συμβαίνει οὖν καὶ ἐπὶ τούτων διὰ τὴν τοῦ κενοῦ ὑπόθεσιν τὸ εἶναι τὴν τέφραν ὅλην κενόν.

—

2 οὐ s. l. add. S

Il en va de même] L'aporie au sujet de la cendre : ou bien l'eau n'accueille pas un vide égal à celui du récipient, ou la cendre n'est pas un corps, ou un corps pénètre dans un autre corps. Il suit donc dans ces cas aussi, en raison de l'hypothèse du vide, que la cendre tout entière est vide.

★

IV, 8

114 (14b 12) <ὅτι δ᾽ οὐκ ἔστιν κενὸν> (ad 15a 13–14 οὐκ ἔστι κενόν S)] ταῦτα τὰ ἐπιχειρήματα πάντα κατὰ τοῦ κεχωρισμένου καὶ ἀπείρου κενοῦ, ὅπερ εἰσῆγον οἱ περὶ Δημόκριτον.

Qu'il n'y a pas de vide] Tous ces arguments sont dirigés contre le vide séparé et infini que professaient les partisans de Démocrite.

Adnot. Cette scholie apparaît une colonne Bekker plus loin dans S, ce qui paraît illogique. Il est bien plus probable qu'elle annonce la section qui constitue aujourd'hui notre chapitre 8. C'est sans doute un exemple de plus (cf. Introduction, p. 11) de la disposition sur colonne de l'archétype.

★

115 (14b 13) εἰ γάρ ἐστιν (sic S)] δύο αἱρέσεις εἰσὶ περὶ κενοῦ. ἢ γὰρ ἄπειρόν τι διάστημα αἴτιον τῆς τοπικῆς κινήσεως, ἢ παρεσπαρμένον τοῖς σώμασι. πρὸς οὖν τὴν πρώτην αἵρεσιν λέγει ὅτι εἰ μὴ ἔστιν, ὅπερ φατέ, <τὸ> κενὸν αἴτιον τῆς κινήσεως ἀλλ᾽ ἡ φύσις, οὐδ᾽ ἔσται ὅλως κενόν. ἀλλὰ μὴν τὸ α΄, τὸ β΄ ἄρα. ἔστι δὲ καὶ τρίτη αἵρεσις περὶ κενοῦ, ἣν εὐθὺς ἐλέγξει, λέγουσα ὅτι τὸ κενὸν αἴτιόν ἐστιν οὐ τῆς φυσικῆς κινήσεως ὡς ἡ α΄ ἔλεγεν, ἀλλὰ τῆς ἁπλῶς.

—

2 πρὸς p. c. : κατά a. c. || 3 τὸ addidi || 5 λέγουσα : λέγουσαν S

Si en effet est] Il y a deux doctrines au sujet du vide : ou c'est un certain intervalle infini cause du mouvement local, ou il est éparpillé dans les corps. Contre la première doctrine, il dit que si, comme vous le dites, ce n'est pas le vide qui est cause du mouvement mais la nature, il n'y aura tout simplement pas de vide. Mais le premier, donc le second. Mais il y a une troisième doctrine au sujet du vide, qu'il va immédiatement réfuter, disant que le vide est cause non pas du mouvement naturel, comme la première le disait, mais du mouvement absolument.

Test. *Averr. 154B-C* : Et Alexander exponit hunc locum ita quod si natura sit causa translationis corporum naturalium, vacuum non est causa translationis et, cum non fuerit causa translationis, non erit causa alicuius et, cum non fuerit causa alicuius, non erit ens omnino. Et ista contradictio est propria ponentibus vacuum, quia est causa agens translationis ad superius, non ponentibus ipsum causam materialem translationis.

Adnot. Les scholies **115**, **117** et **119** interprètent les lignes 214b 17–19 comme étendant l'incapacité du vide à expliquer le mouvement *naturel* (édictée aux lignes 214b 13–17) à *tout* mouvement. Une telle interprétation n'apparaît dans aucun des commentaires ayant accès direct à Alexandre : Thémistius, Philopon, Simplicius et Averroès. Philopon et Simplicius ne citent pas Alexandre dans leur commentaire du lemme 214b 17–19. Le premier se contente de dire qu'« on ne saurait distinguer cet argument du précédent » autrement qu'en voyant dans le premier un traitement du lieu comme cause efficiente, dans celui-ci comme cause finale (cf. *In Phys.* 634.15–18). Cette idée trouve un écho chez Averroès, dans le contexte d'une citation explicite d'Alexandre. Simplicius introduit quant à lui l'idée, qu'on cherchera en vain dans la lettre du texte, que le présent argument se concentre sur le vide comme lieu infini (cf. *In Phys.* 664.10 et 32). Ici aussi, une citation d'Averroès nous permet de reconnaître l'influence d'Alexandre (cf. scholie **119**). Le scénario suivant nous paraît donc, sinon le seul possible, du moins le plus probable : Alexandre devait exprimer sa perplexité quant à ce qui pouvait bien distinguer le premier argument du second et étager sa réponse sur plusieurs niveaux. Il aurait tout d'abord dit, avec la scholie, que le mouvement dont il est question au premier argument est le mouvement naturel, tandis qu'il s'agit dans le second du mouvement indéterminé. C'est alors qu'il aurait proposé ses considérations sur les types de cause en jeu (attestées par Averroès et Philopon). Il aurait ensuite précisé que le second argument devait en outre, pour être concluant, se placer dans le cas d'un vide infini, condition reprise sans discussion par Simplicius.

⋆

116 (14b 16) δοκεῖ] δοκεῖ τοῖς περὶ Δημόκριτον.

Il semble] Il semble aux partisans de Démocrite.

ADNOT. Seule la scholie exprime ce scrupule exégétique face au δοκεῖ d'Aristote.

★

117 (14b 16) κινήσεως] τῆς φυσικῆς κατὰ τόπον.

du mouvement selon le lieu] … *naturel* selon le lieu.

ADNOT. Cf. schol. **115**.

★

118 (14b 16–17) αἴτιον εἶναι κινήσεως] ὁ μὲν Ἀριστοτέλης αἰτίαν λέγει τῆς φυσικῆς κατὰ τόπον κινήσεως τὸ δεῖν ἐφεξῆς κεῖσθαι ἀλλήλοις τὰ οἰκεῖα καὶ συγγενῆ σώματα, οἱ δὲ τὸ κενὸν ἢ τὸν τόπον αἴτιον τῆς τοιαύτης κινήσεως εἰσηγούμενοι, τί ἂν φαῖεν περὶ τῆς φυσικῆς ἢ κινήσεως ἢ μονῆς; ἀδιάφορον γὰρ τὸ διάστημα τῶν ἄνω.

—

1–2 ὁ μὲν Ἀριστοτέλης αἰτίαν λέγει κτλ. : cf. *Phys.* IV 6, 212b 29–33

être cause de mouvement] Aristote dit quant à lui que la cause du mouvement naturel selon le lieu est qu'il faut que les corps propres et parents soient placés les uns à côté des autres, mais ceux qui professent le vide ou le lieu comme cause d'un tel mouvement, que pourront-ils dire au sujet du mouvement ou du repos naturels ? L'intervalle des choses d'en haut est en effet indifférent.

ADNOT. Voir scholies **79** et **81** et Introduction, p. 149. La présente scholie est importante, car elle formule clairement l'explication du mouvement naturel des corps simples telle que la proposait Alexandre. Ce n'est pas le lieu lui-même (ou, pour ses tenants, le vide) qui cause ce mouvement, mais la nécessité d'une structure ordonnée dans l'univers. La fin de la scholie pose problème ; peut-être faudrait-il ajouter καὶ τῶν κάτω *vel sim.* après τῶν ἄνω.

★

119 (14b 17) ἔτι εἰ ἔστι] τὸ μὲν α′ ἐπιχείρημα ἐδείκνυεν τὸ κενὸν μὴ ὂν αἴτιον τῆς κατὰ τόπον φυσικῆς τῶν σωμάτων κινήσεως, τοῦτο δὲ οὐδ᾿ ὅλως τοπικῆς κινήσεως δυνάμενον εἶναι αἴτιον τὸ κενόν.

—

3 δυνάμενον scripsi : δύναται S

En outre, s'il existe] Le premier argument a montré que le vide n'était pas cause du mouvement naturel des corps selon le lieu, celui-ci que le vide ne saurait pas même être cause, de manière générale, du mouvement local.

Test. *Averr. In Phys. 154K :* Et Alexander exponit hunc locum ita, quod illud quod sequitur in eo non sequitur, nisi quia vacuum ponitur infinitum, sicut sequitur in Tertio, ut motus non sit in corpore infinito.

Adnot. Cf. *supra*, ad **111**.

⋆

120 (14b 19–20) ὁ δ᾿ αὐτὸς λόγος καὶ πρὸς τὸν (sic S) τόπον] ἀδιάφορον γὰρ τὸ διάστημα καὶ οὐ μᾶλλον ἐνταῦθα ἢ ἐνταῦθα κινήσεται ἢ μενεῖ τὸ ἐντεθέν.

—

2 μᾶλλον scripsi : μᾶλον S || ἐντεθέν ego : ἐντευθεν (sine accentu) S

On objectera la même chose à ceux qui pensent que le lieu] L'intervalle est en effet indifférent et il ne se mouvra pas davantage là ou là que ne s'y arrêtera ce qui y est placé.

Adnot. Cette scholie permet de confirmer un renseignement transmis par Simplicius, *In Phys.* 665.14–18. Le point est à vrai dire mineur. L'intitulé d'Aristote (214b 21–22, πῶς γὰρ οἰσθήσεται τὸ ἐντεθὲν ἢ μενεῖ;) pouvait laisser supposer qu'Aristote construisait « ce qui est placé » avec « sera porté » plutôt qu'avec « sera au repos ». Alexandre, nous dit Simplicius, proposait au contraire de comprendre « ce qui est placé » en liaison privilégiée avec « sera au repos ». La scholie porte trace de cette correction, désenclavant « ce qui est placé » pour le rapprocher de « sera au repos ». On peut faire deux objections à une telle reconstitution. Tout d'abord, le texte de Simplicius semble impliquer qu'Alexandre lisait τεθέν et non pas ἐντεθέν comme la scholie (si l'on admet notre correction, cf. app. cr.). Ensuite, une lecture au moins aussi naturelle de la phrase placerait τὸ ἐντεθέν en facteur commun des deux verbes. L'objection d'Alexandre ne serait ainsi pas véritablement prise en compte. Aucune de ces objections n'est décisive. La première ne tient guère, car Simplicius rapporte plus qu'il ne cite (l'apparat de Ross, qui attribue la leçon τεθέν à Alexandre, est trop audacieux sur ce point). Quant à la seconde, elle prouve tout au plus une maladresse du scholiaste.

★

121 (14b 24) καὶ πῶς δεῖ (sic S) ἐνέσται] διχῶς ἡ γραφή· ἢ γὰρ ἀπὸ τοῦ κ α ὶ π ῶ ς δ ὴ ἐ ν έ σ τ α ι ἕως ἢ ἐ ν τ ῷ κ ε ν ῷ , ἵν' ᾖ συνεχῆ ταῦτα τοῖς ἄνω, ἀπὸ δὲ τοῦ ο ὐ γ ὰ ρ σ υ μ β α ί ν ε ι ἕως τοῦ ἀ λ λ ' ἐ ν τ ῷ ὅ λ ῳ οὐ φέρεται ἔν τισιν ἀντιγράφοις, καὶ ἔσται ὁ λόγος σαφής. ἢ καθ' αὑτὸ ἐπιχείρημα ἔστιν, ἵνα ἡ γραφὴ ὅλη ᾖ καθὼς κεῖται καὶ εἴη ἂν τὸ λεγόμενον τοιοῦτον· "ἀλλὰ σαφὲς ἄτοπόν ἐστι τὸ λεγόμενον ὑπὸ τῶν τὸ κενὸν λεγόντων· ὅταν γὰρ ὅλον τι σῶμα τεθῇ ἐν τόπῳ, τὸν μὲν ὅλον κατέχει τὸν τόπον, τὰ δὲ συνεχῆ μόρια αὐτοῦ ἐν ὅλῳ μὲν ἔσται, οὐκέτι δὲ καὶ ἐν τόπῳ. ἀλλ' ὅταν χωρισθῇ τῆς τοῦ ὅλου συνεχείας, τότε γίνεται ἐν τόπῳ. ἐπὶ δὲ τῆς τοῦ κενοῦ ὑποθέσεως, τοῦτο οὐ συμβαίνει· καὶ γὰρ καὶ τὸ ὅλον καὶ τὰ μέρη ἀδιαφόρως ἐν τόπῳ· τὸ γὰρ οἰκεῖον διάστημα ἕκαστον ἐπέχει". τοῦτο δὲ ἄτοπον προέδειξεν ὅτε ἔλεγε περὶ τοῦ τόπου τὸ κινηθήσεσθαι τὸν τόπον καὶ ἔσεσθαι τόπον ἐν τόπῳ καὶ πλείους ὅτι τόπους ἅμα.

—

11 ἔλεγε : cf. *Phys.* IV 4, 211b 19–25.

Et comment donc sera inhérent] la lettre du texte est double : ou bien à partir de « et comment donc sera inhérent » jusqu'à « ou bien dans le vide », en sorte que cela s'enchaîne à ce qui précède, tandis que le passage allant de « il ne se produit en effet pas » jusqu'à « mais dans le tout » n'est pas transmis dans certains manuscrits ; et le propos sera clair. Ou bien on aura un argument en soi, en sorte que la lettre du texte tout entière soit comme elle se présente, et que l'on ait alors le sens suivant : « mais ce qui est dit par ceux qui affirment le vide est clairement absurde. Quand en effet, quelque corps est dans sa totalité placé en un lieu, il occupe la totalité du lieu, et ses parties continues seront certes dans un tout, mais non pas pour autant dans un lieu. Quand cependant cette partie est séparée de la continuité du tout, elle devient alors dans le lieu. Mais dans le cas de l'hypothèse du vide, cela ne se produit pas. En effet, aussi bien le tout que les parties sont indifféremment dans le lieu. Chaque chose possède en effet son intervalle propre ». Or il a montré plus haut que cela était absurde, quand il a dit, au sujet du lieu, que le lieu se mouvrait, qu'il y aurait un lieu dans un lieu et qu'il y aurait plusieurs lieux ensemble.

TEST. *Averr. 155C* : dixit Alexander : et in quibusdam libris non inuenitur ex hoc capitulo scilicet ex postremo, nisi hoc, quod dixit interrogatur quomodo aliquid erit in vacuo. & secundum hoc iste sermo non erit ratio per se, sed coniunctus sermoni praedicto.

Adnot. On a exposé dans l'Introduction (cf. pp. 14–15) les raisons philologiques pour lesquelles cette scholie remonte certainement à Alexandre indépendamment de Simplicius. Dans sa version longue (celle que transmettent nos manuscrits byzantins), Aristote, selon la scholie, recyclerait plus ou moins son argument majeur contre le lieu intervalle dans le cas du vide. Comme plus haut, et comme Simplicius à sa suite (cf. *In Phys.* 665.29 sqq.), Alexandre pense pouvoir réfuter le lieu intervalle en recourant à une distinction entre « être dans un lieu » et « être dans un tout ».

★

122 (14b 31) ὥσπερ γὰρ] <οἱ> περὶ Ἀναξαγόραν καὶ Πλάτωνα <ὅς> φησιν “ἰσόρροπον <γὰρ> πρᾶγμα ὁμοίου τινὸς ἐν μέσῳ τεθέν”.

—

1 οἱ supplevi || Ἀναξαγόραν S : Ἀναξίμανδρον lege (cf. *Cael.* II 13, 295b 10–16) || ὅς supplevi || 2 cf. *Phaedon.* 109A || γὰρ addidi

Comme en effet] Les gens autour d'Anaxagore et de Platon, ce dernier disant « en effet, une chose équilibrée placée au milieu de quelque chose d'homogène ».

Test. *Simpl. 666.24–26* : … ἐπιστώσατο καὶ ἀπὸ τοῦ Πλάτωνος τὴν ἐν μέσῳ τῆς γῆς μονὴν ἐκ τούτου κατασκευάζοντος ἐν οἷς φησιν ἐν Τιμαίῳ· “ἰσόρροπον γὰρ πρᾶγμα ὁμοίου τινὸς ἐν μέσῳ τεθέν”.

Adnot. Cette scholie remonte directement au commentaire d'Alexandre. Cf. *Introduction*, p. 15–16.

★

[69v]

123 (15a 15) <οὐχ ἁπτομένου>] ἀντὶ τοῦ οὐ μέχρις ἂν κινῆται ἁπτομένου.

<étant en contact>] à la place de : « n'étant pas en contact aussi longtemps qu'il y a mouvement ».

Adnot. Le sujet est le « propulseur » (τοῦ ὤσαντος) du texte d'Aristote. Il y a mouvement, comme le glose la scholie, alors que le propulseur n'est pas en contact aussi longtemps que dure le mouvement. Rien ne prouve, au contraire, qu'Alexandre lisait τὰ ῥιπτούμενα. Ces mots ont tout l'air d'une glose, que ne connaissent ni le ms. E ni les commentateurs anciens.

★

124 (15a 15) ὥσπερ ἔνιοί φασιν] † οἱ περὶ Δημόκριτον.†

—

scholium damnavi : οἱ περὶ Πλάτωνα expectaveris

<comme certains le disent>] † Les partisans de Démocrite †.

Adnot. L'attribution de la doctrine de l'ἀντιπερίστασις à Démocrite, et non à Platon (même Simplicius reconnaît ce dernier dans l'allusion d'Aristote, cf. *In Phys.* 668.32–34), est absurde, et ne peut avoir été le fait d'un commentateur minimalement compétent. Il s'agit très probablement d'une simple faute de la tradition.

★

125 (15a 19) ὡς τὸ ὀχούμενον] τῆς βιαίου κινήσεως ἡ μὲν ἔστι μὴ παρόντος τοῦ βιαζομένου καὶ καλεῖται ῥίψις, ἡ δὲ παρόντος καὶ καλεῖται ἢ ὄχησις ἢ ὦσις ἢ ἕλξις. ἀνελὼν οὖν τὴν ῥίψιν ἐπὶ τοῦ κενοῦ, νῦν διὰ τῆς ὀχήσεως δηλοῖ τὰ λοιπά.

comme ce qui est transporté] Du mouvement violent relèvent celui où n'est pas présent ce qui exerce la violence, qui est appelé le jet, et celui où il est présent, qui est appelé transport, ou poussée, ou traction. Ayant donc supprimé le jet dans le cas du vide, il renvoie maintenant, avec le transport, aux autres.

Test. *Simpl. 668.10–16* : ἐπειδὴ τὴν βίαιον κίνησιν ὄντος κενοῦ διὰ τῆς κατὰ φύσιν ἀνεῖλε πρότερον, ὡς εἰ μὴ ἔστιν ἡ κατὰ φύσιν κενοῦ ὄντος μηδὲ τῆς παρὰ φύσιν ὑποστῆναι δυναμένης, νῦν καὶ προηγουμένην ἀπόδειξιν πορίζει τοῦ εἰ ἔστι τὸ κενὸν μὴ εἶναι βίαιον κίνησιν· τῆς δὲ βιαίου κινήσεως διχῶς γινομένης ἢ παρόντος τοῦ βιαζομένου καὶ ὀχοῦντος ἢ ὠθοῦντος ἢ ἕλκοντος, ἢ μὴ παρόντος ὡς ἐπὶ τῶν ῥιπτουμένων, ἐπὶ ταύτης ποιεῖται τὴν ἀπόδειξιν τὴν ἑτέραν διὰ τὸ ἐναργές, ὡς ὁ Ἀλέξανδρός φησι, παραλιπών.

Adnot. La scholie et le commentaire de Simplicius cité se rapportent à deux aspects différents de l'exégèse d'Alexandre. Simplicius nous informe qu'Alexandre considérait qu'Aristote avait restreint sa démonstration, d'entre les deux types de mouvement contraint, à celui où le moteur initial n'est pas nécessairement au contact du mû. La scholie nous dit ensuite qu'Alexandre soulignait qu'en parlant de transport, Aristote entendait faire allusion aussi à la poussée et à la traction.

★

126 (15a 22) κρεῖττον] ἀπεσιώπησε τὸ κ ρ ε ῖ τ τ ο ν τί ἐστιν εἰπεῖν. ἔστι δ' οὐδὲν ἐν τῷ κενῷ· ἢ γὰρ βίᾳ ἢ φύσει ἔσται μένον ἐν τῷ κενῷ τὸ κ ρ ε ῖ τ τ ο ν ἐκεῖνο· ἄμφω δ' ἀδύνατον.

de plus fort] Il a passé sous silence ce que veut dire « plus fort ». Il n'y a rien dans le vide. Ce « plus fort » stationnera dans le vide soit par violence soit par nature. Or les deux éventualités sont impossibles.

Test. *Simpl. 670.23–25* : τί δὲ ἂν εἴη ἐν τῷ κενῷ τοιοῦτον ὡς ἐμποδίζειν κινεῖσθαι κ ρ ε ῖ τ τ ο ν ὄν, παρῆκε ζητεῖν ὡς ἐναργὲς ὂν ὅτι μηδέν ἐστι. καὶ γὰρ ἐκεῖνο ἢ κατὰ φύσιν ἑστὼς ἢ παρὰ φύσιν ἐμποδίζοι ἄν.

★

127 (15a 22) ἔτι δὲ (sic S cf. FGIJ) νῦν μὲν] ἔλεγον γὰρ ὅτι διὰ μὲν πλήρους ἀδύνατον εἶναι κίνησιν ἀλλὰ διὰ κενοῦ γίνεται αὕτη, καὶ ὅτι ὁ μὲν ἀὴρ πολυκενωτέρως ἔχει ἤπερ τὸ ὕδωρ, διὸ μᾶλλον ὑπείκει τοῦ ὕδατος· ὑπεικόντων γάρ, φησί, τῶν σωμάτων εἰς τὸ κενόν, γίνεται ἡ κίνησις. τί ἂν οὖν φαῖεν ἐπὶ τοῦ ἀπείρου κενοῦ;

—

3 πολυκενωτέρως ego (cf. Alex. *Quaest.* II 22, 72.32 : πολυκενωτέραν) : πολὺ κενὸν S || 5 ἀπείρου : ρου p. c. S

En outre] Ils disaient en effet qu'il est impossible qu'il y ait du mouvement au travers du plein, mais qu'il se produit au travers du vide, et que l'air a plus de vide que l'eau, raison pour laquelle il cède plus que l'eau. Les corps cédant, dit-il, vers le vide, se produit le mouvement. Mais que diraient-il dans le cas du vide infini ?

Test. *Simpl. 670.31–671.2* : καὶ νῦν οὖν ἐπειδὴ οἱ τὸ κενὸν αἴτιον τιθέντες διὰ τὸ ὑπεικτικὸν αὐτοῦ, καὶ τὴν αἰτίαν τοῦ δι' ἀέρος μὲν καὶ ὕδατος κινεῖσθαι διὰ λίθου δὲ καὶ γῆς μηκέτι ταύτην λέγοντες, ὅτι ὁ μὲν ἀὴρ καὶ τὸ ὕδωρ πολύκενά ἐστι, λίθοι δὲ καὶ γῆ πλήρη μᾶλλον, διὸ οὐχ ὑπείκουσιν, ἐπὶ τοῦ ἀπείρου, φησί, κενοῦ τί ἐροῦσι ;

Adnot. Un parallèle assez étroit se trouve chez Simplicius, sans mention d'Alexandre, dont le nom n'apparaît qu'au moment de tirer un argument anti-stoïcien du texte d'Aristote (*In Phys.* 671.4–15). La scholie suggère que le commentaire de l'ensemble du lemme que l'on trouve chez Simplicius remonte à Alexandre. Cette digression anti-stoïcienne confirme l'authenticité alexandrique de la scholie **89**, sans parallèle chez Simplicius.

★

[71r]

128 (15b 27–28) κἂν ᾖ τι] ταῦτα ἐξ ὑποθέσεως, οὐ μὴν ἀναγκαῖα. διὸ λέγει κἂν ᾖ τι λεπτότερον ἀέρος, ὡς οὐ πάντως τοῦτο γινόμενον ἀεί· οὐ γὰρ δυνατὸν τοῦ τυχόντος σώματος λεπτότερον λαβεῖν οἷον τοῦ λεπτοτάτου.

s'il y a quelque] Ces choses sont par hypothèse, mais non pas nécessaires. C'est la raison pour laquelle il dit « s'il y a quelque chose de plus léger que l'air », dans l'idée que cela ne se produit pas obligatoirement toujours. Il n'est pas possible, en effet, de prendre quelque chose de plus léger qu'un corps donné, par exemple que le corps le plus léger.

Test. *Simpl. 676.14–20* : καὶ τὸ ἡγεῖσθαι, φησί [sc. ὁ Ἀλέξανδρος], πάντα τὰ προειρημένα οὕτως ὄντα ἰσχυρὰ εἰς τοῦτο συντείνειν, καὶ τούτου χάριν εἰρῆσθαι οὕτως ὄντος σαθροῦ, ὡς οἱ ἐξηγούμενοι λέγουσι, οὐ παρακολουθούντων ἐστὶ ταῖς δείξεσιν οὐδὲ συνορώντων, ὅτι τοῦτο ἐξ ὑποθέσεως πρόσκειται καὶ οὐχ ὡς ἀναγκαῖον. διὸ καὶ οὕτως εἶπε δίεισι δέ γε κἂν ᾖ τι λεπτότητι διαφέρον ἐνδεικνύμενος, ὅτι οὐκ ἀνάγκη μὲν εἶναι, ἐὰν δὲ ᾖ, ἡ αὐτὴ ἀναλογία φυλαχθήσεται.

Adnot. Cette scholie est parallèle à la longue paraphrase-citation d'Alexandre apparaissant chez Simplicius (*In Phys.* 675.29–676.21) mais, comme d'habitude, ne contient aucune trace d'une critique portée par ce dernier (cf. *In Phys.* 676.9–10 et 21 sqq.). Le passage d'Aristote sur lequel elle se greffe, bien qu'assez confus dans le détail, est globalement clair. Aristote fait jouer la proportion inverse de la résistance du milieu et de la vitesse du mobile, toute choses égales par ailleurs, pour montrer l'absurdité d'un mouvement dans le vide, qui nous contraindrait d'enfreindre les lois de proportion. Nous savions déjà, par la citation de Simplicius, qu'Alexandre répondait à des exégètes qui accusaient vraisemblablement Aristote de commettre, à un certain stade de sa démonstration, une pétition de principe, en postulant d'autorité qu'il existe quelque chose de moins dense que l'air, que le mobile traversera en un temps égal à celui qu'il a mis pour traverser le vide. Or, disent ces commentateurs, rien ne nous dit que ce milieu moins dense que l'air existe véritablement. Alexandre aurait alors reproché à ses collègues de ne pas voir le caractère hypothétique, et clos sur lui-même, de ce petit argument, qui n'est valide que *si* un tel corps existe. Simplicius, on l'a dit, ne se range pas à l'exégèse d'Alexandre – même s'il reconnaît sans doute avec lui le caractère hypothétique de l'argument – mais voit dans le texte un raisonnement implicite de passage à la limite temporelle. Aristote, selon lui, nous montrerait comment, le temps mis pour accomplir une certaine distance diminuant avec la résistance du milieu, il faut admettre que le temps mis pour traverser le milieu « le plus subtil » (τὸ λεπτότατον) est « le plus court » (τοῦ ἐλαχίστου). Il ne reste donc plus qu'à admettre que le vide se laisse traverser en un « non temps », ce qui revient à dire qu'il ne peut pas y avoir de mouvement dans le vide. On peut interpréter de deux manières l'argument de Simplicius. Si l'on est sévère et qu'on prenne son texte à la lettre, on lui objectera que rien, à partir du moment où l'on raisonne sur du continu, ne permet de postuler l'existence d'un degré maximal de subtilité ou de brièveté temporelle (ce qu'impliquent, dans son texte, les superlatifs). Si toutefois l'on cherche à expliquer cette thèse à la lumière d'un possible contexte, force est de constater que Simplicius pourrait bien, ici, refléter la position de Damascius, qui admettait notoirement des indivisibles temporels, c'est-à-dire des unités minimales de temps continu sur lesquelles le Démiurge règle son action créatrice. Cf. R. Sorabji, *The Philosophy of the Commentators : A Sourcebook*, London, 2004, 3 vol., t. II, p. 206–207.

Le scholiaste a très peu excerpté du commentaire d'Alexandre pour la partie restante du traité du vide – à moins que ce soit la transmission des gloses qui ait beaucoup souffert à cet endroit. Nous n'avons rien conservé, en particulier, de l'intéressante digression, attestée par Simplicius, *In Phys.* 679.12–37, où Alexandre utilisait les « lois » aristotéliciennes pour critiquer la dynamique épicurienne.

⋆

129 (15b 31) ἀντεστραμμένως] ἀντιπεπονθότως.

réciproquement] De manière inversement proportionnelle.

⋆

[71v]

130 (16b 5) <πάντων τῶν παθημάτων>] ἀχώριστος γὰρ ὁ ὄγκος τοῦ κύβου τῶν παθημάτων αὐτοῦ.

<de toutes les affections>] Le volume du cube est en effet inséparable de ses affections.

★

131 (16b 13) <ὃ καὶ τὰ ἄλλα σώματα>] ἐκ τοῦ κύβου μετέλαβε τὸν λόγον ἐπὶ τὸ καθόλου σῶμα.

<que tous les autres corps>] Du cube, il est passé au corps universel.

★

132 (16b 14) <τί δεῖ ποιεῖν>] τῷ γὰρ ἑαυτοῦ λόγῳ ὁ ὄγκος ἕτερος τῶν παθῶν.

<pourquoi faut-il faire>] En effet, par sa propre formule, le volume est différent des affections.

★

IV, 9

[73r]
[73v]

133 (17b 8) <ὥστε>] <…> αἱ φύσεις τῶν πραγμάτων.

—

<…> : scholium corruptum legere non potui.

<en sorte que>] <…> les natures des choses.

★

134 (17b 20 sqq.) <ἐκ δὲ τῶν εἰρημένων>]

πυκνὸν	βαρύ
μανόν	κοῦφον
σκληρόν	ἀπαθές
μαλακόν	εὐπαθές.

<à partir des choses dites>]	dense	lourd
	fluide	léger
	dur	impassible
	doux	passible.

★

IV, 10

135 (17b 30–31) διὰ τῶν ἐξωτερικῶν λόγων] ἐξωτερικοὺς λόγους λέγει τοὺς ἐνδόξους καὶ κοινοὺς καὶ οὐκ ἀκροαματικοὺς οὐδὲ ἀποδεικτικούς.

au moyen des propos à usage externe] Il appelle propos à usage externe ceux qui sont endoxaux, généraux et non pas spécialisés ni démonstratifs.

Test. *Simpl. 695.34–696.1* : ἐξωτερικὰ δέ ἐστι τὰ κοινὰ καὶ δι' ἐνδόξων περαινόμενα, ἀλλὰ μὴ ἀποδεικτικὰ μηδὲ ἀκροαματικά.

Adnot. On a sans doute ici la confirmation que l'interprétation des « propos exotériques » que l'on trouve chez Simplicius, *In Phys.* 695.34–696.1 et Philopon, *In Phys.* 705.20–24 remonte à Alexandre. Les commentateurs alexandrins ne disposaient donc d'aucun renseignement authentique sur la question.

★

136 (18a 8) <ἔτι δὲ τὸ νῦν> (ad 18a 6 τὸ δὲ νῦν S)] διὰ τούτου δείκνυσιν ὅτι μηδὲ αὐτὸ τὸ νῦν ἔστιν, ὃ μόνον εἶναι δοκεῖ τοῦ χρόνου· καὶ γὰρ οὐκ ἐνδέχεται διαμένειν τ ὸ α ὐ τ ὸ νῦν· εἰ δ' ἄ λ λ ο κ α ὶ ἄ λ λ ο , ἤτοι περιεχόμενον τὸ ἓν ὑπὸ θατέρου (τοῦτο γὰρ ἰδίωμα χρόνου), ἀλλ' ἀδύνατον – ἢ ἔφθαρται τὸ πρὶν ἐν τῷ ἐνεστῶτι ἢ ἐν τοῖς μεταξύ, ἀλλ' ἀδύνατον.

—

4 ἀλλ' scripsi : ἀλλὰ S

<De plus, le « maintenant »>] Par cela, il montre que pas même le « maintenant » n'existe, lui qu'on pense être le seul élément du temps à exister. En effet, il n'est pas possible que demeure le même « maintenant ». Mais si c'est un a u t r e p u i s u n a u t r e, soit l'un est contenu par l'autre (il y a là en effet une particularité du temps), mais c'est impossible – soit celui qui est

auparavant est corrompu dans celui qui est présent ou dans ceux qui sont intermédiaires, mais c'est impossible.

ADNOT. Cette scholie, dans sa partie inférieure, est difficile à déchiffrer, l'encre s'étant presque effacée. Il paraît clair qu'elle résume le paragraphe 218a 8–21. Simplicius ne cite pas ici Alexandre (cf. *In Phys*. 697.35–699.8).

★

[75r]

137 (18a 22 sqq.) <οὐθενὸς (sic S) γὰρ>] εἰ μηδενὸς συνεχοῦς πεπερασμένου ἓν πέρας ἐστί, τοῦ δὲ χρόνου τὸ νῦν πέρας, καὶ ἔστι χρόνον πεπερασμένον λαβεῖν ὄντα συνεχῆ, οὐχ ἓν τὸ νῦν· ἀλλὰ μὴν τὸ πρῶτον, καὶ τὸ δεύτερον ἄρα.

<En effet, d'aucune chose>] Si d'aucune chose continue limitée la limite est unique, et que le « maintenant » est limite du temps, et qu'il est possible d'assumer un temps limité continu, le « maintenant » n'est pas un. Or le premier, donc le second.

TEST. *Simpl. 699.13–19* : εἰ μηδενὸς συνεχοῦς πεπερασμένου ἓν πέρας ἐστίν [...], δῆλον ὅτι καὶ τὸ νῦν πέρας ὂν τοῦ πεπερασμένου χρόνου οὐκ ἂν εἴη ἓν καὶ τὸ αὐτό· ἀλλὰ μὴν τὸ πρῶτον, τὸ ἄρα δεύτερον.

ADNOT. Simplicius reprend, comme à son habitude, la formalisation logique (*modus ponens*) d'Alexandre.

★

138 (17a 30) <τῶν ὑπαρχόντων αὐτῷ>] ἐξ ὧν ἤδη ἐπεχείρησεν ὅτι οὐκ ἔστι χρόνος δεικνύων.

<les propriétés du temps>] À partir desquelles il a déjà argumenté pour montrer que le temps n'existait pas.

★

139 (18a 32) παραδεδομένων] τῶν παλαιῶν.

transmises] Les anciennes.

★

140 (18a 33) πρότερον] ὅτε τὰ ἐπιχειρήματα κατὰ τῆς τοῦ χρόνου ὑποστάσεως ἔλεγεν.

auparavant] Quand il a dit les arguments contre la subsistance du temps.

⋆

141 (18a 33) <οἱ μὲν γὰρ>] οἱ περὶ Πλάτωνα Πυθαγόρ<αν>.

<Les uns en effet>] Les gens autour de Platon, de Pythagore.

Test. *Simpl. 700.17–22* : ... οἱ μὲν τὴν τοῦ ὅλου κίνησιν καὶ περιφορὰν τὸν χρόνον εἶναί φασιν, ὡς τὸν Πλάτωνα νομίζουσιν ὅ τε Εὔδημος καὶ ὁ Θεόφραστος καὶ ὁ Ἀλέξανδρος· οἱ δὲ τὴν σφαῖραν αὐτὴν τοῦ οὐρανοῦ, ὡς τοὺς Πυθαγορείους ἱστοροῦσι λέγειν οἱ παρακούσαντες ἴσως τοῦ Ἀρχύτου λέγοντος καθόλου τὸν χρόνον διάστημα τῆς τοῦ παντὸς φύσεως, ἢ ὥς τινες τῶν Στωικῶν ἔλεγον.

Adnot. Malgré sa brièveté et sa maladresse, cette scholie, combinée au commentaire de Simplicius, permet sans doute d'entrevoir ce qu'il y avait dans celui d'Alexandre. Aristote cite deux doctrines du temps, l'une qui l'identifie au mouvement de la sphère céleste, l'autre à cette sphère elle-même. Théophraste, Eudème et Alexandre, nous dit Simplicius, ont vu en Platon le premier auteur visé. Le néoplatonicien ajoute que des gens, ayant mal interprété la doctrine d'Archytas – c'est-à-dire bien sûr du Ps.-Archytas – ont prêté à Pythagore la seconde. La scholie nous permet de déduire que Simplicius vise ici Alexandre. Le scénario a sans doute été le suivant : Alexandre prêtait la première doctrine à Platon, en rappelant que son attribution était déjà celle de Théophraste et d'Eudème, et la seconde à Pythagore, soulignant peut-être également sa ressemblance avec une thèse stoïcienne (cf. Simpl., *In Phys.* 700.21–22). Alors que la première attribution n'est pas critiquée – ni véritablement endossée – par Simplicius, la seconde résulte selon lui d'un contresens.

⋆

142 (18b 1–2) καίτοι τῆς περιφορᾶς] περιφορὰ γάρ ἐστιν ἡ ἀπό τινος σημείου ἐπὶ τὸ αὐτὸ ἀποκατάστασις.

—

1 τινος ego : τινων S

Cependant, de la révolution] La révolution est en effet le retour à partir d'un certain point à celui-ci.

Test. *Simpl. 701.23–24* : ἡ γὰρ περιφορὰ ἡ ἀπὸ τοῦ αὐτοῦ ἐπὶ τὸ αὐτὸ κίνησίς ἐστι.

Adnot. Le terme ἀποκατάστασις n'est pas rare chez Alexandre. L'occurrence la plus intéressante apparaît dans une citation de Philopon, *In Gen. Corr.* 314.14.

⋆

143 (18b 3) μέρος γὰρ] προσυπακουστέον τῆς τοῦ παντός.

En effet, est une partie] Il faut implicitement comprendre « de la circonférence du tout ».

Test. *Simpl. 701.16–17* : πρὸς δὲ τὴν ἑτέραν ὑπήντησε τὴν λέγουσαν χρόνον εἶναι τὴν τοῦ παντὸς κίνησίν τε καὶ περιφοράν ...

⋆

144 (18b 8) <εὐηθικώτερον>] ἐν γὰρ δευτέρῳ σχήματι ἐκ δύο καταφατικῶν συλλογίζονται.

—

1 καταφατικῶν ego : κατὰ φυσικῶν S

trop naïf] En effet, ils syllogisent à partir de deux affirmatives dans la deuxième figure.

Test. *Simpl. 701.4–6* : ἔπειτα ἀπείρως εἶχον τῶν συλλογιστικῶν συμπλοκῶν (διὸ καὶ εὐηθικωτέραν ἐκάλεσε τὴν δόξαν), ἐν γὰρ δευτέρῳ σχήματι ἐκ δύο καταφατικῶν συλλογιζόμενοι ...

Adnot. Une telle mécoupure s'explique plus facilement avec un exemplaire en *scriptio continua*.

⋆

145 (18b 11) <ἐν αὐτῷ τῷ διὰ τὴν ἀλλοίωσιν καὶ αὔξησιν (cf. ADNOT.) μεταβάλλοντι>] γρ(άφεται) τὴν ἀλλοίωσιν καὶ αὔξησιν.

<dans ce qui change lui-même en raison de l'altération et de l'augmentation>] Il est écrit : selon l'altération et l'augmentation.

TEST. *Simpl. 705.14–18* : διὰ τοῦτο δέ, φησὶν ὁ Ἀλέξανδρος, τοῦτο προσέθηκεν, ὅτι ἐπὶ μὲν τῶν ἄλλων μεταβολῶν ἐν αὐτῷ τῷ μεταβάλλοντί ἐστιν ἐκεῖνο τὸ καθ' ὃ ἡ μεταβολή· τό τε γὰρ ἀλλοιούμενον μεταβάλλει κατὰ τὴν ἐν αὐτῷ ποιότητα καὶ τὸ αὐξόμενον κατὰ τὸ ἐν αὐτῷ ποσὸν καὶ τὸ γινόμενον κατὰ τὴν οὐσίαν τὴν ἐν αὐτῷ.

ADNOT. Cette citation d'Alexandre proposée par Simplicius forme une unité avec celle que nous avons fait figurer en parallèle à la scholie suivante (le commentaire de Simplicius est d'ailleurs continu de celle-ci à celle-là). À vrai dire, sans le commentaire de Simplicius, il serait bien difficile de comprendre de quoi il retourne. Alexandre, apprenons-nous, distinguait les catégories cinétiques internes au mû (qualité et quantité) du lieu, qui est doté d'un rapport plus externe au corps transporté. Il cherchait par là à justifier la disjonction très implicite qui se greffe autour du « ou » (ἤ) à la ligne 12. Cette exégèse a influencé le texte transmis par le ms. S. Celui-ci, en effet, intègre la glose d'Alexandre dans le texte même d'Aristote (cf. lemme). Cette interpolation n'apparaissant dans aucun des autres témoins utilisés par les éditeurs de la *Physique*, elle est probablement assez récente.

⋆

146 (18b 12) <τὸ κινούμενον>] γρ(άφεται) τὴν τοπικὴν κίνησιν.

<le mû>] Il est écrit : selon le mouvement local.

TEST. *Simpl. 705.18–20* : ὁ δὲ τόπος, καθ' ὃν μεταβάλλει τὸ κατὰ τόπον κινούμενον, οὐκ ἔστιν ἐν τῷ κινουμένῳ, ἀλλ' ὅπου ἐστὶ τὸ μεταβάλλον, ἐκεῖ καὶ ἡ κίνησις. οὕτω μὲν ὁ Ἀλέξανδρος.

⋆

IV, 11

[75v]

147 (19a 12–13) <καὶ ἡ κίνησίς ἐστι συνεχής>] προσυπακουστέον τῷδε κινουμένῳ ἐπὶ μεγέθους ὥστε καὶ ἐπὶ συνεχοῦς. καὶ διὰ τοῦτο ἀκολουθεῖ ἡ κίνησις τῷ συνεχεῖ τῷ ἐφ' οὗ, καί ἐστι συνεχής.

—

1 τῷδε ego : τῷ δὲ S

<le mouvement aussi est continu>] Il faut suppléer : « … pour ce qui est mû sur la grandeur, en sorte de l'être aussi sur le continu ». Et pour cette raison, le mouvement suit le continu sur lequel il a lieu, et il est continu.

Adnot. Cette scholie est mal transmise et la reconstitution proposée hypothétique. L'idée générale, cependant, ne fait pas difficulté : on passe de la continuité de la grandeur à celle du mouvement et de celle-ci à celle du temps.

⋆

148 (19a 18) <ἀλλὰ μὴν>] ὡς εἰ ἔλεγεν· ὅπερ ἂν ᾖ πατήρ, ἄνθρωπός ἐστι, τὸ μέντοι εἶναι αὐτῷ πατρὶ ἕτερον καὶ οὐκ ἄνθρωπος· σχέσις γάρ. καὶ ἅμα δὲ διὰ τούτου τὸν χρόνον ἐνέφηνεν. τὴν κίνησιν γὰρ ὁρίσαντες καὶ ἀριθμήσαντες κατὰ τὸ πρότερον καὶ ὕστερον ἔχομεν χρόνον· τοῖς γὰρ πέρασιν αὐτῆς ληφθεῖσι κἀκεῖνος ἕπεται.

—

4 αὐτῆς ego : αὐτοῦ S || 5 κἀκεῖνος ego : κἀκεῖνο S

<Mais>] Comme s'il disait : ce qui est père, est homme, bien que son essence de père soit différente et ne soit pas homme : il s'agit en effet d'une relation. Il a simultanément, par ce biais, décrit le temps. Car une fois que nous avons défini et nombré le mouvement selon l'antérieur et le postérieur, nous avons le temps. En effet, il découle de la saisie de ses extrémités.

Adnot. Cette scholie n'est pas entièrement claire. Elle semble comparer le rapport du temps à l'antérieur-postérieur, ou au mouvement nombré selon l'antérieur-postérieur, à celui du père à l'être humain : il n'y a pas de « père » qui ne soit pas un « être humain », l'essence de la paternité n'est pas celle de l'humanité. Celle-là appartient à la catégorie de la relation, celle-ci, bien sûr, de la substance. La difficulté provient du fait que les catégories secondaires, telles que le temps ou la relation, sembleraient ne devoir se rapporter qu'à une substance, dont elles constituent des propriétés inaliénables. Or si l'on interprète l'analogie proposée par la scholie de manière stricte, il faudrait rapporter la catégorie du temps au mouvement selon l'antérieur-postérieur, qui n'est pas une substance, et non à la substance mue. Mais sans doute ne faut-il pas pousser trop loin l'analogie. L'auteur entend simplement souligner que le temps présuppose le mouvement. Cela confirme et permet de mieux comprendre une remarque de Simplicius (*In Phys.* 709.22–28), qui accuse Alexandre de ne pas avoir admis, après avoir posé que la pensée du mouvement entraînait celle du temps, la réciproque, à savoir que la pensée du temps entraîne celle du mouvement. Simplicius a sans doute tort. Car temps et mouvement ne sont pas des relatifs, il n'y a donc rien d'incongru si la relation est à sens unique. Alexandre aurait voulu signifier que le couple temps-mouvement est le seul couple de réalités à la fois véritablement hétérogènes et totalement imbriquées l'une à l'autre que la physique nous donne à voir. Ce rapport doit être distingué de celui qu'entretiennent deux relatifs, deux classes ontologiquement subordonnées et la substance avec une catégorie secondaire.

★

[77r]

149 (19a 30) <ὅταν μὲν οὖν ... >] τὸ γὰρ αὐτὸ νῦν προτέρου καὶ ὑστέρου χρόνου μεθόριον καὶ κοινόν.

<Quand donc>] En effet, le même « maintenant » est frontière commune du temps antérieur et postérieur.

★

150 (19b 1) <τοῦτο γάρ ἐστιν ὁ χρόνος>] ὅρος χρ(ό)νου.

<Cela en effet>] Définition du temps.

★

151 (19b 1) <τοῦτο γὰρ> (ad 219b 19 καὶ γὰρ S)] ὅτι ὁ χρόνος ἀριθμός ἐστι κινήσεως κατὰ τὸ πρότερον καὶ ὕστερον, τουτέστιν ἐν τῷ ἀριθμεῖσθαι τὴν κίνησιν τὸ εἶναι ἔχων. ἀριθμεῖται δ' ἡ κίνησις τῇ τάξει, τουτέστι κατὰ τὸ πρότερον καὶ ὕστερον, τοῖς δὲ πέρασι τῆς κινήσεως ἀφορίζεται καὶ μετρεῖται ὁ χρόνος πλὴν οὐ καθὸ πέρατα ἀλλὰ καθὸ ἀριθμητά· οὐδέ ἐστιν ὁ χρόνος τῆσδε τῆς κινήσεως ἀριθμός, ἀλλὰ καθόλου πασῶν, ᾗ κίνησις. διὸ εἷς ὁ χρόνος.

—

6 ᾗ scripsi (cf. etiam **165**) : ἡ S

<et en effet>] Que le temps est le nombre du mouvement selon l'antérieur-postérieur, c'est-à-dire ayant son être dans le fait que le mouvement soit nombré. Mais le mouvement est nombré par l'ordre, c'est-à-dire selon l'antérieur-postérieur ; c'est par les extrémités du mouvement que le temps se délimite et se mesure, non toutefois en tant qu'extrémités mais en tant que nombrables. Et le temps n'est pas nombre de ce mouvement-ci mais, universellement, de tous, en tant que mouvement. C'est pourquoi le temps est un.

ADNOT. La position actuelle de cette scholie dans S, devant 219b 29, καὶ γὰρ κτλ. (environ une colonne Bekker plus bas) résulte de l'erreur déjà rencontrée due à une position originelle entre deux colonnes (cf. Introduction, p. 11). D'après Simplicius, *In Phys.* 714.4–16, que le temps soit un nombre « nombré » et non pas un nombre « nombrant » signifie que le temps n'est pas discret, mais continu. Le nombre « nombré » se divise à son tour en ce qui relève de la quantité (κατὰ τὸ ποσόν) et ce qui relève de l'ordre (κατὰ τὴν τάξιν). Cette distinction provient des *Catégories*, 6, 5a 23–36, où il est dit qu'à la différence des figures géométriques qui ont une position (θέσις), le temps, comme le nombre (ἀριθμός), n'a qu'un ordre (τάξις), régi par l'antérieur-postérieur. Il est très probable, au vu de tous ces éléments, que nous sommes en présence de l'interprétation d'Alexandre. Si donc le mouvement est « nombré », ce n'est pas en tant qu'il subsisterait dans une quelconque extension quantifiée, mais en tant que les extrémités de tout mouvement affichent une relation d'ordre, selon l'antérieur-postérieur. Que c'était bien là l'interprétation d'Alexandre est confirmé par deux témoignages d'Averroès, malheureusement peu clairs.

(A) *In Phys.* 181G-H
(A1) Dixit Alexander : et non est intelligendum ex hoc quod dixit in definitione temporis quod est numerus motus secundum prius et posterius, [ex hoc]* quod tempus numerat motum, sed debet intelligi ex hoc, quod tempus est numerus prioris et posterioris existentium in motu. (A2) Et in libro Alexandri non est numerare numerum motus, sed numerus motus. Definitio igitur in qua non est dubitatio est dicere quod tempus est numeratum prioris et posterioris existentium in motu.

—

* ex hoc *deleo*

(B) *In Phys.* 182E
Et Alexander dicit quod <ex> hoc quod dicit numerus motus per prius et posterius, non est intelligendum ipsum esse numeratum per numerum partium motus priorum et posteriorum neque numerus earum, sed numerus prioris et posterioris in motu, id est numeratum eorum. Et per hoc distinguitur natura temporis a natura motus secundum definitionem.

Ce qu'on peut rendre ainsi :

(A1) Alexandre a dit : et il ne faut pas comprendre à partir du fait qu'il dit dans la définition du temps qu'il est le nombre du mouvement selon l'antérieur et le postérieur, que le temps nombre le mouvement, mais on doit comprendre à partir de cela que le temps est le nombre de l'antérieur et du postérieur existant dans le mouvement. (A2) Et dans le livre d'Alexandre, il n'y a pas « nombrer le nombre du mouvement », mais « le nombre du mouvement ». La définition, par conséquent, qui ne laisse aucune place à l'aporie, est de dire que le temps est le nombré de l'antérieur et du postérieur existant dans le mouvement.

(B) Et Alexandre dit que du fait qu'il dit « le nombre du mouvement selon l'antérieur et le postérieur », il ne faut pas comprendre qu'il est nombré au moyen du nombre des parties antérieures et postérieures du mouvement ni le nombre de ces dernières, mais le nombre de l'antérieur et du postérieur dans le mouvement, c'est-à-dire leur nombré. Et c'est de cette manière qu'on distingue la nature du temps de la nature du mouvement selon leur définition.

D'après A1, Alexandre aurait soutenu qu'il ne suit pas, de la définition aristotélicienne du temps, que le temps nombre le mouvement ; il faut plutôt comprendre que le temps est le nombre de l'antérieur-postérieur inhérent au mouvement. B précise que le temps n'est pas nombré par le nombre des parties antérieures et postérieures du mouvement, ni n'est le nombre de ces parties, mais qu'il est plutôt le nombre de l'antérieur-postérieur, c'est-à-dire le *nombré* de l'antérieur-postérieur. Le temps s'identifie donc à la relation d'ordre elle-même, et non à des *continua* sous-jacents. On a donc un mouvement de spécification croissante : le temps ne nombre pas l'extension du mouvement (A1), mais pas non plus (et même si c'est moins faux) ses parties successives. Le temps, c'est l'*ordre* lui-même, la succession pure inhérente au mouvement. A2 pose un problème que l'on ne saurait résoudre à l'heure actuelle : Averroès oppose la leçon d'Alexandre, qui est celle de toute la tradition, directe et indirecte, y compris le manuscrit arabe de la *Physique* (« nombre du mouvement »), à une leçon n'apparaissant nulle part ailleurs (« nombrer le nombre du mouvement ») mais qu'il a pourtant l'air de trouver dans son exemplaire de la *Physique*.

*

152 (19b 3) <σημεῖον δέ>] σχῆμα γʹ, μερικὸν καταφατικὸν ἐκ δύο καθόλου.

En voici un signe] Troisième figure, particulière affirmative à partir de deux universelles.

Test. *Simpl. 713.25–29* : ὁ δὲ Ἀλέξανδρος καὶ ἐκ δύο καθόλου καταφατικῶν ἐν τρίτῳ σχήματι συνάγει οὕτω· παντὸς τὸ πλεῖον καὶ ἔλαττον ἀριθμῷ κρίνεται, δῆλον οὖν ὅτι καὶ κινήσεως· ἀλλὰ μὴν πάσης κινήσεως τὸ πλεῖον καὶ ἔλαττον χρόνῳ κρίνεται· τὶς ἄρα ἀριθμὸς χρόνος ἐστί.

Adnot. Alexandre a ici en tête *A.Pr.* II 26, 70a 38 sqq. À ceci près qu'il n'interprète pas le raisonnement d'Aristote comme un « signe » défectueux mais comme un syllogisme parfaitement correct. Il faut en effet distinguer, dans la troisième figure, les signes, dont la conclusion est universelle, qui sont réfutables même si la conclusion est vraie – du fait que Pittacos soit bon et que Pittacos soit sage, on ne peut conclure à la bonté de tout sage, même s'il est vrai que tout sage soit bon – du syllogisme en *Darapti* dont la conclusion est que quelque sage est bon (ici : que quelque nombre est temps – ou, par conversion, que le temps est un nombre).

★

153 (19b 6) <καὶ γὰρ>] τὰ δύο ὡς ἓν ἔλαβε κατὰ τὸ δυνάμει καὶ ἐνεργείᾳ.

En effet] Il a pris les deux comme un selon le en puissance et en acte.

Test. *Averr. 181M-182 A* : Quia nos dicimus numerum illud, per quod numeratur aliquod genus, et in se est numeratum, non numerans ; et illud, quod numerat ipsum in actu, et est numeratum in potentia, antequam numeret illud, ut exponit Alexander. Et vocamus numerum etiam illud, per quod numerantur omnia et hoc est numerans, non numeratum omnino essentialiter.

Adnot. Cette scholie, qui introduit une différence selon l'acte et la puissance entre le nombré (ἀριθμούμενον) et le nombrable (ἀριθμητόν) remonte très probablement à Alexandre indépendamment de Simplicius. Celui-ci ne fait nulle part une telle remarque. Celle-ci apparaît pourtant chez Philopon, *In Phys.* 723.19–21, qui n'est jamais employé par notre scholiaste (à l'exception possible, mais peu probable, de la scholie **18**), et s'accorde au fait qu'Averroès attribue à Alexandre un recours identique à l'acte et à la puissance.

★

154 (19b 8) ἔστι δ' ἕτερον] συνεχὲς γάρ ἐστιν ἀλλ' οὐ διωρισμένον.

Mais est] C'est en effet continu et non séparé.

★

155 (19b 9) καὶ ὥσπερ ἡ κίνησις] ὁ χρόνος διαφέρει τῆς κινήσεως· ἡ μὲν γὰρ ὥσπερ ἄλλη καὶ προτέρα τῆς μετ' αὐτήν, οὕτως ἄλλη καὶ ἡ ἅμα οὖσα, ἡ μὲν καὶ τῷ εἴδει ἄλλη – εἰ τὸ μὲν ἀλλοιοῖτο τὸ δὲ φέροιτο –, ἡ δὲ τῷ ἀριθμῷ – εἰ ἄλλο καὶ ἄλλο τὸ φερόμενον ἢ ἀλλοιούμενον. οὐκέτι δὲ τοῦτο ἐπὶ τοῦ χρόνου· ὁ γὰρ κατὰ τὸ αὐτὸ χρόνος ὢν πανταχοῦ ὁ αὐτὸς κατὰ ἀριθμόν ἐστι, καὶ οὐ διαφέρει χρόνος χρόνου τῇ διαφορᾷ τῶν παρ' οἷς ἔστιν· οὐ γὰρ ἑκάστης κινήσεως ἀριθμὸς ὁ χρόνος ἀλλὰ πασῶν ὡς μιᾶς.

—

2 προτέρα ego : πρώτη S || 3 ἄλλη ego : ἅμα S

Et comme le mouvement] Le temps diffère du mouvement. Celui-ci, en effet, de même qu'il est autre et premier par rapport à celui qui vient ensuite, de même il est autre par rapport à celui qui est simultané, ici selon l'espèce – si une chose s'altère tandis qu'une autre est transportée – là selon le nombre – si ce qui se transporte (ou qui s'altère) est deux êtres différents. Mais il n'en va plus de même avec le temps. Le temps étant à l'identique est en effet partout le même en nombre, et un temps ne diffère pas d'un temps par la différence des choses en lesquelles ils sont. Car ce n'est pas de chaque mouvement que le temps est nombre, mais de tous comme un.

TEST. *Simpl. 720.11–22* : καὶ γὰρ ἡ μὲν κίνησις οὐ μόνον ἡ προτέρα τῆς μετ' αὐτὴν ἄλλη, ὅπερ κοινὸν ὑπάρχει καὶ τῷ χρόνῳ, ἀλλὰ καὶ αἱ ἅμα οὖσαι διαφέρουσιν ἀλλήλων, αἱ μὲν καὶ τῷ εἴδει, εἰ τὸ μὲν φέροιτο τὸ δὲ αὔξοιτο τὸ δὲ ἀλλοιοῖτο, αἱ δὲ τῷ ἀριθμῷ μόνον, εἰ πλείω ἅμα φέροιτο ἢ αὔξοιτο ἢ ἀλλοιοῖτο· ἡ γὰρ κίνησις ἐν τῷ κινουμένῳ. ὥστε ὅσα τὰ κινούμενα, τοσαῦται καὶ αἱ κινήσεις. ὁ μέντοι χρόνος πανταχοῦ ὁ αὐτός ἐστι κατά τι τοῦ ταὐτοῦ σημαινόμενον, καὶ οὐ διαφέρει χρόνος χρόνου. οὐδὲ γὰρ ἡ διαφορὰ ἐκείνων, παρ' οἷς ἐστιν ὁ χρόνος, εἴτε κατ' εἶδός ἐστιν εἴτε κατ' ἀριθμόν, τοῦ χρόνου διαφορά ἐστι (καὶ γὰρ τὰ ἐν Ἀθήναις καὶ τὰ ἐν Κορίνθῳ ἐν τῷ αὐτῷ χρόνῳ ἐστί), διότι οὐχ ὡς ἑκάστου κινουμένου ἰδία τίς ἐστι κίνησις, οὕτως ἑκάστης κινήσεως ἀφωρισμένης ἀριθμός ἐστιν ὁ χρόνος, ἀλλὰ πασῶν ὡς μιᾶς.

★

156 (19b 10) <ὁ δ' ἅμα πᾶς χρόνος>] ὁ χρόνος γίνεται ὁ αὐτὸς τῇ κινήσει ἐν τῷ εἶναι ἀριθμούμενος. οὐ γὰρ τὴν κίνησιν ἀριθμοῦμεν, ἀλλὰ τὸ ἐν κινήσει πρότερον καὶ ὕστερον ἀριθμοῦντες, ἀριθμοῦμεν τὸν χρόνον τῆς κινήσεως.

—

2 ἀριθμοῦμεν ego : ἀριθμοῦνται S

mais simultanément] Le temps devient identique au mouvement dans le fait d'être nombré. Ce n'est pas en effet le mouvement que nous nombrons mais, nombrant l'antérieur-postérieur inhérent au mouvement, nous nombrons le temps du mouvement.

★

157 (19b 11–12) <τὸ δὲ νῦν τὸν χρόνον μετρεῖ>] ἀντὶ τοῦ ὁρίζει καὶ περιγράφει τὸν χρόνον τὸ νῦν.

—

Cf. Adnot.

<le « maintenant » mesure le temps>] … au lieu de : « le maintenant délimite et circonscrit le temps ».

Adnot. Le texte d'Aristote pose problème (il est d'ailleurs corrigé par Ross, qui écrit ὁρίζει) : il est maladroit de dire, avec tous les mss, que le « maintenant » *mesure* (μετρεῖ) le temps. Alexandre, à en croire la scholie, glose donc μετρεῖ par ὁρίζει καὶ περιγράφει. Cette glose semble s'être partiellement introduite dans le texte de E et de l'exemplaire dont s'est servi le traducteur arabe, qui ajoute ὁρίζει à la fin de la phrase.

★

158 (19b 16–17) καὶ ὁμοίως δὴ τῇ στιγμῇ] ἀκολουθεῖ τὸ φερόμενον ἐν τῷ ὑποκειμένῳ μεγέθει τῇ στιγμῇ τῇ ἐν τῷ μεγέθει.

Et semblablement] Ce qui est transporté dans la grandeur substrat suit le point qui est dans la grandeur.

★

159 (19b 19–20) τῷ λόγῳ δὲ ἄλλο (ad 19b 19 ἤ τι ἄλλο S)] ὁ γὰρ ἥλιος, εἰ τύχοι, ἄλλος ἐστὶ τ ῷ λ ό γ ῳ ἐν τῇ ϛ' τοῦ Κριοῦ μοίρᾳ καὶ ἐν τῇ ζ'.

autre par la formule] En effet, le soleil, par exemple, est autre par la formule dans la sixième division du Bélier et dans la septième.

Adnot. Cette scholie est intéressante et remonte sans doute à Alexandre. En choisissant de donner le soleil comme exemple de mû dont l'être est le même mais qui change selon le rapport qu'on en propose (en telle division du Bélier ou en telle autre), la scholie ne perd pas de vue, en effet, qu'on s'intéresse au mû astral, seul apte à un comptage du temps.

⋆

160 (19b 20) ὥσπερ οἱ σοφισταὶ] οἱ γὰρ σοφισταὶ τὸ κατὰ συμβεβηκὸς μεταλαμβάνουσι κακούργως εἰς τὸ καθ' αὑτό.

comme les sophistes] En effet, les sophistes substituent pernicieusement le par accident au par soi.

⋆

161 (19b 22–23) τῷ δὲ φερομένῳ]

νῦν	στιγμή	φερόμενον	ποιητικά	μονάς
χρόνος	μέγεθος	κίνησις	γινόμενα	ἀριθμός.

Mais au mû]

maintenant	point	mû	productifs	monade
temps	grandeur	mouvement	engendrés	nombre.

⋆

[77v]

162 (20a 9) τοῦτο] τὸ φερόμενον ἢ τὸ νῦν.

cela] Le mû ou le « maintenant ».

⋆

163 (20a 14–15) ὥσθ' ὁ χρόνος] τὸ μὲν μέγεθος θετὸν καὶ ἀκίνητον, καὶ διὰ τοῦτο ἡ αὐτὴ καὶ μία στιγμὴ δύναται μεθόριον εἶναι τῶν ἐφ' ἑκάτερα τμημάτων τοῦ μεγέθους· ὁ δὲ χρόνος οὐ θετὸς καὶ ἐν ῥύσει καὶ φορᾷ τὸ εἶναι ἔχει, καὶ διὰ τοῦτο τὸ αὐτὸ νῦν οὐ δύναται μεθόριον εἶναι ἐνεργείᾳ τῶν παρ' ἑκάτερα χρόνων. εἰ γὰρ τοῦτο, ἠρεμήσει ὁ χρόνος. οὐ γὰρ δυνατὸν δὶς ληφθῆναι τὸ νῦν.

en sorte que le temps] La grandeur est dotée de position et immobile et c'est la raison pour laquelle un seul et même point peut être frontalier entre les sections de la grandeur des deux côtés. En revanche, le temps n'est pas doté de position mais a son être dans l'écoulement et le déplacement, raison pour laquelle le même « maintenant » ne peut pas être frontalier en acte entre les temps des deux côtés. Car s'il en va ainsi, le temps sera au repos. Il n'est pas possible, en effet, de prendre deux fois le « maintenant ».

Adnot. Le contenu correspond au commentaire plus diffus de Simplicius, *In Phys.* 726.16 sqq. Un indice n'est pas loin de prouver l'origine alexandrique de ces lignes, à savoir le recours au terme θετός. Dans la langue courante grecque, celui-ci n'est employé que pour parler du fils adoptif, par opposition à l'enfant naturel. De manière parfaitement idiosyncrasique, Aristote emploie ce terme une seule fois (*A.Po.* I 27, 87a 36 ; cf. *Metaph.* Δ 6, 1016b 30, occurrence non relevée par Bonitz) pour distinguer le point, qui a une position (il est θετός) de la monade, qui n'en a pas (elle est ἄθετος). Il fallait une connaissance sûre du corpus aristotélicien pour employer ce terme ici, à si bon escient. La différence entre le *νῦν* et le point local est en effet la présence, ou non, d'une *position.*

⋆

164 (20a 16) ἀλλ' ὡς τὰ ἔσχατα] τὴν ὁμοιότητα καὶ διαφορὰν στιγμῆς καὶ τοῦ νῦν παραδίδωσιν, ὅτι ἀμερῆ μὲν ἄμφω, ἀλλὰ τὸ νῦν οὐ δύναται εἶναι μεθόριον δύο χρόνων· ἔσται γὰρ οὐκέτι ἓν τῷ λόγῳ ἀλλὰ δύο. τὸ γὰρ πέρας ἀριθμητὸν ποιεῖ τὸ οὗ ἐστι πέρας, ὥστε εἰ ἔσται δύο τὸ νῦν τῷ λόγῳ, ἠρεμήσει ὁ χρόνος, ὅπερ ἄτοπον. ἀλλ' ὡς τὰ δύο πέρατα τῆς αὐτῆς γραμμῆς ἐν τῇ γραμμῇ, οὕτω τὸ νῦν ἐν χρόνῳ. τὰ γὰρ τοιαῦτα δύο πέρατα οὐ λαμβάνονται δὶς ἀλλ' ἅπαξ.

mais comme les extrémités] Il produit la ressemblance et la différence du point et du « maintenant » : ils sont sans partie tous les deux, mais le « maintenant » ne peut pas être frontalier entre deux temps : il ne sera en effet plus un selon la formule, mais deux. En effet, la limite rend nombrable ce dont elle est la limite, en sorte que si le « maintenant » est deux par la formule, le temps sera au repos, ce qui est absurde. Toutefois, de même que les deux extrémités de la même ligne sont dans la ligne, de même le « maintenant » est dans le temps. En effet, deux limites de ce type ne sont pas prises deux fois, mais une seule.

Adnot. Cette scholie confirme une allusion de Simplicius, *In Phys.* 728.19–23, qui accuse Alexandre d'interpréter le « temps » mentionné en 220a 14–15 comme si Aristote avait écrit « l'instant ». La scholie, effectivement, mentionne l'instant. Suit chez Simplicius la thèse, sinon l'énoncé, de notre scholie : « l'instant n'est pas nombre comme le nombre d'un point, comme quand nous prenons le même point comme deux, et deux fois ». Il est très peu probable qu'un scholiaste ait développé ces bribes du commentaire d'Alexandre sans tenir le moindre compte des réserves de Simplicius. Cette scholie et la précédente forment donc un tout puisé à peu près en bloc au commentaire de l'Aphrodisien.

⋆

165 (20a 19) ὅτι οὐδὲν (cf. app.)] τὸ γὰρ νῦν, καθὸ πάλιν καὶ πάλιν παραλαμβάνεται καὶ πρότερον καὶ ὕστερον, κατὰ τοῦτο μέτρον ἐστὶ καὶ ἀριθμός· τὸ γὰρ μεταξὺ τῶν πολλάκις λαμβανομένων νῦν ὁ χρόνος ἐστίν. ὁ δὲ χρόνος οὐ τῆσδέ τινος μέτρον κινήσεώς ἐστιν, ἀλλὰ καθόλου πάσης, ᾗ κίνησις. τὸ δὲ νῦν ἀριθμός ἐστι χρόνου ὡς ᾧ ἀριθμοῦμεν. δηλοῖ δὲ διὰ τοῦ εἰπεῖν ὁ δ' ἀριθμὸς ὁ τῶνδε τῶν ἵππων ἡ δεκὰς καὶ ἄλλοθι.

qu'aucune] En effet, le « maintenant », en tant qu'on le prend encore et encore, antérieur puis postérieur, est mesure et nombre. Car ce qu'il y a d'intermédiaire entre les « maintenant » pris de manière répétée est le temps. Mais le temps n'est pas la mesure d'un mouvement précis, mais universellement de chacun, en tant qu'il est mouvement et le « maintenant » est nombre du temps au sens de ce par quoi nous nombrons. Ce qu'il explicite en disant : « alors que le nombre dans le cas de ces chevaux-ci, la dizaine, l'est également dans d'autres cas ».

Test. *Simpl. 729.7–15* : ζητήσας δὲ ὁ Ἀλέξανδρος, πῶς εἶπεν ἀριθμεῖν τὸ νῦν (οὐ γὰρ ἦν ἀριθμὸς ὁ χρόνος ὡς ἀριθμῶν ἀλλ' ὡς ἀριθμούμενος), «ἤτοι, φησίν, ἡ γραφὴ οὐκ ἔστιν ἀριθμεῖ ἀλλ' ἀριθμεῖται, ἢ ἀριθμεῖται μὲν τὰ νῦν ἐν τῇ κινήσει, ἀριθμεῖ δὲ τὸν χρόνον· κατὰ γὰρ τὰ νῦν ἡ διαίρεσις τοῦ χρόνου, καὶ τούτοις ἀριθμοῦμεν αὐτόν, ὡς εἶναι τὸ νῦν ἀριθμούμενον μὲν ὡς ἐν κινήσει, ἀριθμοῦν δὲ ὡς πρὸς τὸν χρόνον». ὅτι γὰρ ὡς ἀριθμοῦντα ἀριθμὸν τὸ νῦν λαμβάνει, δηλοῖ λέγων ὁ γὰρ ἀριθμὸς τῶνδε τῶν ἵππων ἡ δεκὰς καὶ ἄλλοθι.

Adnot. cette scholie confirme l'explication que Simplicius, *In Phys.* 729.11–15, prête à Alexandre du fait que l'instant nombre le temps. Dans la citation, nous avons conservé la place des guillemets tels qu'ils apparaissent chez Diels, mais il paraît probable, au vu de la scholie et pour des raisons de cohérence interne, qu'il aurait mieux valu clore la citation un peu plus bas, après ἄλλοθι. Ce qui suit (δυνατὸν δὲ καὶ τὴν κίνησιν κτλ.) reviendrait à Simplicius, ou pourrait même être emprunté à Alexandre.

⋆

IV, 12

166 (20b 5) καὶ ὁ αὐτὸς (ad 20a 23 ἐκείνου μόνον S)] ὁ γὰρ ἐνεστὼς χρόνος πανταχοῦ ὁ αὐτὸς κατ' ἀριθμόν, ὁ δὲ πρότερος τῷ ὑστέρῳ οὐχ ὁ αὐτὸς κατὰ ἀριθμόν.

Et le même] En effet, le temps présent est partout le même en nombre, tandis que celui qui est antérieur n'est pas identique en nombre à celui qui est postérieur.

Test. *Simpl. 731.7–9* : ἓν ἦν τῶν πρότερον εἰρημένων περὶ τοῦ χρόνου τὸ τὸν ἐνεστῶτα καὶ κατὰ τὸ νῦν θεωρούμενον ἅμα πανταχοῦ εἶναι τὸν αὐτόν, τὸν δὲ πρότερον καὶ ὕστερον οὐ τὸν αὐτὸν εἶναι.

★

167 (20b 5) καὶ ὁ αὐτὸς] ὁ ἀριθμὸς γὰρ ᾧ ἀριθμοῦμεν ὁ α ὐ τ ό ς ἐστιν, ἄν τε πρότερον ἄν τε ὕστερον ληφθῇ, ἀλλ' οὐκέτι καὶ τὰ ἀριθμούμενα τὰ αὐτά ἐστιν.

Et le même] En effet, le temps par lequel nous nombrons est le même, qu'on le prenne antérieurement ou postérieurement, tandis que les nombrés ne sont pas les mêmes.

Test. *Simpl. 731.25–28* : ὁ μὲν γὰρ ἀριθμὸς ᾧ ἀριθμοῦμεν ὁ αὐτὸς ἀεί, ἄν τε πρότερον ἄν τε ὕστερον λαμβάνηται οἷον ἡ τριάς, τὰ μέντοι μετρούμενα οὐκέτι τὰ αὐτὰ ἀνάγκη εἶναι· ἄλλοι γὰρ οἱ ἵπποι τῶν ἀνθρώπων.

★

168 (20b 10) ὁ ἀριθμὸς] ᾧ μετροῦμ<εν>.

le nombre] … par lequel nous comptons.

Adnot. Cf. scholie précédente.

★

[79r]

169 (20b 12) οἱ ἵπποι τῶν ἀνθρώπων] πάντα ταῦτα τοῦ εὐλόγως κεῖσθαι τὸν χρόνον μέτρον κινήσεως εἶναι κατασκευαστικά.

les chevaux par rapport aux hommes] Toutes ces choses établissent que c'est à juste titre qu'on a posé que le temps était mesure du mouvement.

★

170 (20b 14–15) οὐ μόνον] προηγουμένως μὲν ὁ χρόνος τὴν κίνησιν μετρεῖ, ἤδη δὲ καὶ ἀντιμετρεῖται ὑπ' αὐτῆς. ὥσπερ οὖν καὶ ἐπὶ τῶν ἄλλων πάντων ἔχει τὸ μέτρον· οὐ γὰρ μόνον τὸ μέτρον μετρεῖ ἀλλὰ καὶ ἀντιμετρεῖται ὑπὸ τῶν μετρουμένων πρὸς αὐτό· τῷ γὰρ τῶν πυρῶν μεδίμνῳ κρίνομεν τὸν μέδιμνον τὸ μέτρον εἴ ἐστι μέδιμνος – <καὶ> οὐ μόνον τοὺς πυροὺς τῷ μεδίμνῳ. οὕτως οὖν καὶ ὁ χρόνος ἔχει πρὸς τὴν κίνησιν, μετρῶν αὐτὴν καὶ ἀντιμετρούμενος ὑπ' αὐτῆς.

—

4 αὐτό ego : αὐτῶν S || 5 καὶ addidi || 6 πρὸς p. c. : κατὰ a. c.

non seulement] Primordialement, le temps mesure le mouvement, mais il est aussi mesuré en retour par lui. La mesure se trouve dans la même situation que dans tous les autres cas : il n'est pas seulement le cas, en effet, que la mesure mesure, mais elle est aussi mesurée en retour par les choses mesurées en fonction d'elle. Par le médimne d'orge, nous jugeons si la mesure, le médimne, est bien un médimne – et non pas seulement l'orge par le médimne. Il en va de même dans le rapport du temps au mouvement : il le mesure et il est mesuré en retour par lui.

Test. *Simpl. 733.16–22* : προηγουμένως δὲ ὁ χρόνος τὴν κίνησιν μετρεῖ ἀριθμὸς ὢν αὐτῆς καὶ κατὰ τὸ πρότερον καὶ ὕστερον ὁρίζων αὐτήν, κατὰ συμβεβηκὸς δέ πως καὶ ἀντιμετρεῖται ὑπ' αὐτῆς. καὶ ἐπὶ τῶν ἄλλων δὲ μέτρων ἁπάντων ὁρῶμεν τοῦτο γινόμενον. ἀντιμετρεῖται γὰρ ὑπὸ τῶν μετρουμένων τὰ μέτρα. τῷ γὰρ τῶν πυρῶν μεδίμνῳ κρίνομεν τὸν ξύλινον μέδιμνον, εἰ μὴ μείζων ἢ ἐλάττων ἐστί, καὶ τῇ κοτύλῃ τοῦ οἴνου τὴν χαλκῆν ἀντιμετροῦμεν κοτύλην.

★

171 (20b 32) ἐπεὶ δ' ἐστὶν (ad 20b 31 ἂν ἡ ὁδὸς ᾖ πολλή S)] – ὡς εἰ ἔλεγε τῇ κινήσει ἐστὶ τὸ ἐν χρόνῳ. – ὁ δὲ κ α ί σύνδεσμος παρέλκει. – ἡ δὲ ἀνταπόδοσις διὰ μακροῦ· δῆλον δ᾽ ὅτι καὶ τοῖς ἄλλοις, τουτέστι τῷ ἐν χρόνῳ εἶναι. ὁ δὲ νοῦς οὕτως· καὶ ἡ κίνησις καὶ τὸ εἶναι τῇ κινήσει ἀμφότερα χρόνῳ μετροῦνται καὶ ἐν χρόνῳ περιέχονται, τό τε μέγεθος τῆς κινήσεως καὶ τὸ εἶναι αὐτῆς· ἐπὶ δὲ τῶν ἄλλων, οἷον ἀνθρώπου, οὐκέτι, ἀλλὰ τὸ μὲν εἶναι αὐτοῦ χρόνῳ μετρεῖται, τὸ δὲ μέγεθος αὐτοῦ, τυχόν, πήχει.

—

2 τὸ e τῷ fecit S || σύνδεσμος scripsi : σύν^{δ} S || 3 τῷ p. c. S (e τὸ ?) || 6 εἶναι scripsi : εἶν (sic) S

Mais puisque est] – comme s'il disait « pour le mouvement est ce qui est dans le temps ». – La conjonction « or » est redondante. – L'apodose est éloignée : mais il est manifeste qu'aussi pour les autres choses, cela est être dans le temps. Le sens est le suivant : mouvement et essence du mouvement sont l'un et l'autre mesurés par le temps et contenus dans le temps, à la fois la grandeur du mouvement et son être. En revanche, pour les autres choses, comme un homme, ce n'est pas le cas, mais son être est mesuré par le temps, tandis que sa grandeur, par, si ça se trouve, une coudée.

TEST. *Simpl. 735.6–9* : ὁ δὲ καί σύνδεσμος ὁ ἐν τῷ καὶ τοῦτό ἐστιν οὐκ ἔστιν οἶμαι περιττός, ὡς Ἀλέξανδρος ἐνόμισε, πρὸς τὰ προσεχῶς εἰρημένα συμπλέκων. ἴσως δέ, ὡς καὶ Ἀλέξανδρος ἐγκρίνει, ἡ ἀπόδοσις ἀπὸ τοῦ δῆλον ὅτι καὶ τοῖς ἄλλοις ... – *Philop. 749.16–33* : περιττεύειν φασὶ τὸν 'καί' σύνδεσμον· εἶναι γὰρ τὴν ἀπόδοσιν τῆς συντάξεως οὕτως ἐπεὶ δέ ἐστιν ὁ χρόνος μέτρον κινήσεως καὶ τοῦ κινεῖσθαι, ἔστι τῇ κινήσει τὸ ἐν χρόνῳ εἶναι τὸ μετρεῖσθαι τῷ χρόνῳ καὶ αὐτὴν καὶ τὸ εἶναι αὐτῇ. οἱ δὲ ἀποδίδοσθαι τὸν λόγον φασὶν ἐν τῷ δῆλον ὅτι καὶ τοῖς ἄλλοις τοῦτό ἐστι τὸ ἐν χρόνῳ εἶναι· ἐπειδή, γάρ φησιν, ὁ χρόνος μέτρον ἐστὶ κινήσεως καὶ ἔστι καὶ τῇ κινήσει τὸ ἐν χρόνῳ εἶναι τὸ μετρεῖσθαι ὑπὸ τοῦ χρόνου, δῆλον ὅτι καὶ τοῖς ἄλλοις τοῦτό ἐστι τὸ ἐν χρόνῳ εἶναι. πρὸς τοῦτο δὲ περιττεύοι ἂν ὁ δέ σύνδεσμος τοῦ δῆλον δὲ ὅτι. οἱ δὲ μετὰ πάνυ πολλὰ ἀποδίδοσθαι τὸν λόγον φασίν ἐπεὶ δέ ἐστιν ὁ χρόνος μέτρον κινήσεως, ἔστι καὶ ἠρεμίας μέτρον· διό, φασί, καὶ ἀνείληφε τὸ ἐπεὶ δέ ἐστιν, ἵνα σώσῃ τὴν συνέχειαν, ἐπειδὴ πολλὰ ἦν τὰ μεταξὺ εἰρημένα. ἡμεῖς δέ φαμεν ὅτι πρὸς ταῦτα πάντα ἀποδέδωκε, καὶ ἔστιν ἡ συνέχεια οὕτως· 'ἐπεὶ δέ ἐστιν ὁ χρόνος μέτρον κινήσεως καὶ τοῦ κινεῖσθαι, ἔστι τῇ κινήσει τὸ ἐν χρόνῳ εἶναι τὸ μετρεῖσθαι αὐτὴν ὑπὸ τοῦ χρόνου, καὶ τοῖς ἄλλοις δὲ τοῦτό ἐστι τὸ ἐν χρόνῳ εἶναι, τὸ μετρεῖσθαι αὐτὰ ὑπὸ τοῦ χρόνου, καὶ εἰ ὁ χρόνος μέτρον κινήσεως, ἔσται καὶ ἠρεμίας μέτρον'. πῶς δέ ἐστιν ἠρεμίας μέτρον, ἐν τῷ τόπῳ γενόμενοι εἰσόμεθα.

ADNOT. Cette scholie est constituée de trois notes textuelles. La première est très obscure et me paraît inexplicable en l'état. Il s'agit sans doute d'une faute de transmission. La deuxième présente avec un tel naturel une thèse que Simplicius prête à Alexandre pour la rejeter qu'il paraît peu probable qu'elle ne remonte pas directement à l'Exégète (cf. *Introduction*, p. 78 sqq., pour une discussion du problème philologique). L'interprétation générale proposée dans la troisième partie de la scholie est intéressante : elle montre qu'Alexandre établissait une liaison forte entre l'essence du mouvement et le fait d'être mesuré par le temps, ce qui facilitait sa thèse originale selon laquelle le *mouvement* éternel des substances supralunaires, à la différence de leur *être*, est dans le temps. Cette distinction permettait à son tour d'opposer l'acte d'être du sublunaire, dans le temps, de l'être inconditionné des astres, échappant au temps et, finalement, de fonder dès ce stade la cosmologie modale déployée dans le *De caelo*. Cf. scholie suivante.

★

172 (21a 5) <καὶ αὐτὴν καὶ τὸ εἶναι αὐτῇ (sic S)> (ad 20b 8 ὁ δὲ χρόνος ἀριθμός S, fol. 77v)] ὁ χρόνος καὶ αὐτὸς τὴν κίνησιν μετρεῖ πόση καὶ τὸ εἶναι αὐτῇ, τουτέστι τὴν ὕπαρξιν αὐτῆς. ὑπὸ γὰρ χρόνου ὁρίζεται πᾶσα ἡ ληφθεῖσα κίνησις. ἡ γὰρ μέλλουσα οὔπω, διὸ οὐδ' ὥρισται· ὡς γὰρ τὸ εἶναι τοῦ ἀνθρώπου ὑπὸ χρόνου μετρεῖται, καὶ περιέχεται ἡ ὕπαρξις αὐτοῦ χρόνῳ, οὕτως καὶ ἡ ἀΐδιος κίνησις χρόνῳ ὁρίζεται καὶ τῷ νῦν, καὶ τὸ εἶναι αὐτῇ ἐν χρόνῳ διὰ τὸ πρότερον καὶ ὕστερον.

—

3 ὑπὸ ego : ὑπὲρ S

<et lui-même et son essence>] Le temps lui aussi mesure le mouvement, dans sa quantité et son être, c'est-à-dire son existence. C'est en effet par le temps qu'est délimité tout mouvement qu'on a pris. De fait, celui à venir n'est pas encore, raison pour laquelle il n'est pas non plus délimité. De même en effet que l'être de l'homme est mesuré par le temps et que son existence est contenue par le temps, de même le mouvement sempiternel est délimité par le temps et le maintenant, et son essence est dans le temps en raison de l'antérieur-postérieur.

Test. *Simpl. 736.1–7* : ὅτι δὲ μετρεῖται ὑπὸ χρόνου ἡ κίνησις καὶ τὸ εἶναι αὐτῆς, δείκνυσιν ἐκ τοῦ πᾶσαν τὴν ληφθεῖσαν ὁρίζεσθαι χρόνῳ. ἡ γὰρ μέλλουσα οὔπω ἔστι· διὸ οὐδὲ ὥρισται. ὥσπερ γὰρ ὁ λέγων, ὅτι τὸ εἶναι τοῦ ἀνθρώπου ὁ χρόνος μετρεῖ, τοῦτο λέγει, ὅτι τοσαῦτα ἔτη ὅσα ὁ ἄνθρωπος ζῇ, ὁ χρόνος ὁρίζει καὶ μετρεῖ, οὕτως καὶ ἐπὶ τῆς κινήσεως ὁ λέγων τὸ εἶναι τῆς κινήσεως ὑπὸ τοῦ χρόνου μετρεῖσθαι οὐδὲν ἄλλο λέγει ἢ ὅτι τὸ ἐφ' ὅσον ἡ κίνησίς ἐστιν ὁ χρόνος μετρεῖ.

Adnot. La présente scholie est mal placée dans S. Il a fallu la décaler, comme à l'accoutumé (cf. Introduction, p. 11), d'une bonne trentaine de lignes Bekker, ici vers l'avant.

Trois scholies au présent chapitre, la présente, **177** et **180**, permettent de reconstituer une position d'Alexandre critiquée par Simplicius. Il s'agit à chaque fois du rapport de l'éternel, au sens du sempiternel (ἀΐδιον), au temps. Le mouvement sempiternel, d'après Alexandre, est dans le temps, tandis que les substances sempiternellement existantes ne sont pas dans le temps. Il n'y a tout simplement pas d'éternel qui ne serait pas sempiternel mais serait « au-delà » du temps, c'est-à-dire, pour emprunter la terminologie de Simplicius, αἰώνιον. Simplicius, en partisan du *Timée*, tient pour la distinction de trois niveaux : le temporellement circonscrit, le sempiternel et l'éternel (qui est en fait atemporel). Au niveau du sempiternel, Simplicius refuse de distinguer entre procès et existence substantielle. Si l'on veut, comme Alexandre, abstraire quelque *item* de la sempiternalité telle qu'elle s'exprime dans les procès, ce sera en tant qu'il sera éternel, i. e. atemporel, et non en tant qu'il serait une substance inengendrée par opposition à un procès. La comparaison avec Simplicius, *In Phys.* 736.1–7, révèle un cas typique de reprise biaisée, s'expliquant par une tension doctrinale entre aristotélisme et platonisme. Voici en effet, en parallèle, ce qu'écrit Simplicius (nous divisons, pour la commodité de la discussion, chacun des deux textes parallèles en trois sections A, B et C) :

Simplicius, *In Phys.* 736.1–7	Scholie
(A) Que le mouvement et son être sont mesurés par le temps, il le montre du fait que tout mouvement que l'on aura pris est délimité par le temps. De fait, celui à venir n'est pas encore, raison pour laquelle il n'est pas non plus délimité. (B) De même en effet que celui qui dit que le temps mesure l'être de l'homme dit en fait que toutes les années que l'homme vit, le temps les délimite et les mesure, (C) de même, dans le cas du mouvement aussi bien, celui qui dit que l'être du mouvement est mesuré par le temps ne dit rien si ce n'est que le temps mesure la durée sur laquelle le mouvement a lieu.	(A) Le temps lui aussi mesure le mouvement, dans sa quantité et son être, c'est-à-dire son existence. C'est en effet par le temps qu'est délimité tout mouvement qu'on aura pris (de fait, celui à venir n'est pas encore, raison pour laquelle il n'est pas non plus délimité). (B) De même en effet que l'être de l'homme est mesuré par le temps et que son existence est contenue par le temps, (C) de même le mouvement sempiternel aussi bien est délimité par le temps et le maintenant, et son essence est dans le temps en raison de l'antérieur-postérieur.

Les sections A et B sont, à quelques variantes insignifiantes près, équivalentes. En revanche, la section C, qui constitue le second terme d'une comparaison, n'a rien à voir. Or on trouve précisément à cet endroit, dans la scholie, l'énoncé de la thèse d'Alexandre à laquelle Simplicius s'oppose. Laquelle des deux versions est-elle la plus adaptée au contexte immédiat ? Le raisonnement est le suivant. On commence par affirmer que tout mouvement est délimité par le temps ; d'où l'objection implicite du mouvement futur, qui n'est encore délimité par rien puisqu'il appartient à l'indétermination de l'avenir. Suit une comparaison, à visée explicative, introduite dans les deux textes par γάρ. Selon Simplicius, on peut comparer la mesure du mouvement à celle de la vie d'un homme. Un tel rapprochement justifie donc le fait que la mesure temporelle du mouvement obéisse aux mêmes règles que toute mesure temporelle : dans le domaine du mouvement aussi bien, la mesure temporelle n'en est une que parce que le mouvement temporellement mesuré est déjà déterminé, c'est-à-dire en fait passé. Sans être absurde en tant que tel, le texte de Simplicius est assez redondant. Selon la scholie, la justification s'appliquerait plutôt à la première phrase du passage et conduit à placer la remarque sur le mouvement futur entre parenthèses. Il faut en outre interpréter de manière lâche la première partie de la comparaison, c'est-à-dire ne pas accorder de poids à la référence à l'*être* de l'homme et considérer que l'auteur entend seulement désigner par là *tout* item (procès ou « substance »). Le sens du passage consisterait seulement à insister sur le fait que la délimitation temporelle touche aussi bien des phénomènes à durée finie (procès ou « substance ») que le mouvement éternel lui-même. Alexandre exclurait implicitement, dès ce stade, l'idée d'un être-dans-le-temps des substances éternelles en tant que substances.

⋆

173 (21a 12) ὡς μέρος] ἡ μονὰς ἐν ἀριθμῷ ὡς μέρος, τὸ δ' ἄρτιον ὡς πάθος, οἱ δ' ἵπποι ὅτι ἀριθμητοί. ἡ δὲ ἡμέρα ἐν χρόνῳ ὡς μέρος, τὸ δὲ νῦν ἢ πρότερον ὡς πάθος, οἱ δὲ ἵπποι ὅτι μετρεῖται αὐτῶν ἡ οὐσία χρόνῳ. ἡ δὲ Θρᾴκη ἐν τόπῳ τῇ Εὐρώπῃ ὡς μέρος <τὸ δὲ δεξιὸν ἢ ἀριστερὸν ὡς πάθος, οἱ δὲ ἵπποι ὅτι ὁρίζεται αὐτῶν ἡ οὐσία τόπῳ>.

—

4–5 τὸ δὲ δεξιὸν … τόπῳ addidi exempli gratia (cf. Hesiod., *Op.* 507 : Θρῄκης ἱπποτρόφου).

comme une partie] La monade est dans le nombre comme une partie, le pair comme une affection, les chevaux comme nombrables. La journée est dans le temps comme une partie, le « maintenant » ou l'antérieur comme une affection, les chevaux parce que leur substance est mesurée par le temps. La Thrace est dans le lieu en Europe comme une partie<, le droit ou le gauche comme une affection, les chevaux parce que leur substance est délimitée par le lieu>.

Adnot. Cette scholie ne trouve aucun parallèle étroit chez les commentateurs, bien que leur interprétation ne s'en écarte guère. Le paragraphe d'Aristote est textuellement difficile, mais l'idée générale paraît être, comme l'a vu la source de la scholie, d'expliquer en quel sens l'instant, l'antérieur-postérieur ou les substances sont « dans le temps ». Pour illustrer ce point, Aristote semble vouloir s'appuyer sur la proximité du temps et du nombre. On aura donc une correspondance entre la monade et l'instant, la parité-imparité et l'antériorité-postériorité, les objets nombrés et les objets dans le temps. Cette correspondance peut être prolongée par une considération de l'inhérence locale. Ross suggérait, avec prudence il est vrai, que le commentaire de Philopon, Thémistius et Simplicius porte la trace d'un texte plus clair, où les « chevaux » auraient été mentionnés. La présente scholie n'y invite guère. Il est bien plus probable qu'il s'agissait là de l'élément du commentaire d'Alexandre excerpté par le scholiaste, et repris par toute la tradition grecque (mais non par Averroès).

★

[79v]

174 (21a 19) τὸ ἐν χρόνῳ] δεῖ πρὸς τὸ συνυπάρχειν καὶ οὕτως ἔχειν ὥστε τὸ μὲν περιέχειν τὸ δὲ περιέχεσθαι.

ce qui dans le temps] Il faut, pour exister ensemble, qu'il en aille de telle sorte que l'un contienne et l'autre soit contenu.

★

175 (21a 22–23) καὶ ὁ οὐρανὸς ἐν τῇ κέγχρῳ] τὸ συνυπάρχειν ἀλλήλοις τὴν κέγχρον καὶ τὸν οὐρανόν.

et le ciel dans le grain de millet] … exister l'un avec l'autre le grain de millet et le ciel.

Test. *Philop. 753.4–5 :* τὸ μὲν εἶναι τὸν οὐρανόν, ὅτε καὶ ἡ κέγχρος ἐστί, συμβέβηκε, τουτέστι τὸ συνυπάρχειν αὐτὰ ἀλλήλοις.

Adnot. Cette scholie trouve davantage d'écho verbal chez Philopon, *In Phys.* 753.4–5 que chez Simplicius, cf. *In Phys.* 738.32 sqq. L'extrême rareté de cette situation indique sans doute que celui-là puisait plus directement à Alexandre, sur ce point, que celui-ci.

★

176 (21a 26) ἐπεὶ δέ ἐστιν ...] παραδείγματι τῷ ἐν τόπῳ ἐχρήσατο πρὸς τὸ δεῖξαι ὅτι περιέχεσθαι δεῖ ὑπὸ χρόνου τὸ ὂν ἐν χρόνῳ. ἐπεὶ δ' ὁ τόπος πέρας ἐστὶν ἐφαρμόζων τῷ πέρατ<ι τοῦ> περιεχομένου ὑπ' αὐτοῦ, οὐκ ἔστιν ὁ τόπος μείζων τοῦ ἐν αὐτῷ· ὁ δέ γε χρόνος ἐν διαστήματί ἐστι καὶ οὐκ ἐφαρμόζει τῷ ἐν αὐτῷ.

—

1 παραδείγματι scripsi: παράδειγμά τι S || 3 πέρατ<ι τοῦ> supplevi

Mais puisque ...] Il s'est servi de l'exemple du « en un lieu » pour montrer qu'il faut que soit contenu dans le temps ce qui est dans un temps. Or puisque le lieu est une limite s'adaptant à la limite de ce qui est contenu par lui, le lieu n'est pas plus grand que ce qu'il y a en lui. En revanche, le temps, lui, est dans un intervalle et ne s'adapte pas à ce qui est en lui.

Adnot. On peut argumenter en faveur de la paternité alexandrique de cette scholie. Là encore, le jeu des différences et des similitudes qu'entretiennent la scholie et Simplicius, *In Phys.* 739.34–740.7 est parlant. Le passage d'Aristote, 221a 26–30 affirmait sans ambages que tout objet dans le lieu est contenu par son lieu. Cette thèse n'est pas spécialement problématique dans un cadre aristotélicien orthodoxe (celui d'Alexandre), où l'on admet que quelque chose peut ne pas être dans le lieu. Elle l'est dès qu'on sort de ce cadre. Cela explique le glissement que l'on constate chez Simplicius. Ce dernier procède en effet ainsi : il commence par proposer, sur un même pied, plusieurs « significations » du lieu, puis montre que quelle que soit celle retenue, il n'est pas vrai que l'on puisse toujours trouver un lieu plus grand que celui que l'on se donne. Autrement (et anachroniquement) dit, la finitude de l'univers implique que le lieu, quelle que soit sa définition, est spatialement borné et atteint sa limite. De ce lieu-limite, il n'est pas vrai d'affirmer qu'un lieu le contienne. La scholie procède de manière plus directe. Plutôt que de s'appuyer sur la finitude de l'univers pour démontrer que dans un cas unique, le lieu n'est pas contenu par un autre lieu, elle se fonde sur la coïncidence du lieu aristotélicien avec son objet pour affirmer que le lieu n'est *jamais* plus grand que l'objet. L'argument est donc différent : l'auteur soutient que le lieu, qui certes contient ce qui est en lui, n'est cependant pas plus grand que lui. Il en est la simple limite extérieure. En revanche, à la différence du lieu, le temps d'un être est indissociable de l'*intervalle* où son existence se déploie. Une telle remarque n'aurait bien sûr aucun sens dans l'argumentation de Simplicius, qui a admis la possibilité de considérer le lieu comme un intervalle. Le nerf de l'argument de la scholie consiste donc à dire que le temps n'est pas « déformé » par l'objet dans le temps comme le lieu, en tant que limite interne du milieu enveloppant l'être dans le lieu, l'est par ce dernier. Le lieu est une réalité physique tangible, le temps ne l'est pas. Ainsi, pour un ensemble de raisons, qui tiennent à la finesse de l'argumentation comme à l'orthodoxie aristotélicienne, la scholie paraît authentiquement alexandrique. Elle permet de comprendre la genèse de la distorsion qu'on constate chez Simplicius.

⋆

177 (21a 28) διὸ ἀνάγκη] οὐκ ἄρα τὸ αἰθέριον σῶμα ἐν χρόνῳ. ἡ δ' ἀΐδιος κίνησις, ἐπεὶ οὐ καθυπόστατος ἀλλ' ἀεὶ γινομένη καὶ συμπαρεκτεινομένη τῷ χρόνῳ, ἐν χρόνῳ ἐστὶν ὡς ἐξισάζουσα.

—

2 οὐ καθυπόστατος distinxi (cf. ADNOT.) : οὐκ ἀθυπόστατ(ος) S

C'est la raison pour laquelle] Par conséquent, le corps éthéré n'est pas dans le temps. En revanche, le mouvement éternel, du fait qu'il est pas subsistant mais dans un perpétuel devenir et co-extensif au temps, est dans le temps en tant qu'il l'égale.

TEST. *Simpl. 739.13–15 + 21–25* : διό, φησὶν Ἀλέξανδρος, τὰ ἀΐδια οὐκ ἔστιν ἐν χρόνῳ· οὐ γὰρ περιέχει αὐτῶν ὁ χρόνος τὸ εἶναι. [...] μαρτυρεῖ δὲ καὶ αὐτὸς ὁ Ἀλέξανδρος αὐτῇ λέξει γράφων· ἡ δὲ κίνησις ἀΐδιος οὖσα ἐν χρόνῳ ἐστίν, ὅτι οὐκ ἔστιν ἐν ὑποστάσει οὐδὲ ἡ αὐτή τις ὑπομένουσα κατ' ἀριθμόν, ἀλλ' ἐν τῷ γίνεσθαι τὸ εἶναι ἔχει. ἀεὶ οὖν γινομένη ἄλλη καὶ ἄλλη οὖσά ἐστιν οὕτως ἐν χρόνῳ.

ADNOT. Cette scholie est intéressante par son contenu (cf. *supra*, *ad schol.* **171**) mais aussi d'un point de vue philologique. Simplicius nous dit en effet citer Alexander à la lettre (αὐτῇ λέξει) et il n'y a aucune raison pour que nous ne le croyions pas sur ce point. On peut donc étudier de manière exacte à quel type de reformulation l'épitomateur soumet le texte d'Alexandre. — (1) À οὐκ ἔστιν ἐν ὑποστάσει οὐδὲ ἡ αὐτή τις ὑπομένουσα κατ' ἀριθμόν chez Alexandre d'après Simplicius correspond οὐ καθυπόστατος dans la scholie. L'adjectif καθυπόστατος n'est attesté qu'une seule fois dans le corpus grec, dans un sens très différent, en un contexte étroitement christologique de la fin de l'Antiquité. On lit en effet, Dans la *Doctrina patrum de incarnatione verbi*, ed. F. Diekamp, Munich, 1907, p. 262, l. 21, la définition suivante : καθυπόστατόν ἐστι τὸ ἐκ δύο μὲν πραγμάτων, ἐν ἑνὶ δὲ προσώπῳ. Il est peut-être intéressant de noter que ces textes théologiques ont été composés dans des milieux fortement influencés par la logique de l'université d'Alexandrie. — (2) L'ajout du participe συμπαρεκτεινομένη, dont on ne trouve pas le répondant dans la citation de Simplicius, est plus complexe. Ce terme n'est en effet absent ni de la tradition des commentateurs antiques (Jamblique, *In Nicom. Ar.* 45.23, Thémistius, *In Phys.* 141.17–18, Proclus, *In Tim.* I 278.27, III 218.27, *In Eucl.* 62.2 et 100.19, Ammonius, *In De interpr.* 54.28, Simplicius, *In Phys.* 699.4, Philopon, *In Cat.* 136.2 et 7, *In Phys.* 739.20) ni de celle des Pères cappadociens (Grégoire de Nysse, Grégoire de Nazianze) et se retrouve dans la théologie aristotélisante de Jean Damascène. La citation de Thémistius et celle de Philopon apparaissant dans un contexte quasi identique au nôtre, il se pourrait que l'épitomateur ait incorporé, dans la rédaction de cette scholie, un terme qu'Alexandre employait à proximité, cette incorporation étant alors simplement favorisée par la saveur patristique du participe. Quoi qu'il en soit de ce second cas, le premier exemple nous ramène, dans nos tentatives pour fixer la date de composition du corpus de scholies, à la culture universitaire du VIe-VIIe siècle.

À deux reprises (cf. **180**, voir aussi **172**), alors que Simplicius prête à Alexandre la mention des ἀΐδια, on trouve dans les scholies αἰθέριον σῶμα *vel sim.* On pourrait tout d'abord supposer que le texte des scholies reproduit fidèlement celui du commentaire, et qu'il aurait été légèrement altéré par Simplicius en raison de la divergence l'opposant à Alexandre sur l'identité de l'« éther » en *Phys.* IV 5, qui est le feu pour Simplicius et la cinquième substance pour Alexandre. Mais *In Phys.* 739.15 semble attester qu'Alexandre se bornait à mentionner des ἀΐδια. La leçon des scholies serait à imputer au scholiaste lui-même, qui aurait voulu élucider une tournure plus vague d'Alexandre.

⋆

178 (21b 7) ἐπεὶ δ' ἐστὶν] ἡ γὰρ ἠρεμία στέρησις κινήσεως, τῶν δὲ ἕξεων καὶ στερήσεων τὰ αὐτὰ κριτικά τε καὶ μετρητικά.

—

2 κριτικὰ S p. c. : κρητικὰ S a. c.

Mais puisque est] En effet, le repos est privation du mouvement, or des possessions et des privations, les mêmes choses sont aptes à juger et à mesurer.

Simpl. 742.33–743.1 : καὶ ὁ μὲν Ἀλέξανδρος ἀριθμὸν τῆς ἠρεμίας τὸν χρόνον φησίν, ὅτι συμβέβηκε τῇ κινήσει ἡ στέρησις τῆς κινήσεως, ἧς καθ' αὑτὸ ἀριθμός ἐστιν ὁ χρόνος· ὁ δὲ Θεμίστιος τῷ κίνησιν ἄλλην μετρεῖν.

Adnot. Cette scholie et la suivante confirment la position d'Alexandre telle qu'elle est rapportée par Simplicius. Ce sont les mêmes étalons qui jaugent à la fois les possessions et les privations. Il ne faudrait donc pas croire, avec Thémistius, que le repos d'un corps ne soit appréhendé que de manière collatérale, c'est-à-dire à la faveur de l'appréhension du mouvement d'un autre corps.

★

179 (21b 10) οὐ γὰρ κίνησις] ὁ χρόνος μετρεῖ τὴν κίνησιν μὲν καθ' αὑτό, τὴν δὲ ἠρεμίαν κατὰ συμβεβηκός, κατὰ τὴν ἐπὶ τὴν κίνησιν ἀναφοράν, ὅσον οὐ κεκίνηται. ὡσαύτως δὲ καὶ τὰ κινούμενα καὶ τὰ ἠρεμοῦντα κατὰ συμβεβηκὸς ὁ χρόνος μετρήσει, ὡς ὑποκείμενα τῇ τε κινήσει καὶ τῇ ἠρεμίᾳ.

—

3 ὡσαύτως scripsi : ὡς αὕτως S

N'est pas en effet mouvement] Le temps mesure le mouvement par soi, et le repos par accident, en le rapportant au mouvement : l'étendue sur laquelle il n'y a pas eu mouvement. Tout autant, le mouvement mesurera les choses mues et les choses en repos par accident, en tant que ce sont des substrats du mouvement et du repos.

Test. *Simpl. 742.28–31* : τὴν μὲν γὰρ κίνησιν καθ' αὑτὸ ὁ χρόνος μετρεῖ (ἐν τούτῳ γὰρ αὐτοῦ ἡ οὐσία), κατὰ συμβεβηκὸς δὲ καὶ τὴν ἠρεμίαν καὶ κατὰ τὴν πρὸς τὴν κίνησιν ἀναφορὰν μετρεῖ. μετρεῖ γὰρ αὐτῆς τὸ ὅσον οὐ κεκίνηται, ὡς καὶ αὐτὸς ἐρεῖ. – *Simpl. 746.23–31* : ἄλλα δὲ λέγει τήν τε ἠρεμίαν αὐτὴν καὶ τὰ κινούμενα καὶ ἠρεμοῦντα αὐτά, ὧν τὴν μὲν ἠρεμίαν καὶ αὐτὴν ὁ χρόνος μετρεῖ μετρῶν, φησὶν Ἀλέξανδρος, τὸ ὅσον οὐ κεκίνηται τοῦ ἠρεμοῦντος (οἶμαι δὲ ὅτι καὶ τὴν τοῦ εἶναι τῆς ἠρεμίας παράτασιν). καὶ διὰ τοῦτό φησι κ α τ ὰ σ υ μ β ε β η κ ό ς , ὅτι κατὰ τὴν ἐπὶ τὴν κίνησιν ἀναφοράν. τὰ δὲ ὑποκείμενα τῇ τε κινήσει καὶ τῇ ἠρεμίᾳ οὐδὲ τὴν ἀρχὴν αὐτὰ μετρεῖ, ἀλλὰ κατὰ συμβεβηκὸς ταῦτα λέγεται μετρεῖν τῷ τοῖς μετρουμένοις ὑπὸ τοῦ χρόνου τῇ τε κινήσει καὶ τῇ ἠρεμίᾳ ταῦτα συμβεβηκέναι τῷ εἶναι ἄνθρωπον ἢ ἵππον, τὸ κινούμενον ἢ ἠρεμοῦν.

Adnot. Cf. scholie précédente.

★

180 (21b 19) ὥστε τὸ κινούμενον] διὰ τοῦτο τὸν αἰθέρα ὁ χρόνος οὐ μετρεῖ κατὰ τὸ εἶναι αὐτοῦ, ἀλλὰ κατὰ τὴν κίνησιν αὐτοῦ τὴν ἀΐδιον.

En sorte que le mû] En raison de cela, le temps ne mesure pas l'éther selon son être, mais selon son mouvement éternel.

Test. *Simpl. 743.32–33* : ὥστε, φησὶν Ἀλέξανδρος, καὶ τῶν ἀϊδίων τὰς κινήσεις, ἀλλ' οὐχὶ τὰς τῶν κινουμένων οὐσίας μετρήσει ὁ χρόνος.

Adnot. On pourrait croire que la citation tacitement approbative de Simplicius, qui semble accorder à Alexandre son distinguo entre procès et substance sempiternels, trahirait une contradiction de sa part, ou remettrait en cause l'analyse proposée plus haut (scholie **171**). Il n'en est rien, car Simplicius mentionne ici la doctrine pour corroborer le fait que dans quelque situation que ce soit, items temporellement circonscrits aussi bien, le temps mesure mouvement et repos et non le substrat. Il se sert donc de la citation d'Alexandre en raison de l'opposition dressée par ce dernier entre procès et substance *en général*, et non procès et substance *sempiternels*.

★

181 (21b 20) ὥστε ὅσα] τὸ συμπέρασμα ἐν β′ σχήματι. ἡ μείζων πρότασις καταφατικῶς.

—

1 πρότασις scripsi : πρό$^{\tau}$ S

En sorte que toutes les choses qui] La conclusion est dans la seconde figure. La prémisse majeure est affirmative.

Test. *Simpl. 745.17* : καὶ ὁ μὲν συλλογισμός ἐστιν ἐν δευτέρῳ σχήματι τοιοῦτος· …

★

182 (*ca* 21b 22–23) <ὁ δὲ χρόνος κινήσεως καὶ ἠρεμίας μέτρον>] προσυπακουστέον τὸ μόνον.

<et le temps est mesure du mouvement et du repos>] Il faut implicitement suppléer « seulement ».

Test. *Simpl. 745.24–25* : … ᾧ δεῖ προσυπακοῦσαι τὸ "μόνων" ὡς ἤδη δεδειγμένων.

Adnot. Malgré la forme légèrement différente dans la scholie et chez Simplicius, l'idée est bien entendu identique. Pour que le syllogisme dans la deuxième figure soit valide, il faut que le temps mesure *exclusivement* mouvement et repos.

★

[81r]

183 (22a 1) <ἐφ' ὁπότερα>] ἢ ἐπὶ τὸ μέλλον ἢ ἐπὶ τὸ παραληλυθὸς ἢ ἐπ' ἄμφω.

<dans les deux sens>] Soit vers le futur, soit vers le passé soit vers les deux.

★

IV, 13

184 (22a 10) τὸ δὲ νῦν] ὥσπερ καὶ ἀνωτέρω ἔλεγεν ὅτι συνεχής τε ὁ χρόνος τῷ νῦν καὶ διαιρεῖται κατὰ τὸ νῦν· κατὰ οὖν ἕνα κοινὸν ὅρον τὰ μόρια τοῦ χρόνου συνεχοῦς ὄντος συνάπτει, τό τε παρεληλυθὸς καὶ τὸ μέλλον, ὥστε καὶ διαιρεῖται ὁ χρόνος κατὰ τὸ νῦν ὡς ἡ γραμμὴ κατὰ τὴν στιγμήν. διαφέρει δ' ὅτι ἡ μὲν στιγμὴ θετὴ οὖσα μένει ὡς καὶ ἡ γραμμὴ ἡ θετὴ καὶ δείκνυται ἐνεργείᾳ, τὸ δὲ νῦν οὐ τοιοῦτον ἀλλὰ τῇ ἐπινοίᾳ μόνον δύναται λαμβάνεσθαι τὸ νῦν, ὅπερ δυνάμει εἶπεν ὁ Ἀριστοτέλης· οὐ γὰρ χωρὶς ἀλλήλων ἐνεργείᾳ δυνατὸν ἀφορίσαι διὰ τοῦ νῦν τὸν παρεληλυθότα καὶ τὸν μέλλοντα.

—

1 ἔλεγεν ὅτι ego : ἔλεγε καὶ S || 2 διαιρεῖται ego : διῄρηται S

Le « maintenant »] De même qu'il disait aussi plus haut que le temps est continu par le « maintenant » et se divise selon le « maintenant » ; ainsi, les parties du temps, à savoir le passé et le futur, du fait qu'il est continu, se touchent en une limite commune, en sorte que le temps se divise aussi en un « maintenant » comme la ligne en un point. Mais ils diffèrent du fait que le point, étant doté de position, demeure, à la façon de la droite dotée de position, et est exhibé en acte, tandis que le « maintenant » n'est pas tel : le « maintenant » ne peut être saisi que par la pensée, ce qu'Aristote appelle en puissance. Il n'est pas possible, en effet, de distinguer l'un de l'autre en acte, au moyen du « maintenant », passé et futur.

Test. *Simpl. 748.21–27* : καὶ Ἀλέξανδρος τὸ διαιρεῖ δὲ δυνάμει ἀκούει πρὸς τὸ προειρημένον, ὅτι οὐχ ὡς ἐπὶ τῆς στιγμῆς μ ε ν ο ύ σ η ς φ α ν ε ρ ό ν , ἀλλὰ δ υ ν ά μ ε ι διαιρεῖ τὸ νῦν. καὶ ἔχει λόγον οὕτως ἡ ἑρμηνεία· λέγει οὖν ὅτι τὸ νῦν τὸν χρόνον διαιρεῖ δυνάμει, τουτέστι τῷ ἐπινοεῖσθαι· οὐ γὰρ ἐνεργείᾳ ὡς ἡ στιγμὴ τῷ ἔχειν θέσιν καὶ ὑπομένειν καὶ κεχωρισμένα δεικνύναι τὰ μέρη· διὰ γὰρ τὴν ῥοὴν τοῦ χρόνου οὐ δύναται χωρὶς ἀλλήλων ὑπομένοντα δειχθῆναι τὰ τοῦ χρόνου μέρη.

ADNOT. Le chap. 13 apporte quelques précisions terminologiques sur l'emploi des adverbes de temps, en particulier de *νῦν*, qui seul pose des problèmes théoriques intéressants. La théorie d'Aristote paraît la suivante : le « maintenant » en un sens est divisant, en un autre sens unifiant. Il est unifiant en tant qu'il lie l'un à l'autre le passé et le futur. Il est divisant en tant qu'il sépare, comme une frontière, le domaine du passé de celui du futur. Toutefois, il ne faut pas comprendre cette division comme dans le cas d'un point divisant une droite en deux demi-droites, car cette division temporelle est « en puissance ». En tant qu'il est tel, le « maintenant » est toujours autre, en tant en revanche qu'il fait office de lien, il est toujours le même.

La fin du précédent raisonnement est obscure. Aristote semble vouloir dire que la fonction de division du « maintenant » a davantage partie liée avec le caractère fluant du temps que sa fonction de liaison. Une incision (cf. στιγμή), dans une droite, demeure (cf. μενούση). Cette division de la droite en deux demi-droites est donc actuelle. En revanche, on ne peut rien inciser dans le temps, car celui-ci s'écoule. La division y est donc potentielle, à un degré de potentialité encore plus haut, pourrait-on dire, que le point intérieur à la droite non incisée et qui la divise lui aussi potentiellement.

C'est ce qui explique le recours à l'exemple des « droites mathématiques ». Le continu mathématique est lui aussi caractérisé par le fait qu'un point peut remplir deux fonctions, unifiante et divisante. Lorsque j'imagine un point quelconque dans un segment de droite AB (différent de A et de B), sans l'inciser mais en pensant simplement à sa présence (cf. *νόησις*), je peux affirmer ceci : dans son existence actuelle, ce point assure, parmi une infinité d'autres, la continuité de AB : sans lui, AB ne serait pas continu. Son existence actuelle, indépendamment de mon esprit, est d'être l'une des conditions de la continuité de AB. Si maintenant j'incise AB en un point, en traçant par exemple la médiatrice du segment, j'obtiens immédiatement un point double. Mais ce caractère double n'existe que parce qu'il m'a plu de le faire exister. En tant que points de AB, les points de AB sont simples. C'est ce qui permet à Aristote de considérer ici la division du côté de la puissance, l'union du côté de l'actuel.

On peut revenir à l'analogie du temps et de la droite mathématique : en tant qu'il a assuré, à une certaine date, la continuité du temps, le « maintenant » est un ; en tant qu'il nous a plu de le considérer sous l'angle de la division, le « maintenant » est double. Mais dans le second cas, à la différence d'un point-double mathématique, le « maintenant » demeure en puissance.

La difficulté du passage d'Aristote tient donc à ce que l'incision mathématique (στιγμή) joue, en l'espace de quatre lignes, deux rôles différents : elle illustre tout d'abord (222a 13) l'actualisation d'un point dans l'indifférentiation potentielle du continu (en ce sens, elle est opposée à la potentialité du « maintenant » qui, bien que double, est fluant) ; elle illustre ensuite (222a 16) la potentialité d'une division dans la préexistence actuelle du continu (en ce sens, elle est assimilée à la potentialité du « maintenant », qui lui aussi, en tant que divisant, s'oppose à la priorité ontologique de la continuité temporelle).

La scholie **184** atteste tout d'abord (cf. l. 2) qu'Alexandre (comme Thémistius et Simplicius) lisait ὅρος et non πέρας en 222a 12. Elle témoigne aussi de l'exactitude du compte rendu offert par Simplicius de son interprétation du « en puissance » de 222a 14 : il ne s'agit pas seulement d'affirmer que le « maintenant » est « en puissance » dans le temps comme le point est « en puissance » dans la ligne continue mais, plus radicalement, qu'il est une construction de la pensée dont le référent réel est plus évanescent encore que le point spatial. On retrouve cette doctrine dans le traité *Du temps* conservé en arabe et dans la traduction arabo-latine (21.10–13 Badawi = § 12 dans R.W. Sharples, « Alexander of Aphrodisias, *On Time* », *Phronesis* 27, 1982, p. 58–81, p. 62–63). Le scholiaste n'a malheureusement rien retenu de l'interprétation qu'Alexandre proposait des « lignes mathématiques ». Les éditeurs et traducteurs de la *Physique* ne notent pas que le commentaire de Simplicius impliquait qu'Alexandre lisait, pour les lignes 222a 15–17, un autre texte que celui transmis par les manuscrits de la tradition directe. Il s'agit soit de celui du lemme de Philopon (*In Phys.* 763.23–25), soit d'une variante mentionnée par ce dernier au cours de son commentaire (764.9–12). Voici, abstraction faite de variantes minimes apparaissant ici et là, les trois états conservés :

222a 15–17, tradition directe	Philopon, lemme	Philopon, variante
ὥσπερ ἐπὶ τῶν μαθηματικῶν γραμμῶν, οὐ γὰρ ἡ αὐτὴ αἰεὶ στιγμή, τῇ νοήσει· διαιρούντων γὰρ ἄλλη καὶ ἄλλη· ᾗ δὲ μία, ἡ αὐτὴ πάντῃ.	ὥσπερ ἐπὶ τῶν μαθηματικῶν γραμμῶν, ᾗ μὲν ἡ αὐτὴ ἀεὶ στιγμή, τῇ νοήσει διαιρούντων ἀεὶ ἄλλη καὶ ἄλλη, ᾗ δὲ μία, ἡ αὐτὴ πάντῃ.	ὥσπερ ἐπὶ τῶν μαθηματικῶν γραμμῶν, ᾗ μὲν ἕν, ταύτῃ ἀεὶ μία ἡ στιγμή, τῇ νοήσει δὲ διαιρούντων ἀεὶ ἄλλη καὶ ἄλλη, ᾗ δὲ μία, ἡ αὐτὴ πάντῃ.

Simplicius, *In Phys.* 749.3–6, écrit ce qui suit : « Mais il est possible, dit Alexandre, de construire »en pensée« non pas en rapport avec la division, mais en rapport avec »autre« : en effet, le point divisant devient autre et autre en pensée, et non pas quant à son substrat ». Cette remarque n'a de sens que si Alexandre lisait un texte sans conjonction de coordination après διαιρούντων, celle-ci empêchant de construire τῇ νοήσει avec ce qui suit. Alexandre lisait donc un texte soit dépourvu de tout connecteur, comme celui du lemme de Philopon, soit contenant un connecteur après τῇ ou τῇ νοήσει, comme dans sa variante. Il en allait très probablement de même aussi pour Simplicius, qui reprend à son compte la remarque d'Alexandre, à la suite d'une paraphrase semblant présupposer un texte identique à celui du lemme de Philopon (cf. *In Phys.* 748.31 καθὸ μὲν κτλ.). La citation d'Alexandre pourrait même suggérer que le redoublement καὶ ἄλλη remonte à son explicitation du passage, mais d'autres scénarios sont possibles, en particulier une erreur dans le texte transmis de Simplicius. Les paraphrases assez lointaines proposées, certainement à la suite d'Alexandre, par Philopon et Simplicius semblent attester que le texte leur était déjà incompréhensible dans le détail, signe supplémentaire qu'ils auraient eu sous les yeux un texte en gros identique au lemme de Philopon – effectivement intraduisible – et non celui de nos manuscrits d'Aristote. Il nous importe uniquement, ici, que la possibilité de comprendre τῇ νοήσει avec ce qui suivait confortait Alexandre dans son interprétation de la « puissance » de 222a 14 : dans tout ce passage, la « puissance » est du côté de la pensée, c'est-à-dire d'opérations que nous faisons subir à du continu mathématique ou à quelque chose de semblable à du continu mathématique (le continu temporel), et non du côté d'une capacité effective des choses à réaliser un certain état. Ce qui compte, fondamentalement, c'est qu'Alexandre voit ici l'occasion de déployer sa théorie de l'ἐπίνοια : rapprocher le temps des choses mathématiques. Cf. Introduction, p. 58 sqq.

⋆

185 (22a 17–18) οὕτω καὶ τὸ νῦν] ὅταν ὡς διαιροῦν ᾖ τὸ νῦν, τότε τῷ μὲν λόγῳ ἄλλο καὶ ἄλλο ἐστί, τῷ δ' ὑποκειμένῳ ἕν. ὅταν δ' ὡς συνδοῦν, τότε καὶ τῷ λόγῳ καὶ τῷ ὑποκειμένῳ ἕν.

ainsi aussi le « maintenant »] Quand le « maintenant » est en tant que divisant, il est alors autre selon la formule, mais un selon le substrat ; quand c'est en tant que conjoignant, il est alors un selon la formule et selon le substrat.

⋆

186 (22a 19) <ἑνότης>] ἓν γὰρ ὂν τῷ ὑποκειμένῳ, δύναται καὶ πέρας καὶ ἀρχὴν εἶναι ἄλλου καὶ ἄλλου.

<union>] Étant en effet un par le substrat, il peut être à la fois terme et commencement de deux choses différentes.

⋆

187 (22a 19) ἔστι δὲ τὸ αὐτὸ] τ ὸ α ὐ τ ό , φησίν, ἐστὶ τὸ διαιροῦν καὶ ἑνοῦν νῦν καὶ κ α τ ὰ τ α ὐ τ ό , παρὰ τὸ εἶναι αὐτῷ διαιροῦντι καὶ συνέχοντι ἕτερον τῷ λόγῳ. τὸ δ' ὅμοιον καὶ ἐπὶ τῆς στιγμῆς νοητέον.

Mais il est le même] c'est le même, dit-il, qu'est le « maintenant » divisant et unifiant et sous le même rapport, indépendamment du fait que son essence divisante et reliante est différente par la formule. Il faut comprendre qu'il en va de même également dans le cas du point.

★

188 (22a 27) χρόνος] πᾶς γὰρ ὁ λαμβανόμενος χρόνος ὥρισται καὶ τὸ ποτὲ κατηγορούμενον ἔχει. τοῦτο γὰρ δηλοῖ ε ἰ δ ὲ μ η δ ὲ ε ἷ ς χ ρ ό ν ο ς ὃ ς ο ὔ π ο τ ε .

temps] En effet, tout temps assumé est délimité et possède ce que l'on catégorise comme « à quelque moment ». « Mais s'il n'y a pas même un seul temps qui ne soit à quelque moment » explique cela.

Test. *Simpl.* 750.17–21 : ἐφ' οἷς δείξει λοιπὸν ὅτι πᾶς ὁ λαμβανόμενος χρόνος ὥρισται. πᾶς γὰρ χρόνος τὸ ποτὲ κατηγούμενον ἔχει. τοῦτο γάρ ἐστι τὸ εἰ δὲ μηδὲ εἷς χρόνος ὃς οὔ ποτε, οὐχ ὅτι ὁ χρόνος ποτὲ ἦν ἢ ἔσται, ἀλλ' ὅτι οὐδείς ἐστι χρόνος, ὃς τὴν ποτὲ κατηγορίαν οὐκ ἀναδέχεται.

★

189 (22a 30) ἄλλος οὖν ἢ αὐτὸς (sic ms.)] ὁ α ὐ τ ὸ ς τῷ εἴδει καὶ ἄ λ λ ο ς τῷ ἀριθμῷ.

Autre donc ou le même] Le même par l'espèce et différent en nombre.

Test. *Simpl.* 751.3–5 : ἐρωτήσας δὲ περὶ τοῦ χρόνου, εἰ μὴ ἐπιλείπων ὁ αὐτὸς ἢ ἄλλος ἐστίν, ἐγκρίνει καὶ νῦν ὅτι ὁμοίως τῇς κινήσει ὁ αὐτὸς πάλιν καὶ πάλιν γίνεται, τῷ μὲν ἀριθμῷ ἄ λ λ ο ς καὶ ἄλλος, εἴδει δὲ ὁ α ὐ τ ό ς ...

★

190 (22a 33) ἐπεὶ δὲ τὸ νῦν] ὥσπερ ἡ τοῦ κύκλου γραμμὴ κατὰ ταὐτὸν ἔχει τὸ κυρτὸν καὶ τὸ κοῖλον πρὸς τὴν σχέσιν, οὕτως καὶ τὸ νῦν κατὰ ταὐτὸν ἔχει τὸ τέλος καὶ τὴν ἀρχὴν πρὸς τὴν σχέσιν. τοῦ μὲν γὰρ παρελθόντος πέρας ἐστί, τῷ δὲ μέλλοντι ἀρχή. εἰ δ' ἀεὶ ἔστι τὸ νῦν, ἀεὶ ἔστι καὶ ἀρχὴ καὶ τέλος, ὥστε καὶ τὸ οὗ ἐστιν ἀρχὴ ἔσται ἀεί. ἀεὶ ἄρα ἔσται ὁ μέλλων χρόνος, ὥστε ἀΐδιος ὁ χρόνος ἐξ ἀνάγκης.

—

2 et 3 πρὸς S p. c. : κατὰ S a. c. || 4 καὶ τέλος corr. sec. m.

Mais puisque le « maintenant »] De même que la ligne du cercle est au même point convexe et concave en fonction de la relation, de même le « maintenant » est au même point fin et début en fonction de la relation. Il est en effet terme du passé et début du futur. Mais si le « maintenant » est toujours, il y aura toujours et un début et une fin, en sorte que ce de quoi il y a un début sera toujours. Par conséquent, le temps futur sera toujours, en sorte que nécessairement, le temps est éternel.

Test. *Simpl. 751.21–32* : δι' αὐτὸ δὲ τοῦτο οὐδέποτε ἐπιλείψει ὁ χρόνος τῷ τὸ ἐνεστὼς νῦν ὁμοίως μὲν ὡς ἔστι πέρας οὕτω καὶ ἀρχὴν εἶναι <πέρας μὲν τοῦ παρεληλυθότος>, ἀρχὴν δὲ τοῦ μέλλοντος. ἔσται ἄρα καὶ ὁ μέλλων ἀεί. ἀρχῆς γὰρ οὔσης δεῖ εἶναι καὶ τὸ οὗ ἐστιν ἀρχή, καὶ οὐκ ἐπιλείψει. ὅτι δὲ οὐδὲν κωλύει τὸ αὐτὸ πέρας εἶναι καὶ ἀρχὴν καὶ ὅλως τὰ ἐναντία, κατ' ἄλλην καὶ ἄλλην σχέσιν λαμβανόμενον, ἔδειξεν ἐπὶ τῆς τοῦ κύκλου περιφερείας, ἐφ' ἧς τὸ ληφθὲν πᾶν κοῖλόν τε ἐστι καὶ κυρτὸν ἅμα τὸ αὐτὸ κατ' ἄλλην καὶ ἄλλην σχέσιν, καὶ οὐχ οἷόν τε θάτερον μὲν εἶναι περὶ τὴν τοῦ κύκλου γραμμήν, τὸ δὲ ἕτερον μὴ εἶναι. οὕτως οὖν καὶ πάλιν νῦν τὸ κυρίως λαμβανόμενον πέρας τέ ἐστιν ἅμα καὶ ἀρχὴ κατὰ τὴν πρὸς τοὺς διαφέροντας χρόνους σχέσιν. ὁ γὰρ ἐνεστὼς χρόνος καθὸ ἐνεστὼς μέσος ἐστὶ τοῦ παρεληλυθότος καὶ τοῦ μέλλοντος.

Adnot. Cette scholie atteste qu'Alexandre acceptait l'argument en faveur de l'éternité de l'univers tiré de la nature du temps (cf. *Phys.* VIII 1, 251b 19–28).

⋆

191 (22b 7) τὸ δ' ἤδη] περὶ τοῦ ἤδη· ὁ μὲν Ἀριστοτέλης τὸ ἤδη ἐπί τε τοῦ μέλλοντος καὶ ἐπὶ τοῦ παρεληλυθότος ἐξακούει, τὸ δὲ ἄρτι οὐχ οὕτως ἀλλ' ἐπὶ τοῦ παρεληλυθότος μόνου. ἡ μέντοι συνήθεια, φησὶν Ἀλέξανδρος, καὶ ἐπὶ τοῦ μέλλοντος αὐτῷ κέχρηται, οἷον "ἄρτι βαδίζων".

—

4 αὐτῷ ex αὐτὸν S ut vid.

<« tout à l'heure »>] Sur « tout à l'heure ». Tandis qu'Aristote admet « tout à l'heure » pour le futur et pour le passé, il n'en va pas de même pour « à l'instant », qui n'est employé qu'au passé. Toutefois, dit Alexandre, l'usage y a recours également dans le cas du futur, comme quand on dit « partant à l'instant ».

Test. *Simpl. 750.1–18* : καὶ τὸ ἄρτι χρονικὸν μόριον εἶναί φησι τοῦ παρεληλυθότος χρόνου τὸ ἐγγὺς τοῦ νῦν τοῦ ἐνεστῶτος. πότε γὰρ ἦ λ θ ε ς ἐρωθητέντες ἄ ρ τ ι λέγομεν, ἐὰν ὁ χρόνος ἐν ᾧ ἤλθομεν ἐγγὺς ᾖ τοῦ νῦν. καὶ ὁ μὲν Ἀριστοτέλης ὡς ἐπὶ μόνου τοῦ παρεληλυθότος τὸ ἄρτι λεγόμενον ἀκούει, ὡς καὶ τὸ παράδειγμα δηλοῖ, ὁ δὲ Ἀλέξανδρος καὶ Ἀσπάσιος καὶ ἐπὶ τοῦ μέλλοντος λέγεσθαί φασι· πότε γὰρ ἥξει ἐρωτηθέντες λέγομεν ἄρτι, ἐὰν εὐθὺς μέλλῃ ἀφικνεῖσθαι. οὕτω δέ, φησὶν Ἀλέξανδρος, οὐδὲν διοίσει τὸ ἄρτι τοῦ ἤδη, εἰ μὴ κατὰ τὸ ὄνομα μόνον.

Adnot. Cette scholie remonte certainement à Alexandre indépendamment de Simplicius. Comme dans le cas de la scholie **64**, la mention du nom d'Alexandre s'explique du fait que celui-ci présentait sa propre thèse en l'opposant à autre chose : à une autre interprétation dans la scholie **64**, à Aristote, en s'appuyant sur l'usage linguistique courant, ici. Le scholiaste n'a pas retenu le nom d'Aspasius. Mais la scholie semble, sinon prouver, du moins fortement suggérer que Simplicius connaissait sa position par l'intermédiaire du commentaire d'Alexandre. Cf. Introduction, p. 13.

★

[81v]

192 (22b 12) <καὶ τὸ ἄρτι>] περὶ τοῦ ἄρτι.

<et « à l'instant »>] Sur « à l'instant ».

★

193 (22b 14) <πάλαι δὲ>] περὶ τοῦ πάλαι.

<et « jadis »>] Sur « jadis ».

★

194 (22b 14–15) <τὸ δ' ἐξαίφνης>] περὶ τοῦ ἐξαίφνης.

<et « sur-le-champ »>] Sur « sur-le-champ ».

★

195 (22b 15) <ἐν ἀναισθήτῳ χρόνῳ>] τὸν χρόνον ἐνδέχεται εἶναι ἀναίσθητον.

<en un temps imperceptible>] Le temps peut être imperceptible.

★

196 (22b 15) <διὰ μικρότητα>] γρ(άφεται) ἡμᾶς.

—

ἡμᾶς ut vid. S : an ἐκστάν conjiciendum (cf. Simpl.) ?

<en raison de sa petitesse>] Il est écrit : « nous ».

Test. *Simpl. 753.28–29* : ἔν τισι δὲ τῶν ἀντιγράφων διὰ σμικρότητα <ἐκστάν> γέγραπται καὶ σημαίνοι ἂν κινηθέν.

Adnot. La situation est peu claire. La tradition, depuis l'Antiquité, est divisée en deux grands groupes : certains témoins écrivent ἐκστάν et d'autres non. Simplicius, qui ne lisait pas ce mot dans son exemplaire principal, rapporte néanmoins la variante attestée, nous dit-il, dans « certains manuscrits » (il est toutefois à noter que le texte est ici corrompu et que ἐκστάν est une addition, très vraisemblable, de Diels).

★

197 (22b 16) ἐκστατικόν] καὶ γὰρ τὰ γινόμενα ἐξίσταται τοῦ μὴ ὄντος.

expulseur] En effet, les êtres engendrés sont propulsés hors du non-être.

Test. *Averr. 199F* : Dixit «Et omnis transmutatio, etc.», id est aufert substantiam transmutati: transmutatum enim transmutatur in sua substantia. omnis igitur transmutatio naturaliter aufert substantiam transmutati, in quacumque specie fuerit transmutatio, nisi in loco.

★

198 (22b 17) σοφώτατον] ἐν Ὀλυμπίᾳ Σιμωνίδου τὸν χρόνον, φησί, σοφώτατον εἰρηκότος, ὡς ἐπαίνου μοίρᾳ, ὁ πυθαγόρειος Παρὼν τυχὼν ἐκεῖ ἀντείρηκε λέγων εἶναι αὐτὸν ἀμαθέστατον.

—

1 Σιμωνίδου scripsi : Σημωνίδου S

très sage] Simonide ayant à Olympie décrit le temps comme très sage, sous forme d'éloge, le pythagoricien Parôn qui se trouvait là lui rétorqua qu'il était très ignorant.

Test. *Simpl. 754.7–16* : Σιμωνίδης μὲν γὰρ σοφώτατον, ὅτι γίνονται ἐπιστήμονες ὑπὸ χρόνου· Πάρων δὲ ὁ Πυθαγόρειος ἀμαθέστατον, ὅτι ἐπιλανθάνονται, ὑπὸ χρόνου. οὗτος δὲ ἔοικεν εἶναι, οὗ καὶ Εὔδημος ἀνωνύμως ἐμνήσθη λέγων ἐν Ὀλυμπίᾳ Σιμωνίδου τὸν χρόνον ἐπαινοῦντος ὡς σοφώτατον, εἴπερ ἐν αὐτῷ αἱ μαθήσεις γίνονται καὶ αἱ ἀναμνήσεις, παρόντα τινὰ τῶν σοφῶν εἰπεῖν "τί δέ, ὦ Σιμωνίδη, οὐκ ἐπιλανθανόμεθα μέντοι ἐν τῷ χρόνῳ;" καὶ μήποτε καὶ παρὰ Ἀριστοτέλει ἐν τῷ ὁ δὲ Πυθαγορεῖος *ΠΑΡΩΝ* τὸ *ΠΑΡΩΝ* οὐκ εἶναι ὄνομα κύριον ἀλλὰ μετοχήν· παρόντα γὰρ τὸν Πυθαγόρειον τῷ Σιμωνίδῃ λέγοντι, ὅτι σοφώτατος ὁ χρόνος, εἰπεῖν φησιν, ὅτι ἀμαθέστατον.

Adnot. Cette scholie permet de faire remonter à Alexandre la doxographie eudémienne sur Simonide (cf. Bergk, *Poetae lyrici graeci*, t. III, p. 395).

★

199 (22b 17) <ἔλεγον>] ἀπὸ τῆς εἰς τὰ βελτίω πολλάκις μεταβολῆς ὁρμώμενοι.

<disaient >] En partant du changement répété vers les états meilleurs.

★

IV, 14

200 (22b 30) <τούτων δ' ἡμῖν>] ὁ συλλογισμὸς οὗτος· πᾶσα κίνησις τὸ πρότερον καὶ ὕστερον ἔχει· πᾶν τὸ ἔχον τὸ πρότερον καὶ ὕστερον ἐν χρόνῳ· πᾶσα ἄρα κίνησις ἐν χρόνῳ γίνεται.

<Ces choses par nous>] Le syllogisme est le suivant : tout mouvement a l'antérieur-postérieur ; tout ce qui a l'antérieur-postérieur est dans le temps ; tout mouvement se produit donc dans le temps.

Test. *Simpl. 756.7–10* : καὶ τὸ μὲν ἐπιχείρημα τοιοῦτον ἐν πρώτῳ σχήματι συναγόμενον· πᾶσα κίνησις τὸ πρότερον καὶ ὕστερον ἔχει· τὸ ἔχον τὸ πρότερον καὶ ὕστερον ἐν χρόνῳ ἐστίν· οἷς ἕπεται τὸ πᾶσαν κίνησιν ἐν χρόνῳ εἶναι.

★

201 (22b 30) <τούτων δ' ἡμῖν>] συμπέρασμα.

<Or cela, par nous,>] Conclusion.

⋆

202 (22b 31) <τὸ γὰρ θᾶττον>] ἡ τῆς ἐλάττονος προτάσεως κατασκευή.

<En effet le plus rapide>] Établissement de la prémisse mineure.

⋆

203 (23a 16) <ἄξιον δὲ (sic S)>] μὴ οὔσης τῆς ψυχῆς οὐκ ἔστιν ἀριθμός, εἰ δὲ τοῦτο, <οὐδ'> ἀριθμούμενον οὐδ' ἀριθμητικὸν οὐδ' ἀριθμητόν, ὥστε οὐδὲ χρόνος. μήποτε δὲ μὴ οὔσης ψυχῆς οὐδὲ κίνησιν ἐνδέχεται ὅλως εἶναι· οὔτε γὰρ ἡ κυκλοφορία ἔσται, ἥτις ὑπὸ νοῦ κατ' <ὄρεξιν> γίνεται, οὔτε αἱ τῶν ζῴων· ἄνθρωπον γάρ φησιν ἥλιος γεννᾷ. ὅτι δὲ καὶ αἱ αὐξομειώσεις καὶ αἱ ἀλλοιώσεις ἤρτηνται ἐκ τῆς κυκλοφορίας, δῆλον.

—

4 ὄρεξιν supplevi Simplicio 760.17 collato : locus fenestr. ca 5 lit. S

<Mais il mérite de>] Si l'âme n'existe pas, le nombre n'existe pas, et s'il en va ainsi, le nombré non plus ni le nombrant ni le nombrable, ni par conséquent le temps. À moins que, si l'âme n'existe pas, il ne soit pas même possible qu'il y ait le moindre mouvement. Il n'y aura en effet pas de circonvolution, qui se produit par désir sous l'effet de l'intellect, ni les mouvements des animaux. Il dit en effet que le soleil engendre l'homme. Et que les augmentations-diminutions et les altérations soient suspendues à la circonvolution, c'est manifeste.

Test. *Simpl. 759.18–21 + 760.14–26* : ἐνίσταται δὲ πρὸς τὸν λόγον τοῦτον ὁ Βόηθος λέγων μηδὲν κωλύειν τὸ ἀριθμητὸν εἶναι καὶ δίχα τοῦ ἀριθμοῦντος, ὥσπερ καὶ τὸ αἰσθητὸν δίχα τοῦ αἰσθανομένου. ὁ δὲ Ἀλέξανδρος καὶ τὴν ἔνστασιν διὰ πλειόνων τέθεικε καὶ τὴν λύσιν ἐπήγαγεν ἀκολουθῶν τῷ Ἀριστοτέλει. [...]. εἰ μέντοι μὴ δύναται κίνησις ἄνευ ψυχῆς εἶναι, οὐ μόνον ὁ χρόνος ἀλλὰ καὶ ἡ κίνησις ἀναιρεθήσεται ψυχῆς μὴ οὔσης· εἰ γὰρ ἡ κυκλοφορία, ἐξ ἧς καὶ αἱ ἄλλαι κινήσεις καὶ αἱ μεταβολαὶ τὸ εἶναι ἔχουσιν, ὑπὸ νοῦν καὶ κατ' ὄρεξίν ἐστιν, ὡς ὁμολογεῖ καὶ Ἀλέξανδρος, ἀναιρουμένης ψυχῆς ἀναιροῖτο ἂν πᾶσα κίνησις ... καὶ τῆς τῶν ζῴων δὲ κατὰ φύσιν κινήσεως ἥ τε οἰκεία ψυχή ἐστιν αἰτία καὶ ἡ κυκλοφορία. ἄνθρωπος γὰρ ἄνθρωπον γεννᾷ καὶ ὁ ἥλιος. ὥστε καὶ τῆς κατὰ γένεσιν μεταβολῆς αἰτία ἐστὶν ἡ κυκλοφορία· καὶ αἱ κατὰ ἀλλοίωσιν δὲ καὶ κατὰ αὔξησιν καὶ μείωσιν μεταβολαὶ ἀπ' ἐκείνης. ἡ γὰρ τοῦ ἡλίου πρόσοδός τε καὶ ἄφοδος τὴν πλείστην τούτων αἰτίαν παρέχεται.

ADNOT. Malgré son intérêt intrinsèque, le scholiaste ne nous a rien conservé de notable du chap. 14 à l'exception de cette scholie. Celle-ci, une fois rapportée au commentaire de Simplicius, permet de reconstituer dans sa structure l'exégèse d'Alexandre à 223a 16–29, sur le rapport du temps à l'âme. Il s'agit tout d'abord, comme l'atteste explicitement Simplicius, d'une passe d'armes contre Boéthos de Sidon. Aristote concluait en effet ce passage en affirmant l'impossibilité qu'existe le comptable ou le compté en l'absence de compteur, et de là celle de l'existence du temps en l'absence de l'âme. Il n'en fallait bien sûr pas davantage à Boéthos pour évoquer l'existence des relatifs « épistémiques », dont tout l'être ne consiste pas dans la relation. Le Sidonien a certainement de bonnes raisons de soutenir qu'en tant que nombre, le temps peut, d'une certaine manière, exister sans qu'une âme soit là pour le compter. Simplicius nous informe qu'Alexandre a répondu extensivement à Boéthos. Le nerf de la réponse semble avoir consisté à distinguer ce qui est comptable de ce qui est comptable en tant que comptable. Sans personne pour les compter, les pommes du pommier sont *en un certain nombre*, mais ne sont pas *comptables*. De même, en l'absence d'œil pour la voir, la couleur est certes *couleur*, mais non pas *visible*.

Suit un développement, *In Phys.* 760.14–26, dont rien n'indiquait clairement l'origine, où Simplicius outrepasse la lettre aristotélicienne pour remarquer que le temps nécessite une âme, si ce n'est en raison de sa constitution « logique », tout du moins en tant que le mouvement circulaire du Tout, cause de tous les mouvements particuliers, se produit sous l'effet d'un intellect, donc d'une âme. La présente scholie fournit un parallèle étroit à ce passage de Simplicius, et incite à l'attribuer à Alexandre (voir aussi *Du temps*, 22.2–4 Badawi = § 16 Sharples [*cit. ad schol.* **184**]). Certains indices philologiques le confirment. La citation du slogan aristotélicien est faite sans attribution d'aucune sorte à Aristote par Simplicius, qui mentionne la formule sous sa forme complète : à la fois l'homme et le soleil engendrent l'homme. En revanche, la scholie se contente de dire que le soleil engendre l'homme et souligne l'origine aristotélicienne de la doctrine par un « il dit » (φησιν). On voit assez mal un scholiaste à la fois attentif à souligner l'origine aristotélicienne d'une citation et insoucieux de la déformer. En revanche, cette combinaison de soin et de négligence correspond parfaitement au style d'Alexandre. Ce ne serait pas le seul endroit où ce dernier tente de réduire le rôle de l'homme au profit du contrôle « vertical » du soleil.

On comprend parfaitement, dans ces conditions, le mouvement de Simplicius, *In Phys.* 761.5–9 à l'encontre d'Alexandre, consistant à souligner l'harmonie de Platon et d'Aristote, qui l'un comme l'autre voient dans l'âme la source du mouvement. Car le statut de l'âme est le seul point de doctrine où

Simplicius juge sa propre position véritablement irréconciliable avec celle d'Alexandre. Aussi Simplicius se garde-t-il bien de préciser que l'accord se fissure dès qu'il est question de savoir si cette âme principielle est automotrice, comme le veut Platon, ou non, comme le soutiennent Aristote et Alexandre.

⋆

204 (23a 19) ταῦτα δὲ κινητὰ] τὰ μὲν δυνάμει κινητὰ δυνάμει καὶ χρόνῳ μετρεῖται, τὰ δ' ἐνεργείᾳ ἐνεργείᾳ.

—

1 μὲν scripsi : μὴν (–ὴν in compendio) S || 1 χρόνῳ S p. c. : χρόνος ut vid. S a. c. || 2 ἐνεργείᾳ sec. : ἐνέργεια S

or ces choses] Celles qui sont mobiles en puissance sont également en puissance mesurées par le temps, celles qui le sont en acte le sont en acte.

⋆

205 (23a 21) <πότερον δὲ ...>] τοιοῦτον λέγει εἰ δύναται χρόνος εἶναι ψυχῆς μὴ οὔσης.

<mais si ...>] Il dit quelque chose du genre de si le temps peut exister si l'âme n'existe pas.

⋆

[83r]

206 (23a 30) <ποίας κινήσεως>] πότερον φορᾶς ἢ ἀλλοιώσεως ἢ αὐξήσεως ἢ τῶν ἄλλων τινός.

<de quel mouvement>] S'agit-il de déplacement, d'altération, d'augmentation ou de quelque autre encore ?

⋆

207 (23b 1) συνεχοῦς] καλῶς τὸ σ υ ν ε χ ο ῦ ς πρόσκειται. ὁ γὰρ χρόνος κατὰ τοῦτο μετρεῖ τὴν κίνησιν, τουτέστι κατὰ τὸ πρότερον καὶ ὕστερον, ὅπερ ἐκ τοῦ μεγέθους ὄντος συνεχοῦς πρώτως ἐστί· διὰ δὲ τὸ μέγεθος ἐστὶ καὶ ἡ κίνησις συνεχής· ὥστε οὐ καθὸ φορὰ ἢ ἀλλοίωσις μετρεῖται ὑπὸ χρόνου, ἀλλὰ καθὸ συνεχής.

—

1 πρόσκειται ego : κατάκειται S

continu] C'est à bon escient que continu a été placé là. C'est en effet en fonction de cela que le temps mesure le mouvement, à savoir en fonction de l'antérieur-postérieur, qui procède primordialement du fait que la grandeur est continue. Mais c'est en raison de la grandeur que le mouvement, lui aussi, est continu. En sorte que ce n'est pas en tant qu'on a un déplacement ou une altération que le mouvement est mesuré par le temps, mais en tant qu'on a un mouvement continu.

TEST. *Simpl. 761.29–762.9* : καλῶς δέ, εἰπὼν ὅτι κινήσεώς ἐστιν ἀριθμὸς ὁ χρόνος, προσέθηκεν τὸ συνεχοῦς ἀλλ' οὐ τινός· καθὸ γὰρ συνεχὴς ἡ κίνησις, κατὰ τοῦτο ἔχει τὸ πρότερόν τε καὶ ὕστερον τὸ κατὰ χρόνον ἀριθμούμενον. εἰ γὰρ διῃρημένη ληφθείη, οὐχ ὑπὸ χρόνου ἀλλ' ὑπὸ ἀριθμοῦ μετρεῖται ... ὁ δὲ Ἀλέξανδρος τῷ χρόνῳ παρέχειν τὸ εἶναί φησιν τὸ πρότερον καὶ ὕστερον πάσης κινήσεως, καθὸ συνεχὴς καὶ καθὸ ἀκολουθεῖ τῷ μεγέθει, ἐφ' οὗ γίνεται, ἐν ᾧ πρώτῳ τὸ πρότερόν τε καὶ ὕστερον.

ADNOT. Alexandre, au dire de Simplicius, réaffirmait ici la dépendance du temps (continu) à l'égard du mouvement (continu) et du mouvement (continu) à l'égard de la grandeur (continue). En suivant Thémistius, Simplicius évoque alors (*In Phys.* 762.7–25) l'aporie que recèle cette thèse – qu'il attribue à Alexandre et à Aristote (762.10) – puis propose une solution personnelle (762.26–763.29). La scholie correspond exactement à la thèse aristotélicienne orthodoxe telle que l'évoque Simplicius, à une nuance près : la scholie affirme seulement que le temps mesure le mouvement, tandis que Simplicius prête à Alexandre la thèse de la constitution, par l'antérieur-postérieur, de l'être du temps.

⋆

208 (23b 3) <ὁ ἅπας (cf. GI) γὰρ χρόνος>] ὁ ἐνεστὼς εἷς ἐστι καθ' ἀριθμόν, <οἱ> δὲ πέριξ εἷς τῷ εἴδει, οὓς μὴ ἅμα εἶπε.

—

1 εἷς : εἴ S || 2 οἱ ego : litterae erasae in S

<En effet, le même>] Le présent est un selon le nombre, les temps qui l'entourent sont un par l'espèce, ceux qu'il a dit « non simultanés ».

⋆

209 (23b 5) ἑκάτεροι δ᾽ ἑπτὰ] τὰ νῦν τὰ αὐτά ἐστι παρὰ πᾶσιν οἷς ὁ χρόνος ὁρίζεται καὶ τὸ πρότερον καὶ ὕστερον πᾶσι τὸ αὐτό· οὐ γὰρ εἰ αἱ κινήσεις πλείους, ἤδη καὶ οἱ χρόνοι πλείους· κατὰ γὰρ τὸ ταὐτόν ἐν πάσαις κινήσεσι κοινῶς καὶ ἑνικῶς ὁ χρόνος ἔστιν· οὐ γὰρ οὕτως ἐστὶν ὁ χρόνος ἐν <τῇ> κινήσει ὡς ἡ κίνησις ἐν τῷ κινουμένῳ ἢ ὡς τὰ συμβεβηκότα τῇ κινήσει, οἷον τὸ γλυκὺ <ἢ> τὸ λευκόν· ταῦτα γὰρ τῇ κινήσει συνδιαιροῦνται, ὁ δὲ χρόνος οὐχ οὕτως, ἀλλ᾽ ὡς τὸ κοινὸν νῦν ταὐτόν ἐστι τῷ ἀριθμῷ, οὕτως καὶ ὁ ἀριθμὸς καὶ ὁ χρόνος.

—

1 αρὰ S sec. m. (in compendio) : lectio pr. m. post litteram π indistincta || οἷς fort. ad τὰ νῦν referendum vel in ὧν corrigendum || 4 ἑνικῶς ego : γενικῶς S || 5 τῇ addidi || 6 ἢ addidi || 7 νῦν scripsi : vix legitur S

dans les deux groupes au nombre de sept] Les « maintenants » sont identiques pour toutes les choses pour lesquelles le temps est limité, et l'antérieur-postérieur est le même pour toutes. De fait, ce n'est pas parce que les mouvements sont multiples que, pour autant, les temps sont multiples. En effet, c'est en fonction d'un principe d'identité dans tous les mouvements que le temps est de manière commune et singulière. Le temps n'est pas en effet dans le mouvement comme le mouvement est dans le mû ou comme les choses qui surviennent accidentellement au mouvement, comme le doux ou le blanc. Ces accidents, en effet, se divisent ensemble avec le mouvement, tandis qu'il n'en va pas ainsi pour le temps ; plutôt, à la façon dont le « maintenant » commun est le même en nombre, il en va ainsi pour le nombre et le temps.

Adnot. Cette scholie assez paraphrastique – on trouve des considérations assez semblable chez Simplicius, *In Phys.* 764.13–34 – est mal transmise. Elle donne l'impression d'avoir été recopiée de manière négligente. J'ai donc corrigé le texte, de façon assez lourde, sans certitude cependant, étant donné le grand nombre d'inconnues historiques. La première phrase (l. 1–2), avec la juxtaposition de πᾶσιν et de οἷς, demeure insatisfaisante.

★

[83v]

210 (23b 29) <τοῦτο δὲ πάλιν>] κατὰ τὸ εἶδος γὰρ ἄλλο διαφέρει τὸ μέτρον καὶ τὸ μετρούμενον, οὐ μὴν κατὰ πόσον, τουτέστι τῷ ἑνὶ καὶ τῷ πλήθει.

—

2 μὴν vix legitur S

<Or cela, derechef>] En effet, c'est en fonction d'une forme autre que diffèrent la mesure et le mesuré, non cependant en fonction de la quantité, à savoir par l'un et le multiple.

Test. *Simpl. 769.35–770.1* : εἰ οὖν τὸ μετρούμενον οὐδένι δοκεῖ τοῦ μετροῦντος διαφέρειν ἢ μόνον τῷ πλήθει …

★

Liber V

V, 1

[83v]

211 (24a 21–22) <τὸ μὲν>] καθ' αὑτό κατὰ συμβεβηκός
πρώτως κατὰ μόριον

<l'un>]	par soi	par accident
	à titre premier	selon une partie

Test. *Simpl. 803.20–22* : οὕτω δὲ ἀντιτέθεικε τῷ μὲν κατὰ συμβεβηκὸς τὸ καθ' αὑτό, τῷ δὲ κατὰ μέρος τὸ πρώτως, ὥς φησιν Ἀλέξανδρος, ἢ τάχα ἀμφοτέροις ἑκάτερον.

Adnot. Ce bref schéma est trop allusif pour qu'on puisse en tirer beaucoup. Simplicius reprochant toutefois à Alexandre d'avoir opposé « par soi » à « par accident » seulement, « à titre premier » à « selon une partie » seulement, sans avoir ensuite croisé les oppositions, il est probable qu'il faut voir dans l'idée d'Alexandre la source du scholiaste, qui ne garde effectivement aucune trace de l'interprétation simplicienne.

★

212 (24a 26 sqq.) <…>] αἱ κινήσεις οὐκ ἐν τοῖς κινοῦσιν ἀλλ' ἐν τοῖς κινουμένοις· ὡς οὖν γνωριμωτέρων ὄντων τῶν κινουμένων, ἤρξατο ἀπ' αὐτῶν.

<…>] Les mouvements ne sont pas dans les moteurs mais dans les mus. Comme donc les mus sont plus connus, il a commencé par eux.

Test. *Simpl. 804.17–21* : πρὸ δὲ τοῦ τὰ εἴδη τῆς μεταβολῆς παραδοῦναι καὶ τῆς κινήσεως πρῶτον δείκνυσιν, ἐν τίνι ἐστὶν ἡ κίνησις· ἐπειδὴ γὰρ ἡ κίνησις οὐ τῶν καθ’ ἑαυτὰ ὑφισταμένων ἐστίν, ἀλλὰ τῶν ἐν ἄλλοις τὸ εἶναι ἐχόντων, ἂν μὴ πρότερον φανῇ, ἐν τίνι ἐστίν, οὔτε ἡ φύσις αὐτῆς γνωσθείη ἂν οὔτε τὰ εἴδη διορισθείη.

Adnot. Cette scholie explique pour quelle raison Aristote traite des objets soumis au mouvement/changement et non du mouvement/changement lui-même. Il s’agit d’une stratégie propédeutique, les objets nous étant plus connus que leurs opérations. On remarque qu’en dépit d’une certaine ressemblance, cette explication n’est pas identique à celle proposée par Simplicius.

⋆

213 (24a 29) <τὸ καθ’ αὑτὸ>] ἐν πᾶσιν αἱ ἐπιστῆμαι περὶ τῶν καθ’ αὑτά εἰσι.

<le par soi>] En toutes choses, les sciences sont au sujet des « par soi ».

Test. *Simpl. 804.13–17* : διακρίνας τὴν καθ’ αὑτὸ μεταβολὴν ἀπό τε τῆς κατὰ συμβεβηκὸς καὶ τῆς κατὰ μέρος ἐπί τε τοῦ κινουμένου καὶ ἐπὶ τοῦ κινοῦντος, τὴν καθ’ αὑτὸ καὶ πρώτως προεβάλετο πρὸς τὴν διάρθρωσιν τῶν τῆς μεταβολῆς εἰδῶν, διότι πᾶσα γνῶσις ἐπιστημονικὴ καὶ ἀποδεικτικὴ ἀπὸ τῶν καθ’ αὑτὰ ὑπαρχόντων συνάγεται.

⋆

214 (24a 29) κατ’ ἄλλην δὲ κίνησιν ἕτερον] οἷον αἱ γενικαὶ κινήσεις ἔχουσιν εἴδη ἕτερα ἀλλήλων ὑφ’ ἑαυτάς.

selon les différents mouvements] Par exemple, les mouvements génériques ont sous eux des espèces différant les unes des autres.

⋆

215 (24a 34) <ἐπεὶ δ’>] ἐκ τῆς ἐναργείας τοῦτο φανερόν.

—

ἐναργείας : ἐνεργείας S

<Mais puisque>] Cela ressort manifestement de l’évidence.

ADNOT. Cette scholie permet sans doute de voir en Alexandre la source de l'ensemble du commentaire de Simplicius, *In Phys.* 804.13 sqq. (cf. 804.23 : ἐναργῆ), et non pas simplement de la remarque philologique en 805.20 sqq. La juxtaposition de ἐνάργεια et de φανερόν n'est pas tautologique, car le premier terme est quasiment technique et désigne non pas l'évidence en général, mais l'immédiateté qui dispense du raisonnement. Autrement dit, quelque chose de « manifeste » peut l'être soit médiatement (par raisonnement), soit immédiatement.

★

216 (24b 1) <πᾶσα γὰρ κίνησις>] ἀλλοίωσις γένεσις φθορά αὔξησις.

<Tout mouvement en effet>] Altération génération corruption augmentation.

ADNOT. L'inclusion de la génération et de la corruption au sein des changements est sans doute authentique. Il s'agit ici d'une remarque purement exégétique, visant à souligner la souplesse du lexique aristotélicien à ce stade de l'argumentation et non pas une réduction de tous les changements au mouvement.

★

217 (24b 6) <ἀλλ' ἔστι κινοῦν>] ἐνδέχεται κατὰ συμβεβηκὸς εἶναι τὸ αὐτὸ κινοῦν καὶ κινούμενον, ὡς ὁ ἰατρεύων ἑαυτὸν καὶ ὡς ἡ ψυχὴ κινεῖται ὑπὸ τοῦ σώματος κινοῦσα αὐτό.

<Mais il y a un moteur >] Il est possible qu'accidentellement, ce soit la même chose qui soit moteur et mû, à la façon de qui se soigne soi-même et de l'âme qui est mue par le corps en mouvant ce dernier.

ADNOT. Cette scholie fournit un bon exemple des subtiles variations auxquelles peut se livrer Simplicius. Comme illustration de coïncidence accidentelle entre moteur et mû, celui-ci, *In Phys.* 805.17–19, évoque le cas du pilote qui, en mouvant son bateau, est lui-même mû, et du médecin qui s'auto-médique. Si l'on en croit la scholie, Alexandre citait le médecin et non pas le pilote mais l'âme mouvant le corps et mue accidentellement par lui. Ce faisant, Alexandre pénétrait dans le champ du conflit avec les Platoniciens, puisque pour ceux-ci, l'âme était essentiellement, et non accidentellement, auto-motrice. Simplicius a donc vraisemblablement substitué l'exemple du pilote, plus anodin, à celui de l'âme qu'il trouvait chez son prédécesseur – sans toutefois entièrement couper les ponts avec lui, puisque le pilote dans son bateau est une métaphore classique renvoyant à l'âme dans le corps (cf. *De anima* II 1, 413a 8–9).

★

218 (24b 6) ἀλλ᾽ ἔστι κινοῦν] ἡ βαρύτης εἶδος οὖσα κινεῖ τὴν γῆν· ἀλλ᾽ οὐκ εἰς ὃ κινεῖται λέγομεν τότε ἀλλ᾽ ὑφ᾽ οὗ κινεῖται· ἕτερον γὰρ τὸ ποιοῦν καὶ τὸ τέλος.

—

2 κινεῖται pr. ego : κινεῖ S

mais il y a un moteur] La lourdeur, bien qu'elle soit une forme, meut la terre ; toutefois, nous ne mentionnons pas alors ce *vers quoi* il y a mouvement mais ce *par quoi* il y a mouvement : diffèrent en effet l'agent et la fin.

ADNOT. Autre nuance importante due aux divergences entre platonisme et aristotélisme. Simplicius, *In Phys.* 807.9–10, considère que la « pesanteur » ne meut pas la terre « principalement » (προηγουμένως) mais seulement « par accident ». Car en bon platonicien, il considère que la cause véritable est finale ; Alexandre, à qui remonte cet exemple (pour d'autres attestations de cette théorie, voir en particulier Alexandre, *De anima* 22.7–12), se borne à dire que les deux causes sont différentes.

Sur le fond, les deux commentateurs s'accordent cependant pour voir dans la forme (εἶδος) des corps élémentaires non simplement le principe logique, ou rationnel, de leur transport naturel (κατά), mais également la cause dynamique de ce processus (ὑπό). Ce qui constitue un infléchissement sensible de la doctrine originale d'Aristote. Cf. Introduction, p. 146.

★

219 (24b 7) <γὰρ>] ὁ γ ά ρ τὴν αἰτίαν περιέχει τοῦ μὴ καὶ τὸ ἐξ οὗ συμπαραληφθῆναι τοῖς τρισί.

<en effet>] Le « en effet » contient la cause du fait que le « à partir de quoi » n'a pas été pris en compte avec les trois autres.

ADNOT. Cette scholie indique qu'Alexandre interprétait les lignes 224b 5–8 en fonction du mouvement, plutôt que du changement, c'est-à-dire en postulant un moteur, un mû, un point de départ et un point d'origine. Autrement dit, le point d'origine ne s'identifie pas à la matière « privative » du changement qu'est la génération, mais à un simple *état* du mû. C'est dans ce cadre qu'avec sa subtilité coutumière, Alexandre s'interrogeait sur la valeur exacte du « en effet » de 224b 7, et reconstituait le mouvement suivant chez Aristote : « il y a, dans tout mouvement, un moteur, un mû et un état terminal ; <je ne mentionne pas le point de départ> *car* le changement tire son nom du point d'arrivée davantage que du point de départ ». L'interprétation se retrouve, un peu affadie, chez Simplicius, *In Phys.* 807.20–23. Ross, p. 614, est plus proche d'Alexandre.

★

[85r]

220* (24b 14–15) <ἔσται γὰρ>] εἰ δὲ τοῦτο, οὐκέτι ἂν εἴη κίνησις ἐν τῷ κινουμένῳ μόνῳ, ἀλλὰ καὶ ἐν τῷ εἰς ὃ ἡ κίνησις.

—

2 ἐν τῷ S : om. P

<Il y aura en effet>] Si c'était le cas, il n'y aurait plus de mouvement seulement dans le mû, mais aussi dans ce vers quoi a lieu le mouvement.

Test. *Simpl. 808.13–15* : εἰ ἡ λευκότης πάθος, τὸ δὲ πάθος κίνησις, ἡ εἰς πάθος μεταβολὴ εἰς κίνησιν ἂν εἴη διὰ κινήσεως, καὶ οὐκέτι ἐν τῷ κινουμένῳ μόνῳ ἡ κίνησις, ἀλλὰ καὶ ἐν τῷ εἰς ὃ ἡ κίνησις.

★

221 (24b 26) <ἐν τῷ κινουμένῳ καὶ κινητῷ>] ἐκ παραλλήλου τὸ αὐτό.

<Dans le mû et le mobile>] Même chose, en raison du parallélisme.

★

222* (24b 27) <ἐν ἅπασι>] ἐ ν ἅ π α σ ι ν · ἐν τοῖς δέκα γένεσιν. – κ α ὶ π ά ν τ ω ν · τῶν δέκα γενῶν. δυνατὸν γὰρ οὕτως ἐκ λευκοῦ εἰς γλυκὺ ἢ βαρὺ ἢ μέγα μεταβάλλειν, ὥστε πάντων καὶ τῶν τυχόντων ἐστί. – τὸ δ' ἀ ε ί ὅτι αἱ καθ' αὑτὸ κινήσεις παύονταί ποτε, αὕτη δ' οὔ, τῷ ἐπὶ παντὸς εἶναι κινουμένου.

—

1 ἐν sec. S : om. P || 2 οὕτως S : ἔστιν P || ante γλυκὺ add. τὸ s. lin. P || 3 μεταβάλλειν S : μεταβάλλεται P || ἐστί S : om. P || 4 τῷ S : τὸ P

<En toutes choses>] « En toutes choses » : en les dix genres. — « et de toutes choses » : des dix genres. Il est en effet ainsi possible qu'il y ait changement du blanc vers le doux, le pesant ou le grand, en sorte qu'il relève de toutes choses, au petit bonheur. — « toujours », parce que les mouvements par soi cessent à un certain moment, tandis que lui non, du fait qu'il appartient à tout type de mû.

Test. *Simpl. 810.10–28* : ἐν πᾶσι μέν, ὅτι ἐν τοῖς δέκα γένεσίν ἐστιν ἡ κατὰ συμβεβηκὸς μέταβολή· [...] τὸ δὲ καὶ πάντων, ἤτοι ὅτι πάντων ἔστι κατηγορῆσαι τῶν κινουμένων καὶ ἀκινήτων τὸ κινεῖν καὶ κινεῖσθαι, ὅταν κατὰ συμβεβηκὸς κατηγορῶμεν, ὥσπερ τῆς ψυχῆς· [...] ἢ πάντων ἀντὶ τοῦ πάντων εἰς πάντα· καὶ γὰρ τὸ λευκὸν εἰς τὸ μουσικὸν ἔστιν εἰπεῖν μεταβάλλειν κατὰ συμβεβηκὸς καὶ τὸ γλυκὺ εἰς τὸ ἄνω· [...] τὸ δὲ ἀεί σημαίνοι ἄν, ὅτι καὶ ὅτε μὴ κινεῖταί τι οἷόν τε κινεῖσθαι αὐτὸ κατὰ συμβεβηκὸς τῷ ἐν κινουμένῳ εἶναι, ὡς ὁ ἐν τῇ πλεούσῃ νηῒ ἠρεμῶν· ἢ ὅτι καὶ ἐπὶ τῶν μηκέτι ὄντων ἔστιν οὕτω κατηγορεῖν τὸ κινεῖσθαι· τὸν γὰρ μηκέτι ὄντα Σωκράτης ἔστιν εἰπεῖν κινεῖσθαι, ὅταν τὸ σῶμα καὶ ἡ ὕλη ἥτις ἦν ποτε Σωκράτους κινῆται· ᾧ γὰρ συμβεβήκει εἶναι Σωκράτει, τοῦτο κινεῖται.

Adnot. Cette scholie est proche de ce que l'on trouve chez Simplicius. L'interprétation du « toujours » de 224b 28 diverge quelque peu. Simplicius propose deux explications : 1° une chose, même quand elle ne se meut pas par soi, peut se mouvoir accidentellement ; 2° les parties d'une substance composée détruite, par leur mouvement, pourraient nous autoriser à dire que la substance composée, même après sa destruction, se meut encore « par accident ». La scholie, en ne cherchant pas à presser le texte de trop près, est sans doute meilleure : il y a « toujours » du changement par accident pour la simple raison que le changement n'est plus encadré dans ses limites temporelles et structurelles propres. L'accident est en quelque sorte partout et toujours.

⋆

223 (24b 30–31) μεταβάλλει] τὸ φαιὸν εἰς τὸ μέλαν μεταβάλλει οὐ καθὸ μετέχει μέλανος, ἀλλὰ καθὸ μετέχει λευκοῦ.

change] Le gris change vers le noir non pas en tant qu'il participe du noir, mais en tant qu'il participe du blanc.

TEST. *Simpl. 811.25–27* : εἰ γὰρ τὸ φαιὸν ἐκ λευκοῦ καὶ μέλανός ἐστι μεμιγμένον, εἰς μὲν λευκὸν μεταβάλλει κατὰ τὸ ἐν αὐτῷ μέλαν (τοῦτο δὲ ἐναντίον τῷ λευκῷ), εἰς δὲ μέλαν πάλιν κατὰ τὸ ἐν αὐτῷ λευκόν.

★

224* (25a 6) λέγω δὲ τὸ (sic SP) ὑποκείμενον] ἵνα μὴ νῦν ὑποκείμενον νοήσωμεν τὴν οὐσίαν τοῦτο λέγει· ὥστε καὶ οὐχ ὑποκείμενον εἴη ἂν τῇ ἀποφάσει.

—

1 νῦν S : om. P || 2 ὥστε P : vix legitur S || post εἴη ἂν non iam legitur P || εἴη ἂν vix legitur P : λέγοι ἂν ut vid. S || τῇ : incert. S

j'appelle sujet] C'est afin que nous n'imaginions pas maintenant qu'il appelle sujet la substance, qu'il dit cela ; en sorte que « non sujet » aussi bien résulterait d'une négation.

TEST. *Simpl. 812.12–13* : ... ἵνα μὴ τὴν οὐσίαν μόνην ὑποκείμενον νομίζωμεν, ἀλλὰ καὶ τὸ ποιὸν καὶ τὸ ποσὸν καὶ πᾶν ὂν τὸ καταφάσει δηλούμενον.

★

225 (25a 11) διὰ τὸ μὴ εἶναι] τοῦτο ἔλαβεν, ὡς δειχθέντος ὅτι ἡ κίνησις ἐν ἀντικειμένοις, ὅτε ἔλεγεν οὐκ ἐν ἅπασιν, ἀλλ᾽ ἐν τοῖς ἐναντίοις καὶ ἐν τοῖς μεταξύ.

—

2 ἀντικειμένοις ego : ἀντικειμένῳ S || ἔλεγεν : 224b 28–29.

en raison du fait qu'ils ne sont pas] Il a posé cela dans l'idée qu'il a été montré que le mouvement est en des opposés, quand il a dit : « non pas en toutes choses, mais en les choses contraires et en les choses intermédiaires ».

★

226* (25a 15–16) τοῦ μὴ ὄντος ἁπλῶς] τὸ ἁπλῶς μὴ ὂν κατηγορεῖται κατά τε τοῦ μηδ᾽ ὅλως ὄντος καὶ κατὰ τοῦ ἐνεργείᾳ μὴ ὄντος ἐξ οὗ ἡ γένεσις καὶ εἰς ὃ ἡ φθορά· διὰ δὲ τὸ μὴ εἶναί τι τῇ οὐσίᾳ ἐναντίον, οὐκ ἔστιν ἡ γένεσις ἐξ ὄντος ἀλλ᾽

ἐκ μὴ ὄντος τῆς στερήσεως. ἡ δέ τις γένεσις ἡ κατὰ ποιόν, ᾗ μὲν ἐκ λευκοῦ εἰς μέλαν, ἀλλοίωσίς ἐστι (ἐξ ὑποκειμένου γάρ), ᾗ δὲ ἐκ μέλανος, γένεσις.

—

2 μηδ' ὅλως scripsi : μὴ δ' ὅλως S μηδόλως P || 4 κατὰ ποιὸν S : κατὰ τὸ ποιὸν P || 5 ᾗ P : ἡ S || δὲ SP : τε s. lin. S || ἐκ μέλανος S : ἐκ μὴ μέλανος P

à partir du non-être pur et simple] Le non-être pur et simple se prédique du non-être radical et du non-être en acte, à partir duquel se produit la génération et vers lequel se produit la corruption. Mais en raison du fait qu'il n'y a rien qui *soit* contraire à la substance, la génération n'est pas à partir de l'*être* mais du non-être qu'est la privation. La génération partielle qui est selon le « quel », en tant qu'elle va du blanc vers le noir, est une altération (elle part en effet d'un sujet), mais en tant qu'elle part du noir, c'est une génération.

Test. *Simpl. 814,10–18* : πῶς οὖν ἐκ τοῦ ἁπλῶς μὴ ὄντος οὐσία, τὸ δὲ λευκὸν ἐκ τοῦ τινὸς μὴ ὄντος; λύουσι δὲ ταύτην τὴν ζήτησιν λέγοντες, ὅτι ἡ μὲν οὐσία οὐκ ἐξ ἐναντίου, ἀλλ' ἐκ στερήσεως γίνεται (οὐ γὰρ ἔχει ἡ οὐσία ἐναντίον), τὸ δὲ λευκὸν ἐκ τοῦ μέλανος ἢ τοῦ μεταξὺ ὡς μέλανος. ᾧ οὖν διαφέρει ἡ στέρησις τοῦ ἐναντίου, τούτῳ διαφέρει τὸ νῦν λεγόμενον ἁπλῶς μὴ ὄν, ἐξ οὗ ἡ τῆς οὐσίας γένεσις, τοῦ τινὸς μὴ ὄντος, ἐξ οὗ ἡ τῶν ἄλλων, ἥτις οὐδὲ γένεσις ἁπλῶς λέγεται, ἀλλὰ τὶς γένεσις· καθόσον μὲν ἐκ τοῦ μὴ τόδε, καὶ αὐτὴ γένεσις, καθόσον δὲ ἐκ τοῦ τόδε καὶ ἐναντίου, ἀλλοίωσις.

Adnot. Cette scholie confirme certains traits de l'interprétation proposée par Alexandre de la distinction entre génération absolue et génération relative, telle qu'on pouvait la supposer à la lecture du commentaire de Philopon à *Gen. Corr.* I 3, 319a 14. Cf. *In Gen. Corr.* 59.8–14 : Alexandre ne se bornait sans doute pas à opposer la génération absolue dans la catégorie de la substance à la génération relative dans d'autres catégories, mais, au sein même de la génération relative, soulignait la distinction entre passage d'un sujet à un non-sujet et passage d'un non-sujet à un sujet. Seul le second procès mérite d'être appelé « génération relative », tandis que le premier n'est à proprement parler qu'une altération.

⋆

[85v]

227 (25a 17) <καὶ οὔ τι (S) γίνεσθαι>] ἀπὸ κοινοῦ τὸ οὐ ὑπάρξει τοῖς ἁπλῶς γινομένοις.

—

1 τὸ s. lin. S || οὐ ὑπάρξει ego : οὐχ χὑπάρξει (sic) S

<et non pas devient quelque chose de déterminé>] Le « non pas » appartiendra en facteur commun aux choses purement et simplement engendrées.

Adnot. La scholie est peu claire et sa localisation incertaine. L'auteur souhaitait sans doute indiquer qu'il fallait comprendre la négation comme portant sur l'ensemble de la proposition τι γίνεσθαι, et non pas seulement sur le mot suivant (τι).

★

228 (25a 21) <καὶ μήτε>] οἷον ἄνθρωπος πτερωτός ἐστιν, ἄνθρωπος δίπους οὐκ ἔστιν.

<et non>] Comme : l'homme est ailé, l'homme n'est pas bipède.

★

229 (25a 22–23) <τὸ τῷ ἁπλῶς κατ' ἐνέργειαν ὄντι ἀντικείμενον>] τὸ κατὰ ἐναντιότητα μὴ ὂν ἐξ οὗ ἡ ἀλλοίωσις καὶ ἡ αὔξησις καὶ ἡ φορά...

—

2 ἐναντιότητα vix legi potest

<l'opposé à l'être en acte pur et simple>] Le non-être selon la contrariété, à partir duquel ont lieu l'altération, l'augmentation et la translation, ...

Adnot. Cette scholie, quoique graphiquement bien délimitée dans le ms. S, se poursuit dans les quelques mots de la scholie suivante (qui seuls apparaissent dans le ms. P).

★

230* ...] ... ἀντικείμενον τῷ ἐνεργείᾳ ὄντι.

...] ... est opposé à l'être en acte.

Adnot. Cf. scholie précédente.

★

231* (25a 26) καὶ τὴν γένεσιν] ἐπεξηγεῖται πῶς γίνεται τὸ μὴ ὄν· οὐδὲ γὰρ ἁπλῶς τὸ μὴ ὂν γίνεται ἀλλ' ἡ ὕλη, ἁπλῶς μὴ ὂν οὖσα διὰ τὴν στέρησιν, οὐ δύναται κινεῖσθαι· οὐδὲ γὰρ ὑπάρχει ἁπλῶς, τὸ δὲ κινούμενον πᾶν εἶναι ὀφείλει ἐνεργείᾳ.

—

1 ἐπεξηγεῖται πῶ[non iam legitur P || 3 τὸ δὲ κινούμενον non iam legitur P

la génération aussi] Il explique en outre comment le non-être subit un processus d'engendrement. Car le non-être pur et simple non plus ne subit pas de processus d'engendrement, mais c'est la matière qui, n'étant non-être purement et simplement qu'en raison de la privation, ne peut pas être mue : en effet, elle n'existe pas non plus purement et simplement, or tout ce qui se meut doit être en acte.

Adnot. Il faut comparer cette scholie à deux interprétations proposées par Simplicius de l'affirmation selon laquelle le non-être subit un processus de génération, qu'il tire visiblement toutes deux d'Alexandre (cf., en 818.18, λέγει δὲ καὶ ἄλλην ἐξήγησιν τοῦ προκειμένου τοιαύτην ὁ Ἀλέξανδρος). Selon la première (*In Phys.* 818.5–17), Aristote voudrait dire que la matière, non-être par accident (i. e. en raison de la privation qu'elle accueille) subit un processus de génération. Selon la seconde (*In Phys.* 818.18–27), le non-être par soi qu'est la privation subit un processus de génération. Mais ce processus advient « accidentellement » à l'être de puissance qui accueille cette privation. Bref, dans la première interprétation, l'accent est mis sur l'« accidentalité » de l'inhérence de la privation à la matière, tandis que dans la seconde, il s'agit surtout de l'« accidentalité » de la relation entre le processus subi par la privation et la matière. Malgré une présentation légèrement différente, due sans doute à la compression opérée par le scholiaste (le terme ἐπεξηγεῖται ou les formes apparentées n'apparaissent jamais dans le corpus d'Alexandre), la scholie **223** présente en substance la première interprétation. La matière est non-être en raison de la privation qu'elle contient. La scholie va jusqu'à dire qu'elle est non-être absolu en raison de la privation, c'est-à-dire probablement en raison du fait que la privation est non-être absolu. Mais elle entend signifier par là que la matière est non-être absolu *seulement* en raison de la privation, c'est-à-dire que l'absoluité de son non-être est relative ! Toujours est-il que c'est cette déficience ontologique de la matière qui explique que la génération ne soit pas un mouvement, mais seulement un changement.

⋆

232 (25a 33) <ἠρεμία>] κοινότερον νῦν τὴν ἠρεμίαν στέρησιν οὖσαν κινήσεως ἐναντίον κινήσεως λέγει.

le repos] Il appelle maintenant de manière indifférenciée le repos, qui est la privation du mouvement, le contraire du mouvement.

Test. *Simpl. 819.27–28* : κοινότερον δὲ νῦν τὴν ἠρεμίαν ἀντὶ τοῦ ἀντικειμένην εἰπεῖν ἐναντίαν εἶπεν τῇ κινήσει, στέρησιν αὐτὴν ἀποδεικνύναι μέλλων τῆς κινήσεως.

Adnot. Simplicius diverge ici légèrement de l'interprétation rapportée par la scholie en rappelant l'idée d'opposé (cf. ἀντικειμένην). Que la scholie nous ait transmis l'interprétation d'Alexandre est confirmé par la scholie **252**, dans le contexte de laquelle Simplicius paraît plus fidèle à sa source. Il est toutefois à noter qu'il introduit, à cette occasion encore, l'idée d'opposé. La raison de cette précision terminologique de Simplicius (qu'Alexandre ne semble pas prendre la peine de faire) tient sans doute à la volonté de préserver le repos comme « catégorie » platonicienne, dans la lignée du *Sophiste*. Simplicius éprouve donc sans doute une certaine réticence à trop rapprocher le repos, privation du mouvement, d'une simple négation. L'ambiguïté, que n'a sans doute pas mesurée Simplicius, tient en réalité à la différence du statut de la négation chez Aristote et Platon. La négation est externe chez Aristote, c'est un signe moins placé devant une valeur positive ; elle est interne à l'objet chez Platon. C'est parce que le repos *est* ce qu'il est qu'il est une négation du mouvement chez Platon ; c'est pour autant qu'il existe *une négation* du mouvement que, selon Aristote, on peut parler de repos.

⋆

233 (25a 34) <ἐπεὶ δὲ πᾶσα>] τῆς μεταβολῆς κοινῶς κατὰ ἀντίφασιν ἢ ἐναντίωσιν γινομένης, ἡ μὲν γένεσις καὶ φθορὰ κατὰ ἀντίφασιν· ἡ λοιπὴ ἄρα, ἡ κίνησις, κατ' ἐναντίωσιν.

—

2 ἡ sec. addidi || λοιπὴ e λειπὴ fecit S

<Mais puisque tout>] Le changement, pris de manière commune, se produisant selon la contradiction ou la contrariété, la génération et la corruption se produisent selon la contradiction ; par conséquent, le changement qui reste, le mouvement, se produit selon la contrariété.

Test. *Simpl. 820.10–13* : … τρεῖς δὲ ἐδείχθησαν αἱ πᾶσαι μεταβολαί, ὧν αἱ δύο κατ' ἀντίφασιν, αὗται δὲ ἦσαν αἱ κατὰ γένεσιν καὶ φθορὰν οὐ κινήσεις, ἀνάγκη τὴν λοιπὴν μεταβολὴν τὴν ἐξ ὑποκειμένου εἰς ὑποκείμενον ταύτην εἶναι κίνησιν μόνην.

Adnot. L'omission de l'article, l. 2, a pu être facilitée par la juxtaposition du N et du H majuscules, dans un exemplaire en *scriptio continua*. Voir note suivante.

⋆

234* (25b 4) καὶ δηλοῦται] ὡς τὸ λευκόν, φησί, καὶ τὸ μέλαν, οὕτως νόησον καὶ τὸ γυμνὸν καταφατικόν· ἡ δὲ στέρησις ἐξ ἧς ἡ γένεσις οὐ δηλοῦται καταφάσει, ἀλλὰ τὸ κωφὸν καὶ χωλὸν καὶ ἄμουσον καὶ τὰ τοιαῦτα· ἐκ γὰρ τούτων ἡ ἀλλοίωσις.

—

1 οὕτως S : om. P || 2 καταφατικὸν S : καταφατικῶς P || ἐξ ἧς S : ἕξις P || 3 χωλὸν SP : an *νωδὸν* scribendum (v. Adnot.) ?

et sont mis en évidence] À la façon, dit-il, du blanc et du noir, représente-toi aussi le nu comme affirmatif. En revanche, la privation à partir de laquelle a lieu la génération n'est pas mise en évidence par une affirmation, mais le sourd, le boiteux, l'inculte et les choses de cette sorte : c'est en effet à partir de ces derniers qu'il y a altération.

Adnot. Le passage d'Aristote commenté par cette scholie pose des problèmes. En 225b 4–5, Aristote propose en effet trois exemples d'affirmations positives (cf. καταφάσει) caractérisant un substrat, « le nu, le blanc et le noir » (τὸ γυμνὸν καὶ λευκὸν καὶ μέλαν, la tradition est unanime). Dans le passage parallèle de *Metaph.* K 11, 1068a 5–7, les mss sont divisés. La seconde branche (ms. A^b) a le même texte que la tradition de la *Physique*, tandis que la première branche (constituée par les mss E et J) écrit *νωδόν*, « édenté », au lieu de λευκόν. Non seulement cette variante est considérée comme meilleure pour le texte de la *Métaphysique*, mais elle s'est même introduite dans les éditions modernes de la *Physique*. La leçon des mss de la *Physique* est sûrement très ancienne. Elle est confirmée par Simplicius, *In Phys.* 821.2, par Alexandre si l'on admet l'authenticité de la scholie et, enfin, par la tradition arabe (cf. Averroes, *In Phys.* 214B et *Ṭabī'a*, p. 510, l. 5, voir aussi la glose puisée au commentaire de Philopon, haut de la p. 511). Un indice, malheureusement indirect, pourrait suggérer qu'Alexandre avait fait le rapprochement entre les deux textes, et qu'il lisait bien *νωδὸν* dans son ms. de la *Métaphysique*. Le terme χωλόν, « boiteux », pourrait en effet aisément résulter d'une mélecture de *νωδόν* dans un exemplaire oncial (le N étant pris pour un X et le Δ pour un Λ). Il y a une difficulté réelle, de fait, à considérer « boiteux » comme l'expression positive d'une privation. Autant le « sourd » est celui qui est privé de l'audition et l'« inculte » de culture, autant « boiteux » ne désigne pas à proprement parler une privation, mais une simple imperfection, ou déficience. Si donc on admet, comme il est probable, que notre texte comportait originellement νωδόν et non pas χωλόν, on doit sans doute postuler que son auteur était au fait de la version meilleure de la *Métaphysique*. Qui, sinon Alexandre, possède les compétences et le soin nécessaires pour se livrer à une opération exégétique d'une telle minutie ?

Cette présomption est confirmée par l'explication, elle aussi très subtile, proposée par la scholie. Dans la phrase de la *Physique*, Aristote parle des substrats du changement. Ceux-ci, dit-il, doivent être des contraires ou des intermédiaires. En outre (cf. καί), ils sont mis en évidence par une affirmation (δηλοῦται καταφάσει). Suivent alors les trois adjectifs au neutre. Dans l'intervalle, Aristote a inséré une justification du fait de considérer (implicitement) la privation comme un contraire. Seule d'entre les exégèses, la scholie perçoit la note argumentative, dans ce contexte, de δηλοῦται καταφάσει : *à la différence de la privation proprement dite*, qui ne peut être exprimée que par l'antéposition d'une négation à un X positif, les substrats affectés de privation se décrivent en termes positifs. Ainsi, le substrat affecté par la privation de l'audition est « sourd » ; mais « sourd » ne désigne une privation que par abus de langage : la seule privation, à proprement parler, c'est la non-audition. Mais comme l'indique implicitement la dernière phrase de la scholie, il ne s'agit pas ici simplement de légiférer sur la langue. Des termes comme « sourd » ont en effet la particularité, à la différence des désignations de privation pure et simple (« non-audition ») de désigner l'ensemble constitué par une matière-substrat *et* une privation. On se retrouve donc avec les termes requis par l'accomplissement du mouvement, en l'occurrence de l'altération (ἀλλοίωσις). Ces distinctions sont omises par Simplicius, cf. *In Phys.* 821.1–11.

★

235* (25b 7) ποιεῖν ἢ πάσχειν (hic S, ad 25b 11 P)] τοῦ ἔχειν καὶ τοῦ κεῖσθαι οὐκ ἐμνήσθη διότι οὐκ ἔστιν ἐν αὐτοῖς ἐναντίωσις. τὸ δὲ τραχὺ καὶ λεῖον ἔοικεν οὐ συγχωρεῖν τῇ θέσει διαφέρειν. τὸ δέ ποτὲ καὶ αὐτὸ οὐκ ἔχει ἐναντίωσιν· ἡ γὰρ κίνησις ἐν χρόνῳ, οὐ μὴν εἰς χρόνον οὐδ' ἐκ χρόνου.

—

2 αὐτοῖς P : αὐτῷ S

Si donc] Il n'a pas fait mention de l'avoir ni de l'être-disposé, car il n'y a pas en eux de contrariété. Quant au rugueux et au lisse, il semblait ne pas admettre qu'ils diffèrent par position. Mais le « quand » lui non plus n'a pas de contrariété : le mouvement est en effet dans le temps, mais non pas vers un temps ni à partir d'un temps.

TEST. *Simpl. 829.29–830.5* : ἐν δὲ τῇ ἀπαριθμήσει τῶν κατηγοριῶν παρέλιπε τὸ ποτὲ καὶ τὸ κεῖσθαι καὶ τὸ ἔχειν, ὡς προδήλως ἐν τούτοις μὴ οὔσης τῆς κινήσεως, καθά φησιν ὁ Ἀλέξανδρος, διότι μὴ ἔστιν ἐν αὐτοῖς ἐναντίωσις (οὔτε γὰρ ἐν τῷ κεῖσθαι οὔτε ἐν τῷ ἔχειν οὔτε ἐν τῷ χρόνῳ), ἡ δὲ κίνησις ἐξ ἐναντίου καὶ εἰς ἐναντίον, τὸ δέ γε κεῖσθαι καὶ τὸ ἔχειν ἠρεμίᾳ μᾶλλον ἔοικεν ἢ κινήσει.

ADNOT. Cette scholie remonte sûrement à Alexandre indépendamment de Simplicius, car elle imagine un contre-exemple à l'absence de contrariété dans la catégorie de la position absent de ce dernier : le rugueux et le lisse, dont s'oppose la disposition des parties constituantes, alignées dans le cas du lisse, en créneaux dans celui du rugueux. On aurait pu croire, à la lecture de Simplicius, *In Phys.* 829.29 sqq., qu'Alexandre ne lisait pas « et le quand » dans ses exemplaires de travail, comme le manuscrit E, l'exemplaire de Simplicius et la version parallèle de la *Métaphysique*. La présente scholie incite cependant à la prudence. Car si son déroulement reflète précisément le commentaire d'Alexandre, il est possible que celui-ci expliquait l'absence de l'avoir et de la disposition en soulignant qu'ils sont l'un et l'autre dépourvus de contrariété. Il aurait ensuite nuancé la force d'un tel argument en notant que bien que dépourvu lui aussi de contrariété, le « quand » était néanmoins mentionné par Aristote.

★

V, 2

236 (25b 10) κατ' οὐσίαν δὲ] τὸ γὰρ ἐκ σπέρματος ζῷον, ὑπομένοντος τοῦ ἐξ οὗ, γίνεται ἐκ δυνάμει ζῴου καὶ ὕλης· αἱ δὲ κινήσεις, καταλείπουσαι τὸ ἐξ οὗ, γίνονται εἰς ὃ τὸ ἐναντίον· τὸ δὲ σπέρμα φθείρεται εἰς ὕλην καὶ οὕτως γίνεται τὸ ζῷον· οὔτε οὖν τὸ ζῷον κινεῖται οὔτε ἡ ὕλη.

Or selon la substance] En effet, l'animal à partir de la semence, alors que demeure le « à partir de quoi », est engendré à partir d'un animal en puissance, d'une matière. Mais les mouvements, abandonnant le « à partir de quoi », deviennent ce « vers quoi », son contraire. La semence se corrompt en matière et ainsi est engendré l'animal. Aussi ni l'animal ni la matière ne se meuvent-ils.

TEST. *Simpl. 833.24–834.1* : εἰ δέ τις τὸ σπέρμα, ἐξ οὗ ὁ ἄνθρωπος, οὐσίαν ὁρῶν ἐξ οὐσίας λέγει γίνεσθαι τὴν εἰς οὐσίαν μεταβολὴν καὶ διὰ τοῦτο καὶ κίνησιν εἶναι ἐν τῇ οὐσίᾳ νομίζει, οὐκ ἐννοεῖ ὅτι ἐκ σπέρματος ὁ ἄνθρωπος οὐ καθὸ οὐσίᾳ τὸ σπέρμα, ἀλλὰ καθὸ δυνάμει ἄνθρωπος, ταὐτὸν δὲ εἰπεῖν ἐκ τῆς τοῦ ἀνθρώπου στερήσεως καὶ τοῦ μὴ ὄντος. εἰ οὖν λέγει τις κίνησιν εἶναι τὴν τοιαύτην μεταβολήν, τί ἔσται τὸ κινούμενον ἐν αὐτῇ ἐνεργείᾳ ὂν καὶ ὑπομένον; οὔτε γὰρ ὁ ἄνθρωπος (οὔπω γὰρ ἔστι· γίνεται γάρ) οὔτε τὸ σπέρμα· οὐ γὰρ σῴζεται. τὸ δὲ ὑποκείμενον τῷ σπέρματι ἡ ὕλη ἐστὶ τὸ δυνάμει μὲν ὄν, ἐνεργείᾳ δὲ μὴ ὄν, ὃ οὐχ οἷόν τε κινεῖσθαι.

ADNOT. Cette scholie remonte sans doute à Alexandre indépendamment de Simplicius car, à la différence de ce dernier, elle mentionne le fait, authentiquement aristotélicien (cf. *Gen. An.* II 3, 737a 8–16), que le sperme doit se corrompre avant de se transformer en embryon puis en homme.

★

237 (25b 11) <τοῦ πρός τι>] τὸ γὰρ δεξιὸν δύναται ἠρεμεῖν, τοῦ δὲ εὐωνύμου κινηθέντος γίνεται μὲν τὸ πρὶν δεξίον νῦν εὐώνυμον· οὐ μέντοι κινηθὲν μετέβαλεν.

<du relatif>] En effet, ce qui est à droite peut demeurer immobile alors que, ce qui est à gauche ayant été mû, ce qui était auparavant à droite se retrouve maintenant à gauche. C'est cependant sans s'être mû qu'il a changé.

ADNOT. Cette scholie correspond, en condensé, au commentaire que Simplicius, *In Phys.* 834.22–835.11, prête à Alexandre.

★

238* (25b 14) ποιοῦντος καὶ πάσχοντος] ποιοῦντος καὶ πάσχοντος ἀντὶ τοῦ ποιεῖν καὶ πάσχειν εἶπεν, ὥστε ἢ ἐκ τοῦ ποιεῖν εἰς τὸ ποιεῖν μεταβάλλειν, ἢ ἐκ τοῦ πάσχειν εἰς τὸ πάσχειν· ἐστὶ δὲ τὸ ποιεῖν ὑπὸ τὸ κινεῖν, τὸ δὲ πάσχειν ὑπὸ τὸ κινεῖσθαι. οὔτε δὲ τὸ ποιεῖν εἰς τὸ ποιεῖν μεταβάλλει – οἷον ἐκ τοῦ θερμαίνειν εἰς τὸ ψύχειν – οὔτε <τὸ πάσχειν εἰς τὸ πάσχειν – οἷον> ἐκ τοῦ θερμαίνεσθαι εἰς τὸ ψύχεσθαι –, οὔτε ἐστί τι ὑποκείμενον καθ' αὑτὸ τὸ ποιεῖν ἢ τὸ πάσχειν· τὸ γὰρ ὑποκείμενόν πᾶν οὐσία ἐστί.

—

1 τοῦ S : om P || 2 ποιεῖν S : om. P || ποιεῖν sec. ego : ποιοῦντος SP || 3 πάσχειν pr. ego : πάσχοντος SP || 5 τὸ πάσχειν εἰς τὸ πάσχειν – οἷον addidi : non habent SP

de l'agent et du patient] Il a dit « de l'agent et du patient » au lieu de « de l'agir et du pâtir », en sorte qu'il y ait changement ou bien de l'agir vers l'agir, ou bien du pâtir vers le pâtir. Or l'agir se range sous le mouvoir, le pâtir sous l'être-mû. Mais l'agir ne change pas vers l'agir – par exemple, du chauffer vers le refroidir –, pas davantage le pâtir vers le pâtir – par exemple, de l'être-chauffé vers l'être-refroidi – et l'agir ou le pâtir ne sont pas un sujet en soi ; de fait, tout sujet est substance.

Test. *Simpl. 837.28–838,1 + 838.21–23 :* προσέθηκε δέ, φησὶν ὁ Ἀλέξανδρος, οὐδὲ παντὸς κινουμένου καὶ κινοῦντος καθολικώτερον δεικνὺς τὸ προκείμενον· ἔστι γὰρ τὸ μὲν ποιεῖν ὑπὸ τὸ κινεῖν, τὸ δὲ πάσχειν ὑπὸ τὸ κινεῖσθαι. [...] ποιοῦντος οὖν καὶ πάσχοντος οὐχὶ τῶν οὐσιῶν εἶπεν (αὗται γὰρ κινοῦνται), ἀλλ' ἀντὶ τοῦ ποιεῖν καὶ πάσχειν, αἵπερ ἦσαν αἱ κατηγορίαι ...

Adnot. Cette scholie, sous sa forme transmise, n'est pas claire, d'où les corrections notées dans l'apparat. Toutefois, le sens de l'argument reste allusif. La scholie commence par dire qu'Aristote, en mentionnant les agents de l'action et de la passion, entendait en fait signifier les actions elles-mêmes. Dans l'hypothèse où il y aurait un mouvement dans la catégorie de l'action, il faudrait donc supposer qu'un mouvement aille d'un certain agir A à un autre agir B (et dans la catégorie de la passion, d'un certain pâtir C à un autre pâtir D). Mais cela signifierait, en raison de l'inclusion de l'agir dans la classe du « mouvoir » et du pâtir dans celle de l'« être-mû », qu'il y a un mouvement interne à ces deux classes. Si donc l'on parvient à démontrer que cela n'est pas vrai, on en conclura du même coup qu'il n'y a pas de mouvement dans la catégorie de l'agir et du pâtir. À cet argument en fait prospectif – puisqu'il dépend d'une démonstration en bonne et due forme de l'impossibilité d'un mouvement de mouvement – le scholiaste paraît adjoindre, sans toutefois le signaler clairement, un *autre* argument, en quelque sorte plus direct, qui consiste à dire que l'agir (resp. le pâtir) n'est pas un *sujet* (au sens de V 1, 225a 6–7), tout simplement parce que le sujet se rapproche de la catégorie de la substance. Le mouvement, selon V 1, joignant deux sujets, il n'y a donc pas de mouvement dans la catégorie de l'agir (resp. du pâtir). Le passage correspondant de Simplicius, *In Phys.* 837.21–838.28, atteste que le scholiaste puise au commentaire d'Alexandre. Certaines idées se retrouvent en effet dans les deux textes, d'autres non, et l'ordre de l'exposition est différent. Simplicius, à la différence de la scholie, commence par mentionner explicitement Alexandre interprétant l'ajout de « ni de tout mû et moteur » (pour la variante, cf. Ross, app. cr.) comme une extension de l'argument concentré sur l'agir et le pâtir. La phrase est alors littéralement identique chez Simplicius (837.30–838.1) et chez le scholiaste. Suit immédiatement, chez Simplicius, une digression dont il s'attribue la paternité (cf. 838.3 : οἶμαι), qui se poursuit sur une vingtaine de lignes. Comme on pouvait s'y attendre, rien, dans la scholie, n'y correspond.

Ce n'est qu'ensuite que Simplicius revient au fil du raisonnement, et précise qu'Aristote a mentionné les agents (au participe présent neutre) en lieu et place des actions (infinitifs). Mais à ce stade, il détaille moins les choses que la scholie : il ne propose pas d'illustration et il n'évoque pas le critère du « sujet » sous-jacent à une disqualification directe des catégories de l'agir et du pâtir. Il faut dire que cet argument est ambigu. Le sujet dont il est ici question ne représente que la « positivité » nécessaire à la conceptualisation du changement et non le sujet-substrat dans son sens classique (celui de *Metaph.* Z). Or c'est seulement en ce dernier sens qu'il y a un certain rapport (même s'il est, aux yeux d'Alexandre, problématique) entre substance et sujet-substrat : le critère de subjectivité est alors, comme on sait, l'un des critères à satisfaire pour être véritablement « substance ». En revanche, selon *Phys.* V 1, seront « sujets » (i. e. *positivités*) aussi bien la substance que la qualité, la quantité ou le lieu. Reste que même si l'on rapproche le « sujet » de *Metaph.* de celui de *Phys.*, on ne saurait, à rebours, interpréter celui de *Phys.* comme la crypto-substance de *Metaph.* Alexandre se permettait sans doute ici un glissement, que le style rigide et concis des scholies aurait accentué.

★

[87r]

239* (25b 16) <πρῶτον μὲν γὰρ>] τοῖς λέγουσι κινήσεως εἶναι κίνησιν νῦν τὰ ἐπαγόμενα λέγει ἄτοπα· πρῶτον μέν, ὅτι τὸ κινούμενον εἴς τι ἅμα ἔσται εἰς ἐκεῖνο καὶ τὴν κίνησιν ἐκείνην, καὶ ἐξ ἐκείνης εἰς ἄλλην τινά· ἐν αμφοτέραις γὰρ αὐτὸ ἅμα ταῖς κινήσεσιν ἀναγκαῖον εἶναι (πᾶσα γὰρ κίνησις ἔκ τινος εἴς τι), ὥστε ἔσται δύο εἰς ὅ ἅμα. δεύτερον δέ, ὅτι εἰ ἐξ ἐναντίου εἰς ἐναντίον γίνεται, κινοῖτο ἂν ἅμα ἔκ τε ὑγιείας εἰς νόσον καὶ ἐκ νόσου εἰς ὑγίειαν, καὶ ἔσται ἅμα ἐν τοῖς ἐναντίοις εἴδεσι.

—

1 εἶναι S : om. P || 2 ἐπαγόμενα S : ἑπόμενα P || μέν S : om. P || 4 εἶναι ego : ἦν εἶναι SP || 5 δεύτερον S : δυὸ P || ἐξ ἐναντίου εἰς ἐναντίον S : ἐξ ἐναντίας εἰς ἐναντίαν P || 6 τε ὑγιείας ego : τε .. ὑγιείας S τε ὑγείας P || ὑγίειαν S : ὑγείαν P || καὶ ἔσται ἅμα P : locus fenestr. S

<Tout d'abord en effet>] À l'encontre de ceux qui disent qu'il y a un mouvement de mouvement, il dit maintenant quelles choses absurdes s'ensuivent. Tout d'abord, que ce qui est mû vers quelque chose ira, simultanément, vers cela et vers ce mouvement, et il proviendra de ce mouvement tout en allant vers quelque autre mouvement. Il sera en effet nécessaire qu'il soit en même temps dans les deux mouvements (tout mouvement est en effet de quelque chose vers quelque chose), en sorte qu'il y aura deux « vers quoi » simultanément. En second lieu, que si l'on va d'un contraire vers un contraire, il pourrait bien se mouvoir simultanément de la

santé vers la maladie et de la maladie vers la santé, en sorte que la même chose sera simultanément dans les formes contraires.

ADNOT. Le premier argument semble conclure d'un mouvement de mouvement à l'existence (absurde) de deux termes distincts pour un même mouvement, en disant que s'il y a un mouvement *C* du mouvement *A* au mouvement *B* et que le mouvement *B* va lui-même de *b* à *b'*, alors un même mouvement aura pour terme à la fois *B* et *b'* distincts. Ce qui est contradictoire. Le second conclut pour sa part à la présence simultanée de deux mouvements contraires en s'appuyant sur le fait que tout mouvement *C* participe de ses deux termes pour en tirer une simultanéité du mouvement *A* allant de *a* à *b* et du mouvement *B* allant de *b* à *a*. Ce qui serait contradictoire. Une partie du premier argument paraît cependant se rattacher davantage au second et conduit à se demander si l'ordre des phrases n'a pas été perturbé au cours de la transmission.

★

240 (25b 31) <ἀλλὰ τῷ συμβεβηκέναι>] τὸ λεγόμενον ἐν τῇ συνηθείᾳ ὅτι μεταβάλλει ἐκ λήθης εἰς ἀνάμνησιν παραμυθεῖται ὅτι τοῦτο κατὰ συμβεβηκός.

<mais par le fait qu'il arrive accidentellement>] Ce qu'on dit couramment, qu'il y a changement de l'oubli vers la réminiscence, il conduit à penser que cela a lieu par accident.

TEST. *Simpl. 839.21–24* : πῶς δὲ κατὰ συμβεβηκὸς δυνατὸν ἐκ κινήσεως εἰς κίνησιν μεταβάλλειν, αὐτὸς ἐρεῖ· ὅταν γὰρ λέγηταί τις ἐκ λήθης εἰς ἀνάμνησιν μεταβάλλειν, ἐκ κινήσεως μὲν εἰς κίνησιν ἡ μεταβολὴ δοκεῖ.

ADNOT. La scholie insiste sur l'idée d'usage courant, qu'omet Simplicius.

★

241 (26a 6–7) <ἔτι τοῦ αὐτοῦ>] τὸ γὰρ κινούμενον εἰς τὰ ἐναντία καὶ ἠρεμεῖ γενόμενον εἰς τὸ τέλος· ὥστε ἡ γένεσις εἰς φθορὰν ἠρεμήσει καὶ φθαρήσεται.

<en outre, de la même chose>] En effet, ce qui est mû vers les contraires s'arrête aussi une fois parvenu au but. En sorte que la génération et la corruption s'arrêteront et se corrompront.

★

242 (26a 9) οὔτε γὰρ εὐθὺς] ἀντὶ τοῦ οὔτε γὰρ ἔτι γινόμενον καὶ μήπω ὄν, οὐθ' ὕστερον ὅτε μηκέτι ἔστιν. οὕτως δὲ ἔσται συνυπάρχουσα ἡ φθορὰ τῇ γενέσει καὶ τῇ κινήσει ἡ ἀκινησία· ὅτε γὰρ γίνεται, τότε φθείρεται καὶ ὅτε κινεῖται, τότε ἠρεμεῖ· καὶ γὰρ τὸ τέλος λαβοῦσα ἡ γένεσις καὶ οὖσα γένεσις, κινουμένη δὲ εἰς τὸ ἐναντίον, εἰς φθορὰν τελευτήσει.

—

1 οὔτε S p. c. : ὅτε S a. c. ut vid.

<En effet, ni sur-le-champ ...>] À la place de : « en effet, ni encore en devenir mais n'étant pas encore, ni plus tard quand il n'est plus ». Mais ainsi, la corruption sera concomitante à la génération et, au mouvement, l'immobilité. En effet, au moment où il est en devenir, il se corrompt et au moment où il se meut, il est au repos. De fait, la génération, arrivant à son achèvement et étant génération, mais étant mue vers son contraire, finira en corruption.

Adnot. Cette scholie s'accorde avec l'interprétation proposée par Simplicius, *In Phys.* 849.17 sqq., sans toutefois paraître en dériver pour ce qui est du style.

★

243 (26a 12) <οὕτω τί τὸ γιγνόμενον>] τί ἐστι, φησί, τὸ ὑποκείμενον καὶ ἀποτελούμενον, κίνησις ἢ γένεσις;

<ainsi que sera l'engendré>] Qu'est, dit-il, le sujet et ce qui est achevé, mouvement ou génération ?

★

244* (26a 15) <οὐ γὰρ ἔσται>] ἄλλο γὰρ τὸ μανθανόμενον καὶ ἄλλο ἡ μάθησις. ἂν δὲ ᾖ ἡ μάθησις αὐτὴ γινομένη, οὐκ ἔσται μάθησις ἡ τῆς μαθήσεως γένεσις, κεῖται δὲ μάθησις εἶναι τὸ μανθανόμενον. καὶ ἔτι οὐδέπω οἷόν τε εἶναι μάθησιν ἐν τούτῳ, εἰ ὃ μανθάνει μάθησίς ἐστιν. οὕτω καὶ ἐπὶ κινήσεως· οὔτε γὰρ ταὐτὸν ἡ κίνησις καὶ τὸ κινούμενον, οὔτε τὸ εἰς ὅ.

—

2 μάθησις αὐτὴ S : inv. ord. P || ἔσται S : ἔστι P || 3 μάθησις P : μάνθησις S || 3–4 εἶναι μάθησιν S : inv. ord. P || 4 οὕτω P : οὕτως S in compendio || 5 τὸ P : om. S

<En effet, il n'y aura pas>] Autre, en effet, ce qui est appris et autre l'apprentissage. Or si l'apprentissage lui-même est engendré, la génération de l'apprentissage ne sera certes pas apprentissage, mais on pose néanmoins que l'apprentissage est ce qui est appris. En outre, il n'est pas possible qu'il y ait déjà

apprentissage en celui-ci, si ce qu'il apprend est apprentissage. De même dans le cas du mouvement : le mouvement et ce qui est mû ne sont pas identiques, ni le « vers quoi ».

Adnot. Cette scholie est difficile, mais le sens général semble le suivant. Si l'on supposait qu'il y a une génération de l'apprentissage, cette génération serait différente de l'apprentissage (ou alors, il n'y aurait qu'un début et une fin de l'apprentissage). Mais dans ce cas, l'apprentissage lui-même sera confondu avec son objet. En outre, si l'état de connaissance achevée se réduit à l'état d'apprentissage, il n'y aura jamais, au sens propre, apprentissage de quoi que ce soit, puisque l'on ne peut dire qu'il y a eu apprentissage que rétrospectivement, une fois le processus d'apprentissage achevé et la connaissance acquise. Le point est moins développé chez Simplicius.

★

245* (26a 16) οὐδέ τις] τὸ ο ὐ δ έ τ ι ς δηλοῖ ὅτι οὐκ ἔστι καθόλου κινήσεως κίνησις οὐδέ τις κίνησίς τινος κινήσεως.

—

1 δηλοῖ ὅτι S : δηλονότι P || 1 οὐκ ἔστι S : μὴ μόνον οὐκ ἔστι P || 2 οὐδέ S : ἀλλὰ οὐδέ P

<ni un certain>] « Ni un certain » explicite qu'il n'y a pas généralement mouvement de mouvement, ni un certain mouvement d'un certain mouvement.

★

246 (26a 20) <ἢ τῷ μέρος τι>] διὰ τῶν αὐτῶν ἔστι δεῖξαι ὅτι μηδὲ τῆς κατὰ μόριον κινήσεως κίνησίς ἐστι δι' ὧν καὶ τῆς καθ' αὑτό· τὸ γὰρ μόριον καθ' αὑτὸ κινεῖται ὡς μόριον.

<ou par le fait d'une certaine partie>] On peut montrer qu'il n'y a pas de mouvement d'un mouvement partiel de la même manière que l'on montre qu'il n'y a pas de mouvement d'un mouvement par soi : la partie se meut en effet par soi en tant que partie.

Adnot. La scholie est sans équivalent chez Simplicius. Aristote, en 226a 19–20, a mentionné trois façons de se mouvoir, par soi, selon la partie et par accident mais s'est contenté de disqualifier le mouvement d'un mouvement par accident. La condamnation d'un mouvement de mouvement par soi découle des paragraphes précédents. Reste le mouvement selon la partie. Il suffit, nous dit la scholie, de considérer la partie en tant que telle, en faisant abstraction du tout auquel elle appartient. On peut alors lui appliquer les arguments mis en place dans le cas du mouvement par soi (cf. scholie **35**). Il est vraisemblable que l'argument remonte à Alexandre.

★

247* (26a 28) <καὶ γὰρ ἡ διαφορὰ>] ἡ δ ι α φ ο ρ ά , ὅταν καθ' αὑτὴν λέγηται, ποιότης ἐστίν, ὅταν δὲ τῷ οὐσιώδει γένει συντάσσηται, τότε εἶδος γίνεται.

<de fait, la différence>] « La différence », quand elle est dite en soi, est une qualité, tandis que quand elle est coordonnée au genre substantiel, elle devient une forme.

TEST. *Simpl. 862.12–17 :* ἡ γὰρ κατὰ τὰς οὐσιώδεις διαφορὰς μεταβολή, οὐ κίνησις, ἀλλὰ γένεσις καλεῖται καὶ φθορά. διὸ οὔτε ἀλλοίωσις, ἀλλὰ ἀλλότης μᾶλλον (ἄλλο γὰρ καὶ οὐκ ἀλλοῖον ἀναφαίνεται τὸ γινόμενον), οὐ κίνησις δέ, ὅτι οὐδὲν ὑποκείμενον ἐνεργείᾳ τὸ αὐτὸ μένον ἐκ λογικοῦ εἰς ἄλογον μεταβάλλει ἢ ὅλως ἐξ ἐναντίου εἰς ἐναντίον. ποιότητες δὲ λέγονται αἱ συστατικαὶ τῶν εἰδῶν διαφοραὶ καίτοι οὐσίαι οὖσαι, ὅτι περὶ οὐσίαν τὸ ποιὸν ἀφορίζουσιν.

ADNOT. Dans un texte important (cf. F. DE HAAS, *John Philoponus' New Definition of Prime Matter. Aspects of its Background in Neoplatonism and the Ancient Commentary Tradition*, Leiden, 1997, p. 222 et *Essentialisme*, p. 141), Simplicius, *In Cat.* 98.22–35 distingue trois doctrines différentes du statut ontologique de la διαφορά. La première y voit une « qualité substantielle complétive de la substance » (ποιότητα οὐσιώδη … συμπληρωτικὴν τῆς οὐσίας), la deuxième quelque chose d'« intermédiaire entre qualité et substance » (μέσην ποιότητος καὶ οὐσίας) et la troisième une « partie de la substance » (μὴ μόνον συμπληρωτικὴν […] τῆς οὐσίας … ἀλλὰ καὶ μέρος αὐτῆς). Cette dernière doctrine se subdivise à son tour en trois sous-thèses, que nous avons déjà envisagées ailleurs (*Essentialisme*, p. 141–143), les interprétant comme trois aspects – difficilement conciliables assurément – d'une théorie unique selon laquelle la différence est substance. C'est, de toute évidence, la doctrine d'Alexandre, telle qu'elle ressort en particulier d'une Quaestio conservée seulement en arabe (cf. 'A. BADAWĪ, *Aristote chez les Arabes. Étude et textes inédits* [en arabe], Le Caire, 1947, 302.14–307.19 et *Essentialisme*, p. 53–79). Il est à peu près certain que Simplicius tire sa classification de commentaires néoplatoniciens (Porphyre et Jamblique ou Porphyre via

Jamblique) qui ne sont guère enclins à interpréter la différence comme une substance mais y voient plutôt une qualité substantielle. Quelque chose de ces réticences apparaît peut-être encore dans le commentaire de Simplicius à la *Physique*, dans la désignation de « différences substantielles ». La réponse de Simplicius, dans le commentaire aux *Catégories*, se déploie à l'intérieur de celle de Jamblique. Elle est particulièrement difficile à suivre, et le texte est probablement corrompu par endroits. Il apparaît cependant clairement que les néoplatoniciens entendent faire droit à l'affirmation aristotélicienne d'une « détermination de la qualité que met en jeu la substance » (cf. *Cat.* 5, 3b 19–20 : τὸ δὲ εἶδος καὶ τὸ γένος περὶ οὐσίαν τὸ ποιὸν ἀφορίζει). Certes, Aristote applique cette phrase non pas à la différence, mais à l'espèce et au genre. Tout le passage étant cependant marqué par la proximité de la différence et de l'espèce, il n'y pas de distorsion majeure à dire, avec Jamblique et Simplicius (cf. Simpl., *In Cat.* 99.4–6) que la différence « est dite déterminer la qualité que met en jeu la substance (λέγεται περὶ οὐσίαν τὸ ποιὸν ἀφορίζειν). Cette même affirmation, encore une fois appliquée à la différence, revient dans le commentaire à la *Physique* de Simplicius – mais non dans la scholie –, pour justifier le fait que les différences soient dites des qualités. Qu'en est-il d'Alexandre ? Nous venons de faire allusion au fait qu'il a des raisons profondes pour soutenir que la différence est non pas qualité, mais substance. En d'autres termes, la position conciliatrice de Simplicius lui serait sans doute apparue comme trop modérée. Ce n'est pas un hasard, de fait, si Jamblique lui attribuait, dans ce contexte, un argument contre l'assimilation de la différence à une qualité : Alexandre aurait en effet soutenu que si la différence était une qualité, elle serait dans la substance comme dans un sujet, et ne serait plus dite d'elle comme d'un sujet. Les néoplatoniciens répliquent en disant que dès lors que l'on admet, comme on le doit, que la différence se dit de la substance comme d'un sujet, elle sera en la substance sur un mode différent de celui d'une qualité standard. Il est piquant de remarquer que cette stratégie est très probablement empruntée à Alexandre lui-même, qui démontre ainsi, dans d'autres contextes, que le type d'inhérence de la forme à la matière n'est pas l'inhérence standard des *Catégories*. Alors qu'Alexandre décale légèrement le sens de l'inhérence, les néoplatoniciens choisissent d'adapter celui de la qualité ! Quoi qu'il en soit, cette situation suffit à montrer qu'Alexandre devait développer, dans son propre commentaire aux *Catégories*, une approche plus restrictive de la différence que Simplicius, c'est-à-dire tenter de contrer son assimilation, même partielle, à une qualité (il ne faut pas se laisser égarer par des formulations, assez abondantes dans le corpus d'Alexandre, qui reviennent seulement à dire que la différence est une détermination du genre). Revenons maintenant au commentaire de Simplicius à la *Physique*. La comparaison est particulièrement instructive. On remarque en effet qu'ici, où il démarque Alexandre et non Jamblique comme pour les *Catégories*, Simplicius se rapproche davantage de la position défendue par l'*Exégète*. Certes, comme dans le commentaire aux *Catégories*, il rappelle la phrase cruciale d'Aristote en faveur d'une lecture à la Boéthos. Mais il affirme nettement, en quasi opposition avec ce qu'il soutenait dans l'*In Cat.*, que les différences, si elles sont dites des qualités, sont en réalité des substances. L'influence d'Alexandre est évidente. De manière tout aussi intéressante, Simplicius ne reprend toutefois pas le distinguo qu'Alexandre, à en croire la scholie, proposait entre différence prise en soi, qui serait une qualité, et différence en combinaison avec le genre substantiel. Cette solution est en effet particulièrement radicale – trop radicale sans doute pour Simplicius – puisqu'elle revient à confiner la qualité au domaine du platonisme grammatical (la λογικότης comme abstraction de grammairien), la substance à celui de la physique réelle, adéquatement décrite par une logique conséquente.

⋆

248 (26a 28–29) <τὸ παθητικόν>] <τ>ὰς πα<θ>ητικὰς <πο>ιότητας, αἳ καὶ <μετ>αβάλλουσιν εἰς ἀλλήλας.

<le passible>] Les qualités passibles, qui se changent les unes dans les autres.

⋆

[87v]

249* (26a 34) <ταῦτα>] τὰ ἄψυχα καὶ τὰ βίᾳ κινούμενα ἔμψυχα.

—

τὰ pr. S : ἢ τὰ P

<les choses>] Les êtres inanimés et les animés mus par violence.

TEST. *Simpl. 862, 28–30* : φορὰν δὲ τὸ κοινὸν αὐτὸς καλέσας ἢ καὶ οὕτως καλούμενον εὑρών, ὅτι μὴ κυρίως καλεῖται, δείκνυσιν, εἴπερ μόνα ταῦτα κυρίως φέρεσθαι λέγεται τὰ ἄψυχα τά τε φύσει καὶ τὰ βίᾳ κινούμενα.

⋆

250 (26b 2–3) <ἡ γὰρ ἐξ ἐναντίου>] πῇ μεταβάλλειν ἐκ τοῦ μεταξύ, ἁ π λ ῶ ς δὲ ἐκ τοῦ ἐναντίου.

<En effet, ou à partir d'un contraire>] D'une manière relative, il y a changement à partir de l'intermédiaire, d'une manière absolue, à partir du contraire.

Test. *Simpl. 863.17–20* : ὅτι δὲ τοῦτο οὕτως ἔχει, δείκνυσιν ἐκ τοῦ πᾶσαν κίνησιν δεδεῖχθαι ἐξ ἐναντίου εἰς ἐναντίον γινομένην ἢ ἁπλῶς ἢ πῇ. ἔστι δὲ ἡ πῇ ἐκ τοῦ μεταξὺ γινομένη κατὰ τὴν ἐν τῷ αὐτῷ εἴδει ἐπίτασιν.

★

251* (26b 10) <ἀκίνητον δ'>] κατὰ τὸ πρῶτον σημαινόμενον τοῦ ἀκινήτου λέγονται τὰ ἄϋλα καὶ χωριστὰ εἴδη ἀκίνητα (κατὰ γὰρ τὸ μὴ πεφυκέναι), κατὰ δὲ τὸ β' ἐπιχείρημα ἡ χελώνη, κατὰ δὲ τὸ γ' ὁ εἰς ὀργὴν ἀκίνητος (ἄλλο γὰρ τὸ κινούμενον ἡ χελώνη καὶ ἄλλο τὸ ἀρχόμενον κινεῖσθαι τὸ ἀόργητον), τὸ δὲ δ' τὸ ἠρεμοῦν. – τὸ δὲ ο ῦ τοπικόν, τὸ δὲ ὡ ς τροπικόν· οἷον ὁ βοῦς μὴ ἱπτάμενος ἐν τῷ βυθῷ οὐ λέγεται ἠρεμεῖν διὰ τὸν τόπον καὶ τὸν τρόπον· οὐ γὰρ πέφυκεν.

—

1–2 κατὰ τὸ πρῶτον … τὰ ἄϋλα S : ἀκίνητα λέγονται κατὰ τὸ πρῶτον σημαινόμενον· τὰ ἄϋλα P || 2 κατὰ γὰρ S : inv. ord. P || 3 β' S : δεύτερον P || ἐπιχείρημα : ἐπι^{x} S om. P

<Mais immobile>] Selon la première signification de l'immobile, ce sont les formes immatérielles et séparées qui sont immobiles (du fait, en effet, qu'elles n'en ont pas la nature), selon le deuxième argument la tortue, selon le troisième celui qui se meut difficilement vers la colère (différents, en effet, sont le mû – la tortue – et ce qui commence à se mouvoir, l'être qui se met difficilement en colère), selon le quatrième ce qui est au repos. – le « où » est locatif, le « comment » modal. Ainsi, le bœuf qui, au fond de la mer, ne vole pas, n'est pas dit être au repos, en raison du lieu et du mode : ce n'est pas en effet en sa nature.

Test. *Averr. 222 A-B* : & dixit : Et immobile est illud, quod non potest moueri, &c., id est : Et immobile dicitur multis modis. Dicitur enim immobile illud, cuius species non est innata recipere motum, ut dicitur quod sonus est inuisibilis, quia non est innatus ut uideatur. Deinde dixit : Et illud, quod mouetur tarde, &c., id est : & ut dicitur immobile etiam illud, quod difficile mouetur, et tarde. & isti duo modi dicuntur immobile transumptiue. Et Alexander dixit & quod illud, quod est tardi motus est aliud ab illo, quod est difficilis motus quoniam illud, quod est difficilis motus, est illud, quod incipit tarde, non illud, quod mouetur tarde …

Adnot. Ce passage correspond à Simplicius, *In Phys.* 865.9–867.5, qui s'étend. Pour le premier cas, Simplicius commence par mentionner les pôles de l'univers, qui sont *toujours* au repos, puis se reprend, notant qu'ils ne sont pas *par nature* au repos. La première catégorie ne s'applique donc vraiment qu'aux « substances totalement séparées des corps » (*In Phys.* 865.21–21 : αἱ πάντῃ χωρισταὶ σωμάτων οὐσίαι). On aurait pu croire ce mouvement argumentatif issu de considérations proprement néoplatoniciennes (Simplicius distordant le texte d'Aristote pour dépasser l'exemple physique d'Alexandre), mais il n'en est sans doute rien. C'est Alexandre qui devait évoquer le cas des pôles puis passer aux formes séparées. Ce qui sépare les deux commentateurs est, dès lors, leur conception des « formes séparées » : il s'agira des Idées platoniciennes pour Simplicius, des moteurs astraux pour Alexandre (cf. *In Metaph.* 375.37–376.5 et *Essentialisme*, p. 313–314 et 319). La remarque finale sur le « où » et le « comment » n'apparaît pas telle quelle chez Simplicius, ce qui plaide en faveur de l'authenticité de la scholie. La distinction entre ce qui se meut et ce qui commence à se mouvoir est attribuée à Alexandre par Averroès.

★

252 (26b 15) ἐναντίον γὰρ] κοινότερον πολλάκις τὰς στερήσεις ἐναντίας καλεῖ ταῖς ἕξεσι, καὶ ἔμπαλιν ἐπὶ τῶν κυρίως ἐναντίων τὸ χεῖρον αὐτῶν στέρησιν καλεῖ τοῦ βελτίονος, ὡς τὸ μέλαν καὶ τὸ ψυχρόν. ἡ δὲ ἠρεμία στέρησίς ἐστι τῆς κινήσεως ἀλλ' οὐκ ἔμπαλιν, ὅτι προηγουμένως ἡ φύσις αἰτία κινήσεως καὶ ὅτι ἐνέργεια ἡ κίνησις· αἱ δὲ στερήσεις ἢ ἕξεών εἰσιν ἢ ἐνεργειῶν στερήσεις.

—

3 μέλαν : μέλι S

Contraire, en effet] De manière indifférenciée, il dit souvent que les privations sont contraires aux possessions, et réciproquement, dans le cas des contraires à proprement parler, il appelle le pis des deux privation du meilleur, comme le noir et le froid. Mais le repos est une privation du mouvement tandis que la réciproque n'est pas vraie, du fait que la nature est primordialement cause de mouvement et que le mouvement est acte. Or les privations sont privations ou bien de possessions, ou bien d'actes.

Test. *Simpl. 866.21–30* : καὶ γὰρ ὑπαλλάσσει πολλάκις τὰ ἐναντία καὶ τὴν στέρησιν· τοιγαροῦν καὶ ἐπὶ τῶν ὁμολογουμένων ἐναντίων τὸ χεῖρον αὐτῶν στέρησιν λέγει τοῦ βελτίονος ὡς τὸ μέλαν τοῦ λευκοῦ καὶ τὸ ψυχρὸν τοῦ θερμοῦ. καὶ πάλιν τὰ κατὰ στέρησιν ἀντικείμενα ἐναντία καλεῖ, ὅταν μὴ ἀκριβολογῆται περὶ τὰ εἴδη τῆς ἀντιθέσεως, ὡς νῦν τὴν ἠρεμίαν ἐναντίαν λέγει τῇ κινήσει· εἰ μὴ ἄρα ἐναντίον εἶπεν ἀντὶ τοῦ ἀντικείμενον. ἀλλὰ διὰ τί ἡ μὲν ἠρεμία στέρησις τῆς κινήσεώς ἐστιν, ἡ δὲ κίνησις οὐκέτι στέρησις τῆς ἠρεμίας; ἢ ὅτι προηγουμένως ἡ φύσις κινήσεώς ἐστιν αἰτία ἐνεργείας οὔσης, αἱ δὲ στερήσεις ἕξεών εἰσι καὶ ἐνεργειῶν ἀπουσίαι.

Adnot. Ce point est caractéristique d'Alexandre. Cf. *Essentialisme*, p. 129 sqq.

★

V, 3

253 (26b 21) <ἅμα>] τὰ κατὰ τόπον ἅμα ἐξ ἀνάγκης συνεχῆ ἀλλήλοις εἰσίν.

—

post εἰσίν habet καὶ ἐνεργειῶν στέρησις S : seclusi (cf. schol. 252 sub fine)

<ensemble>] Les choses qui sont ensemble selon le lieu sont nécessairement continues les unes aux autres.

Test. *Simpl. 868.26–29* : εἷς μὲν οὖν ἐστιν, ὥς φησιν Ἀλέξανδρος, ὁ μὴ διῃρημένος, ἀλλὰ συνεχής, τῷ καὶ αὐτὰ τὰ ἅμα λεγόμενα ἐν τόπῳ συνεχῆ ἀλλήλοις εἶναι ὡς τὰ τοῦ συνεχοῦς μέρη.

Adnot. Aristote écrit : ἅμα μὲν οὖν λέγω ταῦτ' εἶναι κατὰ τόπον, ὅσα ἐν ἑνὶ τόπῳ ἐστὶ πρώτῳ (226b 21–22). Alexandre est visiblement très sensible à la mention appuyée du lieu, qui le conduit à deux prises de position anti-stoïciennes. La première écarte l'idée des deux corps dans un même lieu : superficiellement, on pourrait en effet croire que c'est ici ce qu'Aristote veut dire. La seconde revient à la distinction fondamentale entre continuité et contiguïté. Comme on l'a vu plus haut, Alexandre y reconnaît son arme maîtresse dans son combat contre l'ontologie stoïcienne. Or cette distinction (cf. scholie **46**) a pour critère la distinction entre « dans un tout » (ἐν ὅλῳ) et « dans un lieu » (ἐν τόπῳ). La description présente d'Aristote s'apparentant à la première situation (ἐν ὅλῳ) – puisque l'existence d'un lieu unique interdit celle de « sous-lieux » intérieurs – Alexandre en a tiré, de manière assez radicale, les conséquences. Simplicius, *In Phys.* 869.4 sqq. critique longuement cette interprétation d'Alexandre, au profit d'une lecture plus facile du texte, qui cependant ne parvient pas à expliquer le sens de ἅμα. Il n'est pas indifférent de voir que, comme d'habitude dans ce type de situation, la scholie est entièrement du côté d'Alexandre : elle affirme si péremptoirement sa thèse dans son aspect le plus paradoxal (ἅμα κατὰ τόπον = συνεχῆ) qu'il est très difficile de croire qu'elle résulte d'une sélection dans le commentaire de Simplicius.

⋆

254 (26b 23) <ὧν τὰ ἄκρα ἅμα>] ἄκρα μὲν αἱ ἐπιφάνειαι κατὰ συμβεβηκὸς οὖσαι ἐν τόπῳ, ἅμα δὲ τὰ ἐφαρμόζοντα.

<ce dont les extrémités sont ensemble>] Les surfaces, étant par accident dans un lieu, sont des extrémités, tandis que les choses qui coïncident sont « ensemble ».

TEST. *Simpl. 870.17–24* : ἢ ἄκρα μέν, φησί, λέγει τὰς ἐπιφανείας καὶ τὰ πέρατα τῶν σωμάτων, καθ' ἃ ἅπτεται ἀλλήλων. ἅμα δὲ ταῦτα λέγει καὶ ἐν τῷ αὐτῷ τόπῳ κατὰ συμβεβηκός ..., καὶ ἐν ᾧ ἡ ἑτέρα τέως ἦν, ἐν τούτῳ ἀμφότεραι γίνονται· ἐφαρμόζουσι γὰρ ἀλλήλαις ἐν τῇ τῶν σωμάτων ἀφῇ – *Philop. 791.24–27* : ἢ ἄκρα μὲν λέγει τὰς ἐπιφανείας, ἅμα δὲ αὐτὰς λέγει ὑπάρχειν ἀντὶ τοῦ ἐφαρμόζειν· τῶν γὰρ ἁπτομένων ἐφαρμόζουσιν αἱ ἐπιφάνειαι, ὥσπερ ἂν εἰ καὶ ἅμα ἦσαν.

ADNOT. Simplicius reproche effectivement à Alexandre d'être contraint, par son interprétation de ἅμα comme lié au *continu* (cf. scholie précédente), d'introduire un nouveau sens de ce terme, arbitrairement considéré comme dérivé, lorsqu'il apparaît en liaison avec le *contact*. Ce second sens serait celui de la coïncidence des objets (τὰ ἐφαρμόζοντα). Il est plus judicieux, souligne Simplicius, d'accorder un sens unique à ἅμα, que l'on verra ensuite réalisé dans différentes situations (cf. 871.3 : ἔστι δὲ οὐκ ἄλλο, ἀλλὰ ἄλλων). Encore une fois, on reconnaît dans la scholie, malgré sa brièveté, une interprétation purement alexandrique, sans aucune contamination simplicienne. Son premier moment correspond à une distinction que dressait l'Exégète entre deux sens de ἄκρα, soit les « parties extrêmes » – Alexandre songe sans doute ici à la situation de la main dans le corps de l'homme, par exemple – soit les « surfaces externes » des objets tridimensionnels. Après avoir exclu qu'Aristote puisse signifier ici les « parties extrêmes », Alexandre affirme qu'il doit s'agir des surfaces, qui sont effectivement dans un lieu « par accident ». On peut donc dire, en un sens dérivé, que les corps qui coïncident parce que leurs surfaces coïncident sont « ensemble ». Simplicius a bien sûr raison de trouver une telle interprétation très peu vraisemblable : on voit mal Aristote relier si peu entre elles des occurrences de ἅμα apparaissant à deux lignes d'intervalle. Mais cela n'en rend pour nous le coup de force d'Alexandre que plus intéressant.

⋆

255* (26b 27) συνεχῶς δὲ κινεῖται] οὐδὲν διαλείπει τοῦ πράγματος τὸ ἱπτάμενον ἢ νηχόμενον ἢ ἕρπον, ὀλίγιστον δὲ τὸ βαδίζον· ὁ δὲ χρόνος πάντως οὐκ ὀφείλει μεσολαβεῖσθαι.

—

1–2 οὐδὲν ... ἕρπον S : τὸ μὲν γὰρ ἱπτάμενον ἢ νηχόμενον ἢ ἕρπον οὐδὲν διαλείπει P || 2 ὀλίγιστον δὲ τὸ βαδίζον S : τὸ δὲ βαδίζον ὀλίγιστον P || 2–3 ὁ δὲ χρόνος ... μεσολαβεῖσθαι S : ὁ δὲ χρόνος οὐδὲν διαλείπει συνεχῶς κινούμενος P

mais se meut continûment] Ce qui vole, nage ou rampe ne s'interrompt aucunement dans son opération, tandis que ce qui marche le fait sur un très petit intervalle. Toutefois, le temps, obligatoirement, n'est pas tenu de s'interrompre.

Test. *Averr. 223 L* : & in continuis non posuit necessario ut non deficiant omnino in intentione, quia plura mota continua deficiunt aliquantulum in intentione, ut animalia quae ambulant : illa autem, quae natant, aut uolant, non deficiunt in intentione omnino.

Adnot. Aristote traite ici du mouvement continu. Comme Alexandre le remarquera un peu plus bas (cf. scholie **276**), le présent texte n'est pas clair. La lettre est incertaine, signe assez sûr d'interventions anciennes, cf. *ad schol.* **276**. Selon Ross, p. 627–8, Aristote veut dire ceci : un mouvement est continu quand (1) il passe par tous les états intermédiaires ou à peu près et ce, (2) qu'il s'interrompe ou non durant le parcours. Soit par exemple un mouvement qualitatif allant de la note la plus grave à la plus haute. Ce passage sera continu s'il n'omet que quelques (rares) notes entre les deux extrêmes. La question des pauses entre les notes est inopportune. On peut représenter cette interprétation, dans le cas le plus simple (une translation entre un point de départ D on l'on se trouve en t_1 et un point d'arrivée A où l'on se trouve en t_n), à l'aide du schéma suivant :

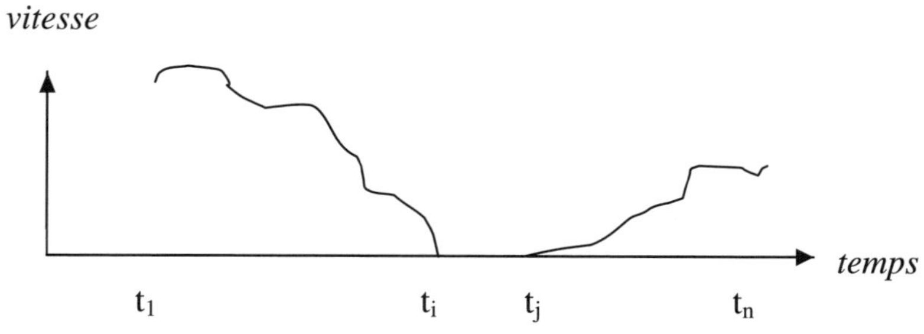

On voit qu'entre les temps t_i et t_j, la vitesse du mobile est nulle. Celui-ci est donc à l'arrêt en un certain point de la trajectoire DA. En t_j, la vitesse absolue redevient strictement positive, le mobile se remet donc en marche. Selon l'interprétation de Ross, le mouvement est bien continu, puisque le mobile est allé de D à A sans accomplir de saut d'espace. Qu'il se soit arrêté en chemin est sans importance. Est-ce ainsi que les commentateurs anciens ont compris ce passage ?

Simplicius semble proposer une interprétation différente. Selon lui, pour qu'il y ait continuité, il faut que l'intervalle $[t_i,t_j]$, s'il existe, soit comparativement petit *et* que l'intention générale présidant au mouvement demeure (cf. *In Phys.* 873.23–28) – ce que Simplicius dénomme « l'intervalle de la chose » (διάλειμμα τοῦ πράγματος, *In Phys.* 873.17–18). Simplicius donne l'exemple de quelqu'un allant d'Athènes au Pirée qui s'arrête en chemin pour lacer sa chaussure. Le πρᾶγμα, c'est ici le *mouvement* d'Athènes au Pirée. Quand on lace sa chaussure, on interrompt ce πρᾶγμα, pour se livrer à un autre πρᾶγμα. Ce dernier étant cependant négligeable par rapport au premier, et lui étant intentionnellement subordonné, on peut considérer que le mouvement d'Athènes au Pirée est continu. On constate ici une divergence entre nos concepts et ceux de Simplicius. Pour nous, du point de vue du mouvement d'Athènes au Pirée, il ne fait aucune différence si l'on s'immobilise sans rien faire au milieu de la route, ou si l'on s'immobilise pour faire quelque chose, en l'occurrence lacer sa chaussure. Il y a, dans un cas comme dans l'autre, interruption du mouvement de transport d'Athènes au Pirée. Pour Simplicius, en revanche, cela est vrai dans le second cas, mais faux dans le premier. Pour que le mouvement soit unique, il faut et il suffit, d'après Simplicius, que l'intention qui y préside le soit (cf. *In Phys.* 873.19 : καὶ ὁ σκοπὸς εἷς μένει τοῦ πράγματος).

La comparaison de la scholie et du commentaire d'Averroès est très instructive. On trouve en effet dans ces deux sources une interprétation identique absente de chez Simplicius ; c'était donc celle d'Alexandre. Celui-ci interprétait comme interruption « selon la chose », le fait que dans la marche (à la différence de la nage et du vol), le mouvement s'interrompt très brièvement lorsqu'on pose le pied par terre (cf. *De incessu animalium* 6, 706b 18–19). Il est probable (cf. Introduction, p. 101), que le commentaire d'Alexandre contenait ces exemples biologiques à titre premier et celui figurant chez Simplicius à titre de simple illustration. Alexandre aurait souligné que l'immobilisation très brève au cours de la marche ne devait pas être comprise comme une rupture de la continuité, puisque l'intention de l'animal marchant demeure unique tout au long de son parcours. Il aurait alors illustré son propos à l'aide de l'exemple récréatif figurant seul chez Simplicius.

★

256* (26b 30) ἀλλὰ τοῦ πράγματος] ἴσον ἐστὶ τῷ ἀλλ' ὑπαλλαγῇ γέγονε τοῦ πράγματος καθ' ὃ κινεῖται τὸ οὕτως κινούμενον. δηλοῖ δὲ διὰ τοῦτο ὅτι οὐκ ἀρκεῖ μόνος ὁ χρόνος συνεχὴς ὢν πρὸς τὸ ποιῆσαι συνεχῆ κίνησιν, ἀλλὰ δεῖ καὶ τὸ ὑποκείμενον πρᾶγμα.

—

1–2 ἴσον ... ὅτι non habet P || 1 ὑπαλλαγῇ : ὑπαλλαγὴ ut vid. S || 2 καθ' ὃ distinxi : καθὸ S || τοῦτο scripsi : τοῦ S || 3 πρὸς S p. c. P : κατὰ S a. c.

mais de la chose] Cela équivaut à « mais cela a eu lieu par substitution de la chose selon laquelle est mû ce qui est ainsi mû ». Il élucide par là le fait qu'il ne suffit pas que le temps seul soit continu afin de rendre le mouvement continu, mais qu'il faut aussi que la chose sous-jacente le soit.

ADNOT. La « chose » (πρᾶγμα), c'est ici l'opération. Cf. scholie précédente.

★

257* (26b 32) ἐναντίον δὲ] τοῦτο κατὰ τὰ περὶ τοῦ μεταξὺ λεγόμενα ἐξακουστέον. λέγει γὰρ ὅτι ἔστι καὶ ἐν τῇ τοπικῇ κινήσει τὸ μεταξὺ ὡς ἐν ταῖς ἄλλαις. τὸ δὲ ἡ γ ὰ ρ ἐ λ α χ ί σ τ η π ε π έ ρ α ν τ α ι λέγει ὅτι ἡ εὐθεῖα γραμμὴ ἐλαχίστη οὖσα πεπέρανται καὶ μέτρον ἐστί.

—

1–3 τοῦτο ... ὅτι non habet P || 1 κατὰ S a. c. : πρὸς S p. c. || 3 ἡ s. l. add. S || 4 μέτρον P : –ον in compendio velut –αν (sic) S

mais le contraire] Il faut entendre cela en fonction des choses dites au sujet de l'entre-deux. Il dit en effet qu'il y a, dans le mouvement local, de l'entre-deux tout autant que dans les autres. Mais il dit « La plus petite est en effet délimitée » parce que la ligne droite, étant la plus petite, est délimitée et est une mesure.

★

258 (26b 34) ἐφεξῆς] τὸ μ ό ν ο ν πρόσκειται δηλωτικὸν τοῦ ὁπωσοῦν τῆς ἀρχῆς καὶ τοῦ πρώτου λαμβανομένου, ἢ θέσει ἢ τάξει ἢ εἴδει ἢ φύσει.

—

1 πρόσκειται S p. c. : κατάκειται S a. c. || ὁπωσοῦν scripsi : ὅπως οὖν S

Est successif] « Seulement » est placé là pour bien montrer que le principe et le premier étaient pris d'une manière quelconque, soit par position, soit par ordre, soit par forme, soit par nature.

TEST. *Simpl. 876.22–27* : ἰστεόν δὲ ὅτι τῶν πολλῶν ἀντιγράφων ἐχόντων ἐ φ ε ξ ῆ ς δ ὲ ο ὖ μ ε τ ὰ τ ὴ ν ἀ ρ χ ὴ ν ὄ ν τ ο ς ἢ θ έ σ ε ι ἢ ε ἴ δ ε ι , ὁ Ἀλέξανδρος οὕτω γράφει ο ὗ μ ε τ ὰ τ ὴ ν ἀ ρ χ ὴ ν μ ό ν ο ν ὄ ν τ ο ς , τὸ μ ό ν ο ν προστιθείς, καὶ ἐξηγεῖται ὅτι δηλωτικόν ἐστι τὸ μόνον τοῦ μὴ κυρίως πάντως τὴν ἀρχὴν λαμβάνεσθαι, ἀλλ' ὅπως ἂν ἡ ἀρχὴ ληφθῇ, ἢ θέσει ἢ φύσει, τοῦ ἐφεξῆς ἀκολουθοῦντος.

Adnot. Simplicius écrit qu'à la différence des nombreux exemplaires à sa disposition qui ne comportent pas le mot « seulement » (μόνον), Alexandre cite la phrase avec ce terme et propose même de celui-ci une explication. C'est cette explication que la scholie a conservée, sans que l'on y discerne la moindre trace de la division de la tradition telle que la rapporte Simplicius. La tradition directe est majoritairement du côté de Simplicius (tous les mss utilisés par Ross, à l'exception de H et I), ce qui confirme le caractère fossile de la scholie. Le manuscrit S, cependant, rejoint H et I pour lire μόνον.

★

[89r]

259 (27a 6) <ἐφεξῆς ὂν>] ὅτι ἅπτεται μὲν καὶ ἀνομογενῆ οἷον ζῷον λίθου καὶ ἀνομοειδῆ οἷον βοῦς ἵππου, συνέχεται δὲ μόνα ἀλλήλων τὰ ὁμοειδῆ ὡς ἁπτόμενα, ὅτι ἐπὶ πλέον τὸ ἁπτόμενον τοῦ ἐχομένου. ἅπτεται γὰρ καὶ τὰ ἀνομοειδῆ.

—

2 post ὡς fort. scribendum ἀλλήλων

<en étant successif>] Que se touchent aussi bien des choses qui n'appartiennent pas au même genre, comme un animal touche une pierre, que des choses qui n'appartiennent pas à la même espèce, comme un bœuf touche un cheval ; que sont contiguës entre elles seulement les choses de même espèce, dès lors qu'elles se touchent, du fait que la notion de contact a plus d'extension que celle de contiguïté. Se touchent en effet les choses qui ne sont pas de même espèce aussi bien.

Adnot. Le terme συνέχεται (l. 2) est maladroit, puisqu'il pourrait évoquer la continuité au sens technique aristotélicien, qui sera mentionnée seulement à la ligne suivante. C'est la raison pour laquelle j'ai préféré traduire de manière non technique, précisément.

★

260 (27a 13) <τοῖν ἐσχάτοιν>] <οὐχ ὥσ>περ ἐπὶ τοῦ <ἐ>χομένου ἀλ<λ' ἕ>νωσις <γί>νεται τοῖν <ἐσ>χάτοιν.

<extrêmes>] Non pas comme dans le cas de la contiguïté, mais il se produit une union des deux extrêmes.

Test. *Simpl. 878.13–14* : ὥσπερ ἀπὸ τοῦ ἐφεξῆς καὶ τοῦ ἅπτεσθαι ἐγίνετο τὸ ἐχόμενον, οὕτως ἀπὸ τοῦ ἐχομένου τὸ συνεχές, ὅταν ἡ ἁφὴ τῶν ἐχομένων γένηται ἕνωσις.

★

261 (27a 16) τὸ συνεχὲς (cf. app.)] τὰ συνεχῆ διάφορα καὶ πολυειδῆ. κυρίως μὲν γὰρ ἐπὶ γραμμῶν καὶ ἐπιφανειῶν καὶ σωμάτων ἡ συνέχεια ὡς φυσικῶν, γίνονται δὲ συνεχῆ καὶ γ ό μ φ ῳ καὶ κ ό λ λ ῃ καὶ τοῖς τοιούτοις καταχρηστικώτερον.

continu] Les choses continues sont diverses et de différentes espèces. Au sens propre, c'est aux lignes, aux surfaces et aux corps que la continuité s'applique en tant que naturels, mais, en un sens plus dérivé, des choses deviennent continues aussi par lien, par colle et par des choses de ce type.

Adnot. La scholie est intéressante en ce qu'elle affirme clairement l'existence « naturelle » des êtres mathématiques. Il ne faut pas rattacher φυσικῶν seulement à σωμάτων, mais bien rendre la position de συνέχεια dans la phrase.

★

262 (27a 24) <ἀνάγκη γὰρ>] ὡς καὶ ἐν Κατηγορίαις· εἰσὶ δὲ αἱ μὲν ἕξεις καὶ διαθέσεις, αἱ δὲ διαθέσεις οὐκ ἐξ ἀνάγκης ἕξεις.

—

1 εἰσὶ δὲ κτλ. : *Cat.* 8, 9a 10–11.

<Car il est nécessaire>] Comme dans les *Catégories* : « les états, eux, sont également des dispositions, tandis que les dispositions ne sont pas nécessairement des états ».

Adnot. Cette citation littérale des *Catégories* n'apparaît pas chez Simplicius ni Philopon. Elle se trouvait selon toute probabilité dans le commentaire d'Alexandre.

★

263 (27a 29) <τὸ ἅπτεσθαι>] κοινότερον ἀντὶ τοῦ ἐφαρμόζειν.

<le contact>] De manière plus commune, à la place de « la coïncidence ».

Test. *Simpl.* 880.9–11 : ἢ τὸ ἅπτεσθαι ἀντὶ τοῦ ἐφαρμόζειν εἶπεν (σημεῖον γὰρ σημείῳ συντιθέμενον σημεῖον ποιεῖ· οὕτω δὲ ἤκουσεν ὁ Ἀλέξανδρος) – *Philop. 855.22–23* : ἀλλ' ἀντὶ τοῦ ἐφαρμόζειν τῷ ἅπτεσθαι ἐχρήσατο – *Averr.* 226 A : et Alexander exponit hic tactum pro superpositione.

Adnot. L'argument général d'Aristote, selon Simplicius qui suit très probablement ici Alexandre, est le porisme (πόρισμα, *In Phys.* 880.1) suivant : on admet la thèse de certains adversaires qui assimilent point et unité ; et on montre, en vertu d'une liaison privilégiée entre point et contact (ἅπτεσθαι), ainsi qu'entre unité et relation de simple succession (ἐφεξῆς), supposée reconnue par l'adversaire, que les deux notions sont irrémédiablement différentes, même si l'on postule l'existence autonome de μαθηματικά. Dans le cadre de ce porisme, un problème philologique mineur était posé par l'affirmation d'Aristote selon laquelle le contact appartient aux points (ταῖς μὲν γὰρ ὑπάρχει τὸ ἅπτεσθαι, *Phys.* 227a 29). Simplicius propose deux explications, l'une qu'il attribue à Alexandre et l'autre, à laquelle il accorde sa préférence, qu'il a sans doute imaginée lui-même. L'explication d'Alexandre voit dans le recours au terme ἅπτεσθαι une impropriété : Aristote aurait dû dire ἐφαρμόζειν. C'est exactement le témoignage que nous délivrent la scholie et le commentaire d'Averroès. L'autre, qui n'apparaît pas dans ces deux sources, consiste à postuler un glissement entre les lignes dont les points sont les extrémités, et qui seules sont véritablement en contact (au niveau de ces points), et les points eux-mêmes. L'enjeu théorique de la distinction est faible, puisque les idées topologiques sous-jacentes demeurent identiques.

⋆

264* (27a 30) <καὶ τῶν μὲν>] τῶν στιγμῶν μεταξὺ γραμμαί, οὐχ ὅτε δὲ ἐφαρμόζουσι.

—

1 γραμμαί S : γραμμῶν P

<Aux uns>] Entre des points, il y a des lignes, non pas cependant quand ils coïncident.

Test. *Simpl. 880.13–17* : οὐ μόνον δὲ ἐκ τῆς διαφορᾶς τοῦ ἅπτεσθαι καὶ τοῦ ἐφεξῆς ἡ διαφορὰ τοῦ σημείου καὶ τῆς μονάδος δείκνυται, ἀλλὰ καὶ ἐκ τοῦ μεταξύ, εἴπερ τινῶν μὲν στιγμῶν ἐνδέχεται εἶναί τι μεταξύ, τινῶν δὲ οὔ. τῶν μὲν γὰρ ἐφαρμοζουσῶν ἀλλήλαις στιγμῶν οὐδέν ἐστι μεταξύ, τῶν δὲ μὴ ἐφαρμοζουσῶν ἐνδέχεται εἶναι μεταξὺ γραμμὴν ἢ γραμμάς …

Adnot. Il est curieux que Simplicius, après avoir tenu à présenter une interprétation différente d'Alexandre (cf. scholie précédente) où n'apparaissait plus l'idée de coïncidence des points, insiste ici sur cette idée. La scholie confirme que c'est parce qu'il suit de près, comme à son habitude, le commentaire de son prédécesseur, qui s'en tenait pour sa part à une ligne exégétique unique.

★

265 (27b 1–2) <καὶ τοῖς ποίοις>] τοῖς ϑέσιν ἔχουσι τὸ ἅμα, τὸ χωρίς, τὸ ἅπτεσϑαι, τὸ συνεχῆ εἶναι, τὸ ἔχεσϑαι, τὸ μεταξύ· τὸ δ' ἐφεξῆς καὶ τοῖς ἀϑέτοις.

—

1 post ϑέσιν hab. ἅμα in ras. S

<et à quelles sortes de choses>] Aux choses qui ont une position appartiennent le « ensemble », le « séparé », l'être en contact, l'être continu, le contigu, l'entre-deux, tandis que le successif appartient également aux choses qui ne sont pas dotées de position.

Test. *Simpl. 881.12–17* : εἰπὼν δὲ περὶ ἑκάστου τῶν προτεϑέντων συμπεραίνεται λοιπὸν τὸν λόγον, ὑπομιμνῄσκων κατὰ τάξιν, ὅτι εἴρηται περὶ πάντων καὶ τί ἐστιν ἕκαστον καὶ τοῖς ποίοις τῶν ὄντων ὑπάρχει· εἴρηται γὰρ ὅτι τὰ μὲν ἄλλα πάντα τοῖς ἔχουσι ϑέσιν ὑπάρχει, τὸ δὲ ἐφεξῆς καὶ τοῖς οὐκ ἔχουσι ϑέσιν, εἴπερ καὶ ἐν ἀριϑμοῖς τοῦτο ϑεωρεῖται.

★

V, 4

266* (27b 3–4) πολλαχῶς] ἢ τριχῶς· γένει εἴδει ἀριϑμῷ.

★

267 (27b 4–5) κατὰ τὰ σχήματα τῆς κατηγορίας] ἀντὶ τοῦ κατὰ τὰ τῶν κατηγοριῶν εἴδη· οὐ γὰρ ὁμογενεῖς αἱ πᾶσαι κινήσεις.

selon les formes de la catégorie] Au lieu de « selon les espèces des catégories ». Tous les mouvements ne sont pas en effet de même genre.

ADNOT. On remarque la souplesse de l'emploi du terme εἶδος chez Alexandre, qui apparaît ici pour désigner ce que l'Exégète considère généralement comme un genre (cf. *In Metaph.* 369.2–16). C'est que le genre lui-même – ici, la catégorie – est, pour lui, formel (cf. *Essentialisme*, p. 99–102). Philopon semble lui reprendre le terme. Cf. *In Phys.* 856.8 : τούτεστι κατὰ τὸ εἶδος τῆς κατηγορίας.

★

268* (27b 7) ἐν ἀτόμῳ εἴδει] ἄτομον εἶδός ἐστι τὸ μὴ ὑπάλληλον μηδὲ διαιρούμενον εἰς εἴδη, τουτέστιν τὸ εἰδικώτατον.

—

2 εἴδη P : in ras. S || τουτέστιν S : ἀλλ' ἔστι τοῦτο εἶδος P || εἰδικώτατον P : ἰδικώτατον S

dans une espèce indivisible] Est espèce indivisible celle qui ne subsume ni ne se divise en espèces, à savoir la plus spécifique.

ADNOT. On a, avec cette scholie à la syntaxe un peu rude (et pour cette raison normalisée dans P), la confirmation du *pedigree* alexandrique de l'expression, courante chez Porphyre et ses lecteurs, de εἶδος εἰδικώτατον. Elle n'était jusqu'à présent attestée, dans les textes probablement authentiques d'Alexandre, qu'en *In Top.* 452.22–23.

★

[89v]

269 (27b 12) <δῆλον ὡς>] κεῖται ἁπλῶς μία τῷ εἴδει κίνησις εἶναι ὅταν καὶ τῷ ἀτόμῳ εἴδει ᾖ.

<il est évidente que>] Il est posé simplement qu'un mouvement est un selon l'espèce quand il l'est selon l'espèce indivisible.

★

270* (27b 14) <ἀπορήσειε>] δύναται γὰρ τὸ αὐτὸ ἐπὶ τὸ αὐτὸ ἀπὸ τοῦ αὐτοῦ ποτὲ μὲν ἐπ' εὐθείας κινεῖσθαι, ποτὲ δ' ἐπὶ περιφεροῦς, καὶ ποτὲ μὲν πάλιν βαδίζειν, ποτὲ δὲ κυλίεσθαι.

<Mais on pourrait se demander>] En effet, il est possible que la même chose se meuve vers la même chose à partir de la même chose parfois en ligne droite, parfois circulairement, et que parfois elle marche, parfois elle roule.

Test. *Simpl. 883.22–25* : δύναται γὰρ τὸ αὐτὸ ἀπὸ τοῦ αὐτοῦ ἐπὶ τὸ αὐτὸ ποτὲ μὲν ἐπ' εὐθείας κινεῖσθαι, ποτὲ δὲ κύκλῳ. καὶ ἔσται ἡ κυκλοφορία τῇ εὐθυφορίᾳ ἡ αὐτὴ τῷ εἴδει, ὁμοίως δὲ καὶ ἡ κύλισις τῇ βαδίσει.

★

271* (27b 19) τὸ ἐν ᾧ] ἐν ᾧ λέγει ἢ τὸν τρόπον ἢ τὸ εἶδος τῆς κινήσεως. ἀναμιμνῄσκει δ' ἡμᾶς τοῦ λόγου τοῦ καὶ ἐὰν ἐν ἀτόμῳ εἴδει ᾖ.

—

1 ἢ pr. S : om. P || ἢ sec. S : καὶ P || 2 τοῦ λόγου : cf. 227b 7 || ἐὰν S : om. P

ce dans quoi] Il appelle « dans quoi » soit la manière, soit l'espèce du mouvement. Il nous rappelle son propos « et s'ils sont dans une même espèce indivisible ».

Test. *Simpl. 883.28–884.3* : τὸ δὲ περιφερὲς τοῦ εὐθέος ἕτερον τῷ εἴδει, εἴτε τὸ ἐν ᾧ ἡ κίνησις ληφθείη ὡς εὐθεῖα γραμμὴ καὶ περιφερής, εἴτε ὁ τρόπος καθ' ὃν ἡ κίνησις, ὡς ἡ κύλισις καὶ ἡ βάδισις. καὶ τοῦτο ἂν μᾶλλον σημαίνοι τὸ ἐν ᾧ ἡ κίνησις.

Adnot. La variante avec ἐάν dans la citation d'Aristote est sans doute due à la présence du subjonctif dans la proposition. Il ne faudrait pas tirer argument de la présence de ce mot dans P pour conclure à une simple erreur de S. Il est plus probable que P normalise en fonction du texte unanime de la tradition directe.

★

272 (27b 22) <τίς δ' ἡ τοιαύτη>] τὰς αὐτὰς τῷ γένει καὶ εἴδει κινήσεις χαρακτηρίζει τὸ καθ' ὅ, τουτέστιν ἐν ᾧ γένει· τὰ δὲ τῷ ἀριθμῷ μετὰ τούτ<ου καὶ ὁ> αὐτὸ<ς> χρόνος.

<ce qu'est ce mouvement>] Les mouvements identiques selon le genre et l'espèce sont caractérisés par le « en fonction de quoi », c'est-à-dire par le « dans quel genre » ; ceux qui sont identiques selon le nombre par, en plus de cela, le même temps.

Adnot. La scholie est très effacée, je ne suis pas entièrement certain de mes lectures. Quatre petites scholies illisibles (quelques mots chacune) la suivent dans la marge intérieure du même folio.

⋆

273* (28a 6–7) ἔχει δ' ἀπορίαν] ὅ τι ἐπὶ τῶν κινήσεων ἐζήτησε, τοῦτο νῦν καὶ ἐπὶ τῶν ἕξεων. ἐκεῖ μὲν γὰρ εἰ τὸ ὑγιάζεσθαι ταὐτόν, ἐὰν ἐκ διαλειμμάτων γίνηται, ἐνταῦθα δὲ εἰ ἡ ὑγίεια ἡ αὐτὴ τῇ πρότερον ἡ ὕστερον, ἐὰν διαλείπῃ μεταξὺ νοσήσαντος τοῦ ἔχοντος. δοκεῖ γὰρ εὔλογον· εἰ γὰρ τοῦ ὑγιαίνοντος σώματος ἀεὶ ῥέοντος ἡ ἕωθεν ὑγεία τῇ ἑσπέρας ἡ αὐτή, ὥστε καὶ ἡ διαλείπουσα.

—

1 τι S : om. P || τοῦτο S : om. P || 3 γίνηται scripsi : γίνεται SP || εἰ ego : ἐὰν SP || ἡ pr. S : om. P || 3 τῇ πρότερον ἡ ὕστερον scripsi : τῇ πρότερον ἢ ὕστερον S ἡ ὕστερον τῇ προτέρᾳ P || 4 διαλείπῃ scripsi : διαλείπει S διαλει$^{\pi}$ P || 5 ἡ S : om. P || ἕωθεν ὑγεία S : ἔσωθεν ὑγίεια P || ἑσπέρας S : ἑσπέρᾳ P || καὶ S : om. P

<Mais il y a une difficulté>] Ce dont il s'est enquis au sujet des mouvements, il s'en enquiert maintenant au sujet des états. Tandis en effet que là, il se demande si le processus de guérison est le même s'il est fait de séquences, ici il se demande si la santé d'après est la même que celle d'avant, s'il y a une interruption due au fait que la personne est tombée malade. Cela semble judicieux. Si en effet, alors que le corps en bonne santé est en proie à un écoulement permanent, la santé du matin est identique à celle du soir, il s'ensuit qu'il en va de même pour celle qui s'interrompt.

Test. *Simpl. 886,26–887,7* : βουλόμενός τινα ἀπορίαν ἐκθέσθαι τὴν δοκοῦσαν δεικνύναι, ὅτι οὐδὲν κωλύει τὴν φθειρομένην κίνησιν καὶ τὴν γινομένην μίαν τῷ ἀριθμῷ γίνεσθαι, μετάγει τὴν ἀπορίαν ἀπὸ τῶν κινήσεων ἐπὶ τὰς ἕξεις, ὡς ἐκείναις πιθανώτερον ἐπιχειρουμένην. χρῆται δὲ τῷ Ἡρακλείτου λόγῳ τῷ λέγοντι πάντα ῥεῖν καὶ μηδέποτε τὸ αὐτὸ εἶναι, καὶ λέγει ὅτι εἰ μία κατ' ἀριθμὸν ἡ ὑγεία ἐστὶν ἡ ἕωθεν ἄχρι ἑσπέρας συνεχοῦς ὄντος τοῦ χρόνου, καίτοι καὶ τῶν σωμάτων καὶ τῶν ἕξεων καὶ τῶν παθῶν πάντων ῥεόντων, ὥς φησιν Ἡράκλειτος, διὰ τί οὐχὶ καὶ ὅταν δ ι α λ ι π ὼ ν τουτέστι νοσήσας ὑγιασθῇ, τὴν αὐτὴν τῷ ἀριθμῷ ῥηθήσεται εἰληφέναι;

Adnot. L'unique différence importante entre la scholie et le commentaire de Simplicius tient à la double mention, chez ce dernier, du nom d'Héraclite. Deux scénarios sont possibles : soit Alexandre a mentionné Héraclite et la scholie a abrégé son propos, soit Simplicius associe ce nom à la thèse bien connue du flux universel. On peut noter, tout d'abord, que Philopon, *In*

Phys. 794.7 fait mention des « corps fluants » (σώματα ῥευστά) sans évoquer le nom d'Héraclite, et de même Averroès, *In Phys.* 230C (*corpus moueri, id est transmutari, et fluere semper*). L'argument *e silentio* n'est bien sûr pas décisif, mais il a tout au moins valeur d'indice. On ne saurait exclure un léger différend philosophique, sur ce point, entre le néoplatonicien et ses collègues aristotéliciens plus orthodoxes. Ceux-ci n'éprouveraient guère de difficulté à attribuer une thèse « fluxiste » à Aristote, tandis que celui-là préférerait penser qu'Aristote ne l'endosse pas complétement, mais se place, *argumenti causa*, dans un cadre héraclitéen qui n'est pas le sien. On voit ici tout ce qui sépare un porphyrien comme Simplicius d'un platonicien pur et dur comme Plotin. Ce dernier se serait en effet empressé d'utiliser ce passage pour montrer comment, *de l'aveu même d'Aristote*, l'hylémorphisme ne permet pas de rendre compte de la consistance de l'οὐσία.

★

274* (28a 13) <ὅτι>] προσυπακουστέον καὶ ἐνέργειαι δύο. οὐ μὴν εἰ δύο αἱ ἐνέργειαι, ἀνάγκη ἤδη καὶ τὰς ἕξεις εἶναι δύο διότι ἐκεῖναι δύο – καὶ γὰρ τοῦτο ἐκ τοῦ λεγομένου προσυπακούειν δεῖ. τὸ δ' ἑξῆς ὡς τῷ ἀριθμῷ μία καὶ τὰς ἕξεις ἀνάγκη ἀντεστραμμένον ἐκείνῳ ἐστὶν ἀσαφῶς εἰρημένον· ὡς γὰρ τῷ ἀριθμῷ μιᾶς οὔσης τῆς ἐνεργείας ἀνάγκη καὶ τὴν ἕξιν μίαν εἶναι, οὕτως καὶ εἰ πλείους αἱ ἕξεις, πλείους καὶ αἱ ἐνέργειαι· οὐ γὰρ δυνατὸν μίαν ἐνέργειαν εἶναι ἀπὸ πλειόνων ἕξεων.

—

1 προσυπακουστέον S p. c. P : κατ– S a. c. || ἐνέργειαι P : ἐνεργεία (scil. ἐνεργείᾳ) S || εἰ S p. c. P : εἰς S a. c. || 3 προσυπακούειν S sec. m. : κατ– S pr. m. || 4 καὶ τὰς duplicavit S || καὶ τὰς ἕξεις ἀνάγκη S : εἰ δ' ἡ ἕξις μία P || 5 τὴν ἕξιν S : τῶν ἕξεων P || 6 οὕτως S : om. P || 7 ἀπὸ S P a. c. : delevit P

<à savoir>] Il faut suppléer « deux actes ». Pourtant, il n'est pas nécessaire, si les actes sont deux, que, parce qu'ils sont deux, les états aussi soient deux – c'est de fait cela qu'il faut entendre à partir de ce qui est dit. Toutefois, la séquence « comme une en acte, il est nécessaire que le soient aussi les états » est à l'envers, formulée par lui de manière peu claire. De même en effet que, l'acte étant un en nombre, il est nécessaire que l'état soit lui aussi un, de même, si les états sont plusieurs, il est nécessaire que les actes soient plusieurs. Il n'est pas possible, en effet, qu'un acte unique dérive de plusieurs états.

Test. *Simpl. 888.26–31 + 889.7–11* : μία γὰρ τῷ ἀριθμῷ ἐνέργεια ἑνὸς τῷ ἀριθμῷ τοῦ ἐνεργοῦντος, εἴτε εἴη ἕξις εἴτε δύναμις εἴτε τὸ ὑποκείμενον. εἰπὼν δὲ ὅτι δυεῖν οὐσῶν τῶν ἕξεων δι' αὐτὸ τοῦτο καὶ αἱ ἐνέργειαι δύο, καὶ πρὸς τὴν τούτου ἀπόδειξιν τὸ ἀντίστροφον παραθεὶς καὶ καθ' ἑαυτὸ χρήσιμον τοῖς προκειμένοις ὑπάρχον τὸ λέγον, ὅτι ἡ τῷ ἀριθμῷ μία ἐνέργεια ἀπὸ μιᾶς τῷ ἀριθμῷ ἕξεώς ἐστι, [...] καὶ ἄλλην δὲ γραφὴν τοῦδε τοῦ ῥητοῦ φέρεσθαί φησιν Ἀλέξανδρος τοιαύτην· ὅ τ ι ε ἰ μ ὲ ν δ ύ ο ο ὕ τ ω ς τ ῷ ἀ ρ ι θ μ ῷ , κ α ὶ τ ὰ ς ἕ ξ ε ι ς ἀ ν ά γ κ η · μ ί α γ ὰ ρ ἀ ρ ι θ μ ῷ ἐ ν έ ρ γ ε ι α ἑ ν ὸ ς ἀ ρ ι θ μ ῷ . καὶ ἀκούει τὸ ε ἰ μ ὲ ν δ ύ ο ο ὕ τ ω ς τ ῷ ἀ ρ ι θ μ ῷ οὐκ ἐπὶ τῆς ἕξεως ἀλλ' ἐπὶ τοῦ ὑποκειμένου τῇ ἕξει ... – *Averr. 231C-D* : Et, cum scripseram hoc, nondum inspexeram librum Alexandri in hoc capitulo, et post inueni ipsum dicere propinquum huic. Dicit enim quod actio dicta in hoc loco dicta est æquiuoce, & quod Aristoteles intendebat per actionem cum dixit, quoniam actiones, si fuerint duae &c., id est subiectum actionis & quasi dixit quod si subiectum actionis fuerit duo, sequitur quod formae sint duae. Deinde declarauit hoc & dixit : quoniam eadem actio in numero est eiusdem in numero, et hoc est ita: quoniam unum subiectum in numero est unius formae. Et dedit rationem super hanc expositionem, & dicit de hoc, quod inuenitur in quibusdam libris loco istius sic : sed differunt, quoniam, si fuerint duae in numero, necesse est ut formae sint sic, et non dixit actionem ...

ADNOT. La difficulté de ce passage est avant tout philologique. La lettre aristotélicienne est peu sûre. La scholie nous apprend, pour partie au moins, ce que lisait Alexandre. Simplicius et Averroès nous renseignent sur une version alternative que celui-ci lisait dans certains manuscrits. On peut représenter les choses dans le tableau suivant (en faisant abstraction de diverses variantes insignifiantes de la tradition) :

Texte 1 de la tradition directe (mss. EH, version arabe)	*Texte 2 de la tradition directe (FIJ) et texte principal d'Alexandre d'après la scholie*	*Texte secondaire d'Alexandre*
πλὴν τοσοῦτον διαφέρει, ὅτι εἰ μὲν δύο, δι' αὐτὸ <u>τοῦτο, ὡς τῷ ἀριθμῷ, καὶ</u> τὰς ἕξεις ἀνάγκη.	πλὴν τοσοῦτον διαφέρει, ὅτι εἰ μὲν δύο, δι' αὐτὸ <u>τοῦτο, ὡς τῷ ἀριθμῷ μία</u> <u>καὶ</u> τὰς ἕξεις ἀνάγκη.	πλὴν τοσοῦτον διαφέρει, ὅτι εἰ μὲν δύο <u>οὕτως τῷ</u> <u>ἀριθμῷ, καὶ</u> τὰς ἕξεις ἀνάγκη. (= sed differunt quoniam si fuerint duae in numero, necesse est ut formae sint sic)

La suite des idées, dans la scholie, est très ramassée. L'auteur commence par gloser le δύο de 228a 13 : quand Aristote dit εἰ μὲν δύο, il faut suppléer εἰ μὲν καὶ ἐνέργειαι δύο. Avec cet ajout, Aristote semble vouloir signifier *p* (*p* étant la transposition en termes clairs de la phrase problématique *P* transmise dans les manuscrits d'Aristote consultés par Alexandre). Puis, il introduit une difficulté, présentée sur un mode concessif (cf. μήν) : « il n'est pas vrai, *pourtant*, que *p* » et justifie (cf. καὶ γάρ) la transposition qu'il opère de *P* en *p*. Enfin, nouvelle inflexion argumentative : la phrase *P* est excessivement peu claire. Il est donc présomptueux d'attribuer la proposition *p* au Philosophe.

La scholie nous délivre donc une partie de l'exégèse d'Alexandre qu'aucun des commentateurs n'a transmise. Alexandre devait exprimer sa perplexité plus ou moins en ces termes, avant d'indiquer qu'il lisait un énoncé un peu différent dans une autre tradition manuscrite, qui cependant ne supprimait pas tous les problèmes.

★

275 (28a 19) αὗται μὲν οὖν εἰσὶν αἱ ἀπορίαι] τὸ ζητεῖν περὶ πασῆς ἕξεως, πῶς ἐνδέχεται. – τὸ ἑξῆς οὕτως· ἐπειδὴ πᾶσα κίνησις συνεχὴς ἐπὶ πάσης διαιρέσεως, τήν τε ἁπλῶς μίαν ἀνάγκη καὶ συνεχῆ εἶναι, καὶ εἰ συνεχὴς μία.

—

2 ἐνδέχεται vix legitur

ces difficultés] Le fait de s'enquérir, au sujet de tout état, comment il est possible. – La séquence est la suivante : puisque tout mouvement est continu en toute division, il est nécessaire que celui qui est absolument un soit aussi continu, et s'il est continu, il est un.

Adnot. Cette scholie semble consacrée à deux phrases successives qui forment la charnière d'une transition dans le texte d'Aristote (cf. μὲν οὖν … δὲ …). La première partie, difficilement lisible, semble développer l'idée d'Aristote que la réflexion précédente débouche sur des apories qui ne relèvent pas de l'étude présente. L'auteur voit là une allusion à une théorie générale de l'*état*, ἕξις, qui est effectivement menée dans les *Catégories* (8, 8b 25–9a 13). La seconde reformule la phrase successive d'Aristote (228a 20–22), efffectivement peu claire. Comparons les deux énoncés (le premier tel qu'édité par Ross) :

Phys. 228a 20–22	Reformulation d'Alexandre
ἐπεὶ δὲ συνεχὴς πᾶσα κίνησις, τήν τε ἁπλῶς μίαν ἀνάγκη καὶ συνεχῆ εἶναι, εἴπερ πᾶσα διαιρετή, καὶ εἰ συνεχής, μίαν.	ἐπειδὴ πᾶσα κίνησις συνεχὴς ἐπὶ πάσης διαιρέσεως, τήν τε ἁπλῶς μίαν ἀνάγκη καὶ συνεχῆ εἶναι, καὶ εἰ συνεχὴς μία.

Le changement principal affecte la proposition εἴπερ πᾶσα διαιρετή, qui vient effectivement interrompre la séquence aristotélicienne. Il est intéressant que Ross lui-même, p. 632, éprouve comme Alexandre transmis par la scholie le besoin de reformuler la phrase. Voici ce qu'il écrit : « If every κίνησις is divisible, each of the κινήσεις of which a larger κίνησις is composed is divisible, and so *ad infinitum*. Therefore every κίνησις is *infinitely* divisible, i.e.

continuous ». L'argument est foncièrement identique, à ceci près qu'Alexandre exprime la continuité en se donnant un point d'incision quelconque (διαίρεσις), Ross en déployant une suite infinie d'intervalle enchâssés (dont ce point d'incision constituera la limite). La leçon μία chez Alexandre est celle d'une partie de la tradition (*vs* μίαν ms. E + Thémistius). Alexandre ayant μία et cette leçon étant moins conforme à des attentes strictement grammaticales, il va de soi qu'il faudrait la faire remonter de l'apparat au texte.

⋆

[91r]

276 (28a 26) <ἐχόμεναι μὲν οὖν>] ἅπερ πρὶν ὀλίγου ἀσαφῶς εἰπὼν περὶ τοῦ συνεχῶς κινουμένου ἔλεγεν τὸ συνεχῶς δὲ κινεῖται τὸ μηδὲν ἢ ὅτι ὀλίγιστον διαλεῖπον τοῦ πράγματος μὴ τοῦ χρόνου, εἶτα προσέθηκεν οὐδὲν γὰρ κωλύει διαλείποντα, καὶ εὐθὺς δὲ μετὰ τὴν ὑπάτην φθέγξασθαι τὴν νεάτην – ἀλλ' εἰ τοῦ πράγματος ἐν ᾧ κινεῖται, ταῦτα δὴ νῦν σαφηνίζει λέγων περὶ τῆς συνεχοῦς κινήσεως.

—

1 ἅπερ scripsi : ὅπερ ut vid. S || 2 ἔλεγεν : cf. 226b 27–31 || 5 φθέξασθαι S

<Contigus, certes>] Ce qu'il a dit un peu plus haut de manière peu claire, lorsqu'il traitait de ce qui se meut continûment (« se meut continûment ce qui ne laisse aucun intervalle, ou en laisse un très petit, de la chose : non pas du temps » ; et après il a ajouté « car rien n'empêche qu'il y ait un intervalle et que, immédiatement après la note la plus basse on joue la plus haute, mais si c'est de la chose dans laquelle le mouvement a lieu »), il éclaircit donc cela en traitant du mouvement continu.

Adnot. Plus haut, en 226b 27–31, Aristote semblait admettre qu'un mouvement continu puisse être entrecoupé de brèves interruptions. C'était du moins ainsi qu'en collant à la lettre du texte, Alexandre l'interprétait (voir scholies **255** et **256**). Parvenu à ce stade de son commentaire, Alexandre n'a bien sûr pas oublié la difficulté textuelle à laquelle il a été confronté un peu plus haut, ni le coup de force exégétique auquel il s'est risqué. Fort de l'appui du texte d'Aristote, qui postule maintenant de toute évidence l'unité temporelle du mouvement continu, Alexandre cite à nouveau 226b 27–31 et peu donc dire à à partir d'Aristote lui-même que cette phrase n'était pas claire. Alexandre semble avoir lu, à la place de ἀλλὰ, la variante ἀλλ' εἰ non attestée par ailleurs. Le reste est identique.

⋆

277 (28b 18) <ἔοικε δὲ>] ὡς τὸ μᾶλλον καὶ ἧττον διαφέρουσιν ἀλλήλων κατὰ τὸ ἓν καὶ μὴ ἓν ἡ ὁμαλὴ καὶ ἀνώμαλος.

—

1 ὡς ego : ὥστε S

<Pourtant, il semble>] Comme le plus et le moins, le mouvement régulier et irrégulier diffèrent entre eux en fonction de l'un et du non-un.

Test. *Simpl. 895.27–29* : διαφέρειν δέ φησι τὴν ὁμαλὴν τῆς ἀνωμάλου κατὰ τὸ μᾶλλον καὶ ἧττον, ὡς μέν φησιν ὁ Ἀλέξανδρος, διότι μᾶλλον μία ἡ ὁμαλὴς τῆς ἀνωμάλου καὶ ἧττον ἐκείνη ταύτης· συνεχεῖς γὰρ ἀμφότεραι.

Adnot. La formulation de cette scholie (que nous avons d'ailleurs dû corriger) paraît un peu abrupte. Il est probable que l'adaptateur a résumé et simplifié la discussion d'Alexandre. Il n'y a cependant pas de contresens : Alexandre devait expliquer « le plus et le moins » dans la régularité du mouvement par le mélange de l'un et du non-un (cf. 229a 2–3 : τὸ δ' ἧττον μίξις αἰεὶ τοῦ ἐναντίου).

★

278 (28b 26) <ἐν τῷ ποῦ>] ἐ ν τ ῷ π ο ῦ λέγει ὅπερ προεῖπε, τὴν ἕλικα καὶ τὴν κεκλασμένην.

<dans le «où»>] Il appelle « dans le où » ce qu'il a dit plus haut, l'hélice et la ligne brisée.

Adnot. La scholie commente un texte (ἐν τῷ ποῦ) qui n'est pas retenu par Ross, mais corrigé en ἐν τῷ ὅ. C'est donc la preuve qu'Alexandre lisait la leçon de tous les témoins de la tradition directe à l'exception du ms. E (ce dernier confirmé par la tradition arabe ; cf. Badawī, p. 569 : *lā fī shay'in* = Juntae 234C *non in re*). En interprétant le « où » comme un certain type de ligne, Alexandre retrouve cependant, par un cheminement purement doctrinal, le sens impliqué par une variante qu'il ne connaissait pas.

★

279 (28b 27) ἐνίοτε] ἐ ν ί ο τ ε εἶπε διότι ἔστιν ὅτε καὶ τὸ ὑποκείμενον αἴτιον γίνεται τῆς ἀνωμαλίας, ὡς εἶπεν.

parfois] Il a dit « parfois » parce qu'il arrive que le substrat soit cause de l'irrégularité, comme il l'a dit.

ADNOT. Cette remarque n'apparaît pas dans les commentaires conservés. La référence est aux lignes qui précèdent, *Phys.* 228b 21–22.

★

280 (28b 28) <διὸ οὐκ εἴδη>] διὰ τοῦτο γὰρ οὐδὲ τὸ θῆλυ καὶ ἄρρεν ἐστὶν εἴδη ζῴου ἀντιδιῃρημένα, διότι ἐν πᾶσι τοῖς εἴδεσι τοῦ ζῴου ἢ τοῖς πλείστοις ὁρᾶται.

<C'est pourquoi ne sont pas des espèces>] C'est en effet pour cette raison que la femelle et le mâle non plus ne sont pas des espèces coordonnées de l'animal, dès lors qu'ils se laissent observer dans toutes les espèces de l'animal, ou dans la plupart.

TEST. *Simpl. 898,4–5* : διὰ γὰρ ταύτην τὴν αἰτίαν οὐδὲ τὸ θῆλυ καὶ τὸ ἄρρεν εἴδη ζῴου, ὅτι ἐν πᾶσίν ἐστι σχεδὸν τοῖς εἴδεσιν.

ADNOT. Cette question, qui apparaît en *Metaph.* I 9, 1058b 21–23, fait l'objet d'un développement autonome d'Alexandre dans la *Mantissa*, cf. §21 (voir R.W. SHARPLES, *Alexander Aphrodisiensis, De anima libri mantissa*, Berlin / New York, 2008, p. 117–8 et commentaire, p. 224–5). La mention de la totalité, ou d'une grande majorité (cf. τοῖς πλείστοις) des espèces est importante : elle permet d'expliquer de manière plus élégante qu'en *Mantissa* §21 pourquoi « bipède », bien qu'affectant le terrestre et l'ailé, est quand même une différence. En ne distinguant pas entre « plus d'un » et « en totalité ou presque », *Mantissa* 169.7–22 doit négliger les espèces intermédiaires entre le grand genre commun (l'animal) et les espèces produites par les différences considérées. Simplicius, qui de toute évidence recopie plus ou moins Alexandre ici (voir aussi *In Phys.* 898.10–11 : ἀντιδιῃρημένοις), ne semble pas avoir conscience de la charge anti-platonicienne que revêt cette thématique (cf. Platon, *Politique* 269E). La restriction, qui implique que certaines espèces animales ne connaissent pas la distinction des sexes, s'explique sans doute par la connaissance qu'avait l'Exégète du début du traité *De la génération des animaux*. Cf. en particulier *Gen. An.* I 1, 715a 20 : οὐ γὰρ ἐν πᾶσί ἐστιν. On imagine mal Simplicius se livrer *Marte suo* à de telles nuances biologiques.

★

281 (28b 29) <ὥστε οὐδὲ βαρύτης καὶ κουφότης>] ἀπὸ τῶν κινήσεων ἐπὶ τὰς δυνάμεις μετέβη, δεικνὺς ὅτι, ἐπεὶ ὡς αἱ δυνάμεις οὕτως καὶ αἱ ἐνέργειαι ἔχουσιν, εἰ μὲν αἱ δυνάμεις ποιοῦσι διὰ τὸ μᾶλλον καὶ ἧττον εἴδους ἐξαλλαγήν, ποιήσουσι καὶ αἱ κινήσεις· ἀλλὰ μὴν οὐχὶ τὸ δεύτερον· οὐδ᾽ ἄρα τὸ πρῶτον.

<De sorte que la lourdeur et la légèreté non plus>] Il est passé des mouvements aux puissances, en montrant que puisque les actes se comportent comme les puissances, si les puissances produisent, en raison du plus et du moins, la distinction d'espèce, les mouvements le feront aussi. Mais non le second, donc non le premier non plus.

TEST. *Simpl. 898.12–19* : ἡ μὲν γὰρ κουφότης καὶ βαρύτης κατ᾽ εἶδος διαφέρουσιν ἀλλήλων, ἡ δὲ ταχυτὴς καὶ βραδυτὴς ἐνέργειαί εἰσιν καθ᾽ ἑκατέραν τούτων τῶν δυνάμεων· καὶ τὸ κοῦφον γὰρ θᾶττον καὶ βραδύτερον ἐπὶ τὸ ἄνω φέρεται καὶ τὸ βαρὺ ἐπὶ τὸ κάτω· τὸ μὲν γὰρ βαρύτερον θᾶττον, τὸ δὲ ἧττον βαρὺ βραδύτερον. ὡς οὖν τὸ βαρύτερον καὶ τὸ ἧττον βαρὺ οὐ κατ᾽ εἶδος διαφέρουσιν ἐν ῥοπῇ ἀλλήλων, οὕτω καὶ αἱ ταῖς δυνάμεσι ταύταις ἀκολουθοῦσαι ἐνέργειαι ἡ ταχυτὴς καὶ ἡ βραδυτὴς οὐκ εἰσὶ κατ᾽ εἶδος διαφοραὶ τῆς ἐνεργετικῆς κινήσεως.

ADNOT. Aristote affirme tout d'abord que la rapidité et la lenteur ne sont pas des espèces ni des différences du mouvement. Il en tire la conclusion que la lourdeur et la légèreté ne le sont pas non plus (cf. ὥστε οὐδέ). Simplicius n'explique pas la raison de cette implication, mais se contente de noter un parallélisme entre les deux cas (cf. ὡς … οὕτω …). Alexandre, tel que le rapporte la scholie, propose une interprétation très rigoureuse de ce lien logique. Voici, selon lui, comment l'on peut schématiser le raisonnement d'Aristote. Ce dernier commence par remarquer que les deux espèces de mouvement, celui vers le haut (i. e. celui du léger) et celui vers le bas (i. e. celui du lourd) se divisent tous deux en mouvement rapide et mouvement lent. Ces actualisations (ἐνέργειαι) que sont la rapidité et la lenteur ne sont donc pas des espèces ni des différences. En vertu de quelle règle pouvons-nous en conclure (cf. ὥστε) que le plus ou moins léger et le plus ou moins lourd ne sont pas des espèces ? C'est ce que la scholie nous explique. Aristote se fonde, d'après Alexandre, sur une implication entre différenciation spécifique (Δ) au niveau de la puissance (P) et de l'actualisation (A) : « si Δ(P), alors Δ(A) ». On vient de constater qu'il n'y a pas de différenciation spécifique au niveau de A ; l'implication étant valide, on peut conclure, en vertu du syllogisme hypothétique en *modus tollendo tollens*, qu'il n'y en a pas au niveau de la puissance. La δύναμις est ici la possession, l'ἐνέργεια la réalisation effective et l'ontologie glisse vers la dynamique.

⋆

282 (28b 30) <βαρύτης καὶ κουφότης>] τὸ μὲν βαρὺ καὶ κοῦφον πάντως ἐναντία, ὁ δὲ λόγος νῦν περὶ βραδυτέρου καὶ ταχυτέρου.

<la lourdeur et la légèreté>] Le lourd et le léger sont parfaitement contraires, mais le propos ici concerne le plus lent et le plus rapide.

TEST. *Simpl. 898.25–28* : ἐπιστῆσαι οὖν χρὴ ὅτι ταχυτῆτα καὶ βραδυτῆτα λέγει νῦν μὴ διαφέρειν κατ' εἶδος ἀλλήλων τὰς ἐν ἀνωμαλίᾳ θεωρουμένας· αὗται δὲ ἐν τῷ αὐτῷ εἴδει κατὰ τὸ μᾶλλον καὶ ἧττον ὑφεστήκασι.

ADNOT. Cette scholie est assez mal formulée. Il est peu probable que nous lisions ici la phrase même d'Alexandre. Il s'agit probablement d'une adaptation d'un passage où ce dernier expliquait que l'opposition mise en place en 228b 30–229a 1 était interne au lourd (ou au léger), et prenait en considération des variations relatives d'un même élément.

⋆

V, 5

[91v]

283 (29a 14) εἰς ἐναντίον] τὸ μὲν ἐ ξ ὑ γ ε ί α ς καθ' αὑτό, κατὰ συμβεβηκὸς δὲ ὡς συνεπόμενον τὸ ε ἰ ς ν ό σ ο ν . πάλιν τὸ μὲν ε ἰ ς ν ό σ ο ν καθ' αὑτό, ἀλλ' ἐπεὶ συνεφέλκει καὶ τὸ ἐ ξ ὑ γ ε ί α ς , γίνεται κατὰ συμβεβηκὸς τὸ ἐ ξ ὑ γ ε ί α ς .

vers un contraire] Ce qui part de la santé est par soi, tandis qu'est par accident, en tant que conséquent, ce qui va vers la maladie. Derechef, ce qui va vers la maladie est par soi, mais puisqu'il comporte aussi avec soi ce qui part de la santé, ce qui part de la santé devient par accident.

ADNOT. Seule la scholie caractérise de manière aussi nette les deux façons différentes de considérer le même changement (cf. toutefois Simplicius, *In Phys.* 901.26–28, qui introduit, plus allusivement, l'opposition entre une considération προηγούμενον et une autre κατὰ συμβεβηκός).

⋆

284 (29a 22) ἀλλὰ περὶ τούτου] δείξει γὰρ ὅτι κατὰ ταύτην μόνην τὴν συμπλοκὴν αἱ ἐναντιώσεις τῶν κινήσεων. ἡ γὰρ λῆψις τῶν ἐναντίων μᾶλλον ἐναντίωσιν ἔχει τῆς ἀποβολῆς τῶν ἐναντίων. τὰ μὲν γὰρ ἀποβάλλοντα τὰ ἐναντία παύεσθαι μᾶλλον κατὰ τοῦτο δοκεῖ τῆς ἐναντιότητος, τὰ δὲ λαμβάνοντα γίνεται ἐναντία.

mais de cela] Il montrera en effet que les contrariétés des mouvements se produisent selon cette unique combinaison. De fait, l'acquisition des contraires contient davantage une contrariété que la perte des contraires. Les choses qui perdent les contraires, en effet, semblent davantage, en fonction de cela, mettre un terme à leur contrariété, tandis que celles qui les acquièrent deviennent contraires.

Test. *Simpl. 902.19–23* : ..., μᾶλλον δόξουσιν αἱ εἰς ἐναντίον γινόμεναι μεταβολαὶ ἐναντίαι εἶναι ἤπερ αἱ ἐξ ἐναντίων, διότι ἡ λῆψις τῶν ἐναντίων μᾶλλον ἔχει ἐναντίωσιν ἤπερ ἡ ἀποβολὴ τῶν ἐναντίων. τὰ μὲν γὰρ ἀποβάλλοντα τὰ ἐναντία παύεσθαι κατὰ τοῦτο δοκεῖ τῆς ἐναντιώσεως τὰ δὲ προσλαμβάνοντα γίνεσθαι μᾶλλον ἐναντία.

⋆

285 (29a 8 sqq.)]

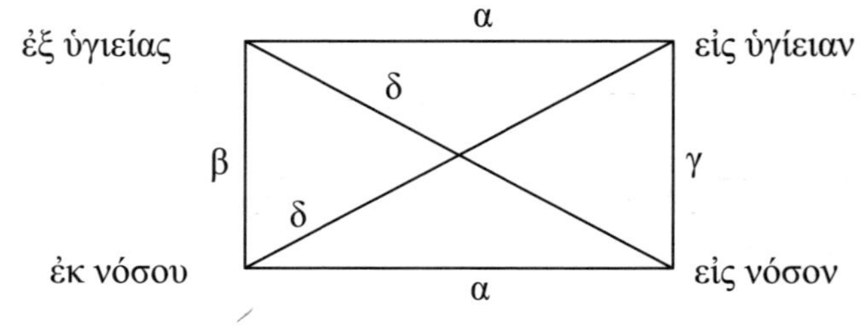

(29a 8 sqq.)]

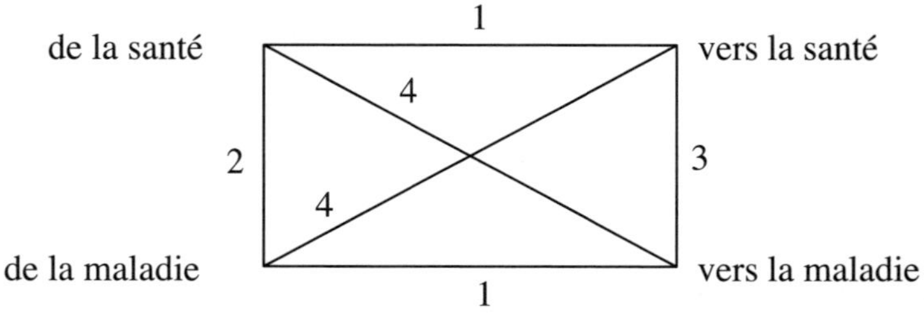

Adnot. Ce schéma apparaît presque à l'identique chez Philopon, *In Phys.* 796.15. Il remonte très probablement à Alexandre. Aristote remarquant lui-même, à la fin de sa classification des types de changements possibles, le caractère exhaustif de son recensement (cf. 229a 16 : οὐ γὰρ ἔστιν ἄλλως ἀντιτιϑέναι), il était naturel qu'Alexandre cherche à exprimer l'ensemble des relations possibles sous forme d'un tableau. Vérifions que le schéma proposé par Alexandre était bien celui sur lequel s'appuyait Aristote. Celui-ci distinguait (229a 8–16) cinq cas d'opposition, accompagnés chacun d'un exemple, soit dans l'ordre :

(1) du même *vs* vers le même	de la santé *vs* vers la santé
(2) des contraires	de la santé *vs* de la maladie
(3) vers les contraires	vers la santé *vs* vers la maladie
(4) d'un contraire *vs* vers un contraire	de la santé *vs* vers la maladie
(5) d'un contraire vers un contraire *vs* d'un contraire vers un contraire	de la santé vers la maladie *vs* de la maladie vers la santé

On remarque immédiatement que les quatre premiers cas sont bien représentés dans le schéma d'Alexandre. Seul le cinquième n'y apparaît pas immédiatement. Sur cette absence, cf. scholie suivante.

⋆

286 (29a 13–14) <ἢ ἡ ἐξ ἐναντίου>] τὸ δὲ πέμπτον σκέλος διπλοῦν ἐστι τὸ τέταρτον.

<ou du contraire>] La cinquième branche est la quatrième prise deux fois.

Adnot. Alexandre a bien remarqué l'absence, sur le schéma des oppositions, de la cinquième possibilité évoquée par Aristote. Mais comme il le précise ici, cette absence n'est qu'apparente. Les termes apparaissant aux extrémités des deux diagonales ne sont pas en effet opposés selon la chose, mais sont parfaitement compatibles (ce qui n'est pas le cas avec les termes apparaissant aux extrémités de chacun des quatre côtés). On peut donc en prendre les deux couples et formuler, entre ces deux couples, une opposition.

⋆

287 (29a 19) <λείπεται δή>] … ἐν αἷς δυνατὸν ἐναντίωσιν κινήσεως ὑποστῆναι, ἐπεὶ καὶ τὸ α´ σκέλος λείπεται τῆς διαιρέσεως, ἀλλὰ δείξει ὅτι αὕτη ἡ ἀντίϑεσις οὐκ ἐν κινήσει.

<Restent donc>] … parmi les oppositions où il est possible que subsiste une contrariété de mouvement – puisqu'il reste également la première branche de

la division, mais il montrera que cette opposition ne prend pas place dans un mouvement.

Adnot. Alexandre a bien remarqué que la première division d'Aristote (« du même *vs* vers le même ») n'apparaissait plus dans la discussion par élimination de 229a 16 sqq. Il justifie cette absence en soulignant que l'absence de point de départ ou d'arrivée que comporte cette opposition la rend impropre à caractériser des *mouvements*, puisqu'elle pourrait s'appliquer à la génération et à la corruption aussi bien, qui sont des changements mais non des mouvements. Alexandre justifie par là, *a posteriori*, l'incise de 229a 10 (οἷον καὶ γένεσις καὶ φθορὰ δοκεῖ). Cette discussion fine du schéma, telle que la révèlent cette scholie et la précédente, n'apparaît pas chez Simplicius.

★

288 (29b 5) τὸ μανθάνειν] οὐδεὶς γὰρ αὑτὸν διδάσκει, ὥστ' οὐδ' ἀπατᾷ ἑαυτόν· τῷ λόγῳ γὰρ ἕτερος, ὡς ὁ ἑαυτὸν ἰατρεύων, οὕτως καὶ ὁ διδάσκων. λαμβάνει οὖν νῦν ὡς παράδειγμα οὐχὶ τὸν ἑαυτὸν ἀπατῶντα ἀλλὰ τὸν ὑπὸ ἄλλου ἀπατώμενον.

—

3 ὡς ego : εἰ S

apprendre] Il n'est personne en effet qui instruise *soi-même*, en sorte qu'il n'est non plus personne qui trompe *soi-même*. Est autre, en effet, par la définition tout autant que celui qui soigne *soi-même*, celui qui instruit *soi-même*. Il prend donc maintenant comme exemple non pas celui qui trompe *soi-même*, mais celui qui est trompé par quelqu'un d'autre.

Test. *Simpl. 903.26–904.1* : τοιοῦτον δὲ καὶ τὸ μανθάνειν καὶ ἀπατᾶσθαι ὑφ' ἑτέρου φησί, τὸ ὑφ' ἑτέρου προσθεὶς ἢ ὅτι τὸν ὑφ' ἑαυτοῦ ἀπατώμενον δυνατὸν μὴ ἐξ ἐναντίας δόξης μεταβάλλειν μηδὲ γεγονέναι ἐν τῇ ἀληθεῖ πρότερον δόξῃ περὶ τὸ προκείμενον, ἀλλ' εὐθὺς ἐξ ἀρχῆς περὶ αὐτὸ ψευδοδοξῆσαι· ὁ δὲ τοιοῦτος οὐκ ἐξ ἐναντίου εἰς ἐναντίον μεταβάλλει. ὁ μέντοι ὑφ' ἑτέρου παραγόμενος εἰς τὸ ἀντικείμενον περιάγεται ἀπὸ ἀληθοῦς εἰς ψεῦδος μεθιστάμενος. οὕτω μὲν οὖν ὁ Ἀλέξανδρος. – *Averr. 238 A-B :* Deinde dixit « et addiscere », etc., id est et similiter est dispositio in motibus contrariis animae, scilicet quoniam per inductionem etiam apparet hoc, et dixit quod contrarii sunt ex contrariis et ad contraria, ut addiscere et decipi, quae sunt contraria, sive motus de scientia falsa ad veram est contrarius motui de vera ad falsam. Sed, quia translatio essentialiter de scientia ad errorem est ex deceptione, similiter ex errore ad scientiam, tunc addiscere est contrarium ad errare ex alio non se : cum homo non erret ex se, sed ex alio, sicut addiscit ex alio, non ex se. Et ideo dixit « non ex se ». Ita dixit Alexander.

ADNOT. Il est intéressant de remarquer qu'en dépit de deux citations explicites (Simplicius et Averroès) et, probablement, d'un extrait (la scholie) d'Alexandre, les trois témoignages ne concordent que lointainement entre eux. Selon Averroès, Alexandre justifierait la mention μὴ δι' αὑτοῦ en liaison privilégiée avec τὸ μανθάνειν, sur la base de l'argument suivant : la transformation du savoir à l'ignorance étant obligatoirement le fait d'autrui, il faut donc, pour des raisons de symétrie, qu'il en aille de même pour le passage inverse. Simplicius prête quant à lui l'explication suivante à l'Exégète : l'apprentissage qui ne se fait pas par autrui peut faire surgir la science de rien, plutôt que de la conviction d'une thèse fausse. La mention μὴ δι' αὑτοῦ vise donc à écarter les cas où l'on ne va pas d'un terme à l'autre, mais où l'un des deux termes surgit d'une zone neutre, où l'esprit n'est encore convaincu ni par le vrai ni par le faux. La scholie propose une interprétation encore plus subtile : même quand en apparence on s'instruit soi-même, le « soi » qui instruit n'est pas identique au « soi » qui est instruit. La réflexivité n'est toujours qu'une apparence. C'est pour cette raison (cf. οὖν) qu'Aristote a écrit μὴ δι' αὑτοῦ. L'auteur veut sans doute dire qu'Aristote a préféré donner pour exemple de cette situation universelle le cas le plus évident, celui où l'instructeur et l'instruit ne diffèrent pas seulement τῷ λόγῳ, mais sont même deux personnes différentes. La seule solution pour accorder ces trois témoignages entre eux est de supposer qu'Alexandre, comme à son habitude, développait une réponse à plusieurs étages. Les trois solutions ont pu être évoquées dans son commentaire sans qu'il se prononce clairement en faveur de l'une d'entre elles.

⋆

V, 6

[93r]

289 (29b 29) δῆλον δὴ] τοῦτο ἴσον ἐστὶ τῷ ἐξ ὑποκειμένου εἰς ὑποκείμενον. τούτῳ γὰρ διαφέρει τῆς μεταβολῆς ἡ κίνησις.

Il est donc évident] Cela équivaut à dire « d'un substrat à un substrat ». C'est par là, en effet, que le mouvement diffère du changement.

Test. *Simpl. 907.1–3* : … , ἐπειδὴ ἡ κίνησις ἐξ ὑποκειμένου εἰς ὑποκείμενόν ἐστι (τοῦτο γὰρ δηλοῖ τὸ ἐν δυσὶν ὑποκειμένοις εἶναι· ἐξ ἐναντίου γὰρ εἰς ἐναντίον ἐστίν, ᾧ καὶ διαφέρει κίνησις γενέσεως καὶ φθορᾶς), …

★

290 (29b 31–32) ἅμα δὲ καὶ] αὗται αἱ ἠρεμίαι δύο· ἡ ἐκ τοῦ ἐναντίου τῇ εἰς τὸ ἐναντίον <ἐναντία>.

—

1 τὸ s. l. S || ἐναντία supplevi

Mais en même temps] Ces repos sont deux : celui à partir du contraire est contraire à celui vers le contraire.

Test. *Simpl. 907.12* : …, ἰστέον ὅτι καὶ ἠρεμίαι αὗταί εἰσι ἐναντίαι ἀλλήλαις …

★

291 (30a 11) ἡ ἐν τῷ ὄντι ἀμεταβλησία] περὶ δύο λέγει· ὅτι ἀπορήσειέν τις καὶ τίνι ἐναντία ἡ ἐν τῷ ὄντι ἀμεταβλησία καὶ δεύτερον εἰ ἠρεμία ἐστὶν ἡ ἐν τῷ ὄντι ἀμεταβλησία. καὶ ἐπιφέρει τὸ ἑπόμενον ἄτοπον τοῖς λέγουσιν ἠρεμίαν τὴν ἐν τῷ ὄντι ἀμεταβλησίαν.

—

3 εἰ : ἡ S

l'absence de changement dans l'étant] Il parle de deux choses. Que l'on pourrait se demander quelle absence de changement dans l'étant est contraire à quelle autre, et en second lieu si l'absence de changement dans l'étant est un repos. Et il déduit quelle consécution absurde s'impose à ceux qui disent que l'absence de changement dans l'étant est un repos.

Test. *Simpl. 908.24–26* : … ἀπορήσοι ἄν τις τίνι ἀμεταβλησίᾳ ἐστὶν ἐναντία ἡ ἐν τῷ ὄντι ἀμεταβλησία, ἀπορήσοι δὲ ἄν τις, φησί, καὶ εἰ ἠρεμίαν χρὴ λέγειν τὴν ἐν τῷ ὄντι ἀμεταβλησίαν διὰ τὰ ἑπόμενα ἄτοπα.

★

292 (30a 18) ἀπορήσειε δ' ἄν τις] προῆλθεν ἐπὶ ταύτην τὴν ἀπορίαν ἀπὸ τῶν ἐναντίων κινήσεων. εἰπὼν γὰρ ὅτι εἰσὶν ἐναντίαι ἐπεὶ καὶ αἱ παρὰ φύσιν ἐναντίαι δοκοῦσιν εἶναι ταύταις αἵ εἰσι κατὰ φύσιν, πῶς ἐναντίαι αὗται μέλλων λέγειν, πρῶτον ἀπορεῖ εἰ ἐν πάσαις ταῖς κινήσεσίν εἰσί τινες καὶ παρὰ φύσιν, καὶ διαπορήσας λύει.

—

3 ταύταις αἵ εἰσι κατὰ ego : τούτοις οἷς εἰσι παρὰ S

Mais on pourrait se demander] Il en est d'abord venu à se demander cela, en partant des mouvements contraires. Ayant en effet dit qu'il y en a des contraires du fait que, entre autres, les mouvements contre nature semblent être contraires à ceux qui sont selon nature, s'apprêtant à dire en quoi ces mouvements sont contraires, il se demande d'abord si dans tous les mouvements, il y en a certains qui sont aussi contre nature, et après avoir développé cette interrogation, il la résout.

ADNOT. Cette explicitation du plan aristotélicien se retrouve en gros chez Simplicius, *In Phys.* 910.3–11.

⋆

293 (30a 22) <οὐθὲν γὰρ μᾶλλον>] ὁμοίως γὰρ τὸ τῶν ζῴων σῶμα ἀμφοῖν δεκτικόν.

<Car ne sont pas plus>] Le corps de l'animal les reçoit en effet l'une et l'autre à part égale.

TEST. *Simpl. 910.18* : ὁμοίως γὰρ δοκεῖ τὸ σῶμα τῶν ζῴων ἀμφοτέρων τούτων εἶναι δεκτικόν.

ADNOT. L'identité presque totale de cette scholie et du passage correspondant de Simplicius pourrait faire croire que ce dernier est la source de l'adaptateur. Mais l'idée d'introduire ici cette explicitation plus concrète est typique d'Alexandre.

⋆

[93v]

294 (30b 2) οἱ ταχὺ ἁδρυνόμενοι] ὡς οἱ τοῦ Ἀδώνιδος κῆποι μὴ ῥιζωθέντες καὶ π ι λ η θ έ ν τ ε ς . εἰσὶ δὲ αἱ γάστραι αἷς ὤκιμα ἐμφυτεύεται, ἃ βασιλικὰ ἡ συνήθεια καλεῖ.

—

2 αἱ S : an καὶ legendum ?

qui croît vite] … comme les jardins d'Adonis qui n'ont pas été enracinés ni « plantés ». Mais il y a les vases pansus dans lesquels on plante l'*ocimum*, appelé couramment « basilic ».

TEST. *Simpl. 911.13–15* : … καὶ σῖτος δὲ διὰ θερμὴν ταχὺ φύεται καὶ αὔξεται ἐν τοῖς Ἀδώνιδος καλουμένοις κήποις πρὸ τοῦ ῥιζωθῆναι καὶ πιληθῆναι ἐν τῇ γῇ.

ADNOT. Pour une autre apparition des « jardin d'Adonis », cf. *infra*, scholie **589** et l'annotation. L'exemple du basilic n'est pas chez Simplicius. On pourrait mettre en doute son authenticité, d'autant plus que la liaison entre les deux phrases, avec le εἰσὶ δὲ, est maladroite (voir cependant, dans l'apparat, une correction possible : « Mais il y a aussi des vases pansus … »). Mais le basilic apparaissait ailleurs chez Alexandre, cf. Asclepius, *In Metaph.* 428.5–7 (ὡς δέ φησιν ὁ Ἀλέξανδρος, ἐάν τις λάβοι τὴν ὤκιμον βοτάνην καὶ ὑποθείη αὐτὴν πλίνθῳ καθυγρασμένῃ, πάντως σκορπίοι τίκτονται ἐν ἐκείνῳ τῷ τόπῳ). Cette plante aurait ainsi une vitalité très particulière : pouvant pousser dans la panse de certains vases (sans doute de terre cuite) sans même prendre racine, sa putréfaction produit des scorpions. Par ailleurs, deux sources antiques font déjà référence au double nom de cette plante « royale » : Hérodien, *Partitions* 99.1 Boissonade (ὤκιμον, φυτὸν, τὸ βασιλικόν) et Ps.-Galien, Λέξεις βοτανῶν 393.1 (ὠκίμου σπέρμα ἤτοι σπέρμα βασιλικοῦ).

⋆

295 (30b 6) ἔσονται δὴ] εἰ γὰρ φθορὰ καὶ γενέσει καὶ φθορᾷ ἐναντία, δύο ἑνὶ ἐναντία. †διὸ <….> ἡ μὲν καθ' αὑτὸ <…> γένεσις, ἡ δὲ κατὰ συμβεβηκός <…> εἶεν†.

—

2–3 † … † : textum corruptum

Seront donc] Si en effet une corruption est contraire et à une génération et à une corruption, deux choses sont contraires à une seule. †C'est pourquoi

<…> la génération par soi <…> d'une part, la <…> par accident d'autre part, pourraient bien <…>.

Adnot. Le passage, presque totalement effacé dans S, correspond *grosso modo* à Simplicius, *In Phys.* 911.20–31. On ne saurait en dire plus.

⋆

296 (30b 10) <ὅλως μὲν οὖν>] μετὰ τὸ δεῖξαι τάς τε κινήσεων καὶ ἠρεμιῶν ἐναντιώσεις, ἐπεὶ καὶ τὸ παρὰ φύσιν ἐπὶ τῶν ἁπλῶν κινήσεων ἐναντίον ἐστὶ τῷ κατὰ φύσιν, ὡς ἤδη ἔδειξε, δείκνυσι νῦν ὅτι κατὰ τὸν αὐτὸν τρόπον τῆς ἐν κινήσει ἐναντιώσεως ἡ παρὰ φύσιν τῇ κατὰ φύσιν κινήσει ἐστὶν ἐναντία· ὅταν γὰρ ᾖ κινούμενον τὸ αὐτὸ κατὰ τὰς ἐναντίας κινήσεις, ὧν ἡ ἑτέρα ἐστὶν αὐτῷ κατὰ φύσιν, τότε ἡ ἑτέρα τούτων γίνεται αὐτῷ παρὰ φύσιν.

—

3 δείκνυσι νῦν ὅτι corr. S in scribendo : δείκυσιν ὅτι S a. c. || 5 κατὰ ego : ἢ S

<Somme toute, donc,>] Après avoir montré les contrariétés des mouvements et des repos, puisque le contre nature, dans le cas des mouvements simples, est contraire au selon nature, comme il l'a déjà montré, il montre maintenant que, en vertu de la même modalité de la contrariété dans le mouvement, le mouvement contre nature est contraire au mouvement selon nature. En effet, quand la même chose se meut selon les mouvements contraires, lorsque l'un d'entre eux est pour elle selon nature, alors l'autre se trouve être pour elle contre nature.

Test. *Simpl. 912.3–9 :* δείξας ὅτι καὶ ἡ κατὰ φύσιν καὶ παρὰ φύσιν ἐναντίωσίς ἐστιν ἐν ταῖς κινήσεσιν ἐφεξῆς δείκνυσιν, ὅτι μὴ κατ' ἄλλον τινὰ τρόπον ἐναντιώσεως παρὰ τὸν πρότερον εἰρημένον ταῖς κινήσεσιν ὑπάρχειν ἡ κατὰ φύσιν καὶ ἡ παρὰ φύσιν κινήσεις εἰσὶν ἐναντίαι, ἀλλ' ἔστιν ὁ αὐτὸς τρόπος τῆς ἐναντιώσεως. ὅταν γὰρ τὸ αὐτὸ ᾖ τὸ κινούμενον τὰς ἐναντίας κινήσεις, τουτέστι τὰς ἐκ τῶν ἐναντίων καὶ εἰς τὰ ἐναντία, ὡς ἡ ἑτέρα ἐστὶν αὐτῷ κατὰ φύσιν, τότε ἡ ἑτέρα τούτῳ γίνεται παρὰ φύσιν.

Adnot. On retrouve chez Simplicius les termes mêmes de l'exégèse d'Alexandre telle que la transmet la scholie. Il est intéressant que ces effets de proximité sont d'autant plus sensibles que le texte est dépourvu d'enjeu théorique bien marqué. Il y a un « régime courant » de l'exégèse, où Simplicius se borne plus ou moins à recopier sa source.

⋆

297 (30b 21) <ἔχει δὲ ἀπορίαν>] ὁ νοῦς οὕτως· τὰ φυσικὰ σώματα πέφυκε κινεῖσθαι. τὸ ἄρα ἵστασθαι αὐτῶν οὐκ ἔστιν ἀΐδιον, ἀλλ' ὑστέρα τῆς κινήσεως ἡ στάσις, καὶ ἔστι αὐτῆς τῆς στάσεως γένεσις τὸ ἵστασθαι – κἂν κατὰ φύσιν κἂν παρὰ φύσιν –, ὥστε καὶ τῆς βίᾳ ἠρεμίας γένεσίς ἐστι τὸ ἵστασθαι ἐν τῷ παρὰ φύσιν τόπῳ· ὥστε ὅτε φέρεται τὸ στησόμενον, ἐν τῷ παρὰ φύσιν τόπῳ στήσεται· παρὰ φύσιν δὲ στήσεταί τι ἐν τούτῳ τὸ καὶ φερόμενον εἰς τοῦτο παρὰ φύσιν ᾧ γενόμενον βίᾳ στήσεται. λέγει οὖν ὅτι <οὐκ ἔστι> γένεσις τῆς βίᾳ ἠρεμίας· οὐ γάρ ἐστιν ἵστασθαι τὸ παρὰ φύσιν κινεῖσθαι· οὐ γὰρ θᾶττον γίνεται ὡς ἡ κατὰ φύσιν.

—

4 ἐστι in compendio S : fort. ἔσται scribendum || 7 οὐκ ἔστι supplevi

<Mais il y a une difficulté>] Le sens est le suivant : les corps naturels sont naturellement dotés de mouvement. Le fait de s'arrêter ne leur appartient donc pas de toute éternité, mais le repos succède au mouvement et, de l'arrêt lui-même, le fait de s'arrêter est la génération – que ce soit selon nature ou contre nature –, de sorte qu'y compris du repos contraint, le fait de s'arrêter (dans le lieu contre nature) est la génération. De sorte que quand ce qui est appelé à s'arrêter est transporté, il s'arrêtera dans le lieu contre nature ; et s'arrêtera de manière contre nature en ce lieu ce qui s'y porte aussi de manière contre nature et qui, une fois qu'il y sera, s'arrêtera par contrainte. Il dit donc qu'il n'y a pas de génération du repos contraint. En effet, le fait de se mouvoir de manière contre nature n'est pas équivalent au fait de s'arrêter. Il ne se produit pas en effet plus rapidement, à la manière du mouvement selon nature.

Adnot. L'interprétation de *Phys.* 230b 21–28 est difficile. Le passage se divise en deux parties, l'une présentant une aporie dont Aristote ne donne pas la réponse (lignes 21–26) et l'autre à l'histoire du texte complexe, et sans doute mal comprise par les éditeurs. La scholie propose une paraphrase de la première partie, où le texte est interprété d'une manière globalement identique à celle de Philopon, *In Phys.* 798.14–799.2 et de Simplicius, *In Phys.* 913.10–914.7, qui aboutissent l'un et l'autre à prêter à Aristote la thèse positive qu'il n'y a pas génération du repos contraint. La scholie n'a malheureusement rien conservé d'une probable explication d'Alexandre du « plus rapidement » (cf. θᾶττον). Philopon dit que le corps gagnant son lieu propre est *renforcé* par la totalité de l'élément auquel il s'apparente (ῥώννυται γὰρ ὑπὸ τῆς οἰκείας ὁλότητος, *In Phys.* 798.25) tandis que Simplicius dit qu'il est *rendu plus puissant* par le lieu vers lequel il se dirige (δυναμούμενον ἔτι μᾶλλον ὑπ' αὐτοῦ [sc. τοῦ τόπου], *In Phys.* 913.31, cf. aussi 916.6 δυναμοῦσθαι et 30 δυναμοῦται). Il est probable, cependant, que la thèse d'Alexandre soit celle exprimée en *In Phys.* 916.5–7 (καὶ τὴν μὲν αἰτίαν εὔλογον ἀποδιδόασι δυναμοῦσθαι λέγοντες αὐτὰ μᾶλλον πλησιάζοντα τῇ οἰκείᾳ ὁλότητι ὡς τελειούμενα τότε μᾶλλον κατὰ τὸ εἶδος).

Alexandre considère en effet de toute évidence que le rapprochement du lieu propre représente, pour un corps simple, un surcroît de perfection, la perfection totale étant acquise au terme du parcours, au moment où le corps se trouve dans son lieu propre (cf. *infra*, scholies **590** et **591**). Simplicius, *In Phys.* 914.18–24, cite d'ailleurs Alexandre dans ce contexte. Pour comprendre cette citation difficile, il faut cependant commencer par comprendre la situation philologique sous-jacente. Nous avons, si l'on schématise, deux états textuels, celui des manuscrits de la tradition directe et celui d'Alexandre et de Simplicius. On peut, avec Pellegrin, p. 303, traduire ainsi le texte des mss d'Aristote (ἔτι δοκεῖ τὸ ἵστασθαι ἢ ὅλως εἶναι τὸ εἰς τὸν αὑτοῦ τόπον φέρεσθαι ἢ συμβαίνειν ἅμα) : « De plus, on est d'avis que s'arrêter consiste, d'une manière générale, soit dans le fait d'être transporté dans le lieu propre de l'objet, soit dans le fait de se produire en même temps que cela ». Dans la version d'Alexandre et de Simplicius, on semble avoir le texte grec suivant : ἔτι δοκεῖ τὸ ἵστασθαι κυρίως λέγεσθαι ἐπὶ τοῦ κατὰ φύσιν εἰς τὸν οἰκεῖον τόπον ἰόντος, οὐκ ἐπὶ τοῦ παρὰ φύσιν, ἢ ὅλως εἶναι τὸ εἰς τὸν αὑτοῦ τόπον φέρεσθαι ἢ συμβαίνειν ἅμα. Si l'on interprète bien une remarque sibylline d'Alexandre (Simplicius, *In Phys.* 914.17–18), celui-ci ne trouvait pas dans tous les exemplaires les mots ἢ ὅλως εἶναι, qu'il commente cependant, en les mettant sur le même plan que τὸ ἵστασθαι. Ce qui donne l'interprétation suivante (en changeant la ponctuation incompréhensible de Diels) : « et <Aristote> pourait signifier, dit <Alexandre>, que ce que [ὅτι neutre de ὅστις et non pas conjonction de subordination] semble être l'arrêt ou, globalement, l'être en acte pour chacun des corps naturels, c'est le fait de se déplacer vers son lieu, c'est-à-dire son lieu propre ». Alexandre introduit donc ici la doctrine de la double entéléchie sur la base de laquelle il interprète effectivement la distinction entre la naturalité du parcours rectiligne des corps simples gagnant leur lieu propre (ἐνέργεια) et leur stabilisation en ce lieu (τελειότης). C'est le sens de la suite du texte (Simplicius, *In Phys.* 914.20–24).

★

298 (30b 22) ἀεὶ] πρόσκειται τὸ ἀ ε ί οὐχ ὡς δυναμένης τινὸς ἠρεμίας ἀϊδίου εἶναι (στέρησις γάρ) ἀλλ' ὅτι κοινότερον τὸ ἠρεμεῖν καὶ κατὰ τῶν μὴ κινουμένων ἐστίν, ὑφ' ὃ τὸ ἀκίνητον.

toujours] Il a ajouté le « toujours » non dans l'idée qu'un certain repos puisse être éternel (c'est en effet une privation), mais parce que de manière plus lâche, le fait d'être au repos s'attribue aussi aux choses qui ne sont pas mues, sous quoi ce qui est immobile vient se ranger.

Adnot. Cette remarque terminologique, implicitement critiquée par Simplicius, *In Phys.* 919.2–3, a toutes les chances de provenir du commentaire d'Alexandre. Ce dernier distinguait sans doute une usage rigoureux du terme « repos », qui ne concerne que les corps ayant une aptitude naturelle au mouvement, et un usage lâche, consistant en toutes les réalités qui ne se meuvent pas, qu'elles le puissent ou non. Le spectre de ἀκίνητον (« immobile »), qui est celui de la privation, est moins large que celui de μὴ κινούμενον (« non mû »), qui est celui de la négation. Le Premier moteur, dira-t-on pourtant, ne saurait d'aucune manière être mû. À cela, deux réponses possibles : (1) on le dit ἀκίνητον pour faire bref, mais le mot est alors employé de manière relativement impropre ; (2) il est dit ἀκίνητον parce qu'il est considéré comme un objet de la théorie physique.

⋆

299 (30b 22) καὶ αὕτη] α ὕ τ η ἡ γένεσις τῆς ἠρεμίας τ ὸ ἵ σ τ α σ θ α ί ἐστιν. εἰ δὲ τοῦτο, ἔστι δὲ ἠρεμία βίαιος καὶ παρὰ φύσιν, ὥστε ἔσται καὶ τῆς βιαίας μονῆς γένεσις. ἰστέον δὲ ὅτι τὸ ἵστασθαι ἐκεῖνο νῦν λέγει τὸ κινεῖσθαι ἐφ' ὃ στήσεται τὸ κινούμενον.

et celle-ci] « Cette » génération-« ci » du repos, c'est le fait de s'arrêter. Mais s'il en va ainsi et qu'il y a un repos contraint et contre nature, il y aura une génération aussi de repos contraint. Il faut savoir qu'il appelle ici « s'arrêter » le fait que le mû se meuve vers là où il s'arrêtera.

Adnot. J'interprète le ὥστε, comme cela arrive chez Aristote (cf. Bonitz, *Index*, 873a 31 sqq.), en introduction d'apodose à valeur consécutive.

⋆

300 (30b 29) ὅταν γὰρ] πᾶν γὰρ τὸ κινούμενον μεριστὸν καὶ οὐδὲν ἀμερὲς κινεῖται.

En effet, quand] En effet, tout mû est divisible et rien d'indivisible ne se meut.

Adnot. C'est la seule scholie lisible sur la marge intérieure de ce folio. Elle est précédée par trois très brèves scholies presque totalement effacées.

⋆

[95r]

301 (31a 5) ἀπορήσειε δ' ἄν τις] <λέγει νῦν ὅτι> ὥσπερ ἐπὶ τῶν κατὰ φύσιν κινούμενων τὸ ἵστασθαι λέγομεν ὅταν ἐγγὺς ᾖ τοῦ ἠρεμεῖν τὰ φερόμενα, οὕτως καὶ ἐπὶ τῶν παρὰ φύσιν κινουμένων τὸ ἵστασθαι ἐπειδὰν ᾖ ἐγγὺς τοῦ βίᾳ ἠρεμεῖν. τὸ γὰρ ἵστασθαι λέγει τὸ κινεῖσθαι ἐφ' ὃ στήσεται. τοῦτο δὲ καὶ πρὸ μικροῦ ἠπόρησεν.

—

1 λέγει νῦν ὅτι supplevi || 2 λέγομεν correxit S in scribendo : λέγωμεν S a. c.

Mais on pourrait se demander] Il dit maintenant que de même que dans le cas des choses mues selon nature, nous parlons d'arrêt quand les corps transportés sont proches de s'arrêter, de même, dans le cas des choses mues contre nature aussi bien, nous parlons d'arrêt quand elles sont proches de s'arrêter sous la contrainte. Il appelle en effet « s'arrêter » le fait de se mouvoir vers là où on s'arrêtera. Il a instruit peu auparavant cette aporie.

Adnot. Simplicius, *In Phys.* 918.14–15, nous dit qu'Alexandre, en dépit du fait que certains manuscrits à sa disposition ne contenaient pas les lignes 231a 5–17, les avaient quand mêmes expliquées. Notre scholie est donc à sa place.

★

LIBER VI

VI, 1

[95r]

302 (31a 31) <ὁ δ' αὐτὸς>] ἔλεγχος νῦν τῶν Δημοκρίτου σωμάτων.

—

ἔλεγχος ego : μονάδος S

<Mais si le continu>] Réfutation, maintenant, des corps de Démocrite.

Adnot. Cette scholie est certainement corrompue : j'ai substitué ἔλεγχος (cf. Simplicius, *In Phys.* 925.18 [bis], 22) à un incompréhensible « d'une monade ». Il s'agit d'un lambeau misérable, de ce qui correspondait sans doute au développement de Simplicius, *In Phys.* 925.5–22. Sur l'origine alexandrique de la doxographie simplicienne sur l'atomisme, cf. *infra*, *ad schol.* **314**.

★

303 (31a 21) <εἰ δέ ἐστι>] συναποδείκνυσι νῦν ὅτι οὐδὲ ἁπτόμενα ἀλλήλων μεγέθη ἀμερῶν σύγκειται, ὡς σωρός.

<mais si le continu>] Il démontre maintenant du même coup que des grandeurs en contact mutuel, comme un tas, ne sont pas non plus composées d'éléments sans parties.

Test. *Simpl. 925.25–27* : ἐπειδὴ δέ ἐστί τινα μεγέθη καὶ ἐξ ἁπτομένων τινῶν συγκείμενα, ὡς οἰκία, ὡς σωρός, ὅτι οὐδὲ τὸ τοιοῦτο μέγεθος ἐξ ἀμερῶν δυνατὸν γενέσθαι συναποδείκνυσιν.

Adnot. Cette bribe de commentaire est très proche de ce qu'on trouve chez Simplicius, *In Phys.* 925.25–27. La présence du préverbe συν- trahit une coupe maladroite dans le texte d'Alexandre. Il est donc probable que celui-ci faisait précéder cette déclaration d'éléments assez semblables à ceux qu'on trouve dans la page précédente de Simplicius (depuis 925.5). Après quelques remarques sur l'histoire de l'atomisme remontant très probablement à Alexandre (cf. *supra*, *ad schol.* **302**), Simplicius prête une intention à Aristote : démontrer que les grandeurs étendues continues en général ne sont pas composées d'éléments sans parties. Notre phrase se greffe sur cette déclaration d'intention : Aristote veut démontrer du même coup que même les grandeurs non continues, mais issues de la juxtaposition d'éléments en contact, ne sont pas composées d'éléments sans parties. En d'autres termes, la juxtaposition est possible (exemple du tas ou de la maison), mais non la juxtaposition d'éléments sans parties. Cette proposition vise le passage 231b 2–6 mais il est probable que, comme chez Simplicius, il prenait place dans le commentaire général de 231a 21–29. D'où notre localisation en 231a 21.

⋆

304 (31a 29) <ἔτι δ' ἀνάγκη>] ἡ πρώτη ἀπόδειξις ἀπὸ τῶν περάτων, ἡ δὲ δευτέρα νῦν ἀπὸ τῶν μερῶν.

<De plus, il est nécessaire>] La première démonstration se tire des limites, la seconde, maintenant, des parties.

Test. *Simpl. 927.14–15* : καὶ ἡ μὲν πρώτη δεῖξις προῆλθεν ἀπὸ τοῦ μὴ ἔχειν πέρατα τὰ σημεῖα, αὕτη δὲ ἀπὸ τοῦ μέρη μὴ ἔχειν ...

Adnot. Le parallèle verbal avec Simplicius, *In Phys.* 927.14–15 prouve que le commentateur néoplatonicien, dans toute cette partie technique, n'est pas loin de recopier à la lettre le texte d'Alexandre. La « première démonstration » renvoie à l'impossibilité de constituer la grandeur continue d'indivisibles continus, la « seconde » à l'impossibilité de constituer la grandeur continue d'indivisibles en contact réciproque. Et de fait, la première se fonde sur une considération des limites entre indivisibles, la seconde (231b 2–6) sur une division exhaustive des différentes relations méréologiques.

★

[95v]

305 (31b 6) <καὶ τόπῳ κεχωρισμένα>] ὥστε εἶναι τὸ μὲν ἄλλο μέρος αὐτοῦ καὶ τὸ ἐξ ἄλλου τῷ τόπῳ χωριστά<· καὶ οὐχί, ὥσπερ> καὶ τὰ συμβεβηκότα, λόγῳ μόνῳ χωρίζονται τῶν οὐσιῶν ὡς καὶ οὐκ ἀφωρισμένα τόπῳ.

—

2 · καὶ οὐχί, ὥσπερ supplevi

<et séparées localement>] … en sorte que l'une de ses parties et une autre soient séparées localement, et non pas à la façon dont les accidents se séparent des substances seulement en raison, du fait qu'ils ne sont pas localement déterminés.

Test. *Simpl. 927.20–23* : ὥστε μὴ τὸ ὅλον μόνον, ἀλλὰ καὶ τῶν μερῶν ἕκαστον τῶν ἐξ αὐτοῦ διῃρημένων τὸ μὲν ἄλλο μέρος ἔχειν τὸ δὲ ἄλλο, οὐ τῷ λόγῳ μόνον κεχωρισμένα, ὥσπερ αἱ τοῦ μήλου ποιότητες, ἀλλὰ καὶ τῷ τόπῳ.

Adnot. Cette scholie est certainement authentique. L'idée semblable exprimée par Simplicius, *In Phys.* 927.20–23, recèle en effet quelques légères variantes qu'un scholiaste n'aurait pas supprimées, mais qui avaient toutes les raisons d'être ajoutées par le néoplatonicien. Celui-ci, tout d'abord, préfère ne pas parler de « substances » dans ce contexte, sans doute pour éviter les interférences avec un schème plotino-platonicien selon lequel la substance sensible se réduit à sa matière et ses qualités. En second lieu, il introduit l'exemple des « qualités de la pomme » (αἱ τοῦ μήλου ποιότητες), grand classique des commentateurs néoplatoniciens (cf. J. Ellis, « The Trouble with Fragrance », *Phronesis* 35, 1990, p. 290–302, Concetta Luna, *Simplicius, Commentaire sur les Catégories d'Aristote*, chapitres 2–4, Paris 2001, p. 256–276) mais absent du corpus d'Alexandre. Bien sûr, la question de l'inséparabilité des accidents est importante pour Alexandre, et notre scholie en constitue un nouveau témoignage. Mais l'exemple scolaire est sans doute plus tardif.

La forme de cette scholie est intéressante. La première phrase est proposée comme une explicitation du membre de phrase aristotélicien καὶ τόπῳ κεχωρισμένα (231b 6). Il faut donc comprendre que pour Alexandre, ὥστε déterminait le οὕτως (*ibid.*) bref, que le καί était explétivo-consécutif. Cet effet de sens est perdu chez Simplicius, qui recopie le ὥστε en brisant la liaison οὕτως … ὥστε.

★

306 (31b 10) ἔτι διαίροιτ' ἂν] ἐπεὶ γὰρ ἐδείχθη μὴ δύνασθαι ἐξ ἀμερῶν συνεχὲς εἶναι, δῆλον ὡς οὐδὲ διαιρεῖται εἰς ἀμερῆ τὸ συνεχές. ἀλλ' ἔ<πειτα ἐδ>είχθη ὅτι ἀδύνατον εἶναι ἀδιαίρετον, ὅτι ἐὰν ᾖ μέγεθος ἐξ ἀδιαιρέτων, ἔσται καὶ ἡ ἐξ αὐτοῦ κίνησις ἐξ ἀδιαιρέτων.

—

2–3 ἔ<πειτα ἐδ>είχθη supplevi

De plus, la ligne et le temps se diviseraient] En effet, puisqu'on a montré qu'il ne pouvait y avoir de continu *composé* d'éléments sans parties, il est évident que le continu ne se *divise* pas non plus en éléments sans parties. Toutefois, il a montré qu'il était impossible qu'il y ait de l'indivisible, en raison du fait que si une grandeur est composée d'indivisibles, le mouvement qu'on en tirera sera lui aussi composé d'indivisibles.

ADNOT. Cette scholie entretient un rapport subtil au texte de Simplicius, *In Phys.* 930.10–931.7. Ce dernier cite en effet les difficultés éprouvées par Alexandre devant l'apparence de cercle vicieux (cf. 930.22 : διάλληλος) de l'argumentation d'Aristote : celui-ci démontre ici (i. e. en 931b 10–12) qu'il n'y a pas composition parce qu'il n'y a pas division (930.11–13), or il a déjà démontré, en substance, qu'il n'y a pas division parce qu'il n'y a pas composition (930.13–16). La justification apportée par notre scholie (γάρ) paraît se greffer sur cette seconde affirmation et n'est pas rapportée par Simplicius, qui passe tout de suite à la solution d'Alexandre (cf. 930.16 : καὶ λύει κτλ.). Mais il faut probablement comprendre la dernière phrase de la scholie comme appartenant *aussi* à la réponse d'Alexandre, nous délivrant un élément non transmis par Simplicius : la composition à partir d'indivisibles est impossible au premier chef parce qu'elle impliquerait des indivisibles de mouvement, donc des mouvements révolus avant même d'avoir eu lieu. Cf. *infra*, *ad schol.* **310**.

★

307 (31b 11) <ἑκάτερον>] ἥ τε γραμμὴ καὶ ὁ χρόνος.

<l'un et l'autre>] La ligne et le temps.

⋆

308 (31b 17) <ἁπτόμενον>] τὸ ἁπτόμενον κοινότερον νῦν ἀντὶ τοῦ συνεχὲς κεῖται.

<touchant>] Le mot « touchant » est employé de manière commune, à la place de « continu ».

⋆

309 (31b 21–22) <ἡ κίνησις ἡ τούτου>] ἡ ἐπ' αὐτό.

<le mouvement de celle-ci>] Celui *sur* celle-ci.

⋆

310 (31b 21–22) <ἡ κίνησις ἡ τούτου>] τουτέστιν ἡ ἐκ τῆς κινήσεως ἐνέργεια. εἰσὶ δὲ περὶ ὧν λέγει ταῦτα· μῆκος κίνησις κινεῖσθαι κεκινῆσθαι. τὴν δὲ δεῖξιν ἐπὶ τῆς ἐνεργείας ποιεῖται ἐπεὶ φανερώτερόν ἐστι τὸ ἐπὶ ταύτης ἐσόμενον ἄτοπον. ἕπεται δ' ἀλλήλοις· εἰ ἐξ ἀμερῶν ἐστι τὸ μῆκος, ἔσται καὶ ἡ κίνησις καὶ ἡ ἐνέργεια ἐξ ἀμερῶν.

<le mouvement de celle-ci>] C'est-à-dire l'acte provenant du mouvement. Voici les choses dont il parle : la longueur, le mouvement, le se-mouvoir, le s'être-mû. Il effectue sa preuve dans le cas de l'acte du fait que l'absurde qui va s'ensuivre dans son cas y est plus manifeste. Mais ils s'impliquent réciproquement : si la longueur est composée d'éléments sans parties, et le mouvement et le se-mouvoir seront composés d'éléments sans parties.

Test. *Simpl. 932.16–17 + 933.8–10* : ὁ δὲ συλλογισμὸς τοιοῦτος· εἰ τὸ μέγεθος ἐξ ἀδιαιρέτων, καὶ ἡ κίνησις ἐξ ἀδιαιρέτων [...] μετέβη δὲ ἀπὸ τῆς κινήσεως ἐπὶ τὸ κινεῖσθαι, διότι ἐπὶ τούτου φανερώτερόν ἐστι τὸ ἑπόμενον ἄτοπον, τῷ ἐξ ἀδιαιρέτων εἶναι, ἤπερ ἐπὶ τῆς κινήσεως αὐτῆς ...

Adnot. Comme à peu près partout dans cette partie du texte, les signes de renvoi sont soit absents, soit mal placés. Il paraît clair que la scholie glose 231b 21–22 ἡ κίνησις ἡ τούτου (sc. <ἐπὶ> τοῦ μεγέθους). Cette précision apportée à la notion de κίνησις n'apparaît pas chez Simplicius. Elle est pourtant tout à fait justifiable et intelligente. Son auteur ne distingue pas classiquement (avec *Metaph.* Θ 6 et *Eth. Nic.* X 3 en particulier) entre κίνησις et ἐνέργεια mais considère le mouvement sous son aspect « actuel », s'autorisant pour cela sans doute de sa définition (« entéléchie de ce qui est en puissance en tant que tel », cf. *Phys.* III 1, 201a 10–11). La considération de l'entéléchie ou de l'acte qu'est le mouvement, plutôt que de l'étendue, laisse en effet mieux apercevoir la nécessaire continuité, i. e. le fait que pour s'exercer, pour cheminer vers une perfection, l'acte imparfait du mouvement a par définition besoin d'étendue. Autrement dit, sa réalisation achevée, exprimée par le parfait κεκινῆσθαι, et sa production en cours, exprimée par le présent κινεῖσθαι, sont deux aspects inéliminables du mouvement, en tant qu'il est une trajectoire orientée vers une fin.

Du point de vue de la postérité, notre texte est remarquable, car il permet peut-être de mieux situer la critique plotinienne à la définition péripatéticienne de la κίνησις (cf. R. Chiaradonna, *Sostanza movimento analogia. Plotino critico di Aristotele*, Napoli, 2002, p. 147–225). Le fait qu'Alexandre évoque ici l'acte comme issu du mouvement laisse non résolue la question de l'acte *productif* du mouvement.

311 (32a 9) <ἀλλ' ἐκ κινημάτων>] τουτέστιν ἐκ τῶν κεκινῆσθαι καὶ ἐκ τῶν περάτων τῶν κινήσεων.

<mais de mouvements achevés>] C'est-à-dire des s'être-mû et des limites des mouvements.

Adnot. Même formule chez Simplicius, *In Phys.* 934.11–13 : ἥ τε γὰρ κίνησις ἔσται συγκειμένη οὐκ ἐκ κινήσεων ἀλλ' ἐκ κινημάτων, τουτέστιν ἐκ τῶν περάτων τῆς κινήσεως, καὶ ἐκ τοῦ κεκινῆσθαι). La seule différence apparente, τοῦ pour τῶν, n'en est pas une : elle remonte à une correction de Diels effectuée sur la base de Thémistius, *In Phys.* 310.14 Spengel (cf. *app. cr.*, p. 934), c'est-à-dire 184.15 de l'édition Schenkl des C.A.G. Le parallèle d'Alexandre incite à maintenir le pluriel. Celui-ci est d'ailleurs meilleur, en ce qu'il glose mieux les κινήματα d'Aristote : il s'agit de mouvements révolus avant que d'être (ce qui est bien sûr contradictoire).

312 (32a 10) <ὥστε ἔσται>] τὸ γὰρ τοῦτο ἄτοπον λέγει ἐσόμενον τοῖς ἑτεροδόξοις βιαιότατον καὶ φανερώτατον.

<De sorte qu'il y aura>] Cette absurdité, dit-il, en effet, se présentera de manière très contraignante et manifeste à ceux qui ont une autre thèse.

ADNOT. Phrase sans équivalent chez Simplicius, qui constitue un simple rappel de ce qui avait déjà été suggéré à la scholie **310**. L'adjectif ἑτερόδοξος ne se retrouve pas ailleurs dans le corpus conservé d'Alexandre. Il apparaît cependant, entre autres, chez Galien (*PHP* II, 5, 65 ; IX, 7, 5 ; *De loc. aff.* 314.14 K. [vol. 8] ; *De crisibus* 670.2 [vol. IX]) et Ptolémée (*Synt. Math.* 11.12, *Harm.* 1, 2, 23), deux auteurs chronologiquement et professionnellement assez proches de l'Exégète. Il se peut toutefois que l'on ait à faire à une reformulation du scholiaste tardo-antique du même ordre que celle observée à la scholie **177**.

⋆

313 (32a 11) <...>]	κινεῖται	κεκίνηται
	κινεῖσθαι	κεκινεῖσθαι
	κίνησις	κίνημα
	ἐνέργεια	ὑπὲρ ἐνεργείας.

<...>]	se meut	s'est mû
	se mouvoir	s'être mû
	mouvement	mouvement achevé
	acte	au dessus de l'acte

ADNOT. La locution « au dessus de l'acte », ὑπὲρ ἐνεργείας, n'apparaît nulle part ailleurs dans la littérature grecque. Malgré les apparences, elle n'a donc rien de spécifiquement néoplatonicien et peut avoir été forgée par Alexandre dans le cadre de son exégèse présente (cf. scholie **385**). Réservant, comme on l'a vu scholie **310**, le terme ἐνέργεια pour décrire le mouvement, il fallait pouvoir décrire l'acte comme achevé, ou comme achèvement, d'une autre manière.

⋆

314 (32a 11) <...>] ὕστερος τὸν χρόνον ὁ Ἐπίκουρος ἔλεγεν ὅτι καὶ ὁ χρόνος καὶ ἡ κίνησις καὶ τὸ μέγεθος ἐξ ἀμερῶν εἰσιν. ἀλλ' ἐπὶ τοῦ μεγέθους ὅλου τοῦ ἐξ ἀμερῶν· κινεῖται τὸ κινούμενον, καθ' ἕκαστον δὲ τῶν ἐν αὐτῷ ἀμερῶν οὐ κινεῖται ἀλλὰ κεκίνηται. ὑπενόει γὰρ ὅτι εἰ τεθείη καὶ ἐπὶ τῶν ἀμερῶν κινεῖσθαι τὸ ἐπὶ τοῦ ὅλου κινούμενον, δεῖ διαίρετα αὐτὰ ἔσεσθαι. ταύτην οὖν τὴν ὑπόθεσιν νῦν ὁ Ἀριστοτέλης θεὶς ἐξελέγχει.

<…>] Chronologiquement postérieur, Épicure affirmait qu'aussi bien le temps que le mouvement que la grandeur sont composés d'éléments sans parties, mais que si le mû se meut sur la grandeur tout entière composée des éléments sans parties, cependant, en chacun des éléments sans parties qu'elle contient, il ne se *meut* pas mais *s'est mû*. Il pressentait en effet que s'il posait que ce qui se meut sur l'ensemble se meut aussi sur les éléments sans parties, il faudrait que ces derniers soient divisibles. C'est donc cette hypothèse qu'Aristote, après l'avoir avancée, réfute maintenant.

TEST. *Simpl. 934.23–30* : ὅτι δὲ οὐ πάντῃ ἀπίθανον ταύτην τέθεικε τὴν ἔνστασιν, δηλοῖ τὸ καὶ θέντος αὐτὴν καὶ διαλύσαντος τοῦς περὶ Ἐπίκουρον ὅμως ὕστερον γενομένους οὕτω λέγειν τὴν κίνησιν γίνεσθαι· ἐξ ἀμερῶν γὰρ καὶ τὸ μέγεθος καὶ τὴν κίνησιν καὶ τὸν χρόνον εἶναι λέγοντες ἐπὶ μὲν τοῦ ὅλου μεγέθους τοῦ ἐξ ἀμερῶν συνεστῶτος κινεῖσθαι λέγουσι τὸ κινούμενον, καθ' ἕκαστον δὲ τῶν ἐν αὐτῷ ἀμερῶν οὐ κινεῖσθαι, ἀλλὰ κεκινῆσθαι, διὰ τὸ εἰ τεθείη καὶ ἐπὶ τούτων κινεῖσθαι τὸ ἐπὶ τοῦ ὅλου κινούμενον διαιρετὰ αὐτὰ ἔσεσθαι.

ADNOT. À part quelques variantes infimes, cette scholie se retrouve chez Simplicius, *In Phys.* 934.23–30. Il est à peu près certain que celui-ci puise ses réflexions au commentaire de son prédécesseur. On trouve en effet, dans une division issue du commentaire d'Alexandre à la doxographie de *Physique* I 2, une distinction entre les ἀμερῆ de Leucippe et les ἄτομοι d'Épicure (édition et commentaire de ce témoignage dans M. RASHED, *Die Überlieferungsgeschichte der aristotelischen Schrift De generatione et corruptione*, Wiesbaden, 2001, p. 44–47), distinction qui se fondait certainement sur un argument identique à celui exposé par Simplicius quelques pages plus haut (*In Phys.* 925.13–22). La scholie **302** attestant la présence de considérations historiques à cet endroit chez Alexandre – d'ailleurs vraisemblable *a priori* – on est conduit à faire remonter la doxographie épicurienne à l'érudition péripatéticienne orthodoxe. C'est l'école impériale qui, pressée par la concurrence avec des Épicuriens toujours actifs, dut développer une interprétation historique du rapport entre l'atomisme de Leucippe et de Démocrite, sa réfutation par Aristote et l'atomisme d'Épicure. Selon Alexandre, l'atomisme d'Épicure est une reprise de l'intuition fondamentale de Leucippe et de Démocrite amendée à la lumière des critiques portée par Aristote dans le présent chapitre. On peut se poser deux questions : – en quoi précisément consiste l'amendement ? – le scénario d'Alexandre est-il vraisemblable du point de vue historique ?

La première question (en quoi, selon Alexandre, l'amendement historique épicurien consiste-t-il ?) trouve vite une réponse. Cinq passages, qui se divisent en trois groupes, doivent être pris en considération. Selon le commentaire à *Phys.* I 2 et Simplicius, *In Phys.* 925.13–22, Épicure passe d'une conception où les corpuscules élémentaires sont sans parties à une conception où ils sont impartageables. Autrement dit, les anciens atomistes confondaient indivisibilité physique et indivisibilité mathématique, tandis qu'Épicure les distingue soigneusement. Selon la présente scholie, redoublée par Simplicius en *In Phys.* 934.23–30 (et Thémistius, *In Phys.* 184.9–28 ; ces deux textes constituent le fr. 278 des *Epicurea* d'Usener), Épicure admettait au contraire la présence d'ἀμερῆ (donc d'indivisibles « mathématiques »), pour préciser que le mouvement n'avait pas lieu sur eux, mais seulement sur « la grandeur totale », « issue de » (ἐξ, scholie) ou même « composée de » (συνεστῶτος ἐξ, Simplicius) ces « sans-parties ». Enfin, selon Simplicius, *In Phys.* 938.21–28 (sans parallèle chez Thémistius ni dans les scholies), οἱ περὶ Ἐπίκουρον auraient soutenu l'isotachie sur les espaces sans parties pour éviter d'avoir à en postuler la divisibilité. On peut donc en déduire la reconstitution péripétaticienne suivante : à la lumière des critiques de *Physique* VI, Épicure aurait admis la présence, « dans » les corpuscules leucippo-démocritéens, de *minima*. La fonction des anciens corpuscules est de fournir le continu étendu qu'Aristote a démontré être nécessaire à tout mouvement ; la fonction des *minima* est notionnelle : elle donne un statut exclusivement actuel et fini à une réalité que sa « puissance » et son infinité/indéfinition rendent parfaitement ambiguë chez Aristote.

En réponse à la seconde question, trois grandes lignes interprétatives peuvent être discernées : selon E. Bignone, *L'Aristotele perduto e la formazione filosofica di Epicuro*, 2 vol., Florence, 1936, Épicure n'aurait pas connu les ouvrages ésotériques d'Aristote, comme la *Physique*, en sorte qu'une influence est peu probable ; selon D. Furley, *Two Studies in the Greek Atomists*, Princeton, 1967, suivi par A. A. Long et D. Sedley, *The Hellenistic Philosophers*, Cambridge, 1988, 2 vol., t. I, p. 51–52, le scénario historique péripatéticien peut être *grosso modo* retenu ; selon A. Laks, « Épicure et la doctrine aristotélicienne du continu », in F. De Gandt et P. Souffrin (eds), *La Physique d'Aristote et les conditions d'une science de la nature*, Paris, 1991, p. 181–194, Épicure a connu *Physique* VI, mais le scénario péripatéticien repris en substance par Furley est trop mécanique. Je pense que l'on peut exclure la première éventualité : des tournures, dans la *Lettre à Hérodote*, ne peuvent guère s'expliquer sans une certaine connaissance, qu'elle soit médiée ou directe, de *Physique* VI. Il est plus difficile de départager les deux autres camps. Laks a sûrement raison de nous mettre en garde contre une lecture trop simpliste d'Épicure, qui a de nombreuses raisons, d'ordre systémique interne, pour adopter une théorie finitiste des *minima*. Il se montre cependant peut-être trop sceptique à l'encontre de la version « historique ». Ma réserve est la suivante : Laks considère que les critiques d'Aristote à l'encontre des corpuscules sans parties s'appliquent tout autant aux *minima* d'Épicure (cf. p. 182). Il semble pourtant qu'on ne puisse dénier un double emprunt d'Épicure : (1) de l'idée selon laquelle il faut un mobile étendu pour expliquer le mouvement ; (2) de l'idée selon laquelle d'un mobile inétendu, il ne serait jamais vrai de dire qu'il « se meut » (κινεῖσθαι) mais, toujours, qu'il « s'est mû » (κεκινῆσθαι). Bref, Épicure a sans doute puisé aux analyses de *Physique* VI aussi bien les motivations continuistes derrière le maintient d'un atome corpusculaire (en plus de celles qui procédaient de l'analogie du sensible et de l'infra-sensible) que la description infinitésimaliste du mouvement sans cesse « révolu » des *minima*.

⋆

[97r]

315 (32a 18) <ὁμοίως δ' ἀνάγκη>] ὅτι ἐὰν ᾖ τὸ μέγεθος καὶ ἡ κίνησις ἐξ ἀδιαιρέτων, ἔσται καὶ ὁ τῆς κινήσεως χρόνος ἐξ ἀδιαιρέτων.

<Il sera nécessaire que de la même manière>] Que si la grandeur et le mouvement sont faits d'indivisibles, le temps du mouvement aussi sera composé d'indivisibles.

Adnot. Allusion au commentaire d'Alexandre sur ces lignes chez Averroès, *In Phys.* 252 A (celui-ci ne fait cependant là que se servir du commentaire d'Alexandre pour reconstituer la lettre du propos d'Aristote, un peu estompée par la traduction). Le sens que revêtait cette équivalence aux yeux d'Alexandre s'éclaire à la lumière du débat lancé par Simplicius sur le sens de nos deux premiers chapitres. Voir *infra*, schol. **316**.

⋆

VI, 2

316 (32a 23) <ἐπεὶ δὲ πᾶν>] νῦν βούλεται δεῖξαι ὅτι μὴ σύγκειται ὁ χρόνος ἐξ ἀμερῶν. ἤδη γὰρ ἔδειξεν ὅτι οὔτε τὸ μέγεθος σύγκειται ἐξ ἀμερῶν οὔτε ἡ κίνησις.

<Mais puisque toute grandeur>] Il veut maintenant prouver que le temps n'est pas composé d'éléments sans parties. Il a en effet déjà prouvé que ni la grandeur ni le mouvement ne sont composés d'éléments sans parties.

Test. *Simpl. 937.25–28* : ὁ μὲν Ἀλέξανδρος ἐν τούτοις, φησί, μετὰ τὸ δεῖξαι ὅτι, ὡς ἔχει τὸ μέγεθος καὶ ἡ κίνησις πρὸς τὸ ἐξ ἀμερῶν εἶναι ἢ μὴ εἶναι, οὕτως ἔχει καὶ ὁ χρόνος, νῦν δείκνυσιν ὅτι μὴ σύγκειται ὁ χρόνος ἐξ ἀμερῶν μηδὲ ἐκ τῶν νῦν.

Adnot. À moins de prêter une façon de procéder extrêmement tortueuse au scholiaste, l'information remonte au commentaire d'Alexandre indépendamment de Simplicius. Celui-ci critique en effet explicitement Alexandre pour avoir soutenu l'interprétation suivant laquelle Aristote, au chap. 1, démontrerait directement l'absence d'indivisibles de longueur et de mouvement et, indirectement seulement, par isomorphie des trois continus, celle d'indivisibles de temps ; en revanche, au chap. 2, il montrerait directement l'absence d'indivisibles de temps (*In Phys.* 937.25–30). Selon Simplicius, les preuves du chap. 1 visent les trois continus en supposant des vitesses *égales*. Le second chapitre démontrerait les mêmes thèses, mais en s'appuyant cette fois sur la considération de vitesses *inégales* (*In Phys.* 937.30–938.5).

★

317 (32a 31) <ὥστε>] ὅτι τὸ θᾶττον ἐν τῷ ἴσῳ χρόνῳ πλεῖον διάστημα δίεισι.

<de sorte que>] Que le plus rapide parcourt en un temps égal un intervalle plus grand.

Adnot. Les scholies **317–319** sont des rubriques sans intérêt.

★

318 (32a 31–32) <ἀλλὰ μὴν>] ὅτι τὸ θᾶττον ἐν τῷ ἐλάττονι χρόνῳ πλεῖον διάστημα δίεισι.

<Et même>] Que le plus rapide parcourt en un temps plus petit un intervalle plus grand.

★

319 (32b 5) <φανερὸν δὲ>] ὅτι τὸ θᾶττον ἐν τῷ ἐλάττονι χρόνῳ ἴσον διάστημα δίεισι.

<Mais il est aussi manifeste>] Que le plus rapide parcourt en un temps plus petit un intervalle égal.

★

320 (32b 14) <ἔτι>] τοῦτο ἐκ περιουσίας δείκνυσι νῦν ὁ Ἀριστοτέλης πρὸς τὸ λαβεῖν ὅτι εἰ τοῦτο, πολὺ μᾶλλον τὸ ἴσον αὐτῷ ἐν ἐλάττονι κινηθήσεται χρόνῳ. τούτῳ γὰρ μάλιστα προσχρήσεται.

<De plus>] Aristote prouve maintenant cela de manière superflue, en vue de l'assomption selon laquelle si cela s'avère, *a fortiori* il se mouvra sur une distance égale à lui dans un temps moindre. C'est cela dont il se servira surtout.

ADNOT. La formulation de la scholie est très condensée, et représente sans doute un résumé de ce que l'on trouve recopié plus fidèlement par Simplicius, *In Phys.* 939.22–24. Si toute distance « égale » peut être parcourue en un temps moindre, c'est donc en effet qu'il ne peut pas y avoir de *minimum* temporel. Cf. scholie **321**.

★

321 (32b 20) <ἐπεὶ δὲ>] ὅπου γὰρ κίνησις, καὶ χρόνος, καὶ ὅπου χρόνος, καὶ κίνησις. καὶ πᾶν τὸ ἔν τινι χρόνῳ κινούμενον ἐν ἅπαντι αὐτοῦ μέρει κινεῖται.

<Mais puisque>] Là en effet où il y a mouvement, il y a aussi temps, et là où il y a temps, il y a aussi mouvement. Et tout ce qui se meut dans un certain temps se meut dans toute partie de lui.

TEST. *Simpl. 941.18–20* : ... ὅτι πᾶσα κίνησις ἐν χρόνῳ γίνεται καὶ ἐν παντὶ χρόνῳ κίνησις, εἴπερ ὁ χρόνος κινήσεώς τι ὢν ἐδείχθη· ὥστε ὅπου κίνησις, καὶ χρόνος, καὶ ἔνθα χρόνος, ἐκεῖ καὶ κίνησις.

ADNOT. Cette phrase se retrouve dans le commentaire de Simplicius (*In Phys.* 941.18–20), sans cependant la dernière précision, qui est importante, puisqu'elle rappelle, avec Aristote, l'homogénéité de la grandeur continue à n'importe laquelle de ses *parties*. Le présent passage d'Aristote donnait lieu à un bel excursus non retenu par le scholiaste. Cf. Simplicius, *In Phys.* 941.21–942.24 et Averroès, *In Phys.* 255 L-M ; voir *Essentialisme*, p. 297–298.

★

[97v]

322 (33a 7) <τῷ ἀποδεδειγμένῳ>] τῷ τὸ θᾶττον ἐλάττονι χρόνῳ κινεῖσθαι τὸ ἴσον.

<de ce qui a été démontré>] … du fait que le plus rapide se meut sur une distance égale dans un temps moindre.

★

323 (33a 13) ἐκ τῶν εἰωθότων λόγων] ἔωθεν γὰρ λέγεσθαι προχείρως ὅτι τὰ ἴσον τάχος κινούμενα ἐν τῷ ἡμίσει χρόνῳ τὸ ἥμισυ κινεῖται διάστημα. καὶ οὕτως ἄρα κατὰ λόγον.

à partir des arguments habituels] On a l'habitude de dire automatiquement que les choses mues d'une vitesse égale dans la moitié du temps se meuvent sur la moitié de l'intervalle. Et ainsi, par conséquent, en proportion.

★

324 (33a 18) οἷον εἰ μὲν] τ ο ῖ ς ἐ σ χ ά τ ο ι ς ἄπειρόν ἐστι τὸ μὴ ἔχον ἔσχατα ἀλλ' ἀδιεξίτητον ὄν. εἰ δὲ μὴ οὕτως ἄπειρον ὡς τοῖς ἐσχάτοις ἄπειρον εἶναι ἀλλὰ τ ῇ δ ι α ι ρ έ σ ε ι μόνῃ καὶ τῷ ἀεὶ διαιρεῖσθαι τὸ μέγεθος, οὕτως ἄπειρον ἔσται τῇ διαιρέσει, οὐ τοῖς ἐσχάτοις.

—

2 et 3 ἄπειρον ego : ἄπειρος S || 3 καὶ τῷ ἀεὶ διαιρεῖσθαι ego : τὸ ἀεὶ διαιρεῖσθαι καὶ S

par exemple si] Est infini « par les extrémités » ce qui n'a pas d'extrémités et est intraversable. Mais si elle n'est pas infinie au sens de l'infini par les extrémités, mais seulement par la division – par le fait d'être toujours divisée –, la grandeur, en ce sens, sera infinie par la division, non par les extrémités.

Test. *Simpl. 946.3–8* : διττοῦ δὲ ὄντος ἐν τοῖς συνεχέσι τοῦ ἀπείρου ἤτοι διχῶς ἐπινοεῖσθαι δυναμένου, ἢ τ ο ῖ ς ἐ σ χ ά τ ο ι ς (ἄπειρον δὲ τοῖς ἐσχάτοις ἐστὶ τὸ μὴ ἔχον ἔσχατα, ἀλλ' ἀδιεξίτητον ὄν) ἢ τ ῇ δ ι α ι ρ έ σ ε ι τῷ ἀεὶ τὸ λαμβανόμενον μόριον διαιρετὸν εἶναι ἢ κατ' ἄμφω, ὡς ἂν ἔχῃ, φησίν, ὁ χρόνος τὸ ἄπειρον, οὕτως αὐτὸ καὶ τὸ μέγεθος ἕξει.

Adnot. Cette scholie, très probablement mal rédigée ou au moins mal transmise, peut être corrigée de plusieurs manières (cf. app. cr.). Le sens général est cependant parfaitement clair (et paraphrastique) : il faut postuler deux types d'infinis, par extension et par division. Simplicius, *In Phys.* 946.3–8, recopie plus ou moins Alexandre.

★

325 (33a 21) διὸ καὶ ὁ Ζήνωνος] ὁ τοῦ Ζήνωνος λόγος τοιοῦτός ἐστι δυνάμει· εἰ ἔστι κίνησις, ἐνδέχεται ἐν πεπερασμένῳ τινὶ χρόνῳ τὰ ἄπειρα διελθεῖν ἁπτόμενον αὐτῶν ἑκάστου. τοῦτο δ' ἀδύνατον· οὔτε γὰρ διελθεῖν τὰ ἄπειρα οὔτε ἅψασθαι τῶν ἀπείρων καθ' ἕκαστον δυνατὸν ἐν πεπερασμένῳ χρόνῳ, εἴ γε ἐν ἄλλῳ καὶ ἄλλῳ μέρει τοῦ χρόνου ἅπτεται τὸ κινούμενον τῶν τοῦ μεγέθους μερῶν. τὸν δὲ συνημμένον ἐδείκνυε χρώμενος τῇ ἐπ' ἄπειρον διαιρέσει τοῦ μεγέθους.

—

2 τινὶ ego : τι S

C'est pourquoi l'argument de Zénon] L'argument de Zénon est en puissance le suivant : si le mouvement existe, il est possible de parcourir en un certain temps fini les choses infinies en touchant chacune d'elles. Mais ceci est impossible : de fait, il n'est possible, en un temps fini, ni de parcourir les choses infinies ni de toucher une par une les choses infinies, si du moins c'est en une partie sans cesse autre du temps que le mobile touche les parties de la grandeur. Il a montré la conditionnelle en utilisant la division à l'infini de la grandeur.

Test. *Simpl. 947,5–12* : ἔστι δὲ ὁ λόγος ὁ τοῦ Ζήνωνος τοιοῦτος· εἰ ἔστι κίνησις, ἐνδέχεται ἐν πεπερασμένῳ χρόνῳ τὰ ἄπειρα διελθεῖν ἁπτόμενον αὐτῶν ἑκάστου· ἀλλὰ μὴν τοῦτο ἀδύνατον· οὐκ ἄρα ἔστι κίνησις. καὶ τὸ μὲν συνημμένον ἐδείκνυ χρώμενος τῇ τῶν μεγεθῶν ἐπ' ἄπειρον διαιρήσει· εἰ γὰρ πᾶν μέγεθος εἰς ἄπειρα διαιρετόν, εἴη ἂν καὶ ἐξ ἀπείρων συγκείμενον· ὥστε τὸ κινούμενον καὶ διιὸν ὁτιοῦν μέγεθος ἄπειρον ἂν κινοῖτο καὶ διεξίοι καὶ ἀπείρων ἅπτοιτο ἐν πεπερασμένῳ χρόνῳ, ἐν ᾧ τὸ ὅλον τὸ πεπερασμένον δίεισιν.

Adnot. La description de l'argument de Zénon est en substance identique dans la scholie et chez Simplicius. Il est à peu près certain que l'interprétation générale d'Alexandre correspondait à ce qu'on trouve dans le commentaire de son successeur. La réfutation du sophisme est entendue *ad hominem*, selon l'indication explicite d'Aristote en *Phys.* VIII 8, 263a 11–23 : Aristote se contente d'exhiber l'élément d'infinité propre à tout segment temporel, sans préciser les restrictions qu'il impose, dans sa propre doctrine, à cette théorie.

★

[99r]

326 (33a 25–26) τοῖς ἐσχάτοις] ἀντὶ τοῦ ἐνεργείᾳ ἄπειρον καὶ ἀδιεξίτητον.

les extrémités] À la place de : « infini et intraversable en acte ».

Adnot. Explicitation simple sans équivalent direct chez Simplicius.

★

327 (33a 26–28 ?) <…>] † δυνατὸν φύσει <…>† τῶν δυνάμει <ἀπείρων> ἅψεται.

—

1 δυνατὸν incert. || † … † textum corruptum damnavi

<…>] † capable par nature <…>† il touchera les choses infinies en puissance.

Test. *Simpl. 947.28* : καὶ ἅψεται οὖν τῶν δυνάμει ἀπείρων …

Adnot. Le texte est presque illisible dans le ms. Semble correspondre pour le sens à Simplicius, *In Phys.* 947.28–31.

★

328 (33a 28–29) <ἐν τῷ ἀπείρῳ>] <ἐν> τῷ κατὰ διχοτομίαν ἀπείρῳ χρόνῳ.

<en un temps infini>] Dans le temps infini selon la dichotomie.

Adnot. Simplicius n'évoque pas ici la « dichotomie ». Mais l'idée est identique.

★

329 (33a 31) <οὐδὲ δὴ τὸ ἄπειρον>] ὃ ὁ Ζήνων λαβὼν ἐσοφίζετο. ἄπειρον δὲ χρόνον ἔλαβεν ἐνεργείᾳ ὁ Ἀριστοτέλης.

—

2 ἔλαβεν ego : ἔλαβε τὸ S

<Assurément, l'infini n'est pas>] Assomption à partir de laquelle Zénon a produit son sophisme. Mais Aristote a assumé un temps infini en acte.

Adnot. Aristote, suivi par le commentateur, prête à Zénon un sophisme assez grossier : il aurait dissocié le temps de la grandeur en refusant au temps l'infinie divisibilité qu'il accordait à la grandeur. Aristote assume donc ici l'infinité actuelle du temps. Cette déclaration, malgré les similitudes lexicales, ne doit pas être confondue avec la déclaration de Simplicius, *In Phys.* 948.23 (ἄπειρον δὲ νῦν λαμβάνει τὸ κυρίως ἄπειρον τὸ κατ' ἐνέργειαν), qui vise toute la preuve des lignes 233a 31 sqq., où effectivement le temps infini signifie la durée infinie. Dans l'enchaînement de la présente scholie, on se contente d'insister sur le fait que dans sa stratégie *ad hominem*, l'infinité qu'assume Aristote est nécessairement actuelle. Il serait en effet très malhabile de n'accorder, face à Zénon, que l'infinité potentielle du temps.

⋆

330 (33b 2–3) καταμετρήσει] ἀντὶ τοῦ καταμετρηθήσεται τὸ AB ὅλον ὑπὸ τοῦ EB, εἰ καὶ μὴ ἀπαρτιζόντως· οὐδὲν γὰρ διαφέρει.

mesurera] À la place de « AB tout entier sera mesuré par EB », même si c'est sans recouvrement : cela ne diffère en effet en rien.

Test. *Simpl. 949.16–18* : … τοσαυταπλάσιος αὑτοῦ γινόμενος, ὁσαπλάσιον τὸ BE μέγεθος τοῦ AB μεγέθους, εἴτε ἀπηρτισμένως εἴτε καὶ μέρει τινὶ αὑτοῦ ἐλλείπων ἢ πλεονάζων.

Adnot. Le scholiaste emploie l'adverbe rare ἀπαρτιζόντως, là où Simplicius recourt par deux fois (*In Phys.* 949.17 et 28) à ἀπηρτισμένως. Force est de constater qu'ἀπαρτιζόντως, en ce contexte, pourrait bien être ce qu'a écrit Alexandre. Ce mot est en effet typiquement hellénistique, puisqu'il apparaît dans la définition de la définition proposée par Antipatros. La citation apparaît en *DL* VII, 60, 8 : ὅρος ἐστὶ λόγος κατ' ἀνάλυσιν ἀπαρτιζόντως ἐκφερόμενος et, plus important, elle est citée par Alexandre lui-même, *In Top.* 42.27–43.2 : οἱ δὲ λέγοντες ὅρον εἶναι λόγον κατὰ ἀνάλυσιν ἀπαρτιζόντως ἐκφερόμενον, ἀνάλυσιν μὲν λέγοντες τὴν ἐξάπλωσιν τοῦ ὁριστοῦ καὶ κεφαλαιωδῶς, ἀπαρτιζόντως δὲ τὸ μήτε ὑπερβάλλειν μήτε ἐνδεῖν, οὐδὲν ἂν λέγοιεν τὸν ὅρον διαφέρειν τῆς τοῦ ἰδίου ἀποδόσεως. On voit que la signification proposée par Alexandre d'ἀπαρτιζόντως correspond très exactement au sens du présent passage de la *Physique*, où il s'agit d'exprimer l'idée de superposition exacte, sans excès ni défaut. On retrouve d'ailleurs un sens physique, à date ancienne, à propos du *non* recouvrement de la totalité du temps et de l'une quelconque de ses parties, chez le stoïcien Apollodore. Cf. Stobée, *Ecl.* I 8 42, 105.8–16 Wachsmuth (= *Doxographi Graeci* 461.7–12). Par opposition, le sens souvent attesté dans les textes mathématiques (Théon, *De utilitate math.* 76.11 Hiller et de nombreuses scholies à Euclide) est celui du *multiple* sans reste ni excès. Ainsi, deux quantités A et B (A < B) se « recouvrent » s'il existe un entier naturel *n* tel que B = *n*.A. Le scénario le plus probable est donc le suivant : Alexandre, conservé par la scholie, a explicité la phrase d'Aristote en recourant au lexique des stoïciens hellénistiques Antipater et Apollodore. Dans son adaptation, Simplicius a légèrement adapté ce lexique, tout en conservant la substance de l'interprétation.

★

331 (33b 7) <ἔτι δ' εἰ μὴ> (ad 233b 25–26 οὐκοῦν καὶ ὁ χρόνος S)] τοῦτο λέγει κατὰ τὴν ὑπόθεσιν τὴν λέγουσαν τὸ μέγεθος ἐν ἀπείρῳ χρόνῳ τὸ πεπερασμένον διιέναί τι, καί ἐστιν ἀπροσδιόριστος ἡ πρότασις. λέγει οὖν ὅτι οὐκ ἔστι καθολικὴ ἡ ὑπόθεσις διὰ τὴν ἐνάργειαν, ἀλλ' ἐνδέχεται καὶ ἐπὶ μέρους ἀληθεύεσθαι αὐτήν, τουτέστιν ἵνα ᾖ τι μέγεθος ἐν πεπερασμένῳ χρόνῳ πεπερασμένον ἐφ' οὗ ἡ κίνησις.

—

4 ἐνάργειαν ex ἐνέργειαν fecit S || 5 αὐτήν ego : αὐτοῦ S || τι ego : τὸ S

<de plus, si ce n'est pas le cas>] Il dit cela en fonction de l'hypothèse disant que quelque chose traverse la grandeur finie en un temps infini, et la prémisse est indéfinie. Il dit donc que l'hypothèse n'est pas universelle, en se fondant sur l'évidence, mais qu'il est possible qu'elle se vérifie précisément de manière particulière, c'est-à-dire de telle manière qu'une certaine grandeur sur laquelle a lieu le mouvement dans un temps fini soit finie.

Adnot. Cette scholie, rattachée par un signe au début de la phrase de 233b 25–26, est certainement déplacée. Elle semble se rapporter, par son contenu – si du moins l'on admet les corrections proposées –, à la phrase 233b 7 sqq. : εἰ μὴ πᾶν μέγεθος ἐν ἀπείρῳ χρόνῳ κτλ. Comme le dit le commentateur, cette phrase ne prend sens que dans la suite de l'hypothèse, exprimée un peu plus haut (233a 34–35), qu'un mobile parcoure une grandeur infinie en un temps fini. Cette hypothèse se présente effectivement sous forme « indéfinie », au sens logique : il y est question d'une grandeur et d'un temps (sans article en grec), mais non pas de toute grandeur et de tout temps (universelles), ni de quelque grandeur et de quelque temps (particulières). On peut donc restreindre cette proposition à un énoncé particulier, ce qui permet d'affirmer la possibilité de son opposé, comme on le fait implicitement en 233b 7 sqq.

Le terme ἀπροσδιόριστος, très courant chez les commentateurs plus tardifs de l'*Organon*, n'apparaît jamais chez Alexandre. Il faut donc soit considérer notre passage comme l'attestation que cette terminologie n'était pas inconnue de l'Exégète, soit penser que nous avons affaire à une légère adaptation de la part de son adaptateur. Cette scholie n'a pas d'équivalent chez Simplicius, malgré l'écho verbal faible, en 950.9, du terme ἀδιοριστότερον – mais les deux contextes n'ont rien à voir.

⋆

332 (33b 8) ἀλλ' ἐνδέχεται] <ἀ>πὸ τοῦ μεγέθους ἐπιχειρεῖ. ὑποτίθεται γὰρ τὸ σύμμετρον <τοῦ> ΒΑ ἵνα τοῦ <π>ρὸ αὐτοῦ ἐπιχειρήματος <ἡ> δοκοῦσα ἔνστασις μὴ ᾖ.

—

2 σύμμετρον ego : ἀσύμμετρον ut vid. S

mais qu'il est possible] Il argumente à partir de la grandeur. Il suppose en effet le caractère commensurable de BA afin que n'ait pas lieu l'apparent contre-argument visant l'argument précédent.

Adnot. Cette scholie permet de reconstituer comment Alexandre a interprété le passage 233a 34-b 15, consacré essentiellement à prouver qu'il ne peut y avoir de mouvement à vitesse constante parcourant une grandeur finie en un temps infini. Le texte se décompose en deux arguments principaux, 233a 34-b 7 et b 7–15. Ces deux arguments sont si proches que Ross, p. 643, suivi par Pellegrin, p. 317, n. 4, considère le second comme une simple répétition du premier. Mais il y a une différence de structure : le premier argument se donne un temps infini et une grandeur finie, tandis que le second se donne uniquement une grandeur finie. C'est la raison pour laquelle la scholie – remontant certainement à Alexandre – et Simplicius, *In Phys.* 950.12 évoquent des objections possibles (ἔνστασις, ἐνστάσεις) à l'encontre du *premier* argument, auxquelles le second vise à parer. L'interprétation de Simplicius (950.9–16) n'est guère convaincante : elle identifie la difficulté au fait qu'Aristote laisse ouverte la possibilité que la partie de grandeur correspondant au temps ΓΔ soit supérieure à AB (cf. 233b 3). La scholie nous délivre un indice en présentant les choses de manière différente : elle affirme qu'*Aristote part maintenant de la grandeur* – alors qu'il était bien sûr parti, dans le premier argument, du temps. Or il y a là quelque chose de plus profond que l'objection très formelle de Simplicius. C'est en effet une pétition de principe que de postuler que le temps infini *a parte ante* que l'on se donne par hypothèse ne peut être que celui d'un parcours infini – c'est d'ailleurs ce qui explique le glissement aristotélicien, en 233a 35-b 1, du temps infini Γ à sa partie ΓΔ. L'infini étant précisément non délimitable, on ne peut, *une fois qu'on se l'est donné*, ni le faire entrer en correspondance, ni l'exclure d'une correspondance, avec une grandeur finie – bref, le manipuler. Son absence de *borne* le soustrait à toute superposition. Pour toute vitesse donnée v permettant de parcourir la distance BA en un certain temps fini, l'adversaire pourra incriminer le choix des données (vitesse, grandeur). En revanche, en partant de la grandeur finie BE parcourue en un temps fini t, nous devrons nécessairement conclure, en vertu de l'axiome « intuitif » d'homogénéité des grandeurs, et en nous appuyant sur la *borne* temporelle du début du parcours, à la finitude du temps T mis pour parcourir la grandeur totale BA, la vitesse v étant supposée constante.

⋆

VI, 3

[99v]

333 (34a 6) ἐφεξῆς] τὸ ἐ φ ε ξ ῆ ς νῦν ἀντὶ τοῦ ἅπτεσθαι καὶ ἔχεσθαι ἔλαβεν.

successifs] Il a pris « successifs », maintenant, à la place de « se toucher » et de « être en contact ».

Adnot. L'interprétation est reprise sans mot dire par Simplicius, *In Phys.* 956.10.

⋆

334 (34a 8) <πᾶν γὰρ>] ὅτι παρὰ τὰ ἄλλα συνεχῆ ὁ χρόνος ἔχει τι πλεῖον· τὸ πᾶς εἶναι συνεχής τε καὶ εἷς καὶ εἰς μηδὲν διαλείπειν.

<car tout continu>] Que le temps a quelque chose de plus que les autres continus : le fait d'être cohérent, un, et de ne faire défaut en nul point.

Adnot. Les quelques différences entre la scholie et Simplicius, *In Phys.* 957.21–23 s'expliquent le plus naturellement par des enjolivements du néoplatonicien à partir d'Alexandre, plus fidèlement transcrit par l'adaptateur.

⋆

335 (34a 14) <ἅμα δὲ>] ἀντὶ τοῦ οὐκ ἔσται τὸ κυρίως νῦν εἰλημμένον ἀλλὰ τὸ πλατικὸν καὶ καταχρηστικόν.

<Mais en même temps aussi>] À la place de : « ce ne sera pas le maintenant pris au sens propre, mais celui qui est étendu et improprement désigné ».

ADNOT. Commentaire sans équivalent chez Simplicius (cf. *In Phys.* 958.15–26).

★

336 (34a 34–35) ἔτι δ' εἰ τὸ αὐτὸ] ὑποτίθεται νῦν ὅλον τὸν παρεληλυθότα χρόνον κινεῖσθαί τι, ὥστε καὶ ἐν τῷ νῦν κατὰ τὴν ὑπόθεσιν, καὶ πάλιν ἐν ὅλῳ τῷ μέλλοντι ἠρεμεῖν τὸ αὐτό, ὥστε καὶ ἐν τῷ νῦν· ὅπερ ἄτοπον.

—

1 παρεληλυθότα : προσήκοντα S || 2 κινεῖσθαί : κινῆσθαι (sic) pr. man. κινηθήσεσθαί corr. sec. man.

De plus, si le « maintenant » est le même] Il suppose maintenant que quelque chose se meut dans la totalité du passé, en sorte qu'il se meuve aussi dans le « maintenant » selon l'hypothèse, et que la même chose soit en repos dans la totalité du futur, en sorte d'être en repos aussi dans le « maintenant ». Ce qui est absurde.

ADNOT. Paraphrase banale sans écho direct chez Simplicius (cf. *In Phys.* 961.22–962.13).

★

337 (34b 3) <πέφυκεν κινεῖσθαί>] τοῦτο λέγει πρὸς τὴν ὑπόθεσιν τὴν λέγουσαν ἐν τῷ νῦν εἶναι κίνησιν. κατὰ ταύτην οὖν π έ φ υ κ ε ν κ ι ν ε ῖ σ θ α ί τι κατὰ τὸ νῦν.

<il peut naturellement être mû>] Il dit cela en fonction de l'hypothèse qui dit qu'il y a du mouvement dans le « maintenant ». D'après celle-ci, donc, quelque chose « peut naturellement être mû » dans le « maintenant ».

TEST. *Simpl. 962.10–13* : τὸ δὲ κ α θ ' ὃ π έ φ υ κ ε κ ι ν ε ῖ σ θ α ι προσέθηκε, διότι ἐν μὲν τοῖς μορίοις τοῦ χρόνου πέφυκε τὰ κινούμενα κινεῖσθαι, ἐν δὲ τοῖς πέρασιν οὐ πέφυκεν. εἰ μέντοι τις ὑπόθοιτο καὶ ἐν τούτοις κινεῖσθαι, τὸ δεδειγμένον ἄτοπον ἀκολουθήσει.

ADNOT. Scrupule de commentateur craignant qu'on ne prenne cette remarque d'Aristote pour une vérité aristotélicienne et non pour une thèse concédée à seule fin dialectique. Cf. Simplicius, *In Phys.* 962.10–13.

★

VI, 4

[101r]

338 (34b 10) τὸ δὲ μεταβάλλον] δείξας ὅτι μήτε τὸ μέγεθος εφ' οὗ μήτ' ὁ χρόνος ἐν ᾧ μήτ' ἡ κίνησις μήτε τὸ κινεῖσθαι ἐξ ἀμερῶν εἰσιν, νῦν δείκνυσιν ὅτι μηδ' αὐτὸ τὸ κινούμενον ἐξ ἀμερῶν καὶ ἀμερές ἐστιν ἀλλὰ διαιρετὸν καὶ μεριστόν.

Mais il est nécessaire que tout ce qui change] Ayant montré que ni la grandeur sur laquelle, ni le temps dans lequel, ni le mouvement, ni le se-mouvoir ne sont composés d'éléments sans parties, il montre maintenant que le mobile lui-même n'est pas non plus composé d'éléments sans parties ni n'est sans parties, mais qu'il est divisible et partageable.

TEST. *Simpl. 962.25–27* : δείξας πρότερον, ὅτι καὶ τὸ μέγεθος ἐφ' οὗ ἡ κίνησις διαιρετόν ἐστιν εἰς ἀεὶ διαιρετά, καὶ ἡ κίνησις αὐτὴ καὶ ὁ χρόνος, νῦν δείκνυσιν ὅτι καὶ τὸ κινούμενον αὐτὸ ἀδύνατον ἀμέγεθες εἶναι καὶ ἀδιαίρετον.

ADNOT. Ce récapitulatif apparaît presque à l'identique chez Simplicius. La formulation de la scholie est cependant sans doute plus proche de l'original alexandrique. On remarque en effet le recours à la « philosophie des prépositions » absente de chez Simplicius et qu'un scholiaste ne se serait sans doute pas embarrassé à rajouter, ainsi que la mention, à côté du « mouvement » (κίνησις), du « se-mouvoir » (κινεῖσθαι) qui reflète une préoccupation authentique d'Alexandre (cf. *supra*, scholies **310** et **313**).

★

339 (34b 10) τὸ δὲ μεταβάλλον] διὰ τούτου λύεται ὁ λόγος ὁ τὴν κίνησιν ἀναιρῶν διὰ τὸ εἶναι τὸ κινούμενον ἢ ἐν τῷ εἰς ὃ ἢ ἐν τῷ ἐξ οὗ καί ἐστιν ἐν οὐδετέρῳ. ἠρεμεῖ γὰρ τότε καὶ οὐκ ἔσται κινούμενον. ἐδείχθη γὰρ ὅτι ἐν οὐδετέρῳ ὅλον ἐστί. δῆλον δὲ ἐκ τῶν νῦν ὅτι οὐ δυνατὸν χωρίζεσθαι τὴν ψυχὴν ἐκ τοῦ σώματος – εἴπερ ἀσώματός τε καὶ ἀμερής – εἴ γε τὸ χωρίζεσθαι διὰ κινήσεως. ὃ ἄτοπον φεύγειν βουλόμενοι, σῶμά <τι αυτῇ ὄχημα> περιάπτουσι. λανθάνουσι δὲ ἑαυτοὺς διὰ τούτου ἢ σῶμα διὰ σώματος λέγοντες χωρεῖν – εἴ γε ἡ ψυχὴ εἰς πᾶν εἰσκρίνεται τὸ σῶμα, οὖσα μετὰ σώματος –, ἢ καὶ τούτου χωρίζοντες αὐτὴν καὶ κινοῦντες καθ' αὑτὴν ἐν τῇ εἰς τὰ σώματα εἰσκρίσει. ταύτῃ δὲ τῇ δείξει ἀντίκειται τὸ ἐν τῷ α' βιβλίῳ εἰρημένον ὥσπερ οὐκ ἀθρόας γινομένης μεταβολῆς. μήποτε δ' ἄμεινον ἀκούειν τοῦ ὥσπερ οὐκ ἀθρόας γινομένης μεταβολῆς οὐκ ἐπὶ παντὸς ἀλλ' ἐπὶ μέρους τοῦ κινουμένου ἀθρόως μεταβάλλοντος· καθ' ὃ γὰρ ἡ μεταβολὴ διαιρετόν ἐστιν οὐ τὸ μεταβάλλον ἀεί.

—

3 ante ἠρεμεῖ lacunam quamdam suspicor (ἔν τε γὰρ τῷ ἐξ οὗ ὂν οὔπω κινεῖται, καὶ ἐν τῷ εἰς ὃ ὂν οὐκέτι κινεῖται) || 6 τι αυτῇ ὄχημα: fenestram in cod. e Simpl. supplevi || 10 ἐν τῷ ά βιβλίῳ : cf. *Phys.* I 3, 186a 15.

Mais il est nécessaire que tout ce qui change] On résout par ce moyen l'argument supprimant le mouvement du fait que ce qui est en mouvement est soit en ce vers quoi, soit en ce à partir de quoi, mais n'est dans aucun des deux – car alors, il est immobile et ne sera pas en mouvement. Il a été montré, en effet, qu'il n'est *en totalité* ni dans l'un ni dans l'autre.

Il ressort clairement de ce qui est dit maintenant qu'il n'est pas possible que l'âme se sépare du corps – s'il est vrai qu'elle est incorporelle et sans parties – si du moins le fait de se séparer a lieu au moyen du mouvement. Voulant échapper à cette absurdité, ils lui attachent un certain corps faisant office de véhicule. Mais ils ne se rendent pas compte que par ce moyen, soit ils disent qu'un corps passe par un autre corps – si du moins l'âme se distribue en tout le corps, tout en étant avec un corps – soit ils la séparent de ce dernier et ils lui prêtent un mouvement par soi lors de sa distribution dans les corps.

À cette preuve s'oppose cependant ce qui a été dit dans le livre I, « comme si l'altération n'avait pas lieu d'un seul coup ». À moins qu'il vaille mieux comprendre « comme si l'altération n'avait pas lieu d'un seul coup » non du tout, mais de la partie du mobile, qui se meut d'un seul coup. Car ce en fonction de quoi le changement est chose divisible, ce n'est pas toujours la chose qui change.

TEST. *Simpl. 964.9–23 + 966.15–19 + 968.19–22* : (964.9–23) ἐκ δὲ τούτου τοῦ ἐπιχειρήματος δυνατόν ἐστι λύειν τὸν τὴν κίνησιν ἀναιροῦντα λόγον ἐκ τοῦ δεῖν τὸ κινούμενον ἢ ἐν τῷ ἐξ οὗ ἡ κίνησις εἶναι ἢ ἐν τῷ εἰς ὃ ἡ κίνησις, μηδέτερον δὲ δυνατὸν εἶναι· ἔν τε γὰρ τῷ ἐξ οὗ ὂν οὔπω κινεῖται, καὶ ἐν τῷ εἰς ὃ ὂν οὐκέτι κινεῖται αλλ' ἠρεμεῖ· ἐδείχθη γὰρ ὅτι ἐν οὐδετέρῳ ὅλον, ἀλλὰ τὸ μέν τι αὐτοῦ ἐν τούτῳ τὸ δὲ ἐν ἐκείνῳ. ἐν δὲ τούτοις ὁ Ἀλέξανδρος εἰς τὴν οἰκείαν περὶ ψυχῆς ὑπόθεσιν πάντα ἕλκων τὴν λέγουσαν ἀχώριστον εἶναι τοῦ σώματος τὴν ψυχήν, καὶ ἐκ τῶν νῦν λεγομένων φησὶν δῆλον εἶναι τοῦτο, εἴπερ ἡ ψυχὴ ἀσώματος καὶ ἀμερής, τὸ δὲ ἀμερὲς οὐ κινεῖται, εἰ ἀνάγκη τοῦ κινουμένου τὸ μέν τι ἐξ οὗ κινεῖται τὸ δὲ εἰς ὃ κινεῖται, τὸ δὲ μὴ κινούμενον οὐ χωρίζεται. τοῦτο δέ, φησί, τὸ ἄτοπον φεύγοντές τινες ὄχημα αὐτῇ σῶμά τι περιάπτουσι, καὶ λανθάνουσιν ἑαυτοὺς διὰ τούτου ἢ σῶμα διὰ σώματος χωρεῖν λέγοντες (εἴ γε ἡ ψυχὴ εἰς πᾶν εἰσκρίνεται τὸ σῶμα, οὖσα μετὰ σώματος), ἢ καὶ τούτου χωρίζοντες αὐτὴν καὶ κινοῦντες καθ' αὑτὴν ἐν τῇ εἰς τὰ σώματα εἰσκρίσει. [...]. (966.15–19) ἀποροῦσι δὲ καλῶς πρὸς τὸ εἰρημένον ὑπὸ τοῦ Ἀριστοτέλους, ὅτι τὸ κινούμενον τὸ μέν τι ἔχει ἐν τῷ ἐξ οὗ κινεῖται, τὸ δὲ ἐν τῷ εἰς ὃ ἢ τῷ μεταξύ· εἰ γὰρ τοῦτο ἀληθές, πῶς αὐτὸς ἐν τῷ πρώτῳ ταύτης τῆς πραγματείας αἰτιώμενος Μέλισσον ὡς ἀρχὴν λέγοντα τῆς ἀλλοιώσεως ἐπήγαγεν· "ὥσπερ οὐκ ἀθρόας γινομένης μεταβολῆς". [...] (968.19–22) μήποτε δέ, φησίν, ἄμεινον ἀκούειν τοῦ "ὥσπερ οὐκ ἀθρόας γινομένης μεταβολῆς" οὐχ ὡς ἐφ' ὅλου τοῦ κινουμένου εἰρημένου, ἀλλ' ὡς μέρους τοῦ κινουμένου ἀθρόως μεταβάλλοντος, οὐκέτι δὲ καὶ τοῦ ὅλου...

Adnot. Cette scholie, la plus longue transmise, se compose de trois parties, que nous avons distinguées par des alinéas. La première partie explicite l'intérêt de l'argument des lignes 234b 10–20. La deuxième constitue un excursus : elle se sert de l'argument pour réfuter certaines vues sur l'âme. La troisième, enfin, en rapprochant la présente démonstration d'un argument contre Mélissos exposé au premier livre (*Phys.* I 3, 186a 15), déploie une aporie sur les modalités du changement et lui propose une solution. Reprenons ces trois parties dans l'ordre.

Alexandre propose tout d'abord d'interpréter l'argument 234b 10–20 comme une réfutation implicite. Il interprète visiblement le « changement » (cf. τὸ μεταβάλλον, μεταβάλλει) dont il est ici question comme un « mouvement » (κίνησις), lui-même compris surtout comme une translation locale. Ce glissement nous rapproche des apories de Zénon et s'adapterait très bien à la réfutation d'un certain atomisme du mouvement (théorie des mouvements révolus plutôt que des mouvements élémentaires). Si en effet le « mouvement » ne consiste qu'en le fait qu'un mobile, qui était en la position A, se retrouve en la position B sans qu'il y ait véritablement *passage*, *transition*, de A à B, alors on pourra dire qu'« aura fini de se mouvoir » un mobile qui n'a jamais été « en train de se mouvoir ». Le zénonien dirait qu'il n'y a donc pas, à proprement parler, de mouvement (au sens d'un se-mouvoir), mais simplement de la *localisation* en telle position, puis en telle autre. Aristote, suggère Alexandre, reprend cette réfutation à son compte et propose une solution : le mobile doit être étendu. Un point géométrique, en effet, se comporterait à la façon du mobile « atomiste » rejeté par le zénonien. – Bien que cela ne soit pas notre propos ici, on peut noter combien cette démonstration est problématique. Elle ne se prononce pas, tout d'abord, sur le rapport exact qu'entretiennent physique et mathématique. Existe-t-il en particulier des angles solides dans le monde physique (la pointe d'un diamant, par exemple). Si oui, y a-t-il quelque légitimité à considérer que l'angle solide s'achève en un point ? Et dans ce cas, ne faut-il pas imaginer que ce point est susceptible de se mouvoir ? Plus grave : on peut aussi bien considérer le mouvement d'un point sur un segment de droite que celui d'un segment de droite devant un point. On ne voit donc pas en quoi le mouvement d'un point serait intrinsèquement impossible, hormis pour la raison que l'existence « séparée » d'un point géométrique est impossible – ce qui ne nous dit alors plus rien sur le mouvement ni la nécessaire extension du mobile. On retrouvera ces difficultés dans l'aporie de la troisième partie.

Quoi qu'il en soit de la validité intrinsèque de la preuve, Alexandre l'utilise pour combattre une théorie de l'animation platonicienne. En deux mots, son argument est le suivant : l'âme, étant incorporelle, est sans extension, donc sans parties. Elle ne peut donc se mouvoir selon le lieu, *a fortiori* se séparer du corps, si la séparation est un mouvement local. La conclusion qu'en tirait Alexandre est évidente : l'âme, contrairement à ce que croient les lecteurs du *Phédon*, périt à la mort du corps. C'est en vertu de cette difficulté, nous dit Alexandre, que ceux auxquels il s'oppose ont eu l'idée de monter l'âme sur un corps (*sc.* étendu) faisant office de véhicule. Mais il leur a échappé que cette solution menait à une double impasse. Soit en effet l'âme ne se départit jamais de ce véhicule y compris lorsqu'elle vient habiter le corps, et l'on se retrouve alors avec la théorie stoïcienne des deux corps dans un même lieu, déjà amplement réfutée par Alexandre (cf. *supra*, *ad schol.* **7**). Soit l'on imagine que le véhicule ne fait que conduire l'âme à la limite du corps animal, et qu'elle se distribue ensuite en lui par ses propres moyens. Mais on se retrouve alors avec la difficulté initiale : comment expliquer que l'âme, inétendue et cette fois sans véhicule, puisse se distribuer dans les corps ? Cet argument pose deux problèmes historiques : celui des adversaires visés et celui de sa place dans les doctrines d'Alexandre.

Commençons par la question des adversaires. L'exposé d'Alexandre contient deux éléments notables : l'emploi du nom εἴσκρισις et du verbe εἰσκρίνεσθαι d'une part, la thèse de la séparation locale de l'âme, à la mort de l'homme, d'autre part. Ces deux éléments suffisent à identifier l'adversaire comme un platonicien. On trouve en effet couramment le terme εἴσκρισις, à l'époque d'Alexandre, employé par les Platoniciens pour désigner l'entrée de l'âme dans le corps. Il revient ainsi à de nombreuses reprises dans l'*Ad Gaurum* de Porphyre et dans des fragments d'Atticus. En outre, les platoniciens semblent souvent considérer que l'âme, à la mort de l'homme, s'en retourne dans sa patrie céleste. Ce serait à ce retour qu'Alexandre ferait allusion en parlant de « séparation » de l'âme et du corps et de la nécessité, dans ce contexte, d'un véhicule pour l'âme. Il serait donc vraisemblable qu'Alexandre fasse ici allusion à une théorie d'Atticus ou de platoniciens proches d'Atticus.

Les choses sont cependant plus compliquées dès qu'on entre dans les détails. Deux difficultés sont à souligner : 1) Atticus, dans les fragments conservés, ne parle jamais d'ὄχημα (cf. E.R. Dodds, *Proclus, The Elements of Theology*, Oxford, 1933, p. 313–321, p. 306, n. 3 et A.J. Festugière, *La révélation d'Hermès Trismégiste* III, Paris, 1950, p. 237, n. 2) ; 2) Proclus nous dit qu'Atticus et Albinus pensaient qu'à la mort de l'homme, la partie irrationnelle et l'ὄχημα se dissolvent, l'âme rationnelle seule survivant (*In Tim.* 234.9–18), tandis qu'il prête à Porphyre seul, par opposition à ses deux prédécesseurs, la thèse selon laquelle la partie irrationnelle et l'ὄχημα, à la mort de l'homme, regagnent les sphères célestes pour s'y résoudre (*ibid.*, 234.18–32). La première difficulté ne paraît pas insoluble, du fait même de la connaissance fragmentaire que nous avons d'Atticus. Rien n'empêche de penser qu'il mentionnait le « véhicule » dans un texte que nous ne possédons plus (de même pour Albinus). La seconde est beaucoup plus difficile, et l'on ne peut malheureusement faire mieux, ici, que de proposer quelques hypothèses. La première serait d'imaginer que Proclus se trompe. Cela n'a rien d'impossible, évidemment, mais est rendu improbable par le fait que la forme du renseignement qu'il nous délivre pointe vers une origine porphyrienne. Or Porphyre est généralement précis quand il rapporte des doctrines antérieures. Une deuxième hypothèse consisterait à imaginer deux doctrines différentes chez Atticus, l'une développée au cours d'une interprétation du *Phédon* – et postulant un « véhicule » permettant à l'âme sa remontée dans la patrie céleste –, l'autre du *Timée*, où Atticus aurait distingué diverses parties de l'âme. Une troisième hypothèse serait d'imaginer que la seule thèse effectivement formulée par Atticus ait été celle que lui attribue Proclus. On peut alors imaginer plusieurs ramifications : soit Alexandre songe effectivement aux théories d'Atticus mais les interprète mal ; soit Alexandre vise dans notre fragment un autre platonicien dont nous n'aurions pas conservé la trace, qui aurait *grosso modo* soutenu la thèse adoptée quelques décennies plus tard par Porphyre ; soit Alexandre, volontairement (par stratégie) ou involontairement (par erreur), invente une thèse qui n'aurait, à son époque, été soutenue par personne. Dans ce dernier cas, il serait alors possible que la thèse de Porphyre soit la reprise assumée de l'objection fictive d'Alexandre. En l'état actuel de nos connaissances, il serait vain de vouloir trancher. J'aurais cependant tendance à accorder ma préférence à une synthèse des deux dernières solutions. Il y aurait eu, chez Atticus, des indications peu précises sur le « véhicule » de l'âme, sans doute moins détaillées que sa doctrine psychologique exposée lors d'un commentaire du *Timée*, et portant surtout sur son rôle dans la *distribution* (εἴσκρισις) de l'âme (céleste) dans le monde des corps. Alexandre aurait surinterprété ces indications en y voyant une réponse à un argument physique aristotélicien et platonicien (cf. *Parménide*, 138d-e) et en les rattachant aux thématiques eschatologiques des Platoniciens. La façon dont Alexandre aurait interprété les éléments de doctrine présents chez Atticus aurait à son tour influencé la doctrine porphyrienne.

Venons-en enfin à la troisième question, celle de l'aporie proprement aristotélicienne, née de la confrontation de *Phys.* I 3, 186a 15 et du présent passage (cf. R. Sharples, *Theophrastus of Eresus, Sources for His Life, Writings, Thought and Influence*, Commentary Volume 3.1 : *Sources on Physics (Texts 137–223)*, Leiden / Boston / New York, 1998, p. 78–82 et Irma Croese, *Simplicius on Continuous and Instantaneous Change*, Leiden, 1998, p. 61–86). En deux mots : faut-il admettre un changement survenant d'un seul coup dans tout le mobile, ou bien le changement doit-il nécessairement se « répandre » progressivement dans le mobile ? Notons tout d'abord que cette difficulté semble pour une grande part provenir d'une confusion entre mobile et changement. Quand un corps solide est translaté d'un endroit à un autre, il est parfaitement évident que toutes ses parties commencent et finissent ensemble leur déplacement. En revanche, il est légitime de se demander si un changement peut avoir lieu instantanément, c'est-à-dire en un *instant*, et non en un *continuum*, de temps. Les commentateurs anciens ont bien senti le problème, et l'on voit évoquée la thèse qu'Aristote s'intéresse surtout, au livre I, au changement *qualitatif*. Alexandre préfère visiblement ne pas s'engager dans cette voie, et propose une autre solution, attestée par la scholie et par Simplicius, *In Phys.* 968.19 sqq. Il y a des changements instantanés, mais ceux-ci ont lieu dans une partie, et non dans le tout. Cette solution est très faible : Simplicius, *In Phys.* 969.5–13, n'a pas de peine à remarquer que les problèmes qui se posaient au niveau du tout se poseront à l'identique à celui de la partie, dès lors que celle-ci est continue. Pourtant, Alexandre a l'air de tenir à sa thèse, qui réapparaît dans la scholie **350**.

Si Alexandre s'expose au reproche évident énoncé par Simplicius, c'est peut-être qu'il a des raisons sérieuses de le faire. Celles-ci sont à rechercher du côté de sa théorie de la matière, de la forme et du mélange. On peut en effet lui attribuer une doctrine du mélange qui s'appuie primordialement sur la forme du composé : ce sont avant tout les *formes* des deux ingrédients qui se mélangent. Nous présumons par ailleurs qu'Alexandre, dans la ligne de *Phys.* I 4, 187b 13–21, admettait que la taille d'un homéomère ne peut pas être réduite en-deçà d'un certain seuil (en supposant que son interprétation correspondait à celle de Simplicius, *In Phys.* 167.12–17). C'est donc qu'il y a une taille minimum garante de l'existence de la forme. Bien qu'Alexandre ne l'écrive à ma connaissance nulle part, je pense que ces deux thèses permettent d'expliquer comment il peut à la fois, dans le présent texte, « autonomiser » les parties et sauver la continuité : lieu du changement instantané, la forme de la partie possède également un pouvoir « coagulant » la rattachant aux autres parties. Cf. Introduction, p. 103–105.

⋆

340 (34b 22) <κατὰ τὰς>] δυνατὸν ἀκούειν τὸ κατὰ τὰς τῶν μερῶν τοῦ κινουμένου κινήσεις διαιρετὴν εἶναι πᾶσαν κίνησιν καὶ ἐπὶ τῆς κατὰ τόπον μόνης κινήσεως, ἵνα συνδιαιρῆται τῷ μεγέθει <ἡ> κίνησις τῷ ἐφ' οὗ· δυνατὸν <δὲ> καὶ ἐπὶ πάσης κινήσεως τοῦτο λαβεῖν, [ἵν'] ὡς φανερὸν τὸ β' τοῦ μεγέθους εἴη σιωπηθέν.

—

3 ἡ addidi || 4 δὲ addidi || ἵν' delevi

<selon les mouvements des parties de ce qui est mû>] On peut entendre le fait que tout mouvement soit divisible « selon les mouvements des parties de ce qui est mû » au sujet du seul mouvement selon le lieu, afin que le mouvement se divise avec la grandeur, qui en est le « sur quoi » ; on peut aussi le prendre pour tout mouvement, dès lors qu'il est manifeste que le second cas de la grandeur a été passé sous silence.

Adnot. Cette scholie est sans équivalent chez Simplicius, mais son origine alexandrique fait peu de doutes. Le problème en jeu est toujours celui du domaine de validité des démonstrations aristotéliciennes sur la division du mû. Faut-il restreindre cette division au cas où c'est la *grandeur* qui se meut – déplacement et augmentation/diminution – ou faut-il englober les trois cas de mouvement, c'est-à-dire ajouter le mouvement qualitatif, qui n'est divisible que par accident (cf. 235a 18 et scholie **345**) ? Le raisonnement d'Alexandre est le suivant : puisqu'il est clair que le mouvement d'augmentation/diminution est passé sous silence et qu'il est hors de doute qu'Aristote l'englobe dans sa démonstration (234b 23 sqq.), c'est un argument pour soutenir que le mouvement qualitatif est lui aussi sous-entendu.

⋆

341 (35a 9) <αὕτη μὲν οὖν>] δέδεικται ὅτι ἅπαν τὸ κινούμενον μεριστόν.

<Telle est donc la division>] On a montré que la totalité du mû était divisible.

⋆

342 (35a 13) <κατὰ τὸν χρόνον>] ἀντὶ τοῦ κατὰ κινήσεως εἶδος.

<selon le temps>] À la place de : « selon la forme du mouvement ».

TEST. *Simpl. 974.25–29* : εἴη δὲ ἄν, φησὶν ὁ Ἀλέξανδρος, ἡ μὲν κατὰ χρόνον γινομένη διαίρεσις τῆς κινήσεως ὥσπερ κατὰ μῆκος, ἡ δὲ κατὰ τὰ μέρη τοῦ κινουμένου ὡσπερανεὶ κατὰ πλάτος· καὶ γὰρ ὁ μὲν χρόνος κατὰ γραμμὴν πρόεισιν οὐδὲν ἐμφαίνων πλάτος, τὸ δὲ κινούμενον πλάτος ἔχον ὡς ἐπὶ ἐπιφανείας κινεῖται, ἀλλ᾽ οὐχ ὡς ἐπὶ γραμμῆς.

ADNOT. Simplicius prête à Alexandre une conception « graphique » assez intéressante (cf. *Introduction*, p. 102–103). Il faudrait se représenter la division temporelle comme une division selon la longueur, la division selon les parties du mû comme une division selon la largeur. Le mouvement peut être compris comme la surface (ἐπιφάνεια) résultant de cette double dimension. Notre brève scholie pourrait s'accorder à ce type de considérations : le temps est en effet alors conçu comme la forme commune aux trois mouvements.

Averroès, *In Phys.* 269K et 270C, semble prêter à l'exemplaire d'Alexandre une variante, *omne motum habet motum* au lieu de πᾶσαν κίνησιν διαιρεῖσθαι κατὰ τὸν χρόνον. Je ne m'explique pas bien cela, il faut compter avec la possibilité d'une erreur de transmission, déjà en grec, ou en arabe.

★

343 (35a 15) <ἀνάγκη τὰς αὐτὰς>] τουτέστι τὸ κινούμενον ὅλον τί ἐστι καὶ μέγεθος.

<il est nécessaire que les divisions soient les mêmes ...>] C'est-à-dire que le mobile est un certain tout et une grandeur.

★

344 (35a 17) <ὁμοίως ἐν οἷς>] ἐν τοῖς καθ᾽ ἃ ἡ κίνησις, τοῖς εἴδεσι τῆς κινήσεως.

—

1 καθ᾽ ἃ distinxi : καθὰ S || τῆς : τοῖς S

<pour toutes les choses dans lesquelles>] Dans les choses selon lesquelles a lieu le mouvement, dans les *espèces* du mouvement.

Par opposition à la scholie **327** où il s'agissait de la *forme*, le terme εἶδος a ici son sens d'*espèce*.

★

[101v]

345 (35a 18) <τοῦ δὲ ποιοῦ>] καϑ’ αὑτὸ γὰρ ἀδιαίρετον τὸ ποιόν.

<selon la qualité>] Par soi, en effet, la qualité est indivisible.

★

346 (35a 18-25) <...>]

κινούμενον
κινεῖσθαι
χρόνος κινήσεως
εἶδος κινήσεως

ποιόν — ποσόν

ποσόν: αὐξομείωσις — φορά.

<...>]

mû
se-mouvoir
temps du mouvement
espèce du mouvement

qualité — quantité

quantité: auxodiminution — déplacement.

Adnot. Ces notes schématiques correspondent au commentaire d’Alexandre, cf. Simpl., *In Phys.* 975.24–26. Courant dans la tradition astronomique, le terme αὐξομείωσις (que nous avons rendu par « auxodiminution ») n’apparaît en revanche jamais chez Alexandre ni dans le corpus philosophique. Il s'agit donc probablement d'une innovation de l'adaptateur.

★

347 (35a 22) <ὁμοίως δὲ>] ὅτι ὁ χρόνος συνδιαιρεῖται τῇ κινήσει.

<Semblablement>] Que le temps se divise avec le mouvement.

★

348 (35a 25) <τὸν αὐτὸν δὲ τρόπον>] ὅτι καὶ τὸ κινεῖσθαι συνδιαιρεῖται τῇ κινήσει.

<De la même manière>] Qu'aussi le se-mouvoir se divise avec le mouvement.

Adnot. Simplicius, *In Phys.* 976.10–12, se contente d'affirmer que le se-mouvoir « se divise semblablement au mouvement » (ὁμοίως τῇ κινήσει διαιρεῖται). Il faut sans doute expliquer cette relative prudence par des tensions internes à la tradition platonicienne, dues aux positions profondément anti-aristotéliciennes, sur la question, de Plotin, pour qui l'extension temporelle n'est pas une condition intrinsèque du mouvement véritable, i. e. du mouvement compris comme l'acte même de se mouvoir. Même si Simplicius est foncièrement du côté d'Alexandre contre Plotin et voit dans l'extension un trait définitoire du mouvement y compris comme se-mouvoir, il évite, quand il peut, de trop insister sur le caractère étendu du se-mouvoir.

★

349 (35a 31) <ὥσπερ ἐδείξαμεν>] ταύτῃ γὰρ μόνον διαφέρει τὸ κατὰ μόρια λαμβάνειν τὴν κίνησιν καὶ πάλιν τὸ ὅλην, ὅτι ὅλη μὲν λαμβανομένη συνεχὴς καὶ μία λαμβάνεται, κατὰ μόρια δὲ ὡς διῃρημένη.

<comme nous avons montré>] C'est en effet seulement ainsi que diffère le fait de prendre le mouvement selon les parties et à rebours comme tout ; à savoir, en ce que pris comme un tout, il est pris continu et un, tandis que pris selon les parties, on le prend comme divisé.

ADNOT. Priorité du mouvement total, la conjonction modalisante « comme » (ὡς) étant appliquée au mouvement *divisé*. Un élément central de la réponse à Zénon avancée au livre VIII est ainsi déjà formulé.

★

350 (35a 35) πλὴν ἔνια] εἰ γίνεται ἀθρόα μεταβολή, πῶς ἡ ἀλλοίωσις κατὰ τὸ ἐν αὐτῇ μέγεθος διαιρεῖται; καὶ γὰρ εἰ μὴ πᾶν, ἀλλ' οὖν ἀθρόως τι μέρος αὐτοῦ μεταβάλλει, [καὶ] οὐκέτι τῇ τοῦ μορίου τούτου διαιρέσει συνδιαιρεῖται, ἀλλὰ τοῖς ὡς κινουμένου αὐτοῦ καὶ καθ' ἃ κινεῖται.

—

3 καὶ delevi || 4 καθ' ἃ distinxi : καθὰ S

à part certaines choses] S'il se produit un changement instantané, comment l'altération se divise-t-elle selon la grandeur qu'il y a en elle ? De fait, si ce n'est pas le tout, mais quelque partie de lui, qui change instantanément, <l'altération> ne se divise plus avec la division de la partie, mais avec <les parties> de lui comme mobile et en fonction desquelles il se meut.

TEST. *Simpl. 979.3–7* : ἐνταῦθα δὲ καὶ ἐφιστάνει ὁ Ἀλέξανδρος, ὅτι κἂν μὴ πᾶν ἀλλὰ μέρος τι αὐτοῦ ἀθρόον μεταβάλλῃ, οὐκέτι τῇ τοῦ μορίου τούτου διαιρέσει συνδιαιροῖτο ἂν οὔτε ἡ κίνησις οὔτε ὁ χρόνος, καὶ ἐπικρίνει λέγων· ἢ οὐ πᾶσι τοῖς μορίοις αὐτοῦ συνδιαιρεῖται, ἀλλὰ τοῖς ὡς κινουμένου καθὸ κινεῖται.

ADNOT. Cette scholie est peut-être défigurée par un homéotéleute. Voici en effet ce qu'écrit Simplicius, *In Phys.* 979.3–7 : « ici, Alexandre remarque que même si ce n'est pas le tout, mais quelque partie de lui qui change instantanément, il se pourrait bien que ne se divise plus avec la division de cette partie ni le mouvement ni le lieu. Et il se prononce de la manière suivante : à moins qu'il ne se divise pas avec toutes ses parties, mais avec celles de lui comme mû en tant qu'il se meut ». On pourrait ainsi suggérer une perte des mots « à moins qu'il ne se divise pas avec toutes ses parties », ἢ οὐ πᾶσι τοῖς μορίοις αὐτοῦ συνδιαιρεῖται. En revanche, la fin du texte, avec αὐτοῦ et καὶ καθ' ἃ (cf. app. cr.) à la place de καθό paraît meilleure dans la scholie que chez Simplicius. Cette scholie est intéressante parce qu'elle confirme que la suggestion de cantonner le caractère instantané du changement aux parties du mû n'est pas hasardé en passant par Alexandre, mais constitue pour lui une option parfaitement sérieuse. Le présent commentaire va même plus loin, en suggérant que les parties ont une réalité objective dans le mouvement. Ce ne sont pas simplement des entités abstraites, de simples portions d'étendue tridimensionnelle du mû, des éléments du mû en tant que grandeur, mais des éléments du mû en tant que mû. Alexandre postule donc ici une liaison intime entre le changement et certaines parties du corps qui change, grâce auxquelles il change.

★

VI, 5

351 (35b 7) <πρῶτον>] τὸ πρῶτον πρόσκειται ὅτι ἐνδέχεται τὸ εἴς τι μεταβεβληκὸς πάλαι νῦν μὴ εἶναι ἐν ἐκείνῳ εἰς ὃ μεταβέβληκεν.

<en premier>] Il a ajouté « en premier » parce qu'il est possible que ce qui s'est jadis changé en quelque chose ne soit plus maintenant dans ce en quoi il s'était changé.

Test. *Simpl. 979.16–19* : τὸ δὲ πρῶτον πρόσκειται τῷ μεταβέβληκε διότι οὕτως ἀληθεύσει ὁ λόγος. τὸν γὰρ ἐλθόντα Ἀθήναζε, ὅτε πρῶτον ἐλήλυθεν, ἀνάγκη ἐν Ἀθήναις εἶναι, τὸν μέντοι πέρυσιν ἐληλυθότα Ἀθήναζε, οὐκέτι ἀναγκαῖον νῦν εἶναι ἐν Ἀθήναις· τότε δὲ ἦν, ὅτε πρώτως ἐλήλυθε.

Adnot. On remarque une certaine opposition entre les commentateurs anciens et certains modernes (cf. en particulier B. Morison, « Le temps primaire du commencement d'un changement », in J.-F. Balaudé et F. Wolff, *Aristote et la pensée du temps*, Nanterre, 2005, p. 99–111, spécialement p. 104, n. 8). Selon la scholie, qui correspond pour le sens, et partiellement pour la lettre, à ce que nous trouvons chez Simplicius, et que l'on peut donc faire remonter à Alexandre, πρῶτον a un sens temporel : « tout d'abord ». On ne précise cependant pas encore comment comprendre ce « tout d'abord ». Sa seule fonction est d'exclure un laps de temps entre la fin du changement et l'état de la chose que l'on considère. En ce sens, Alexandre considère sans doute que l'expression est utilisée encore assez lâchement par Aristote, avant les spécifications plus techniques des deux chapitres suivants.

★

352 (35b 13) <ἐπεὶ οὖν> (ad 35b 12 ὁμοίως γὰρ S)] διὰ τὸ ἄμεσον τῆς ἀντιφατικῆς ἀντιθέσεως μεταλαμβάνει τὸν λόγον ἐπ' αὐτήν, ὡς σαφεστέραν τῶν ἐν μέσῳ πρὸς τὸ δεῖξαι τὸ προκείμενον.

—

3 post πρὸς littera erasa

<Puisque donc>] Du fait de l'absence d'intermédiaire propre à l'opposition des contradictoires, il fait passer sur ce plan son argument pour établir ce qu'il vise, dans l'idée que cette opposition est plus claire que celles qui ont un intermédiaire.

TEST. *Simpl. 980.5* : οὐδὲν γὰρ μεταξὺ τῆς τοῦ εἶναι καὶ μὴ εἶναι ἀντιφάσεως.

ADNOT. Interprétation reprise par Simplicius. La formulation de la scholie est sans doute plus proche de celle d'Alexandre.

★

353 (35b 19–20) <εἶναί που ἢ ἔν τινι>] εἶναί που, ἐν τόπῳ, ἢ ἔν τινι, ἐν πάθει ἢ μεγέθει ἢ θατέρῳ μορίῳ τῆς ἀντιφάσεως.

<soit quelque part ou en quelque chose>] « Soit quelque part », à savoir en un lieu, « ou en quelque chose », à savoir en une affection, ou une grandeur, ou l'un des deux termes d'une opposition.

TEST. *Simpl. 980.28–981.1* : … εἰ οὖν τὸ μεταβεβληκὸς ἀναγκαῖον ἔν τινι εἶναι ἢ τόπῳ ἢ μεγέθει ἢ πάθει ἢ τῷ ἑτέρῳ μέρει τῆς ἀντιφάσεως …

ADNOT. Le ms. S a la variante de la seconde famille (εἶναί που ἐξ οὗ μεταβέβληκεν ἢ ἔν τινι pour εἶναί που ἢ ἔν τινι), mais la glose semble attester qu'Alexandre lisait, comme Simplicius et Philopon, le texte de la première. On note une petite différence de sens entre la scholie et Simplicius, *In Phys.* 980.25–981.1. Ce dernier interprète lui aussi le που de manière restreinte, comme renvoyant seulement au lieu et non à quelque disposition (διάθεσις) en général. C'est même pour souligner cette restriction, d'après Simplicius, qu'Aristote a ajouté « ou en quelque chose », qui englobe les *quatre* changements, à savoir, dans l'ordre : selon le lieu (i. e. le déplacement), selon la grandeur (i. e. l'augmentation-diminution), selon l'affection (i. e. l'altération) et selon la contrariété (i. e. la génération-corruption). On peut imaginer deux scénarios : soit la scholie est plus proche d'Alexandre et Simplicius adapte légèrement le texte – à moins de supposer que la mention ἢ τόπῳ (*In Phys.* 980.28) soit une interpolation tardive (c'est d'autant moins probable qu'il y a sans doute peu de témoins manuscrits entre l'exemplaire définitif de Simplicius et le témoin de la « Collection philosophique », le *Marc. gr.* 226, que l'on peut dater du milieu du IXe siècle) – ; soit Simplicius nous transmet plus fidèlement Alexandre, et l'adaptateur schématise l'argument.

★

[103r]

354 (35b 24) <οὐ γὰρ ἦν ἐχόμενον>] ἀντὶ τοῦ οὐ γὰρ ἀμερῆ τὰ ΓΒ καὶ παρακείμενα ἀλλήλοις ὥστε ἄνευ χρόνου καὶ τοῦ μεταβάλλειν μεταβολὴν εἶναι ἀπὸ τοῦ Γ εἰς τὸ Β. τὰ γὰρ ἀμερῆ οὐχ ἅπτεται ἀλλήλων.

<En effet, n'était pas en contact>] Au lieu de « en effet, Γ et Β ne sont pas des éléments sans parties placés l'un à côté de l'autre en sorte que le changement de Γ à Β ait lieu sans temps et sans processus de changement ». En effet, les éléments sans parties ne se touchent pas les uns les autres.

Adnot. Le texte unanimement transmis d'Aristote en 235b 24 (οὐ γὰρ ἦν ἐχόμενον τῷ Β) est peu correct – ἔχεσθαι requérant le génitif et non le datif – et relativement elliptique. Hayduck, suivi par Ross, propose donc de remplacer τῷ par τό (pour faire de τὸ Β un sujet) et de sous-entendre τοῦ Γ (complément de ἐχόμενον). La scholie, sans parallèle chez Simplicius, atteste qu'Alexandre avait déjà été gêné par l'énoncé d'Aristote et l'explicitait dans les termes qui nous ont été transmis. Alexandre identifie bien le nerf de l'argument d'Aristote dans la contradiction qu'il y a à imaginer que des indivisibles « géométriques » puissent être en contact, et renvoie implicitement aux démonstration de VI 1 (cf. 231b 1 sqq.).

★

355 (35b 32) <ἐν ᾧ δὲ πρώτῳ>] ὅτι ἐν ᾧ πρώτῳ μεταβέβληκέ τι, ἀνάγκη τοῦτο ἄτομον εἶναι καὶ οὐ χρόνον ἀλλὰ νῦν.

<mais le premier>] Que « le premier dans lequel quelque chose a changé » doit nécessairement être « insécable », et non pas *temps*, mais *maintenant*.

Adnot. C'est à ce stade qu'Aristote propose une élaboration rigoureuse du πρῶτον qu'il avait employé de manière indéterminée en 235b 7, cf. scholie **351**. Lue en parallèle avec Simplicius, *In Phys*. 982.3–6, nous avons la confirmation qu'Alexandre explicitait cette notion en termes temporels : le premier, nous disait-il, ne saurait être un temps étendu, mais ne peut être qu'un point temporel, un *maintenant* – que Simplicius compare à ce que Platon, *Parménide* 156d, appelait l'ἐξαίφνης (bien que nous n'ayons là qu'un argument *e silentio*, l'absence de cette remarque dans la scholie est un indice d'authenticité). La scholie laisse bien voir quelle était la compréhension d'Alexandre. Naturellement et prosaïquement, un lecteur interprète ἐν ᾧ πρώτῳ μεταβέβληκεν τὸ μεταβεβληκός comme renvoyant à un temps. Mais cela n'est vrai qu'en un sens approximatif : car si, en tant qu'il s'agit d'un instant, nous avons bien affaire à quelque chose du temps, il ne faut pas croire qu'un instant soit temps, s'il est vrai que le temps est un continu. Le débat engagé par Morison contre les traductions du type de « le premier moment », « le premier instant » etc. paraîtrait donc sans doute assez formel à Alexandre. Ce dernier accepterait certes de laisser indéterminé le πρῶτον ; mais non pas tant pour insister sur sa pureté sémantique *in vitro* (« primordialement », « primairement » et non « tout d'abord ») que pour respecter le cheminement d'Aristote, qui parvient à l'assimilation du πρῶτον et du maintenant *à l'issue* de son raisonnement prouvant, par exclusion, l'impossibilité que « le premier » soit divisible, donc temps (235b 34–236a 5).

★

356 (36a 5) φανερὸν οὖν ὅτι καὶ τὸ ἐφθαρμένον] διὰ τούτων ἅμα καὶ σόφισμα λύει τὸ λέγον· τὸ τεθνηκὸς ἢ ἐν χρόνῳ <ἐν> ᾧ ἔζη τέθνηκεν ἢ ἐν ᾧ χρόνῳ τέθνηκεν· ἀλλὰ μὴν τὰ δύο ἄτοπα· οὔτε γὰρ δυνατὸν ὅτε ἔζη οὔτε ἐν ᾧ τέθνηκεν· εἰ δὲ μήτε ἐν ᾧ χρόνῳ ἔζη μήτε ἐν ᾧ τέθνηκεν ἀπέθανεν, οὐδὲ ἐν χρόνῳ ἀπέθανεν ὅλως, ὥστε οὐδέποτε· οὐδέποτε ἄρα τὸ τεθνηκὸς ἀπέθανε. λυτέον οὖν λέγοντας ὅτι ἐν ἀτόμῳ τέθνηκεν.

—

2 ἐν addidi

Il est donc manifeste qu'aussi ce qui a été détruit] Par ces arguments, il résout aussi le sophisme qui dit : « ce qui est mort est mort soit dans le temps dans lequel il vivait soit dans le temps où il était mort. Mais les deux choses sont absurdes : ce n'est en effet possible ni quand il vivait ni quand il était mort. Or s'il n'est mort ni dans le temps dans lequel il vivait ni dans celui où il était mort, il n'est mort dans aucun temps du tout, donc jamais. Jamais, par conséquent, ce qui est mort ne mourut ». La solution consiste à dire qu'il est mort dans un insécable.

Test. *Simpl. 983.25–30* : διὰ τούτου δέ, φησίν ὁ Ἀλέξανδρος, καὶ τὴν λύσιν ἡμῖν ἐνεδείξατο τοῦ ὑπὸ τῶν σοφιστῶν ἐρωτωμένου λόγου, ἐν ποίῳ χρόνῳ Δίων ἀπέθανεν· ἢ γὰρ ὅτε ἔζη ἢ ὅτε τέθνηκεν· ἀλλ' οὔτε ἐν ᾧ ἔζη (ἐν ἐκείνῳ γὰρ ἔζη) οὔτε ἐν ᾧ τέθνηκεν (ἐν παντὶ γὰρ τούτῳ τεθνήκει) · εἰ οὖν μήτε ἐν ᾧ χρόνῳ ἔζη μήτε ἐν ᾧ τέθνηκεν, ἀπέθανεν ὁ Δίων, οὐκ ἀπέθανεν ὁ Δίων.

Adnot. La scholie nous transmet un passage que nous connaissions par une citation de Simplicius. Plus qu'elle ne répond à un sophisme historique, elle explicite la distinction à faire entre le maintenant insécable, qui est quelque chose du temps mais non pas temps, et le temps à proprement parler (auquel se rapporte, dans le sophisme, l'adverbe « jamais »), qui est une grandeur continue.

★

357 (36a 15) <πρῶτον>] π ρ ῶ τ ο ν τοῦ χρόνου· ἡ ἀρχὴ τῆς μεταβολῆς μεταβάλλει ἐν χρόνῳ.

<premier>] « Premier » du temps : le principe du changement change dans le temps.

TEST. *Simpl. 984.16–19* : τὸ δὲ κατὰ τῆς ἀρχῆς τῆς μεταβολῆς, ἥτις ἀρχὴ καὶ αὐτὴ μεταβολή ἐστι, πρῶτον λεγόμενον τοῦ χρόνου, ἐν ᾧ ἡ ἀρχὴ τῆς μεταβολῆς, τοῦτό φησιν οὐκ ἔστιν ὅλως ἐν ὑποστάσει ... – *Averr. In Phys. 275H-I* : et expositores dubitabant in hoc : quia existimabant quod isti duo sermones sunt contradictorii, scilicet dicens quod est indivisibile et dicens quod non est ens. Et non sunt contradictorii, nisi esset declaratum quod non est ens omnino ; sed non fuit declaratum, nisi quod est non ens in actu. Et hoc ignorant omnes expositores in hoc loco, ideo invenimus Alexandrum transtulisse declarationem ad tempus, scilicet hoc, quod declarauit quod initium transmutationis est indivisibile.

ADNOT. Le passage commenté est difficile. Aristote affirme en effet qu'il existe un temps primaire de la fin du changement, mais non de son début. Averroès, dans son commentaire, est bien sensible aux enjeux et à la difficulté du texte ; il affirme même que tous les commentateurs se fourvoient à son sujet. Avec sa profondeur coutumière, Averroès interprète la dissymétrie des termes du changement comme une opposition de la puissance et de l'acte. Alors que le temps primaire du commencement est en puissance, le temps primaire de l'achèvement est en acte. C'est faute de bien saisir ce point qu'Alexandre, nous dit le commentateur arabe, a « traduit » l'affirmation d'Aristote en une simple description du caractère instantané du début du changement – ce qui effectivement appauvrit la charge argumentative du propos aristotélicien dans le cadre d'une ontologie du sensible. La solution d'Averroès n'apparaît pas en effet chez Simplicius, *In Phys.* 984.3–987.8.

★

358 (36a 16) τοῦτο δὴ ἀδιαίρετον] τὸ διαιρετὸν τὸ ΑΔ καὶ οὕτως δείκνυσιν· ὑποτίθεται τὸ ἀρχόμενον τῆς μεταβολῆς ἠρεμοῦν ἐν τῷ α′ χρόνῳ παντί. δῆλον γὰρ ὅτι τὸ ἀρχόμενον τοῦ κινεῖσθαι ἐξ ἠρεμίας μεταβάλλειν ἄρχεται· εἰ δ' ἐν παντὶ τῷ ΓΑ ἠρεμεῖ, δῆλον ὡς καὶ ἐν τῷ Α, μέρει τοῦ ΓΑ· ὥστε εἰ ἀμερὲς τὸ ΑΔ, ταὐτὸν ἔσται τῷ Α τὸ ΑΔ, ὥστε καὶ ἐν τῷ ΑΔ ἠρεμεῖ ἀρχόμενον τῆς μεταβολῆς· ἀλλὰ καὶ ὑπέκειτο ἐν τούτῳ πρώτῳ μεταβεβληκέναι.

Il ne peut alors ne pas être indivisible] Il montre aussi ainsi le fait que ΑΔ soit divisible : on suppose que ce qui commence son changement soit immobile dans la totalité du premier temps. Il est clair en effet que ce qui commence à se mouvoir commence à changer à partir du repos. Mais s'il est en repos dans la totalité de ΓΑ, il est clair qu'il l'est aussi en Α, qui est une partie de ΓΑ. En sorte que si ΑΔ est sans parties, ΑΔ sera identique à Α, en sorte qu'il est en repos aussi en ΑΔ, en commençant son changement ; mais on avait fait l'hypothèse que c'était en celui-ci le premier qu'il avait changé.

Test. *Simpl. 985.8–16* : ὅτι δὲ μὴ ἔστιν ἀμερὲς τὸ ΑΔ, καὶ δι' ἄλλου δείκνυσιν ἐπιχειρήματος τοιούτου· τὸ ἀρχόμενον ἐν τῷ ΑΔ κινεῖσθαι, ἐξ ἠρεμίας πάντως μεταβάλλον ἄρχεται κινεῖσθαι. ἔστω οὖν ἐν τῷ ΓΑ ἠρεμοῦν καὶ ἐν τῷ ΑΔ ἀρχόμενον κινεῖσθαι. εἰ οὖν ἐν παντὶ τῷ ΓΑ ἠρεμεῖ, δῆλον ὅτι καὶ ἐν τῷ Α τοῦ ΓΑ ὄντι τι ἠρεμεῖ. εἰ οὖν ἔστι τὸ ΑΔ ἀμερές, ταὐτὸν ἔσται τῷ Α τὸ ΑΔ· καὶ ἐν τῷ ΑΔ ἄρα ἠρεμοίη ἂν τὸ ἐν αὐτῷ τῆς μεταβολῆς ἀρχόμενον· τὸ δὲ ἀρχόμενον ἐν αὐτῷ τῆς μεταβολῆς κινεῖται ἐν αὐτῷ· ἐν τῷ αὐτῷ ἄρα ἠρεμήσει τε καὶ κινηθήσεται, ὅπερ ἀδύνατον.

Adnot. La scholie correspond presque mot pour mot à ce que l'on trouve chez Simplicius. Le texte de celui-ci paraît d'ailleurs plus correct. Il prend soin, par exemple, d'introduire Γ, alors que celui-ci apparaît brutalement dans la scholie. Il est probable que Simplicius suit ici tacitement Alexandre – encore qu'en l'absence du contexte général de nos scholies, rien ne permettrait d'affirmer que l'adaptateur ne puise pas, ici, au commentaire de Simplicius plutôt qu'à celui d'Alexandre.

★

359 (36a 16) <συμβήσεται>] ἀντὶ τοῦ συμβήσεται ἐν τῷ νῦν κίνησιν γίγνεσθαι.

<Il s'ensuivra …>] Au lieu de : « il s'ensuivra que le maintenant ait lieu dans le maintenant ».

★

360 (36a 27) οὐδὲ δὴ] δείξας ὅτι μηδὲν ἔστι τοῦ χρόνου λαβεῖν ἐν ᾧ πρώτῳ τὸ μεταβάλλον ἤρξατο τῆς μεταβολῆς, <νῦν> δείκνυσιν ὅτι οὐδ' αὐτοῦ τοῦ μεταβεβληκότος ἔστι τι πρῶτον ὃ μεταβέβληκεν.

—

2 τὸ μεταβάλλον correxi (cf. Simpl. 987.11) : τοῦ μεταβάλλοντος S || νῦν supplevi (cf. etiam Simpl. 987.12).

Il n'y a donc pas non plus] Ayant montré que l'on ne peut rien prendre du temps en quoi en premier ce qui change a commencé son changement, il montre maintenant que de ce qui a changé non plus, il n'y a rien qui en premier a changé.

Test. *Simpl. 987.11–13* : δείξας ὅτι οὐδὲν ἔστι τοῦ χρόνου λαβεῖν, ἐν ᾧ πρώτῳ τὸ μεταβάλλον ἤρξατο τῆς μεταβολῆς, νῦν δείκνυσιν ὅτι οὐδὲ αὐτοῦ τοῦ μεταβάλλοντος ἔστι τι πρῶτον ὡς μέρος λαβεῖν.

Adnot. La scholie est très proche de Simplicius, mais paraît plus fidèle à Alexandre sur deux points importants : 1) contrairement à Simplicius qui, sans doute par inadvertance, ne fait pas de différence entre τὸ μεταβεβληκός et τὸ μεταβάλλον, la scholie demeure fidèle à l'argument d'Aristote, qui porte bien sur des états achevés et non sur des processus de changement. 2) À la différence de Simplicius, la scholie n'évoque pas la partie (μέρος), ce qui correspond bien à la position d'Alexandre critiquée par Simplicius : Alexandre considère qu'une partie a effectivement changé en premier mais que rien de cette partie n'a changé en premier. Il est très improbable qu'un adaptateur à la fois recopie Simplicius et soit sensible à des différences aussi ténues.

⋆

[103v]

361 (36b 1) ὃ μεταβάλλει] εἰπὼν ὃ μ ε τ α β ά λ λ ε ι , ἐπεὶ ἀσαφῶς εἴρηκεν, μεταλαμβάνει αὐτὸ ἐπὶ τὸ σαφέστερον λέγων ἢ κ α θ ὸ μ ε τ α β ά λ λ ε ι , ὥστε οὔτε τοῦ χρόνου οὔτε τοῦ μεταβάλλοντος αὐτοῦ οὔτε τοῦ εἴδους τῆς μεταβολῆς ἔστιν ἀρχήν τινα λαβεῖν ἐπί τε τῆς φορᾶς καὶ τῆς αὐξομειώσεως· ἐπὶ δ' ἀλλοιώσεως διότι διαιρετὸν τὸ ποιὸν τοῦτο οὐκ ἔσται πλὴν κατὰ συμβεβηκός.

—

5 διαιρετὸν : ἀδιαίρετον S

ce qui change] Ayant dit « ce qui change », du fait qu'il s'était exprimé de manière peu claire, il reformule cela plus clairement en disant « ou plutôt ce selon quoi il change », en sorte que ni du temps, ni de ce qui change lui-même, ni de l'espèce du changement, il n'est possible de prendre un certain principe, aussi bien dans le cas du déplacement que de l'auxodiminution. Mais dans le cas de l'altération, c'est possible, du fait que cette qualité ne sera divisible que par accident.

TEST. *Simpl. 988.9–18* : περὶ τούτου δὲ εἰπὼν ἐξ ἀρχῆς αὐτὸ δὲ ὃ μεταβάλλει εἰς σαφέστερον αὐτὸ μετέλαβεν τὸ καθ' ὃ μεταβάλλει. ὡς γὰρ ἐξηγητικὸν ἐκείνου τοῦτο προσέθηκε. καὶ λέγει, ὅτι οὐκέτι ὁμοίως ἔχει τὸ ζητούμενον ἐπὶ παντὸς τοῦ καθ' ὃ ἡ μεταβολὴ ὡς ἐπὶ τοῦ μεταβάλλοντος αὐτοῦ καὶ τοῦ χρόνου· ταῦτα μὲν γὰρ τῇ αὐτῶν φύσει διαιρετά ἐστι. καὶ διὰ τοῦτο οὐδὲν ἔστιν αὐτῶν πρῶτον λαβεῖν, ἐν ᾧ ἡ ἀρχὴ τῆς μεταβολῆς. οὐκέτι δὲ πᾶν τὸ καθ' ὃ ἡ μεταβολὴ διαιρετὸν καθ' αὑτό. τὸ γὰρ ποιόν, καθ' ὃ ἡ κατὰ ἀλλοίωσιν μεταβολὴ γίνεται, οὐκ ἔστι τῇ αὑτοῦ φύσει διαιρετόν, ὅτι μηδὲ ποσόν. κατὰ συμβεβηκὸς μέντοι καὶ αὐτὸ δαιρετόν ἐστι τῷ τὸ ὑποκείμενον αὐτῷ καὶ ἀλλοιούμενον διαιρετὸν εἶναι ...

ADNOT. Une lecture rapide ne distingue pas de différence entre Simplicius et Alexandre transmis par la scholie. Mais leur traitement de l'altération diffère. Alors que la scholie distingue fortement ce cas de celui des deux autres mouvements, Simplicius les rapproche, en se réclamant lui aussi de l'accidentalité soulignée par la scholie.

⋆

362 (36b 17) φανερὸν οὖν] εἰ καὶ ἀδιαίρετον τῇ ἑαυτοῦ φύσει τὸ ποιόν, οὐδ' οὕτως πρῶτόν τι ἔσται αὐτοῦ (τὸ γὰρ πρῶτον ἐν διαιρουμένῳ καὶ μεριστῷ) ἀλλὰ καὶ καθὸ τοῦ ὑποκειμένου αὐτῷ οὐδέν ἐστι πρῶτον ᾧ συνδιαιρεῖται, οὐδὲ τούτου τι πρῶτον ἔσται πλὴν εἰ μὴ ἀθρόα γίνοιτο μεταβολή.

Il est donc manifeste] Même si, par sa nature, la qualité est indivisible, il n'en demeure pas moins qu'il n'y aura pas en elle quelque chose de premier (car le premier n'appartient qu'au divisé et au partageable) mais du fait que de son substrat, il n'y a rien de premier avec quoi elle se divise, elle non plus n'a rien de premier, à moins que ne survienne un changement instantané.

TEST. *Simpl. 989.20–25* : κἂν ἀδιαίρετον δὲ ᾖ τῇ αὑτοῦ φύσει, οὐδὲ ἐν αὐτῷ ἔσται τι πρῶτον (τὸ γὰρ πρῶτον ἐν διαιρουμένῳ καὶ μέρη ἔχοντι), ἀλλὰ καὶ καθ' ὃ τοῦ ὑποκειμένου ᾧ συνδιαιρεῖται οὐκ ἔστι τι πρῶτον, οὐδὲ αὐτοῦ τοῦ συνδιαιρουμένου εἴη ἄν τι πρῶτον. συνδιαιρεῖται δὲ ἡ ἀλλοίωσις, εἰ μὴ ἀθρόα γίνοιτο ἡ μεταβολή, ἣν αὐτὸς ἠξίου γίνεσθαι ἐν τῷ πρώτῳ βιβλίῳ πρὸς Μέλισσον διαλεγόμενος ...

Adnot. Nous trouvons ici la confirmation de l'intérêt constant d'Alexandre, en ces chapitres centraux du livre VI, pour la question de l'altération instantanée. Simplicius dépend très probablement de lui. Les scholies de VI 5 prouvent d'ailleurs la liberté avec laquelle Simplicius use du commentaire d'Alexandre : dans un chapitre comme celui-ci, technique mais sans grand enjeu ontologique du point de vue d'une confrontation entre platonisme et aristotélisme, Simplicius se contente généralement de suivre de près l'exégèse de son prédécesseur, sans même juger utile de le signaler.

⋆

VI, 6

363 (36b 19) ἐπεὶ δὲ] ὅτι μὲν οὐκ ἔστι τὸ ἐν χρόνῳ πρῶτον κυρίως λαβεῖν, ἔδειξεν. ἐπεὶ δὲ λέγεται πρῶτος χρόνος κατὰ ἀντιδιαστολὴν τοῦ καθ' ἕτερον, τίς οὗτος ὁ πρῶτος χρόνος δεικνύναι προτίθεται.

Mais puisque] Qu'il n'est pas possible de prendre, au sens propre, le premier dans le temps, il l'a montré. Mais puisqu'on dit « temps premier » par opposition à celui qui est « selon autre chose », il entreprend de montrer quel est ce temps premier-ci.

Test. *Simpl. 990.3–6 :* δείξας ὅτι οὐκ ἔστιν ἐν τῷ χρόνῳ, ἐν ᾧ τι μεταβάλλει, τὸ πρῶτον λαβεῖν, ἐπειδὴ λέγεταί τι ἐν πρώτῳ χρόνῳ μεταβάλλειν τὸ μὴ ἔν τινι μέρει τοῦ λεγομένου χρόνου ἀλλ' ἐν αὐτῷ προσεχῶς, προτίθεται δεῖξαι, ὅτι καὶ τοῦτο τὸ πρῶτον διαιρετὸν ὂν οὐ συγχωρεῖ τὸ κυρίως πρῶτον λαβεῖν.

Adnot. La scholie et Simplicius sont assez proches. L'expression κατὰ ἀντιδιαστολήν pourrait trahir l'adaptateur. On ne la trouve en tout cas jamais dans le corpus conservé de l'Exégète. Elle est attestée, dans la tradition proprement philosophique, chez Porphyre (*In Cat.* 62.12), Jamblique (*Theolog. ar.* 54.5 et *In Nicom.* 6.10 et 82.9) Philopon (*In Cat.* 143.9, *In de an.* 124.10) et Stéphanus d'Alexandrie (cf. [Philopon], *In de an.* 545.11). On imagine assez bien un professeur alexandrin de l'époque de Philopon et de Stéphanus l'introduire dans son adaptation d'Alexandre.

⋆

364 (36b 19) τὸ μεταβάλλον] οὐ μάχεται ἑαυτῷ ἤδη μὲν δεδειχὼς μὴ εἶναί τι πρῶτον τοῦ χρόνου ἐν ᾧ τὸ κινούμενον ἤρξατο τῆς μεταβολῆς, νῦν δὲ λαμβάνων καὶ δεικνύων πρῶτόν τινα χρόνον ἐν ᾧ τὸ μεταβάλλον μεταβάλλει· ἀρχὴν μὲν γὰρ χρόνου καὶ οὕτως πρῶτον οὐκ ἔστι λαβεῖν, χρόνον δέ τινα πρῶτον δυνατόν ἐστι λαβεῖν· ἐν ᾧ γὰρ παντὶ μεταβάλλει καὶ οὐχὶ ἐν μορίῳ αὐτοῦ, ὃς τῇ κινήσει συμπαρατείνεται, ἔστι γάρ τις τοιοῦτος, καὶ οὗτος ὁ πρῶτός ἐστι καθ' ὃν ἐν ὁτῳοῦν μορίῳ αὐτοῦ ὁτιοῦν μόριον τοῦ μεταβάλλοντος μεταβάλλει, καὶ οὐκ ἐν αρχῇ τινι καὶ μορίῳ αὐτοῦ· καὶ γὰρ ἄλλο πρῶτος χρόνος καὶ ἄλλο ἀρχὴ χρόνου.

ce qui change] Il n'entre pas en conflit avec lui-même, même s'il a montré auparavant qu'il n'y a pas d'élément premier du temps en lequel ce qui ce meut a commencé son changement tandis qu'il soutient et montre maintenant qu'il y a un certain temps premier en lequel change ce qui change. En effet, qu'il y ait un principe du temps, et un temps qui soit ainsi premier, c'est impossible de le soutenir ; mais qu'il y ait un certain temps qui soit premier, c'est possible. Le temps, en effet, dans la totalité – et non dans une partie – duquel il y a changement, qui est limité de concert avec le mouvement, est bien quelque chose de tel, et ce temps premier est le temps en fonction duquel n'importe quelle partie de ce qui change change en n'importe quelle partie de lui, et non pas en un certain principe, c'est-à-dire en une certaine partie de lui. En effet, autre chose est le premier temps, autre chose le principe du temps.

Adnot. Alexandre distingue deux types de « primauté », celle fictive d'un premier moment du continu, et celle, réelle, de la délimitation exacte d'un continu.

⋆

366 (36b 34) τὸ ΚΛ] δυνατὸν τ ὸ Κ Λ καὶ μὴ ἐπὶ τοῦ κινουμένου εἴρησθαι, ἀλλ' ἐπὶ τοῦ μεγέθους ἐφ' οὗ ἡ κίνησις.

ΚΛ] Il est aussi possible que « ΚΛ » ne soit pas dit au sujet du mobile, mais de la grandeur sur laquelle a lieu le mouvement.

Test. *Philop. 810.15–16* : τὸ ΚΛ· ἢ το κινούμενον αὐτὸ αὐτὸ λαμβάνει, ἢ ἐφ' οὗ κινεῖται μεγέθους.

Adnot. Cette scholie permet de corriger le texte de la *Physique* en 236b 35, ou tout du moins de documenter son histoire. Simplicius, *In Phys.* 992.13–993.6, pose implicitement comme acquis que τὸ ΚΛ désigne le mobile (τὸ κινούμενον, cf. 993.19–20) – il est donc clair qu'il ne lit pas μέγεθος en 236b 35. Philopon laisse ouvertes deux possibilités, selon que ΚΛ désigne le mobile ou la grandeur parcourue. Il faut bien sûr comprendre que le sujet du verbe κεκίνηται, dans le premier cas, est τὸ ΚΛ et, dans le second, « le mobile » sous-entendu, τὸ ΚΛ désignant alors, à l'accusatif, l'étendue du mouvement (pour une construction similaire, cf. *Phys.* 232b 28–29 : καὶ κεκινήσθω [κινεῖσθαι au parfait] τὸ βραδύτερον [le mobile, sujet grammatical, ici exprimé] τὸ ἐφ' ᾧ ΓΔ μέγεθος [la distance parcourue, accusatif modal] ἐν τῷ ΖΗ χρόνῳ [le temps du parcours]). Notre scholie reflète ainsi certainement une remarque conclusive d'Alexandre : après avoir interprété τὸ ΚΛ comme le mobile (ce que l'on retrouve chez Simplicius), il remarque que l'on peut aussi le rapporter à l'étendue du parcours. Nous parvenons ainsi à la conclusion historique suivante : les trois commentateurs antiques lisaient un texte sans μέγεθος. C'est très probablement suite à la remarque d'Alexandre que ce terme, sous forme de glose, a fait irruption dans le texte d'Aristote et s'est imposé dans l'ensemble de la tradition manuscrite directe (y compris l'exemplaire de la traduction arabe, cf. ed. Badawī, p. 684 : *miqdār*).

⋆

367 (36b 35) κεκίνηται] ἰστέον ὅτι τὸ κ ε κ ί ν η τ α ι λαμβάνει οὐχ ὡς πεπαυμένου <τοῦ κεκινῆσθαι λεγομένου> τῆς κινήσεως ἤδη, ἀλλ' ὡς ἐν τῷ κινεῖσθαι ἤδη τοῦτό <τι> διεληλυθός.

—

2 τοῦ κεκινῆσθαι λεγομένου addidi || 3 τι addidi

s'est mû] Il faut savoir qu'il prend « s'est mû » non au sens où ce qui est dit « s'être mû » a déjà achevé son mouvement, mais au sens où dans le se-mouvoir, il a déjà parcouru un certaine grandeur.

Test. *Simpl. 992.21–22* : τὸ γὰρ κ ε κ ί ν η τ α ι, ὡς εἶπον, οὐχ ὡς πεπαυμένου τῆς κινήσεως ἤδη τοῦ κεκινῆσθαι λεγομένου λαμβάνει, ἀλλ' ὡς ἐν τῷ κινεῖσθαι ἤδη τι διεληλυθός.

Adnot. La scholie paraît assez fautive, mais peut être reconstituée d'après le texte de Simplicius, qui est identique. À moins de supposer un travail absurde de composition de la part de l'adaptateur, il faut admettre, étant donné l'origine non simplicienne de la scholie précédente – portant sur le mot précédent dans la phrase d'Aristote – que Simplicius recopie ici plus ou moins Alexandre.

⋆

[105r]

368 (37a 1) θάτερον] θ ά τ ε ρ ο ν τοῦ ὁμοταχοῦς, τὸ ἐξ ἀρχῆς ὑποκείμενον.

l'autre] L'autre par rapport à celui de même vitesse, à savoir celui qu'on a supposé d'emblée.

★

369 (37a 22) ἅμα γὰρ ἂν εἴη] λείπει τὸ ὅπερ ἀδύνατον.

car elle serait en même temps …] manque « ce qui est impossible ».

Test. *Simpl. 994.27–30* : σαφεστέρα δὲ ἂν ἦν ἡ λέξις, εἰ τῷ ἅμα γὰρ ἂν εἴη καὶ ἐν τῷ Α καὶ ἐν τῷ Β ἐπαγαγὼν τὸ 'ὅπερ ἀδύνατον,' τότε ὑπέμνησε τῆς τοῦ ἀδυνάτου λέγων τὸ γὰρ μεταβεβληκός, ὅτε μεταβέβληκεν, ὅτι οὐκ ἔστιν ἐν ταὐτῷ, δέδεικται πρότερον.

Adnot. À en juger d'après Simplicius, l'adaptateur ne retient que la partie la moins intéressante du commentaire d'Alexandre, l'essentiel consistant dans le renvoi à 235b 22.

★

370 (37a 23) <τὸ γὰρ μεταβεβληκός>] τὸ γὰρ κατὰ μόρια πρότερον μεταβεβληκὸς ἀδύνατον ἀθρόως ὅλον ἐκεῖνο μεταβεβληκέναι.

En effet, que ce qui a changé] Il est en effet impossible que ce qui a changé auparavant selon ses parties, ce soit instantanément en totalité qu'il ait changé.

Test. *Simpl. 995.9–11* : τὸ δὲ κατὰ μόρια μεταβεβληκὸς οὐχ οἷόν τε ἀθρόως ὅλον μεταβεβληκέναι, ἀλλὰ διὰ τοῦ μεταβάλλειν εἰς τὸ μεταβεβληκέναι πρόεισι.

Adnot. On retrouve ici la question lancinante, pour Alexandre, du changement instantané – exprimé, au plan exégétique, par la contradiction apparente entre la critique de Mélissos au livre I et le « continuisme » du livre VI. Alexandre lit donc ce passage à la lumière de la résolution proposée plus haut (cf. scholie **339**) : même si l'on concède un changement instantané dans chaque partie, le changement « partie par partie » présuppose un processus.

★

371 (37a 28) ἔτι δ'] οὐ τῆς δείξεως ἢ ἐπὶ τοῦ χρόνου πεποίηται λέγει τὴν ἐπὶ τοῦ μεγέθους δεῖξιν φανερωτέραν (καὶ γὰρ καὶ ὁ χρόνος συνεχής), ἀλλὰ τῶν καθ' ἃ ἡ μεταβολὴ γίνεται, τὴν κατὰ ποσὸν γινομένην φανερώτερον ἔχειν τὸ δεικνύμενον, καὶ ποσὸν δὲ ἥ τε φορὰ καὶ αὔξησις· δυνατὸν δὲ τὸ λεγόμενον ἐκλαβεῖν καὶ ἐπὶ αὐξήσεως καὶ ἐπὶ φορᾶς· ἄμφω γὰρ κατὰ μέγεθος.

—

1 ἣ : ἧς S || 3 καθ' ἃ : καθὰ S || τὸ post κατὰ add. pr. vel sec. manu || 5 φορᾶς : φθορᾶς S

De plus ...] Il ne dit pas que la preuve portant sur la grandeur est plus manifeste que celle qui a porté sur le temps (puisque le temps lui aussi est continu) ; mais il dit que des choses en fonction desquelles le changement se produit, celui qui se produit *en fonction de la quantité* produit une preuve plus manifeste. Mais quantité, aussi bien le déplacement que l'augmentation le sont. Mais il est possible d'interpréter ce qui est dit aussi bien au sujet de l'augmentation que du déplacement : tous les deux concernent en effet la grandeur.

Test. *Averr. 283C* : Et Alexander dicit quod non intendit, quod declaratio quae est ex magnitudine est manifestior quam illa, quae est ex tempore, cum utrumque sit continuum, sed intendebat quod declaratio, quae est in motibus quantitatis est manifestior quam quae est in motibus qualitatis. Et verba Alexandri sunt ista. – *Simpl. 995.18–29* : ἀπὸ τοῦ χρόνου ἐν ᾧ ἡ μεταβολὴ δείξας, ὅτι πρὸ τοῦ μεταβεβληκέναι ἐστὶ τὸ μεταβάλλειν, τὸ αὐτὸ ἐναργέστερον εἶναί φησιν ἀπὸ τοῦ μεγέθους καθ' ὃ ἡ μεταβολή, ἐπὶ τῶν κατὰ μέγεθος δηλονότι μεταβαλλόντων· ταῦτα δέ ἐστι τά τε κατὰ τόπον μεταβάλλοντα καὶ τὰ κατὰ αὔξησιν καὶ φθίσιν [...] ὅτι δὲ φανερώτερον ἐπὶ τοῦ μεγέθους ἢ ἐπὶ τοῦ χρόνου τὸ προκείμενόν ἐστι, δῆλον, εἴπερ ἐν μὲν τῇ ἀπὸ τοῦ χρόνου ἀποδείξει καὶ τῷ μεγέθει προσεχρήσατο, ὅτε ἔλεγεν "ἐν τῷ ἡμίσει ἄλλο ἔσται μεταβεβληκὸς καὶ πάλιν ἐν τῷ ἐκείνου ἡμίσει ἄλλο".

Adnot. Nous avons ici la preuve irréfutable que la scholie remonte au commentaire d'Alexandre indépendamment de Simplicius. Alors que Simplicius considère que la preuve par la grandeur est plus manifeste que celle par le temps, Alexandre, aux dires d'Averroès, soulignait que les deux démonstrations étaient aussi claires. Averroès, en outre, nous dit citer Alexandre *expressis verbis*. Or il est notable que si l'on supplée, dans le texte grec, le petit membre de phrase ἢ τὴν κατὰ ποιόν qui a pu tomber par homéotéleute, on a effectivement le même texte :

οὐ τῆς δείξεως ἢ ἐπὶ τοῦ χρόνου πεποίηται λέγει τὴν ἐπὶ τοῦ μεγέθους δεῖξιν φανερωτέραν (καὶ γὰρ καὶ ὁ χρόνος συνεχής), ἀλλὰ τῶν καθ' ἃ ἡ μεταβολὴ	non intendit, quod declaratio quae est ex magnitudine est manifestior quam illa, quae est ex tempore, cum utrumque sit continuum, sed intendebat quod declara-

γίνεται, τὴν κατὰ ποσὸν γινομένην φανερώτερον ἔχειν τὸ δεικνύμενον <ἢ τὴν κατὰ ποιόν>.

tio, quae est in motibus quantitatis est manifestior quam quae est in motibus qualitatis.

La comparaison des deux extraits se passe de tout commentaire. À quelques variantes insignifiantes près – qui peuvent s'expliquer soit par les traductions arabe et latine, soit par le travail d'adaptation du scholiaste grec –, nous avons bien affaire au même texte.

★

[105v]

372 (37b 11) <ὅσα διαιρετὰ καὶ συνεχῆ>] τοῦτο ἀσφαλῶς πρόσκειται διὰ τὰς ἁφάς· αὗται γὰρ γίνονται μέν, τὸ δὲ γεγονέναι οὐκ ἔχουσι τοῦ γίνεσθαι ὕστερον.

<pour tout ce qui est divisible et continu>] Il ajoute cela avec précaution, en raison des contacts. Ces derniers, en effet, adviennent, mais ils n'ont pas leur « être-advenu » consécutif à un « advenir ».

TEST. *Simpl. 997.30–998.3* : τὸ δὲ ἐν ἀρχῇ τῆς λέξεως τὸ ὅσα διαιρετὰ καὶ συνεχῆ προσκεῖσθαί φησιν ὁ Ἀλέξανδρος, ὅτι ἔστι τινά, ἐφ' ὧν τὸ γενέσθαι κατηγοροῦμεν, οὐ διὰ γενέσεως τὸ εἶναι ἔχοντα· τὰς γοῦν ἁφὰς γεγονέναι λέγομεν, οὐ μὴν γίνεσθαι. καὶ δῆλον ὅτι ἐπὶ τῶν τοιούτων οὐ προηγεῖται τοῦ γεγονέναι τὸ γίνεσθαι οὐδὲ τοῦ γίνεσθαι τὸ γεγονέναι, εἴπερ μηδὲ ἔστιν ὅλως ἐν αὐτοῖς τὸ γίνεσθαι.

ADNOT. La scholie correspond en substance à la thèse que Simplicius prête à Alexandre. Il est possible que son caractère légèrement brachylogique doive être imputé à l'adaptateur.

★

373 (37b 12) ἐνίοτε] διὰ τοῦτο πρόσκειται τὸ ἐνίοτε ἐπὶ τοῦ γεγονότος, διότι πολλάκις μὲν αὐτὸ τοῦτο ἐλέγετο γίνεσθαι ὃ νῦν γεγονέναι λέγεται, πολλάκις δ' ἄλλο, μέρος ὂν τοῦ γεγονότος.

parfois] Il a ajouté « parfois » pour la raison que souvent, on dit qu'« advient » cela même que l'on dit maintenant « être advenu », mais souvent autre chose, qui est une partie de ce qui est advenu.

Test. *Simpl. 997.10–13* : καὶ γὰρ ἐνίοτε μὲν αὐτὸ τοῦτο ἐλέγετο γίνεσθαι, ὃ νῦν γεγονέναι λέγεται, οἷον ἡ οἰκία ἢ ὁ θεμέλιος, ἐνίοτε δὲ τὸ γινόμενον πρότερον οὐ τοῦτο ἦν ὃ νῦν γέγονεν, ἀλλὰ ἄλλο τι καὶ μέρος αὐτοῦ.

Adnot. On trouve une explication voisine chez Philopon, *In Phys.* 812.9–15. Tout ce matériau remonte très probablement à l'exégèse d'Alexandre, dont on reconnaît le scrupule de détail.

⋆

374 (37b 13) <ὁμοίως δὲ>] <ὧν> γὰρ κυρίως γένεσις καὶ φθορά, συνεχῆ ταῦτα· σώματα γάρ.

Semblablement] Les choses dotées au sens propre de génération et de corruption sont continues : ce sont en effet des corps.

Test. *Simpl. 997.23–25* : σωμάτων γάρ ἐστι καθ' αὑτὸ καὶ κυρίως ἡ γένεσις καὶ ἡ φθορά, τὰ δὲ σώματα ἐπ' ἄπειρον διαιρετά. καὶ τούτου δὲ αἴτιον τὸ συνεχῆ αὐτὰ εἶναι.

Adnot. Alexandre interprète cette phrase comme une exclusion du domaine de la génération véritable les êtres du type du « contact » mentionnés lors de l'exégèse de la phrase précédente. Il n'y génération et corruption, au sens propre, que des corps constitués des quatre qualités élémentaires.

⋆

VI, 7

375 (37b 24) ἐν τῷ ἀπείρῳ χρόνῳ] προσδιορίζεται πῶς ἀδύνατον τὴν πεπερασμένην κίνησιν ἐν ἀπείρῳ κινεῖσθαι χρόνῳ, λέγων ἵνα μὴ ἄπειρος ἡ κίνησις ᾖ καὶ ἅπαξ ἐν τῷ παντὶ τῷ ἀπείρῳ χρόνῳ καὶ μὴ ἡ αὐτὴ πολλάκις ᾖ ὡς ἡ κυκλικὴ ἢ τῆς αὐτῆς τι <πάλιν> καὶ πάλιν.

—

4 πάλιν addidi Simplicio collato

dans un temps infini] Il définit de manière supplémentaire comment il est impossible qu'il y ait un mouvement fini dans un temps infini, en disant : en sorte que le mouvement ne soit pas infini et ayant lieu une seule fois dans tout le temps infini, et qu'il n'ait pas lieu plusieurs fois à l'identique comme le mouvement circulaire, ou comme une partie toujours recommencée du même mouvement.

Test. *Simpl. 998.24–29* : πῶς δὲ λαμβανομένης τῆς πεπερασμένης γραμμῆς ἢ κινήσεως ἀληθές ἐστι τὸ ἀδύνατον εἶναι πεπερασμένην ἐν τῷ ἀπείρῳ χρόνῳ κινεῖσθαι, προδιορίζεται [προσδιορίζεται mss CM]· ὥστε γὰρ τὴν ὅλην πεπερασμένην οὖσαν ἅπαξ λέγειν ἐν παντὶ τῷ ἀπείρῳ διελθεῖν, καὶ μὴ τὴν αὐτὴν πολλάκις, ὥσπερ ὁρῶμεν ἐπὶ τοῦ κυκλοφορητικοῦ σώματος γινόμενον, ἢ τῆς αὐτῆς τι πάλιν καὶ πάλιν· οὕτω γὰρ ἐνδέχεται.

Adnot. Simplicius remonte sans doute à Alexandre. La leçon de la scholie laisse supposer que la variante de la famille la moins vénérable (CM), chez Simplicius, est la meilleure. Il peut cependant s'agir d'une simple conjecture. Les deux leçons, quoi qu'il en soit, peuvent s'expliquer : celle de la scholie et des mss C et M de Simplicius en référence aux démonstrations déjà proposées aux chapitres précédents, celle du ms. A de Simplicius (le *Marc. gr.* 226 du IXe siècle) en référence à la suite du livre.

★

376 (37b 25) <μὴ τὴν αὐτὴν αἰεὶ>] διὰ τὰ κυκλοφορικὰ λέγει τοῦτο.

<toujours le même mouvement>] Il dit cela en raison des corps mus en cercle.

Adnot. Le commentateur prête à Aristote la volonté de garder ses arrières pour les démonstrations des livres VII et VIII.

★

377 (37b 27) <τὸ πεπερασμένον>] τὸ ἐφ' οὗ ἡ κίνησις.

<le fini>] Sur lequel est le mouvement.

★

378 (37b 30) <πεπέρανται>] τῷ μεγέθει, τῷ πλήθει.

<sont finies>] Par la grandeur, par le nombre.

★

379 (38a 1–2) εἰ δὴ ἀνάγκη] δέδεικται γὰρ ἤδη ὅτι πᾶν τὸ κινούμενόν τι πρότερόν τι ἄλλο μόριον τούτου κεκίνηται ἐν μορίῳ τοῦ παντὸς χρόνου· τῶν γὰρ τοῦ διαστήματος μορίων, ἐφ' οὗ κινεῖται, πρότερον ἄλλο ἄλλου κεκίνηται κατὰ μόρια τοῦ χρόνου τὰ πρῶτα καὶ τὰ ὕστερα, τὴν τάξιν τῆς κινήσεως ἔχον· οὐ γὰρ ἅμα τὸ διάστημα ἅπαν κεκίνηται.

Si donc il est nécessaire] Il a en effet déjà été montré que tout ce qui se meut sur un intervalle s'est mû auparavant sur une autre partie de cet intervalle dans une partie du temps total. En effet, des parties de l'intervalle sur lequel il se meut, il s'est mû sur l'une avant l'autre, en fonction des parties du temps, celles qui viennent avant et celles qui viennent après, en suivant l'ordre du mouvement. Car ce n'est pas sur l'intervalle total simultanément qu'il s'est mû.

Test. *Simpl. 1000.5–10* : δείκνυσι δὲ αὐτὸ προλαβὼν τὸ ἤδη δεδειγμένον, ὅτι πᾶν τὸ κινούμενον πρότερον ἄλλο μόριον τούτου κεκίνηται ἐν μορίῳ τοῦ παντὸς χρόνου· τῶν γὰρ τοῦ μεγέθους καὶ τῆς κινήσεως μορίων, ἃ κινεῖται, ἄλλο ἄλλου πρότερον κεκίνηται κατὰ τὰ μόρια τοῦ χρόνου τὰ πρῶτα καὶ τὰ ὕστερα τὴν τάξιν τῆς κινήσεως ποιούμενον τὸ κινούμενον· οὐ γὰρ ἅμα πᾶν τὸ διάστημα κεκίνηται.

Adnot. Comme si souvent dans les passages techniques sans enjeu métaphysique, Simplicius suit Alexandre à la lettre.

⋆

380 (38a 2) τοῦτο δὲ δῆλον] τοῦ ἐν τοῖς τοῦ χρόνου μορίοις κινεῖσθαι τὰ μόρια τοῦ μεγέθους, ᾧ κατὰ τὴν τοῦ προκειμένου δεῖξιν χρῆται, σημεῖον παρέθετο ἐν τῷ πλείονι χρόνῳ τὸ κινούμενον μεῖζον κινεῖσθαι διάστημα, καὶ μὴ τὸ αὐτὸ ἔν τε τῷ πλείονι καὶ ἐλάττονι, ὡς κατὰ τὴν χρόνου προσθήκην καὶ τῆς κινήσεως προσθήκην λαμβανούσης.

Du reste, il est évident] De ce que dans les parties du temps on se meut sur les parties de la grandeur (ce dont il fait usage pour prouver ce qu'il se propose), il a donné pour signe le fait que dans un temps plus grand, le mobile se meut sur un plus grand intervalle – et non sur la même grandeur dans un temps à la fois plus grand et plus petit –, considérant que le mouvement reçoit un ajout en rapport avec l'ajout du temps.

Test. *Simpl. 1000.12–17* : οὐ γὰρ δὴ τὴν αὐτὴν καὶ ἐν τῷ πλείονι καὶ ἐν τῷ ἐλάττονι, εἴπερ ἀληθὲς ἐκεῖνο τὸ ἀξίωμα τὸ λέγον ἐν τῷ πλείονι χρόνῳ μεῖζον κινεῖσθαι διάστημα τὸ κινούμενον καὶ μὴ τὸ αὐτὸ ἔν τε τῷ πλείονι καὶ τῷ ἐλάττονι, πρὸς τὴν τοῦ χρόνου προσθήκην καὶ τῆς κινήσεως καὶ τοῦ μεγέθους προστιθεμένων.

ADNOT. Simplicius s'inspire visiblement d'Alexandre, mais le texte de la scholie est moins confus et philosophiquement plus rigoureux. Il est en effet probable qu'Alexandre parlait ici de « signe » (σημεῖον) au sens technique, c'est-à-dire reconnaissait que le rapport direct entre temps et espace parcouru ne suffisait pas, à rigoureusement parler, à établir le fait qu'il y a une partie de grandeur parcourue en toute partie de temps.

★

381 (38a 12) ἐπειδὴ] ὁ συλλογισμὸς ἐν β' σχήματι· τοῦ χρόνου ἐν ᾧ τὴν πεπερασμένην κεκίνηται δυνατὸν λαβεῖν μόριον ὃ καταμετρήσει αὐτόν· τοῦ ἀπείρου χρόνου οὐ δυνατὸν λαβεῖν μόριον ὃ καταμετρήσει αὐτόν· οὐκ ἄρα ὁ χρόνος ἐν ᾧ τὴν πεπερασμένην κεκίνηται τὸ κινούμενον ἄπειρός ἐστιν.

puisque] Le syllogisme est dans la deuxième figure : du temps dans lequel il s'est mû selon un mouvement fini, il est possible de prendre une partie qui le mesurera ; du temps infini, il n'est pas possible de prendre une partie qui le mesurera ; par conséquent, le temps dans lequel le mobile s'est mû selon un mouvement fini n'est pas infini.

TEST. *Simpl. 1001.8–13* : καὶ εἴη ἂν ὁ συλλογισμὸς ἐν δευτέρῳ σχήματι τοιοῦτος· ὁ χρόνος ἐν ᾧ τὸ κινούμενον τὴν πεπερασμένην κινεῖται εἴτε γραμμὴν εἴτε κίνησιν ὑπὸ μορίων ἀπαρτίζεται καὶ καταμετρεῖται τῷ ἀριθμῷ καὶ τῷ μεγέθει πεπερασμένων· ὁ ἄπειρος χρόνος ὑπὸ τοιούτων μορίων οὐκ ἀπαρτίζεται· ὁ ἄρα χρόνος, ἐν ᾧ τὴν πεπερασμένην δίεισι τὸ κινούμενον, οὐκ ἔστιν ἄπειρος.

ADNOT. Alexandre est particulièrement soucieux, quand la chose est possible, de ressaisir sous forme syllogistique l'argument aristotélicien. Il est donc très vraisemblable que Simplicius, ici, s'en inspire. Mieux vaut, avec Simplicius, ne pas employer des formes telles que δυνατόν, qui peuvent donner l'impression de possibilité réelle et non d'une simple éventualité toujours vérifiée. Quoi qu'il en soit, le syllogisme, avec X_1 désignant un temps où le mobile s'est mû d'un mouvement fini, X_2 un temps infini et H signifiant « homogène à toute partie de soi-même » (au sens d'Euclide, *Éléments*, livre V, deff. 3 et 4), est le suivant (*Cesare*) :

Nul X_2 *n'est H*
Tout X_1 *est H*
donc Nul X_1 *n'est* X_2.

★

[107r]

382 (38a 32) ἀποδεδειγμένων δὲ τούτων] †...†

—

hoc scholium vix legitur, *inc.* δέδεικται γὰρ ὅτι τὸ ἠρεμοῦν ἐν χρόνῳ ἠρεμεῖ ὥσπερ τὸ κινούμενον – *des.* διέξεισι διάστημα.

Adnot. La scholie, bien que se trouvant dans la marge extérieure, est illisible. Trois scholies dans la marge intérieure sont elles aussi trop effacées pour pouvoir être reconstituées.

★

383 (38a 36) ἐπεὶ δὲ τὸ πεπερασμένον] ὅτι ἐν πεπερασμένῳ χρόνῳ οὐδὲν ἄπειρον κινούμενον διέξεισι διάστημα πεπερασμένον.

Mais puisqu'une grandeur finie] Que rien d'infini se mouvant en un temps fini ne parcourt un intervalle fini.

Test. *Simpl. 1004.29–30* : ... νῦν δείκνυσιν ὅτι μηδὲ τὸ ἄπειρον μέγεθος τὸ ἄπειρον διάστημα δίεισιν ἐν πεπερασμένῳ χρόνῳ.

★

384 (38b 9) οὐδὲ γὰρ ἴσως] παγκάλως ἐχρήσατο τῇ ἐπιχειρήσει ταύτῃ· εἰ γὰρ τὸ ἄπειρον, καθὸ διάστημά ἐστιν ἄπειρον, κατὰ τοῦτο πανταχοῦ ἐστιν, αὐτὸ μὲν ἀδύνατόν ἐστι μεταλαμβάνειν, λέγοιτο δ' ἂν κινεῖσθαί τι πεπερασμένον οὕτως μόνον, ὅταν τὸ πεπερασμένον διὰ πάντων τῶν μορίων αὐτοῦ διέρχηται.

—

1 παγκάλως : πᾶν καλῶς S || 4 διέρχηται : fort. διέρχεται S

Car il n'est sans dout pas] Il a fait un très bel usage de cette argumentation. Si en effet l'infini, en tant qu'il est un intervalle infini, est partout, alors d'une part il est impossible de le transférer, mais d'autre part, on pourrait bien dire qu'il se meut sur un intervalle fini seulement de la manière suivante, à savoir quand il parcourt le fini en passant par toutes ses parties.

★

VI, 8

[107v]

385 (38b 23) <ἐπεὶ δὲ>]	ἐνέργεια	ὑπὲρ ἐνεργείας
	κίνησις	κίνημα
	κινεῖται	κεκίνηται
	κινεῖσθαι	κεκινεῖσθαι
	ἱστάναι	ἑστάναι
	ἵστασθαι	ἑστάσθαι
	ἠρέμησις	ἠρεμία
	ἠρεμίζεσθαι	ἠρεμεῖν.

—

5 ἱστάναι : ἵσταται ut vid. S

<Mais puisque>]	acte	au-dessus de l'acte
	mouvement	mouvement achevé
	se meut	s'est mû
	se mouvoir	s'être mû
	arrêter	avoir arrêté
	s'arrêter	s'être arrêté
	mise en repos	repos
	se mettre en repos	être en repos.

Adnot. Pour la distinction entre « acte » et « au-dessus de l'acte », qui pourrait être authentique, voir scholie **313**. Dans le contexte présent, il s'agit bien sûr d'expliquer que la mise en repos est un processus, qu'elle s'oppose en tant que telle au repos, et qu'elle présuppose par conséquent le mouvement. La présentation sous forme de colonnes remonte sûrement à l'adaptateur.

⋆

386 (38b 23) <τὸ πεφυκὸς>] ὁ ἀποθανὼν ἀετὸς οὐχὶ
ἵπταται. τούτῳ οὐκ ἔστι
στέρησις καὶ ἠρεμία
οὐ γὰρ τοῦτο πέφυκεν
ἢ ἰχθύ<ι ὃς> οὐχ ἵπταται
οὐκ ἔστι στέρησις καὶ <ἠρε
μία· <οὐ γὰρ> οὕτως πέφυ<κε· καὶ
ὁ βοῦς ἐν ὕδατι <ὃς οὐχ ἵπταται
<οὐκ ἔχει στέρησιν> οὐδ'ἠρεμ<ίαν

<οὗτος γὰρ οὐχ> ἵπτασθαι πέφυκ<ε> <... ...> ἠρεμίζε < ... ...> μεταβάλλων <...ἵ>στασθαι λέγει. ὁδὸς γὰρ εἰς τὴν ἠρεμίαν τὸ ἵστασθαι· καὶ ὥσπερ οὐδεμία κίνησις ἀρχὴν ἔχει κινήσεως, οὕτως οὐδεμία στάσις ἀρχὴν ἔχει στάσεως, καὶ οὕτως οὐδεμία ἠρεμία ἀρχὴν ἔχει ἠρεμίας.

—

5–10 <> passim supplevi || 7 οὕτως S : οὗτος fort. scribendum || 12 μεταβάλλων incertum

ce qui le peut par nature] L'aigle mort ne vole pas : ne lui appartient ni privation ni repos : cela, en effet, ne se peut pas par nature. Ou bien : au poisson qui ne vole pas n'appartient pas de privation et de repos : cela, en effet, ne se peut pas par nature. Et le bœuf dans l'eau qui ne vole pas n'a pas de privation ni de repos : il ne peut pas, par nature, voler. †...† En effet, le chemin vers le repos est le fait de s'arrêter. Et de même qu'aucun mouvement n'a un principe de mouvement, de même aucune immobilisation n'a un principe d'immobilisation, et de même aucun repos n'a un principe de repos.

Adnot. Cette scholie est l'une des plus endommagée. Aussi avons-nous opté pour une présentation semi-diplomatique. Le commentaire correspond à ce que l'on trouve chez Simplicius, *In Phys.* 1006.16 sqq. Le but est de restreindre la possibilité, donc la privation, à son acception la plus naturelle, d'extension bien inférieure à tout ce qui n'est pas strictement non contradictoire. Alexandre est visiblement intéressé par cette question, qu'il traite avec soin dans son commentaire à *A.Pr.* 401.16–405.16, au moment de distinguer négation et privation.

⋆

387 (38b 24) <τὸ ἱστάμενον>] τὸ ἱστάμενον πέφυκεν κινεῖσθαι καὶ οὐκ ἠρεμεῖ, τὸ δὲ ἑστάναι ἠρεμεῖν ἐστι.

ce qui s'arrête] « Ce qui s'arrête » peut par nature se mouvoir et n'est pas en repos, tandis que le fait de s'être arrêté est un fait d'être au repos.

Adnot. L’idée est claire. On la retrouve chez Simplicius, *In Phys.* 1007.3 sq. et Philopon, *In Phys.* 872.2 sqq.

★

388 (38b 29–30) <…>] τὸ συμπέρασμα εἴασεν.

<…>] Il a passé la conclusion sous silence.

★

389 (38b 31) <ἐν ᾧ δὲ χρόνῳ>] <καθ>ὼς προδέδεικται.

<Mais le temps dans lequel>] Selon ce qui a été précédemment démontré.

★

390 (39a 23) <ἐπεὶ δὲ πᾶν>] πρόκειται δεῖξαι ὅτι τὸ ἐν πρώτῳ χρόνῳ κινούμενον ἀδύνατον ἐν τούτῳ ἢ τούτῳ τοῦ χρόνου <εἶναι> μορίῳ τινί, ὃς καὶ αὐτὸς πρῶτος γίνεται, εἴ γε καὶ τοῦτο ἐν ὁτῳοῦν μορίῳ κινεῖται, τοῦτο δ’ ἦν τὸ ἐν πρώτῳ κινεῖσθαι χρόνῳ. ἀδύνατον δὴ δείκνυσιν ἐν τούτῳ ὅλον τὸ κινούμενον κατά τι εἶναι πρῶτον, τουτέστιν ἀδύνατον τότε τὸ κινούμενον κατά τι εἶναι ἐν πρώτῳ τινὶ χρόνῳ.

—

2 εἶναι addidi || 3 τοῦτο : τοῦ τοῦ S

Mais puisque tout] Il se propose de prouver qu’il est impossible que ce qui se meut en un temps premier soit en telle ou telle partie du temps qui devient lui-même premier, si du moins ce mobile se meut aussi en toute partie – or en cela consistait le fait de se mouvoir en un temps premier. Il montre donc qu’il est impossible qu’en lui, le mobile dans son ensemble soit en quelque état premier, i. e. que le mobile soit alors, en un certain état, en un certain temps premier.

Adnot. Ce texte paraphrase les lignes 239a 23–26, effectivement fort difficiles. Aristote revient ici sur sa notion de « temps premier » comme adéquation, s’il nous est permis de gloser son idée en des termes qui ne sont pas les siens, du temps de la mesure, soit de la séquence du temps universel où a lieu le mouvement, et du temps « ontologique » propre au mouvement. Pour la démonstration (les lignes 23–26 contenant seulement l'énoncé de la thèse), voir la scholie suivante.

★

391 (39a 24) <καθ' αὑτὸ> (cf. app. cr.)] ὅπερ μέ<χρι> τῶν ἐνταῦθα πρῶτον ἔλεγεν, τοῦτο νῦν μεταβαλὼν καθ' αὑτό λέγει.

<par soi>] Ce que jusqu'à présent il a appelé « premier », il en vient maintenant à l'appeler « par soi ».

★

392 (39a 26) τὸ γὰρ ἠρεμεῖν ἐστι] ὁ νοῦς οὗτος· τὸ ἐν πρώτῳ κινούμενόν τινι χρόνῳ ἐν ὁτῳοῦν αὐτοῦ κινεῖται μορίῳ. τοῦτο γὰρ ἦν τὸ ἐν πρώτῳ· ἀλλὰ καὶ τὸ κατά τι μόριον τοῦ χρόνου πρῶτον κατά τι ὄν, ἠρεμεῖν ἐν τούτῳ ἀνάγκη, εἴ γε τὸ ἐν πρώτῳ χρόνῳ ἐστὶ τὸ ἐν ὁτῳοῦν αὐτοῦ μορίῳ εἶναι. ὥστε καὶ τὸ κατά τι ὂν ἐν πρώτῳ τινὶ ὂν χρόνῳ, ἔσται ἐν ὁτῳοῦν μορίῳ αὐτοῦ ἐν τούτῳ. ἀλλὰ τὸ ἔν τινι ὂν νῦν καὶ πρότερον, ἠρεμεῖ ἐν τούτῳ, ὥστε καὶ τὸ ἐν πρώτῳ τινὶ χρόνῳ ἔν τινι ὄν, ἠρεμεῖ ἐν τούτῳ [οὐκ ἄρα ἐν ᾧ πρώτῳ τι κινεῖται χρόνῳ, <ἐν μ>έρει αὐτοῦ εἴη τὸ κινούμενον κατά τι· ἠρέμοι ἂν οὔτε δ' ἅμα κινοῖτό τε καὶ ἠρεμοίη]. ἐὰν γὰρ ἐν ἄλλῳ ἐξ ἄλλου νῦν κατὰ τὸ αὐτὸ ᾖ τὸ ὅλον, ἠρεμεῖ τότε· οὐκ ἄρα οὔτε ἐν ᾧ πρώτῳ τι κινεῖται χρόνῳ οὔτε ἐν μορίῳ αὐτοῦ δυνατὸν τὸ κινούμενον ὅλον κατά τι τὸ αὐτὸ εἶναι μέρος τοῦ καθ' ὃ κινεῖται· ἅμα γὰρ ἂν κινοῖτο καὶ ἠ<ρεμοίη. εἰ> γὰρ μὴ ἐν ἄλλῳ καὶ ἄλλῳ νῦν εἴη κατὰ τὸ ὅλον τὸ κινούμενον ἀλλ' ἐν ἑνί, οὐδὲν ἄτοπον.

—

5 ὂν sec. fort. delendum || 7-8 οὐκ ἄρα ... ἠρεμοίη delevi cf. 11–13 || 7 ἐν μέρει supplevi || 9 ἐὰν : οὐ S || 12 ἠρεμοίη. εἰ supplevi || ἄλλῳ sec. : ἄλλο S

En effet, le fait d'être au repos] Le sens est le suivant. Ce qui se meut en un certain temps premier se meut en toute partie de lui. C'était cela, en effet, que signifie « en un premier ». Mais il est aussi nécessaire que ce qui se trouve être en un certain état en une certaine partie première du temps soit au repos en elle, si du moins « être en un temps premier » revient à « être en toute partie de lui ». En sorte que ce qui est en un certain état en étant en un certain temps premier, cela sera en cet état en toute partie de lui. Mais ce qui est en quelque chose maintenant et auparavant, il est au repos en cette chose, en sorte qu'aussi ce qui est en quelque chose en un certain temps premier est au repos en cette chose. [Par conséquent, il n'est pas vrai que le temps premier en lequel quelque chose se meut, le mobile serait en une partie de lui en un certain état : car alors il serait au repos, mais il ne saurait se mouvoir et être au repos simultanément]. Si en effet le tout est dans un état identique dans un « maintenant » après un autre « maintenant », alors il est au repos ; par conséquent, il n'est pas vrai qu'il soit possible, ni dans un temps premier où quelque chose se meut, ni dans une partie de lui, que le mobile en son entier soit en un certain état identique qui soit une partie de ce selon quoi il se meut ; car alors, il se mouvrait et serait au repos simultanément. Si en effet l'ensemble de ce qui se meut n'est pas en deux « maintenant » différents, mais en un seul, il n'y a rien d'absurde.

TEST. *Simpl. 1009.27–1010.12* : ἐπειδὴ γάρ, φησίν, ἐν χρόνῳ κινεῖται τὸ κινούμενον, ἐν ᾧ χρόνῳ κινεῖταί τι καθ' αὑτό, τουτέστιν ἐν ᾧ ὅλῳ, καὶ μὴ τῷ ἔν τινι τῶν ἐκείνου κινεῖσθαι, ὅπερ ἐν πρώτῳ πρόσθεν ἐλέγετο (ταὐτὸν γὰρ αὐτῷ ἐπὶ τοῦ χρόνου ταῦτα σημαίνει τὸ ἐν πρώτῳ καὶ τὸ καθ' αὑτὸ καὶ τὸ μὴ τῷ ἐν ἐκείνου τινί), ἀδύνατον ἐν τούτῳ τῷ χρόνῳ κατά τι εἶναι τοῦ διαστήματος, ἐν ᾧ κινεῖται, ὥστε καὶ αὐτὸ τὸ κινούμενον καὶ τῶν μερῶν ἕκαστον αὐτοῦ ἐν τῷ αὐτῷ εἶναι καὶ ἴσῳ ἑαυτοῖς διαστήματι. δείκνυσι δὲ αὐτὸ οὕτως· εἰ τὸ κινούμενον ἐν χρόνῳ τινὶ πρώτῳ ἐστὶν ἔν τινι τῷ αὐτῷ καὶ αὐτὸ καὶ τὰ μέρη αὐτοῦ, ἐπειδὴ πᾶς χρόνος διαιρεῖται εἰς πρότερον καὶ ὕστερον χρόνον, ἔσται ἔν τινι τῷ αὐτῷ νῦν καὶ πρότερον καὶ αὐτὸ καὶ τὰ μέρη· τὸ δὲ ἐν τῷ αὐτῷ χρόνον τινὰ ὂν καὶ αὐτὸ καὶ τὰ μέρη αὐτοῦ, ἠρεμεῖ· τὸ ἄρα κινούμενον ἐν χρόνῳ τινὶ πρώτῳ, ἐὰν ᾖ ἔν τινι τῷ αὐτῷ καὶ αὐτὸ καὶ τὰ μέρη αὐτοῦ, ἠρεμεῖ· ἀλλὰ μὴν ἀδύνατον, ὅτε κινεῖταί τι, τότε ἠρεμεῖν αὐτό· οὐκ ἄρα τὸ ἐν πρώτῳ χρόνῳ κινούμενον ἔστιν ἔν τινι τῷ αὐτῷ καὶ αὐτὸ καὶ τὰ μέρη αὐτοῦ.

ADNOT. Cette longue scholie explicite correctement le raisonnement d'Aristote, en soulignant, à l'aide de la formule κατά τι, la teneur aspectuelle des considérations : si un mobile, sous un *aspect* considéré, est en un certain *état*, c'est en réalité qu'il *perdure* en cet état. Mais dans ce cas, il n'est pas primordialement dans le temps assigné au changement selon cet aspect : il y a un premier changement, puis l'état en question, qui consiste par définition en un repos relatif à l'aspect considéré, puis un nouveau changement. J'ai supprimé la partie entre crochets car elle s'insère mal dans l'argument et constitue un doublet assez exact de la phrase apparaissant deux lignes plus bas :

οὐκ ἄρα ἐν ᾧ πρώτῳ τι κινεῖται χρόνῳ, ἐν μέρει αὐτοῦ εἴη τὸ κινούμενον κατά τι· ἠρέμοι ἂν οὔτε δ' ἅμα κινοῖτό τε καὶ ἠρεμοίη.	οὐκ ἄρα οὔτε ἐν ᾧ πρώτῳ τι κινεῖται χρόνῳ οὔτε ἐν μορίῳ αὐτοῦ δυνατὸν τὸ κινούμενον ὅλον κατά τι τὸ αὐτὸ εἶναι μέρος τοῦ καθ' ὃ κινεῖται· ἅμα γὰρ ἂν κινοῖτο καὶ ἠρεμοίη.

On peut suggérer plusieurs hypothèses quant à la présence de cette version double. Il peut en particulier s'agir de deux rédactions de ce passage du commentaire d'Alexandre, aussi bien que de deux versions de l'adaptateur, dont l'une n'aurait pas été assez clairement supprimée de son exemplaire de travail.

★

[109r]

393 (39a 34–35) ἀλλὰ κατὰ τὸ πέρας] τουτέστιν ἐν τῷ νῦν· τὸ κινούμενόν ἐστι μὲν ἀεὶ κατὰ τοῦτο καθ' ὃ δύναται ἠρεμεῖν, οὐ μέντοι καὶ ἠρεμεῖ τότε ἐν αὐτῷ· πᾶν γὰρ τὸ ἠρεμοῦν ἐν χρόνῳ ἠρεμεῖ, οὐκ ἐν τῷ νῦν· ἐν μὲν γὰρ τῷ νῦν οὐδὲν κινεῖται ἀλλ' ἔστι κατὰ τοῦτο ἐν ᾧ κινεῖται· οὐδὲν δ' ἐν τῷ νῦν ἠρεμεῖ.

par rapport à la limite] C'est-à-dire dans le « maintenant ». Ce qui se meut est en effet toujours par rapport à ce par rapport à quoi il peut être au repos, mais il n'est pas alors au repos en cela. En effet, tout ce qui est au repos est au repos dans un temps, non en un « maintenant ». Car certes, en un « maintenant », rien ne se meut, mais la chose est par rapport à ce dans quoi elle se meut. Cependant, rien n'est au repos dans le « maintenant ».

Test. *Simpl. 1010.27–1011.2* : διὸ καὶ αὐτὸς ἀρχόμενος τοῦ λόγου εἶπεν μὴ τῷ ἐν ἐκείνου τινὶ εἰς τὸ πέρας αὐτοῦ τὸ νῦν ἀφορῶν. ἐν τῷ νῦν δὲ μόνῳ κατέχει τὸν ἴσον ἑαυτῷ τόπον, ἐν ᾧ δύναται καὶ ἠρεμῆσαι. οὐ μέντοι ἠρεμεῖ ἐν αὐτῷ τότε. πᾶν γὰρ τὸ ἠρεμοῦν ἐν χρόνῳ ἠρεμεῖ, οὐκ ἐν τῷ νῦν, ὥσπερ καὶ κινεῖται ἐν χρόνῳ· ἐν ᾧ γὰρ κινεῖται, ἐν τούτῳ καὶ ἠρεμεῖ. διὸ μὴ κινεῖσθαι μέν τι φάναι ἐν τῷ νῦν δυνατὸν ἀληθεύοντα, ἠρεμεῖν δὲ οὐχ οἷόν τε ἐν τῷ νῦν.

Adnot. Cette scholie et la suivante paraphrasent fidèlement le texte d'Aristote. La façon dont elles se présentent, et leur insistance sur l'association de tout état – de mouvement ou de repos – au temps et non au maintenant laissent voir qu'Alexandre avait bien saisi l'importance du présent paragraphe dans la réfutation de Zénon qui occupera le chapitre suivant.

★

394 (39b 1) οὔτε γὰρ κινεῖσθαι] ὁ νοῦς οὗτος· τὸ κινούμενόν ἐστι μὲν κατὰ τὸ ἴσον αὐτῷ ἐν τῷ νῦν ἐν ᾧ ὂν καὶ ἠρεμεῖν δύναται· πᾶν γὰρ τὸ ἠρεμοῦν ἐν τῷ ἴσῳ αὐτῷ ἠρεμεῖ. οὐ μὴν καὶ ἐν χρόνῳ οἷόν τε τὸ κινούμενον κατὰ τὸ ἴσον αὐτῷ τὸ αὐτό· εἴη γὰρ ἂν ἠρεμοῦν, ὅπερ ἄτοπον.

—

2 αὐτῷ : αὐτῷ S || 3 αὐτῷ : αὐτοῦ S || 4 αὐτῷ : αὐτῷ S

Car ni être mû] Le sens est le suivant. Ce qui se meut est face à quelque chose d'égal à soi-même dans le « maintenant » où, quand il est, il peut aussi être au repos. En effet, tout ce qui est au repos est au repos dans quelque chose d'égal à soi. Mais il n'est pas possible que ce soit dans un temps que ce qui se meut soit en face de quelque chose d'égal à soi-même et identique : il serait en effet au repos, ce qui est absurde.

Test. *Simpl. 1011.3–8* : διότι τὸ κινούμενον ἔστι μὲν κατὰ τὸ ἴσον αὑτῷ, ἐν ᾧ καὶ ἠρεμοῦν εἶναι δύναται· ἐν γὰρ τῷ ἴσῳ αὑτῷ ἠρεμεῖ. οὐ μὴν ἐν χρόνῳ ἐστὶν ἐν τῷ ἴσῳ αὑτῷ τὸ κινούμενον, ἀλλ' ἐν τῷ νῦν. εἰ γὰρ ἐν χρόνῳ, εἴη ἂν ἠρεμοῦν· τὸ γὰρ ἐν χρόνῳ τινὶ αὐτὸ καὶ τὰ μέρη ἔν τινι ὂν ἠρεμοῦν ἐδείχθη· ἔσται οὖν τὸ αὐτὸ ἠρεμοῦν τε καὶ κινούμενον.

Adnot. On remarque l'introduction, de la part du commentateur, de la formule κατὰ τὸ ἴσον, qui sera effectivement un élément de l'aporie zénonienne dans le texte d'Aristote tel qu'il est lu, ou en tout cas compris, par Alexandre. Cf. deux scholies suivantes.

⋆

VI, 9

395 (39b 5) Ζήνων δὲ παραλογίζεται] ὁ τοῦ Ζήνωνος λόγος κατὰ τῆς κινήσεως τοιοῦτος· πᾶν τὸ χρόνον κατὰ τὸ ἴσον ὂν ἑαυτῷ ἠρεμεῖ ἐν τῷ χρόνῳ τούτῳ· τὸ γὰρ ἐν τῷ αὐτῷ ὂν χρόνον τινὰ ἠρεμεῖ. ἀλλὰ μὴν καὶ πᾶν τὸ κινούμενον ἐν ἑκάστῳ μορίῳ τοῦ χρόνου ἐν ᾧ κινεῖται κατὰ τὸ ἴσον ἐστὶν ἑαυτῷ. πᾶν ἄρα τὸ κινούμενον ἠρεμεῖ. τὴν δὲ ἐλάττω πρότασιν ἐδείκνυσε διὰ τοῦ ἀεὶ τὸ φερόμενον κατὰ τὸ ἴσον εἶναι ἑαυτῷ καὶ μήτε ἐν ἐλάττονι μήτε ἐν μείζονι.

Mais Zénon raisonne mal] Le raisonnement de Zénon à l'encontre du mouvement est le suivant. Tout ce qui est durant un temps face à quelque chose d'égal à soi-même est au repos en ce temps : en effet, ce qui est dans le même état durant un certain temps est au repos. Cependant, tout ce qui se meut, en chaque partie du temps dans lequel il se meut, est lui aussi en face de quelque chose d'égal à soi-même. Par conséquent, tout ce qui se meut est au repos. Il a prouvé la prémisse mineure en arguant du fait que toujours, ce qui est transporté est en face de quelque chose d'égal à soi-même, sans être dans quelque chose ni de plus petit, ni de plus grand.

Test. *Simpl. 1011.19–26* : ὁ δὲ Ζήνωνος λόγος προλαβών, ὅτι πᾶν ὅταν ᾖ κατὰ τὸ ἴσον ἑαυτῷ ἢ κινεῖται ἢ ἠρεμεῖ, καὶ ὅτι οὐδὲν ἐν τῷ νῦν κινεῖται, καὶ ὅτι τὸ φερόμενον ἀεὶ ἐν τῷ ἴσῳ αὑτῷ ἐστι καθ' ἕκαστον νῦν, ἐῴκει συλλογίζεσθαι οὕτως· τὸ φερόμενον βέλος ἐν παντὶ νῦν κατὰ τὸ ἴσον ἑαυτῷ ἐστιν, ὥστε καὶ ἐν παντὶ τῷ χρόνῳ· τὸ δὲ ἐν τῷ νῦν κατὰ τὸ ἴσον ἑαυτῷ ὂν οὐ κινεῖται, ἐπειδὴ μηδὲν ἐν τῷ νῦν κινεῖται· τὸ δὲ μὴ κινούμενον ἠρεμεῖ, ἐπειδὴ πᾶν ἢ κινεῖται ἢ ἠρεμεῖ· τὸ ἄρα φερόμενον βέλος, ἕως φέρεται, ἠρεμεῖ κατὰ πάντα τὸν τῆς φορᾶς χρόνον. – *Themist. 199.4–6* : οὕτω δὲ καὶ Ζήνων παραλογίζεται. εἰ γὰρ ἠρεμεῖ, φησίν, ἅπαντα, ὅταν ᾖ κατὰ τὸ ἴσον αὑτῷ διάστημα, ἔστι δὲ ἀεὶ τὸ φερόμενον κατὰ τὸ ἴσον ἑαυτῷ διάστημα, ἀκίνητον ἀνάγκη τὴν ὀιστὸν εἶναι τὴν φερομένην;

Adnot. Cette scholie s'écarte assez nettement du commentaire de Simplicius et de Philopon (cf. *In Phys.* 816.30–817.4) et se rapproche de la paraphrase de Thémistius. Deux possibilités : soit Alexandre disposait d'un texte différent de celui de notre tradition directe, des commentateurs alexandrins et de la traduction arabe – il s'agirait justement du texte qu'aurait lu Thémistius et que l'on pourrait maintenant faire remonter au manuscrit d'Aristote consulté par l'Exégète (cf. Introduction, p. 88–92) – soit, insatisfait du texte transmis, il l'a lourdement corrigé. En conformité avec ce texte différent (qu'il soit réel ou « idéal »), et en maintenant la ligne exégétique des trois dernières scholies du chap. 8, Alexandre n'introduit pas le « maintenant » (νῦν) dans le raisonnement de Zénon, mais se borne à évoquer le *temps*. C'est en effet *Aristote* qui, pour le réfuter, distinguera état instantané (i. e. dans un νῦν) et état perdurant (dans un χρόνος). La critique consiste ainsi à objecter à Zénon qu'un instant du temps n'est pas une partie du temps et que si son raisonnement est vrai pour une partie du temps, il ne l'est pas pour un instant. Le raisonnement a ainsi une cohérence plus forte. Notons enfin que la scholie ne semble pas porter la trace d'une tentative pour justifier ἢ κινεῖται en 239b 6. Alexandre lisait sans doute un texte sans ces mots, que l'on pourrait expliquer comme une tentative d'amélioration, par normalisation, du τὸ φερόμενον aux ll. 6–7 en un ὃ κινεῖται intégré ultérieurement au mauvais endroit du texte. Cette glose a pu à son tour se nourrir d'une remarque d'Alexandre sur le décalage entre τὸ φερόμενον et τὸ κινούμενον : la scholie note en effet que Zénon s'appuie sur le *déplacement* (cf. τὸ φερόμενον) pour établir une thèse au sujet du *mouvement* (cf. τὸ κινούμενον).

⋆

396 (39b 7) <ἐν τῷ νῦν>] λείπει τὸ κατὰ τὸ ἴσον ἑαυτῷ.

<… dans le « maintenant »>] Manque « dans un état égal à soi-même ».

ADNOT. Cette remarque textuelle n'apparaît pas telle quelle dans les commentaires grecs, mais les paraphrases qu'ils proposent (cf. Simplicius, *In Phys.* 1011.30 et Philopon, *In Phys.* 817.6), ainsi que les tentatives de correction qu'attestent certains témoins de la tradition directe, montrent qu'elle a été faite à date ancienne. Si Alexandre disposait d'un autre texte que celui majoritairement transmis (cf. *ad schol.* **395**), il faudra alors considérer cette glose comme, partiellement, le fait du scholiaste. Alerté par l'absence des mots κατὰ τὸ ἴσον ἑαυτῷ du texte d'Aristote qu'il lisait mais qui semblent présupposés par l'interprétation d'Alexandre, il aurait signalé la lacune. Si, d'un autre côté, cette glose est une citation directe d'Alexandre, on doit en conclure que la paraphrase proposée par la scholie **395** est une refomulation lourde de l'énoncé aristotélicien. La première solution paraît la plus naturelle : Alexandre dispose d'un autre texte, le scholiaste note l'absence d'un groupe de mots supposé par l'interprétation, voire la citation, de cet autre texte. Maladroitement (mais cette maladresse s'explique aisément), le scholiaste aurait simplement noté l'absence du groupe de mots et non pas la difficulté suscitée par les mots ἐν τῷ νῦν dans la vulgate. Il est d'ailleurs en bonne compagnie : on trouve cette leçon composite dans le ms. F et, elle est même défendue par Zeller.

★

397 (39b 8) <οὐ γὰρ σύγκειται>] οὐκ εἰ καθ' ἕκαστον τῶν νῦν καὶ ἐν παντὶ τῷ νῦν ἐν ἴσῳ ἐστὶν ἑαυτῷ, ἤδη καὶ ἐν πᾶσι τοῖς μορίοις τοῦ χρόνου καὶ διὰ τοῦτο καὶ ἐν παντί· οὐ γὰρ σύγκειται ὁ χρόνος ἐκ τῶν νῦν οὐδ' ἔστι τι, ὅτε κινεῖται, κατὰ τὸ ἴσον ἑαυτῷ χρόνον τινά, ὡς δέδεικται.

—

1 εἰ correxi : εἰς S || τῶν correxi : τῶ (i.e. τῷ) S || 4 τινά incert. S

<Car le temps n'est pas composé>] Il n'est pas vrai, s'il est par rapport à chacun des « maintenant » et en tout « maintenant » dans un état égal à soi-même, qu'il le soit pour autant dans toutes les parties du temps et, pour cette raison, dans tout le temps : « car le temps n'est pas composé des »maintenant« » et une chose, quand elle se meut, n'est pas face à quelque chose d'égal à soi-même pendant un certain temps, comme on l'a montré.

TEST. *Simpl. 1011.31–1012.6* : οὐ γὰρ εἰ ἐν παντὶ χρόνῳ ἐστὶ νῦν, ἐν δὲ τῷ νῦν ἐστι κατὰ τὸ ἴσον ἑαυτῷ, ἤδη καὶ ἐν χρόνῳ ἐστὶ καὶ ἀεί, διότι μὴ μόριον χρόνου τὸ νῦν ἐστιν, ἀλλὰ πέρας, ἐν ᾧ δέδεικται τὸ κινούμενον ἐν τῷ ἴσῳ ἑαυτῷ ὄν, ἐν τῷ πρὸ τούτου θεωρήματι. εἰ οὖν ὁ χρόνος μὴ σύγκειται ἐκ τῶν νῦν τῶν ἀδιαιρέτων (τοῦτο δὲ προσέθηκεν, ἐπειδὴ καὶ χρόνον τινὰ ὡς ἐνεστῶτα νῦν καλοῦμεν), οὐδὲ τὸ φερόμενον βέλος τὸν χρόνον, ὃν φέρεται, ἐν τῷ ἴσῳ ἑαυτῷ ἐστιν· ὥστε οὐδὲ ἠρεμεῖ ἐν ἐκείνῳ τῷ χρόνῳ.

Adnot. Nerf de la solution : le « maintenant » n'est pas une partie (μόριον) du temps.

★

398 (39b 11) πρῶτος μὲν] ὁ πρῶτος λόγος· ἀδύνατόν ἐστι ἐν πεπερασμένῳ τὰ ἄπειρα διελθεῖν καὶ τῶν ἀπείρων ἅψασθαι. τοῦτο δ' ἔλυσεν.

Le premier] Premier argument : il est impossible, en un temps fini, de parcourir les choses en nombre infini et de toucher les choses en nombre infini. Il l'a résolu.

Test. *Simpl. 1013.4–6* : ... ὁ πρῶτος τοιοῦτός ἐστιν· εἰ ἔστι κίνησις ἀνάγκη τὸ κινούμενον ἐν πεπερασμένῳ χρόνῳ ἄπειρα διεξιέναι· τοῦτο δὲ ἀδύνατον· οὐκ ἄρα ἔστιν κίνησις.

Adnot. Il est possible que la scholie soit tronquée et que l'adaptateur ait originellement écrit un membre de phrase supplémentaire, du type « en disant ques les choses en nombre infini dans l'intervalle ne sont pas en acte, mais en puissance » (cf. Simplicius, *In Phys.* 1013.16–28, en part. ll. 16–17 : ἔλυσε δὲ αὐτὸν εἰπὼν μὴ εἶναι ἐνεργείᾳ τὰ ἄπειρα ἐν τῷ διαστήματι, ἀλλὰ δυνάμει).

★

399 (39b 14) δεύτερος δ'] ὁ β' λόγος ἐκαλεῖτο Ἀχιλλεὺς διὰ τὸ ἐπὶ τοῦ ταχίστου Ἀχιλλέως καὶ ἐπὶ χελώνης ἐρωτᾶσθαι. ὁ δὲ λόγος· εἰ τὸ μέλλον καταλήψεσθαί τι προεληλυθὸς δεῖ πρῶτον ἐπὶ τὸ πέρας ἐλθεῖν ἀφ' οὗ ὥρμησεν τὸ φεῦγον, ἀλλ' ἐν ᾧ τὸ διῶκον ἐπὶ τὴν ἀρχὴν ἔρχεται ἀφ' οὗ ὥρμησεν τὸ φεῦγον, ἐν τούτῳ καὶ τὸ φεῦγον, κἂν ᾖ βραδύτερον, ἀλλ' ὅμως πρόεισί τι τοῦ διαστήματος τοῦ πρόσθεν· οὐ γὰρ <ἠρεμεῖ. καὶ> ἀεὶ τούτου γινομένου καὶ τοῦ μεταξὺ τοῦ τε διώκοντος καὶ τοῦ φεύγοντος διαστήματος ἀεὶ βραχυνομένου, ὅμως διὰ τὴν <ἐπ' ἄπειρον τομὴν> τοῦ ὑποκειμένου μεγέθους οὐδέποτε λήξει ἡ ἐπὶ τὸ βραχύτερον πρόβασις τῇ σμικρότητι τοῦ μεγέθους, <οὐδ'> Ἀχιλλεὺς τὴν χελώνην καταλήψεταί ποτε.

—

6 ἠρεμεῖ καὶ addidi : loc. fenestr. ca 10 lit. S || 8 ἐπ' ἄπειρον τομὴν addidi : loc. fenestr. ca 12 lit. S || 9 οὐδ' addidi : loc. fenestr. ca 4 litt. S

Le second] Le second argument est appelé « l'Achille » car on interroge en faisant mention du très rapide Achille et de la tortue. L'argument : si ce qui doit rattraper quelque chose en avance sur lui doit d'abord parvenir à la limite d'où celui qui s'enfuit s'est élancé, alors dans le temps durant lequel le poursuivant parvient au point de départ d'où celui qui s'enfuit s'est élancé, celui qui s'enfuit, même si c'est plus lentement, s'est avancé quelque peu sur l'intervalle devant lui : car il n'est pas au repos. Or, cela se produisant toujours et bien que l'intervalle intermédiaire entre celui qui poursuit et celui qui s'enfuit s'amenuise toujours, il n'en demeure pas moins qu'en raison de la division de la grandeur sous-jacente à l'infini, l'avancée vers le plus petit ne cessera jamais pour la petitesse de la grandeur, et Achille ne rattrapera jamais la tortue.

TEST. *Simpl. 1014.9–23* : Ἀχιλλεὺς οὖν ὁ λόγος ἀπὸ τοῦ παραληφθέντος ἐν αὐτῷ Ἀχιλλέως ἐκλήθη, ὃν ἀδύνατόν φησιν ὁ λόγος τὴν χελώνην διώκοντα καταλαβεῖν. καὶ γὰρ ἀνάγκη μὲν τὸ καταληψόμενον πρὸ τοῦ καταλαβεῖν εἰς τὸ πέρας ἐλθεῖν πρῶτον, ὅθεν ἐξώρμησε τὸ φεῦγον. ἐν ᾧ δὲ τὸ διῶκον ἐπὶ τοῦτο παραγίνεται, ἐν τούτῳ τὸ φεῦγον πρόεισί τι διάστημα, εἰ καὶ ἔλαττον οὗ προῆλθεν τὸ διῶκον τῷ βραδύτερον εἶναι· ἀλλ' οὖν πρόεισιν· οὐ γὰρ δὴ ἠρεμεῖ. καὶ ἐν ᾧ πάλιν χρόνῳ τοῦτο δίεισι τὸ διῶκον ὃ προῆλθε τὸ φεῦγον, ἐν τούτῳ πάλιν τῷ χρόνῳ δίεισί τι τὸ φεῦγον τοσούτῳ ἔλαττον οὗ πρότερον ἐκινήθη, ὅσῳ βραδύτερόν δίεισιν, ὃ προελήλυθε τὸ φεῦγον βραδύτερον ὄν, ἐν τούτῳ πρόεισί τι καὶ τὸ φεῦγον· κἂν γὰρ ἀεὶ ἔλαττον, ἀλλ' οὖν δίεισί τι καὶ αὐτὸ κινούμενον ὅλως. τῷ δὲ ἐπ' ἄπειρον ἔλαττον ἄλλο ἄλλου διάστημα λαμβάνειν διὰ τὴν ἐπ' ἄπειρον τῶν μεγεθῶν τομήν, οὐ μόνον Ἕκτωρ ὑπὸ τοῦ Ἀχιλλέως οὐ καταληφθήσεται, ἀλλ' οὐδὲ ἡ χελώνη.

ADNOT. L'adaptateur ou l'un de ses utilisateurs n'a rien conservé de la réponse d'Alexandre à l'Achille. La reformulation de l'argument n'ajoute rien au texte d'Aristote. C'est sans doute Alexandre qui a introduit la « tortue » dans l'argument. En effet, Averroès, *In Phys.* 296B-D, parle d'un « cheval » (*equus*) et d'une tortue (*tortuca*). Pour la première confusion, je soupçonne qu'Averroès se souvenait du passage du *De providentia* où Alexandre mentionnait « Xanthos, le cheval d'Achille » (*Aksantūs wa-huwa farasu Akhīlāwusa*, ed. Thillet, p. 21, ll. 4–5). L'arabe est ambigu et peut à la rigueur être vocalisé *wa-huwa farasun Akhīlāwusu*, la phrase se traduisant alors « Xanthos, cheval achille ». Quoi qu'il en soit, travaillant de mémoire, Averroès se rappelait probablement qu'il existait un rapport entre « Achille » et quelque cheval. La tortue, en revanche, absente du texte d'Aristote et des gloses arabes dérivant du commentaire de Jean Philopon (cf. Badawī, p. 713–718), vient sans doute du commentaire d'Alexandre (encore qu'une influence de Thémistius ne puisse être exclue). Alors qu'un grec n'éprouve bien sûr pas la nécessité de préciser qu'Achille est un homme (ou un demi-dieu, bien sûr), la tortue, anonyme, figure en tant qu'espèce particulièrement lente chez tous les lecteurs d'Alexandre. Je n'exclurais pas que, comme l'ont senti Thémistius et Simplicius qui mentionnent le héros troyen, l'argument de Zénon ait fait figurer Hector, en référence à la poursuite du chant XXII de l'*Iliade*, plutôt qu'une « tortue », qui me paraît avoir un je ne sais quoi d'hellénistique.

★

400 (39b 18–19) τῷ διχοτομεῖν] τῷ πρώτῳ.

que celui de la dichotomie] Que le premier.

Adnot. Simple explicitation.

★

401 (39b 19–20) διαφέρει δ' ἐν τῷ διαιρεῖν μὴ δίχα τὸ προσλαμβανόμενον μέγεθος] ἀλλ' εἰς ἑκατὸν τυχὸν ἢ χίλια· ἡ γὰρ εἰς ἄπειρον τομὴ ἐπὶ παντὸς ἀριθμοῦ συμβαίνει.

Qui en diffère pourtant par le fait que la grandeur que l'on prend n'est pas ensuite divisée en deux] ... mais en cent, par exemple, ou en mille. La division à l'infini se produit en effet pour tout nombre.

Test. *Simpl. 1015.5–8* : διαφέρειν δὲ ἐκείνου δοκεῖ τῷ μὴ κατὰ διχοτομίαν καὶ εἰς ἥμισυ διαιρεῖν ἀεί, ἀλλὰ κατ' ἄλλον τινὰ λόγον, καθ' ὃν ἡ τοῦ ταχίστου κίνησις ὑπερέχει τὴν τοῦ βραδυτάτου, εἴτε δεκαπλάσιος εἴτε ἄλλος τις ὁ λόγος εἴη.

★

402 (39b 19) <μὴ δίχα>] ἢ δὶς δεκάκις ἢ ἑκατοντάκις.

<n'est pas divisé en deux>] ou en deux fois dix ou en cent.

★

403 (39b 33) τέταρτος δ'] ὁ τέταρτος λόγος τοιοῦτος· ἔστω τὸ ὑποκείμενον στάδιον <τὸ ΔΕ>, τὸ δ' ἑστὸς μέγεθος τὰ ἄλφα ἄρτια τὸ πλῆθος, τὰ δὲ κινούμενα μεγέθη ἰσοταχῶς, τῶν ἐκ τῶν βῆτα ἰσοπληθῶν τοῖς ἄλφα καὶ τῶν ἐκ τῶν γάμμα καὶ αὐτῶν ἰσοταχῶν μὲν τοῖς βῆτα, ἰσοπληθῶν δὲ καὶ ἰσομεγέθων τοῖς ΑΒ. καὶ τὰ μὲν βῆτα ἀρχέσθω ἀπὸ τῆς ἀρχῆς τοῦ σταδίου. ἔστω δὲ τὸ πρῶτον βῆτα κατὰ τὸ μέσον τῶν Α, τὰ δὲ Γ ἐναντίως τοῖς Β κινείσθω, καὶ ἔστω τὸ πρῶτον Γ κατά τε τὸ πρῶτον Β καὶ τὸ μέσον τῶν ἄλφα. συμβήσεται οὖν τούτων ὄντων καὶ κινουμένων τὰ μὲν βῆτα διεληλυθέναι τὰ ἥμισυ τῶν ἄλφα μόνον, τὰ δὲ γάμμα ὅλον τὸ τῶν βῆτα διάστημα διπλάσιον τῶν ἡμίσεων τῶν ἄλφα· ὅπερ ἄτοπον· οὐκ ἄρα ἔστι κίνησις.

—

2 τὸ ΔΕ addidi : om. ex homoeot. S || ἑστὸς correxi : ἑστὼς S || 3 post ἰσοπληθῶν fort. καὶ ἰσομεγεθῶν addendum || 6 τὸ μέσον τῶν Α correxi : τὸ πρῶτον pr. m. τοῦ πρώτου (sic) fecit pr. vel sec. man. || 8 τῶν ἄλφα correxi : γραφὴ S || 9 γάμμα correxi : γράμμα S || τῶν sec. : τοῦ S

Le quatrième] Le quatrième argument est le suivant. Soit ΔΕ le stade supposé, soient les Alphas, en nombre pair, la grandeur immobile, et que les grandeurs en mouvement se meuvent à la même vitesse, les ensembles des Bêtas étant faits d'un même nombre que les Alphas, ceux des Gammas étant aussi de vitesse égale aux Bêtas et de même nombre et de même grandeur que les Alphas et que les Bêtas. Que les Bêtas commencent à se mouvoir depuis le début du stade. Soit le premier Bêta au niveau du milieu des Alphas. Que les Gammas se meuvent en sens contraire des Betas et soit le premier Gamma au niveau à la fois du premier Bêta et du milieu des Alphas. Il se produira donc, les choses étant telles et se mouvant ainsi, que les Bêtas auront parcouru la moitié des Alphas seulement, tandis que les Gammas auront parcouru tout l'intervalle des Bêtas, qui est double de la moitié des Alphas. Ce qui est absurde. Par conséquent, le mouvement n'existe pas.

Adnot. Le texte de la scholie est assez corrompu. Quoi qu'il en soit des points de détail, l'interprétation du Stade qu'elle propose correspond à celle que l'on trouve chez Simplicius, *In Phys.* 1016.9 sqq.

⋆

[109v]

404 (40a 7) <ἐσχάτου>] ἀντὶ τοῦ πρώτου τοῦ Β.

<de l'extrémité>] Au lieu de « du premier B ».

Test. *Simpl. 1017.17–21* : … τὰ δὲ Γ ὡς ἀπὸ τοῦ ἐσχάτου τοῦ σταδίου ἐπὶ τὴν ἀρχὴν δηλονότι (οὐ γὰρ δὴ ὡς "ἀπὸ τοῦ ἐσχάτου Β," ὅπερ ὡς ἔοικεν ἔν τισιν ἀντιγράφοις εὑρὼν ὁ Ἀλέξανδρος ἠναγκάσθη λέγειν, ὅτι ὃ πρότερον εἶπεν πρῶτον Β, τοῦτο νῦν ἔσχατον ἐκάλεσε) …

Adnot. Cette scholie provient sûrement du commentaire d'Alexandre. Simplicius, en effet, interprète « de l'extrémité », dans le texte d'Aristote, comme désignant l'extrémité du stade, à l'opposé du début du stade. Il trouve cependant une remarque dans le commentaire d'Alexandre : celui-ci considère qu'Aristote appelle maintenant « extrême » ce qu'il désignait quelques lignes auparavant comme « premier ». Simplicius en infère (avec une certaine prudence cependant, cf. ὡς ἔοικεν en 1017. 19) qu'Alexandre lisait τοῦ εσχάτου Β dans son texte. On ne peut cependant exclure que celui-ci lisait le texte transmis mais n'ait pas eu l'idée d'interpréter ἐσχάτου comme se référant à l'extrémité du stade plutôt qu'au dernier élément des Bêtas. Quoi qu'il en soit, il est très peu probable qu'un scholiaste se soit servi de Simplicius, sur un point aussi mineur, pour choisir une thèse anodine d'Alexandre que le néoplatonicien réfutait – en en montrant, qui plus est, l'origine philologique. Le renseignement remonte donc au commentaire d'Alexandre indépendamment de Simplicius.

★

405 (40a 10) συμβαίνει δὲ] διὰ τί γίνεται τὸ γάμμα π α ρ ὰ π ά ν τ α < τ ὰ > ἄ λ φ α διεξεληλυθός; οὔτε γὰρ παρὰ ταῦτα ἐκινεῖτο, ἀλλὰ παρὰ τὰ βῆτα, οὔτε ἀπ' ἀρχῆς τῶν ἄλφα ἐκινεῖτο ἀλλ' ἀπ' ἀρχῆς τῶν βῆτα, ἥτις ἀρχὴ ἦν κατὰ τὸ μέσον τῶν ἄλφα. ἢ ὅτι τὰ μὲν δύο δίς, τουτέστι ΒΒΓΓ, ἴσα τοῖς ΑΑΑΑ· ἴσα ἄρα τὰ δὶς δύο τοῖς τέτταρσιν· τὰ οὖν Β διελθόντα τὰ ἄλφα διῆλθεν.

—

2 τὰ addidi (cf. Simpl. 1019.28)

Or il se trouve] Pourquoi advient-il que Gamma parcoure tous les Alphas ? Il ne s'est pas mû, en effet, le long de ceux-ci, mais le long des Bêtas, et il ne s'est pas mû à partir du début des Alphas mais à partir du début des Bêtas, début qui se trouvait au niveau du milieu des Alphas. Est-ce parce que les deux fois deux, à savoir ΒΒΓΓ, sont égaux aux ΑΑΑΑ ? Par conséquent, les deux fois deux sont égaux aux quatre. Aussi, en ayant parcouru les Bêtas, ont-ils parcouru les Alphas.

Test. *Simpl. 1018.9–13* : πῶς δὲ τὸ Γ παρὰ πάντα τὰ Α διελήλυθεν; οὔτε γὰρ παρὰ ταῦτα ἐκινεῖτο, ἀλλὰ παρὰ τὰ Β, οὔτε ἀπ' ἀρχῆς τῶν Α ἐκινεῖτο ἀλλὰ ἀπ’ ἀρχῆς τῶν Β, ἥτις ἦν κατὰ τὸ μέσον τῶν Α. ἢ ὅτι καὶ τὰ Β ἴσα ἦν τοῖς Α. τὸ οὖν Γ ἐν ὅσῳ χρόνῳ παρὰ τὰ Β κεκίνηται, εἴη ἂν καὶ παρὰ τὰ Α τὰ ἴσα τοῖς Β κεκινημένον.

Adnot. L’interprétation d’Alexandre, reprise sans changement par Simplicius, postule une symétrie parfaite des ensembles de Bêtas et de Gammas par rapport au milieu des Alphas. On ne comprend donc plus pourquoi le premier Γ passerait devant tous les Alphas, tandis que le premier Β ne passerait que devant la moitié d’entre eux (240a 10–12 : la scholie confirme la leçon d’Alexandre πάντα τὰ Α citée par Simplicius, *In Phys.* 1019.28). La solution proposée dans la scholie paraît maladroite et confuse. Je ne parviens pas en tout cas à lui trouver un sens satisfaisant et doute qu’elle remonte sous cette forme à Alexandre. Celui-ci paraît vouloir dire que le premier Γ et le premier Β parcourent deux Α. Que donc l’ensemble des quatre Α a été parcouru, mais non par les Γ exclusivement. Tout cela est très faible. Il faut compter soit avec une irruption étrangère dans le texte, soit avec un résumé drastique trahissant la solution de l’Exégète.

⋆

406 (40a 10) <συμβαίνει δὲ>] αἰτία τοῦ ψεύδους.

<Or il se trouve>] Cause de l’erreur.

⋆

407 (40a 10–11) <τὸ Γ>] ἀντὶ τοῦ τὸ ἐκ τῶν Γ.

<Γ>] Au lieu de « ce qui est composé des Γ ».

⋆

408 (40a 16) <τῶν Β>] τῶν ΒΓ.

<des Β>] Des ΒΓ.

⋆

409 (40a 19) οὐδὲ δὴ κατὰ] ὁ ἐκ τῆς ἀντιφάσεως ἐρωτῶν λόγος ἐπ' ἀναιρέσεως τῆς κινήσεως τοιοῦτός ἐστιν· εἰ τὸ κινούμενόν ποθέν ποι ἐν μηδετέρῳ ἔστιν ὅτε ἐπὶ τῆς ἀντιφάσεως μεταβάλλει (ποῦ ἔσται εἰ μὴ ἐν θατέρῳ μορίῳ τῆς ἀντιφάσεως εἴη; οὐ γὰρ ἔστι μεταξὺ τρίτον), οὐκ ἄρα ἐστὶ κίνησις κατὰ ἀντίφασιν. λύει οὖν ὅτι ὅλον μὲν τὸ τοιοῦτον ἐν οὐδετέρῳ μορίῳ τῆς ἀντιφάσεώς ἐστιν, μόριον δ' αὐτοῦ ἐν ἑκατέρῳ· τὸ γὰρ κινούμενον τοιοῦτον ἐδείχθη.

—

1–2 ἐπ' ἀναιρέσεως scripsi : ἐπαναιρε^{σ} S

Pas davantage selon] L'argument qui interroge à partir de la contradiction pour supprimer le mouvement est le suivant : si le mobile d'ici à là n'est dans aucun des deux quand il change selon la contradiction (où sera-t-il, s'il ne saurait être dans aucune des parties de la contradiction ? Il n'y a pas de troisième terme comme intermédiaire), il n'y a donc pas de mouvement selon la contradiction. Sa solution consiste à dire qu'une telle chose n'est, dans son entier, dans aucun terme de la contradiction, mais qu'une partie d'elle est en chacun. On a en effet prouvé que le mobile était tel.

ADNOT. L'explication est reprise en substance par Simplicius, *In Phys.* 1020.11–1021.3.

⋆

410 (40a 29) πάλιν ἐπὶ τοῦ κύκλου] ἐπεὶ ὡρίσατο ἠρεμοῦν εἶναι τὸ ἐν ταὐτῷ χρόνον τινὰ ὂν καὶ αὐτὸ καὶ τὰ μέρη, ἐπεὶ φαντασίαν παρέχει τὸ κύκλῳ κινούμενον ἐν ταὐτῷ εἶναι κατὰ τὸ ὅλον, διὰ τοῦτο παραμυθεῖται τὸν λόγον ὅτι κατὰ συμβεβηκὸς τὸ ὅλον ἀκίνητον καὶ τὰ μέρη αὐτοῦ, ταῦτα ὅτι τὸ ὑποκείμενον συμβέβηκεν ἓν εἶναι ὡς ὁ μουσικὸς ἄνθρωπος τῷ ἑνὶ ἀνθρώπῳ συμβέβηκεν.

—

1 et 3 ταὐτῷ scripsi : ταῦτό S

Et encore concernant le cercle] Puisqu'il a défini ce qui est au repos comme ce qui demeure au même endroit pendant un certain temps, soi-même et ses parties, puisque ce qui se meut en cercle donne l'apparence d'être au même endroit selon la totalité, il justifie son propos en disant que c'est par accident que la totalité est immobile ainsi que ses parties ; et cela, parce que le substrat est un par accident, à l'instar de l'homme musicien qui est un accident pour l'homme un.

ADNOT. L'authenticité de cette scholie est confirmée par le commentaire de Simplicius, *In Phys.* 1022.7 sqq. et en particulier 1022.15–22. Simplicius présente en effet deux interprétations du passage d'Aristote sur la sphère, l'une soutenue par Eudème et Aspasius, à laquelle il se range, et l'autre par Alexandre, à laquelle il s'oppose. Bien sûr, nous dit Simplicius, l'argument évoque le repos ; mais il est faut d'y voir une confirmation de la définition aristotélicienne du repos (Simplicius, *In Phys.* 1022.22–24). Aristote n'a présenté cet argument, comme celui qui le précédait, qu'afin de défendre l'existence du mouvement contre des sophismes de type zénonien. La scholie, comme on pouvait s'y attendre, défend la thèse critiquée par Simplicius : la définition du repos n'est pas menacée par le cas de la sphère tournant sur elle-même, car il n'y a pas là de véritable permanence dans un même lieu. Le substrat, à savoir sans doute la « zone » occupée par la sphère, n'est un que par accident, à la façon dont l'homme un est accidentellement musicien.

★

411 (40b 1) <οὐ γὰρ>] ἡ δεῖξις ἐπὶ τοῦ κύκλου.

Car ce n'est pas] Preuve dans le cas du cercle.

★

412 (40b 5) ὥστε μεταβάλλει] ἀντὶ τοῦ ἐκ τῆς ἑτέρας εἰς τὴν ἑτέραν περιφέρειαν μεταβάλλει.

De sorte que toujours change] Au lieu de : « change de l'une des circonférences vers l'autre ».

★

413 (40b 6) <τὸν αὐτὸν δὲ τρόπον>] … ῥόμβων, κυλίνδρων. – οὐκ οἶδα δὲ πῶς ῥόμβος ἐφ' ἑαυτοῦ κινηθήσεται.

—

1 ῥόμβων S : lege στρόμβων cf. adnot.

<… et les choses qui se meuvent sur elles-mêmes>] … les rhombes, les cylindres. – Mais je ne sais pas comment un rhombe se mouvra sur lui-même.

Adnot. La seconde phrase doit être la seule de toutes les scholies présentée à la première personne du singulier. Elle n'est sûrement pas le fait d'Alexandre. Il s'agit plutôt d'une note critique d'un lecteur ne comprenant pas l'exemple du « rhombe » – à juste titre, puisque ce terme ne signifie rien d'autre que notre losange (i. e. un quadrilatère équilatéral d'angles non droits). C'est donc une figure plane qui n'a rien à faire dans la présente discussion. Mais il est à peu près certain qu'Alexandre avait écrit στρόμβων (« toupie ») et non ῥόμβων (« losange »). Ce mot apparaît chez Simplicius, *In Phys.* 1024.3 et s'adapte parfaitement au contexte. On a donc ainsi la preuve que la seconde partie de la scholie constitue un méta-commentaire, par un érudit postérieur à Alexandre et antérieur au ms. S, sur une leçon manuscrite déjà corrompue.

⋆

VI, 10

414 (40b 6) ἀποδεδειγμένων δὲ τούτων] τοῦτο δυνάμει δέδεικται ὅτε τὸ κινούμενον πᾶν μεριστὸν ἐδείκνυτο.

Une fois ces choses démontrées] Cela a été démontré en puissance quand il a été prouvé que tout mobile est divisible.

Adnot. La scholie renvoie sans doute à l'énoncé qui suit le déclaratif λέγομεν. L'objet de la démonstration – l'impossibilité du mouvement de l'indivisible – est contenu « en puissance » dans la démonstration de la divisibilité de tout mobile.

⋆

415 (40b 10) ἢ τοῦ μεγέθους] οὐχ ὡς δυναμένης τῆς ἐπιφανείας ἢ τῆς γραμμῆς ἄνευ σώματος ἢ ὑφεστάναι ἢ κινεῖσθαι τοῦτο πρόσκειται, ἀλλ' ὅτι ἐν τῷ σώματι ἐπινοοῦνται καὶ ὅτι ἡ τοῦ σώματος κίνησις κατὰ ταῦτά πως ἐν τούτῳ ὄντα ἀποτελεῖται· κατὰ γὰρ μῆκος καὶ πλάτος ἡ κίνησις.

ou la grandeur] Cela n'a pas été ajouté dans l'idée que la surface ou la ligne seraient capables de subsister ou de se mouvoir sans corps, mais du fait qu'elles sont pensées dans le corps et du fait que le mouvement du corps trouve sa complétion en fonction de ces choses qui, d'une certaine manière, inhèrent en lui : de fait, le mouvement a lieu selon la longueur et la largeur.

Test. *Simpl. 1024.25–1025.2* : τῷ δὲ σώματι τὸ μέγεθος προσέθηκεν, ὡς μὲν ὁ Ἀλέξανδρός φησι, μέγεθος τὴν γραμμὴν καὶ τὴν ἐπιφάνειαν λέγων, ἅπερ οὐκ ἔστι σώματα οὐδὲ χωριστὰ σώματος. ὁ δὲ Ἀσπάσιος ἐκ παραλλήλου ταῦτα λέγεσθαί φησιν· οὐδὲ γὰρ κινεῖταί τι καθ' αὑτὸ ἄλλο μέγεθος πλὴν τὸ σῶμα· καὶ γὰρ καὶ ἡ γραμμὴ καὶ ἡ ἐπιφάνεια κατὰ συμβεβηκὸς κινοῦνται τῷ ἐν κινουμένῳ εἶναι τῷ σώματι.

Adnot. Ces lignes peuvent être attribuées à Alexandre avec une grande certitude. Nous savons par Simplicius que l'Exégète s'opposait à son maître Aspasius sur le sens de l'ajout d'Aristote « ou la grandeur ». D'après le compte rendu de Simplicius, Alexandre voyait une raison d'ajouter cette précision du fait que la ligne et la surface, qui sont des grandeurs, ne sont ni des corps ni séparables des corps. Une telle justification est peu claire. Ce qui compte est l'autonomie ontologique que l'on est prêt à accorder à ces deux types de grandeurs. Si, en d'autres termes, ligne et surface ne sont que des aspects des corps abstraits par notre imagination spatiale, il n'y a aucune raison d'y voir un lieu d'inhérence pour un indivisible (à savoir le point). Cela serait aussi gratuit que d'évoquer la couleur. Dans ce cas, mieux vaut alors, avec Aspasius, s'en tenir à un réalisme strict des corps et voir dans la mention de la « grandeur » une simple redondance. La scholie nous permet heureusement de comprendre plus adéquatement la nuance qui sépare Alexandre de son prédécesseur. Dans une terminologie qui lui est coutumière – et qui n'est pas reprise ici par Simplicius –, Alexandre opère une distinction entre la subsistance primaire des corps (cf. ὑφεστάναι) et le caractère simplement « pensable » des objets mathématiques que sont les surfaces et les lignes (cf. ἐπινοοῦνται). Cette scholie a toutefois l'intérêt d'illustrer comment, pour Alexandre, la « pensée » (ἐπίνοια) ne produit pas simplement les objets géométriques dans le « domaine », distinct du sensible, des représentations mentales de l'étendue – ce qui serait la thèse « abstractionniste » standard –, mais les discerne, ou les exhibe, dans le corps, c'est-à-dire dans le sensible. Dans la tripartition des interprétations possibles d'Aristote proposée par I. Mueller, « Aristotle Doctrine of Abstraction », cit. p. 58, p. 464–465, Alexandre se range donc à la thèse 2 et non à la thèse 3. L'intérêt – unique, semble-t-il – de la présente scholie, de ce point de vue, est d'expliciter en quoi les objets géométriques élémentaires, bien qu'ils ne subsistent pas, ont néanmoins une certaine consistance ontologique : c'est qu'ils sont des conditions intrinsèques du *mouvement* des corps. Cf. Introduction, p. 63–64.

⋆

[111r]

416 (40b 13) καὶ γὰρ αἱ τῶν μερῶν κινήσεις] τῷ γὰρ ὅλῳ τὰ μέρη κατὰ συμβεβηκὸς κινεῖται· καθ' αὑτὰ δὲ τὰ μέρη κινεῖται ἄνευ τοῦ ὅλου πολλάκις.

Car les mouvements de parties] C'est par accident que les parties sont mues avec le tout. En revanche, souvent, les parties sont mues par soi sans le tout.

Adnot. Avec Simplicius, *In Phys.* 1025.11–24 et Philopon, *In Phys.* 819.2–4, cette scholie et la suivante insistent sur le mouvement par soi possible des parties. Ce type de considérations est caractéristique d'Alexandre (cf., au livre IV, scholies **35**, **36** et **46**).

★

417 (40b 13–14) ἕτεραί εἰσι] ὅτι οὐ παντάπασι κατὰ συμβεβηκὸς τὰ μέρη συγκινεῖται τῷ ὅλῳ, εἴ γε ἐκ τῶν μερῶν τὸ ὅλον.

sont différents] Que les parties ne se meuvent pas complétement par accident avec le tout, si du moins le tout est composé des parties.

Adnot. Cf. scholie précédente.

★

418 (40b 15) τὴν διαφοράν] τ ὴ ν δ ι α φ ο ρ ὰ ν τῆς κινήσεως τῶν μερῶν καὶ τοῦ ὅλου, καὶ πρὸς ἄλληλα.

la différence] « La différence » du mouvement des parties et du tout, ainsi que des parties les unes par rapport aux autres.

Adnot. Pour l'interprétation du πρὸς ἄλληλα, cf. scholie **419**, ad *Phys.* 240b 15–16. Aristote écrivant « C'est en recourant à la sphère qu'on verrait le mieux la différence », il y a deux interprétations possibles du mot « la différence » : celle d'un indivisible et d'une partie, dont il est question depuis le début du chapitre, et celle d'une partie et du tout, dont il a traité aux deux lignes précédentes (240b 13–14). Simplicius, *In Phys.* 1025.24–25, dans une remarque peut-être inspirée d'Alexandre, souligne que la réponse à la seconde question éclaire la première.

★

419 (40b 15–16) οὐ γὰρ ταὐτὸ τάχος] π ρ ὸ ς τ ῷ κ έ ν τ ρ ῳ τῆς σφαίρας, οἷον ὁ ἰσημερινός, ἀντὶ τοῦ διὰ τοῦ κέντρου· ἔστι γὰρ οὗτος ταχύτατος· ἐκτὸς δὲ οἱ ἄλλοι παράλληλοι.

car la vélocité ne sera pas la même] « autour du centre » de la sphère, comme l'équateur, au lieu de «passant par le centre» : ce cercle est en effet le plus rapide ; « à l'extérieur » : les autres parallèles.

Test. *Simpl. 1026.5–11* : δύναται δέ, φησὶν ὁ Ἀλέξανδρος, τὸ τ ῶ ν π ρ ὸ ς τ ῷ κ έ ν τ ρ ῳ κ α ὶ τ ῶ ν ἐ κ τ ὸ ς λέγειν περί τε τῶν διὰ τοῦ κέντρου γραφομένων μεγίστων κύκλων, ὡς τοῦ ἰσημερινοῦ καὶ τοῦ ζῳδιακοῦ, καὶ τῶν περὶ τοὺς πόλους· οὗτοι γὰρ ἐκτός εἰσι τοῦ κέντρου τῆς σφαίρας, καὶ δηλονότι ἀναπάλιν ἐπὶ τούτων θάττονες μὲν ὡς μείζονες οἱ πρὸς τῷ κέντρῳ, βραδύτεροι δὲ οἱ ἐκτός, εἴπερ ἐν τῷ αὐτῷ χρόνῳ συναποκαθίσταται τὰ ἐν αὐτοῖς σημεῖα.

Adnot. L'interprétation la plus immédiate du texte d'Aristote est présentée par Philopon, *In Phys.* 819.4–5 et Simplicius, *In Phys.* 1025.31–1026.5, qui évoquent tous deux les parties de la sphère proches du centre et celles proches de la périphérie, dont la vitesse linéaire est différente lors de la rotation. Il est probable qu'Alexandre proposait d'abord cette solution, puis celle que lui attribue nommément Simplicius (passage cité) et la scholie : ce qui est « autour du centre » (πρὸς τῷ κέντρῳ) est le cercle équatorial, ce qui est « à l'extérieur » (ἐκτός) sont les petits parallèles proches des pôles. Selon cette seconde interprétation, au contraire de la première, ce sont bien sûr les parties « autour du centre » qui se meuvent le plus rapidement. On peut s'interroger sur les raisons qui ont poussé Alexandre à adopter une théorie aussi peu « intuitive » et linguistiquement aussi difficile (πρός au sens de διά !). Elles sont sans doute liées aux considérations précédentes et au réalisme mathématique mitigé qu'elles expriment. En effet, Aristote, dans la page précédente, a tout d'abord insisté sur l'existence de « circonférences » réellement distinctes dans les objets tournant sur eux-mêmes tels la sphère (940a 29-b 7), puis a évoqué le mouvement de la « grandeur » (240b 9–10), interprétée par Alexandre comme la ligne ou la surface mathématique *dans* le corps (cf. scholie **415**). La scholie **419** porte peut-être la trace de ces considérations. À la différence de cercles que l'imagination imposerait arbitrairement à l'intérieur de la sphère, les parallèles de la sphère ont une cohérence quasi-ontologique, due à leur position sur la limite externe – et donc réelle – de la sphère et à leur statut de « coordonnée » dans l'accomplissement du mouvement de rotation. Le mouvement, en d'autres termes, est la meilleure réponse tant au platonisme – caractère séparé des objets mathématiques – qu'à l'aristotélisme matérialisant : parce que les objets mathématiques ont partie liée avec le mouvement, ils ne sont pas des réalités séparées ; et parce que les contours de l'objet ont un sens cinématique, ils ont un poids décisif dans notre cadastre ontologique, sans pour autant être des corps.

⋆

420 (40b 16–17) <καὶ τῶν ἐκτὸς>] ταχύτερον γὰρ τὸ ἐκτός.

<de celles qui sont à la périphérie] En effet, ce qui est à la périphérie est plus rapide.

⋆

421 (40b 32–33) εἰ ὁ χρόνος ἦν ἐκ τῶν νῦν] εἰ γὰρ ἦν κινούμενον, ἔδει αὐτοῦ τὸ μὲν ἐν ἄλλῳ τὸ δὲ ἐν ἄλλῳ εἶναι. τὸ δὲ τοιοῦτον οὐκ ἀμερὲς ἀλλὰ συνεχές.

ce serait que le temps soit composé de « maintenant »] Si en effet il était mû, il faudrait qu'un élément de lui soit en quelque chose et un autre en quelque chose d'autre. Mais ce qui est de ce type n'est pas indivisible, mais continu.

Adnot. Explicitation semblable chez Simplicius, *In Phys.* 1027.13–18.

⋆

422 (41a 6) ἔτι δὲ καὶ ἐκ τῶνδε] τὸ β′ ἐπιχείρημα ἐπὶ τῆς φορᾶς ἁρμόττει μόνης, τὸ δὲ ἑξῆς τὸ τρίτον ἐπὶ πάσης ἁπλῆς κινήσεως.

De plus, aussi à partir de ceci] Le deuxième argument ne s'adapte qu'au seul déplacement, tandis que l'argument qui le suit, le troisième, s'adapte à tout mouvement simple.

Adnot. L'opposition ici dressée entre l'argument commençant en 241a 6 et celui qui commence en 241a 15 transparaît dans la présentation que Simplicius donne de chacun, en *In Phys.* 1028.3 sqq. et 1029.3 sqq. respectivement. Mais le néoplatonicien est très discret et n'oppose pas vraiment les deux preuves. Il se contente de dire que, selon le deuxième argument, l'indivisible « ne se meut pas selon le déplacement » (μὴ κατὰ φορὰν κινεῖται, 1028.4) tandis que le troisième argument « procède lui aussi en référence à des points, mais la preuve s'adapte à tout changement » (πρόεισι μὲν καὶ οὗτος ὡς ἐπὶ στιγμῶν, ἡ δὲ δεῖξις ἐπὶ πάσης ἁρμόττει μεταβολῆς, 1029.4–5) Le plus probable est donc que Simplicius estompe une faiblesse d'Aristote qu'Alexandre, cité dans la scholie, signalait plus franchement dès le deuxième argument.

⋆

423 (41a 8) ἀδύνατον πρότερον μεῖζον] οὐ γὰρ ἀδύνατον καὶ ἔλαττόν τι αὑτοῦ διάστημα κινηθῆναι, οἷον τὸ ποδιαῖον δακτυλιαῖον πρότερον· ἀεὶ μὲν γὰρ ἴσον ἑαυτῷ κατέχει διάστημα, κινεῖται δὲ καὶ μεῖζον καὶ ἔλαττον καὶ ἴσον ἑαυτῷ.

il est impossible d'avoir été mû sur une distance plus grande] En effet, il n'est pas impossible d'avoir été mû sur un certain intervalle plus petit que soi, par exemple que ce qui fait un pied ait d'abord été mû sur un intervalle d'un doigt. Il *contient* en effet toujours un intervalle égal à lui-même, mais il se *meut* sur un intervalle plus grand, plus petit et égal à soi-même.

★

[111v]

424 (41a 26) <μεταβολή>] ὅτι οὐδεμία κίνησις οὕτως ἄπειρος ὡς μὴ ἔχειν πέρατα τό τε ἐξ οὗ καὶ τὸ εἰς ὅ.

<aucun changement>] Qu'aucun mouvement n'est infini de telle manière à ne pas avoir de limites à partir de quoi ou jusqu'à quoi.

★

425 (41b 3) <οὐ γὰρ πᾶσα ἐν ἐναντίοις>] οἷον ἡ τῶν ζῴων καὶ ἡ κύκλῳ φορὰ τοῦ οὐρανοῦ.

<Car tout transport n'a pas lieu entre contraires>] Comme celui des animaux et le transport circulaire du ciel.

★

426 (41b 5–6) <πλεοναχῶς>] οἷον καὶ τὸ μόγις καὶ χαλεπῶς.

<en plusieurs sens>] Comme « à peine » et « difficilement ».

Adnot. Repris par Simplicius, *In Phys.* 1030.21–23, qui oppose ces deux sens à ὃ οὐκ ἐνδέχεται ὅλως.

★

427 (41b 6) οὐδὲ ὅλως] διὰ τοῦτο οὐ γίνεται σύμμετρος ἡ διάμετρος τῇ πλευρᾷ διότι ἀδύνατόν ἐστι γενέσθαι.

—

1 τοῦτ' οὐ : τούτου S

Et, d'une manière générale] La diagonale ne devient pas commensurable au côté pour la raison qu'il est impossible qu'elle le devienne.

ADNOT. Cette illustration du sens fort de l'impossible n'apparaît pas chez Simplicius ni chez Philopon.

★

428 (41b 8) εἰ οὖν] εἰ τοῦτο ἀληθές, καὶ τὸ ἀντίστροφον ἀληθές, ὅτι εἴ τι μεταβάλλει εἴς τι, τοῦτο καὶ μεταβαλεῖν εἰς αὐτὸ δυνατόν ἐστιν· εἰς δὲ τὸ ἄπειρον οὐ δυνατὸν ἐξικέσθαι τι· οὐ γὰρ ἔστιν ἔσχατον αὐτοῦ τοῦ ἀπείρου εἰς ὃ ἂν μεταβάλλοι καὶ ἐξίκοιτό τι· ἀδύνατον γάρ ἐστιν.

—

2 μεταβαλεῖν : μεταβάλλειν S

Si, donc] Si cela est vrai, la converse est aussi vraie, à savoir que si une chose est *en train de changer* en quelque chose, elle peut aussi *s'être changée* en ce quelque chose. Or il n'est pas possible que quelque chose passe à l'infini. Il n'y a en effet pas d'extrémité de l'infini lui-même en quoi quelque chose pourrait se changer et passer : c'est en effet impossible.

TEST. *Simpl. 1030.31–1031.5* : εἰ δὲ ταῦτα ἀληθῆ, οὐδὲ τὸ μεταβαλεῖν ἀδύνατον ἐνδέχεται μεταβάλλειν εἰς ἐκεῖνο, εἰς ὃ ἀδύνατον μεταβαλεῖν, ὥστε καὶ τὸ τούτῳ ἀντίστροφον ἀληθές, ὅτι εἴ τι μεταβάλλει εἴς τι, τοῦτο καὶ μεταβαλεῖν, τουτέστι μεταβεβληκέναι, εἰς ἐκεῖνο δυνατὸν εἶναι. ὃ δὲ μεταβαλεῖν οἷόν τε εἴς τι, τουτέστι μεταβεβληκέναι, τοῦτο οὐκ ἂν ἄπειρον διάστημα κινοῖτο οὐδὲ ἄπειρον κίνησιν· ἐν γὰρ τῇ ἀπείρῳ κινήσει οὐδέν ἐστιν ἔσχατον, εἰς ὃ τὸ μεταβάλλον δυνατὸν ἔσται μεταβαλεῖν.

ADNOT. Comme l'on pouvait s'y attendre, la reformulation logique que l'on trouve chez Simplicius remonte sans doute à Alexandre. On démontre ainsi, par la proposition possible converse de l'impossible, que rien ne peut être dans un processus de changement vers l'infini du fait que rien ne peut avoir achevé un processus de changement vers l'infini (c'est-à-dire atteint l'infini).

★

429 (41b 14) μίαν] κατ' εἶδος μίαν πάλιν καὶ πάλιν γινομένην οὕτως ὡς μίαν εἶναι τῷ ἀριθμῷ καὶ συνεχῆ.

étant un] Un selon l'espèce, se produisant de manière toujours recommencée, en sorte d'être un en nombre et continu.

ADNOT. Cf. Simplicius, *In Phys.* 1031.11–16. Alexandre est très sensible, dans l'ensemble de son corpus, aux phénomènes de transmission indéfinie (διαδοχή, cf. *Essentialisme*, p. 278–285). Il n'est donc pas surprenant qu'il lise l'objection qu'Aristote s'oppose à lui-même à cette lumière. Supposons que la vie humaine soit un mouvement allant d'un début (la conception) à une fin (la mort). Les hommes sont spécifiquement identiques. Ce mouvement l'est donc aussi. Ne peut-on pas supposer que sa répétition éternelle sans interruption en fait un mouvement un non plus spécifiquement mais individuellement, et continu, à la façon dont la forme elle-même est, en un sens, unique ? La réponse est négative, parce que la polarisation du mouvement entre un début et une fin impose l'absoluité de sa délimitation temporelle. Nul relativisme dans la sélection des deux bornes, mais fait naturel et intrinsèque au mouvement non circulaire : la nécessité d'une station au terme du processus. Cf. commentaire à la scholie suivante.

⋆

430 (41b 14) <μὴ μιᾶς μὲν γὰρ>] κοινότερον ἂν λέγοιτο ἡ τοιαύτη μία, κυρίως δ' οὐ μία· ἀλλ' ἀπ' ἀρχῆς τὴν κυρίως μίαν ζητεῖ.

<Car si n'est pas un>] De manière plus lâche, on pourrait dire qu'un tel changement est un, mais il n'est pas un au sens propre ; or, depuis le début, il recherche le changement qui serait un au sens propre.

⋆

431 (41b 18) ἐξ ἁπασῶν] διὰ τὸ ἐν ταῖς ἄλλαις κινήσεσι στάσει διαλαμβάνεσθαι τὴν ἐπὶ τὸ αὐτὸ πάλιν ἐπάνοδον, ἐπὶ δὲ τῆς κυκλικῆς ουκέτι.

de tous ces mouvements] Du fait que dans les autres mouvements, le retour du même au même point est interrompu par un arrêt, tandis que pour le mouvement circulaire, cela n'est plus le cas.

Test. *Simpl. 1031.24–27 :* μίαν δέ φησιν μόνην δύνασθαι τοιαύτην γίνεσθαι τὴν κύκλῳ, διότι ἐν ταῖς ἄλλαις κινήσεσιν ἡ ἐπὶ τὰ αὐτὰ πάλιν καὶ πάλιν ἐπάνοδος στάσεσι διαλαμβάνεται· ἡ κύκλῳ ἄρα μόνη δύναται μία τε καὶ συνεχὴς γίνεσθαι ἄπειρος τῷ χρόνῳ.

Adnot. Ces considérations sont capitales dans la démonstration du Premier Moteur, car elles expliquent pourquoi il est nécessaire. On pourrait en effet être tenté de lui substituer un modèle selon lequel des mouvements spécifiquement identiques les uns aux autres s'engendrent et se succèdent continûment. La nécessité d'un arrêt entre deux mouvements semblables rend cette hypothèse illusoire : il faut un mouvement véritablement un et continu pour *expliquer* la succession *éternelle* de procès spécifiquement identiques.

★

LIBER VII

VII, 1

432 (41b 24) ἅπαν τὸ κινούμενον] τῆς ἀποδείξεως ταύτης ἀμφίβολος καὶ δισταζομένη ἐστὶ καὶ ὕποπτος ἥ τε ἑξῆς ὑπόθεσις ὡς ἀδύνατος (τοῦ γὰρ καθ' αὑτὸ καὶ πρώτως κινουμένου ἐξ ἀρχῆς κειμένου τὸ κατὰ μέρος κινεῖσθαι καὶ μὴ ὅλον κινεῖσθαι ἀναιρετικόν) ἀλλὰ καὶ τὸ ἐν ἀρχῇ αἰτεῖσθαι, ὡς δοκεῖ (λαμβάνει γὰρ ὅτι στήσεται τὸ μέρος, ὅπερ ἐζητοῦμεν). ἀλλὰ καὶ Γαληνὸς ἱκανῶς ἀντεῖπεν τούτῳ καὶ Ἀλέξανδρος βούλεται μὲν κατασκευάζειν, λέγει δ' ὅμως ὅτι οὐκ ἔστιν ἀποδεικτικόν, ἀλλὰ λογικὸν καὶ ἐπιχειρηματικὸν τὸ λεγόμενον.

—

6 ὅμως vix legitur

Tout mû] De cette démonstration, est ambiguë, contradictoire et sujette à critique à la fois l'hypothèse suivante en tant qu'impossible (car du mû par soi et de manière première posé au départ, le fait de se mouvoir partiellement et de ne pas se mouvoir en totalité entraîne la suppression), mais aussi la pétition de principe, à ce qu'il semble (il assume en effet que la partie s'arrêtera, ce qui est précisément ce dont nous nous enquérions). Mais Galien l'a suffisamment réfuté et, aussi bien, si Alexandre veut certes procéder à son établissement, il n'en dit pas moins que ce qui est énoncé n'est pas démonstratif, mais logique et à visée argumentative.

Adnot. Cette scholie est intéressante à des titres divers. C'est l'une des cinq scholies du manuscrit S, tout d'abord, à citer le nom d'Alexandre. Elle le fait, ensuite, dans le contexte d'une polémique avec Galien. Nous avons donc la preuve – si besoin en était – que l'Exégète s'en prenait nommément au grand médecin dans son commentaire à la *Physique*. Cette scholie est exceptionnelle, en outre, en ce qu'elle laisse apercevoir, plus que toute autre, le « je » de l'adaptateur. C'est en effet lui qui se prononce sur les intentions d'Alexandre et sur la qualité « suffisante » de la réfutation de Galien.

La scholie ne correspond exactement à aucun passage des commentateurs. Simplicius, *In Phys.* 1036.8–11, nous explique que l'essentiel du contenu de ce livre fera l'objet de démonstrations plus exactes (μετὰ ἀκριβεστέρων ἀποδείξεων) au livre VIII. Mais, « pour cette raison », certains ont jugé bon d'intégrer à la *Physique* le livre VII, qui use de démonstrations « plus souples » (μαλθακωτέραις) ou, ajoute Simplicius, « comme le dit Alexandre, plus logiques » (1036.11–13 : ἤ, ὥς φησιν Ἀλέξανδρος, λογικωτέραις χρώμενον ταῖς ἀποδείξεσι). Ainsi, dans son introduction, Simplicius n'évoque ici ni Galien, ni les deux raisons précises de condamner le livre VII (hypothèse impossible additionnée d'une pétition de principe). Ces éléments vont apparaître dans les pages suivantes du commentaire, mais sous une forme un peu différente et séparément. Trois pages de C.A.G. plus bas, nous apprenons en effet que Galien s'est opposé à l'hypothèse en tant qu'impossible (*In Phys.* 1039.13–15). Encore une petite page plus loin, Simplicius affirme que « l'on reproche » (ἐγκαλοῦσι) au propos d'accomplir une pétition de principe (*In Phys.* 1040.9–12). Mais il ne mentionne plus Galien, qui ne reparaîtra plus dans le commentaire.

Il convient de prendre en compte le traité d'Alexandre conservé seulement en arabe et consacré à la réfutation, par l'Exégète, d'attaques de Galien – exposées dans une lettre à Herminus – à l'encontre du livre VII de la *Physique*. La thèse générale d'Alexandre, dans cette réfutation, est que l'exposé du livre VII est plus dialectique, tandis que celui du livre VIII est proprement démonstratif. Nous avons là en substance l'interprétation de la scholie. Un passage est particulièrement significatif quant à l'idée générale qu'Alexandre se faisait du rapport entre les livres VII et VIII. Après avoir proposé un résumé du livre VIII de la *Physique*, Alexandre conclut ainsi (cf. N. Rescher et M. Marmura, *The Refutation by Alexander of Aphrodisias of Galen's Treatise on the Theory of Motion*, Islamabad, 1965, p. 79–80 [texte arabe], p. 18–19 [traduction anglaise] et p. 149 [facsimile du ms., fol. 67a ll. 24–35]) :

C'est ainsi que se présente, dans ce livre [i.e. le livre VIII], la preuve qui prouve que tout ce qui se meut est mû par autre chose. Au livre VII, il a prouvé cela au début en employant une preuve conforme à la voie de la logique. Or une certaine personne a blâmé Aristote en cette preuve, affirmant qu'elle était extrêmement arbitraire et éloignée de l'exactitude, au point que rien en elle ne saurait se laisser représenter. Et il a consacré un livre à cela. C'est la raison pour laquelle il ne nous a pas semblé inopportun d'élucider et de paraphraser son contenu.

Car celui qui a écrit à Herminus le Péripatéticien, avec les apories qu'il lui a posées, ce qu'il lui a écrit, et qui lui a demandé de lui apprendre comment les choses utilisées par Aristote dans sa preuve de cela pouvaient ne pas être extrêmement mauvaises et répugnantes, il convient qu'il soit semoncé [*qad* oublié par les éditeurs] (et le reste de ce qu'il dit des propos d'Aristote est de cet ordre). Quant au fait que cet homme, dans son exposé de cette doctrine, n'a rien compris, et qu'il n'est pas non plus venu à bout de la preuve qui en découle, cela est clair d'après les autres propos qui précèdent.

Je dis : le Philosophe a prouvé cela par une preuve première et plus proche de l'objet physique. Tant que cette démonstration demeure stable et non contradictoire, du fait qu'elle est telle, le propos nécessaire qu'on prend d'Aristote, à savoir que tout ce qui est mû l'est par quelque chose, est véridique et non contradictoire. Quant aux propos qui ont été formulés dans le livre VII, ils ne sont pas éloignés de prouver cette thèse et ne sont pas tels que les a décrits celui qui a écrit ce livre pour les démolir, même si la preuve qui en découle est conforme aux établissements logiques.

Il faut être sensible aux nuances du vocabulaire employé par le traducteur. Pour parler du livre VIII, il recourt soit à « preuve » (*bayān*) soit à « démonstration » (*burhān* = ἀπόδειξις). Mais dans le cas du livre VII, il s'agit soit de « preuve » (*bayān*), soit d'« établissements logiques » (*ithbātāt manṭiqiyya*). Ce passage s'accorde donc parfaitement à la scholie. Galien a cherché à détruire la substance du livre VII, tandis qu'Alexandre, pour la défendre, a été contraint d'admettre que le statut des arguments de ce livre n'était pas proprement apodictique – ce qu'Alexandre décrit comme « plus proche de l'objet physique » –, mais dialectique. Les « établissements logiques » ne sont sans doute que les ἐπιχειρήματα λογικά, auxquels la scholie fait allusion (cf. ἐπιχειρηματικόν), mais que Simplicius passe sous silence.

On peut bien sûr toujours supposer que le scholiaste aurait combiné plusieurs passages de Simplicius, qu'il aurait choisi ici de citer Alexandre, qu'il aurait évoqué le caractère argumentatif du livre VII dans une terminologie plus proche du traité arabe que de Simplicius. La solution la plus naturelle est toutefois de supposer qu'ici comme ailleurs, c'est du commentaire d'Alexandre qu'il tire les renseignements qu'il nous délivre.

N.B. : une différence apparente entre Simplicius et la scholie doit être réduite. Elle ne concerne pas l'interprétation de l'impossibilité de l'hypothèse – ce point ne souffrant guère de discussion, à un premier niveau tout au moins – mais celle de la pétition de principe. Selon Simplicius, *In Phys.* 1040.9–12 : « on accuse l'argument aussi de commettre une pétition de principe, si du moins, par le fait que la partie n'est pas mue, il prouve que le tout n'est pas mû par soi : celui en effet qui suppose que la partie n'est pas mue suppose, par cela même, que le tout non plus n'est pas mû par soi et de manière première ». Selon la scholie, la pétition consiste en ce qu'Aristote « assume [...] que la partie s'arrêtera, ce qui est précisément ce dont nous nous enquérions ». Autrement dit, alors que pour Simplicius, la pétition de principe consiste à se donner subrepticement le tout comme immobile lorsqu'on suppose explicitement la partie immobile, pour la scholie, supposer la partie immobile consiste apparemment à se donner dès le départ le résultat cherché. Mais en réalité, on peut proposer deux interprétations de cette différence, l'une faible et l'autre forte. La première assimile les deux thèses : elle comprend « ce dont nous nous enquérions » non pas (immédiatement) comme l'immobilité de la partie, mais (médiatement) comme l'immobilité du tout. La seconde postulerait que nous cherchons à prouver l'immobilité de la partie. Mais cela, par quelque bout qu'on l'envisage, n'a guère de sens dans le présent contexte. Aristote se borne à vouloir démontrer que si une partie du mû par soi s'immobilise, alors *toute partie* (et point seulement *cette partie*) de ce mû s'immobilise.

★

433 (41b 25) φανερὸν ὅτι] τὰ ἐν ἑαυτοῖς ἔχοντα τὴν ἀρχὴν τῆς κινήσεώς ἐστι τά τε φυσικὰ σώματα καὶ τὰ ἔμψυχα· διαφέρει δ' ἀλλήλων ὅτι τὰ μὲν κατὰ φύσιν κινούμενα οὐκ αὐτοκίνητα οὐδὲ τοῦ ἵστασθαί ἐστι κύρια, ἀλλ' ἡ φύσις αἰτία τούτων, τὰ δ' ἔμψυχα, τουτέστι τὰ ζῷα, καὶ αὐτοκίνητά ἐστι καὶ τοῦ ἵστασθαι κύρια.

il est manifeste qu'] Les êtres qui ont en eux-mêmes le principe du mouvement sont les corps naturels et les animés. Ils diffèrent toutefois les uns des autres du fait que les êtres mus par nature ne sont pas automoteurs ni maîtres de leur arrêt – c'est la nature qui est la cause de ces choses – tandis que les êtres animés, c'est-à-dire les animaux, sont à la fois automoteurs et maîtres de leur arrêt.

ADNOT. On pourrait objecter à ce type de division (que Simplicius reprend en *In Phys.* 1037.15–17) qu'il classe plus les mobiles que les mouvements – or un mobile animé peut être mû d'un mouvement naturel, un homme en chute libre par exemple. Mais Simplicius nous donne la clé dans le passage cité : l'opposition qui importe est celle entre mouvement violent (comme celui du jet) et mouvement naturel. Le mouvement violent a sa cause à l'extérieur du mobile. Le cas du mouvement naturel, quel qu'il soit, est plus difficile, et nécessite la démonstration (problématique) qui va suivre.

★

434 (41b 26–27) εἰλήφθω] ἔστω εἰλημμένον τὸ Α ὃ κινεῖται καθ' αὑτό· ἀλλὰ μὴν τὸ ΑΒ ὑποτίθεται αὐτοκίνητον πρώτως καὶ καθ' αὑτό.

qu'on prenne] Soit pris A, qui se meut par soi. Mais on suppose que AB est automoteur en premier et par soi.

ADNOT. Simple explicitation.

⋆

[113r]

435 (41b 28–33) …] Πλάτων μέν, συγχωρῶν τὸ πᾶν τὸ κινούμενον ὑπό τινος κινεῖσθαι, ἀρχὴν κινήσεως τὸ αὐτοκίνητον ὑποτίθεται. ὁ δὲ Ἀριστοτέλης δείκνυσιν ὅτι εἰ πᾶν τὸ κινούμενον ὑπό τινος κινεῖται καὶ μὴ εἰς ἄπειρον πρόεισιν ἀλλ' ἔστι τις ἀρχὴ κινήσεως, τὴν ἀρχὴν ταύτην καὶ τὸ πρῶτον κινοῦν ἀκίνητον ἀνάγκη εἶναι· εἰ γὰρ κινήσεται ὑπό τινος, ἔσται καὶ αὐτὸ κινούμενον, οὕτως δὲ οὐκέτι πρῶτον ἔσται αὐτὸ κινοῦν· ἀλλ' ὑπέκειτο· ἄλλο γὰρ τὸ κινοῦν καὶ ἄλλο τὸ κινούμενον, καὶ οὐχ οἷόν τε τὸ αὐτὸ κατὰ τὸ αὐτὸ κινεῖν τε καὶ κινεῖσθαι – εἴ γε μὴ οἷόν τε τὸ αὐτὸ εἶναι ποιεῖν τε καὶ πάσχειν.

—

7 αὐτὸ κινεῖν τε scripsi : κινεῖν τε αὐτὸ S

…] Platon, admettant que tout mû est mû par quelque chose, suppose que l'automoteur est principe du mouvement. Mais Aristote prouve que si tout ce qui est mû est mû par quelque chose et qu'on ne procède pas à l'infini mais qu'il y a un certain principe de mouvement, alors ce principe, à savoir le premier moteur, doit être immobile. Car s'il devait être mû par quelque chose, il serait lui aussi mû ; mais ainsi, il ne serait plus lui-même premier moteur ; or on l'avait supposé. Autre est en effet le moteur, autre ce qui est mû ; et il n'est pas possible que la même chose, sous le même point de vue, meuve et soit mue – si du moins il est impossible que la même chose soit agir et pâtir.

ADNOT. Cette scholie importante, sans correspondant chez Simplicius, remonte certainement à Alexandre. On peut en effet tout d'abord remarquer qu'elle donne la préférence à Aristote sur Platon. Certes, nous dit-elle, Platon a bien vu que tout mû est mû par un moteur. Mais au contraire d'Aristote, il n'a pas saisi que rien ne saurait être sous le même aspect moteur et mû. Aussi n'y a-t-il jamais de véritable automoteur. La seule façon d'échapper à une remontée infinie vers le principe est donc de poser, avec Aristote, que le premier moteur est immobile. Une telle présentation des données ne pouvait que déplaire à Simplicius. On en a la preuve environ deux cents pages de C.A.G. plus bas (*In Phys.* 1247.27 sqq.), où Simplicius, dans un excursus de trois pages, se met en peine de réfuter l'apparence trompeuse voulant qu'Aristote et Platon se soient opposés sur l'automoteur. Tous deux, nous dit le commentateur, ont vu en l'automoteur le principe du mouvement, Aristote en *Phys.* VIII 5, 257a 27–30 et Platon en *Phèdre*, 245C et *Lois* X, 895B. La seule différence serait qu'Aristote considère l'animal tout entier comme automoteur, pour le diviser ensuite en corps (mû) et âme (motrice et immobile), tandis que Platon considère que c'est l'âme qui est automotrice. L'automotricité partielle du vivant ne serait donc pour Platon, d'après Simplicius, qu'un « signe » (τεκμήριον, cf. *In Phys.* 1248.20) de l'automotricité foncière de l'âme. Reste à expliquer que si Aristote ne désigne pas l'âme comme automotrice, c'est simplement parce qu'il n'envisage dans ce contexte de mouvement que physique (transport, altération, diminution, augmentation, *In Phys.* 1248.35 citant *De l'âme* I 3, 406a 12–13). Bref, Aristote et Platon s'accordent pour refuser à l'âme les mouvements physiques et lui prêter un mouvement propre. Leur dissension est ainsi purement verbale, Aristote se montrant plus attaché que Platon à employer les mots dans leur sens courant, Platon les transposant dans un domaine plus éloigné du sens commun. Bien que Simplicius ne cite pas Alexandre dans son excursus, la présente scholie montre que c'est à des interprétations comme les siennes qu'il doit songer. L'orthodoxie péripatéticienne d'Alexandre le poussait tout naturellement à voir une véritable opposition entre la physique d'Aristote et celle de Platon, dont la clé de voûte résidait dans l'admission (Platon) ou la non-admission (Aristote), de l'automotricité pure et simple, associée à la reconnaissance unanime du principe *omne quod movetur movetur ab alio*. Le point est exprimé de manière quasi identique par Alexandre dans la *Réfutation de Galien* déjà mentionnée (*ad schol.* **432**). On lit ainsi, ms. Carullah 1279, fol. 66b 23 sqq.:

Quant au fait que ce qui est mû est mû par quelque chose, c'est un principe qu'énoncent Aristote et Platon. Car Platon dit aussi que tout ce qui est mû n'est mû que par quelque chose, car soit il est mû par une chose autre que lui, soit il est mû par soi-même ...

Il semble dès lors probable qu'un enjeu important des deux derniers livres de la *Physique* était, aux yeux de l'Exégète, d'établir contre Platon l'impossibilité d'un véritable automoteur. Simplicius, en revanche, cherchera à montrer que la démonstration aristotélicienne du Premier Moteur est compatible avec l'existence d'automoteurs psychiques véritables.

⋆

436 (42a 2) ἀνάγκη τοίνυν] ἡ συναγωγὴ τοῦ λόγου ἐν πρώτῳ σχήματι· ὃ ἐξ ἀνάγκης οὐκέτι κινεῖται παυσαμένου τινὸς τῆς κινήσεως, τοῦτο ὑπό τινος κινεῖται· πᾶν δὲ τὸ καθ' αὑτὸ κινούμενον καὶ πρώτως οὐκέτι κινεῖται παυσαμένου τινὸς τῆς κινήσεως· πᾶν ἄρα τὸ κινούμενον καθ' αὑτὸ καὶ πρώτως ὑπό τινος κινεῖται.

il est donc nécessaire] La construction de l'argument a lieu dans la première figure : « ce qui nécessairement ne se meut plus quand quelque chose a cessé son mouvement, cela est mû par quelque chose ; tout ce qui est mû par soi et en premier ne se meut plus quand quelque chose a cessé son mouvement ; par conséquent, tout ce qui est mû par soi et en premier est mû par quelque chose ».

Test. *Simpl. 1041.5–22* : εἰκότως οὖν καὶ αὐτὸς τὸ διαιρετὸν εἶναι τὸ κινούμενον αἴτιον εἶπεν εἶναι τοῦ τὸ ὅλον ἠρεμεῖν τοῦ μέρους μὴ κινουμένου, ὡς εἶναι τὴν τοῦ λόγου συναγωγὴν κατὰ μὲν τὸν Ἀλέξανδρον ἐν πρώτῳ σχήματι τοιαύτην· 'πᾶν τὸ καθ' αὑτὸ κινούμενον καὶ πρώτως ἐξ ἀνάγκης οὐ κινεῖται παυσαμένου τινὸς τῆς κινήσεως· ὃ ἐξ ἀνάγκης οὐ κινεῖται παυσαμένου τινὸς τῆς κινήσεως, τοῦτο ὑπό τινος κινεῖται'. τάχα δὲ ἐν δευτέρῳ σχήματι συνάγειν ἄμεινον οὕτως· 'τὸ καθ' αὑτὸ καὶ πρώτως κινούμενον διαιρετὸν ὂν μέρους ἠρεμοῦντος τὸ ὅλον ἠρεμεῖ· τὸ ἐξ ἑαυτοῦ κινούμενον οὐκ ἠρεμεῖ μέρους ἠρεμοῦντος ὅλον (οὐ γὰρ ἔχει μέρος τὸ τοιοῦτον)· τὸ ἄρα καθ' αὑτὸ καὶ πρώτως κινούμενον διαιρετόν ὂν οὐκ ἐξ ἑαυτοῦ κινεῖται'. ὅπερ εἰς τὸ ὑπό τινος κινεῖσθαι μεταλαμβανόμενον καταφατικὸν ἐποίησε τὸν Ἀλέξανδρον συναγαγεῖν ἐν πρώτῳ σχήματι τὸ συμπέρασμα. ὅτι δὲ οὕτως ὡς εἶπον συνῆκται, τεκμαίρομαι ἐκ τοῦ τὴν ἐλάττονα πρότασιν ὅλην αὐτὸν τεθεικέναι πρὸς τῷ πέρατι τοῦ λόγου λέγοντα ἀεὶ μὲν γὰρ ἔσται τὸ κινούμενον διαιρετόν, τοῦ δὲ μέρους μὴ κινουμένου ἀνάγκη καὶ τὸ ὅλον ἠρεμεῖν, ὃ ταὐτόν ἐστιν ὡς οἶμαι τῷ 'τὸ κινούμενον διαιρετὸν ὂν τοῦ μέρους ἠρεμοῦντος τὸ ὅλον ἠρεμεῖν'.

Adnot. Simplicius confirme que selon Alexandre, la construction (même mot que dans la scholie : συναγωγή) de l'argument s'opère dans la première figure. Les prémisses qu'il cite sont alors presque exactement celles d'Alexandre – les variantes sont insignifiantes –, mais leur ordre d'apparition est inverse. À cette construction, Simplicius oppose une construction dans la deuxième figure, et la justifie en s'appuyant sur le texte même d'Aristote. Il ne fait aucun doute, au vu de la présentation de Simplicius, que l'idée de construire l'argument dans la deuxième figure lui revient en propre. L'énoncé de la scholie s'explique donc bien mieux si l'adaptateur travaille avec le texte d'Alexandre et qu'il ne connaît pas la discussion de Simplicius.

★

437 (42a 15–16) <ἐπεὶ δε τὸ κινούμενον> (ad 242a 20–21 εἰ γὰρ μὴ ἀλλ' εἰς ἄπειρον S)] τὴν δεῖξιν ποιεῖται ἐπὶ τῆς κατὰ τόπον κινήσεως· πρώτη γὰρ αὕτη τῶν κινήσεων. ἐὰν γὰρ ἐπὶ ταύτης δειχθῇ τὸ πρῶτον κινοῦν ἀκίνητον, εἴη ἂν καὶ καθόλου δεδειγμένον· συναναιρεῖ γὰρ ἡ φορὰ τὰς ἄλλας.

—

3 ἐὰν ... δειχθῇ scripsi Simplicio (*In Phys.* 1042.17) collato : εἰ ... δεχθεῖ (sic) S

<Or puisque le mû>] Il effectue sa preuve dans le cas du mouvement selon le lieu. Celui-ci est en effet le premier des mouvements. Si en effet l'on prouve que dans ce cas, le premier moteur est immobile, la chose pourrait bien être prouvée universellement aussi bien : le transport supprime en effet avec lui les autres mouvements.

Test. *Simpl. 1042.14–118* : δείκνυσι δὲ αὐτὸ ἐπὶ τῆς κατὰ τόπον κινήσεως. ἐπειδὴ γὰρ αὕτη πρώτη τῶν κινήσεων τῷ μὴ οὔσης ταύτης μηδὲ ἄλλην τινὰ κίνησιν εἶναι, ὡς ἐν τῷ ἑξῆς βιβλίῳ μαθησόμεθα, ἐὰν ἐπὶ ταύτης δειχθῇ τὸ εἶναι τὸ πρῶτον κινοῦν, καὶ καθόλου ἂν εἴη δεδειγμένον.

Adnot. L'énoncé de la scholie est très proche de celui de Simplicius. La terminologie rejoint cependant les habitudes d'Alexandre en un point précis : alors que la scholie emploie le terme semi-technique συναναιρεῖν auquel l'Exégète a souvent recours dans des contextes de discussion de priorité entre universel et particulier (cf. *Essentialisme*, p. 92 et 192 et J. Barnes, *Porphyry. Introduction*, Oxford, 2003, p. 244–245, 248–253, 256–260), Simplicius se borne à gloser l'idée (τῷ μὴ οὔσης ταύτης μηδὲ ἄλλην τινὰ κίνησιν εἶναι). Il faut par conséquent sans doute voir en Alexandre la source commune. Au plan doctrinal, on remarquera qu'Alexandre accepte ici de passer de la priorité selon la suppression à l'universalité. Il y a cependant une ambiguïté : ce n'est pas parce que l'on prouve que tout mouvement est en dernière instance suspendu au mouvement local, et donc à un premier moteur (local) immobile, que l'on prouve que dans tout processus de mouvement, il y a un premier moteur immobile selon *ce* mouvement.

⋆

438 (42a 27) <ἅμα>] ἅ μ α καὶ κατὰ τὸν αὐτὸν χρόνον συνεχῶς. τοῦ γὰρ τῷ ἀριθμῷ ἑνὸς δυνατόν ἐστι λαβεῖν καὶ μίαν κατ' ἀριθμὸν κίνησιν.

<ensemble>] « Ensemble » et de manière continue selon le même temps. En effet, de ce qui est un en nombre, il est possible de prendre aussi un mouvement un en nombre.

Adnot. Simplicius ne se livre à aucune explicitation du mot « ensemble » (ἅμα). En revanche, on trouve en 1043.14–15 l'idée selon laquelle d'une chose une en nombre, le mouvement est un en nombre : τοῦ γὰρ ἀριθμῷ ἑνὸς μία ἡ κατ' ἀριθμὸν κίνησις, mots auxquels Simplicius ajoute cependant « et délimité par l'un », καὶ ὡρισμένη τῷ ἑνί, remarque fleurant le néoplatonisme et, on le notera, absente de notre scholie.

⋆

[113v]

439 (42b 13) <συμβαίνει τοίνυν>] τῶν γὰρ ΑΒΓΔ μεγεθῶν ὄντων ἀπείρων τῷ πλήθει, τὸ ἐξ αὐτῶν συγκείμενον μέγεθος ἄπειρον ἔσται τῷ μεγέθει.

<Il s'ensuit dès lors>] En effet, les grandeurs ΑΒΓΔ étant infinies en multitude, la grandeur composée à partir d'elles sera infinie en grandeur.

Test. *Simpl. 1044.24–26* : τὸ γὰρ συντιθέμενον μέγεθος ἐκ τῆς τῶν ἀπείρων τῷ πλήθει μεγεθῶν συνθέσεως ἀνάγκη ἄπειρον εἶναι, κἂν πεπερασμένον ἕκαστον ᾖ τῶν συντιθέντων.

Adnot. Il est curieux que les commentateurs grecs n'évoquent pas le cas où les différentes grandeurs sont déterminées les unes par rapport aux autres. Dans ce cas – si par exemple chaque grandeur est la moitié de l'autre – la somme totale est finie. Voir cependant *ad schol.* **440**.

⋆

440 (42b 24) ἀλλ' εἰ τὸ κινούμενον] πότε, φησί, τὸ ἄτοπον ἀκολουθήσει τῇ ὑποθέσει; ὅταν τὰ ἄπειρα ἢ συνεχῆ ἀλλήλοις ᾖ ἢ ἁπτόμενα ἀλλήλων· τότε γὰρ γίνεται ἡ πᾶσα κίνησις τῶν ἀπείρων μία καὶ ἄπειρος.

Mais si le mû] Quand, dit-il, l'absurde s'ensuivra-t-il de l'hypothèse ? Quand les choses infinies seront soit continues, soit en contact les unes avec les autres. Alors en effet, le mouvement total des choses infinies sera un et infini.

Adnot. La contradiction consiste bien entendu à soutenir qu'une chose peut être à la fois une et infinie. L'infinité entraîne en effet avec elle une absence de délimitation, qui interdit à son tour de considérer la chose comme une.

⋆

441 (42b 30) διαφέρει δ' οὐθέν] οὐχ ὅτι δυνατὸν ἐξ ἀπείρων σωμάτων καὶ ἁπτομένων τὸ γιγνόμενον ἓν πεπερασμένον εἶναι, ἀλλ' οὐ πρόκειται τοῦτό νυν ἐπισκοπεῖν, τί γίνεσθαι τὸ ἐκ πάντων συγκείμενον ἄπειρον. ἐὰν γὰρ καὶ πεπερασμένον αὐτό τις ὑποθῇ, τὸ αὐτὸ ἕψεται ἀδύνατον. πάντως μὲν γὰρ ἡ κίνησις ἄπειρος ἔσται ἡ τῶν ἀπείρων κατ' ἀνάλυσιν καὶ ἡ ἐκ τῆς συνθέσεως αὐτῶν γινομένη. τούτου δ' οὕτως ἔχοντος, καὶ μιᾶς καὶ ἀπείρου τῆς κινήσεως γινομένης, ἀκολουθήσει τὸ ἄτοπον, κἂν ἄπειρον κἂν πεπερασμένον ᾖ τὸ μέγεθος. ἀδύνατον γὰρ κατ' ἄμφω εἶναι κίνησιν ἄπειρον, ὡς δέδεικται ἐν τῷ Ζ.

—

3 τί scripsi : τὶ vel τὸ S || ἐὰν scripsi : εἰ S || 5 ἀνάλυσιν supplevi : ἀ deinde locus fenestratus S

Cela ne fait aucune différence] non pas qu'il soit possible que ce qui, à partir de corps infinis et en contact, devient un, puisse être fini, mais le but n'est pas maintenant d'examiner quelle sorte d'infini devient ce qui est composé à partir de tous. Car même si quelqu'un suppose cela fini, la même impossibilité s'ensuivra. Obligatoirement, en effet, le mouvement sera infini, celui des infinis selon l'analyse et celui provenant de leur synthèse. Cela étant, et le mouvement devenant à la fois un et infini, l'absurde s'ensuivra, et ce que la grandeur soit infinie ou finie. Il est en effet impossible, dans un cas comme dans l'autre, que le mouvement soit infini, comme il a été montré au livre VI.

TEST. *Simpl. 1046.17–26* : εἴτε δὲ ἄπειρον, φησί, τὸ ἓν τοῦτο εἴτε πεπερασμένον, οὐδὲν διαφέρει, οὐχ ὅτι δυνατὸν [sic cf. appar. cr.] ἐξ ἀπείρων τῷ πλήθει μεγεθῶν ἁπτομένων ἀλλήλων, κἂν τῶν Δημοκρίτου ἀτόμων εἴη τῷ μεγέθει βραχύτερα, πεπερασμένον τι ἓν γίνεσθαι, ἀλλ' ὅτι οὐ πρόκειται νῦν σκοπεῖν εἴτε ἔστι τι ἄπειρον μέγεθος εἴτε οὐκ ἔστιν. κἂν γὰρ πεπερασμένον αὐτό τις ὑποθῆται, τῆς κινήσεως ἀπείρου οὔσης καὶ μιᾶς τῆς ἐκ τῶ ἀπείρων τῷ πλήθει κινήσεων συγκειμένης ἀκολουθήσει τὸ ἀδύνατον τὸ ἐν πεπερασμένῳ χρόνῳ ἄπειρον κίνησιν κεκινῆσθαι, εἴτε τὸ πεπερασμένον μέγεθος εἴτε τὸ ἄπειρον· ἀμφοτέρως γὰρ ἀδύνατον, ὡς δέδεικται ἐν τῷ πρὸ τούτου βιβλίῳ.

ADNOT. Le parallèle assez strict d'Alexandre permet, en 1046.18, de donner raison au vénérable ms. A de Simplicius (δυνατόν) contre l'Aldine, F et Diels (ἀδύνατον) – à moins qu'il ne s'agisse d'une coïncidence, facilitée par la proximité du A et du Δ onciaux, entre la tradition d'Alexandre et celle de Simplicius. Les deux leçons sont *a priori* défendables. Si l'on retient, avec les meilleurs témoins (scholie d'Alexandre et ms. A de Simplicius), δυνατόν, le sens est « non pas qu'il soit possible que … », i.e. « car certes, il n'est pas possible que … ». Si l'on choisit en revanche ἀδύνατον, il faut comprendre

« non pas en raison du fait (avéré) qu'il est impossible que … ». Cette seconde lecture paraît moins bonne.

Au plan doctrinal, l'interprétation d'Alexandre est la suivante. Que l'on prenne une infinité de mobiles séparés (κατ' ἀνάλυσιν) ou conjoints (ἐκ τῆς συνθέσεως), le mouvement résultant sera toujours infini. Mais dans le cas qui nous intéresse où ils sont conjoints, le mouvement aura donc deux caractéristiques contradictoires, l'unité et l'infinité. On pourrait se demander si Alexandre n'est pas conduit à une telle prudence parce qu'il a bien vu que la somme de quantités finies n'est pas nécessairement infinie (voir scholie **439**). Il préfère donc parler d'un mouvement infini d'une quantité indéterminée, i. e. soit finie soit infinie. Cette solution suscite toutefois un nouveau problème : comment faut-il entendre l'infinité d'un tel mouvement composite ? S'il ne s'agit pas de l'infinité de la grandeur substrat, il reste que ce soit celle du temps du mouvement – mais pour les Aristotéliciens, le ciel est de dimension finie et son mouvement est temporellement infini. La référence au livre VI, qui n'est explicitée ni dans la scholie ni par Simplicius, est de ce point de vue ambiguë. Leur énoncé (pas de mouvement infini pour une grandeur infinie, pas de mouvement infini pour une grandeur finie) rappelle les preuves de VI 7. Mais dans ces textes, Aristote paraît toujours entendre, en fait de « mouvement infini », soit un mouvement sur un parcours infini, soit un mouvement d'une durée infinie. Peut-être faut-il dès lors supposer qu'Alexandre, et Simplicius à sa suite, tout en se faisant l'écho de ces passages, songe en réalité plutôt à l'idée, affleurant en VI 10, que tout mouvement doit être à partir de quelque état (un) et vers quelque état (un). Si donc les parties du mobiles sont infinies en nombre, il n'y aura pas un état, au sens d'un état délimitable, au début ou à la fin du processus. Cela étant dit, aucun indice textuel ne vient étayer une telle reconstitution, et il y a au moins une grande maladresse à se réclamer *à la fois* de VI 7 et de VI 10 réinterprété. Si en effet on fonde sa démonstration sur VI 7, il est incongru de dire que même si la somme des grandeurs est finie, le mouvement sera *nécessairement* infini. Si on fonde sa démonstration sur VI 10 revu, il ne sert à rien de rappeler qu'un mouvement de durée infini ne peut avoir lieu ni sur une distance finie ni sur une distance infinie (en un temps fini). Quoi qu'il en soit, la formulation de la scholie (passage sur l'« analyse » et la « synthèse ») est moins clairement fautive que celle de Simplicius. Car alors que celui-ci glisse nettement de l'infinité du mouvement à celle du chemin parcouru, celle-là laisse ouverte, à ce stade, la possibilité que l'infinité du mouvement soit celle des *termes* du mouvements. Alexandre distinguerait ainsi entre continuité véritable, qui présuppose l'unité du mobile, et continuité par simple contiguïté, qui laisse subsister l'infini et qui rend *le* mouvement impensable.

⋆

442 (42b 34) μηδὲν δὲ διαφερέτω] ἡ ὑπόθεσις ἐτέθη ὡς ἐνδεχομένη, ἠκολούθησε δὲ αὐτῇ τὸ ἀδύνατον, ὥστε ἀδύνατος ἡ ὑπόθεσις. δυνατοῖς γὰρ δυνατὰ καὶ ἀδυνάτοις ἀδύνατα ἕπεται. λέγει οὖν ὅτι οὐδὲν διαφέρει τὸ ὑποτίθεσθαί τι· γνωσθήσεται γὰρ ἐκ τῶν ἑπομένων αὐτῷ κἂν δυνατὸν ᾖ κἂν ἀδύνατον.

—

1 ἐτέθη scripsi : ἐτέθει S || 4 ᾖ scripsi : ἐστι in compendio S

Mais ne faisons pas de différence] L'hypothèse a été posée comme possible, mais l'impossible l'a suivie, en sorte que l'hypothèse est impossible. En effet, des choses possibles suivent de choses possibles et des choses impossibles de choses impossibles. Il dit donc qu'il ne diffère en rien de faire l'hypothèse de quelque chose : on saura en effet à partir des choses qui la suivent si elle est possible ou impossible.

Test. *Simpl. 1047.20–25* : ὁ γὰρ μὴ συγχωρῶν εἶναί τι πρῶτον κινοῦν ὡς ἐνδεχομένου τοῦ ἐπ' ἄπειρον δύνασθαι λαμβάνειν ἄλλο πρὸ ἄλλου κινοῦν τε καὶ κινούμενον οὕτως ἐκεῖνο οὐ συγχωρεῖ, τῷ δὲ ἐνδεχομένῳ ὑποτεθέντι οὐδὲν ἀδύνατον ἀκολουθεῖ, ἀλλὰ ἀδύνατον μὲν ἀδυνάτῳ, δυνατὸν δὲ δυνατῷ, ὡς ἐν τοῖς Ἀναλυτικοῖς ἐδιδάχθημεν. ὥστε κἂν ὡς ἐνδεχόμενον ὑποτεθῇ, οὐκ ἦν ἐνδεχόμενον.

Adnot. Alexandre explicite correctement l'intuition logique d'Aristote : l'hypothèse, en tant que telle, n'est ni vraie ni fausse. La proposition qu'elle « suppose » sera infirmée ou confirmée par ses conséquences.

⋆

VII, 2

443 (43a 3) τὸ δὲ πρῶτον κινοῦν] π ρ ῶ τ ο ν κ ι ν ο ῦ ν λέγει νῦν τὸ προσεχῶς. κινοῦν δὲ πρῶτον λέγεται ἄλλως τὸ τὴν ἀρχὴν παρέχον τῆς κινήσεως κἂν δι' ἄλλων τινῶν μεταξὺ κινῇ, ὡς ὁ μηχανοποιὸς πρῶτος κινεῖν λέγεται τὰ διὰ τῶν μηχανημάτων κινούμενα ὡς τὴν ἀρχὴν αὐτοῖς παρέχων τῆς κινήσεως.

Le moteur premier] Il appelle maintenant « moteur premier » le moteur prochain. Différemment, on appelle premier moteur celui qui fournit le principe du mouvement, même s'il meut par l'intermédiaire d'autres choses, à la façon dont le mécanicien est dit mouvoir le premier les choses mues par ses mécanismes, au sens où il leur fournit le principe de leur mouvement.

Adnot. L'ensemble de ce que nous désignons comme le chap. 2 est consacré à montrer qu'en tout mouvement, le moteur et le mû doivent être ensemble, c'est-à-dire en contact au sens corporel. Alexandre accepte cette thèse (désastreuse pour l'histoire de la mécanique). Il distingue ici non pas, comme Aristote, entre cause finale et cause efficiente, mais entre deux causes efficientes, celle qui est en début et celle qui est en fin de chaîne dans la transmission du mouvement. La cause efficiente initiale est au contact de l'objet, tandis que la cause efficiente prochaine peut en être séparée par une série d'intermédiaires, comme le mécanicien qui n'agit sur un objet que par l'intermédiaire de mécanismes. La distinction est à vrai dire surtout verbale. En un sens, les « mécanismes », c'est-à-dire les machines, ne sont qu'une extension du mécanicien. La science mécanique ne contrevient pas à la nécessaire présence simultanée du moteur efficient et du mû, c'est d'ailleurs pour cette raison que c'est une science aristotélicienne. Pour le mécanisme d'Alexandre et cette scholie en particulier, cf. *Essentialisme*, p. 278 sqq., et p. 281.

⋆

[115r]

444 (43a 22) <εἰ μὲν οὖν>] ἡ τοιαύτη κίνησις οὐ σωματική.

<Si donc>] Un tel mouvement n'est pas corporel.

Test *Simpl. 1049.12–13* : οὕτω γὰρ ἡ ψυχὴ σύνεστι τῷ σώματι κινοῦσα αὐτό, κἂν μὴ σωματικῶς κινῇ.

Adnot. Il est intéressant que la scholie permette de faire remonter à Alexandre cette remarque de Simplicius. Point n'est besoin, en effet, d'être platonicien pour souligner que la façon dont l'âme meut le corps n'est pas corporelle. Un aristotélicien pourra lui aussi être sensible au fait que l'âme n'étant pas corporelle, son action sur le corps ne peut être une action corporelle. Ce dernier soutiendra que l'âme est « dans le corps », mais en un sens très particulier de l'inhérence.

⋆

445 (43a 23) <τὸ δ' ὑπ' ἄλλου>] τὸ βίᾳ.

<Quant à ce qui est mû par autre chose>] Ce qui est mû par contrainte.

ADNOT. Cette scholie, si elle se rapporte bien au groupe de mots que nous avons supposé – face auquel elle se trouve dans S – et si elle constitue un extrait littéral du commentaire d'Alexandre, attesterait que ce dernier disposait de la version majoritairement transmise à la période médiévale, mais qui est aussi la moins bonne. L'autre version, à cet endroit (cf. 243a 15) a en effet un neutre pluriel et non pas un article mais une relative (ὅσα κτλ.). Mais Simplicius, au début de son commentaire au livre VII, écrit la chose suivante (*In Phys.* 1036.4–8) : « <le livre VII> est transmis dans deux états mais ne contient de différence qu'au plan de la lettre : les problèmes et leurs démonstrations sont transmis en chacun dans le même ordre et sous une forme identique. Mais celui des deux états que les exégètes d'Aristote élucident, c'est aussi celui que j'ai présentement privilégié ». Il ne fait guère de doute que Simplicius inclut Alexandre parmi les « exégètes ». Nous devons donc conclure que la scholie est soit rigoureusement inauthentique, soit adaptée au texte de la recension que ne commentait pas Alexandre. Voir aussi le commentaire à la scholie suivante.

★

446 (43b 20) τῷ γὰρ] οἷον ὕδατα ἀέρος, ἢ ἅρματα ἐπὶ γῆς.

car …] Comme la pluie de l'air, ou les chars sur la terre.

ADNOT. La scholie est si maladroite qu'on peut s'interroger sur son degré d'authenticité.

★

447 (43b 21) τὸ δὲ ὀχοῦν] ὁ ἵππος τὸν ἀναβάτην ὀχεῖ· ἀλλ' ἐπειδὴ ἔμψυχος, οὐ περὶ τοιαύτης τῆς ὀχήσεως ὁ λόγος, ἀλλὰ περὶ τῆς βιαίας.

<alors que le porteur>] Le cheval porte le cavalier ; mais puisqu'il est animé, le discours ne porte pas sur ce portage, mais sur le portage contraint.

ADNOT. On s'intéresse aux cas où ce qui porte est inanimé, puisque ce sont les plus problématiques du point de vue de la thèse étudiée : nous savons en effet déjà que pour les porteurs animés, moteur et mû sont ensemble. Cf. Simplicius, *In Phys.* 1053.14–19, où revient l'exemple du cheval et de son cavalier.

★

448 (43b 22) <δινούμενον>] δινούμενα ὡς τὰ ἐπὶ τρόχου κεραμέως ἢ μύλοι.

—

δινούμενα S post corr. : δυνούμενα S ante corr. || μύλοι ego cf. Simpl. 1053.21 : μύλου S

<soit en étant l'objet d'une rotation>] « En étant l'objet d'une rotation » comme les objets sur le tour du potier, ou des meules.

Adnot. Simplicius évoque les « meules » mais parle de « toupies » (στρόμβοι) à la place des « objets sur le tour du potier ». On peut interpréter la divergence soit comme un écart de Simplicius par rapport à Alexandre, soit comme une fantaisie de l'adaptateur.

★

449 (43b 23) <ἡ δ' ἕλξις>] εἰ γὰρ εἴη ἰσοταχὴς καὶ μὴ θᾶττον, οὐ γίνεται ἕλξις.

<et la traction>] Si en effet elle est de même vitesse et ne s'accomplit pas plus rapidement, il ne se produit pas de traction.

Adnot. Cette scholie sans intérêt doctrinal est historiquement remarquable. Le texte d'Aristote dans la première version – celle commentée par Simplicius et très probablement Alexandre (cf. *ad schol.* **445**) – porte, dans tous ses témoins manuscrits, θᾶττον ; dans la seconde version, on trouve presque exclusivement θάττων. Simplicius cite deux fois la phrase dans la première version. Une première fois en *In Phys.* 1054.7–8, pour la commenter et une seconde fois en *In Phys.* 1054.27–29 pour dire que d'après Alexandre, certains manuscrits ne la contenaient pas. Dans les deux passages, Simplicius écrit θάττων, en conformité avec la règle grammaticale la plus évidente. La leçon θᾶττον de la scholie permet donc d'affirmer que l'adaptateur ne puise pas son interprétation à Simplicius. La seconde famille (avec θάττων) étant de loin la plus répandue au Moyen-Âge – le ms. S lui appartient – il est probable qu'il faut interpréter la leçon θᾶττον de la scholie comme un héritage direct du commentaire d'Alexandre. C'est Simplicius qui, très probablement, a normalisé le texte sur ce point. Voir aussi le commentaire à la scholie suivante.

★

450 (43b 28) <ἡ κέρκισις>] ἡ μὲν κέρκισις ὑπὸ τὴν δίωσιν, ἡ δὲ σπάθησις ὑπὸ τὴν σύνωσιν· εἴδη γάρ εἰσιν αὐτῶν.

<le resserrement et l'écartement du tissage>] L'écartement se range sous l'expulsion, le resserrement sous le rassemblement : c'en sont en effet des espèces.

Adnot. Ici encore, le commentaire ne s'explique que par le recours à la première version, qu'au dire de Simplicius commentait Alexandre, et non à la seconde, celle du ms. S. Les mots δίωσις et σύνωσις n'apparaissent pas à cet endroit dans la seconde version – où Aristote se range aux banals σύγκρισις et διάκρισις (243b 29) – mais seulement dans la première (243b 3 sqq.). Simplicius nous dit en outre qu'Alexandre connaissait un autre texte de la seconde version, lui aussi cependant différent de la première version que nous connaissons : cf. *In Phys.* 1051.5–7.

⋆

451 (43b 25) καὶ αἱ λοιπαὶ]

ὦσις	ἕλξις	ὄχησις
ἔπωσις	σύνωσις	δίνησις
ἄπωσις	σπάθησις	καὶ αὗται δὲ ἢ
ῥίψις	εἴσπνοή	εἴς τινα τῶν εἰρημένων
δίωσις	τροφῆς προσφορά	ἢ εἴς τινας ἀνάγονται.
κέρκισις		
ἐκπνοή		
πτύσις		

Et les sortes restantes]

poussée	traction	portage
pulsion	rassemblement	rotation
impulsion	resserrement	mais celles-là se ramènent
jet	inspiration	soit à l'une soit à plusieurs
expulsion	prise de nourriture	de celles mentionnées.
écartement		
expiration		
crachement		

Adnot. Nous avons sans doute ici une trace, bien pâle, du commentaire d'Alexandre aux lignes 243b 11 sqq. Il est probable que le petit comentaire placé sous la troisième colonne dans le ms. S concernait originellement les mouvements qu'Aristote lui-même considérait comme dérivés, et qui figurent au bas des première et deuxième colonnes. Il n'y a quoi qu'il en soit rien à tirer de ces notes, sinon l'indice qu'Alexandre interprétait bien comme un classement exhaustif des relations moteur-mû cette première partie de VII 2.

★

[115v]

452 (44a 27 ≈ 44b 4) ἔσχατον] ἔσχατον νῦν ἀντὶ τοῦ πρῶτον τὸ προσεχὲς καὶ ἄμεσον· τὰ γὰρ ἀλλοιούμενα κατὰ τὰς παθητικὰς ποιότητας ἀλλοιοῦνται, ὧν ἡ ἀντίληψις διὰ πάθους ἐγγίνεται τοῖς αἰσθανομένοις, καὶ αἱ κατὰ χρώματα ἀπὸ πάθους γινόμεναι διαθέσεις.

—

4 ἀπὸ πάθους γινόμεναι : cf. *Cat.* 8, 9b 11, ἀπὸ πάθους γεγενῆσθαι || διαθέσεις e Simpl. 1058.3 addidi

ultime] « … ultime », ici, à la place de « … premier, celui qui est prochain et immédiat ». Les choses qui s'altèrent, en effet, s'altèrent selon les qualités affectives, dont la perception se produit par l'intermédiaire d'une affection pour les êtres dotés de sensation, ainsi que les dispositions selon les couleurs, qui se produisent « sous l'effet d'une affection ».

Test. *Simpl. 1057.28–1058.5* : παθητικαὶ δὲ ποιότητές εἰσιν, ὧν ἡ ἀντίληψις διὰ πάθους γίνεται τοῖς αἰσθανομένοις, οἷαί εἰσι θερμότητες ψυχρότητες ξηρότητες ὑγρότητες γλυκύτητες πικρότητες καὶ αἱ τοιαῦται. καὶ αἱ κατὰ τὰ χρώματα διαθέσεις ἐπιπολαιότεραι καὶ οὐκ εἰδοποιοί, ἃς πάσας οὐ τῷ πάθος ἐμποιεῖν τοῖς ἀντιλαμβανομένοις παθητικὰς ἔφη ποιότητας καλεῖσθαι, ἀλλὰ τῷ αὐτὰς ἀπὸ πάθους ἐγγίνεσθαι τοῖς λαμβάνουσιν αὐτάς.

Adnot. La remarque lexicale sur laquelle s'ouvre cette scholie, consacrée à l'usage du terme ἔσχατον, réapparaît chez Simplicius, *In Phys.* 1057.13–16. Elle appelle la justification qui suit, introduite par un γάρ. Pour saisir ce qui se passe, il faut se livrer à une analyse textuelle du passage 244b 2–6. Commençons par citer le texte édité par Ross et sa traduction (j'introduis quatre sections A, B, C, D pour la facilité du commentaire) :

244b 2 (A) ἀλλὰ μὴν οὐδὲ τοῦ ἀλλοιου-
μένου καὶ τοῦ ἀλλοιοῦντος. τοῦτο δὲ δῆλον ἐξ ἐπαγωγῆς· ἐν
ἅπασι γὰρ συμβαίνει ἅμα εἶναι τὸ ἔσχατον ἀλλοιοῦν καὶ
5 τὸ πρῶτον ἀλλοιούμενον· (B) <ὑπόκειται γὰρ ἡμῖν τὸ τὰ ἀλλοιού-
5a μενα κατὰ τὰς παθητικὰς καλουμένας ποιότητας πάσχοντα

5b ἀλλοιοῦσθαι>. (C) ἅπαν γὰρ σῶμα σώματος διαφέρει τοῖς αἰσθη-
5c τοῖς ἢ πλείοσιν ἢ ἐλάττοσιν ἢ τῷ μᾶλλον καὶ ἧττον τοῖς
5d αὐτοῖς· ἀλλὰ μὴν καὶ ἀλλοιοῦται τὸ ἀλλοιούμενον (D) ὑπὸ τῶν
6 εἰρημένων.

Nous nous trouvons ici au début de la section consacrée à la qualité. La numérotation curieuse des lignes de Ross provient du fait que Bekker s'est appuyé, sur cette version, sur un groupe de manuscrits omettant, de la ligne 5 à la ligne 5d, les mots ὑπόκειται … τὸ ἀλλοιούμενον (soit les sections B et C). Ces manuscrits accolent donc directement au premier ἀλλοιούμενον (ligne 5, fin de la section A) les mots ὑπὸ τῶν εἰρημένων (lignes 5d-6, début de la section D). La partie intermédiaire 5a-5d se divise elle-même en deux parties. La première partie (B) – imprimée entre crochets obliques par Ross – est reconstituée d'après le seul commentaire de Simplicius, qui cite cette phrase en disant « il (sc. Aristote) dit », φησί (*In Phys.* 1057.24). La seconde (C), qui va de ἅπαν γὰρ (5b) à τὸ ἀλλοιούμενον (5d) attestée seulement dans H (*Vat. Gr.* 1027, XIIe siècle – et non XIIIe-XIVe siècle comme l'indique Ross), coïncide de manière fort étrange avec le moment exact où H cesse de suivre le texte de la seconde version (version β, celle de la vulgate byzantine et de la traduction arabe) pour transmettre la première (version α, celle commentée par les exégètes anciens). Avant de revenir au commentaire d'Alexandre, disons un mot de la tradition textuelle. Ce passage est en effet éclairant pour reconstituer la tradition textuelle de la version α.

Simplicius lit un texte complet, tandis que les manuscrits byzantins conservent tous, à des degrés divers, la trace d'un saut du même au même (les deux ἀλλοιούμενον) gommant le texte B+C. Cela prouve que la tradition byzantine remonte à un unique exemplaire porteur de l'erreur. Le ms. H, cependant, y remédie partiellement : il lui manque B, mais non C. C'est donc que l'hyparchétype byzantin ω_α comportait une correction marginale, à moitié respectée par H et non prise en compte par un manuscrit φ à l'origine du reste de la tradition. Ce reste, comme l'a montré Ross, se subdivise en, d'une part, le *Paris. gr.* 1859 (le ms. P de nos scholies) et, d'autre part, trois *Parisini* récents, issus du scriptorium de Michel Apostolis en Crète. J'ai montré ailleurs que ces *Parisini*, dans le cas du *De generatione et corruptione*, remontent tous au *Vind. phil. gr.* 64, ms. copié au milieu du XVe siècle dans l'entourage immédiat du Cardinal Bessarion (cf. *Überlieferungsgeschichte*, cit. *ad schol.* **314**, p. 293–310). Vérification faite, la relation vaut aussi pour la *Physique*. Seul le *Vind. phil. gr.* 64 sera donc à prendre en compte pour une édition de la version α, aux côtés de Simplicius, H et P (je laisse ici de côté le cas du *Vat. gr.* 241, le ms. I de Ross, qui ne transmet la première version qu'un peu plus bas). On a donc le stemma suivant :

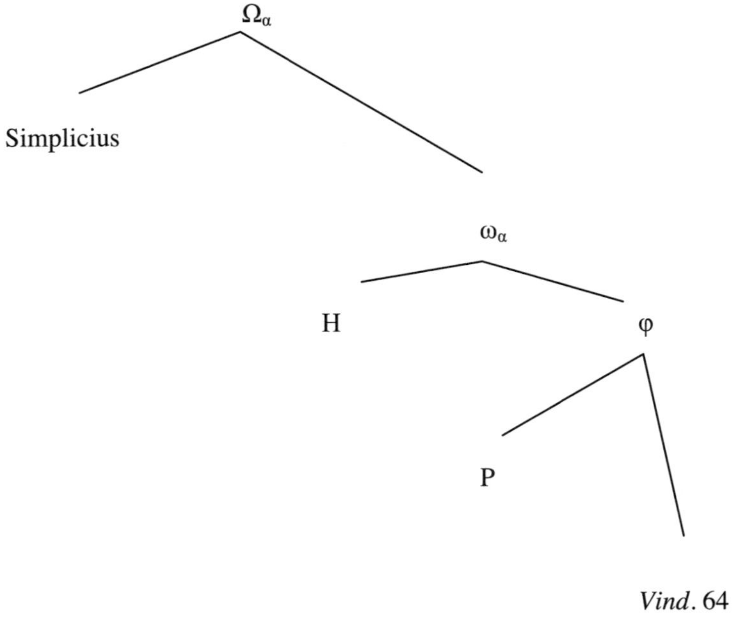

Jusqu'à présent, la section B n'était attestée que par Simplicius, *In Phys.* 1057.2426 (ὑπόκειται μὲν γὰρ ἡμῖν, φησί, τοῦτ' ἔστι κεῖται καὶ ὡμολόγηται, τὸ τὰ ἀλλοιούμενα κατὰ τὰς παθητικὰς καλουμένας ποιότητας πάσχοντα ἀλλοιοῦσθαι). La présente scholie, qui évoque elle aussi les altérations κατὰ τὰς παθητικὰς ποιότητας, prouve qu'Alexandre avait lui aussi accès à la phrase absente des manuscrits byzantins. Nous avons donc là la confirmation, si besoin était, du bien-fondé de la reconstitution de Ross (cf. aussi scholie suivante).

La fin de la scholie, consacrée au phénomène de la couleur, est transmise de manière fautive dans S. Seule la comparaison avec Simplicius, *In Phys.* 1058.2–5 permet de comprendre ce qu'Alexandre voulait dire. Certains êtres s'altèrent parce que des qualités affectives qu'ils recèlent en eux s'altèrent. C'est le cas, par exemple, si l'on est échauffé ou refroidi. En revanche, les qualités chromatiques, si elles présupposent elles aussi des affections, ne les présupposent que dans le corps qui les détient. Une altération chromatique sera donc bien la résultante d'un changement de qualité affective, mais ce changement prendra place dans le corps perçu, non dans le corps percevant. Alexandre, suivi par Simplicius, transpose dans la *Physique* une discussion suscitée par le texte des *Catégories*. En *Cat.* 8, 9a 28–35, en effet, Aristote range parmi les qualités affectives, au même titre que le chaud et le froid, « la blancheur et la noirceur » ; mais peu après, en 9b 9–19, il se corrige et affirme que les couleurs ne sont pas des qualités affectives au même titre que les autres : elles sont appelées telles « parce qu'elles sont le résultat d'une affection » (τῷ αὐτὰς ἀπὸ πάθους γεγενῆσθαι). On peut remarquer que la terminologie de la scholie est encore plus proche de celle des *Catégories* que celle de Simplicius. C'est un signe supplémentaire que la scholie remonte directement à Alexandre, qui connaissait assez ses *Catégories* pour en intégrer des quasi-citations au fil de la plume.

★

453 (44a 27–28 ≈ 44b 5) <τὸ γὰρ ποιὸν ...>] ὁ λόγος οὗτος· τὰ ἀλλοιούμενα πάσχοντα ἀλλοιοῦνται· τὰ πάσχοντα ὑπὸ αἰσθητῶν πάσχει· τὰ ἀλλοιούμενα ἄρα ἀλλοιοῦνται ὑπὸ τῶν αἰσθητῶν πάσχοντα.

<En effet, la qualité ...>] L'argument est le suivant : les choses qui s'altèrent s'altèrent en étant affectées ; les choses qui sont affectées sont affectées par des sensibles ; les choses qui s'altèrent, par conséquent, s'altèrent en étant affectées par les sensibles.

Test. *Simpl. 1057.24–1058.11* : ὑπόκειται μὲν γὰρ ἡμῖν, φησίν, τοῦτ' ἔστι κεῖται καὶ ὡμολόγηται, τὸ τὰ ἀλλοιούμενα κατὰ τὰς παθητικὰς καλουμένας ποιότητας πάσχοντα ἀλλοιοῦσθαι. εἶδος δὲ ποιότητος ἐν Κατηγορίαις τὸ κατὰ τὰς παθητικὰς ποιότητας ἔγνωμεν ... εἰ οὖν τὰ ἀλλοιούμενα πάσχει, τὰ δὲ πάσχοντα ὑπὸ τῶν αἰσθητῶν πάσχει (τὰ γὰρ ποιοῦντα τὰ τοιαῦτα πάθη αἰσθητά ἐστι), τὰ ἄρα ἀλλοιούμενα ἀλλοιοῦται ὑπὸ τῶν αἰσθητῶν πάσχοντα.

Adnot. Cette scholie résume les étapes essentielles de l'argument d'Aristote et confirme qu'Alexandre disposait du texte reconstruit par Ross. Elle se rapporte à l'ensemble de l'argument 244a 27-b 20 dans le ms. S, qui correspond à la partie très fautive de l'autre famille, 244b 5–6 ; voir scholie précédente.

★

454 ad 44b 18 καὶ τὰ μεταξὺ τούτων S (re vera ad 44b 6 ταῦτα γάρ ἐστι πάθη τῆς ὑποκειμένης ποιότητος)] οὐχὶ τῶν ἄλλων, φησί, τριῶν ποιοτήτων – ἕξεως δυνάμεως μορφῆς – εἰσὶ ταῦτα τὰ εἰρημένα πάθη, ἀλλὰ τῆς ὑποκειμένης, τῆς παθητικῆς.

<Car ce sont des affections propre à la qualité posée> (cf. adnot.)] Ces choses mentionnées, dit-il, ne sont pas des affections des trois autres qualités – état, capacité, configuration –, mais de celle qui a été posée, l'affective.

Test. *Simpl. 1057.26–28 :* εἶδος δὲ ποιότητος ἐν Κατηγορίαις τὸ κατὰ τὰς παθητικὰς ποιότητας ἔγνωμεν, τέταρτον τοῦτο μετὰ τὴν ἕξιν καὶ τὴν δύναμιν καὶ τὸ σχῆμα.

Adnot. Les deux versions sont ici très différentes. Le scribe rattache donc de manière fort arbitraire la présente scholie à l'expression καὶ τὰ μεταξὺ τούτων de la version β. Il s'agit en réalité d'une glose de l'association, effectuée dans la version α, de la qualité (ποιότης) à l'affection (πάθος). Bien que la scholie ne le précise pas, il faut comprendre l'exhaustivité de la liste des qualités implicite dans l'argument comme fondée sur le chap. 8 des *Catégories* (cf. déjà scholie **452**). L'« état » (ἕξις), accompagné de la « disposition » (διάθεσις) est envisagé en *Cat.* 8b 26–9a 13, la « capacité » (δύναμις) en *Cat.* 9a 14–27 et la « configuration » en *Cat.* 10a 11–16. Les qualités affectives occupent la troisième position dans l'ordre de l'enseignement, et sont traitées en *Cat.* 9a 28–10a 10.

⋆

455 (44b 25 ≈ 44b 9–10) ὅσα τῶν μερῶν ἄψυχα] οἷον ὀστᾶ χόνδροι τρίχες ὄνυχες κέρατα.

et toutes les parties inanimées] Comme les os, les cartilages, les poils, les ongles, les cornes.

Test. *Simpl. 1058.25* : … ὀστᾶ καὶ τρίχας καὶ ὄνυχας.

⋆

456 (44b 25 ≈ 44b 10) καὶ αὗται δὲ αἱ αἰσθήσεις] τοῦτο δεικτικόν ἐστι τοῦ πᾶσαν ἀλλοίωσιν ὑπὸ τῶν παθητικῶν ποιοτήτων γίνεσθαι, εἴ γε καὶ αἱ αἰσθήσεις, ἀλλοιώσεις τινὲς οὖσαι καὶ δι' ἀλλοιώσεως γινόμεναι, ὑπὸ τούτων γίνονται τῶν ποιοτήτων.

Et les sensations elles-mêmes] Cela est indicatif du fait que toute altération se produit sous l'effet des qualités affectives, si du moins les sensations aussi, consistant en de certaines altérations et se produisant par altération, se produisent sous l'effet de ces qualités-là.

Test. *Simpl. 1058.29–11* : ὅτι δὲ ἀλλοιοῦνται καὶ αἱ αἰσθήσεις, ἔδειξεν εἰπὼν πῶς γίνονται αἱ αἰσθήσεις αἱ κατ' ἐνέργειαν. τριττὴ γὰρ ἡ αἴσθησις, ἡ μὲν οὐσιώδης ἡ δὲ δύναμις τῆς τοιαύτης οὐσίας, ἡ δὲ ἐνέργεια τῆς οὐσίας κατὰ δύναμιν ... τί δὲ τὸ πάθος, ἐν τῷ Περὶ αισθήσεως λέγει, ὅτι ... διὸ μετὰ ἀλλοιώσεως γίνεται, καὶ ἀλλοιοῦσθαι λέγονται καὶ αἱ αἰσθήσεις αἱ οὐσιώδεις.

Adnot. Toujours engagé dans son recensement des différents types d'altération, Aristote en vient à évoquer le cas de la sensation : nous disons que les sensations (αἰσθήσεις) « s'altèrent » (ἀλλοιοῦσθαί φαμεν, 244b 8), ou du moins « s'altèrent en quelque manière » (ἀλλοιοῦνται [...] πως, 244b 10–11). La scholie présente deux supériorités par rapport à Simplicius, *In Phys.* 1058.23–1059.11 qui suffisent à établir sa dépendance directe d'Alexandre. Tout d'abord, au plan philologique, elle qualifie les ἀλλοιώσεις que sont les sensations de τινες. Cet effet dépréciatif, ou tout au moins à visée d'atténuation, est un écho net de la définition de la sensation en *De anima* II 5, 416b 33–35 : ἡ δ' αἴσθησις ... δοκεῖ [...] ἀλλοίωσίς τις εἶναι. Il est à peu près exclu qu'un adaptateur ait songé à récrire le texte de Simplicius en se rapprochant de cette ligne du *De anima.* En second lieu, au plan doctrinal, la scholie s'interroge sur le statut argumentatif du recours aux sensations, ce que ne fait pas Simplicius. Cela lui permet de tenir compte du caractère somme toute « atténué » de la doctrine de *De anima* II 5 : elle construit en effet notre passage de la *Physique* comme un simple argument *a fortiori.* Celui-ci aurait la forme suivante : la sensation, qui n'est pas tout à fait une altération, se produit selon les qualités affectives ; les vraies altérations, dès lors, doivent d'autant plus se produire selon les qualités affectives. L'argument, pour sa forme, est identique à celui en faveur du lieu tiré des êtres mathématiques (*Phys.* IV 1, 208b 22–25), tel que le reconstituait Alexandre (cf. *supra*, scholie **3**). Indice supplémentaire de son origine authentique.

⋆

457 (45a 22 ≈ 45a 5) <τῷ μὲν>] τῶν ἀλ<λοι>ούντ<ων> αἰσθ<ανόμεθα> κατὰ τὴν ἁφήν· πρῶτον γὰρ ὁ ἀὴρ ἀλλοιοῦται ἁπτικῶς, εἶτα τὸ σῶμα· τὸ δὲ ἁπτόμενον πάλιν νῦν συνεχὲς καλεῖ κοινότερον.

<En effet, l'air est en continuité avec>] Nous avons par contact la sensation des choses qui altèrent. Tout d'abord, en effet, l'air est altéré de manière tactile, puis le corps. Il appelle maintenant à nouveau ce qui est en contact « continu », de manière plus commune.

Test. *Simpl. 1060.7–8* : ... συνεχὲς πάλιν τὸ ἁπτόμενον καλέσας.

⋆

458 (45a 23 ≈ 45a 6) πρὸς τὸ φῶς] τὸ φ ῶ ς λέγει τὸ πεφωτισμένον ἀέρα· ἀδύνατον γὰρ ἄνευ φωτὸς αἰσθέσθαι τινὸς ὁρατοῦ, ὁ δὲ πεφωτισμένος ἀὴρ ἐστιν ὁ τῆς ὁρατικῆς ἀλλοιώσεως αἴτιος τῇ ὄψει, ἁπτόμενος αὐτῆς τε καὶ τοῦ κεχωρισμένου σώματος. τὸ γὰρ χρῶμά ἐστι κινητικὸν τοῦ κατ' ἐνέργειαν διαφανοῦς.

—

4 τὸ γὰρ χρῶμα κτλ. : cf. *De an.* II 7, 418a 31-b 1

avec la lumière] Il appelle « lumière » l'air illuminé. Il est en effet impossible d'avoir la sensation d'un objet visible sans lumière, mais c'est l'air illuminé qui est le facteur de l'altération visuelle pour l'œil, étant donné qu'il touche à la fois ce dernier et le corps séparé. La couleur, en effet, est motrice du diaphane en acte.

Test. *Simpl. 1060.13–17* : τ ὸ μ ὲ ν χ ρ ῶ μ α τὸ ὁρατὸν πελάζει τ ῷ φ ω τ ί , τοῦτ' ἔστι τῷ πεφωτισμένῳ ἀέρι· ἀδύνατον γὰρ ἄνευ φωτὸς αἰσθέσθαι τινὸς ὁρατοῦ. τ ὸ δ ὲ φ ῶ ς τ ῇ ὄ ψ ε ι , τοῦτ' ἔστι τῷ ὀπτικῷ αἰσθητηρίῳ. τὸ γὰρ χρῶμα κινητικόν ἐστι τοῦ κατ' ἐνέργειαν διαφανοῦς, ὅπερ προσεχῶς κινεῖ τὴν ὄψιν.

Adnot. Il est très probable que Simplicius puise ici tacitement à Alexandre. Aristote envisage les cinq sens pour montrer à chaque fois qu'une chaîne mécanique relie l'objet « altérant » à l'organe « altéré ». Alexandre rectifie l'expression d'Aristote, qui fait ici comme si c'était la lumière elle-même (φῶς) qui était au contact du vu et de la vue. Certes, nous dit la scholie, la lumière est nécessaire. Mais c'est un corps, l'air, qui joint les deux pôles de la vision. La doctrine de la vision qui s'exprime ici est celle d'Aristote, *De anima* II 7. Ici aussi, la scholie est meilleure que Simplicius, qui n'a pas bien saisi la nuance que portait le δὲ d'Alexandre à la ligne 2. Le mouvement argumentatif de l'Exégète est concessif : certes, la lumière est nécessaire, mais c'est l'*air* – un corps, donc – qui est la cause « mécanique » de la vision. Simplicius présente pour sa part les choses comme s'il s'agissait d'une précision érudite.

⋆

VII, 3

459 (45b 19 ≈ 45b 3) ὅτι δὲ τὰ ἀλλοιούμενα ἀλλοιοῦνται πάντα] ἡ γὰρ ψυχὴ κατὰ συμβεβηκὸς ὑπὸ τοῦ ψόφου πάσχει τὰ λεγόμενα νοοῦσα καὶ ὁ Σωκράτης κατὰ συμβεβηκὸς ὁρατός, ἐκεῖνα δὲ μόνα κ α θ ' α ὑ τ ὰ ἀλλοιοῦται τὰ καθ᾿ αὑτὰ πάσχοντα ὑπὸ τῶν αἰσθητῶν κυρίως καὶ οὐχὶ τῶν κοινῶν· κατὰ δὲ τὰς αἰσθητὰς διαφορὰς μόνον καὶ ἀλλοιώσεις μόνον.

—

3 ὁρατὸς : ὁρᾶ S

Que les altérés soient tous altérés] Alors que l'âme pâtit en effet accidentellement sous l'effet du son quand elle comprend ce qu'on dit et que Socrate est accidentellement visible, seules sont altérées par soi les choses qui pâtissent par soi sous l'effet des sensibles au sens propre et non des sensibles communs. Or elles sont altérées selon les différences sensibles seulement et les altérations seulement.

Test. *Simpl. 1061.29–1062.5* : ὅτι γὰρ ἐν μόνοις τούτοις, φησί, λέγεται ἀλλοίωσις ὅσα καθ᾿ αὑτὰ πάσχει ὑπὸ τῶν αἰσθητῶν, καθ᾿ αὑτά μὲν τὰ μὴ κατὰ συμβεβηκὸς πάσχοντα λέγων (ὁ γὰρ Σωκράτης κατὰ συμβεβηκὸς ὁρατὸς, καθ᾿ αὑτὸ δὲ τὸ χρῶμα), ὑπὸ τῶν αἰσθητῶν δὲ λέγει τῶν παθητικῶν ποιοτήτων, δῆλόν φησιν ἐκ τοῦ κατὰ μηδεμίαν ἄλλην ποιότητα ἀλλοίωσιν γίνεσθαι.

Adnot. La distinction entre l'audition des sons et la compréhension des notions est absente de Simplicius mais elle apparaît en *In de sensu* 13.4–8 et, plus allusivement, dans une brève Quaestio d'Alexandre, transmise en arabe, intitulée « Sur le son vocal », *Fī al-ṣawt* (éditée dans A. Badawi, *Commentaires sur Aristote perdus en grec et autres épîtres*, Beyrouth, 1971, p. 31). Il s'agit, dans ce dernier texte, de réfuter la thèse selon laquelle la naturalité de la voix (*ṣawt* = φωνή) implique celle de la parole (*qawl* = λόγος). Il y a donc toutes les raisons de croire que la scholie transmet une bribe du commentaire perdu. La suite du texte est également meilleure dans la scholie, qui distingue à très juste titre sensibles propres et sensibles communs. En tant que communs, ces derniers ne passent pas par une affection – i. e. une altération. Je ne suis pas altéré par le circulaire ou le carré, mais par le corps circulaire ou carré, ou la couleur étendue sur une zone circulaire ou carrée.

⋆

460 (45b 21 ≈ 45b 6) μάλιστα] μάλιστα λέγει διὰ τὴν δύναμιν· καὶ γὰρ οὐ μέμνηται αὐτῆς νῦν, οὐ γὰρ δοκεῖ προχείρως εἶναι ποιότης.

surtout] Il dit « surtout » à cause de la capacité. Car il n'en fait pas mention maintenant, puisqu'elle ne semble pas être directement une qualité.

TEST. *Simpl. 1062.19–23* : ἔστι γάρ τι καὶ ἄλλο ποιότητος εἶδος ἡ δύναμις καὶ ἐπιτηδειότης, καθ' ἣν πυκτικοὺς ἢ δρομικοὺς λέγομεν. περὶ δὲ τούτου τοῦ εἴδους τὸν λόγον οὐκ ἐποιήσατο τῷ μήτε, εἰ τὰ τοιαῦτα ποιότητές εἰσι, γνώριμον εἶναι, τάς τε λήψεις καὶ ἀποβολὰς αὐτῶν ἔτι μᾶλλον ἀδήλους ὑπάρχειν.

ADNOT. Exemple typique de lecture systématisante et harmonisatrice. Alexandre, suivi par Simplicius, interprète la restriction d'Aristote en fonction de la table des catégories de la qualité, telle qu'édictée au chap. 8 des *Catégories*.

*

[117r]

461 (45b 27–28 ≈ 45b 11–12) ἀλλὰ παρωνυμιάζοντες] ἀ λ λ ὰ π α ρ ω ν υ μ ι ά ζ ο ν τ ε ς · τὰ ἁπλῶς γινόμενα, τέλεον μεταβάλλοντα τὴν φύσιν, τέλεον μεταβάλλει καὶ τὸ ὄνομα διὰ τὸ μηδὲ τὴν ἀρχὴν μέν τι ἐν αὐτοῖς ἐνεργείᾳ ταὐτόν· τὰ δὲ σχηματιζόμενα, ἐπεὶ οὐχ ἁπλῶς γίνεται ἀλλά πως, εἰς παρωνυμίαν μεταπίπτει.

—

3 διὰ τὸ scripsi : τῶν S

mais en nous servant d'un terme dérivé] « Mais en nous servant d'un terme dérivé » : les choses qui sont engendrées absolument, changeant complètement de nature, changent aussi complètement leur nom du fait que rien du tout, en elles, ne demeure identique à soi en acte. Les choses auxquelles on donne une figure, en revanche, du fait qu'elles ne sont pas engendrées absolument, mais d'une certaine manière, tombe sous la désignation par un terme dérivé.

ADNOT. Cette scholie est sans équivalent dans l'exégèse correspondante de Simplicius. En revanche, le néoplatonicien revient sur la question une page plus bas, au moment d'expliquer l'apparition, à la suite du développement sur les configurations, des « générations » (γενέσεις) opposées aux altérations dans le texte d'Aristote (246a 3–4). L'idée développée par Simplicius est alors, comme dans la scholie, que les changements de configuration sont des « générations relatives » (γενέσεις τινές, cf. *In Phys*. 1063.19–20). On aboutit donc à l'idée que les changements configurationnels ont comme une « nature intermédiaire » (μέσην … τινα φύσιν) entre les générations absolues et les altérations (cf. *In Phys*. 1063.26–27). Cette thèse, cependant, se heurte au fait qu'en d'autres contextes, l'altération est bien plus proche de la génération qu'un simple changement de configuration externe. L'aporie est instruite par Simplicius, *In Phys*. 1063.30 sqq. Cf. *infra*, *ad schol*. **465**.

*

462 (45b 28 ≈ 45b 12) <χαλκοῦν>] ὅταν γὰρ μορφωθῇ, οὐκέτι χαλκὸν αὐτὸν λέγομεν ἀλλὰ χαλκοῦν.

<en airain>] Quand en effet on lui a donné une forme, on ne dit plus de lui qu'il est airain, mais en airain.

ADNOT. Simple explicitation.

★

463 (46a 20–21 ≈ 45b 15–16) <καὶ οὐ μόνον οὕτως …>] καὶ ἀντιστρόφως τοῦτο λέγει διότι τινὰ τῶν ἐσχηματισμένων δοκεῖ ταὐτὸν ὄνομα ἔχειν οἷον ὁ κηρὸς τρίγωνος καὶ ὁ χαλκὸς κύκλος ἀλλ' οὐκέτι ἀντιστρέφει.

—

2 τοῦτο incert. S

<et non seulement ainsi …>] Il énonce également la chose dans l'autre sens du fait que certaines des choses auxquelles on a donné une configuration semblent avoir le même nom, comme « la cire est un triangle » et « l'airain est un cercle », mais cela ne s'énonce pas dans l'autre sens.

TEST. *Simpl. 1063.6–9* : προσέθηκε δὲ τὴν ἀντιστροφήν, ἵνα κἂν βιάζοιτό τις ἐπὶ τῶν ἐσχηματισμένων ἀπὸ τοῦ ὑποκειμένου ἀρχόμενος, τῷ <τῷ> αὐτῷ καλεῖν ὀνόματι, οἷον ὁ κηρὸς τρίγωνόν ἐστιν ἢ ὁ χαλκὸς κύκλος, μηκέτι δύναιτο τὸ αὐτὸ φυλάττειν ὄνομα ἀρχόμενος ἀπὸ τοῦ σχήματος.

★

464 (46a 21 ≈ 46a 1) <ἐπεὶ οὖν>] τὸ σχῆμα β'.

<Puisque donc …>] Deuxième figure.

★

465 (46a 25 ≈ 46a 4) ἔτι καὶ ἄλλως ἄτοπον] ἕκαστον τῶν γινομένων ἀλλοιουμένου πως τοῦ ὑποκειμένου [γένους] ἀνάγκη γίνεσθαι, οὐ μὴν αὐτὴ ἡ γένεσις ἀλλοίωσίς ἐστιν. οὐ γὰρ αὐτὸ τὸ γινόμενον ἀλλοιοῦται· πῶς γὰρ <ἂν> τὸ μήπω ὂν ἀλλοιοῖτο;

—

2 γένους delevi || 3 ἂν addidi

De plus ce serait absurde d'une autre manière encore] Chacun des êtres engendrés, c'est à la faveur d'une certaine altération de son substrat qu'il est nécessaire qu'il soit engendré ; et pourtant, la génération en tant que telle n'est pas altération. Ce n'est pas en effet cela même qui est engendré qui s'altère : car comment pourrait s'altérer ce qui n'existe pas encore ?

ADNOT. On retrouve les éléments principaux de ce commentaire chez Simplicius, *In Phys.* 1064.10–25. La différence principale, mais apparente, est la mention du « genre substrat » dans la scholie originale (l. 2), qui correspond à « la matière substrat » (τῆς ὑποκειμένης ὕλης) chez Simplicius, *In Phys.* 1064.22. Deux raisons conduisent cependant à supprimer, comme je l'ai fait, le mot γένους : (1) Alexandre est généralement attentif à distinguer genre et matière (c'est même l'objet de la *Quaestio* II 28) ; (2) la locution « genre sujet » désigne toujours, chez lui, le domaine épistémique dans lequel s'effectue la démonstration des « attributs par soi » (cf. Alexandre, *In Metaph.* 189.9, 192.24 sqq., 194.7 sqq., 259.5, 365.19). La présence du terme γένους résulte donc sans doute d'un *lapsus calami* de l'adaptateur ou d'un érudit. Au plan doctrinal, cette distinction entre génération et altération accompagnée de la reconnaissance d'une part d'altération dans tout processus de génération – en conformité d'ailleurs avec *Gen. Corr.* I 1 – fournissait probablement à Alexandre les éléments de réponse à l'aporie signalée plus haut, scholie **461**.

★

466 (46a 25–26) τὸν ἄνθρωπον] τὸν ἄρτι λεχθέντα.

—

λεχθέντα ego : τεχθέντα S

<l'homme>] Qu'on vient de mentionner.

ADNOT. Cette scholie est défigurée et douteuse. Non seulement le terme τὸν ἄνθρωπον n'apparaît pas dans la version que commente Alexandre, mais le sens paraît bien faible.

★

467 (46a 30 ≈ 46a 10) αἱ γὰρ ἕξεις] ἀντὶ τοῦ εἰπεῖν οὔκ <εἰσιν αἱ κα>τὰ τὰς ἕξεις μεταβολαὶ ἀλλοιώσεις, τὰς ἕξεις αὐτὰς εἶπεν μὴ εἶναι ἀλλοιώσεις, ἴσως λέγων τῷ τὰς ἕξεις πρὸς τὴν ἀλλοίωσιν μηδὲν συντελεῖν.

—

1 <...> supplevi || 3 συντελεῖν : συντελεῖ S

En effet, les états] Au lieu de dire « les changements selon les états ne sont pas des altérations », il a dit que les états eux-mêmes n'étaient pas des altérations, son propos revenant à dire que les états ne contribuent en rien à l'altération.

TEST. *Simpl. 1065.5–7* : οὐδὲ αἱ ἕξεις δέ φησιν ἀλλοιώσεις εἰσί, τουτέστιν αἱ κατὰ τὰς ἕξεις μεταβολαί. ἢ ὅτι οὐ δι᾽ ἀλλοιώσεως αἱ ἕξεις παραγίνονται.

ADNOT. La scholie est plus ou moins identique à Simplicius dans sa première partie, mais s'en écarte quelque peu dans la seconde. « Les états ne contribuent en rien à l'altération » selon la scholie, « les états ne surviennent pas par altération » selon Simplicius. C'est en fait que la scholie nous délivre une explicitation de la première branche de l'interprétation. La seconde explication, introduite par ἢ ὅτι chez Simplicius est tout simplement absente de la scholie. Il semble donc qu'on puisse reconstituer, à l'aide de nos deux sources, la totalité de l'exégèse d'Alexandre sur ce passage. Ce dernier proposerait deux explications de *Phys.* 246a 10–11. Aristote a voulu dire soit que les changements selon les états ne sont pas des altérations, *c'est-à-dire* que les états ne contribuent en rien à l'altération ; soit que les états ne sont pas produits par altération.

★

468 (46b 21 ≈ 46b 4) <ἡ μὲν ὑγίεια>] ὅτι ἡ ὑγίεια δι᾽ ἀλλοιώσεως μὲν γίνεται, οἷον ψύξεως ἢ ξηρότητος, οὐ μέντοι ἐστὶν ἀλλοίωσις ἡ ὑγίεια, ἀλλ᾽ ἐπιγίνεται τῇ ἀλλοιώσει. τὸ δ᾽ αὐτὸ καὶ ἐπὶ ἰσχύος καὶ κάλλους· καὶ γὰρ ταῦτα πάντα γενέσεις μέν τινές εἰσι καὶ τελειότητες, ἀλλ᾽ οὐκ ἀλλοιώσεις.

<la santé>] Que la santé se produit par altération, par exemple par refroidissement ou échauffement, mais que la santé n'est pas altération – elle survient à la faveur de l'altération. La même chose vaut pour la force et la beauté : toutes ces choses sont de certaines générations et des achèvements, mais non pas des altérations.

TEST. *Simpl. 1069.1–6* : ὑγεία γὰρ γίνεται θερμαινομένων τινῶν τοῦ σώματος καὶ ψυχομένων, τουτέστιν ἀλλοιουμένων. ἀλλ᾽ οὔτε ἡ ἀλλοίωσις ἡ ὑγεία ἦν οὔτε ἡ ὑγεία ἡ ἀλλοίωσις, ἀλλ᾽ ἐπιγίνεται τῇ ἀλλοιώσει ἡ συμμετρία τῶν ἀλλοιουμένων, καθ᾽ ἣν ἡ ὑγεία θεωρεῖται. ὁ δὲ αὐτὸς λόγος καὶ ἐπὶ ἰσχύος καὶ ἐπὶ κάλλους· εἰ γάρ τινων ἀλλοιουμένων ἐπιγίνεται ταῦτα, πῶς ἄν τις λέγοι τὰ ἐπιγινόμενα καὶ μηδέπω ὄντα ἀλλοιοῦσθαι ;

Adnot. On remarque le lexique de la « survenance », typique d'Alexandre (pour un débat sur cette notion, voir R.W. Sharples, « On Body, Soul and Generation in Alexander of Aphrodisias », *Apeiron* 27, 1994, p. 163–170, p. 163–165 ; V. Caston, « Epiphenomenalism, Ancient and Modern », *The Philosophical Review* 106, 1997, p. 309–363, p. 347–354 ; R. Sorabji, *Emotion and Peace of Mind. From Stoic Agitation to Christian Temptation*, Oxford, 2000, p. 261–262) et la désignation de certains états comme « certaines générations » (γενέσεις τινές, à ne pas traduire ici par « générations relatives, sous peine de voir l'argument se dissoudre), ce que ne fait pas Simplicius. Surtout, la scholie – mais non Simplicius – évoque les » perfections « (τελειότητες), ce qui trahit son Alexandre (cf. Introduction, p. 135 sqq.). Il faut bien comprendre la portée du rapprochement de la survenance des relatifs et de celle de la forme selon Alexandre. Dans les deux cas, une variation de la structure sous-jacente permet une création d'un autre ordre, c'est-à-dire qui ne se réduit pas à cette variation. Ainsi, une variation thermique peut faire passer de la maladie à la santé sans que la santé se résume à la nouvelle qualité thermique elle-même. La situation est plus claire dans le cas de la forme, où l'on admettra aisément qu'un animal vivant est davantage que la somme de ses états qualitatifs. Mais la même règle vaut aussi pour certains états, qui sont en quelque sorte des *rapports* entre les différentes qualités affectives (comme la συμμετρία évoquée par Simplicius).

Notons enfin qu'il est probable qu'Alexandre effectue ici un chemin opposé à celui qu'il avait emprunté dans son important commentaire de *Phys.* IV 3, 210a 20–21 (cf. *supra*, scholie **29**). On avait vu que dans ce texte du livre IV, Aristote appuyait sa compréhension de l'inhérence de la forme à son substrat sur celle des la santé dans les humeurs ; maintenant, il s'agit plutôt d'appuyer l'épiphénoménalisme de la santé sur le type d'immanence de la forme, en isolant la caractéristique commune aux deux rapports substrat-achèvement.

⋆

469 (46b 25 ≈ 46b 11) <οὔτε γενέσεις εἰσὶ οὔτε ...>] ταῦτα πρός τι οὔκ εἰσι, μεταβολαὶ δέ, ὡς δέδεικται. αἱ δὲ ἕξεις πρός τι· αἱ ἄρα ἕξεις οὔκ εἰσι μεταβολαί.

<ne sont ni des générations ni ...>] Ces choses ne sont pas des relatifs, mais des changements, comme on l'a montré. Or les états sont des relatifs. Donc les états ne sont pas des changements.

Adnot. Cette scholie étant dépourvue de signe de renvoi, la référence du pronom ταῦτα est peu claire. Il est cependant probable qu'il se réfère aux différents changements apparaissant en 246b 25–26 dans la première version et en 246b 11–12 dans la seconde. Cela dit, le raisonnement que la scholie prête à Aristote demeure étrange. Le but du Stagirite n'est pas en effet de démontrer que les états ne sont pas des changements, mais qu'ils ne sont pas des altérations. Une erreur aussi élémentaire ne peut être le fait d'Alexandre. Il faut compter avec une note interpolée, ou avec une mauvaise rédaction de l'adaptateur. Cf. note suivante.

★

470 (46b 25 ≈ 46b 12 sqq.) οὔτε γενέσεις εἰσὶν] τὸ οὔτε γενέσεις εἰσὶ λέγοι ἂν ἀντὶ τοῦ πρός τί εἰσι καὶ οὐκ εἰσὶν αὐτῶν οὔτε γενέσεις οὔτε φθοραί· ἐν σχέσει γὰρ τὸ εἶναι αὐτοῖς μόνον.

—

2 λέγοι ἂν ego : δηλοῖ S

ne sont ni des générations] Il se peut qu'il dise « ne sont ni des générations » à la place de « sont des relatifs et n'ont ni générations ni corruptions ». C'est en effet seulement dans la relation que leur être consiste.

Adnot. Cette scholie pose trois problèmes philologiques difficiles. (1) Tout d'abord, elle ne se laisse guère construire. Le calque français proposé en guise de « traduction » le montre. On soupçonne une corruption grammaticale (cf. app. cr.). (2) En second lieu, elle glose une expression (οὔτε γενέσεις εἰσίν) qui apparaît dans la version β (246b 25), mais non dans la version α que commente Alexandre (cf. 246b 10 sqq.). (3) En troisième lieu, le passage correspondant de la version α est incertain. Alors que tous les témoins de la tradition directe ont le groupe de mots οὐδὲ γένεσις οὐδ' ὅλως μεταβολὴ οὐδεμία en 246b 12, celui-ci, en dépit de son importance, n'est ni commenté ni même évoqué par Simplicius (qui aurait dû lui faire un sort à partir de 1068.20). Rien ne laisse en outre supposer que Simplicius ait pensé qu'Alexandre disposait d'un texte différent du sien à cet endroit. Il n'est donc pas exclu qu'il s'agisse d'une glose interpolée présente dans l'archétype de la tradition manuscrite byzantine (cf. stemma *ad schol.* **452**). Le texte se lit d'ailleurs beaucoup mieux sans ces mots, puisqu'Aristote, quelques lignes plus bas (14–15) dans la même phrase, prête lui-même « génération » (γίγνεσθαι) et « corruption » (φθείρεσθαι) aux ἕξεις (voir cependant *infra*, *ad schol.* **473** et **474**). Que conclure de toutes ces incertitudes ? Même si d'autres scénarios sont possibles, le plus simple paraît être de supposer que l'adaptateur, dans ces parties du texte où les deux versions d'Aristote étaient loin de coïncider parfaitement, s'est inspiré librement du commentaire d'Alexandre à la seconde version pour rédiger ses notes marginales à la seconde. Le résultat, en **469** et **470**, est catastrophique.

★

471 (46b 27–28 ≈ 46b 3) ἡ μὲν γὰρ ἀρετὴ] ὁ συλλογισμὸς οὗτος· αἱ ἕξεις τελειώσεις εἰσίν· αἱ ἀλλοιώσεις τελειώσεις οὔκ εἰσιν· αἱ ἄρα ἕξεις οὔκ εἰσιν ἀλλοιώσεις.

En effet, la vertu] Le syllogisme est le suivant : les états sont des achèvements ; les altérations ne sont pas des achèvements ; les états ne sont donc pas des altérations.

ADNOT. La scholie est si pauvre en information qu'on ne peut rien dire quant à son authenticité.

★

472 (46b 29 ≈ 46a 15) <καθάπερ ὁ κύκλος>] λέγονται γὰρ κοινότερον καὶ κύκλοι καὶ οἱ μὴ ἐν ἐπιπέδῳ ἀλλ' αἰσθητοί.

<comme le cercle>] De manière plus commune, on appelle cercles aussi ceux qui ne sont pas dans un plan, mais qui sont sensibles.

TEST. *Simpl. 1065.20–23* : θαυμαστῶς δὲ τὸ τοῦ κύκλου παράδειγμα παρέθετο δηλῶν ὅτι ὥσπερ λέγονται μέν τινες κύκλοι, οὐ μέντοι εἰσὶ κύκλοι, ἂν μὴ τὸ τέλειον ἔχωσιν, οὕτω καὶ ἐπὶ τῶν ἄλλων εἰδῶν ἁπάντων οὐκ ἔστι κυρίως τοῦτο ὃ λέγεται τὸ μὴ ἔχον τὴν ἑαυτοῦ τελειότητα.

ADNOT. Alors que Simplicius ne fait que paraphraser le texte d'Aristote, sans se prononcer sur ce que peuvent être des cercles « non achevés », la scholie suggère une interprétation : il s'agirait de cercles qui, à la différence des cercles mathématiques, ne sont pas dans un plan, mais sont sensibles. Cette interprétation peut remonter à Alexandre. La scholie ne développe malheureusement pas le statut du cercle « dans un plan », en sorte que nous ne pouvons pas savoir à quelle ontologie mathématique précise Alexandre – si, comme il est probable, il est à l'origine de cette remarque – faisait référence. Le « plan » en question, en d'autres termes, appartient-il de plein droit au monde physique, est-il une réalité d'un domaine mathématique propre à la pensée, ou relève-t-il d'une catégorie mixte, exhibée par la pensée dans le réel physique ? Alexandre penche probablement pour la troisième solution : cf. *supra*, *ad schol.* **415**.

★

473 (47a 20 ≈ 47a 4 sqq.) <γίγνεται μὲν οὖν>] γενέσεις γάρ τινές εἰσι καὶ αἱ ἀρεταὶ καὶ αἱ κακίαι φθοραὶ δι' ἀλλοιώσεως γινόμεναι, οὐ μὴν ἀλλοιώσεις.

Se produisent donc] De fait, les vertus sont de certaines générations et les vices des corruptions, qui se produisent par altération, mais qui ne sont pas des altérations.

ADNOT. Paraphrase insipide du texte d'Aristote, remontant néanmoins probablement à Alexandre : Simplicius, dans les passages correspondants (cf. *In Phys.* 1071.14–16) s'efforce de supprimer le langage de la génération-corruption, sans doute pour éviter toute confusion avec le changement physique proprement dit. Voir scholie suivante.

★

474 (47a 22 ≈ 47a 7) <ἡ μὲν γὰρ ἀρετὴ>] ὁ συλλογισμὸς οὗτος· αἱ ἠθικαὶ ἀρεταὶ περὶ ἡδονὰς καὶ λύπας εἰσὶ σωματικάς· πᾶσα δὲ λύπη καὶ ἡδονὴ σωματικὴ ὑπὸ τῶν αἰσθητῶν γίνεται πασχόντων τινῶν καὶ ἀλλοιουμένων· αἱ ἄρα ἠθικαὶ ἀρεταὶ γίνονται πασχόντων τινῶν καὶ ἀλλοιουμένων αἰσθητῶς· ὥστε γενέσεις ἂν εἶεν αἱ ἀρεταὶ δι' ἀλλοιώσεως ἀλλ' οὐκ ἀλλοιώσεις.

—

1 ἠθικαὶ ego (cf. lin. 4) : αἰσθητικαὶ S

<Car la vertu>] Le syllogisme est le suivant : les vertus éthiques concernent les plaisirs et les peines corporels ; or toute peine et tout plaisir corporels se produisent sous l'effet des choses sensibles, certaines parties étant affectées et altérées ; par conséquent, les vertus éthiques se produisent quand certaines parties sont affectées et altérées de manière sensible. En sorte que les vertus pourraient bien être des générations par altération, mais non des altérations.

TEST. *Simpl. 1073.7–11* : ἀποδείξας δὲ τὰς προτάσεις συνῃρημένως ἐκτίθεται τὸν συλλογισμὸν οὕτως· ἀρετὴ ψυχῆς καὶ κακία ἐγγίνεται ἡδονῆς καὶ λύπης ἐγγινομένης, ἡδοναὶ δὲ καὶ λῦπαι ἀλλοιώσεις εἰσὶν τοῦ αἰσθητικοῦ, φανερὸν ἄρα ὅτι ἀρετὴ καὶ κακία ἐγγίνονται καὶ φθείρονται, ἀλλοιουμένου τοῦ αἰσθητικοῦ, ὥστε τότε ἀποβάλλειν αὐτὰς καὶ λαμβάνειν.

ADNOT. La lettre est assez différente de Simplicius, même si le sens revient *grosso modo* au même. Encore une fois, la mention de « générations » est plus franche que chez Simplicius, qui prèfère ici s'en remettre à des verbes et, à l'incitation d'ailleurs d'Aristote lui-même (247a 14–15), systématiquement remplacer γίνεσθαι par ἐγγίνεσθαι.

★

[117v]

475 (47a 29 ≈ 47b 2) τὸ γὰρ ἐπιστῆμον] τῶν ἄλλων ἕξεών φησι τ ὸ ἐ π ι σ τ ῆ μ ο ν εἶναι ἐν τῷ πρός τι φανερώτερον. αἱ μὲν γὰρ ἀρεταὶ κατὰ τὴν ἐπὶ τὴν ἕξιν ἀναφορὰν τὸ πρός τι εἶχον, τὸ δ' ἐπιστῆμον καθ' αὑτό.

Car ce qui possède la science] En comparaison des autres états, dit-il, « ce qui possède la science » appartient au relatif de manière plus manifeste encore. Car les vertus relevaient du relatif par reconduction à l'état, tandis que ce qui possède la science en relève par soi.

Test. *Simpl. 1074.13–19* : ὅτι δὲ ἡ κατὰ τὴν ἐπιστήμην ἕξις ἐν τῷ πρός τί ἐστι κατασκευάζων ἐκ τοῦ μᾶλλον τὴν ἀρχὴν ὑπέμνησε, πολὺ μᾶλλον [ἐκ] τῶν ἠθικῶν ἕξεων τὸ ἐπιστῆμον ἐν τῷ πρός τί πως ἔχειν λεγόμενον παραδεικνύς. ἐναργέστερον γὰρ ἔχει τὸ πρός τι ἡ ἐπιστήμη τῶν ἐν τῷ ἠθικῷ ἀρετῶν, σωφροσύνης καὶ δικαιοσύνης. ἐκεῖναι μὲν γὰρ διὰ τῆς συμμετρίας εἰς τὸ πρός τι ἀνήγοντο, ἡ δὲ ἐπιστήμη ἐπιστητοῦ ἐστι καὶ πᾶσα γνῶσις τοῦ γνωστοῦ.

Adnot. Le génitif pluriel comparatif τῶν ἄλλων ἕξεων, dans la scholie, confirme la suppression de ἐκ dans le texte de Simplicius, proposée par l'Aldine et reprise par Diels.

⋆

476 (47a 29 ≈ 47b 2) <τὸ γὰρ ἐπιστῆμον>] ὅτι οὐδὲ τῶν ἐπιστημῶν ἔστιν οὔτε γένεσις οὔτε μεταβολή· τῶν γὰρ πρός τι οὖσαι οὐκ ἂν εἶεν ἀλλοιώσεις, ὡς δέδεικται.

<Car ce qui possède la science>] Que des sciences non plus, il n'y a ni génération ni changement. Car relevant des relatifs, elles ne sauraient être des altérations, comme on l'a montré.

Test. *Simpl. 1074.19–21* : δεύτερον δείκνυσιν ὅτι αἱ τοῦ νοητικοῦ ἕξεις ἐν τῷ πρός τί εἰσι διὰ τοῦ μὴ εἶναι γένεσιν αὐτῶν.

⋆

477 (47b 20 ≈ 47b 5–6) ἐκ γὰρ τῆς κατὰ μέρος ἐμπειρίας] οἷον, ὅτι πᾶς ἄνθρωπος λογικὸς ἐκ τῶν καθ' ἕκαστα ἔχομεν, ἀκινήτου ὄντος τοῦ διανοητικοῦ. ἀλλ' οὐδέ τινος κινηθέντος τοῦ αἰσθητικοῦ οὐδὲ τὸ ἐνεργεῖν κατ' ἐπιστήμην γένεσις ἔστιν, οὐδ᾽ ἀλλοιοῦται ὁ ἐπιστήμων ἡνίκα ἄρξεται τοῦ ἐνεργεῖν κατ᾽ ἐπιστήμην· οὐ γὰρ ἔστι γένεσις ἐνεργείας· ἀχρόνως γὰρ γίνεται.

En effet, c'est à partir de l'expérience particulière] Par exemple, nous savons que tout homme est rationnel à partir des particuliers, sans que notre faculté intellectuelle soit mue. Mais il n'est même pas vrai que, une certaine partie de la faculté sensible étant mue, le fait de se livrer à un acte de science soit une génération, ni que le savant s'altère quand il commencera à se livrer à un acte de science. Il n'y a pas en effet de génération d'acte, car ce dernier n'advient pas dans un temps.

Test. *Themist. 206.14–23* : αἱ μὲν γὰρ ἐπιστῆμαι ἐκ τῶν καθόλου, τὰ καθόλου δὲ ἐκ τῶν κατὰ μέρος ἀθροίζονται, οὐδὲ τῆς ἐνεργείας τοῦ νοῦ γένεσίς ἐστιν ἢ ἀλλοίωσις· οὐδὲ γὰρ ὅλως ἐν χρόνῳ οὐδὲ συμπληροῦται αὐτοῖς τὸ εἶναι ὑπὸ τοῦ χρόνου, εἰ καὶ ὅτι μάλιστα χρόνου ὄντος νοοῦμέν τε καὶ θεωροῦμεν, ὥσπερ δὴ καὶ τὸ ἅπτεσθαι χρόνου μὲν ὄντος γίνεται, οὐκ ἐν χρόνῳ δέ. καὶ τοῦτο δῆλον ἐκ τοῦ ἐν παντὶ μορίῳ τοῦ χρόνου ὁμοίως ἅπτεσθαι τὰ ἁπτόμενα, ὡς οὐδὲν τοῦ χρόνου δεόμενα εἰς τὴν τοῦ ἅπτεσθαι γένεσιν, ἃ δὲ οὐ προσδεῖται χρόνου, ὥστε ἐκ τῆς δυνάμεως εἰς τὴν ἐνέργειαν μεταβάλλειν, ταῦτα ἀχρόνως γίνεται. – *Simpl. 1074.29–1075,20* : ὅτι γὰρ πᾶς ἄνθρωπος λογικός, ἐπιστημονικῶς γνωρίζομεν ἐκ τῆς τῶν κατ᾽ ἕκαστα ἐφόδου καὶ πείρας, ἥτις οὐκ ἐν τῷ νοητικῷ γίνεται, ἀλλ᾽ ἐν τῷ αἰσθητικῷ καὶ φανταστικῷ. ἐν τούτοις οὖν τῆς τοῦ κατὰ μέρος πείρας συναχθείσης τὸ δυνάμει ἐπιστῆμον τὸ ἐν τῷ νοητικῷ ἐνεργείᾳ ἐγένετο οὐδὲν αὐτὸ κινηθέν. οὕτω μὲν οὖν ὁ Ἀλέξανδρος ἐξηγήσατο ἐκ τῶν κατὰ μέρος συνάγεσθαι τὸ καθόλου καὶ τὴν τοῦ καθόλου γνῶσιν βουλόμενος. καὶ τὸ ἐπίσταται [γάρ] πως τῇ καθόλου τὰ ἐν μέρει ὡς σημεῖον εἶπεν εἰρῆσθαι τοῦ διὰ τῶν ἐν μέρει τὴν τοῦ καθόλου γνῶσιν ἀθροίζεσθαι, εἴπερ ἡ καθόλου ἐπιστήμη ἑκάστου τῶν ὑπὸ τὸ καθόλου ἐστίν, ἐξ ὧν ἠθροίσθη· περιείληπται γὰρ ἐν τῇ τοῦ καθόλου ἐπιστήμῃ τὰ ἐν μέρει ὡς ἐκ τούτων καὶ ἐπὶ τούτοις ἐκείνης γινομένης. εἰ δὲ μὴ δυνατὸν ἐκ τῶν κατὰ μέρος ἀπείρων ὄντων τὰ καθόλου συνάγεσθαι μήτε τὴν ἐν τῷ αἰσθητικῷ καὶ φανταστικῷ γνῶσιν τῆς ἐν νῷ ἐπιστήμης ὑποστατικὴν εἶναι χείρονα οὖσαν πολλῷ κρείττονος, ἁπλοϊκώτερον καὶ ἀληθέστερον οἶμαι μᾶλλον ἐξηγητέον τὸ ὑπὸ τοῦ Ἀριστοτέλους εἰρημένον. ὁ γὰρ νοῦς ἐπιστήμην ἔχων τῶν μὲν καθόλου ἀεὶ κατ᾽ ἐνέργειαν εἴτε πρόχειρον εἴτε μή, τῶν δὲ ἐν μέρει δυνάμει, ὅταν ἡ αἴσθησις προσβάλλῃ τῷ μερικῷ, τότε οὖν ὁ νοῦς ἐνεργείᾳ γινώσκει τῷ καθόλου τὰ ἐν μέρει. "ὁ γὰρ τὶς ἄνθρωπος καὶ ἄνθρωπος", ὡς αὐτὸς ἐν ἄλλοις εἶπεν.

Adnot. Ce passage est philosophiquement intéressant et philologiquement difficile. Le texte de la *Physique*, à cet endroit, est peu sûr, et les indications textuelles fournies par Ross peut-être trop catégoriques. La phrase difficile, telle qu'éditée par Ross, est la suivante (je souligne les choix textuels litigieux) : ὅταν γὰρ γένηται τὸ κατὰ μέρος, ἐπίσταταί πως τὰ καθόλου τῷ ἐν μέρει (*Phys.* 247b 5–7). Son apparat porte les indications suivantes. τὰ HI A[lexander] T[hemistius] : τῇ Σ P[hilopon] S[Implicius] ; τῷ HI A[lexander] T[hemistius] : τὸ cjy : τὲ b : τὰ P[hiloponus] S[implicius]. Si les choses sont bien telles, il est évident que Ross a suivi les témoins les plus sérieux, puisque H et I sont les deux manuscrits les plus anciens de la seconde version, et Alexandre et Thémistius sont les deux commentateurs les plus anciens de la tradition. Mais les passages des quatre commentateurs anciens auxquels Ross renvoie p. 676 pour justifier ses lectures (Thémistius, *In Phys.* 206.15, Alexandre cité par Simplicius, *In Phys.* 1075.2–3, Philopon, *In Phys.* 877.4–5, Simplicius, *In Phys.* 1073.24, 1075.17) ne disent pour certains rien de tel, et surtout rien de si précis. Le texte de Thémistius, cité au paragraphe précédent, est une réflexion assez générale sur la connaissance universelle humaine qui ne laisse rien deviner de la lettre du texte consulté par l'auteur. C'est encore plus vrai de Philopon, qui ne mentionne pas un mot de notre texte. Je serais plus prudent que Ross y compris pour Alexandre. Tout d'abord, les lignes auxquelles il fait allusion n'appartiennent pas à une citation, mais sont seulement censées nous donner l'exégèse d'Alexandre (cf. *In Phys.* 1075.4 : οὕτω … ὁ Ἀλέξανδρος ἐξηγήσατο). En outre, à supposer même que l'on ait plus ou moins les paroles d'Alexandre, τῆς τοῦ κατὰ μέρος πείρας συναχθείσης non seulement ne dit rien sur ce qu'Alexandre lisait avant καθόλου, mais n'indique pas même avec certitude qu'Alexandre lisait un singulier devant ἐν μέρει. Plus grave encore : dans la phrase καὶ τὸ ἐπίσταται [γάρ] πως τῇ καθόλου τὰ ἐν μέρει ὡς σημεῖον εἶπεν εἰρῆσθαι τοῦ κτλ., le verbe εἶπεν en 1075.6 a nécessairement pour sujet Alexandre, puisqu'Aristote est impliqué comme complément d'agent de εἰρῆσθαι. La conclusion s'impose : Ross a lu trop vite le texte – puisqu'il ne le prête pas à Alexandre – et l'a pris pour un simple témoignage de Simplicius sur Aristote. Il paraît en réalité plus probable, sur la foi du texte de Simplicius, qu'aussi bien Alexandre que Simplicius (cf. le lemme en 1073.24 et la glose en 1075.17–20) lisait la phrase suivante : ὅταν γὰρ γένηται τὸ κατὰ μέρος, ἐπίσταταί πως τῇ καθόλου τὰ ἐν μέρει. Ils s'accordent en cela, pour la première leçon, avec la famille Σ. Notons qu'il paraît évident que les deux commentateurs présentent la *lectio difficilior*, puisque c'est celle qui nous demande de suppléer un mot comme ἐπιστήμη ou γνῶσις, en sorte de traduire : « quand en effet se présente le particulier, on connaît d'une certaine manière, d'une connaissance universelle, les choses particulières ».

Les deux commentateurs ont donc eu à expliquer en quoi cette phrase justifiait le fait, énoncé à la phrase précédente, que « ce qui est savant en puissance, sans être mû lui-même, mais du fait qu'autre chose se trouve là, devient savant » (*Phys.* 247b 4–5). Tous deux s'accordent pour voir dans l'appréhension (sensible) du singulier l'élément déclenchant la connaissance universelle. Mais alors qu'en bon néoplatonicien, Simplicius ne voit dans cette appréhension que le signal qui va susciter la connaissance universelle « innée » mais non forcément activée de notre intellect, il prête à Alexandre la thèse que cette connaissance intellectuelle ne surgira que *de* – et non pas seulement *à la faveur de* – la saisie des particuliers. À l'encontre de cette théorie, Simplicius soulève deux objections. La première est qu'il faudrait passer en revue tous les particuliers, qui sont infinis (cf. 1075.11 ἀπείρων). La seconde est qu'à constituer (cf. 1075.12 ὑποστατικήν) la connaissance intellective de processus sensibles ou tout au plus imaginatifs, on gomme la différence d'ordre, pourtant irréductible, entre les deux facultés cognitives.

Simplicius, parce qu'il s'est évidemment focalisé sur le contentieux gnoséologique avec Alexandre, n'a que partiellement transmis sa réponse. Il reprend donc la manière dont Alexandre explique l'absence de mouvement de l'intellect, mais non pas celle selon laquelle il n'y a, à aucun moment du processus cognitif, une « génération ». Cette étape de l'argumentation est fournie seulement par la scholie : à supposer même qu'il y ait mouvement dans la faculté perceptive, l'acte cognitif, en tant que tel, n'est pas une génération, pour la raison que cet acte est sans durée. Que cette justification absente de chez Simplicius remonte bien à Alexandre nous est confirmé par la paraphrase de Thémistius, qui s'étend sur ce point. La scholie est trop unitaire pour qu'on puisse sérieusement postuler une combinaison des deux auteurs. Les données s'expliquent en revanche sans difficulté si l'on suppose que chacune des trois sources remonte indépendamment des autres au commentaire perdu d'Alexandre.

⋆

478 (47b 22 ≈ 47b 9–10) ἡ δὲ ἐξ ἀρχῆς λῆψις] αὕτη ἐστὶ καθ' ἣν οὐδέπω δυνατοὶ ὄντες ἐπιστήμην ἔχειν μεταβάλλομεν εἰς τὸ δύνασθαι οἷον περὶ τὴν ἥβην. αὕτη δ' ἡσυχία τίς ἐστι καὶ στάσις τῆς διανοίας ἐκ τοῦ σωματικοῦ ταράχου τῆς παιδικῆς ἡλικίας. οὐκ ἔστι δὲ τῆς ἠρεμίας ταύτης γένεσις οὐδ' ἀλλοίωσις· οὐδὲ γὰρ ἔστι γενέσεως γένεσις.

Et la saisie originaire] C'est celle par laquelle, n'étant pas encore capables d'avoir la science, nous nous transformons en direction de cette capacité, comme autour de la puberté. Celle-ci consiste en effet en un certain calme, une stabilisation, de l'intelligence au sortir du trouble corporel de l'âge infantile. Mais il n'y a pas, de ce repos-là, génération ni altération : il ne saurait y avoir, en effet, génération de génération.

Test. *Simpl. 1076.20–1077.2* : αὕτη δέ ἐστιν ἡ ἐκ τῆς πρώτης δυνάμεως εἰς τὴν ἕξιν μεταβολὴ τὴν δυναμένην λοιπὸν ἐνεργεῖν, καθ' ἣν οὐδέπω οἷοί τε ὄντες ἐπιστήμην ἔχειν μεταβάλλομεν εἰς τὸ δύνασθαι λοιπὸν τὴν ἐπιστήμην ἔχειν. τοιαύτη δὲ γίνεται κατάστασις μετὰ τὴν πρώτην ἡλικίαν ἠρεμιζομένης καὶ ἡσυχαζομένης τῆς διανοίας ἀπὸ τῆς πολλῆς ταραχῆς, ἣν ὑπομένει διὰ τὰς πολλὰς προσκρίσεις τε καὶ ἀποκρίσεις τοῦ σώματος τὰς διὰ τὴν τροφὴν καὶ αὔξην γινομένας ἀτονωτέρας ἔτι τῆς φύσεως οὔσης. καὶ τὴν τοιαύτην οὖν μεταβολήν φησι μήτε ἀλλοίωσιν εἶναι μήτε γένεσιν. ἡ γὰρ ἠρέμησις, τουτέστιν ἡ εἰς ἠρεμίαν μεταβολή, κίνησίς ἐστιν, ὡς δέδεικται πρότερον· 'κινήσεως δὲ κίνησις οὐκ ἔστιν, οὐδὲ γενέσεως γένεσις οὐδὲ ὅλως μεταβολῆς μεταβολή', ὡς καὶ ταῦτα προδέδεικται καὶ νῦν ὑπέμνησται διὰ τοῦ γενέσεως γὰρ οὐδεμία μεταβολή, καθάπερ εἴρηται πρότερον.

Adnot. Simplicius reprend très probablement ici l'interprétation d'Alexandre. L'idée est identique, le mot-à-mot proche mais différent.

★

479 (47b 24 ≈ 47b 9 sqq.) καὶ φρόνιμος] τὸ ἑξῆς οὕτως· οὐ γέγονεν ἐπιστήμων· παραβάλλει οὖν τῷ μεθύοντι καὶ καθεύδοντι καὶ κοιμωμένῳ, ὅταν ἀπαλλαγῶσι τοῦ θορύβου, τὸν νεωστὶ ἀρχόμενον φρονεῖν περὶ τὸ ἡβάσκειν· καὶ λέγει ὅτι οὐκ ἔστι τοῦτο οὔτε γένεσις οὔτ' ἀλλοίωσις, ἀλλ' ὅμως δι' ἀλλοιώσεως γίνεται.

—

2 κοιμωμένῳ ego : κοιμωμένου S

et prudent] La suite des idées est la suivante. Il n'est pas *devenu* savant. Il compare donc, à l'homme en état d'ivresse, au dormeur, à l'alité, quand ils se débarrassent de leur trouble, celui qui vient de commencer à être doté de prudence, au moment de la puberté. Et il dit que cela n'est ni une génération ni une altération, mais que, cependant, cela se produit par altération.

Adnot. Simplicius, *In Phys.* 1078.2–10, atteste qu'Alexandre voyait des difficultés dans la suite argumentative de ce passage et qu'il avait tenté d'en expliquer le jeu des particules. La scholie constitue un écho différent, mais convergent, du même type de problèmes.

★

480 (48a 28 ≈ 48a 3–4) <ἐν ἀμφοτέροις>] ἐ ν ἀ μ φ ο τ έ ρ ο ι ς · φύσει καὶ θέσει καὶ παιδεύσει.

<dans ces deux cas>] « Dans ces deux cas » : par nature, et par convention et éducation.

★

VII, 4

481 (48a 11) συμβλητή] τὸ σ υ μ β λ η τ ή ἀντὶ τοῦ συγκρινομένη· ὅπερ γὰρ οἱ ἀρχαῖοι παραβάλλειν φασί, τοῦτο οἱ νεώτεροι συγκρίνειν, ὅπερ δὲ οἱ νεώτεροι συνάγειν φασί, τοῦτο οἱ ἀρχαῖοι συγκρίνειν.

commensurable] « Commensurable» au lieu de « comparée ». Ce que les anciens appellent en effet « mesurer sur », les plus récents l'appellent « comparer », tandis que ce que les plus récents appellent « réunir », c'est cela que les anciens appellent « comparer ».

Test. *Simpl. 1082.15–17* : ἀλλ' οἱ μὲν ἀρχαῖοι παραβάλλεσθαι ταῦτα ἀλλήλοις ἔλεγον, οἱ δὲ νεώτεροι συγκρίνεσθαι, τῶν ἀρχαίων φυσικῶν τῷ τῆς συγκρίσεως ὀνόματι κεχρημένων ἐπὶ τοῦ συνάγοντος εἰς ταὐτὸ τὰ κεχωρισμένα.

Adnot. Cette note terminologique est difficile à rendre en français. Peut-être faudrait-il oser le néologisme « coapplicable » pour συμβλητός, du fait que le verbe παραβάλλειν désigne, à l'origine, l'application d'un parallélogramme sur une droite. D'après Proclus s'appuyant sur Eudème, les constructions d'application et leur dénomination remontent aux anciens Pythagoriciens : cf. *In Eucl.* 419.15 sqq. Voir Ch. Mugler, *Dictionnaire de la terminologie géométrique des Grecs*, Paris, 1958, p. 324–325. La scholie nous permet de remonter de trois bons siècles la date des « plus récents ».

★

482 (48a 11) <συμβλητή>] κατὰ τὸ θᾶττον καὶ βραδύτερον.

<commensurable>] Selon le plus rapide et le plus lent.

★

483 (48a 12) <ἔσται>] ὅπερ ἀδύνατον.

<sera>] Ce qui est impossible.

★

484 (48a 14) <ἴση>] λείπει τὸ ἔσται συμβλητή.

<égale>] Manque « sera commensurable ».

★

485 (48a 14) τὸ δ'] ὑποκείμενον δηλονότι τῶν ἰσοταχῶν.

<et telle autre>] Sujette, manifestement, des choses de même vitesse.

★

486 (48a 15) <ἀδύνατον>] ἀσύμβλητον γὰρ τὸ ποσὸν καὶ τὸ ποιόν.

<impossible>] Sont incommensurables, en effet, le « tant» et le « tel ».

★

487 (48a 18) <ὥστε >] τὸ ἐξ ἀρχῆς συμπέρασμα προκείμενον.

<de sorte que>] La conclusion est annoncée d'entrée de jeu.

★

488 (48a 18–19) <ἐπὶ δὲ τοῦ κύκλου καὶ τῆς εὐθείας>] δείξας ἐπὶ τῶν ἀνομογενῶν κινήσεων τὸ ἀσύμβλητον, ἀπορεῖ ἐπὶ τῶν ὁμογενῶν νῦν περιφεροῦς καὶ εὐθείας.

<Mais, concernant le cercle et la ligne droite>] Ayant montré, dans le cas des mouvements hétérogènes, leur caractère incommensurable, il instruit maintenant l'aporie dans le cas des mouvements homogènes que sont le circulaire et le droit.

TEST. *Simpl. 1083.28–30* : δείξας ὅτι οὔτε ἡ κύκλῳ τῇ ἐπ' εὐθείας συμβλητὴ οὔτε ἡ ἀλλοίωσις τῇ φορᾷ, ἀπορεῖ διὰ τί οὐ συμβλητὴ ἡ κύκλῳ τῇ ἐπ' εὐθείας καὶ αὐτὴ ἡ εὐθεῖα τῇ περιφερεῖ.

★

489 (48a 21) ἀλλ' εὐθὺς] τουτέστιν ἐκ μόνου τοῦ ὑποκειμένου ε ὐ θ ύ ς , ἵνα θᾶττον γίνηται ἡ κίνησις τυχὸν ἡ ἐπὶ τῆς εὐθείας, ὥσπερ ἐπὶ κατάντους οὔσης καὶ εὐκολωτέρας.

—

2 γίνηται : γίνεται S || ἡ sec. : ἢ S

mais que, immédiatement] « Immédiatement », c'est-à-dire en se fondant seulement sur le substrat, en sorte que le mouvement, disons, sur la droite, se produise de manière plus rapide, du fait que la droite serait comme en pente vers le bas et plus aisée.

TEST. *Simpl. 1083.30–1084.2* : πρῶτον μὲν γὰρ ἄτοπόν φησι τὸ ἀδύνατον νομίζειν ὁμοίως καὶ ἰσοταχῶς τοῦτο μὲν ἐπὶ τῆς εὐθείας κινεῖσθαι, τοῦτο δὲ ἐπὶ τοῦ κύκλου, ἀλλ' εὐθὺς οἴεσθαι ἀνάγκη εἶναι θᾶττον κινεῖσθαι τὸ ἐπὶ τοῦ ἑτέρου αὐτῶν κινούμενον, παρὰ τοῦ ὑποκειμένου δηλονότι τὴν διαφορὰν λαμβάνον, ὡς ἂν εἰ τὸ μὲν ἐπὶ κατάντους ἐκινεῖτο, τὸ δὲ ἐπὶ ἀνάντους.

★

490 (48a 22) ἔτι οὐδὲν διαφέρει] οὐδ' ἂν τοῦτό, φησίν, ὑποτεθῇ, τὸ ἐπὶ τῆς ἑτέρας εἶναι θᾶττον, οὐδ' οὕτως συμβαίνει τὸ ἀσυμβλήτους αὐτὰς εἶναι· ἔσται γὰρ ἡ μὲν μείζων αὐτῶν ἐφ' ἧς ἐν ἴσῳ χρόνῳ θᾶττον κινεῖται ἡ δὲ <ἐλά>ττων ἐφ' ἧς βραδύτερον. ἐν αἷς δὲ τὸ μεῖζον καὶ ἔλαττον ἔσται καὶ τὸ ἴσον, ὥστε συμβλητά.

—

3 <ἐλά>ττων supplevi

En outre, il n'y aucune différence] Même si l'on suppose cela, dit-il, à savoir que le mobile sur l'une des lignes est plus rapide, même ainsi, il ne se produit pas que les lignes soient incommensurables. La plus grande des deux sera en effet celle sur laquelle, en un temps égal, il y a un mouvement plus rapide, la plus petite celle sur laquelle il y en a un plus lent. Mais les lignes dans lesquelles il y a du plus grand et du plus petit, il y aura en elles aussi de l'égal, en sorte que les termes sont commensurables.

Test. *Simpl. 1084.7–15* : ἐφεξῆς δὲ πειρᾶται δεικνύναι ὅτι, κἂν ὑποτεθῇ ἐπὶ τῆς ἑτέρας αὐτῶν ἀεὶ θάττω γίνεσθαι τὴν κίνησιν εἴτε παρὰ τὰς ὑποκειμένας γραμμὰς εἴτε παρὰ ἄλλην αἰτίαν, καὶ εἴτε τὸ αὐτὸ εἴη τὸ ἐφ' ἑκατέρας κινούμενον εἴτε ἕτερον καὶ ἕτερον, οὐδὲ οὕτως συμβαίνει τὸ ἀσυμβλήτους αυτὰς εἶναι· ἔσται γὰρ ἡ μὲν μείζων αὐτῶν, ἐφ' ἧς ἐν τῷ ἴσῳ χρόνῳ θᾶττον κινεῖσθαι τὸ κινούμενον ἐτέθη, ἡ δὲ ἐλάττων, ἐφ' ἧς τὸ βραδύτερον. ἐν αἷς δὲ τὸ μεῖζον καὶ τὸ ἔλαττόν ἐστιν, ἐν ταύταις οἷόν τέ ἐστι καὶ τὸ ἴσον λαβεῖν, ὥστε ἔσται τις περιφερὴς εὐθείᾳ ἴση.

Adnot. La scholie et Simplicius sont identiques, souvent même à la lettre. En l'absence de tout élément de contexte, on pourrait bien sûr penser que le scholiaste a copié Simplicius. Le plus vraisemblable est plutôt qu'ils puisent ce passage au commentaire d'Alexandre.

⋆

[119r]

491 (48a 24) <μείζων καὶ ἐλάττων>] ἀντὶ τοῦ ἢ μείζων ἢ ἐλάττων.

<plus grand et plus petit>] Au lieu de : « ou plus grand ou plus petit ».

⋆

492 (48b 6) <ἀλλ' οὐ συμβλητά>] ἀντὶ τοῦ ἀλλ' οὐκ ἔστιν ἡ εὐθεῖα συμβλητὴ τῇ ἐπιφανείᾳ.

<Mais elles ne sont pas commensurables>] Au lieu de : « mais la droite n'est pas commensurable à la surface ».

⋆

493 (48b 10) <ἆρ' οὖν>] ἐνδέχεται γὰρ καὶ τὰ συνώνυμα ἀσύμβλητα εἶναι.

<Est-ce donc que>] Il est en effet possible que les choses synonymes soient incommensurables.

⋆

494 (48b 12) ἢ πρῶτον μὲν τοῦτο] ἐνίσταται πρὸς ἑαυτὸν καὶ ἀποδοκιμάζει τὸ εἶναι ὁμώνυμον τὸ θᾶττον ἐπί τε κύκλου καὶ εὐθείας κινουμένου τινός. εἰσὶ γὰρ αἱ δύο μήκη ἀπλατῆ. λέγει δ' ὅτι συνώνυμα μὲν τὸ θᾶττον καὶ βράδιον ἐπὶ τούτων, ἀλλὰ καὶ οὕτως ἀσύμβλητα. καὶ φέρει τὸ πολὺ παράδειγμα, συνώνυμον ὂν καὶ ἀσύμβλητον ἐπί τε ἀέρος καὶ ὕδατος· εἰ τὸ διπλάσιον, φησί, τὸ αὐτὸ σημαίνει, διὰ τί ὁ μὲν ἀὴρ συμβλητὸς ἀέρι, ὕδατι δ' οὔ; ἢ τὸ μὲν διπλάσιον, φησί, τὸ αὐτὸ σημαίνει καὶ κατὰ ἀέρος καὶ κατὰ ὕδατος, ἀλλ' οὐ συμβλητά, διότι ἄλλα εἰσὶ τὰ πρῶτα δεδεγμένα αὐτὰ σώματα ; ἄλλο γὰρ ὕδωρ καὶ ἄλλο ἀήρ· τῶν δὲ πρώτων δεκτικῶν <τῶν χρωμάτων> δια<φορὰ οὐκ ἔστιν, οἷον ὅταν παραβάλλωμεν> τὴν χιόνα καὶ τὸν κύκνον τυχόν· τὸ γὰρ πρῶτον δεκτικὸν ἡ ἐπιφάνεια.

—

8 συμβλητά S ad sensum : fort. συμβλητόν (cf. τὸ … διπλάσιον) scribendum || αὐτὰ S : fort. αὐτὸ scribendum (cf. ad lin. 8) || 9 τῶν χρωμάτων addidi || 9–10 δια<φορὰ … παραβάλλωμεν> correxi et addidi : διὰ S

Ou bien n'est-ce pas qu'en premier lieu, cela] Il s'objecte à lui-même, puis repousse, la thèse selon laquelle le « plus rapide » est homonyme selon que quelque chose se meuve sur un cercle ou une droite. Ces deux lignes sont en effet des longueurs sans largeur. Mais il dit que dans leur cas, le plus rapide et le plus lent sont des synonymes, mais sont, même ainsi, incommensurables. Et il apporte le « beaucoup » comme exemple, qui est à la fois synonyme et incommensurable dans le cas de l'air et de l'eau. Si le double, dit-il, signifie la même chose dans le cas de l'air et dans celui de l'eau, pour quelle raison l'air est-il commensurable à l'air, mais non à l'eau ? À moins que le double, dit-il, signifie la même chose dans le cas de l'air et dans celui de l'eau, mais qu'ils ne soient pas commensurables du fait que sont autres les premiers corps qui les reçoivent (autre est en effet l'eau, autre l'air) ; toutefois, entre les premiers récepteurs des couleurs, il n'y a pas de différence, comme quand nous comparons, par exemple, la neige et le cygne : le premier récepteur est en effet la surface.

Adnot. Ce texte n'est qu'une paraphrase fidèle de l'ensemble du passage d'Aristote, *Phys.* 148b 12–24. Alexandre réorganise le texte d'Aristote, effectivement mal construit, sous une forme plus logique. La fin de la scholie est certainement corrompue, et la reconstitution proposée ne peut qu'être indicative. Le sens global, toutefois, ne fait guère de doute. J'ai pris en compte, pour la reconstitution, Simplicius, *In Phys.* 1089.18–21 : « noue disons en effet »lequel est le plus blanc« entre le cheval et le chien en faisant porter notre recherche sur les individus, voire nous comparons le sable et la neige, parce que la chose qui reçoit le blanc à titre premier dans les deux est la même, c'est en effet la surface » (λέγομεν γὰρ πότερον λευκότερον ὁ ἵππος ἢ ὁ κύων ἐπὶ ἀτόμων ζητοῦντες, ἢ τὸ ψιμύθιον καὶ τὴν χιόνα παραβάλλομεν, διότι τὸ πρώτως δεξάμενον τὸ λευκὸν ἐν ἀμφοτέροις ταὐτόν ἐστιν, ἡ γὰρ ἐπιφάνεια).

★

495 (48b 13) <τὸ γὰρ πολὺ>] οὐ γὰρ διὰ τὸν αὐτὸν ὄγκον ἤδη καὶ ἡ αὐτὴ δύναμις ἐπ' ἀμφοῖν.

<Car « beaucoup »>] Ce n'est pas parce qu'ils ont le même volume que la puissance, dans les deux cas, est automatiquement la même.

★

496 (48b 15) ἢ καὶ ἐπὶ τούτων] ἢ καὶ ἐπὶ τούτων φησί, τουτέστιν ἐπὶ τοῦ πολὺ καὶ διπλάσιον, τὸ αὐτὸ αἴτιόν ἐστι τῆς ἀσυμβλησίας ὃ καὶ ἐπὶ τῶν πρὶν ὀξέος καὶ ταχέος· πάντων γὰρ αἴτιον ἡ ὁμωνυμία· τὸ γὰρ πολὺ καὶ τὸ διπλάσιον ὁμώνυμα, λανθάνει δὲ διὰ τὸ καὶ τοὺς ὁρισμοὺς αὐτῶν ὁμωνύμους εἶναι· διὸ πάντα ἀσύμβλητα τὰ τοιαῦτα.

—

3 ταχέος scripsi : ταχ ς S

ou bien dans ces cas-là aussi] « Ou bien dans ces cas-là aussi », dit-il, c'est-à-dire dans le cas du « beaucoup » et du « double », il y a la même cause de l'incommensurabilité que dans le cas précité de l'aigu et du rapide. La cause de tous est en effet l'homonymie. Car « beaucoup » et « double » sont homonymes, mais cela passe inaperçu du fait que leurs définitions aussi sont homonymes. C'est la raison pour laquelle toutes ces choses sont incommensurables.

Adnot. Cette scholie (dont le nerf de l'argument est repris par Simplicius, *In Phys*. 1088.19–20 : οὐ δοκεῖ δέ, ἐπειδὴ καὶ ὁ λόγος αὐτῶν ὁμώνυμος ὧν κατ' ἀμφοτέρων λέγεται, καθ' ὧν καὶ τὸ ὄνομα) est intéressante. On pourrait croire qu'elle s'inscrit dans le débat (moderne) de savoir si les homonymes aristotéliciens sont toujours des choses ou parfois seulement des mots. En réalité, elle paraît plutôt distinguer deux plans de considération des choses homonymes. Des choses, par définition, sont homonymes quand elles ont la même appellation mais que leur nature est différente. Mais la scholie illustre comment Alexandre, et Simplicius à sa suite, redoublent cette analyse par une considération de l'assemblage de termes constituant la définition des choses différentes par nature. Dans le cas le plus simple, les deux définitions sont elles-mêmes différentes. Leur prise en compte formelle suffit donc *a fortiori* à établir la différence de nature entre les deux choses, donc leur homonymie. Mais parfois, les définitions sont elles-mêmes composées des mêmes termes. Cette homonymie du second degré demande donc nécessairement une nouvelle analyse philosophique du réel. Cette analyse, au plan formel, fera apparaître deux séries différentes de symboles, qui permettront que le processus de recherche trouve un terme.

★

497 (48b 15) <ἢ καὶ ἐπὶ τούτων>] κἂν τὸ πολύ, φησί, μὴ ᾖ συνώνυμον, ἀλλὰ τὸ διπλάσιον συνώνυμον.

—

1 κἂν scripsi : καὶ ut vid. S

<Ou bien dans ces cas-là aussi>] Même si d'aventure, dit-il, « beaucoup » n'est pas synonyme, « double » est synonyme.

★

498 (48b 24–25) ἐν ἄλλῳ γὰρ] πάλιν πρὸς τὰ εἰρημένα ἐνίσταται, λέγων ὅτι ἐκ τῶν εἰρημένων ἔσται καὶ τὰ κυρίως ὄντα ὁμώνυμα μὴ εἶναι ὁμώνυμα ἀλλ' ἕν τι καὶ ταὐτὸν σημαίνειν καὶ διὰ τὰ δεκτικὰ μὴ εἶναι συμβλητὰ μόνον.

Ils se trouvent en effet dans autre chose] Il présente une nouvelle objection à ses propres dires, en affirmant qu'à partir de ce qui est dit, il sera possible que les choses qui sont au sens propre homonymes ne soient pas homonymes, mais signifient une chose une et identique, et que ce soit seulement en raison des récepteurs qu'elles ne soient pas commensurables.

TEST. *Simpl. 1090.1–4* : ἀλλ' ἥ γε τοῦ Ἀριστοτέλους ἀγχίνοια καὶ πρὸς τοῦτον ἐνίσταται τὸν λόγον ἐντρεπτικῶς. τούτῳ γὰρ χρώμενον, φησίν, ἔστιν ἀναιρεῖν ἐκ τῶν ὄντων τὴν τῶν ὁμωνύμων φύσιν λέγοντα καὶ τὰ ὁμολογουμένως ὁμώνυμα μὴ εἶναι ὁμώνυμα, ἀλλ' ἕν τι καὶ ταὐτὸ σημαίνειν.

ADNOT. Le problème abordé est crucial pour un aristotélicien. Il consiste en effet à se demander, dès lors qu'on admet une théorie de « récepteurs » locaux, quelles sont les *réalités* qui doivent être prise en compte pour décider d'un cas d'homonymie.

★

499 (49a 2) ἔτι δεκτικὸν] καὶ διὰ τούτων ἀναιρεῖ τὰ προειρημένα. λέγει γὰρ ὅτι οὐκ ἔστι δεκτικὸν τὸ τυχὸν τοῦ τυχόντος, ἀλλὰ τὸ πρῶτον δεκτικὸν τὸ τῇ φύσει ἓν ἑνὸς τῇ φύσει δεκτικόν ἐστι καὶ οὔτε τὸ ἓν πολλὰ δέχεται καὶ οὔτε τὰ πολλὰ ἐν ἑνί εἰσιν.

De plus, récepteur,] Et par ces paroles, il écarte les choses qu'il avait d'abord dites. Il dit en effet que n'importe quoi n'est pas récepteur de n'importe quoi, mais que le premier récepteur, qui est un par nature, est récepteur de quelque chose d'un par nature ; il dit aussi qu'il n'est vrai ni que l'un reçoive de multiples choses, ni que de multiples choses soient présentes en une seule.

Test. *Simpl. 1090.14–18* : προστίθησι δὲ καὶ ἄλλο ἐπιχείρημα τοῦ αὐτοῦ δεικτικόν, ὅτι οὐκ ὀρθῶς λέγει ὁ λέγων τὰ αὐτὰ τῇ φύσει μὴ συγκρίνεσθαί ποτε διὰ τὸ ἐν διαφόροις εἴδεσιν εἶναι, καί φησιν ὅτι οὐκ ἔστι τὸ τυχὸν τοῦ τυχόντος δεκτικὸν καὶ μάλιστα τὸ πρῶτον, ἀλλ' ἓν ἑνὸς φύσει δεκτικὸν καὶ τοῦ αὐτοῦ τῷ εἴδει, ὡς χρωμάτων ἐπιφάνεια, χυμῶν γεῦσις.

Adnot. On voit que la présence de τοῦ τυχόντος après τὸ τυχόν ne remonte pas seulement à Simplicius – sur lequel s'appuyait Ross pour corriger le texte – mais, avant lui, à Alexandre. Rien ne dit cependant qu'il s'agisse d'une leçon textuelle. Il paraît même plus probable que les deux commentateurs complètent un texte tel que nous l'avons pour le rendre plus lisible. Alexandre interprète cet argument comme une réponse à l'objection qui vient d'être formulée (cf. scholie précédente).

★

500 (49a 3) ἀλλ' ἆρα οὐ μόνον] οὐκ ἤδη, φησί, τὰ ὧν ἕν ἐστι δεκτικὸν καὶ συμβλητά ἐστιν ἀλλήλοις· οὐ γὰρ ἀρκεῖ ἡ συνωνυμία πρὸς τὸ συμβάλλειν, ἀλλὰ δεῖ αὐτὰ μηδὲ κατ' εἶδος διαφέρειν, ὡς ἐπὶ τῆς εὐθείας καὶ περιφερείας, οὐ μόνον δ' αὐτὰ ἀδιάφορα εἶναι κατ' εἶδος, ἀλλὰ καὶ τὰ ἐν οἷς.

Mais alors, est-ce que non seulement] Mais il n'est pas vrai, dit-il, que les choses dont il y a un unique récepteur soient par là-même aussi commensurables. La synonymie ne suffit pas à la commensurabilité, mais il faut en outre que ces choses ne diffèrent pas non plus selon l'espèce, comme dans le cas de la droite et du cercle, mais que non seulement elles-mêmes ne diffèrent pas selon l'espèce, mais aussi les choses « dans lesquelles ».

Test. *Simpl. 1090.30–1091.9* : εἰπὼν δὲ ἓν ἑνὸς δεκτικὸν τὸ πρῶτον καὶ διὰ τοῦτο συγκρίνεσθαι ἀλλήλοις ὡς μὴ ὄντα ὁμώνυμα τὰ ἑνὸς εἴδους ὄντα, ἐπέστησεν ὅτι οὐκ ἀρκεῖ τὸ μὴ ὁμώνυμα εἶναι πρὸς τὸ συμβλητὰ εἶναι· ἡ γὰρ ἐπιφάνεια χρωμάτων ἐστὶ δεκτικὴ πρώτως λευκοῦ καὶ μέλανος, ἀλλ' οὐ τῶν ὁμωνύμως λεγομένων χρωμάτων· οὐ γὰρ δὴ καὶ τῶν ἐν μουσικῇ. καὶ ὅμως οὐκ ἔστι συμβλητὸν τὸ λευκὸν τῷ μέλανι κατὰ τὸ χρῶμα. οὐ γὰρ λέγει τις μᾶλλον εἶναι χρῶμα ἢ ἧττον τὸ ἕτερον τοῦ ἑτέρου, ἀλλὰ δεῖ πρὸς τῷ μὴ εἶναι ὁμώνυμα τὰ συμβλητὰ ὁμογενῆ ὄντα μηδὲ τὴν κατ' εἶδος ἔχειν διαφοράν, ἀλλ' ἓν εἶναι καὶ τῷ εἴδει ἀτόμῳ ὄντι, καὶ μὴ μόνον τῷ γένει καὶ ἐν ἑνὶ τῷ εἴδει δεκτικῷ· τοῦτο γὰρ σημαίνει τὸ μὴ ἔχειν διαφοράν, μήτε ὃ μήτε ἐν οἷς.

ADNOT. La paraphrase de la scholie et celle de Simplicius se rejoignent. On ne peut cependant déduire des deux textes l'existence d'une leçon ancienne ἐν οἷς pour ἐν ᾧ en 249a 5. Il est très clair, dans la scholie en particulier, que les pluriels sont dictés par l'effet d'explicitation de l'idée d'Aristote (τὰ ἐν οἷς signifiant *grosso modo* « les substrats et leur nature »).

★

501 (49a 5) τὸ ἐν ᾧ (sic S)] ἐφ' οὗ <καὶ> καθ' ὃ ἡ κίνησις.

—

καὶ addidi || καθ' ὃ scripsi : καθὸ ut vid. S

le ce dans quoi] Dans le cas duquel et en fonction duquel a lieu le mouvement.

★

502 (49a 7) <μὴ κατὰ>] γενικῶς εἰδικῶς.

<non pas selon>] Génériquement, spécifiquement.

★

503 (49a 11) <ὁμοταχὴς>] γενικῶς.

<de même vitesse>] Génériquement.

★

504 (49a 12) ἔχει εἴδη] οἷον ἡ κατὰ τόπον τὴν εὐθυφορίαν, ἡ ἀλλοίωσις τὴν μέλανσιν καὶ λεύκανσιν καὶ πάλιν τὴν γλύκανσιν καὶ πίκρανσιν· ἐπὶ τῶν ἄλλων ὡσαύτως.

a des espèces] Comme le mouvement selon le lieu le transport rectiligne, l'altération le devenir noir et le devenir blanc, et le devenir doux et le devenir-aigre aussi bien. De même dans les autres cas.

ADNOT. L'adaptateur n'a sélectionné que la partie la moins intéressante de ce que devait être le commentaire d'Alexandre. Comme Simplicius, *In Phys.* 1091.28–1092.4 qui le suit, Alexandre devait distinguer entre les grands genres de mouvements (selon les catégories), puis des espèces intermédiaires pouvant être des genres, et enfin des espèces qui ne sont plus des genres. C'est à ce niveau que la commensurabilité peut avoir lieu.

★

505 (49a 14) ἢ ὅτι] τὸ ἑξῆς· ἢ ὅ τ ι ἡ γ ρ α μ μ ὴ γ έ ν ο ς · ἢ ἅ μ α ἐ κ ε ῖ ν α ε ἴ δ ε ι δ ι α φ έ ρ ε ι , τουτέστιν ἡ φορὰ καὶ ἡ γραμμή· εἶτα· ὁ μ ὲ ν γ ὰ ρ χ ρ ό ν ο ς .

—

2 φορὰ : διαφορὰ S

est-ce que] La suite des idées : « … ou parce que la ligne est un genre » ; « ou bien c'est ensemble que ces choses diffèrent par l'espèce », à savoir le transport et la ligne ; ensuite : « en effet, le temps … ».

TEST. *Simpl. 1093.12–18* : πλὴν ἐπειδὴ ἀσαφῶς προῆκται, οὐδὲν κωλύει τὴν ἐπ' αὐτῇ τοῦ Ἀλεξάνδρου ἐξήγησιν παραγράψαι· παρεμβεβλημένου γάρ, φησί, τοῦ πάντα χρόνον ἐν ᾧ τὰ ἅμα κινούμενα κινεῖται τὸν αὐτὸν τῷ ἀριθμῷ καὶ ἄτομον εἶναι, συναπτέον τῷ π ό τ ε ρ ο ν ο ὖ ν α ἴ τ ι ο ν ὅ τ ι ἐ σ τ ὶ ν ἡ φ ο ρ ὰ γ έ ν ο ς ἢ ὅ τ ι ἡ γ ρ α μ μ ὴ γ έ ν ο ς τὸ ἢ ἅ μ α κ ἀ κ ε ῖ ν α ε ἴ δ ε ι δ ι α φ έ ρ ε ι · τῇ γὰρ ἀπορίᾳ ὑποφέρει τὸ ἢ ἅ μ α κ ἀ κ ε ῖ ν α ε ἴ δ ε ι δ ι α φ έ ρ ε ι , τουτέστιν ἀκολουθεῖ θατέρῳ θάτερον.

ADNOT. Pour être comprise, cette scholie demande quelques considérations textuelles. Aristote s'interroge sur l'incommensurabilité des mouvements. Est-elle à expliquer « parce que le transport est un genre, ou parce que la ligne est un genre ? » Suit un développement qui commence, dans tous les témoins du texte, comme ceci : ὁ μὲν γὰρ χρόνος (« en effet le temps … »). On trouve ensuite, abstraction faites de petites différences mineures, quatre versions textuelles principales :

1) … ὁ αὐτός· ἂν δὲ τῷ εἴδει ᾖ, καὶ ἐπ᾽ ἐκεῖνα εἴδει διαφέρει. *… est le même ; mais si c'est par l'espèce qu'elles le sont, pour eux aussi ils diffèrent par espèce.* (Alex. chez Simpl. 1093.4–5)	2) … ἀεί [ὁ αὐτός ἀεί FJ Alex.] ἄτομος τῷ εἴδει, ἢ ἅμα κἀκεῖνα [ἐκεῖνα EF] εἴδει διαφέρει. *… est toujours [est toujours le même FJ] indivisible par l'espèce; ou encore, c'est ensemble qu'eux aussi diffèrent par l'espèce.* (Alex. γρ. chez Simpl. 1093.9–10, manuscrits byzantins, traduction arabe)	3) … ὁ αὐτός· ἂν δὲ τῷ εἴδει ᾖ ἄλλα, καὶ ἐκεῖνα εἴδει διαφέρει. *… est le même. Mais si elles sont différentes par l'espèce, eux aussi diffèrent par l'espèce.* (plusieurs manuscrits consultés par Simpl., cf. 1093.5–7)	4) … ὁ αὐτός· ἂν δὲ τῷ εἴδει ᾖ, κατ᾽ ἐκεῖνα εἴδει διαφέρει. *… est le même ; mais si c'est par l'espèce qu'elles le sont, pour eux ils diffèrent par espèce.* Simpl. 1092.32–1093.1)

Il est très probable que, comme Diels le suggère en apparat, la version (4) soit une erreur de copie de l'archétype de Simplicius pour la version (3). On peut donc la laisser de côté. Nous nous trouvons ainsi avec trois textes principaux : le texte principal d'Alexandre d'après Simplicius ; celui qui d'après Simplicius, *In Phys.* 1093.10–11 appartenait originellement à la première version et qui s'est trouvé interpolé par un érudit dans la seconde – et qui est le texte unanimement transmis par les mss. byzantins d'Aristote – ; celui, enfin, que lit Simplicius, et qui pourrait s'expliquer par la prise en compte d'une remarque philologique d'Alexandre. Ce dernier jugeait en effet que le mot ἕτερα manquait dans son texte (cf. Simplicius, *In Phys.* 1093.4–5). Le ἄλλα que trouve opportunément Simplicius a tout l'air d'une conjecture, faite indépendamment d'Alexandre ou sous son influence. En résumé, le scénario suivant est le plus probable. La seconde version contenait le texte (1) consulté par Alexandre. Au vu de son obscurité, il a été remplacé à date ancienne (avant Alexandre) par le texte (2) ; et avant Simplicius, il a été corrigé, peut-être sous l'influence d'Alexandre, en sorte de se présenter sous la forme du texte (3).

La scholie et Simplicius, *In Phys.* 1093.8–18, attestent qu'Alexandre a discuté en détail le texte (2). Alexandre, en particulier, a suggéré un déplacement de l'ordre des groupes de mots (ce qui ne signifie pas une correction), pour mieux faire apparaître le fait que ἢ ἅμα κτλ. est une troisième éventualité après ὅτι ἡ φορὰ γένος ἢ ὅτι κτλ. L'idée serait la suivante : on peut attribuer l'incommensurabilité des mouvements soit au caractère générique du transport, soit au caractère générique de ligne ; soit au caractère générique des deux, en tant qu'il serait sur un même plan. Ce n'est qu'une fois ce triple choix énoncé que l'on expliquerait que l'incommensurabilité ne peut être due au temps, du fait que celui-ci, dans tous les changements, est parfaitement unitaire et univoque.

Dans la portion du texte d'Aristote qu'elle cite, la scholie écrit ἐκεῖνα avec les mss EF, et non κἀκεῖνα avec les mss restants et, surtout, la citation d'Alexandre chez Simplicius. Il faut probablement compter avec une légère adaptation de la scholie au texte qu'elle commente. On remarquera de fait que le ms. S a lui aussi (cf. 119v, l. 1) la leçon ἅμα ἐκεῖνα.

★

506 (49a 14) <ἢ ὅτι>] ὅπερ ἄτοπον.

<est-ce que>] Ce qui est aburde.

★

[119v]

507 (49a 17) ἐν ᾧ (sic S)] ἀντὶ τοῦ δι' οὗ.

<en quoi>] Au lieu de : « par le moyen de quoi ».

★

508 (49a 18) ἢ οὔ] τῷ σχήματι μόνῳ διαφέρει ἡ βάδισις τῆς πτήσεως. ἐὰν δὲ ἄμφω ἐπ' εὐθείας, οὐ διαφέρουσι τῷ εἴδει, ἀλλὰ ἄμφω συμβλητά εἰσι.

—

1 πτήσεως post. corr. pr. man. : πτύσεως ante corr.

Ou bien n'est-ce pas le cas] C'est seulement par la position du corps que la marche diffère du vol. Mais si toutes deux sont en ligne droite, elles ne diffèrent pas par l'espèce, mais toutes deux sont commensurables.

Test. *Simpl. 1095.3–5* : τῷ γὰρ σχήματι μόνῳ, φησίν, ἕτεραί εἰσι κινήσεις ἥ τε πτῆσις καὶ ἡ βάδισις καὶ οὐ τῷ εἴδει, ὅταν ἀμφότεραι ἐπ' εὐθείας γίνωνται. διὸ καὶ συμβληταὶ αὗται.

★

509 (49a 21) διαφορὰ κινήσεως] ὁ νοῦς οὕτως· δεῖ οὐ μόνον τὸ αὐτὸ ὑποκείμενον εἶναι τῷ εἴδει, ἀλλὰ καὶ τὴν κίνησιν τῷ εἴδει εἶναι τὴν αὐτήν, ἵνα ἰσοταχῆ γένωνται. διό φησι ζητεῖν δεῖ τὴν διαφορὰν τῆς κινήσεως. ἡ γὰρ τῆς γραμμῆς διαφορὰ φανερά.

une différence de mouvement] Le sens est le suivant. Il ne faut pas seulement que le substrat soit le même par l'espèce, mais aussi que le mouvement soit le même par l'espèce, afin qu'ils soient de même vitesse. C'est la raison pour laquelle, dit-il, il faut rechercher la différence du mouvement. En effet, la différence de la ligne est manifeste.

Test. *Simpl. 1096.3–10* : ἢ τὸ ὥ σ τ ε σ κ ε π τ έ ο ν , τ ί ς δ ι α φ ο ρ ὰ κ ι ν ή σ ε ω ς ἐπήγαγεν, ὡς δέον ὂν τὸν μέλλοντα γινώσκειν, ποία κίνησις συμβλητὴ καὶ ποία ἀσύμβλητος, τὰς διαφορὰς τῶν κινήσεων πρότερον παρ' ἑαυτῷ διῃρηκέναι. αἱ γὰρ τῶν γραμμῶν διαφοραὶ πρόδηλοι καὶ τοῖς ἰδιώταις. πλείονα δέ φησιν αὐτὸν ὁ Ἀλέξανδρος εἰρηκέναι περὶ τῆς ἀσυμβλήτου κινήσεως, διότι οὔπω δέδεικται ὅτι οὐκ ἔστιν εὐθεῖα ἴση περιφερείᾳ, ἀλλὰ μεμένηκε ζητούμενον. διὸ καθόλου λέγει τῇ κατ' εἶδος διαφορᾷ τῶν γραμμῶν τὴν κατ' εἶδος διαφορὰν τῶν κινήσεων ἀκολουθεῖν.

Adnot. Malgré une présentation différente, la scholie concorde avec le renseignement sur Alexandre prodigué par Simplicius. La nature des différents mouvements demande une véritable recherche, car elle n'apparaît pas aussi immédiatement que celle des différentes lignes.

⋆

510 (49a 23) <εἰσίν τε τῶν ὁμωνυμιῶν>] περὶ τὴν ὁμωνυμίαν.

<et parmi les homonymies>] Au sujet de l'homonymie.

⋆

511 (49a 23) <αἱ μὲν>] αἱ κατὰ τυχόν.

<certaines>] Celles fonction du hasard.

⋆

512 (49a 24) αἱ δὲ ἔχουσαι] ἔοικεν νῦν ὁμωνύμους λέγειν εὐθυφορίαν καὶ κυκλοφορίαν.

alors que d'autres ont] Il semble maintenant dire que le transport en ligne droite et le transport en cercle sont homonymes.

Adnot. Cette brève scholie est sans équivalent chez Simplicius. Celui-ci, en revanche, se livre à des considérations néoplatonisantes sur les différents niveaux d'unité (cf. *In Phys.* 1096.28–1097.1) dont on ne trouve pas la trace, comme l'on pouvait s'y attendre, dans S.

★

513 (49a 24) <αἵ δὲ>] αἵ κατὰ τὰς εἰκόνας.

<d'autres>] Celles fonction des images.

★

514 (49a 24) <αἵ δ'>] ἀφ' ἑνὸς καὶ πρὸς ἕν.

<d'autres>] Issues d'une chose et s'y rapportant.

★

515 (49a 26) <ἐὰν ταὐτὸ ἐν ἄλλῳ>] ἐν ἄλλῳ δεκτικῷ.

—

δεκτικῷ ego : δεκτικόν S

<quand la même chose est dans quelque chose de différent>] Dans un réceptacle différent.

★

516 (49a 29) <περὶ δὲ δὴ ἀλλοίωσεως>] τοιοῦτον ἀπορεῖ ὅτι ἐπὶ μὲν τῆς φορᾶς δῆλον ἦν τὸ ἐν ᾧ, οἷον ἡ εὐθεῖα· ἐπὶ γὰρ ταύτης παραμετροῦντες τὸν χρόνον ἴσον ἢ ἄνισον λέγομεν· ἐπὶ δὲ τῆς ἀλλοιώσεως οὐδὲν τοιοῦτόν ἐστιν ἀλλ' ὅμοιον, οὐχὶ ἴσον, λέγομεν.

<Maintenant, en ce qui concerne l'altération>] Il soulève l'aporie suivante : alors que dans le cas du transport, le ce dans quoi était clair, par exemple la ligne droite – car c'est en opérant sur elle notre mesure que nous disons que le temps est égal ou inégal –, dans le cas de l'altération on ne trouve rien de tel, mais nous parlons de « semblable » et non d'« égal ».

Adnot. Curieusement, Simplicius, dans le passage correspondant (*In Phys.* 1098.18 sqq.), ne voit aucune aporie ou difficulté supplémentaire dans le passage à l'altération. Pourtant, le point que signalait Alexandre transmis par la scholie est très important : dans le cas du transport, la mesure est possible, car la grandeur parcourue est mesurable. Un mouvement-étalon local (la rotation du ciel, l'écoulement de l'eau dans la clepsydre) permet en effet de quantifier le temps ; la distance d'un transport est mesurable ; le mouvement de transport l'est donc aussi. En revanche, dans le cas de l'altération, nous ne pouvons pas mesurer la variation qualitative – puisque précisément elle n'est pas quantitative –, nous en sommes donc réduits à évacuer le critère de l'égal et de l'inégal pour nous en remettre au semblable et au dissemblable. Alors donc qu'Alexandre interprète le recours au vocabulaire du semblable comme un signe de cette aporie, Simplicius, *In Phys.* 1098.28–1099.1 n'y voit que le prétexte à une classification en fonction des catégories. Voir note suivante.

★

517 (49b 4) <τὸ αὐτὸ>] ἀπορήσας ἐπιλύεται λέγων ἀντὶ τοῦ ἴσου τὸ ταὐτὸν δεῖν λέγειν ἀλλοιοῦσθαι· εἶτα πάλιν ἀπορεῖ ἆρα τὸ ὑποκείμενον ταὐτὸν λεκτέον ἢ τὸ πάθος.

<de même>] Après avoir soulevé l'aporie, il lui apporte une solution en disant qu'à la place de l'égal, il faut dire que c'est le même qui s'altère. Il soulève ensuite une nouvelle aporie, à savoir s'il faut dire que c'est le substrat qui est « le même » ou l'affection.

Adnot. Dans un premier temps (cf. scholie précédente), Alexandre a identifié l'aporie liée au caractère non quantifiable de l'altération : le « semblable » ne se laisse pas saisir comme l'« égal ». Il procède maintenant en deux temps. Tout d'abord, il voit dans le recours au « même » (ταὐτόν) une première solution d'Aristote. C'est une solution, sans doute, parce que le même permet d'englober dans sa généralité tous les mouvements (cf. scholie suivante). Mais c'est une solution simplement formelle, tant que l'on ne voit pas ce que ce même désigne exactement, du « substrat » ou de l'« affection ».

★

518 (49b 5) <πότερον οὖν>] ἀπο(ρία) κατὰ τὸ προκείμενον παράδειγμα.

<Est-ce que donc>] Aporie dictée par l'exemple proposé.

★

519 (49b 5–6) <ἐνταῦθα μὲν δὴ>] λύσ(ις).

<Ainsi, dans le cas considéré,>] Solution.

★

520 (49b 11) <ὥστε ληπτέον>] αἱ γὰρ συμβληταὶ κινήσεις διὰ τούτου ληφθήσονται.

<De sorte qu'il faut saisir>] Car on saisira ainsi les mouvements commensurables.

★

521 (49b 12) εἰ μὲν οὖν] ζητήσας ἐπὶ τῆς φορᾶς τίνι χρὴ κρίνειν τὰς συμβλητὰς ἀλλήλαις φορὰς καὶ οὐ διαρθρώσας τότε, νῦν σαφηνίζει αὐτό, ὅτι τῇ τοῦ καθ' ὃ ἡ κίνησις γίνεται ἑτερότητί τε καὶ ταὐτότητι· ἔοικε δὲ διὰ τούτων τὰς κατὰ ταὐτὸν γένος γινομένας κινήσεις, εἰ μὴ καὶ κατὰ ταὐτὸν εἶδος εἶεν, ὁμωνύμως λέγειν εἶναι.

—

3 τοῦ καθ' ὃ ego : τοῦ καθὰ S fort. τῶν καθ' ἃ ut Simpl. 1100.11

Si, donc,] Après avoir recherché, dans le cas du transport, selon quel critère il faut juger les transports commensurables les uns aux autres et ne l'ayant pas bien articulé alors, il élucide maintenant ce point, à savoir que c'est par l'altérité et l'identité de ce en fonction de quoi le mouvement se produit. Or il semble dire par là que les mouvements qui se produisent selon le même genre, s'ils ne relèvent pas également de la même espèce, se disent de manière homonyme.

Test. *Simpl. 1100.9–12* : ὥστε ὅπερ ἐπὶ τῆς φορᾶς οὐ διήρθρωσε, τοῦτο νῦν σαφέστερον πεποίηκεν, ὅτι τῇ ἑτερότητι καὶ ταυτότητι τῶν καθ' ἃ ἡ κίνησις γίνεται χρὴ κρίνειν τὰ ἀσύμβλητα καὶ τὰ συμβλητά.

Adnot. L'interprétation de cette scholie pourrait sembler suspendue à la correction de καθά en καθ' ὅ. Mais celle-ci paraît s'imposer du simple point de vue philologique, conforté par le parallèle étroit de Simplicius. Et même si l'on voulait à toute force s'en tenir au texte transmis, il faudrait en dernière instance l'interpréter comme s'il y avait écrit καθ' ὅ. La comparaison des mouvements se fait donc selon l'identité et la différence de ce en fonction de quoi se fait le mouvement. Il ne s'agit là ni du temps, ni du substrat, mais de la variation possible de la catégorie, ou sous-catégorie, dans laquelle le mouvement s'effectue. Ainsi, deux hommes peuvent rougir plus ou moins fortement dans le même temps. Leur rougissement respectif peut être différent bien que le temps durant lequel ils rougissent soit identique (même début et même fin), mais leur rougissement peut être identique bien que les deux substrats (leur deux « surfaces ») soient différents. La différence entre ces évaluations qualitatives et les évaluations quantitatives est qu'elles sont parfaitement constatables ou pointables (Pierre rougit manifestement plus que Jean) mais qu'elles ne sont pas descriptibles. Il n'y a pas d'échelle d'intensité des couleurs, mais seulement des différences de couleur. Plus profondément, c'est pour ainsi dire par accident qu'il y a une échelle des mouvements locaux. C'est essentiellement parce qu'ils sont mêmes et différents que les mouvements locaux sont égaux et inégaux et c'est accidentellement, en tant qu'égaux et inégaux mais non en tant que mouvements, qu'ils sont comparables selon une échelle.

★

522 (49b 12–13) <ὧν εἰσὶν αἱ κινήσεις>] ἀντὶ τοῦ καθὰ αἱ κινήσεις· ἡ μὲν ἐπιφάνεια καθ' αὑτὸ λευκαίνεται· ὁ δὲ βοῦς καὶ ὁ ἵππος κατὰ συμβεβηκός.

<ceux dont les mouvements>] À la place de « pour autant que les mouvements ... ». La surface blanchit par soi ; le bœuf et le cheval par accident.

Test. *Simpl. 1100.12–14* : τὸ δὲ ὧν εἰσιν αἱ κινήσεις εἶπεν εἴδει διαφέρειν δεῖν ἐν τοῖς κινουμένοις καθ' αὑτὸ καὶ μὴ κατὰ συμβεβηκός, ἵνα τὰ κινούμενα κατ' ἐκεῖνα καθ' ἃ κινεῖται εἴδει διαφέρῃ ...

Adnot. La scholie n'est pas entièrement limpide et le parallèle de Simplicius n'est guère éclairant. On peut hésiter, en particulier, entre une lecture καθά et une lecture καθ' ἅ. La seconde n'est pas absurde, mais on ne voit pas très clairement, dans ce cas, le gain de sens par rapport à ὧν. « Les mûs ... dont les mouvements » ou « les mûs ... en fonction desquels les mouvements », la différence est minime et la seconde formulation paraît même moins naturelle que la première. En revanche, si l'on adopte la leçon καθά, le gain de sens est immédiat, Alexandre explicitant ainsi la valeur explicative latente de la relative d'Aristote. On traduirait /paraphraserait ainsi l'ensemble de la phrase : « si donc les mus diffèrent spécifiquement, alors, pour autant que leurs mouvements sont par soi et non par accident, eux aussi différeront spécifiquement ».

★

523 (49b 14) <εἰ δ’ ἀριθμῷ>] αἱ δὲ ἀριθμῷ διαφέρουσαι μόναι συμβληταί.

<et si c’est numériquement>] Et ceux qui diffèrent numériquement seuls sont commensurables.

⋆

524 (49b 15) <ἢ ὅμοιον>] τὸ γὰρ ὅμοιον ἐπὶ τῶν παθῶν μᾶλλον ἢ [ἐπὶ] τὸ ταὐτόν φαμεν.

—

1 ἐπὶ seclusi

<ou semblable>] Nous disons en effet, dans le cas des affections, « semblable » plutôt que « la même ».

TEST. *Simpl. 1100.27–29* : ... τὸ αὐτὸ ἢ μᾶλλον ὅτι ὅμοιον (τοῦτο γὰρ οἰκειότερον ὄνομα τῆς ποιότητος καὶ τῆς ἀλλοιώσεως, ὥσπερ τὸ ταὐτὸν τῆς οὐσίας) ...

ADNOT. La précision, chez Alexandre (à la différence de Simplicius), n’est pas dénuée de portée philosophique, puisqu’il voit dans le recours au « même » la première étape de la solution de l’aporie (cf. *supra*, *ad schol.* **521**). La précision apportée ici n’est donc pas purement lexicale : elle rappelle que l’introduction du « même » est le nerf de la solution, même s’il ne correspond pas aux usages linguistiques.

⋆

525 (49b 17) <τοσονδί>] οἷον τοῦ μὲν δίπηχυ τοῦ δὲ τρίπηχυ.

<de telle quantité>] Par exemple de l’un deux coudées et de l’autre trois coudées.

⋆

526 (49b 18) <τὸ αὐτὸ>] τὸ ἀλλοιούμενον τὸ δεκτικόν.

<la même chose>] L’objet réceptacle qui s’altère.

⋆

527 (49b 19) καὶ ἐπὶ γενέσεως] διορίσας ἐπί τε φορᾶς καὶ ἀλλοιώσεως τὰς συμβλητὰς κινήσεις, νῦν περὶ γενέσεως λέγει ὅτι ἐκεῖναι συμβληταὶ ἀλλήλαις αἱ τῶν ὁμοειδῶν, οἷον ἄνθρωπος τυχὸν ἀνθρώπῳ μὲν ἐννεαμήνῳ ἐννεάμηνος ἴσην ἔχει γένεσιν, ἑπταμήνῳ δὲ ἄνισον, οὐκέτι δὲ ἐπὶ βοὸς ἢ ἵππου συμβληταὶ αἱ γενέσεις ἀλλήλαις· θᾶττον δὲ γένεσις τυχὸν ἐπὶ σκυλάκων ὅταν τὸ μὲν γεννηθῇ ἐν ἴσῳ χρόνῳ, τὸ δὲ οὐ μόνον γεννηθῇ ἀλλὰ καὶ ἀναβλέψῃ. τοῦτο δὲ ἕτερον εἶπεν ὡς ἀνώνυμον.

Et aussi concernant la génération] Après avoir distingué, dans le cas du transport et de l'altération, les mouvements commensurables, il dit maintenant au sujet de la génération que sont mutuellement commensurables les générations des êtres de même espèce, par exemple que l'homme né au bout de neuf mois a une génération égale à l'homme né au bout de neuf mois, mais inégale à celui né au bout de sept mois, tandis que dans le cas du bœuf et du cheval, les générations ne sont plus mutuellement commensurables. Mais la génération est plus rapide par exemple dans le cas des chiots quand l'un naît en un temps égal, tandis que l'autre non seulement naît, mais également est doté de la vue. Cette seconde acception, il l'a décrite plus bas comme « anonyme ».

Adnot. Les détails biologiques de la scholie – durée de gestation des hommes, état d'achèvement des chiots à la naissance – n'apparaissent pas chez Simplicius, *In Phys.* 1101.8–22. Ils sont très probablement authentiques et écartés par le néoplatonicien, peut-être en raison de leur caractère prosaïque. La dernière remarque est bien expliquée par Ross, p. 682 : la langue n'a aucune catégorie pour exprimer l'identité et la différence de deux générations commensurables, que ce soit dans le cas où deux états d'achèvement différents correspondent à deux durées différentes (en dépit d'une viabilité commune : les auteurs anciens semblent avoir cru que les enfants de sept mois, à la différence de ceux de huit mois et comme ceux de neuf mois, sont viables – cf. Ann Hanson, « The Eight Months' Child and the Etiquette of Birth : *obsit omen* ! », *Bulletin of the History of Medicine* 61, 1987, pp. 589–602 ; l'exemple est donc bien choisi par Alexandre) ou à deux durées égales.

★

528 (49b 22) <εἰ ἐν ἴσῳ ἕτερον>] ε ἰ ἐ ν ἴ σ ῳ χρόνῳ ἕ τ ε ρ ο ν · τὸ δ' ἕ τ ε ρ ο ν δηλοῖ νῦν τὸ ἐλλειπὲς ἢ τὸ πλεονάζον τῆς τοῦ ἀνθρώπου τυχὸν γενέσεως· οὐ γάρ ἐστι κοινὸν ὄνομα ἐπὶ γενέσεως ὥσπερ ἐπὶ τῶν ἄλλων.

<si en un égal il est autre>] « Si en un » *temps* « égal il est autre ». Le terme « autre » désigne maintenant le déficient ou l'excédent de la génération, celle

de l'homme par exemple. Il n'est pas de nom commun, pour la génération, contrairement aux autres cas.

ADNOT. Pas d'équivalent chez Simplicius. Pour exprimer ces caractéristiques pour lesquelles la langue n'a pas de nom, Alexandre choisit de s'en remettre à l'expression, nécessairement imparfaite de « déficient ou excédent de la génération ». Il faut bien sûr comprendre ces deux termes comme plus généraux que la simple catégorie de la quantité. La déficience et l'excédent seront le moins grand (resp. nombreux) et le plus grand (resp. nombreux) dans la quantité continue (resp. discrète), le plus tel (μᾶλλον) et le moins tel (ἧττον) dans la catégorie de la qualité.

★

[121r]

529 (49b 24) <ἀλλ' ἀνώνυμον τὸ κοινόν>] ἐπὶ γὰρ τῆς γενέσεως οὐκ ἔχομεν οὔτε κοινὸν οὔτε ἴδιον ὄνομα τῆς θάττονος καὶ βραδυτέρας κινήσεως.

<Mais il n'y a pas de terme commun>] En effet, dans le cas de la génération, nous n'avons de terme ni commun ni propre pour le mouvement plus rapide et plus lent.

ADNOT. Cette scholie nous délivre une petite indication sur la façon dont Alexandre lisait les dernières lignes du chapitre. Le nom « commun » est, dans le changement qualitatif, ἀνομοιότης. Celui-ci se spécifie en deux « sous-noms », qu'Alexandre désigne comme « propres », qui sont μᾶλλον et ἧττον. Dans le cas de la génération, il n'y a ni nom commun pour « différence générationnelle » (parallèle à « dissemblance » ou « inégalité ») ni nom propre pour désigner excédent et déficience (parallèle à μᾶλλον-ἧττον ou μεῖζον-ἔλαττον). En effet « différence », « excédence », « déficience » ne s'appliquent pas *seulement* à la catégorie de la substance, mais sont transcatégoriels.

★

VII, 5

530 (49b 27) <ἐπεὶ δὲ>] περὶ τῆς φορᾶς ὁ λόγος.

<Mais puisque>] Le propos concerne le transport.

ADNOT. Alexandre remarquait peut-être avec plus d'insistance que Simplicius (cf. *In Phys.* 1103.2–3 et 34) que les preuves qui vont suivre ne sont compréhensibles qu'appliquées au transport – au sens propre, cf. βαστάζει à la scholie suivante – et non aux autres types de mouvement.

★

531 (50a 1–2) ἐν δὴ τῷ ἴσῳ χρόνῳ ἡ ἴση δύναμις] οἷον εἴ τις βαστάζει βάρος τάλαντα δέκα καὶ φέρει ἐν ὥραις δύο στάδια ἓξ τοῦτο, τὰ πέντε τάλαντα ἐν μὲν ταῖς δύο ὥραις φέροι ἂν στάδια δώδεκα, τὰ δὲ ἓξ στάδια ἐν ὥρᾳ μιᾷ· αἱ δὲ ἀποδείξεις αὐτοῦ γραμμικαὶ κατὰ τὸν ἐναλλὰξ λόγον, καὶ τὰ μέρη τοῖς ἰσάκις πολλαπλασίοις τὸν αὐτὸν ἔχει λόγον.

alors dans un temps égal la puissance égale] Par exemple, si quelqu'un tient à bout de bras dix talents et porte cette charge pendant deux heures sur six stades, il pourrait alors porter cinq talents d'une part en deux heures sur douze stades, d'autre part sur six stades en une heure. Ses démonstrations sont géométriques, par inversion des moyens termes, et les parties ont le même rapport que les multiples en nombre égal.

TEST. *Simpl. 1104.26–29* : ταύτην ὁ Ἀλέξανδρος πρώτην τέθεικε τὴν ἀναλογίαν, τὴν πρώτην οἶμαι παρείς. δευτέραν δὲ τέθεικε τὴν λέγουσαν· εἰ ἡ ὅλη δύναμις τὸ ἥμισυ τοῦ βάρους ἐν τῷ ἡμίσει χρόνῳ τὸ σταδιαῖον ἐκίνησε διάστημα, ἐν τῷ ὅλῳ χρόνῳ διπλάσιον κινήσει τοῦ σταδιαίου διαστήματος.

ADNOT. Nous avons un témoignage sur la façon dont Alexandre interprétait les « lois » de la dynamique aristotélicienne. Nous sommes ici dans le cas où la puissance (Α) demeure à l'identique et où l'on étudie quelles variations l'on peut faire subir au poids (Β), à la distance parcourue (Γ) et au temps (Δ). Avec *c* désignant une constante, Aristote suppose *de facto* que :

$c = (\mathrm{A}.\Delta) / (\mathrm{B}.\Gamma)$,

avec $B = 10$ talents, $\Gamma = 1$ stade et $\Delta = 1$ heure (cf. *In Phys.* 1104.9). Simplicius en tire trois autres relations, qu'il présente, en les justifiant consciencieusement, dans l'ordre suivant (*In Phys.* 1104.4–25) :

1) $c = (A.\Delta) / (B/2 . 2\Gamma)$

2) $c = (A . \Delta/2) / (B/2 . \Gamma)$

3) $c = (A.\Delta/2) / (B . \Gamma/2)$

La scholie, quant à elle, présente clairement, sous forme d'exemple numérique – dont les valeurs sont différentes de celles choisie par Simplicius –, les cas (1) et (2). On a bien, du fait que

$C = (A.2) / (10 . 6)$,

les deux premières « lois » :

1) $C = (A.2) / (5. 12)$

2) $C = (A.1) / (5.6)$

Simplicius, dans un passage assez peu clair (*In Phys.* 1104.26–1105.1), reproche à Alexandre non pas d'avoir omis la première « loi », comme il pourrait le sembler à la première lecture, mais d'avoir considéré la deuxième comme première et d'en avoir dérivé la première. Or dit Simplicius, la seconde « dérive en quelque manière » (ἀκόλουθός πως, *In Phys.* 1104.32) de la première et ne fait pas elle l'objet d'une thèse (cf. κεῖσθαι, *In Phys.* 1105.1), i.e. d'une supposition première, chez Aristote. La scholie ne permet ni d'infirmer ni de confirmer ces dires. Dans l'exemple proposé, les deux thèses sont proposées sur un pied d'égalité, la première apparaît même d'abord – mais c'est l'ordre même suivi par Aristote –. On peut se demander si Simplicius ne pèche pas ici par excès de précision. Notons d'ailleurs que le début de son texte paraît embarrassé, ne serait-ce que par le recours à οἶμαι.

★

532 (50a 8) ὁμοίως δὴ ἔχουσι] ὡς τὸ Ε πρὸς τὸ Ζ. νῦν οὐ λαμβάνει ὡς τὸ ἥμισυ τοῦ Β βάρους, ἀλλὰ μόριόν τι τυχὸν τῆς Α δυνάμεως, οἷον δέκατον ἢ εἰκοστόν.

—

1 Ε ego : Α S

Sont dans une relation similaire] … à E par rapport à Z. Il ne prend pas ici comme la moitié du poids B, mais n'importe quelle partie de la puissance A, un dixième ou un vingtième par exemple.

Adnot. Le texte d'Aristote et la scholies dans sa forme transmise sont obscurs. J'ai corrigé A en E, supposant l'idée suivante : quelles que soient les nouvelles données que l'on choisira, le rapport de la puissance au poids sera toujours égal à celui qu'il avait initialement, soit A/B. Alexandre interprète *Phys.* 250a 8–10 comme un élargissement de 250a 7–8 : on avait d'abord, par simplicité, envisagé l'hypothèse d'une division par deux de chaque terme du rapport. On engage maintenant un raisonnement en supposant n'importe quel coefficient de division (10, 100, etc.).

★

533 (50a 19–20) διὰ τοῦτο ὁ Ζήνωνος λόγος] φασὶν ὅτι Ζήνων ἤρετό ποτε Πρωταγόραν εἰ τὸ μυριοστὸν τῆς κέγχρου καταπεσὸν ψοφεῖ· τοῦ δὲ μὴ φήσαντος, ὁ δὲ μέδιμνος, φησί, τῶν κέγχρων καταπεσὼν ψοφεῖ, καὶ ἔφη· τί οὖν; ἔχει τινὰ λόγον τὸ μυριοστὸν τῆς κέγχρου πρὸς τὸν ὅλον μέδιμνον; – ναί, ἔφη. – τί οὖν, τόδε διάστημα τὸ ἓν μόνον, <ὃ> ὁ μέδιμνος <ἔχει>, ἔχει τινὰ λόγον πρὸς τὸ διάστημα τοῦ μυριοστοῦ τῆς κέγχρου; – ναί. – οὐκοῦν ὡς ὁ μέδιμνος τῶν κέγχρων ποιεῖ καταπεσὼν ψόφον ἔν τινι χρόνῳ, ἐν τῷ αὐτῷ δηλονότι χρόνῳ καὶ τὸ μυριοστὸν τῆς κέγχρου πεσὸν ἀναλόγως ψοφήσει.

—

1 ἤρετό scripsi : εἰρετό ut vid. S || 5 τόδε scripsi : τὸ δὲ S || ὃ addidi || ἔχει addidi

C'est pourquoi l'argument de Zénon] On dit que Zénon a demandé un jour à Protagoras si la dix-millième partie du grain de millet faisait du bruit en tombant. Celui-ci ayant dit que non, il lui dit : — « Mais le médimne de grains de millet en tombant fait du bruit ; alors donc, il y a bien un certain rapport entre la dix-millième partie du grain de millet et la totalité du medimne ?! » – « Certes », dit-il. – « alors donc, seul cet intervalle unique qu'a le médimne a un certain rapport à l'intervalle de la dix-millième partie du grain de millet ? » – « Certes ». – « Par conséquent, de même que le médimne des grains de millet fait en tombant un bruit dans un certain temps, il est clair que dans le même temps, la dix-millième partie du grain de millet fera en tombant un bruit dans le même rapport ».

Test. *Simpl. 1108.18–28* : διὰ τοῦτο λύει καὶ τὸν Ζήνωνος τοῦ Ἐλεάτου λόγον, ὃν ἤρετο Πρωταγόραν τὸν σοφιστήν· εἰπὲ γάρ μοι, ἔφη, ὦ Πρωταγόρα, ἆρα ὁ εἷς κέγχρος καταπεσὼν ψόφον ποιεῖ ἢ τὸ μυριοστὸν τοῦ κέγχρου ; τοῦ δὲ εἰπόντος μὴ ποιεῖν, ὁ δὲ μέδιμνος, ἔφη, τῶν κέγχρων καταπεσὼν ποιεῖ ψόφον ἢ οὔ ; τοῦ δὲ ψοφεῖν εἰπόντος τὸν μέδιμνον, τί οὖν, ἔφη ὁ Ζήνων, οὐκ ἔστι λόγος τοῦ μεδίμνου τῶν κέγχρων πρὸς τὸν ἕνα καὶ τὸ μυριοστὸν τὸ τοῦ ἑνός; τοῦ δὲ φήσαντος εἶναι, τί οὖν, ἔφη ὁ Ζήνων, οὐ καὶ τῶν ψόφων ἔσονται λόγοι πρὸς ἀλλήλους οἱ αὐτοί ; ὡς γὰρ τὰ ψοφοῦντα, καὶ οἱ ψόφοι ; τούτου δὲ οὕτως ἔχοντος, εἰ ὁ μέδιμνος τοῦ κέγχρου ψοφεῖ, ψοφήσει καὶ ὁ εἷς κέγχρος καὶ τὸ μυριοστὸν τοῦ κέγχρου.

Adnot. Le terme διάστημα n'apparaît pas chez Simplicius. Il n'est pas anodin, car il nous ramène à la question de la divisibilité infinie de la gamme musicale – et menace donc l'arithmologie musicale des Pythagoriciens (la pointe n'aurait pas été sentie par l'érudit ayant mis Protagoras en scène). Il ne s'agit sans doute pas d'une fioriture d'Alexandre : la mention de Protagoras, que l'on peut maintenant faire remonter à l'Exégète, semble indiquer qu'il avait accès à une ancienne tradition doxographique (Eudème ?), où il a pu trouver la mention du διάστημα.

Aucune interprétation proposée jusqu'à présent de ce paradoxe ne nous paraît convaincante (on en trouvera la liste et la discussion chez M. Caveing, *Zénon d'Élée, Prolégomènes aux doctrines du continu. Étude historique et critique des Fragments et Témoignages*, Paris, 1982, p. 47–55). La mention inédite de l'intervalle suggère une nouvelle tentative. Zénon se placerait dans le cadre de la théorie musicale des Pythagoriciens. Il accepterait qu'il y a son même si nous ne l'entendons pas, en raison de la faiblesse du choc ou de la distance qui nous en sépare. Il soulignerait, par l'exemple du médimne, du grain et de la dix-millième partie de grain, l'indifférence totale du son, *en tant que tel*, à une quantité absolue. Si en effet on suppose qu'il y a 10 000 grains dans un médimne, on voit que l'exemple pose l'existence d'un son correspondant à 10^4 (p/n), (p/n) et $10^{-4}(p/n)$, ce qui est une façon de considérer comme légitime une augmentation à volonté de l'exposant positif et négatif. Zénon, en conformité avec les prémisses de ses adversaires, affirmerait en outre aussi que *pour qu'il y ait son*, il est nécessaire qu'il puisse y avoir une insertion de ce son dans cette échelle décimale. Tout son, autrement dit, dès lors qu'on fixe arbitrairement *n'importe quel autre son* comme unité, doit pouvoir s'exprimer sous la forme (p/n). Or cela même est contredit par le son qui devrait être le plus simple de tous, celui qui sépare (géométriquement) 1 et 2. On objectera que ce « son », qui correspond à $\sqrt{2}$, n'est pas un nombre. Zénon n'en disconvient pas, c'est même à cela que tend, selon nous, son dispositif. Prenons en effet un roseau uniforme, ôtons-en deux tronçons de longueur 1 et 2 (cf. Théon de Smyrne, 60.16–61.23 Hiller = fr. A19a chez C.A. Huffman,

Archytas of Tarentum. Pythagorean, Philosopher and Mathematician King, Cambridge, 2005, p. 470–482). Traçons sur le sable le carré de côté de longueur 1 correspondante, traçons sa diagonale et découpons dans la partie restante du roseau une portion égale à cette diagonale. Nous aurons ainsi trois flûtes, de longueur respective 1, $\sqrt{2}$ et 2. Il y aura donc bien un son qui correspondra à $\sqrt{2}$, intermédiaire (et même milieu) entre 1 et 2. Mais à ce son, du moins pour les mathématiques de l'époque de Zénon, ne correspond aucun λόγος. La vision du monde des Pythagoriciens est donc inconsistante.

On pourrait être tenté d'objecter à cette reconstitution, tout d'abord, que l'on n'aura découpé qu'une *approximation* de la longueur $\sqrt{2}$, et non cette valeur *elle-même*. Mais une telle objection ne porte pas, car elle vaut *identiquement* pour les longueurs 1 et 2. À ce compte, l'octave lui-même n'existerait jamais et l'argument se résumerait à un morceau de scepticisme grossier (rien de sensible n'est mathématique), indigne de Zénon. Plus sérieusement, on pourrait se demander pourquoi l'argument, sous la forme transmise, serait si allusif. Nous ne pouvons ici que formuler des hypothèses. Il s'agit, semble-t-il, de la seule première partie de l'argument complet, où Zénon bloquait par anticipation une issue trop facile à ses adversaires consistant à invoquer le caractère imperceptible des micro-quantités (c'est-à-dire, aussi bien, des micro-écarts entre quantités). Zénon aurait demandé qu'on lui concède l'extensibilité infinie, dans les deux sens, de l'échelle acoustique. Il n'avait plus alors qu'à pointer du doigt l'incommensurabilité entre *tout* élément de cette échelle et $\sqrt{2}$ pour réfuter les pluralistes. L'argument de la *Physique* n'ayant maille à partir qu'avec le premier mouvement de Zénon, seul celui-ci aurait été transmis par Aristote.

★

534 (50a 21) οὐδὲν γὰρ κωλύει] ὁ νοῦς οὗτος· πᾶν ὅπερ ἂν ᾖ μέρος ἐν ὅλῳ δυνάμει ἐστί· καὶ διὰ τοῦτο κἂν ὁ κέγχρος κἂν ἄλλο τι οὖν ἐν τῷ ὅλῳ ᾖ, ἄλλην δύναμιν ἔχουσιν ὡς μέρη ἀχώριστα τοῦ ὅλου καὶ ἄλλην καθ' αὑτὰ ὄντα. δοκεῖ γὰρ ἑνωθέντα τὰ μέρη ἄλλο τι λαμβάνειν εἶδος τοῦ ὅλου καὶ τότε δυνάμει μόνον ἐκεῖνα εἶναι.

Rien en effet n'empêche] Le sens est le suivant : tout ce qui se trouve être partie dans un tout est en puissance. Et pour cette raison, si le grain ou quoi que ce soit d'autre est dans un tout, ils ont une certaine puissance comme parties non séparées du tout et une autre pour autant qu'ils sont par soi. Il semble en effet que lorsque les parties sont unies, elles adoptent une autre forme – celle du tout – et qu'elles ne sont plus dès lors qu'en puissance.

Test. *Simpl. 1109.25–29* : τὴν δὲ αἰτίαν ζητεῖν ἄξιον, δι' ἣν ἐπὶ μὲν τοῦ ἡμίσεος εἰ τύχοι τῆς δυνάμεως καὶ τοῦ βάρους σῴζεται ἡ ἀναλογία, οὐ μέχρι δὲ παντὸς προχωρεῖ. τὸ γὰρ τὰ μέρη δυνάμει εἶναι ἐν τῷ ὅλῳ καὶ οὐκ ἐνεργείᾳ οὐ τὴν αἰτίαν ἀποδίδωσιν οἶμαι τὴν ζητουμένην, ἀλλὰ τοσοῦτον λέγει μόνον, ὅτι δυνάμει ὄντα ἐν τῷ ὅλῳ τὰ μέρη οὔτε ἐκίνει οὔτε ἐκινεῖτο· ὥστε οὐκ ἔστιν ἐκ τῶν συνεχῶν μερῶν ἀναγκάσαι τὸ καὶ διαιρεθέντα κινεῖν καὶ κινεῖσθαι.

Adnot. Simplicius contredit dans son commentaire la thèse que l'on trouve dans la scholie. Cette situation permet de comprendre qu'il vise implicitement Alexandre, recopié par l'adaptateur. On retrouve, en cette fin du livre VII, la réticence du néoplatonicien à l'égard de la théorie du lieu de son prédécesseur (cf. scholie **46**), dictée par une topologie anti-stoïcienne.

⋆

LIBER VIII

VIII, 1

[121v]

535 (50b 12) καὶ φθείρεται] οὐδὲν γὰρ τῶν μὴ καθ' αὑτὰ ὄντων οὔτε γίνεται κυρίως οὔτε φθείρεται ἀλλ' ἐν τῷ ὑπάρχειν τινὶ καὶ μὴ ἡ γένεσις αὐτοῦ καὶ <ἡ> φθορά.

—

2 ἀλλ' ἐν … 3 φθορά vix legitur || 3 ἡ addidi

est-il détruit] Rien en effet des choses qui ne sont pas par soi n'est ni engendré ni détruit au sens propre, mais c'est en tant que cela appartient et n'appartient pas à quelque chose que cela possède génération et destruction.

⋆

536 (50b 13) καὶ τοῦτ'] ἡ κίνησις τούτου.

et cela] Le mouvement de cela.

⋆

537 (50b 14) <οἷον ζωή>]	κίνησις	φυσικά
	ζωή	ἔμψυχα.

<comme une vie>]	mouvement	êtres naturels
	vie	êtres animés.

★

538 (50b 16) <καὶ περὶ γενέσεως>] ἤτοι κόσμους γενητοὺς λέγει ἢ τὰ ἐν τῷ κόσμῳ πράγματα † …

—

1 κόσμους γενητοὺς ut vid. : fort. κόσμον γενητὸν || 2 πράγματα ut vid. || post πράγματα duo verba non legi

<sur la génération>] Il dit soit des mondes engendrés soit les choses dans le monde † ….

★

539 (50b 18) <ἀλλ' ὁπόσοι μὲν>] – ἀπείρους κόσμους γενητοὺς καὶ φθαρτούς· Δημόκριτος, Ἀναξίμανδρος, Ἐπίκουρος.

– ἕνα κόσμον γενητὸν καὶ φθαρτὸν ἄλλον καὶ ἄλλον· Ἐμπεδοκλῆς, Ἀναξιμένης, Διογένης, Ἡράκλειτος, ἡ Στοά.

– ἕνα κόσμον γενητὸν καὶ ἄφθαρτον ἐξ ἡσυχίας· Ἀναξαγόρας, Ἀρχέλαος, Μητρόδωρος.

– ἕνα κόσμον γενητὸν καὶ ἄφθαρτον ἐξ ἀταξίας· Πλάτων ὡς δοκεῖ.

– ἕνα κόσμον ἀγένητον καὶ φθαρτόν.

– ἕνα κόσμον ἀγένητον καὶ ἄφθαρτον· Ξενοφάνης, Παρμενίδης.

—

de eo fragmento v. *Essentialisme* p. 272 n. 731 || 5 et 7 ἄφθαρτον scripsi : φθαρτὸν S || 8 ἀγένητον καὶ φθαρτόν scripsi : γενητὸν καὶ ἄφθαρτον S

<Mais d'un autre côté, tous ceux qui>] – Mondes infinis engendrés et corruptibles : Démocrite, Anaximandre, Épicure.

– Monde unique engendré et corruptible sans cesse différent : Empédocle, Anaximène, Diogène, Héraclite, le Portique.

– Monde unique engendré et incorruptible issu du repos : Anaxagore, Archélaüs, Métrodore.

– Monde unique engendré et incorruptible issu du désordre : Platon, à ce qu'il semble.

– Monde unique inengendré et corruptible.

– Monde unique inengendré et incorruptible : Xénophane, Parménide.

TEST. *Simpl. 1121.5–1122.1* : οἱ μὲν γὰρ ἀπείρους τῷ πλήθει τοὺς κόσμους ὑποθέμενοι, ὡς οἱ περὶ Ἀναξίμανδρον καὶ Λεύκιππον καὶ Δημόκριτον καὶ ὕστερον οἱ περὶ Ἐπίκουρον γινομένους αὐτοὺς καὶ φθειρομένους ὑπέθεντο ἐπ' ἄπειρον ἄλλων μὲν ἀεὶ γινομένων ἄλλων δὲ φθειρομένων, καὶ τὴν κίνησιν ἀίδιον ἔλεγον· ἄνευ γὰρ κινήσεως οὐκ ἔστι γενέσεως ἢ φθορά. τῶν δὲ ἕνα μόνον κόσμον λεγόντων οἱ μὲν ἀγένητόν τε ἀπὸ χρόνου καὶ ἄφθαρτον αὐτὸν λέγοντες ἀίδιον καὶ τὴν κίνησιν ὑπετίθεντο, ὥσπερ Πλάτων καὶ Ἀριστοτέλης· γενητὸν δὲ καὶ φθαρτὸν τὸν ἕνα κόσμον ποιοῦσιν ὅσοι ἀεὶ μέν φασιν εἶναι κόσμον, οὐ μὴν τὸν αὐτὸν ἀεί, ἀλλὰ ἄλλοτε ἄλλον γινόμενον κατά τινας χρόνων περιόδους, ὡς Ἀναξιμένης τε καὶ Ἡράκλειτος καὶ Διογένης καὶ ὕστερον οἱ ἀπὸ τῆς Στοᾶς. καὶ δῆλον ὅτι καὶ περὶ κινήσεως οὗτοι τὴν αὐτὴν ἔχουσι δόξαν· ὅτε γὰρ κόσμος ἦν, τότε κίνησιν ἀναγκαῖον εἶναι. Ἐμπεδοκλῆς δέ, εἰ μὲν κατὰ τὸ σχῆμά τις ἀκούοι τοῦ λόγου, ὡς ποτὲ μὲν σφαῖρον ποτὲ δὲ κόσμον λέγοντος, δῆλον ὅτι καὶ τὴν κίνησιν ἐν τῇ γενέσει τοῦ κόσμου θεωρῶν γινομένην καὶ φθειρομένην ὑπετίθετο ἀεί, εἰ δὲ καὶ τὸν σφαῖρον εἶναι βούλεται καὶ τὸν κόσμον ἀεί, καὶ κίνησιν ἐνόμιζεν ἐν τῷ κόσμῳ <ἀεὶ> εἶναι. ἀπ' ἀρχῆς δὲ χρόνου δοκοῦσι λέγειν γεγονέναι τὸν κόσμον Ἀναξαγόρας τε καὶ Ἀρχέλαος καὶ Μητρόδωρος ὁ Χῖος· οὗτοι δὲ καὶ τὴν κίνησιν ἄρξασθαί φασιν· ἠρεμούντων γὰρ τὸν πρὸ τοῦ χρόνον, τῶν ὄντων κίνησιν ἐγγενέσθαι φασὶν ὑπὸ τοῦ νοῦ, ὑφ' ἧς γεγονέναι τὸν κόσμον. φαίνονται δὲ καὶ οὗτοι τάξεως ἕνεκα διδασκαλικῆς ἀρχὴν τῆς κοσμοποιίας ὑποθέμενοι. καὶ ὅ γε Ἀναξαγόρας σαφῶς ἀπὸ τῆς νοητῆς ἑνώσεως ἐφ' ἧς ἦν "ὁμοῦ πάντα χρήματα", ὥς φησι, τὴν κοσμικὴν διάκρισιν ὑποστῆσαι τὸν νοῦν λέγει. ὁ μέντοι Ἀλέξανδρος καὶ τὸν Πλάτωνά φησιν ἀπ' ἀρχῆς χρόνου τὸν κόσμον ὑφιστάνειν, πλὴν ὅτι καὶ πρὸ τῆς τοῦ κόσμου γενέσεως κίνησιν ἐν τοῖς οὖσι πλημμελῆ καὶ ἄτακτον ἔλεγε.

ADNOT. Cette scholie, dont l'énoncé transmis doit être assurément corrigé (cf. app. cr.), est importante (cf. *Essentialisme*, p. 271–273). Elle atteste en effet à la fois que Simplicius emprunte l'essentiel de sa doxographie, en *In Phys.* 1121.5–1122.1 (passage cité), à son prédécesseur et qu'il la corrige pour la rendre compatible avec l'idéologie néoplatonicienne. Simplicius n'introduit aucun changement dans la première catégorie, supprime Empédocle de la deuxième, laisse la troisième inchangée – tout en introduisant de grandes réserves sur le choix des auteurs cités, en particulier Anaxagore – et présente des choix entièrement différents pour la quatrième et la sixième : Simplicius stigmatise explicitement une erreur d'Alexandre dans le cas de Platon, et assigne à Platon et Aristote la thèse du monde unique éternel *a parte ante* et *a parte post.* Parménide et Xénophane, qui occupaient cette case, disparaissent tout bonnement de l'exposé de Simplicius, parce que sans doute il s'agit de physique et que le commentateur néoplatonicien ne voit en eux que des théologiens. Notons enfin que Simplicius introduit une erreur absente de la scholie, prenant Métrodore pour Métrodore de Chios (cf. *In Phys.* 1121.22–

23) alors qu'il s'agit à l'évidence, d'après le contexte, du disciple d'Anaxagore, Métrodore de Lampsaque. Il est donc évident, à plusieurs titres, que la scholie remonte à Alexandre indépendamment de Simplicius. Alors qu'elle voit dans la tradition philosophique une tradition essentiellement cosmologique, Simplicius scinde visiblement l'histoire de la philosophie en deux camps, les théologiens qui ont compris la distinction entre monde intelligible et monde sensible, et les penseurs qui ont tout réduit au sensible. Empédocle représente un cas particulièrement sensible, car il aurait lui-même, selon les néoplatoniciens, théorisé cette division en deux mondes. Cf. *infra*, *ad schol.* **542** et **543**.

La scholie constitue un nouveau témoignage sur Anaximandre, et doit être associée aux cinq textes (Cicéron, *De natura deorum* I, 10, 25, Saint Augustin, *De civitate Dei* VIII 2, Aëtius I, 7, 12 et deux références chez Simplicius, *In de caelo* 615.13 et le présent texte de l'*In Phys.*) déjà connus de Diels (et formant ensemble le témoignage 17 D.-K. des *Vorsokratiker*, vol. I, p. 86). Il est cependant probable que la scholie ne fasse qu'« annuler » le témoignage de l'*In Phys.* de Simplicius, puisqu'elle en fournit la source. La « stabilité » doxographique d'Anaximandre étant ainsi bien établie – elle remonte au moins aux sources de Cicéron – nous pouvons dire un mot de l'attribution à Diogène (sc. d'Apollonie) d'une théorie du monde unique sans cesse recommencé et différent. Deux textes indépendants – même s'ils remontent peut-être (sans doute ?) ultimement à la même doxographie, prêtent à Diogène la doctrine d'une infinité simultanée de mondes. Il s'agit de Diogène Laërce IX 57 (= T21 Laks) et de Ps.-Plutarque *ap.* Eusèbe, *Praep. Ev.* I, 8, 12 (= T22 Laks). Avec ces deux textes doit être mise en rapport une nébuleuse de quatre témoignages (= T23 a-d Laks) plus ambigus. T23a (= Stobée, *Églogues*, I, 22, 3b = Aëtius II, 1, 2–3) inclut Diogène parmi les partisans de l'infinité des mondes, tandis que T23c (notre texte de Simplicius) y voit un partisan d'un monde unique sans cesse recommencé et différent. Enfin, T23b n'inclut pas Diogène dans une liste de penseurs partisans de l'infinité des mondes (Démocrite, Épicure et son cathégète Métrodore) tandis que T23d l'inclut, avec Anaximandre, Anaximène, Anaxagore, Archélaos et Leucippe dans une liste de penseurs ayant soutenu le caractère corruptible du monde (φθαρτὸν τὸν κόσμον). Cette liste comprenant aussi bien des tenants probables de l'unicité (Anaximène, Anaxagore, Archélaos) que des partisans de l'infinité (Anaximandre, Leucippe), on ne peut rien en tirer pour le problème qui nous concerne. Qui donc a-t-il conservé le plus fidèlement une doxographie primitive, de Stobée et de Simplicius ? Citons le texte grec de Stobée : Θαλῆς, Πυθαγόρας, Ἐμπεδοκλῆς, Ἔκφαντος, Παρμενίδης, Μέλισσος, Ἡράκλειτος, Ἀναξαγόρας, Πλάτων, Ἀριστοτέλης, Ζήνων ἕνα τὸν κόσμον. Ἀναξίμανδρος, Ἀναξιμένης, Ἀρχέλαος, Ξενοφάνης, Διογένης, Λεύκιππος, Δημόκριτος, Ἐπίκουρος ἀπείρους κόσμους ἐν τῷ ἀπείρῳ κατὰ πᾶσαν περιαγωγήν. On s'aperçoit immédiatement qu'alors que toutes les attributions se retrouvent assez communément dans la tradition doxographique, un groupe textuellement unitaire fait exception : la série « Anaximène, Archélaos, Xénophane » paraît très incongrue au sein d'une liste des partisans de l'infinité. On n'imagine guère une autorité doxographique distinguer aussi brutalement entre Xénophane et son « élève » Parménide, ni entre Archélaos et son « maître » Anaxagore. Quant à l'énigmatique Anaximène, on pourrait certes l'imaginer adopter la même doctrine cosmologique que celle de son maître Anaximandre, mais la chose n'est attestée que par les passages problématiques de Stobée. On reviendra sur ce point un peu plus bas. Les choses étant telles, je suggère d'interpréter cette suite de trois noms comme une interpolation fautive : ceux-ci appartiennent en bloc à la première liste de noms, et ont été insérés en bloc dans la seconde. Malheureusement pour notre problème, le nom de Diogène apparaît à la suite de ces trois noms. Deux scénarios, abstraction faite de toute autre considération, sont donc également possibles : ce nom appartient soit « à gauche » à la série interpolée, soit « à droite » à la seconde liste de noms, celle des tenants de l'infinité des mondes. En clair, on avait originellement soit la liste (i) « Anaximandre, Leucippe, Démocrite, Épicure », soit la liste (ii) « Anaximandre, Diogène, Leucippe, Démocrite, Épicure ». Il faut ici distinguer question philosophique et question philologique. Au plan philosophique, la thèse de Diogène pourrait être de reconnaître un « tout » unique et infini d'air, peuplé par des archipels que seraient les différents mondes (cf. T24 Laks). On comprend donc l'opposition entre T21 et T22 d'un côté, T23c (et notre scholie) de l'autre. La question philologique est interne à T23. Plus précisément encore, liée à la manière dont on reconstituera l'erreur en T23a. Il serait présomptueux de vouloir trancher sur ce point de manière définitive. Je crois cependant que dans le cadre de T23 *en général*, il faut créditer T23c d'une vraisemblance supérieure, pour la simple raison qu'il est confirmé par la scholie et que T23a est *de toute façon* défiguré par des perturbations textuelles.

La triade des noms apparaissant sous la rubrique de l'engendrement à partir du repos, Anaxagore, Archélaüs et Métrodore, pourrait être le renseignement le plus important délivré par la scholie. Présenté de la sorte, le témoignage ne laisse aucune place à l'ambiguïté : il s'agit d'une opinion prêtée à Anaxagore et à ses deux élèves, Archélaüs et Métrodore de Lampsaque l'ancien (ainsi appelé par opposition à son homonyme Métrodore de Lampsaque le jeune, disciple d'Épicure). Aussi étrange que cela puisse paraître, la confusion de Simplicius – qui écrit « Métrodore de Chios » – n'a pas été signalée par Diels. Au lieu donc de compter le texte de Simplicius comme un témoignage sur Métrodore de Lampsaque (*Vorsokr.* II, p. 49–50), il le fait figurer, sans le moindre commentaire, dans l'article Métrodore de Chios (*ibid.*, p. 231–234, cf. A5, p. 231). Personne, sauf ignorance de ma part, n'a proposé de rectifier cette indication. La pauvreté des renseignements sur Métrodore de Lampsaque est cependant telle que ce changement pourrait ne pas être insignifiant. On ne connaît en effet que six témoignages – et aucun fragment – sur celui que Diogène Laërce (II 11) nous dit avoir été disciple d'Anaxagore. Tous ces fragments ont trait à l'interprétation philosophique que Métrodore proposait d'Homère. En aucun, il n'est question de la naissance du monde et l'on ne voit guère comment le texte d'Homère aurait permis un tel excursus. On peut donc faire deux suppositions. Soit le premier doxographe à avoir mentionné Métrodore de Lampsaque se bornait à extrapoler à partir d'Anaxagore et n'avait jamais lu chez ses deux élèves la thèse de la naissance du monde à partir du repos. Soit il disposait de renseignements précis puisés à des textes que nous ne possédons plus.

⋆

540 (50b 21) <τὰς φθορὰς>] … τῶν κόσμων.

<les destructions>] … des mondes.

⋆

541 (50b 22) ὅσοι δ᾽ ἕνα] θαυμαστὸν τὸ τῆς συντομίας. τὸ γὰρ ὅλον τῆς λέξεως οὕτως· ὅσοι δὲ ἕνα καὶ μὴ ἀεὶ ἢ ἕνα καὶ ἀεί.

D'un autre côté, tous ceux qui disent qu'il n'en existe qu'un] La concision est admirable. La phrase, dans sa totalité serait la suivante : « d'un autre côté, tous ceux qui disent qu'il n'en existe qu'un et non éternel ou un et éternel ».

Test. *Simpl. 1122.26–1123.1* : ἐλλιπὴς δὲ ἡ λέξις δοκεῖ διὰ βραχυλογίαν ἡ λέγουσα ὅσοι δὲ ἢ ἕνα ἢ μὴ ἀεί· τῷ μὲν γὰρ ἕνα ἐλλείπει τὸ "καὶ ἀεί", τῷ δὲ μὴ ἀεὶ τὸ "καὶ ἕνα", ὡς εἶναι τὸ τέλεον οὕτως· "ὅσοι δὲ ἢ ἕνα καὶ ἀεὶ τὸν αὐτὸν ἢ ἕνα μέν, οὐκ ἀεὶ δέ".

Adnot. Ce commentaire pourrait à première vue laisser supposer qu'Alexandre lisait, comme Simplicius et le ms. E, ὅσοι δ᾽ ἢ ἕνα ἢ μὴ ἀεί, ou bien, avec l'autre branche de la tradition, ὅσοι δ᾽ ἕνα ἢ μὴ ἀεί. Dans un cas comme dans l'autre, la concision est en effet si remarquable que Ross insère <ἢ ἀεὶ> en se réclamant de Thémistius. Mais celui-ci ne fait bien entendu lui-même que paraphraser le texte en fonction du commentaire d'Alexandre, qu'exploite également Simplicius. Les choses sont cependant plus compliquées. Il est en effet assez difficile d'imaginer, si Alexandre avait lu ὅσοι δ᾽ (ἢ) ἕνα ἢ μὴ ἀεί, qu'il ait vu là une forme plus concise de la phrase ὅσοι δὲ ἕνα καὶ μὴ ἀεὶ ἢ ἕνα καὶ ἀεί. Il y avait des façons plus naturelles d'exprimer la même idée, celle de

Simplicius en particulier, qui conserve l'ordre des mots du texte transmis (τῷ μὲν γὰρ ἕνα ἐλλείπει τὸ "καὶ ἀεί", τῷ δὲ μὴ ἀεὶ τὸ "καὶ ἕνα"). La phrase complète d'Alexandre, en revanche, est certes plus explicite, mais elle bouleverse cet ordre. Alexandre a donc pu lire dans son exemplaire ὅσοι δὲ ἕνα καὶ μὴ ἀεί et avoir éprouvé le besoin d'ajouter, à la suite de cette formule, la disjonction : ἢ ἕνα καὶ ἀεί. La tradition postérieure aurait combiné ces données à un texte où l'on lisait, comme dans les mss conservés aujourd'hui, ἤ au lieu de καί. Il est même également possible que le texte transmis résulte d'une mauvaise interprétation, ou intégration, de la glose d'Alexandre. Il faut enfin noter qu'avec καί, le texte d'Aristote coule de source : on envisagerait non pas le cas d'un monde unique soit non éternel soit éternel, mais seulement celui d'un monde unique non éternel – l'autre ne se caractérisant que par le mouvement et ne posant ainsi aucun problème (cf. Pellegrin, p. 384, n. 2). Le monde unique non éternel sera ensuite examiné dans ses deux variantes : naissance unique à partir d'un repos initial (Anaxagore) ; alternance sans cesse recommencée de phases de mouvement et de repos (Empédocle).

★

542 (50b 29) λέγων] ὁ μὲν Ἐμπεδοκλῆς ἄλλο ἐνόει – τὴν γὰρ εἰς ἄλληλα μεταβολὴν τῶν στοιχείων –, ὁ δὲ Ἀριστοτέλης ἄλλως ἐξεδέξατο. τάχα δὲ δι' ὑπόθεσιν δόγματος τοῦτο ἐποίησεν.

disant] Alors qu'Empédocle songeait à autre chose – la transformation réciproque des éléments – Aristote l'a néanmoins pris en un autre sens. Mais peut-être a-t-il fait cela en raison d'une supposition doctrinale.

Test. *Simpl. 1125.3–14* : ὁ δὲ Ἀλέξανδρος οἶδεν μὲν καὶ τοῦτον τὸν νοῦν, φησὶ δὲ μὴ κατὰ τοῦτον ἐκδέχεσθαι τὸν Ἀριστοτέλην, ἀλλὰ καὶ ταῦτα περὶ τῆς μεταβολῆς ἀκούειν, ὅταν λέγῃ· ᾗ δὲ τάδ' ἐνθένδ' ἀλλάσσοντα, τουτέστιν εἰς τάδε ἐκ τῶνδε μεταβάλλοντα οὐ λήγει κατὰ τὴν ἄμειψιν ταύτην καὶ τὴν εἰς ἄλληλα ἐν μέρει μεταβολήν, καὶ ταύτῃ ἀίδια ἐστι, τουτέστιν ἀίδιος αὐτῶν ἡ εἰς ἄλληλα μεταβολή. ἰδίᾳ μὲν γὰρ οὐθέτερον τῶν γινομένων ὑπὸ τοῦ Νείκους καὶ τῆς Φιλίας ἐκ τῶν στοιχείων ἀίδιόν ἐστιν οὐδὲ ἔμπεδος αὐτοῖς ὁ αἰών, ἡ μέντοι εἰς ἄλληλα αὐτῶν μεταβολὴ ἀίδιος· τοῦτο γὰρ σημαίνει τὸ αἰὲν ἔασι. ταῦτα κατὰ λέξιν εἰπὼν ὁ Ἀλέξανδρος ἐπάγει· εἶτα ἐπὶ τούτοις εἴη ἂν ἰδίᾳ λεγόμενον τὸ ἀκίνητοι κατὰ κύκλον, τουτέστιν ἀκίνητα γενόμενα καθ' ἑκάστην περίοδον καὶ καθ' ἑκάστην τελειότητα, ἣν κύκλον λέγει.

Adnot. En dépit de leur brièveté, cette scholie et la suivante ne sont pas dépourvues d'intérêt, car elles jettent quelque lumière sur l'interprétation aristotélicienne « orthodoxe » du cycle cosmique d'Empédocle, à la veille de la réappropriation néoplatonicienne. Nous avons la chance que Simplicius cite ici Alexandre – dans un texte difficile et jusqu'à présent mal compris –, nous pourrons donc croiser nos sources.

Le plus expédient est de partir de l'exégèse que propose Simplicius du fr. cité par Aristote, dont la stratégie est ici particulièrement subtile. Celui-ci commence par distinguer, chez Empédocle, trois niveaux distincts d'opposition du mouvement et du repos ou, de manière pour lui équivalente, de la pluralité et de l'unité : (i) l'opposition du sensible et de l'intelligible ; (ii) l'opposition du sublunaire et du supralunaire ; (iii) l'opposition de tendances unificatrices et dissociantes à l'intérieur même des êtres sublunaires. Ce triple niveau étant posé, Simplicius prend bien soin de laisser flotter la question du contexte du fr. cité par Aristote, en sorte d'en exclure, tacitement, une lecture au niveau (i) et de suggérer une lecture au niveau (iii). Ce qui permet évidemment de ne pas compromettre l'opposition du sensible et de l'intelligible par le contact trop étroit du vocabulaire de la succession chronologique qui est celui d'Aristote en tout ce passage. Simplicius laisse donc entendre que le mouvement dont il est question dans le fr. d'Empédocle est celui qui transforme non pas les éléments, mais tous les corps sublunaires, les uns dans les autres, tandis que le repos est la stabilité éternelle de ces mouvements. Cette interprétation exclut *de facto* des phases cosmiques de repos alternant avec des phases cosmiques de mouvement, pour la plus grande gloire de Parménide. C'est à ce stade que Simplicius introduit Alexandre. Celui-ci n'aurait pas méconnu une telle interprétation, nous dit-il, mais aurait signalé que ce n'était pas celle d'Aristote. Selon Simplicius, Alexandre pensait qu'Aristote avait distingué deux parties dans la citation d'Empédocle, la première (jusqu'au milieu du dernier vers) où il était question de *mouvement* (même génériquement éternel), la seconde (la seconde moitié du dernier vers) où il était question de repos. Simplicius se récrie à cette interprétation alexandrique de l'interprétation aristotélicienne d'Empédocle. En se plaçant visiblement à nouveau au niveau (iii), le néoplatonicien refuse cette répartition du mouvement et du repos, pour proposer, à tout prendre, la suivante : il y a mouvement quand on va de l'un au multiple et du multiple à l'un ; il y a repos une fois que le processus atteint soit l'un, soit le multiple. Simplicius, encore une fois, se garde bien d'attribuer ce mécanisme à un quelconque cycle cosmique – sans non plus explicitement en exclure la possibilité. Le contexte du fr. 20 et le vague de la formulation font plutôt songer aux transformations du monde sublunaire. L'effet d'estompe est parfaitement maîtrisé.

Quelle est maintenant l'interprétation d'Alexandre ? Nous avons la confirmation précieuse, par la scholie, qu'Alexandre considérait qu'Aristote avait choisi une interprétation du fr. d'Empédocle qui n'était pas la plus obvie. Le repos dont il est question ici, Alexandre le sait, n'est pas le repos cosmique, mais la stabilité éternelle du processus de transformation. Est-ce à dire qu'Alexandre se range à une interprétation pré-néoplatonicienne d'Empédocle ? Non pas. Il paraît évident qu'Alexandre met la question du Σφαῖρος entre parenthèses, et se contente, à juste titre, de voir dans les propos d'Empédocle une description de la perpétuité d'un certain processus cyclique. Alexandre, en d'autres termes, sait qu'Aristote force le texte en y lisant une alternance cosmique de mouvement et de repos. La scholie nous fournit une indication précieuse, encore qu'assez obscure, sur le motif prêté à Aristote : δι' ὑπόθεσιν δόγματος, « en raison d'une supposition doctrinale ». L'expression n'apparaît pas ailleurs dans la littérature exégétique. Le sens en est probablement qu'Aristote a assumé, dans son commentaire d'un texte particulier, les éléments doctrinaux du système dont ce texte relève. Aristote a sans doute vu, selon Alexandre, une description du mouvement cosmique dans l'essentiel du fr., et une description du repos périodique dans le dernier demi-vers. Contrairement à D. O'Brien *Empedocles' Cosmic Cycle*, Cambridge, 1969, p. 29–30, je ne crois pas qu'Alexandre puisse désigner sous l'expression καθ' ἑκάστην περίοδον καὶ καθ' ἑκάστην τελειότητα aussi bien un état d'unification totale qu'un état de désunion totale. Le mouvement me paraît plutôt le suivant : glose du κύκλος empédocléen par περίοδος, puis glose de l'idée trop indéterminée, trop peu orientée, de « cycle », par le terme τελειότης, qui indique clairement l'apogée du parcours, c'est-à-dire bien sûr le moment d'*union* totale. C'est d'ailleurs la raison profonde pour laquelle Simplicius, dans les lignes subséquentes, s'en prend à Alexandre. Une telle interprétation, nous dit en substance le néoplatonicien, est (philologiquement) peu probable (ἀπίθανος), mais elle est surtout (doctrinalement) inconsidérée (ἀδιανόητος) : repos intermédiaire pour repos intermédiaire, il en faut un à l'extrémité de *chaque type* de mouvement, et pas seulement au terme du mouvement vers la plénitude. L'objectif stratégique de Simplicius est bien entendu de dégager l'interprétation aristotélicienne de l'étau de la lecture cosmique, en la situant sur le terrain plus anodin de la chimie sublunaire.

Bref, on peut résumer l'interprétation d'Alexandre ainsi. Empédocle, dans le passage cité par Aristote, envisage le mouvement sous un double aspect : son dynamisme intrinsèque ; son invariance et sa stabilité en tant que phénomène cosmique. Aristote, pour des raisons doctrinales, a forcé le texte en y plaquant une opposition entre phases de mouvement incessant et phases de repos cosmique. Celles-ci seraient alors désignées par l'expression ἀκίνητοι κατὰ κύκλον.

★

543 (51a 4) λέγειν] ὅτι παρὰ Ἐμπεδοκλέους ἡ μὲν φιλία συγκρινοῦσα ποιεῖ τὸν σφαῖρον καὶ θεόν, τὸ δὲ νεῖκος διακρίνον ποεῖ τὸν κόσμον
ἀμοιβαδίς.

veut dire] Que, chez Empédocle, l'Amour, en associant, produit Sphairos et Dieu, tandis que la Discorde, en séparant, produit le monde
à l'alternat.

Test. *Simpl. 1123.26–1124.3* : ὑπέθετο γὰρ οὗτος τόν τε νοητὸν καὶ τὸν αἰσθητὸν κόσμον ἐκ τῶν αὐτῶν στοιχείων τῶν τεσσάρων συνεστῶτας, τὸν μὲν παραδειγματικῶς δηλονότι τὸν δὲ εἰκονικῶς, καὶ ποιητικὰ αἴτια τοῦ μὴν νοητοῦ τὴν Φιλίαν διὰ τῆς ἑνώσεως τὸν σφαῖρον ποιοῦσαν, ὃν καὶ θεὸν ἐπονομάζει (καὶ οὐδετέρως ποτὲ καλεῖ "σφαῖρον ἔην"), τοῦ δὲ αἰσθητοῦ τὸ Νεῖκος, ὅταν ἐπικρατῇ μὴ τελέως, διὰ τῆς διακρίσεως τὸν κόσμον τοῦτον ποιοῦν.

Adnot. Cette scholie, en dépit de sa brièveté, nous délivre un témoignage intéressant sur l'interprétation péripatéticienne orthodoxe du cycle cosmique d'Empédocle. Alexandre postule une alternance chronologique (cf. ἀμοιβαδίς) entre des phases d'association, sous l'emprise de l'Amour et des phases de dissociation, sous l'emprise de la Discorde. Même dans ce cadre assez peu « théologique », on remarque cependant que l'aboutissement de l'association, le Sphairos, est appelé « dieu » (θεός), tandis que l'aboutissement de la dissociation est appelé « monde » (κόσμος). Pris à la lettre, cet enseignement est gênant, car il faudrait n'imaginer de monde qu'à la fin de la dissociation, alors que ce dernier état relève plutôt d'une acosmie, où la séparation totale des quatre éléments rend toute vie impossible. C'est précisément la raison pour laquelle Simplicius prend soin de préciser que pour que κόσμος il y ait, la domination de la Discorde ne doit pas être totale. On voit très clairement, à l'aide de cet exemple, comment procède le néoplatonicien. Il introduit l'opposition entre monde intelligible et monde sensible, entre paradigme et image. Mais dans sa rectification de la formulation trop schématique d'Alexandre, qui voit dans le κόσμος le résultat final, et non simplement intermédiaire, du processus de distinction, Simplicius admet aussi, implicitement, une lutte *dans le sensible* entre Amour et Discorde. Il ne faudrait donc pas plaquer de manière simpliste l'opposition des phases du cycle cosmique sur la distinction entre sensible et intelligible. L'Amour est présent au cœur du sensible. C'est simplement un Amour dégradé par sa cohabitation avec la Discorde. L'Amour, facteur d'unité, est lu par Simplicius en fonction simple des Formes platoniciennes. Celles-ci, pour un néoplatonicien d'Athènes, existent à l'état pur dans le monde intelligible, mais existent également, sous une forme dégradée, dans le sensible. L'Amour d'Empédocle représente donc l'unité et la formalité de l'intelligible platonicien, tandis que la discorde représente le sensible. Si des traces de l'intelligible habitent le sensible, la réciproque n'est bien sûr pas vraie.

On doit s'interroger sur la présence du mot ἀμοιβαδίς qui, d'après les électrons du TLG, apparaît presque exclusivement chez les poètes. Mis à part une citation (très littéraire) d'Athanase, *Apologia contra Arianos* sive *Apologia secunda*, LXI, 1, l. 7, d'un passage sur l'alternance des brèves et des longues chez Aristide Quintilien (*De musica* I, 22, 11) d'une scholie à Euripide (cf. *Scholia in Euripidem*, ed. E. Schwartz, en glose à *Or.* 1007 ἀμείβει) et du Byzantin Stephanus, *In Rhet.* 280.33, les attestations sont toutes poétiques (exception faite, bien entendu, des scholiastes qui citent ou commentent ces poèmes). On trouve une quasi mention chez Homère (*Od.* V 481 : ἐπαμοιβαδίς), quatorze chez Nonnus, sept chez Apollonius de Rhodes – grand citateur d'Empédocle, cf. O. Primavesi, « Lecteurs antiques et byzantins d'Empédocle de Zénon à Tzétzès », dans A. Laks & C. Louguet, *Qu'est-ce que la philosophie présocratique* ?, Lille, 2002, p. 183–204, p. 195–196 – trois chez Grégoire de Nazianze – même remarque que pour Apollonius, cf. Primavesi, *art. cit.*, p. 196 –, deux chez Théocrite, deux chez Oppien, une chez Callimaque, Quintus de Smyrne, Manethon et dans la poésie épigrammatique. En outre, toutes les mentions de ἀμοιβηδίς avec un *êta* (quatre en tout – exceptés les commentaires à ces quatre vers) sont poétiques (trois chez Homère et une chez Apollonius). On pourrait tout d'abord penser qu'Alexandre se souvient de la citation de l'actuel fr. 30 par Aristote, *Metaph.* B 1000b 14–15a où apparaît, dans le même contexte cosmique, l'épithète ἀμοιβαῖος au troisième vers. Mais dans son commentaire du passage (*In Metaph.* 220.1 sqq.), il ne commente pas ce fragment. Rien ne prouve donc qu'il l'ait trouvé très marquant. Une autre hypothèse serait qu'Alexandre procède ici à une citation implicite du poème *Sur la nature*. L'hypothèse la plus naturelle est donc de supposer qu'au cours de l'un de ses exposés de l'alternance cosmique que nous ne possédons plus, Empédocle aurait employé l'adverbe ἀμοιβαδίς, ce qui lui permettait un léger clin d'œil au proème du poème de Parménide (cf. fr. 1, v. 14 et 19), mais surtout une allusion à un passage de l'*Odyssée* (V, 478–481) qu'il affectionne au point de le décalquer d'assez près au début des *Catharmes* (cf. M. Rashed, « Le Proème des *Catharmes* d'Empédocle : reconstitution et commentaire », *Elenchos* 29, 2008, p. 7–37, cf. en part. p. 29–30). Même si cela, en l'absence d'autres arguments, doit rester une hypothèse (on ne peut tout à fait exclure un sursaut d'élégance chez Alexandre ou son adaptateur), le parfum odysséen de l'adverbe, sa façon d'évoquer un épisode marquant du retour d'Ulysse à Ithaque, nous incitent à postuler une citation.

⋆

544 (51a 10) <ἀναγκαῖον ἄρα>] ἐν γὰρ τοῖς γεννητοῖς τῷ χρόνῳ πρώτη ἡ δύναμις τῆς ἐνεργείας ἐπὶ ταὐτοῦ.

<Il est donc nécessaire>] Dans les êtres engendrés en effet, la puissance est antérieure selon le temps à l'acte, pour le même sujet.

Test. *Simpl. 1127.7–15* : ἐπειδὴ δὲ ἐν τοῖς φυσικοῖς καὶ γενητοῖς οὐ μόνα τὰ πάσχοντα κινούμενα πάσχει, ἀλλὰ καὶ τὰ ποιοῦντα κινούμενα ποιεῖ, καὶ δεῖ καὶ ἐπὶ τούτων προϋπάρχειν τοῦ κινοῦντος τὸ κινητικόν, διὰ τοῦτο προσέθηκε καὶ καυστικὸν πρὶν κάειν. δῆλον δὲ ὅτι ταῦτα οὐκ ἐπὶ πάσης ἐνεργείας ἐστὶν ἀληθῆ· οὐ γὰρ ἐπὶ τῶν τελείων καὶ ὑπὲρ τὸ γενητόν, ἀλλ' ἐπὶ τῶν ἀτελῶν, ἐφ' ὧν ἀεὶ σύνεστι τὸ δυνάμει τῷ ἐνεργείᾳ, τοιαύτη δέ ἐστιν ἡ κίνησις ἀμφοῖν οὖσα μῖγμα, ὥστε ἐπὶ κινήσεως μεταβολικῆς οὔσης ἀληθὴς λόγος, ὅτι δεῖ προϋπάρχειν τὸ πεφυκὸς κινεῖσθαι τῆς κινήσεως, εἴτε παθητικῶς εἴτε ποιητικῶς κινεῖται.

Adnot. Le cadre implicite de la remarque d'Alexandre, plus ou moins reprise par Simplicius, est celui de l'opposition entre sublunaire (monde de la génération) et supralunaire. Dans le sublunaire, la puissance précède l'acte. Cela s'oppose implicitement au supralunaire où l'acte cinétique étant sempiternel, il ne saurait avoir été précédé par une simple puissance à se mouvoir.

★

[123r]

545 (51a 28) κινεῖ μοναχῶς] ὁ νοῦς οὗτος· οὐθὲν θαυμαστὸν εἰ τὸ πρῶτον κινοῦν ὑποθοίμεθα τὰς ἐναντίας ἔχειν δυνάμεις καὶ ποτὲ μὲν αἴτιον εἶναι ἠρεμίας ποτὲ δὲ κινήσεως· καὶ γάρ εἰσί τινα καὶ ἐν τῷ κόσμῳ ἄλλα πολλὰ κινοῦντα τὰς ἐναντίας κινήσεις· ἀλλ' ὅμως οὐχ ὁμοίως ἔχοντα πρὸς τὰ κινητά, ἀλλὰ πρότερον ἀλλοιωθέντα.

meuvent d'une seule façon] Le sens est le suivant : il n'y a rien de surprenant à supposer que le Premier Moteur ait les puissances contraires et soit cause tantôt de repos et tantôt de mouvement. Il y a en effet beaucoup de choses, dans l'univers, qui suscitent des mouvements contraires. Toutefois, elles ne sont pas dans une disposition identique à l'égard des mobiles, mais ont subi une altération préalable.

Adnot. À la différence de Simplicius, Alexandre, à en croire cette scholie, introduisait dès ce stade la question du Premier Moteur. Aristote, selon l'Exégète, indiquait ici qu'un changement de mouvement de la part du moteur implique un moteur du moteur, donc une contradiction avec le statut de *premier* moteur.

★

546 (51b 1) <ἢ κινεῖν>] τὸ κινεῖν ἐπὶ πλέον τοῦ ποιεῖν.

<en d'autres termes de mouvoir>] Le mouvoir a plus d'extension que l'agir.

★

547 (51b 10) τὸ πρότερον] πάνυ εὐπρεπῶς ἐπιχειρεῖ ὅτι οὐδὲ τὸ πρότερον δυνατὸν εἶναι ἄνευ κινήσεως.

—

1 ευπρεπῶς vix legitur || ὅτι vix legitur : fort. ὡς S

<l'antérieur>] Il argumente de manière fort appropriée que pas même l'antérieur ne saurait être sans mouvement.

★

[123v]

548 (51b 29) τὴν κίνησιν] ἤρκει μὲν τὸ ἀγένητον τῆς κινήσεως τεκμήριον εἶναι καὶ τοῦ ἀφθάρτου αὐτῆς, ἴσως δ' ὁ Ἀριστοτέλης τούτῳ οὐκ ἐχρήσατο ἐπεὶ ταῦτα ἐπὶ τῶν κυρίως γινομένων καὶ φθειρομένων προσήκει, ἡ δὲ κίνησις οὐ τοιαύτη.

—

3 προσήκει ego : πρόεισιν S

le mouvement] Bien qu'il suffît que le caractère inengendrable du mouvement fût une preuve de son caractère incorruptible, peut-être néanmoins Aristote n'a-t-il pas eu recours à ce principe du fait que ces principes valent pour les êtres qui subissent génération et corruption au sens propre, or le mouvement n'est pas tel.

Test. *Simpl. 1171.14–20* : ἐπιστῆσαι δὲ ἄξιον, ὅτι δείξας ἀγένητον τὴν κίνησιν ὁ Ἀριστοτέλης καὶ δυνάμενος ἐκ τοῦ ἀγενήτου δεῖξαι, ὅτι καὶ ἄφθαρτος, εἴπερ μηδεὶς μέχρι νῦν ἐκαρτέρησεν ἀγένητόν τι φθαρτὸν εἰπεῖν, οὐκ ἠξίωσεν ἐκ τούτου ποιήσασθαι τὴν ἀπόδειξιν, ὅτι μήπω μηδὲ ἔδειξεν, ὅτι ἀντιστρέφει ταῦτα ἀλλήλοις τὸ γενητὸν καὶ φθαρτὸν καὶ τὸ ἀγένητον καὶ ἄφθαρτον, ἅπερ ὕστερον ἀποδείκνυσιν ἐν τῷ πρώτῳ τῆς Περὶ οὐρανοῦ πραγματείας.

Adnot. Le texte de la scholie et celui de Simplicius se complètent, en sorte qu'il est sans doute possible, par leur moyen, de reconstituer l'ensemble du raisonnement d'Alexandre. La fin du premier livre du *De caelo* nous aurait permis de conclure directement, du caractère inengendrable du mouvement, à son caractère incorruptible. Simplicius s'arrête ici et voit un scrupule méthodologique, ou pédagogique, dans la procédure d'Aristote : l'implication réciproque des deux propositions n'étant démontrée que dans le *De caelo*, Aristote a préféré ne pas y recourir dès la *Physique*. Pour Alexandre tel que nous le transmet la scholie, la raison est différente : l'implication réciproque ne vaut que pour la génération et la corruption au sens propre, c'est-à-dire celle des substances. Le mouvement n'étant pas une substance, il échappe à ce principe. Cette explication nous indique qu'Alexandre voyait ici dans l'implication réciproque un *fait* relevant de la science physique, et non une proposition formelle établie par manipulation abstraite de concepts symétriques. Si, comme il est vraisemblable, les deux explications se trouvaient originellement dans le commentaire d'Alexandre, il serait intéressant de savoir comment elles étaient hiérarchisées.

⋆

549 (52a 2–3) καὶ γὰρ ἡ φθορὰ] εἰ γὰρ μετὰ τὴν φθορὰν τῆς κινήσεως γίνοιτό τις φθορά, ἔσται μετὰ τὴν φθορὰν τῆς κινήσεως κίνησις.

car la corruption elle aussi] Si en effet, après la corruption du mouvement, se produit d'aventure quelque autre corruption, il y aura, après la corruption du mouvement, un mouvement.

⋆

550 (52a 10) καὶ οἱ μίαν] ἢ χρονικὴν (ὁ γὰρ Ἐμπεδοκλῆς πολλὰς ποιεῖ) ἢ ποιητικήν – τὸν νοῦν – διὰ τὴν φιλίαν καὶ τὸ νεῖκος δύο ὄντα.

aussi ceux qui établissent un principe unique] … soit temporel (Empédocle, en effet, en établit plusieurs), soit agent – l'Esprit – du fait que l'Amour et la Discorde sont au nombre de deux.

Adnot. La scholie, qui remonte certainement à Alexandre, est le seul témoignage prêtant à Aristote de telles distinctions. L'on pourrait, d'après l'Exégète, hésiter sur le sens à donner à l'ἀρχή mentionnée par Aristote : temporel ou agent. Dans un cas comme dans l'autre, Anaxagore est du côté de l'unité, Empédocle de la pluralité. On comprend que Simplicius ait préféré passer une telle réflexion sous silence, puisqu'elle soulignait le caractère physique du cycle d'Empédocle.

★

[125r]

551 (52a 20–21) <ἐν μέρει>] τὸ ἐν μέρει ἀμοιβαῖον τοῦ χρόνου ἀντὶ παραδόσεως.

—

1–2 ἀντὶ παραδόσεως distinxi : ἀντιπαραδόσεως ut vid. S

<tour à tour>] Le caractère alterné, tour à tour, du temps, au lieu d'une transmission.

★

552 (52a 28) ἐφ' ὧν] ἐφ' ὧν καὶ ἄλλων· ὧν τὰ πραδείγματα ἐπὶ τῶν ἀνθρώπων λέγει.

il faut donner des cas] … des cas autres : il en fournit des exemples dans le cas des hommes.

★

553 (52a 31) ἐπί τινων] οὐ γὰρ πάντες ἐξ ἀνάγκης ἐχθροὺς ἔχουσιν· ὁ γοῦν Διογένης ὁ Κύων ἐχθροὺς οὐκ ἔχει.

dans certains cas] Tous les hommes, en effet, n'ont pas nécessairement des ennemis ; Diogène le Chien, en tout cas, n'a pas d'ennemis.

Adnot. Simplicius n'a pas retenu la légère ironie d'Alexandre, qui glose ainsi la restriction implicite du ἐπί τινων. Que la scholie remonte au commentaire perdu de l'Aphrodisien ne fait aucun doute. L'image du Diogène le Chien philanthrope est en effet caractéristique du début de la période impériale dans lequel s'enracine la culture d'Alexandre. Pour quelques études classiques sur la φιλανθρωπία cynique, voir G. Rudberg, « Zum Diogenes-Typus », in Margarethe Billerbeck (ed.), *Die Kyniker in der modernen Forschung*, Amsterdam, 1991, p. 127–143, p. 142, n. 54 ; cf. aussi J. Moles, « Le cosmopolitisme cynique », in M.-O. Goulet-Cazé et R. Goulet (eds), *Le cynisme ancien et ses prolongements*, Paris, 1993, p. 259–280, p. 274–275.

★

554 (52a 32) ὅλως δὲ] οὔ φησι δεῖν αὔταρκες εἶναι ὑπολαμβάνειν τὸ ἀεὶ καὶ πρὸς τὸ εὐθὺ τοῦτο καὶ ἀρχὴν εἶναι· οὐδ' ἔστιν ἀρχῆς δεικτικὸν τὸ ἀεί τι εἶναι οὕτως ἔχον ἢ οὕτως ἀεί τι γίνεσθαι· πολλὰ γὰρ τῶν ὄντων ἀΐδια μέν ἐστιν, οὐ μὴν ἀρχαί γε καὶ ἀναπόδεικτα.

—

2 δεικτικὸν ego : δεκτικὸν S

Il dit qu'il ne faut pas croire que le « toujours » suffise directement, de par lui-même, à être aussi principe ; ni n'est indicatif d'un principe le fait que quelque chose soit toujours selon telle disposition, ou que quelque chose devienne toujours selon tel processus. Nombreux en effet parmi les êtres sont ceux qui sont certes éternels, mais non point principes ni indémontrés.

Test. *Simpl. 1186.10–15* : λέγει αὐτός, ὅτι οὐκ ὀρθῶς ἔχει, τὸ ἀεὶ οὕτως ἔχειν τι καὶ πανταχοῦ ὡς ἀρχὴν λαμβάνειν ἀναπόδεικτον· πολλὰ γὰρ τῶν ὄντων ἀίδια μέν ἐστιν καὶ πανταχοῦ οὕτως ἔχει, οὐ μὴν ἀρχαὶ καὶ ἀναπόδεικτα, ἀλλ' ἔχει τοῦ εἶναι τοιαῦτα αἰτίας τινὰς καὶ ἀρχάς, ὥσπερ ἐν τοῖς μαθήμασι τὸ τοῦ τριγώνου τὰς ἐντὸς τρεῖς γωνίας δυσὶν ὀρθαῖς ἴσας εἶναι ἀίδιον μέν ἐστι καὶ ἐν παντὶ τριγώνῳ οὕτως ἔχει, οὐ μέντοι ἀρχὴ καὶ ἀναπόδεικτον.

Adnot. Le texte de cette scholie est si lourd que l'on peut même se demander si elle est correctement transmise. L'idée générale, quoi qu'il en soit, est claire et se retrouve chez Simplicius. De l'éternité au principe, la conséquence n'est pas bonne. On remarque dans la scholie l'absence de l'exemple mathématique d'Aristote, qui effectivement fait problème, puisque les objets mathématiques ne sont pas à proprement parler des ὄντα. On ne saurait toutefois déterminer si cette absence remonte à Alexandre – auquel cas elle serait significative – ou simplement à une coupe du scholiaste. Le dédoublement qu'opère Alexandre entre *identification* de l'éternité à la « principialité » et, en suivant notre correction textuelle, *indication* de celle-ci au moyen de celle-là, est intéressant. La nuance a sans doute échappé à Simplicius.

⋆

555 (52a 34) <ἐφ' ὃ>] εἰς τὸ ἀΐδιον· ὡς γὰρ ἀεί, φησί, γίνεται θέρος χειμὼν ἔαρ, οὕτως καὶ ἐκ τῆς τῶν ἀτόμων περιπλοκῆς γίνεται πάντα ἀεί.

<c'est ce à quoi>] … à l'éternel. De même en effet que *toujours*, dit-il, se produisent l'été, l'hiver et le printemps, ainsi, à partir de l'imbrication des atomes, toutes les choses sont-elles *toujours* engendrées.

Test. *Simpl. 1186.16–18 + 28–30* : ὁμοίως δὲ τὸ παρὰ μέρος θέρος καὶ χειμῶνα γίνεσθαι ἀίδιον μὲν καὶ πανταχοῦ οὕτως, οὐ μέντοι ἀρχή, ἀλλὰ ἀρχὰς ἔχει καὶ αἰτίας τῆς τοιαύτης κινήσεως. . . . μὴ τοίνυν ὁ Δημόκριτος αἰτίαν τῆς τῶν ἀτόμων συνόδου τε καὶ περιπλοκῆς ἀρκοῦσαν ἡγείσθω τὸ οὕτως ἀεὶ γίνεσθαι τὰ γινόμενα.

Adnot. Cette scholie prête un certain discours à Démocrite (sujet sous-entendu de φησί). Ce faisant, elle exprime pour ainsi dire à la première personne une double difficulté de son système. Démocrite dirait en effet qu'il n'est besoin de rechercher ni pourquoi les saisons se succèdent, ni comment surviennent les structures biologiques. Il est pourtant évident que l'on a affaire, dans un cas comme dans l'autre, à des phénomènes à la fois excessivement réguliers et complexes, qui rendent l'absence de toute explication autre qu'un appel générique au « toujours » particulièrement insatisfaisante. Démocrite ayant lui-même, d'après une série de sources qui paraissent fiables (cf. D.-K. II, fr. B 14, p. 142–145), calculé l'écart en jours entre les équinoxes et les solstices, il ne pouvait dénier ce fait – au point qu'il faut peut-être voir une attaque *ad hominem* assez habile de la part d'Alexandre. Comme Théophraste avant lui, (cf. *Metaph.* §§ 26–28, 9b 16–10a 21), Alexandre couple deux domaines où il y a, sinon une contradiction, tout au moins une tension, entre le mécanisme hasardeux des principes de base de la physique démocritéenne et l'extrême régularité des phénomènes, qui semble évidemment témoigner en faveur du finalisme aristotélicien de l'εἶδος. Simplicius ne paraît pas avoir compris le mouvement d'Alexandre. Il introduit en effet l'imbrication (περιπλοκή) des atomes non pas comme une cause de la régularité de phénomènes avant tout biologiques, mais comme une réponse possible de l'Abdéritain à la difficulté (unique) des saisons. Il ne serait pas vrai qu'il n'explique pas les régularités astronomiques, suggère Simplicius en se faisant l'avocat de Démocrite, puisqu'il les reconduit comme le reste aux imbrications d'atomes. Cette interprétation est beaucoup plus faible que celle d'Alexandre et résulte sans doute d'une interprétation erronée du « de même … de même … » de celui-ci en un sens causal.

⋆

556 (52b 1) λέγων ἐπί τινων] ἐ π ί τ ι ν ω ν γὰρ τὸ αἰτιᾶσθαι τὸ ἀΐδιον ὀρθόν ἐστι, τὸ δ' ἐπὶ πάντων οὐκ ὀρθόν.

quand il parle de certains cas] Dans certains cas, en effet, il est légitime d'en appeler à l'éternité, mais dans tous les cas, ce n'est pas légitime.

⋆

VIII, 2

557 (52b 9) <πρῶτον μὲν ὅτι>] πρῶτον ἐπιχείρημα ὅτι γενητὸν ἡ κίνησις.

—

1 ὅτι ego : τὸ S

<D'abord, parce que>] Premier argument selon lequel le mouvement est quelque chose d'engendré.

★

558 (52b 10) <μεταβολὴ γὰρ ἅπασα>] εἰ μηδεμία κίνησις ἀΐδιός ἐστιν, οὐδ' ἂν [τις] εἴη ὅλως ἀΐδιος κίνησις· πᾶσα γὰρ κίνησίς ποθέν ποι καὶ πέρατα ἔχει τὰ ἐναντία ἐξ οὗ καὶ εἰς ὅ· οὕτως τὸ ἡγούμενον τοῦ συνημμένου κατασκευάζεται.

—

2 τις seclusi (cf. Simpl. 1187.14 : οὐδ' ἂν ὅλως κίνησις ἀΐδιος εἴη)

<En effet, tout changement>] Si aucun mouvement n'est éternel, le mouvement ne saurait généralement être éternel. Tout mouvement est en effet d'ici à là, et il a pour limites les contraires « à partir de quoi » et « vers quoi » : C'est ainsi qu'est construit l'antécédent de la conséquence.

Test. *Simpl. 1187.7–14* : οὐδεμία μεταβολὴ ἀΐδιός ἐστιν. ἀπόδειξις δὲ τοῦ λόγου ἥδε· πᾶσα μεταβολὴ ἔκ τινος εἴς τι· μετ' ἄλλο γὰρ εἰς ἄλλο ἡ μεταβολὴ καὶ ἐκ τοῦ ἐναντίου εἰς τὸ ἐναντίον· ἡ δὲ ἐκ τοῦ ἐναντίου εἰς τὸ ἐναντίον πέρατα καὶ ὅρους ἔχει τὰ ἐναντία· ἡ πέρατα ἔχουσα εἰς ἄπειρον οὐκ ἂν γίνοιτο· πᾶσα ἄρα μεταβολὴ καὶ κίνησις εἰς ἄπειρον οὐκ ἂν γίνοιτο, ταὐτὸν δὲ εἰπεῖν, οὐδεμία μεταβολὴ μία καὶ συνεχὴς οὖσα ἀΐδιός ἐστιν. ἰσοδυναμεῖ γὰρ τῷ "πᾶς οὐκ ἔστι" τὸ "οὐδείς ἐστιν". εἰ δὲ μηδεμία κίνησις μία οὖσα ἀΐδιός ἐστιν, οὐδ' ἂν ὅλως κίνησις ἀΐδιος εἴη.

Adnot. L'explication d'Alexandre se retrouve chez Simplicius. Les commentateurs sautent implicitement une étape pourtant nécessaire de la démonstration (du fait que précisément ils ne l'endossent pas), celle qui passe de la finitude supposée de tout mouvement à celle du mouvement en général (ὅλως). Le fait est d'ailleurs remarqué immédiatement après par Simplicius, *In Phys.* 1187.15–18 (sans doute à la suite d'Alexandre, même si les scholies n'ont rien conservé de cette remarque), qui voit davantage là une réfutation du fait qu'*un* mouvement soit éternel que de celui qu'il y ait éternellement *du* mouvement. L'argument ne serait pas absurde, mais différent, avec τις – l'énoncé transmis par Simplicius, quoique plus ambigu, nous paraît plus probablement celui d'Alexandre.

★

559 (52b 12) <ἔτι ὁρῶμεν>] ἐκ τῆς ἐπαγωγῆς.

<De plus, nous voyons>] À partir de l'induction.

Adnot. Simplicius, *In Phys.* 1187.19–20, évoque plutôt l'« évidence » (ἐκ τῆς ἐναργείας). À juste titre, puisque l'induction ne saurait de toute façon être complète et qu'il s'agit ici d'une saisie intuitive du comportement de tout mobile.

★

560 (52b 17) <πολὺ δὲ μάλιστα>] διὸ καὶ πιθανώτερον τὸ γ′ ἐπιχείρημα τοῦ β′· λύεται γὰρ τὸ γ′ ὅτι προϋπάρχει τις κίνησις ἣ τὰ ἔμψυχα βιαζομένη κινεῖσθαι, τὸ δ' αὐτὸ καὶ ἐπὶ τοῦ παντὸς μεταλαμβανόμενον λύει τὸ β′ ἐπιχείρημα.

—

2 γ′ ego : β′ S || ἔμψυχα ego : ἄψυχα S

<au plus haut point>] C'est la raison pour laquelle le troisième argument est plus persuasif que le deuxième. On résout en effet le troisième en s'appuyant sur le fait que préexiste un mouvement qui contraint les êtres animés à se mouvoir ; or le même raisonnement transféré au cas du Tout résout le deuxième argument.

Adnot. Le texte transmis (cf. app. cr.) laisse fort à désirer. Alors qu'il annonce une comparaison des deuxième et troisième arguments, il se borne par la suite à évoquer le deuxième, en des termes excessivement maladroits. Il faut sans doute compter avec des accidents graves de transmission. D'où mes deux corrections.

★

[125v]

561 (52b 27) κἂν εἰ ἐν τῷ κόσμῳ] τοῦτο λέγει διὰ τὸν Ἀναξαγόραν λέγοντα τὸ μίγμα τὸ ἐκ τῶν ὁμοιομερειῶν ἀπείρων οὐσῶν ἄπειρον εἶναι, ἐνδειξάμενος δ' ὅτι οὐ δυνατὸν ἅμα πᾶν τὸ ἄπειρον κινηθῆναι τὴν τοπικὴν κίνησιν ἣν κινεῖται τὰ αὐτοκίνητα διὰ τοῦ εἰπεῖν ε ἴ π ε ρ ἐ ν δ έ χ ε τ α ι καὶ τὰ ἑξῆς· εἰ γὰρ τοῦτο ἔσται, τί τοῦ ἀπείρου μεῖζον ἐν ᾧ κινηθήσεται μεθιστάμενον ὅλον; οὐ γὰρ ἔστι τι ἔξω τοῦ ἀπείρου, ὥστε οὐδὲ ἔσται τις τοιαύτη κίνησις ἐν τῷ ἀπείρῳ οἵαν ἔλεγεν.

—

2 μίγμα sic S : μῖγμα Simpl. apud Diels 1188.7 || ὁμοιομερειῶν : ὁμοιομερῶν S

Et si cela se produit dans l'univers] Il dit cela en raison d'Anaxagore qui dit que le mélange issu des homéoméries, qui sont infinies, est infini, indiquant d'un autre côté, lorsqu'il dit « si du moins il est possible etc. » qu'il n'est pas possible que l'infini se meuve simultanément du mouvement local qui est celui des automoteurs. Si en effet cela devait être le cas, quelle sera la chose plus grande que l'infini dans laquelle il se mouvra par un déplacement de toute sa masse ? Il n'y a en effet rien en dehors de l'infini, en sorte qu'il n'y aura aucun mouvement dans l'infini du type de celui qu'il a dit.

TEST. *Simpl. 1188.5–16* : εἰ δὲ ἐν τῷ κόσμῳ φησὶ τοῦτο δυνατόν, καὶ ἐν τῷ ἀπείρῳ δυνατόν, ἤτοι τῷ Ἀναξαγόρου (ὡς ἤκουσεν Ἀλέξανδρος, διότι τὸ μῖγμα τὸ ἐκ τῶν ὁμοιομερειῶν ἀπείρων οὐσῶν ἄπειρον ἀνάγκη εἶναι) ἢ τῷ Ἀναξιμένους καὶ Ἀναξιμάνδρου καὶ ὅλως τῶν ἓν τὸ στοιχεῖον ἄπειρον κατὰ μέγεθος ὑποθεμένων, ἢ καὶ τούτου καὶ ἐκείνου. προσέθηκε καὶ τὸ εἴπερ ἐνδέχεται κινεῖσθαι τὸ ἄπειρον καὶ ἠρεμεῖν ὅλον, ὅτι δέδεικται τὸ ἄπειρον κατὰ μέγεθος μὴ δυνατὸν ὂν κινηθῆναι τὴν τοπικὴν κίνησιν, ἣν κινεῖται τὰ αὐτοκίνητα· μήτε γὰρ ἐπ' εὐθείας, εἰ μὴ ἔστι τοῦ ἀπείρου ὅπου προβήσεται τὸ ἄπειρον, μήτε κύκλῳ, εἴπερ μὴ ἔστι τοῦ ἀπείρου τὸ μὲν ἄνω τὸ δὲ κάτω, ἢ τὸ ἔσχατον καὶ μέσον. πολλὰ δὲ καὶ ἄλλα περὶ τούτου γέγραπται ἐπιχειρήματα ἐν τῷ τρίτῳ τῆσδε τῆς πραγματείας.

ADNOT. Alexandre s'est interrogé sur le sens de l'ajout aristotélicien (252b 27–28) « et si cela se produit dans l'univers, cela pourrait se produire même dans l'infini, si du moins il est possible que l'infini puisse être mû et être en repos dans sa totalité ». Puisqu'il s'agissait seulement d'établir un fait concernant le monde, pourquoi Aristote a-t-il éprouvé le besoin de faire un pas supplémentaire, du « monde » (κόσμος) à l'infini (ἄπειρον) ? Avec beaucoup de vraisemblance, Alexandre rattache ce complément aux discussions des thèses d'Anaxagore en ce qui est pour nous le premier chapitre du livre VIII. Il ne perd pas de vue, en effet, qu'Anaxagore était le représentant principal, aux yeux d'Aristote, de ceux qui soutiennent le commencement radical du mouvement. Peut-on cependant, dans son cas, parler de « monde » ? N'y a-t-il pas une opposition entre κόσμος et ἄπειρον ? Alexandre perçoit bien que c'est ce scrupule théorique qui conduit Aristote à ajouter la phrase qui nous occupe. Pour Anaxagore – ou tout au moins l'Anaxagore d'Aristote –, c'est peut-être davantage l'infini, que le monde, qui se met à se mouvoir à une certaine date. Alexandre souligne enfin qu'Aristote fait ici d'une pierre deux coups, puisque la précision historique lui permet de rappeler un résultat important concernant l'infini : celui-ci ne saurait se mouvoir localement. Les démonstrations de *Phys.* VIII sont ainsi appliquées d'emblée à un univers fini.

Qu'en est-il maintenant de Simplicius ? Notons tout d'abord que son texte confirme l'authenticité de la scholie. Simplicius prête en effet à Alexandre l'identification à Anaxagore seul de la personne visée par Aristote, tandis qu'il mentionne quant à lui Anaximène, Anaximandre et tout autre physicien infinitiste que l'on voudra. Mais d'après la classification des systèmes physiques proposée par Simplicius lui-même un peu plus haut (cf. *In Phys.* 1121.5–1122.25 et notre commentaire *supra, ad schol.* **539**), ni Anaximène ni Anaximandre ne postule le début du mouvement après un repos universel. Ce sont simplement des tenants de l'infinité du principe élémentaire. Leur mention paraît donc ici superficielle et déplacée. On peut imaginer deux explications à cette situation. La première, doctrinalement moins chargée, est de prêter à Simplicius une erreur simplement technique. Par distraction ou inattention, il n'a pas compris la raison profonde pour laquelle Alexandre mentionnait ici Anaxagore. La seconde est plus idéologique et tient au rapport de la doctrine d'Anaxagore à la chaîne néoplatonicienne des tenants de la vérité. Simplicius tend visiblement à considérer Anaxagore comme un partisan de la distinction entre monde sensible et monde intelligible, cf. *In Phys.* 1121.26–28 : καὶ ὅ γε Ἀναξαγόρας σαφῶς ἀπὸ τῆς νοητῆς ἑνώσεως, ἐφ' ἧς ἦν ὁμοῦ πάντα χρήματα, ὥς φησι, τὴν κοσμικὴν διάκρισιν ὑποστῆσαι τὸν νοῦν λέγει. Le monde, selon cette interprétation néoplatonicienne d'Anaxagore, n'aurait donc pas de commencement temporel, mais un principe ontologique, l'« unité intelligible ». Simplicius a donc pu vouloir diluer la référence d'Alexandre à Anaxagore dans la mention d'un certain nombre de physiciens matérialistes.

★

562 (52b 35) ἀλλ' ὅμως] ὁ νοῦς οὗτος· ἐάν τε ἡ πάλιν καὶ πάλιν γινομένη κίνησις δύναται εἶναι μία καὶ συνεχὴς ἐάν τε μή, οὐδὲν κωλύει εἶναί τινα ἄλλην κίνησιν μίαν καὶ συνεχῆ, λέγει δὲ τὴν ἐγκύκλιον ἣν μετ' ὀλίγον δείξει.

—

2 δύναται : δύνανται S

Néanmoins] Le sens est le suivant : que le mouvement recommencé encore et encore puisse être un et continu ou qu'il ne le puisse pas, rien n'empêche qu'il y ait quelque autre mouvement un et continu ; il veut dire le mouvement circulaire qu'il établira sous peu.

Test. *Simpl. 1189.7–13* : διορίσας οὖν οὕτω τὴν ζήτησιν ἐπὶ τῆς χορδῆς, ὁποτέρως ἂν ἔχῃ, φησίν, ἐπὶ τῶν τοιούτων κινήσεων τῶν ἐξ ἐναντίου εἰς ἐναντίον, εἴτε μία ἐστὶν ἐπὶ τούτων ἡ κίνησις εἴτε οὐ μία, οὐδὲν κωλύει εἶναί τινα ἄλλην κίνησιν παρὰ τὰς εἰς τὰ ἐναντία γινομένας συνεχῆ καὶ μίαν καὶ διὰ τοῦτο ἀίδιον, ἥν φησιν ἐκ τῶν μετὰ ταῦτα ῥηθησομένων δήλην ἔσεσθαι. λέγει δὲ περὶ τῆς κυκλοφορίας· ταύτην γὰρ μόνην δείξει μὴ γινομένην εἰς τὰ ἐναντία, ὡς αἱ λοιπαί, καὶ διὰ τοῦτο μίαν καὶ συνεχῆ καὶ ἀίδιον.

Adnot. Aristote vient de mentionner l'exemple de la corde de la lyre, qui se meut de manière parfaitement identique à chaque fois qu'on la pince, mais qui ne fait pas pour autant toujours *le même* son : la séparation temporelle fait qu'il s'agit de *deux sons identiques.* Il poursuit en disant « Néanmoins, dans un cas comme dans l'autre, ... », appelant ainsi l'explicitation d'Alexandre, suivi par Simplicius. On remarquera toutefois que la scholie, à la différence de Simplicius, ne mentionne pas l'éternité, rendue cependant évidente par le contexte.

★

VIII, 3

[127r]

563 (53a 23) τῶν ὄντων] τὰ ὄντα

πάντα ἠρεμεῖ ἀεί. | τὰ μὲν ἠρεμεῖ, τὰ δὲ κινεῖται. | πάντα <ἀεὶ> κινεῖται.

α γ β

πάντα ποτέ μὲν ἠρεμεῖ, ποτὲ δὲ κινεῖται. | τὰ μὲν <ἀεὶ> ἀκίνητα, τὰ δὲ ἀεὶ κινητά, τὰ δὲ ποτὲ μὲν κινεῖται, ποτὲ δὲ ἠρεμεῖ. | τὰ μὲν ἠρεμοῦντα ἀεὶ ἠρεμεῖ, τὰ δὲ κινούμενα κινεῖται ἀεί.

—
2 et 4 ἀεὶ addidi

des étants] les étants

sont tous toujours en repos.	sont les uns en repos, les autres mus.	sont tous toujours mus.
1	3	2

sont tous parfois en repos, parfois mus.	les uns toujours non mus, les autres toujours mus, les autres parfois mus et parfois en repos.	ceux en repos toujours en repos, ceux mus toujours mus.

Adnot. Ce diagramme porté en marge ne fait sans doute que schématiser la paraphrase proposée par Alexandre des lignes 253a 24–30. Le point le plus important est que d'après Simplicius, *In Phys.* 1193.33–35 (τέλος [cf. 253a 31]) δέ φησιν ὁ Ἀλέξανδρος τὸ εὑρεῖν τι ἀεὶ καὶ συνεχῶς κινούμενον ὑπὸ αἰδίου τε καὶ ἀκινήτου), Alexandre lisait cette classification en fonction de sa case ultime (« les uns toujours non mus, les autres toujours mus, les autres parfois mus et parfois en repos »), dans le triple étagement de laquelle il discernait certainement un véritable cadastre du réel : les êtres toujours non mus sont les moteurs immobiles, les êtres toujours mus sont les substances célestes, les êtres parfois mus et parfois en repos sont les substances sublunaires. On retrouvait exactement là les trois états de l'εἶδος mentionnés par l'Exégète en *In Metaph.* 251.23–38 (traduction et commentaire dans *Essentialisme*, p. 319–323).

⋆

564 (53a 32) <τὸ μὲν οὖν πάντ' ἠρεμεῖν>] ὁ γὰρ τὸ δόγμα τοῦτο εἰσάγων ὅλως ἀναιρεῖ φύσιν φυσικά, τέχνην τεχνητά, καὶ τὸν βιὸν ὅλον καὶ τὴν αἴσθησιν.

<Donc, prétendre que tout est au repos>] Celui en effet qui introduit cet enseignement supprime nature et êtres issus de la nature, art et êtres issus de l'art, ainsi que la vie tout entière, et la sensation.

ADNOT. Scholie verbeuse et superficielle. Il ne s'agit probablement que d'une rubrique puisée assez lâchement au commentaire d'Alexandre. Simplicius, *In Phys.* 1194.22–1195.25 est ici beaucoup plus riche (et sans doute beaucoup plus près d'Alexandre).

★

565 (53b 1) ὡς εἰπεῖν] τὸ ὡς εἰπεῖν ἀκριβῶς πρόσκειται διὰ τὰς θεωρητικὰς ἀρετὰς οὐ διὰ κινήσεως οὔσας.

pour ainsi dire] Le « pour ainsi dire » a été ajouté avec rigueur, du fait que les vertus théorétiques ne se produisent pas par mouvement.

TEST. *Simpl. 1195.6–11* : τρίτον, ὅτι οὐ τὴν φύσιν μόνον ἀναιρεῖ καὶ τὰ φυσικὰ ὁ πάντα ἠρεμεῖν λέγων οὐδὲ πρὸς τὸν φυσικὸν ἐνίσταται μόνον, ἀλλὰ καὶ πρὸς τὰς τέχνας πάσας καὶ τὰς ἐπιστήμας τὰς πρακτικάς, δηλονότι τὰς μετὰ κινήσεως ἐνεργούσας· ἡ γὰρ θεωρητική τινος δεῖται φυσικῆς κινήσεως. διὸ καὶ εἰπὼν πρὸς ἁπάσας τὰς ἐπιστήμας τὸ ὡς εἰπεῖν προσέθηκεν.

—

4 τινος ms. A, Diels : οὐ scribendum, cf. ADNOT.

ADNOT. La scholie d'Alexandre permet de corriger sans coup férir le texte corrompu de Simplicius, *In Phys.* 1195.10. Il faut à l'évidence remplacer le mot τινος, qui fait contresens ici, par la négation οὐ. À première vue, la précaution d'Aristote s'expliquerait du fait que toutes les sciences ne seraient pas liées au mouvement mais que seules le seraient les sciences pratiques, à l'exclusion des sciences théorétiques. Dès que l'on entre un peu dans les détails, on se demande cependant sur quels éléments aristotéliciens peut bien se fonder pareille affirmation. On peut tout de suite exclure la formulation de Simplicius : il n'est aucun texte du Stagirite suggérant, même lointainement, que les sciences pratiques s'actualisent avec le mouvement (cf. τὰς μετὰ κινήσεως ἐνεργοῦσας). La scholie, qui transmet sans doute fidèlement Alexandre sur ce point, évoque non pas les sciences (ἐπιστῆμαι), mais les vertus (ἀρεταί). On quitte cependant un problème pour tomber sur un autre. Aristote ne mentionne en effet nulle part d'éventuelles ἀρεταί πρακτικαί ou θεωρητικαί. Et même si l'on voit là l'équivalent de la distinction entre ἀρετὴ ἠθική et ἀρετή διανοητική, nous entrerions en contradiction avec le fait que les vertus ne sont de toute façon pas des mouvements, mais des états (cf. *EN* II 5, 1106a 10–12). Plus grave, la transition exégétique entre les ἐπιστῆμαι d'Aristote et les ἀρεταί de la scholie serait compromise, puisque, comme on sait, les vertus éthiques ne sont pas des sciences (cf. *EN* V 1, 1129a 3–17). On doit donc imaginer une autre distribution des instances πρακτικόν / θεωρητικόν. Il est de fait probable que l'ἀρετὴ πρακτική correspond au λογιστικόν de *EN* VI 2, et l'ἀρετὴ θεωρητική à l'ἐπιστημονικόν. Alexandre placerait donc implicitement les sciences dont il est question ici dans la *Physique* à l'intérieur de la partition de l'ἀρετὴ διανοητική, elle-même opposée à l'ἀρετὴ ηθική. Cette partition de l'*EN* serait à son tour fondue, en un hybride terminologique, à la distinction du *De anima* III 9–10 (cf. en part. 432b 27, 433a 14), entre νοῦς πρακτικός et νοῦς θεωρητικός. Ce passage revient d'ailleurs, à plusieurs reprises, sur la question du mouvement – son but est même de déterminer ce qui le provoque chez les animaux –, et c'est cet arrière-plan qui fournit à Alexandre son élément de réponse au problème que lui pose le texte de la *Physique*. On y apprend en effet que l'intellect pratique, à la différence de l'intellect théorétique, joue un rôle moteur essentiel. Mais il serait pourtant faux d'en déduire pour cela que le mouvement est inhérent à cet intellect en tant que tel. Il y a donc là un coup de force exégétique, dicté par le désir de donner sens à tout prix au ὡς εἰπεῖν. Notons pour finir que le recours au terme d'ἀρετή en ce type de contexte s'insère dans une tradition hellénistique remontant au moins à Panétius (cf. *DL* VII 92) et qu'on trouve, après quelques textes du début de la période impériale, chez Aspasius, *In Eth. Nic.* 8.17–9.2 et Alexandre lui-même, cf. *Ethica Problemata*, p. 150.22–151.16. On se trouve donc à la croisée d'une construction proprement aristotélicienne, combinant l'*Éthique à Nicomaque* et le *De anima*, et d'une représentation stoïcisante assimilant les sciences à des vertus. Celle-ci ne suffirait cependant pas à justifier l'introduction du mouvement, qui ne prend sens que dans le cadre strictement aristotélicien que nous avons décrit.

★

566 (53b 7) παρὰ τὴν μέθοδον] τὴν προκειμένην μέθοδον τὴν φυσικήν· οὐ γὰρ ὁμοίως τοῦτο ἀναιρεῖ τὴν φύσιν ὡς τὸ πρὸ τούτου ἀλλ' ἧττον διότι τὸ προηγούμενον τῆς φύσεως ἡ κίνησίς ἐστιν ἀλλ' οὐχὶ <ἡ> ἠρεμία· καὶ ἐκείνη μετὰ τῆς κινήσεως καὶ τὴν ἠρεμίαν ἀναιρεῖ (τὸ γὰρ μὴ πεφυκὸς κινεῖσθαι οὐδ' ἠρεμεῖ), αὕτη δὲ μόνην τὴν ἠρεμίαν ἀναιρεῖ.

—

3 ἡ addidi

à l'encontre de la ligne de recherche] … la présente ligne de recherche, la physique. Cette hypothèse-ci ne supprime pas autant la nature que celle qui l'a précédée, mais moins, du fait que l'essentiel de la nature est constitué par le mouvement, non par le repos. Or la première hypothèse, avec le mouvement, supprimait jusqu'au repos (ce qui est en effet dépourvu de l'aptitude naturelle à se mouvoir ne saurait non plus se trouver au repos), tandis que celle-ci ne supprime que le repos.

Test. *Simpl. 1195.31–1196.2* : πλὴν ἧττον τὸ πάντα κινεῖσθαι τοῦ πάντα ἠρεμεῖν παρὰ τὴν μέθοδόν ἐστι, φησί, τὴν φυσικήν. ἧττον γὰρ τοῦτο ἀναιρετικόν ἐστι τῆς φύσεως. κἂν γὰρ καθ' ὅσον ἡ φύσις ἐν τοῖς φυσικοῖς ἐτέθη ὥσπερ κινήσεως οὕτω καὶ ἠρεμίας ἀρχή, κατὰ τοσοῦτον καὶ ὁ τὴν ἠρεμίαν ἀναιρῶν ἀναιρεῖ τὴν φύσιν, ἀλλὰ καθ' ὅσον ἡ κίνησις οἰκειοτέρα τῇ φύσει μᾶλλον τῆς ἠρεμίας, κατὰ τοσοῦτον ἧττον παρὰ τὴν φυσικὴν μέθοδον οὗτοι λέγουσι· καὶ ὅτι ἐκεῖνοι μὲν οὐ κίνησιν μόνον ἀλλὰ καὶ ἠρεμίαν ἀναιροῦσιν (ἠρεμεῖ γὰρ τὰ καὶ κινεῖσθαι πεφυκότα), οὗτοι δὲ τὴν ἠρεμίαν μόνην.

Adnot. L'explication d'Alexandre est reprise à peu près telle quelle par Simplicius. Le nerf consiste à distinguer, dans la définition de la nature comme « principe de mouvement et de repos » (cf. *Phys.* II 1, 192b 20–23), mouvement et repos, en soulignant que celui-ci n'y apparaît que comme la privation de celui-là et non comme une réalité « positive ». Aristote lui-même, d'ailleurs, restreint sa définition au seul mouvement (cf. *Phys.* III 1, 200b 13–14, avec le même appel que dans notre passage à la μέθοδος physique).

★

567 (53b 9–10) καί φασί τινες κινεῖσθαι] τοῦ μὴ πάντῃ ἀπᾳδεῖν τῶν φυσικῶν ταύτην τὴν ὑπόθεσιν σημεῖον εἶναι λέγει τό τινας τῶν φυσικῶν ἀνδρῶν, λέγων τοὺς περὶ Δημόκριτον, οἴεσθαι πάντα κινεῖσθαι διὰ τὰς ἀτόμους ἀεὶ τοῦτο τὸ πάθος ἐχούσας, ἐξ ὧν καὶ τὰ σύνθετα μετέχει τῆς ἀεικινησίας, ἀλλὰ λανθάνειν.

—

3 οἴεσθαι ego : οἰομένους S

Certains disent même que se mouvoir] De ce que cette hypothèse ne tourne pas complètement le dos aux réalités physiques, il donne pour signe le fait que certains des physiciens – il veut dire par là les partisans de Démocrite –, pensent que tous les êtres se meuvent, du fait des atomes qui subissent toujours cette affection et à partir desquels les êtres composés participent eux aussi du mouvement sempiternel, mais qu'ils échappent à l'attention.

Test. *Simpl. 1196.5–13* : καὶ τοῦτο δὲ σημεῖον τοῦ μὴ πάντῃ τῶν φυσικῶν ἀπᾳδεῖν τὴν πάντα κινεῖσθαι λέγουσαν δόξαν τὸ καὶ δοξάζειν τινὰς αὐτῶν τὸ πάντα ἀεὶ κινεῖσθαι τὰ ὄντα, ἀλλ' οὐχὶ τὰ μὲν τὰ δ' οὔ, μὴ δοκεῖν δὲ ἡμῖν διὰ τὸ τὴν αἴσθησιν διαλανθάνειν. πάντα δὲ κινεῖσθαι ἔλεγον οἱ Ἡρακλείτειοι, ὧν καὶ

Πλάτων ἐν τῷ Κρατύλῳ τῆς δόξης οὕτως ἀπεμνημόνευσεν. ὁ δὲ Ἀλέξανδρος τὰς ἀτόμους φησὶ κατὰ τοὺς τιθεμένους αὐτὰς ἀεὶ κινουμένας αἰτίας καὶ τοῖς ἐξ αὐτῶν συγκρίμασι γίνεσθαι, κἂν μὴ αἰσθητῶς, καὶ κατὰ τούτους δέ, φησί, τὸ κενὸν ἀκίνητόν ἐστιν.

ADNOT. La scholie remonte clairement à Alexandre indépendamment de Simplicius. Elle ne reprend pas en effet le passage, très probablement simplicien, sur les Héraclitéens du *Cratyle*, mais va directement à la thèse que Simplicius prête à Alexandre. Si le sens est identique, la formulation est différente, la scholie mentionnant explicitement, par exemple, le nom de Démocrite. La construction ἀπᾳδεῖν + gén., qui est celle de la scholie, est bien plus naturelle que de voir dans le génitif le complément du nom de τὴν ὑπόθεσιν, comme le fait Simplicius (cf. le αὐτῶν en reprise). L'hypothèse d'un scholiaste puisant à Simplicius des renseignements sur le commentaire perdu d'Alexandre est rendue peu vraisemblable par le fait qu'une partie de la doxographie – celle qui concerne le vide – n'apparaît précisément pas dans la scholie.

⋆

568 (53b 13) <οὔτε γὰρ>] ἀδύνατον κατὰ αὔξησιν καὶ φθίσιν.

<En effet, il n'est pas possible>] C'est impossible selon l'augmentation et la diminution.

⋆

569 (53b 14–15) <ἔστι δ' ὁμοίως ὁ λόγος>] καλῶς ἐν τῷ πρὸ τούτου λόγῳ ἔδειξεν.

—

1 καλῶς scripsi : κακῶς ut vid. S

<Le raisonnement est identique à celui qui>] Cela a fait l'objet d'une belle preuve dans l'argument précédent.

ADNOT. La scholie renvoie sans doute à la réfutation de l'argument du médimne de Zénon telle qu'on la trouve à la fin du livre VII (250a 19 sqq.). La scholie est peu lisible et l'on peut hésiter, à la *lecture*, entre κακῶς et καλῶς. Quelle que soit la leçon de S, on ne voit cependant aucune raison de prêter à Alexandre, ici, une critique d'Aristote. La fin du livre VII ne prête le flanc ni aux critiques à l'encontre du chap. VII 1, ni à celles qu'on a opposées à l'organisation incomplète de ce livre. Alexandre, plus probablement, rappelait que le type d'arguments mis en œuvre ici par Aristote avait déjà été introduit, à bon escient, pour répondre au paradoxe zénonien. Simplicius, pour une raison ou pour une autre, ne fait pas la liaison entre les deux livres.

★

570 (53b 19–20) διαιρεῖται μὲν οὖν] οὐ γὰρ κατὰ <μόρι>α διαιρεῖται ἢ ἀφαιρεῖται ἀλλὰ τὸ ὅλον συνεχὲς μένει, καὶ οὐ τὸ μέγεθος συνδιαιρεῖται τῇ τε δυνάμει τῇ ἐν τῷ ὕδατι καὶ τῷ χρόνῳ, ἀλλὰ τὸ ὅλον ἐν τῷ τοσούτῳ τοῦ χρόνου μορίῳ κινεῖται τοσόνδε τι διάστημα <ὑπὸ δυνάμεως> ὑπὲρ τοῦ μορίου τῆς τὸ ὅλον κινούσης δυνάμεως ἐν τῷ ὅλῳ χρόνῳ τὸ ὅλον διάστημα. οὐδὲ γάρ, εἰ ἑκατὸν ἄνδρες τὴν ναῦν ἑλκύσωσιν ἐν τρισὶν ὥραις στάδιον, ἤδη καὶ ὁ εἷς ἐν τῷ ἴσῳ χρόνῳ τὸ ἑκατοστόν.

—

4 κινεῖται : κινεῖσθαι S || ὑπὸ δυνάμεως addidi (v. adnot.) || 5 εἰ (cf. K.-G. II 2, p. 474, Anmerk. 1) : οἱ S

Se divise donc ce qui a été enlevé …] En effet, il ne se divise ou ne se soustrait pas partie après partie, mais l'ensemble reste cohérent ; et sa grandeur ne se codivise pas avec la force inhérente à l'eau ou avec le temps, mais le tout dans telle partie du temps est mû sur telle partie de la distance sous l'effet d'une force *supérieure* à la partie de la force qui meut le tout dans la totalité du temps sur toute la distance. Il n'est pas non plus le cas, en effet, si cent hommes tirent en trois heures le navire sur un stade, que pour autant, un homme seul, dans le même temps, le tire sur un centième de stade.

Test. *Simpl. 1198.10–12* : ἔοικε δὲ ὁ Ἀλέξανδρος τῷ κατὰ τὴν νεωλκίαν παραδείγματι ἀκολουθήσας, ἐφ' οὗ ἅμα ἦσαν πάντες οἱ νεωλκοί, καὶ τὸν σταλαγμὸν ἐπὶ ἀθρόου ὕδατος ἀκοῦσαι.

Adnot. Ce commentaire permet d'éclairer deux pages assez confuses de Simplicius (*In Phys*. 1196-32-1199.5), où celui-ci nous paraît se méprendre sur l'interprétation proposée par Alexandre. Le problème aristotélicien à résoudre est le suivant. Il faut répondre aux physiciens qui soutiennent qu'il y a toujours du mouvement, même quand celui-ci échappe aux sens. Aristote divise sa réponse selon les trois catégories du mouvement qu'il reconnaît : augmentation/diminution, altération, translation. Pour réfuter qu'il y aurait toujours augmentation/diminution, Aristote se ramène à des arguments du type du médimne. Il évoque deux cas : celui du halage (νεωλκία) et celui de l'eau tombant goutte à goutte sur une pierre et qui finit par l'user – sans pour autant qu'une goutte use effectivement une portion, aussi infime soit-elle, de pierre. Après une assez longue paraphrase explicitant les conditions du problème (*In Phys.* 1196.32–1197.34), Simplicius finit, de manière intéressante, par le distinguer du sorite des sophistes. Alors que le sorite fait avorter le processus en le considérant à son point de départ, l'argument physique se donne le point d'arrivée et s'interroge, en bonne physique, sur ses modalités. C'est à ce stade (*In Phys.* 1198.5–20) que Simplicius introduit Alexandre, pour lui attribuer une identification des deux exemples d'Aristote. Alors que Simplicius considère qu'il faut distinguer la traction instantanée des cent haleurs – de laquelle chacune des cent tractions partielles échappe à notre attention – de la longue usure de la pierre par les dix mille gouttes d'eau, Alexandre se serait donné une situation qu'on chercherait en vain dans le texte d'Aristote, selon laquelle une grande quantité d'eau userait instantanément la pierre, exactement comme la traction des cent haleurs transporte *hic et nunc* le navire. Simplicius n'a pas de peine à rétorquer que tout changement est nécessairement continu. La présente scholie, qui introduit le temps en bonne place, prouve que Simplicius ne rend pas fidèlement la position de son prédécesseur. Toute la méprise provient de l'interprétation simplicienne de l'ἀϑρόος alexandrique. Comme on le verra un peu plus bas (cf. schol. **573**), Alexandre tend à ne pas interpréter ce terme en son sens temporel (« instantanément ») mais matériel (« en bloc »). Quand donc il l'applique au cas de l'eau, il ne veut pas dire qu'un jet d'eau condensé doive effriter « instantanément » la pierre, mais que seule l'eau considérée « en bloc », c'est-à-dire sur toute la durée d'un processus envisagé comme unitaire, est en mesure de le faire. Cette notion d'effet de seuil est particulièrement intéressante. Elle permet en effet d'esquiver la « descente infinie » impliquée par la proportionnalité sommaire des règles du mouvement telles qu'établies au livre VII. Selon ces dernières, il faudrait proportionnellement *moins* de force pour mouvoir moins longtemps, ou sur une moins longue durée, une charge donnée. La scholie précise ici qu'il n'en est rien, et qu'il faudra déployer une force *supérieure* à ce que les règles de proportion du livre VII exigeraient. Alexandre n'a pas tiré de ces constatations la conclusion qui s'imposait – que les proportionnalités aristotéliciennes sont tout simplement fausses. Mais du fait qu'il n'a visiblement pas chercher à les appliquer, le résultat revient au même. À la différence de nombre de ses successeurs, il était assez profond aristotélicien pour percevoir que ces « lois » du mouvement sont de simples schématisations, valables dans le sensible, dont l'unique utilité est d'être dépassées par le rapport du Premier Moteur au monde sempiternellement mû. Elles ne valent que dans le monde des substances temporellement, localement et dynamiquement finies. L'εἶδος réalisé est un εἶδος encadré par des bornes temporelles, dimensionnelles et dynamiques, dont l'importance est telle qu'elle conduit Alexandre à se méfier aussi de l'infiniment *petit*.

⋆

571 (53b 20) τὸ ἀφαιρεθὲν] τὸ ἀφαιρεθὲν ὑπὸ τοῦ ὕδατος ἐκ τοῦ λίθου διαιρεῖται εἰς πολλά.

Ce qui a été enlevé] « Ce qui a été enlevé » de la pierre par l'eau se divise en de nombreuses parties.

★

572 (53b 22) ἡ φθίσις] φθίσιν λέγει τὸ ἀφαιρεθὲν μόριον τοῦ ὅλου.

la diminution] Il appelle « diminution » la partie qu'on a enlevée du tout.

★

573 (53b 23–24) <οὐ γὰρ> (ad 53b 8 ἐν τοῖς φυσικοῖς S)] ἔδειξεν ἡμῖν διὰ τούτου πῶς εἶπεν καὶ ἐν τῷ πρώτῳ τῶν Φυσικῶν, ὅτε πρὸς Μέλισσον ἔλεγε, τὸ ὥ σ π ε ρ ο ὐ κ ἀ θ ρ ό α ς γ ι ν ο μ έ ν η ς μ ε τ α β ο λ ῆ ς · οὐ γὰρ ἄχρονον λέγει (ψεῦδος γάρ) ἀλλὰ τὴν ἀθρόου τοῦ μεταβάλλοντος εἰς τὸ μεταβάλλειν ἀρχὴν καὶ οὐ κατὰ μόρια.

—

3 γινομένης : γενομένης S

<En effet, il n'est pas vrai que … >] Il nous a ainsi indiqué en quel sens il a dit, aussi au premier livre de la *Physique*, quand il s'exprimait contre Mélissos, « comme si le changement n'avait pas lieu d'un seul coup » : il ne dit pas qu'il est instantané (c'est en effet faux), mais il désigne le commencement de ce qui change en bloc, et non par parties, en direction du changement.

Test. *Simpl. 1199.16–20* : ἔδειξε δέ, φησὶν ὁ Ἀλέξανδρος, διὰ τοῦ νῦν εἰρημένου, πῶς ἐν τῷ πρώτῳ τῆσδε τῆς πραγματείας πρὸς Μέλισσον ἀντιλέγων εἶπεν· "ὥσπερ οὐκ ἀθρόας γινομένης τῆς μεταβολῆς". οὐ γὰρ ἀθρόαν ὡς ἄχρονον εἶπεν (ψεῦδος γὰρ τοῦτο), ἀλλὰ τὴν ἀθρόου τοῦ μεταβάλλοντος εἰς τὸ μεταβάλλειν ἀρχὴν καὶ οὐ κατὰ μόρια.

Adnot. Aristote prouve que l'altération n'est pas sempiternelle en disant (253b 23–26) : « en effet, il n'est pas vrai que, si l'altéré est divisible indéfiniment, pour cette raison, l'altération l'est aussi, mais souvent elle a lieu d'un seul coup, comme la congélation ». Alexandre, rapprochant autant que possible la protase de l'apodose – c'est-à-dire croyant, ou faisant mine de croire, que le « d'un seul coup » (ἀθρόα) de l'apodose n'est que l'envers de la divisibilité indéfinie du mobile affirmée dans la protase – en tire une confirmation d'une discussion commencée au livre I à la faveur de la critique de Mélissos et poursuivie au livre VI lors de la discussion de la divisibilité continue de tout changement. Devant l'ambiguïté de l'adjectif ἀθρόος, qui peut désigner soit le temps (et signifiera alors « instantané ») soit le mobile (et signifiera alors « en bloc »), Alexandre fait tout pour privilégier la seconde solution. Aucun changement, nous répète l'Exégète, n'est instantané, mais Aristote tient dans certains cas pour le changement *en bloc* du mobile. Ainsi, dans le cas de la congélation, il serait faux de croire que celle-ci a lieu nécessairement selon un « front mouvant » à l'intérieur de l'objet (de l'extérieur à l'intérieur, par exemple), mais elle se produit en tout lieu de l'objet au même rythme. On a vu plus haut comment Alexandre proposait en dernière instance de réduire l'objet en question à une *partie* de l'objet macroscopique total (soit à telle particule d'eau plutôt qu'à telle bassine d'eau), sans doute pour sauver les apparences, de la congélation en particulier. Cette distinction n'est pas rappelée ici, car elle ne constitue qu'un raffinement de la solution globale proposée : ἀθρόος signifie la masse de l'objet considéré et non l'instantanéité de son changement alléguée à tort par certains. Ainsi, dans la présente scholie, κατὰ μόρια désigne les parties différentes du mobile et non les segments successifs du changement. Le mobile change uniformément (c'est-à-dire dans toute sa masse), mais toujours au long d'un certain temps. Il « change vers le changement » au sens où au début du processus, quelque chose se passe sans pour autant se traduire par un changement effectif. De même qu'une première goutte d'eau qui tombe sur une pierre ne produit aucun changement de la pierre, la pierre dans son ensemble (ἀθρόος) est pourtant déjà « en route », pour ainsi dire, vers son changement effectif, qui sera constatable à la 100000ème goutte d'eau. Il y a donc vraiment « début », αρχή, du changement (le mot reprend la discussion de *Phys.* I 3, 186a 11–16), qui affecte l'objet *en bloc*, mais non point changement *instantané*.

★

[127v]

574 (54a 9) οὔτε γὰρ αὔξησις] διὰ μὲν τῆς αὐξήσεως ἀναιρεῖται τὸ μὴ δύνασθαι ἠρεμεῖσθαι τὸ κινούμενον, διὰ δὲ τῆς βιαίου κινήσεως τὸ μὴ δύνασθαι τὸ ἠρεμοῦν κινεῖσθαι.

En effet, il n'existera ni augmentation] Au moyen de l'augmentation, on nie que le mû ne soit pas capable d'être en repos, tandis qu'au moyen du mouvement violent, on nie que ce qui est en repos ne puisse pas se mouvoir.

Test. *Simpl. 1201.23–25* : ὥστε διὰ μὲν τῆς αὐξήσεως ἀναιρεῖται τὸ τὸ κινούμενον πᾶν ἀεὶ κινεῖσθαι, διὰ δὲ τῆς βιαίου κινήσεως τὸ πᾶν τὸ ἠρεμοῦν ἀεὶ ἠρεμεῖν.

Adnot. Simplicius, *In Phys.* 1201.14–19, a tout d'abord attribué explicitement à Alexandre une autre explication du passage, selon laquelle l'augmentation (c'est-à-dire ici la croissance biologique), en tant qu'elle diffuse des aliments lourds dans toutes les directions du corps, présuppose le mouvement contre nature. Simplicius ajoute ensuite (1201.19–25), sans indiquer d'éventuelle source, que l'on peut aussi conclure de la nutrition au repos, puisqu'aucun être n'augmente *toujours*. La scholie, qui correspond à la conclusion de ce passage, indique qu'il remonte lui aussi à Alexandre.

⋆

575 (54a 10) γένεσιν οὖν] ἡ γὰρ γένεσις διά τινων οὐκ ἐν τῷ κατὰ φύσιν μενόντων τῶν ἐξ ὧν ἡ γένεσις· τοῦτο γὰρ αἴτιον τῆς φθορᾶς ἐστι τὸ ἀνοίκειον τοῦ τόπου τῶν στοιχείων.

—

1 διὰ ego : ἢ S || 2 ἐστι ego : διὰ S

La génération donc] La génération se produit du fait que certains êtres ne demeurent pas dans leur lieu naturel, ceux à partir desquels la génération a lieu. C'est cela qui est en effet la source de la corruption : le caractère impropre du lieu des éléments.

Test. *Simpl. 1201.41–1202.4* : ἔτι δὲ γένεσιν καὶ φθορὰν ἀναιρεῖ ὁ λόγος ὁ ἀναιρῶν τὴν παρὰ φύσιν κίνησιν· ἡ γάρ τινων γένεσις ἄλλων ἐστὶ φθορά· φθείρεται δὲ ἕκαστον οὐκ ἐν τῷ κατὰ φύσιν μένον, ἀλλὰ παρὰ φύσιν κινούμενον. ἀλλὰ καὶ ἐν τῷ γινομένῳ ἕκαστον οὐκ ἔχει τὴν οἰκείαν χώραν. διὸ καὶ λύεται τὰ γινόμενα.

⋆

576 (54a 18) <ἢ γάρ τοι>] παρέλιπεν τὴν δόξαν τῶν τὰ μὲν ἀεὶ κινεῖσθαι λεγόντων τὰ δ' ἠρεμεῖν †...† <τ>ὴν ἀντιλέ<γουσαν ὅτι π>έπαυται.

—

2 post ἠρεμεῖν vix legitur || †...† damnavi : ca 5 litt. ut vid.

<En effet, soit ...>] Il a omis la thèse de ceux qui disent que certains êtres sont toujours mus, tandis que les autres sont au repos, †...† qui dénie qu'il y ait cessation.

Adnot. Aristote, en effet, dans le rappel de la sous-division de la division du début du chap. 3 (c'est-à-dire de la division de l'hypothèse postulant la présence de mouvement *et* de repos dans l'univers), omet de mentionner l'hypothèse selon laquelle certains êtres sont toujours en repos, d'autres toujours en mouvement, et aucun être parfois en repos et parfois en mouvement. Tandis que les éditeurs modernes, depuis Pacius, postulent généralement un accident textuel, les commentateurs anciens ont plutôt cherché à justifier son absence. Cf. Simplicius, *In Phys.* 1203.9–17.

★

[129r]

577 (54a 27) <εἴπερ οὖν ἔστι δόξα ψεύδης>] καὶ γὰρ ἐκεῖνοι, τοῦτο λέγοντες, ἐδόξαζον, ὥστε ἐκινοῦντο ὅτε ἔλεγον μὴ εἶναι κίνησιν.

<Si, donc, il existe une opinion fausse>] De fait, eux aussi, en disant cela, avaient une opinion, en sorte qu'ils étaient mus alors même qu'ils disaient que le mouvement n'existe pas.

Test. *Simpl. 1203.35–1204.1 + 1204.8 sqq.* : εἰ δὲ ἔστι δόξα ψευδὴς καὶ φαντασία, δῆλον ὡς καὶ κίνησις ἔστιν. ἥ τε γὰρ φαντασία <μονὴ> τῆς κατ' ἐνέργειαν αἰσθήσεως καὶ ἡ δόξα συγκατάθεσις φαντασίας, καὶ ἡ αἴσθησις δὲ κίνησις καὶ διὰ κινήσεως. [...] οὕτω μὲν οὖν ὁ Ἀλέξανδρος καὶ αὐτοῖς τούτοις τοῖς ῥήμασιν ἐξηγήσατο τὰ προκείμενα· ἐπιστάσεως δέ, οἶμαι, ἄξιόν ἐστι κτλ.

Adnot. Il s'agit là d'une critique de l'Éléate Mélissos. Simplicius attribue bien à Alexandre une thèse conforme à la scholie, mais pour ensuite la combattre en justifiant le bien-fondé de la thèse de l'immobilité de l'Être. Comme d'habitude, la scholie est donc entièrement du côté d'Alexandre, et n'exhibe pas la moindre trace d'influences néoplatoniciennes. Comme l'on remarque aisément, par ailleurs, que la teneur des scholies ne correspond pas étroitement aux passages où Simplicius mentionne le *nom* d'Alexandre, il est très peu probable que l'on ait affaire à un abrégé alexandrique du commentaire simplicien.

★

578 (54a 30) τούτου] τὴν αἴσθησιν.

cela] ... la sensation.

★

579 (54b 4) <λοιπὸν οὖν>] αὗται αἱ ὑποθέσεις πᾶσαι.

<Il reste donc>] Ce sont là toutes les hypothèses.

★

580 (54b 5) <ἀεὶ ἠρεμεῖ>] ἀντὶ τοῦ ἀκίνητά ἐστι.

<sont toujours au repos>] Au lieu de : « n'ont pas la capacité de se mouvoir ».

★

VIII, 4

581 (54b 12) <τῶν δὲ καθ' αὑτὰ>] τὰ καθ' αὑτὰ κινοῦντα καὶ κινούμενα

ὑφ' ἑαυτοῦ οἷον τὸ ζῷον.

ὑπ' ἄλλου

φύσει οἷον τὸ πῦρ ἄνω ἐμφύτως.

παρὰ φύσιν οἷον ἡ γῆ ἄνω.

<Par ailleurs, parmi les choses …>] les choses qui meuvent et sont mues par soi :

sous son propre effet comme l'animal.

sous l'effet d'autrui

par nature, comme le feu vers le haut par disposition naturelle.

contre nature, comme la terre vers le haut.

Adnot. Cette division vise à obtenir un cadastre aussi complet que possible des situations dynamiques, qui permettra ensuite de proposer une théorie unifiée – celle, bien sûr, du Premier Moteur immobile.

★

582 (54b 24) <παρὰ τὰς θέσεις>] οἷον εἴ τις μάθοι ἐρειδόμενος ταῖς χερσὶ τοὺς πόδας ἄνω ἔχων βαδίζειν.

à l'encontre de leurs positions] Par exemple, si l'on apprend à marcher sur les mains les pieds vers le haut.

Test. *Simpl. 1208.18–19* : … παρὰ μὲν τὰς θέσεις, εἴ τις μὴ τοῖς κάτω κώλοις ἀλλὰ ταῖς χερσὶ βαδίζειν ἐπιχειρεῖ.

★

[129v]

583 (54b 29–30) <τὸ κινοῦν καὶ τὸ κινούμενον>] οἷον τὸ ἅρμα τὸν ἡνίοχον καὶ τὸ πλοῖον τὸν κυβερνήτην.

<le moteur et le mû>] Par exemple, le char et le cocher, le navire et le pilote.

Test. *Simpl. 1208.34–39* : ἔοικε γὰρ ἐπὶ τῶν ζῴων τὸ κινοῦν πρὸς τὸ κινούμενον οὕτως ἔχειν, ὡς ἐπὶ τῶν μὴ φυσικῶν, ἀλλὰ κατὰ τέχνην κινουμένων καὶ ἐν ἑαυτοῖς τὸ κινοῦν ἐχόντων, ὡς ἔχει ἐπί τε τῶν πλοίων καὶ τῶν ἁρμάτων· καὶ γὰρ ταῦτα ἐν ἑαυτοῖς μὲν ἔχει τὴν τῆς κινήσεως αἰτίαν, τὸν κυβερνήτην καὶ τὸν ἡνίοχον, διῃρημένους μέντοι καὶ ἐπ' οἰκείας ὄντας φύσεως.

★

584 (55a 9) ὥστ' εἰ ἐπ' αὐτῷ τὸ ἄνω φέρεσθαι] τὰ γὰρ ὑφ' ἑαυτῶν κινούμενα οὐ μίαν ἀλλὰ πλείους καὶ τὰς ἐναντίας κινήσεις κινεῖται.

<de sorte que si le feu est transporté de lui-même vers le haut>] En effet, les êtres qui sont transportés d'eux-mêmes ne se meuvent pas d'un mouvement unique, mais de mouvements nombreux et contraires.

Test. *Simpl. 1210.3–4* : οὐ μόνον δὲ τοῦ στῆναι κύρια τὰ αὐτά ἐστιν, ἀλλὰ καὶ τοῦ τὰς ἐναντίας κινηθῆναι κινήσεις …

★

585 (55a 13) <ᾗ γὰρ>] κοινότερον δ᾽ ἡ ἁφὴ συνέχεια λέγεται.

<En effet, dans la mesure où>] Mais de manière assez lâche, le contact est dit « continuité ».

★

586 (55a 14) ἀλλ᾽ ᾗ κεχώρισται] ἡ γὰρ ψυχὴ οὐκ ἔστι συνεχὴς τῷ σώματι· οὐδὲ γὰρ ἅπτεται ἀμερὴς οὖσα· τὸ δὲ σῶμα ἀνάγκη εἰ ἑαυτὸ κινεῖ ὑπό τινος ἑαυτοῦ μέρους κινεῖται ἁπτομένου.

—

1 συνεχὴς : συνεχὲς S

mais c'est dans la mesure où il est divisé] L'âme, en effet, n'est pas continue au corps. Elle n'est même pas en contact avec lui, en effet, puisqu'elle est sans parties. Pour le corps, il est nécessaire, s'il se meut soi-même, qu'il soit mû par quelque partie de lui-même en contact.

Test. *Simpl. 1210.29–32* : πῶς οὖν, φησὶν ὁ Ἀλέξανδρος, τὰ ζῷα ἑαυτὰ κινεῖ συνεχῆ ὄντα; καὶ λύει προχείρως, ὅτι τὸ κινοῦν ἐν τοῖς ζῴοις οὐκ ἔστι συνεχὲς τῷ κινουμένῳ· οὔτε γὰρ σῶμα ἡ ψυχὴ οὔτε ποσὸν ὅλως· διὸ οὐδὲ ἅπτεται ἀλλήλων.

Adnot. La scholie correspond à peu près au renseignement de Simplicius, celui-ci remplaçant toutefois la caractérisation de l'âme comme « sans parties » (ἀμερής) par celle de l'âme comme « non corps et non grandeur ». Ce remplacement n'est sans doute pas anodin. Il s'explique en effet à la lumière de la polémique menée par Alexandre au cours de son commentaire de VI 3 contre le véhicule de l'âme des Platoniciens (cf. *supra, ad schol.* **339**, et Simplicius, *In Phys.* 964.14–18). Le point de départ de son argument, on s'en souvient, était que l'âme, étant sans parties, ne saurait se mouvoir. Simplicius n'a certes pas récusé ce point en particulier, mais il est probable qu'il voyait d'un mauvais œil Alexandre insister sur une telle idée. Il lui aura donc paru préférable de s'en tenir à la différence de nature entre l'âme et le corps, c'est-à-dire à l'incorporalité de l'âme. Il est possible qu'Alexandre ménage une place à l'idée qu'une partie du corps (le cœur) permet au corps dans son entier de se mouvoir « soi-même ». La scholie est plus subtile, de ce point de vue, que le témoignage de Simplicius.

★

587 (55a 18) αὐτά (sic S, cf. app. cr.)] τὰ φυσικὰ καὶ ἄφυτα σώματα.

les] Les corps naturels non végétaux.

★

588 (55a 20) τὰς αἰτίας] τὰς κινητικάς.

les causes] … motrices.

Test. *Simpl. 1211.7–8* : καὶ τοῦτο, φησί, γένοιτο ἂν φανερὸν διαιροῦσι τὰς κινητικὰς αἰτίας.

★

589 (55a 29) <παρὰ φύσιν>] παρὰ φύσιν κινοῦνται τοπικῶς μὲν τὸ πῦρ κάτω ἡ γῆ ἄνω, αὔξονται δὲ οἱ Ἀδώνιδος κῆποι μειοῦνται δὲ οἱ διὰ κακὴν δίαιταν γηρῶντες· οἱ δ' αὐτοὶ καὶ ἀλλοιοῦνται παρὰ φύσιν ψυχρότεροι γινόμενοι.

<contre nature>] Se meuvent localement contre nature le feu vers le bas et la terre vers le haut, augmentent contre nature les jardins d'Adonis, diminuent contre nature ceux qui dépérissent sous l'emprise d'un mauvais régime ; les mêmes s'altèrent contre nature, du fait qu'ils deviennent plus froids.

Test. *Simpl. 1212.16–22* : ἣ καὶ τούτων εἶπεν αὐτὸς ἐν τοῖς προλάβουσι τὰς παρὰ φύσιν κινήσεις ἐπὶ μὲν αὐξήσεως τοῦ σίτου μνημονεύσας τοῦ ἐν τοῖς καλουμένοις Ἀδώνιδος κήποις παρὰ φύσιν αὐξομένου δι' ἐπιτηδεύσεως τοιαύτης, δι' ὃ οὐδὲ τελειοῦνται, καὶ οἱ θᾶττον δὲ δι' ἀκολασίαν ἡβάσκοντες ἢ γηράσκοντες καὶ αὔξοιντο ἂν καὶ μειοῖντο παρὰ φύσιν· καὶ γὰρ τὴν κρᾶσιν μεταβάλλουσιν εἰς τὸ παρὰ φύσιν ὁ μὲν θερμότερος, ὁ δὲ ψυχρότερος θᾶττον τοῦ δέοντος γινόμενος.

Adnot. Cette scholie donne des exemples de ce que peuvent être des mouvements contre nature. On observe des différences entre ce texte et celui de Simplicius. Le mauvais régime peut faire grandir excessivement ceux qui s'y adonnent selon Simplicius, alors qu'il ne peut que les faire diminuer selon la scholie. Parallèlement, le changement qualitatif contre nature peut aller, selon ce dernier, aussi bien vers le plus chaud que vers le plus froid, alors que la scholie ne mentionne que ce dernier cas. Il est probable qu'il faut imputer ces légères variations à un effort d'exhaustivité de la part de Simplicius, Alexandre ne mentionnant tous ces cas qu'afin d'apparier aux cas généraux d'Aristote des exemples sortables. Mais on doit également noter qu'Alexandre, en se bornant à associer le dépérissement au *froid*, se montre bien plus authentiquement aristotélicien que la vulgate humorale proposée par Simplicius (« tout excès corrompt ») : cf. *De longaevitate* 465a 9–10, 466a 18–20.

Quant aux jardins d'Adonis, « c'était la coutume, en effet, de semer dans des vases, non pas d'ordinaire aussi précieux que ceux qu'on voyait dans le palais d'Arsinoé, mais dans des pots de terre (ὀστράκια, χύτρα), dans des fonds de tasse, dans des tessons (γάστραι, γάστρια), quelquefois dans des paniers (ἄῤῥιχος, κόφινος), toutes sortes de plantes qui germent et croissent rapidement, telles que le fenouil, l'orge, le blé et surtout la laitue, qui avait un rôle dans la légende d'Adonis (on disait que Vénus avait couché sur un lit de laitues le corps de son amant). Ces plantes levaient en quelques jours, sous l'influence du soleil de juin, puis se flétrissaient aussitôt, parce qu'elles n'avaient pas de racines ; c'était l'image de l'existence éphémère d'Adonis. Ces petits jardins artificiels étaient exposés avec les images du dieu dans la pompe des Adonies, puis on les jetait dans la mer ou dans les fontaines » (E. Saglio, « Adonis », in Ch. Daremberg et E. Saglio, *Dictionnaire des antiquités grecques et romaines*, Paris, 1877, t. I, p. 73 ; pour des références plus récentes, voir J.H. Oakley et L. Reitzammer, « A Hellenistic terracotta and the gardens of Adonis », *The Journal of Hellenic Studies* 125, 2005, p. 142–144). Dans la tradition botanique péripatéticienne, cf. Théophraste, *De historia plantarum* VI, 7, 3 et surtout *De causis plantarum* I, 12, 2.

★

[131r]

590 (55a 30) ἐνεργείας] <τοὺς κα>τὰ φύσιν τόπους τῶν σωμάτων ἐνεργείας αὐτῶν καλεῖ, τουτέστι τελειότητας· τότε γὰρ ἡ γῆ ἐνέργειά ἐστι τελεία ὅταν ᾖ πρὸς τῷ κέντρῳ.

—

2 ἐνέργειά scripsi : ἐνεργ S (unde ἐνεργείᾳ, Simplicio etiam collato, conieceris)

Il appelle les lieux naturels des corps leurs « actes », c'est-à-dire leurs achèvements : la terre est en effet un acte achevé lorsqu'elle se trouve au niveau du centre.

Test. *Simpl. 1213.3–6* : ὁ δὲ Ἀλέξανδρος τοὺς κατὰ φύσιν τοῖς σώμασι τόπους ἐνεργείας αὐτῶν εἰρῆσθαί φησι, τουτέστι τελειότητας. τότε γὰρ αὐτῷ δοκεῖ, φησίν, ἕκαστον τῶν σωμάτων ἐνεργείᾳ βαρὺ ἢ κοῦφον εἶναι, ὅταν ἐν τῷ οἰκείῳ τόπῳ ᾖ.

Adnot. Les scholies **590**, **591** et **594** sont très intéressantes, car elles contiennent la solution d'Alexandre à l'aporie du mouvement naturel des corps simples sublunaires (Feu, Air, Eau, Terre). Elles font significativement appel à la notion de τελειότης, cruciale dans la physique néo-aristotélicienne d'Alexandre. La situation philologique est toutefois particulièrement difficile. Car aussi bien dans la scholie **590** que dans la scholie **591**, l'exégèse transmise par S est différente de celle prêtée à Alexandre par Simplicius. On est donc en présence de deux thèses distinctes, dont l'écart n'est pas anodin. Appelons Thèse I ce que Simplicius prête à Alexandre, et Thèse II ce que l'on déduit des scholies. Selon la Thèse I, un corps naturel léger (*resp.* lourd) n'est qu'en puissance léger (*resp.* lourd) s'il n'est pas dans son lieu propre ; il est en revanche en acte léger (*resp.* lourd) s'il est dans son lieu propre. Selon la Thèse II, un corps naturel léger (*resp.* lourd) est en puissance léger (*resp.* lourd) si la transformation qualitative dont il résulte n'a pas encore été effectuée, qu'il soit ou non dans son lieu propre ; il est en revanche en acte léger (*resp.* lourd) si cette transformation a été effectuée, qu'il soit ou non dans son lieu propre. Ce corps, déjà en acte, acquiert tout au plus un *surcroît* de perfection lorsqu'il se trouve dans son lieu propre. La thèse I revient à dire que le léger (*resp.* le lourd) est ce qui se trouve en haut (*resp.* en bas) de l'univers, la Thèse II que le léger (*resp.* le lourd) est ce qui se dirige ou qui se trouve en haut (*resp.* en bas) de l'univers. Cette distinction a un certain enjeu théorique, car elle se retrouve dans la réponse qu'Alexandre oppose à Xénarque. On sait en effet par Simplicius, *In de Caelo* 21.33–22.17 que ce dernier, voulant détruire l'idée d'un mouvement rectiligne naturel, a assimilé celui-ci au seul fait qu'un état encore inachevé du corps simple gagne son lieu propre. Une fois dans son lieu propre, le corps est immobile, ou mû d'un mouvement circulaire. Xénarque précise ici qu'un élément comme le feu trouve sa forme propre, *en tant qu'il est léger*, lorsqu'il se trouve en haut (cf. Simplicius, *In de Caelo* 22.6–7 : εἰδοποιεῖσθαι γὰρ αὐτό, καθ' ὅσον ἐστὶ κοῦφον, τῇ θέσει ταύτῃ). Ce qui veut dire que selon Xénarque, la légèreté, en quoi consiste la forme du feu, n'est réalisée que dans une certaine position. Pour contrer cette attaque (cf. Simplicius, *In de Caelo* 22. 18–33), Alexandre doit insister sur le fait que les éléments sont déjà *déterminés*, mais non pas encore complètement *parfaits*, avant que de gagner leur lieu propre (cf. adnot. à la scholie suivante). Et, ajoute Alexandre, le fait que la terre soit lourde et le feu léger (sous-entendu : y compris ailleurs qu'en leur lieu propre) et que leur mouvement soit naturel, n'ébranle pas l'argument, εἰ μὴ ἄρα κοῦφον ὁρίζοιτό τις οὐ τὸ ἐπὶ τὸ ἄνω φερόμενον ἀλλὰ τὸ πᾶσιν ἐπιπολάζον, καὶ βαρὺ οὐ τὸ ἐπὶ τὸ κάτω φερόμενον, ἀλλὰ τὸ πᾶσιν ὑφιζηκός (*In de Caelo* 22.31–33). Ce qu'il faut traduire en respectant la valeur argumentative de εἰ μὴ ἄρα (cf. *L.S.J.*, *s. v.* ἄρα, B 5 : « *unless* perhaps etc. ». Même si, d'après Kühner-Gerth, II 2, p. 486, 7, le sens ironique de *nisi forte* demande que le verbe de la proposition soit à l'indicatif, il faut reconnaître qu'Alexandre ne mentionne ici ce sens gênant (léger = ce qui se trouve au-dessus de tout le reste, lourd = ce qui se trouve au-dessous de tout le reste) que pour mémoire. Toute sa stratégie de réponse à Xénarque consiste à accorder lourdeur et légèreté aux éléments avant qu'ils ne gagnent leur lieu propre et à ne voir dans leur occupation de leur lieu propre, *en tant que telle*, que l'acquisition d'une ultime perfection. Or, que constate-t-on dans l'exégèse du présent passage de la *Physique ?* Que la thèse de la scholie est celle qui apparaît dans la citation simplicienne de la réponse d'Alexandre à Xénarque, tandis que la thèse prêtée explicitement par Simplicius à Alexandre (cf. TEST.) correspond à celle que celui-ci mentionne du bout des lèvres, pour l'écarter, dans ce même contexte polémique. On en conclut, dès ce stade, qu'il est bien plus probable que la scholie nous transmette l'exégèse véritable d'Alexandre, maquillée par Simplicius. Qu'il s'agisse d'une intervention de Simplicius est rendu plus vraisemblable encore du fait que beaucoup plus loin dans son commentaire du traité *Du ciel* (*In de Caelo* 697.27–28), Simplicius, sans se réclamer d'Alexandre, affirme à nouveau la thèse que celui-ci rejette. C'est donc que le néoplatonicien a des raisons doctrinales sérieuses pour la soutenir. Or chez lui, la doctrine est toujours de l'idéologie, concordiste en l'occurrence. On n'aura pas à chercher très loin : bien que tout sépare la théorie platonicienne des lieux naturels de celle d'Aristote, Simplicius veut quand même faire coïncider ses deux autorités autant que possible, et force donc le texte d'Aristote et l'exégèse d'Alexandre pour retrouver (hors contexte évidemment) la déclaration de *Timée* 63E4–6 : ἡ μὲν πρὸς τὸ συγγενὲς ὁδὸς ἑκάστοις οὖσα βαρὺ μὲν τὸ φερόμενον ποιεῖ.

⋆

591 (55a 31) δυνάμει] τὰ φυσικὰ σώματα οὐκ ἔστι βαρέα καὶ κοῦφα δυνάμει πρὸ τοῦ ἐν τοῖς ἑαυτῶν τόποις ἐλθεῖν – ἦν γὰρ ἂν οὐκέτι κινούμενα ἀλλὰ γινόμενα κοῦφα ἢ βαρέα –, ἀλλ' ἐνεργείᾳ εἰσὶ κοῦφα ἢ βαρέα, δυνάμει δ' εἰσιν ἐν τοῖς οἰκείοις τόποις ἔνθα τελειοῦνται.

—

2 ἦν : ἢ S

« en puissance »] Les corps naturels ne sont pas lourds et légers en puissance tant qu'ils ne sont pas parvenus en leur lieu propre – car dans ce cas, ils ne seraient plus en train de se *mouvoir*, mais de *devenir* légers ou lourds –, mais ils sont en acte légers ou lourds ; ils sont en revanche en puissance dans les lieux propres où ils trouvent leur achèvement.

TEST. *Simpl. 1213.6–10* : οὐ γὰρ πῦρ ἢ ὕδωρ ἢ γῆ ἢ ἀὴρ δυνάμει λέγεται εἶναι πρὸ τοῦ ἐν τοῖς οἰκείοις εἶναι τόποις· εἰ γὰρ δυνάμει τι τούτων ἦν, οὐκέτι κινούμενα ἦν ἀλλὰ γινόμενα, ἀλλὰ ταῦτα μὲν ἐνεργείᾳ ἐστὶ καὶ ἐν ἀλλοτρίοις ὄντα τόποις, τὴν δὲ κατὰ τόπον τελειότητα τότε λαμβάνει, ὅταν ἐνεργῇ καθ' ὃ ἐστιν.

Adnot. Pour l'opposition entre la scholie et le témoignage de Simplicius, voir notre commentaire à la scholie précédente. Toute la section qui suit est consacrée par Aristote, pour résoudre une aporie liée au mouvement des corps élémentaires, à distinguer deux significations de l'« en puissance » (δυνάμει), qui correspondent à deux sens fondamentaux de l'acte. La première signification correspond à l'état de ce qui nécessite une transformation fondamentale pour accéder à un autre état, eu égard à cet autre état. Ainsi, l'enfant est en puissance musicien parce que (1) il peut le devenir (2) au prix d'un long travail. La seconde signification correspond à l'état de ce qui possède déjà la capacité d'accomplir une certaine catégorie d'actions, mais qui ne l'exerce pas. Aristoxène endormi est en puissance musicien parce qu'il suffit qu'il s'éveille pour être en état de jouer de la musique. De manière à première vue assez déroutante, Aristote applique cette distinction à la question du lourd et du léger. Bien que le détail du texte ne soit pas toujours limpide, on saisit qu'il entend distinguer deux états : celui d'un élément pourvu d'une des deux qualités fondamentales (i. e. lourd ou léger) eu égard à l'autre des deux qualités – il s'agira alors du premier sens de la puissance, l'eau, par exemple, sera en puissance légère parce que susceptible de se transformer en air – ; celui d'un élément pourvu d'une des deux qualités fondamentales mais ne se trouvant pas encore dans le lieu qui la caractérise (le haut pour le léger ; le bas pour le lourd). Alors que la première réalisation demandera une transformation importante des matières (il faudra évaporer l'eau en air), la seconde consistera simplement à neutraliser les obstacles qui empêchent que l'air, maintenu en des régions inférieures, gagne les régions supérieures. On comprend dès lors la stratégie d'Aristote : le mouvement des corps naturels – celui de l'air vers le haut, par exemple – n'a pas à être expliqué « positivement ». Il ne s'agit que de la suppression d'un négatif, de même que la suppression des causes empêchant Aristoxène d'exercer son talent musical laisse libre cours à son récital.

Alexandre, dans son commentaire, a introduit une innovation terminologique. Il caractérise en effet l'acte duquel la seconde des deux puissances est en attente, soit l'acte le plus élevé dans l'échelle de la réalisation, du nom d'« achèvement » (τελειότης). On est donc confronté à la thèse intéressante selon laquelle l'achèvement d'un élément n'est pas simplement dicté par la composition des deux couples d'affections élémentaires (froid-chaud, sec-humide), mais intègre un critère proprement local. Une motte de terre lancée dans l'atmosphère est moins « achevée » qu'une motte de terre que nous foulons. Le lieu est partie intégrante de la réalisation ontologique des corps élémentaires. La conclusion est immédiate : la cosmologie aristotélicienne est suspendue au fait que les mouvements naturels rectilignes des corps élémentaires se conforment à des schèmes substantialistes biologisants. Non pas que les corps soient identifiés à des animaux, car dans ce cas, il serait légitime de rechercher un moteur hors d'eux et de remonter finalement au Premier Moteur ; mais en tant que le statut de trajectoire rectiligne du processus qui les fait regagner leur lieu propre est assimilé au processus immédiat qui fait passer Aristoxène du lit à l'orchestre. L'aristotélisme ne se sauve ici qu'en déguisant le mouvement en actualisation et, parallèlement, le lieu en affection.

★

592 (55a 35) ἐνίοτε (cf. appar. cr.)] ἐπὶ μὲν τῶν φυσικῶν σωμάτων ἀρκεῖ ἀεὶ ἡ παρουσία τοῦ ποιητικοῦ πρὸς τὸ <τὸ> δυνατὸν παθεῖν, καὶ γίνεται οὕτως κίνησις· ἐπὶ δὲ τοῦ μανθάνειν δεῖ χρόνου καὶ προαιρέσεως καὶ πόνου καὶ †...† καὶ τῶν ἔξωθεν ἀσχολειῶν · διὸ πρόσκειται τὸ ἐ ν ί ο τ ε , ὃ κατίων ἐξηγήσατο ἐ ά ν τ ι μ ὴ κ ω λ ύ ῃ εἰπών.

—

2 τὸ addidi || 3 †...† : duo verba legere non potui || 4 κατίων : cf. 55b 4

parfois] Dans le cas des corps naturels, la présence de l'agent suffit toujours pour que ce qui en a la capacité soit affecté, et c'est ainsi que le mouvement se produit. En revanche, dans le cas de l'apprentissage, il est besoin de temps, de choix, d'effort et † ... † et des charges extérieures. C'est la raison pour laquelle il a ajouté « parfois », qu'il a expliqué plus bas en disant « si rien ne l'empêche ».

TEST. *Simpl. 1214.16–21* : ἔπειτα ἐπὶ μὲν τῶν σωμάτων καὶ σωματικῶν παθῶν ἀρκεῖ τὸ γειτνιάσαι καὶ ἅμα γενέσθαι τὸ ποιητικὸν τῷ παθητικῷ πρὸς τὸ γενέσθαι ἐνεργείᾳ τὸ δυνατόν, ἐπὶ δὲ τῶν μαθήσεων καὶ διδασκαλιῶν οὐκ αὔταρκες τὸ ἅμα γενέσθαι τὸ διδάσκον καὶ τὸ μανθάνον πρὸς τὸ τὸ μὲν διδάξαι τὸ δὲ μαθεῖν, εἰ μὴ καὶ προαίρεσις εἴη καὶ χρόνος· ὥστε χρεία τῆς τοῦ ἐ ν ί ο τ ε προσθήκης.

ADNOT. Simplicius commence par nous dire qu'Alexandre connaissait des exemplaires où ἐνίοτε ne figurait pas (*In Phys.* 1214.8–11). Cela prouve que le mot était présent dans l'exemplaire principal d'Alexandre, ce qui est confirmé par la scholie. Simplicius propose ensuite deux justifications possibles de la présence dans le texte de l'adverbe de temps. La première serait que l'agent n'est parfois pas assez réalisé pour déclencher le mouvement du patient. La seconde est la seule qui apparaît dans la scholie (et chez Philopon, *In Phys.* 830.28–30) : dans les cas de transformation humaine, comme l'apprentissage, la conséquence n'est pas immédiate, sans doute parce qu'il ne suffit pas d'un simple contact et, surtout, que vient s'introduire la question du choix humain (προαίρεσις), dans lequel Alexandre loge ailleurs sa réponse au déterminisme.

★

593 (55b 4–5) ἐν τῇ ἀντιφάσει] τουτέστι τὴν ἕξιν ἔχων καὶ μὴ ἀγνοῶν ἥνικα μή τι ἔχῃ ἐμποδῶν, εἰ μὴ ἐνεργοίη κατὰ τὴν ἕξιν, ἐν ἀντιφάσει γίνεται, τουτέστι γινώσκων καὶ οὐ γινώσκων.

dans la contradiction] … c'est-à-dire : ayant l'aptitude et n'étant pas ignorant aussi longtemps qu'il ne subit pas d'empêchement, s'il ne se réalise pas en fonction de cette aptitude, il se trouve alors dans la contradiction, c'est-à-dire connaissant et non connaissant.

Test. *Simpl. 1214.26–32* : εἰ γὰρ ὑπὸ μηδενὸς κωλυόμενον μὴ ἐνεργοίη, εἴη ἂν ἐν ἀντιφάσει καὶ οὐχ ἁπλῶς ἐν ἀγνοίᾳ, ὡς γράφει Ἀλέξανδρος. εἰ γὰρ μεταβέβληκε μὲν εἰς ἐπιστήμην καὶ ἔχει τὴν τοῦ εἰδέναι ἕξιν παρὰ τοῦ διδάξαντος, μηδενὸς δὲ ἐμποδίζοντος αὐτῷ μὴ ἐνεργεῖ κατὰ τὸ εἰδέναι, οὐχ ἁπλῶς ἐν ἀγνοίᾳ ἐστὶν ὁ τοιοῦτος, ἀλλ' ἐν ἀντιφάσει, εἰδὼς μὲν καθ' ὅσον ἔχει ἐπιστήμην, μὴ εἰδὼς δὲ καθ' ὅσον καὶ μηδενὸς ἐμποδίζοντος οὐκ ἐνεργεῖ κατ' αὐτήν.

Adnot. Cette scholie concerne un passage difficile et textuellement peu assuré. Aristote écrit (255b 3–4) que lorsque toutes les conditions sont réunies, « si rien ne l'empêche, il exerce son activité en se livrant à l'étude » (ὅταν δ' οὕτως ἔχῃ, ἐάν τι μὴ κωλύῃ, ἐνεργεῖ καὶ θεωρεῖ). À quoi il ajoute un membre transmis différemment par les différents témoins :

a) mss. E^2H, Simpl. et γρ. Alex. *ap.* Simpl. : … ἢ ἔσται ἐν τῇ ἀντιφάσει καὶ ἐν ἀγνοίᾳ. … « ou il sera dans l'état contradictoire, c'est-à-dire dans l'ignorance ».	b) mss. E^1FIK : … ἢ ἔσται ἐν τῇ ἀντιφάσει καὶ ἀγνοίᾳ. … « ou il sera dans l'état contradictoire, c'est-à-dire l'ignorance ».	c) Alex. *ap.* Simpl. : … ἢ ἔσται ἐν τῇ ἀντιφάσει καὶ οὐχ ἁπλῶς ἐν ἀγνοίᾳ. … « ou il sera dans la contradiction, et non pas simplement dans l'ignorance ».	d) ms. J, fort. Philop. (cf. 830.32–831.6) : … ἢ ἔσται ἐν τῇ ἀντιφάσει καὶ οὐκ ἐν ἀγνοίᾳ. … « ou il sera dans la contradiction, et non dans l'ignorance ».

On a deux leçons principales opposées, l'une positive (a et b) et l'autre négative (c et d). Elles ne disent le contraire l'une de l'autre qu'en apparence. Il faut en effet choisir dans chaque cas un sens différent du terme ἀντίφασις. Bien qu'il signifie principalement la disjonction des opposés – essentiellement de l'affirmation et de la négation (cf. *Int.* 6, 17a 33–34 : καὶ ἔστω ἀντίφασις τοῦτο, κατάφασις καὶ ἀπόφασις αἱ ἀντικείμεναι) –, il en vient parfois à désigner l'opposé lui-même : « sed etiam τὸ κατὰ τὴν ἀντίφασιν, ἀντιφάσεως ὁποτεροοῦν μόριον appellatur ἀντίφασις, et ἀμφότερα μόρια ἀντιφάσεως appellantur ἀντιφάσεις » (Bonitz, *Index* 67b 13–16). Selon la leçon positive, il faut choisir le second sens et comprendre qu'ἀντίφασις désigne le contraire de la connaissance, soit l'ignorance. Aristote se borne à dire que l'individu, s'il ne se livre pas de manière actuelle à l'étude, c'est-à-dire ne réalise pas actuellement la science en lui, sera dans l'état opposé de la disjonction, soit l'ignorance. Selon la leçon négative, l'individu sera dans chacun des deux termes de la disjonction, ce qui est bien sûr contradictoire et invalide l'hypothèse de départ. Il paraît clair que l'une des deux leçons est une correction de l'autre, effectuée sur la base d'une compréhension différente du terme κατάφασις. Le sens général de l'argument d'Aristote est identique.

D'après les indications fournies par Simplicius (*resp.* 1214. 24–27 et 34–38), Alexandre lit la leçon (c) dans son exemplaire principal et connaît une leçon de l'autre groupe, très probablement (a). Il est intéressant, dès lors, de remarquer que la leçon principale de l'Exégète, celle, négative, glosée par la scholie, n'apparaît, parmi les témoins de la tradition directe connus de Ross, que dans le ms. J. Ce n'est pas non plus celle de S (qui transmet fol. 131 la leçon b). La scholie confirme ce que l'on peut déduire de Simplicius et constitue un témoignage « fossile » du commentaire d'Alexandre, puisqu'elle n'a pas été adaptée au texte majoritaire.

⋆

594 (55b 9) ἐξ ὕδατος ἀήρ] τὸ γὰρ ἐξ ὕδατος ἀέρα γενέσθαι τοῦτό ἐστι τὸ πρῶτον δυνάμει τοῦ ἀέρος, τὸ εἶναι κοῦφον.

l'air de l'eau] En effet, que l'air soit engendré de l'eau, cela est le premier « en puissance » eu égard à l'air, le fait d'être léger.

Test. *Simpl. 1215.24–32* : τὸ δὲ τοῦτο γὰρ δυνάμει πρῶτον καὶ ἤδη κοῦφον ὁ Ἀλέξανδρος ἐπὶ τοῦ ἀτελοῦς δυνάμει καὶ κατ' ἐνέργειαν βαρέος ἀκούει. τὸ γὰρ τοιοῦτο, φησί, καὶ οὕτως ἔχον ὡς ἐνεργείᾳ ἔτι βαρὺ εἶναι κατὰ τὴν πρώτην ῥηθεῖσαν δύναμιν δυνάμει κοῦφόν ἐστι, μεταβληθὲν δὲ καὶ γενόμενον κοῦφον εὐθὺς ἐνεργήσει τὴν τοῦ κούφου ἐνέργειαν. ὁ δέ γε Ἀριστοτέλης τὸ καὶ ἤδη κοῦφον οὐ περὶ τοῦ κατ' ἐνέργειαν μὲν βαρέος, δυνάμει δὲ κούφου κατὰ τὸ ἀτελὲς δυνάμει δοκεῖ μοι λέγειν· οὐ γὰρ ἁρμόττει ἐκείνῳ τὸ ἤδη κοῦφον, ἀλλὰ τῷ κατ' ἐνέργειαν ἤδη γενομένῳ κούφῳ.

Adnot. L'enjeu est constitué par la phrase 255b 8–11 d'Aristote, elle-même très obscure. La scholie (confirmée, comme on va le voir, par Simplicius qui s'oppose ici à Alexandre) et Simplicius s'opposent dans les mêmes termes que ceux que nous avons reconstitués pour la scholie **590**, ce qui confirme encore l'indépendance du matériau transmis par le ms. S. Voici l'énoncé d'Aristote, avec la ponctuation de Ross : τὸ γὰρ κοῦφον γίγνεται ἐκ βαρέος, οἷον ἐξ ὕδατος ἀήρ (τοῦτο γὰρ δυνάμει πρῶτον), καὶ ἤδη κοῦφον, καὶ ἐνεργήσει γ' εὐθύς, ἂν μή τι κωλύῃ. Alexandre ne semble pas avoir refermé l'incise après πρῶτον (comme Ross) et voit donc dans le καὶ ἤδη κοῦφον le même sujet que dans le δυνάμει πρῶτον. Alexandre identifiant le premier niveau de l'« en puissance » avec le cas de l'eau légère « en puissance » (et non avec celui de l'air maintenu dans une région centrale de l'univers), il voit dans le membre καὶ ἤδη κοῦφον une détermination de l'eau. Ce qui, selon Simplicius, pose problème, puisque l'adverbe ἤδη paraît indiquer un état de réalisation incompatible avec le premier « en puissance ». Pour Simplicius, de deux choses l'une : soit toutes ces expressions se ramènent au même état et il s'agira alors de la seconde puissance ; soit (cf. ponctuation de Ross) il faut distinguer le sujet du δυνάμει πρῶτον et celui du καὶ ἤδη κοῦφον. La scholie permet cependant de comprendre la justification d'Alexandre : affaiblissant le sens du ἤδη, il lisait la première partie de la phrase comme signifiant que pour ce qui est air en puissance, comme l'eau, le premier niveau de cet « en puissance » consiste dans le simple fait d'être léger. Cette détermination de légèreté se réalisera, dans un second temps, au sens topologique, *dès que* l'on ôtera les obstacles extérieurs à cette réalisation. Autrement dit, le premier en puissance de l'eau est l'état léger de l'air, le second de se retrouver, sous forme d'air léger, dans une région supérieure de l'univers. Force est alors de reconnaître que l'interprétation d'Alexandre n'a rien d'absurde, bien au contraire : elle évite le redoublement καί ..., καί ... γε ... (l. 10) de l'interprétation de Simplicius et de Ross. Notons que nous nous trouvons encore une fois face à un cas de coïncidence entre une scholie et l'interprétation d'Alexandre d'après Simplicius, où la situation textuelle est cependant si complexe qu'il est à peu près impossible qu'un scholiaste se soit servi du néoplatonicien pour reconstituer l'exégèse de son prédécesseur. Voir aussi scholie **597**.

★

595 (55b 13–14) <καίτοι τοῦτο ζητεῖται>] τοῦτο γὰρ ζητεῖται ὑπὸ πάντων.

—

1 post γὰρ add. καθ (sic) S : delevi

<Cependant, ce qu'on recherche>] Cela est en effet recherché par tous.

★

596 (55b 23) καὶ τὸ ποσὸν] ὡς εἰ ἔλεγεν· ὁμοίως δὲ καὶ τὸ ποσὸν ἐνεργεῖ τὴν ἐνέργειαν τὴν καθὸ τοσοῦτόν ἐστιν, ἣν οὐχ οἷόν τε ἦν πρὸ τοῦ αὐξηθῆναι ἐνεργεῖν. ἔστι δέ τινα καὶ αὐξηθέντα πιλούμενα ὑπ᾽ ἄλλου καὶ στενοχωρούμενα οὐκέτι τοὺς αὐτοὺς κατέχειν τόπους, οἷον ὁ ἀὴρ πυκνοῦται ὑπό τινος.

Et ce qui a une quantité] Comme s'il avait dit : semblablement, ce qui a une quantité aussi actualise l'acte en fonction duquel il est de telle quantité, acte qu'il ne pouvait actualiser avant d'avoir augmenté. Il est cependant possible que certains corps, même après avoir augmenté, du fait qu'ils sont comprimés et rendus plus compacts sous l'effet d'un autre, n'occupent plus les mêmes lieux, à la façon dont l'air est rendu plus dense sous l'effet de quelque chose.

TEST. *Simpl. 1216.11–16* : καὶ γὰρ τὸ αὐξητόν, ὅταν ἐνεργείᾳ τηλικοῦτον γένηται, ὁπηλίκον ἦν δυνάμει ὑπὸ τοῦ αὔξοντος αὐτό, τότε εὐθέως ἐνεργεῖ τὰς καθ᾽ ὃ τηλικοῦτόν ἐστιν ἐνεργείας. ἐκτείνεται γάρ, μᾶλλον δὲ ἐκτέταται καὶ διέστηκεν ἐνεργείᾳ τοσοῦτον, ὅσον ἦν αὐτοῦ τὸ μέγεθος δυνάμει, καὶ αὕτη ἐστὶν ἡ ἐνέργεια αὐτοῦ ἡ τελεία, τὸ ἐκτετάσθαι καὶ διεστάναι τοσοῦτον. τὸ γὰρ ἐκτείνεσθαι καὶ διίστασθαι ἀτελοῦς ἔτι ὄντος ἀτελής ἐστιν ἐνέργεια.

ADNOT. La fin de la scholie est sans équivalent chez Simplicius (pour l'emploi de στενοχωρεῖν et στενοχωρία chez Alexandre, cf. *In Meteor.* 115.17, 118.26, 118.35, 119.5, 122.31, 132.19, et *Mantissa* 116.14). Elle vise certainement à expliquer que même après la fin de l'augmentation, des principes extérieurs peuvent encore survenir et empêcher le corps de réaliser sa nature quantitative.

★

597 (55b 24) <ὁ δὲ τὸ ὑφιστάμενον>] ὅτι προηγουμένως μὲν κινεῖται ἕκαστον ὑπὸ τοῦ τὴν ἀρχὴν <ἀφε>σάντος κι<νήσεως> καὶ μεταβαλ<όντος> εἰς τὸ δυνάμει τὸ δεύτερον, κατὰ συμβεβηκὸς δὲ κινεῖται καὶ ὑπὸ τῶν τὰ ἐμποδίζοντα κωλυόντων καὶ ἀνελόντων οἷον τὸν κίονα, καὶ τὸν ἐκ τοῦ βυθοῦ λίθον ἵνα ὁ πεφυσημένος ασκὸς ἀναπλεύσῃ. τὸ δὲ τῆς ἀναπαλλομένης ἐκ τοῦ τοίχου σφαίρας παράδειγμα φανεροποιεῖ τὸν νοῦν.

—

5 ἀναπλεύσῃ : ἀναπνεύσῃ S

<Mais celui qui a mû l'obstacle>] Que chaque mobile est primordialement mû par ce qui lui a procuré son principe du mouvement et l'a transformé en le second « en puissance » ; et qu'il est mû par accident par ceux qui empêchent et suppriment les obstacles, comme la colonne, ainsi que la pierre qu'on retire des profondeurs afin que l'outre gonflée remonte à la surface. L'exemple de la balle renvoyée par le mur rend le sens évident.

Adnot. Cf. scholie **594**. Cette paraphrase correspond, quant au contenu, à celle de Simplicius, *In Phys.* 1217.11–34. Le verbe φανεροποιεῖν ne se rencontre jamais chez les commentateurs d'Aristote, Alexandre inclus, mais il est très courant chez les commentateurs patristiques et chez les scholiastes. On a ici certainement une reformulation d'une idée exprimée avec plus de nuances par Alexandre.

★

598 (55b 31) <ἀλλὰ τοῦ πάσχειν>] ὁ γὰρ αἰθήρ, ἔμψυχος ὤν, οὐκ εἰς τἀναντία δύναται κινεῖσθαι διότι τῇ κύκλῳ κινήσει οὐδέν ἐστιν ἐναντίον· ἀλλ' οὐδὲ ἵσταται, διότι ὁ κύκλος ἄπειρος καὶ οὐκ ἔχει πέρατα ὥσπερ ἡ εὐθεῖα.

—

1 ὤν incert. S

<mais pour subir>] L'éther, bien qu'étant animé, ne peut pas se mouvoir en des directions contraires du fait qu'il n'y a aucun contraire au mouvement en cercle ; mais il ne s'arrête pas non plus, du fait que le cercle est infini et n'a pas de limites à la manière de la droite.

Test. *Simpl. 1218.20–36* : ἐπιζητεῖ δὲ ὁ Ἀλέξανδρος ἐν τούτοις, πῶς ἔτι τὸ κυκλοφορητικὸν σῶμα φυσικὸν ἔσται, εἰ τὸ μὲν φυσικόν, ὡς ὁ Ἀριστοτέλης φησίν, ἀρχὴν τοῦ πάσχειν ἔχει, τὸ δὲ κυκλοφορητικὸν ἀπαθές ἐστι. καὶ λύει πρῶτον μὲν λέγων, ὅτι κἂν ἀεικίνητον ᾖ τὸ κυκλοφορητικόν, ἀλλὰ ἄλλοτε ἀπ' ἄλλου καὶ ἐπ' ἄλλο κινούμενον ἔχει τὰ δυνάμει ἐν ἑαυτῷ· ἐφ' ὅσον δὲ τοῦ δυνάμει κεκοινώνηκεν, ἐπὶ τοσοῦτον καὶ παθητόν πώς ἐστι. πᾶν γὰρ τὸ δυνάμει ὑλικόν πώς ἐστιν· ἔχει οὖν καὶ ἐκεῖνο ἀρχὴν κινήσεως τῆς κατὰ τὸ κινεῖσθαι ἐν αὑτῷ, καὶ κατὰ τοῦτο φυσικόν ἐστιν. ἢ ἄμεινον, φησίν, ἐπὶ τοῦ θείου ἀκούειν μὴ ὡς ἐπὶ τῶν ἀψύχων σωμάτων τὴν κατὰ φύσιν κίνησιν, ἀλλ' ὡς ἐπὶ τῶν κατὰ ψυχὴν κινουμένων, ἃ οὐχ ὑπό τινος ἔξωθεν κινεῖται, ἀλλ' ἐν αὑτοῖς ἔχει τὴν κινητικὴν ἀρχήν τε καὶ αἰτίαν. ἀλλ' εἰ τοῦτο, φησί, πῶς οὐχὶ καὶ στάσεως ἀρχὴν ἔχει καὶ τῆς εἰς τὰ ἐναντία κινήσεως; ἢ εἰς τὰ ἐναντία μὲν, φησίν, οὐ κινήσεται, ὅτι μὴ ἔστι τις ἐναντία κίνησις τῇ κυκλοφορίᾳ· οὐκ ἠρεμεῖ δέ, ὅτι μήτε ἐπὶ τοιαῦτα κινεῖται, ἐν οἷς ἀνάγκη στῆναι τὸ γενόμενον, μήτε δεῖται στάσεως· ὅσα γὰρ τῶν κινουμένων ὑφ' ἑαυτῶν καὶ ἵστασθαι πέφυκε, ταῦτα καὶ τοῦ ἵστασθαι ἐξ αὑτῶν ἔχει τὴν δύναμιν. ταῦτα μὲν ὁ Ἀλέξανδρος.

Adnot. Il suffit de comparer la scholie au texte de Simplicius pour saisir la façon de procéder du scholiaste. Alexandre part d'une aporie que lui paraît renfermer la phrase d'Aristote (255b 29–31) : « Que dans ces conditions aucune de ces choses ne se meuve d'elle-même, c'est évident, mais chacune possède un principe de mouvement, non pas pour mettre en mouvement ni pour agir, mais pour subir ». Si tout corps naturel est susceptible d'affection, il faut donc supposer – voici l'aporie – que les substances supralunaires, impassibles en raison de leur constitution éthérée (cf. *De caelo* I 3, 270b 2–3 : ἀπαθές ἐστι τὸ πρῶτον τῶν σωμάτων), ne sont pas des corps naturels. Ou alors, si l'on veut sauver l'impassibilité des astres, il faut renoncer à la présente affirmation d'Aristote. La réponse d'Alexandre, comme presque toujours quand il répond à une aporie de ce genre, procède en deux étapes. Dans un premier temps, qu'il appelle ἀντιπαράστασις, il admet la validité, à un certain niveau, de l'objection, mais nie qu'elle soit suffisante à instruire l'aporie. En l'occurrence, il admet que son statut de corps physique implique pour la substance éthérée une certaine dose d'affectabilité (παθητόν) ; il nie cependant implicitement que cela détruise l'affirmation du *De caelo*. L'affectabilité des cieux réside seulement dans le fait qu'ils sont affectés d'un mouvement de révolution. Dans un second temps (ἔνστασις), Alexandre s'en prend directement à la thèse adverse. Il est faux que le corps éthéré soit comparable aux corps naturels, c'est-à-dire aux corps naturels inanimés. C'est aux corps animés qu'il faut le comparer. L'objection, par conséquent, tombe. La réponse elle-même suscite deux difficultés : si l'on doit comparer le corps éthéré à un vivant, comment expliquer (1) qu'il ne se meuve pas dans les directions contraires et (2) qu'il ne soit jamais en repos. La première réponse tient à la nature de son parcours : la contrariété n'appartenant pas au circulaire, il est *impossible*, là-haut, d'emprunter des chemins contraires. La seconde réponse est transmise différemment par Simplicius et par la scholie. D'après Simplicius, Alexandre y voyait une explicitation de la condition d'indifférentiation des parcours astraux : aucune position astrale ne nécessite que les astres s'y arrêtent. D'après la scholie, en revanche, il s'agit encore d'une impossibilité dans les termes : le cercle n'ayant pas d'extrémité, c'est-à-dire de lieu de rebroussement, les astres ne sauraient se trouver au repos. Les deux arguments étant également mauvais, on ne saurait trancher.

★

VIII, 5

[131v]

599 (56a 4) <τοῦτο δὲ>]

τὸ κινοῦν

δι᾽ ἑαυτό — δι᾽ ἄλλο [πρῶτον]

ἐμμέσως — ἀμέσως

τὸ κινοῦν

τινι κινεῖ — τι κινεῖ

ἄλλῳ — ἑαυτῷ

αὐτοκίνητον κινοῦν

ἑτεροκίνητον κινοῦν

ἑτεροκίνητον κινούμενον μόνως.

—

2 πρῶτον seclusi ‖ 4 τὸ κινοῦν incert.

<Mais cela … >]

le moteur

par soi. — par autre chose

médiatement — immédiatement.

le moteur

meut par quelque chose — meut quelque chose.

par autre chose — par lui-même.

mû de soi-même, mouvant ;

mû par autrui, mouvant ;

mû par autrui, exclusivement mû.

Adnot. On a affaire ici à trois annotations schématiques, placées dans S sur un même plan dans la marge supérieure. La première se rapporte à 256a 4–6, la deuxième à 22–23 et la troisième à 13–21. Elles n'ont bien entendu qu'un lointain rapport philologique avec le commentaire d'Alexandre, d'autant plus que la subdivision « médiatement / immédiatement » ne paraît pas à sa place sous « par autre chose » : elle devrait plutôt figurer comme subdivision de la rubrique « par soi », Aristote distinguant entre le moteur par soi qui meut directement le mû (comme l'homme qui meut la pierre) et le moteur par soi qui meut indirectement le mû (comme l'homme qui meut le bâton qui meut la pierre). Cf. Simpl., *In Phys.* 1221.6–10.

★

600 (56a 15) ὑπ' ἄλλου κινουμένου] ἑτεροκίνητον ὑπό τινος πρεσβυτέρου κινοῦντος αὐτό.

par quelque chose d'autre de mû] Mû par autrui, sous l'effet de quelque chose de plus élevé en dignité qui le meut.

Adnot. En 256b 15, Aristote écrit « par quelque chose d'autre de mû » (ὑπ' ἄλλου κινουμένου), alors qu'il entend de toute évidence signifier, comme l'ont remarqué les commentateurs modernes, « par quelque chose de mû par autre chose » (ὑπὸ κινουμένου ὑπ' ἄλλου). C'est sans doute gêné par le même problème qu'Alexandre, tel que le transmet la scholie, a reformulé l'énoncé aristotélicien.

★

601 (56a 19) εἰ οὖν ἅπαν τὸ κινούμενον] ὁ συλλογισμὸς οὕτως· ἅπαν τὸ κινούμενον ὑπό τινος κινεῖται· πᾶν τὸ ὑπό τινος κινούμενον <ὑπὸ πρώτου κινοῦντος κινεῖται· πᾶν ἄρα τὸ κινούμενον ὑπὸ τοῦ αὐτοκινήτου κινεῖται· τὸ γὰρ> πρῶτον κινοῦν αὐτοκίνητόν ἐστι καὶ οὐκ εἰς ἄπειρον· οὐ γὰρ ἔστι κίνησις ἄπειρος.

—

4 post κινοῦν habet litteram incertam

Si donc tout mû] Le syllogisme est le suivant. Tout mû est mû par quelque chose ; tout ce qui est mû par quelque chose est mû par un premier moteur ; par conséquent, tout mû par quelque chose est mû par un automoteur. En effet, le premier moteur est un automoteur et l'on ne procède pas à l'infini. Car il n'y a pas de mouvement infini.

Test. *Simpl. 1222.7–12* : δέδεικται δὲ, ὅτι πᾶν τὸ κινούμενον ὑπό τινος κινεῖται, καὶ προσετέθη ὅτι τὸ ὑπό τινος κινούμενον ὑπὸ πρώτου κινοῦντος κινεῖται, ᾧ προσελήφθη ὅτι τὸ πρῶτον κινοῦν κινεῖται μέν, οὐχ ὑπ' ἄλλου δέ (οὐ γὰρ ἂν ἔτι πρῶτον ἦν, καὶ εἰς ἄπειρον ἀνάγκη προϊέναι τὰ κινοῦντα καὶ κινούμενα, καὶ οὕτως ἀνῃρεῖτο ἡ κίνησις), ὥστε πᾶν τὸ κινούμενον ὑπὸ πρώτου κινεῖται τοῦ αὐτοκινήτου.

Adnot. L'exégèse de la scholie est si proche de Simplicius que celui-ci permet de reconstituer un passage effacé dans S. On se trouve, chez celui-ci, dans un contexte marqué par l'interprétation d'Eudème, dont le nom est cité peu avant (1220.31) et peu après (1222.17) le « syllogisme ». C'est sans doute un indice que tout le passage remonte à Alexandre, lui-même citant Eudème (cf. *infra*, scholie **624**). On expose tout d'abord l'argument apparent, pour ensuite le dépasser à l'aide d'une analyse rigoureuse des conditions de l'automoteur.

★

602 (56a 21) <ἔτι δὲ καὶ ὧδε>] τὸ μὲν πρὸ τούτου ἐπιχείρημα ἐκ τοῦ κινουμένου, τοῦτο δ' ἐκ τοῦ κινοῦντος ἄρχεται.

<De plus, … >] L'argument qui précède est tiré du mû, celui-ci a le moteur pour principe.

Test. *Simpl. 1222.23–32* : ὅτι μὲν γὰρ ὁ αὐτός ἐστι λόγος οὗτος τῷ πρὸ αὐτοῦ, καὶ αὐτὸς λέγει. διαφέρει δέ, φησὶν ὁ Ἀλέξανδρος, τῇ ἐφόδῳ, ὅτι ἐκεῖ μὲν ἡ ἀρχὴ τῆς δείξεως ἀπὸ τοῦ τὸ κινούμενον ἢ ὑπὸ αὑτῷ κινοῦντος κινεῖσθαι ἢ οὐχ αὑτῷ ἀλλ' ὑπ' ἄλλου, ἐνταῦθα δὲ ἀπὸ τοῦ κινοῦντος ἡ δεῖξις αὐτῷ πρόεισι· λαμβάνει γὰρ πᾶν τὸ κινοῦν, ὥσπερ τι κινεῖ (ἀδύνατον γάρ τι κινεῖν μέν, μηδὲν δὲ κινεῖν), οὕτω καὶ τινὶ κινεῖν. μήποτε δὲ οὐ ταύτῃ διενηνόχασιν οἱ λόγοι· καὶ γὰρ καὶ ὁ ἤδη ῥηθεὶς ἀπὸ τοῦ κινοῦντος ἐπεχειρήθη λέγων "ἢ γὰρ οὐ δι' ἑαυτὸ τὸ κινοῦν, ἀλλὰ δι' ἕτερον ὃ κινεῖ τὸ κινοῦν ἢ δι' ἑαυτό", ἀλλ' ᾧ διαφέρει τὸ δι' ἑαυτὸ κινεῖν τοῦ ἑαυτῷ κινεῖν καὶ τὸ δι ἕτερον τοῦ ἄλλῳ, ταύτῃ διενηνόχασιν οἱ λόγοι.

Adnot. Confirmation du renseignement fourni par Simplicius. Alexandre voyait une différence sinon d'argument, du moins de procédure, entre les deux arguments.

★

603 (56a 25) <ἀδύνατον δὲ>] ἔδειξε γὰρ ἐν τῷ προτέρῳ βιβλίῳ ὅτι ἀκολουθεῖ αὐτῷ τὸ ἐν πεπερασμένῳ χρόνῳ ἄπειρον γίνεσθαι κίνησιν.

<Mais il est impossible>] Il a en effet montré au livre précédent que la conséquence de cela est qu'il se produise un mouvement infini en un temps fini.

TEST. *Simpl. 1223.25–26* : οὐ μὴν ἀλλὰ καὶ διὰ τὸ δειχθὲν ἐν τῷ πρὸ τούτου βιβλίῳ· ἔσται γὰρ ἐν πεπερασμένῳ χρόνῳ ἄπειρος κίνησις ἀπείρου γινομένου τοῦ κινουμένου μεγέθους.

ADNOT. Utilisation de l'impossibilité de la régression à l'infini. Les commentateurs anciens évoquent deux raisons : la première est qu'il est nécessaire d'assigner un principe à tout mouvement ; la seconde – seule retenue par le scholiaste – est que si l'on postule une chaîne infinie de moteurs mus par autre chose et s'il est vrai que le moteur et le mû doivent être en contact mutuel, on aboutira à une grandeur infinie, donc à un mouvement infini, dans un temps fini. Ce qui contredit *Phys.* VII 1, 242a 49-b 53.

★

604 (56a 27) <τὸ ᾧ κινεῖ>] τὸ τ ὸ ᾧ κ ι ν ε ῖ κοινόν, καὶ κατὰ τοῦ αὐτοκινήτου πρώτου καὶ κατὰ τοῦ μετ' αὐτὸ κινοῦντος.

—

1 τὸ pr. addidi

<ce à l'aide de quoi il meut>] Le « ce à l'aide de quoi il meut » est commun, recouvrant à la fois le premier automoteur et le moteur qui vient après celui-là.

ADNOT. La scholie, difficile, paraît gloser la disjonction μέν … δέ … de 256a 26–27. La considération de ce à l'aide de quoi meut le moteur peut se faire tant au niveau du premier moteur que des autres moteurs, ceux qui meuvent tout en étant mus par autre chose qu'eux. Dans le premier cas, ce à l'aide de quoi et premier moteur sont identiques et le danger de régression est brisé dans l'œuf ; dans le second, la chaîne aura beau comporter plusieurs chaînons, elle sera néanmoins finie. La régression à l'infini est donc évitée dans les deux cas.

★

605 (56a 32) <τινι>] τ ι ν ι νῦν ἀντὶ τοῦ ἄλλῳ.

<à l'aide de quelque chose>] « À l'aide de quelque chose », ici, au lieu de « à l'aide d'autre chose ».

Test. *Simpl. 1224.3–5* : νῦν δὲ τῷ τινὶ ἐπὶ τοῦ ἄλλῳ κινοῦντος ἐχρήσατο, καίτοι πρότερον καὶ τὸ αὑτῷ κινοῦν τινὶ κινεῖν εἶπεν.

Adnot. Visiblement, Simplicius, dans tout le présent passage, suit de très près Alexandre, sans le signaler explicitement.

★

[133r]

606 (56b 3) <ταὐτὰ>] <ἐπαγ>γέλλεται μὲν διὰ τοῦ ταὐτά <ἄλλην δεῖξιν δώσειν> τῶν ἤδη δεδειγμένων· ἔστι δὲ τοῦτο τὸ ἐν τοῖς κινουμένοις τε καὶ κινοῦσιν εἶναι πρῶτόν τι κινοῦν αὐτοκίνητον· οὐ μὴν τοῦτο <ἐξ ἀρ>χῆς δείκνυσιν, ἀλλ' ὅτι τὸ κινοῦν ἀκίνητόν ἐστιν· εἶτα συνάπτει τούτῳ τὸν περὶ τοῦ αὐτοκινήτου λόγον τοῦ πρώτου τῶν κινουμένων τε καὶ κινούντων, ζητῶν <τίς ὁ> τρόπος τῆς κινήσεως τούτων, καὶ δείκνυσιν ὅτι τὸ κινοῦν ἐν αὑτῷ ἀκίνητον ὂν κινεῖ. ἢ καὶ τοῦτο μὲν δείκνυσιν, οὐ μὴν ἀλλὰ καὶ συναποδείκνυσιν αὐτῷ τὸ εἶναι ἢ τὸ ἀκίνητον ἢ τὸ αὐτοκίνητον ἀρχὴν κινήσεως· τοῦτο δὲ συναποδείκνυται διὰ τοῦ δειχθῆναι ὅτι μὴ πᾶν τὸ κινούμενον ὑπό τινος ἔξωθεν κινουμένου καὶ αὐτὸ ὑπ' ἄλλου κινεῖται.

<au même point>] Il annonce, d'un côté, en recourant à l'expression « au même point », qu'il va donner une autre preuve des choses déjà prouvées. D'un autre côté, cela consiste dans le fait que, dans les choses à la fois mues et motrices, il y a quelque chose de premier qui est un moteur automoteur ; il ne montre cependant pas cela tout de suite, mais que le moteur est immobile ; c'est ensuite qu'il attache à cela son argument concernant le caractère automoteur de la première des choses motrices et mues, en recherchant quel est le mode du mouvement de ces dernières, et qu'il montre que le moteur, en cela, meut sans se mouvoir soi-même. À moins qu'il prouve certes cela, mais qu'il prouve auxiliairement aussi que soit l'immobile, soit l'automoteur, est principe de mouvement ; ce qu'on prouve auxiliairement du fait qu'on a montré qu'il n'est pas le cas que tout mû est mû par quelque chose d'extérieur et de mû, et ce dernier par autre chose.

Test. *Simplicius 1224.36–1225.10* : εἰ μέντοι ἡ νῦν γεγραμμένη τηροῖτο τάξις, ὅπερ ὑγιέστερον καὶ ὁ Ἀλέξανδρος ἐγκρίνει, ἐπαγγέλλεται κατ' ἄλλον τρόπον ἀποδείξεως τὸ αὐτὸ δεῖξαι τοῖς φθάσασιν, ὅτι ἐν τοῖς κινουμένοις καὶ κινοῦσι πρῶτόν ἐστι κινοῦν τὸ αὐτοκίνητον. μεταξὺ δὲ παρεμβαλών, ὅτι τὸ πρῶτον ἁπλῶς κινοῦν ἀκίνητον ἀνάγκη εἶναι, συνάπτει τὸν περὶ τοῦ αὐτοκινήτου λόγον τοῦ πρώτου. οὐχὶ τῶν ἁπλῶς κινούντων, ἀλλὰ τῶν μετὰ τοῦ κινεῖσθαι καὶ αὐτὰ κινούντων, ζητῶν τίς ὁ τρόπος τῆς ἐν τούτῳ κινήσεως, καὶ δεικνὺς ὅτι τὸ κινοῦν ἐν αὐτῷ ἀκίνητον ὂν κινεῖ. ἢ καὶ τοῦτο μὲν δείκνυσιν, οὐ μὴν ἀλλὰ καὶ συναποδείκνυσιν αὐτῷ τὸ ἀρχὴν κινήσεως ἢ τὸ ἀκίνητον ἢ τὸ αὐτοκίνητον εἶναι. τοῦτο δὲ συναποδείκνυται δειχθέντι τῷ μὴ πᾶν τὸ κινούμενον ὑπό τινος ἔξωθεν κινεῖσθαι, καὶ αὐτοῦ ὑπό τινος ἔξωθεν κινουμένου.

Adnot. Il faut, pour comprendre cette scholie, revenir au plan de ce qui est pour nous le chap. 5. Celui-ci se divise en deux grandes parties. Dans la première (256a 4–257a 27), Aristote démontre essentiellement, à l'aide de quatre arguments (en reprenant les désignations de Ross, p. 437–438 : A : 256a 4–21 ; B : 256a 21-b 3 ; C : 256b 3–257a 14 ; D 257a 14–27), que la régression dans la série des moteurs ne peut pas se poursuivre à l'infini. Il trahit une certaine indécision dans la formulation de sa conclusion, c'est-à-dire au moment de se prononcer sur le comportement cinétique du premier moteur. Dans deux cas (A et B), Aristote conclut en effet qu'il se « meut soi-même », dans un (D) que « soit il se meut soi-même, soit il est immobile » ; enfin, dans un dernier cas (C), la conclusion est laissée implicite. Bref, il est clair qu'on a seulement démontré, à ce stade, que la chaîne des moteurs n'était pas infinie. Mais on n'a pas encore lancé l'offensive contre les Platoniciens et leur thèse de l'automotricité du premier moteur. Cette offensive a lieu, précisément, dans la seconde moitié du chapitre (257a 33–258b 9, avec 257a 27–33 comme transition entre les deux parties), où Aristote va démontrer l'immobilité du premier moteur. Il nous faut maintenant revenir, pour comprendre la présente scholie, à une particularité de l'argument C. Celui-ci est le plus construit des quatre, et démontre l'impossibilité d'une régression à l'infini dans la chaîne des moteurs à l'aide d'une division préalable, exhaustive et exclusive, entre accidentel et nécessaire. La mise en mouvement de tout mû par un mû a lieu soit par accident, c'est-à-dire sous l'effet d'un mû qui pourrait aussi bien être immobile, soit de nécessité, c'est-à-dire sous l'effet d'un mû qui doit obligatoirement être mû pour mouvoir. Si c'est par accident, alors le repos universel serait possible ; or on a déjà démontré que tel n'était pas le cas. L'hypothèse est donc infirmée. Si c'est de nécessité, alors soit au moins un moteur nécessairement mû sera mû du même type de mouvement que le mû, soit il y aura une infinité de types de mouvements. Les deux hypothèses étant absurdes, la deuxième branche de la disjonction initiale est aussi infirmée. C'est immédiatement à la suite du premier développement, consacré à examiner la thèse d'un moteur accidentellement mû (256b 7–13), qu'Aristote introduit une longue remarque, destinée à corroborer le bien-fondé (cf. 256b 13–14 :

εὐλόγως) *de son argument.* Il est « fondé en raison, voire nécessaire » (256b 23 : εὔλογον, ἵνα μὴ ἀναγκαῖον εἴπωμεν), qu'étant données les trois instances de tout processus de mouvement effectif – le moteur, ce par quoi il meut et le mû –, le moteur soit immobile. Aristote est malheureusement ici très confus, pour deux raisons principales. Tout d'abord, il n'explique pas le rapport exact entre la digression confirmative (les trois instances du mouvement) et l'argument principal (l'impossibilité d'un mouvement par accident du moteur). En second lieu, à la fin de la digression, *c'est la digression confirmative, et non plus l'argument confirmé,* qui est désignée comme « fondée en raison, voire nécessaire », en sorte que l'on hésite quant au statut argumentatif des deux ensembles. On comprend donc la tentation éprouvée par une partie de la tradition : la division principale du chapitre se réglant sur celle entre finitude de la chaîne des moteurs et immobilité du premier moteur, il dut paraître raisonnable de déplacer l'ensemble de ce texte peu clair dans la seconde moitié du chapitre. Alexandre connaît visiblement des commentateurs qui ont franchi ce pas (cf. Simpl., *In Phys.* 1224.26–27) et c'est certainement sur la foi d'une indication de son commentaire que Thémistius, dans sa paraphrase, permute l'ordre d'exposition. Mais l'Exégète cherche plutôt à justifier le texte transmis par les mss. à sa disposition (et, aussi bien, par ceux que nous consultons aujourd'hui).

La scholie est excessivement proche du texte de Simplicius, que celui-ci n'attribue pas explicitement à Alexandre mais qu'il propose dans un contexte marqué par une référence à l'Aphrodisien (*In Phys.* 1224.37). Nous avons maintenant la confirmation que Simplicius cite Alexandre *verbatim.* La différence de syntaxe au niveau du participe ζητῶν, si la ponctuation choisie par Diels est correcte, pourrait n'être due qu'à une lecture un peu rapide de Simplicius.

⋆

607 (56b 4) εἰ γὰρ] προσυπακουστέον τούτῳ τὸ ἔξωθεν ἵν' ᾖ οὕτως· εἰ γὰρ πᾶν τὸ κινούμενον ὑπό τινος ἔξωθεν κινουμένου κινεῖται.

—

1 τούτῳ: τοῦτο S

En effet, si] Il faut comprendre comme s'il y avait aussi « extérieur », en sorte que l'on ait la phrase suivante : « En effet, si tout mû est mû par quelque mû extérieur, … ».

Adnot. Simplicius reprend l'idée. Cf. *In Phys.* 1225, 10 ; 13 ; 17 ; 18 ; 20 ; 22.

⋆

608 (56b 7) πρῶτον μὲν οὖν] τὸ κινοῦν κινεῖ κινούμενον κατὰ συμβεβηκὸς ὅταν μὴ τῷ κινεῖσθαι κινῇ, ἀλλ' ἐνδέχηται αὐτὸ κινεῖν κινούμενον καὶ μὴ κινούμενον· εἰ οὖν τοιοῦτον εἴη τὸ κινοῦν, ἐνδέχεται καὶ μὴ κινεῖσθαι· ἔκειτο γὰρ ὅτι πᾶν τὸ κινοῦν οὕτως κινεῖ ὥστε ἐν τῷ κινεῖν κινεῖσθαι καὶ αὐτό, ἀλλ' ἐνδεχομένως· τὸ δ' ἐνδεχόμενον οὐκ ἀναγκαῖον, ὥστε τὸ κινοῦν πᾶν εἰ ἐνδεχομένως κινούμενον κινεῖ, καὶ ἐνδεχομένως κινεῖται· ὥστε καὶ οὐ κινεῖται. τὸ γὰρ ἐνδεχομένως κινούμενον μὴ ἐνδέχεσθαι μὴ κινεῖσθαι ἀδύνατόν ἐστι· καὶ γὰρ ἔκειτο ὅτι τὸ κινούμενον πᾶν ὑπὸ κινουμένου κινεῖται· εἰ δὲ οὐχὶ ὑπὸ κινουμένου, οὐδὲ αὐτὸ κινεῖται.

—

4 ὅτι : τὸ S || 7 μὴ prius addidi

D'abord, donc] Le moteur meut par accident en étant mû quand ce n'est pas en raison du fait qu'il est mû qu'il meut, mais qu'il est possible qu'il meuve en étant mû et en n'étant pas mû. Si donc tel se trouve être le moteur, il est possible aussi qu'il ne soit pas mû. On a posé, en effet, que tout moteur meut de telle sorte que dans son action motrice, il se trouvât lui aussi mû, mais sur le mode du possible. Mais le possible n'est pas nécessaire, en sorte que tout moteur, si c'est sur le mode du possible qu'il meut en étant mû, c'est aussi sur le mode du possible qu'il est mû ; en sorte qu'aussi bien, il n'est pas mû. De fait, il est impossible que ce qui est mû sur le mode du possible n'ait pas la possibilité de ne pas être mû. De fait, on a posé que tout mû est mû par un mû ; et que si ce n'est pas par un mû, lui non plus n'est pas mû.

Test. *Simpl. 1225.14–16* : κατὰ συμβεβηκὸς δὲ τὸ κινούμενον κινεῖ, ὅταν μὴ τῷ κινεῖσθαι κινῇ, ἀλλ' ἐνδέχεται αὐτὸ καὶ κινεῖσθαι κινοῦν, καὶ μὴ κινεῖσθαι.

Adnot. Le recours au terme ἐνδεχομένως, « sur le mode du possible » n'est pas repris par Simplicius. Il provient très probablement d'Alexandre, qui l'affectionne. Voir en particulier, parmi bien d'autres occurrences, *De fato*, chap. 9, p. 17, ll. 5–7 Thillet : ταῦτα μὲν κυρίως ἐνδεχομένως γίνεσθαι λέγεται, ἐφ' ὧν καὶ τὸ ἐνδέχεσθαι μὴ γενέσθαι χώραν ἔχει. La nuance, comme on sait, est celle d'une possibilité existentielle (« il est contingent »), par opposition à un possible purement logique. Étant donné cependant que pour Alexandre, il n'y a pas de logique détachée des réalités, c'est-à-dire des réalités physiques ou à tout le moins cosmologiques, on peut se demander l'intérêt d'une telle distinction pour lui. La raison tient peut-être à la nécessité de distinguer entre le possible existentiel au sens large (est possible tout ce qui n'est pas impossible) et le possible existentiel au sens étroit (est possible ce qui n'est ni impossible ni nécessaire), spécifiquement désigné comme ἐνδεχόμενον. Cf. *De fato*, *ibid.*, p. 18, ll. 9–10 : εἰ δὲ μὴ ἐξ ἀνάγκης, ἐνδεχομένως. La condition tacite pour que l'argument exposé dans notre texte fonctionne est celui de la réalisation nécessaire du possible dans l'infinité temporelle. Ce type d'argument est employé ici à bon escient : il est en effet nécessaire, pour qu'il ait un sens, de le cantonner aux changements divers d'un sujet sempiternel (le monde, en particulier). Il n'y aurait à rebours aucun sens à dire que puisque telle feuille de papier peut être déchirée en n'importe lequel de ses points, il faut qu'elle le soit en tous dans l'infinité du futur. L'argument, ici, bien qu'il se donne des mobiles particuliers, est fondé à raisonner sur l'ensemble de tous les mobiles, considéré comme mû si au moins l'un des mobiles l'est. L'ensemble des « contingences » affectées respectivement à chaque mobile rend l'ensemble des mobiles lui-même contingent et, comme il est éternel, susceptible qu'on lui applique le principe de réalisation nécessaire du possible.

Le recours au terme ἐνδεχομένως permet, dans des contextes tels que le nôtre, d'éviter que le principe de nécessité conditionnelle (une chose, quand elle est, est nécessairement) devienne un argument en faveur du déterminisme stoïcien : la chose est certes nécessairement, mais sur un mode contingent. C'est la raison contextuelle pour laquelle il intéresse davantage Alexandre que Simplicius. Toute la difficulté, pour Alexandre, sera d'expliquer, dans le cadre d'une théorie qui ne renonce pas à l'équipollence entre la cause pleine et l'effet entier, les raisons de cette contingence exclusive du nécessaire.

★

609 (ad ca 56b 12)] †...†

—

scholium parvum non legi

★

610 (56b 12) <ψεῦδος δ' ἴσως>] οὐ γὰρ ἀεὶ ψεῦδος.

<mais peut-être quelque chose de faux>] Ce n'est pas en effet toujours faux.

★

611 (56b 14) <τοῦτο>] τὸ ἀδύνατον.

<cela>] ... l'impossible.

★

612 (56b 14) τρία γὰρ ἀνάγκη εἶναι] ταῦτα μεταξὺ ἀναφωνεῖ, ὅτι εὔλογον εἶναι τὸ πρῶτον κινοῦν ἀκίνητον, ὡς χρήσιμα αὐτῷ πρὸς τὰ ἑξῆς μέλλοντα λέγεσθαι· καὶ τρόπον δέ τινα <τοῦτο> ἀμφοτέρ<ας> τὰς εἰρημένας ὑποθέσεις ἀναιρεῖ, τήν τε πᾶν τὸ κινούμενον κινεῖσθαι ὑπὸ κατὰ συμβεβηκὸς κινουμένου καὶ τὴν πᾶν τὸ κινούμενον κινεῖσθαι ὑπὸ καθ' αὑτὸ κινουμένου.

—

4 ante ἀναιρεῖ in rasura ἠρεμεῖ habet

En effet, il est nécessaire qu'il y ait trois choses] Il fait ces déclarations dans l'intervalle, à savoir qu'il est « fondé en raison » que le premier moteur soit immobile, dans l'idée qu'elles lui seront utiles pour les choses qui vont suivre. Et d'une certaine manière, elles suppriment les deux hypothèses mentionnées, celle selon laquelle tout mû est mû par quelque chose d'accidentellement mû et celle selon laquelle tout mû est mû par quelque chose de mû par soi.

Adnot. On retrouve ici l'idée prêtée à Alexandre par Simplicius, *In Phys.* 1224.36–37 (cf. *supra*, scholie **606**), selon laquelle le présent passage (l'argument C de Ross) serait pourvu d'une certaine utilité pour la suite de l'argumentation générale (c'est-à-dire en fait la seconde moitié du chap. 5). Le verbe ἀναφωνεῖν n'apparaît pas ailleurs chez Alexandre. Il faut compter avec une réélaboration scolastique. Cf. scholie **618**.

⋆

613 (56b 17) <τοῦτο>] ὡς ἁπτόμενον.

<cela>] En tant qu'il est en contact.

⋆

614 (56b 19) <κινούντων>] διὰ τὰ ῥιπτούμενα.

<des choses qui meuvent>] En raison des projectiles.

⋆

615 (56b 20) <τὸ δὲ κινοῦν οὕτως>] τοιοῦτον τὸ ὀρεκτικόν.

<Mais le moteur, quand il est tel que>] Tel est en effet l'objet du désir.

⋆

616 (56b 21) <τὸ ἔσχατον>] οἷον τὰ ἄψυχα.

<le dernier>] Comme les êtres inanimés.

★

617 (56b 23) ἀλλ' οὐχ ὑφ' ἑαυτοῦ (sic S, cf. app. cr.)] οἷόν ἐστι τὸ αὐτοκίνητον.

mais non par soi-même] Au contraire de ce qui est mû par soi.

★

618 (56b 34) ἀλλὰ φανερὸν ὅτι ἀδύνατον] τοῦτο οὐ χρὴ νοεῖν ἐπ' ἀμφοτέρων τῶν ἐκ τῆς διαιρέσεως τρόπων τοῦ καθ' αὑτὸ κινεῖσθαι, ἀλλ' ἐπὶ θατέρου μόνου τῶν ὁμοειδῶν κινήσεων· καὶ τὰ ἐφεξῆς δ' ἐπὶ μόνου τοῦ εἰρημένου τρόπου τῶν ὁμοειδῶν νόησον πάντα. ἐνδέχεται δ' ὅλως καὶ ἐπὶ τῶν δύο τρόπων νοεῖσθαι πάντα τὰ λεγόμενα.

—

1 τοῦτο : τοῦτου S

Mais il est manifeste que c'est impossible] Il ne faut pas concevoir cela comme se rapportant aux deux modes issus de la division du se mouvoir par soi, mais à l'un d'eux seulement, celui des mouvements de même espèce. Et conçois bien que ce qui suit aussi, dans sa totalité, s'applique au seul mode susmentionné des mouvements de même espèce. Mais il est possible de concevoir tout ce qui est dit comme se rapportant en bloc aux deux modes.

Test. *Simpl. 1228.22–24* : τὸ δὲ ἀλλὰ φανερὸν ὅτι ἀδύνατον προηγουμένως μὲν ἐπῆκται τῷ κατὰ ταὐτὸν εἶδος λέγοντι κινεῖν τε καὶ κινεῖσθαι τὸ κινοῦν.

Adnot. Alexandre pèche peut-être ici par excès de subtilité. Il demeure qu'il est sensible à un léger glissement du texte d'Aristote (que Pellegrin rend dans sa traduction, p. 409, en ajoutant « dans le premier cas » entre crochets obliques). Celui-ci commence par annoncer un disjonction (256b 30–31). Mais au lieu de réfuter, sur un même plan de l'embranchement logique, le premier puis le second membre, il réfute le premier (256b 34–257a 14) et montre, à l'intérieur de cette réfutation partielle (257a 3–14), que le second est soit non tenable (3–7), soit réductible à ce premier (7–14). Le style de la scholie est faible (cf. l'impératif νόησον, absent du corpus d'Alexandre mais courant dans les scholies « télégraphiques » des *catenae*), portant sans doute la marque du scholiaste.

★

[133v]

619 (57a 18) <εὐθὺς>] ε ὐ θ ύ ς · ἀμέσως ἑτεροειδῶν.

<directement>] « Directement » : sans l'intermédiaire de choses d'espèces différentes.

Test. *Simpl. 1231.11–14* : ἀλλ' ἢ εὐθὺς αὐτοῖς συμβαίνει, ὅταν κατὰ ταὐτὸν εἶδος λέγωσι κινεῖν τε καὶ κινεῖσθαι, ἢ διὰ πλειόνων, ὅταν κατ' ἄλλο μὲν εἶδος κινεῖν λέγωσιν οἷον κατὰ τὴν ὑγείαν ὑγιάζειν, κατ' ἄλλο δὲ κινεῖσθαι ὡς κατὰ τὴν ἀλλοίωσιν ἀλλοιοῦσθαι.

Adnot. La remarque d'Alexandre est subtile. Aristote souligne l'absurdité qu'une même chose soit productrice et réceptrice du même mouvement « que ce soit immédiatement ou *via* plusieurs » (ἢ εὐθὺς ἢ διὰ πλειόνων). L'Exégète saisit bien que l'introduction d'une modalisation quant au nombre d'intermédiaires serait sans grand intérêt, tandis que l'argument qui suit distingue entre mouvement homospécifique et mouvement hétérospécifique (257a 19–23).

★

620 (57a 23) <τὸ μὲν οὖν τούτων>] ἄμφω ἀδύνατα, ἀλλὰ θάτερον τὸ τῶν ἀνομοειδῶν καὶ ἔτι πρὸς τῷ ἀδυνάτῳ πλασματῶδες.

<L'un de ces cas>] Tous les deux sont impossibles, mais l'un, celui des mouvements qui ne sont pas de même espèce, ajoute à son caractère impossible celui d'être fictif.

Test. *Simpl. 1231.20–24* : καὶ ὡς μὲν ὁ Ἀλέξανδρός φησιν οὐ τοῦτο λέγει ὅτι τὸ πλασματῶδες αὐτῶν οὐκ ἀδύνατον (ἄμφω γὰρ ἀδύνατα· ἐπὶ γὰρ ταὐτὸν ἄτοπον ἄμφω πρόεισιν), ἀλλ' ἔστιν ὃ λέγει ὅτι τὸ μὲν ἀδύνατον αὐτῶν, τὸ δὲ πρὸς τῷ ἀδυνάτῳ καὶ πλασματῶδες καὶ ἀπίθανον.

Adnot. Autre exemple de la finesse analytique d'Alexandre.

★

621 (57a 27) <ἀλλὰ μὴν καὶ εἴ γε δέοι>] καθ᾽ αὑτὸ αἴτιον τῶν κινούντων τε καὶ κινουμένων τὸ μὴ παρ᾽ ἄλλου ἀλλ᾽ ἐξ αὑτοῦ τὸ κινεῖσθαι ἔχον, καθ᾽ ἕτερον δὲ τὸ ὑπ᾽ ἄλλου <τὸ> κινεῖσθαι ἔχον, ἵνα κινήσῃ.

—

3 τὸ addidi || κινεῖσθαι sec. ego : κινεῖν ut vid. S

<Mais s'il fallait>] Est cause par soi, parmi les choses à la fois motrices et mues, celle qui ne tire pas son fait d'être en mouvement d'un autre, mais de soi ; est cause par un autre celle qui tient son fait d'être en mouvement d'un autre, pour mouvoir.

Adnot. Le texte transmis est très effacé, peut-être corrompu. La correction, que le sens paraît imposer, est confirmée par Simplicius, *In Phys.* 1233.6 : καθ᾽ ἕτερον δὲ τὸ ὑπ᾽ ἄλλου κινούμενον, ἵνα κινήσῃ. Le sens général est clair.

★

622 (57a 30) τὸ γὰρ αὐτὸ καθ᾽ αὑτὸ] ὅτι ἀρχὴ τῶν κινούντων τὸ αὐτοκίνητον καὶ διὰ τούτων δείκνυσί πως.

—

1 ὅτι : τὸ S (cf. schol. **79** et **623**, lin. 2)

En effet, ce qui existe par soi-même] Que l'automoteur soit principe des mobiles, il le montre d'une certaine manière aussi par les considérations présentes.

Adnot. Alexandre entend sans doute signifier que bien que nous nous trouvions ici dans un passage de transition, il faut néanmoins considérer que nous avons affaire à un argument à part entière – encore que de force moyenne –, en faveur du caractère principiel de l'automoteur. L'expression « principe des mobiles » est assez maladroite, mais elle réapparaît pourtant chez Simplicius, *In Phys.* 1233.12.

★

623 (57a 31) ὥστε τοῦτο σκεπτέον] ὅτε μὲν <τὸ> αὐτοκίνητον ἐδείκνυε πρῶτον <ὂν αἴτιον> τῶν κινουμένων, ἀρχὴν ἔλαβεν ὅτι πᾶν τὸ κινούμενον ὑπό τινος κινεῖται καὶ ἢ κατὰ φύσιν ἢ παρὰ φύσιν κινεῖται πᾶν· νῦν δὲ ἄλλην ἀρχήν.

—

1 τὸ addidi || 2 ὂν αἴτιον addidi || τῶν κινουμένων ego : τοῦ κινουμένου S (cf. adnot.) || ὅτι : τὸ S

De sorte qu'il faut examiner] Quand il montrait que l'automoteur est première cause des mobiles, il prenait comme principe que tout mû est mû par quelque chose et que tout est mû soit conformément, soit contrairement, à la nature. Il prend maintenant un autre principe.

Adnot. Le texte ne pose aucun problème paléographique, mais il est très incertain. Je suis intervenu en plusieurs endroits. La correction la plus massive porte sur le premier membre de phrase. On peut comparer Simplicius, *In Phys.* 1233.11–12 : ὥστε τὸ αὐτοκίνητον πρῶτον αἴτιον καὶ αρχὴ τῶν κινούντων καὶ κινουμένων. Contraint ici encore par le flou d'Aristote, Alexandre opère un double distinguo : celui des conclusions et celui de leurs prémisses. La formulation d'Aristote pourrait en effet laisser croire que l'on prouve de deux manières différentes le même résultat. Ce qui serait très dangereux, puisque le premier résultat auquel nous venons d'aboutir est celui, formellement platonicien, du caractère premier de l'automoteur. Il faut donc préciser que l'on a certes deux points de départ, mais surtout deux points d'arrivée. Aristote a commencé par montrer que l'automoteur était le premier des mobiles en s'appuyant sur une typologie des mobiles ; il va maintenant s'appuyer sur la divisibilité du mobile pour établir la primauté de l'immobile sur le mû (cf. Simplicius, *In Phys.* 1233. 14–22).

On remarque, à la fois dans cette scholie et dans la précédente, une confusion ὅτι/τό qui s'explique certainement par une mélecture d'un exemplaire abrégé.

★

624 (57b 2) ἀδύνατον δὴ] ἐκτίθεται ὁ Εὔδημος τοὺς τρόπους καθ' οὓς δυνατὸν τὸ αὐτοκίνητον λέγεσθαι· ἢ γὰρ ὡς τοῦ ὅλου κινοῦντος καθ' αὑτὸ καὶ κι<νουμένου>, ἢ μέρους αὑτό τε καὶ τὸ ὅλον κινοῦντος, ἢ τοῦ ὅλου μέρος τι, ἢ μέρους τινὸς μέρος· καὶ εἰ μέρους μέρος, ἢ οὕτως ὥστε ἕκαστον ὑπὸ ἑκάστου ἀντικ<ινεῖσθαι>, ἢ ὡς τὸ μὲν κινεῖν μόνον τὸ δὲ κινεῖσθαι αὐτοῦ ὑπ' ἐκείνου, καθ' ὃν μόνον τρόπον δυνατὸν δειχθήσεται αὐτοκίνητόν τι εἶναι. οἱ γὰρ ἄλλοι πάντες τελευτῶσιν εἰς τὸ ὅλον τι αὐτὸ ἑαυτὸ κινεῖν, ὅπερ ἀδύνατον ὂν δείκνυσιν ὁ Ἀριστοτέλης νῦν.

Ainsi, il est impossible] Eudème expose les modes selon lesquels on peut parler d'automoteur : Soit la totalité est motrice par soi et mue ; soit une partie se meut soi-même et meut le tout ; soit le tout meut une certaine partie ; soit une certaine partie meut une partie. Et si une partie meut une partie, soit de telle manière que chacune soit mue en retour par l'autre, soit de telle manière que l'une ne fasse que mouvoir, l'autre ne fasse qu'être mue par elle – mode qu'on montrera être le seul à autoriser l'existence d'un certain type d'automoteur. Tous les autres se résument en effet à l'affirmation qu'un certain tout se meut soi-même, ce qu'Aristote montre maintenant être impossible.

Test. *Themist. 221.8–16* : ἐπειδὴ γὰρ κεῖται τὸ κινούμενον μέγεθος εἶναι καὶ συνεχές, ἢ οὕτω λέγοιτ' ἂν ὡς τοῦ ὅλου κινοῦντος ἅμα ἑαυτὸ καὶ κινουμένου ὑφ' ἑαυτοῦ, ἢ ὡς μέρους ἑαυτοῦ αὐτό τε καὶ τὸ ὅλον κινοῦντος, ἢ τοῦ ὅλου μέρος τι, ἢ πάλιν μέρους τινὸς τοῦ ὅλου μέρος ἕτερον τοῦ ὅλου· καὶ εἰ τοῦτο, οὕτως ὥστε ἕκαστον ὑπὸ ἑκάστου ἀντικινεῖσθαι, ἢ ὡς τὸ μὲν κινεῖν μόνον τὸ δὲ κινεῖσθαι, καὶ καθ' ὃν μόνον τρόπον δειχθήσεται αὐτοκίνητόν τι εἶναι δυνάμενον· οἱ γὰρ ἄλλοι πάντες τελευτῶσιν εἰς τὸ ὅλον τι αὐτὸ κινεῖν ὅπερ αὐτόθεν ἄτοπόν τε καὶ ἀδύνατον ὡς ἐπιδείξομεν. – *Simpl. 1233.36–1234.8* : ὁ μὲν οὖν Εὔδημος προϊστορήσας ὅτι τὸ αὐτὸ κινοῦν ὑπὸ Πλάτωνος διεδόθη, διαιρεῖ πρῶτον τοὺς τρόπους, καθ' οὓς ἐνδέχεταί τι αὐτοκίνητον λέγεσθαι, γράφων οὕτως· ἤτοι γὰρ ὅλον ὅλον κινεῖ ἢ μέρος ὅλον ἢ ἀνάπαλιν, ἢ μέρος μέρος. κινεῖν δὲ λέγομεν πρώτως τὸ αὑτῷ κινεῖν οὐ τὸ ἑτέρῳ καὶ τὸ δἰ αὑτὸ καὶ οὐ δἰ ἄλλο. καὶ οὕτω τοὺς τρεῖς τρόπους καθ' ἕκαστον ἀνελὼν μόνον δείκνυσιν αὐτοκίνητον δυνάμενον εἶναι τὸ μέρει μὲν κινοῦν, μέρει δὲ κινούμενον, καὶ τούτου τὸ ἔχον ἐν αὑτῷ τὸ μέν τι κινοῦν ἀκίνητον ὂν καθ' αὑτό, τὸ δὲ κινούμενον. ὁ δέ γε Ἀριστοτέλης οὐ προσέλαβε μὲν τὴν διαίρεσιν ταύτην, προελθὼν δὲ τίθησιν αὐτὴν συντόμως κτλ.

Adnot. Cette scholie est philologiquement instructive. Elle est en effet plus proche, quant à la lettre, de la paraphrase de Thémistius que du commentaire de Simplicius. Le cas étant unique, on comprend qu'il s'agit d'une des rares occurrences où Thémistius n'a pas eu à synthétiser sa source : il s'est contenté de citer Alexandre transcrivant la διαίρεσις d'Eudème. Comme Simplicius mentionne également Eudème en ce contexte, et qu'il serait tout à fait gratuit de supposer que le scholiaste ait combiné deux auteurs disant exactement la même chose quant au fond, nous pouvons supposer soit que l'un des auteurs – Alexandre ou Simplicius – s'écarte un peu de sa source, soit que Simplicius avait accès à une version légèrement différente d'Eudème. Ce qui pourrait bien être confirmé par la discussion de *Phys.* VIII 10 sur l'emplacement du Premier Moteur, cf. Simplicius, *In Phys.* 1355.32–36 et les remarques d'I. Bodnár, « Eudemus' Unmoved Movers : Fragments 121–123b Wehrli », in I. Bodnár et W.W. Fortenbaugh (eds), *Eudemus of Rhodes*, New Brunswick / London, 2002, p. 171–189, p. 184–186.

Tous les commentateurs, dès Eudème, sont bien sûr conscients du fait que nous nous trouvons ici à l'instant précis où le texte d'Aristote bascule dans l'antiplatonisme. Eudème cité par Alexandre s'est étendu sur ce point (cf. Simplicius, *In Phys.* 1233.36–37) et la neutralité de Simplicius est de façade :

l'explication concordiste viendra à son heure, en 1247.27 précisément. Voir l'annotation à la scholie **626**.

★

625 (57b 2) <αὐτὸ κινοῦν>] αὐτοκίνητον νῦν λέγει τὸ ὅλον ὑπὸ ὅλου κινούμενον ἑαυτοῦ.

<ce qui se meut soi-même>] Il appelle ici automoteur le tout qui est mû par le tout de soi-même.

Adnot. La phrase d'Aristote transmise par la tradition directe est (257b 2) : ἀδύνατον δὴ τὸ αὐτὸ αὑτὸ κινοῦν πάντῃ κινεῖν αὐτὸ αὑτό. Dans le lemme de Simplicius, le début est cité ainsi : ἀδύνατον δὴ τὸ αὐτὸ κινοῦν. On aurait pu croire à une simple haplographie, mais la scholie s'explique plus aisément si Alexandre lisait le texte transmis par le lemme de Simplicius. Le grec est meilleur et le texte de la tradition directe pourrait s'expliquer par la juxtaposition de deux variantes. Tout cela reste malheureusement assez spéculatif.

★

626 (57b 4) <ἄτομον τῷ εἴδει>] ἄτομον τῷ εἴδει καθὸ κινεῖται μίαν κίνησιν· ἐπὶ γὰρ τῆς κινήσεως τοῦτο νῦν λέγει.

<indivisible spécifiquement>] « Indivisible spécifiquement », en tant qu'il est mû selon un seul mouvement. Il dit en effet ici cela en rapport au mouvement.

Test. *Simpl. 1234.23–32* : τῷ δὲ ἓν ὂν προσέθηκεν ὁ Ἀριστοτέλης τὸ καὶ ἄτομον τῷ εἴδει, ἤτοι, ὥς φησιν ὁ Ἀλέξανδρος, καὶ αὐτὸ ἐπὶ τοῦ κινουμένου λεγόμενον, ὥσπερ καὶ τὸ ἓν ὄν, ὡς ἴσον δυνάμενον τῷ ἓν τὸ ἐν ἀτόμῳ εἴδει· τὸ γὰρ ἐν ἀτόμῳ εἴδει ὂν κατὰ ἀριθμόν ἐστιν ἕν. ἢ τὸ μὲν ἐπὶ τοῦ κινουμένου εἴρηται, τὸ δὲ ἄτομον τῷ εἴδει ἐπὶ τῆς κινήσεως, ἵνα ᾖ τὸ ἑξῆς· κινήσει καὶ κινηθήσεται ἅμα ἓν ὂν τὴν αὐτὴν φορὰν καὶ ἄτομον τῷ εἴδει. ταῦτα τοῦ Ἀλεξάνδρου λέγοντος μήποτε ἄμεινον ἄμφω τό τε ἓν ὂν καὶ τὸ ἄτομον τῷ εἴδει, ἐφ' ὅλου τοῦ αὐτοκινήτου ἀκούειν, τὸ δὲ ἄτομον τῷ εἴδει δηλοῦν ὅπως εἴρηται τὸ ἓν ὄν, ὅτι οὐκ ἀριθμῷ ἓν ἀλλ' εἴδει ἕν, τοῦ ἀτόμου ἀντὶ τοῦ ἑνὸς εἰλημμένου. κτλ.

Adnot. Cette scholie témoigne d'un recours à Alexandre indépendant de Simplicius. Ce dernier cite en effet Alexandre, qui propose deux interprétations possibles des mots d'Aristote et qui se décide en faveur de la seconde. À quoi Simplicius rétorque qu'il faut privilégier la première. La scholie se contente quant à elle de donner la seconde comme clé du texte, sans même mentionner la première. Ce serait incongru si le scholiaste travaillait sur le texte de Simplicius. Il va de soi qu'il avait le commentaire d'Alexandre sous les yeux, auquel il a directement emprunté la conclusion.

Quel est l'enjeu doctrinal de cette discussion ? Aristote explique pourquoi un automoteur intégral serait impensable (257b 3–4) : « il serait transporté, en effet, tout entier et transporterait selon le même transport, étant un et indivisible spécifiquement ... » (φέροιτο γὰρ ἂν ὅλον καὶ φέροι τὴν αὐτὴν φοράν, ἓν ὂν καὶ ἄτομον τῷ εἴδει ...). Alexandre, qui ne laisse jamais rien au hasard, fait une double constatation : (1) ἄτομον τῷ εἴδει n'ajoute rien de bien clair à ἕν; (2) on aurait envie d'insister sur le fait que « le même transport » n'est pas seulement identique, mais est unique et unitaire. D'où la réécriture par Alexandre de la phrase d'Aristote (cf. Simplicius, *In Phys.* 1234.27–28) : κινήσει καὶ κινηθήσεται ἅμα ἓν ὂν τὴν αὐτὴν φορὰν καὶ ἄτομον τῷ εἴδει, « il mouvra et sera mû simultanément, étant un, d'un mouvement identique et indivisible spécifiquement ». Cette spécification du mouvement a un sens très précis dans ce contexte : un même mouvement ne peut pas relever de deux espèces cinétiques différentes en même temps.

⋆

627 (57b 7–8) <εἰς ἐντελέχειαν βαδίζει>] εἰ γὰρ ἦν τέλειον τὸ κινούμενον, οὐκ ἂν ἦν ἡ κίνησις αὐτοῦ.

<va vers l'entéléchie>] Si en effet le mû était achevé, il ne serait pas en mouvement.

⋆

[135r]

628 (57b 11) ὁμοίως δὲ] <ὁ> συλλογισμὸς οὗτος· πᾶν κινούμενον ἀτελές· οὐδὲν κινοῦν ἀτελὲς καθὸ κινεῖ· οὐδὲν ἄρα κινοῦν καθὸ κινεῖ κινεῖται. τὸ δὲ σ υ ν ώ ν υ μ ο ν ἀκριβῶς· καὶ γὰρ τὰ γινόμενα ἢ ὑπὸ τοῦ ὁμοίου γίνεται οἷον θερμὸν ὑπὸ θερμοῦ ἢ ὑπὸ ἐναντίου οἷον <ὁ> κεραυνὸς καὶ ἡ ἀστραπὴ ὑπὸ ψυχρότητος, ἢ ὑπὸ ἐντελεχείᾳ ὄντος ὡς ὁ μώλωψ ὑπὸ μάστιγος καὶ ἡ γένεσις ὑπὸ τοῦ ἡλίου.

—

4 ὁ addidi

Et il en est de même] Le syllogisme est le suivant : tout mû est imparfait ; aucun moteur n'est imparfait en tant qu'il meut ; par conséquent, aucun moteur en tant qu'il meut n'est mû. « synonyme » est dit avec rigueur : les choses qui sont engendrées le sont soit par le semblable, comme le chaud par le chaud, soit par le contraire, comme la foudre et l'éclair par le froid, soit par quelque chose qui est en entéléchie comme la cicatrice par un fouet et la génération par le soleil.

TEST. *Simpl. 1235.30–1236.13* : πᾶν τὸ κινούμενον, καθ' ὃ κινεῖται, ἀτελές· οὐδὲν κινοῦν, καθ' ὃ κινεῖ, ἀτελές· οὐδὲν ἄρα κινοῦν, καθ' ὃ κινεῖ, κινεῖται. προαγαγὼν δὲ ἐπὶ τοῦ θερμοῦ τὸν λόγον ὁ Ἀριστοτέλης ἐπήγαγεν ὁμοίως δὲ καὶ τῶν ἄλλων ἕκαστον, ὅσων τὸ κινοῦν ἀνάγκη ἔχειν τὸ συνώνυμον, τουτέστιν εἰς συνώνυμον αὐτῷ ἄγειν τὸ κινούμενον ὑπ' αὐτοῦ, οἷον τὸ θερμαῖνον θερμὸν ὂν θερμὸν ποιεῖν τὸ θερμαινόμενον καὶ τὸ διδάσκον ἐπιστῆμον ὂν ἐπιστῆμον ποιεῖν τὸ διδασκόμενον. τοῦτο δὲ λέγει, ἐπεὶ μὴ πάντα τὰ ποιοῦντα ὅμοια αὑτοῖς ποιεῖ· ἡ γὰρ μάστιξ τοὺς μώλωπας ποιεῖ οὐκ ἔχουσα αὐτὴ μώλωπας. διαιρεῖ δὲ ὁ Θεόφραστος ἐν τρίτῳ τῶν Φυσικῶν ἢ Περὶ οὐρανοῦ τὰ γινόμενα οὕτως· "ἢ γὰρ ὑπὸ ὁμοίου γίνεται, φησίν, ὡς ἄνθρωπος ὑπὸ ἀνθρώπου καὶ θερμὸν ὑπὸ θερμοῦ, ἢ ὑπὸ ἐναντίου, ὡς ὁρῶμεν τοὺς κεραυνοὺς καὶ τὰς ἀστραπάς· ὑπὸ γὰρ ψυχρότητος ἡ τούτου τοῦ πυρὸς ἐν τῷ ἀέρι γένεσις ἀθροίζοντος εἰς ἓν τὸ ἐν αὑτοῖς θερμὸν καὶ ἐκπυροῦντος. ἢ τρίτον ὑπὸ ἐντελεχείᾳ ὅλως ὄντος, ὡς καὶ ὁ μώλωψ· ὑπὸ γὰρ ἐντελεχείᾳ οὔσης τῆς μάστιγος γίνεται, οὔτε δὲ ὁμοίας ἔτι οὔτε ἐναντίας τῷ γινομένῳ. καὶ τὰ ὑπὸ τοῦ ἡλίου δέ, φησί, γινόμενα ὑπὸ ἐντελεχείας γίνεται· καὶ γὰρ αὐτὸς οὔτε ὅμοιος οὔτε ἐναντίος τοῖς γινομένοις ὑπ' αὐτοῦ." ἐφιστάνει δὲ ὁ Ἀλέξανδρος, ὅτι ὑπὸ ἐντελεχείας λέγεται γίνεσθαι τὰ ὑπὸ τῆς μάστιγος ἀντὶ τοῦ ὑπὸ ἐνεργείας καὶ πληγῆς, καὶ δῆλον δὲ ὅτι καὶ τὰ ἄλλα πάντα τὰ γινόμενα ὑπὸ ἐντελεχείας γίνεται, εἴτε τὸ ἐνεργείᾳ εἶναι, ὅ ἐστιν, εἴτε τὴν ἐνέργειαν δηλοῖ ἡ ἐντελέχεια.

ADNOT. La prise en compte de la scholie et du commentaire de Simplicius prouve que le recours à Théophraste remonte à Alexandre. Il est à peu près certain que Simplicius se contente de recopier une citation du troisième livre des Φυσικά de Théophraste, qui correspondait au Περὶ οὐρανοῦ d'Aristote et qu'Alexandre avait eu l'idée d'introduire en cet endroit de son commentaire. Il y a une certaine violence dans ce rapprochement, puisque le texte de la *Physique* évoque le mouvement (cf. τὸ κινοῦν) et Théophraste la génération. Il ne s'agit toutefois pas d'un contresens, car l'idée d'une transmission entre cause et effet accompagnée de synonymie entre cause et effet se retrouve et dans certains mouvements, et dans des phénomènes de génération. Simplicius nous a conservé un distinguo d'Alexandre sur l'acte et l'entéléchie, probablement trop subtil pour le scholiaste à l'origine des extraits.

⋆

629 (57b 13) ὅτι δ' οὐκ ἐνδέχεται (cf. app. cr.)] ὅτι οὐδὲ κατὰ τοῦτο τὸ σημαινόμενον ἐνδέχεταί τι αὐτοκίνητον εἶναι καθὸ τὰ μόρια αὐτοῦ ὑπ' ἀλλήλων κινεῖται· ἔσται γὰρ ἀλλήλων <αἴτια καὶ> ἀλλήλων πρῶτα <καὶ ἀλλήλων> ὕστερα. μᾶλλον δ', αὐτὸ ἑαυτοῦ πρότερον εἴπερ αἴτιόν ἐστί τε καὶ αἰτιατὸν τοῦ αὐτοῦ.

—

4 αἰτιατὸν τοῦ αὐτοῦ ego : αἰτίου ἑαυτοῦ S

Mais qu'il ne soit pas possible] Qu'en ce sens non plus où les parties sont mues les unes par les autres, il n'est pas possible que quelque chose soit un automoteur. Elles seront en effet causes les unes des autres et premières les unes par rapport aux autres et postérieures les unes aux autres. Bien plus, la même chose sera antérieure à soi-même, si du moins elle est la cause et l'effet de la même chose.

Adnot. Le texte transmis par le manuscrit est à la fois effacé et sans doute fautif. Les reconstitutions semblent cependant assez probables. Pour la correction introduisant le concept d'effet, ou de « causé », αἰτιατόν, cf. entre autres passages Alexandre, *In Metaph.* 74.3–6, 148.6–10, 150.31–151.1, 153.3–8, 353.7–8 ; *In Top.* 16.15–17. Il s'agit là du premier des quatre arguments destinés à montrer que les parties de l'automoteur se meuvent réciproquement. Cette scholie semble en accord avec le résumé de l'argument que Simplicius prête à Alexandre : Aristote prouverait ici « qu'aucune partie ne sera mue par quelque chose d'extérieur et d'autre, mais elles-mêmes par elles-mêmes » (Simplicius, *In Phys.* 1238.29–31). À quoi Simplicius oppose sa propre reconstruction : « aucune partie ne sera premier moteur » (*ibid.*, 31–32). La différence est légère. Dans un cas comme dans l'autre, on montre que la « boucle » induite détruit la primauté du moteur sur le mû, en sorte de rendre le mouvement inintelligible.

⋆

630 (57b 20) ἔτι οὐκ ἀνάγκη τὸ κινοῦν κινεῖσθαι] ὁ νοῦς οὕτως· ἤτοι τὰ μέρη αὐτοκίνητα καὶ ζητεῖται τὸ ἐν ἀρχῇ, ἢ οὐκ αὐτοκίνητα καὶ οὐκ ἐξ ἀνάγκης κινούμενα κινήσει· δεῖ γὰρ τὸ κινούμενον κινεῖσθαι ἢ ὑπὸ ἀκινήτου ἢ ὑπὸ αὐτοκινήτου.

De plus, il n'est pas nécessaire que le moteur soit mû] Le sens est le suivant : soit les parties sont automotrices et c'est une pétition de principe, soit elles ne sont pas automotrices et ce n'est pas nécessairement en étant mues qu'elles mouvront. Il faut en effet que le mû soit mû soit sous l'effet d'un immobile, soit sous l'effet d'un automoteur.

Adnot. Cette scholie est fort peu claire, pour la raison principale que le raisonnement d'Aristote est lui-même assez obscur. Il semble s'appuyer sur le fait que rien ne nécessite que tout moteur soit mû (cf. 257b 20 : οὐκ ἀνάγκη τὸ κινοῦν κινεῖσθαι) si l'on parvient à écarter l'hypothèse de l'automotricité du premier moteur (cf. 257b 20–21 : εἰ μὴ ὑφ' αὑτοῦ). Supposons donc (je serais tenté, en 257b 22, de remplacer la très étrange première personne singulier ἔλαβον – des 16 occurrences de cette forme dans le *corpus aristotelicum*, les 15 autres sont des troisièmes personnes du pluriel ! – par un subjonctif λάβωμεν, cf. *Rhét.* 1360b 26 : λάβωμεν τοίνυν κτλ.) que la possibilité soit réalisée (je remplacerais volontiers κινεῖν, l. 22, par κινεῖσθαι) : on aura donc, au sein du mobile, un moteur immobile, et un mû. Tout au plus le moteur sera-t-il mû en retour par accident (cf. 257b 21 : κατὰ συμβεβηκὸς ἄρα ἀντικινεῖ θάτερον), telle l'âme par le corps qu'elle meut fondamentalement.

À première vue, on ne voit cependant guère le rapport entre cet argument et la scholie d'Alexandre : celui-ci paraît gloser un texte où l'on ne dit pas que les parties « sont mues » (cf. l. 20 : κινεῖσθαι), mais plutôt qu'elles meuvent (cf. scholie l. 3 : κινήσει). Cette incongruité s'éclaire à la lumière du commentaire de Simplicius. Celui-ci nous dit qu'Alexandre lisait une variante à la l. 20 : τὸ κινούμενον κινεῖν à la place de τὸ κινοῦν κινεῖσθαι transmis par nos manuscrits et qu'il la préférait même au texte de la vulgate, en raison de sa compatibilité supérieure à la l. 22 : ἔλαβον (?) τοίνυν ἐνδέχεσθαι μὴ κινεῖν (*In Phys.* 1239.10–14). Simplicius remarque à juste titre que cette variante paraît exclue par la fin de la phrase εἰ μὴ ὑφ' αὑτοῦ. Le point est tellement évident qu'Alexandre n'a pu s'y laisser prendre. Soit la fin de la phrase ne figurait pas dans l'*altera lectio*, soit l'Exégète se contentait de dire pourquoi cette séquence prise en elle-même n'était pas dépourvue de pertinence. Quoi qu'il en soit, je me demande si l'état textuel « hésitant » de la ligne 20 ne résulte pas d'une mauvaise intégration d'une correction initialement destinée à la ligne 22 : tout rentrerait en effet dans l'ordre si nous maintenions la l. 20 dans l'état où la transmet la vulgate mais que nous corrigions la ligne 22 ainsi : λάβωμεν τοίνυν ἐνδέχεσθαι μὴ κινεῖσθαι.

Cet ensemble de difficultés textuelles explique qu'Alexandre transmis par la scholie se concentre sur le sens général (ὁ νοῦς) de l'argument. Celui-ci consiste à dénier toute nécessité au fait qu'un moteur doive être mû pour mouvoir et *a fortiori* qu'il doive être mû par quelque chose d'extérieur à lui pour mouvoir. Il n'y a donc aucune nécessité de réciprocité de partie à partie dans le cas de ce que l'on imagine être automoteur. La scholie, sous ses dehors anodins et intempestifs, est donc perspicace.

⋆

631 (57b 23) ἔτι οὐκ ἀνάγκη τὸ κινοῦν ἀντικινεῖσθαι] τουτέστιν ὑπ' ἄλλου πάλιν αὐτὸ κινεῖσθαι· δέδεικται γὰρ ὅτι οὐκ ἀνάγκη πᾶν τὸ κινοῦν κινούμενον κινεῖν τῷ τὸ κινοῦν πρῶτον ἀκίνητον εἶναι ἢ αὐτοκίνητον.

De plus, il n'est pas nécessaire que le moteur soit mû en retour] C'est-à-dire qu'il soit mû lui-même par un autre en sens inverse. On a en effet montré qu'il n'était pas nécessaire que tout mû meuve en étant mû, du fait que le premier moteur est soit immobile soit automoteur.

TEST. *Simpl. 1239.25–27* : ... ἐφόδῳ μὲν χρῆται τῇ αὐτῇ, ὅτι οὐκ ἀνάγκη πᾶν τὸ κινοῦν ἀντικινεῖσθαι, εἴπερ δέδεικται <ὅτι> τὸ πρώτως κινοῦν ἢ ἀκίνητον ὂν κινεῖ ἢ αὐτὸ ὑφ' ἑαυτοῦ κινούμενον.

ADNOT. L'idée est foncièrement la même que lors de l'argument précédent. La scholie confirme le bien-fondé de l'insertion de ὅτι par Diels en 1239.26.

⋆

632 (57b 25) <ἔτι ἣν κινεῖ κίνησιν>] δέδεικται γὰρ διὰ τῶν προτεθέντων ὅτι οὐ δυνατὸν τὸ κινοῦν κατὰ ταὐτὸν εἶδος τῆς κινήσεως κινεῖν τε καὶ κινεῖσθαι.

<De plus, du mouvement selon lequel il meut>] On a en effet montré par les arguments précédents qu'il n'était pas possible que le moteur meuve et soit mû selon la même espèce du mouvement.

TEST. *Simpl. 1239.35–1240.2:* δέδεικται πρότερον ὅτι εἰ καθ' αὑτό τι κινοῦν κινοῖτο, κατὰ τὸ αὐτὸ εἶδος κινήσει τε καὶ κινηθήσεται, ὥστε τὸ θερμαῖνον θερμανθήσεται· τοῦτο δέ ἐστιν ἀδύνατον.

ADNOT. C'est donc Alexandre qui, conformément à son interprétation de ἄτομον τῷ εἴδει (257b 4) comme se rapportant pour le sens au mouvement plutôt qu'au mobile, a choisi de parler ici d'espèce du mouvement.

⋆

633 (57b 26–27) ἀλλὰ μὴν οὐδὲ] νῦν δεῖξαι πρόκειται καθόλου ὅτι μὴ δυνατὸν τοῦ πρώτως αὐτοκινήτου ἢ ἕν τι μόριον ἑαυτὸ κινεῖν ἢ πλείω αὐτὰ ἑαυτὰ κινεῖν ὡς τῷ ἕκαστον αὐτῶν αὐτὸ ἑαυτὸ κινεῖν τὸ ὅλον εἶναι αὐτοκίνητον.

—

2 ἑαυτὸ : καὶ αὐτὸ S || 3 τῷ correxi : τὸ S

Pourtant, il n'y a pas non plus] Il se propose maintenant de montrer généralement qu'il n'est pas possible que de l'automoteur au sens primordial, une unique partie se meuve soi-même, ou un certain nombre de parties se meuvent soi-même en sorte que ce soit du fait que chacune d'elle se meut soi-même que le tout soit automoteur.

ADNOT. après les quatre arguments contre la première hypothèse (mise en mouvement réciproque des parties de l'« automoteur » – ἄλληλα), on passe effectivement à la réfutation de la seconde hypothèse (mise en mouvement de chacune par elle-même – ἑαυτά).

★

634 (57b 32–33) <εἰ δὲ ὅλον ὑφ' ὅλου>] ὡς γὰρ ἐν τῷ ὅλῳ κινουμένῳ τὰ μέρη τοῦ συνεχοῦς κατὰ συμβεβηκὸς κινεῖται, οὕτως καὶ ἐν τῷ ὅλῳ τῷ πρώτῳ αὐτοκινήτῳ τὰ μόρια ἂν κατὰ συμβεβηκὸς εἴη κινούμενα ὑφ' ἑαυτῶν.

—

2 τοῦ : τοὺς S || πρώτῳ : fort. πρώτως scribendum

<Mais si c'est la totalité qui est mue par la totalité>] De même en effet que dans le tout mû, les parties du continu sont mues par accident, de même, dans le tout primordialement mû, les parties pourraient bien être mues par elles-mêmes par accident.

TEST. *Simpl. 1240.37–1241.4:* εἰ οὖν ὅλον ὑφ' ὅλου ἑαυτοῦ καθ' αὑτὸ κινεῖται, τὰ μέρη κατὰ συμβεβηκὸς ἂν αὐτὰ ἑαυτὰ κινοῖ. ὡς γὰρ ἐν τῷ ὅλῳ κινουμένῳ τὰ μέρη τὰ συνεχῆ κατὰ συμβεβηκὸς κινεῖται, οὕτως καὶ τὰ τοῦ αὐτοκινήτου μόρια κατὰ συμβεβηκὸς ἂν εἴη ἑαυτὰ κινοῦντα.

ADNOT. L'argument présuppose ici des distinctions faites au livre IV de la *Physique* (cf. *supra*, scholies **34** et **46**). Il ne sera recevable, du même coup, que si l'on adopte la théorie aristotélicienne de la séparation individuelle. Cf. *infra*, scholie **636**.

★

635 (58a 1) τῆς ὅλης ἄρα τὸ μὲν] μόνως γὰρ οὕτως δυνατόν τι εἶναι αὐτοκίνητον εἰ μέρος μέν τι αὐτοῦ εἴη κινοῦν ἀκίνητον ὄν, μέρος δ' ὑπ' ἐκείνου κινούμενον.

Donc de la totalité une partie] C'est seulement ainsi, en effet, qu'il est possible que quelque chose soit automoteur : si l'une de ses parties est motrice en étant immobile, tandis qu'une partie est mue par elle.

TEST. *Simpl. 1241.22–26:* ... εἰκότως συμπεραίνομενος ὡς ἐπὶ γραμμῆς εἶπεν ὅτι τῆς ὅλης ἄρα τὸ μὲν κινήσει ἀκίνητον ὄν, τὸ δὲ κινηθήσεται. μόνως γὰρ οὕτως οἷόν τέ τι αὐτοκίνητον εἶναι εἰ μέρος μέν τι αὐτοῦ εἴη κινοῦν ἀκίνητον ὄν, μέρος δὲ ὑπ' ἐκείνου κινούμενον.

ADNOT. On a affaire ici à un intéressant problème textuel. Tous les manuscrits d'Aristote s'accordent pour écrire, en 258a 1–2, τῆς ὅλης ἄρα τὸ μὲν κινήσει ἀκίνητον ὂν τὸ δὲ κινηθήσεται. Après ce membre de phrase, Ross signale une divergence : les témoins $E^2K^2\Lambda$[= FHIJ] et, selon Ross, Simplicius, ont le membre explicatif μόνως γὰρ οὕτως οἷόν τε τι αὐτοκίνητον εἶναι, tandis que les témoins E^1K^1 ne l'ont pas. Ces données, en l'état, sont imprécises et incomplètes. Imprécises, parce que qu'en 1240.20–22, le lemme du commentaire de Simplicius s'achève avec κινηθήσεται. Si Simplicius en est l'auteur, il ne lisait donc pas la ligne supplémentaire. Incomplètes, parce que la portion problématique manque dans la traduction arabe. Il ne saurait donc s'agir d'une simple erreur de copiste byzantin postérieur à l'âge des translittérations. Le texte sans l'ajout est de toute évidence la leçon de la première famille, dont E et la traduction arabe sont les témoins principaux et que K rejoint au livre VIII (cf. Ross, p. 115 : « K does not belong to either line, but in book vi leans to Λ, in books vii and viii to E »). Simplicius travaillant notoirement avec un ms. de cette même famille, il est probable que la leçon de son lemme corrresponde à celle de son exemplaire. Qu'en est-il donc du commentaire de Simplicius ? Influencé par le texte de la vulgate, Diels imprime comme une citation le membre de phrase problématique. Il n'est cependant pas incongru de supposer qu'une glose d'Alexandre ait fini par s'introduire dans le texte. Le scénario nous paraît ainsi avoir été le suivant : Alexandre a glosé la dernière phrase de la section par le commentaire transmis par la scholie à une variante près (δυνατόν au lieu de οἷόν τε) ; Simplicius recopie Alexandre ; le début de la glose est reporté sur un ancêtre de Λ ; dans cet hyparchétype au plus tard, la glose se retrouve dans le texte. Je suggère donc de supprimer le membre μόνως γὰρ οὕτως οἷόν τε τι αὐτοκίνητον εἶναι du texte de la *Physique*, pour éditer le texte plus âpre de la première famille (cas semblable un peu plus bas, cf. 258a 27 et l'apparat de Ross).

⋆

636 (58a 3) ἔτι εἴπερ] καὶ τοῦτο ἄτοπον ἕπεται τῷ λέγοντι εἶναί τι αὐτοκίνητον οὕτως ὡς ἑκάστου τῶν μερῶν αὐτοῦ αὐτοκινήτου ὄντος.

De plus, si] Voici une autre absurdité qui suit celle qui énonce que quelque chose est automoteur au sens où chacune de ses parties serait automotrice.

Test. *Simpl. 1241.30–33:* ταύτην τὴν ῥῆσιν ὁ Ἀλέξανδρος ἔδοξέν μοι καινοπρεπῶς ἐξηγεῖσθαι· σκοπὸν μὲν γὰρ αὐτῆς εἶναί φησιν ἄλλο ἄτοπον προσθεῖναι τῷ ὅλον αὐτὸ αὐτὸ κινεῖν λέγοντι λόγῳ οὕτως ὡς ἑκάστου τῶν μερῶν αὐτοῦ αὐτοκινήτου ὄντος. κτλ.

Adnot. La scholie est confirmée par le commentaire de Simplicius. Celui-ci exprime son incrédulité polie (cf. καινοπρεπῶς, litt. de manière « moderne », ou « novatrice », ce qui est bien sûr péjoratif dans la bouche d'un conservateur) à l'égard de la thèse d'Alexandre. Simplicius reproche à Alexandre d'introduire la question du mouvement mutuel alors qu'elle n'est pas soulevée par Aristote. Alexandre postule en effet la nécessité d'un mouvement mutuel qui se surajoute au mouvement réflexif pour éviter un éparpillement du *tout* de l'automoteur. Les choses étant telles, il faut prendre au pied de la lettre, et comme un signe d'intelligence historique, le καινοπρεπῶς de Simplicius. Nous sommes en effet dans le domaine de réflexion balisé, chez Alexandre, par la discussion avec le stoïcisme et l'épicurisme sur les conditions de l'individualité spatiale. Il faut une transitivité dynamique entre les parties pour éviter l'éclatement dans la multitude de l'agrégat unitaire, mais il faut par hypothèse une opération dynamique réflexive interne à chaque partie. L'absurde surgira à ce niveau, sous la forme d'une redondance dynamique à proscrire. Cf. *supra*, scholie **634**.

⋆

637 (58a 5) ἐπεὶ δὲ κινεῖ] διὰ τούτων δείκνυσιν ἐκ τίνων ἀνάγκη συγκεῖσθαι τὸ αὐτοκίνητον· ὅτι ἐξ ἀκινήτου μέν, οἷον τῆς ψυχῆς, κινοῦντος δὲ τὸ σῶμα, καὶ ἐκ κινουμένου, τοῦ σώματος ὑπὸ τῆς ψυχῆς, οὐκ ἐξ ἀνάγκης δὲ κινοῦντος ἄλλο τι.

Mais puisque meut] Il montre par là de quels éléments il est nécessaire que se compose l'automoteur : que c'est d'un immobile, comme l'âme, qui meut le corps, et d'un mû, le corps sous l'effet de l'âme, qui ne meut pas nécessairement autre chose.

TEST. *Simpl. 1242.23–27 :* ὁ μὲν Ἀλέξανδρος δείξας, φησίν, ὅτι τὸ αὐτοκίνητον ἔχει τὸ μέν τι κινοῦν ἀκίνητον, τὸ δὲ ὑπ᾽ ἐκείνου κινούμενον, διὰ τούτων δείκνυσιν ἐκ τίνων ἀνάγκη συγκεῖσθαι τὸ αὐτοκίνητον, ὅτι ἐξ ἀκινήτου μέν, κινοῦντος δέ, καὶ κινουμένου ὑπὸ τούτου οὐκ ἐξ ἀνάγκης δὲ κινοῦντος, ἐγὼ δὲ τί ταῦτα διαφέρει ἀλλήλων ἁπλῶς οὕτω λεγόμενα, οὐκ ἐφιστάνω.

ADNOT. J'ai traduit le texte littéralement, avec toute sa maladresse. On aurait facilement pu corriger pour le rendre plus lisible mais la citation que fait Simplicius d'Alexandre, qu'il n'y aucune raison de croire défectueuse (si ce n'est peut-être dans l'omission du ἐκ devant κινουμένου, 1242.26), prouve que les mentions de l'âme et du corps sont ici des ajouts du scholiaste, effectués sans doute sur la base du sens (évident) et de la suite du commentaire d'Alexandre à ce lemme (cf. scholie suivante, et Simplicius, *In Phys.* 1243.13 sqq.). Les maladresses du grec trahissent la brutalité et le peu de soin de l'opération. Il est possible que le scholiaste ait été gêné, ici, par la même maladresse que celle que relève Simplicius. D'où la reformulation éliminant la tautologie et glosant la seconde partie de l'affirmation d'Alexandre.

⋆

638 (58a 9) <ἔστω γὰρ>] νόησον τὸ μὲν Α ψυχήν, τὸ δὲ Β σῶμα, τὸ δὲ ΑΒ ζῷον, τὸ δὲ Γ βακτηρίαν.

<En effet soit>] Représente-toi A l'âme, B le corps, AB l'animal, C le bâton.

⋆

[135v]

639 (58a 18) ἀνάγκη ἄρα τὸ αὐτὸ ἑαυτὸ] αὐτοκίνητον λέγεται τὸ κινοῦν ὅλον αὐτὸ ἑαυτό, τῷ τ<ὸ μ>ὲν αὐτοῦ κινεῖν μὴ κινούμενον, τὸ δὲ κινεῖσθαι ὑπ᾽ ἐκείνου· οὐ γὰρ ὅλον κινεῖ οὐδὲ ὅλον κινεῖται τὸ αὐτοκίνητον ἀλλ᾽ ὅλον κινεῖται καὶ κινεῖ τῷ ἐν αὑτῷ τὸ μὲν κινοῦν ἔχειν τὸ δὲ κινούμενον.

—

4 αὑτῷ scripsi : αὐτῷ S

Il est donc nécessaire que ce qui se meut soi-même] On appelle « automoteur » ce qui se meut dans sa totalité soi-même, du fait que l'une de ses parties meut sans être mue, tandis que l'autre est mue par elle. En effet, l'automoteur ni ne meut dans sa totalité, ni n'est mû dans sa totalité, mais il est mû et meut dans sa totalité du fait qu'il contient en lui quelque chose de moteur et quelque chose de mû.

⋆

640 (58a 20) ἐξ ἀνάγκης ἁπτόμενα] εἰ μὲν εἴη τὸ κινοῦν σῶμα, ἄμφω ἀλλήλων ἅψεται, εἰ δὲ ἀσώματον, θατέρου θάτερον ἅψεται οἷον τὸ ἀσώματον τοῦ σώματος, ὡς λέγει ἐν τῷ Περὶ γενέσ<εως>· "ὥσ<τε> εἴ τι κινεῖ ἀκίνητον ὄν, ἐκεῖνο μὲν ἅπτοιτο ἂν τοῦ κινητοῦ, ἐκείνου δ᾽ οὐθέν".

—

2 θατέρου : θατέρῳ S || 3 ἐν τῷ Περὶ γενέσεως : vid. *Gen. Corr.* I 6, 323a 31–32 || 4 ἅπτοιτο ἂν (ut Simpl. 1243.30) : ἅπτοιτο J^{1}H (Arist.) Philop. *In Gen. Corr.* 139.27 ἂν ἅπτοιτο ELMWVF (Arist.)

se touchant nécessairement (cf. adnot.)] Si d'aventure le moteur est un corps, ils se toucheront tous les deux l'un l'autre, tandis que si c'est un incorporel, l'un d'entre eux touchera l'autre comme l'incorporel touche le corps, ainsi qu'il l'énonce dans le traité *Sur la génération :* « En sorte que si quelque être meut en restant lui-même immobile, il touche bien alors le mû, mais le mû ne le touche en aucune manière ».

Test. *Simpl. 1243.22–31:* εἰ μὲν γὰρ εἴη καὶ τὸ κινοῦν σῶμα καθ᾽ ὑπόθεσιν, ὥσπερ καὶ τὸ κινούμενον ὑπ᾽ αὐτοῦ, ἀμφότερα ἀλλήλων ἅψεται· ἅμα γὰρ αὐτῶν ἔσται τὰ πέρατα· ταῦτα δέ ἐστι τὰ ἁπτόμενα, ὧν ἅμα τὰ πέρατά ἐστιν. εἰ δὲ τὸ μὲν κινούμενον σῶμα πάντως ἀνάγκη εἶναι, τὸ δὲ κινοῦν ἀσώματόν ἐστι καὶ ἀμέγεθες, οὐκέτι ἄμφω ἅψεται ἀλλήλων, ἀλλὰ θατέρου θάτερον, καὶ οὐ κυρίως ἀλλὰ μεταφορικῶς· τοῦ γὰρ σώματος ἅπτεται τὸ ἀσώματον, ὡς εἴρηται ἐν τῷ πρώτῳ τῶν Περὶ γενέσεως, ἐν οἷς φησι· "ὥστε εἴ τι κινεῖ ἀκίνητον ὄν, ἐκεῖνο μὲν ἅπτοιτο ἂν τοῦ κινητοῦ, ἐκείνου δ᾽ οὐθέν".

Adnot. La scholie, avec sa référence parfaitement adaptée au *De generatione*, remonte très certainement à l'érudition aristotélicienne d'Alexandre. Ce parallèle permet en effet de bien rendre compte, en expliquant Aristote par Aristote, de la disjonction à première vue surprenante de *Phys.* 258a 20–21, qui rompt avec la symétrie de la relation du toucher. Aristote considère en effet visiblement que si l'un des termes n'est pas un corps et que l'on parle de « toucher », alors l'incorporel touche le corps mais n'est pas touché par lui. L'appel de note, à la différence de Ross dans son édition, comprend ἐξ ἀνάγκης en liaison avec ce qui le suit plutôt que ce qui le précède. Ce n'était probablement pas la lecture d'Alexandre, si l'on suppose que Simplicius lui est fidèle en *In Phys.* 1243.20–22.

★

641 (58a 21) μὲν] ἀκατάλληλον τὸ τῆς λέξεως· οὐ γὰρ ἀνταπέδωκε πρὸς τὸν μ έ ν τὸν δέ.

d'une part] L'expression est incorrecte. Il n'a pas fait correspondre un « d'autre part » au « d'une part ».

Test. *Simpl. 1244.13–16:* ἡ ἐν ἀρχῇ τῆς ὅλης ταύτης ῥήσεως λέξις ἡ λέγουσα εἰ μὲν οὖν συνεχές ἐστι τὸ κινοῦν, τὸ μὲν γὰρ κινούμενον καὶ τὰ ἑξῆς ἀκαταλληλότερον ἔχειν δοκεῖ τῷ Ἀλεξάνδρῳ· ὡς γὰρ ἀνταποδώσων, φησί, τὸ εἰ δὲ μὴ συνεχές οὕτως εἶπεν, οὐδὲν δὲ ἀνταποδίδωσι. κτλ.

Adnot. La scholie est en accord avec le témoignage de Simplicius.

★

642 (58a 27–28) ἀπορίαν δ' ἔχει] ἀπορεῖ εἰ, τοῦ πρώτως αὐτοκινήτου ἐὰν ἀφαιρεθῇ μόριόν τι, ἔτι τὸ καταλειπόμενον αὐτοκίνητον ἔσται. δοκεῖ γὰρ καὶ τοῦ μορίου τινὸς ἀφαιρεθέντος λέγειν ἵστασθαι τὸ ὅλον ἀπεμφαῖνον εἶναι. τὰ γοῦν ζῷα ἀφαιρεθέντων τινῶν μερῶν ἀπ' αὐτῶν ἔτι αὐτοκίνητά ἐστιν. καὶ πάλιν τὸ μηδὲν λέγειν πρώτως αὐτοκίνητον εἶναι ἐὰν ἀεί τινος ἀφαιρουμένου τὸ λοιπὸν κινηθῇ, ἄτοπόν ἐστιν.

—

6 κινηθῇ ego : κινηθήσεται S

Mais il y a une difficulté] La difficulté qu'il soulève est de savoir si, au cas où l'on ôte une partie à ce qui est automoteur à titre primordial, la partie restante est encore automotrice. En effet, dire que, quand une certaine partie a été ôtée, le tout se met au repos, semble être incongru. Les animaux, en tout cas, si on en ôte certaines parties, sont encore des automoteurs. Et *a contrario*, dire que rien n'est *primordialement* automoteur dès lors que, si sans cesse quelque chose lui est ôté, il se meut, est absurde.

Adnot. On trouve une autre occurrence d'ἀπεμφαῖνον dans le corpus d'Alexandre, ici aussi avec λέγειν en sujet, en *Eth. Probl.* 119.23. Alexandre, à la différence de Simplicius, explicite l'arrière-plan de l'aporie : il s'agit des êtres vivants qui sont automoteurs au sens premier mais ne cessent pas de l'être lorsqu'on leur sectionne une partie.

★

643 (58a 28) <εἰ συνεχὲς>] τὸ κινοῦν ἀκινήτως ἀμερὲς καὶ ἀδιαίρετόν ἐστιν, ὡς δείξει μετ᾽ ὀλίγον· νῦν δὲ ὡς μήπω τούτου διηρθρωμένου κατακέχρηται τῷ πράγματι ἀδιαφόρως.

<si est continu>] Ce qui meut en étant immobile est sans parties et indivisible, comme il le montrera sous peu. Mais maintenant, du fait que cela n'est pas encore articulé, il utilise la chose sans opérer de distinctions.

ADNOT. cette scholie est légèrement décalée dans S, l'appel de note affectant le mot ἀπορίαν (l. 27).

★

644 (58b 1) ἑκάτερον] τό τε κινοῦν καὶ τὸ κινούμενον.

chacun des deux] Le moteur et le mû.

★

645 (58b 1) <τὸ κινούμενον>] ἐκ παραλλήλου τὸ αυτοκίνητον.

<le mû>] Pareillement, l'automoteur.

★

646 (58b 2) <ἐὰν δὲ διαιρεθῇ>] τότε γὰρ ἔσται ἐνεργείᾳ τὰ μόρια αὐτοῦ, οὐκέτι δὲ μόριά τινος ἀλλ᾽ ὅλα εἴδη.

<mais s'il est divisé>] Alors en effet ses parties seront en acte, et non plus parties *de* quelque chose, mais formes totales.

ADNOT. Pour l'idée, voir *supra*, scholies **534**, **634** et **636** et les annotations.

★

647 (58b 4) φανερὸν τοίνυν] ἔδειξε πρότερον τοῦτο διὰ τοῦ δεῖξαι ὅτι μὴ πᾶν τὸ κινούμενον ἀνάγκη ὑπὸ κινουμένου κινεῖσθαι, ἀλλὰ καὶ τοῦ αὐτοκινήτου τῆς κινήσεως αἴτιον ὂν ἔδειξε τὸ ἀκίνητον. διὸ λέγει νῦν φανερὸν τοίνυν καὶ τὰ ἑξῆς.

—

3 ἀκίνητον ego : αὐτοκίνητον S

Il est donc manifeste] Il a montré auparavant cela en montrant qu'il n'est pas nécessaire que tout mû soit mû par un mû, mais il a montré aussi que l'immobile était la cause du mouvement de l'automoteur. C'est pourquoi il dit maintenant « il est donc manifeste » etc.

Adnot. Cette scholie assez maladroite constitue vraisemblablement une trace ultime de réflexions d'Alexandre sur la construction du chapitre 5 et sur le fait qu'on y trouvait une double démonstration de l'immobilité du premier moteur. Tout d'abord, par simple impossibilité de régression à l'infini (256b 3–257a 27), puis par analyse, du point de vue de l'accomplissement du mouvement et de leur divisibilité, des automoteurs apparents (257a 27–258a 27).

⋆

VIII, 6

648 (58b 10) <ἐπεὶ δὲ δεῖ>] νῦν δεικνύναι πρόκειται ὅτι τὸ πρῶτον κινοῦν οὐ μόνον ἀκίνητόν ἐστιν ἀλλὰ καὶ ἀΐδιον, εἴτε ἓν εἴη τὸ τοιοῦτον τὸ ἓν αἴδιον εἴτε πλείω τὰ πλείω ἀΐδια.

<Mais puisqu'il faut>] Il se propose maintenant de montrer que le premier moteur n'est pas seulement immobile mais aussi éternel, que soit unique cet éternel unique, ou que soient nombreux les nombreux éternels.

Test. *Simpl. 1250.34–35:* δείξας ὅτι τὸ πρώτως κινοῦν καθ' ἑκάστην κίνησιν ἀκίνητόν ἐστι, νῦν δείκνυσιν ὅτι τὸ πρώτως κινοῦν καὶ ἀίδιον εἶναι χρή ...

Adnot. Sujet attendu du chap. 6.

⋆

649 (58b 11–12) <καὶ τὸ πρῶτον>] ἀντὶ τοῦ τὸ δὲ πρῶτον.

<et le premier moteur>] À la place de « et que le premier moteur ».

ADNOT. Cette modification syntaxique permet effectivement de faire dépendre plus étroitement la proposition καὶ τὸ πρῶτον κινοῦν ἀκίνητον de ἀνάγκη. Pellegrin traduit d'ailleurs « et que le premier moteur soit non mû ».

★

650 (58b 13) οὐδὲν] τὸ γὰρ ζητεῖν εἰ αἱ ψυχαὶ ἀθάνατοί εἰσιν ἢ μή, οὐ τῆς νῦν θεωρίας· αὗται γάρ εἰσιν αἱ ἐν τοῖς αὐτοκινήτοις, κινοῦσαι μέν, μὴ κινούμεναι δὲ κατ' αὑτάς. ὅτι δ' ἀνάγκη τῶν κινούντων ἀκινήτως εἶναί τι ἀΐδιον, τοῦτο δεικνύναι βούλεται.

en rien] En effet, se demander si les âmes sont immortelles ou non ne relève pas de la recherche présente. Celles-ci sont en effet celles qu'il y a dans les automoteurs, motrices mais n'étant pas mues par soi. Ce qu'il veut montrer, c'est qu'il est nécessaire qu'il y ait, d'entre les êtres qui meuvent en étant immobiles, l'un qui soit éternel.

TEST. *Simpl. 1251.11–16:* οὐ γὰρ τοῦτο ζητεῖται νῦν, εἰ αἱ ψυχαὶ πᾶσαι ἀθάνατοί εἰσιν (αὗται γάρ εἰσιν αἱ ἐν τοῖς αὐτοκινήτοις ἀκίνητοι μέν, κινοῦσαι δέ· ἄλλης γὰρ πραγματείας ἡ περὶ τῆς ψυχῆς σκέψις), ἀλλ' οὐδὲ ἁπλῶς οὕτως, εἰ πάντα τὰ ἀκίνητα μὲν κινοῦντα δέ, ἀΐδιά ἐστι, πρόκειται νῦν ζητεῖν, ἀλλὰ πρόκειται δεῖξαι νῦν ὅτι ἀναγκαῖον <ἀΐδιον> εἶναί τι ἢ ἓν ἢ πλείω.

—

5 ἀΐδιον addidi

ADNOT. Bien que concordant dans l'ensemble avec le commentaire de Simplicius, le texte de la scholie s'en écarte par deux omissions. Il ne renvoie pas explicitement à « la recherche sur l'âme » (ἡ περὶ τῆς ψυχῆς σκέψις) et il n'évoque pas la possibilité que d'autres réalités, en plus des âmes, puissent être motrices et non mues. La première omission est sans conséquence doctrinale mais la seconde pose quelque difficulté. On ne saurait en effet trancher avec certitude la question de l'origine de l'omission : le scholiaste abrégeant Alexandre ou Simplicius ajoutant un cas non mentionné par sa source. La première éventualité est la plus probable, car Alexandre professe explicitement que le Premier Moteur n'est pas une âme (cf. *infra*, scholie **818**). Le mouvement de Simplicius est donc purement alexandrique. L'idée de mentionner les âmes des vivants sublunaires dans le présent contexte est d'ailleurs elle aussi typique d'Alexandre, qui voit bien sûr entre les lignes une allusion à la mortalité de l'âme humaine (de ce point de vue, la présence du terme πᾶσαι chez Simplicius correspond mieux à ce que l'on attendrait d'Alexandre, il s'agit donc sans doute d'une omission accidentelle du scholiaste). Simplicius fait ici semblant de ne pas comprendre le mouvement de son prédécesseur, et commente comme si ces affirmations relevaient simplement de la question du plan des écrits naturels. Philopon, *In Phys.* 887.8–12, n'a pas ces scrupules et suit la ligne d'Alexandre.

⋆

651 (58b 13–14) ἀναγκαῖον (ad ἀναγκαῖον 258b 11–12 [cf. app. cr.])] λείπει ἀεί.

il est nécessaire] Manque « toujours ».

Adnot. Cette scholie a un certain intérêt textuel. Il ne s'agit plus en effet, dans le présent contexte, de simplement dire qu'il y a un moteur immobile – puisque cela a fait l'objet du précédent chapitre – mais que ce premier moteur est éternel. Ce que la phrase, dans l'état transmis, ne fait pas. Elle commence en effet ainsi (258b 13–14) : ὅτι δ' ἀναγκαῖον εἶναί τι τὸ ἀκίνητον μὲν κτλ. Deux manuscrits, E^2 et K, ajoutent αἰεὶ après τὸ, ce qui trahit sans doute l'influence du commentaire d'Alexandre. Celui-ci, en effet, a été gêné par l'absence de ἀεί et propose de l'ajouter après ἀναγκαῖον. La séquence ἀναγακAIONEIναι rend d'ailleurs cette hypothèse paléographiquement suggestive.

⋆

652 (58b 14) τὸ ἀκίνητον μὲν αὐτὸ] διὰ τούτου ἐδήλωσεν τὸ ἀΐδιον· μεταβολαὶ γὰρ καὶ γένεσις καὶ φθορά, τὸ δὲ πρῶτον κινοῦν οὐδὲ κατὰ συμβεβηκός, φησί, κινεῖται, καὶ ταύτῃ διαφέρει τῶν κινουσῶν ἀεὶ ψυχῶν· αὗται γὰρ κ α τ ὰ σ υ μ β ε β η κ ὸ ς κινοῦνται τῷ ἐν κινουμένῳ <εἶναι>.

—

4 εἶναι addidi

qui soit lui-même non mû] Par cela, il a élucidé ce qui est éternel. Génération et corruption sont en effet des changements, tandis que le Premier Moteur, dit-il, ne se meut pas même par accident, et diffère ainsi des âmes éternellement motrices. Elles, en effet, sont mues par accident du fait qu'elles sont dans un mû.

Test. *Simpl. 1251.18–25:* πάσης δὲ ἐκτὸς μεταβολῆς εἶπεν νῦν καὶ οὐ "πάσης κινήσεως" ἵνα καὶ τὴν γένεσιν καὶ τὴν φθορὰν περιλάβῃ. καὶ κατὰ συμβεβηκὸς δὲ τὸ πρώτως κινοῦν ἀκίνητόν φησι· καὶ ταύτῃ γὰρ διαφέρει τῶν ἐν τοῖς αὐτοκινητοῖς ἀκινήτων μὲν κινούντων δέ, ὅτι ἐκεῖνα καθ' αὑτὰ μὲν ἀκίνητα, κατὰ συμβεβηκὸς δὲ κινούμενα, τῷ τὰ σώματα ἐν οἷς ἐστι κινεῖσθαι· τὸ δὲ πρώτως κινοῦν ἅτε πάντῃ χωριστὸν σωμάτων ὑπάρχον, οὐ μόνον τῆς καθ' αὑτὸ μεταβολῆς ὑπερανέχει, ἀλλὰ καὶ τῆς κατὰ συμβεβηκός.

Adnot. On assiste sans doute ici à un intéressant mouvement de Simplicius, qui préfère estomper la nouvelle références aux âmes, ici éternelles, des astres. En effet, Alexandre propose tacitement une équivalence entre âme éternelle et âme astrale, ce qui équivaut, implicitement, à dénier que nos âmes le soient. D'où, très probablement, le petit décalage que Simplicius introduit par rapport à sa source.

★

653 (58b 14–15) <ἐκτὸς μεταβολῆς>] τοιοῦτον τὸ ἄϋλον εἶδος καὶ ἀδιάλυτον.

<extérieur à tout changement>] Tel est la forme immatérielle et indissoluble.

Adnot. Pour l'expression ἄϋλον εἶδος, voir en particulier Alexandre, *De anima*, 87.30. Le terme ἀδιάλυτος est absent du corpus conservé d'Alexandre. Dans son commentaire à ce passage (*In Phys*. 1251.18–25), Simplicius se garde bien de prononcer le terme.

★

654 (58b 16) <ἔστω δὲ>] οἷον αἱ κινήσεις, αἱ ἁφαί.

<soit donc>] Comme les mouvements, les contacts.

Adnot. Ces deux exemples de « survenance » qui ne soit pas une génération n'apparaissent pas chez Simplicius.

★

[137r]

655 (58b 21) <ὁτὲ μὲν εἶναι>] <οἷον> αἱ ψυχαὶ <τῶν ζ>ῴων τῶν θνητῶν.

<tantôt existe>] Comme les âmes des vivants mortels.

Adnot. Bien que Simplicius, *In Phys.* 1251.32, évoque les « âmes dans les vivants » (αἱ ἐν τοῖς ζῴοις ψυχαί), il fait en sorte de ne pas attribuer *à Aristote* la thèse de leur finitude temporelle. La suppression de la précision « mortels » qu'on trouvait chez Alexandre (cf. scholie θνητῶν) va dans le même sens : distinguer les âmes temporellement limitées des vivants mortels (les animaux sublunaires) des âmes sempiternelles des vivants éternels (les animaux supra-lunaires, soit les astres) revient à s'opposer aux preuves platoniciennes de l'éternité de l'âme en tant qu'âme.

⋆

656 (58b 27) <τὰ δὲ φθείρεσθαι>] ὅτι τὰς μερικὰς ψυχὰς φθαρτὰς καλεῖ νῦν.

<et que d'autres se corrompent>] Qu'il appelle maintenant les âmes particulières corruptibles.

Adnot. Il s'agit là d'une remarque terminologique. Aristote a en effet commencé à distinguer génération et corruption proprement dites de certains advenirs instantanés. Alexandre note le glissement et souligne le fait que nous parlons toujours de l'advenir des âmes individuelles. L'expression μερικαὶ ψυχαί n'apparaît nulle part chez Alexandre, alors qu'elle est monnaie courante chez les Platoniciens. Il faut compter avec une réélaboration du scholiaste.

⋆

657 (58b 27) <…>] τί τὸ αἴτιον <τ>ῆς συνεχοῦς <καὶ> ἀϊδίου <κ>ινήσεως; <τὸ> ἀΐδιόν ἐστι <καὶ> πρῶτον πάντων.

<…>] Quelle est la cause du mouvement continu et éternel ? C'est ce qui est éternel et antérieur à toutes choses.

Adnot. Scholie sans intérêt, faisant plutôt l'effet d'un pense-bête du scholiaste.

⋆

658 (58b 27) καὶ τοῦτ᾽ εἶναι συνεχῶς] ὁ νοῦς οὕτως· τῆς ἀειγενεσίας οὔκ εἰσιν αἴτια οὔτε τὰ ἀκινήτως μὲν κινοῦντα οὐκ ἀΐδια δέ, οὔτε τὰ μερικὰ ὡς τάδε μὲν ταῦτα ποιεῖν τάδε δ᾽ ἐκεῖνα, οὔτε ἅμα πάντα οὔτε καθ᾽ ἕκαστον.

—

3 ποιεῖν S : fort. κινεῖν scribendum

et cela de manière continue] Le sens est le suivant : de la génération éternelle ne sont causes ni les êtres qui meuvent en étant immobiles mais qui ne sont pas éternels, ni les êtres particuliers en sorte que ceux-ci feraient telles choses et ceux-là telles autres, ni tous ensemble ni séparément.

ADNOT. Paraphrase des lignes 258b 26–32, effectivement peu claires.

★

659 (58b 30) οὕτως] συνεχῶς.

ainsi] Continûment.

★

660 (58b 33) <ἀρχαί> (sic S, cf. app. cr.)] αἱ μερικαὶ ψυχαί.

<principes>] Les âmes particulières.

★

661 (59a 1) <καὶ πολλὰ>] τὰ ζῷα, τὰ φυτά.

<et baucoup>] Les animaux, les plantes.

★

662 (59a 5) καὶ τοῦτο μὲν] τ ο ῦ τ ο μὲν τὸ ἀΐδιον κινητικὸν τ ο ύ τ ο ι ς τοῖς οὐκ ἀϊδίοις κινητικοῖς αἴτιον τοῦ εἶναί τε καὶ κινεῖν· τοῖς γὰρ αὐτοκινήτοις ἐκεῖνο τὸ ἀΐδιον κινητικὸν αἴτιον καὶ τοῦ εἶναι· τὰ δ᾽ αὐτοκίνητα ἐκ τοῦ ἀϊδίου τὴν ἀρχὴν ἔχοντα τοῦ εἶναι καὶ κινεῖσθαι αἴτια τοῖς ἄλλοις εἰσὶ τῆς κινήσεως, εἴ γε ἀρχὴ τῶν κινούντων τε καὶ κινουμένων ἐν πᾶσι τὸ αὐτοκίνητον.

—

5 ἀρχὴ : ἀρχαὶ S

et cela] « Ce » moteur éternel-« ci » est, pour « ces » moteurs non éternels-« là », cause de l'être et du mouvoir ; car pour les automoteurs, ce moteur éternel est cause motrice et de l'être ; les automoteurs, d'autre part, qui ont leur principe d'être et de mouvement de toute éternité, sont, pour les autres, causes du mouvement, si du moins les principes des moteurs et des mus sont en toutes choses l'automoteur.

Test. *Simpl. 1253.30–35:* εἶτα προστίθησιν, ὅτι τοῦτο μὲν τὸ ἀίδιον αἴτιον τούτοις τοῖς οὐκ ἀιδίοις ὑποκειμένοις κινητικοῖς αἴτιον <τοῦ> εἶναί τε καὶ κινεῖν καὶ τοῖς αὐτοκινήτοις, ἐν οἷς τὰ τοιαῦτα κινητικά, ἐκεῖνο αἴτιον τοῦ εἶναι, ταῦτα δὲ τὰ αὐτοκίνητα τοῖς ἄλλοις αἴτια τῆς κινήσεώς ἐστι τοῖς κινουμένοις μέν, οὐκ ἀεὶ δὲ ἕτερα κινοῦσιν, εἴ γε ἀρχὴ καὶ πρῶτον τῶν κινούντων τε καὶ κινουμένων ἐστὶ τὸ αὐτοκίνητον, ἵνα μὴ ἐπ' ἄπειρον ἴωμεν, πρὸ παντὸς ἑτεροκινήτου τίθεντες.

Adnot. Pour un commentaire général de cette scholie, voir *Essentialisme*, p. 277. Le point le plus marquant est l'introduction marquée de l'être (εἶναι) au côté du mouvoir (κινεῖν). Le Premier Moteur est, pour les différents automoteurs, à la fois cause d'existence et d'activité motrice. Il est intéressant d'observer dans le détail les différences entre la scholie et le passage correspondant de Simplicius tel qu'on le lit dans les manuscrits. Pour une lecture plus aisée, imprimons-les sur colonnes parallèles en distinguant les différentes séquences :

Scholie	*Simplicius*
(a) τοῦτο μὲν τὸ ἀΐδιον κινητικὸν τούτοις τοῖς οὐκ ἀϊδίοις κινητικοῖς αἴτιον τοῦ εἶναί τε καὶ κινεῖν·	(a) τοῦτο μὲν τὸ ἀΐδιον αἴτιον τούτοις τοῖς οὐκ ἀϊδίοις ὑποκειμένοις κινητικοῖς αἴτιον εἶναί τε καὶ κινεῖν
(b) τοῖς γὰρ αὐτοκινήτοις	(b) καὶ τοῖς αὐτοκινήτοις, ἐν οἷς τὰ τοιαῦτα κινητικά,
(c) ἐκεῖνο τὸ ἀΐδιον κινητικὸν αἴτιον καὶ τοῦ εἶναι·	(c) ἐκεῖνο αἴτιον τοῦ εἶναι·
(d) τὰ δ' αὐτοκίνητα ἐκ τοῦ ἀϊδίου τὴν ἀρχὴν ἔχοντα τοῦ εἶναι καὶ κινεῖσθαι	(d) ταῦτα δὲ τὰ αὐτοκίνητα
(e) αἴτια τοῖς ἄλλοις εἰσὶ τῆς κινήσεως,	(e) τοῖς ἄλλοις αἴτια τῆς κινήσεώς ἐστι τοῖς κινουμένοις μέν, οὐκ ἀεὶ δὲ ἕτερα κινοῦσιν,
(f) εἴ γε ἀρχὴ τῶν κινούντων τε καὶ κινουμένων ἐν πᾶσι τὸ αὐτοκίνητον.	(f) εἴ γε ἀρχὴ καὶ πρῶτον τῶν κινούντων τε καὶ κινουμένων ἐστὶ τὸ αὐτοκίνητον, ἵνα μὴ ἐπ' ἄπειρον ἴωμεν, πρὸ παντὸς ἑτεροκινήτου τίθεντες.

On remarque un certain nombre de différences qui toutes attestent que la scholie remonte directement à Alexandre, dont le commentaire de Simplicius propose une version à la fois intentionnellement déformée et corrompue. Les corruptions textuelles sont constatables dès la section (a). κινητικόν est meilleur que αἴτιον (qui réapparaît deux lignes plus bas). ὑποκειμένοις chez Simplicius n'a aucun sens acceptable, surtout en contraste avec τοῖς αὐτοκινήτοις. Le déroulement de la phrase de Simplicius, en outre, est inutilement lourd (pourquoi ne pas avoir écrit, en [b]-[c], καὶ τοῖς αυτοκινήτοις ἐν οἷς τὰ τοιαῦτα κινητικὰ τοῦ εἶναι ?). Enfin, le texte de Simplicius est dépourvu de l'article τοῦ, restitué à juste titre par l'Aldine et Diels. Ces trois divergences suggèrent fortement que la scholie ne s'inscrit pas dans la tradition byzantine de Simplicius (la scholie permet même sans doute de corriger plus élégamment le texte de Simplicius : il faudrait soit remplacer le premier αἴτιον par κινητικὸν et ajouter τοῦ après le second, soit remplacer le second par τοῦ).

La thèse d'Alexandre telle qu'elle transparaît dans la scholie est claire : un certain être moteur éternel est cause, pour les automoteurs non éternels, d'être et de motricité. Quant aux automoteurs, qui ont depuis toujours un principe d'être et de mouvement (Alexandre englobe ainsi les automoteurs individuellement éternels et ceux dont la chaîne lignagère est éternelle), le fait qu'ils mettent en mouvement les mus non automoteurs explique qu'il y ait toujours eu du mouvement dans l'univers. Simplicius dit fondamentalement la même chose, mais distingue plus fortement le principe moteur du tout de l'automoteur.

★

663 (59a 8) πλείω] τὰ κινούμενα ἀϊδίως.

plusieurs] … les êtres éternellement mus.

★

664 (59a 13–14) φανερὸν] δείξας διὰ τῶν φθασάντων ὅτι ἀνάγκη εἶναί τι τὸ ἀϊδίως κινοῦν, νῦν δεῖξαι βούλεται ὅτι καὶ ἕν ἐστι τοῦτο.

il est manifeste] Ayant montré au moyen de ce qui précède qu'il est nécessaire qu'il y ait quelque chose qui meuve éternellement, il veut maintenant montrer que cette chose est unique.

★

665 (59a 18) <μία δ'>] τῷ ἀριθμῷ.

<or est un>] … en nombre.

★

[137v]

666 (59a 21) καὶ πάλιν] εἰ γὰρ ἐν τοῖς οὐκ ἀεὶ οὖσιν, αὐτοκινήτοις δέ, ἔστι τι κινοῦν ἀκίνητον, οὗ ἄνευ οὐ κινεῖται ταῦτα τὴν οἰκείαν κίνησιν, ἔστι τι καὶ ἀΐδιόν τ<ε καὶ αἴ>τιον καὶ κινοῦν, οὗ ἄνευ ἡ ἀΐδιος καὶ συνεχὴς κίνησις οὐκ ἔστι.

de nouveau] Si en effet, dans les êtres qui ne sont pas toujours, mais qui sont automoteurs, il y a quelque moteur immobile sans lequel ces choses ne se meuvent pas de leur mouvement propre, il y a aussi quelque chose d'éternel, cause et moteur sans quoi le mouvement éternel et continu n'existe pas.

★

667 (59a 22) τὸ μὲν δὴ εἶναι] δείξει μὲν διὰ τούτων ὅτι ἔστι τις ἀΐδιος ἀρχὴ ἀκίνητός τε καὶ κινητικὴ <β>ραχέως. πρῶτον δ' ἡμᾶς ὑπομιμνήσκει τῶν δεδειγμένων. ἐδείχθη γὰρ ὅτι ἔστι τινὰ τῶν ὄντων ὁτὲ μὲν κινούμενα ὁτὲ δ' ἠρεμοῦντα ὅτε ἐδείκνυ<εν ὅτι> τὰ κατὰ φύσιν κινούμενα, ἅ ἐστι τά τε αὐτοκίνητα καὶ τὰ φύσει ἄψυχα εὐθυφορούμενα, καὶ κινεῖταί ποτε καὶ ἠρεμεῖ ποτε.

De fait, qu'il y ait] Il montrera à l'aide de ces arguments, sous peu, qu'il y a un certain principe éternel, immobile et moteur. Mais tout d'abord, il nous rappelle les choses déjà montrées. On a montré en effet qu'il y a certains êtres qui sont parfois mus et parfois au repos, lorsqu'il a montré que les êtres mus par nature, qui sont les êtres automoteurs et les êtres naturels inanimés au transport rectiligne, sont parfois mus et parfois au repos.

Test. *Simpl. 1257.11–14:* … προφανές ἐστιν, ὅτι τινὰ τῶν ὄντων ὁτὲ μὲν κινεῖται ὁτὲ δὲ ἠρεμεῖ, ὥσπερ τὰ ζῷα φαίνεται καὶ τὰ φυσικὰ σώματα κινούμενα μὲν φυσικῶς ἐπὶ τοὺς οἰκείους τόπους, ἐν τούτοις δὲ κατὰ φύσιν ἠρεμοῦντα …

Adnot. On revient ici à la division fondamentale de *Phys.* VIII 3.

★

668 (59a 22) <ἄττα τῶν ὄντων>] τὰ φύσει κινούμενα οἷον ζῷα, λίθοι.

<certains des étants>] Ceux qui se meuvent par nature, comme les animaux, les pierres.

★

669 (59a 24) κινεῖται] τὸ γὰρ πῦρ ἠρεμεῖ βίᾳ.

sont en mouvement] Le feu, en effet, est en repos par contrainte.

Adnot. Cette scholie trahit une certaine prudence quant à la question d'un éventuel repos du feu dans son lieu propre. La question était débattue chez les aristotéliciens. Xénarque, en particulier, considérait que le feu se mouvait circulairement en son lieu naturel. Même remarque pour la scholie suivante.

★

670 (59a 24) <ἠρεμεῖ>] τὸ γὰρ πῦρ οὐκ ἠρεμεῖ κάτω ἀλλὰ κινεῖται.

<sont au repos>] Le feu, en effet, n'est pas au repos en bas, mais est mû.

★

671 (59a 25) ἀεὶ ἠρεμεῖ] τὸ γὰρ πῦρ οὔτε ἀεὶ ἠρεμεῖ οὔτε ἀεὶ κινεῖται.

sont toujours au repos] Le feu, en effet, n'est ni toujours au repos ni toujours en mouvement.

★

672 (59a 27) τὰ μὲν τοιαῦτα] τὰ παρὰ μέρος κινούμενα καὶ ἠρεμοῦντα, ἃ καὶ τῷ λόγῳ μὲν δέδεικται καὶ τῇ αἰσθήσει δὲ δῆλά ἐστι.

—

1 παρὰ scripsi : περὶ ut vid. S

les choses de ce genre] Les choses qui alternativement sont mues et au repos, qui sont établies par l'argument et manifestes à la sensation.

★

673 (59a 29) ὅτι ἔστι] τρία γὰρ ἐξ ἀρχῆς πρόκειται δεῖξαι ὅτι τὰ μὲν τῶν <ὄντων> ἐπαμφοτερίζει, ποτὲ μὲν κινούμενα ποτὲ δ' ἠρεμοῦντα, τὰ δὲ ἀεὶ κινεῖται, τὰ δὲ ἀεὶ ἠρεμεῖ. δείξας <οὖν> τὸ πρότερον, νῦν τὰ λοιπὰ δύο προτίθεται δεῖξαι. προέλαβε δὲ δύο λήμματα, τό τε τὸ κινούμενον ὑπό τινος κινεῖσθαι καὶ τὸ πᾶν τὸ κινοῦν ἢ ἀκίνητον ἢ αὐτοκίνητον ἢ ἑτεροκίνητον.

qu'il existe] On se propose depuis le début de montrer trois points : que certains êtres hésitent, parfois mus et parfois au repos, que d'autres sont toujours mus et que d'autres sont toujours au repos. Ayant donc montré le premier, il se propose maintenant de montrer les deux derniers. Il a commencé par prendre deux lemmes : que le mû est mû par quelque chose et que tout moteur est soit immobile, soit automoteur, soit mû par autre chose.

Adnot. La terminologie démonstrative employée ici (cf. λήμματα) n'apparaît pas chez Simplicius, qui pourtant isole les deux propositions (*In Phys.* 1257.23–27).

⋆

674 (59b 1) πάντων δὲ] ἀντὶ τοῦ ἅμα κινουμένων τε καὶ κινούντων.

et pour tous] Au lieu de « pour les choses à la fois mues et motrices ».

⋆

675 (59b 1) <τὸ ἀκίνητον>] καὶ γὰρ τὸ αὐτοκίνητον εἰς τὸ ἀκίνητον <καὶ> κινούμενον <διαιρούμενον> δέδεικται.

—

1 καὶ addidi || 2 διαιρούμενον addidi

<le non mû>] De fait, on a déjà montré que l'automoteur se divisait en un non mû et un mû.

Adnot. La scholie est très difficile à lire dans S et son énoncé est probablement corrompu. La restitution est très hypothétique.

⋆

676 (59b 5) <ἀκίνητα>] τὰ αὐτοκίνητα.

<étant parfois non mues>] Les choses automotrices.

⋆

677 (59b 6) <τοῦτο δὴ δεῖ λαβεῖν>] καὶ ἀνωτέρω μὲν ἀσαφῶς ἐδείκνυεν ὅτι μή ἐστιν αὐτοκίνητα τὰ ζῷα, ἐπειδὰν μὴ κινῆται τὴν καθ' ὁρμὴν κίνησιν, καὶ νῦν δὲ τὸ αὐτὸ σαφέστερον λέγει, ὅτι τὰ ζῷα οὐκ ἐξ ἠρεμίας ἄρχονται κινεῖσθαι καθ' ὁρμὴν ἀλλ' ἔνεστιν ἐν αὐτοῖς κίνησις διάφορος ἥτις ὑπὸ τῶν ἔξωθεν γίνεταί τινος, οἷον τοῦ περιέχοντος <ἢ> τῆς τροφῆς· ὑπ' ἐκείνης δὲ καὶ ἐξ ἐκείνης τῆς κινήσεως μεταβολὴ γίνεται εἰς τὴν καθ' ὁρμὴν αὐτῶν κίνησιν· ἀλλ' οὐδ' αὕτη κυρίως ἐστὶ τῶν ζῴων κίνησις οὐδ' ἐν αὐτοῖς <ἐστιν> ἡ τῆς τοιαύτης κινήσεως ἀρχή, ἀλλά τινων ἄλλων φυσικῶν κινήσεων προουσῶν, ἐπιγίνεται αὕτη.

—

2 κινῆται : κινεῖται S || 6 ἢ addidi

Mais on doit saisir] Déjà plus haut, il a montré de manière peu claire que les vivants ne sont pas automoteurs dès lors qu'ils ne se meuvent pas du mouvement selon l'impulsion, et il le redit maintenant de manière plus claire : à savoir que les vivants ne commencent pas à se mouvoir, à partir du repos, selon une impulsion, mais parce qu'il y a en eux un mouvement divergent qui naît sous l'effet de l'une des choses extérieures, comme le milieu ou la nourriture – mouvement sous l'effet duquel et par suite duquel le changement se produit vers leur mouvement selon l'impulsion. Mais ce changement n'est pas à proprement parler un mouvement des vivants, pas plus que ce n'est en eux que se trouve le principe d'un tel mouvement ; plutôt, certains autres mouvements physiques ayant préalablement lieu, celui-ci survient.

Test. *Simpl. 1258.3–17:* ἐδόκει γὰρ ἀκίνητά ποτε ὄντα μεταβάλλειν ἐξ ἑαυτῶν εἰς τὸ κινεῖσθαι. πρὸς ἣν ἀπορίαν ἐνισταμένην τῷ ἀγένητον εἶναι τὴν κίνησιν ὑπήντησεν κατ' ἀρχὰς τοῦ βιβλίου δεικνὺς ὅτι μὴ ἔστιν ἀκίνητα τὰ ζῷα, ἐπειδὰν μὴ κινῆται τὴν ἐξ ἑαυτῶν κίνησιν· αὕτη δέ ἐστιν ἡ καθ' ὁρμὴν γινομένη μεταβατικῶς. ὑπερθέμενος δὲ τότε τὸν περὶ τούτου λόγον, ὡς ὕστερον περὶ αὐτοῦ σαφέστερον ἐρῶν, νῦν λέγει κατ' ἄλλην ἐπιβολὴν δεικνὺς ὅτι ἣν κινεῖ κίνησιν ἑαυτὰ τὰ ζῷα, οὐχὶ πρότερον ἠρεμοῦντα τέλεον ἄρχεται ἑαυτὰ κινεῖν, ἀλλ' ἐνούσης τινὸς ἐν αὐτοῖς κινήσεως τῆς ὑπὸ τῶν ἔξωθέν τινος ἐγγινομένης ὑπ' ἐκείνης καὶ ἐξ ἐκείνης ἡ εἰς τὴν ἑαυτῶν κίνησιν αὐτοῖς μεταβολὴ γίνεται. μία γάρ ἐστι κίνησις, ὡς καὶ πρόσθεν εἶπεν, ἣν ἑαυτὰ κινεῖ τὰ ζῷα, ἡ κατὰ τόπον μεταβατική, καὶ οὐδὲ ταύτην κυρίως καὶ πάντῃ ἐξ ἑαυτῶν κινεῖται· οὐ γὰρ ἐν αὐτοῖς ἡ πρώτη τῆς τοιαύτης κινήσεως ἀρχή, ἀλλὰ κινεῖται μέν τινας κινήσεις ἄλλας φυσικῶς καὶ οὐκ ἐξ ἑαυτῶν, ὡς τὴν κατὰ αὔξησιν, καὶ μείωσιν καὶ τὴν κατὰ ἀναπνοὴν καὶ ὕπνον καὶ ἐγρήγορσιν.

Adnot. Cette scholie propose une analyse du mouvement « selon l'impulsion », καθ' ὁρμήν, absente de Simplicius. Il s'agit à l'évidence d'une polémique anti-stoïcienne engagée par Alexandre et qui ne revêtait plus d'intérêt aux yeux de Simplicius. Alexandre soutient deux thèses. La plus évidente est que l'immédiateté et l'autarcie du mouvement impulsif ne sont qu'apparence : celui-ci fait toujours suite à d'autres mouvements qui affectent matériellement l'animal sublunaire. Aristote avait évoqué le « milieu », dans le même contexte, en *Phys.* VIII 2, 253a 13. La seconde thèse nous rapproche du cœur du système. Pour Aristote lu par Alexandre, il faut distinguer trois états : le sommeil où rien ne se passe, la fin du sommeil durant laquelle se produit un « changement vers le mouvement selon l'impulsion » et, enfin, le réveil marqué par le mouvement selon l'impulsion. Pour les Stoïciens, en revanche, on peut se satisfaire de deux moments : le sommeil d'une part, la veille d'autre part, sans qu'il soit besoin d'expliquer ce qui, durant le sommeil, mènerait à l'état caractéristique de la veille. Cette divergence reflète l'opposition des deux systèmes quant au statut du rapport entre l'hégémonique et les sens. Aristote considère que l'âme, durant le sommeil, demeure reliée aux sens. Ce sont des mouvements résiduels en ceux-ci qui expliquent le rêve, en particulier ; pour les Stoïciens, en revanche, l'âme rêve pour ainsi dire toute seule, en s'appuyant sur son trésor propre, comme repliée sur elle-même (voir là-dessus Th. Bénatouïl, *Faire usage : la pratique du stoïcisme*, Paris, 2006, p. 169–174). Ces deux doctrines distinctes du sommeil expliquent deux théories distinctes du réveil. L'âme repliée des Stoïciens trouve en elle-même le point d'appui qui lui permet de « rebondir » vers la veille, tandis que cet appui est extérieur pour Aristote.

Notons enfin un troisième effet, tenant à la théorie alexandrique de l'« épigenèse » (ἐπιγίνεσθαι). Le mouvement impulsif n'entretient pas un rapport de simple succession avec des mouvements préalables ; il est plutôt une expression phénoménale, un effet de surface, de ceux-ci. Cet affaiblissement de la réalité de l'impulsion ne s'apprécie bien sûr qu'en regard des nombreux textes stoïciens instituant l'ὁρμή en moment autonome et premier de l'agir animal.

⋆

678 (59b 7) <ταύτην>] τὴν καθ' ὁρμήν.

<celle-ci>] … celle selon l'impulsion.

⋆

679 (59b 12) ἐνίων] διὰ τὸ δεῖσθαι τροφῆς πρὸς τὸ εἶναι.

pour certains] Parce qu'ils ont besoin de nourriture pour être.

⋆

680 (59b 13–14) τῆς πρώτης ἀρχῆς] τοῦ γὰρ διυπνισθῆναι αἰτία ἡ τῆς τροφῆς πέψις, ἥτις οὐκ ἐξ ἑαυτοῦ ἐστιν. ἡ γὰρ εἰσφερομένη τροφὴ καὶ ἡ φύσις αἰτία ταύτης. ἀρχὴν δὲ πρώτην τὸν αἰθέρα λέγει· καὶ ἡ αἰτία δὲ τοῦ μὴ εἶναι συνεχῆ κίνησιν μηδεμίαν τῶν ζῴων ἐντεῦθεν δῆλον.

—

1 διυπνισθῆναι : cf. adnot.

le principe premier] La cause du non réveil est en effet la coction de la nourriture, qui ne vient pas de soi. C'est en effet la nourriture qui s'introduit et la nature qui en est la cause. Il dit que le principe premier est l'éther. Et la cause du fait qu'aucun mouvement des animaux ne soit continu est, par là, chose claire.

Test. *Simpl. 1258.25–33:* τοῦ γὰρ διυπνισθῆναι αἰτία ἡ τῆς τροφῆς πέψις καὶ τῶν ἀναθυμιάσεων κίνησις, ἥτις οὐκ ἔστιν ἐξ ἑαυτοῦ τοῦ ζῴου ἁπλῶς, ἀλλ' ἐκ τῆς τροφῆς καὶ τῆς φυσικῆς, ἀλλ' οὐ τῆς καθ' ὁρμὴν ἐνεργείας. εἰπὼν δὲ τῆς πρώτης ἀρχῆς ἔξωθεν οὔσης ἐπήγαγεν· ἄλλο γὰρ τὸ κινοῦν αὐτὸ κινούμενον καὶ μεταβάλλον πρὸς ἕκαστον τῶν κινούντων ἑαυτά. ἄλλο δὲ λέγει τὸ κυκλοφορητικὸν σῶμα. – *Philop.* 891.1–2 : ὁ δὲ Ἀλέξανδρος λέγει καὶ ἄλλως τὸ κυκλοφορητικὸν σῶμα, ὡς μετ' ὀλίγον δείξει.

Adnot. La scholie et le commentaire de Simplicius posent un problème terminologique. Ils constituent en effet nos deux seuls témoignages, sur près de 250 occurrences dans la littérature antique et byzantine, où le verbe διυπνίζειν voudrait dire « s'endormir » – au point que le *L.S.J.* a consacré un sens spécial (s. v. διυπνίζω, II) à l'occurrence simplicienne. Grâce à la scholie, nous pouvons maintenant remonter à Alexandre. Celui-ci connaissait-il un sens tout à fait particulier du verbe διυπνίζειν ? Il faut sans doute résister à cette solution de facilité. On peut plutôt penser, tout d'abord, que le texte de l'Exégète s'était corrompu par saut du même au même avant son utilisation par Simplicius et l'épitomateur. Nous aurions initialement eu quelque chose comme : τοῦ γὰρ διυπνισθῆναι αἰτία <ἡ τῆς τροφῆς διάκρισις, καὶ ἡ τοῦ καθεύδειν αἰτία> ἡ τῆς τροφῆς πέψις κτλ. La phrase est cependant assez maladroite, car la relative qui suit est au singulier. Même si l'on corrige encore ce singulier en un pluriel, l'ensemble demeure très lourd. Le plus simple serait alors d'imaginer un simple lapsus d'Alexandre, qui aurait écrit « s'éveiller » au lieu de « s'endormir », et qui aurait été recopié servilement par Simplicius et l'épitomateur.

Quoi qu'il en soit de ce détail philologique, il est intéressant que l'introduction de la cinquième substance à cet endroit de l'exégèse remonte, comme l'atteste en outre le commentaire de Philopon, à Alexandre. L'interprétation naturelle, si l'on peut dire, de *Phys.* 259b 15–16 (« en effet, leur moteur est quelque chose d'autre, lui-même mû et changeant en rapport avec chacun des moteurs qui se meuvent eux-mêmes ») est d'y voir une référence au milieu, l'air par exemple, qui change en s'adaptant de manière à chaque fois différente aux automoteurs (c'est l'interprétation de Philopon, *In Phys.* 890.32–35, ou de Ross, p. 442). C'est l'Exégète qui a choisi d'interpréter emphatiquement ce passage d'Aristote, pour voir dans l'ensemble des mouvements du monde les séquelles du mouvement de l'éther. Simplicius le suit sans visiblement songer, à la différence de Philopon, à une autre explication du texte. Le μεταβάλλον d'Aristote est alors compris comme une pure et simple relation.

On assiste dans ce passage à une polémique à front renversé contre les Stoïciens. C'est l'aristotélisme qui s'accapare le rôle le plus déterministe, en critiquant jusqu'à la spontanéité de l'agir animal qui pouvait se loger dans l'impulsion (ὁρμή) stoïcienne et en faisant remonter tout mouvement, y compris animal, à une cause première.

★

681 (59b 15) ἄλλο] ὁ αἰθήρ.

quelque chose d'autre] L'éther.

★

682 (59b 16) <ἕκαστον>] προσυπακουστέον τῶν κινητικῶν ἕκαστον.

<chacun>] Il faut suppléer : « chacun des objets moteurs ».

★

683 (59b 16) ἐν πᾶσι] ἐν πᾶσι τοῖς ζῴοις αἱ κινητικαὶ ἀρχαὶ καθ' αὑτὰς οὖσαι ἀκίνητοι κατὰ συμβεβηκὸς κινοῦσιν ἑαυτάς. διὸ ἔστι τις ἄλλη προτέρα, ὁ αἰθήρ.

Mais dans tous] « Dans tous » les animaux, les principes moteurs, bien qu'ils soient immobiles par soi, se meuvent soi-mêmes par accident. C'est pourquoi il y a un certain autre principe antérieur, l'éther.

Adnot. Deux difficultés d'ordre assez formel. Il semble tout d'abord que le scholiaste, partout où Alexandre écrivait τὸ κυκλοφορητικὸν σῶμα, ait abrégé en écrivant ὁ αἰθήρ (cf. scholie précédente). Mais dans un cas comme celui-ci, qu'Alexandre entendait-il exactement ? Le plus naturel serait de voir l'ensemble du ciel sous cette dénomination indifférenciée, mais la scholie **652** attribuait avec Aristote un certain mouvement par accident au moteur des sphères des astres errants. Il faudrait admettre que l'on parle seulement ici de la sphère des fixes. Si en outre Alexandre évoquait bien ici les ζῷα, c'est qu'il désignait les *animaux* sublunaires objets de la biologie et non ces *vivants* éternels que sont les astres.

Le « c'est pourquoi » est un peu abrupt. Le raisonnement a été exposé plus haut (cf. VIII 5, 256b 3–13), et tient à l'impossibilité que le mouvement accidentel dure toujours. Il y aura tôt ou tard absence totale de mouvement, ce qui est impossible. Reste que nous avons encore ici un témoignage de l'orientation de l'exégèse d'Alexandre, très soucieuse de rapporter tout mouvement sublunaire à celui de l'éther.

★

684 (59b 16) <τούτοις>] τοῖς ζῴοις.

<ceux-ci>] Les animaux.

★

685 (59b 19) <τὸ ἐν τῷ σώματι ὂν>] ἡ ψυχή.

<ce qui est dans le corps>] L'âme.

★

[139r]

686 (59b 20) τῇ μοχλείᾳ] <τὴν> τοῦ σώματος ὑπὸ τῆς ψυχῆς κίνησιν μοχλείαν καλεῖ ὡς βίαιον· ὅθεν καὶ ὁ κόπος· ἡ γὰρ φύσει κίνησις ἄκοπος.

par traction] Il appelle le mouvement du corps sous l'effet de l'âme « traction », en tant qu'il est violent. D'où aussi la présence d'effort. De fait, le mouvement naturel est dépourvu d'effort.

Test. *Simpl. 1259.20–21:* ἢ μᾶλλον διὰ τὸ βίαιον καὶ μὴ κατὰ φύσιν εἶναι τῷ σώματι τὴν τοιαύτην κίνησιν.

Adnot. Simplicius propose trois interprétations de la comparaison effectuée par Aristote entre le principe moteur du corps animal et le levier (μοχλεία), dont la troisième correspond à celle de la scholie. Les deux premières font allusion, respectivement, au caractère dépendant du levier par rapport au principe de mouvement réel et au fait que le levier accompagne toujours la charge qu'il soulève.

★

687 (59b 20) ἐξ ὧν ἔστι πιστεῦσαι ὅτι] τοῦτο οὐκ ἀναγκαστικὸν ἀλλ' ἐπαγωγικόν· διὸ οὐκ εἶπεν ἀναγκαῖον εἶναι ἀλλὰ πιστεύομεν καὶ πιθανόν. χρησάμενος δὲ συνημμένῳ τούτῳ καὶ σὺν ἀντιθέσει ἀντιστρέψας, ἔδειξεν ὅτι τὸ πρώτως κινοῦν τὴν κύκλῳ κίνησιν οὐδὲ κατὰ συμβεβηκὸς κινεῖται.

D'après cela, on pourra se convaincre que] Voilà qui ne procède pas de la nécessité, mais de l'induction. C'est la raison pour laquelle il n'a pas dit qu'il « est nécessaire » mais « nous nous convainquons » et « convainquant ». Après avoir eu recours à ce conditionnel et l'avoir converti avec opposition, il a montré que le Premier Moteur, qui meut selon le mouvement circulaire, n'est pas mû, fût-ce par accident.

Adnot. Bien que l'argument n'apparaisse chez aucun des trois lecteurs d'Alexandre conservés, tout en cette scholie rappelle l'Exégète, aussi bien la terminologie logique d'époque impériale que l'attention portée au statut argumentatif du texte et l'analyse terminologique serrée. Alexandre formalise le raisonnement ainsi : avec $p(x)$ signifiant « x est mû par accident » et $q(x)$ signifiant « x meut d'un mouvement continu », on affirme la conditionnelle « si $p(x)$, alors non $q(x)$ ». Puis l'on « convertit avec opposition » : « si $q(x)$, alors non $p(x)$ ». Or on ne peut affirmer cette conditionnelle de départ, dit Alexandre, qu'en se fondant sur une induction (il entend bien sûr par là une induction *incomplète*) – ce qui rend l'extrapolation consistant à choisir comme x le Premier Moteur simplement « convainquante », mais point « nécessaire ». Alexandre considère peut-être que la démonstration véritable de l'éternité du mouvement ne viendra que par la suite, quand on se livrera à des considérations directes sur le Premier Moteur et son incorporalité.

★

688 (59b 26) ἐν αὑτῷ καὶ ἐν τῷ αὐτῷ] τὸ μὲν ἐν ἑαυτῷ τῆς ἀθανασίας ἐστὶ δηλωτικόν, τὸ δ' ἐν τῷ αὐτῷ τῆς ὁμαλῆς κινήσεως καὶ τοῦ μὴ <μεταλλάσσειν> τὸν τόπον. ἀλλὰ εἰ κινεῖται ἀμεταστάτως καὶ τὸν τόπον μὴ μεταλλάσσων, καὶ οὕτως ἂν οὐδὲ κατὰ συμβεβηκὸς κινοῖτο. τῷ γὰρ κύκλῳ κινουμένῳ κατὰ μόρια ἡ κίνησις μόνον.

—

3 κινεῖται : κινεῖσθαι S || 4 μεταλλάσσων : μεταλλάς S

en lui-même et dans le même état] « En lui-même » est indicatif de l'immortalité, « dans le même état » du mouvement régulier et du fait de ne pas changer de lieu. Mais s'il se meut sans varier ni changer de lieu, même ainsi, il pourrait bien ne pas se mouvoir non plus par accident. Pour ce qui est mû en cercle, en effet, le mouvement se produit seulement selon les parties.

Test. *Simpl. 1260.18–35* : ὥστε ἐν αὑτῷ ἐστι καὶ ἐν τῷ αὐτῷ οὐ μεταβαίνων τόπον ἐκ τόπου, οὐδὲ ἄλλος ἐξ ἄλλου γινόμενος· καὶ τῷ εἴδει γὰρ τῆς οὐσίας ἐν τῷ αὐτῷ μένει καὶ τῇ ποιότητι τῆς κινήσεως. τὸ γὰρ κύκλῳ κινούμενον ἐν ταὐτῷ μένον κινεῖται. "καὶ οὕτως ἂν μόνως, φησὶν ὁ Ἀλέξανδρος, δύναιτο μηδὲ κατὰ συμβεβηκὸς κινεῖσθαι τὸ κινοῦν, εἰ τὸ κινούμενον ὑπ' αὐτοῦ ἐν ταὐτῷ μένον κινοῖτο. εἰ γὰρ τὸ μὲν ὅλον ἐστίν, ἐν ᾧ τὸ τοιοῦτον κινητικόν, τοῦτο δὲ ἐν τῷ αὐτῷ μένει (κατὰ μόρια γὰρ τῷ κύκλῳ κινουμένῳ ἡ κίνησις), οὐδ' ἂν τὸ ἐν αὐτῷ ὂν κινοῖτο κατὰ συμβεβηκὸς ἔτι ὑφ' ἑαυτοῦ· ἣν γὰρ κινεῖ κίνησιν τὸ σῶμα, οὐ κατὰ μεταβολὴν τοῦ ὅλου γίνεται, ἐν ᾧ ἐστιν, ὡς ἐγίνετο ἐπὶ τῶν θνητῶν ζῴων, ἃ τῇ μοχλείᾳ ἐκινεῖτο ὑπὸ τῆς ψυχῆς ἀλλάσσοντα ὅλα τοὺς τόπους· οὐ γὰρ δὴ κατὰ μόριόν τι τοῦ κύκλῳ κινουμένου τὸ κινητικὸν ἐροῦμεν εἶναι. τί γὰρ μᾶλλον τοῦτο ἢ τοῦτο πάντων ὁμοίως ὑπ' αὐτοῦ κινουμένων; εἰ δέ τις ἀπαιτοίη, φησίν, πῶς οὖν ἐν τῷ ὅλῳ ἔσται, ἐροῦμεν, ὅτι ὅπως ἂν καὶ ὁ ἐν μέρει τινὶ λέγων αὐτὸ εἶναι τοῦ κινουμένου ὑποθῆται· οὐ γὰρ δὴ σῶμά ἐστιν, ὡς τόπον τινὰ κατέχειν ἀφωρισμένον· ἀσώματον δὲ φύσιν τινὰ καὶ οὐσίαν οὐδὲν θαυμαστὸν ἐν ὅλῳ τινὶ ἅμα εἶναι."

Adnot. On a ici une situation philologique et exégétique intéressante. Simplicius commence en effet par interpréter *en bloc* l'expression ἐν αὑτῷ καὶ ἐν τῷ αὐτῷ comme signifiant l'invariance locale et substantielle. Il justifie ensuite cette lecture assez indifférenciée par un recours à Alexandre, dont la citation explicite commencerait avec les mots καὶ οὕτως ἂν μόνως κτλ. Or ces mots apparaissent presque tels quels, au milieu d'une phrase, dans la scholie. Présentons les convergences dans un tableau :

Scholie

(a) τὸ μὲν ἐν ἑαυτῷ τῆς ἀθανασίας ἐστὶ δηλωτικόν, τὸ δ' ἐν τῷ αὐτῷ τῆς ὁμαλῆς κινήσεως καὶ τοῦ μὴ <μεταλλάσσειν> τὸν τόπον. ἀλλὰ εἰ κινεῖται ἀμεταστάτως καὶ τὸν τόπον μὴ μεταλλάσσων,

(b) καὶ οὕτως ἂν οὐδὲ κατὰ συμβεβηκὸς κινοῖτο.
τῷ γὰρ κύκλῳ κινουμένῳ κατὰ μόρια ἡ κίνησις μόνον.

Simplicius

(a) ὥστε ἐν αὑτῷ ἐστι καὶ ἐν τῷ αὐτῷ οὐ μεταβαίνων τόπον ἐκ τόπου, οὐδὲ ἄλλος ἐξ ἄλλου γινόμενος· καὶ τῷ εἴδει γὰρ τῆς οὐσίας ἐν τῷ αὐτῷ μένει καὶ τῇ ποιότητι τῆς κινήσεως. τὸ γὰρ κύκλῳ κινούμενον ἐν ταὐτῷ μένον κινεῖται.

(b) "καὶ οὕτως ἂν μόνως, φησὶν ὁ Ἀλέξανδρος, δύναιτο μηδὲ κατὰ συμβεβηκὸς κινεῖσθαι τὸ κινοῦν, εἰ τὸ κινούμενον ὑπ' αὐτοῦ ἐν ταὐτῷ μένον κινοῖτο. εἰ γὰρ τὸ μὲν ὅλον ἐστίν, ἐν ᾧ τὸ τοιοῦτον κινητικόν, τοῦτο δὲ ἐν τῷ αὐτῷ μένει (κατὰ μόρια γὰρ τῷ κύκλῳ κινουμένῳ ἡ κίνησις), οὐδ' ἂν τὸ ἐν αὐτῷ ὂν κινοῖτο κατὰ συμβεβηκὸς ἔτι ὑφ' ἑαυτοῦ ...

On peut distinguer la partie (a), où Simplicius ne cite pas encore Alexandre, de la partie (b), où il introduit le texte de son prédécesseur. La scholie nous permet de reconstituer le texte d'Alexandre précédant immédiatement la citation de Simplicius. Alexandre se livrait à un mot-à-mot plus précis que Simplicius, cherchant à interpréter distinctement ἐν αὑτῷ et ἐν τῷ αὐτῷ. Cela est tout à fait conforme à ses habitudes. Le terme ἀθανασία ne doit pas ici surprendre, il reprend simplement le ἀθάνατος d'Aristote (259b 25). La partie (b) de Simplicius nous montre en revanche l'épitomateur à l'œuvre. Il n'a ici retenu d'Alexandre que le nerf de l'argument, à savoir que la spécificité du mouvement circulaire du mû (le fait d'être « selon les parties », κατὰ μόρια, et non « selon le lieu », κατὰ τόπον, est telle qu'elle n'entraîne pas le mouvement accidentel du moteur inhérent. La sélection est certes expéditive, mais elle n'est pas stupide.

⋆

689 (59b 30) <ἐνίαις ἀρχαῖς>] ταῖς πλανωμέναις.

<à certains principes>] Aux sphères planétaires.

⋆

690 (59b 32) <κινοῦν μέν τι>] τὸν αἰθέρα.

<mouvant quelque chose>] ... l'éther.

⋆

691 (59b 33) <ἀΐδιον>] ἀΐδιον, ὡς ἔδειξεν.

<éternel>] Éternel, comme il l'a montré.

⋆

692 (59b 33) <τὸ πρῶτον>] τὴν τῶν ἀπλανῶν <σφαῖραν>.

—

σφαῖραν addidi

<la première chose>] La sphère des fixes.

⋆

693 (60a 1) μὲν] ὁ μέν σύνδεσμος ἀνταπόδοσιν ἔχει μετὰ πολλὰ τὸ οὐ μὴν ἀλλὰ καὶ ἄλλην ποιησαμένοις ἀρχήν.

—

1–2 οὐ μὴν ἀλλὰ κτλ. : 260a 20

d'une part] La particule « d'une part » trouve sa contrepartie beaucoup plus loin, avec « néanmoins, après que nous aurons pris un autre point de départ … ».

Test. *Philop.* 893.30–894.2 : Ὁ μέν σύνδεσμος δηλοῖ ὡς ἄλλῃ χρήσεται ἐπιχειρήσει, ἐπάξει δὲ αὐτὴν μετὰ πολλά, ἧς ἡ ἀρχὴ "οὐ μὴν ἀλλὰ καὶ ἄλλην ποιησαμένοις ἀρχήν".

Adnot. Simplicius n'a pas suivi le découpage du texte proposé par Alexandre, que Philopon reprend de son côté à la lettre (peut-être même plus étroitement que la scholie : le terme ἀνταπόδοσις, qui n'est pas sans parallèle dans le présent corpus de scholies [cf. *supra*, scholie **641** : ἀνταπέδωκε], n'est pas attesté dans les commentaires préservés de l'Exégète). Il serait bien sûr peu économique de supposer que le scholiaste ne se soit servi de Philopon qu'en ce passage anodin – dont l'explication, qui plus est, reflète les habitudes d'Alexandre.

⋆

694 (60a 3) <τι>] ἡ ἀπλανής.

<quelque chose>] La sphère des fixes.

⋆

695 (60a 4) <κίνησιν>] τὴν ἀπλανῆ.

<mouvement>] Qui n'erre pas.

★

696 (60a 5–6) <τὸ δὲ κινούμενον> (ad 60a 5 μεταβάλλον S)] τὴν τῶν πλανωμένων σφαῖραν λέγει· αὕτη γὰρ καὶ ἀπὸ τῆς ἀπλανοῦς κινεῖται ἀλλὰ καὶ ἐξ ἑαυτῆς καί ἐστιν αἰτία πάσης τῆς ποικίλης καὶ περὶ γῆν μεταβολῆς.

<Mais ce qui est mû>] Il veut dire la sphère des astres errants. C'est elle, en effet, qui est mue et par celle des fixes et d'elle-même, et qui est cause de tout le changement bigarré et prenant place sur terre.

Test. *Simpl. 1263.16–18:* εἰπὼν τὸ κινούμενον ὑπὸ τοῦ ἀκινήτου προσέθηκεν ἢ κινουμένου ἤδη, διότι ὑπὸ μὲν τοῦ ἀκινήτου προσεχῶς κινεῖται ἡ ἀπλανής, ὑπὸ δὲ τοῦ ἀπλανοῦς κινουμένου ἤδη τὸ πλανώμενον.

★

697 (60a 7) <τὰ πράγματα>] τὰ ἔνυλα τὰ τῇ γενέσει ὑποκείμενα.

<aux choses>] … dotées de matière, qui servent de substrat au devenir.

★

698 (60a 8–9) διὰ τὸ ἐν ἐναντίοις εἶναι τόποις ἢ εἴδεσιν] οἷον βορείοις ἢ νοτίοις, ὑπεργείοις ὑπογείοις· ἐναντία δ' εἴδη λέγοι ἂν τὰ διάμετρα ζῴδια ἢ τὰ τετράγωνα ἢ τὰς ἐναντίας τῶν ἀστέρων κράσεις ἢ συμπαθείας καὶ ἀντιπαθείας.

du fait qu'il est dans des lieux ou des espèces contraires] Comme septentrionaux ou méridionaux, au-dessus ou au-dessous de l'horizon. Il pourrait appeler « espèces contraires » les signes opposés du zodiaque, ou les carrés, ou les mélanges contraires des astres, ou leurs sympathies et antipathies.

Test. *Simpl. 1263.18–22:* ἐν ἐναντίοις δὲ τόποις ἢ εἴδεσι λέγει, ὅτι ποτὲ μὲν πλησιάζει ἡμῖν ὁ ἥλιος καὶ τὰ ἄλλα ἄστρα διὰ τὴν ἔγκλισιν τοῦ ζῳδιακοῦ, ποτὲ δὲ ἀφίστανται ἡμῶν καὶ πρὸς τὰ νότια ὁμοίως διατίθενται καὶ ὁτὲ μὲν ὑψηλότερα γίνεται, ὁτὲ δὲ περιγειότερα.

ADNOT. L'idée astrologique qui préside à l'interprétation des « espèces contraires », sans être formellement non alexandrique est toutefois assez étrange, d'autant plus que Simplicius (*In Phys.* 1263.22–24) et Philopon (*In Phys.* 894.18–21) proposent une explication plus « sage » en termes de physique aristotélicienne. Pour eux, les εἴδη feraient référence aux diverses formes hylémorphiques produites par les divers mélanges de qualités premières, eux-mêmes dus aux variations des configurations astrales. Si l'on n'a pas ici une extrapolation d'un scholiaste féru d'astrologie, il faut sans doute supposer qu'Alexandre proposait deux explications. Il aurait d'abord présenté celle que l'on retrouve chez ses successeurs puis suggéré, sur le même mode prudent que la scholie (cf. la réserve du λέγοι ἄν), une interprétation astrologisante.

★

699 (60a 11) φανερὸν δὴ γέγονεν] διὰ μὲν τὸ ἀεὶ ἠρεμοῦν τουτέστι τὸ κινοῦν τὴν ἀπλανῆ οὐ πάντα κινεῖται, διὰ δὲ τὸν αἰθέρα οὐ πάντα ἠρεμεῖ, διὰ δὲ τὴν γένεσιν οὐ πάντα ἀεὶ κινεῖται ἢ ἀεὶ ἠρεμεῖ.

est devenue manifeste] En raison de ce qui est toujours au repos, à savoir le moteur de la sphère des fixes, il n'est pas vrai que toutes choses se meuvent ; en raison de l'éther, il n'est pas vrai que toutes choses sont au repos ; en raison de la génération, il n'est pas vrai que toutes choses se meuvent toujours ou sont toujours au repos.

★

700 (60a 15) <τὰ δ'>] ἡ πλανωμένη.

<alors que les autres>] … la sphère des astres errants.

★

701 (60a 16–17) μεταβάλλοντος] μεταβάλλειν λέγει τὴν πλανωμένην διὰ τὴν φαινομένην ἀνωμαλίαν αὐτῆς.

qui change] Il dit que la sphère errante « change » en raison de son irrégularité apparente.

Adnot. Seul Alexandre, d'entre les commentateurs, a éprouvé le besoin de justifier l'emploi du terme μεταβάλλειν appliqué aux sphères des astres errants. Il le fait en rappelant les irrégularités apparentes du trajet des planètes.

★

702 (60a 17) <τὸ δ' ἀκίνητον>] τὸ τὴν ἀπλανῆ κοινοῦν.

<Quant au moteur immobile>] Celui qui communie avec la sphère des fixes.

★

VIII, 7

[139v]

703 (59b 30) <σκεπτέον γὰρ>] τοῦτο προσλαμβάνει πρὸς τὸ δεῖξαι τὸ ἑξῆς· τὸ γὰρ εἰ ἔστι πρὸ τοῦ τί ἐστι.

<Il faut en effet examiner>] Il précise cela afin d'indiquer son plan. La question de l'existence précède en effet celle de l'essence.

★

704 (60a 23) δῆλον γὰρ] ὁ συλλογισμὸς οὕτως· ἣν ἀναγκαῖόν ἐστι κίνησιν ἀεὶ εἶναι, ταύτην τὸ πρῶτον κινοῦν κινεῖ· τήνδε δ' ἀναγκαῖον εἶναι ἀεί, ἣν δείξω· ταύτην ἄρα κινεῖ τὸ πρῶτον κινοῦν.

Il est en effet évident] Le syllogisme est le suivant. Le mouvement qui est nécessairement éternel, ce mouvement est produit par le premier moteur ; mais le mouvement qui est nécessairement éternel est celui que je m'en vais exhiber ; ce mouvement, par conséquent, est produit par le premier moteur.

Test. *Simpl. 1265.1–7:* ... δυνάμει συλλογιζόμενος οὕτως· εἰ ἀναγκαῖόν ἐστι κίνησιν ἀεὶ εἶναι, ὅπερ δέδεικται, αὕτη δὲ ἡ ἀίδιος πρώτη καὶ συνεχής ἐστι (πρώτη γὰρ ἡ ἀίδιος καὶ συνεχὴς τῶν μὴ τοιούτων), ἐὰν δείξω τίς αὕτη, δῆλον ὅτι τὸ πρῶτον κινοῦν ταύτην κινεῖ προσεχῶς καὶ συστοίχως τὴν κίνησιν, ἥτις μόνη τῶν ἄλλων μία καὶ ἡ αὐτή ἐστι καὶ συνεχὴς καὶ πρώτη, διότι ὑφ' ἑνὸς τοῦ πρώτως συνεχῶς κινοῦντος γίνεται.

★

705 (60a 29) ἀδύνατον γὰρ] σημείωσαι νῦν ὅτι αὔξησιν λέγει κυρίως καὶ φυσικῶς ἀλλ' οὐχ ὡς ἐν Κατηγορίαις ἔλεγεν τὸ τετράγωνον διὰ τοῦ γνώμονος αὔξεσθαι· οὐ γὰρ τρέφεται τὸ τετράγωνον.

—

2 ἐν Κατηγορίαις : *Cat.* 14, 15a 29–31

En effet, il n'est pas possible] Note maintenant qu'il parle d'augmentation au sens propre et physique, et non pas comme il a dit dans les *Catégories* que le carré s'augmente au moyen du gnomon : le carré, en effet, ne se nourrit pas.

Test. *Simpl. 1265.26–28 :* φυσικώτερον δὲ λέγει νῦν περὶ αὐξήσεως τροφῆς προσθήκῃ λέγων αὔξεσθαι τὸ αὐξόμενον ἤπερ ἐν ταῖς Κατηγορίαις ἔλεγεν τὸ τετράγωνον αὔξεσθαι τῇ περιθέσει τοῦ γνώμονος.

Adnot. Une telle remarque correspond très bien à la distinction que fait Alexandre entre le caractère simplement logique des *Catégories* et les recherches ontologiques de la *Physique* et de la *Métaphysique*. Cf. *Essentialisme*, p. 74. Notons que dans son commentaire aux *Catégories* (429.15 sqq.), Simplicius n'évoque pas le caractère logique dérivé de ce sens de l'αὔξησις, ce qui constitue un indice supplémentaire de sa paternité alexandrique (Simplicius s'inspirant de Jamblique et non d'Alexandre dans ce commentaire à l'œuvre logique d'Aristote).

⋆

706 (60b 6) <πρώτην>] τῇ φύσει πρώτην, ὡς συναναιροῦν καὶ μὴ συναναιρούμενον.

—

1–2 post συναναιροῦν vix legitur

<le premier>] … « le premier » par nature, en tant qu'il supprime et n'est pas supprimé.

⋆

707 (60b 7) τὴν πρώτην] τὴν κυκλοφορίαν.

Le premier] Le transport circulaire.

⋆

708 (60b 8) παθημάτων (μαθημάτων S)] τῶν κατὰ ἀλλοίωσιν.

les passions] Celles selon l’altération.

⋆

709 (60b 8) πύκνωσις]

πύκνωσις	μάνωσις
βαρύ	κοῦφον
σκληρόν	μαλακόν
ψυχρόν	θερμόν
σύγκρισις	διάκρισις
γένεσις	φθορά.

condensation]

condensation	raréfaction
lourd	léger
dur	mou
froid	chaud
association	dissociation
génération	corruption.

⋆

710 (60b 11) <καθ’ ἅς>] εἰ οὕτω <λέγει> Ἀριστοτέλης ὅτι κατὰ ταύτας γένεσις καὶ φθορά, οὐ μόνον ἀλλοιώσεως ἀλλὰ καὶ γενέσεως ἡ φορὰ προτέρα φύσει.

—

1 οὕτω in ras. vix legitur || λέγει supplevi || 2 φορὰ ego : φθορὰ S

<selon lesquelles>] Si Aristote dit ainsi que génération et corruption ont lieu selon elles, alors le transport est antérieur par nature non seulement à l’altération, mais même à la génération.

⋆

711 (60b 19) τῷ χρόνῳ] τῶν μὲν τριῶν τῶν λοιπῶν τοῦ π ρ ό τ ε ρ ο ν σημαινομένων οὐκ ἐμνημόνευσεν ὡς παρ<ὰ τῶν ἔρ>γων καὶ οὐδὲν πρὸς ταῦ<τα>, ἕτερον δ’ ἐπιτίθησι τὸ τῇ οὐσίᾳ πρότερον, ὅπερ ἐστὶ τὸ κατὰ τὴν τελειότητα λεγόμενον πρότερον· τοῦ γὰρ ἀτελοῦς πρότερον τὸ τέλειον· λέγοιτο δ’ ἂν ἰδίως κατ’ οὐσίαν προτέρα κίνησις ἥτις οὐχ ἅπτεται τῆς οὐσίας τοῦ κινουμένου ἀλλὰ ταὐτοῦ διαμένοντος γίνεται – ὁποία ἐστὶν ἡ κατὰ τόπον κίνησις.

—

3 τὸ : τῷ S || 6 ὁποία scripsi : ὁποῖα S

selon le temps] S'il n'a pas rappelé les trois sens supplémentaires d'« antérieur », dans l'idée qu'ils étaient superflus et n'apportaient rien ici, il en pose en revanche un autre, à savoir l'antérieur selon la substance, qui est l'antérieur dit selon l'achèvement. En effet, l'achevé est antérieur à l'inachevé. On pourrait dire de manière propre que le mouvement antérieur selon la substance est celui qui ne touche pas la substance du mû mais qui se produit alors que celui-ci demeure à l'identique – ce que vérifie bien le mouvement selon le lieu.

TEST. *Simpl. 1268.3–6:* λέγοιτο δὲ ἄν, φησὶν ὁ Ἀλέξανδρος, ἰδίως κατ' οὐσίαν προτέρα κίνησις ἥτις οὐχ ἅπτεται τῆς οὐσίας τοῦ κινουμένου οὐδέ τινος τῶν ὑπαρχόντων αὐτῷ, ἀλλὰ πάντῃ τοῦ αὐτοῦ διαμένοντος αὐτοῦ γίνεται, ὁποία μόνη ἡ κατὰ τόπον ἐστί.

—

1 ἰδίως Diels : ἰδίων ms. A Ald. || 3 ὁποία ego Alexandro collato : ὁμοία ms. A Ald. <ᾗ> ὁμοία Diels

ADNOT. Scholie très intéressante à plusieurs titres. On constate tout d'abord qu'elle correspond bien à une citation explicite d'Alexandre faite par Simplicius, mais qui est défigurée, dans le très ancien manuscrit A, par deux fautes de copie. Il est fort improbable qu'il s'agisse de corrections effectuées *currente calamo* par le rédacteur des scholies. Le très compétent éditeur de l'Aldine recopie le texte dans les deux cas, tandis que Diels parvient à corriger la première erreur mais propose une correction bien moins convaincante de la seconde (le ὁμοία provient certainement du ὁποία attesté dans la scholie par confusion de Π et de Μ majuscules). La scholie reflète donc un état du texte antérieur à l'âge des translittérations. Nous constatons en outre que la citation du commentaire d'Alexandre chez Simplicius ne correspond qu'à la dernière partie de la scholie, dont la première partie ne correspond que lointainement au texte de Simplicius précédant immédiatement cette citation. Il est donc philologiquement à peu près certain que l'épitomateur travaille à partir du commentaire d'Alexandre et non de celui de Simplicius.

Cette constatation est corroborée par la comparaison des deux commentaires. Alors que Simplicius fait la liste de tous les sens du πρότερον que l'on trouve chez Aristote, dans les *Catégories* tout d'abord, puis en *Metaph.* Δ 11, dont il propose une longue paraphrase (*In Phys.* 1268.13–1269.5), la scholie se contente de mentionner, en plus des sens évoqués par Aristote dans le présent passage de la *Physique*, trois autres passages. Quel est donc le raisonnement sous-jacent ? Celui-ci se fonde implicitement sur la classification du πρότερον des *Catégories*. Aristote distingue l'antérieur : 1) κατὰ χρόνον ; 2) τὸ μὴ ἀντιστρέφον κατὰ τὴν τοῦ εἶναι ἀκολούθησιν, 3) κατά τινα τάξιν ; 4) τὸ βέλτιον καὶ τιμιώτερον ; 5) τὸ αἴτιον. En *Phys.* 260b 18–19, il mentionne les sens i) οὗ μὴ ὄντος οὐκ ἔσται τἄλλα, ἐκεῖνο δὲ ἄνευ τῶν ἄλλων ; ii) τῷ χρόνῳ ;

iii) κατ' οὐσίαν. On saisit donc immédiatement le sens de la remarque d'Alexandre transmise par la scholie : (i) correspond à (2), (ii) à (1), tandis que les trois autres sens des *Catégories* sont sans correspondant dans la *Physique*. En revanche, la liste de la *Physique* contient un sens (iii) qui ne se laisse réduire à aucun sens des *Catégories*. C'est, très exactement, ce que dit notre scholie, sans que cela soit dérivable du texte de Simplicius. On ne peut donc exclure que la longue paraphrase de la *Métaphysique* est le fait de Simplicius, Alexandre cantonnant pour sa part son explication à une comparaison avec la liste des *Catégories*. Sur l'importance de l'assimilation alexandrique de la substance (οὐσία) à l'achèvement (τελειότης), voir *Introduction*, p. 135 sqq. Voir aussi *infra*, *ad schol*. **717**.

★

[141r]

712 (60b 19) ὥστ' ἐπεὶ] προέθετο μὲν δεῖξαι τὴν φορὰν πρώτην. ἀλλὰ πρὸ τούτου ἄλλο τι δείκνυσιν, ὅτι καὶ ἣν ἐνδέχεται μόνην τῶν κινήσεων συνεχῆ εἶναι, ἥτις ἂν εἴη αὕτη, ἐκείνη ἐστὶ καὶ πρώτη.

—

3 εἴη correxi : ἐν S

De sorte que puisque] Il avait préalablement l'intention de montrer que le transport est premier. Mais il montre autre chose avant cela, à savoir que le mouvement qui a seul entre tous la possibilité d'être continu, quel qu'il soit, c'est celui-là qui est premier.

★

713 (60b 25) <ἀνάγκη>] ὅτι τῇ φύσει προτέρα ἡ φορὰ τῶν ἄλλων νῦν δείκνυσιν.

<nécessaire>] Il montre maintenant que le transport est antérieur par nature aux autres.

★

714 (61a 1) <ἀλλ' ἕτερον>] τὰ πρότερα λέγει αἴτια, ἅτιν' ἀγένητα καὶ αὐτὰ ὄντα, προϋπάρχοντα καὶ κινούμενα, αἴτιά ἐστι τῆς γενέσεως.

—

1 πρότερα conjeci : προσεχῆ S || ἅτιν' ἀγένητα distinxi et correxi : ἅτινα γενητα (sic) S

<Mais un autre ...>] Il dit les causes antérieures qui, étant elles-mêmes inengendrées, pourvues d'une existence préalable et de mouvement, sont causes de la génération.

★

715 (61a 2) <αἴτιον>] ὁποῖον τὸ ποιητικὸν αἴτιον.

—

post ποιητικὸν habet καὶ S : delevi

<la cause>] Telle est la cause efficiente.

★

716 (61a 7) ἕτερον πρότερον] τὸ αἰθέριον σῶμα ἶσον λέγει τῷ ἄνθρωπος γὰρ ἄνθρωπον γεννᾷ καὶ ἥλιος.

—

2 v. *Phys.* II 2, 194b 13

quelque chose d'autre avant] Il assimile le corps éthéré à la formule « un homme en effet engendre un homme, et le soleil ».

Test. *Simpl. 1270.25–37:* οὐ γινόμενον δὲ αὐτὸ αἴτιόν ἐστι γενέσεως τὸ κυκλοφορητικὸν σῶμα τοπικῶς κινούμενον. [...] "καὶ γὰρ ἄνθρωπος ἄνθρωπον γεννᾷ καὶ ἥλιος", ὡς εἴρηται πρότερον.

Adnot. Pour l'importance de ce passage chez Alexandre, voir *Essentialisme*, p. 285 et n. 769. Le soleil est le représentant le plus déterminant du supralunaire dans les processus de génération.

★

717 (61a 13) <ὅλως τε φαίνεται>] δείξας τῇ φύσει καὶ τῷ χρόνῳ προτέραν τὴν φοράν, νῦν τῇ οὐσίᾳ βούλεται αὐτὴν δεῖξαι προτέραν, τουτέστιν τῇ <τελειό>τητι. ὀνο<μάζει δὲ καὶ> αὐτὴν <φύσει> προτέραν.

<D'une manière générale, il apparaît>] Ayant montré que le transport est antérieur selon la nature et selon le temps, il veut maintenant montrer qu'il est antérieur selon la substance, c'est-à-dire selon l'achèvement. Mais il l'appelle lui aussi « antérieur par nature ».

Adnot. Il faut, pour comprendre cette scholie, avoir présent à l'esprit les deux listes de signification du πρότερον apparaissant dans les *Catégories* et en *Metaph.* Δ 11 (cf. *supra*, scholie **711**). La *Métaphysique* ne mentionne pas l'antériorité « antistrophique » des *Catégories* (τὸ μὴ ἀντιστρέφον κατὰ τὴν τοῦ εἶναι ἀκολούθησιν), mais sa description de l'antériorité naturelle et substantielle (1019a 2–3 : κατὰ φύσιν καὶ οὐσίαν) est à peu près identique à celle du traité logique et de notre passage de la *Physique*. Aristote la définit en effet comme suit (1019a 3–4) : ὅσα ἐνδέχεται εἶναι ἄνευ ἄλλων, ἐκεῖνα δὲ ἄνευ ἐκείνων μή. Alexandre s'appuie donc sur cette équivalence pour identifier l'antériorité naturelle en 260b 18–19 et sa discussion aux lignes 19–29, bien qu'Aristote ne la désigne nulle part (dans la *Physique*) sous cette appellation. La discussion de l'antériorité temporelle prend place ensuite (260b 29–261a 12), puis un développement où Aristote caractérise un τῇ φύσει πρότερον (261a 14). D'où la confusion, qu'Alexandre n'a bien sûr guère de peine à localiser et corriger. Ce qu'Aristote appelle ici antérieur φύσει n'est autre que ce qu'il dénommait antérieur κατ' οὐσίαν une page plus haut (260b 19). Nous nous retrouvons donc avec la triple division de l'antérieur qui s'annonçait en 260b 17–19.

⋆

[141v]

718 (61a 23) <μάλιστα δὲ δῆλον>] διὰ τοῦτο δείκνυσιν ὅτι καὶ <τῷ χρόνῳ> ἡ φορὰ καὶ τῇ φύσει καὶ τῇ οὐσίᾳ πρώτη τῶν ἄλλων.

—

1–2 τῷ χρόνῳ addidi (v. adnot.)

<Mais il est par-dessus tout évident>] Il montre par là que le transport est premier par rapport aux autres à la fois selon le temps, selon la nature et selon la substance.

Adnot. Simplicius, *In Phys.* 1272.28–29 et Philopon, *In Phys.* 901.10–15, voit dans le présent argument d'Aristote (261a 23–26) une preuve de l'antériorité du transport κατὰ τοὺς τρεῖς τρόπους. Cette convergence remonte certainement à Alexandre. Il y a dans la scholie transmise un καί de trop, d'où ma correction.

⋆

719 (61a 31) <ὅτι μὲν οὖν τῶν ἄλλων>] δεῖξαι νῦν βούλεται ὅτι μόνη συνεχής ἐστι τῶν κινήσεων ἡ φορὰ ἡ κύκλῳ.

<Que donc à aucun>] Il veut maintenant montrer que d'entre les mouvements, seul le transport en cercle est continu.

★

VIII, 8

[143r]

720 (61b 29–30) <ὥστ' εἰ μηδ' ἐκείνων>] παραπολαύειν γὰρ ἀνάγκη τὴν μίκτην τῆς χείρονος τῆς ἐπ' εὐθεῖαν· εἰ δ' ἡ μίκτη ἄπειρος διὰ τὴν μίξιν τῆς κύκλῳ, πολὺ μᾶλλον ἡ κύκλῳ ἄπειρος.

<en sorte que si aucun d'eux>] Il est nécessaire en effet que le transport mixte participe du moins bon, celui en ligne droite. Et si le mixte est infini en raison du mélange du transport circulaire, à plus forte raison le transport circulaire est-il infini.

★

721 (61b 31) <ὅτι δὲ>] οὐ γὰρ ἔστιν ἐνεργείᾳ μέγεθος ἄπειρον.

<Or que>] En effet, il n'existe pas de grandeur infinie en acte.

★

722 (62a 3) θεός] θ ε ό ς εἶπεν εἰς ἔνδειξιν τῆς ἀϊδίου κινήσεως.

un dieu] Il a dit « un dieu » pour faire allusion au mouvement éternel.

Test. *Simpl. 1278.34–35:* … ὁ μὲν θεὸς τὸ ἀϊδίως κινούμενον δηλοῖ.

★

723 (62a 4) <τοῦτο δ>'] πάθος ἀλλοίωσις
εἶδος γένεσις
τόπος φορά
μέγεθος αὔξησις.

<Ceci>] affection altération
forme génération
lieu transport
grandeur augmentation.

Adnot. Relevé sans intérêt de la phrase 261b 36–262a 5.

★

724 (62a 6) σημεῖον] <κυρί>ως <εἶ>π<ε> σ η μ ε ῖ ο ν · οἱ γὰρ ἐκ τῶν ἑπομένων τὰ ἡγούμενα δεἰκνυντες λόγοι διὰ σημείων εἰσὶν ἀλλ' οὐκ ἀποδεικτικοί, ἕπεται δὲ ταῖς ἐναντίαις κινήσεσιν <τὸ ἀ>ναιρεῖν ἀλλήλας ὡς ἐναντίαις, ἀλλ' οὐ πάντα τὰ ἀναιροῦντα ἐναντία, οἷον ἡ ἀντίφασις· καὶ τῇ τεκούσῃ τὸ γάλα ἔχειν καὶ τῷ μοιχῷ τὸ εἶναι καλλωπιστήν.

Un signe] Il a employé le mot « signe » au sens propre. En effet, les propos qui montrent les antécédents à l'aide des conséquents ont lieu au moyen des signes mais ne sont pas démonstratifs : il suit les mouvements contraires de se supprimer mutuellement, en tant que contraires, tandis que toutes les choses qui suppriment ne sont pas des contraires, à l'instar de la contradiction ; avoir du lait suit celle qui a enfanté et se maquiller suit l'homme adultère.

Test. *Simpl. 1279.22–31:* σ η μ ε ῖ ο ν δὲ κυρίως εἶπεν· οἱ γὰρ ἐκ τῶν ἑπομένων λόγοι τεκμηριώδεις εἰσὶ καὶ οὐκ ἀποδεικτικοί, ὡς ἀπὸ τοῦ γάλα ἔχειν τὸ τετοκέναι συλλογιζόμεθα· ἕπεται γὰρ τῷ τεκεῖν τὸ γάλα ἔχειν. οἱ δὲ ἀποδεικτικοὶ ἐκ τῶν προτέρων τὰ ὕστερα καὶ ἐκ τῶν αἰτίων τὰ αἰτιατὰ συλλογίζονται. ἐκ γοῦν τοῦ τετοκέναι τὸ γάλα ἔχειν ἀποδεικτικῶς συλλογιζόμεθα. τὸ δὲ ἀναιρεῖν ἄλληλα οὐ προηγεῖται, ἀλλ' ἕπεται ταῖς ἐναντίαις κινήσεσι· τὰ μὲν γὰρ ἐναντία ἀναιρεῖ ἄλληλα, οὐ πάντα δὲ τὰ ἀναιροῦντα ἐναντία· ἀναιρεῖ γὰρ καὶ ἡ ἀπόφασις τὴν κατάφασιν, καὶ τὰ κατὰ τοὺς ἄλλους τρόπους ἀντικείμενα ἀναιρεῖ ἄλληλα καὶ ὅμως οὐκ ἔστιν ἐναντία.

Adnot. Simplicius s'inspire d'Alexandre, mais le texte de la scholie paraît plus authentique. On sait en effet que dans la doctrine canonique aristotélicienne, exprimée en *Rhét.* I 2, 1357b 3–5, le σημεῖον au sens large englobe la preuve contraignante dans la première figure, du nom de τεκμήριον, et le signe « anonyme », ou σημεῖον au sens restreint, qui n'est pas contraignant. Comme D. Morrison, « Philoponus and Simplicius on Tekmeriodic Proof », in E. Kessler (ed.), *Method and Order in Renaissance Philosophy of Nature. The Aristotle Commentary Tradition*, Ashgate, 1998, pp. 1–22, l'a montré, les derniers commentateurs grecs de la *Physique*, Simplicius et Philopon, tous deux élèves d'Ammonius, ont importé cette distinction dans l'interprétation du premier chapitre de la *Physique*. Ils ont ainsi tenté de formaliser l'appréhension des premiers principes comme une connaissance *tekmériodique* et non *apodictique* (cf. Simplicius, *In Phys*. 18.28–29). L'auteur, p. 15–16, en vertu du fait que cette particularité terminologique, dans ce contexte, ne se retrouve pas chez les autres commentateurs d'Aristote (ni même, à une exception près, dans toute la littérature grecque entre la *Rhétorique* d'Aristote et Damascius), attribue son invention à Ammonius, sans pour autant expliquer pourquoi elle ne pourrait être le fait d'Alexandre, dans le commentaire perdu à la *Physique* consulté par Simplicius et Philopon. Certes, dira-t-on, cette théorie s'accommode mieux d'un cadre général néoplatonicien, où il y a une équivalence entre l'universel et la cause. Mais certains de ses éléments, en particulier l'idée centrale d'une régression du causé à la cause (comprise soit comme un universel, soit comme un particulier éminent), sont un bien commun aux deux écoles.

Nous ne disposons pas, pour le présent passage, du commentaire de Philopon (y compris dans la tradition arabe). En revanche, Simplicius évoque des λόγοι τεκμηριώδεις dans un passage que la présente scholie suggère de faire remonter globalement à Alexandre. Or, l'on constate que les divergences entre Simplicius et la scholie affectent justement les points qui ont fait l'objet des analyses de Morrison. Nous constatons en effet que le texte de Simplicius non seulement correspond mal à la phrase d'Aristote qu'il explique, mais qu'il est même en soi contradictoire. Il commence en effet par confondre le σημεῖον dont il est ici question avec le τεκμήριον contraignant, puis, sans s'apercevoir de la contradiction, glose le présent passage en soulignant bien ici que le signe est indicatif de la cause mais pourrait aussi trouver une explication autre que cette cause. À tout prendre, il s'agit donc évidemment d'un σημεῖον anonyme (comme Simplicius finira par le suggérer en 1279.32) et non d'un τεκμήριον. Une telle exégèse frappe par sa maladresse : quel besoin y avait-il d'évoquer les λόγοι τεκμηριώδεις, alors qu'il ne s'agit ici, tout au plus (c'est-à-dire si l'on veut appliquer la distinction de *Rhét.* I 2), que de σημεῖον anonyme ?

Incompréhensible en l'état, l'énoncé de Simplicius s'explique quelque peu à la lumière de la scholie. Alexandre, si l'on en croit celle-ci, ne parlait pas de λόγοι τεκμηριώδεις mais, comme il se doit ici, de λόγοι δείκνυντες διὰ σημείων. De même, dans son commentaire d'*A. Po.* I 13 qui donnait lieu, chez Philopon, à un recours à l'adjectif τεκμηριῶδες, Thémistius se contentait d'évoquer les modes de preuve διὰ σημείου (cf. Morrison, *art. cit.*, p. 20).

Comme la scholie, Thémistius englobe sous cette appellation des signes contraignants (probants) et des signes purement indicatifs (non probants). Il est donc très vraisemblable que Thémistius se borne à reprendre, comme souvent, l'exégèse d'Alexandre. De même, dans le commentaire de notre passage de la *Physique*, Alexandre aurait mentionné pêle-mêle signes probants (la femme ayant du lait) et non probants (l'homme maquillé), pour mieux faire ressortir le fait que tous les signes ne sont pas probants, et en particulier celui dont il est ici question : le fait que les mouvements AB et BA se suppriment mutuellement ne *prouve* pas que ces deux mouvements soient contraires.

Cette approche d'Alexandre pourrait nous aider à mieux comprendre une « remarque » proposée par Simplicius au début de son commentaire (*In Phys.* 18.24–34). La connaissance physique, nous est-il dit là, procède par signe contraignant et non de manière démonstrative (τεκμηριώδης ... ἀλλ' οὐκ ἀποδεικτική). Mais ce trait ne lui ôte pas toute valeur, comme l'a dit Théophraste. J'ai suggéré (*Essentialisme*, p. 191) qu'en dépit du contexte platonicien dans lequel baigne ce passage, la substance de cette théorie remontait à Alexandre. Je pense en effet qu'il a dû se passer quelque chose de similaire à ce que nous venons de constater ici. Alexandre évoquait sûrement l'idée d'une remontée, voire d'une *analyse* (cf. le ἀναλύομεν de Thémistius, *In Phys.* 1.18–19) et il n'est pas exclu qu'il ait qualifié ce processus opposé à la démonstration véritable de preuve « par signe », διὰ σημείου. La chose était de toute façon au moins implicite dans son développement. C'est ensuite Simplicius (ou bien sûr sa source directe, peut-être Ammonius) qui aurait raidi les choses en caractérisant ce qui était surtout pour Alexandre une orientation régressive générale comme un τεκμήριον ou un λόγος τεκμηριώδης. Ce faisant, les commentateurs tardifs donnaient un caractère résolument probatoire à ce sur le statut aléthique de quoi Alexandre, suivi par Thémistius, jetait encore un voile pudique.

On peut distinguer, en conclusion, dans la tradition aristotélicienne de discussion sur la connaissance des principes de la nature, trois étapes bien distinctes. – 1) Théophraste prend acte de l'impossibilité d'une connaissance purement démonstrative des principes mais souligne que la nature humaine doit se contenter d'une connaissance « régressive » (cf. Simplicius, *In Phys.* 18.32–34 : ἀλλ' οὐκ ἀτιμαστέον διὰ τοῦτο φυσιολογίαν, ἀλλ' ἀρκεῖσθαι χρὴ τῷ κατὰ τὴν ἡμετέραν φύσιν καὶ δύναμιν, ὡς καὶ Θεοφράστῳ δοκεῖ). – 2) Alexandre et Thémistius reprennent en substance l'interprétation « régressive » de Théophraste, tout en restant assez discrets sur le danger qu'elle fait peser sur le statut démonstratif, donc théorétique, de la physique. Tout se passe comme si l'énoncé était encore théophrastien, mais que le fond annonçait les théories tekmériodiques ultérieures. – 3) Les élèves d'Ammonius se décident franchement en faveur du τεκμήριον contre le σημεῖον indifférencié. La connaissance des principes physiques, à défaut d'être démonstrative *de jure* (ou en un sens puriste), le devient *de facto*, pour autant qu'elle est *probante*. Cette solution pose cependant autant de problèmes qu'elle contribue à en résoudre, puisque la force du τεκμήριον, en l'absence de toute certitude sur la production du causé par la cause (ce qui est ici le cas, précisément), est de nature simplement inductive (au sens de l'induction incomplète).

★

725 (62a 9) <οἷον>] αἱ ἐπὶ τοῦ κύκλου κινήσεις ἐναντίαι κἂν συνεχεῖς εἶεν.

—

κινήσεις ἐναντίαι ego : ἐναντιώσεις κινούμεναι S

<par exemple>] Les mouvements sur le cercle sont contraires, même s'ils sont continus.

★

726 (62a 11–12) κωλύειν ἄλληλα] οὐ γὰρ καϑὸ ἐπ' εὐϑείας εἰσὶν ἐναντίαι ἀλλὰ καϑὸ κωλυτικαὶ ἀλλήλων.

s'empêchent mutuellement] Ce n'est pas en tant qu'ils sont sur la droite que les mouvements sont contraires, mais en tant qu'ils s'empêchent mutuellement.

★

727 (62a 14) <ὅτι ἀνακάμπτον>] ὥστε ἀνακάμπτειν καὶ μὴ συνεχῶς κινεῖσϑαι ὅπερ οὐ κύκλον κινεῖται.

—

2 κύκλον ut vid. S : fort. κύκλῳ

<parce que revenant sur ses pas>] En sorte que revient sur ses pas et ne se meut pas continûment ce qui ne se meut pas en cercle.

★

728 (62a 16) ἔστι γὰρ ὅτε] δεῖξαι βούλεται ὅτι τὸ ἀνακάμπτον ἀνάγκη πρότερον ἵστασϑαι καὶ οὕτως ἀνακάμπτειν.

Car parfois] Il veut montrer qu'il est nécessaire que ce qui revient sur ses pas doive d'abord s'arrêter puis revenir sur ses pas.

★

729 (62a 17) ὅθεν ὡρμήθη] τὸ κύκλῳ κινούμενον.

d'où il a pris son élan] … ce qui est mû en cercle.

★

730 (62a 20) ἄμφω] καὶ ἀρχὴ καὶ τέλος.

l'une et et l'autre] et commencement et fin.

★

731 (62a 25) <τὸ μέσον>] τὸ ἐνεργείᾳ.

<le milieu>] … celui qui est en acte.

★

732 (62a 28) <ὅταν δὲ>] ὅταν ἐνεργείᾳ ᾖ τὸ σημεῖον ἐπὶ τῆς εὐθείας διῃρημένης, στάσις γίνεται, καὶ ὅταν στάσις γένηται, ἐνεργείᾳ ἐστὶ σημεῖον κατὰ τὴν τομὴν τῆς εὐθείας, καὶ ὅταν μὴ ᾖ στάσις, οὐδὲ σημεῖον γίνεται ἐνεργείᾳ, καὶ ὅταν μὴ ᾖ σημεῖον ἐνεργείᾳ, οὐδὲ στάσις γίνεται.

<Mais quand>] Quand le point est en acte sur la droite ayant fait l'objet d'une division, l'arrêt se produit, et quand l'arrêt se produit, le point est en acte au niveau de la coupure de la droite ; et quand il n'y a pas d'arrêt, aucun point en acte ne se produit, et quand il n'y a pas de point en acte, il ne se produit pas non plus de repos.

★

[143v]

733 (62a 30) ἐν χρόνῳ δ' οὐδενὶ] κατὰ συμβεβηκός, φησίν, ἐνδέχεται εἶναι ἐν χρόνῳ, τῷ ἔν τινι τοῦ χρόνου εἶναι τὸ κινούμενον.

—

2 τῷ scripsi : τὸ S

en aucun temps] Par accident, dit-il, il est possible que soit « dans le temps » ce qui se meut : par le fait d'être en quelque chose du temps.

Adnot. Cette scholie et la suivante portent la trace de l'exégèse d'Alexandre, reprise par Simplicius (cf. *In Phys.* 1282.32 sqq.), qui construit le « maintenant » comme « quelque chose » du temps. Les extraits sont cependant trop fragmentaires pour nous permettre d'observer les éventuelles nuances d'Alexandre.

★

734 (62a 30) <τὸ νῦν>] ὅτι καὶ τὸ ἐν τῷ νῦν ἔν τινί ἐστιν.

<le « maintenant »>] Qu'aussi ce qui est dans le « maintenant » est dans quelque chose.

★

735 (62b 2) <σημείῳ χρόνου>] ἀνάλογον γάρ ἐστιν ὡς τὸ σημεῖον ἐν τῇ εὐθείᾳ τὸ μεταξύ, οὕτως καὶ τὸ νῦν ἐν τῷ χρόνῳ, ἑκάτερον ἐν ἑκατέρῳ δυνάμει ὄν.

<point du temps>] Sont analogues, comme le point intermédiaire dans la droite, ainsi le « maintenant » dans le temps, chacun étant en chacun en puissance.

Test. *Simpl. 1283.20–21:* τὸ γὰρ νῦν τὸ ἐν τῷ χρόνῳ ἀνὰ λόγον ἐστὶ σημείῳ τῷ ἐν τῇ γραμμῇ.

★

736 (62b 6) <ἀνάγκη στῆναι διὰ τὸ δύο ποιεῖν>] τοιοῦτον λέγει· τὸ ἓν τῷ ἀριθμῷ δύο ποιεῖ τῇ στάσει· οὐ γὰρ διαιρεῖ τὸ σημεῖον ἀδιαίρετον ὄν, ἀλλὰ δὶς αὐτῷ χρῆται καὶ πέρατι καὶ ἀρχῇ διὰ τὸ καὶ ἵστασθαι ἐν αὐτῷ· καὶ γὰρ τῷ λόγῳ καὶ τῇ ἐπινοίᾳ ποιοῦμεν τὸ ἓν πολλάκις δύο, οἷον σπέρμα καὶ καρπόν, καὶ ἄνω καὶ κάτω, καὶ πέρας καὶ ἀρχήν· οὕτως καὶ τὸ νῦν τῷ λόγῳ γίνεται δύο.

—

2 δὶς: διότι S

<il est nécessaire qu'il s'arrête du fait qu'il rend double>] Il dit quelque chose comme : il fait ce qui est un par le nombre deux par l'arrêt. De fait, il ne divise pas le point, puisqu'il est indivisible, mais il en fait un double usage, comme fin et comme commencement, du fait qu'il y a aussi arrêt en lui. En effet, par notre façon d'en rendre compte et de le concevoir, nous faisons souvent la

chose une deux, à l'instar de la graine et du fruit, du haut et du bas, de la fin et du commencement. C'est de cette manière que le « maintenant », par notre façon d'en rendre compte, devient deux.

TEST. *Simpl. 1283.28–39:* ὅπερ ἐξ ἀρχῆς δεῖξαι προέκειτο, τὸ δὲ διὰ τὸ δύο ποιεῖν, ὥσπερ ἂν εἰ καὶ νοήσειεν, ἴσον ἐστὶ τῷ οὕτω γὰρ τὸ ἓν τῷ ἀριθμῷ δύο ποιεῖ τῇ στάσει. οὐ γὰρ δὴ διαιρεῖ τὸ σημεῖον ἀδιαίρετον ὄν, ἄλλα δὶς αὐτῷ χρῆται, ποτὲ μὲν ὡς πέρατι ποτὲ δὲ ὡς ἀρχῇ, διὰ τὸ ἵστασθαι ἐν αὐτῷ. [...] ὡς γὰρ ὁ τῇ ἐπινοίᾳ τῷ αὐτῷ ὡς δυσὶ χρησάμενος καὶ ποτὲ μὲν ὡς πέρας αὐτῷ λαβών, ποτὲ δὲ ὡς ἀρχήν, οὐ διῄρηκε μὲν τὸ ᾧ κέχρηται τῷ αὐτῷ πρὸς ἄμφω χρησάμενος, τρόπον δέ τινα τὸ ἓν δύο τῇ ἐπινοίᾳ πεποίηκεν, οὕτω καὶ τὸ ἐπιστὰν ἐπ' αὐτοῦ καὶ ὡς ἀρχῇ αὐτῷ καὶ πέρατι χρησάμενον.

⋆

737 (62b 8) <ἐπὶ δὲ τοῦ Γ γέγονεν>] διὰ τὸ ἀνακάμπτον λέγει τοῦτο.

<et il s'est trouvé en Γ>] Il dit cela en raison du mobile qui rebrousse chemin.

⋆

738 (62b 10) <εἰ γὰρ εἴη>] ἡ ἀπορία τοιαύτη· ἐκτίθεται δύο ἴσας εὐθείας ΕΓ ΖΗ (ἃς ὀνομάζει Ε καὶ Ζ) καὶ δύο τινὰ ἰσοταχῆ ἐπ' αὐτῶν κινούμ<ενα, τὸ μὲν Α> ἐπὶ τῆς Ε, τὸ δὲ Δ ἐπὶ τῆς Ζ. διαιρεῖ δὲ τὴν ΕΓ κατὰ τὸ Β· συμβαίνει, φησί, τὸ Α γεγονὸς κατὰ τὸ Β ἠρεμεῖν ὥστε ὑσ<τερ>ίζεται πρὸς τὸ Γ ἤπερ τὸ Δ πρὸς τὸ Η, ὅπερ ἄτοπον. – λύει οὖν ὅτι οὐ καλῶς ἐλήφθη τὸ Α ὅτε ἐστὶν ἐπὶ τοῦ Β καὶ γεγονέναι ἐπὶ τοῦ Β. οὐκ ἄρα θετέον ὅτε τὸ Α ἐγένετο κατὰ τοῦ Β οὕτως συντακτέον· οὐκ ἄρα θετέον ὅτε κινεῖται τὸ Δ ἅμα ἀπὸ τοῦ Ζ, τότε τὸ Α γεγονέναι κατὰ τὸ Β, εἴ γε ἰσοταχῆ τὰ ΑΔ· καὶ γὰρ τὰ ἐπιφερόμενα οὕτως οἰκειοῦται τοῖς πρὸ αὐτῶν λεχθεῖσιν.

—

4 ἤπερ : εἴπερ S

<Si en effet>] La difficulté est la suivante. Il se donne deux droites égales ΕΓ et ΖΗ (qu'il nomme Ε et Ζ) et, sur elles, deux mobiles de même vitesse, Α sur Ε et Δ sur Ζ. Il divise ΕΓ en Β. Il se produit, dit-il, que Α s'étant trouvé en Β, il est au repos, en sorte qu'il arrive plus tard en Γ que Δ en Η ; ce qui est absurde. – Il résout donc en disant que l'assomption n'est pas correcte, selon laquelle Α, quand il *est* en Β, se trouve aussi *avoir été* en Β. – Il faut construire « Il ne faut donc pas admettre que lorsque Α s'était trouvé être au point Β ... » comme suit : Il ne faut donc pas admettre que quand Δ se meut simultanément à partir

de Z, à ce moment A se trouve *avoir été* en B, si du moins A et Δ vont à la même vitesse ; ainsi, en effet, les choses qu'il allègue en conclusion s'adaptent à celles qui les précèdent.

ADNOT. Les interprétations proposées par les commentateurs modernes de ce passage d'Aristote sont intenables. Elles travaillent toutes avec le schéma suivant :

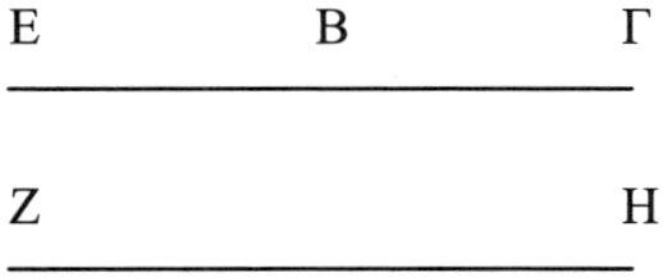

On a EΓ = ZH. Le mobile A se meut de E à Γ en passant par B tandis que le mobile Δ se meut de Z à H, à la même vitesse, sans qu'on distingue de point intermédiaire dans sa trajectoire. Il est évident, pourtant, que ce dispositif ne correspond pas à la lettre du texte d'Aristote, qui postule que A se trouve en B au moment où Δ part de Z en direction de H. Il faut voir que celui-ci, en 262b 11, ne dit pas que A part de E, mais *de l'extrémité* (ἀπὸ τοῦ ἄκρου). La solution de ce problème exégétique paraît donc la suivante. E ne désigne pas l'extrémité du segment égal à ZH, mais celle de la trajectoire *globale* de A. La comparaison a lieu, plus précisément, à partir du moment où A parvient en B. C'est donc en fait que BΓ, et non pas EΓ, est égal à ZH. Le schéma correct semble donc le suivant :

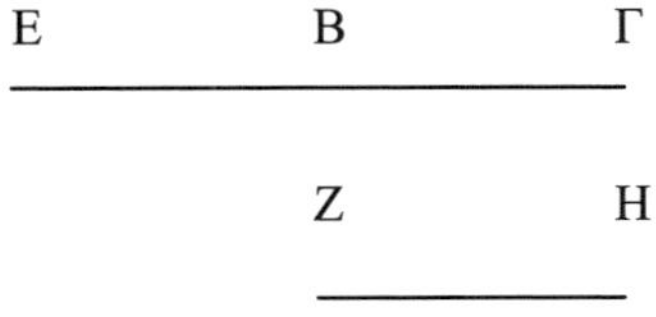

En t_{-n}, le mobile A part de E, tandis que Δ reste immobile en Z. En t_0, A touche B et Δ part de Z. L'aporie consiste, en invoquant le caractère réel et individué du point B, à étendre le temps en lequel A se trouve en B, en sorte que A quitte B en t_ε. A touchera donc Γ en $t_{n+\varepsilon}$, et Δ en t_n (avec B au milieu de EΓ). Ce qui est intuitivement absurde.

Alexandre, si l'on en croit la scholie, en affirmant l'égalité de EΓ et de ZH, est à l'origine – *via* Simplicius qui le reprend, cf. *In Phys.* 1284.31 – de l'intenable interprétation moderne. Il faut toutefois sans doute interpréter de manière forte l'entrée en matière de la scholie : la difficulté, dit l'auteur en suivant peut-être Alexandre, est « de ce type » (τοιαύτη). Il est donc révélateur qu'il passe sous silence, ici, la concomitance problématique, avec son schéma, B-Z. Un témoignage de Simplicius, *In Phys.* 1285.14–30, prouve cependant qu'Alexandre, après sans doute avoir exposé l'interprétation préservée par la scholie, s'était attaqué à la difficulté littérale du texte lu à sa manière. Il la contourne alors encore une fois, mais en identifiant le lieu du problème. Il faut comprendre, nous dit-il, qu'Aristote fait correspondre au point réel B un point « anonyme » ou « latent » J entre Z et H, tel que

EB : EΓ :: ZJ : ZH.

En dépit de cette interprétation littérale insatisfaisante, les commentateurs ne se sont pas entièrement mépris sur le sens général de l'argument d'Aristote. À ceci près qu'ils ont substitué, à une comparaison entre le mouvement « traversant » un point (B) et le mouvement partant d'un point (Z), une comparaison entre le mouvement traversant un point *nommé* et le mouvement sur un segment de points *anonymes*, dont un (et un seul) correspond, par sa position dans le segment, au point nommé dans l'autre segment.

⋆

739 (62b 16–17) <εἰ γὰρ ἅμα>] τὰ ΑΔ εἰ ἅμα ἔλθῃ ἐπὶ τὰ ΓΗ.

—

τὰ pr. ego : τὸ S || εἰ … ἔλθῃ S : cf. *supra*, schol. **570**

<Car si c'était en même temps>] Si d'aventure A et Δ arrivaient en même temps aux points Γ et H.

⋆

740 (62b 19) <ἀπὸ τοῦ Ζ ἄκρου>] ἐκ τοῦ ση(μείου) τοῦ ἀνάλογον τῷ Β ἐπὶ τῆς ΖΗ.

<de l'extrémité de Z>] Du point analogue à B sur ZH.

⋆

741 (62b 21) ἐνταῦθα μὲν οὖν] ἡ προκειμένη ἀπορία τοῦτο συνάγειν βούλεται, ὅτι οὐκ ἀνάγκη τὸ γενόμενον ἔν τινι καὶ ἀπογενόμενον ἀπ' αὐτοῦ ἠρεμηκέναι.

Dans ce cas, donc] La présente aporie veut conclure qu'il n'est pas nécessaire que ce qui est survenu en quelque chose et qui quitte cette chose se soit trouvé en repos.

★

742 (62b 22) <ἐπὶ δὲ τοῦ ἀνακάμτοντος>] τὸ γὰρ πέρας τῆς εὐθείας οὐκέτι δυνάμει ἀλλ' ἐνεργείᾳ ἐστί· διὸ γίνεται καὶ ἀπογίνεται ἐξ αὐτοῦ.

<en revanche, pour ce qui revient sur ses pas>] En effet, l'extrémité de la droite n'est plus en puissance mais en acte ; c'est pourquoi on y advient et on en provient.

★

743 (62b 23) <εἰ γὰρ ἡ τὸ Η φέροιτο πρὸς τὸ Δ>] ἐνήλλαξε τὰ ΑΔ ἀλλήλοις.

<Si en effet le point Η était transporté vers Δ>] Il a permuté Η et Δ entre eux.

TEST. *Simpl. 1286.28–31:* καὶ δείκνυσι τοῦτο πάλιν διὰ τῆς τῶν στοιχείων ἐκθέσεως, ἐναλλάξας, ὥς φησιν ὁ Ἀλέξανδρος, τὰ στοιχεῖα, καὶ ποιήσας νῦν τὸ Η κινούμενον, ὥσπερ πρότερον τὸ Δ, καὶ τὸ Δ πέρας νῦν τῆς εὐθείας, ὥσπερ πρότερον ἦν τὸ Η.

★

744 (62b 28) <τήν γε πάλαι λύσιν>] τὴν λέγουσαν ἀ λ λ ᾽ ἣ ν ἐ ν τ ο μ ῇ χ ρ ό ν ο υ · καὶ γὰρ ἐκεῖ συνεχὴς μὲν ἦν ἡ κίνησις καὶ τὸ σημεῖον δυνάμει μόνον ἐδίδοτο.

—

1–2 ἀλλ' … χρόνου : 262b 20–21

<la solution de tout à l'heure>] Celle qui disait « mais, avons-nous dit, c'est dans une division du temps ». En effet, là, le mouvement était continu et le point n'était donné qu'en puissance.

★

745 (62b 30–31) <ἐπὶ τέλος ἐλθεῖν τὸ ἐνεργείᾳ ὄν>] τὸ ἑξῆς· τὸ ἐνεργείᾳ τέλος.

<d'arriver à une fin, l'étant en acte>] L'ordre des mots : « la fin en acte ».

★

[145r]

746 (63a 5) τὸν Ζήνωνος λόγον] ὁ Ζήνωνος λόγος οὗτος· εἰ ἔστι κίνησις, ἔσται ἐν πεπερασμένῳ χρόνῳ ἄπειρα διιέναι μεγέθη διὰ τὴν ἐπ' ἄπειρον τομὴν τῶν μεγεθῶν· ἀλλὰ μὴν οὐ τὸ δεύτερον· οὐδ' ἄρα τὸ πρῶτον. τινὲς δὲ τὸν αὐτὸν λόγον καὶ ἄλλως ἐρωτῶσιν· εἰ ἔστι κίνησις, ἔσται δυνατὸν ἐν πεπερασμένῳ χρόνῳ ἄπειρον ἀριθμὸν ἀριθμῆσαι διὰ τὰ μεταξὺ ἄπειρα ἡμίση τοῦ μεγέθους. ἀλλὰ μὴν τὸ δεύτερον ἀδύνατον. ἀδύνατον ἄρα καὶ τὸ πρῶτον.

—

2 διιέναι ego : κινεῖσθαι S || 6 ἡμίση scripsi : ἥμισυ ut vid. S

l'argument de Zénon] L'argument de Zénon est le suivant : s'il y a du mouvement, il sera possible, en un temps fini, de parcourir des grandeurs infiniment nombreuses, en raison de la section à l'infini des grandeurs. Mais pas le second ; donc pas non plus le premier. « Mais certains posent la même question différemment » : s'il y a du mouvement, il sera possible en un temps fini de compter un nombre infini, en raison de l'infinité des moitiés intermédiaires de la grandeur. Mais le second est impossible ; le premier aussi est donc impossible.

Adnot. La correction l. 2 est, quant au sens, virtuellement certaine. Il faudrait sinon attribuer à Alexandre l'interprétation aberrante selon laquelle l'argument de Zénon logerait l'absurde dans le fait qu'un nombre infini de grandeurs se meut (κινεῖσθαι). Mais le texte d'Aristote ne suggère rien de tel ni à cet endroit ni ailleurs. Or la scholie, comme d'ailleurs Simplicius, *In Phys.* 1288.33 sqq., se borne de toute évidence ici à paraphraser le texte. Alexandre ne savait très probablement rien d'autre des arguments de Zénon que ce qu'il en lisait dans le texte d'Aristote et chez Eudème et Théophraste.

★

747 (63a 12) <διὰ τοῦ τὸν χρόνον>] ὅτι ἐν τῷ γίνεσθαι καὶ δυνατὸν τέμνεσθαι ὑπάρχει ἡ εἰς ἄπειρον τομὴ τῶν μεγεθῶν· καὶ γὰρ ἔνια ἐν τῷ γίνεσθαι τὸ εἶναι ἔχει, οἷον ὁ χρόνος.

<en raison du fait que le temps>] Parce que c'est dans le devenir et la possibilité d'être sectionné qu'existe le sectionnement à l'infini des grandeurs. De fait, certaines choses ont leur être dans le devenir, comme le temps.

Test. *Simpl. 1291.11–14 :* τῇ δὲ ἐπ' ἄπειρον τομῇ τὸ εἶναί ἐστιν ἐν τῷ δυνάμει ἀεὶ εἶναι καὶ ἐν τῷ γίνεσθαι καὶ τέμνεσθαι, ἀλλ' οὐκ ἐν τῷ τετμῆσθαι· ὥσπερ τὸν ἀγῶνα καὶ τὴν ἡμέραν οὐκ ἔστιν ἀθρόα λαβεῖν, ἀλλ' ἐν τῷ γίνεσθαι αὐτοῖς ἐστι τὸ εἶναι.

Adnot. L'idée à première vue assez étrange de l'« être » du sectionnement à l'infini des grandeurs est reprise par Simplicius, qui ne donne cependant pas l'exemple du temps, mais se borne à mentionner la lutte et la journée. Il est très probable que le temps est l'exemple choisi par Alexandre et qu'il a été évacué pour des motifs doctrinaux par Simplicius. Ce dernier consacre en effet un long développement, dans son *Corollarium de tempore*, a montrer qu'il faut distinguer temps participant, qui a son être dans le devenir, et temps participé, ou temps premier, qui est tout entier présent à soi de manière non parcellaire (cf. *In Phys.* 784.17–22). Pour aboutir à cette conclusion, Simplicius commence par mentionner l'interprétation d'Alexandre, dans le cadre d'une discussion du passage de *Phys.* III 6, 206a 25-b 3 consacré à l'infini et où apparaissent les exemples de la journée et de la lutte (cf. 206a 31 : ὡς ἡ ἡμέρα λέγεται καὶ ὁ ἀγών) (*In Phys.* 781.14–782.34). Sans refuser à proprement parler l'analyse d'Alexandre, Simplicius préfère donc éviter de parler ici du temps – en raison des différents types de « temps » qu'il reconnaît dans son *Corollarium*, et se borne à mentionner les exemples de *Phys.* III 6 qui lui avaient servi à lui-même pour décrire le temps participant : la journée et la lutte.

⋆

748 (63a 29) <δυνάμει>] οὐχ οὕτως δυνάμει ἐν τῷ συνεχεῖ τὰ ἄπειρα, ὡς δυνάμενα ληφθῆναι καὶ ἐνεργείᾳ· ἐν γὰρ τῷ δυνάμει τὸ εἶναι τῇ τοιαύτῃ ἀπειρίᾳ.

—

2 τῷ δυνάμει S : fort. τῷ δυνάμει εἶναι scribendum

<en puissance>] Les choses en nombre infini sont en puissance dans le continu non pas au sens où elles pourraient être prises aussi en acte. L'essence d'une telle infinité réside en effet dans le fait d'être en puissance.

Test. *Simpl. 1291.9–11 :* οὐ γὰρ οὕτω δυνάμει ἐν τῷ συνέχει τὰ ἄπειρα, ὡς καὶ ἐνεργείᾳ ἄπειρα δυνάμενα ληφθῆναι· οὐ γάρ ἐστιν ἐνεργείᾳ τὰ ἄπειρα, ἀλλ' ὡς ἐπ' ἄπειρον δυνάμενα τέμνεσθαι.

Adnot. Chez Simplicius, cette remarque précède immédiatement celle que nous avons citée en témoignage de la scholie **747**. Il est possible que cet enchaînement ait été celui qu'offrait Alexandre, dont le passage aurait été disloqué par un scholiaste en deux scholies distinctes. Alexandre distinguait ainsi entre un « en puissance » réalisable et un « en puissance » non réalisable, mais réalisé dans le fait même d'être non réalisé.

⋆

749 (63a 31) <τὸ γὰρ>] οὐ γὰρ μόνον ἄπειρον ἀλλ' οὐ δύο μόνα δυνατὸν λαβεῖν ἐπὶ τοῦ συνεχοῦς οὕτως.

<En effet>] Ce n'est pas seulement un infini, mais pas même deux choses, qu'il sera ainsi impossible de prendre dans le cas du continu.

Adnot. Car dès lors qu'en raison du comptage, l'on introduit la dualité du point double, on perd la spécificité du continu en tant que continu.

⋆

[145v]

750 (63b 9) δῆλον δὲ καὶ ὅτι] τὸ νῦν ὡς μὲν πρὸς τὸν χρόνον ἐπίσης ἐν ἀμφοῖν ἐστι, τοῦ μὲν ἀρχὴ τοῦ δὲ τελευτή, ὡς δὲ πρὸς τὰ πράγματα ἐν ἑκατέροις ὄντα μέρεσι τοῦ διῃρημένου κατὰ τὸ νῦν (κατὰ γὰρ τὰ πράγματα ἐν χρόνῳ ὄντα διαιρεῖται ὁ χρόνος), ἔσται ἐν τῷ δευτέρῳ νῦν, τουτέστι τῷ ὑστέρῳ χρόνῳ, <ὡς εἶναι> τὴν ἀρχὴν <τοῦ εἶναι> ἕκαστον πρᾶγμα τοιοῦτον ἀπὸ τοῦ ὕστερον νῦν εἰληφός, καὶ οὐκ ἔστι τὸ νῦν τοῦτο κοινὸν τῶν πραγμάτων ὥσπερ τῶν δύο χρόνων.

—

5 ὡς εἶναι addidi (v. Simpl. 1294.19–21) || τοῦ εἶναι addidi (v. Simpl. 1294.20–21)

Il est évident aussi que] Le « maintenant » est, du point de vue du temps, à égalité dans les deux, étant commencement de l'un et achèvement du second, tandis que du point de vue des choses qui se trouvent dans chacune des parties du divisé selon le « maintenant » (car le temps se divise selon les choses se trouvant dans le temps), il sera dans le second « maintenant », c'est-à-dire dans le temps postérieur, de telle sorte que chaque chose prendra le principe de son être à partir du « maintenant » postérieur ; et ce « maintenant » n'est pas commun aux choses à la façon dont il est commun aux deux temps.

Test. *Simpl. 1294.9–21:* … ὡς μὲν πρὸς τὸν χρόνον τὸν διαιρούμενον ὁμοίως ἐν ἀμφοτέροις ἐστὶ τοῖς μορίοις αὐτοῦ, τοῦ μὲν πέρας ὂν τοῦ δὲ ἀρχή, … ὡς δὲ πρὸς τὸ πρᾶγμα τῷ μέλαν αὐτὸ εἶναι προστίθεται, οὐκέτι δὲ καὶ τῷ λευκῷ, ἐξ οὗ μετέβαλεν, ὡς εἶναι τὸ λαμβανόμενον πρᾶγμα ἐν τῷ ὑστέρῳ χρόνῳ οἷον τὸ μελαινόμενον ἢ τὸν μελασμὸν τὴν ἀρχὴν τοῦ εἶναι τοιοῦτον ἀπὸ τούτου τοῦ νῦν εἰληφός, κτλ.

Adnot. cette scholie et les deux suivantes appartiennent à la même unité argumentative. Voir l'annotation de la scholie **753**. La scholie, en l'état, est maladroite, car le sujet de ἔσται ἐν τῷ δευτέρῳ νῦν aux ll. 4–5 est le τὸ νῦν initial. On pourrait songer à corriger en ἔσται ἐν τῷ δευτέρῳ <τὸ> νῦν. Mais il se peut aussi que l'on ait simplement affaire à une négligence rédactionnelle. Mieux vaut dès lors ne pas corriger le texte.

⋆

751 (63b 14–15) τῷ δὲ πράγματι] ἀντὶ τοῦ κατὰ δὲ τὸ πρᾶγμα τὸ ἐν τῷ χρόνῳ ἀεὶ τοῦ ὑστέρου πάθους γινομένου ἐν αὐτῷ ἐστιν· ὕστερον δὲ πάθος εἶπεν τὸ εἰς ὃ ἡ μεταβολὴ γέγονε· κοινῶς δὲ πάθος <εἶπεν> ἐπὶ πασῶν τῶν κινήσεων. λαμβάνει δ' ἑξῆς τὸ μὲν A τὸν παραληλυθότα χρόνον, τὸ δὲ B τὸν μέ<λλοντα>, τὸ δὲ Γ τὸ νῦν τὸ μεταξὺ αὐτῶν, τὸ δὲ Δ τὸ κινούμενον πρᾶγμα ἐκ λευκοῦ εἰς μὴ λευκόν· καὶ λέγει ὅτι τὸ Δ ἐν ὅλῳ τῷ A χρόνῳ λευκόν ἐστι πλὴν τοῦ νῦν τοῦ Γ. δεῖ γὰρ τὸ κοινὸν νῦν τῶν δύο χρόνων τῶν AB τὸ Γ μὴ κοινὸν εἶναι τῶν δύο πραγμάτων λέγειν ἀλλὰ τοῦ ὑστέρου τουτέστι τοῦ οὐ λευκοῦ.

Mais pour la chose] Au lieu de « Mais selon la chose dans le temps, il relève toujours de l'état postérieur qui se produit en elle ». Il a appelé « état postérieur » celui vers lequel le changement a eu lieu ; il a dit « état », sans distinction, pour tous les mouvements. Il prend ensuite A le temps passé, B le futur, Γ le « maintenant » intermédiaire entre eux, Δ la chose mue du blanc vers le non-blanc. Et il dit que Δ dans la totalité du temps A à l'exception du « maintenant » Γ est blanc. Il faut en effet dire que le « maintenant » Γ commun aux deux temps A et B n'est pas commun aux deux choses, mais appartient seulement à celle qui est postérieure, à savoir le non-blanc.

Test. *Simpl. 1294.33–1295.4:* τὸ δὲ τῷ δὲ πράγματι ἀεὶ τοῦ ὑστέρου πάθους ἐστὶν ἴσον ἐστὶ τῷ "κατὰ δὲ τὰ πράγματα τὰ ἐν τῷ χρόνῳ λαμβανόμενα ἀεὶ τοῦ ὑστέρου γενομένου πάθους ἐστί"· πράγματα γὰρ καὶ τὰ πάθη. ἢ τῷ δὲ πράγματι ἀεὶ τοῦ ὑστέρου πάθους ἐστὶν ἀντὶ τοῦ "κατὰ δὲ τὸ πρᾶγμα τὸ ἐν τῷ χρόνῳ ἀεὶ τοῦ ὑστέρου πάθους γινομένου ἐν αὐτῷ ἐστιν". ὕστερον δὲ πάθος εἶπεν τὸ εἰς ὃ ἡ μεταβολὴ γέγονε, καινῶς τὸ πάθος εἰπὼν ἐπὶ πασῶν τῶν κινήσεων.

Adnot. Cette scholie, associée à la paraphrase de Simplicius, semble indiquer qu'Alexandre s'en tenait à une explicitation formelle de l'argument. Autrement dit, il justifiait la distinction entre l'ordre strictement temporel du changement, selon lequel tout « maintenant » relève à part égale du passé et du futur, et l'ordre des choses, selon lequel A et non-A ne peuvent cohabiter, fût-ce dans le seul point temporel qu'est le « maintenant » (sous peine de contrevenir au principe de non-contradiction). La question plus difficile du privilège du futur sur le passé n'était donc probablement pas abordée. Cf. Introduction, p. 108 sqq.

⋆

752 (63b 17) <λευκὸν καὶ οὐ λευκόν>] ὅπερ ἄτοπον.

<blanc et non blanc>] Ce qui est absurde.

⋆

753 (63b 26) εἰ δ' ὃ ἂν ᾖ πρότερον μὴ ὄν] δεῖξαι νῦν πρόκειται ὅτι ὁ χρόνος οὐ σύγκειται ἐκ τῶν νῦν. καὶ γὰρ προσχρησάμενος ἐν τῇ δείξει τῷ μὴ δύνασθαι ἐν τῷ αὐτῷ νῦν γενέσθαι τι ἔν τινι καὶ ἀπογενέσθαι, ἀπ' αὐτοῦ τοῦ μὴ εἶναι τὰ νῦν ἐχόμενα ἀλλήλων, τοῦτο πάλιν παραμυθεῖται, δείξας μὲν καθόλου τοῦτο ἐν τῷ ζ', ἀλλὰ καὶ νῦν τὸ αὐτὸ ποιεῖ. κέχρηται δ' εἰς τοῦτο τῷ τὴν πρώτην μεταβολὴν μὴ ἐν χρόνῳ γίνεσθαι ἀλλ' ἐν ἀ<μερεῖ. καὶ διὰ> τούτου λύεται <ἡ ἀπορία τοῦ> πότε τέθνηκεν Σωκράτης, πότερον ἐν ᾧ χρόνῳ ἀπέθνῃσκεν ἢ ἐν ᾧ τέθνηκεν; <ἐν> οὐδετέρῳ ἐστίν· οὔτε γὰρ ἐν ᾧ ἀπέθνῃσκεν (ἐν ὅλῳ γὰρ αὐτῷ ἔζη), οὔτε ἐν ᾧ ἀποτέθνηκεν. λείπει οὖν ὅτι ἐν τῷ πέρατι τοῦ ἐν ᾧ ἀπέθνῃσκεν.

—

2 τῷ ego : τοῦ S

Mais si ce qui auparavant se trouvait être non-être] Il se propose maintenant de montrer que le temps n'est pas composé de « maintenants ». Ayant en effet eu recours, dans sa preuve, au fait que rien, dans le même « maintenant », ne pouvait survenir en quelque chose et en partir, il confirme encore une fois cela, à partir du fait même que les « maintenants » ne sont pas successifs les uns aux autres, ayant montré cela de manière générale au livre VI, mais le faisant à nouveau ici. Il a recours, pour cela, au fait que le premier changement ne se produit pas dans un temps, mais dans un indivisible. Et on résout par là l'aporie « Quand Socrate a-t-il péri, est-ce dans le temps où il périssait ou bien dans celui où il se trouve avoir déjà péri ? En aucun des deux : ni dans celui où il périssait (car durant tout ce temps, il était en vie) ni dans celui où il se trouve avoir déjà péri ». Il reste donc que c'est dans la limite du temps dans lequel il périssait.

TEST. *Simpl. 1297.9–15* : καὶ ἔδειξε μὲν τοῦτο διὰ πλειόνων ἐν τῷ Ζ ταύτης τῆς πραγματείας καθολικώτερον αὐτὸ προβαλλόμενος, ὅτι μηδὲν συνεχὲς ἐξ ἀμερῶν σύγκειται· καὶ νῦν δὲ ἰδίως ἐπὶ τοῦ χρόνου προσκατασκευάζει τὸ αὐτὸ πιστούμενος τὸν λόγον ἐκ τῶν προσεχῶς αὐτῷ δεδειγμένων. χρῆται γὰρ τῷ τὴν πρώτην μεταβολήν, καθ' ἣν μεταβέβληκέ τι μὴ ἐν χρόνῳ γίνεσθαι, ἀλλ' ἐν πέρατι τοῦ χρόνου, καθ' ὃν μετέβαλλεν, καὶ ἀπὸ τούτου δεικνύει τὸ προκείμενον. – *Simpl. 1296.18–27:* καὶ τὸ ἀπορούμενον δέ, φησὶν ὁ Ἀλέξανδρος, τὸ πότε ἀπέθανε Σωκράτης, λύοιτο ἂν οὕτως. ἡ δὲ ἀπορία τοιαύτη· πότε ἀπέθανε Σωκράτης; πότερον ἐν ᾧ ἀπέθνῃσκε χρόνῳ ἢ ἐν ᾧ ἐτεθνήκει· οὐ γὰρ οἷόν τε ἔν τινι μεταξὺ τούτων χρόνῳ διὰ τὸ μηδὲ εἶναί τινα μεταξύ. [...] καὶ τὸ μὲν "ἀπέθανεν" οὐκ ἐν χρόνῳ, ἀλλ' ἐν πέρατι τοῦ ἐν ᾧ ἀπέθνῃσκε χρόνου.

ADNOT. Cette scholie se compose de deux parties peut-être accidentellement liées : la première va du début jusqu'à ἀμερεῖ l. 7, la seconde de καὶ τούτου jusqu'à la fin. À en juger d'après Simplicius (explicitement) et Thémistius (implicitement), Alexandre avait évoqué l'aporie de la mort de Socrate à la fin de la section précédente. Il est effectivement fort possible qu'Alexandre ait vu dans la distinction entre ordre du temps et ordre de la chose une issue à l'aporie du changement continu ponctuel. Il faut se représenter l'instant de la mort Γ comme une simple limite, le temps du mourir comme une demi-droite ouverte [ΑΓ[et le temps du déjà-mort comme une demi-droite fermée [ΓΒ[. On évite ainsi d'enfreindre le principe de non-contradiction (Socrate est non-vivant et il n'est pas vivant en Γ) et du tiers-exclu (il n'est aucun temps où Socrate ne soit ni vivant ni non-vivant).

La première partie de la scholie trouve un parallèle assez étroit chez Simplicius, qui a peut-être raison de préciser – ce que ne fait pas la scholie, peut-être à cause d'un oubli – que la preuve présentée ici est plus particulière que celles du livre VI, du fait qu'elle ne concerne que le temps : Aristote se sert du fait que le changement, en tant que tel, ne peut avoir lieu que dans l'entre-deux de deux états pour dénier que cet entre-deux ne puisse être lui-même qu'un temps (et non un instant).

⋆

754 (63b 26) <εἰ δ' ὃ ἂν ᾖ πρότερον μὴ ὄν>] προσυπακουστέον γενητόν, ἵνα ᾖ τὸ τοιοῦτον.

—

1 γενητόν ego : γενητη (sic) S

<Mais si ce qui auparavant se trouvait être non-être>] Il faut suppléer « susceptible d'être engendré » pour que se vérifie une telle chose.

⋆

755 (63b 29) γέγονε δ' ἅμα] ἀντὶ τοῦ ἤδη δὲ γεγονός ἐστι καὶ ὂν ἐν ἑτέρῳ ἀτόμῳ χρόνῳ· οὐ γὰρ τοῦτο λαμβάνει, ὅτι ἐν τῷ Β γέγονεν· ζητεῖ γὰρ ἐν τίνι γέγονεν.

—

1 δὲ γεγονός ego e Simplicio : γέγονεν S

et qu'en même temps il l'est devenu] Au lieu de « et qu'il se trouve être déjà devenu et être déjà *étant* dans un autre temps indivisible ». Il ne fait pas en effet l'assomption qu'en B, il se trouve être devenu : il recherche en effet dans quoi il est devenu.

TEST. *Simpl. 1297.39–1298.3:* τὸ δὲ γέγονε δὲ ἅμα καὶ ἔστιν ἐν ἑτέρῳ ἀτόμῳ χρόνῳ, ἐχομένῳ δὲ ἐν τῷ Β εἴρηκεν ἀντὶ τοῦ "ἤδη δὲ γεγονός ἐστι καὶ ὂν ἐν ἀτόμῳ χρόνῳ ἑτέρῳ"· οὐ γὰρ τοῦτο λαμβάνει, ὅτι ἐν τῷ Β γέγονε· ζητεῖ γάρ ἐν τίνι γέγονεν.

ADNOT. La lettre de cette scholie est, à une très légère inversion près, exactement identique au passage cité de Simplicius, qui pourtant ne mentionne pas Alexandre. On pourrait donc, indépendamment du contexte, s'interroger sur sa provenance. Étant donné cependant le caractère techniquement exégétique de cette remarque, il ne paraît pas impossible que nous ayons affaire au texte d'Alexandre, recopié indépendamment par Simplicius et par le scholiaste.

⋆

756 (63b 29–30) <ἐν ἑτέρῳ ἀτόμῳ χρόνῳ>] τὸ ΑΒ ἐξ ἀτόμων ὑποτίθησι.

<dans un temps indivisible différent>] Il suppose AB fait d'indivisibles.

⋆

757 (64a 1) οὐ γὰρ ὁ αὐτὸς λόγος] ἐπὶ μὲν τῶν ἄτομον λεγόντων τὸν Α χρόνον οὐκ ἔστιν εἰπεῖν ὅτι ἐγένετο <μὲν ἐν τ>ῷ πέρατι αὐτοῦ, ἐγίνετο δ' ἔν τινι αὐτοῦ· κατὰ δὲ τοὺς λέγοντας οὐκ ἀμερῆ τὸν Α χρόνον, δυνατὸν γεγονέναι μὲν ἐν τῷ πέρατι αὐτοῦ ὅ ἐστι μεταξὺ τοῦ τε Α καὶ τοῦ Β γίνεσθαι διὰ τὸ Α μεριστὸν ὄν τι, εἶναι δ' ἤδη ἐν τῷ Β· οὕτως δ' οὐκέτι δεήσει μεταξὺ τῶν ΑΒ χρόν<ον> ζητεῖν τίνα ἐν ᾧ τὸ Δ <γεγονὸς> ἔσται.

—

4–5 διὰ τὸ Α μεριστὸν ὄν τι scripsi : διὰ [in ras.] τῷ Α μεριστῷ ὄντι S

En effet, le même raisonnement] Pour ceux qui disent que le temps A est insécable, il n'est pas possible de dire que cela s'est produit dans sa limite, mais cela s'est produit dans quelque chose de lui. D'un autre côté, d'après ceux qui disent que le temps A n'est pas sans parties, il est possible que cela se soit produit dans sa limite, ce qui veut dire se produire dans l'entre-deux de A et de B, en raison du fait que A est quelque chose qu'on peut partager, et qu'il soit déjà dans B ; on n'aura plus ainsi besoin de rechercher dans l'entre-deux de A et de B un certain temps dans lequel Δ se trouvera être advenu.

TEST. *Simpl. 1298.15–27:* διὸ ἐπὶ μὲν τῶν ἄτομον λεγόντων εἶναι τὸν Α χρόνον, οὐκ ἔστιν εἰπεῖν ὅτι ἐγίνετο μὲν ἔν τινι αὐτοῦ, ἔστι δὲ ἐν τῷ πέρατι· οὐ γὰρ ἔστι πέρας τοῦ ἀτόμου. [...] κατὰ δὲ τοὺς λέγοντας μὴ ἀμερῆ χρόνον εἶναι τὸ Α δύναται τὸ γινόμενον ἐν τῷ Α χρόνῳ ἐν τῷ πέρατι αὐτοῦ γεγονέναι, εἶναι δὲ ἤδη ἐν τῷ Β· οὕτω δὲ οὐκέτι δεήσει μεταξὺ τοῦ Α καὶ τοῦ Β χρόνον τινὰ ζητεῖν, ἐν ᾧ τὸ Δ γεγονὸς ἔσται.

ADNOT. Ici encore, en raison du caractère technique et métaphysiquement non conflictuel du passage, il est probable que Simplicius se borne à recopier le commentaire d'Alexandre. D'où l'identité littérale entre son texte et la scholie. Il est vraisemblable que les lignes 1298.17–24 de Simplicius se soient trouvées chez Alexandre, et que ce soit le scholiaste qui les ait omises en raison de leur redondance.

⋆

758 (64a 4) φανερὸν δ' ὅτι] παράδοξον μέν, ἀληθὲς δέ· τὸ γὰρ νῦν ἀμερές.

Mais il est manifeste que] C'est paradoxal mais vrai : le « maintenant » est en effet sans parties.

TEST. *Simpl. 1299.31–33* : πολλὴν δὲ ἐποίησεν ἐνάργειαν ἡ δοκοῦσα παραδοξολογία τὸ μὴ εἶναι πλείονα τὸν χρόνον τόν τε ἐν ᾧ ἐγίνετο καὶ τὸν ἐν ᾧ γέγονε τοῦ ἐν ᾧ ἐγίνετο μόνου.

Adnot. La mention du paradoxe est moins intéressante pour elle-même que parce que nous apprenons grâce à Simplicius, *In Phys.* 1299.36 sqq., qu'elle précédait immédiatement la discussion de la théorie stoïcienne des « énoncés indélimitablement déchéants » (cf. *In Phys.* 1299.37–38 : τὰ παρὰ τοῖς Στωικοῖς ἀξιώματα, ἃ μεταπίπτοντά τινες λέγουσιν ἀπεριγράφως). Ce texte (= fr. 1025 Hülser, t. 3, p. 1324–1325) est unique en son genre. Il consiste à affirmer que l'énoncé « si Dion vit, Dion vivra » est vrai jusqu'à un certain moment où l'antécédent est vrai et le conséquent faux. On ne sait rien du contexte originel où il a été formulé. Le fait qu'il s'agisse d'énoncés complexes (et non d'énoncés simples au futur) prouve que la vérité de l'assertion au présent (« Dion vit ») avait un rôle moteur dans l'expansion diachronique caractéristique de l'argument. Il n'est donc pas faux, mais peut-être incomplet, de dire avec M. Mignucci, « Sur la logique modale des Stoïciens », in J. Brunschwig (ed.), *Les Stoïciens et leur logique*, Deuxième édition revue, augmentée et mise à jour, Paris, 2006, p. 304, « En effet, à la fin de la vie de Dion, il est vrai d'affirmer que Dion vit, tandis qu'il est faux de dire que Dion vivra. Le changement de la valeur de vérité d'une proposition est donc en relation avec le temps ». S'il s'agissait du seul enjeu de l'exemple, une proposition simple comme « Dion vit », voire « Dion vivra », serait suffisante. On peut donc supposer que le contexte était proche de celui des discussions sur le continu de la *Physique*.

Alexandre, d'après Simplicius (*In Phys.* 1300.11–36), reprochait à ses adversaires de ne pas voir qu'en vertu des démonstrations de *Phys.* VIII 8, si « Dion vit » est vraie, alors nécessairement « Dion vivra » est vraie. Car l'ultime instant où Dion vivrait serait en réalité le premier instant de sa mort, qui en vertu de la suprématie du futur sur le passé primerait selon la chose sinon selon le temps. Pour Alexandre, soit l'antécédent est vrai et alors le conséquent est vrai, soit l'antécédent est faux et la conséquence perd toute pertinence physique. Mais si les Stoïciens ont eu l'idée de formuler la conditionnelle, c'est pourtant bien qu'ils reconnaissaient, en partie au moins, la validité de la doctrine aristotélicienne du continu.

En partie seulement, toutefois. Appelons t_1 l'instant de la mort de Dion. Alors, en vertu de la structure du continu, sur l'intervalle ouvert $[t_0,t_1[$, la proposition « si Dion vit, Dion vivra » est nécessaire, pour Aristote bien sûr, mais aussi pour nos Stoïciens. En outre, son antécédent est nécessaire (il est nécessaire que Dion vive à tout instant postérieur à sa naissance et strictement antérieur à sa mort) et si son antécédent est nécessaire, son conséquent est nécessaire (sur la validité stoïcienne de cette forme positive de la conditionnelle, cf. J. Vuillemin, *Nécessité ou Contingence. L'aporie de Diodore et les systèmes philosophiques*, Paris, 1986, p. 129 sqq.). Plaçons-nous maintenant *en* t_1. Pour Aristote, le « maintenant » t_1 appartient à la fois au passé et au futur, mais tandis que l'on passe de la vie à la mort en cet instant, il faut caractériser cet instant par l'état futur, à savoir la mort. Si l'on veut que l'exemple stoïcien ait un sens, il faut supposer que ses auteurs étendaient le cas du νῦν aristotélicien dans le temps à celui de tout *état* ponctuel dans un changement. Soit le passage de la vie à la mort : de même que t_1, en bon aristotélisme, « appartient » au passé et au futur, de même l'*état* de Dion en t_1 appartiendra à la vie et à la mort. Toutefois, si l'on ne peut pas dire que Dion ni ne vit ni ne vit pas (sous peine de transgresser le principe du tiers-exclu), on ne peut pas non plus dire que Dion à la fois vit et ne vit pas (sous peine de transgresser le principe de non-contradiction). Il faut donc dire que sur un « côté » du point double temporel t_1 (appelons-le t_{1-}), Dion vit encore et sur l'autre « côté » (t_{1+}), Dion est déjà mort (NB : t_{1-} et t_{1+} ne sont pas deux points juxtaposés, mais les deux « côtés » différents du même point). Bref, les Stoïciens incriminés par Alexandre substituaient une autre théorie du point de passage à celle d'Aristote, qui unifie tous les continus. Revenons maintenant à la conditionnelle « Si Dion vit, Dion vivra ». Les Stoïciens et Alexandre sont d'accord pour la déclarer vraie sur l'intervalle ouvert $[t_0,t_1[$. Mais ils s'opposent sur ce qui se passe en t_1. Alors que pour les Stoïciens, l'antécédent « Dion vit » est vrai en t_{1-} mais faux en t_{1+}, donc vrai en t_1 tout court (car t_{1-} et t_{1+} ne sont pas deux parties, mais deux « côtés » de t_1), en revanche, pour Alexandre, il est faux. La reformulation stoïcienne entraîne avec elle un changement de valeur de vérité de la proposition « Si Dion vit, Dion vivra » *entre* l'ouvert $[t_0,t_1[$ et t_{1-} (alors que pour Alexandre, cette proposition est *toujours* vraie, car son antécédent n'a de sens que sur $[t_0,t_1[$). Il s'agit donc bien d'une « zone » d'indélimitabilité (cf. ἀπεριγράφως) foncière.

Trouve-t-on, ailleurs chez les Stoïciens, une confirmation de la thèse que nous leur avons attribuée d'après le texte d'Alexandre ? Il le semble : il s'agit de la fameuse aporie du cône telle qu'elle a été envisagée par Chrysippe (cf. Plutarque, *De communibus notitiis adversus Stoicos* 1078E-1080E, texte traduit en français dans LONG & SEDLEY, *Les philosophes hellénistiques*, t. II, 50C, p. 303–306). Supposons, pour simplifier, un triangle ABC. Coupons le triangle selon une certaine droite DE parallèle à AC, en distinguant la limite DE_- du côté de AC et la limite DE_+ du côté de B. La conditionnelle s'exprimera rigoureusement ainsi : « Si FG (parallèle à AC) est tel que AC > FG > DE, alors il existe un segment HI tel que FG > HI > DE » (il suffit de prendre H et I au milieu de, respectivement, FD et GE). En revanche, en DE, il n'y a plus de segment *xy* tel que DE > *xy* > DE. Pourtant, en vertu de la construction du triangle, on peut distinguer entre DE_- et DE_+. Il s'agit de deux côtés *distincts* de DE. C'est pour illustrer l'existence de ces deux côtés distincts et l'inégalité DE_- > DE_+ que Chrysippe aurait fait l'hypothèse d'un cône coupé en deux parties, la séparation réelle donnant à voir, en vertu de la construction du cône, l'existence des deux « côtés » non tout à fait identiques de la même grandeur. Ainsi, en reprenant les notations précédentes, on peut dire : « si FG > DE_-, alors il existe nécessairement HI tel que FG > HI > DE_- ». Notons $DE_\star$ ce qui peut être indifféremment ou bien DE_- ou bien DE_+. Puisque $DE_\star$ est soit DE_+ soit DE_-, il est possible mais non nécessaire que $DE_\star > DE_+$. Mais il est impossible qu'il existe un segment *xy* tel que $DE_\star > xy > DE_+$. Enfin, le passage d'un point où le conséquent est possible à DE_- où il est impossible est non délimitable, à la différence du passage marqué par le point-double DE. En d'autres termes, le passage marqué par le point double DE est parfaitement délimitable (la proposition « Dion vit » change de valeur de vérité en un point « traçable »), mais le passage de ce qui précède DE_- à DE_- est *en soi* ἀπεριγράφως. Bref, *ἀπεριγράφως* μεταπίπτειν, pour une proposition, c'est n'avoir pas la même valeur de vérité sur l'*ouvert* $[t_0,t_1[$ et *en* t_1.

La présente construction paraît donner quelque sens à la déclaration énigmatique de Chrysippe selon laquelle les longeurs DE_+ et DE_- ne seraient « ni égales ni inégales ». Elles ne sont pas égales si l'égalité est une pure et simple identité de grandeurs ; elles ne sont pas inégales si l'inégalité est définie par la possibilité d'intercaler une grandeur entre les deux grandeurs comparées. Cette distinction devait être sous-jacente à la phrase énigmatique de Plutarque, selon laquelle Chrysippe soutenait que les deux côtés de la coupure « sont bien inégaux, mais ne sont pas, en tant qu'ils sont plus grands l'un que l'autre, en excès l'un sur l'autre (… ἀνίσους μὲν εἶναι, μὴ ὑπερέχειν δ' ᾗ μείζονές εἰσιν) » (Plutarque, *De comm. notion. adv. Stoic.* 1079D, trad. Brunschwig & Pellegrin in *Les Stoïciens*, 50C[4], p. 304). Comme le résument très bien Long & Sedley, *op. cit.*, p. 312, « les deux faces adjacentes ne peuvent être parfaitement égales, et cependant on ne peut assigner aucune quantité finie par laquelle l'une serait en excès sur l'autre ».

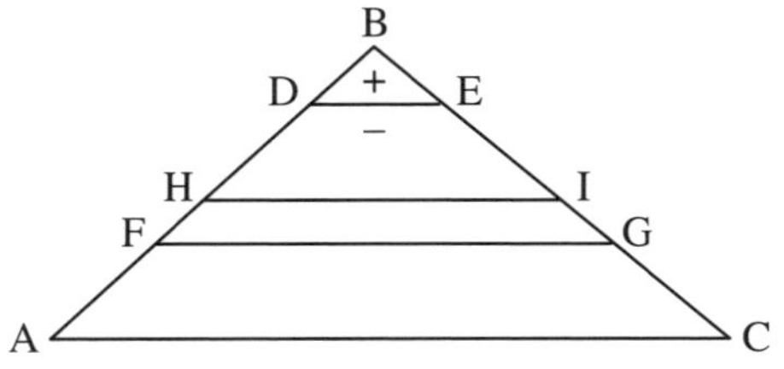

Si notre hypothèse est exacte, la théorie du cône de Chrysippe doit être comprise en relation étroite avec celle des énoncés indélimitablement déchéants. À rebours, nous pouvons affirmer que Chrysippe appartient bien au groupe des « Stoïciens » dont parle Alexandre. Du point de vue strictement physique, l'originalité de Chrysippe consistait à admettre qu'une grandeur puisse être supérieure à une autre sans qu'il existe une troisième grandeur plus petite que la plus grande et plus grande que la plus petite. Ce faisant, le Stoïcien refusait implicitement la solution aristotélicienne consistant à égaliser temporellement les deux faces de la coupure mais à privilégier axiologiquement la face future de l'état du mobile sur sa face passée. Alexandre n'a donc pas réfuté Chrysippe, mais s'est borné à lui opposer une pétition de principe aristotélicienne. Malgré cela, l'Exégète mentionnait ici le cas des énoncés indélimitablement déchéants à très bon escient. La question reste finalement ouverte de savoir *en vue de quoi* Chrysippe avait construit l'exemple raffiné « Si Dion vit, Dion vivra ». Sa subtilité rend probable qu'il s'agissait d'un contre-exemple visant à réfuter une thèse plus simple sur le comportement dans le temps des propositions (en gros, une thèse n'opérant qu'avec des intervalles *fermés* et observant un silence pudique sur ce qui se passe exactement aux points de passage). Quelle est cette thèse ? Cette question demande des recherches supplémentaires.

⋆

759 (64a 14) <τῶν ἄλλων>] κινήσεων, οὐ μόνον τῆς φορᾶς ὡς ὑπέθετο.

<des autres>] … mouvements, pas seulement du transport comme il l'a supposé.

⋆

760 (64a 16) <ὅτε ἄρα>] τοῦτο ἐν ὑποθέσει ἐρωτηματικῶς.

<Donc, quand>] Cela est sous forme d'hypothèse, sur le mode interrogatif.

⋆

[147r]

761 (64a 21) <ἔτι καὶ ἐκ τῶνδε>] <εἰ γὰρ θή>σεις κινούμενόν τι οἷον λίθον ἐκ τῶν ἄνω ὀργυιὰς χιλίας ἀρξάμενον ἀπὸ τοῦ Α, λέγει οὖν ὅτι πρὸ τοῦ Α ἠρεμεῖν ἀνάγκη τὸν λίθον, ἀλλ' οὐχὶ ἐὰν τυχὸν ἐκινήθη τὰς ἑκατὸν ἕως τοῦ Β ἠρεμεῖν ἐν τῷ Β· μόριον γάρ τι τῆς ὅλης ἐστὶ τὸ ΑΒ διάστημα καὶ ὁμοειδές, δεῖ δὲ τὰς κινήσεις διαφόρους τῷ εἴδει εἶναι ὑποτίθεσθαι.

—

2 ὀργυιὰς vix legitur

<De plus, à partir de ce qui suit>] Si en effet tu poses que quelque chose est mû, tel une pierre, en partant des régions supérieures, sur mille brasses, après

avoir commencé de A, il dit donc qu'avant A, il est nécessaire que la pierre soit en repos, mais non pas, si par exemple elle s'est mue sur cent brasses jusqu'à B, qu'elle soit en repos en B : l'intervalle AB, en effet, est une portion de l'ensemble, de même espèce, or il faut supposer que les mouvements sont différents selon l'espèce.

Adnot. Scholie sans équivalent chez Simplicius, mais dont la formulation pourrait trahir une simplification imagée, opérée par quelque professeur, sur la base de considérations plus abstraites d'Alexandre. L'idée fondamentale tient dans l'opposition entre ce qui se passe *au* point de rebroussement par opposition à ce qui se passe à quelque distance, aussi petite que l'on voudra, du point (ici : 100 brasses, soit un dixième de la trajectoire totale).

⋆

762 (64b 2) <ὅδε ὁ λόγος>] ἀποδεικτικὸς ἀλλ' οὐχὶ λογικός.

<voici un argument>] Démonstratif et non pas logique.

Adnot. Simplicius, *In Phys.* 1305.23–35, ne caractérise pas le nouvel argument comme « démonstratif », mais se contente de dire qu'il est plus « approprié » à l'objet en discussion que ceux, « plus logiques » (λογικωτέρας, sc. ἐπιχειρήσεις) qui le précèdent en ce qu'il se déploie à partir des « attributs par soi » (ἐκ τῶν καθ' αὑτὸ ὑπαρχόντων). Il est possible qu'Alexandre ait été plus radical et qu'il ait parlé de « démonstration » dans le cas précis. Mais il est aussi possible que le scholiaste ait exprimé sa pensée de manière quelque peu rigide.

⋆

763 (64b 2) <ἅμα>] ἐν ἀμερεῖ τῷ νῦν.

<simultanément>] Dans l'indivisible du maintenant.

⋆

764 (64b 5) ἅμα ἔφθαρταί] ὃ λέγει τοιοῦτόν ἐστιν· ἐπειδὴ ἐν ἀδιαιρέτῳ τῷ νῦν μεταβέβληκεν, εἴ τι ἐξ οὐ λευκοῦ γέγονε λευκόν, δῆλον ὅτι ἐν τῷ νῦν γέγονεν. εἰ οὖν μὴ ᾖ μεταξὺ χρόνος καὶ ἠρεμία ἀλλὰ τὸ ἐξ οὐ λευκοῦ γεγονὸς λευκὸν ἐν τῷ αὐτῷ νῦν τὴν ἐναντίαν κίνησιν μεταβεβληκὸς εἴη, τριῶν τινων πραγμάτων τὸ ἓν νῦν περιέξει τέλος.

c'est en même temps qu'a été détruit] Ce qu'il dit revient à ceci : dès lors qu'il y a eu changement dans le « maintenant » indivisible, si quelque chose a été transformé de non-blanc à blanc, il est manifeste qu'il y a eu changement dans le « maintenant ». Si donc il n'y avait pas dans l'entre-deux de temps ni de repos, mais que ce qui est transformé en blanc à partir du non-blanc avait accompli son changement dans le même « maintenant » vers le mouvement contraire, le « maintenant » unique contiendrait l'achèvement de trois réalités données.

★

765 (64b 6) <τριῶν>] τριῶν τούτων λέγει φθορὰν οὐ λευκοῦ, γένεσιν λευκοῦ, φθορὰν λευκοῦ.

<des trois>] Il dit que ces « trois »-là sont la corruption du non-blanc, la génération du blanc et la corruption du blanc.

★

766 (64b 6) <χρόνος>] χρόνον νῦν κοινότερον λέγει τὸ νῦν.

<temps>] Il dit maintenant « temps » de manière plus commune pour le « maintenant ».

Adnot. Effectivement, « le même temps » dont il est question désigne en réalité « le même maintenant ». Simplicius ne fait pas cette remarque, sans grand intérêt il est vrai.

★

767 (64b 7) <ἡ κίνησις>] ἡ ὑποκειμένη.

<le mouvement>] … supposé.

★

768 (64b 15–16) <κατὰ διάμετρον>] ἡ κατὰ διάμετρον κύκλου· τὰ γὰρ πέρατα αὐτοῦ πλεῖστον ἀλλήλων διέστηκεν † ὡς ἐπὶ τὰς

—

ἐπὶ τὰς : sic scholium incompletum

<sur un diamètre>] La ligne sur un diamètre de cercle : ses extrémités sont en effet maximalement distantes l'une de l'autre, † comme vers les

Test. *Simpl. 1308.15–20:* ἐναντίας γὰρ μόνας τὰς ἀπὸ τῶν ἐναντίων εἶναί φαμεν, ἐναντία δὲ τὰ κατὰ διάμετρον ὡς πλεῖστον ἀλλήλων διεστῶτα, φησὶν ὁ Ἀλέξανδρος. μήποτε δὲ ἐναντία πέρατα εὐθείας ἐστὶ καὶ τὰ τοὺς ἐναντίους τόπους ὁρίζοντα, ὡς πρότερον εἶπον· καὶ γὰρ τῆς ἐκ τοῦ κέντρου ἡμισείας οὔσης τῆς διαμέτρου ἐναντία τὰ πέρατα, διότι τὸ μὲν ἄνω τὸ δὲ κάτω ἐστί.

Adnot. Après avoir indiqué la définition alexandrique des mouvements contraires – sont contraires les mouvements qui vont d'un contraire à l'autre, soit d'une extrémité du diamètre à l'autre – Simplicius suggère sa propre interprétation : les deux lieux contraires joints par les mouvements contraires seraient la périphérie et le centre. La scholie, comme toujours dans ces cas-là, se range avec Alexandre et ne souffle mot de l'interprétation concurrente de Simplicius.

⋆

769 (64b 16) ἀντικειμένη δὲ] ἐπὶ μὲν τοῦ παντὸς ἐναντίαι εἰσὶν αἱ ἐπ' εὐθείας κινήσεις ἀλλήλαις, ἐπὶ δὲ τῆς τυχούσης εὐθείας ἐναντίαι μὲν οὔκ εἰσιν, ἀντίκεινται δὲ ἢ ὡς τὸ δεξιὸν καὶ ἀρίστερον ἢ ὡς ὄπισθεν καὶ ἔμπροσθεν ἢ ὡς ἄνω καὶ κάτω.

alors qu'est opposé] Du point de vue du Tout, les mouvements rectilignes sont contraires les uns aux autres, mais du point de vue de n'importe quelle droite, ils ne sont pas contraires, mais ils s'opposent, soit comme le droit et le gauche, soit comme le derrière et le devant, soit comme le haut et le bas.

Adnot. On pourrait trouver étrange qu'Alexandre loge la contrariété dans les extrémités des diamètres cosmiques – alors que le mouvement des éléments n'a jamais lieu que sur un demi-diamètre – et qu'il refuse de considérer l'opposition selon le haut et le bas comme une contrariété. Simplicius, *In Phys.* 1308.4–15 nous met sur la voie de la solution, en distinguant ces trois oppositions telles qu'en elles-mêmes et « pour nous », πρὸς ἡμᾶς (cf. 1308.11–12). Il s'agit de ce dernier cas dans la scholie d'Alexandre : les trois oppositions sont considérées ici comme relatives, et non comme fondées absolument dans l'ordre cosmique.

⋆

770 (64b 19–20) καὶ ἡ μὲν ἐν τῷ κύκλῳ] καὶ γὰρ ἡ μὲν ἐπ᾽ εὐθείας πέρατα ἔχουσα εἰς ἃ κινεῖται, πολλάκις ἐνεργείᾳ γίνεται ἐπὶ τῶν αὐτῶν περάτων εἴπερ ὑποτεθῇ ἀεὶ κινεῖσθαι· ἡ δὲ κύκλῳ πέρας οὐκ ἔχουσα, ἐνεργείᾳ οὐδέποτε γίνεται ἐπί τινος τῶν ἐν ἑαυτῇ σημείων· ὥστε ἡ μὲν πολλάκις στήσεται, ἡ δὲ οὐδέποτε.

—

3 οὐχ ἔχουσα, ἐνεργείᾳ ego : ἐνεργείᾳ οὐχ ἔχουσα S

et celui sur le cercle] Le mouvement sur une ligne droite ayant de fait des limites vers lesquelles on se meut, il est souvent en acte sur les mêmes limites si l'on suppose qu'il y a toujours mouvement. Mais le mouvement en cercle n'ayant pas de limite, il ne devient jamais en acte sur l'un des points qu'il contient. De sorte que le premier s'arrêtera souvent, le second jamais.

Adnot. « souvent », i. e. un nombre infini de fois.

⋆

[147v]

771 (64b 24) ὥστε οὐδ᾽ ἐν τῷ ἡμικυκλίῳ] ὁ νοῦς οὗτος· εἰ ἦν ἡ ἐπ᾽ εὐθείας ἄπειρος, ἀπείρου τῆς εὐθείας οὔσης, συνεχῶς ἂν ἐκινεῖτο· εἰ δ᾽ ἦν ἡ κύκλῳ κίνησις ἀνακάμπτουσα, οὐκ ἂν ἦν συνεχής· οὐ γὰρ διὰ τὴν εὐθεῖαν ἢ τὴν κύκλον συνεχὴς ἢ διεχὴς ἡ κίνησις, ἀλλὰ διὰ τὸ ἀεὶ ἐν ἄλλῳ καὶ ἄλλῳ σημείῳ εἶναι τοῦ μεγέθους ἐφ᾽ οὗ ἡ κίνησις. ὥστε οὐδ᾽ ἐν τῷ ἡμικυκλίῳ ἔσται συνεχής· ἀνάγκη γὰρ ἀνακάμπτειν καὶ μὴ ἀεὶ ἐν ἄλλῳ καὶ ἄλλῳ εἶναι.

De sorte que ni sur un demi-cercle] Le sens est le suivant : si le mouvement rectiligne était infini, la droite étant infinie, il pourrait bien s'effectuer de manière continue ; si le mouvement circulaire rebroussait chemin, il ne serait pas continu. Ce n'est pas en effet du fait qu'il se produit sur une droite ou sur un cercle que le mouvement est continu ou interrompu, mais du fait qu'il est sans cesse en un nouveau point de la grandeur sur laquelle il s'effectue. De sorte que sur un demi-cercle non plus, il ne sera pas continu : il est en effet nécessaire qu'il rebrousse chemin et qu'il ne soit pas sans cesse en un nouveau point.

Adnot. Même idée chez Simplicius, *In Phys.* 1310.27–37.

⋆

772 (64b 28–29) φανερὸν δὲ καὶ ἐκ ταύτης διαιρέσεως] τῆς δεικνυούσης ὅτι τὸ μὲν ἀνακάμπτον, πολλάκις γινόμενον ἐν τοῖς αὐτοῖς, μὴ εἶναι συνεχῶς κινούμενον, τὸ δὲ μὴ ἀνακάμπτον συνεχῶς κινεῖσθαι.

Mais il est manifeste à partir de cette distinction] … celle qui prouve que ce qui rebrousse chemin, se trouvant souvent dans les mêmes points, ne se meut pas continûment, tandis que ce qui ne rebrousse pas chemin se meut continûment.

Test. *Simpl. 1311.18–22:* … λέγει ὅτι ἐκ ταύτης τῆς διαιρέσεως τῆς δεικνύσης τὸ μὲν ἀνακάμπτον πολλάκις ἐν τοῖς αὐτοῖς γινόμενον καὶ ἀρχὴν καὶ πέρας τὸ αὐτὸ ποιούμενον κατ' ἐνέργειαν καὶ διὰ τοῦτο μεταξύ τε ἠρεμοῦν καὶ πλείονας καὶ ἀντικειμένας κινήσεις κινούμενον μὴ δύνασθαι συνεχῶς κινεῖσθαι, τὸ δὲ μὴ ἀνακάμπτον δύνασθαι …

⋆

773 (64b 31) <τὰ μεταξύ>] διὰ τὴν μεταξὺ ἠρεμίαν τοῦτο γίνεται πολλάκις.

—

πολλάκις ego : τὸ πολλάκις S

<les états intermédiaires>] Du fait du repos intermédiaire, cela se produit plusieurs fois.

⋆

VIII, 9

[149r]

774 (65a 13) <τῆς δ' εὐθείας ἡ κύκλῳ>] φύσει ὡς συναναιροῦσα τὴν ἐπ' εὐθεῖαν, λόγῳ ὡς τελεία τῆς ἀτελοῦς, χρόνῳ ὡς ἀΐδιος τῆς ποτε.

—

1 συναναιροῦσα ego : συναιροῦσα S || 2 τῆς ego : τις S

<et il est nécessaire que le transport en cercle soit antérieur à celui en ligne droite>] Selon la nature comme supprimant le mouvement rectiligne, selon la définition comme le parfait est antérieur à l'imparfait, selon le temps comme l'éternel est antérieur au momentané.

Adnot. La scholie reprend les trois catégories d'antériorité mentionnées par Aristote un peu plus bas (265a 22–23). La glose de la scholie n'est pas exactement identique à son correspondant chez Simplicius, *In Phys.* 1314.19–

27. Dans le deuxième cas en effet, où la scholie mentionne la supériorité du parfait sur l'imparfait, Simplicius se borne à dire qu'il s'agit d'une priorité « selon la substance » (τῇ οὐσίᾳ). Il s'agit sans doute là d'une conséquence d'une fidélité exégétique plus grande, Aristote lui-même désignant, aux lignes 22–23, l'objet premier sous les trois rapports comme « parfait » (τέλειον) et « incorruptible » (ἄφθαρτον). Il pouvait donc paraître redondant d'évoquer la perfection supérieure du parfait par rapport à l'imparfait. Il demeure que l'association de la forme à une perfection est bien alexandrique.

★

775 (65a 23) <λόγῳ>] λόγῳ· τῇ οὐσίᾳ.

<selon la définition>] « Selon la définition » : selon l'essence.

★

776 (65a 24) <ἐνδέχεται>] τοῦτο ἐκ περιουσίας· οὐ γὰρ μόνως ἐνδέχεται ἀΐδιον αὐτὴν εἶναι ἀλλὰ καὶ ἀνάγκη εἶναι δέδεικται ἀΐδιον.

<peut>] Cela est superflu : non seulement ce mouvement *peut* être éternel, mais on même montré qu'il était nécessaire qu'il le fût.

Adnot. Scholie sans équivalent chez Simplicius, et tout à fait dans la manière d'Alexandre.

★

777 (65a 31–32) <πρὸς γὰρ τοῖς πέρασιν>] τοῖς ἐνεργείᾳ.

<en effet, du côté des extrémités>] … en acte.

★

778 (65b 5) <τοῦτο>] τὸ κέντρον.

<cela>] Le centre.

★

779 (65b 8) <καὶ γὰρ ὅτι>] τοῦτο ἐν τῷ Περὶ χρόνου δέδεικται.

<Parce qu'en effet ...>] Il a montré cela dans le traité du temps.

⋆

780 (65b 11) <ἔτι δὲ>] τοῦτο νῦν δέδεικται.

<De plus>] Il a montré cela maintenant.

⋆

781 (65b 17) <ὅτι δ' ἡ κατὰ τόπον φορὰ>] ὅπερ εἴωθεν ἀεὶ ποιεῖν ὁ Ἀριστοτέλης καὶ νῦν· μετὰ γὰρ τοὺς ἀναγκαστικοὺς τῶν ἀποδείξεων λόγους, τὰς ἐνδόξους μαρτυρίας προστίθησιν, οὐχ ὡς δι' αὐτῶν συνιστῶν τὸν λόγον τὸν ἑαυτοῦ, ἀλλὰ πίστιν δίδους ὧν ἀπέδειξεν.

<Et que le transport selon le lieu>] Aristote fait ici aussi ce qu'il a toujours l'habitude de faire : il mentionne de surcroît, après les arguments contraignants des démonstrations, les témoignages dignes de foi, non pas qu'il veuille par leur moyen bâtir son argument, mais pour susciter la créance en ce qu'il a prouvé.

Test. *Simpl. 1318.10–13:* ἔθος ἐστὶ τῷ Ἀριστοτέλει μετὰ τὰς ἀποδείξεις καὶ τὰς τῶν πρὸ αὐτοῦ μαρτυρίας ὡς συμφωνούσας αὐτοῦ ταῖς ἀποδείξεσι παράγειν, ἵνα διὰ μὲν τῶν ἀποδείξεων διδάσκῃ καὶ ἀναγκάζῃ τοὺς ἐντυγχάνοντας, διὰ δὲ τῆς τῶν ἄλλων μαρτυρίας πειθὼ βεβαιοτέραν ἐμποιῇ τοῖς ἀκούουσιν.

Adnot. Cette remarque n'est pas attribuée par Simplicius à Alexandre, mais on peut gager qu'elle remonte à l'Exégète, toujours très soucieux de bien apprécier la catégorie argumentative des arguments aristotéliciens commentés.

⋆

[149v]

782 (65b 23) <πρότερον>] ἀντὶ τοῦ ἐν ᾧ τέως ἠρεμεῖ.

<auparavant>] À la place de : « dans quoi il se tenait jusque là au repos ».

⋆

783 (65b 23) ὁμοίως δὲ καὶ ὅσοι] οἱ γὰρ περὶ Δημόκριτον ποιητικὴν μὲν αἰτίαν κινήσεως οὐ λέγουσιν εἶναι, τὸ δὲ κενὸν αἰτιῶνται τῆς τοπικῆς κινήσεως.

De même pour tous ceux qui] En effet, les partisans de Démocrite ne disent pas qu'il y a une cause agente du mouvement, mais imputent au vide le mouvement local.

TEST. *Simpl. 1318.31–33:* καὶ οἱ ποιητικοῦ δὲ μὴ μνησθέντες αἰτίου, περὶ δὲ κινήσεως λέγοντες, ὡς οἱ περὶ Δημόκριτον διὰ τὸ κενὸν καὶ οὗτοι τὴν κατὰ τόπον κίνησιν κινεῖσθαι λέγουσι τὴν φύσιν ...

ADNOT. La scholie est un peu plus tranchée que Simplicius, car elle suggère, au lieu d'une omission, un refus, de la part des Atomistes, d'admettre une cause agente du mouvement (surtout si l'on traduit – surtraduit ... – οὐ λέγουσιν εἶναι par « disent qu'il n'y a pas »).

★

784 (65b 25) <τὴν φύσιν>] φύσιν λέγει τὰς ἀτόμους· αὗται <γὰρ> κατὰ τὴν ἑαυτῶν βαρύτητα ἢ κατὰ τὴν ἀλληλοτυπίαν κινοῦνται, ἀεὶ ὑπείκοντος τοῦ κενοῦ καὶ μὴ ἀντιτυποῦντος.

<la nature>] Il appelle « nature » les atomes. Ces derniers se meuvent en effet selon leur poids ou selon leurs collisions réciproques, le vide cédant toujours sans opposer de résistance.

TEST. *Simpl. 1318.33–1319.2:* ... τουτέστι τὰ φυσικὰ καὶ πρῶτα καὶ ἄτομα σώματα. ταῦτα γὰρ ἐκεῖνοι φύσιν ἐκάλουν καὶ ἔλεγον κατὰ τὴν ἐν αὐτοῖς βαρύτητα κινούμενα ταῦτα διὰ τοῦ κενοῦ εἴκοντος καὶ μὴ ἀντιτυποῦντος κατὰ τόπον κινεῖσθαι· "περιπαλαίσεσθαι" γὰρ ἔλεγον αὐτά.

★

785 (65b 30) τὸν αὐτὸν δὲ τρόπον καὶ ὅσοι] οὗτοί εἰσιν οἱ τὸ ὑποκείμενον ἓν ὑποτιθέμενοι, οἷον ἀέρα ἢ ὕδωρ ἢ πῦρ ἢ τὸ μεταξύ.

De la même manière tous ceux aussi qui] Ce sont ceux qui supposent que le substrat est une chose unique, telle l'air ou l'eau ou le feu ou l'intermédiaire.

Adnot. On a là une faible trace de la fameuse doxographie théophrastienne des éléments du chap. I 2, dont une scholie du ms. *Paris. gr.* 1853 atteste qu'elle était connue, sous une forme actualisée à l'époque romaine, d'Alexandre : cf. *supra, ad schol.* **314**. L'air, l'eau, le feu et l'intermédiaire (sc. entre l'air et l'eau) sont en effet les positions attribuées respectivement par cette doxographie à Anaximène et Diogène, Thalès et Hippon, Hippase et Héraclite, Anaximandre. Il s'agit là de toutes les positions de « l'élément unique mû », par opposition aux systèmes de l'élément unique immobile (Parménide) et aux nombreux systèmes pluralistes. Simplicius ne s'y est pas trompé et sélectionne pour chaque position son représentant le plus célèbre : Thalès, Anaximène, Anaximandre et Héraclite (cf. *In Phys.* 1319.17–22).

⋆

786 (65b 32) <οἱ τὴν ψυχὴν>] οἱ περὶ τὸν θεῖον Πλάτωνα.

<ceux qui de l'âme>] Les partisans du divin Platon.

Adnot. On pourrait croire cette épithète inauthentique, et trahissant au moins une réélaboration d'un scholiaste influencé par le néoplatonisme, où elle est monnaie courante. Mais on la trouve, quoique teintée d'une nuance ironique évidente, dans un passage sûrement authentique d'Alexandre : cf. *In Metaph.* 18.2, ὥς φησιν ὁ θεῖος Πλάτων.

⋆

787 (66a 2) <τὸ κινούμενον>] ὡς τὰ φυσικά.

<ce qui est mû>] Comme les êtres naturels.

⋆

VIII, 10

788 (66a 10) <ὅτι δὲ τοῦτ' ἀμερὲς>] βούλεται μὲν δεῖξαι νῦν ὅτι τὸ πρῶτον κινοῦν ἀμερές ἐστι. δείκνυσι δὲ ἅμα διὰ τούτου τὸν τρόπον τῆς ὑπ' ἐκείνου γινομένης κινήσεως, ὅτι μὴ σωματικὴ μηδὲ βίαιος.

—

3 ὅτι ego : τὸ S

<Mais que celui-ci soit sans parties>] Il veut certes prouver maintenant que le Premier Moteur est sans parties. Mais il prouve en même temps par ce moyen le type du mouvement qui naît de lui, le fait que ce mouvement n'est ni corporel ni violent.

Test. *Simpl. 1321.3–5 :* δείξας πρότερον, ὅτι τὸ πρώτως κινοῦν ἀκίνητόν τε καὶ ἀίδιόν ἐστι, νῦν προτίθεται δεῖξαι, ὅτι καὶ ἀμερές ἐστι, δεικνὺς ἅμα διὰ τούτου τὸν τρόπον τῆς ὑπ' ἐκείνου γινομένης κινήσεως, ὅτι μὴ σωματικὴ μηδὲ βίαιος.

Adnot. l'énoncé est identique à celui de la fin de la phrase de Simplicius.

★

789 (66a 12) <τούτων δ' ἓν>] ὑποτίθεται νῦν τὸ κινοῦν μέγεθος καὶ τὸ κινούμενον ἄμφω πεπερασμένα, τὸν δὲ χρόνον ἄπειρον. τοῦτο γάρ ἐστι χρήσιμον πρὸς τὸ δεῖξαι ὅτι ὁ αἰθὴρ ὑπὸ ἀμεροῦς καὶ ἀσωμάτου κινεῖται δυνάμεως.

<L'une d'entre elles>] Il suppose ici que la grandeur motrice et le mû sont tous deux finis et que le temps est infini. Cela est en effet utile afin de prouver que l'éther est mû par une puissance sans parties et incorporelle.

Adnot. Si l'idée de cette scholie se retrouve bien évidemment chez Simplicius (cf. *In Phys.* 1321.26 sqq.), le commentateur néoplatonicien est moins explicite ici quant à l'objectif cosmologique de la démonstration. Il n'évoque en effet ni la cinquième substance, ni le fait que l'on montrera l'incorporalité du Premier Moteur.

★

790 (66a 12–13) <οὐδὲν πεπερασμένον>] ἀντὶ τοῦ πεπερασμένη δύναμις καὶ σωματικὴ καὶ ἐν σώματι· αὕτη γὰρ καὶ ποσή.

<rien de fini>] À la place de : « puissance finie, corporelle et dans un corps » ; celle-ci, en effet, est une certaine quantité.

★

791 (66a 15) <ἔστω δὴ>] δεῖ τὸν αὐτὸν ἔχειν λόγον τὸ Δ πρὸς τὸ Ε ὃν τὸ Α πρὸς τὸ Β· ἀλλὰ δεῖ τὸ Δ πρὸς τὸ Ε ἔλαττον λόγον ἔχειν ἤπερ τὸ Α πρὸς τὸ Β· οὕτως γὰρ οὐκ ἐν ἀπείρῳ χρόνῳ ἀλλ' ἐν πεπερασμένῳ κινήσει τὸ Δ τὸ Ε διὰ τὴν ὕφεσιν τῆς δυνάμεως.

—

2 τὸ Α scripsi : τὸ Δ S

<Soit donc>] Il faut que le rapport de Δ à E soit identique à celui de A à B. Mais il faut que le rapport de Δ à E soit inférieur à celui de A à B. Ainsi en effet, ce n'est pas en un temps infini mais fini que Δ mouvra E, en raison du relâchement de la puissance.

Adnot. Les commentateurs ont éprouvé beaucoup d'embarras face à ce passage d'Aristote. Les modernes notent qu'alors qu'Aristote ne signale nulle part que le rapport des parties entre elles devrait être supérieur à celui des touts, un tel principe pourrait sembler nécessaire à la bonne marche de l'argument. Ou alors, il faut prêter à Aristote la thèse étrange que même si les rapports partie-partie et tout-tout sont égaux, le déplacement de la partie par la partie prendra moins de temps que celui du tout par le tout. Simplicius, *In Phys.* 1322.8 sqq. et Philopon, *In Phys.* 850.10–18, suivant très probablement en cela une indication d'Alexandre, ne mentionnent même pas la difficulté et affirment directement l'inégalité des rapports. La scholie, qui porte la trace claire d'une disposition aporétique, nous permet de mieux saisir la situation exégétique grecque : Alexandre devait exposer avec clarté les tenants et les aboutissants du problème exégétique auquel il était confronté, avant de proposer la solution reprise telle quelle – sans mention de l'aporie – par ses deux successeurs.

⋆

792 (66a 19) καταναλώσω] ἀκριβῶς οὐκ εἶπε καταμετρήσω ἀλλὰ κ α τ α ν α λ ώ σ ω. εἰ γὰρ εἴη τὸ Δ τῷ Α ἀσύμμετρον καὶ τὸ Ε τῷ Β, καταναλοῦνται μὲν τὰ ΑΒ ὑπὸ τῶν ΔΕ· οὐ μὴν καὶ καταμετροῦνται.

—

2 ἀσύμμετρον : σύμμετρον S

j'épuiserai] C'est avec rigueur qu'il n'a pas dit « je mesurerai », mais « j'épuiserai ». Si en effet Δ est incommensurable à A et E à B, AB sont épuisés par ΔE, mais ils ne sont pas mesurés.

Test. *Simpl. 1323.17–18:* καλῶς δὲ τῷ κ α τ α ν α λ ώ σ ω ἐχρήσατο, ἀλλ' οὐ τῷ καταμετρήσω. κτλ.

Adnot. Simplicius ne parle pas ici d'incommensurabilité, sans doute parce qu'il ne veut pas que l'on s'imagine qu'il s'agit d'une incommensurabilité au sens fort, c'est-à-dire celle qui met en jeu des quantités irrationnelles. Il est seulement question ici de division sans reste. C'est sans doute aussi la thèse d'Alexandre, qui n'aurait quant à lui pas pris garde au sens usuel du terme qu'il employait.

★

[151r]

793 (66a 23) <ἄπειρον κίνησιν>] ἡ γὰρ ἄπειρος κίνησις ἀπείρου χρόνου καὶ ἔμπαλιν.

<selon un mouvement infini>] Le mouvement infini, en effet, relève du temps infini, et réciproquement.

★

794 (66a 26) <τὸ ἴσον>] ἀντὶ τοῦ θᾶττον.

<une chose égale …>] Au lieu de « plus rapidement ».

★

795 (66a 26–27) <ἐν ἐλάττονι χρόνῳ>] ἡ γὰρ μείζων δύναμις τῆς ἐλάττονος καὶ ἐν ἐλάττονι χρόνῳ κινεῖ τὸ αὐτὸ καὶ πλείω χρόνον δύναται κινοῦσα τὸ αὐτό.

<en un temps plus petit>] En effet, la puissance plus grande que la plus petite meut le même objet dans un temps plus petit et elle s'exerce durant un temps plus long en mouvant le même objet.

★

796 (66a 31) <ἀλλὰ μὴν>] εἰ ἐν μηδενὶ χρόνῳ ἡ τοιαύτη δύναμις ἄπειρος κιν<εῖ>, οὐδὲ κινεῖ ὅλως· εἰ δὲ τοῦτο, τὸ τὴν μείζω δύναμιν ἔχον οὐ ποιήσει ὃ ποιεῖ ἡ ἐλάττω<ν> δύναμις· ἄτοπον δὲ τοῦτο· οὐκ ἄρα πεπερασμένον τι ἄπειρον ἔχει δύναμιν.

—

1 δύναμις ego : κίνησις S

<Mais assurément>] Si ce n'est en aucun temps que la puissance infinie de ce type meut, elle ne meut pas du tout ; et s'il en va ainsi, ce qui possède la puissance plus grande ne fera pas ce que fait la puissance plus petite ; mais cela est incongru ; par conséquent, il n'existe rien de fini possédant une puissance infinie.

Adnot. À en juger d'après cette scholie, il semble qu'Alexandre voyait dans cette phrase d'Aristote la fin de l'argument : une puissance infinie impliquerait finalement une absence totale de réalisation, donc une infériorité par rapport à toute puissance finie. C'est d'autant plus probable que la seconde partie de l'argument, à partir de εἰ γάρ (266a 31), était sans doute déficient aux yeux d'Alexandre. Voir *infra*, *ad schol.* **798**.

★

797 (66a 31) <χρόνον>] ἐν ᾧ τὸ τὴν ἄπειρον δύναμιν ἔχον ποιήσει τοῦτο ὃ ποιεῖ τὸ ἔχον τὴν πεπερασμένην δύναμιν.

<un temps>] En lequel celui qui possède la puissance infinie fera ce que fait celui qui possède la puissance finie.

★

798 (66a 31–32) <εἰ γάρ ἐστιν>] δεῖ ὑποτίθεσθαι οὐχ ὃ ὑπὸ τοῦ ἄπειρον ἔχοντος δύναμιν κεκίνηται, τοῦτο κινεῖσθαι καὶ ὑπὸ τοῦ τὴν πεπερασμένην ἔχοντος, ἀλλ' ἔμπαλιν· οὐ γὰρ ἀνάγκη τὸ ὑπὸ τῆς ἀπείρου κινούμενον τοῦτο καὶ ὑπὸ τῆς πεπερασμένης· ὃ καὶ ὁ Ἀριστοτέλης ἐνεδείξατο εἰπών· ἀ ν ά γ κ η ἄ ρ α κ α ὶ ὑ π ὸ τ ο ῦ π ε π ε ρ α σ μ έ ν ο υ μ ὲ ν ἄ π ε ι ρ ο ν δ ὲ ἔ χ ο ν τ ο ς δ ύ ν α μ ι ν π ά σ χ ε ι ν τ ι.

—

1 ὃ ὑπὸ τοῦ ego : ὃ ἐπὶ τὴν τοῦ ut vid. S

<Car si>] Il faut supposer non pas que ce qui est mû par ce qui possède une puissance infinie soit aussi mû par ce qui possède une puissance infinie, mais l'inverse : il n'est pas nécessaire, en effet, que ce qui est mû par une puissance infinie, cela soit mû aussi par une puissance finie – ce qu'Aristote a indiqué lorsqu'il a dit : « il est donc nécessaire aussi que ce qui subit subisse quelque chose de la part de ce qui est fini mais qui possède une puissance infinie ».

Test. *Simpl. 1325.8–24:* ἐφιστάνει δὲ ὁ Ἀλέξανδρος ὅτι οὐχ οὕτως, ὡς Ἀριστοτέλης ὑπέθετο, ὑπὸ τοῦ τὴν ἄπειρον δύναμιν ἔχοντος ἄρχεσθαι χρὴ τοῦ κινοῦντος ἐν τῷ Α χρόνῳ τόδε τι τὸ κινούμενον καὶ συνάγειν, ὡς αὐτὸς ἐποίησεν, ὅτι καὶ ὑπὸ τοῦ τὴν πεπερασμένην ἔχοντος δύναμιν τὸ αὐτὸ κινηθήσεται ἐν ἴσῳ χρόνῳ. εἰ γὰρ οὕτω, φησί, λαμβάνοιτο, ἔνστασιν ἕξει ὡς οὐχ ἀληθές· οὐ γὰρ συγχωρήσει τις δύνασθαι τὸ κεκινημένον ὑπὸ τῆς ἀπείρου δυνάμεως καὶ ὑπὸ τῆς πεπερασμένης κινηθῆναι. ἀλλὰ ἀνάπαλιν χρὴ λαμβάνειν· τὸ γὰρ ὑπὸ τῆς πεπερασμένης δυνάμεως κεκινημένον ἐν χρόνῳ τινὶ τοῦτο ὑποτίθεσθαι χρὴ καὶ ὑπὸ τῆς ἀπείρου κινεῖσθαι ἔν τινι πολὺ ἐλάττονι· τὸ γὰρ ὑπὸ τῆς ἐλάττονος δυνάμεως κινούμενον δῆλον ὅτι καὶ ὑπὸ τῆς μείζονος κινηθήσεται, ὃ καὶ αὐτὸς ἐδήλωσε διὰ τοῦ εἰπεῖν· ἀνάγκη ἄρα καὶ ὑπὸ τοῦ πεπερασμένου μέν, ἄπειρον δὲ ἔχοντος δύναμιν πάσχειν τι τὸ πάσχον, καὶ <πλείω ἢ> ὑπ᾿ ἄλλου· πλείων γὰρ ἡ ἄπειρος. διὰ γὰρ τούτου ἔλαβεν τὸ πάσχον ὑπὸ τῆς πεπερασμένης δυνάμεως τοῦτο πάσχειν καὶ ὑπὸ τῆς ἀπείρου, διότι πλείων ἡ ἄπειρος. τὸ δὲ ὑπὸ τῆς ἐλάττονος δυνάμεως πάσχον ἀνάγκη καὶ ὑπὸ τῆς μείζονος πάσχειν. ταῦτα μὲν ὁ Ἀλέξανδρος αὐτοῖς ἔγραψε τοῖς ῥήμασι.

Adnot. La comparaison avec Simplicius est instructive. Celui-ci commence par mentionner l'interprétation d'Alexandre (*In Phys.* 1325.8–24) avant de lui opposer la sienne propre (*In Phys.* 1325.25 sqq.) qu'il introduit par les mots suivants : « à moins que ce soit de manière correcte, voire nécessaire, qu'Aristote a commencé par ce qui possède une puissance infinie etc. » (μήποτε δὲ καλῶς καὶ ἀναγκαίως ὁ Ἀριστοτέλης ἀπὸ τοῦ τὴν ἄπειρον ἔχοντος δύναμιν ἤρξατο κτλ.). Comme toujours dans les cas de ce type, la scholie est absolument conforme au témoignage sur Alexandre et ne tient aucun compte – explicitement ou implicitement – de la critique simplicienne. Pour rester sur le plan formel, on a la chance ici d'avoir un passage où Simplicius nous dit citer Alexandre *verbatim*. Comme il n'y a aucune raison de mettre en doute cette affirmation, nous sommes en situation très favorable pour observer le travail du scholiaste. Présentons donc les deux textes dans un tableau :

δεῖ ὑποτίθεσθαι οὐχ ὃ ὑπὸ τοῦ ἄπειρον ἔχοντος δύναμιν κεκίνηται, τοῦτο κινεῖσθαι καὶ ὑπὸ τοῦ τὴν πεπερασμένην ἔχοντος, ἀλλ᾿ ἔμπαλιν·	ἐφιστάνει δὲ ὁ Ἀλέξανδρος ὅτι οὐχ οὕτως, ὡς Ἀριστοτέλης ὑπέθετο, ὑπὸ τοῦ τὴν ἄπειρον δύναμιν ἔχοντος ἄρχεσθαι χρὴ τοῦ κινοῦντος ἐν τῷ Α χρόνῳ τόδε τι τὸ κινούμενον καὶ συνάγειν, ὡς αὐτὸς ἐποίησεν, ὅτι καὶ ὑπὸ τοῦ τὴν πεπερασμένην ἔχοντος δύναμιν τὸ αὐτὸ κινηθήσεται ἐν ἴσῳ χρόνῳ. εἰ γὰρ οὕτω, φησί, λαμβάνοιτο, ἔνστασιν ἕξει ὡς οὐχ ἀληθές·
οὐ γὰρ ἀνάγκη τὸ ὑπὸ τῆς ἀπείρου κινούμενον τοῦτο καὶ ὑπὸ τῆς πεπερασμένης·	οὐ γὰρ συγχωρήσει τις δύνασθαι τὸ κεκινημένον ὑπὸ τῆς ἀπείρου δυνάμεως καὶ ὑπὸ τῆς πεπερασμένης κινηθῆναι. ἀλλὰ ἀνάπαλιν χρὴ λαμβάνειν· τὸ γὰρ ὑπὸ τῆς πεπερασμένης δυνάμεως κεκινημένον ἐν χρόνῳ τινὶ τοῦτο ὑποτίθεσθαι χρὴ καὶ ὑπὸ τῆς ἀπείρου κινεῖσθαι ἔν τινι πολὺ ἐλάττονι· τὸ γὰρ ὑπὸ τῆς ἐλάττονος δυνάμεως κεκινημένον δῆλον ὅτι καὶ ὑπὸ τῆς μείζονος κινηθήσεται,
ὃ καὶ ὁ Ἀριστοτέλης ἐνεδείξατο εἰπών· ἀνάγκη ἄρα καὶ ὑπὸ τοῦ πεπερασμένου μὲν ἄπειρον δὲ ἔχοντος δύναμιν πάσχειν τι.	ὃ καὶ αὐτὸς ἐδήλωσε διὰ τοῦ εἰπεῖν· ἀνάγκη ἄρα καὶ ὑπὸ τοῦ πεπερασμένου μέν, ἄπειρον δὲ ἔχοντος δύναμιν πάσχειν τι

τὸ πάσχον, καὶ <πλείω ἢ> ὑπ' ἄλλου· πλείων γὰρ ἡ ἄπειρος. διὰ γὰρ τούτου ἔλαβεν τὸ πάσχον ὑπὸ τῆς πεπερασμένης δυνάμεως τοῦτο πάσχειν καὶ ὑπὸ τῆς ἀπείρου, διότι πλείων ἡ ἄπειρος. τὸ δὲ ὑπὸ τῆς ἐλάττονος δυνάμεως πάσχον ἀνάγκη καὶ ὑπὸ τῆς μείζονος πάσχειν. ταῦτα μὲν ὁ Ἀλέξανδρος αὐτοῖς ἔγραψε τοῖς ῥήμασι.

On s'aperçoit très clairement que le scholiaste sélectionne les passages essentiels d'Alexandre (abandonnant du même coup les phrases relativement redondantes), qu'il récrit alors très légèrement pour les présenter sous la forme la plus ramassée. Cette comparaison est instructive quant à sa méthode générale. Il est vraisemblable que les scholies obéissent en général à un schéma assez semblable : partout où il le peut, le scholiaste allège la formulation d'Alexandre. Mais il ne semble pas la transformer pour des raisons purement rhétoriques. Le principe d'économie veut au contraire qu'il la maintient partout où il a l'impression qu'il ne pourrait condenser davantage.

Qu'en est-il maintenant du différend doctrinal ? Le raisonnement d'Aristote, aux lignes 266a 31-b 6 est le suivant : si l'on suppose un temps A durant lequel une force infinie a accompli un certain mouvement, on peut imaginer un temps A+B durant lequel une certaine force finie a accompli le même mouvement. Or, en vertu des lois du mouvement, un ajout fini à la force finie en question suffira à réduire le temps mis pour accomplir le même mouvement. Il y aura donc une force finie qui accomplira cette action durant le temps A. Donc une force finie accomplira une certaine action durant le même temps qu'une force infinie, ce qui est absurde. L'hypothèse de départ est donc infirmée et l'on conclura qu'il n'y a pas de force infinie accomplissant une certaine action en un temps fini. Alexandre, comme l'attestent la scholie et Simplicius, jugeait le raisonnement invalide, car prêtant le flanc à l'objection selon laquelle une action accomplie par une puissance infinie pourrait ne pas être accomplie *du tout* par une puissance finie, quel que soit le temps donné à son agent. Simplicius n'accepte pas ce reproche. Pour lui en effet, Aristote n'affirme pas purement et simplement (ἁπλῶς, 1326.4) que ce qui est mû par une puissance infinie est possiblement mû par une puissance finie, mais qu'en se bornant à admettre la possibilité d'une puissance finie augmentable à volonté, on peut toujours parvenir, dans le même temps (je conjecture, en 1326.9, <τοῦ αὐτοῦ ὄντος> *vel sim.* au lieu du <μειουμένου> de l'Aldine repris par Diels), à un même effet. On comprend la réponse de Simplicius, qui paraît assez fidèle à l'esprit de l'aristotélisme. Mais Alexandre évoque précisément l'objection d'un adversaire de la doctrine, qui peut tout à fait appliquer la différence d'ordre entre puissance infinie et puissance finie aux effets de ces deux puissances. Il ne sera pas incongru, dès lors, d'imaginer un certain seuil dans l'échelle des effets, tel effet fini ne pouvant être accompli *que* par une puissance infinie (le fini n'étant pas pour lui « continu » à l'infini et ne relevant pas forcément dès lors d'une même échelle). Si de fait l'on objecte que puisque l'effet en question relève des grandeurs sensibles, il est nécessairement réalisable par une puissance finie, on se livre alors à une assomption qui est vraie d'un point de vue aristotélicien, mais qui peut ne pas être reçue par un adversaire.

C'est sans doute parce qu'Alexandre perçoit comme une pétition de principe le fait de recourir aux lois de la dynamique aristotélicienne qu'il propose une nouvelle démonstration qui ne recourt pas au temps, mais dont le ressort principal consiste dans l'impossibilité qu'un infini soit plus grand qu'un autre infini. La preuve (transmise uniquement par Simplicius, *In Phys.* 1326.28–37) consiste à se donner une grandeur finie de puissance infinie et à en retrancher une certaine portion. Cette portion ne peut être infinie du fait que c'était la grandeur initiale qui l'était. Si donc l'on partage la grandeur initiale en un nombre fini *n* de portions, chacune sera de puissance finie. Donc le tout le sera aussi. Contradiction, donc l'hypothèse initiale est infirmée.

★

799 (66b 3) <ὑπερβαλῶ>] ἀλλ᾽ εἰ ἐνδέχεται, οὐδὲν ἐναντιοῦται τῷ μέλλοντι δείκνυσθαι λόγῳ, εἰ ἐνδέχεται ἐν μείζονι μεγέθει ἐλάττονα δύναμιν εἶναι.

—

2 εἰ S : fort. ὅτι scribendum

<je dépasserai>] Mais si c'est possible, ce n'est en rien contraire à l'énoncé qu'on s'apprête à prouver, à savoir s'il est possible qu'il y ait dans une grandeur plus grande une puissance plus petite.

Adnot. Cette remarque est assez fine. Aristote semble en effet dresser une analogie directe entre la taille de la grandeur et la quantité de sa puissance. Or il va montrer un peu plus bas qu'une puissance moindre peut résider en une grandeur supérieure. Alexandre, transmis par le scholiaste, noterait donc que la règle « directe » n'est pas absolue, c'est-à-dire n'est pas l'unique façon dont peut se réaliser un accroissement de puissance : dans certains cas, un corps plus petit recèle plus de puissance.

On aura remarqué que la formulation du principe « qu'on s'apprête à prouver » diffère de celle qui est donnée par Aristote lui-même à peine plus bas (266b 7–8) : « Certes il est possible qu'une puissance plus grande soit dans une chose plus petite », καίτοι ἐνδέχεται ἐν ἐλάττονι μεγέθει πλείω δύναμιν εἶναι.

Cette divergence signe toutefois la paternité alexandrique de notre scholie. Simplicius nous délivre en effet, dans son commentaire de la phrase en question – beaucoup plus bas, car il intercale entre les deux sections de commentaire linéaire un long excursus anti-philoponien – le renseignement suivant : « Alexandre : »il lui aurait été plus utile, en rapport à son objet, de dire : 'Certes il est possible qu'en une grandeur plus grande il y ait une puissance plus petite'. Cela révèle en effet davantage qu'il est possible qu'il y ait aussi dans une grandeur infinie une puissance finie. Mais lui a dit 'Certes il est possible qu'une puissance plus grande soit dans une chose plus petite', pour la simple raison qu'il disait ceci, tout en suggérant cela « (*In Phys.* 1340.32–37). Il est tout bonnement impossible qu'au moment de commenter l'anodin ὑπερβαλῶ de 266b 3 (section commentée pp. 1325–1326 de Simplicius), un scholiaste lecteur de Simplicius ait intégré une remarque tout aussi anodine, venant quinze pages des C.A.G. *plus tard.* La seule explication plausible est qu'Alexandre, dans son commentaire de ὑπερβαλῶ non repris par Simplicius, avait déjà présenté le principe de 266b 7–8 sous la forme qu'il jugeait la plus efficace.

⋆

800 (66b 6) <οὐ τοίνυν>] δείξας ἐν πεπερασμένῳ μεγέθει μὴ ἐνδέχεσθαι ἄπειρον εἶναι δύναμιν, νῦν λέγει ὅτι οὐδὲ ἐν ἀπείρῳ μεγέθει ἐνδέχεται εἶναι πεπερασμένην δύναμιν.

<Il n'est donc pas>] Ayant montré qu'il n'est pas possible qu'en une grandeur finie il y ait une puissance infinie, il dit maintenant qu'il n'est pas non plus possible qu'en une grandeur infinie il y ait une puissance finie.

Test. *Simpl. 1340.11–16:* τοῖς προκειμένοις ἀναγκαίως δείξας ὅτι οὐδὲν μέγεθος πεπερασμένον ἄπειρον ἔχει δύναμιν, ἵνα διὰ τούτου δειχθῇ τὸ πρώτως κινοῦν ἀπειροδύναμον μὴ ὂν μέγεθος πεπερασμένον, εἰ δὲ τὸ ἄπειρον μέγεθος μηδὲ ἔστιν ὅλως ἐν τοῖς οὖσι, δῆλον ὅτι σαφῶς ἀποδέδεικται ὅτι τὸ πρώτως κινοῦν ἀμερές ἐστι καὶ ἀμέγεθες, διὰ τοῦτο μὲν οὖν ἀναγκαίως, ὡς εἶπον, ἔδειξεν ὅτι οὐδὲν μέγεθος πεπερασμένον ἄπειρον ἔχει δύναμιν.

Adnot. Cf. scholie suivante.

⋆

801 (66b 6) <οὐ τοίνυν>] τὸ ἐν ἀπείρῳ σώματι μὴ ἐνδέχεσθαι εἶναι πεπερασμένην δύναμιν οὐδὲ<ν> συμβάλλεται πρὸς τὸ δεῖξαι ὅτι τὸ κινοῦν τὸν αἰθέρα ἀσώματόν ἐστι καὶ ἀμερὲς καὶ ἀμέγεθες· ὅμως δὲ διὰ τὴν πρὸς τὸ αὐτὸ ὁμοιότητα καὶ ἀντιστροφὴν <προ>τείνει καὶ ἀποδείκνυσιν αὐτό· ἄλλως τε δὲ οὐδὲ ἔστι τι σῶμα ἐνεργείᾳ ἄπειρον.

—

3 τὸ αὐτὸ S : fort. τοῦτο vel αὐτὸ scribendum || 4 ἄλλως τε distinxi : ἀλλ' ὥστε ut vid. S

<le montrer>] Le fait qu'il ne soit pas possible qu'il y ait une puissance finie en un corps infini ne contribue en rien à montrer que le moteur de l'éther est incorporel, sans parties et sans grandeur. Toutefois, en raison de sa similitude et de sa convertibilité avec la même thèse, il présente et démontre aussi celle-ci ; mais par ailleurs, il n'est même aucun corps qui soit infini en acte.

Test. *Simpl. 1340.16–21:* νῦν δὲ προτίθεται δεῖξαι, ὅτι οὐδὲ ἄπειρόν τι μέγεθος πεπερασμένην ἔχει δύναμιν, ὅπερ ἀναγκαῖον μὲν οὐκ ἔστι πρὸς τὰ προκείμενα (οὐδὲ γὰρ οὐδὲ ἔστιν ὅλως ἐνεργείᾳ μέγεθος ἄπειρον), ὡς ἀντίστροφον δὲ καὶ συγγενὲς τῷ προαποδεδειγμένῳ, καὶ καθ' αὑτὸ θεωρίαν ἔχον ἀξιόλογον ἀποδεῖξαι καὶ τοῦτο προέθετο.

Adnot. Cette scholie et la précédente correspondent à un seul passage continu de Simplicius (*In Phys.* 1340.11–21) et sans doute aussi d'Alexandre. La présente scholie se trouvant un folio plus loin (151v) devant la ligne 266b 21, on a affaire à un procès en deux temps au moins : division par le premier scholiaste du texte d'Alexandre, puis séparation des deux scholies lors d'une mise en page ultérieure.

⋆

802 (66b 11–12) <ἔστω γὰρ αὕτη ἡ ἀναλογία>] αἰτεῖται τὸ εἶναι ἀντιπεπόνθησιν τῶν λόγων οἷον ὡς ἡ ΓΒ δύναμις πρὸς τὸν ΖΘ χρόνον, οὕτως πρὸς τὴν διπλῆν τῆς ΓΒ δύναμιν τὸν ἥμισυ τοῦ ΖΘ χρόνον· ἀμφοτέρους γὰρ τὸ Δ κινεῖται. ἀλλ' οὖν εἰ καὶ μὴ οὕτως εἴη, οὐδὲν πρὸς τὸν λόγον· ἀνάγκη γὰρ ὅμως τὴν μείζω δύναμιν ἐν ἐλάττονι χρόνῳ κινεῖν τὸ αὐτό· τοῦτο γὰρ δέδεικται καὶ ὁμολογεῖται.

<posons en effet que la proportion est celle-là>] Il demande qu'il y ait conversion réciproque des rapports, par exemple qu'au rapport de la puissance ΓΒ au temps ΖΘ soit égal le rapport, au double de la puissance ΓΒ, de la moitié du temps ΖΘ. Le mobile Δ se meut en effet sur l'un et l'autre. Toutefois, même s'il n'en allait pas ainsi, cela n'affecterait en rien le propos : il est nécessaire en

effet que la plus grande puissance meuve le même objet dans un temps plus petit ; cela en effet a été prouvé et accordé.

Adnot. Cette scholie est d'une grande importance pour comprendre comment Alexandre interprétait les « lois » de la dynamique aristotélicienne. Selon les principes du livre VII, la puissance double produit le même effet que la puissance simple durant la moitié du temps nécessaire à cette dernière pour produire cet effet. Ce principe est à l'œuvre ici, mais Aristote juge bon d'ajouter l'incise ἔστω γὰρ αὕτη ἡ ἀναλογία. Alexandre, tel que nous le transmet la scholie, est le seul auteur à avoir perçu la note restrictive perçant sous cet énoncé. Déjà audible si l'on comprend le texte comme P. Pellegrin (« posons en effet cette proportion »), cette nuance devient encore plus claire si on le rend comme nous le proposons dans le lemme (« admettons en effet que la proportion est celle-là »), choix qui paraît confirmé par un parallèle assez fort, la mention aristotélicienne de la définition de l'homme en *Metaph.* Z 12, 1037b 10–13. Après avoir écrit « je veux dire l'aporie suivante, pourquoi est unique ce dont nous disons que la formule est une définition, comme, de l'homme, 'animal bipède' », Aristote ajoute ensuite la brève phrase : ἔστω γὰρ οὗτος αὐτοῦ λόγος. Il ne fait aucun doute, dans le présent contexte, qu'il entend souligner le caractère relativement conventionnel de la définition qu'il vient de fournir. L'idée est qu'il existe une certaine définition de l'homme, et que l'on fera comme si c'était là cette définition. Bien sûr, la définition véritable sera de ce type. Mais il n'est nul besoin, pour la bonne marche du présent argument, que ce soit précisément celle-ci. La seule traduction possible est donc « admettons en effet que sa définition est celle-là ». Revenons à la phrase de la *Physique*, exactement similaire. Il s'agit ici encore de ce que l'on pourrait baptiser « impératif impersonnel de convention », dont la valeur argumentative consiste à demander à ce que l'interlocuteur admette l'esprit sinon la lettre. C'est exactement ce qu'entend suggérer la scholie : il n'est pas nécessaire, pour admettre la valeur de l'argument d'Aristote, de postuler qu'à une multiplication par deux de la puissance corresponde, à effet égal, une division par deux du temps. Il suffit que l'on reconnaisse que la proportion entre les deux grandeurs est inverse (ce qui veut dire d'ailleurs que l'on maintient quand même l'idée qu'il s'agit d'une proportion : des rapports de types logarithmiques, comme un peu plus tard chez al-Kindī, paraissent exclus). Si Alexandre, seul d'entre les commentateurs, a eu assez de sensibilité exégétique pour bien commenter cette brève incise d'Aristote, c'est bien sûr parce qu'il était peu enclin à accorder grande importance aux « lois » de la dynamique aristotélicienne. Tout à sa lecture ontologisante de la *Physique*, Alexandre n'a fait aucun pas en direction des physiques pré-classiques qui seront développées par les Médiévaux.

⋆

803 ad totum 66a 12-b 6 respiciens] τὸ μὲν πρῶτον λῆμμα μόνον τὸν χρόνον ἄπειρον εἶναι ὑπέθετο, τὸ δὲ δεύτερον μόνον τὸ κινούμενον πεπερασμένον. χρησιμεύει δὲ ταῦτα δειχθέ<ντα εἰς τὸ> δεῖξαι ὅτι τὸ πρῶτον κινοῦν ἀμερές ἐστι καὶ ἀμέγεθες· οὔτε γὰρ ὑπὸ πεπερασμένης τῆς ἐν τῷ πεπερασμένῳ δυνάμεως οἷόν τε κινεῖσθαι τὸν ἄπειρον χρόνον, οὔτε ἔστιν ἐν τῷ πεπερασμένῳ δύναμις ἄπειρος. ὥστε ἀμερές ἐστι τὸ πρῶτον κινοῦν καὶ οὐ βίᾳ οὐδὲ σωματικῶς κινεῖ τὸν οὐρανόν.

Sur l'ensemble de 66a 12-b 6] Le premier lemme supposait seulement que le temps était infini, le second seulement que le mû était fini. Une fois prouvées, ces choses sont utiles dans la preuve que le Premier Moteur est sans parties et sans grandeur. En effet, ni il n'est possible qu'il y ait mouvement durant un temps infini sous l'effet de la puissance finie dans l'objet fini, ni il n'y a de puissance infinie dans l'objet fini. De sorte que le Premier Moteur est sans parties et il ne meut le Ciel ni par contrainte ni corporellement.

TEST. *Simpl. 1321.3–29:* δείξας πρότερον, ὅτι τὸ πρώτως κινοῦν ἀκίνητόν τε καὶ ἀίδιόν ἐστι, νῦν προτίθεται δεῖξαι, ὅτι καὶ ἀμερές ἐστι, δεικνὺς ἅμα διὰ τούτου τὸν τρόπον τῆς ὑπ' ἐκείνου γινομένης κινήσεως, ὅτι μὴ σωματικὴ μηδὲ βίαιος. [...] δείξει δὲ πρῶτον, ὅτι οὐδεμία δύναμις πεπερασμένη δύναται ἐπ' ἄπειρον χρόνον κινεῖν τι πεπερασμένον· δεύτερον δέ, ὅτι μὴ οἷόν τε ἐν πεπερασμένῳ μεγέθει ἄπειρον δύναμιν εἶναι.

⋆

[151v]

804 (66b 27) περὶ δὲ τῶν φερομένων] πρὸ τοῦ ἀποδεῖξαι τὸ προκείμενον, τουτέστιν ὅτι τὸ πρῶτον κινοῦν τὸν αἰθέρα ἀμερές ἐστιν, ἀπορίαν τινὰ ἐπιλύεται λέγουσαν ὅτι εἰ πᾶν τὸ κινοῦν ὑπό τινος κινεῖται, τὰ ῥιπτούμενα πῶς φήσομεν κινεῖσθαι; οὐ γὰρ ὑπό τινος κινεῖται ταῦτα ἀλλὰ τοῦ ἐξ ἀρχῆς ὤσαντος ἐκεῖνα ἀρξάμενα, ὕστερον ὑφ' ἑαυτῶν κινεῖται.

Mais à propos des choses transportées] Avant de démontrer son objet, à savoir que le Premier Moteur de l'éther est sans parties, il dissipe une certaine aporie qui dit : si tout ce qui meut est mû par quelque chose, comment dirons-nous que les projectiles sont mus ? Ils ne sont en effet pas mus par quelque chose mais après s'être mis en branle grâce à une impulsion initiale, ils sont ensuite mus par eux-mêmes.

TEST. *Simpl. 1344.17–27:* βούλεται οὖν πρὸ τοῦ τοῖς δεδειγμένοις ἐπαγαγεῖν τὸ προσῆκον συμπέρασμα ἔνστασίν τινα προβαλέσθαι φερομένην πρὸς τὸ ἀξίωμα τὸ λέγον πᾶν τὸ κινούμενον ὑπό τινος κινεῖσθαι καὶ τήν τε ἀδοκίμως ἐπαγομένην λύσιν ἐκθέσθαι καὶ αὐτὸς ἐπαγαγεῖν τὴν προσήκουσαν. καὶ ἡ μὲν ἔνστασίς ἐστι τοιαύτη· εἰ πᾶν τὸ κινούμενον ὑπό τινος κινεῖται, πῶς τινα μὴ ἐν αὑτοῖς ἔχοντα τὸ κινητικόν, ἀλλ' ἔξωθεν κινηθέντα, μένει συνεχῶς κινούμενα καὶ τοῦ κινήσαντος μηκέτι κινοῦντος, ὥσπερ τὰ ῥιπτούμενα; τοῦ γὰρ ῥίψαντος αὐτὰ μήκετι κινοῦντος ἐπὶ πολὺ μένει συνεχῶς ἐκεῖνα κινούμενα· δόξει γὰρ ὑπὸ μηδενὸς κινεῖσθαι τότε καὶ ἀναιρεῖσθαι τὸ πᾶν τὸ κινούμενον ὑπό τινος κινεῖσθαι.

Adnot. On peut dire qu'Aristote joue sa preuve du Premier Moteur – et donc son système cosmologique – sur deux affirmations qu'il présente au cours de l'argumentation comme des évidences rationnelles : la présence d'un repos intermédiaire entre deux mouvements opposés et la nécessité que tout mobile soit, à tout instant de son mouvement, au contact de son moteur. Autant la première d'entre elles, en tant qu'elle échappe à la vérification directe, est difficile à réfuter – il faudra de fait attendre le mathématicien du Xe siècle al-Qūhī pour trouver une réfutation correcte de l'argument –, autant la fausseté de la seconde crève les yeux. Alexandre, pourtant, ne remet pas du tout en cause ce principe. Sa dynamique reste purement et simplement celle d'Aristote, qu'il ne contribue qu'à éclaircir et donc à rendre plus facilement critiquable par les successeurs, tels Philopon.

★

805 (66b 30) <εἰ δ' ἅμα>] τὸ γὰρ διαδόσιμον οὐ μόνον ἐν τοῖς θερμανθεῖσιν γίνεται, ἃ δύναται καὶ ἀντιθερμαίνειν ἕτερά τινα τῇ ἀπὸ τοῦ πρώτου μεταλήψει, ἕως ἂν ἐξίτηλος ἡ θερμότης γένηται, ἀλλὰ καὶ ἐν τῷ κινηθέντι ἀέρι τοῦτο συμβαίνει· ἀντικινεῖ γὰρ οὗτος τὸν λίθον ἢ τὸν ὀϊστόν, τὴν πρώτην αἰτίαν λαβὼν ἀπὸ τοῦ ῥίψαντος καὶ τρόπον τινὰ αὐτοκίνητος γεγονώς. τοιαύτη γὰρ ἡ τοῦ ἀέρος φύσις, κουφότητος ἅμα καὶ βαρύτητος μετέχουσα.

—

2 τινα ego : τι S || 4 ἀντικινεῖ ego : ἀντικινεῖται S || οὗτος scripsi : οὕτως S || 5 γεγονώς scripsi : γεγονός S

<Mais si en même temps>] En effet, la transmission n'a pas lieu seulement dans les choses échauffées, qui peuvent échauffer à leur tour d'autres choses par ce qu'elles ont retiré de la première, jusqu'à ce que la chaleur s'épuise, mais cela se produit également dans l'air mû. Celui-ci meut en effet à son tour la pierre ou la flèche, après avoir reçu du propulseur la première cause et être devenu, d'une certaine manière, automoteur. Telle est en effet la nature de l'air, participant à la fois de la légèreté et de la lourdeur.

TEST. *Simpl. 1346.37–1347.38:* μήποτε, φησίν [sc. ὁ Ἀλέξανδρος], διὰ τοῦ λέγειν τὸν ἀέρα δύναμίν τινα τοῦ κινεῖν παρὰ τοῦ τὴν ἀρχὴν κινήσαντος λαμβάνειν, ἐκεῖνο λέγει ὅτι οἰκείαν δύναμιν ἴσχει παρὰ τοῦ κινήσαντος αὐτὴν λαβόν· εἰ δὲ οὐχ οἷόν τε κινεῖν μὴ κινούμενον, καὶ τοῦ κινεῖσθαι. ὡς τὴν ἀρχὴν μὲν καὶ τὸ ἐνδόσιμον καὶ τοῦ κινεῖσθαι ὑπὸ τοῦ ῥιπτοῦντος εἰληφέναι ὥσπερ καὶ τοῦ κινεῖν, ἐσχηκέναι μέντοι παῤ ἐκείνου δύναμιν τοιαύτην, ὡς ἐξ αὑτοῦ κινούμενον κινεῖν δύνασθαι τρόπον τινὰ γινόμενον πρὸς ὀλίγον αὐτοκίνητον τῷ τοιαύτης φύσεως εἶναι, ὡς παραδέχεσθαι τὴν παρὰ τοῦ κινοῦντος δύναμιν δἰ εὐπάθειαν. [...] ὥσπερ γὰρ τὸ μεταβάλλον ἐξ ὕδατος, ἂν οὕτω τύχῃ, καὶ πῦρ γενόμενον θερμαίνει, θερμαίνει δὲ καὶ τὸ θερμανθὲν ὕδωρ καὶ ἔστιν ἀμφοτέροις μὲν τοῦ θερμαίνειν αἴτιον τὸ εἰς θερμόν μεταβάλλον. [...] ὁ δὲ ἀὴρ καὶ κουφότητος καὶ βαρύτητος μετέχων, ἐφ̓ ὃ ἂν τὴν ἀρχὴν τοῦ φέρεσθαι καὶ τὸ ἐνδόσιμον παρὰ τοῦ ῥιπτοῦντος λάβῃ, ἐπὶ τοῦτο λοιπὸν φερόμενος, ἕως ἂν φυλάττῃ τὴν παρὰ τοῦ τὸ ἐνδόσιμον αὐτῷ τοῦ κινεῖν δύνασθαι δύναμιν παρασχόντος, κινεῖ καὶ φέρει καὶ τὸ ῥιφθὲν ὥσπερ ἐνδοθὲν αὐτῷ. ταῦτα πάντα σχεδόν τι κατὰ τὴν τοῦ Ἀλεξάνδρου λέξιν ἀπεγραψάμην κτλ.

ADNOT. Une comparaison de la scholie et de la citation d'Alexandre chez Simplicius montre que le scholiaste n'a fait que synthétiser fidèlement l'argument de l'Aphrodisien. C'est ainsi bien à lui que l'on doit la comparaison entre la transmission des états thermiques et celle du mouvement des projectiles. Non content d'accepter la thèse expérimentalement aberrante d'Aristote, Alexandre a même développé certains arguments nouveaux en sa faveur. La citation « quasi-littérale » (cf. σχεδόν τι) d'Alexandre fournie par Simplicius, dont nous avons transcrit les moments principaux, ne paraît pas revêtir le même rôle argumentatif chez Simplicius – pour qui il s'agit de la résolution d'une aporie – et chez l'épitomateur – qui présente les choses comme si nous n'avions à faire qu'à une explicitation du rôle des fluides (l'air et l'eau, en particulier) dans le mouvement des projectiles. Selon Simplicius (cf. *In Phys.* 1346.29 sqq.), Alexandre se demandait pourquoi, si le moteur est avec le mû, la fin du mouvement du moteur (le mouvement du bras lors du jet, par exemple), n'entraîne pas, aussi bien que la fin du mouvement du projectile (la flèche, par exemple), la fin du mouvement de l'air. L'aporie, en d'autres termes, n'a fait que se transposer du projectile lui-même à son porteur selon la théorie d'Aristote. À la réflexion, on saisit cependant que si Simplicius a raison d'un point de vue formel, l'épitomateur ne se méprend guère sur le sens profond de l'argument d'Alexandre. Car l'Exégète ne fait ici que présenter sous la forme quelque peu « dramatisée » de l'aporie une distinction qui constitue le nerf de la doctrine d'Aristote sur ce point : celle entre le caractère non ondulatoire de la masse du projectile soumis au jet et le caractère ondulatoire de son porteur. Le mouvement ondulatoire fait office d'intermédiaire, dans la pensée d'Aristote, entre automotricité pure (concept en réalité jamais instancié dans la nature) et mouvement *ab alio*.

★

806 (67a 8) <ἐπὶ τούτου>] ἐπὶ τοῦ ῥιπτουμένου.

<au sujet de ce dernier>] Au sujet du projectile.

★

807 (67a 9) <τὸ πρότερον>] τὸ πρὸ τοῦ ἐσχάτου κινούμενον· οὐκέτι γὰρ ποιεῖ τὸ κινούμενον εἶναι ἄλλου κινητικόν, διὰ τὴν ἀδυναμίαν τοῦ εἰς ἄπειρον ἰέναι.

<le premier>] … le mû avant le dernier : il ne fait plus en effet que le mû soit moteur d'autre chose, en raison de l'impuissance à aller à l'infini.

Adnot. Simple paraphrase de l'argument, visant à dissiper la très légère ambiguïté recélée par le terme « premier » (il s'agit en fait du dernier moteur avant le mû seulement mû). On notera seulement le terme ἀδυναμία, courant chez Alexandre. Cf. *In Metaph.* 392–394 (*passim*), *In Top.* 281.5, 8 et 11, etc.

★

808 (67a 10–11) <ταῦτα δ' ἀνάγκη>] εἰ δὲ τὰ ῥιπτούμενα ὑπό τινος κινεῖται καὶ οὐ συνεχῶς, ὁ δὲ αἰθὴρ οὐχ οὕτως· ὥστε διὰ τὸ συνεχὲς μὲν ἕν, διὰ δὲ τὸ μὴ διαλείπειν ἀΐδιον εἶναι δεῖ τὸ κινοῦν τὸν αἰθέρα.

<Mais il est nécessaire que ces choses>] Mais si les projectiles sont mus par quelque chose et de manière non continue, il n'en va pas de même pour l'éther. De sorte que ce qui meut l'éther doit être unique en raison de la continuité et éternel du fait qu'il ne s'interrompt pas.

★

[153r]

809 (67a 15) <διὸ ἐν ἀέρι>] οὐ γὰρ ἀΐδιος ἡ ἀέρος καὶ ὕδατος κίνησις.

<C'est pourquoi dans l'air>] De fait, le mouvement de l'air et de l'eau n'est pas éternel.

★

810 (67a 16) <τινες>] οἱ περὶ Πλάτωνα.

<certains>] Les partisans de Platon.

★

811 (67a 17) <ἀδύνατον δὲ>] ἀδύνατον τὰ ῥιπτούμενα διὰ τὴν ἀντιπερίστασιν <κινεῖσθαι>· γίνεται <μὲν οὖν καὶ ἐπ'> ἐκείνοις ἡ ἀντιπερίστασις ὡς σύμπτωμα, οὐ μὴν ὡς αἴτιον.

<Mais il est impossible>] Il est impossible que les projectiles se meuvent par autosubstitution. Dans leur cas, l'autosubstitution se produit comme une circonstance, mais non comme une cause.

Adnot. La question de l'autosubstitution (nous traduisons ainsi le terme ἀντιπερίστασις) est sensible, puisqu'il pourrait s'agir d'une critique à Platon. Aussi Simplicius commence-t-il par s'étendre sur le fait qu'Aristote ne nie pas l'autosubstitution mais se contente de l'exclure comme cause du mouvement (*In Phys.* 1350.31–1351.27), avant de reprocher à Alexandre de voir dans le τινες d'Aristote une allusion à Platon. Simplicius recourt alors à des citations du *Timée* (57e et 58b) pour prouver que la concordance entre les deux idées dynamiques fondamentales de Platon et d'Aristote : (i) tout mû est mû par un moteur ; (ii) l'autosubstitution ne cause pas le mouvement, mais entraîne une perturbation de celui-ci. On n'aurait guère pu saisir, à la simple lecture du commentaire de Simplicius, qu'Alexandre reconnaissait, dans son propre commentaire, le caractère circonstantiel, ou « symptomatique », de l'autosubstitution, qui paraît à peu près établi par le choix de ce terme précis. Il apparaît dans l'*In Metaph.* 52.19 pour évoquer les « circonstances matérielles » dont s'accompagnent les μαθηματικά, puis à plusieurs reprises dans l'*In Top.* (51.2, 353.12, 13, 15, 18, 356.6, 358.8) appelé par le texte d'Aristote (πάθος ἢ σύμτωμά τι), dans l'*In Meteor.* 3.10, 18, 115.9 pour parler des circonstances de certains phénomènes météorologiques (cf. en part. 3.18 : καὶ γὰρ ἐπὶ τῶν κομητῶν καὶ τῶν διᾳσσόντων, ῥάβδων τε καὶ παρηλίων ἔστιν ὁρᾶν τινα συμπτώματα ταῖς κινήσεσιν αὐτῶν ἑπόμενα), dans le célèbre passage de la *Quæstio* I 11 (22.4, cf. 24.6) pour parler du rapport de simple concomitance du genre à la forme hylémorphique et, enfin, en *De fato* 178.14, où Alexandre distingue les choses produites « à titre premier » (προηγουμένως) par la nature de celles qui surviennent « sous forme de séquelle et de circonstance » (κατ' ἐπακολούθημά τι καὶ σύμπτωμα). Dans tous ces passages, le terme σύμπτωμα désigne un effet collatéral d'une action ou d'un événément pourvu d'un statut de priorité conceptuelle ou axiologique. On imagine donc fort bien Alexandre avoir employé le terme dans le présent contexte.

★

812 (67a 20) <τι ἓν>] ὁ λίθος ἢ ἡ ὀϊστός.

<une chose unique>] La pierre ou la flèche.

★

813 (67a 20) <οὐ γὰρ>] ὡς δέδεικται.

<Car ce n’est pas …>] Comme on l’a montré.

★

814 (67a 21) <ἐπεὶ δ’ ἐν τοῖς οὖσιν>] δεῖξαι βούλεται ὅτι ἀσώματον καὶ ἀμέγεθες εἶναι δεῖ τὸ πρῶτον κινοῦν· σώματος γὰρ τὸ τῷ κινεῖσθαι κινεῖν, καὶ οὐκ ἄπονος ἡ τοιαύτη κίνησις ἀλλὰ βια<ία καὶ> κατηναγκασμένη.

<Mais puisque parmi les étants>] Il veut prouver que le Premier Moteur doit être incorporel et sans grandeur. Il appartient au corps, en effet, de mouvoir par le fait d’être mû, et un tel mouvement n’est pas sans peine, mais violent et contraint.

★

815 (67a 25) <εἰ μὲν δὴ κινούμενον>] ὥστε καὶ μέγεθος ἕξει καὶ οὐκέτι ἔσται ἄπειρον ἔχον δύναμιν, ὡς δέδεικται.

<Si, donc, il est mû>] En sorte qu’il aura une grandeur et ne sera plus doté d’une puissance infinie, comme on l’a montré.

★

816 (67a 26) <συνακολουθεῖν>] τῷ κινουμένῳ.

<de suivre le comportement>] … du mobile.

★

817 (67b 4) <ἦ μάλιστα>] τὸ μάλιστα ἔσται ἐὰν καὶ τὸ κινούμενον ἀμετάβλητον ᾖ.

<soit au plus haut point>] Ce sera « au plus haut point », si le mû n'est pas sujet au changement.

Adnot. Et que le mû soit donc lui aussi susceptible d'être à l'origine d'un mouvement relativement régulier dans un mû encore inférieur.

★

818 (67b 6–7) ἐν μέσῳ] οὐχ ὡς ἐν τόπῳ δεῖ νῦν τὸ ἔν τινι ἀκούειν (<ἀ>μερὲς γὰρ <ἐ>δείχθη), ἀλλ' οὐδ' ὡς <εἴ>δους ὄντος τοῦ ἐν ᾧ ἐστιν – οὕτως γὰρ ἂν ψυχὴ εἴη καὶ ἐντελέχεια τῆς δυνάμεως τοῦ πρώτου σώματος –, ἀλλ' ὡς οὐσίας ἐν οὐσίᾳ ἀσωμάτου αὐτῆς καθ' αὑτὴν ἀλλ' οὐχ ὡς εἶδος. καὶ γὰρ εἰ ἔμψυχον ὁ οὐρανὸς καὶ κινεῖται κατὰ τὴν ἐν αὐτῷ ψυχήν, ὃ εἶδός ἐστι αὐτοῦ, ἀλλὰ πρός γε τῷ κατὰ τὴν ἐν αὐτῷ ψυχὴν κινεῖσθαι ἄλλου τινὸς δεῖται τοῦ τὴν ἀρχὴν αὐτῷ τῆς κινήσεως παρέχοντος. ἐπὶ πάντων γὰρ τῶν ἐμψύχων ἔξωθέν τι ὂν αἴτιον αὐτοῖς καὶ ἀρχὴ γίνεται τῆς κατὰ τὴν ψυχὴν <τοπ>ικῆς κινήσεως, εἴ γε ὁρμὴ <καὶ> ἔφεσίς τινος τὴν κατὰ τόπον κίνησιν τῶν ἐμψύχων ἀποτελεῖ.

au centre] Il ne faut pas entendre ici « dans quelque chose » comme « dans un lieu » (car il a été prouvé être sans partie), ni non plus comme étant une forme de ce dans quoi il est – car il serait ainsi âme et entéléchie de la puissance du premier corps –, mais comme une substance dans une substance, incorporelle par soi, et non comme une forme. Si en effet le ciel est quelque chose d'animé et qu'il se meuve selon l'âme qui est en lui et qui est sa forme, néanmoins, outre le fait d'être mû par l'âme qui est en lui, il a besoin de quelque chose d'autre, qui lui procure le principe de son mouvement. Pour tous les êtres animés, de fait, un certain étant extérieur devient pour eux cause et principe du mouvement local selon l'âme, si du moins ce sont bien l'impulsion et le désir de quelque chose qui accomplissent le mouvement selon le lieu des êtres animés.

Test. *Simpl. 1354.25–34: ...* ταῦτα ἠπόρησεν ὁ Ἀλέξανδρος καὶ ἔλυσεν οὕτω, καίτοι πρότερον καλῶς εἰπὼν ὅτι οὐχ ὡς τόπον τινὰ κατέχοντος τοῦ κινοῦντος ἀκουστέον (ἀμερὲς γὰρ ἐδείχθη) ἀλλ' οὐδὲ ὡς εἴδους ὄντος τοῦ ἐν ᾧ ἐστίν, ἀλλ' ὡς οὐσίας ἀσωμάτου αὐτῆς καθ' αὑτὴν ἐν οὐσίᾳ. κἂν γὰρ ἔμψυχον, φησίν, ὂν τὸ κυκλοφορητικὸν σῶμα κινῆται κατὰ τὴν ἐν αὐτῷ ψυχήν, ἀλλὰ καὶ ἄλλου τινὸς δεῖται τοῦ τὴν ἀρχὴν αὐτῷ τῆς κινήσεως παρέχοντος· ἐπὶ πάντων γὰρ τῶν ἐμψύχων ἔξωθέν τι ὂν αἴτιον αὐτοῖς καὶ ἀρχὴ γίνεται τῆς κινήσεως τῆς ψυχικῆς τῆς κατὰ τόπον γινομένης, εἴ γε ἐφέσει τινὸς ἡ κατὰ τόπον γίνεται τῶν ἐμψύχων κίνησις.

ADNOT. Cette scholie est très intéressante à la fois par son contenu et par le rapport qu'elle entretient avec la citation de Simplicius. On peut tout d'abord noter qu'elle précède, dans le manuscrit, la scholie **821**, confirmant ainsi une indication de Simplicius sur l'ordre d'exposition chez Alexandre (cf. *In Phys.* 1354.26 : ταῦτα [= scholie **821**] ἠπόρησεν ὁ Ἀλέξανδρος ... καίτοι πρότερον καλῶς εἰπὼν ὅτι [= scholie **818**]). Elle se retrouve, à quelques variantes insignifiantes près, dans la citation de Simplicius, qui a cependant omis, comme l'on pouvait s'y attendre, l'allusion cruciale à l'hylémorphisme aristotélicien qui constitue la thèse d'Alexandre la plus inacceptable pour les Néoplatoniciens. La citation de Simplicius, si elle ne trahit pas le texte d'origine, en obscurcit sérieusement les contours. On saisit beaucoup moins nettement qu'en présence de l'original – recopié ici par l'épitomateur – qu'Alexandre distingue trois niveaux ontologiques distincts, qui correspondent chacun à un certain état de la forme : forme hylémorphique biologique sublunaire, forme hylémorphique « gelée » des substances astrales, forme séparée des moteurs astraux (cf. *In Metaph.* 251.23–38, traduit et commenté dans *Essentialisme*, p. 319, ainsi que *supra*, *ad schol.* **75**).

⋆

819 (67b 7) <εἶναι>] τὸ κινοῦν.

<qu'il soit>] Le moteur.

⋆

820 (67b 7) ἀρχαί] ἀρχαὶ τῆς σφαίρας κέντρον καὶ ἐπιφάνεια.

<principes>] « Principes » de la sphère que le centre et la surface.

⋆

821 (67b 8) <τοιαύτη>] τὸ κατὰ συμβεβηκὸς κινούμενον, ἐν τόπῳ ὄντος τοῦ ἐν ᾧ ἐστι καὶ μόριον αὐτοῦ ὄν, εἰκότως λέγεται κινεῖσθαι κατὰ συμβεβηκός· τὸ δὲ ἐξωτάτω τοῦ οὐρανοῦ οὔτε ἐν τόπῳ ἐστὶν οὔ<τε τὸ> κινοῦν αὐτὸ ὡς μόριον αὐτοῦ ἐν αὐτῷ ἐστιν ἀλλ' ὡς οὐσία καθ' αὑτήν, πᾶσαν πεπλήρωκεν τὴν ἐκτὸς ἐπιφάνειαν· ὥστε οὐδὲ κατὰ συμβεβηκὸς κινεῖται· ἡ γὰρ ἐξωτάτω ἐπιφάνεια ὡς ὅλον θεωρουμένη ἀκίνητός ἐστιν.

<tel>] Ce qui est mû par accident, puisque ce dans quoi il est est dans un lieu et que lui-même est une partie de ce dernier, il y a de bonnes raisons pour dire qu'il est mû par accident. Mais ce qui occupe le lieu le plus extérieur du ciel, il n'est le cas ni que cela soit dans un lieu, ni que son moteur soit en lui comme une partie ; il est plutôt comme une substance par soi, qui a rempli la totalité de la surface extérieure. De sorte qu'il ne se meut même pas par accident : la surface la plus extérieure, en effet, considérée comme un tout, est immobile.

TEST. *Simpl. 1354.12–25:* ἀπορεῖ δὲ ὁ Ἀλέξανδρος καὶ πρὸς τὴν ἔξω περιφέρειαν καὶ πρὸς τὸν μέγιστον κύκλον, εἰ ἐν τούτῳ τινί ἐστι τὸ κινοῦν αἴτιον, πῶς οὐ κινήσεται κατὰ συμβεβηκός. καὶ εἰπὼν ἐκτός, εἰ μὴ ταύτης κατὰ τοὺς πόλους ἐστίν, ἐπαπορεῖ, ὅτι καὶ δύο οὗτοι καὶ ἀκίνητοι, Ἀριστοτέλης δὲ καὶ Εὔδημός φασι τὸ ἐγγυτέρω τοῦ κινοῦντος τάχιστα κινεῖσθαι. λύων δὲ τὴν ἀπορίαν λέγει ὅτι εἰ μὲν ἐν μορίῳ τινὶ εἴη τῆς περιφερείας τῆς ἐξωτάτω, κινοῖτο ἂν κατὰ συμβεβηκὸς τῷ κατὰ μόρια τὴν κίνησιν εἶναι τῆς σφαίρας· εἰ δὲ ἐν πάσῃ τῇ περιφερείᾳ (οὕτω γὰρ ἔσται ἐν τῷ τάχιστα κινουμένῳ), οὐκέτι ἂν κινοῖτο κατὰ συμβεβηκὸς τῷ πᾶσαν τὴν περιφέρειαν μὴ κινεῖσθαι μηδὲ ἀλλάσσειν τὸν τόπον, ἀλλ' ἐν τῷ αὐτῷ μένειν ἀεί. ἐγκρίνει οὖν εἶναι αὐτὸ ἐν πάσῃ τῇ τῆς ἐκτὸς σφαίρας περιφερείᾳ. "οὕτω γάρ, φησίν, ἔσται ἐγγυτάτω τοῦ τάχιστα κινουμένου καὶ μὴ κατὰ συμβεβηκὸς κινούμενον, καὶ τὴν αὐτὴν ἀεὶ σχέσιν ἔχον πρὸς τὸ κινούμενον ὑπ' αὐτοῦ. διὸ καὶ ὁμοίαν ἀεὶ κίνησιν κινήσει".

ADNOT. Cette scholie, on l'a dit, doit être comprise dans la suite de la précédente. L'une et l'autre nous permettent de reconstituer la discussion péripatéticienne ancienne sur le lieu du Premier Moteur. Alexandre commençait par expliquer, conformément à la scholie précédente, que bien qu'il soit ἔν τινι, le Premier Moteur n'est pas véritablement dans le lieu. Nous avons affaire à une troisième sens fondamental de l'inhérence : ni à la manière d'un objet dans un récipient, ni à la manière de l'âme dans un corps (cf. *supra*, scholie précédente), mais comme « une substance en une substance ». Malgré cette remarque sur l'inexistence d'un *lieu* (au sens aristotélicien) du Premier Moteur, Alexandre n'a pas jugé la question de la *position* de celui-ci éliminée. Il entreprend donc d'y répondre. Il dispose pour cela d'une indication et d'une réponse générale d'Aristote. L'indication : le Premier Moteur se trouve du côté de l'endroit où le mouvement est le plus rapide dans l'univers (267b 7–8 : ἀλλὰ τάχιστα κινεῖται τὰ ἐγγύτατα τοῦ κινοῦντος) ; la réponse générale : le Moteur est ἐν κύκλῳ, « dans une/la circonférence » (267b 7 et 8–9). Alexandre sait assurément, comme ses prédécesseurs aristotéliciens d'ailleurs, que si la vitesse angulaire de la dernière sphère est la même sur toutes ses latitudes, la vitesse linéaire d'un point de la latitude augmente avec la grandeur du rayon joignant l'axe à ce point. Aussi la réponse d'Aristote est-elle insatisfaisante. Alexandre commence donc par examiner la solution d'Eudème. Celui-ci, apprenons-nous, plaçait le Premier Moteur au niveau du méridien céleste. À cette solution, Alexandre reprochait cependant de prêter le flanc à l'objection suivante : le méridien est une partie qui se meut de la dernière sphère ; le Premier Moteur serait donc mû par accident lors du mouvement de cette partie. Or Aristote affirme que le Premier Moteur ne se meut pas même par accident. Suit un passage corrompu dans l'édition de Diels dont nous proposons la traduction, fondée sur certaines corrections de notre part, suivante : « Alexandre soulève l'aporie, et du point de vue la circonférence extérieure et du point de vue du plus grand cercle, si la cause motrice est dans quelque chose qui appartient à ces choses [en lisant τούτων pour τούτῳ], de savoir comment il se fait qu'elle ne se mouvra pas par accident. Et ayant dit <qu'elle ne pouvait pas se trouver> à l'extérieur [en ajoutant : καὶ εἰπὼν <ὅτι μὴ δυνατὸν αὐτὸ εἶναι> ἐκτός (*sc.* de l'univers)], il instruit une nouvelle aporie en se demandant si elle pourrait se trouver au niveau des pôles de la circonférence, du fait que ces pôles sont à la fois *deux* et *immobiles*, alors qu'Aristote et Eudème disent que *la* chose qui est plus proche du Moteur est *mue* le plus rapidement. En réponse à cette aporie, il dit que si elle se trouvait en quelque partie de la circonférence la plus extérieure, elle se mouvrait par accident du fait que le mouvement de la sphère se produit selon les parties, mais que si elle était dans toute la périphérie (de cette manière, elle sera d'ailleurs bien dans ce qui est mû le plus rapidement), elle ne se mouvrait plus par accident, du fait que toute la périphérie ne se meut ni ne change de lieu, mais demeure toujours dans le même lieu ». Il faut donc bien comprendre que le raisonnement d'Alexandre se déroule sur plusieur étapes : (1) il précise que le Premier Moteur n'est pas dans le lieu (scholie précédente) ; (2) il formule les trois réquisits de la position du Premier Moteur : celui-ci (i) se trouve là où le mouvement est le plus rapide, (ii) n'est mû ni par soi ni même par accident, (iii) est unique ; (3) il le situe, en première approximation, au niveau de la sphère la plus extérieure ; (4) il mentionne la solution d'Eudème, selon laquelle le Premier Moteur serait sur le méridien céleste, mais la réfute car elle contredit (ii) ; (5) il propose de le localiser aux deux pôles de la sphère la plus extérieure, mais réfute cette solution car elle contredit (i) et (iii) ; (6) il propose finalement la seule solution qui permet de concilier les trois réquisits : le Premier Moteur se situe sur tout le pourtour de la dernière sphère.

⋆

822 (67b 9) <ἔχει δ' ἀπορίαν>] εἴποι γὰρ ἄν τις ὅτι ἐνδέχεται εἶναί τινα συνεχῆ κίνησιν γινομένην ὑπὸ κινουμένου. διὸ δείκνυς ὅτι μὴ δυνατὸν τοῦτο εἶναι παρέθετο τὸ ὠθοῦν καὶ ἕλκον ἃ οὐ συνεχῶς κινεῖ.

<Mais il y a une difficulté>] Quelqu'un pourrait dire, en effet, qu'il est possible qu'il y ait un mouvement continu qui se produise sous l'effet d'un mû. C'est pourquoi, montrant que cela n'est pas possible, il a mentionné ce qui pousse et ce qui tire, qui ne meuvent pas continûment.

★

823 (67b 10) <τι κινούμενον>] ἡ ἀπλανὴς καὶ ἡ πλανωμένη.

<quelque chose qui est mû>] … la sphère des fixes et celle des planètes.

★

824 (67b 13) διαιρετὸς] ἀντὶ τοῦ εὐδιαίρετος, ἀ ε ὶ δὲ κ ι ν ο ύ μ ε ν ο ς εἶπεν ἀντὶ τοῦ ἐφεξῆς ὑπὸ τοῦ προηγουμένου τὸ ὑπομένον μέρος τοῦ ἀέρος <ἢ> τοῦ ὕδατος ἐχομένως κινεῖται ἐπὶ τῶν ῥιπτουμένων.

—

1 εὐδιαίρετος scripsi : ἀδιαίρετος S || 3 ὕδατος ego : πυρός S

divisible] Au lieu de « aisément divisible » ; il a dit « étant sans cesse mû » au lieu de « à la suite, dans le cas des projectiles, sous l'effet de la partie antérieure de l'air et de l'eau, la partie qui demeure est mue successivement ».

★

[153v]

825 (67b 15) ἀμφοτέρως] καὶ ἐπὶ τῶν ῥιπτουμένων καὶ ἐπὶ τῶν ὠθούντων ἢ ἑλκόντων, τὸ μὲν ὅτι ἀεὶ ἄλλο καὶ ἄλλο, τὸ δὲ ὅτι ἀναπαύσεως δεῖται τὸ ἕλκον καὶ ὠθοῦν καὶ ἀεὶ <ὡς> εἰπεῖν <ἀπ'> ἀρχῆς τινος κινεῖ.

dans les deux cas] Et dans le cas des projectiles, et dans celui des choes qui poussent ou qui tirent : dans le premier cas, parce qu'il s'agit de quelque chose qui est sans cesse différent, dans le second, parce que ce qui tire et ce qui pousse ont besoin de repos et qu'ils meuvent toujours, pour ainsi dire, à partir d'un certain point de départ.

★

826 (67b 18) τὸ πρῶτον κινοῦν] ἠρώτηται αὕτη ἡ δεῖξις τοῦτο· πῶς τὸ κινούμενον ὑπό τ<ινος> κινεῖται ἔξωθεν ὄντος; καὶ γὰρ καὶ ἐπὶ τῶν αὐτ<οκ>ινήτων οὕτως ἔχον ἐδ<ε>ίχ<θη>· καὶ γὰρ τούτοις τὸ ἐνδό<σι>μον τῆς κινήσεως ἔξωθεν· διὸ καὶ ὁ αἰθήρ, καίτοι ἔμψυχος ὤν, δεῖται καὶ ἔξωθέν τινος αἰτίου ποιητικοῦ.

le premier moteur] Cette preuve s'interroge ainsi : comment ce qui est mû est-il mû par quelque chose qui est à l'extérieur ? Effectivement, on a montré que c'était le cas même pour les automoteurs : de fait, ce qui leur procure leur mouvement est extérieur. C'est la raison pour laquelle l'éther, tout animé qu'il soit, a besoin aussi de quelque cause agente extérieure.

ADNOT. Sur la façon dont il faut comprendre cette causalité « agente » du Premier Moteur, voir Introduction, p. 127, n. 234.

★

Index nominum et verborum